四庫農學著作彙編

廣陵書社

圖書在版編目(CIP)數據

四庫農學著作彙編/廣陵書社編. —影印本.—揚州:
廣陵書社,2007.12
ISBN 978-7-80694-273-4

Ⅰ.四… Ⅱ.廣… Ⅲ.農學—古籍—彙編 Ⅳ.S3

中國版本圖書館 CIP 數據核字(2007)第 184601 號

書　　名	四庫農學著作彙編
編　　者	廣陵書社
責任編輯	王志娟
出版發行	廣陵書社
	揚州市文昌西路雙博館附二樓　郵編 225012
	http://www.yzglpub.com　　E-mail　yzglss@163.com
印　　刷	揚州文津閣古籍印務有限公司
開　　本	787 ×1092 毫米　1/16
印　　張	188.5
版　　次	2007 年 12 月第 1 版第 1 次印刷
標準書號	ISBN 978-7-80694-273-4/K·116
定　　價	600.00 圓(全四册)

出版説明

中國是一個歷史悠久的農業大國，歷代遺留下來的農業古籍十分豐富，據二〇〇二年中國農業科學院所編《中國農業古籍目録》統計，農學著作存目共計二千零八十四種。它們記録了中國傳統的農業生産技術、經驗等，是中國傳統農業精髓的主要載體，也是我國文化遺産的重要組成部分，史學價值極高。《四庫全書》是清代修成的一部規模龐大的叢書。《四庫全書·子部·農家類》共收録十種經典農學著作，即《齊民要術》、《農書》附《蠶書》、《農桑輯要》、《農桑衣食撮要》、《王禎農書》、《救荒本草》、《農政全書》、《泰西水法》、《野菜博録》、《授時通考》，這十種農書基本涵蓋了我國歷史上經典的農學著作，集中體現了我國傳統農學著作特點。

《齊民要術》，後魏賈思勰撰。該書編纂于公元五三三年至五四四年。十卷。所論涉及農作物栽培、耕作技術、農具、牧畜、獸醫、食物加工、蔬菜、果樹、茶竹等方面，該書參引先秦至魏晋古籍百餘種，又輯録農諺及實踐資料彙成。對六世紀以前黄河中下游地區的農業生産經驗作了系統總結，爲我國現存最早最完整的綜合性農學專著。有人這樣評價：《齊民要術》在中國傳統農學的發展史上是一個重要的里程碑，爲後世農書的發展樹立了榜樣。此後出現的大型綜合性農書，無一不仿照《齊民要術》的體例，選用《齊民要術》的材料。其他許多地方性、專業性和月令式農書也多以《要術》爲淵源。書中還保存了許多佚書如《氾勝之書》、《四民月令》、《食經》、《相馬書》等的重要内容，成爲後世考訂和輯佚古籍的珍貴資料。

《農書》，宋陳旉撰。陳旉，號西山隱居全真子，生于北宋熙寧九年（一〇七六），七十四歲寫成《農書》。三卷。上卷概述土地規劃和水稻栽培技術，中卷專論養牛，下卷專講蠶桑。《農書》依據古籍和民間口傳總結，經過親身實踐，選取有用部分記録而成，是現存最早記述南方農業生産知識的文獻。《蠶書》，宋秦湛撰。秦湛，字處度，高郵人，秦觀之子。該書主要記述蠶事，可與《農書》下卷互爲補充。

《農桑輯要》，元司農司撰。一般認爲，具體編撰者有孟祺、暢師文、苗好謙等。主要『博采經史諸子』，承襲了前代幾部重要農書的豐富遺産，約成書于至元十年（一二七三）。七卷，分典訓、耕墾、播種、栽桑、養蠶、瓜菜、果實、竹木、藥草和孳畜十門，是一部短小精悍、簡便易行、非常實用的農書。《四庫全書總目提要》稱其『詳而不蕪，簡而有要，于農家之中最爲善本』。

《農桑衣食撮要》，一名《農桑撮要》，元魯明善撰。明善于仁宗延祐元年（一三一四）出監壽陽郡，始撰本書。二卷，所談以農桑爲主，兼及園藝、畜牧、加工等，補《農桑輯要》歲用雜事之未備。《四庫全書總日提要》評其『留心民事，講求實用』，是今存最古的一部月令體裁農書。

《王禎農書》，原名《農書》，亦稱《東魯王氏農書》，習稱《王禎農書》。元王禎撰。全書二十二卷，分農桑通訣、穀譜、農器圖譜，附有農具圖二百餘幅。該書首次兼論南北農業技術，全面系統而又有比較地總結了廣義的農業生産知識，是我國古典文獻中著名的農書之一。其中『農器圖譜』是該書重點，它對後世産生了深遠影響。

《救荒本草》，明朱橚撰。朱橚，明太祖第五子，封周王，謚定。故又題周定王撰。有書誤作周憲王撰。二卷，分草、木、米穀、果、菜五類，收録本草可食用者四百餘種，每種皆詳記産地、形態、性味、食用方法。繪圖成書。

《農政全書》，明徐光啓撰。徐光啓，字子先，號玄扈，上海人。明萬曆三十二年（一六〇四）進士，官至禮部尚書兼東閣大學士。致力于西方科學技術的介紹。全書六十卷，分農本、田制、農事等十二大類，每類又分爲若干細目，後附救荒植物的圖譜和名録。該書引用了大量歷史農業文獻，比較系統地反映了歷代政論家與作者自己的農政觀點。内容完備，富于創見。清代曾經多次重刻，對清代農業和農學的發展均有較大的影響。

《泰西水法》，明西洋人熊三拔撰。成書于萬曆壬子年（一六一二）。共六卷。是書主要記取水、蓄水之法，屬水利書。

《野菜博録》，明鮑山撰。鮑山，字元則，號在齋，又號香林主人，婺源人。曾隱居黄山，築室白龍潭上，歷時七年，遍嚐野蔬，依次按品類、性味、調製方法，著成此書。四卷，分草、木二部，再依葉可食者、花可食者、果可食者分若干細目，收録野菜二百餘種。每種都繪圖附上，旁注性味、食法。簡明實用。

《授時通考》，清鄂爾泰、張廷玉等奉敕編。歷時五年，于乾隆七年（一七四二）編成。七十八卷，分爲天時、土宜、穀種、功作、勸課、蓄聚、農餘、蠶桑八門，每門又分目，綜述農政、農事。此書共徵引古籍五百餘種，輯録資料三千五百餘條，插圖五百餘幅；把歷代有關農業的文獻分門别類予以撮録，體例謹嚴，徵引翔實、有序，圖文并茂、查檢方便，是一部集大成之作。

綜觀這十部農學著作，我們可以發現它們具有三大特點：一爲實用的經世之作；二具有官農書性質；三圖譜較多。這與傳統農書編撰目的、編撰人身份、編撰的閲讀對象有一定的關係。

農學當屬經世之學。《齊民要術》，書名概括了全書内容和宗旨。『齊民』即平民，『要術』指平民大衆生産和生活必備的技術知識。《農政全書》編撰的目的，不僅是爲了向農民傳授具體的農業生産技術，更重要的是作者希望當政者能推行自己所籌劃的一套發展農業生産的政策措施。在科學技術還不太發達的古代，自然灾害發生較爲頻繁，『荒政』一直是『農政』的重要内容。《農政全書》中《荒政》八卷，綜述歷代有關備荒的議論和政策，分析各種救荒措施的利弊。另外《救荒本草》、《野菜博録》等，也是以救荒之用爲編撰目的。

從《四庫》所收的農學著作看，著書者中有的曾任地方長官，在任期間重農務實，總結當地治農經驗，編撰成書。所編書有『官農書』的性質。《農桑輯要》是中國現存最早的官農書。《授時通考》以《尚書·堯典》『敬授民時』意題名，以示農本觀念，要求農民從事農業生産務必勿違農時。編者更是奉敕編纂。《齊民要術》的作者賈思勰，山東益都人，出生于北魏孝文帝時。曾擔任北魏青州高陽太守，離任後曾從事農業生産經營，種地養羊。《農書》的作者王禎，字伯善，山東東平人。曾任宣州旌德、信州永豐縣縣尹，在職期間，重農務實，常指導農民耕種，教農民植棉種桑，頗受民衆好評。《農書》大約是他做旌德縣縣尹期間開始編寫的，直至遷任信州永豐縣尹後纔完成。

農學著作的閲讀對象主要是農民，所編當然以通俗爲要，所以傳統農書中配有大量圖譜也是其一大特色。王禎的《農書》第三部分『農器圖譜』爲該書重點，篇幅幾乎占全書的五分之四，并附有農具圖二百七十餘幅。有關耕作、收穫、農産品加工、倉貯、灌溉、蠶桑、紡織等各個方面的農具，均有詳細介紹，圖文并茂。《救荒本草》、《農政全書》、《授時通考》無不如此，也體現了作者重農務實的編撰特色。

中國傳統的經典農學著作，作爲科技文獻值得世人研究。《四庫農學著作彙編》主要選編《四庫全書·子部·農家類》十種農學著作，影印出版，供個人學習、研究、使用。

廣陵書社

二〇〇七年十一月

目錄

第一册

第二册

第三册

第四册

齊民要術

後魏·賈思勰 撰

欽定四庫全書　　子部四

齊民要術　　農家類

提要

臣等謹案齊民要術十卷後魏高平太守賈思勰撰自序稱起自耕農終於醯醢資生之業靡不畢書凡九十二篇今本乃終於五穀果蓏非中國物者自序又稱商賈之事闕而不録今本貨殖一篇乃列於第六十二莫知

其義中第三十篇為雜說而卷端又列雜說數條不入篇數一名再見於例殊乖其詞亦鄙俗不類疑後人所竄入然陳振孫書錄解題稱其治生之道不仕則農為名言則宋本已有之未能詳也思勰序不言作註亦不言有音每句下之註有似自作然多引及顔師古者考文獻通考載李燾孫氏要術音義解釋序曰奇字錯見往往艱讀今運使秘丞孫公為音義解釋畧備則今本之註蓋孫氏之書而其名不可考耳錢曾讀書敏求記云嘉靖甲申刻齊民要術于湖湘首卷簡端周書曰云云原係細書夾註今刋作大字毛晉津逮秘書亦然今以第二篇至六十篇之例推之其說良是則又以孫氏之註為思勰之書矣葢書多奇字自王世貞已費檢核輾轉訛脱理固有所不免也乾隆四十四年正月恭校上

總纂官臣紀昀臣陸錫熊臣孫士毅

總校官臣陸費墀

賈思勰齊民要術自序

蓋神農為耒耜以利天下堯命四子敬授民時舜命后稷食為政首禹制土田萬國作乂殷周之盛詩書所述要在安民富而教之管子曰一農不耕民有饑者一女不織民有寒者倉廩實知禮節衣食足知榮辱丈人曰四體不勤五穀不分孰為夫子傳曰人生在勤勤則不匱語曰力能勝貧謹能勝禍蓋言勤力可以不貧謹身可以避禍故李悝為魏文侯作盡地利之教國以富彊

秦孝公用商君急耕戰之賞傾奪鄰國而雄諸侯淮南子曰聖人不恥身之賤也愧道之不行也不憂命之長短而憂百姓之窮是故禹為治水以身解於陽盱之河湯由苦旱以身禱於桑林之祭神農憔悴堯瘦臞舜黎黑禹胼胝由此觀之則聖人之憂勞百姓亦甚矣故自天子以下至於庶人四肢不勤思慮不用而事治求贍者未之聞也故田者不彊囷倉不盈將相不彊功烈不成仲長子曰天為之時而我不農穀亦不可得而取之青春至焉時雨降焉始之耕田終之簠簋惰者釜之勤者鍾之矧夫不為而尚乎食也哉譙子曰朝發而夕異宿勤則菜盈傾筐且茍有羽毛不織不衣不能茹草飲水不耕不食安可以不自力哉晁錯曰聖王在上而民不凍不饑者非耕而食之織而衣之為開其資財之道也夫寒之於衣不待輕煖饑之於食不待甘旨饑寒至身不顧廉恥一日不再食則饑終歲不製衣則寒夫腹饑不得食體寒不得衣慈母不能保其子君亦安得以有民夫珠玉金銀饑不可食寒不可衣粟米布帛一日

不得而饑寒至是故明君貴五穀而賤金玉劉陶曰民可百年無貨不可一朝有饑故食為至急陳思王曰寒者不貪尺玉而思短褐饑者不願千金而美一食千金尺玉至貴而不若一食短褐之惡者物時有所急也誠哉言乎神農倉頡聖人者也其於事也有所不能矣故趙過始為牛耕實勝耒耜之利蔡倫立意造紙豈方縑牘之煩且耿壽昌之常平倉桑弘羊之均輸法益國利

民不朽之術也諺曰智如禹湯不如常耕是以樊遲請學稼孔子荅曰吾不如老農然則聖賢之智猶有所未達而況於凡庸者乎猗頓魯窮士聞陶朱公富問術焉告之曰欲速富畜五牸乃畜牛羊子息萬計九真廬江不知牛耕每致困乏任延王景乃令鑄作田器教之墾闢歲歲開廣百姓充給燉煌不曉作耬犂及種人牛功力既費而收穀更少皇甫隆乃教作耬犂所省傭力過半得穀加五又燉煌俗婦女作裙攣縮如羊腸用布一

疋隆又禁改之所省復不貲茨充為桂陽令俗不種桑無蠶織絲麻之利類皆以麻枲頭貯衣民惰窳少麤履足多剖裂血出盛冬皆然火燎炙充教民益種桑柘養蠶織履復令種苧麻數年之間大賴其利衣履温煖今江南知桑蠶織履皆充之教也五原土宜麻枲而俗不知績織民冬月無衣積細草卧其中見吏則衣草而出崔寔為作紡績織紝之具以教民得免寒苦安在不教乎黄霸為頴川使郵亭鄉官皆畜雞豚以贍鰥寡貧窮

者及務耕桑節用殖財種樹鰥寡孤獨有死無以葬者鄉部書言黄霸具為區處某所大木可以為棺某亭豚可以為祭吏往皆如言龔遂為渤海勸民務農桑令口種一株榆百本薤五十本葱一畦韭家二母彘五母雞民有帶持刀劍者使賣劍買牛賣刀買犢曰何為帶牛佩犢春夏不得不趣田畝秋冬課收斂益畜果實菱芡吏民皆富實召信臣為南陽好為民興利務在富之躬勸耕農出入阡陌止舍離鄉亭稀有安居時行視郡中

水泉開通溝瀆起水門提閼凡數十處以廣溉灌民得其利畜積有餘禁止嫁娶送終奢靡務出於儉約郡中莫不耕稼力田吏民親愛信臣號曰召父童恢為不其令率民養一豬雌雞四頭以供祭祀買棺木顔斐為京兆乃令整阡陌樹桑果又課以閒月取材使得轉相告戒教匠作車又課民無牛者令畜豬投貴時賣以買牛始者民以為煩一二年間家有丁車大牛整頓豐足王丹家累千金好施與周人之急每歲收時察其強力收

多者輒歷載酒肴從而勞之便於田頭樹下飲食勸勉之因留其餘肴而去其惰者獨不見勞各自恥不能致丹其後無不力田者聚落以致殷富杜畿為河東課勸耕桑民畜牸牛草馬下逮雞豚皆有章程家家豐實此等豈好為煩擾而輕費損哉蓋以庸人之性率之則自力縱之則惰窳耳故仲長子曰叢林之下為倉庾之坻魚鼈之堀為耕稼之場者此君長所用心也是以太公封而斥鹵播嘉穀鄭白成而關中無饑年蓋食魚鼈而

藪澤之形可見觀草木而肥墝之勢可知又曰稼穡不修桑果不茂畜產不肥鞭之可也杝落不完垣墻不牢掃除不淨笞之可也此督課之方也且天子親耕皇后親蠶況夫田父而懷窳惰乎李衡於武陵龍陽汎洲上作宅種甘橘千樹臨卒敕兒曰吾州里有千頭木奴不責汝衣食歲上一疋絹亦可足用矣吳末甘橘成歲得絹數千疋恒稱太史公所謂江陵千樹橘與千戶侯等者也樊重欲作器物先種梓漆時人嗤之然積以歲月

皆得其用向之笑者咸求假焉此種殖之不可已也諺曰一年之計莫如種穀十年之計莫如樹木此之謂也書曰稼穡之艱難孝經曰用天之道因地之利論語曰百姓不足君孰與足漢文帝曰朕為天下守財矣安敢妄用哉孔子曰居家理故治可移於官然則家猶國國猶家是以家貧思良妻國亂思良相其義一也夫財貨之生既艱難矣用之又無節凡人之性好懶惰矣率之又不篤加以政令失所水旱為災一穀不登胔腐相繼

古今同患所不能止也嗟乎且饑者有過甚之願渴者有兼量之情既飽而後輕食既煖而後輕衣或由年穀豐穰而忽於蓄積或由布帛優贍而輕於施與窮窘之來所由有漸故管子曰桀有天下而用不足湯有七十里而用有餘天非獨為湯雨菽粟也蓋言用之以節仲長子曰鮑魚之肆不自以氣為臭四夷之人不自以食為異生習然也居積習之中見生然之事孰自知也斯何異蓼中之蟲而不知藍之甘乎今採捃經傳爰及歌

謡詢之老成驗之行事起自耕農終於醯醢資生之業靡不畢書號曰齊民要術凡九十二篇分為十卷卷首皆有目錄於文雖煩尋覽差易其有五穀果蓏非中國所植者存其名目而已種植之法蓋無聞焉捨本逐末賢哲所非日富歲貧饑寒之漸故商賈之事闕而不錄花草之流可以悅目徒有春花而無秋實匹諸浮偽蓋不足存鄙意曉示家童未敢聞之有識故丁寧周至言提其耳每事指斥不尚浮辭覽者無或嗤焉

齊民要術自序

齊民要術雜說

謹案思勰自序稱始自耕農終於醯醢凡九十二篇而原本自序之後卷一之前有此雜說一篇以文義推之似當附於耕田篇之末然舊刻如是未敢輕改今仍易為一篇列之卷首

夫治生之道不仕則農若昧於田疇則多匱之只如稼穡之利雖未逮於老農規畫之間竊自同於后稷所為之術條例後行

凡人家營田須量己力寧可少好不可多惡假如一犋牛總營得小畝三頃據齊地大畝一頃三十五畝也每年一易必須頻種其雜田地即是來年穀資欲善其事

先利其器悅以使人人忘其勞且須調習器械務令快利秣飼牛畜常須肥健撫恤其人常遣歡悅觀其地勢乾濕得所凡秋收了先耕蕎麥地次耕餘地務遣深細不得趁多看乾濕隨時蓋磨著切見世人耕了仰著土塊並待孟春蓋若冬乏水雪連夏亢陽徒道秋耕不堪下種無問耕得多少皆須旋蓋磨如法如一犋牛兩箇月秋耕計得小畝三頃經冬加料餧至十二月內即須

排比農具使足一入正月初未開陽氣上即更蓋所耕得地一遍凡田地中有良有薄者即須加糞糞之其踏糞法凡人家秋收後治糧場上所有穰穀穢等並須收貯一處每日布牛腳下三寸厚每平旦收聚堆積之還依前布之經宿即堆聚計經冬一具牛踏成三十車糞至十二月正月之間即載糞糞地計小畝畝別用五車計糞得六畝匀攤耕蓋著未須轉起自地亢後但所耕地隨向蓋之待一段總轉了即橫蓋一遍計正月二月

兩個月又轉一遍然後看地宜納粟先種黑地微帶下地即種糙種然後種高壤白地其白地候寒食後榆莢盛時納種以次種大豆油麻等田然後轉所糞得所耕五六遍每耕一遍蓋兩遍最後蓋三遍還縱橫蓋之候昏房心中下黍種無問穀小畝一升下子則稀概得所候黍粟苗未與壟齊即鋤一遍黍經五日更報鋤第二遍候未蠶老畢報鋤第三遍如無力即止如有餘力秀後更鋤第四遍油麻大豆並鋤兩遍止亦不厭早鋤穀

第一遍耕科定每科只留兩莖更不得留多每科相去一尺兩壟頭空務欲深細第一遍鋤未可全深第二遍唯深是求第三遍較淺於第二遍第四遍較淺

凡蕎麥五月耕經三十五日草爛得轉並種耕三遍立秋前後皆十日內種之假如耕地三遍即三重著子下兩重子黑上頭一重子白皆是白汁滿似如農即須收刈之但對梢相答鋪之其白者日漸盡變為黑如此乃為得所若待上頭總黑半已下黑子盡總落矣其所糞種黍地亦刈黍子即耕兩遍熟蓋下糠麥至春鋤三遍

止

凡種小麥地以五月內耕一遍看乾濕轉之耕三遍為度亦秋社後即種至春能鋤得兩遍最好

凡種麻地須耕五六遍倍蓋之以夏至前十日下子亦鋤兩遍仍須用心細意抽拔全稠閑細弱不堪留者即去却一切但依此法除蟲災外小小旱不至全損何者緣蓋磨數多故也又鋤耨以時諺曰鋤頭三寸澤此之

謂也堯湯旱澇之年則不敢保雖然此乃常式古人云耕鋤不以水旱息功必獲豐年之收如去城郭近務須多種瓜菜茄子等且得供家有餘出賣只如十畝之地灼然良沃者選得五畝二畝半種葱二畝半種諸雜菜似郊平者種瓜蘿蔔其菜每至春二月内選良沃地二畝熟種葵萵苣作畦栽蔓菁收子至五月六月拔諸菜先熟者並須勝良亦收子訖應空閒地種蔓菁萵苣蘿蔔等看稀稠鋤其科至七月六日十四日如有車牛盡

割賣之如自無車牛輸與人即取地種秋菜葱四月種蘿蔔及葵六月種蔓菁七月種芥八月種瓜二月種如擬種瓜四畝留四月種並鋤十遍蔓菁芥子並鋤兩遍葵蘿蔔鋤三遍葱但培鋤四遍白豆小豆一時種齊熟且免摘角但能依此方法即萬不失一

齊民要術雜說

欽定四庫全書

齊民要術卷一　　後魏　賈思勰　撰

耕田第一

收種第二

種穀第三

周書曰神農之時天雨粟神農遂耕而種之作陶冶斤斧為耒耜鉏耨以墾草莽然後五穀興助百果藏實世

本曰倕作耒耜倕神農之臣也呂氏春秋曰耜博六寸爾雅曰斪斸謂之定犍為舍人曰斪斸鉏也一名定纂又曰養苗之道鉏不如耨耨不如剗剗柄長三尺刃廣三寸以剗地除草許慎說文曰耒手耕曲木也耜耒端木也斸斫也齊謂之鎡基一曰斤柄性自曲者也田陳也樹穀曰田象形從口從十阡陌之制也耕種也從耒井聲一曰古者井田劉熙釋名曰田填也五穀填滿其中犂利也利發土絕草根耨似鉏以薅禾也斸誅也主

以誅鉏根株也凡開荒山澤田皆七月芟艾之草乾即放火至春而開墾其林木大者劁（烏更切）殺之葉死不扇便任耕種三歲後根枯莖朽以火燒之耕荒畢以鐵齒鎝楱（鉏侯切）再徧杷之漫擲黍穄勞（郎到切）亦再徧明年乃中為穀田凡耕高下田不問春秋必須燥濕得所為佳若水旱不調寧燥不濕（燥耕雖塊一經得雨地則粉解濕耕堅垎胡洛反數年不佳諺曰濕耕澤鋤不如歸去言無益而有損濕耕者白背速鋤榛之亦無傷否則大惡也）春耕尋手勞（古曰耰今曰勞說文曰耰摩田器今人亦名勞曰摩鄙語曰耕曰摩勞也）秋耕待白背勞（春多風若不尋勞地必虛燥秋田塌長劫反實濕勞令地硬諺曰耕而不勞不如作暴蓋言澤難遇喜天時故也桓寬鹽鐵論曰茂木之下無豐草大塊之間無美苗）凡秋耕欲深春夏欲淺犁欲廉勞欲再（犁廉耕細牛復不疲再勞地熟旱亦保澤也）秋耕䅖（一感反）青者為上（比至冬月青草復生者其美與小豆同也）初耕欲深轉地欲淺（耕不深地不熟轉不淺動生土也）菅茅之地宜縱牛羊踐之（踐則根浮）七月耕之則死（非七月復生矣）凡美田之法綠豆為上小豆胡麻次之悉皆五六月中穊（美懿反漫掩也）種七月八月犁掩殺之為春穀田則畝收十石其美與蠶矢熟糞同凡秋收之後牛力弱未及

即秋耕者穀黍穄粱秫茇（古末反）之下即移贏速鋒之也恒潤澤而不堅硬乃至冬初常得耕勞不患枯旱若牛力少者但九月十月一勞之至春擿（湯歷反）種亦得禮記月令曰孟春之月天子乃以元日祈穀于上帝（鄭玄注曰謂上辛日郊祭天春秋傳曰春郊祀后稷以祈農事是故啓蟄而郊郊社而后耕上帝太微之帝）乃擇元辰天子親載耒耜帥三公九卿諸侯大夫躬耕帝籍（元辰蓋郊後吉辰也帝籍為天神借民力所治之田也）是月也天氣下降地氣上騰天地和同草木萌動（此陽氣蒸達可耕之候也農書曰土長冒橛陳根可拔耕者急發也）命田舍東郊（田謂田畯）善相丘陵阪險原隰土地所宜五穀所殖以教導民田事既飭先定準直農乃不惑仲春之月耕者少舍乃修闔扇（舍猶止也蟄虫啓戶耕事少閒而治門戶用木曰闔用竹葦曰扇）無作大事以妨農事孟夏之月勞農勸民無或失時（重力勞來之）命農勉作無休於都（急趣農也王居明堂禮曰無宿於國也）季秋之月蟄蟲咸俯在內皆墐其戶（墐謂塗閉之此避殺氣也）孟冬之月天氣上騰地氣下降天地不通閉塞而成冬勞農以休息之黨正屬民飲酒正齒位是也仲冬之月土事無作慎

無發盖無發室屋地氣沮泄是謂發天地之房諸蟄則死必疾疫大陰用事尤重閉藏業今世有十月十一月耕者匪直逆天道害蟄虫地亦無膏潤收必薄少也季冬之月命田官告民出五種命田官告民出種大寒過農事將起也命農計耦耕事修耒耜具田器耜者耒之金耜廣五寸田器鎡基之屬是月也日窮于次月窮于紀星迴于天數將幾終言日月星辰運行至此月皆匝於故會次舍也紀猶會也歲且更始專而農民毋有所使而猶汝也言專一汝農民之心令人預有志於耕稼之事不可徭役則志散失其業也孟子曰士之仕也猶農夫之耕也趙岐注曰言仕之為急若農夫不可不耕魏文侯曰民春以力耕夏以強耘秋以收斂雜陰陽書曰亥為天倉耕之始呂氏春秋曰冬至後五旬七日菖生菖者百草之先生也於是始耕高誘注曰菖菖蒲水草也淮南子曰耕之為事也勞織之為事也擾擾勞之事而民不舍者知其可以衣食也人之情不能無衣食衣食之道必始於耕織之物若耕織始初甚勞終必利也衆又曰不能耕而欲黍粱不能織而喜縫裳無其事而求其功難矣氾勝之書曰凡耕之本在於趣時和土務糞澤早鋤穫春凍解

地氣始通土一和解夏至天氣始暑陰氣始盛土復解夏至後九十日晝夜分天地氣和以此時耕田一而當五名曰膏澤皆得時功春地氣通可耕堅硬強地黑壚土輒平摩其塊以生草草生復耕之天有小雨復耕和之勿令有塊以待時所謂強土而弱之也春候地氣始通椓橛木長尺二寸埋尺見其二寸立春後土塊散上沒橛陳根可拔此時二十日以後和氣去即土剛以此時耕一而當四和氣去耕四不當一杏始華榮輒耕輕土弱土望杏花落復耕耕輒藺之草生有雨澤耕重藺之土甚輕者以牛羊踐之如此則土強此謂弱土而強之也春氣未通則土歷適不保澤終歲不宜稼非糞不解慎無旱耕須草生至可種時有雨即種土相親苗獨生草穢爛皆成良田此一耕而當五也不如此而旱耕塊硬苗穢同孔出不可鋤治反為敗田秋無雨而耕絶土氣土堅硬名曰脂田及盛冬耕泄陰氣土枯燥名曰脯田脯田與脂田皆傷田二歲不起稼則一歲休之凡

麥田常以五月耕六月再耕七月勿耕謹摩平以待種時五月耕一當三六月耕一當再若七月耕五不當一冬雨雪止輒以蔺之掩地雪勿使從風飛去後雪復蔺之則立春保澤凍蟲死來年宜稼得時之和適地之宜田雖薄惡收可畝十石崔實四民月令曰正月地氣上騰土長冒橛陳根可拔急菑強土黑壚之田二月陰凍畢澤可菑美田緩土及河渚水處三月杏華盛可菑沙白輕土之田五月六月可菑麥田崔實政論曰武帝以

趙過為搜粟都尉教民耕殖其法二犁共一牛一人將之下種挽耬皆取備焉日種一頃至今三輔猶賴其利今遼東耕犁轅長四尺迴轉相妨既用兩牛兩人牽之一人將耕一人下種二人挽耬凡用兩牛六人一人纔種二十五畝其懸絶如此（按二犁共一牛若今三脚耬矣未知耕法如何今自濟州迤西猶用長轅犁兩脚耬長轅耕平地尚可於山澗之間則不任用且迴轉至難費力未若齊人蔚犁之柔便也兩脚耬種壟穊亦不如一脚耬之得中也）

收種第二

（楊泉物理論曰粱者黍稷之總名稻者乃粳之總名菽者衆豆之總名三穀各二十種為六十蔬果之實助穀各二十凡為百種故詩曰播厥百穀也）

凡五穀種子浥鬱則不生生者亦尋死種雜者禾則早晚不均舂復減而難熟糶賣以雜糅見疵炊爨失生熟之節所以特宜存意不可徒然粟黍穄粱秫常歲歲别收選好穗純色者劁（才彫反）刈高懸之至春治取别種以擬明年種子（樓耩稀種一斗可種一畝量其家田所須種子多少種之）其别種種子常須加鋤（鋤多則無秕也）先治而别埋（先治場淨不雜窖埋又勝䈄盛）還以所

治蘘草蔽窖（不爾則有為雜之患）將種前二十許日開出水淘（浮秕去則無莠）即曬令燥種之依周官相地所宜而糞種之氾勝之術曰牽馬令就穀堆食數口以馬踐過為種無蚄虸蟲也周官曰草人掌土化之法以物地相其宜而為之種（鄭玄注曰土化之法化之使美若氾勝之術也以物地占其形色為之種黄白宜以種禾之屬）凡糞種騂剛用牛赤緹用羊墳壤用麋渴澤用鹿鹹潟用貆勃壤用狐埴壚用豕彊㯺用蕡輕㶁用犬（此草人職鄭玄注曰凡所以糞種者皆謂煮取汁也赤緹縓色也渴澤故水處也潟鹵也貆貒也勃壤粉解者埴壚粘疏者彊㯺強堅者）

輕爂輕脆者故書騂為挈墳作坌杜子春挈讀為騂謂地色赤而土剛強也鄭司農云用牛以牛骨汁漬其種也謂之糞種墳壤多坌鼠也壤白色蕡麻也玄謂墳壤潤解淮南術曰從冬至日數至來年正月朔日五十日者民食足不澌五十日者日減一斗有餘日日益一斗氾勝之書曰種傷濕鬱熱則生蟲也取麥種候熟可獲擇穗大彊者斬束立場中之高燥處曝使極燥無令有白魚有輒揚治之取乾艾雜藏之麥一石艾一把藏以瓦器竹器順時種之則收常倍取禾種擇高大者斬一節下把懸高燥處苗則不敗

欲知歲所宜以布囊盛粟等諸物種平量之埋陰地冬至後五十日發取量之息最多者歲所宜也崔寔曰平量五穀各一升小罌盛埋垣北墻陰下餘法同上師曠占術曰杏多實不蟲者來年秋禾善五木者五穀之先欲知五穀但視五木擇其木盛者來年多種之萬不失一也

種穀第三 稗附

種穀穀稷也名粟穀者五穀之總名非止謂粟也然今人專以稷為穀望俗名之耳爾雅曰粢稷也說文曰粟嘉穀實也從卤從米廣志曰有赤粟白莖有黑格雀粟有張公班有含黃有蒼青稷有雪白粟亦名白莖又有白藍下竹頭莖青白逯麥擢石精盧狗蹹之名種云郭璞注爾雅曰今江東呼稷為粢孫炎曰稷粟也按今世粟名多以人姓字為名目亦有觀形立名亦有會義為名聊復載之云耳朱穀高居黃劉豬獬道愍黃聒穀黃雀懊黃續命黃百日糧有起婦黃辱稻糧奴子場音加支穀焦金黃鶴𪇆含履命一名麥爭場此十四種早熟耐旱免蟲聒谷黃辱稻糧二種味美今墮車下馬看百群羊懸蛇赤尾龍虎黃雀民泰馬瀉糧劉豬赤李谷黃阿摩糧東海黃石騂歲青莖青黑好黃陌南木隈隄黃宋冀癡指張黃兔腳青惠日黃寫風赤一睍黃山鹺頓黨黃此二十四種穗皆有毛耐風免雀暴一睍黃一種易舂寶珠黃俗得白張鄰黃白鹺谷鉤干黃張蟻

白耿虎黃鄒奴赤茄蘆黃薰豬赤魏爽黃白莖青竹根黃調母梁磊碨黃劉沙白僧延黃赤粱穀靈忽黃獺尾青續得黃稗容青孫延黃豬矢青煙薰黃樂婢青平壽黃鹿橛白鹺折作黃稗移阿居黃赤巴粱鹿蹄黃餓狗倉可憐黃米谷鹿橛青阿逯此三十八種中租大穀白鹺穀調母粱二種味美揚谷青阿居黃豬矢青有二種味惡黃稗移榮婢青二種易舂竹葉青石抑閭竹葉青一名胡谷水黑穀忽泥青衝天棒雉子青鴟腳穀鴈頭青攬堆黃青子規共十種晚熟耐蟲災則盡矣騎艮卧反睍奴見反鹺粗左反閬創悷反

凡穀成熟有早晚苗稈有高下收實有多少質性有強弱米味有美惡粒實有息耗早熟者苗短而收多晚熟者苗長而收少強苗者短黃穀之屬是也弱苗者長青白黑者是也收少者美而耗收多者惡而息也地勢有良薄良田宜種晚薄田宜種早良地非獨宜晚早亦無害薄地宜早晚必不成實也山澤有異宜山田種強

苗以避風霜澤田種弱苗以求華實也順天時量地利則用力少而成功任情返道勞而無獲入泉伐木登山求魚手必虛迎風散水逆坂走丸其勢難凡穀田菉豆小豆底為上麻黍胡麻次之蕪菁大豆為下常見瓜底不減菉豆本既不論聊復寄之良地一畝用子五升薄地三升此為植穀晚田加種也穀田必須歲易飆子則秀多而收薄矣飆尸絹切二月三月種者為植禾四月五月種者為穉禾二月上旬及麻菩音倍音勃楊生種者為上時三月上旬及清明節桃始花為中時四月上旬及棗葉生桑花落為下時歲道宜晚者五月六月初亦得凡春種欲深宜曳重撻夏種欲淺直置自生春氣冷生遲不曳撻則根虛雖生輒死夏氣熱而生速曳撻遇雨必堅垎其春澤多者或亦不須撻必欲撻者宜須待白背濕撻令地堅硬故也凡種穀雨後為佳遇小雨宜接濕種遇大雨待薉生小雨不接濕無以生禾苗大雨不待白背濕輾則令苗瘦薉若盛者先鋤一遍然後納種乃佳也春若遇旱秋耕之地得仰壟待雨春耕者不中也夏若仰壟匪直盪汰不生兼與草薉俱出凡田欲早晚相雜防歲道有所宜有閏之歲節氣近後宜晚田然大率欲早早田倍多於晚早田淨而易治晚者蕪薉雖出其收任多少從歲所宜非關早晚然

早穀皮薄米實而多晚穀皮厚米少而虛也苗生如馬耳則鏃鋤諺曰欲得穀馬耳鏃初角切稀豁之處鋤而補之用功蓋不足言利益動能百倍凡五穀唯小鋤為良小鋤者非直省功穀亦倍勝大鋤者草根繁茂用功多而收益少良田率一尺留一科劉章耕田歌曰深耕穊種立苗欲疏非其類者鋤而去之諺云迴車倒馬擲衣不下皆十石而收言大稀大概之收皆均平也薄地尋壠躡之不耕故苗出壠則深鋤鋤不厭數周而復始勿以無草而暫停鋤者非止除草乃地熟而實多糠薄米息鋤得十遍便得八米也春鋤起地夏為除草故春鋤不用觸濕六月以後雖濕亦無嫌春苗既淺陰未覆地濕鋤則地堅夏苗陰厚地不見日故雖濕亦無害矣管子曰為國者使農寒耕而熱芸芸除草也苗既出壟每一經雨白背時輒以鐵齒鐉楱縱橫杷而勞之杷法令人坐上數以手斷去草草塞齒則傷苗如此令地熟軟易鋤省力中鋒止苗高一尺鋒之三徧者皆佳耩者故項反非不壅本苗深殺草益實然令地堅硬乏澤難耕鋤得五徧已上不須耩必欲耩者刈穀之後即鋒鋤下令突起則潤澤易耕凡種欲牛遲緩行種人令促步以足躡壠底牛遲則子勻足躡則苗茂足跡相接者亦不可煩撻也熟速刈乾速積刈早則鎌傷刈晚則穗折遇風則收減濕積則藁爛積晚則損耗連雨則生耳凡五穀大判上旬種者全收中旬中收下旬下

收雜陰陽書曰禾生於棗或楊九十日秀秀後六十日成禾生於寅壯於丁午長於丙老於戊死於申惡於壬癸忌於乙丑凡種五穀以生長壯日種者多實尤惡死日種者收薄以忌日種者敗傷又用成收滿平定日為佳氾勝之書曰小豆忌卯稻麻忌辰禾忌丙黍忌丑秫忌寅未小麥忌戌大麥忌子大豆忌申卯凡九穀有忌日種之不避其忌則多傷敗此非虛語也其自然者燒黍穰則害瓠史記曰陰陽之家拘而多忌止可知其梗槩不可委曲從之諺曰以時及澤為上策

也禮記月令曰孟秋之月修宮室坏垣墻仲秋之月可以築城郭穿竇窖修囷倉鄭玄曰為民將入物當藏也隋曰竇方曰窖按諺曰家貧無所有秋墻三五堵蓋言秋墻堅實土功之時一勞永逸亦貧家之寶也乃命有司趣民收斂務蓄菜多積聚始為禦冬之備季秋之月農事備收備猶盡也孟冬之月謹蓋藏循行積聚無有不斂謂芻禾薪蒸之屬也仲冬之月農有不收藏積聚者取之不詰此收斂尤急之時有人取者不罪所以警其主也尚書考靈曜曰春鳥星昏中以種稷鳥朱鳥鶉火也秋虛星昏中以收斂虛玄枵也莊子長梧封人曰昔予為禾耕而

鹵莽忙補反之則其實亦鹵莽而報予芸而滅裂之其實亦滅裂而報予郭象曰鹵莽滅裂輕脫末略不盡其分予來年變齊在細反深其耕而熟耰之其禾繁以滋予終年厭飧孟子曰不違農時穀不可勝食趙岐注曰使民得務農不違奪其時則五穀饒足不可勝食也諺曰雖有智慧不如乘勢雖有鎡錤上鎡下錤不如待時趙岐曰東勢居富貴之勢鎡錤田器耒耜之屬待時謂農之三時又曰五穀種之美者也苟為不熟不如稊稗夫仁亦在乎熟之而已矣趙岐曰熟成也五穀雖美種之不成不如蕛稗之草其實可食為仁不熟亦猶是淮南子曰夫地勢水東

流人必事焉然後水潦得谷行水勢雖東流人必事而通之使得循谷而行也禾稼春生人必加功焉故五穀遂長高誘曰加功謂芸耕之也遂成也聽其自流待其自生大禹之功不立而后稷之智不用禹決江疏河以為天下興利不能使水西流后稷闢土墾草以為百姓力農然而不能使禾冬生豈其人事不至哉其勢不可也春生夏長秋收冬藏四時不可易也食者民之本民者國之本國者君之本是故人君上因天時下盡地利中用人力是以羣生遂長五穀蕃殖教民養育六畜以時

種樹務修田疇滋殖桑麻肥磽高下各因其宜丘陵阪險不生五穀者以樹竹木春伐枯槁夏取果蓏秋畜蔬食（菜食曰蔬穀食曰食）冬伐薪蒸（大曰薪小曰蒸）以為民資是故生無乏用死無轉屍（轉棄也）故先王之政四海雲至而修封疆（四海雲至一月也）蝦蟇鳴燕降而通路除道矣（燕降一月）陰降百泉則修橋梁（陰降百泉十月）昏張中則務種穀（一月昏張星中於南方朱鳥之宿）大火中則種黍菽（大火昏中六月）虛中即種宿麥（虛昏中九月）昴星中則收斂蓄積伐薪木（昴星西方白虎之宿季秋之月收斂蓄積）所以應時修備富國利民霜降而樹穀冰泮而求穫欲得食則難矣

又曰為治之本務在安民安民之本在於足用足用之本在於勿奪時（言不奪民之農要時）勿奪時之本在於省事省事之本在於節欲（節止欲貪）節欲之本在於反性（反其所受於天之正性也）未有能搖其本而靜其末濁其源而清其流者也夫日回而月周時不與人遊故聖人不貴尺璧而重寸陰難得而易失也故禹之趨時也履遺而不納冠挂而不顧非爭其先也而爭其得時也呂氏春秋曰苗其弱也欲

孤（弱小也苗始生小時欲得孤特疏數則茂好也）其長也欲相與俱（言相依植不偃仆）其熟也欲相扶（相扶持不傷折）是故三以為族乃多粟（族聚也）吾苗有行故速長弱不相害故速大橫行必得從行必術正其行通其風（行行列也）鹽鐵論曰惜草芳者耗禾稼惠盜賊者傷良人氾勝之書曰種無期因地為時三月榆莢時雨膏地強可種禾薄田不能糞者以原蠶矢雜禾種種之則禾不蟲又取馬骨剉一石以水三石煮之三沸漉去滓以汁漬附子五枚三四日去附子以汁和蠶矢羊矢各等分撓（呼老反攪也）令洞洞如稠粥先種二十日時以溲種如麥飯狀當天旱燥時溲之立乾薄布數撓令易乾明日復溲天陰雨則勿溲六七溲而止輒曝謹藏勿令復濕至可種時以餘汁溲而種之則禾稼不蝗蟲無馬骨亦可用雪汁雪汁者五穀之精也使稼耐旱常以冬藏雪汁器盛埋於地中治種如此則收常倍氾勝之書區種法曰湯有旱災伊尹作為區田教民糞種負水澆稼區田以糞氣為美非必須良田也諸山陵近邑

高危傾阪及丘城上皆可為區田區田不耕旁地庶盡地力凡區種不先治地便荒地為之以畝為率令一畝之地長十八丈廣四丈八尺當横分十八丈作十五町町間分為十四道以通人行道廣一尺五寸町皆廣一尺五寸長四丈八尺尺直横鑿町作溝溝一尺深亦一尺積穰於溝間相去亦一尺嘗悉以一尺地積穰不相受令弘作二尺地以積穰種禾黍於溝間夾溝為兩行去溝兩邊各二寸半中央相去五寸旁行相去亦五寸

一溝容四十四株一畝合萬五千七百五十株種禾黍令上有一寸土不可令過一寸亦不可令減一寸凡區種麥令相去二寸一行一溝容五十二株一畝凡四萬五千五百五十株麥上土令厚二寸凡區種大豆令相去一尺二寸一溝容九株一畝凡六千四百八十株禾一斗有五萬一千餘粒黍亦少此少許大豆一斗一萬五千餘粒區種荏令相去三尺胡麻相去一尺區種天旱常溉之一畝常收百斛上農夫區方深各六寸間相去九寸一畝三千七百區一日作

千區區種粟二十粒美糞一升合土和之畝用種二升秋收區別三升粟畝收百斛丁男長女治十畝十畝收千石歲食三十六石支二十六年中農夫區方九寸深六寸相去二尺一畝千二十七區用種一升收粟五十一石一日作三百區下農夫區方九寸深六寸相去二尺一畝五百六十七區用種六升收二十八石一日作二百區諺曰頃不比畝善謂多惡不如少善也昔兗州刺史劉仁之老成懿德謂予言曰昔在洛陽於宅田以七十步之地試為區田收粟三十六石然則一畝之收有過百石矣少地之家所宜遵用也區中

草生茇之區間草以剗剗之若以鋤鋤苗長不能芸之者以劬鐮比地刈其草矣氾勝之書曰驗美苗至十九石中田十三石薄田一十石尹澤取減法神農復加之骨汁糞汁種種剉馬骨牛羊猪麋鹿骨一斗以雪汁三升煮之三沸取汁以漬附子率汁一升附子五枚漬之五日去附子擣麋鹿羊矢分等置汁中熟挠和之候晏温又溲曝狀如后稷法皆溲汁乾乃止若無骨煮繰蛹汁和溲如此則以區種之大旱澆之其收至畝百石以

上十倍於后稷此言馬蠶皆蟲之先也及附子令稼耐
旱終歲不失於穫穫不可不速常以急疾為務芒張葉
黃捷穫之無疑穫禾之法熟過半斷之孝經援神契曰
黃白土宜禾說文曰禾嘉穀也以二月始生八月而熟
得之中和故謂之禾禾木也木王而生金王而死崔實
曰二月三月可種植禾美田欲稠薄田欲稀氾勝之書
曰植禾夏至後八十九十日常夜半候之天有霜若白
露下以平明時令兩人持長索相對各持一端以概禾

中去霜露日出乃止如此禾稼五穀不傷矣氾勝之書
曰稗既堪水旱種無不熟之時又特滋茂盛易生蕪薉
良田畝得二三十斛宜種之備凶年稗中有米熟時擣
取炊食之不減粟米又可釀作酒酒甚美釀尤踰黍秫魏武使典農種之頃
收二千斛斛得米三四斗大儉可磨食也若值豐年可以飯牛馬猪羊蟲食桃者粟貴楊
泉物理論曰種作曰稼稼猶種也收斂曰穡穡猶收也
古今之言云耳稼農之本穡農之末本輕而末重前緩
而後急稼欲熟收欲速此良農之務也漢書食貨志曰

種穀必雜五種以備災害師古曰歲田有宜及水旱之利也種即五穀謂黍稷麻麥
豆也田中不得有樹用妨五穀五穀之田不宜樹果諺曰桃李不言下自成蹊匪直
妨耕種損禾苗抑亦惰夫之所休息豎子之所嬉遊故齊桓公問於管子曰飢寒室屋漏而不治垣墻壞而不
築為之柰何管子對曰沐塗樹之枝公令左右沐塗樹之枝期年民被布帛治屋築垣公問此何故管子對曰
齊夷萊之國也一樹而百乘息其下以其不稍也衆鳥居其上丁壯者挾丸操彈居其下終日不歸父老拊枝
而論終日不去今吾沐塗樹之枝日方中無尺陰行者疾走父老歸而治產丁壯歸而有業力耕數
耘收穫如寇盜之至師古曰力謂勤作之也如寇盜之至謂促遽之甚恐為風雨所損也
還廬樹桑菜茹有畦爾雅曰菜謂之蔌不熟曰饉菜總名也凡草菜可食通名曰蔬素師

古曰還繞也菜熟曰茹猶生曰草死曰蘆瓜瓠果蓏郎果反應劭曰木實曰果草實曰蓏張晏曰有
核曰果無核曰蓏臣瓚案木上曰果地上曰蓏說文曰在木曰果在草曰蓏許慎注淮南子曰在樹曰果在地
曰蓏鄭玄注周官曰果桃李屬蓏瓜瓠屬郭璞注爾雅曰果木子也高誘注呂氏春秋曰有實曰果無實曰蓏
宋沈約注春秋元命苞曰木實曰果蓏瓜瓠之屬韓康伯注易傳曰果蓏者物之實殖於疆場張晏
曰至此易主故曰場師古曰詩小雅信南山云中田有廬疆場有瓜即此謂也雞豚狗彘毋失
其時女修蠶織則五十可以衣帛七十可以食肉入者
必持薪樵輕重相分班白不提攜師古曰班白者謂髮雜色也不提攜者所
以優老人也冬民既入婦人同巷相從夜績女工一月得四

十五日服虔曰一月之中又得夜半為十五日凡四十五日也必相從者所以省費燎火同巧拙而合習俗師古曰省費燎火之費也燎所以為明火所以為溫也燎力召反董仲舒曰春秋他穀不書至於麥禾不成則書之此見聖人於五穀最重麥禾也趙過能為代田一畝三甽師古曰甽壟也音古大反或作畎歲代處故曰代田師古曰代易也古法也后稷始甽田以二耜為耦師古曰併兩耜而耕廣尺深尺曰甽長終畝一畝三甽一夫三百甽而播種於甽中師古曰播布也種為穀子也苗生葉以上稍耨隴草師古曰耨鉏也因

隤其土以附苗根師古曰隤謂下之也音頽故其詩曰或芸或耔黍稷儗儗師古小雅甫田之詩儗儗盛貌芸音云耔音子儗音擬芸除草也耔附根也言苗稍壯每耨輒附根比盛暑隴盡而根深師古曰比必寐反能風與旱師古曰能讀曰耐故儗儗而盛也其耕耘下種田器皆有便巧率十二夫為田一井一屋故畝五頃鄧展曰九夫為井三夫為屋夫百畮於古為十二頃古百步為畝漢時二百四十步為畝古千二百畝則得今五頃用耦犂二牛三人一歲之收常過縵田畝一斛以上師古曰縵田謂不為甽者也縵音莫幹反善者倍之師古曰善為甽者又過縵田二斛已上也過使教

田太常三輔蘇林曰太常主諸侯有民故亦課田種大農置功巧奴與從事為作田器二千石遣令長三老力田及里父老善田者受田器學耕種養苗狀蘇林曰為法意狀也民或苦少牛亡以趨澤師古曰趨讀曰趍趍及也澤雨之潤澤也故平都令光教過以人輓犂師古曰輓引也音挽過奏光以為丞教民相與庸輓犂師古曰庸功也言換功共作也義亦與傭賃同率多人者田日三十畝少者十三畝以故田多墾闢過試以離宮卒田其宮壖地師古曰離宮別處之宮非天子所常居也壖餘也宮壖地謂外垣之內內垣之外也謂緣河壖地廟垣壖地其義皆同守離宮卒閒而無事因

令於壖地為田也壖而緣反課得穀皆多其旁田畝一斛以上令命家田三輔公田李奇曰令使也命者教也令離宮卒教其家田公田也韋昭曰命謂爵命者令家謂受爵命一爵為公士以上令得田公田優之也師古曰令力成反又教邊郡及居延城韋昭曰居延張掖縣也時有田卒也是後邊城河東弘農三輔太常民皆便代田用力少而得穀多

齊民要術卷一

欽定四庫全書

齊民要術卷二　　後魏　賈思勰　撰

黍穄第四

爾雅曰秬黑黍秠一稃二米郭璞注云秠亦黑黍但中米異耳孔子曰黍可以為酒廣志云有牛黍有稻尾黍秀成赤黍有馬草大黑黍有秬黍有濕屯黃黍有田黍堰云鶩鴿之名穄有赤白黑青黃鶩鴿凡五種按今俗有鴛鴦黍白蠻黍半夏黍有驢皮穄崔寔曰糜黍之穄熱者一名穄也

凡黍穄田新開荒為上大豆底為次穀底為下地必欲熟再轉乃佳若春夏耕者下種後再勞為良一畝用子四升三月上旬種者為上時四月上旬為中時五月上旬為下時夏種黍穄與植穀同時非夏者大率以椹赤為候諺曰椹厘厘種黍時燥濕候黃墒始章切種訖不曳撻常記十月十一月十二月凍樹日種之萬不失一凍樹者凝霜封著木條也假令月三日凍樹還以月三日種黍他皆倣此十月凍樹宜早黍十一月凍樹宜中黍十二月凍樹宜晚黍若從十月至正月皆凍樹者早晚黍悉宜也苗生壟平即宜杷勞鋤三遍乃止鋒而不耩苗晚耩即多折也刈穄欲早刈黍欲晚穄晚多零落黍早米不成皆即濕踐之穄踐訖即蒸而裛於劫切之不蒸者難舂米碎蒸則易舂米堅香氣經夏不歇黍宜曬之令燥濕聚則鬱凡黍粘者收薄穄味美者亦收薄難舂

雜陰陽書曰黍生於榆六十日秀秀後四十日成黍生於巳壯於酉長於戌老於亥死於丑惡於丙午忌於丑

寅卯稌忌於未寅孝經援神契云黑墳宜黍麥尚書考靈曜云夏火星昏中可以種黍菽火東方蒼龍之宿四月昏中在南方菽大豆也

氾勝之書曰黍者暑也種者必待暑先夏至二十日此時有雨彊土可種黍一畝三升黍心未生雨灌其心心傷無實黍心初生畏天露令兩人對持長索槩去其露日出乃止凡種黍覆土鋤治皆如禾法欲踈於禾踈黍雖科而米黄又多減及空今概雖不科而米白且均熟不減更勝踈者氾氏云欲踈於禾其義未聞

崔氏曰四月蠶入簇時雨降可種黍禾謂之上時夏至先後各二日可種黍蟲食李者黍貴也

粱秫第五

爾雅曰虋赤苗芑白苗郭璞注曰虋今之赤粱粟也芑今之白粱粟也皆好穀也犍為舍人曰是伯夷叔齊所食首陽草也廣志曰有具粱解粱有遼東赤粱魏武帝常以作粥爾雅曰粟秫也孫炎曰秫粘粟也廣志曰秫粘粟有赤有白者有胡秫早熟及麥說文曰秫稷之粘者案今世有黄粱穀秫桑根秫槵天棓秫也

粱秫並欲薄地而稀一畝用子三升半地良多雉尾苗穊穗不成種與植穀同時晚者全不收也燥濕之宜杷勞之法一同穀苗收刈欲晚性不零落早刈損實

大豆第六

爾雅曰戎菽謂之荏菽孫炎注曰戎菽大菽也張揖廣雅曰大豆菽也小豆荅也豍邊兮反豆豌豆蹓豆也胡豆跭胡江反䠻也廣志曰種小豆一歲三熟莢甘白豆粗大可食刺豆亦可食秬豆苗似小豆紫花可為麫生朱提建寧大豆有黄落豆有御豆其豆角長有楊豆葉可食胡豆有青有黄者本草經云張騫使外國得胡豆今世大豆有白黑二種及長梢牛踐之名小豆有菉赤白三種黄高麗豆黑高麗豆鷰豆豍豆大豆類也豌豆豇豆營豆小豆類也

春大豆次植穀之後二月中旬為上時一畝用子八升三月上

旬為中時用子一斗四月上旬為下時用子一斗二升歲宜晚者五六月亦得然稍晚稍加種子地不求熟秋鋒之地即摘種地過熟者苗茂而實多收刈欲晚此不零落刈早損實必須耬下種欲深故豆性強苗深則及澤鋒耩各一鋤不過再葉落盡然後刈葉不盡則難治刈訖則速耕大豆性雨秋不耕則無澤種茭者用麥底一畝用子三升先漫散訖犂細淺𤱓良穀反而勞之早則其堅葉落稀則苗茎不高深則土厚不生若澤多者先深耕訖逆垡擲豆然後勞之澤少則否為其浥鬱不生九月中候近地葉有黄落者速刈之葉少不黄必浥鬱刈不速遠風則葉落盡遇雨則爛不成

雜陰陽書曰大豆生於槐九十日秀秀後七十日熟豆生於申壯於子長於壬老於丑死於寅惡於甲乙忌於卯午丙丁

孝經援神契曰赤土宜菽也

氾勝之書曰大豆保歲易為宜古之所以備凶年也謹計家口數種大豆率人五畝此田之本也三月榆莢時有雨高田可種大豆土和無塊畝五升土不和則益之種大豆夏至後二十日尚可種戴甲而生不用深耕大

豆須均而稀豆花憎見日見日則黃爛而根焦也穫豆之法莢黑而莖蒼輒收無疑其實將落反失之故曰豆熟於場於場穫豆即青莢在上黑莢在下氾勝之區種大豆法坎方深各六寸相去二尺一畝得千六百八十坎其坎成取美糞一升合坎中土攪和以內坎中臨種沃之坎三升水坎內豆三粒覆上土勿厚以掌抑之令種與土相親一畝用種一升用糞十六石八斗豆生五六葉鋤之旱者溉之坎三升水丁夫一人可治五畝至秋收一畝中十六石種之上土纔令蔽豆耳

崔寔曰正月可種豍豆二月可種大豆又曰二月昏參夕杏花盛桑椹赤可種大豆謂之上時四月時雨降可種大小豆美田欲稀薄田欲稠

小豆第七

小豆大率用麥底然恐小晚有地者常須兼留去歲穀下以擬之夏至後十日種者為上時（一畝用子八升）初伏斷手為中時（一畝用子一斗）中伏斷手為下時（一畝用子一斗二升）中伏以後

則晚矣（諺曰立秋葉如荷錢猶得豆者指謂宜晚之歲耳不可為常矣）熟耕耬下以為良澤多者耬耩漫擲而勞之如種麻法（未生白背勞之極佳）漫擲犂畤次之稿（上腿反）種為下鋒而不耩鋤不過再葉落盡則刈之（葉未盡者難治而易濕也）豆角三青兩黃拔而倒豎籠叢之生者均熟不畏嚴霜從本至末全無秕減乃勝刈者牛力若少得待春耕亦得稿種凡大小豆生既布葉皆得用鐵齒鍋楱（俎構切）從横杷而勞之

雜陰陽書曰小豆生於李六十日秀秀後六十日成成

後忌與大豆同

氾勝之書曰小豆不保歲難得椹黑時注雨種畝五升豆生布葉鋤之生五六葉又鋤之大豆小豆不可盡治也古所以不盡治者豆生布葉豆有膏盡治之則傷膏傷則不成而民盡治故其收耗折也故曰豆不可盡治養美田畝可十石以薄田尚可畝取五石諺曰與他作豆田斯言良美可惜也

龍魚河圖曰歲暮夕四更中取二七豆子二七麻子家

人頭髮少許合麻豆著井中咒勑井使其家竟年不遭傷寒辟五方疫鬼

雜五行書曰常以正月旦亦用月半以麻子二七顆赤小豆七枚置井中辟疫病甚神驗

又曰正月七日七月七日男吞赤小豆七顆女吞十四枚竟年無病令疫病不相染

種麻第八

爾雅曰黂枲實枲麻注別二名莩麻母孫炎注曰黂麻子莩苴麻盛子者崔寔曰牡麻無實好肥理一名為枲也

凡種麻用白麻子白麻子為雄麻顏色雖白齧破枯焦無膏潤者秕子也亦不中種市糴者口含令少時顏色如舊者佳如變黑者衰崔寔曰牡麻青白無實兩頭銳而輕浮麻欲得良田不用故墟故墟亦良有破葉夭折之患不任作布也地薄者糞之糞宜熟無熟糞者用小豆底亦得崔寔曰正月糞疇疇麻田也耕不厭熟縱橫七徧以上則麻無葉也田欲歲易抛子種則節高良田一畝用子三升薄田二升穊則細而不長稀則粗而皮惡夏至前十日為上時至日為中時至後十日為下時麥黃種麻麻黃種麥亦良候也諺曰夏至後不沒狗或答曰但雨多濕橐駝又諺曰五月及澤父子不相借言

及澤也夏至後者匪唯淺短皮亦輕薄此亦趨時不可失也父子之間尚不相假借而況他人乎澤多者先漬麻子令芽生取雨水浸之生芽疾用井水則生遲浸法著水中如炊兩石米頃漉出著席上布令厚三四寸數攪之令均得地氣一宿則芽出水若滂沛十日亦不生待地白背耬耩漫擲子空曳勞截雨腳即種者地濕麻生瘦待白背者麻生肥澤少者暫浸即出不得待芽生耬頭中下之不勞曳撻麻生數日中常驅雀葉青乃止布葉而鋤頻煩再徧止高而鋤者乃傷麻勃如灰便刈刈拔各隨鄉法未勃者收皮不成放勃不收即驅葉欲小稗欲薄為其易乾一宿輒翻之得霜露則皮黦也穫欲淨有葉者易爛漚欲清水生熟合宜濁水則麻黑水少則

麻脆生則難剝大爛則不任挽枲不氷凍冬日漚者即為柔明也

齊詩曰蓺麻如之何衡從其畝毛詩注曰蓺樹也衡獵之從獵之種之然後得麻

汜勝之書曰種枲太早則剛堅厚皮多節晚則不堅寧失於早不失於晚穫麻之法穗勃勃如灰拔之夏至後二十日漚枲枲和如絲

崔寔曰夏至先後各五日可種牡麻牡麻有花無實

種麻子第九

崔寔曰苴麻麻之有蘊者茡麻是也一名䵔

止取實者種斑黑麻子斑黑者饒實崔寔曰苴麻子黑又實而重擣治作燭不作麻耕須再遍一畝用子二升種法與麻同三月種者為上時四月為中時五月初為下時大率二尺留一科穊則不耕鋤常令淨荒則少實既放勃拔去雄若未放勃去雄者則不成子實

凡五穀地畔近道者多為六畜所犯宜種胡麻麻子以遮之胡麻六畜不食麻子齧頭則科大收此二實足供美燭之費也慎勿於大豆地中雜種麻子扇地兩損而收並薄六月中可於麻子地間散蕪菁子而鋤之擬收其根

雜陰陽書曰麻生於楊或荊七十日花後六十日熟種忌四季辰戌丑未戊己

汜勝之書曰種麻預調和田二月下旬三月上旬傍雨種之麻生布葉鋤之率九尺一樹樹高一尺以蠶矢糞之樹三升無蠶矢以溷中熟糞糞之亦善樹一升天旱以流水澆之樹五升無流水曝井水殺其寒氣以澆之雨澤適時勿澆澆不欲數養麻如此美田則畝五十石及百石薄田尚三十石穫麻之法霜下實成速斫之其

樹大者以鋸鋸之

崔寔曰二三月可種苴麻麻之有實者為苴

大小麥第十瞿麥附

爾雅曰大麥麰小麥麳廣志曰虜水麥其實大麥形有縫稅麥似大麥出涼州旋麥三月種八月熟出西方赤小麥赤而肥出鄭縣語曰湖豬肉鄭稀熟山提小麥至粘弱以貢御有半夏小麥有禿芒大黑有黑穬麥陶隱居本草云大麥為五穀長即今倮麥也一名麰麥似穬麥唯無皮耳穬麥此是今馬食者然則大穬二麥種別名異而世人以為一物謬矣按世有落麥者禿芒是也又有春種穬麥也大小麥皆須五月六月暵地不暵地而種者其收倍薄崔寔曰五月一日番麥田也種大小麥先時

逐犂稴種者佳再倍省種子而科大逐犂𢶍之亦得然不如作稴耐旱其山田及剛強之地則耬下之其種子宜加五省於下田凡耬種者匪直土淺易生然於鋒鋤亦便穬麥非良地則不須種薄地徒勞種而必不收凡種穬麥高下田皆得用但必須良熟耳高田借擬禾豆自可專用下田也八月中戊社前種者為上時𢶍者畝用子二升半下戊前為中時用子三升八月末九月初為下時用子三升半或四升小麥宜下田歌曰高田種小麥穲穇不成穗男兒在他鄉那得不憔悴八月上戊社前為上時𢶍者用子一升半中戊前為中時用子二升下戊前為下時用子二升半正月二月勞而鋤之

三月四月鋒而更鋤鋤麥倍收皮薄麵多而鋒勞鋤各得再遍為良也令立秋前治訖立秋後則蟲生蒿艾簞盛之良以蒿艾閉窖埋之亦佳窖麥法必須日曝令乾及熱埋之多種久居供食者宜作劁才凋切麥倒刈薄布順風放火火既著即以掃帚撲滅仍打之如此者夏蟲不生然唯中作麥飯及麵用耳

禮記月令曰仲秋之月乃勸人種麥無或失時其有失時行罪無疑鄭玄注曰麥者接絕續乏之穀尤宜重之

孟子曰今夫麰麥播種而耰之其地同樹之時又同浡然而生至於日至之時皆熟矣雖有不同則地有肥磽雨露之所養人事之不齊也

雜陰陽書曰大麥生於杏二百日秀秀後五十日成麥生於亥壯於卯長於辰老於巳死於午惡於戌忌於子丑小麥生於桃二百一十日秀秀後六十日成忌與大麥同蟲食杏者麥貴

種瞿麥法以伏為時一名地麵良地一畝用子五升薄田三四升畝收十石渾蒸曝乾舂去皮米全不碎炊作飧甚滑細磨下絹簁

作餅亦滑美然為性多穢一種此物數年不絕耘鋤之功更益劬勞

尚書大傳曰秋昏虛星中可以種麥虛北方玄武之宿八月昏中見於南方

說文曰麥芒穀秋種厚埋故謂之麥麥金王而生火王而死

氾勝之書曰凡田有六道麥為首種種麥得時無不善夏至後七十日可種宿麥早種則蟲而有節晚種則穗

小雨少實當種麥若天旱無雨澤則薄漬麥種以酢且故反漿并蠶矢夜半漬向晨速投之令與白露俱下酢漿令麥耐旱蠶矢令麥忍寒麥生黃色傷於太稠稠者鋤而稀之秋鋤以棘柴耬之以壅麥根故諺曰子欲富黃金覆黃金覆者謂秋鋤麥曳柴壅麥根也至春凍解棘柴曳之突絕其乾葉須麥生復鋤之到榆莢時注雨止候土白背復鋤如此則收必倍冬雨雪止以物輒蔄麥上掩其雪勿令從風飛去後雪復如此則麥耐旱多實

春凍解耕和土種旋麥麥生根茂盛莽鋤如宿麥

氾勝之區麥種區大小如中農夫區禾收區種凡種一畝用子二升覆土厚二寸以足踐之令種土相親麥生根成鋤區間秋草緣以棘柴律土壅麥根秋旱則以桑落曉澆之秋雨澤適勿澆之麥凍解棘柴律之突絕去其枯葉區間草生鋤之大男大女治十畝至五月收區一畝得百石以上十畝得千石以上小麥忌戌大麥忌子除日不中種

崔寔曰凡種大小麥得白露節可種薄田秋分種中田後十日種美田唯穬早晚無常正月可種春麥䜶豆盡二月止

青稞麥治打時稍難唯伏日用碌碡碾右每十畝用種八斗與大麥同時熟好收四十石石八九斗麵堪作麨及餅飥甚美磨總盡無麩鋤一遍佳不鋤亦得

水稻第十一

爾雅曰稌稻郭璞注曰沛國今呼稻為稌廣志云有虎掌稻紫芒稻赤芒稻白米南方有蟬鳴稻七月熟有盖

下白稻正月種五月穫穫訖其根茇復生九月熟青芋稻六月熟累子稻白漢稻七月熟此三稻大而且長米半寸出益州秔有烏秔黑穬青函白夏之名說文曰穬穗米皆青白也字林曰秜力脂今年死來年自生曰秜稻紫莖不粘者秔稻屬風土記曰稻之紫莖穬稻之青紫今世有黃稻黃陸稻青稈稻豫章青稻尾紫稻青杖稻飛蜻稻赤甲稻烏陵稻大香稻小香稻白地稻𦽊灰稻一年再熟有秫稻秫米一名糯米俗云亂米非也有九格秫雉目秫大黃秫棠秫馬牙秫長江秫惠成秫黃滿秫方滿秫虎皮秫䕏赤秫皆米也

稻無所緣唯歲易為良選地欲近上流地無良薄水清則稻美三月種者為上時四月上旬為中時中旬為下時先放水十日後曳陸軸十遍遍數唯多為良地既熟淨淘種子浮者去之秋則

生稗漬經五宿漉出內草篅中裛之復經三宿芽生長二分一畝三升擲三日之中令人驅鳥苗長七八寸陳草復起以鐮侵水芟之草悉膿死稻苗漸長復須薅拔草曰薅虎高切薅訖決去水曝根令堅量時水旱而溉之將熟又去水霜降穫之早刈米青而不堅晚刈零落而損收北土高原本無陂澤隨逐隈曲而田者二月氷解地乾燒而耕之仍即下水十日塊既散液持木斫平之納種如前法既生七八寸拔而栽之既非歲易草稗俱生芟亦不死故須用栽而薅之溉灌收刈一如前法

畦畛大小無定須量地宜取水均而已藏稻必須用䈂此既水穀窖埋得地氣則爛敗也若欲久居者亦如劁麥法舂稻必須冬時積日燥曝一夜置霜露中即舂若冬舂不乾即米青赤脈起不經霜不燥曝則米碎矣秫稻法一切同

雜陰陽書曰稻生於柳或楊八十日秀秀後七十日成戊己四季日為良忌寅卯辰惡甲乙

周官曰稻人掌稼下地以水澤之地種穀也謂之稼者有似嫁女相生以瀦畜水以防止水以溝蕩水以遂均水以列舍水以澮寫水以涉揚其芟作田鄭司農說瀦防以春秋傳曰町原防規偃瀦以列舍水列者非一道以去水也以涉揚其芟以其水寫故得行其田中舉其芟鉤也杜子春讀蕩為和蕩謂以溝行水也玄謂偃瀦者畜流水之陂也防瀦旁隄也遂田首受水小溝也列田之畦畛也作猶治也開遂舍水於列中因涉之揚去前年所芟之草而治田種稻凡稼澤夏以水殄草而芟荑之殄病也絕也鄭司農說芟荑以春秋傳曰芟荑薀崇之今時謂禾下麥為荑下麥言芟刈其禾於下種麥也玄謂將以澤地為稼者必於夏六月之時大雨時行以水病絕草之後生至秋水涸芟之明年乃稼澤草所生種之芒種鄭司農云澤草之所生其地可種芒種芒種稻麥也

禮記月令云季夏大雨時行乃燒薙行水利以殺草如以熱湯鄭玄注曰薙謂迫地芟草此謂

欲稼菜地先薙其草草乾燒之至此月大雨流潦畜於芟中則草不復生地美可稼也薙氏掌殺草春始生而萌之夏日至而夷之秋繩而芟之冬日至而耜之若欲其化也則以水火變之可以糞田疇可以美土疆注曰土潤溽暑膏澤易行也糞美互文土疆強檃之地

孝經援神契曰汙泉宜稻

淮南子曰蘺先稻熟而農夫薅之者不以小利害大穫高誘曰蘺水稗

氾勝之書曰種稻春凍解耕反其土種稻區不欲大大則水深淺不適冬至後一百一十日可種稻稻地美用

種畝四升始種稻欲濕濕者缺其塍令水道相直夏至後大熟令水道錯

崔寔曰三月可種秔稻稻美田欲稀薄田欲稠五月可别種及藍盡夏至後二十日止

旱稻第十二

旱稻用下田白土勝黑土（非言下田勝高原但下停水者不得禾且麥稻田種雖澇亦收所謂彼此俱獲不失地利故也下田種者用功多高原種者與禾同等也）凡下田停水處燥則堅垎濕則汙泥難治而易荒墝埆而殺種其春耕

者殺種尤甚故宜五六月暵之以擬䴸麥麥時水澇不得納種者九月中復一轉至春種稻萬不失一（春耕者十石收五蓋誤人耳）凡種下田不問秋夏候水盡地白背時速耕杷勞頻煩令熟（過燥則堅過雨則泥所以宜速耕）二月半種稻為上時三月為中時四月初及半為下時漬種如法裛令開口耬耩掩種之（掩種者省耕而生科又勝擲者）即再遍勞（若歲寒早種慮時晚即不漬種即恐芽焦也）其土黑堅彊之地種未生前遇旱者欲得牛羊及人履踐之濕則不用一跡入稻既生猶欲令人踐壠背（踐者茂而多實也）苗長三寸杷勞而鋤之鋤惟欲速（稻苗性弱不能扇草故宜數鋤之）每經一雨輒欲杷勞苗高尺許則鋒大雨無所作宜冒雨薅之科大如概者五六月中霖雨時拔而栽之（栽法欲淺令其根須四散則滋茂深而直下者聚而不科其苗長者亦可拔去葉端數寸勿傷其心也）入七月不復任栽（七月百草成時晚故也）其高田種者不求極良唯須廢地（過良則苗折廢地則無草）亦秋耕杷勞令熟至春黃塲納種（不宜濕下）餘法悉與下田同矣

胡麻第十三

（漢書張騫外國得胡麻今俗人呼為烏麻者非也廣雅曰狗虱勝茄胡麻也本草經曰胡麻一名巨勝今世有白胡麻八稜胡麻白者油多）

胡麻宜白地種二三月為上時四月上旬為中時五月上旬為下時（月半前種者實多而成月半後種者少子而多秕也）種欲截雨脚（若不緣濕而不生）一畝用子二升漫種者先以耬耩然後散子空曳勞（勞上加人則土厚不生）耬耩者炒沙令燥中和半之（不和沙下不均壠種若荒得用鋒耩）鋤不過三遍刈束欲小（束大則難燥打手復不勝）以五六束為一叢斜倚之（不爾則風吹倒損收也）候口開乘車詣田斗藪

倒豎以小杖微打之還叢之三曰一打四五遍乃盡耳若乘濕橫積蒸熱速乾雖曰鬱裛無風吹虧損之慮浥者不中為種子然於油無損也

崔寔曰二月三月四月五月時雨降可種之

種瓜第十四 附茄子

廣雅曰土芝瓜也其子謂之㼐然瓜有龍肝虎掌羊骹兔頭㼐𤬏狸頭白㼐狄無餘縑瓜瓜屬也張孟陽瓜賦曰羊骹累錯㼐子市江廣志曰瓜之所出以遼東廬江燉煌之種為美有烏瓜縑瓜狸頭瓜蜜筩瓜女臂瓜羊髓瓜瓜州大瓜大如斛出涼州狀須舊陽城御瓜有香登瓜大如三升魁有桂枝瓜長二尺餘蜀地溫食瓜至冬熟有春白瓜細小小瓣宜藏正月種二月成者秋泉瓜秋種十月熟形如羊角色黃黑史記曰邵平者故秦

東陵侯秦破為布衣家貧種瓜於長安城東瓜美故世謂之東陵瓜從邵平始漢書地理志曰燉煌古瓜州地有美瓜王逸瓜賦曰落疏之文永嘉記曰永嘉美瓜八月熟至十一月肉青赤香甜清快衆瓜之勝廣州記曰瓜冬熟號為金釵瓜說文曰㼖小瓜瓞也陸機瓜賦曰栝樓定桃黃㼐白傅金釵蜜筩小青大斑玄骭素腕狸首虎蹯東陵出於秦谷桂髓起於巫山也

收瓜子法常歲歲先取本母子瓜截去兩頭止取中央子本母子者瓜生數葉便結子子復早熟用中輩瓜子蔓長二三尺然後結子用後輩子者蔓長足然後結子子亦晚熟種早子熟速而瓜小種晚子熟遲而瓜大去兩頭者近蒂子瓜曲而細近頭子瓜短而喎凡瓜落疏青黑者為美黃白及斑雖大而惡若種苦瓜子雖爛熟氣香其味猶苦也

又收瓜子法食瓜時美者收即以細糠拌之日曝向燥挼而簸之淨而且速也良田小豆底佳黍底次之刈訖即耕頻頻轉之二月上旬種者為上時三月上旬為中時四月上旬為下時五月六月上旬可種藏瓜凡種法先以水淨淘瓜子以鹽和之鹽和則不籠死先臥鋤耬却燥土不耬者坑雖深大常雜燥土故瓜不生然後培坑大如斗口納瓜子四枚大豆三箇於堆旁向陽中諺曰種瓜黃臺頭瓜生數葉掐去豆瓜性弱苗不能獨生故須大豆為之起土瓜生不去豆則豆反扇瓜不得滋茂但豆斷汁出更成良潤勿拔之拔之則土虛燥也多鋤則饒子不鋤則

無實五穀蔬菜果蓏之屬皆如此也五六月種晚瓜

治瓜籠法旦起露未解以杖舉瓜蔓散灰於根下後一兩日復以土培其根則迴無蟲矣

又種瓜法依法種之十畝勝一頃於良美地中先種晚禾晚禾令地膩熟劁刈取穗欲令茇方末切長秋耕之耕法弭縛犁耳起規逆耕耳弭則禾拔頭出而不沒矣至春起復順耕亦弭縛犁耳翻之還令草頭出耕訖勞之令甚平種植穀時種之種法使行陣直兩行微相近兩行外相遠中間通步道道外還兩行相近如是作次第經四小道通一

車道凡一頃地中須開十字大巷通兩乘車來去運輦其瓜都聚在十字巷中瓜生比至初花必須三四遍熟鋤勿令有草生草生脅瓜無子鋤法皆起禾茇令直豎其瓜蔓本底皆令土下四廂高微雨時得停水瓜引蔓皆沿茇上茇多則瓜多茇少則瓜少茇多則蔓廣蔓廣則歧多歧多則饒子其瓜會是歧頭而生無歧而花者皆是浪花終無瓜矣故令蔓生在茇上瓜懸在下

摘瓜法在步道上引手而取勿聽浪人踏瓜蔓及翻覆之（踏則莖破翻則成細皆令瓜不茂而蔓早死）若無茇而種瓜者地雖美好正得長苗直引無多槃歧故瓜少子若無茇處豎乾柴亦得（凡乾柴草不妨滋茂）凡瓜所以早爛者皆由腳躡及摘時不慎翻動其蔓故也若以理慎護及至霜下葉乾子乃盡矣（但依此法則不必別種早晚及中三輩之瓜）

區種瓜法六月雨後種菉豆八月中犂稀殺之十月又一轉即十月中種瓜率兩步為一區坑大如盆口深五寸以土壅其畔如菜畦形坑底必令平正以足踏之令其保澤以瓜子大豆各十枚遍布坑中（瓜子大豆兩物為雙藉其起土故也）以糞五升覆之（亦令均平）又以土一斗薄散糞上復以足微躡之冬月大雪時速併力推雪於坑上為大堆至春草生瓜亦生莖葉肥茂異於常者且常有潤澤旱亦無害五月瓜便熟（其掐豆鋤瓜之法與常同若瓜子盡生則大概掐出之一區四根即足矣）

又法冬天以瓜子數枚內熱牛糞中凍即拾聚置之陰地（量地多少以足為限）正月地釋即耕逐場布之率方一步下一斗糞耕土覆之肥茂早熟雖不及區種亦勝凡瓜遠矣（凡生糞糞地無勢多於熟糞令地小荒矣）

有蟻者以牛羊骨帶髓者置瓜科左右待蟻附將棄之棄二三則無蟻矣

氾勝之曰區種瓜一畝為二十四科區方圓三尺深五寸一科用一石糞糞與土合和令相半以三斗瓦甕埋著科中央令甕口上與地平盛水甕中令滿種瓜甕四面各一子以瓦蓋甕口水或減輒增常令水滿種常以冬至後九十日百日得戊辰日種之又種薤十根令週迴甕居瓜子外至五月瓜熟薤可拔賣之與瓜相避又

欽定四庫全書
齊民要術 卷二
圭

可種小豆於瓜中畝四五升其藿可賣此法宜平地瓜收畝萬錢

崔寔曰種瓜宜用戊辰日二月三日可種瓜十二月臘時祀炙萐樹瓜田四角去𧌒（胡濫反瓜虫謂之𧌒）

龍魚河圖曰瓜有兩鼻者殺人

種越瓜胡瓜法四月中種之（胡瓜宜豎柴木令引蔓緣之）收越瓜欲飽霜（霜不飽則爛）收胡瓜候色黃則摘（若待色赤則皮存而肉消）並如凡瓜於香醬中藏之亦佳

種冬瓜法（廣志曰冬瓜蔬拒神仙本草謂之地芝也）傍墻陰地作區圓二尺深五寸以熟糞及土相和正月晦日種（二月三月亦得）既生以柴木倚墻令其緣上旱則澆之八月斷其梢減其實一本但存五六枚（多留則不成也）十月霜足收之（早收則爛）削去皮子於芥子醬中或美豆醬中藏之佳

冬瓜越瓜瓠子十月區種如區種瓜法冬則推雪著區上為堆潤澤肥好乃勝春種

種茄子法茄子九月熟時摘取擘破水淘子取沉者速曝乾裹置至二月畦種（治畦下水一如葵法性宜水常取潤澤）著四五葉雨時合泥移栽之（若旱無雨澆水令徹澤夜栽之白日以席蓋勿令見日）十月種者如區種瓜法推雪著區中則不須栽其春種不作畦直如種凡瓜法者亦得唯須曉夜數澆耳大小如彈圓中生食味似小豆角

種瓠第十五

衛詩曰匏有苦葉毛云匏謂之瓠詩義疏云瓠葉少時以為羮又可淹煮極佳故云幡幡瓠葉采之亨之河東及揚州常食之八月中堅強不可食故云苦葉廣志曰有都瓠子如牛角長四尺有約腹瓠其大數斗其腹窈

挈緣帶為口出雍縣移種子他則否朱崖有苦葉瓠其大者受斛餘郭子曰東吳有長柄壺盧釋名曰瓠畜皮瓠以為脯蓄積以待冬月用也淮南萬畢術曰燒穰殺瓠物自然也

氾勝之書曰種瓠法以三月耕良田十畝作區方深一尺以杵築之令可居澤相去一步區種四實蠶矢一斗與土糞合澆之水二升所乾處復澆之著三實以馬箠㪏其心勿令蔓延多實實細以藳薦其下無令親土多瘡瘢度可作瓢以手摩其實從帶至底去其毛不復長且厚八月微霜下收取掘地深一丈薦以藳四邊各厚

一尺以實置孔中令底下向瓠一行覆上土厚二尺二十日出黄色好破以為瓢其中白膚以養豬致肥其瓣以作燭致明一本三實一區十二實一畝得二千八百八十實十畝凡得五萬七千六百瓢瓢直十錢并直五十七萬六千文用蠶矢二百石牛耕功力直二萬六千文餘有五十五萬肥豬明燭利在外

氾勝之書曰區種瓠法收種子須大者若先受一斗者得收一石受一石者得收十石先掘地作坑方圓深各

三尺用蠶沙與土相和令中半（若無蠶沙生牛糞亦得）著坑中足躡令堅以水沃之候水盡即下瓠子十顆復以前糞覆之既生長二尺餘便總聚十莖一處以布纏之五寸許復用泥泥之不過數日纏處便合為一莖留強者餘悉掐去引蔓結子子外之條亦掐去之勿令蔓延

留子法初生二三子不佳去之取第四五六區留三子即足旱時須澆之坑畔周匝小渠子深四五寸以水停之令其遥潤不得坑中下水

崔寔曰正月可種瓠六月可畜瓠八月可斷瓠作蓄瓠瓠中白膚實以養豬致肥其瓣則作燭致明

家政法曰二月可種瓜瓠

種芋第十六

（說文曰芋大葉實根駭人者故謂之芋齊人呼為莒廣雅曰渠芋其葉謂之蔌藉姑水芋也亦曰烏芋廣志曰蜀漢既繁芋民以為資凡十四等有君子芋大如斗魁如杵簇有車轂芋有鋸子芋有勞巨芋有青邑芋此四芋多子有淡善芋魁大如瓶少子葉如散蓋紺色紫莖長丈餘易熟長味芋之最善者也莖可作羹臛肥澀得飲乃下有蔓芋緣枝生大者次二三升有雞子芋色黄有百果芋魁大子繁多畝收百斛種一百畝以養彘有

旱芋七月熟有九面芋大而不美有象空芋大而弱使人易飢有青芋有素芋子皆不可食莖可為菹凡此諸芋皆可乾腊又可藏至夏食之又百子芋出葉俞縣有魁芋無旁子生永昌縣有大芋二升出范陽新鄭風土記曰博士芋蔓生根如鵝鴨卵蔌必杏反）

氾勝之書曰種芋區方深皆三尺取豆萁內區中足踐之厚尺五寸取區上濕土與糞和之內區中萁上令厚尺二寸以水澆之足踐令保澤取五芋子置四角及中央足踐之旱數澆之萁爛芋生子皆長三尺一區收三石

又種芋法宜擇肥緩土近水處和柔糞之二月注雨可種芋率二尺下一本芋生根欲深劚其旁以緩其土旱則澆之有草鋤之不厭數多治芋如此其收常倍

列仙傳曰酒客為梁使蒸民益種芋後三年當大飢卒如其言梁民不死 案芋可以救飢饉度凶年今中國多不以此為意後生中有耳目所不聞見者及水旱風霜雹之災便能餓死滿道白骨交横知而不種坐致泯滅悲夫人君者安可不督課之也哉

崔寔曰正月可菹芋

家政法曰二月可種芋也

齊民要術卷二

齊民要術卷三

後魏　賈思勰　撰

種葵第十七

廣雅曰蘬丘葵也廣志曰胡葵其花紫赤博物志曰人食落葵為狗所齧作瘡則不差或至死案今世葵有紫莖白莖二種種別復有大小之殊又有鴨脚葵也

臨種時必燥曝葵子葵子雖經歲不浥然濕種者疥而不肥也地不厭良故墟彌善薄即糞之不宜妄種春必畦種水澆春多風旱非畦不得且畦者省地而菜多一畦供一口畦長兩步廣一步大則水難均又不用人足入深掘以熟糞對半和土覆其上令厚一寸鐵齒杷耬之令熟足蹋使堅平下水令徹澤水盡下闕二字又以熟糞和

土覆其上令厚一寸餘葵生三葉然後澆之澆用晨夕日中便止每一掐輒杷耬地令起下水加糞三掐更種一歲之中凡得三輩凡畦種之物治畦皆女種葵法不復條列煩文早種者必秋耕十月末地將凍散子勞之一畝一升五月末散子亦得人足踐踏之乃佳踐者菜肥地釋即生鋤不厭數五月初更種之春者既老秋葉落未生故種此相接六月一日種白莖秋葵白莖者宜乾紫莖者乾即黑而澁秋葵堪食仍留五月種者取子春葵子熟不均故須留中輩於此時附地剪却春葵令根上枿生者柔軟至好仍供常食美於秋菜

掐秋菜必留五六葉不掐則莖孤留葉多則科大凡掐必待露解諺曰觸露不掐葵日中不翦韭八月半翦去留其岐多者則去地一二寸獨莖者亦可去地四五寸枿生肥嫩比至收時高與人膝等莖葉皆美科雖不高菜實倍多其不翦早生者雖高數尺柯葉堅硬全不中食所可用者唯有菜心附葉黃澁至惡煑亦不美看雖似多其實倍少收待霜降傷早黃爛傷晚黑澁榜簇皆須陰中見日亦澁其碎者割訖即地中尋手紏之待萎而亂者必爛

又種冬葵法近州郡都邑有市之處負郭良田三十畝九月收菜後即耕至十月半令得三徧每耕即勞以鐵

齒杷耬去陳根使地極熟令如麻地於中逐長穿井十口井必相當邪角則妨地地形狹長者井必作一行地形正方者作兩三行亦不嫌也井别作桔槹轆轤井深用轆轤井淺用桔槹柳罐令受一石罐小用則功費十月末地將凍漫散子唯概為佳畝用子六升散訖即勞有雪切勿令從風飛去勞雪令地保澤葉又不蟲每雪輒一勞之若令冬無雪臘月中汲井水普勞澆悉令徹澤有雪則不荒正月地澤驅踏破地皮不踏即枯涸皮破即香潤春煖草生葵亦俱生三月初葉大如錢逐概處拔大者賣之十手拔乃禁取兒女子七歲已上皆得充事也一升

葵還得一升米日日常拔看稀稠得所乃止有草拔却不得用鋤一畝得葵三載合收米九十車車准二十斛為米一千八百石自四月八日以後日日剪賣其剪處尋以手拌斫斸地令其起水澆糞覆之四月亢旱不澆則不長有雨則不須四月以前雖旱亦不須澆地實保澤雪勢未盡故也比及翦徧初者復還周而復始日日無窮至八月社日止留作秋菜九月指地賣兩畝得絹一疋收訖即急耕依去年法勝作十頃穀田止須一乘車牛專供此園耕勞輦糞賣菜終歲不閑若糞不可得者

五六月中穊種菉豆至七月八月犂掩殺之如以糞糞田則良美與糞不殊又省功力其井間之田犂不及者可作畦以種諸菜

崔寔曰正月可種瓜瓠葵菘芥薤大小葱蘇苜蓿及雜蒜但種此二物皆不如秋六月六日可種葵中伏後可種冬葵九月作葵菹乾葵

家政法曰正月種葵

蔓菁第十八

爾雅曰蕦葑蓯注江東呼為蕪菁或為菘菘蕦音相近蕦則蕪菁字林曰豊蕪菁苗也乃齊魯云廣志云蕪菁有紫花者白花者

種不求多唯須良地故墟新糞新墻垣乃佳若無故墟糞者以灰為糞令厚一寸灰多則爆不生也一耕地欲熟七月初種之一畝用子三升從處暑至八月白露節皆得旱者作菹晚者作乾漫散而勞種不用濕濕則地堅菜焦既生不鋤九月末收葉晚收則黃落仍留根取子十月中犂麤畖拾取耕出者若不耕畖則留者英不茂實不繁也其葉作菹者料理如常法擬作乾菜及釀女亮反菹者釀菹者後年正月始作耳須留第一好菜擬之其菹法列後條割訖則尋手擇治而辮之勿待萎萎而後辮

則爛挂著屋下陰中風涼處勿令煙熏煙熏則苦燥則上在廚積置以苫之積時宜候天陰潤不爾多碎折久不積苦則澁也春夏畦種供食者與畦葵法同翦訖更種從春至秋得三輩常供好菹

取根者用大小麥底六月中種十月將凍耕出之一畝得數車早出者根細

又多種蕪菁法近市良田一頃七月初種之六月種者根雖粗大葉復出食七月末種者葉雖膏潤根復細小七月初種根葉俱得擬賣者純種九英九英葉根粗大雖堪舉賣氣味不美欲自食者須種細根一頃取葉三十載正月二月

賫作釀菹三載得一奴收根依畤法一頃收二百載二十載得一婢細剉和莝飼牛羊全擲乞猪并得充肥亞於大豆耳一頃收子二百石輸與壓油家三量成米此為收粟米六百石亦勝穀田十頃是故漢桓帝詔曰橫水為災五穀不登令所傷郡國皆種蕪菁以助民食然此可以度凶年救飢饉乾而蒸食既甜且美自可藉口何必飢饉若值凶年一頃乃活百人耳

蒸乾蕪菁根法作湯淨洗蕪菁根漉着一斛甕子中以葦荻塞甕裏以閉口著釜上繫甑帶以乾牛糞然火竟夜蒸之粗細均熟謹謹著牙真類鹿尾蒸而賣者則收米十石也

種菘蘆菔蒲北反法與蕪菁同菘菜似蕪菁無毛而大方言曰蕪菁紫花者謂之蘆菔按蘆菔根實粗大其角及根葉並可生食非蕪菁也秋中賣銀十畝得錢一萬

廣志曰蘆菔一名雹突

崔寔曰四月收蕪菁及芥葶藶冬葵子六月中伏後七月可種蕪菁至十月可收也

種蒜第十九

說文曰蒜葷菜也博物志曰張騫使西域得大蒜胡荽延篤曰張騫大宛之蒜又有胡蒜澤蒜也

蒜宜良輭地白輭地蒜甜美而科大黑輭次剛強之地辛辣而瘦小也三徧熟耕九月初種種法黃𪃍時以耬耩逐壠手下之五寸一株諺曰左右通鋤一萬餘株空曳勞二月半鋤之令滿三徧勿以無草則不鋤不鋤則科小條拳而軋之不軋則獨科葉黃鋒出則辮於屋下風涼之處桁之早出者皮赤科堅可以遠行晚則皮壞而喜碎冬寒取穀𥣬奴勒反布地一行蒜一行𥣬不爾則凍死收條中子種者一年為獨瓣種二年者則成大蒜科皆如拳又逾於凡蒜矣尾子於壠底置獨瓣蒜於瓦上以土覆之蒜科橫闊而大形容殊別不足為異今并州無大蒜朝歌取種一歲之後還成百子蒜矣其瓣粗細正與條中子同蕪菁根其大如椀口雖種他州子一年亦變大蒜瓣變小蕪菁根變大二事相反其理難推又八月中

方得熟九月中始刈得花子至於五穀蔬果與餘州早晚不殊亦一異也并州豌豆度井陘已東山東穀子入壺關上黨苗而無實皆余目所親見傳信傳疑蓋土地之異者也

種澤蒜法預耕地熟時採取子漫散勞之澤蒜可以香食吳人調鼎率多用此根葉作菹更勝葱韭此物繁息一種永生蔓延滋漫年稍廣闊區斸取隨手還合但種數畝用之無窮種者地熟美於野生

崔寔曰布谷鳴收小蒜六月七月可種小蒜八月可種大蒜

種䪥第二十

爾雅曰䪥鴻薈 注曰䪥菜也

䪥宜白軟良地三轉乃佳二月三月種 八月九月種亦得秋種者春末生 率七八支為一本 諺曰葱三䪥四移葱者三支為一本種䪥者四支為一科然支多者科圓大故以七八為率 䪥子三月葉青便出之 未青而出者肉未滿令䪥瘦 燥曝挼去莩餘切却薑根 留薑根而濕者即瘦細不得肥也 先種耬耩地壠燥培而種之 壠燥則䪥肥耬重則白長 率一尺一本葉生即鋤鋤不厭數 䪥性多穢荒則羸惡 五月鋒八月初耩 不耩則白短 葉不用翦 翦則損白供常食者別種 九月十月出賣 經久不出也 擬種子至春地釋即曝之

崔寔曰正月可種䪥韭芥七月別種䪥矣

種葱第二十一

廣志曰葱有冬春二種有胡葱木葱山葱晉令曰有紫葱

收葱子必薄布陰乾勿令浥鬱 此葱性熱多喜浥鬱浥鬱則不生 其擬種之地必須春種綠豆五月掩殺之比至七月耕數徧一畝用子四五升 良田五升薄地四升 炒穀拌和之 葱子性澁不以穀和下不均調不炒穀則草穢生 兩耬重耩竅瓠下之以批 蒲結反 契 蘇結反 繼腰曳之七月納種至四月始鋤鋤徧乃翦翦與地平 高留則無葉深翦則傷根 翦欲旦起避熱時良地三翦薄地再翦八月止 不翦則不茂翦過則根跳若八月不止則葱無袍而損白 十二月盡掃去枯葉枯袍 不去枯葉春葉則不茂 二月三月出之 良地二月出薄地三月出 收子者別留之葱中亦種胡荽尋手供食乃至孟冬為菹亦不妨

崔寔曰三月別小葱六月別大葱七月可種大小葱 夏葱曰小冬葱曰大

種韭第二十二

廣志曰弱韭長一尺出蜀漢王彪之閩中賦曰蒲韭冬藏也

收韭子如葱子法 若市上買韭子宜試之以銅鐺盛水於火上微煑韭子須臾芽生者好芽不生者是浥鬱矣 治畦下水糞覆悉與葵同然畦欲極深 韭一翦一加糞又根性上跳故須深也 二月七月種種法以升盞合地為處布子於圍內 韭性内生不向外長圍種令科成 薅令常淨 韭性多穢數薅為良 高數寸翦之 初種時止一翦 至正月掃去畦中陳葉凍解以鐵杷耬起下水加熱糞韭高三寸便翦之翦如葱法一歲之中

不過五剪（每剪杷耬下水加糞悉如初）收子者一剪則留之若旱種者但無畦與水耳杷糞悉同一種永生（諺曰韭者懶人菜以其不須歲植也聲類曰韭者久長也一種永生）

崔寔曰正月上辛日掃除韭畦中枯葉七月藏韭菁（菁韭耙出）

種蜀芥蕓薹芥子第二十三

（吳氏本草云芥葙一名水蘇一名勞葙）

蜀芥蕓薹取葉者皆七月半種地欲糞熟蜀芥一畝（用子

一升）蕓薹一畝（用子四升）種法與蕪菁同既生亦不鋤之十月收蕪菁訖時收蜀芥（中為鹹淡二菹亦任為乾菜）蕓薹足霜乃收（不足霜即澁）

種芥子及蜀芥蕓薹取子者皆二三月好雨澤時種（三物性不耐寒經冬則死故須春種）旱則畦種水澆五月熟而收子（蕓薹冬天草覆亦得取子又得生茹供食）

崔寔曰六月大暑中伏後可收芥子七月八月可種芥

種胡荽第二十四

胡荽宜黑軟青沙良地三徧熟耕（樹陰下不得和豆處亦得）春種者用秋耕地開春凍解地起有潤澤時急接澤種之種法近市負郭田一畝用子二升故概種漸鋤取賣供生菜也外舍無市之處一畝用子一升疎密正好六七月種一畝用子一升先燥曬欲種時布子於堅地一升子與一掬濕土和之以脚蹉令破作兩段（多種者以磚瓦蹉之亦得以木礱之亦得子有兩人人各著故不破兩段則疎密水浥而不生著土者令土入殼中則生疾而長速種時欲燥此菜非雨不生所以不求濕下也）於旦暮潤時以耬耩作壠以手散子即勞令平（春雨難期必須藉澤蹉跎失機則不得矣地正月中凍解者時節既早雖浸芽不生但燥種之

不須浸子地若二月始解者歲月稍晚恐澤少不時生失歲計矣便於煖處籠盛胡荽子一日三度以水沃之二三日則芽生於旦暮時接潤漫擲之數日悉出矣大體與種麻法相似假令十日二十日未出者亦勿怪之尋自當出有草乃令拔之）菜生二三寸鋤去概者供食及賣十月足霜乃收之取子者仍留根間（古莧反）拔令稀（概即不生）以草覆上（覆者得供生食又不凍死）又五月子熟拔取曝乾（勿使令濕濕則浥鬱）格柯打出作蒿篅盛之冬日亦得入窖夏還出之但不濕亦得五六年停一畝收十石都邑糶賣石堪一疋絹若地柔良不須重加耕墾者於子熟時好子稍有零落者然

後拔取直深細鋤地一徧勞令平六月連雨時穭音呂生者亦尋滿地省耕種之勞秋種者五月子熟拔去急耕十餘日又一轉入六月又一轉令好調熟如麻地即於六月中旱時耧耩作壟蹉子令破手散還勞令平一同春法但既是旱種不須耧潤此菜旱種非連雨不生所以不同春月要求濕下種後未遇連雨雖一月不生亦勿怪麥底地亦得種止須急耕調熟雖名秋種會在六月六月中無不霖望連雨生則根彊科大七月種者雨多

亦得雨少則生不盡但根細科小不同六月種者便十倍失矣大都不用觸地濕入中生高數寸鋤去概者供食及賣作葅者十月足霜乃收之一畝兩載載直絹三足若留冬中食者以草覆之尚得竟冬中食其春種小小供食者自可畦種畦種者一如葵法若種者挼生子令中破籠盛一日再度以水沃之令生芽然後種之再宿即生矣晝用箔蓋夜則去之晝不蓋熱不生夜不去虫耧之凡種菜子難生者皆水沃令芽生無不即生矣

作胡荽葅法湯中渫出之著大甕中以煖鹽水經宿浸之明日汲水淨洗出別器中以鹽酢浸之香美不苦亦可洗訖作粥津麥䴸味如蘘荷葅法亦有一種味作裹葅者亦須渫去苦汁然後乃用之矣

種蘭香第二十五

蘭香者羅勒也中國為石勒諱故改今人因以名焉且蘭香之目美於羅勒之名故即而用之韋弘賦敘曰羅勒者生崑崙之丘出西蠻之俗案今世大葉而肥者名朝蘭香矣

三月中候棗葉始生乃種蘭香早種者徒費子耳天寒不生治畦下

水一同葵法及水散子訖水盡簁熟糞僅得蓋子便止厚則不生弱苗故也晝日箔蓋夜即去之晝日不用見日夜須受露氣生即去箔常令足水六月連雨拔栽之掐心著泥中亦活作葅及乾者九月收晚即乾惡作乾者大晴時薄地刈取布地曝之乾乃挼取末甕中盛須則取用拔頭懸者裛爛又有雀糞塵土之患也取子者十月收自餘雜香菜不列者種法悉與此同

博物志曰燒馬蹄羊角成灰春散著濕地羅勒乃生

荏蓼第二十六

紫蘇薑芥薰葇與荏同時宜畦種爾雅曰薔虞蓼注云虞蓼澤蓼也蘇桂荏蘇荏類故名桂荏也

三月可種荏蓼荏子白者良黃者不美荏性甚易生蓼尤宜水畦種也荏則隨宜園畔漫擲便歲歲自生矣荏子秋末成可收蓬於醬中藏之蓬荏角也實成則惡其多種者如種穀法雀甚嗜之必須近人家種矣收子壓取油可以煑餅荏油色綠可愛其氣香美煑餅亞胡麻油而勝麻子脂膏麻子脂膏並有腥氣然荏油不可為澤焦人髮研為羮臛美於麻子遠矣又可以為燭良地十石多種博谷則倍收於諸田不同也為帛煎油彌佳荏油性淳塗帛勝麻油蓼作菹者長二寸則剪絹袋盛沈於醬甕中又長更剪常得嫩者若待秋子成而落莖既堅硬葉又枯燥也取子者候實成速收之性易凋零晚則落盡五月六月中蓼可為虀以食莧

崔寔曰正月可種蓼

家政法曰三月可種蓼

種薑第二十七

字林曰薑御濕之菜茈音紫生薑也潞屄曰南夷之薑

薑宜白沙地少與糞和熟耕如麻地不厭熟縱橫七徧尤善三月種之先重耧耩尋壟下薑一尺一科令上土厚三寸數鋤之六月作葦屋覆之不耐寒熱故九月掘出置屋中中國多寒宜作窖以穀稈合埋之中國土不宜薑僅可存活勢不滋息種者聊擬藥物小小耳

崔寔曰三月清明節後十日封生薑至四月立夏後蠶大食芽生可種之九月藏茈薑蘘荷其歲若溫皆待十月生薑謂之茈薑

博物志曰姙娠不可食薑令子盈指

蘘荷芹藘第二十八

說文曰蘘荷一名葍蒩搜神記曰蘘荷或謂嘉草爾雅曰芹楚葵也詩義疏曰藘苦菜青州謂之𦵔

蘘荷宜在樹陰下二月種之一種永生亦不須鋤微須加糞以土覆其上八月初踏其苗令死不踏則根不滋潤九月中取旁生根為菹亦可醬中藏之十月終以穀麥種覆之不覆則凍死二月掃去之

食經藏蘘荷法蘘荷一石洗漬以苦酒六斗盛銅盆中著火上使小沸以蘘荷稍稍投之小萎便出著席上令冷下苦酒三斗以三升鹽著中乾梅三升使蘘荷一行以鹽酢澆上綿覆罌口二十日便可食矣

葛洪方曰人得蠱欲知姓名者取蘘荷葉著病人臥席下

立呼蠡主名也

芹蘐並收根畦種之常令足水尤忌潘泔及鹹水澆之則死性並易繁茂而甜脆勝野生者

白蘘尤宜糞歲常可收

馬芹子可以調蒜韲

堇及胡葸子熟時收又冬初畦種之開春早得美於野生惟槪為良尤宜熟糞

種苜蓿第二十九

漢書西域傳曰罽賓有苜蓿大宛馬武帝時得其馬漢使採苜蓿種歸陸機與弟書曰張騫使外國十八年得苜蓿歸西京雜記曰樂遊苑自生玫瑰樹下多苜蓿苜蓿一名懷風時人或謂光風有風在其間蕭然自照其花有光采故名苜蓿懷風茂陵人謂之連枝草

地宜良熟七月種之畦種水澆一如韭法早種者重耬耩地使壟深闊竅瓠下子批契曳之每至正月燒去枯葉地液輒耕壟以鐵齒鍋楱鍋楱之更以魯斫斸其科土則滋茂矣不爾則瘦一年則三刈留子者一刈則止春初既中生噉為羹甚香長宜飼馬尤嗜此物長生種者一勞永逸都邑負郭所宜種之

崔寔曰七月八月可種苜蓿

雜說第三十

崔寔四民月令曰正旦各上椒酒於其家長稱觴舉壽欣欣如也上除若十五日合諸膏小草續命丸散法藥農事未起命成童以上入太學學五經謂十五以上至二十也硯冰釋命幼童入小學學篇章謂九歲以上十四以下篇章謂六甲九九急就三倉之屬命女工趣織布典饋釀春酒

染潢及治書法凡打紙欲生則堅厚特宜入潢凡潢紙滅白便是不宜太深深則年久色闇也人浸檗熟即棄滓直用純汁費而無益檗熟後漉滓擣而煮之布囊壓訖復擣煮之三擣三煮添和純汁者省四倍又彌明淨寫書經夏然後入潢縫不綻解其新寫者須以熨斗縫縫熨而潢之不爾入則零落豆黃不宜裛裛則全不入潢矣凡開卷讀書卷頭首紙不宜急卷急則破折折則裂以書帶上下絡首紙者無不裂壞卷一兩張後乃以書帶上下絡之者穩而不壞卷書勿用鬲帶而引之匪直帶濕損卷又損首紙令穴當御竹引之書帶勿太急則令書腰折騎蓦書上過者亦令書腰折書有毀裂鄺方紙而補者率皆攣瘲瘡硬厚瘢痕於書有損滓紙如蟬翼以補織微相入殆無際會自非向明舉而看之略不覺補裂若屈曲者還須於正紙上逐屈曲形勢裂取而補之若不先正元理隨宜裂斜紙者則令書卷縮凡點書記事多用緋縫繒體硬強費人齒

力愈汚染書又多零落若用紅紙者匪直明淨無染又紙性相親久而不落

雌黃治書法先於青硬石上水磨雌黃令熟曝乾更於磁碗中研令極熟曝乾又於磁碗中研令極熟乃融膠清和於鐵杵臼中熟擣丸如墨丸陰乾以水研而治書永不剝落若於碗中和用之者膠清雖多久亦剝落凡雌黃治書待潢訖治者佳先治入潢則動書廚中欲得安麝香木瓜令蠹蟲不生五月濕熱蠹蟲將生書經夏不舒展者必生蟲也五月十五日以後七月二十日以前必須三度舒而卷之須要晴時於大屋下風涼處不見日處曝書令書色暍熱卷生蟲彌速陰雨潤氣尤須避之慎書如此則數百年矣

二月順陽習射以備不虞春分中雷乃發聲先後各五日寢別內外有不戒者生子不備蠶事未起命縫人浣冬衣徹複

為袷其有嬴帛遂供秋服凡浣故帛用灰汁則色黃而且脆擣小豆為末下絹簁投湯中以洗之潔白而柔肕勝皁莢矣可糴粟黍大小豆麻麥子等收薪炭炭聚之下碎末勿令棄之擣篩煮淅米泔溲之更擣令熟丸如雞子曝乾以供籠爐種火之用輒得通曉堅實耐久踰炭十倍

漱素鈞反生衣絹法以水浸絹令浸一日數度迴轉之六七日水微臭然後拍出柔肕潔白大勝用灰

上犢車蓬軬及糊屏風書褁令不生蟲法水浸石灰經一宿挹取汁以和豆黏及作麵糊則無蟲若黏紙寫書入潢則墨矣

作假蠟燭法蒲熟時多收蒲臺削肥松大如指以為心爛布纏之融牛羊脂灌於蒲臺中宛轉於板上按令圓平更灌之足得供事其省功十倍也

三月三日及上除採艾及柳絮絮止瘡痛是月也冬穀或盡椹麥未熟乃順陽布德振贍窮乏務施九族自親者始無或蘊財忍人之窮無或利名罄家繼富度入為出處厥中焉蠶農尚閒可利溝瀆葺治墻屋修門戶警設守備以禦春饑草竊之寇是月盡夏至煖氣將盛日烈暵燥利用漆油作諸日煎藥可糶黍買布

四月繭既入簇趨繰剖線具機杼敬經絡草茂可燒灰是月也可作棗糒以禦賓客可糴麫及大麥弊絮

五月芒種節後陽氣始虧陰慝將萌煖氣始盛蟲蠹並興乃弛角弓弩解其徽絃張竹木弓弩弛其絃以灰藏旃裘毛毳之物及箭羽以竿挂油衣勿辟藏暑濕相黏也是月五日合止痢黃連圓霍亂圓採葸耳取蟾蜍以合血疽瘡藥及東行螻蛄螻蛄有刺治去刺療産婦難生衣不出霖雨將降儲米穀薪炭以備道路陷滯不通是月也陰陽爭血氣散夏至先

後各十五日薄滋味勿多食肥醲距立秋無食煑餅及水引餅（夏月食水時此二餅得水即堅强難消不幸便為宿食傷寒病矣試以此二餅置水中即可驗唯酒引餅入水即爛矣）可糴大小豆胡麻糴穬大小麥收弊絮及布帛至後糴𪍿𪏭曝乾置罌中密封（使不虫生）至冬可養馬

六月命女工織縑練（絹及紗縠之屬）可燒灰染青紺雜色

七月四日命置麴室具箔槌取淨艾六日饌治五穀磨具七日遂作麴及曝經書與衣裘作乾糗採葸耳處暑中向秋節浣故製新作袷薄以備始涼糴大小麥豆收縑練

八月暑退命幼童入小學如正月焉涼風戒寒趣練縑帛染綵色（河東染御黃法碓擣地黃根令熟灰汁和之攪令勻搦取汁別器盛更擣滓使極熱又以灰汁和之如薄粥瀉入不渝釜中煑生絹數迴轉使勻舉看有盛水袋子便是絹熟抒出着盆中尋繹舒張少時捩出淨振去滓曬極乾以別絹濾白淳汁和熱抒出更就盆染之急舒展令均汁冷捩之出曝乾則成矣治釜不渝法在醴酪條中大率三升地黃染得一疋黃地黃多則好柞柴桑薪蒿灰等物皆得用之）擘絲治絮製新浣故及韋履賤好預買以備冬寒刈萑葦芻茭涼燥可上弓弩繕理檠鋤正縛鎧絃遂以習射弛竹木弓弧糴種麥糴黍

九月治場圃塗囷倉修竇窖繕五兵習戰射以備寒凍窮厄之寇存問九族孤寡老病不能自存者分厚徹重以救其寒

十月培築垣墻塞向墐户（北出牖謂之向）上辛命典饋漬麴釀冬酒作脯腊農事畢令成童入大學如正月焉五穀既登家儲蓄積乃順時令勑喪紀同宗有貧窶久喪不堪葬者則糾合宗人共舉之以親疎貧富為差正心平斂無相踰越先自竭以率不隨先氷凍作涼餳煑暴飴

可折麻緝績布縷作白履不借（草履之賤者曰不借）賣縑帛弊絮糴粟豆麻子

冬十一月陰陽爭血氣散冬至日先後各五日寢別內外硯水凍命幼童讀孝經論語篇章入小學可釀醢糴秔稻粟豆麻子

十二月請召宗族婚姻賓旅講好和禮以篤恩紀休農息役惠必下浹遂合耦田器養耕牛選任田者以俟農事之起去豬盍車骨（後三歲可合瘡膏藥）及臘日祀炙箑（箑一作蘭燒飲）

治剌入肉中及樹瓜田中四角去蟲虫東門礫白雞頭可以合法藥

范子計然曰五穀者萬民之命國之重寶故無道之君及無道之民不能積其盛有餘之時以待其衰不足也

孟子曰狗彘食人食而不知檢塗有餓莩而不知發言豐年人君養犬豕使食人食不知法度撿制凶歲道路之傍人有餓死者不知發倉廩以賑之原孟子之意蓋常平倉之濫觴也人死則曰非我也歲也是何異於刺人而殺之曰非我也兵也人死為餓死王政使然

凡糴五穀菜子皆須初熟日糴將種時糶收利必倍凡冬糴豆穀至夏秋初雨潦之時糶之價亦倍矣蓋自然之數

魯秋胡曰力田不如逢年豐者尤宜多糴

史記貨殖傳曰宣曲任氏為督道倉吏秦之敗豪傑皆爭取金玉任氏獨窖倉粟楚漢相拒滎陽民不得耕米石至萬而豪傑金玉盡歸任氏任氏以此起富其効也且風蟲水旱饑饉荐臻十年之內儉居四五安可不預備凶災也

師曠占五穀貴賤法常以十月朔日占春糶貴賤風從東來春賤逆此者貴以四月朔占秋糴風從南來西來者秋皆賤逆此者貴以正月朔占夏糴風從南來東來者皆賤逆此者貴

師曠占五穀曰正月甲戌日大風東來折樹者穀熟甲寅日大風西北來者貴庚寅日風從西來者皆貴二月甲戌日風從南來者稻熟乙卯日不雨晴明稻上場不熟四月四日雨稻熟日月珥天下喜十五日十六日雨晚稻善日月蝕

師曠占五穀早晚曰粟米常以九月為本若貴賤不時以最賤所之月為本粟以秋得本貴在來夏以冬得本貴在來秋此收穀遠近之期也早晚以其時差之粟米春夏貴去年秋冬什七到夏復貴秋冬什九者是陽道之極也急糶之勿留留則太賤也

黃帝問師曠曰欲知牛馬貴賤秋葵下有小葵生牛貴大葵不蟲牛馬賤

越絕書曰越王問范子曰今寡人欲保穀為柰何范子曰欲保穀必觀於野視諸侯所多少為備越王曰所少可得為困其貴賤亦有應乎范子曰夫知穀貴賤之法必察天之三表即決矣越王曰請問三表范子曰水之勢勝金陰氣蓄積大盛水據金而死故金中有水如此者歲大敗八穀皆貴金之勢勝木陽氣蓄積大勝金據木而死故木中有火如此者歲大美八穀皆賤金木水火更相勝此天之三表也不可不察能知三表可以為

邦寶越王又問曰寡人已聞陰陽之事穀之貴賤可得聞乎答曰陽主貴陰主賤故當寒不寒穀暴貴當溫不溫穀暴賤王曰善書帛致於枕中以為國寶

范子曰堯舜禹湯皆有預見之明雖有凶年而民不窮王曰善以丹書帛致之枕中以為國寶

鹽鐵論曰桃李實多者來年為之穰

物理論曰正月望夜占陰陽陽長即旱陰長即水立表以測其長短審其水旱表長二尺月影長二尺以其大旱二尺五寸至三尺小旱三尺五寸至四尺調適高下皆熟四尺五寸至五尺小水五尺五寸至六尺大水月影所極則正面也立表中正乃得其定又曰正月朔旦四面有黃氣其歲大豐此黃帝用事土氣黃均四方並熟有青氣雜黃有螟蟲赤氣大旱黑氣大水正朔占歲星上有青氣宜桑赤氣宜豆黃氣宜稻

史記天官書曰正月旦決八風風從南方來大旱西南小旱西方有兵西北戎菽為（戎菽胡豆也為成也）趣兵北方為中

歲東北為上歲東方大水東南民有疾疫歲惡正月上甲風從東方來宜蠶從西方若旦黃雲惡

師曠占曰黃帝問曰吾欲苦樂善一心可知不對曰歲欲甘甘草先生薺歲欲苦苦草先生葶藶歲欲雨雨草先生藕歲欲旱旱草先生蒺藜歲欲荒荒草先生蓬歲欲病病草先生艾

齊民要術卷三

欽定四庫全書

齊民要術卷四　　後魏　賈思勰　撰

園籬第三十一

凡作園籬法於墻基之所方整深耕凡耕作三壟中間相去各二尺秋上酸棗熟時收於壟中概種之至明年秋生高三尺許間斸去惡者相去一尺留一根必須稀概均調行五條直相明當至明年春剝去横枝剝必留距若不留距侵皮痕大逢寒即死剝訖即編為巴籬隨宜夾結務使舒緩急則不復得長故也又至明年春更剝其末又編之高七尺便足欲高作者亦任人意匪直姦人慙笑而返狐狼亦息望而迴行

人見者莫不嗟嘆不覺白日西移遂忘前途尚遠盤桓瞻矚久而不能去枳棘之籬折柳樊圃斯其義也其種柳作之者一尺一樹初時斜插插時即編其種榆莢者一同酸棗如其栽榆與柳斜直高與人等然後編之數年長成共相蹙迫交柯錯葉特似房櫳既圖龍蛇之形復寫鳥獸之狀緣勢欹崎其貌非一若值巧人隨便採用則無事不成尤宜作机其盤紆茀鬱奇文互起縈布錦繡萬變不窮

栽樹第三十二

凡栽一切樹木欲記其陰陽不令轉易陰陽易位則難生小小栽者不須記也大樹髡之不髡風搖則死小則不髡先為深坑內樹訖以水沃之著土令如薄泥東西南北搖之良久搖則泥入根間無不活者不搖根虛多死小樹則不須爾然後下土堅築近上二寸不築取其柔潤也時時灌溉常令潤澤每澆水盡即以燥土覆之覆則保澤不覆則乾涸埋之欲深勿令撓動凡栽樹訖皆不用手捉及六畜觝突戰國策曰大柳縱橫顛倒樹之皆生十人樹之一人搖之則無生矣凡栽樹正月為上時諺曰正月可栽樹言得時易生也二月為中時三月為下時棗雞口槐兔目桑蝦蟇眼榆負瘤散自餘雜木鼠耳蝱翅各其時此等名目皆是葉生形容之所象似以此時栽種者葉皆即生早栽者葉晚出雖然寧大早為佳不可晚也樹大率種數既多不可一一備舉凡不見者栽時之法皆求之此條

淮南子曰夫移樹者失其陰陽之性則莫不枯槁高誘曰失猶易

文子曰冬冰可折夏木可結時難得而易失木方盛雖日採之而復生秋風下霜一夕而零非時者功難立

崔寔曰正月自朔暨晦可移諸樹竹漆桐梓松柏雜木唯有果實者及望而止過十五日則果少實

食經曰種名果法三月上旬斫好直枝如大母指長五尺內著芋魁種之無芋大蕪菁根亦可用勝種核核三四年乃如此大耳可得行種

凡五果花盛時遭霜則無子常預於園中往往貯惡草生糞天雨新晴北風寒切是夜必霜此時放火作熅少得煙氣則免於霜矣

崔寔曰正月盡二月可剝樹枝二月盡三月可掩樹枝埋樹枝土中令生二歲以上可移種矣

種棗第三十三

爾雅曰棗壺棗邊要棗櫅白棗樲酸棗楊徹齊棗遵羊棗洗大棗煮填棗蹶泄苦棗晳無實棗還味稔棗郭璞注曰今江東呼棗大而銳上者為壺壺猶瓠也要細腰今之謂鹿盧棗櫅即今棗子白熟樲樹小實酢孟子曰養其樲棘遵實小而且圓紫黑色俗呼羊矢棗孟子曰曾子嗜羊棗洗今河東猗氏縣出大棗子如雞卵蹶泄子味苦晳不著子者還味短味也填未詳廣志曰河東安邑棗東郡谷城紫棗長二寸西王母棗大如李核三月

熟安平信都大棗梁國夫人棗大白棗小核多肥三星棗又有狗牙雞心牛頭羊矢細腰之名又有棗木棗崎庶棗鄴中記曰石虎苑中有西王母棗冬夏有葉九月生花十一月乃熟三子一赤又有羊角棗亦三子抱朴子曰堯山有腄棗吳氏本草曰大棗者名良棗西京雜記曰弱枝棗玉門棗丹棗王母棗青花棗赤心棗棗青州有樂氏棗肌細核多膏肥美為天下第一父老相傳云樂毅破齊時從燕來齊所種也

常選好味者留栽之候棗葉始生而移之棗性硬故生晚栽早者堅垎生遲也三步一樹行欲相當地不耕也欲令牛馬履踐令淨棗性堅強不宜苗稼是以耕荒穢則蟲生所以須淨地堅實故宜踐也正月一日日出時反斧班駮椎之名嫁棗不椎則花無實子多零落也候大蠶入簇以杖擊其枝間振落狂花不打花繁不實不成全赤即收收法日日撼落之為上半赤而收者肉未充滿乾則黃色而皮皺將赤味亦不佳久不收則皮破復有鳥啄之患

曬棗法先治地令淨布椽於箔下置棗於箔上以椽聚而復散之一日中二十度乃佳夜仍不聚得霜露氣乾速成陰雨之時乃聚而苦之五六日後別擇取紅軟者上高廚而暴之廚上者已乾雖厚一尺亦不壞擇去胮爛者其未乾者曬曝如法其阜勞之地不任耕稼者歷落種棗則任矣棗性燥故凡五果及桑正月一日雞鳴時把火遍照其下則無蟲災

食經曰作乾棗法新將露於庭以棗著上厚二寸復以新蔣覆之凡三日三夜撤覆露之畢日曝取乾入屋中率一石以酒一升漱著器中密泥之經數年不敗也

棗油法鄭玄曰棗油擣棗實和以塗繒上燥而形似油也乃成之

棗脯法切棗曝之乾如脯也

雜五行書曰舍南種棗九株辟縣官宜蠶桑服棗核中人二七枚辟病疾能常服棗核中人及其刺百邪不復干矣

種梗棗法陰地種之陽中則少實足霜色殷然後乃收之早收者澁不任食之也

說文云梬棗也似柹而小

作酸棗麨法多收紅軟者箔上日曝令乾大釜中煮之水僅淹一沸即漉出盆研之生布絞取濃汁塗盤上或盆中盛水暑曝使乾漸以手摩淨取為末以方寸匕投一椀水中酸甜味足即成好漿遠行用和米麨飢渴俱當也

種桃第三十四

爾雅曰旄冬桃榹桃山桃郭璞注曰旄桃子冬熟山桃實如桃而小不解核廣志曰桃有冬桃秋白桃裏桃其桃

美也有秋赤桃廣雅曰抵子者胡也本草經曰桃梟在樹不落殺百鬼鄴中記曰石虎苑中有句鼻桃重二斤西京雜記曰核桃櫻桃緗桃霜桃言霜下可食金城桃胡桃出西域甘美可食綺帶桃含桃紫文桃

桃柰桃欲種法熟時合肉全埋糞地中直置凡地則不生生亦不茂桃性早實三歲便結子故不求栽也至春既生移栽實地若仍糞中則實小而味苦矣栽法以鍬合土掘移之桃性易種難栽若離本土率多死故須然矣又法桃熟時於牆南陽煖處深寬為坑選取好桃數十枚擘取核即內牛糞中頭向上取好糞和土厚覆之令厚尺餘至春桃始動時徐徐撥去糞土皆因生芽合取核種之萬不失一其餘以熟糞糞之則益桃味桃性皮急四年以上宜以刀豎劚其皮不劚者皮急則死七八年便老

老則子細十年則死是以宜歲歲常種之桃酢法桃爛自零者收取內之於甕中以物蓋口七日之後既爛漉去皮核密封閉之三七日酢成香美可食

術曰東方種桃九根宜子孫除凶禍明桃柰桃種亦同

櫻桃爾雅曰楔荊桃郭璞注曰今櫻桃廣雅曰楔桃大者如彈丸子有長八分者有白色者凡三種禮記曰仲夏之月天子羞以含桃鄭玄注曰今謂之櫻桃吳氏本草曰櫻桃一名牛桃一名英桃二月初山中取栽陽中者還種陽地陰中者還種陰地若陰陽易地則難生生亦不實此果性生陰地既入園囿便是陽中故多難得生宜堅實之地不可用虛糞也

蒲萄漢武帝使張騫至大宛取蒲萄實於離宮別館旁盡種之西域有蒲萄蔓延並多實廣志曰蒲萄有黃白紫三種者也蔓延性緣不能自舉作架以承之葉密陰厚可以避熱十月中去根一步許掘作坑收卷蒲萄悉埋之近枝莖薄安黍穰彌佳無穰直安土亦得不宜濕濕則冰凍二月中還出舒而上架性不耐寒不埋即死其歲久根莖粗大者宜遠根作坑勿令莖折其坑外處亦掘土並穰培覆之

摘蒲萄法逐熟者一一零疊一作摘取從本至末悉皆無遺世人鮮能如法者

作乾蒲萄法極熟者一一零壓摘取刀子切去蔕勿令汁出蜜兩分和內蒲萄中煑四五沸漉出陰乾便成矣非直滋味倍勝又得夏暑不敗壞也

藏蒲萄法極熟時全房折取於屋下作廕坑坑內近地鑿壁為孔插枝於孔中選築孔使堅屋子置土覆之經冬不異也

種李第三十五

爾雅曰休無實李痤接慮李駁赤李廣志曰赤李麥李細小有溝道有黃建李青皮李馬肝李赤陵李有離李肥黏似糕有柰李離核李似柰有劈李有經李一名老李其樹數年即枯有杏李味小酸似杏有黃扁李有夏李冬李十一月熟有春季李冬花春熟荊州土地記曰房陵南郡有名李風土記曰南郡細李四月先熟西晉傅玄賦曰河沂黃建房陵縹青西京雜記曰有朱李黃李紫李綠李青李綺李青房李苦李顏回李出魯合枝李羌李燕李今世有木李實絕大而美又有中植李在芒種前而熟者李欲栽李性堅實脫五歲者始子是以

耩栽栽者三歲便結子也

李性耐久樹得三十年老雖枝枯子亦不細嫁李法正月一日或十五日以磚著李樹岐中令實繁

又法 臘月中以杖微打岐間正月時日復打之亦足子也

又法 以煮寒食醴酪火㭊著樹枝間亦良樹多者束之以取火焉

李樹桃樹下並欲鋤去草穢而不用耕墾 耕則肥而無實樹下犂撥即死之

桃李大率方兩步一根 大槩連陰則子細而味亦不佳管子曰三沃之土其木宜梅李韓詩外傳云簡王曰春樹桃李夏得陰其下秋得食其實春種蒺藜夏不得採其實秋得刺馬家政法曰二月從梅李也

作白李法 用夏李色黃便摘取於鹽中挼之鹽入汁出然後合鹽曬令萎手捻之令褊復曬更捻極褊乃止曝乾飲酒時以湯洗之漉著瓷中可下酒矣

種梅杏第三十六

爾雅曰梅柟時英梅郭璞注曰梅似杏實酢英梅雀梅廣志曰蜀名梅為𣑽大如鴈子梅杏皆可以為油脯黃梅以熟𣑽作之詩義疏云梅杏類也樹及葉皆如杏而黑耳實赤於杏而醋亦生噉也煑而曝乾為蘇置羹臛齏中又可含以香口亦蜜藏而食西京雜記曰候梅朱梅同心梅紫蔕梅燕脂梅麗枝梅按梅花早而白杏花晚而紅梅實小而酸核有細文杏實大而甜核無文采白梅任調食及齏杏則不任此用世人或不能辨言梅杏為一物失之遠矣廣志曰榮陽白杏鄴中有赤杏有黃杏又有柰杏西京雜記曰文杏材有文彩蓬萊杏是仙人所食杏也

栽種與桃李同

作白梅法 梅子酸核初成時摘取夜以鹽汁漬之晝則日曝凡作十宿十浸十曝便成調鼎和齏所在多任也

作烏梅法 亦以梅子核初成時摘取籠盛於突上熏之令乾即成矣烏梅入藥不任調食也

食經曰蜀中藏梅法 取梅極大者剝皮陰乾勿令得風經二宿去鹽汁內蜜中月許更易蜜經年如新也

作杏李麨法 杏李熟時多取爛者盆中研之生布絞取濃汁塗盤中日曝乾以手摩刮取之可和水漿及和米麨所在入意也

作烏梅欲令不蠹法 濃燒穰以湯沃之取汁以梅投之使澤乃出蒸之

釋名曰杏可以為油

神仙傳曰董奉居廬山不交人為人治病不取錢重病得愈使種杏五株輕病為栽一株數年之中杏有十數萬株鬱鬱然成林其杏子熟於林中所在作倉宣語買杏者不須求報但自取之其一器穀便得一器杏有人少穀往而取杏多者即有五虎逐之此人怖虎擔傾覆所餘在器中如向所持穀數少虎乃逐去自是以後買杏者皆於林中自平量恐有多出奉悉以前所得穀賑救貧乏潯陽記曰杏在北嶺上數百株今猶稱董先生杏

杏子人可以為粥多收賣者可以供紙墨之直也

種梨第三十七

廣志曰洛陽北邙張公夏梨海內唯有一樹常山真定山陽鉅野梁國睢陽齊國臨淄鉅鹿並出梨上黨楟梨小而加甘廣都梨又云鉅鹿豪梨重六斤數人分食之新豐箭谷梨弘農京兆右扶風郡界諸谷中梨多供御陽城秋梨夏梨三秦記曰漢武果園一名御宿有大梨如斗落地即破取者以布囊盛之名曰含消梨荊州土地記曰江陵有名梨永嘉青田村民家有一梨樹名曰官梨子大一圍五寸常以貢獻名曰御梨實落地即融釋西京雜記曰紫梨芳梨實小青梨實大大谷梨細葉梨瀚海梨出瀚海地耐寒不枯

種者梨熟時全埋之經年至春地釋分栽之多著熟糞及水至冬葉落附地刈殺之以炭火燒頭二年即結子若穭生及種而不栽者著子遲每梨有十許唯二子生梨餘皆生杜插者彌疾插法用棠杜棠梨大而細理杜次之桑大惡棗石榴上插得者為上梨雖治十收得一二也杜如臂已上皆任插當先種杜經年後插之至冬俱下亦得然俱下者杜死則不生也杜樹大者插五枝小者或二梨葉微動為上時將欲開莩為下時先作麻紉支珍反纏十許匝以鋸截杜令去地五六寸斜攕竹刺皮木之際令深一寸許折取其美梨枝陽中者陰中枝則實少長五六寸亦斜攕之令過心大小長短與籤等以刀劙梨枝斜攕之際剝去黑皮勿令傷青皮青皮傷即死拔去竹籤即插梨令至劙處木還向木皮還近皮插訖以綿幕杜頭封熟泥於上以土培覆之勿令堅固百不失一梨枝甚脆培土時宜慎之勿使掌撥掌撥則折其十字破杜者十不收一所以然者梨皮開虛燥故也梨既生杜旁有葉出輒去之不去勢分梨長必遲凡插梨園中者用旁枝庭前者中心旁枝樹下上易收中心聳不妨用根蒂小枝樹形可喜五年方結子鳩腳老枝三年即結子而樹醜吳氏本草曰金創乳婦不可食梨多食則損人非補益之物產婦攣中及疾病未愈食梨

多者無不致病欬逆氣上者尤宜慎之

凡遠道取梨枝下根即燒三四寸亦可行數百里猶生

藏梨法初霜後即收霜多即不得經夏也於屋下掘作深陰坑底無令潤濕收梨置中不須覆蓋便得經夏摘時必令好接勿令損傷

凡醋梨易水熟煮則甘美而不損人也

種栗第三十八

廣志曰關中大栗如雞子大蔡伯喈曰有胡栗魏志云有東夷韓國山大栗狀如梨三秦記曰漢武帝栗園有栗十五顆一升王逸曰朔濱之栗西京雜記曰榛栗瑰栗嶧陽栗嶧陽都尉曹龍所獻其大如拳

栗種而不栽栽者雖生尋死矣栗初熟出殼即裹埋著濕土中埋必須深勿令凍徹若路遠者以韋囊盛之見風日則不復生矣至春三月悉芽生出而種之既生數年不用掌近凡新栽之樹皆不用掌近栗性尤甚也三年內每到十月常須草裹至二月乃解不裹則凍死大戴禮夏小正曰八月栗零而後取之故不言剝之

食經藏乾栗法取穰灰淋取汁漬栗出日曬令栗肉焦燥不畏虫得至後年春夏

藏生栗法著器中細沙可燥以盆覆之至後年二月皆生芽而不虫者也

榛周官曰榛似栗而小說文曰榛似梓實如小栗衛詩曰山有榛詩義疏云榛栗屬或所謂從木有兩種其一種大小枝皆如栗其子形似杼子味亦如栗所謂樹之榛栗者其一種枝莖如木蓼葉如牛李色生高丈餘其殼中如小栗作胡桃味膏又美亦可食噉漁陽遼上黨皆饒其枝莖生燃熱燭明而煙栽種與栗同

柰林檎第三十九

廣志曰椹掩蓋柰也又曰柰有白青赤三種張掖白柰酒泉有赤柰西方例多柰家以為脯數十百斛以蓄積如收藏棗栗魏明帝時諸王朝夜賜東城柰一區陳思王謝曰柰以夏熟今則冬生物非時為珍恩以曠為厚詔曰此柰從涼州來晉宮閣簿曰秋有白柰西京雜記曰紫柰別有赤柰朱柰廣志曰理琴以赤柰

柰林檎不種但栽之種之雖生而味不佳取栽如壓桑法

又法栽如桃李法林檎樹以正月二月中翻斧班駁椎之則饒子

作柰麨法拾爛柰內甕盆合勿令風入六七日許當大爛以酒淹痛抨之令如粥狀下水更抨以羅漉去皮子良久澄清瀉去汁更下水復抨如初看無臭氣乃止瀉去汁置布於上以灰飲汁如作米粉法汁盡刀劙大如梳掌於日中曝乾研作末便甜酸得所芳香非常也

作林檎麨法林檎赤熟時擘破去子心蒂日曬令乾或磨或擣下細絹篩麤者更磨擣以細盡為限以方寸匕投於椀中即成美漿不去蒂則大苦合子則不度夏留心則大酸若乾噉者以林檎麨一升和米麵二升味正適調

作柰脯法柰熟時中破曝乾即成矣

種柿第四十

說文曰柿赤實果也廣志曰小者如小杏又曰梬棗味如柿晉陽梬肥細而厚以供御王逸曰苑中牛柿李尤曰鴻柿若瓜張衡曰山柿左思曰湖畔之柿潘岳曰梁侯烏椑之柿

柿有小者栽之無者取枝於梬棗根上插之

插柿法闕

食經藏柹法（柹熟時取之以灰汁燥再三令汁絶著器中可食）

安石榴第四十一

（陸機曰張騫為漢使外國十八年得塗林塗林安石榴也廣志曰安榴有甜酸二等鄴中記云石虎苑中有安石榴子大如盂碗其味不酸抱朴子曰積石山有苦榴京口記曰龍剛縣有石榴西京雜記曰有甘石榴也）

栽石榴法三月初取枝大如手大指者斬令長一尺半八九枝共為一窠燒下頭二寸（不燒則漏失矣）掘圓坑深一尺七寸口徑尺豎枝於坑畔（環口布枝令勻調也）置枯骨礓石於枝間（骨石此是樹性所宜）下土築之一重土一重骨石平坎止（其土令沒

枝頭一寸許也）水澆常令潤澤既生又以骨石布其根下則科圓滋茂可愛（若孤根獨立者雖生亦不佳焉）十月中以蒲藁裹而纏之（不裹則凍死也）二月初解放若不能得多枝者取一長條燒頭圓屈如牛拘而橫埋之亦得然不及上法根彊早成其拘中亦安骨石其斲根栽者亦圓布之安骨石於其中也

種木瓜第四十二

（爾雅曰楙木瓜郭璞注曰實如小瓜酢可食廣志曰木瓜子可藏枝可為數號一尺百二十節衛詩曰投我以木瓜毛公曰楙也詩義疏曰楙葉似柰葉實如小瓜黃似著粉者欲噉者截著熱灰中令萎蔫淨洗以苦酒頭汁蜜之可案酒食蜜封藏百日乃食之甚美）

木瓜種子及栽皆得壓枝亦生栽種與李同

食經藏木瓜法（先切去皮煑令熟著水中車輪切百瓜用三升鹽蜜一斗漬之晝曝夜內汁中取令乾以餘汁蜜藏之亦同濃杬汁也）

種椒第四十三

（爾雅曰檓大椒廣志曰胡椒出西域范子計然曰蜀椒出武都秦椒出天水今青州有蜀椒種本商人居椒為業見椒中黑實乃遂生意種之凡種數千枚止有一根生數歲之後更結子實之芳香形色與蜀椒不殊氣勢微弱耳遂分布栽移略通州境也）

欽定四庫全書 齊民要術 卷四 十六

熟時收黑子（俗名椒目不用人手數近捉之則不生也）四月初畦種之（治畦下水如種葵法）方三寸一子篩土覆之令厚寸許復篩熟糞以蓋土上旱輒澆之常令潤澤生高數寸夏連雨時可移之移法先作小坑圓深三寸以刀子圓劚椒栽合土移之於坑中萬不失一（若拔而移者率多死）若移大栽者二月三月中移之先作熟蘘泥掘出即封根合泥埋之（行百餘里者亦得生）此物性不耐寒陽中之樹冬須草裹（不裹則死）其生小陰中者少禀寒氣則不用裹（所謂習以性成一木之性寒暑易容若朱藍之染能不易質故觀隣

識士見友知人也候實口開便速收之天晴時摘下薄布曝之令一日即乾色赤椒好若陰時收者色黑失味其葉及青摘取可以為菹乾而末之亦足充事養生要論曰臘夜令持椒臥房牀傍無與人言內井中除瘟病

種茱萸第四十四

食茱萸也山茱萸則不任食二月栽之宜故城隄冢高燥之處凡於城上種蒔者先宜隨長短掘壍停之經年然後於壍中種時保澤沃壤與平地無差不爾者土堅澤流長物至遲經年而樹木尚小候實開便收之挂著屋裏壁上令陰乾勿使煙熏烟熏則苦而不辛也用時去中黑子肉醬魚鮓偏可所用

術曰井上宜種茱萸茱萸葉落井中飲此水者無瘟病雜五行書曰舍東種白楊茱萸三根增年益壽除患害也又術曰懸茱萸子於屋內鬼畏不入也

齊民要術卷四

欽定四庫全書

齊民要術卷五

後魏 賈思勰 撰

種桑柘第四十五養蠶附

爾雅曰桑辨有葚梔註曰辨半也女桑桋桑注曰今俗呼桑樹小而條長者為女桑樹也檿桑山桑注曰似桑材中為弓及車轅搜神記曰太古時有人遠征家有一女并馬一匹女思父乃戲馬云能為迎父吾將嫁於汝

馬絕韁而去至父所父疑家中有故乘之而還馬後見女輒怒而奮擊父怪之密問女女具以告父父屠馬曬皮於庭女至皮所以足蹴之曰爾馬而欲人為婦自取屠剝如何言未竟皮蹙然起卷女而行後於大樹之間得女及皮盡化為蠶績於樹上世謂蠶為女兒古之遺言也因名其樹為桑桑言喪也今世有荊桑地桑之名

桑椹熟時收黑魯椹黃魯桑不耐久諺曰魯桑百豐錦帛言其桑好功省用多即日以水淘取子曬燥仍畦種治畦下水一如葵法常薅令淨明年正月移而栽之仲春季春亦得率五尺一根不用耕故凡栽桑不得者無他故正為犁撥耳是以須概不用稀稀通耕犁者心雖慎率多死矣且概則長疾大都種椹長遲不如壓枝之速無栽者乃種椹也其下常劚掘種綠豆小豆二豆良美潤澤栽後二年慎勿

採沐小採者長倍遲大如臂許正月中移之亦不須髡率十步一樹陰相接者則妨禾豆行欲小掎角不用正相當相當者則妨犁須取栽者正月二月中以鉤弋壓下枝令著地條葉生高數寸仍以燥土壅之土濕則爛明年正月中截取而種之住宅上及園畔固宜即定其田中種者亦如種椹法先概種一二年然後更移之

凡耕桑田不用近樹傷桑破犁所謂兩失其犁不著處劚斸令起斫去浮根以蠶矢糞之去浮根不妨耬犁令樹肥茂也又法歲常繞樹一步散蕪菁子收穫之後放豬啖之其地柔軟有勝耕者種禾豆欲得逼樹不失地利田又調熟遶樹散蕪菁者不勞逼也

剝桑十二月為上時正月次之二月為下白汁出則損葉大率桑多者宜苦斫桑少者宜省剝秋斫欲苦而避日中觸熱樹焦枯苦斫春條茂冬春省剝竟日得作春採者必須長梯高機數人一樹還條復枝務令淨盡要欲旦暮而避熱時梯不長高枝折人不多上下勞條不還枝仍曲採不淨鳩腳多旦暮採令潤澤不避熱條葉乾秋採欲省裁去妨者秋多採則損條椹熟時多收曝乾之凶年粟少可以當食魏畧曰揚沛為新鄭長興平日人多饑窮沛使民益蓄熟椹收䝁豆閱其有餘以補不足積椹得千餘斛會太祖西征天子所將千人皆無糧沛謁見乃進乾

椹太祖甚喜及太祖輔政超為鄴令賜其牲口十人絹百疋既欲厲之且以報乾椹也今自河以北大家收百石少者尚數十斛故杜葛亂後飢饉薦臻惟仰以全軀命數州之內民死而生者乾椹之力也

種柘法耕地令熟耬耩作壟柘子熟時多收以水淘汰令淨曝乾散訖勞之草生拔却勿令荒沒三年間劚去堪為渾心扶老杖一根三文十年中四破為丈一根直二十文任為馬鞭胡牀馬鞭一枝直十文胡牀一具直百文十五年任為弓材一張二百亦堪作屐一兩六十裁截碎木中作錐

刀靶（一箇直三文）二十年好作犢車材（一乘直萬錢）欲作鞍橋者生枝長三尺許以繩繫旁枝木橛釘著地中令曲如橋十年之後便是渾成柘橋（一具直絹一疋）欲作快弓材者宜於山石之間北陰中種之其高原山田土厚水深之處多掘深坑於坑之中種桑柘者隨坑深淺或一丈五直上出坑乃扶疎四散此樹條直異於常材十年之後無所不任（一樹直絹十疋）

柘葉飼蠶絲可作琴瑟等絃清鳴響徹勝於凡絲遠矣

禮記月令曰季春無伐桑柘（鄭玄注曰愛養蠶食也具曲植籧筐注曰各養蠶之器也）

周禮曰馬質禁原蠶者注曰質平也主買馬平其大小之價直者原再也天文辰為馬蠶書蠶為龍精月直大火則浴其蠶種是蠶與馬同氣物莫能兩大故禁再蠶者為傷馬與

孟子曰五畝之宅樹之以桑五十者可以衣帛矣

尚書大傳曰天子諸侯必有公桑蠶室就川而為之大昕之朝夫人浴種于川

春秋考異郵曰蠶陽物惡水故蠶食而不飲陽立於三春故蠶三變而後消死於三七二十一日故二十一日而繭

淮南子曰原蠶一歲再登非不利也然王者法禁之為其殘桑也

氾勝之書曰種桑法五月取椹著水中即以手潰之以水灌洗取子陰乾治肥田十畝荒田久不耕者尤善好耕治之每畝以黍椹子各三升合種之黍桑當俱生鋤

之桑令稀疏調適黍熟獲之桑生正與黍高平因以利鎌摩地刈之曝令燥後有風調放火燒之常逆風起火桑至春生一畝食三箔蠶

俞益期牋曰日南蠶八熟繭軟而薄椹採少多

永嘉記曰永嘉有八輩蠶蚖珍蠶（三月績）柘蠶（四月初績）蚖蠶（四月初績）愛珍（五月績）愛蠶（六月末績）寒珍（七月末績）四出蠶（九月初績）寒蠶（十月績）凡蠶再熟者前輩皆謂之珍養珍者少養之愛蠶

者故蚖蠶種也蚖珍三月既績出蛾取卵七八日便剖卵蠶生多養之是為蚖蠶欲作愛者取蚖珍之卵藏内甖中隨器大小亦可拾紙蓋覆器口安硎（若耕反）泉冷水中使冷氣折其出勢得三七日然後剖生養之謂為愛珍亦呼愛子績成繭出蛾卵卵七日又剖成蠶多養之此則愛蠶也藏卵時勿令見人應用二七赤豆安器底臘月桑柴二七枝以麻卵紙當令水高下與種相齊若外水高則卵死不復出若外水下卵則冷氣少不能折

其出勢不能折其出勢則不得三七日不得三七日雖出不成也不成者謂徒績成繭出蛾生卵七日不復剖生至明年方生耳欲得陰樹下亦有泥器三七日亦有成者

雜五行書曰二月上壬取土泥屋四角宜蠶吉（案今世有三卧一生蠶四卧再生蠶白頭蠶頡石蠶楚蠶黑蠶有一生再生之異灰兒蠶秋母蠶秋中蠶老秋兒蠶秋末老獺兒蠶錦兒蠶同繭蠶或二蠶三蠶共為一繭凡三卧四卧皆有絲綿之别凡蠶從小與大者乃至大入蔟得飼荆魯二桑小食則桑中與魯桑荆有裂腹之患也）

楊泉物理論曰使人之養民如蠶母之養蠶其用豈徒絲而已哉

五行書曰欲知蠶善惡常以三月三日天陰如無日不見雨蠶大善又法（埋馬牙齒於槌下令宜蠶）

龍魚河圖曰埋蠶沙於宅亥地大富得蠶絲吉利以一斛二斗甲子日鎮宅大吉致財千萬

養蠶法收取種繭必取居蔟中者（近上則絲薄近下則子不生也）泥屋用福德利上土屋欲四面開窻紙糊厚為籬屋内四角

著火（火若在一處則冷熱不均）初生以毛掃（用荻掃則傷蠶）調火令冷熱得所（熱則焦燥冷則長遲）比至在眠常須三箔中箔上安蠶上下空置（下箔障土氣上箔防塵埃）小時採福德上桑著懷中令煖然後切之（蠶小不用見露氣得人體則衆惡除）每飼蠶卷窻幃飼訖還下（蠶見明則食食多則生長）老時值雨者則壞繭宜於屋裏簇之薄布薪於箔上散蠶訖又薄以薪覆之一槌得安十箔又法（以大蓬蒿為薪散蠶令遍懸之於棟梁椽柱或垂繩鉤弋鶚爪龍牙上下數重所在皆得懸訖薪下微生炭以煖之得煖則作速傷寒則作遲數入候看熱則去火蓬蒿疎涼無鬱浥之憂死蠶旋墜無污繭之患沙葉不住無瘢痕之疵鬱

浥則難練蔫污則絲散瘢痕則無用蓬蒿簇亦良其外簇者晚遇天寒則全不作繭用鬭易練而絲肋日曝死者雖白而濇脆縑練衣著幾將倍矣甚者虛實失歲功堅脆懸絕資生要理安可不知之哉

崔寔曰三月清明節令蠶妾治蠶室塗隙穴具槌持箔

籠

龍魚河圖曰冬以臘月鼠斷尾正月旦日未出時家長斬鼠著屋中祝云付勑屋吏制斷鼠蟲三時言功鼠不敢行

雜五行書曰取亭部地中土塗竈水火盜賊不經塗屋四角鼠不食蠶塗倉簞鼠不食稻以塞坎百日鼠種絕

淮南萬畢術曰狐目狸腦鼠去其穴注曰取狐兩目狸腦大如狐目三枚擣之三千杵塗鼠穴則鼠去矣

種榆白楊第四十六

爾雅曰榆白枌注曰枌榆先生葉却著莢皮色白廣志曰有姑榆有朗榆案今世有刺榆木甚牢肕可以為犢車材枌榆可以為車轂及器物山榆人可以為蕪荑凡種者宜種刺枌兩種利者為多其餘軟弱例非佳好之木也

榆性扇地其陰下五穀不植隨其高下廣狹東西北三方所扇各與樹等種者宜於園地北畔秋耕令熟至春榆莢落時收取漫散犁細畊勞之明年正月初附地芟殺以草覆上放火燒之一根上必十數條俱生止留一根强者餘悉掐去之一歲之中長八九尺矣不燒則長遲也後年正月二月移栽之初生即移者喜曲故須叢林長之三年乃移種初生三年不用採葉尤忌採心採心則科茹太長更須依法燒之則依前茂矣不用剥沐剥者長而細又多瘢痕不剥則短麄而無病諺曰不剥沐十年成轂言易麄也必欲剥者宜留二寸於塹坑中種者以陳屋草布塹中散榆莢於草上以土覆之燒亦如法陳草速根肥良勝糞無陳草者用糞糞之亦佳不糞雖生而瘦既栽移者燒亦如法也

又種榆法其於地畔種者致摧損谷既非叢林率多曲戾不如割地一方種之其白土薄地不宜五穀者唯宜榆及種地須近市賣柴莢葉省功也梜榆刺榆凡榆三種色別種之勿令和雜梜榆莢葉味苦凡榆莢味甘甘者春時將煑賣是須別也種地收莢一如前法先畊地作壠然後散榆莢壟者看好料理又易五寸一莢稀穊得中散訖勞之榆生共草俱長未須料理明年正月附地芟殺放火燒之亦任生長勿使掌止兩反近又至明年正月斸去惡者其一株止有七八根生者悉皆砍

去唯留一根麤直好者三年春可將莢葉賣之五年之後便堪作椽不挾者即可斫賣(一根十文)挾者鏇作獨樂及盞(一箇三文)十年之後魁椀瓶榼器皿無所不任(一椀七文一魁二十瓶榼器皿一百文也)十五年後中為車轂及蒲桃㼚(㼚一口值二百車轂一具值絹三疋)其歲歲科簡剶治之功指柴雇人(十束雇一人)無業之人爭來就作賣柴之利已自無貲(歲出萬束一束三文則三十貫莢葉在外也)況諸器物其利十倍(於柴十倍歲收三十萬)斫後復生不勞耕種所謂一勞永逸能種一頃歲收千疋唯須一人守護指揮處分既無牛耕種子人功之費不慮水旱風蟲之災比之穀田勞逸萬倍男女初生各與小樹二十株比至嫁娶悉任車轂一樹三具一具值絹三疋成絹一百八十疋聘財資遣粗得充事

術曰北方種榆九根宜蠶桑田穀好

崔寔曰二月榆莢成及青收乾以為旨蓄(旨美也蓄積也司部收青莢小蒸曝之至冬以釀酒滑香宜養老詩云我有旨蓄亦以御冬也)色變白將落可作醔䤖隨節早晏勿失其適(醔音年䤖音頭榆醬)

白楊(一名高飛一名獨搖)性甚勁直堪為屋材折則折矣終不曲撓(奴孝切榆性軟久無不曲比之白楊不如遠矣且天性多曲比之榆為下也)

種白楊法秋耕令熟至正月二月中以犁作壟一壟之中以犁逆順各一到塲中寬狹正似作葱壟作訖又以鍬掘底一坑作小塹所取白楊枝大如指長三尺者屈著壟中以土壓上令兩頭出土向上直豎二尺一株明年正月中剶去惡枝一畝三壟一壟七百二十株一株兩根一畝四千三百二十株三年中為蠶樀(都狢反)五年任為屋椽十年堪為棟梁以蠶樀為率一根五錢一畝歲收二萬一千六百文(柴又作梁掃住在外)歲種三千畝三年九千畝一年賣三千畝得錢六十四萬八千文周而復始永世無窮比之農夫勞逸萬倍去山遠者實宜多種千根以上所求必備

種棠第四十七

爾雅曰杜甘棠郭璞注曰今之杜梨詩曰蔽芾甘棠毛云甘棠杜也詩義疏云今甘棠梨一名杜梨如梨而小味酢可食也唐詩曰有杕之杜毛云杜赤棠也與白棠同但有赤白美惡子赤白色者為白棠甘棠也酢滑而

美赤棠子澁而酢無味俗語云澁如杜赤棠木理赤可作弓幹案今棠葉有中染絳者有淮中染上紫者杜則全不用其實三種則異爾雅毛郭以為同未詳也棠熟時收種之否則春月移栽八月初天晴時摘葉薄布曬令乾可以染絳必候天晴時少摘葉乾之復晴則摘慎勿頓收若遇陰雨則浥浥不堪染絳也成樹之後歲收絹一疋亦可多種利乃勝桑也

種穀楮第四十八

說文曰穀者楮也案今世人有名之曰角楮非也盖角穀聲相近因訛耳其皮可以為紙者也

楮宜澗谷間種之地欲極良秋上楮子熟時多收淨淘

曝令燥耕地令熟二月耧耩之和麻子漫散之即勞秋冬仍留麻勿刈為楮作煖若不和麻子種卒多凍死明年正月初附地芟殺放火燒之一歲即沒人不燒者瘦而長亦遲三年便中斫未滿三年者皮薄不任用斫法十二月為上四月次之非此兩月而斫者則多枯死也每歲正月常放火燒自有乾在地足得火然不燒則不滋茂也二月中間斫去惡根斸者地熟楮科亦以留潤澤也移栽者二月蒔之亦三年一斫三年不斫者徒失錢無益也指地賣者省功而利少煮剝賣皮者雖勞而利大柴足供然自能造紙其利又多種三十畝者歲斫十畝三年一徧歲收絹百疋

種漆第四十九

凡漆器不問真偽送客之後皆須以水淨洗置牀薄上於日中半日許曝之使乾下晡乃收則堅牢耐久若不即洗者鹽醋浸潤氣徹則皺器便壞矣其朱裏者仰而曝之朱本和油性潤耐日故盛夏連雨土氣蒸熱什器之屬雖不經夏用六七月中各須一曝使乾世人見漆器暫在日中恐其炙壞合著陰潤之地雖欲愛慎朽敗更速矣

凡木畫服翫箱枕之屬入五月盡七月九月終每經雨以布纏指揩令熟徹膠不動作光淨耐久若不揩拭者地氣蒸熱徧上生衣厚潤徹膠便皺動處起發颯然破矣

種槐柳楸梓梧柞第五十

爾雅曰守宮槐葉晝聶宵炕注曰槐葉晝日聶合而夜炕布者名守宮孫炎曰炕張也

槐子熟時多收擘取數曝勿令蟲生五月夏至前十餘日以水浸之如浸麻子法也六七日當芽生好雨種麻時和麻子撒之當年之中即與麻齊麻熟刈去獨留槐槐既細

長不能自立根別樹木以繩欄之冬天多風雨繩欄宜以茅裹不則傷皮成瘢痕也明年斸地令熟還於下種麻脅槐令長三年正月移而植之亭亭條直千百若一所謂蓬生麻中不扶自直若隨宜取栽匪直長遲樹亦曲惡宜於園中割地種之若園好未移之間妨發耕墾也

種柳正月二月中取弱柳枝大如臂長一尺半燒下頭二三寸埋之令沒常足水以澆之必數條俱生留一根茂者餘皆斫去別豎一柱以為衣主每一尺以長繩柱欄之若不欄必為風所摧不能自立一年中即高一丈餘其旁生枝葉即掐

去令直聳上高下任取足便掐去正心即四散下垂婀娜可愛若不掐心則枝不四散或斜或曲生亦不佳也六七月中取春生少枝種則長倍疾少枝葉青而壯故長疾也

楊柳下田停水之處不得五穀者可以種柳八九月中水盡燥濕得所時急耕則鐲榛之至明年四月又耕熟勿令有塊即作塲壠一畝三壠一壠之中逆順各一到塲中寬狹正似葱壠從五月初盡七月末每天雨時即觸雨折取春生少枝長疾三歲成椽比於餘木雖微脆亦足堪事一畝二千六百六十根三十畝六萬四千八百根根直八錢合收錢五十一萬八千四百文百樹得柴一載合柴六百四十八載載直錢一百文柴合收錢六萬四千八百文都合收錢五十八萬三千二百文歲種三十畝三年種九十畝歲賣三十畝終歲無窮

憑柳可以為楯車輞雜材及椀

術曰正月旦取楊柳枝著戶上百鬼不入家

種箕柳法山澗河旁及下田不得五穀之處水盡乾時

熟耕數遍至春凍釋於山陂河坎之旁刈取箕柳三寸絕之漫散即勞勞訖引水停之至秋任為簸箕五條一錢一畝歲收萬錢山柳赤而脆河柳白而肕

陶朱公術曰種柳千樹則足柴十年以後髡一樹得一載歲髡二百樹五年一週

楸梓詩義疏曰楸梓之疏理色白而生子者為梓說文曰檟楸也然則楸梓二木相類者也白色有角者名為梓似楸有角者名為角楸或名子根黃色無子者為柳楸世人見其根黃呼為荆黃楸也亦宜割地一方種之梓楸各別無令和雜

種梓法秋耕地令熟秋末冬初梓角熟時摘取曝乾打取子耕地作壟漫散即再勞之明年春生有草拔令去勿使荒沒後年正月間斸移之方步兩步一樹此樹須大不得概栽即無子可於大樹四面掘坑取栽移之一方兩步一根兩畝一行一行百一十株五行合六百株十年後一樹千錢柴在外車板盤合樂器所在任用以為棺材勝於松柏

術曰西方種楸九根延年百病除

雜五行書曰舍西種梓楸各五根子孫孝順口舌消滅也

梧桐爾雅曰榮桐木注云即梧桐也又曰櫬梧注云今梧桐皮青者曰梧桐案今人以其皮青號曰青桐也

青桐九月收子二三月中作一步圓畦種之方大則難裹所以須圓小治畦下水一如葵法五寸下一子少與熟糞和土覆之生後數澆令潤澤此木宜濕故也當歲即高一丈至冬豎草於樹間令滿外復以草圍之以葛十道束置不然則凍死也明年三月中移植於廳齋之前華淨妍雅極為可愛後年冬不須復裹成樹之後剝下子一石子於葉上生多者五六少者二三也妙食甚美子似菱芡多噉亦無妨也白桐無子冬結似子者乃是明年之花房亦遠大樹掘坑取栽移之成樹之後任為樂器青桐則不中用於山石之間生者樂器則鳴青白二桐並開堪車板盤合屧等用

作爾雅云栩杼郭璞注云柞樹今南方人呼杼為橡子以橡殼為杼斗為像椀形似故也橡子儉歲可食以為飯豐年牧豬食之可以致肥也宜於山阜之曲三徧熟耕漫散橡闕即再勞之生則薅治常令淨潔一定不移十年中椽可雜用一根值十文二十歲中屋榱一根值百錢柴在外斫去尋生料理還復凡為家具者前件木皆所宜種十歲之後無求不給

種竹第五十一

中國所生不過淡苦二種其名目奇異者列之於後條也

宜高平之地近山阜尤是所宜下田得水則死黃白軟土為良正月二月中斸取西南引根并莖芟去葉於園內東北角種之令坑深二尺許覆土厚五寸竹性愛向西南引故園東北角種之數歲之後自當滿園諺云東家種竹西家治地為滋蔓而來生也其居東北角者老竹種不生亦不能滋茂故須取西南引少根也稻麥糠糞之二糠各自堪糞不令和雜不用水澆澆則淹死勿令六畜入園二月食淡竹筍四月

五月食苦竹筍蒸煑炰酢在人所好其欲作器者經年乃堪殺未經年者軟未成也

筍爾雅曰筍竹萌說文曰筍竹胎也孫炎曰初生竹謂之筍詩義疏云筍皆四月生唯巴竹筍八月生盡九月成都有之篃冬夏生始數寸可煑以苦酒漫之可下酒及食又可米藏及乾以待冬月也

永嘉記曰含𥳇竹筍六月生迄九月味與箭竹筍相似凡諸竹筍十一月掘土取皆得長八九寸長澤民家盡養黃苦竹永寧南漢更年上筍大者一圍五六寸明年應上今年十一月筍土中已生但未出須掘土取可至

明年正月出土訖五月方過六月便有含𥳇筍含𥳇筍迄七月八月九月已有箭竹筍迄後年四月竟年常有筍不絶也

竹譜曰棘竹筍味淡落人鬚髮篁䈽二筍無味雞頭竹筍肥美篃竹筍冬生者也

食經曰淡竹筍法取筍肉五六寸者按鹽中一宿出鹽令盡煑糜一斗分五升與一升鹽相和糜熱須令冷內竹筍醎糜中一日拭之內淡糜中五日可食也

種紅花藍花梔子第五十二燕支香澤面脂手藥紫粉白粉附

花地欲得良熟二月末三月初種也種法欲雨後速下或漫散種或耬下一如種麻法亦有鋤掊而掩種者子料大而易移理花出欲日日乘涼摘取不摘則乾摘必須盡餘留即合五月子熟拔曝令乾打取之子亦不用五月種晚花春初即留子入五月便種若待新花熟後取子則太晚矣七月中摘深色鮮明耐久不黦勝春種者負郭良田種頃者歲收絹三百疋一頃收子二百斛與麻子同價既任車脂亦堪為燭即是直頭成米二百石米已當穀田三百疋絹端然在外一頃收花日須百人摘以一家手力十不充一但駕車地頭每旦當有小兒僮女百十餘羣自來分摘

正須平量中半分取是以單夫隻妻亦須多種

殺花法摘取即碓擣使熟以水淘布袋絞去黃汁更擣以粟飯漿清而醋者淘之又以布袋絞汁即收取染紅勿弃也絞訖著甕器中以布蓋上雞鳴更擣以粟令均於蓆上攤而曝乾勝作餅作餅者不得乾令花浥鬱也

作燕支法預燒落藜藜藋及蒿作灰無者即草灰亦得以湯淋取清汁初汁純厚大釅即殺花不中用惟可洗衣取第三度淋者以用揉花和使好色也揉花十許徧勢盡乃生布袋絞取純汁著甕椀中取醋石榴兩三箇擘取子擣破少著粟飯漿水極酸者和之布絞取瀋以

和花汁若無石榴者以好醋和飯漿亦得若復無醋者清飯漿極酸者亦得空用之下白米粉大如酸棗粉多則白以淨竹著不膩者良久痛攪蓋冒至夜瀉去上清汁至淳處止傾著白練角袋子中懸之明日乾浥浥時捻作小瓣如半麻子陰乾之則成矣

合香澤法如清酒以浸香夏用冷酒春秋溫酒令暖冬則小熱雞舌香俗人以其似丁子故為丁子香也藿香苜蓿蘭香凡四種以新綿裹而浸之夏一宿春秋再宿冬三宿用胡麻油兩分猪腹一分內銅鐺中即以浸香酒和之煎數沸後便緩火微煎然後下所浸香煎緩火至暮水盡沸定乃熟以火頭內澤中作聲者水未盡有煙出無聲者水盡也澤欲熟時下少許青蒿以發色綿羃鐺觜瓶口瀉

合面脂法牛髓牛髓少者用牛脂和之若無髓空用脂亦得也溫酒浸丁香藿香二種浸法如煎澤法煎法一同合澤亦著青蒿以發色綿濾著甆漆盞中令凝若作脣脂者以熟朱和之青油裹之其冒霜雪遠行者常齧蒜令破以揩脣旣不劈裂又令辟惡賊面患皴者夜燒梨令熟以糠湯洗面訖以煖梨汁塗之令不皴赤連漆布嚼以塗面亦不皴也

合手藥法取猪脏一具摘去其脂合蒿葉於好酒中痛挼使汁甚滑白桃人二七枚去黃皮研碎酒解取其汁以綿裹丁香藿香甘松香橘核十顆打碎著脏汁中仍浸置勿出甆貯之夜煮細糠湯淨洗面拭乾以藥塗之令手軟滑冬不皴

作紫粉法用白米英粉三分胡粉一分不著胡粉不著人面和合均調取葵子熟蒸生布絞汁和粉日曝令乾若色淺者更蒸取汁重染如前法

作米粉法染米第一粟米第二如用一色純第米勿使有雜白使甚細簡去碎者各自純作莫雜餘種其雜米糯米小麥黍米穄米作者不得好也於槽中下水脚蹋十徧淨淘水清乃止大甕中多著冷水以浸米春秋則一月夏則二十日冬則六十日唯多日佳不須易水臭爛乃佳若日淺者粉不潤美日滿更汲新水就甕中沃之以手把攪淘去醋

氣多與徧數氣盡乃止稍出著一砂盆中熟研以水沃攪之接取白汁絹袋濾著別甕中麤沈者更研之水沃接取如初研盡以杷子就甕中良久痛抨然後澄之接去清水貯出淳汁著大盆中以板一向攪勿左右迴轉三百餘匝停置蓋甕勿令塵污良久清澄以杓徐徐去

清以三重布帖粉上以粟糠著布上糠上安灰灰濕更以乾者易之灰不復濕乃止然後削去四畔麤白無光潤者别收之以供麤用麤粉米皮所成故無光潤其中心圓如鉢形酷似鴨子白光潤者名曰粉英粉英米心所成是以光潤也無風塵好日時舒布於牀上刀削粉英如曝之乃至粉乾足將住反手痛挼勿住痛挼則滑美不挼則澁惡擬人客作餅及作香粉以供粧摩身體

作香粉法唯多著丁香於粉合中自然芬馥亦有受香木緝和粉者亦有水沒香以香汁溲粉者皆損色又費香不如全著合中也

種藍第五十三

爾雅曰葴馬藍注曰今大葉冬藍也廣志曰有木藍今世有茇赭藍也

藍地欲得良三徧細耕三月中浸子令芽生乃畦種之治畦下水一同葵法藍三葉澆之晨夜再澆之薅治令淨五月中新雨後即接濕耬搆拔栽夏小正曰五月啓灌藍蓼三莖作一科相去八寸栽時溉濕向背不急鋤則確也五徧為良七月中作坑令受百許束作麥稈泥泥之令深五寸以苫蔽四壁刈藍倒豎於坑中下水以木石鎮壓令沒熱時一宿冷時再宿漉去荄內汁於甕中率十石甕著石灰一斗五升急抨普彭反之一食頃止澄清瀉去水别作小坑貯藍澱著坑中候如强粥還出甕中盛之藍澱成矣種藍十畝敵穀田一頃能自染青者其利又倍矣

崔寔曰榆莢落時可種藍五月可刈藍六月種冬藍冬藍木藍也八月用葉也

種紫草第五十四

爾雅曰藐茈草注一名茈莨廣志曰隴西紫草紫之上者本草經曰一名紫丹博物志曰平氏山之陽紫草特好也

宜黃白軟良之地青沙地亦善開荒黍穄下大佳性不耐水必須高田秋耕地至春又轉耕之三月種之耬耩地逐壟手下子良田一畝用子二升薄田用子三升下訖勞之鋤如穀法唯淨唯佳其壟底草則拔之壟底用鋤則傷紫草九月中子熟刈之候稃芳蒲反燥載聚打取子濕載子則鬱浥即深細耕不細不深則失草矣尋壟以杷耬取整理收草宜併手力速竟為良遭雨則損草也一把隨以茅結之擘葛彌善四把為一頭當日則斬齊顛倒十重許為

長行置堅平之地以板石鎮之令扁（濕鎮直而長燥鎮則碎折不鎮賣難售）兩三宿豎頭著日中曝之令浥浥然（不曝則鬱黑太燥則碎折）五十頭作一洪（洪十字大頭向外以葛纏絡）著敞屋下陰涼處棚棧上其棚下勿使驢馬糞及人溺又忌煙皆令草失色其利勝藍若欲久停者入五月內著屋中閉户塞向密泥勿使風入漏氣過立秋然後開草出色不異若經夏在棚棧上草便變黑不復任用

伐木第五十五（種地黃法附）

凡伐木四月七月則不蟲而堅肕榆莢下桑椹落亦其時也然則凡木有子實者候其子實將熟皆其時也（非時者蟲具且脆也）凡非時之木水漚一月或火煏取乾蟲則不生（水浸之木皆亦柔肕）

周官曰仲冬斬陽木仲夏斬陰木（鄭司農云陽木春夏生者陰木秋冬生者松柏之屬鄭玄曰陽木生山南者陰木生山北者冬則斬陽夏則斬陰調堅軟也案柏之性不生蟲蠹四則皆得無所選焉山中雜木自非七月四月兩時殺者率多生蟲無山南山北之異鄭君之說又無取則周官伐木蓋以順天道調陰陽未必為堅肕之與蟲蠹者也）

禮記月令孟春之月禁止伐木（鄭玄注云為盛德所在也）孟夏之月無伐大樹（逆時氣也）季夏之月樹木方盛乃命虞人入山行木毋有斬伐（為其未堅肕也）季秋之月草木黃落乃伐薪為炭仲冬之月日短至則伐木取竹箭（此其堅肕之極時也）

孟子曰斧斤以時入山林材木不可勝用也（趙岐注曰時謂草木零落之時使材木得暢茂故有餘也）

淮南子曰草木未落斧斤不入山林（九月草木解也）

崔寔曰自正月以終季夏不可伐木必生蠹蟲或曰其月無壬子日以上旬伐之雖春夏不蠹猶有剖析間解之害又犯時令非急無伐十一月伐竹木

種地黃法須黑良田五徧細耕三月上旬為上時中旬為中時下旬為下時一畝下種五石其種還用三月中掘取者逐犁後如禾麥法下之至四月末五月初生苗訖至八月盡九月初根成中染若須留為種者即在地中勿掘之待來年三月取之為種計一畝可收根三十石有草鋤不限徧數鋤時別作小刃鋤勿使細土覆

心令秋收訖至來年更不須種自旅生也唯鋤之如此得四年不要種之皆餘根自出矣

齊民要術卷五

欽定四庫全書

齊民要術卷六

後魏　賈思勰　撰

養牛馬驢騾第五十六 相牛馬及諸病方法

服牛乘馬量其力能寒温飲飼適其天性如不肥充繁息者未之有也 金日磾降虜之煨燼卜式編戶齊民以羊馬之肥位登宰相公孫宏梁伯鸞牧豕者或位極人臣身名俱泰或聲高天下萬載不磨寗戚以飯牛見知馬稷牧養發迹莫不由近及遠從微至著嗚呼小子何可忽乎故小童曰羊去亂羣馬去害者卜式曰非獨羊也治民亦如是以時起居惡者輒去無令敗羣也

諺曰羸牛劣馬寒食下 言其乏食瘦瘠春中必死 務在充飽調適而已

陶朱公曰子欲速富當畜五牸（牛馬猪羊驢五畜之牸然畜牸則速富之術也）

禮記月令曰季春之月合累牛騰馬遊牝于牧（累騰皆乘匹之名是月所以合牛馬）仲夏之月遊牝別羣則縶騰駒（孕任欲止為其牝氣有餘恐相蹄齧也）仲冬之月牛馬畜獸有放逸者取之不詰（王居明堂禮曰冬命農畢積聚繼放牛馬）

凡驢馬駒初生忌灰氣遇新出爐者輒死（經雨者則不忌）

馬頭為王欲得方目為丞相欲得光脊為將軍欲得強腹脇為城郭欲得張四下為令欲得長凡相馬之法先

除三羸五駑乃相其餘大頭小頸一羸弱脊大腹二羸小頸大蹄三羸大頭緩耳一駑長頸不折二駑短上長下三駑大髂（枯賈切）短脅四駑淺髖薄髀五駑

騮馬驪肩鹿毛（闕二字）馬驒駱馬皆善馬也

馬生墮地無毛行千里溺舉一腳行五百里相馬五藏法肝欲得小耳小則肝小肝小識人意肺欲得大鼻大則肺大肺大則能奔心欲得大目大則心大心大則猛利不驚目四滿則朝暮健腎欲得小腸欲得厚且長腸厚則腹下廣方而平脾欲得小膁腹小則脾小脾小則易養望之大就之小筋馬也望之小就之大肉馬也皆可乘致瘦欲得見其肉（謂前肩守肉）致肥欲得見其骨（骨謂頭顱）馬龍顱突目平脊大腹脞重有肉此三事備者亦千里馬也水火欲得分（水火在鼻兩孔間也）上唇欲急而方口中欲得紅而有光此馬千里馬上齒欲鉤鉤則壽下齒欲鋸鋸則怒頷下欲深下唇欲緩牙欲去齒一寸則四百里牙劒鋒則千里嗣骨欲廉如織杼而闊又欲長（頰下側入

骨是）目欲滿而澤眶欲小上欲弓曲下欲直素中欲廉而張（素鼻孔上）陰中欲得平（股下）主人欲小（股裏上近前也）陽裏欲高則怒（股中上近主人）額欲方而平入肉欲大而明（耳下）玄中欲深（耳下）（近牙）耳欲小而銳如削筒相去欲促鬉欲戴中骨高二寸（鬉中骨也）易骨欲直（眼下直下骨也）頰欲開赤長膺下欲廣一尺以上名曰挾（一作扶）尺能久走鞅欲方（頰前）喉欲曲而深胸欲直而出（髀間前向）梟間欲開望視之如雙梟頸骨欲大肉次之髻欲桎而厚且折季毛欲長多覆肝肺無病（髮後毛是）背

欲短而方脊欲大而抗脢筋欲大夾脊筋也飛鳧見者怒膂後
筋也三府欲齊兩髂及中骨也尻欲頹而方尾欲減本欲大脅肋
欲大而窪名曰上渠能久走龍翅欲廣而長升肉欲大
而明髀外肉也輔肉欲大而明前腳下肉腸欲充腔小腔膝季肋欲
張短肋懸薄欲厚而緩腳脛虎口欲開股肉腹下欲平滿善走
名曰下渠日三百里陽肉欲上而高起髀外近前髀欲廣厚
汗溝欲深明直肉欲方能久走髀後肉也輸一作翰鼠欲方直肉
下也胸肉欲急髀桌也閒筋欲急短而減善細走輸鼠下筋機骨

欲舉上曲如懸匡馬頭欲高距骨欲出前間骨欲出前
後曰外鳧臨蹄骨也附蟬欲大前後目夜眼股欲薄而博善能走
後髀前骨臂欲長而膝本欲起有力前腳膝上向前肘後欲開能走
膝欲方而庳髀骨欲短兩肩骨欲深名曰前渠怒蹄欲
厚三寸硬如石下欲深而明其後開如鷂翼能久走
相馬從頭始頭欲得高峻如削成頭欲重宜少肉如剝
兔頭壽骨欲得大如綠絮苞圭石壽骨者髮所生處也白從額上
入口名俞膺一名的顱奴乘客死主乘棄市大兇馬也

馬眼欲得高眶欲得端正骨欲得成三角睛欲得如懸
鈴紫艷光目不四滿下脣急不愛人又淺不健食目中
縷貫瞳子者五百里下上徹者千里睫亂者傷人目下
而多白畏驚瞳子前後肉不滿皆兇惡若旋毛眼眶上
壽四十年值眶骨中三十年值中眶下十八年在目下
者不借睛卻轉後白不見者喜旋而不前目睛欲得黃
目欲大而光目皮欲得厚目上白中有橫筋五百里上
下徹者千里目中白縷者老馬子目赤睫亂齧人反睫

者善奔傷人目下有橫毛不利人目中有火字者壽四
十年目偏長一寸三百里目欲長大旋毛在目下名曰
承泣不利人目中五采盡具五百里壽九十年良多血
氣也駑多赤青肝氣也走多黃腸氣也材知多白骨氣
也材多黑腎氣也駑用策乃使訛也白馬黑目不利人
目多白卻視有態畏物喜驚
馬耳欲得相近而前豎小而厚一寸三百里三寸千里
耳欲得小而前竦耳欲得短殺者良植者駑小而長者

亦鶩耳欲得小而促狀如斬竹筒耳方者千里如斬筒七百里如雞距者五百里

鼻孔欲得大鼻頭文如王火字欲得明鼻上文如王公五十歲如火四十歲如天三十歲如小一十歲如今十八歲如四八歲如宅七歲鼻如水文二十歲鼻欲得廣而方

脣不覆齒少食上脣欲得急下脣欲得緩上脣欲得方下脣欲得厚而多理故曰脣如板鞮御者啼黄馬白喙

不利人

口中色欲得紅白如火光為善材多氣良且壽即黑不鮮明上盤不通明為惡材少氣不壽一曰相馬氣發口中欲見紅白色如穴中看火此皆老壽一曰口中欲正赤上理文欲使通直勿令斷錯口中青者三十歲如虹腹下皆不盡壽駒齒死矣口吻欲得長口中色欲得鮮好旋毛在物後為御禍不利人刺芻欲竟骨端刺芻者齒間肉齒左右蹉不相當難御齒不周密不久疾不滿不原不能久走一歲上下生乳齒各二二歲上下生齒各四三歲上下生齒各六四歲上下生成齒二成齒皆背三入四方生也五歲上下著成齒四六歲上下著成齒六兩廂黄生區受麻子也七歲上下齒兩邊黄各缺區平受米八歲上下盡區如一受麥九歲下中央兩齒臼受米十歲下中央四齒臼十一歲下六齒盡臼十二歲下中央兩齒平十三歲下中央四齒平十四歲下中央六齒平十五歲上中央兩齒臼十六歲上中央四齒臼若看上齒依下齒次第者十七歲上中央六齒

皆臼十八歲上中央兩齒平十九歲上中央四齒平二十歲上中央六齒平二十一歲下中央兩齒黄二十二歲下中央四齒黄二十三歲下中央六齒盡黄二十四歲上中央二齒黄二十五歲上中央四齒黄二十六歲上中央六齒盡黄二十七歲下中二齒白二十八歲下中四齒白二十九歲下中盡白三十歲上中央二齒白三十一歲上中央四齒白三十二歲上中盡白

頸欲得䏰而長頸欲得重頷欲折胷欲出臆欲廣頸項

欲厚而强迴毛在頸不利人

白馬黑毛不利人肩肉欲寧（寧者却也）雙凫欲大而上（雙凫胷兩邊肉如凫）

脊欲得平而廣能負重背欲得平而方鞍下有迴毛名負尸不利人

從後數其脇肋得十者良凡馬十一者二百里十二者千里過十三者天馬萬乃有一耳（一云十三肋五百里十五肋千里也）

腋下有迴毛名曰挾尸不利人

左脇有白毛直下名曰帶刀不利人

腹下欲平有八字腹下毛欲前向腹欲大而垂結脉欲多大道筋欲大而直（大道筋從腸下抵股者是）

腹下陰前兩邊生逆毛入腹帶者行千里一尺者五百里

三封欲得齊如一（三封者即尻上三骨也）

尾骨欲高而垂尾本欲大尾下欲無毛

汗溝欲得深

尻欲多肉莖欲得麤大

蹄欲得厚而大

踠欲得細而促

髂骨欲得大而長

尾本欲大而張

膝骨欲圓而長大如杯盂

溝上通尾本者蹹殺人

馬有雙腳脛亭行六百里迴毛起踠膝是也

脛欲得圓而厚裹肉生馬

後腳欲曲而立

臂欲大而短

骹欲小而長

腕欲促而大其間纔容靽

烏頭欲高（烏頭後足外節）

後足輔骨欲大（輔足骨者後足骹之後骨）

後左右足白不利人

白馬四足黑不利人

黄馬白喙不利人

後左右足白殺婦

相馬視其四蹄後兩足白老馬子前兩足白駒馬子白毛者老馬也

四蹄欲厚且大四蹄顛倒若豎履奴乘客死主乘棄市不可畜

久步即生筋勞筋勞則發蹄痛凌氣一曰生骨則發癰腫一曰發蹄生癰

也久立則發骨勞骨勞即發癰腫

久汗不乾則生皮勞皮勞者驟而不振

汗未善燥而飼飲之則生氣勞氣勞者即驟而不起

驅馳無節則生血勞血勞則發强行

何以察五勞終日驅馳舍而視之不驟者筋勞也驟而不時起者骨勞也起而不振者皮勞也振而不噴者氣勞也噴而不溺者血勞也筋勞者兩絆却行三十步而已一曰筋勞者驟起而絆之徐行三十里而已骨勞者令人牽之起從後笞之起而已皮勞者夾脊摩之熱而已氣勞者緩繫之櫪上遠餧草噴而已血勞者高繫無飲食之大溺而已

飲食之節食有三芻飲有三時何謂也一曰惡芻二曰中芻三曰善芻善謂飢時與惡芻飽時與善芻引之令食食常飽則無不肥剉草粗雖是豆穀亦不肥充細剉無節簁而食之者令馬肥不啌碚江自然好矣何謂三時一曰朝飲少之二曰晝飲則胷餍水三曰暮極飲之一曰夏汗冬寒皆當節飲諺曰旦起騎穀日中騎水斯言旦飲須節水也每飲食令行驟則消水小驟數百步亦佳十日一放令其陸梁舒展令馬硬實也夏即不汗冬即不寒汗而極乾

飼父馬令不鬬法多有父馬者别作一坊多置槽廐剉芻及穀頭各自别安唯著䪊頭浪放不繫非直飲食遂性舒適自在至於糞溺自然一處不須掃除乾地眠臥不濕不汙百匹羣行亦不鬬也

飼征馬令硬實法細剉芻枚擲揚去葉專取莖和穀豆秣之置槽於逈地雖復雪寒勿令安厩下一日一走令其肉熱馬則硬實而耐寒苦也

驘驢覆馬生驘則准常以馬覆驢所生騾者形容壯大彌復勝馬然必七八歲草驢骨口正大者母長則受駒父大則子壯草驘不産産無不死養草驢常須防勿令雜羣也

驢大都類馬不復别起條端

凡以豬槽飼馬以石灰泥馬槽馬汗繫著門此三事皆

令馬落駒術曰常繫獮猴於馬坊令馬不畏辟惡消百病也

治牛馬病疫氣方取獺屎煑以灌之獺肉及肝彌良不能得肉肝入用屎耳

治馬患喉痺欲死方纏刀子露鋒刃一寸刺咽喉令潰破即愈不治必死也

治馬黑汗方取燥馬屎置瓦上以人頭亂髮覆之火燒馬屎及髮令煙出着馬鼻下熏之使煙入馬鼻中須臾即瘥也

又方取猪脊引脂雄黃亂髮凡三物著馬鼻下燒之使煙入馬鼻中須臾即瘥

馬中熱方煑大豆及熱飯噉馬三度愈也

治馬汗凌方取美豉一升好酒一升夏著日中冬則溫熱浸豉使液以手搦之絞去滓以汁灌口汗出則愈矣

治馬疥方用雄黃頭髮二物以臘月猪脂煎之髮消以塼揩疥令赤及熱塗之即愈也

又方湯洗疥拭令乾煑麵糊熱塗之即愈也

又方燒柏脂塗之良

又方研芥子塗之差六畜疥悉愈然柏瀝芥子並是燥藥其徧體患疥者宜歷落班駁以漸塗之待差更塗餘處一日之中頓塗徧體則無不死

治馬中水方取鹽著兩鼻中各如雞子黃許大捉鼻令馬眼中淚出乃止良也

治馬中穀方手捉甲上長鬉向上提之令皮離肉如此數過以鈹刀子刺空中皮令突過以手當刺孔則有如風吹人手則是穀氣耳令人溺上又以鹽塗使人立乘數十步即愈耳

又方取餳如雞子大打碎和草飼馬甚佳也

又方取麥蘖末三升和穀飼馬亦良

治馬脚生附骨不治者入膝節令馬長跛方取芥子熟擣如雞子黃許取巴豆三枚去皮留臍三枚亦擣熟以水和令相著和時用刀子不爾破人手當附骨上拔去毛骨外融蜜蠟周匝擁之不爾恐藥燥瘡大着蠟罷以藥傳骨上取生布割兩頭作三道急裹之骨小者一宿便盡大者不過再宿然須要數看恐骨盡便傷好處看附骨盡取冷水淨洗瘡上刮取車軸頭脂作餅子着瘡上還以淨布急裹之三四日解去即生毛而無瘢此法甚良大勝灸者然瘡未瘥不得輒乘若瘡中出血便成大病也

治馬被刺脚方用穬麥和小兒哺塗即愈

馬灸瘡未瘥不用令汗瘡白痂時慎風得瘥後從意騎耳

治馬瘙蹄方以刀刺馬踠叢毛中使血出愈

又方融羊脂塗瘡上以布裹之

又方取鹹土兩石許以水淋取一石五斗釜中煎取三二斗剪去毛以泔清淨洗乾以鹹汁洗之三度即愈

又方以湯洗淨燥拭之嚼麻子塗之以布帛裹三度愈若不斷用穀塗五六度即愈

又方剪去毛以鹽湯淨洗去加燥拭於破瓦中煑人屎令沸熱塗之即愈

又方以鋸子割所患蹄頭前正當中斜割之令上狹下闊如鋸齒形去之如剪箭括向深一寸許刀子摘令血出色必黑出五升許解放即瘥

又方先以酸泔清洗淨然後爛煑猪蹄取汁及熱洗之瘥

又方取炊釜底湯淨洗以布拭水令盡取黍米一升作稠粥以故布廣三四寸長七八寸以粥糊布上厚裹蹄上瘡處以散麻纏之三日去之即當瘥也

又方耕地中拾取禾茇東倒西倒者若東西横地取南倒北倒者一壟取七科三壟凡取二十一科淨洗釜中煑取汁色黑乃止剪却毛泔淨洗去痂以禾茇汁熱塗之一上即愈

又方尿清羊糞令液取屋四角草就上燒令灰入鉢中研令熱用泔洗蹄以糞塗之再三愈

又方煑酸棗根取汁淨洗訖水和酒糟毛袋盛漬蹄沒瘡處數度即瘥也

又方淨洗了擣杏仁和猪脂塗四五上即當愈

治馬大小便不通眠起欲死須急治之不治一日即死以脂塗人手探穀道中去結屎以盐内溺道中須臾得溺便當瘥也

治馬卒腹脹眠臥欲死方用冷水五升盐二斤研盐令消以灌口中必愈

治驢漏蹄方鑿厚磚石令容驢蹄深二寸許熱燒磚令熱赤削驢蹄令出漏孔以蹄頓著磚孔中傾盐酒醋令沸浸之牢捉勿令脚動待磚冷然後放之即愈入水遠行悉不發

牛岐胡有壽岐胡牽兩腋亦分為三也眼去角近行駃眼欲得大眼中有白脉貫瞳子最快二軌齊者快二軌從鼻至髀為前軌甲至髂為後軌頸骨長且大快壁堂欲得闊壁堂脚股間也倚欲得如絆馬聚而正也莖欲得小膺庭欲得廣膺庭胷也天關欲得成天關脊接骨也儁骨欲得垂儁骨脊骨中央欲得下也洞胡無壽洞胡從頭至臆也旋毛在珠淵無壽珠淵當眼下也上池有亂毛起妨主上池兩角中一曰戴麻也倚脚不正有勞病肉冷有病毛拳有病毛欲得短密若長疎不耐寒氣耳多長毛不耐寒熱單膂無力有生癖即決者有大勞病尿射前脚者快直下者不快亂睫

者觝人後脚曲及直並是好相直尤勝進不甚直退不甚曲為下行欲得似羊行頭不用多肉臀欲方尾不用至地至地少力尾上毛少骨多者有力膝上縛肉欲得硬肉欲得細横竪無在大身欲得促形欲得如卷卷者其形側也捶頸欲得高一曰體欲得緊大膁疎肋難飼龍突目好跳又云不能行也鼻如鏡鼻難牽口方易飼蘭株欲得大蘭株尾株豪筋欲得成就豪筋脚後横筋豐岳欲得大豐岳膝株骨也蹄欲得竪竪如羊角垂星欲得有努肉垂星蹄上有肉覆蹄謂之努肉力柱欲得大

而成力柱常車肋欲得密肋骨欲得大而張張而廣也髀骨欲得出儁骨上出背脊骨上也易牽則易使難牽則難使泉根不用多肉及多毛泉根莖所出也懸蹄欲得橫如八字也陰虹屬頸行千里陰虹者有雙筋白毛骨屬頭最善走陽盂欲得廣陽盂者夾尾株前兩膁也當陽盂中間脊骨欲得窌窌則雙膂不窌則為單膂常有似鳴者有黃

治牛疫氣方取人參一兩細切水煑取汁五六升灌口中

又方臘月兔頭燒作灰和水五六升灌之亦良

又方硃砂三指撮油脂二合清酒六合煖灌即瘥

治牛腹脹欲死方取婦人陰毛草裹與食之即愈此治氣脹也

又方研麻子取汁溫令微熱擘口灌之五六升許愈此治生豆腹脹垂死者大良

治牛疥方煑烏頭汁熱洗五度即瘥耳

治牛肚反及嗽方取榆白皮水煑極熱令甚滑以五升灌之即瘥也

治牛中熱方取兔腸肚勿去屎以裹草吞之不過再三即愈

治牛虱方以胡麻油塗之即愈猪脂亦得凡六畜虱脂塗悉愈

治牛病用牛膽一箇灌牛口中瘥

家政法云四月伐牛茭四月毒草與茭豆不殊齊俗不收所失大也

術曰埋牛蹄著宅四角令大富

養羊第五十七

氈酥酪乾酪收驢馬駒羔犢法羊病諸方並附

常留臘月正月生羔為種者上十一月二月生者次之非此月數生者毛必焦卷骨髓細小所以然者是逢寒遇熱故也其八九十月生者雖值秋肥比至冬暮母乳已竭春草未生是故不佳其三四月生者雖茂美而羔小未食常飲熱乳所以亦惡五六七月生者兩熱相仍惡中之甚十一月及二月生者母既含重膚軀充儲草雖枯亦不羸瘦母乳適盡即得春草是以極佳也大率十口一羝羝少則不孕羝多則亂羣不孕者必瘦瘦則匪唯不蕃息經冬或死羝無角者更佳有角者喜相觝觸傷胎所由也供厨者宜剌之羊生十餘日以竹刺刺其腔

牧羊必須老人及心性宛順者起居以時調其宜適卜式云牧民何異於是者若使急性人及小兒者攔約不得必有打傷之災或勞戲不看則有狼犬之害懶不驅行無肥充之理將息失所有羔死之患也唯遠水為良二日一飲頻飲則傷水而鼻膿緩驅行勿停息息則不食而羊瘦急行則坌塵而冲顙也春夏早放秋冬晚出春夏氣軟所以宜早秋冬霜露所以宜晚養生經云春夏早起與雞俱興秋冬晏起必待日光此其義也夏月盛暑須得陰涼若日中不避熱則塵汗相漸秋冬之間必致癬疥七月以後霜露降後必須日出霜露晞解然後放之不爾則逢毒氣令羊口瘡腹脹也圈不厭近必須與人居相連開窻向圈所以然者羊性怯弱不能禦物狼一入圈或能絕羣架北墻

為厰為屋即傷熱熱則疥癬且屋處慣煖冬月入田尤不耐寒圈中作臺開竇無令停水二日一除勿使糞穢穢且污毛停水則挾蹄眠濕則腹脹也圈內須並墻竪柴柵令周匝羊不揩土毛常自淨不竪柴者羊揩墻壁土鹹相得毛皆成氊又竪柵頭出墻者虎狼不敢踰也

羊一千口者三四月中種大豆一頃雜穀并草留之不須鋤治八九月終刈作青茭若不種豆穀者初草實成時收刈雜草薄鋪使乾勿令鬱浥豋豆胡豉蓬藜荆棘為上大小豆萁次之高麗豆萁尤有所便蘆亂二種則不中凡秋刈草非直為羊然大凡悉皆倍勝崔寔曰十月七日刈芻茭既

至冬寒多饒風霜或春初雨落青草未生時則須飼不宜出放積茭之法於高燥之處竪桑棘木作兩圓柵各五六步許積茭著柵中高一丈亦無嫌任羊遶柵揩食竟日通夜口常不住終冬過春無不肥充若不作柵假有千車茭擲與十口羊亦不得飽羣羊踐躡而已不得一莖入口不收茭者初冬乘秋似如有膚羊羔乳食其母比至正月母皆瘦死羔小未能獨食水草尋亦俱死非直不滋息或滅羣斷種矣余昔有羊二百口茭豆既少無以飼一歲之中餓死過半假有在者疥瘦羸[illegible]與死不殊毛復淺短全無潤澤余初謂家自不宜又疑歲道疫病乃飢餓所致無他故也人家八月收穫之始多無庸暇且賃羊雇人所費既少所存者大傳曰三折臂始為良醫又曰亡羊治牢未為晚也世事略皆如此安可不存意哉

寒月生者須然火於其邊夜不然火必凍死也

凡初產者宜煑穀豆飼之白羊留母二三日即母子俱放白羊性狠不得獨留并母久住則令乳之羖羊但留母一日寒月者內羔子坑中日夕母還乃出之坑中煖不苦風寒地熱使眠如常飽者也十五日後方喫草乃放之

白羊三月得草力毛牀動則鉸之鉸訖於河水之中淨洗羊則生白淨毛也五月毛牀將落鉸取之鉸訖更洗如前八月初胡菓子未成時

又鉸之鉸了亦洗如初其八月半後鉸者勿洗白露已降寒氣侵人洗即不益胡菓子成然後鉸者匪直著毛難治又歲稍晚比至寒時毛長不足令羊瘦損漠北塞之羊則八月不鉸鉸則不耐寒中國必須鉸不鉸則毛長相著作氊難成也

作氊法春毛秋毛中半和用秋毛緊強春毛軟弱獨用大偏是以須雜三月桃花水氊第一凡作氊不須厚大唯緊薄均調乃佳耳二年敷卧小覺垢以九月十月賣作鞾氊明年四五月出氊時更買新者此為長存不穿敗若不數換者非直垢污穿穴之後便無所直虛成糜費此不朽之功豈可同年而語也

令氊不生蟲法夏月敷席下卧上則不生蟲若氊多無人卧上者預收榷柴爍新灰入五月中羅灰徧著氊上厚五寸許卷束於風涼之處閣置蟲亦不生如其不爾無不生蟲

羝羊四月末五月初鋑之性不耐寒早鋑寒則凍死雙生者多易為繁息性既豐乳有酥酪之饒毛堪酒袋兼繩索之利其潤益又過白羊

作酪法牛羊乳皆得別作和作隨人意牛產日即粉穀如糕屑多著水煑則作薄粥待冷飲牛若不飲者莫與水明日渴自飲牛產三日以繩絞牛項頸令徧身脉脹倒地即縛以手痛按乳核令破以脚二七徧蹴乳房然後解放羊產三日直以手按核令破不以脚蹴若不如此破核者乳脉細微攝身則閉核破脉開捋乳易得曾經破核後產者不須復治牛產五日外羊十日外羔犢得乳力強健能噉水草然後取乳捋時須人斟酌三分之中當留一分以與羔犢若取乳太早及不留一分乳者羔犢瘦死三月末四月初牛羊飽草便可作酪以收其利至八月末止從九月一日後止可小小供食不得多作天寒草枯牛羊漸瘦故也大作酪時日暮牛羊還即間羊犢別著一處凌旦早放母子別羣至日東南角噉露草飽驅歸捋之訖還放之聽羔犢隨母日暮還別如此得乳多牛羊不瘦若不早放先捋者比覺日高則露解常食燥草無復膏潤非直漸瘦得乳亦少捋訖於鐺釜中緩火煎之火急則著底焦常以正月二月預收乾牛羊矢煎乳第一好草既灰汁柴又喜焦乾糞火軟無此二患常以杓揚乳勿令溢出時復徹底縱橫直勾慎勿圓攪喜斷亦勿口吹則解四五沸便止瀉著盆中勿便揚之待小冷掠取乳皮著別器中以為酥屈木為棬以張生絹袋子濾熟乳著瓦瓶中臥之若是新瓶即直用之不燒若舊瓶已曾臥酪者輒須灰火中燒瓶令津出迴轉燒之皆使周匝熱徹好乾待冷乃用不燒者有潤氣則酪斷不成若日日燒瓶酪猶有斷者作酪屋中有蛇蝦蟇故也宜燒人髮羊牛角以辟之聞臭氣則去矣其臥酪待冷煖之節溫溫小煖於人體為合宜適熱臥則酪醋傷冷則難成濾乳訖以先成甜酪為酵大率熟乳一升用酪半匙著杓中以匙痛攪令散瀉著熟乳中仍以杓攪使均調以氊絮之屬茹瓶令煖良久以單布蓋之明旦酪成若去城中遠無熟酪作酵者急揄醋飧研熟以為酵大率一斗乳下一匙酵攪令均調亦得成其酢酪為酵者酪亦醋甜酵傷多酪亦醋其六七月中作者臥時令如人體直置冷地不必須溫茹冬天作者臥時少令熱於人體降於餘月茹令極熱

作乾酪法七月八月中作之日中炙酪酪上皮成掠取更炙之又掠肥盡無皮乃止得一斗許於鐺中炒少許時即出於盤上曝浥浥時作團大如梨許又曝使乾得經數年不壞以供遠行作粥作漿時細削著水中煑沸便有酪味亦有全擲一團著湯中嘗有酪味還漉取曝乾一徧則得五徧煑不破看勢兩漸薄乃削研用倍省矣

作漉酪法八月中作取好淳酪生布袋盛懸之當有水出滴滴下水盡著鐺中暫炒即出於盤上日曝浥浥時作團大如梨許亦數年不壞作粥漿味勝前者炒雖味短不及生酪然不炒生蟲不得過夏乾漉二酪久停皆暍氣不如年各作歲管用盡

作馬酪酵法用驢乳汁二三升和馬乳不限多少澄酪成取下澱團曝乾後歲作酪用此為酵也

抨酥法以夾榆木椀為杷子作杷法割去椀半上剜四廂各作一圓孔大小徑寸許正底施長柄如酒杷形抨酥酥酪甜酢得所數日陳酪極大酪著亦無嫌酪多用大甕酪少用小甕置甕於日中旦起瀉酪著甕中炙直至日西南角起手抨之令杷子常至甕底一食頃作熱湯水解令得下手寫著甕中湯多少令常半酪乃抨之良久酥出下冷水多少亦於湯等更急抨之於此時杷子不須復達甕底酥已浮出故也酥既徧覆酪

上更下冷水多少如前酥凝抨上大盆盛冷水著甕邊以手抨酥沈手盆水中酥自浮出更掠如初酥盡乃止酥酪漿中和飧粥盆中浮酥待冷悉凝以手接取搦去水作團著銅器中或不津瓦器亦得十日許得多少併內鐺中然牛羊矢緩火煎如香澤法當日內乳涌出如雨打水中水乳既盡聲止沸定酥便成矣冬即內著羊肚中夏盛不津器初煎乳時上有皮膜以手隨即掠取著器中寫熟乳著盆中未濾之前乳皮凝厚亦悉掠取明日酪成若有黃皮亦悉掠取併著甕中以物痛熟研良久下湯又研亦下冷水純是好酪接取作團與大段同煎矣

羊有疥者間別之不別相染污或能合羣致死羊疥先著口者難治多死

治羊疥方取藜蘆根㕮咀令破以泔浸之以瓶盛塞口於灶邊常令煖數日醋香便中用以磚瓦刮疥令赤若強硬痂厚者亦可以湯洗之去痂拭燥以藥汁塗之再上愈若多者日別漸漸塗之勿頓塗令徧羊皮不堪藥勢便死矣

又方去痂如前法燒葵根為灰煮醋澱熱塗之以灰厚傅再上愈寒時勿剪毛去即凍死矣

又方臘月猪脂加熏黃塗之即愈

羊膿鼻眼不淨者皆以中水治方以湯和鹽用杓研之極鹹塗之為佳更待冷接取清以小角受一雞子者灌兩鼻各一角非直水瘥永息去蝨五日後必飲以眼鼻淨為候不瘥更灌一如前法

羊膿鼻口頰生瘡如乾癬者名曰可妬渾迭相染易著者多死或能絕羣治之方豎長竿於圈中竿頭施橫板令獮猴上居數日自然差此獸辟惡常安於圈中亦好

治羊挾蹄方取羝脂和鹽煎使熟燒熱令微赤著脂烙之著乾勿令水汎入七日自然瘥耳

凡羊經疥得差者至夏後初肥時宜賣易之不爾後年春疥發必死矣

凡驢馬牛羊收犢子駒羔法常於市上伺候見含重垂欲生者輒買取駒犢一百五十日羊羔六十日皆能自活不復藉乳乳母好堪為種產者因留之以為種惡者還賣不失本價坐嬴駒犢

還更買懷子孕者一歲之中牛馬驢得兩番羊得四倍羊羔臘月正月生者留以作種餘月生者剩而賣之用二萬錢為羊本必歲收千口所留之種率皆精好與世間絕殊不可同日而語之何必羔犢之饒又嬴酪之利也羔有死者皮好作裘縛肉好作乾腊及作肉醬味又甚美

家政法云養羊法當以瓦器盛一升鹽懸羊欄中羊喜鹽自數還啖之不勞人收

羊有病輒相污欲令別病法當欄前作瀆深二尺廣四尺往還皆跳過者無病不能過者入瀆中行過便別之

術曰懸羊蹄著戶上辟盜賊澤中放六畜不用令他人

無事橫截羣中過道上行即不諱

龍魚河圖曰羊有一角食之殺人

養豬第五十八

爾雅曰豕子豬㹠豶幺幼奏者豱豕三豵二師一特所寢檜四豴皆白豥其跡刻絕有力豣牝豝注云彘也其子曰豚一歲曰豵廣志曰豨豠彘㣈豕也豥闕二字也縠艾豵也

母豬取短喙無柔毛者良喙長則牙多三牙以上則不煩畜為難肥故有柔毛闕治難淨也牝者子母不同圈子母一圈喜相聚否則不闕二字牡者同圈則無嫌牡性遊蕩非家生則喜浪失圈不厭小圈小肥疾處不厭穢泥穢得避暑

亦須小廄以避雨雪春夏中生隨時放牧糟糠之屬當日別與糟糠易至至八九十月放而不飼所有糟糠則畜待冬春初豬性甚便水生之草杷數水藻等近岸豬食之皆肥初產者宜煮闕飼之其子三日掐尾六十日後犍三日則不畏風凡死者皆尾風所致耳犍不截尾則前大後小犍者骨細肉多不犍者骨粗肉少如犍牛法者無風死之患十二月子生者豚一宿蒸之蒸法索籠盛腦凍不合出旬便死所以然者豚性腦少寒盛則不能自煖故須煖氣助之

供食豚乳下者佳簡取別飼之愁其不肥共母同圈粟豆難足宜埋車輪為食場散粟豆於內小豚足食出入自由則肥速

雜五行書曰懸臘月豬羊耳著堂梁上大富

淮南萬畢術曰麻鹽肥豚豕取麻子三升擣千餘杵煮為羹以鹽一升著中和糠三斛飼豕則肥也

養雞第五十九

爾雅曰雞大者蜀蜀子雞未成雞僆絕有力奮雞三尺為鶤郭璞注曰陽溝巨鶤古之名雞廣志曰雞有胡髮五指金骹反翅之種大者蜀小者荊白雞金骹者鳴美吳中送長鳴雞雞鳴長倍於常雞異物志曰九真長鳴

雞最長聲甚好清朗鳴未必在曙時潮水夜至因之並鳴或名曰伺潮雞風俗通云俗說朱氏公化而為雞故呼雞者皆言朱朱玄中記云東南有桃都山上有大桃樹名桃都枝相去三千里上有一天雞日初出光照此木天雞則鳴羣雞皆隨而鳴也

雞種取桑落時生者良形小淺毛腳細短是也守窠少聲善育雛子春夏生者則不佳形大毛羽悅澤腳粗長者是遊蕩饒聲產乳易厭既不守巢則無緣蕃息也雞春夏雛二十日內無令出窠飼以燥飯出窠早不免烏鴟與濕飯則令臍膿也雞棲宜據地為籠內著棧雖鳴聲不朗而安穩易肥又免狐狸之患若在之樹林一遇風寒大者損瘦小者或死燃柳柴雞雛小者死大者盲此亦燒穰

殺豺之流其理難悉

養雞令速肥不杷屋不暴園不畏鳥鴟狐狸法別築墻匡開小門作小廠令雞避雨日雌雄皆斬去六翮無令得飛出常令收秕稗胡之類以養之亦作小槽以貯水荆藩為棲去地一尺數掃去屎鑿墻為窠亦去地一尺唯冬天著草不茹則子凍春夏秋三時則不須直置匡上任其產伏留草則蜫蟲生雛出則著外許以罩籠之鵪鶉大還內墻匡中其供食者又別作墻匡蒸小麥飼之三七日便肥大矣

取穀產雞子供常食法別取雌雞勿令與雄相雜其墻匡斬翅荆棒土窠如前唯多與穀令竟冬肥盛自然多產矣一雞生百餘卵不雛並食之無咎餅炙所須皆宜用此

瀹雞子法打破著沸湯中浮出即掠取生熟正得即加鹽醋也

炒雞子法打破著鐺中攪令黃白相雜細擘葱白下鹽米渾豉麻油炒之甚香矣

孟子曰雞豚狗彘之畜無失其時七十者可以食肉矣

家政法曰養雞法二月先耕一畝作田秫粥灑之刈生茅覆上自生白蟲便買黃雌雞十隻雄一隻於地上作屋方廣丈五於屋下懸簣令雞宿上并作雞籠懸中夏月盛晝雞當還屋下息并於園中築作小屋覆雞得養子烏不得就

龍魚河圖曰畜雞白頭食之病人雞有六指者亦殺人

雞有五色者亦殺人

養生論曰雞肉不可食小兒食令生蚘蟲又令消體瘦

鼠肉味甘無毒令小兒消殺除寒熱炙食之良也

養鵝鴨第六十

爾雅曰舒鳫鵝廣雅曰駕鵝野鵝也說文曰鴚鵝野鵝也晉沈充鵝賦序曰於時綠眼黃喙家家有焉大康中太倉鵝從喙至足四尺有九寸體色豐麗鳴聲驚人爾雅曰舒鳧鶩說文鶩舒鳧廣雅曰鶩鴨也野鴨雄者赤頭有距鶩生百卵或一日再生有露鶩以秋冬生頓並世蜀口

鵝鴨並一歲再伏者為種一伏者得卵少三伏者冬寒雛亦多死也大率鵝三雌一雄鴨五雌一雄鵝初輩生子十餘鴨生數十後輩皆漸少矣常足五穀飼之生子多不足者生子少欲於廠屋之下作窠以防猪犬狐狸驚恐之害多著細草於窠中令煖先刻白木為卵形窠別著一枚以誑之不爾不肯入喜東西浪生若獨著闕二字窠後有爭窠之患生時尋即收取別作一煖處以柔細草覆之偒置窠中凍即雛死伏時大鵝一十子大鴨二十子小者減之多則不周數起者不任為種數起則凍死也其貪伏不起者須五六日一與食起之令洗浴久不起者飢羸身冷雛伏無熱

鵝鴨皆一月雛出量雛欲出之時四五日內不用聞打鼓紡車大叫豬犬及舂聲又不用器淋灰不用見新產婦觸忌者雛多厭殺不能自出假令出亦尋死也雛既出別作籠籠之先以粳米為粥糜一頓飽食之名曰填嗉不爾喜軒虛羌𦙶量而死然後以粟飯切苦菜蕪菁英為食以清水與之濁則易不易泥塞鼻則死入水中不用停久尋宜驅出此既水禽不得水則死臍未合久在水中冷徹亦死於籠中高處敷細草令寢處其上雛小臍未合不欲冷也十五日後乃出早放者匪直乏力且又有寒冷兼烏鴟災也

鵝唯食五穀稗子及草菜不食生蟲葛稚川曰居射工之地常養鵝鵝見此物食之故鵝辟此物也鴨靡不食矣水稗實成時尤是所便噉此足得肥充供廚者子鵝百日以外子鴨六七十日佳過此肉硬大率鵝鴨六年以上老不復生伏矣宜去之少者初生伏又未能工唯數年之中佳耳

風土記曰鴨春季雛到夏五月則任啖故俗五六月則烹食之

作杬子法純取雌鴨無令雜雄足其粟豆常令肥飽一鴨便生百卵俗所謂谷生者此卵既非陰陽合生伏亦不成雛宜以供膳幸無麛卵之咎也取杬木皮爾雅曰杬魚毒郭璞注曰杬大木子似栗生南方皮厚汁赤中藏卵果無杬皮者虎杖根牛李根並作用爾雅云蒤虎杖郭璞注云似紅草粗大有細刺可以染赤淨洗細莖剉煮取汁率二斗及熱下鹽一升和之汁極冷內甕中汁熱卵則致敗不堪久停浸鴨子一月任食煮而食之酒食俱用鹹徹則卵浮吳中多作者至十餘斛久停彌善亦得經夏也

養魚第六十一

陶朱公養魚經云威王聘朱公問之曰聞公在湖為漁

父在齊為鴟夷子皮在西戎為赤精子在越為范蠡有之乎曰有之曰公任足千萬家累億金何術乎朱公曰夫治生之法有五水畜第一水畜所謂魚池也以六畝地為池池中有九洲求懷子鯉魚長三尺者二十頭牡鯉魚長三尺者四頭以二月上庚日內池中令水無聲魚必生至四月內一神守六月內二神守八月內三神守神守者鼈也所以內鼈者魚滿三百六十則蛟龍為之長而將魚飛去內鼈則魚不復去在池中周遶九洲

無窮自謂江湖也至來年二月得鯉魚長一尺者一萬五千枚三尺者四萬五千枚二尺者萬枚枚直五十得錢一百二十五萬至明年得長一尺者十萬枚長二尺者五萬枚長三尺者五萬枚長四尺者四萬枚留長二尺者二千枚作種所餘皆得錢五百一十五萬錢候至明年不可勝計也王乃於後苑治地一年得錢三十餘萬池中九洲八谷谷上立水二尺又谷中立水六尺所以養鯉者鯉不相食又易長也如朱公收利未可頓求然依法為池養魚必大豐足

終天靡窮斯亦無貲之利也

又作魚池法三尺大鯉非近江湖倉卒難求若養小魚積年不大欲令生大魚法要須載取藪澤陂湖饒大魚之處近水際土闕十數載以布池底二年之內即生大魚蓋由土中先有大魚子得水即生也

蓴南越志云石蓴似紫菜色青詩曰思樂泮水言采其茆毛云茆鳧葵也詩義疏云茆與葵相似葉大如手赤圓有肥斷著手中滑不得停也莖大如箸皆可生食又可約滑羹江南人謂之蓴菜或謂之水葵本草云治消渴熱痺又云冷補下氣雜鯉魚作羹亦逐水而性滑謂之淳菜或謂之水芹服食之不可多

種蓴法近陂湖可於湖中種之近流水者可決水為池種之以深淺為候水深則莖肥葉少水淺則葉多而莖瘦蓴性易生一種永得宜潔淨不耐汚糞穢入池即死矣種一斗餘許足用

種藕法春初掘藕根節頭著魚池泥中種之當年即有蓮花

種蓮子法八月九月取蓮子堅黑者於瓦上磨蓮頭令皮薄取墐土作熟泥封之如三指大長二寸使蒂頭平重磨去尖銳泥乾時擲於池中重頭沉下自然周正薄易生少時即出其不磨者皮既堅厚倉卒不能生也

種芡法一名雞頭一名鴈喙即今芡子是也由子形上花似雞冠故名曰雞頭八月中收取擘破取子散著池中自然生也

種芰法一名菱秋上子黑熟時收取散著池中自生矣本草云芰芡中米上品藥食之安中補藏養神强志除百病益精氣耳目聰明輕身耐老蒸曝蜜和餌之長生神仙多種儉歲有此足度荒年

齊民要術卷六

欽定四庫全書

齊民要術卷七

後魏 賈思勰 撰

貨殖第六十二

范蠡曰計然云旱則資車水則資舟物之理也白圭曰
趣時若猛獸鷙鳥之發故曰吾治生猶伊尹呂尚之謀
孫吳用兵商鞅行法是也漢書曰秦漢之制列侯封君
食租歲率戶二百千戶之君則二十萬朝覲聘享出其
中庶民農工商賈率亦歲萬息二千百萬之家則二十
萬而更徭租賦出其中故曰陸地牧馬二百蹏孟康曰五十疋
也蹏古蹄字牛蹏角千孟康曰一百六十七頭牛馬貴賤以此為率千足羊師古曰凡
言千足者二百五十頭也澤中千足彘水居千石魚陂師古曰言有大陂養魚一
歲收魚千石魚以斤兩為計山居千章之楸楸木千章者大枚也師古曰大材曰章解在百
官公卿表安邑千樹棗燕秦千樹栗蜀漢江陵千樹橘淮北
滎南齊河之間千樹楸陳夏千畝漆齊魯千畝桑麻渭
川千畝竹及名國萬家之城帶郭千畝鍾之田孟康曰一鍾受
六斛四斗師古曰一畝收鍾者凡千畝若千畝梔茜孟康曰茜草梔子可用染也千畦
薑韭此其人皆與千戶侯等諺曰以貧求富農不如工
工不如商刺繡文不如倚市門此言末業貧者之資也

師古曰言其易以得利也通邑大都酤一歲千釀師古曰千甕以釀酒醯醬千
瓨胡雙反師古曰瓨長頸甖也受十升醬千儋孟康曰儋石甖師古曰儋人儋之也一儋兩甖儋音
丁濫反屠牛羊彘千皮販穀糶千鍾師古曰謂常糴取而居之薪藁千
車船長千丈木千章洪同方藁草材也舊將作大匠掌材者曰章曹椽竹竿萬
个軺車百乘師古曰軺車輕小車也牛車千兩木器漆者千枚銅
器千鈞鈞三十斤也素木鐵器若梔茜千石孟康曰百二十斤為石素木素
器馬蹏噭千師古曰噭口也蹏與口共千則為馬二百也噭江釣反牛千足羊彘
千雙僮手指千孟康曰僮奴婢也古者無空手游口皆有作務須手指故曰手指以別馬牛蹄

角也師古曰手指謂有巧伎者指千則人百筋角砂千斤其帛絮細布千鈞文采千疋師古曰文文繒也帛之有色者曰采荅布皮革千石孟康曰荅布白疊也師古曰粗厚之布也其價賤故與皮革同其量耳非白疊也荅者重厚貌漆千大斗師古曰大斗者異於量米粟之斗也今俗猶有大量櫱麴鹽豉千合師古曰麴櫱以斤石稱之輕重齊則為合鹽豉則斗斛量之多少等亦為合合者相配耦之言耳今西楚荊沔之俗賣鹽豉各一斗則各為裹而相隨焉此則合也說者不曉迺讀為升合之合又改作占競為解說失之遠矣鮐鮆千斤師古曰鮐海魚也鮆刀魚也飲而不食者鮐音胎又音菭鮆音薺又音才爾反而說者妄讀鮐為夷非惟失於訓物亦不知音矣鮿千石鮑千鈞師古曰鮿膊魚也即今不著鹽而乾者也鮑今之鮑魚也鮿音輒膊音普各反鮑音於業反而說者乃讀鮑為鮠魚之鮠音五回反失義遠矣鄭康成以為鮑於煏室乾之亦非也煏室乾之即鮿耳蓋今巴荊人所呼鰎魚者是也音居偃反秦始皇載鮑亂臭則是鮑魚耳而煏室乾者本不臭也煏音蒲北反棗栗千石者三之師古曰三千石狐貂裘千皮羔羊裘千石師古曰狐貂貴故計其數羔羊賤故稱其量也旃席千具他果采千種師古曰果采謂於山野采取果實也子貸金錢千貫節駔儈孟康曰節節物貴賤也謂除估儈其餘利比於千乘之家也師古曰儈者合會二家交易者也駔者其首率也駔音子朗反儈音工外反貪賈三之廉賈五之孟康曰貪賈未當賣而賣未當買而買故得利少而十得其三廉賈貴乃賣賤乃買故十得五也亦比千乘之家此其大率也卓氏曰吾聞汶山之

下沃壄下有踆鴟至死不饑孟康曰踆音蹲水鄉多鴟其山下有沃壄灌溉師古曰孟說非也踆鴟謂芋也有根可食以充糧故無饑年華陽國志曰汶山郡都安縣有大芋如蹲鴟也諺曰富何卒耕水窟貧何卒亦耕水窟言下田能貧能富魯邴氏家起富至巨萬然自父兄子弟勤約俯有拾仰有取淮南子曰賈多端則貧工多技則窮心不一也高誘曰賈多端非一術工多技非一能故心不一也

塗甕第六十三

凡甕七月坯為上八月為次餘月為下凡甕無問大小皆須塗治甕津則造百物皆惡悉不成所以時宜留意新出窯及熱脂塗者大良若市買者先宜塗治勿使盛水未塗遇雨亦惡塗法掘地為小圓坑傍開兩道以引風火生炭火於坑中合甕口於坑上而熏之火盛喜破微則難熱務令調適乃佳數以手摸之熱灼人手便下寫熱脂於甕中迴轉濁流極令周匝脂不復滲所蔭切乃止牛羊脂為第一好豬脂亦得俗人用麻子脂者誤人耳若脂不獨流直一徧拭之亦不免津俗人釜上蒸甕者水氣亦不佳以熱湯數斗著甕中滌盪疏洗之瀉卻滿盛冷水數日便中用用時更洗淨日曝令乾

造神麴餅酒第六十四 安麴在藏瓜卷中

凡作三斛麥麴法蒸炒生各一斛炒麥黃莫令焦生麥擇治甚令精好種各別磨磨欲細磨訖合和之七月取甲寅日使童子著青衣日未出時面向殺地汲水二十斛勿令人潑水水多亦可寫却莫令人用其和麴之時面向殺地和之令使絕强團麴之人皆是童子小兒亦面向殺地有行穢者不使不得令入室近團麴當日使訖不得隔宿屋用草屋勿使用瓦屋地須淨掃不得穢

惡勿令濕畫地為阡陌周成四巷作麴人各置巷中假置麴王王者五人麴餅隨阡陌比肩相布訖使主人家一人為主莫令奴客為主與王酒脯之法濕麴王手中為椀中盛酒脯湯餅主人三徧讀文各再拜其房欲得板戶密泥塗之勿令風入至七日開當處翻之還令泥戶至二七日聚麴還令塗戶莫使風入至三七日出之盛著甕中塗頭至四七日穿孔繩貫日曝欲得使乾然後內之其餅麴手團二寸半厚九分

祝麴文

東方青帝土公青帝威神南方赤帝土公赤帝威神西方白帝土公白帝威神北方黑帝土公黑帝威神中央黃帝土公黃帝威神某年月某日辰朔日敬啟五方五土之神主人某甲謹以七月上辰造作麥麴數千百餅阡陌縱橫以辨疆界須建立五王各布封境酒脯之薦以相祈請願垂神力勤鑒所願使蟲類絕蹤穴蟲潛影衣色錦布或蔚或炳殺熱火熿以烈以猛芳越椒熏味

超和鶍飲利君子既醉既逞惠彼小人亦恭亦靜敬告再三格言斯整神之聽之福應自冥人願無為希從畢永急急如律令祝三遍各再拜

造酒法全餅麴曬經五日許日三過以炊箒刷治之絕令使淨若遇好日可三日曬然後細刷布帊盛高屋廚上曬經一日莫使風土穢污乃平量麴一斗臼中受令碎若浸麴一斗與五升水浸麴三日如魚眼湯沸酘米其米絕令精細淘米可二十徧酒飯人狗不令噉淘水

及炊釜中水為酒之具有所洗浣者悉用河水佳也

若作秫黍米酒一斗麴殺米二石一斗第一酘米三斗停一宿酘米五斗又停再宿酘米一石又停三宿酘米三斗其酒飯欲得弱炊炊如食飯法舒使極冷然後納之

若作糯米酒一斗麴殺米一石八斗唯三過酘米畢其炊飯法直下饙不須報蒸其下饙法出饙甕中取釜下沸湯澆之僅沒飯便止此元僕射家法

又造神麴法其麥蒸炒生三種齊等與前同但無復阡陌酒脯湯餅祭麴王及童子手團之事矣預前事麥三種合和細磨之七月上寅日作麴溲欲剛擣欲粉細作熟餅用圓鐵範令徑五寸厚一寸五分於平板上令壯士熟踏之以栈刺作孔淨掃東向開戶屋布麴餅於地閉塞窗戶密泥縫隙勿令通風滿七日翻之二七日聚之皆還密泥三七日出外日中曝之令燥麴成矣任意舉閣亦不用甕盛甕盛者則麴烏腹烏腹者遶孔黑爛若欲多作者任人耳但須三麥齊等不以三石為限此麴一斗殺米三石笨麴一斗殺米六斗省費懸絶如此用七月七日焦麥麴及春酒麴皆笨麴法

造神麴黍米酒方細剉麴燥曝之麴一斗水九斗米三石須多作者率以此加之其甕大小任人耳桑欲落時作可得周年停初下用米一石次酘五斗又四斗又三斗以漸待米消即酘無令勢不相及味足沸定為熟氣味雖正沸未息麴勢未盡宜更酘之不酘則酒味苦薄

矣得所者酒味輕香實暢凡麴初釀此酒者率多傷薄何者猶以凡麴之意忖度之蓋用米既少麴勢未盡故也所以傷薄耳不得令猪狗見所以專取桑落時作者黍必令極冷也

又神麴法以七月上寅日造不得令雞狗見及食者麥多少分為三分蒸炒二分正等其生者一分一石上加一斗半各細磨和之溲時微令剛足手熟揉為佳使童男小兒餅之廣三寸厚二寸須西廂東向開戶屋中淨

掃地地上布麴十字立巷令通人行四角各造麴奴一枚訖泥戶勿令泄氣七日開戶翻麴還塞戶二七日聚又塞之三七日出之作酒時治麴如常法細剉為佳

造酒法用黍米一斛神麴二斗水八升米初下米五斗必令五六十遍淘之二酘七斗米三酘八斗米滿二石米已外任意斟裁然要須米微多米少酒則不佳冷煖之法悉如常釀要在精細也

神麴粳米醪法春月釀之燥麴一斗用水七斗粳米二

石四斗浸麴發如魚眼湯淨淘米八斗炊作飯舒令極冷以毛袋漉去麴滓又以絹濾之麴汁於甕中即酘飯候米消又酘八斗消盡又酘八斗凡三酘畢若猶苦者更以二斗酘之此合醅飲之可也

又作神麴方以七月中旬已前作麴為上時亦不必要須寅日二十日已後作者麴漸弱凡屋皆得作亦不必要須東向開戶草屋也大率小麥生炒蒸三種等分曝蒸者令乾三種合和碓䏋淨簸擇細磨羅取麩更重磨唯細為良麤則不好剉胡葉煮三沸湯待冷接取清者溲麴以相著為限大都欲小剛勿令太澤擣令可團便止亦不必滿千杵以手團之大小厚薄如蒸餅劑令下微浥浥刺作孔丈夫婦人皆團之不必須童男其屋預前數日數著猫塞鼠窟泥壁令淨掃地布麴餅於地上作行伍勿令相逼當中十字阡陌使通容人行作麴王五人置之於四方及中央中央者面南四方者面皆向內酒脯祭與不祭亦相似今從省市麴訖閉戶密泥之

勿使漏氣七日開戶翻麴還著本處泥閉如初二七日聚之若止三石麥麴者但作一聚多則分為兩泥閉如初三七日以麻繩穿之聚五十餅為一貫懸著戶內開戶勿令見日五日後出著外許懸之晝日曬夜受露霜不須覆蓋久停亦爾但不用被雨此麴得三年停陳者彌好

神麴酒方淨掃刷麴令淨有土處刀削去必使極淨反斧背椎破大小如棗栗斧刀則殺小用故紙糊席曝之

夜乃勿收令受霜露風陰則收之恐土汙及雨潤故也若急須者麴乾則得從容者經二十日許受霜露彌令酒香麴必須乾潤濕則酒惡春秋二時釀者皆得過夏熟桑落時作者及勝於春桑落時稍冷初浸麴與春同及下釀則茹甕止取微煖勿太厚太厚則傷熱春則不須置甕於塼上秋以九月或十九日收水春以正月十五日或以晦日及二月二日收水當日即浸麴此四日為上時餘日非不得作恐不耐久收水法河水第一好

遠河者取極甘井水小鹹則不佳

清麴法春十一日或十五日秋十五日或二十日所以爾者寒煖有早晚故也但候麴香沫起便下釀過久麴生衣則為失候失候則酒重鈍不復輕香米必細師淨淘三十許遍若淘米不淨則酒色重濁大率麴一斗春用水八斗秋用水七斗秋殺米三石春殺米四石初下釀用黍米四斗再餾弱炊必令均熟勿使堅剛生(闕)也於席上攤黍令極冷貯出麴汁於盆中調和以手搦破之無塊然後內甕中春以兩重布覆秋於布上加氈若值天寒亦可加草一宿再宿候米消更酘六斗第三酘用米或七八斗第四第五第六酘用米多少皆候麴勢強弱加減之亦無定法或再宿一酘三宿一酘無定準惟須消化乃酘之每酘皆挹取甕中汁調和之僅得和黍破塊而已不盡貯出每酘即以酒杷遍攪令均調和然後蓋甕雖言春秋二時殺米三石四石然須善候麴勢麴勢未窮米猶消化者便加米唯多為良世人云米

過酒甜此乃不解法候酒冷沸止米有不消者便是麴勢盡酒若熟矣押出清澄竟夏直以單布覆甕口斬席蓋布上慎勿甕泥甕泥封交即酢壞冬亦得釀但不及春秋耳冬釀者必須厚茹甕覆蓋初下釀則黍小煖下之一發之後重酘時還攤黍使冷酒發極煖重釀煖黍亦酢矣其大甕多釀者依法加倍之其糠瀋雜用一切無忌

河東神麴方七月初治麥七日作麴七日未得作者七

月二十日前亦得麥一石者六斗炒三斗蒸一斗生細磨之朶葉五分蒼耳一分艾一分茱萸一分若無茱萸野蓼亦得用合煮取汁令如酒色漉出滓待冷以和麴勿令太澤擣千杵餅如凡麴方範作之

卧麴法先以麥䴷布地然後著麴訖又以麥䴷覆之多作者可用箔槌如養蠶法覆訖閉戶七日翻麴還以麥䴷覆之二七日聚麴亦還覆之三七日甕盛後經七日然後出曝之

造酒法用黍米麴一斗殺米一石秫米令酒薄不任事治麴必使表裏四畔孔内悉皆淨削然後細剉令如棗栗曝使極乾一斗麴用水一斗五升十月桑落初凍則收水釀者為上時春酒正月晦日收水為中時春酒河南地煖二月作河北地寒三月作大率用清明節前後耳初凍後盡年暮水脉既定收取則用其春酒及餘月皆須煮水為五沸湯待冷浸麴不然則動十月初凍尚煖未須茹甕十一月十二月須黍穰茹之浸麴冬十日春七日候麴發氣香沫起便釀隆冬寒厲雖日茹甕麴汁猶凍臨下釀時宜漉出凍凌於釜中融之取液而已不得令熱凌液盡還瀉著甕中然後下黍不爾則傷冷假令甕受五石米者初下釀止用米一石淘米須極淨水清乃上炊為饙下著空甕中以釜中炊湯及熱沃之令饙上水水深一寸餘便止以盆合頭良久水盡饙極熟軟便於席上攤之使冷貯汁於盆中搦黍令破瀉著甕中復以酒杷攪之每酘皆然唯十一月十二月天寒

水凍黍須人體煖下之桑落春酒悉皆冷下初冷下者酘亦冷初煖下者酘亦煖不得迴易冷熱相雜次酘八斗次酘七斗皆須候麴蘖強弱增減耳亦無定數大率中分半米前作沃饙半後作再餾黍純作沃饙酒便鈍再餾黍酒便輕香是以須中半耳各釀六七酘春作七八酘冬欲酒煖春欲酒冷酘米太多則傷熱不能久春以單布覆甕冬用薦蓋之冬初下釀時以炭火擲著甕中拔刀橫於甕上酒熟乃去之冬釀十五日熟春釀十

日熟至五月中甕別椀盛於日中炙之好者不動惡者色變色變者宜先飲之好者留過夏但合醅停須臾便押出還得與桑落時相接地窖著酒令酒土氣唯連簷草屋中居之為佳瓦屋亦熱作麴浸麴炊釀一切悉用河水無手力之家乃用甘井水耳

淮南萬畢術曰酒薄復厚漬以莞蒲斷蒲漬酒中有頃出之酒則厚矣

凡冬月釀酒中冷不發者以瓦瓶盛熱湯堅塞口又於釜湯中煮瓶令極熱引出著酒甕中須臾即發

白醪麴第六十五皇甫吏部家法

作白醪麴法取小麥三石一石熬之一石蒸之一石生三等合和細磨作屑煮胡葉湯經宿使冷和麥屑擣令熟踏作餅圓鐵作範徑五寸厚一寸餘牀上置箔箔上安蘧蒢蘧蒢上置桑薪灰厚二寸作胡葉湯令沸籠子中盛麴五六餅許著湯中少時出臥置灰中用生胡葉覆上以經宿勿令露濕特覆麴薄徧而已七日翻二七日聚三七日収曝令乾作麴屋泥戶勿令風入若以牀小不得多著麴者可四角頭豎槌重置椽箔如養蠶法七月作之

釀白醪法取糯米一石冷水淨淘漉出著甕中作魚眼沸湯浸之經一宿米欲絕酢炊作一餾飯攤令絕冷取魚眼湯沃浸米泔二斗煎取六升著甕中以竹掃衝之如茗渤復取水六斗細羅麴末一斗合飯一時內甕中和攪令飯散以氈物裹甕并口覆之經宿米消取生疎布漉出糟別炊好糯米一斗作飯熱著酒中為汎以單

布覆甕經一宿汎米消散酒味備矣若天冷停三五日彌善一釀一斛米一斗麴末六斗水六升浸米漿若欲多釀依法別甕中作不得作在一甕中四月五月六月七月皆得作之其麴預三日以水洗令淨曝乾用之

笨麴餅酒第六十六笨符本切

作秦州春酒麴法七月作之節氣早者望前作節氣晚者望後作用小麥不蟲者於大鑊釜中炒之炒法釘大橛以繩緩縛長柄匕匙著橛上緩火微炒其著匙如挽

棹法連疾攪之不得暫停停則生熟不均候麥香黃便出不用過焦然後簸擇治令淨磨不求細細者酒不斷麤剛强難押預前數日刈艾擇去雜草曝之令萎勿使有水露氣溲欲剛灑水欲均初溲時手搦不相著者佳溲訖聚置經宿來晨熟擣作木範之令餅方一尺厚二寸使壯士熟踏之餅成刺作孔豎槌布艾椽上臥麴餅艾上以艾覆之大率下艾欲厚上艾稍薄密閉窻戶三七日麴成打破看餅內乾燥五色衣成便出曝之如餅

中未燥五色衣未成更停三五日然後出反覆日曬令極乾然後高廚上積之此麴一斗殺米七斗

作春酒法治麴欲淨剉麴欲細曝麴欲乾其法以正月晦日多收河水井水苦鹹不堪淘米下饋亦不得大率一斗麴殺米七斗用水四斗率以此加減之十七石甕惟得釀十石米多則溢出作甕隨大小依法加減浸麴七八日始發便下釀假令甕受十石米者初下以炊米兩石為再餾黍黍熟以淨蓆薄攤令冷塊大者擘破然後下之沒水而已勿更撓勞待至明旦以酒杷攪之自然解散也初下即搦者酒喜厚濁下黍訖以蓆蓋之已後間一日輒更酘皆如初下法第二酘用米一石七斗第三酘用米一石四斗第四酘用米一石一斗第五酘用米一石第六酘第七酘各用米九斗計滿九石作三五日停著嘗之氣味足者乃罷若猶少味者更酘三四斗數日復嘗仍未足者更酘三二斗數日復嘗麴勢壯酒仍苦者亦可過十石然必須看候勿使米過過則酒

甜其七酘以前每欲酘時酒薄霍霍是麴勢盛也酘時宜加米與次前酘等雖勢極盛亦不得過次前一酘斛米也勢弱酒厚者須減米三斗勢盛不加便為失候勢弱不減剛强不削加減之間必須存意若多作五甕已上者每炊熟即須均分熟黍令諸甕徧得若徧酘一甕令足則餘甕比候黍熟已失酘矣酘當令寒食前得再酘乃佳過此便稍晚若邂逅不得早釀者春水雖臭仍自中用淘米必須極淨常洗手剔甲勿令手有鹹氣則

令酒動不得過夏

作頤麴法斷理麥艾布置法悉與春酒麴同然以九月中作之大凡作麴七月最良然七月多忙無暇及此且頤麴然此麴九月作亦自無嫌若不營春酒麴者自可七月中作之俗人多以七月初七日作之

崔寔亦曰六月六日七月七日可作其麴殺米多少與春酒麴同但不中為春酒喜動以春酒麴作頤酒彌佳也

作頤酒法八月九月中作者水定難調適宜煎湯三四沸待冷然後浸麴酒無不佳大率用水多少酘米之節略準春酒而須以意消息之十月桑落時者酒氣味頗類春酒

河東頤白酒法六月七月作用笨麴陳者彌佳剗治細剉麴一斗熟水三斗黍米七斗麴殺多少各隨門法常於甕中釀無好甕者用先釀酒大甕淨洗曝乾側甕著地作之旦起煑甘水至日午令湯色白乃止量取三斗著盆中日西淘米四斗使淨即浸夜月炊作再餾飯令四更中熟下黍飯席上薄攤令極冷於黍飯初熟時浸麴向曉昧旦日未出時下釀以手搦破塊仰置勿蓋日西更淘三斗米浸炊還令四更中稍熟攤極冷日未出前酘之亦搦塊破明日便熟押出之酒氣香美乃勝桑落時作者六月中唯得作一石米酒停得三五日七月半後稍稍多作於北向戶大屋中作之第一如無北向戶屋於清涼處亦得然要須日未出前清涼時下黍日

出已後熱即不成一石米者前炊五斗半後炊四斗半

笨麴桑落酒法預前淨剗麴細剉曝乾作釀池以藁茹甕不茹甕則酒甜用穰則太熱黍米淘須極淨九月九日日未出前收水九斗浸麴九斗當日即炊米九斗為饙下饙著空甕中以釜內炊湯及熱沃之令饙上游水深一寸餘便止以盆合頭良久水盡饙熟極軟瀉著席上攤之令冷挹取麴汁於甕中搦塊令破瀉甕中復以酒杷攪之每酘皆然兩重布蓋甕口七日一酘每酘皆

用米九斗隨甕大小以滿為限假令六酘半前三酘皆用沃饋半後三酘作再餾黍其七酘者四炊沃饋三炊黍飯甕滿好熟然後押出香美勢力倍勝常酒

笨麴白醪酒法淨削治麴曝令燥漬麴必須累餅置水中以水沒餅為候七日許搦令破漉出滓炊糯米為黍攤令極冷以意酘之且飲且酘乃至盡秔米亦得作作時必須寒食前令得一酘之也

蜀人作酴酒法酴音塗 十二月朝取流水五斗漬小麥麴二斤密泥封至正月二月凍釋發漉去滓但取汁三斗殺米三斗炊作飯調強軟合和復密封數十日便熟合滓餐之甘辛滑如甜酒味不能醉人人多喫溫溫小煖而面熱也

粱米酒法凡粱米皆得用赤粱白粱者佳春秋冬夏四時皆得作淨治麴如上法笨麴一斗殺米六斗神麴彌勝用神麴量殺多少以意消息春秋桑葉落時麴皆細剉冬則擣末下絹簁大率一石米用水三斗春秋桑落三時冷水浸麴麴發漉去滓冬即蒸甕使熱穰茹之以所量水煮少許粱米薄粥攤待溫溫以浸麴一宿麴發便炊下釀不去滓看釀多少皆平分米作三分一分一炊淨淘弱炊為再餾攤令溫溫煖於人體便下以杷攪之盆合泥封夏一宿春秋再宿冬三宿看米好消更炊酘之還封泥第三酘亦如之三酘畢後十日便好熟押出酒色漂漂與銀光一體薑辛桂辣蜜甜膽苦悉在其中芬芳酷烈輕儁遒爽超然獨異非黍秫之儔也

穄米酎法酎音宙 淨治麴如上法笨麴一斗殺米六斗神麴彌勝用神麴者隨麴殺多少以意消息麴擣作末下絹簁計六斗米用水一斗從釀多少率以此加之米必須㵎淨淘水清乃止即經宿浸置明旦碓擣作粉稍稍箕簸取細者如糕粉法訖以所量水煮少許穄粉作薄粥自餘粉悉於甑中乾蒸令氣好餾下之攤令冷以麴末和之極令調均粥溫溫如人體時於甕中粉痛抨使均柔令相著亦可椎打如椎麴法擘破塊內著甕中盆

合泥封裂則更泥封勿令漏氣正月作至五月大雨後
夜暫開看有清中飲還泥封至七月好熟接飲不押三
年停之亦不動一石米不過一斗糟悉著甕底酒盡出
時水硬糟肥欲似灰石酒色似麻油甚釅先能飲好酒
一斗者唯禁得升半飲三升大醉三升不澆大醉必死
凡人大醉酩酊無知身體壯熱如火者作熱湯以冷解
名曰生熟湯湯令均小熱得通人手以澆醉人湯淋處
即冷不過數斛湯迴轉翻覆通頭面痛淋須臾起坐與

人此酒先問飲多少裁量與之若不語其法口美不能
自節無不死矣一斗酒醉二十人得者無不傳餉親知
以為恭

黍米酎法亦以正月作七月熟淨治麴擣末絹簁如上
法笨麴一斗殺米六斗用神麴彌佳亦隨麴殺多少以
意消息米細師淨淘弱炊再餾黍攤冷以麴末於甕中
和之挼令調均擘破塊著甕中盆合泥封五月暫開悉
同穄酎法芬香美釀皆亦相似釀此二醞常宜謹慎多
喜殺人以飲少不言醉死正疑藥殺尤須節量勿輕飲
之

粟米酒法唯正月得作餘月悉不成用笨麴不用神麴
粟米皆得作酒然青穀米最佳治麴淘米必須細淨以
正月一日日未出前取水日出即曬麴至正月十五日
擣麴作末即浸之大率麴末一斗堆量之水八斗殺米
一石米平量之隨甕大小率以此加以向滿為度隨米
多少皆平分為四分從初至熟四炊而已預前經宿浸

米令液以正月晦日向暮炊釀正作饙耳不為再餾飯
欲熟時預前作泥置甕邊饙熟即舉甑就甕下之速以
酒杷在甕中攪作三兩遍即以盆合甕口泥密封勿令
漏氣看有裂處更泥封七日一酘皆如初法四酘畢四
七二十八日酒熟此酒要須用夜不得白日四度酘者
及初押酒時皆迴身映火勿使燭明及度酒熟便堪飲
未急待且封置至四五月押之彌佳押訖還泥封須便
擇取蔭屋貯置亦得度夏氣味香美不減黍米酒貧薄

之家所宜用之黍米貴而難得故也
又造粟米酒法預前細剉麴曝令乾末之正月晦日日未出時收浸麴一斗麴用水七斗麴發便下釀不限日數米足便休為異耳自餘法用一與前同
作粟米爐酒法五月六月七月中作之倍美受兩石以下甕子以石子二三升蔽甕底夜炊粟米飯即攤之令冷夜得露氣雞鳴乃和之大率米一石殺麴米一斗春酒糟末一斗粟米飯五斗麴殺若多少計須減飯和法

痛挼令相雜填滿甕為限以紙蓋口塼押上勿泥之恐大傷熱五六日後以手内甕中看令無熱氣便熟矣酒停亦得二十許日以冷水澆筒飲之酮出者歇而不美
魏武帝上九醖法奏曰臣縣故令九醖春酒法用麴三十斤流水五石臘月二日清麴正月凍解用好稻米漉去麴滓便釀法引曰譬諸蟲雖久多完三日一釀滿九石米止臣得法釀之常善其上清滓亦可飲若以九醖苦難飲增為十釀易飲不病九醖用米九斛十釀用米十斛俱用麴三十斤但米多少耳治麴淘米一如春酒法
浸藥酒法以此酒浸五加木皮及一切藥皆有益神効用春酒麴及笨麴不用神麴糖瀋埋藏之勿使六畜食
治麴法須斫去四緣四角上下兩面皆三分去一孔中亦剜去然後細剉爆曝末之大率麴末一斗用水一斗半多作以此加之釀用黍必須細㳘淘欲極淨水清乃止用米亦無定方準量麴勢強弱然其米要須均分為

七分一日一酘莫令空闕闕即折麴勢力七酘畢便止熟即押出之春秋冬夏皆得作茹甕厚薄之宜一與春酒同但黍飯攤使極冷冬即須物覆甕其斫去之麴猶有力不廢餘用耳
博物志胡椒酒法以好春酒五升乾薑一兩胡椒七十枚皆擣末好美安石榴五枚押取汁皆以薑椒末及安石榴汁悉内著酒中火煖取温亦可冷飲亦可熱飲温中下氣若病酒苦覺體中不調飲之能者四五升不

能者可二三升從意若欲增薑椒亦可若嫌多欲減亦可欲多作者當以此為率若飲不盡可停數日此胡人所謂蓽撥酒也

食經作白醪酒法生秫米一石方麴二斤細剉以泉水漬麴密蓋再宿麴浮起炊米三斗酘之使和調蓋滿五日乃好酒甘如乳九月半後可作也

作白醪酒法用方麴五斤細剉以流水三斗五升漬之再宿炊米四斗冷酘之令得七斗汁凡三酘濟令清又炊一斗米酘酒中攪令和解封四五日黍浮縹色上便可飲矣

冬米明酒法九月漬精稻米一斗擣令細末沸湯一石澆之麴一斤末攪和三日極酢合二斗釀米炊之氣刺人鼻便為大發攪成用方麴十五斤酘之米三斗水四斗合和釀之也

夏米明酒法秫米一石麴三斤水三斗漬之炊三斗米酘之凡三濟出炊一斗酘酒中再宿黍浮便可飲之

朗陵何公夏封清酒法細剉麴如雀頭先布甕底以黍一斗次第用水五升澆之泥著日中七日熟

愈瘧酒法四月八日作用水一石麴一斤擣作末俱酘水中酒酢煎一石取七斗以麴四斤須漿冷酘麴一宿上生白沫起炊秫一石冷酘中三日酒成

作酃酒法酃(盧丁反)以九月中取秫米一石六斗炊作飯以水一石宿漬麴七斤炊飯令冷酘麴汁中覆甕多用荷箬令酒香燥復易之

作和酒法酒一斗胡椒六十枚乾薑一分雞舌香一分蓽撥六枚下簁絹囊盛内酒中一宿蜜一升和之

作夏雞鳴酒法秫米二升煑作糜麴二斤擣合米和令調以水五斗漬之封頭今日作明旦雞鳴便熟

作櫂酒法四月取櫂葉合花采之還即急抑著甕中六七日悉使烏熟曝之煑三四沸去滓内甕中下麴炊五斗米日中可燥手一兩抑之一宿復炊五斗米酘之便熟

柯梔酒法（梔良知反）二月二日取水三月三日煎之先攪麴中水一宿乃炊黍米飯日中曝之酒成也

法酒第六十七

釀法皆用春酒麴其米糠瀋汁饙飯皆不用人及狗鼠食之

黍米法酒預剉麴曝之令極燥三月三日秤麴三斤三兩取水三斗三升浸麴經七日麴發細泡起然後取黍米三斗三升淨淘凡酒米皆欲極淨水清乃止法酒尤

宜存意淘米不得淨則酒黑炊作再餾飯攤使冷著麴汁中搦黍令散兩重布蓋甕口候米消盡更炊四斗半米酘之每酘皆搦令散第三酘炊米六斗自此以後每酘以漸和米甕無大小以滿為限酒味醇美宜合醅飲食之飲半更炊米重酘如初不著水麴唯以漸加米還得滿甕竟夏飲之不能窮盡所謂神異矣

作當梁酒法當梁下置甕故曰當梁以三月三日日未出時取水三斗三升乾麴末三斗三升炊黍米三斗三升為再餾黍攤使極冷水麴黍俱時下之三月六日炊米六斗酘之三月九日炊米九斗酘之自此以後米之多少無復斗數任意酘之滿甕便止若欲取者但言偷酒勿云取酒假令出一石還炊一石米酘之甕還復滿亦為神異其糠瀋悉瀉坑中勿令狗鼠食之

秔米法酒糯米大佳三月三日取井花水三斗三升絹簁麴末三斗三升秔米三斗三升糯米佳無者早稻米亦得充事再餾弱炊攤令小冷先下水麴然後酘之七

日更酘用米六斗六升一七日更酘用米一石三斗二升二七日更酘用米二石六斗四升乃止量酒備足便止合醅飲者不復封泥令清者以盆密蓋泥封之經七日便極清澄接取清者然後押之

食經七月七日作酒法方一石麴作燠餅編竹甕下羅餅竹上密泥甕頭二七日出餅曝令燥還內甕中一石米合得三石酒也

又法酒方焦麥麴末一石曝令乾煎湯一石黍一石合

糅令甚熟以二月二日收水即預煎湯停之令冷初酘之時十日一酘不得使狗鼠近之於後無苦或八日六日一酘會以偶日酘之不得隻日二月中節酘令足常預煎湯停之酘畢以五升洗手蕩甕其米多少依焦麴殺之

三九酒法以三月三日收水九斗米九斗焦麴末九斗先曝乾之一時和之揉和令極熟九日一酘後五日一酘後三日一酘勿令狗鼠近之會以隻日酘不得以偶

日也使三月中即令酘足常預作湯甕中停之酘畢輒取五升洗手蕩甕傾於酒甕中也

治酒酢法若十石米酒炒三升小麥令甚黑以絳帛再重為袋用盛之周筞令硬如石安在甕底經二七日後飲之即迴

大州白墮麴方餅法榖三石蒸兩石生一石別磑之令細然後合和之也桑葉胡葈葉艾葉各二尺圍長二尺許合煑之使爛去滓取汁以冷水和之如酒色和麴燥濕以意酌量臼中擣三千六百杵訖餅之安置煖屋牀上先布麥稭厚二寸然後置麴上亦與稭二寸覆之閉戶勿使露見風日一七日冷水濕手拭之令遍即翻之至二七日一例側之三七日籠之四七日出置日中曝令乾作酒之法淨削刮去垢打碎末令乾燥十斤麴殺米一石五斗

作桑落酒法麴末一斗熟米二斗其米令精細淘淨水清為度用熟水一斗限三酘便止清麴候向發便酘不

得與失時勿令小兒人狗食黍作春酒以冷水漬麴餘同冬酒

齊民要術卷七

齊民要術卷八

後魏 賈思勰 撰

黄衣黄蒸及糵第六十八 黄衣一名麥䴷

作黄衣法 六月中取小麥淨淘訖於瓮中以水浸之令醋漉出熟蒸之槌箔上敷席置麥於上攤令厚二寸許預前一日刈薍葉薄覆無薍葉者刈胡葈擇去雜草無令有水露氣候麥冷以胡葈覆之七月看黄衣色足便出曝之令乾去胡葈而已慎勿颺簸齊人喜當風颺去黄衣此大謬凡有所造作用麥䴷者皆仰其衣為勢今反颺去之作物必不善

作黄蒸法 七月中取生小麥細磨之以水溲而蒸之氣餾好熟便下之攤令冷布置覆蓋成就一如麥䴷法亦勿颺之慮其所損

作糵法 八月中作盆中浸小麥即傾去水日曝之一日一度以水澆之芽生便止即散収令乾勿使餅餅成則不復任用此煑白餳糵若煑黒餳即待芽生青成餅然後以刀劚取乾之欲令餳如琥珀色者以大麥為其糵

孟子曰雖有天下易生之物一日曝之十日寒之未有能生者也

常滿鹽花鹽第六十九

造常滿鹽法 以不津瓮受十石者一口置庭中石上以白鹽滿之以甘水沃之令上恒有游水須用時挹取煎即成鹽還以甘水添之取一升添一升日曝之熱甚還即成鹽永不窮盡風塵陰雨則蓋天晴淨還仰若黄鹽鹹水者鹽汁則苦是以必須白鹽甘水

造花鹽印鹽法 五月中旱時取水二斗以鹽一斗投水中令消盡又以鹽投之水鹹極則鹽不復消融易器淘治沙汰之澄去垢土瀉清汁於淨器中鹽甚白不廢常用又一石還得八斗汁亦無多損好日

(無風塵時日中曝令成鹽浮即便是花鹽厚薄光澤似鍾乳久不接取即成印鹽大如豆粒四方千百相似而成印輒沉漉取之花印一鹽白如珂雪其味又美)

作醬法第七十

十二月正月為上時二月為中時三月為下時用不津甕(甕津則壞味酢者亦不中用之)置日中高處石上(夏雨無令水浸甕底以一鉎鏉一本作生縮鐵釘子皆歲殺釘著甕底石下後雖有妊娠婦人食之醬亦不壞爛也)用春種烏豆(春豆粒小而均晚豆粒大而雜)於大甑中燥蒸之氣餾半日許復貯出更裝之迴在上居下(不爾則生熟不多調均也)氣餾周徧以灰覆之經

宿無令火絕(取乾牛屎圓累令中央空燃之不烟勢類好炭者能多収常用作食既無灰塵又不失火勝於草遠矣)盬看豆黃色黑極熟乃下日曝取乾(夜則聚覆無令潤濕)臨炊舂去皮更裝入甑中蒸令氣餾則下一日曝之明旦起淨簸擇滿臼舂之而不碎(若不重餾碎而難淨)簸揀去碎者作熱湯於大盆中浸豆黃良久淘汰挼去黑皮(湯少則添慎勿易湯易湯則走失豆味令醬不美也)漉而蒸之(淘豆湯汁即煑碎豆作醬以供旋食大醬則不用汁)一炊頃下置淨席上攤令極冷預前日曝白鹽黃蒸草蒿(居𢘅反)麥麴令極乾燥(鹽色黃者發醬苦鹽若潤濕令醬壞黃蒸令醬赤美蒿令醬芬芳蒿挼簸去草土麴及黃蒸各別擣細末簁馬尾羅彌好)大率豆黃三斗麴末一斗黃蒸末一斗白鹽五升蒿子三指一撮(鹽少令醬酢後雖加鹽無復美味其用神麴者一升當笨麴三升殺多故也)豆黃堆量不槩鹽麴輕量平槩三種量訖於盆中面向太歲和之(向太歲則無蛆蟲也)攪令均調以手痛挼皆令潤徹亦面向太歲內著甕中手挼令堅以滿為限半則難熟盆蓋密泥無令漏氣熟便開之(臘月五七日正月二月四七日三月三七日)當縱橫裂周迴匝甕徹底生衣悉貯出搦破塊兩甕分為三甕日未出前汲井花水於

盆中以燥鹽和之率一石水用鹽三斗澄取清汁又取黃蒸於小盆內減鹽汁浸之接取黃滓漉去滓合鹽汁瀉著甕中(率十石醬用黃蒸三斗鹽水多少亦無定方醬如薄粥便是豆乾水故也)仰甕口曝之(諺曰萎蕤葵日乾醬言其美矣)十日內每日數度以杷徹底攪之十日後每日輒一攪三十日止雨即蓋甕無令水入(水入則生蟲)每經雨後輒須一攪解後二十日堪食然要百日始熟耳

術曰若為妊娠婦人壞醬者取白葉棘子著甕中則還

好俗人用孝杖攪醬及炙甕醬雖回而胎損乞人醬時以新汲水一盞和而與之令醬不壞

肉醬法牛羊麞鹿兎肉皆得作取良殺新肉去脂細剉陳肉乾者不任用合時令醬膩曬麴令燥熟擣絹蓰大率肉一斗麴末五升白鹽二升半黃蒸一升曝乾熟擣絹膩蓰盤上和令均調內甕子中有骨者和訖先擣然後盛之骨多髓既肥膩醬亦然也泥封日曝寒月作之埋黍穰積中二七日開看醬出無麴氣便熟矣買新殺雉煑之令極爛肉銷盡去骨取汁待冷解醬雞汁亦得無用陳肉令醬膩無雞雉好酒解之還著日中

作卒成肉醬法牛羊麞鹿兎肉生魚皆得作細剉肉一斗好酒一斗麴末五升黃蒸末一升白鹽一升麴及黃蒸並曝乾絹蓰唯一月三十日停是以不須鹹鹹則不美盤上調和令均擣使熟擘碎如棗大作浪中坑火燒令赤去灰水澆以草厚蔽之令甜中纔容醬瓶大釜中湯煑空瓶令極熱出乾掬肉內瓶中令去瓶口三寸滿則近口者焦碗蓋瓶口熟泥密封內草中下土厚七八寸土薄火熾則合醬焦熟遲氣味好焦是以寧冷不焦食雖便不復中食也於上燃乾牛糞火通夜勿絕明日周時醬出便熟若未熟者還覆置更燃如初臨食細切葱白著麻油炒葱令熟以和肉醬甜美異常也

作魚醬法鮐魚鱭魚第一好鯉魚亦中鱭魚鮐魚即全作不用切去鱗淨洗拭令乾如膾法披破縷切之去骨大率成魚一斗用黃衣三升一升全用二升作末白鹽二斤黃鹽則苦乾薑一升末之橘皮一合縷切之和令調均內甕子中泥密封日曝勿令漏氣熟以好酒解之作魚醬肉醬皆以十二月作之則經夏無蟲餘月亦得作但喜生蟲不得度夏耳

乾鱭魚醬法一名刀魚六月七月取乾鱭魚盆中水浸置屋裏一日三度易水三日好淨漉洗去鱗全作勿切率魚一斗麴末四升黃蒸末一升無蒸用麥櫱末亦得白塩二升半於槃中和令調均布置甕子泥封勿令漏氣二七日便熟味香美與生者無殊異

食經作麥醬法小麥一石漬一宿炊卧之令生黃衣以水一石六斗塩三升煑作鹵澄取八斗著甕中炊小麥投之攪令調均覆著日中十日可食

作榆子醬法治榆子仁一升擣末篩之清酒一升醬五升合和一月可食之

又魚醬法成膾魚一斗以麴五升酒二升塩三升橘皮二葉合和於瓶內封一日可食甚美

作蝦醬法蝦一斗飯三升為糝鹽一升水五升和調日中曝之經春夏不敗

作燥脡始蟬反法羊肉二斤豬肉一斤合煑令熟細切之薑五斤橘皮兩葉雞子十一枚生羊肉一斤豆醬清五合先取熟肉著甑上蒸令熟和生肉醬清薑橘皮和之

生脡法羊肉一斤豬肉白四兩豆醬清漬之縷切生薑雞子春秋用蘇蓼著之

崔寔曰正月可作諸醬肉醬清醬四月立夏後鮦魚醬五月可為醬上旬䰜楚校切豆中庱煑之以碎豆作末都至六七月之交分以藏瓜可作魚醬

作鱁鮧法昔漢武帝逐夷至於海濱聞有香氣而不見物令人推求乃是漁父造魚腸於坑中以至

土覆之法香氣上達取而食之以為滋味逐夷得此物因名之蓋魚腸醬也取石首魚魦魚鯔魚三種腸肚胞齊淨洗空著白鹽令小倍鹹內器中密封置日中夏二十日春秋五十日冬百日乃好熟時下薑酢等

藏蟹法九月內取母蟹母蟹臍大圓竟腹下公蟹狹而長得則水中勿令傷損及死者一宿腹中淨久則吐黃吐黃則不好先煑薄糖糖薄餳著活蟹於冷糖甕中一宿著蓼湯和白鹽特須極鹹待冷甕盛半汁取糖中蟹內著鹽蓼汁中便死蓼宜少著多則爛泥封二十日出之舉蟹臍著薑末還復臍如初內著坩甕中百箇各一器以前鹽蓼汁澆之令沒密封勿令漏氣便成矣特忌風風則壞而不美也

又法直煑鹽蓼湯甕盛詣河所得蟹則內鹽汁裏滿便泥封雖不及前味亦好值風如前法食時下薑末調黃盞盛薑酢

作酢第七十一酢者今醋也

凡酢甕下皆須安磚石以離濕潤為妊娠婦人所壞者車轍中乾土末渹著甕中即還好

作大酢法七月七日取水作之大率麥䴷一斗勿揚簸水三斗粟米熟飯三斗攤令冷任甕大小依法加之以滿為限先下麥䴷次下水次下飯直置勿攪之以綿幕甕口拔刀橫甕上一七旦著井花水一碗三七日旦又著一碗便熟常置一瓠瓢以挹酢若用濕器內甕中則壞酢味也

秫米神酢法七月七日作置甕於屋下大率麥䴷一斗水一石秫米三斗無秫者粘黍米亦中用隨甕大小以向滿為限先量水浸麥䴷訖然後淨淘米炊而再餾攤令冷細擘麴破勿令有塊子一頓下釀更不重投又以水就甕裏搦破小塊痛攪令和如粥乃止以綿幕口一七日一攪二七日一攪三七日亦一攪一月日極熟十石甕不過五斗澱得數年停久為驗其淘米泔即瀉去勿令狗鼠啖得食饙黍亦不得人啖

又法亦以七月七日取水大率麥䴷一斗水三斗粟米熟飯二斗隨甕大小以向滿為度水及黃衣當日

頓下之其飯分為三分七日初作時下一分當夜即沸又三七日更炊一分投之又三日復投一分但綿幕甕口無機刀益水之事溢即加甑

又法 亦七月七日作大率麥麵一升水九升粟飰九升一時頓下亦向滿為限綿幕甕口三七日熟前件二種酢例清沙澱多至十月終如壓酒法毛袋壓出則貯之其糟別甕水澄壓取先食也

粟米麴作酢法 七月二日向末為上時八月四月亦得作大率笨麴末一斗井花水一石粟米飯一石明旦作酢今夜炊飯薄攤使冷日未出前汲井花水斗量著甕中量飯著盆中或栲栳中然後瀉飯著甕中瀉時直傾之勿以手撥飯水量麴末蓋著飯上慎勿撓攪亦勿移動綿幕甕口三七日熟美釅少澱久停彌好凡酢未熟已熟而移甕者率多壞矣熟則無忘接取清別甕著之

秫米醋法 五月五日作七月七日熟入五月則多收粟米飯醋醬以擬和釀不用水也醬以極醋為佳末乾麴下絹篩經用秫米為第一黍米亦佳一石用麴末一斗麴多則醋不美唯再餾淘不用多遍初淘瀋汁為却其第二淘泔即餾以浸饋令飲泔汁盡重裝作再餾飯下撣去熱氣令如人體於盆中和之擘去飯塊以麴拌之必令均調下漿醋更搦破如薄粥粥稠則醋尅稀則味薄內著甕中隨甕大小以滿為限七日間一日一度攪之七日以外十日一攪三十日止初置甕於北陰中風涼之處勿令見日時時汲冷水遍澆甕外引去熱氣但勿令生水甕中取十石甕不過五六斗糟耳接取清別甕貯之得停數年也

大麥酢法 七月七日作若七日不得作者必須收藏取七日水十五日作除此兩日則不成於屋裏近戶裏邊置甕大率小麥䴷一石水三石大麥細造一石不用作米則科麗是以用造䵃訖淨淘炊作再餾飯揮令小煖如人體下釀以杷攪之綿幕甕口二日便發時數攪不攪則生白醭便不好以棘子徹底攪之恐有人髮落中則壞醋凡醋悉爾亦去髮則還好六七日淨淘粟米五升亦不用過細炊作再餾飯亦撣如人體投之杷攪綿幕三四日看水消攪而嘗之味甘美則罷若苦者更炊三二升粟米投之以意斟量二七日可食三七日好熟香美淳釅一盞醋和水一碗乃可食之八月中接取清別甕貯之盆合泥頭得停數年未熟時一日三日須以冷水澆甕外引出熱氣勿令生水入甕中若用黍米投彌佳白倉粟米亦得

燒餅作酢法 亦七月七日大率麥䴷一斗水三斗亦隨甕大小任人增加水䴷亦當日頓下初作日軟溲數升麵作燒餅待冷下之經宿看餅漸消盡更作燒餅投凡四五度後當味美沸定便止有薄餅緣諸麵餅但是燒煿者皆得投之

迴酒酢法 凡釀酒失所味醋者或初好後動味壓者皆宜迴作醋大率五斗米酒醅更著麴末一斗麥䴷一斗井花水一石粟米飯二石攤令冷如人體投之杷攪綿幕甕口每日再度攪之春夏七日熟秋冬稍遲皆美香清澄後一月接取別器貯之

動酒酢法 春酒壓訖而動不中飲者皆可作酢大率酒一斗用水三斗合甕盛置日中曝之雨則盆蓋之勿令水入晴還去盆七日後當臭衣生勿得怪也但停置勿移動攪撓之數十日醋成衣沈反更香美日久彌佳

又方 大率酒兩石麥䴷一斗粟米飯六斗小煖投之杷攪綿幕甕口二七日熟美釅殊常矣

神酢法 要用七月七日合和甕須好蒸乾黃蒸一斛熟蒸麩三斛凡二物溫溫煖便和之水多少要使

相淹漬水多則酢薄不好甕中用經再宿三日便壓之如壓酒法壓訖澄清內大甕中經三二日甕熟必以冷水澆之不爾酢壞其上有白醭浮接去之滿一月酢成可食初熟忌澆熱食犯之必壞酢若無黃蒸及麫者用麥䴸一石粟米飯一斛合和之方與黃蒸同盛置如前法甕常以綿幕之不得蓋

作糟糠酢法 置甕於屋內春秋冬夏皆以穰茹甕下不茹則臭大率酒糟粟糟中半粗糠不任用細則泥唯中間收者佳和糟糠必令均調勿令有塊先內荊葉竹箄甕中然後下糟糠於箄外均平以手按之去甕口一尺許便止及冷水遶箄外均澆之候箄中水深淺半糟便止以蓋覆甕口每日四五度以碗挹取箄中汁澆四畔糟糠上三日後糟熱發香氣夏七日冬二七日嘗酢極甜味無糟糠氣便熟矣猶小苦者是未熟更澆如初候好熟乃挹取箄中淳濃者別器盛更汲冷水澆淋味薄乃止淋法令當日即了糟任飼豬其初挹

淳濃者夏得二十日乃止冬得六十日後淋澆者止得三五日供食也

酒糟酢法 春酒糟則壓順須糟亦中用然欲作酢者糟常濕者下壓糟極燥者酢味薄作法用石磑子辣部著切谷令破以水拌而蒸之熟便下撣去熱氣與糟相拌必令其均調大率糟常居多和訖臥於酢甕中以向滿為限以綿幕甕口七日後酢香熟便下水令相淹漬經宿酳孔子下之夏日作者宜冷水淋之春秋作者宜溫臥以穰茹甕湯淋之以意消息之

作糟酢法 用春糟以水和搦破塊使厚薄如未壓酒須經三日壓取清水汁兩石許著熟粟米飯四斗投之盆覆密泥二七日酢熟美釅得夏停之甕置屋下陰地之處

食經作大豆千歲苦酒法 用大豆一斗熟汰之漬令澤炊曝極燥以酒灌之任性多少以此為率

作小豆千歲苦酒法 用生小豆六斗水汰著甕中黍米作饙覆豆上酒三石灌之綿幕甕口二十日苦酢成

作小麥苦酒法 小麥三斗炊令熟著垷中以布密封其口七日開之以二石薄酒沃之可久長不敗也

水苦酒法 取麴粗米各二斗清水一石漬之一宿泚取汁滋米麴飯令熟極熱投甕中以清米汁隨甕邊稍稍沃之勿使麴發飯起土瓶邊間中央板蓋其上下居十三日便醋

新成苦酒法 取黍米一斗水五升煮作粥麴一斤燒令黃搥破著甕底以熟好泥二日便錯巳嘗

經試直醋亦不美以粟米一斗投之二七日後清澄美釅與大醋不殊也

烏梅苦酒法 烏梅去核一升許肉以五升苦酒漬數日曝乾擣作屑欲食輒投水中即成醋耳

蜜苦酒法 水一石蜜一斗攪使調和蜜蓋甕口著日中二十日可熟也

外國苦酒法 蜜一斤水三合封著器中與少胡荽子著中以辟得不生蟲正月作九月九日熟以一銅匕水添之可三十人食

崔氏曰四月可作酢五月五日亦可作酢

作豉第七十二

作豉法 先作煖蔭屋坎地深三二尺屋必以草蓋瓦則不佳密泥塞屋牖勿令風及蟲鼠入也開小户

僅得容人出入厚作藁籬以閉戶四月五月為上時七月二十日後八月為中時餘月亦皆得作然冬夏大寒大熱極難調適大都在四時交會之際節氣未定亦難得所常以四孟月十日後作者易成而好大率常欲令溫如人腋下為佳若等不調寧傷冷不傷熱分則穰覆還煖熱則臭敗矣三間屋得作百石豆二十石為一聚常作者番次相續常有熱氣春秋冬夏皆不須穰覆作少者唯至冬月乃穰覆豆耳極少者猶須十石為一聚若三五石不須煖難得所故須以十石為率用陳豆彌好新豆尚濕生熟難均故也淨揚簸大釜煑之中舒如飼生豆掐軟便止傷熱則豆爛漉著淨地撣之冬宜小煖夏須極冷乃內蔭屋中聚至一日再入以手刺豆堆中候看如人腋下煖便翻之翻以杷枚略取堆裏冷豆為心堆之必以次更略乃至於盡冷者自然在內煖者居外還作尖堆勿令坡陀一日再候中煖更翻還如前法作尖堆若熱湯人手者即為失節傷熱矣凡四五度

翻內外均煖微著白衣於新翻訖時便小撥峰頭令平團圞如車輪豆輪厚二尺許乃止復以手候煖則還翻翻訖以杷平豆漸薄厚一尺五寸許第三翻一尺第四翻六寸厚豆便內外均煖悉著白衣豉為初定從此以後乃生黃衣復撣具令厚三寸便閉戶三日再至三日閉戶復以枚東西作壠耩豆如穀壠形用稀稠均調枚刻法必令置地豆若著黃地即便爛矣耩徧以杷耩豆常令厚二寸間日耩之後豆著黃衣色均是出豆於屋外淨揚簸去衣布豆尺寸之數蓋是大率中平之言矣冷即須微厚熱即須微薄尤須以意斟量之簸訖以大甕盛之半甕水內豆著甕中以杷急抨之使淨若初煑豆傷熱者急手抨淨則漉出若初煑豆微生則抨淨宜小停之使豆小軟則難熟太軟則豉爛水多則難淨是以正須半甕至於漉出著筐中令半筐許一人捉筐一人汲水於甕上就筐中淋急斗擻筐令極淨水清乃止淘不潔淨令豉苦漉水盡委著席上先多收谷藏於此時內谷藏於蔭屋窖中掊谷藏作窖底厚二三尺許以蘧蒢蔽窖內豆於窖中使一人在窖中以腳躡豆令堅實內豆盡掩席覆之以谷藏埋席上厚二三尺許復躡令堅實夏停十日春秋十二三日冬十五日便熟過此往則傷苦日數少者豉白而用費唯合熟自然香美矣若自食欲久留不能數作者豆熟取出曝之令乾亦得周年豉法難好易壞必須細意人常一日再看之失節傷熱臭爛如泥猪狗亦不食其傷冷者雖還復煖豉味亦惡是以又須留意冷煖宜適難於調酒如冬月初作者先須以谷藏燒地令熱勿焦乃淨掃內豆於蔭屋中則用湯澆黍穄裹令煖潤以覆豆堆每翻竟還以初用黍穰周匝覆蓋若冬作豉少屋冷籠覆亦不得煖者乃必須於蔭屋之中內微燃烟火令早煖不爾則寒矣春秋量其寒煖熱冷亦宜覆之每人出皆還謹密閉戶勿令泄其煖熱之氣也

食經作豉法常夏五月至八月是時月也率一石豆熟澡之漬一宿明日出蒸之手捻豆破則可使敷於地地惡者亦可席上敷之厚二寸許豆須通冷以青茅覆之亦厚二寸許三日視之要須通得黃為可出茅又薄撣之以手指畫之作耕壟一日再三如此三日作此可止更著煑豆取濃汁并秫米女麴五升鹽五升合此豉中以豆汁灑溲之令調以手摶令汁出指間以此為度畢內瓶中若不滿瓶以矯桑葉滿之勿抑乃密泥之中庭二十七日出排令燥更蒸之時煑矯桑葉汁溲漉之乃蒸如炊熟久可復排之此三蒸曝則成

作家理食豉法隨作多少精擇豆浸一宿旦炊之與炊米同若作一石豆熟取生茅臥之如作女麴形二七日豆生黃衣簸去之更曝令燥復以水浸令濕手摶之使汁出從指歧間出為佳以著甕器中掘地作埳令足容甕器燒埳中令熱內甕著埳中以桑葉蓋豉上厚三寸許以物蓋如此三徧成

作麥豉法七月八月中作之餘月則不佳闕治小麥細磨為麵以水拌之而蒸氣餾好熟乃下攤之令冷手挼令細布置蓋亦如麥䴷黃蒸法七日衣足亦勿簸揚以鹽湯周徧灑潤之要蒸氣餾極熟乃下攤去熱氣及煖內甕中盆蓋於蘘糞中燠之二七日色黑氣香味便熟摶作小餅如神麴形繩穿為貫屋裏懸之紙袋盛籠以防青蠅塵垢之汙用時全餅著湯中煑之色足漉出削去皮粕還舉一餅得數遍煑用熟香美乃勝豆豉打破湯浸研用亦得然汁濁不如前全煑汁清也

八和齏初稽反第七十三

蒜一薑二橘三白梅四熟栗黃五粳米飯六鹽七醬八

齏臼欲重不則傾動起塵蒜復跳出也底欲平寬而圓底尖擣不著則蒜有粗成

以檀木為齏臼粳米硬而不染汗杵頭大小與杵底相安可杵頭著處廣者省手力而齏易熟蒜復不跳也杵長四尺入臼七八寸圓之以上八稜作之平立

急舂之舂緩則葷臭久則易人舂齏宜久熟不可倉卒久坐疲倦動則塵起又辛氣葷灼揮汗或能塵汙是以須力立舂之蒜淨剝掐去強根不去則苦嘗經度水者宜以魚眼湯揷碌合半許半生用朝歌大蒜辛辣異常宜分破去心全心用之不然辣失其食味也生薑削去皮細切以冷水和之生布絞去苦汁可以香魚羹無生薑用乾薑五升齏用生薑一兩乾薑減半兩耳橘皮新者直用陳者以湯洗去塵垢無橘皮可用草橘子馬芹子亦得用五升齏用一兩草橘馬芹准此為度薑橘取其香味氣不須多多則味苦白梅作白梅法在梅杏篇用時合核用五升齏用八枚足矣熟栗黃諺曰金齏玉膾橘皮多則不美故加栗黃取其金色又益美味甜五升齏用十枚栗用黃軟者硬黑者即不中使用也秔米飯膾齏必須濃故諺云倍着齏蒜多則辣故加飯取其甜美耳五升齏用飯如雞子許大

先擣白梅薑橘皮為末貯出之次擣栗飯使熟以漸下生蒜蒜頭難熟故宜以漸生蒜難擣故須先下舂令熟次下硬蒜齏熟下鹽復舂令沫之起然後下白梅薑橘末復舂令相得下醋解之白梅薑橘不先擣則不熟不貯出則為蒜所殺無復香氣是以臨熟乃下之醋必須好惡則齏苦大醋經年釅者先以水調和令得所然後下之慎勿著生水於中令齏辣而苦純著大醋不與水調醋復不得美也右件法止為膾齏耳餘即薄作不求濃膾魚肉裹長一尺者第

一好大則皮厚肉硬不任食止可作鮓魚耳切膾人雖訖亦不得洗手洗手則膾濕要待食罷然後洗也洗手則膾濕物有自然相壓蓋亦燒穰殺鄰之流其理難彰矣

食經曰冬日橘蒜齏夏日白梅蒜齏肉膾不用梅

作芥子醬法先曝芥子令乾濕則用不密也淨淘沙研令極熟多作者可碓擣下絹簁然後水和更研之也令悉著盆合著掃帚上少時殺其苦氣多停則冷無復辛味矣不停則太辛苦摶作圓子大如李或餅子任在人意也復乾曝然後絹囊沉之於美醬中須則取食其為齏者初殺訖即下美酢解之

食經作芥醬法熟擣芥子細篩取屑著甕裏蟹眼湯洗之澄去上清後洗之如此三過而去其

苦微火上攪之少熇覆甌甕上以灰圍甌邊一宿則成以薄酢蓋厚薄任意

崔寔曰八月取韭菁作擣齏

作魚酢第七十四

凡作鮓春秋為時冬夏不佳寒時難熟熱則非鹹不成鹹復無味兼生蛆宜作裛鮓也取新鯉魚魚唯大為佳瘦魚彌勝肥者雖美而不耐久肉長尺半已上皮骨堅硬不任為膾者皆堪為鮓也去鱗訖則臠臠形長二寸廣一寸厚五分皆使臠別有皮臠大長外以過熟傷醋不成任食中始可噉近骨上生腥不堪食常三分收一耳臠小則均熟寸數者大率言爾亦不可要者骨宜方斬其肉厚處薄收皮肉薄處小復厚取肉臠別斬過皆使有皮不宜令有無皮臠也手擲著盆水中浸洗去血臠訖漉去更於清水中淨洗漉著盤中以白鹽散之盛著籠中平板石上迮去水世名逐水鹽水不盡令鮓臠爛經宿迮者亦無嫌也水盡炙一片嘗鹽淡淡則更以鹽和糝鹹則空下糝不復以鹽按之炊秔米飯為糝飯欲剛不宜弱弱則爛鮓并茱萸橘皮好酒於盆中合和之攪令糝著魚乃佳茱萸全用橘皮細切並取香氣不求多也無橘皮草橘子亦得用酒辟諸邪惡令鮓美而速熟大率一斗鮓用酒半升惡酒不用布魚於甕中一行魚一行糝以滿為限腹腴居上肥則不能久熟須先食故也魚上多與糝以竹篛交橫帖上八重乃止無篛菰蘆葉並可用春冬

無葉時可破葦代之削竹插甕子口內交橫絡之無竹用荊也著屋中著日中火邊者患臭而不美寒月厚茹勿令凍也赤漿出傾却白漿出味酸便熟食時手擘刀切則腥

作裛鮓法臠魚洗訖則鹽和糝十臠為裹以荷葉裹之唯厚為佳穿破則蟲入不復須水浸鎮迮之畢三日便熟名曰暴鮓荷葉別有一種香奇相發起香氣又勝凡鮓有茱萸橘皮則用無亦無嫌也

食經作蒲鮓法取鯉魚二尺以上削盡治之用米三合鹽二合醃一宿厚與糝

作魚鮓法剉魚畢便鹽醃一食頃漉汁令盡更洗淨魚與飯裹不用鹽也

作長沙蒲鮓法治大魚洗令淨厚鹽令魚不見五宿洗去鹽炊白飯漬令去水中鹽飯穰清多飯無苦

作夏月魚鮓法臠一斗鹽一升八合精米三升炊作飯酒二合橘皮薑半合茱萸二十顆仰著器中多少以此為率

作乾魚鮓法尤宜春夏取好乾魚若爛者不中截却頭尾煖湯淨疏洗去鱗訖復以冷水浸一宿一易水數日肉起漉出方四寸斬炊粳米飯為糝嘗鹹淡得所取生茱萸葉布甕子底少取生茱萸子和飯取香而已不必多多則苦一重魚一重飯飯倍多早熟手按令堅實荷葉閉

口無荷葉取蘆葉無蘆葉乾箬葉亦得泥封勿令漏氣置日中春秋一月夏二十日便熟久而彌好酒食俱入酥塗火炙特精胚之尤美也

作猪肉鮓法用肥猪肉淨爛治訖剔去骨作條廣五寸三分易水煑之令熟為佳勿令大爛熟出待乾切如鮓臠片之皆令帶皮炊粳米飯為糝以茱萸子白鹽調和布置一如魚鮓法糝欲倍多令早熟泥封置日中一月熟蒜虀薑鮓任意所便胚之尤美矣

脯腊第七十五

作五味脯法正月二月九月十月為佳用牛羊麞鹿野豕猪肉或作條或作片罷凡破肉皆須順理不用斜各自別搥牛羊骨令碎熟煑取汁掠去浮沫停之使清取香美豉別以冷水淘去塵穢用骨汁煑豉色足味調漉去滓待下鹽適口而已勿使過鹹細切葱白擣令熟椒薑橘皮皆末之量多少以浸脯手揉令片脯三宿則出條脯須嘗看味徹乃出皆細繩穿於屋北簷下陰乾條脯浥浥時數以手搦令堅實脯成置虛靜庫中著烟氣味苦紙袋籠而懸之置於瓮則鬱浥若不籠則青蠅塵汙臘月中作條者名曰瘃脯堪度夏每取時先取其肥者肥者膩不耐久

作度夏白脯法臘月作最佳正月二月三月亦得作之用牛羊麞鹿肉之精者肥不耐久破作片罷冷水浸搦去血水清乃止以冷水淘白鹽停取清水下椒末浸再宿出陰乾浥浥時以木棒輕打令堅實僅使堅實而已慎勿令碎肉出瘦死牛羊及羔犢彌精小羔子全浸之先用煖湯淨洗無復腥氣乃浸之

作甜肥脯法臘月取麞鹿肉片厚薄如手掌直陰乾不著鹽脆如凌雪也

作鱧魚脯法一名鮦魚也十一月初至十二月末作鹹湯令極鹹多下薑椒末灌魚口以滿為度竹杖穿眼十箇一貫口向上於屋北簷下懸之經冬令瘃至二月三月魚成生刳取五臟酸醋浸食之雋美乃勝逐夷其魚草裹泥封煻灰中爊烏刀切之去泥草以皮布裹之而搥之白如珂雪味又絕倫過飯下酒極是珍美也

五味脯法臘月初作用鵝鴈雞鴨鶬鳵鳧鴇兎鴿鶉生魚皆

得作乃淨治去腥竅及翠上脂瓶（留脂瓶則臊也）全浸勿四破

別煑牛羊骨肉取汁（牛羊料得不須並用）浸豉和調一同五味脯法浸四五日嘗味徹便出置箔上陰乾火炙熟槌亦名瘃腊亦名瘃魚腊（鷄雉鶉三物去腥藏物開臆）

作脃脯法（臘月初作任為五味脯者皆中作唯魚不中耳）白湯熟煑掠去浮沫欲出釜時尤須急火急則易燥置箔上陰乾之甜脆殊常

作浥魚法（四時皆得作之）凡生魚悉中用唯除鮎鱯（上奴嫌反下胡化切）

耳去直腮破腹作鮍淨疎洗不須鱗夏月特須多著鹽春秋及冬調適而已亦須倚鹹兩兩相合冬直積置以席覆之夏須甕盛泥封勿令蠅蛆（甕須鑽底數孔板引去腥汁汁盡還塞）肉紅赤色便熟食時洗卻鹽煑蒸炮任意美於常魚（作鮓醬爊煎悉得）

羹臛法第七十六

食經作芋子酸臛法猪羊肉各一斤水一斗煑令熟成治芋子一升別蒸之葱白一升著肉中合煑使熟粳米三合鹽一合豉汁一升苦酒五合口調其味生薑十兩得臛一斗

作鴨臛法用小鴨六頭羊肉二斤大鴨五頭葱三升芋二十株橘皮三葉木蘭五分生薑十兩豉汁五合米一升口調其味得臛一斗先以八升酒煑鴨也

作鼈臛法鼈且完全煑去甲藏羊肉一斤葱三升豉五合粳米半合薑五兩木蘭一寸酒二升煑鼈鹽苦酒口調其味也

作豬蹄酸羹一斛法豬蹄三具煑令爛擘去大骨乃下葱頭豉汁苦酒鹽口調其味舊法用餳六斤今除也

作羊蹄臛法羊蹄七具羊肉十五斤葱三升豉汁五升米一升口調其味生薑十兩橘皮三葉

作兔臛法兔一頭斷大如棗水二升酒一升木蘭五分葱三升米一合鹽豉苦酒口調其味也

作酸羹法用羊腸二具餳六觔瓠葉六觔葱頭二升小蒜三升麪三斤豉汁生薑橘皮口調之

作胡羹法用羊脇六斤又肉四斤水四升煑出脇切之葱頭一斤胡荽一兩安石榴汁數合口調其味

作胡麻羹法用胡麻一斗擣煑令熟研取汁三升葱頭二升米二合煑火上葱頭米熟得二升半在

作瓠葉羹法用瓠葉五斤羊肉三斤葱二升鹽蟻五合口調其味

作鷄羹法雞一頭解骨肉相離切肉琢骨煑使熟漉去骨以葱頭二升棗三十枚合煑羹一斗五升

作筍䈽鴨羹法肥鴨一隻淨治如糝羹法臠亦如此䈽四升洗令極淨鹽盡別水煑數沸出之更洗小蒜白及葱白頭汁等下之令沸便熟也

肺䐶（蘇本反）法羊肺一具煑令熟細切別作羊肉臛以粳米二合生煑之

作羊盤腸雌斛法取羊血五升去中脉麻跡裂之細切羊胳肪二升細切薑一觔橘皮三葉椒末一合豆醬一升豉汁五合麪一升五合和米一升作糝都合和更以水三升澆之解大腸淘汰復以白酒一過洗腸中屈申以和灌腸屈長五寸煑之視血不出便熟寸切以苦酒醬食之也

羊節解法羊肶一枚以水雜生米三升葱一虎口煑之令羊熟取肥鴨肉一斤羊肉一斤豬肉半斤合剉作臛下蜜令甜以同熟羊肶投臛裏便煑得兩沸便熟治羊合皮如豬豘法善矣

羌煑法好鹿頭純煑令熟著水中洗治作臠如兩指大

豬肉琢作臛下葱白長二寸一虎口細切薑及橘皮各半合椒少許下苦酒鹽豉適口一鹿頭用二斤豬肉作臛

食膾魚蓴羹芼羹之菜蓴為第一四月蓴生莖而未葉名作雉尾蓴第一作肥羹葉舒長足名曰絲蓴五月六月用絲蓴入七月盡九月十月內不中食蓴有蝸蟲著故也蟲甚細微與蓴一體不可識別食之損人十月水凍蟲死蓴還可食從十月盡至三月皆食環蓴環蓴者

根上頭絲蓴下芨絲蓴既死上有根芨形似珊瑚一寸許肥滑處任用深取即苦澀凡絲蓴陂池積水色黄肥好直淨洗則用野取色青須別鐺中熱湯暫煠之然後用不煠則苦澁絲蓴環蓴悉長用不切魚蓴等並冷水下若無蓴者春中可用蕪菁英秋夏可畦種芮菘蕪菁葉冬用薺菜以芼之蕪菁等宜待沸掠去上沫然後下之皆少著不用多多則失羹味乾蕪菁無味不中用豉汁於別鐺中湯煑一沸漉出滓澄而用之勿以杓抳抳

則羹濁過不清煑豉但作新琥珀色而已勿令過黑黑則䤈苦唯蓴芼而不得著葱薤及米糝菹醋等蓴尤不宜醎羹熟即下清冷水大率羹一斗用水一升多則加之益羹清儁甜美下菜豉鹽悉不得攪攪則魚蓴碎令羹濁而不能好

食經曰蓴羹魚長二寸唯蓴不切鯉魚冷水入蓴白魚冷水入蓴沸入魚與醎豉又云魚長三寸廣二寸半又云蓴細擇以湯沙之中破破鯉魚邪截令薄准廣二寸横盡也魚半體熟煑三沸渾下蓴與豉汁漬鹽

醋菹鵝鴨羹方寸准熬之與豉汁米汁細切醋菹與之下鹽半奠下醋與菹汁

菰菌魚羹魚方寸准菌湯沙中出擘先煑菌令沸下魚又云先下與魚菌菜糝葱豉又云洗不沙肥肉亦可用半奠之

筍(思丑反)䈽(古可反)魚羹䈽湯清令釋細擘先煑䈽令煑沸下魚鹽豉半奠之

鯉魚臛用極大者一尺已下不合用湯鱗治邪截臛葉方寸半准豉汁與魚俱下水中與研米汁煑熟與鹽薑橘皮椒末酒鯉澀故須米汁也

鯉魚臛用大者鱗治方寸厚五分和煑如鯉臛與全米糝奠時去米粒半奠若過米奠不合法也

臉膱(上力減反下初減反)用豬腸經湯出三寸斷之決破切細熬與水沸下豉清破米汁葱薑椒胡芹小蒜芥並細切鍛下鹽醋蒜子細切將血奠與之早與血則變大可增米

奠

鯉魚湯臛用大鯉一尺已上不合用淨鱗治及霍葉斜截為方寸半厚二寸豉汁與魚俱下水中與白米糝煑熟與鹽薑椒橘皮屑米半奠時勿令有糝

鮀臛湯煠(徐廉反)去腹中淨洗中解五寸斷之煑沸令變色出方寸分准熬之與豉清研汁煑令極熟葱薑橘皮胡芹小蒜並細切鍜與之下鹽醋半奠

蹔(七艷反)淡用肥鵝鴨肉渾米煑研為候長二寸廣一寸

厚四分許去大骨白湯別煑蹔經半月久漉出淅其中杓進去令盡羊肉下汁中煑與鹽豉將熟細切鍜胡芹小蒜與之生熟如爛不與醋若無蹔用菰菌用地菌黑裏不中蹔大者中破小者渾用蹔者樹根下生木耳要復接地生不黑者乃中用米奠也

損腎用牛羊百葉淨治令白鬣葉切長四寸下鹽豉中不令大沸大熟則肕但令小卷止與二寸蘇薑末和肉漉取汁盤滿奠又用腎切長二寸廣寸厚五分作如上奠亦用八薑鬣別奠隨之也

爛熟爛熟肉諧令勝刀切長三寸廣寸半厚三寸半將用肉汁中葱薑椒橘皮胡芹小蒜並細切鍜并鹽醋與之別作臛臨用寫臛中和奠有沈將用乃下肉候汁中小久則變大可增之

治羹臛傷鹹法取車轍中乾土末綿篩以兩重帛作袋子盛之繩繫令堅堅沈著鐺中須臾則淡便引出

蒸缹法第七十七(缹方九切)

食經曰蒸熊法取三升肉熊一頭淨治煑令不(闕)熊半熟以豉清漬之一宿生秫米二升勿近水淨拭以豉汁濃者二升漬米令色黄赤炊作飯以葱白長二寸一升細切鹽橘皮各二升鹽三合合和之著甑中蒸之取熟蒸羊肫鵝鴨悉如此一本用猪膏三升豉汁一升合灑之用橘皮一升

蒸肫法好肥肫一頭淨洗垢煑令半熟以豉汁漬之生秫米一升勿令近水濃豉汁漬米令黄色炊作饙復以

豉汁灑之細切薑橘皮各一升葱白三寸四升橘葉一升合煮甑中密覆蒸兩三炊久復以猪膏三升合豉汁一升灑便熟也蒸熊羊如㹠法鵝亦如此

蒸雞法肥雞一頭淨治猪肉一斤香豉一斤鹽五合葱白半虎口蘇葉一寸圍豉汁三升著鹽安甑中蒸令極熟

缹豬肉法淨燖豬訖更以熱湯遍洗之毛孔中即有垢出以草痛揩如此三遍疏洗令淨四破於大釜煮之以

杓掠取浮脂別著甕中稍稍添水數數掠脂脂盡漉出破為四方寸臠易水更煮下酒二升以殺腥臊青白皆得若無酒以酢漿代之添水掠脂一如上法脂盡無腥氣漉出板切於銅鐺中缹之一行肉一行擘葱渾豉白鹽薑椒如是次第布訖下水缹之肉作琥珀色乃止恣意飽食亦不餶烏驛切乃勝燠肉欲得著冬瓜甘瓠者於銅器中布肉時下之其盆中脂練白如珂雪可以供餘用者焉

缹豚法肥豚一頭十五斤水三升甘酒三升合煮令熟漉出擘之用稻米四升炊先裹薑一升橘皮二葉葱白三升豉汁涑餴作糝令周醬清調味蒸之炊一石米頃下之也

缹鵝法肥鵝治解臠切之長二寸率十五斤肉秫米四升為糝先裝如缹豘法訖以豉汁橘皮葱白醬清生薑蒸之如炊一石米頃下之

胡炮普教切肉法肥白羊肉生始周年者殺則生縷切如

細葉脂亦切著渾豉鹽擘葱白薑椒蓽撥胡椒令調適淨洗羊肚翻之以切肉脂內於肚中以向滿為限縫合作浪中坑火燒使赤卻灰火內肚著坑中還以灰火覆之於上更燃火炊一石米頃便熟香美異常非煮炙之例

蒸羊法縷切羊肉一斤豉汁和之葱白一升著上合蒸熟出可食之

蒸豬頭法取生豬頭去其骨煮一沸刀細切水中治之以清酒鹽肉蒸皆口調和熟以乾薑椒著上食之

作懸熟法猪肉十斤去皮切臠葱白一升生薑五合橘皮二葉秫三升豉汁五合調味蒸若七斗米頃下

食次曰熊蒸大剝大爛小者去頭脚開腹渾覆蒸熟擘之片大如手又云方二寸許豉汁煑秫米䪥白寸斷橘皮胡芹小蒜並細切鹽和糝更蒸肉一重間未盡令爛熟方六寸厚一寸奠合糝又云秫米鹽豉葱䪥薑切鍜為屑内熊腹中蒸熟擘奠糝在下肉在上又云四破蒸令小熟宜肉糝用饙葱鹽豉和之下更蒸蒸熟擘糝在下乾薑椒橘皮糝在下 豚蒸如蒸熊鵝蒸去頭如豚

裹蒸生魚方七寸准又云五寸准豉汁煑秫米如蒸熊生薑橘皮胡芹小蒜鹽細切熬糝膏油塗箬十字裹之糝在上復以糝屈牖篡祖咸反之又云鹽和糝上下與細切生薑橘皮葱白胡芹小蒜置上篸箬蒸之旣奠開箬楮邊奠上毛蒸

魚菜白魚鯖音賓魚最上淨治不去鱗一尺已還渾鹽豉胡芹小蒜細切著魚中與菜並蒸又魚方寸准亦云五六寸下鹽豉汁中即出菜上蒸之奠亦菜上蒸又云竹籃盛魚菜上又云竹蒸並奠

蒸藕法水和稻穰糟揩令淨研去節與蜜灌孔裏使滿溲蘇麪封下頭蒸熟除麪瀉去蜜削去皮以刀截奠之又云夏生冬熟雙奠亦得

脠腊煎消法第七十八

脠魚鮓法先下水鹽渾豉擘葱次下豬羊牛三種肉脂兩沸下鮓打破雞子四枚瀉中如瀹雞子法雞子浮便熟食之

食經脠鮓法破生雞子豉汁鮓俱煑沸即奠又云渾用豉奠訖以雞子豉帖去鮓沸湯中與豉汁渾葱白破雞子寫中奠二升用雞子衆物是停也

五侯脠法用食板零揬雜鮓肉合水煑如作羮法

純蒸魚法一名無魚用鯖魚治腹裏去腮不去鱗以鹹豉葱白薑橘皮鮓細切合煑沸乃渾葱白將熟下酢又云切生薑令長奠時葱在上大奠一小奠若大魚成治

准此

腤雞一名魚雞一名雞膱以渾鹽豉葱白中截乾蘇微火炙生蘇不炙與成治渾雞俱下水中熟煮出雞及葱漉出汁中蘇豉澄令清擘肉廣寸餘奠之以煖汁沃之肉若冷將奠蒸令煖滿奠又云葱蘇鹽豉汁與雞俱煮既熟擘奠與汁葱蘇在上莫挼下可增葱白令細也

腤白肉一名白魚肉鹽豉煮令向熟薄切長二寸半廣一寸准甚薄下新水中與渾葱白小蒜鹽豉清又䪥葉

切長二寸與葱薑不與小蒜䪥亦可

腤豬法一名魚豬肉一名豬肉鹽豉 一如魚白肉之法

腤魚法用鯽魚渾用軟體魚不用鱗治刀細切葱與豉葱俱下葱長四寸將熟細切薑胡芹小蒜與之汁色欲黑無醋者不用椒若大魚方寸准得用軟體之魚大魚不好也

蜜純煎魚法用鯽魚治腹中不鱗苦酒蜜中半和鹽漬魚一炊久漉出膏油熬之令赤渾奠焉勒鴨消細研熬如餅臛熬之令小熟薑橘椒胡芹小蒜並細切熬黍米糝鹽豉汁下肉中復熬令似熟色黑平滿奠兎雉肉次好凡肉赤鯉皆可用勒鴨之小者大如鳩鴿色白也鴨煎法用新成子鴨極肥者其大如雉去頭爛治却腥翠五藏又淨洗細剉如籠肉細切葱白下鹽豉汁炒令極熟下薑椒末食之

菹緑第七十九

食經曰白菹鵝鴨雞白煮者鹿骨研為准長三寸廣一

寸下杯中以成清紫菜三四片加上鹽醋和肉汁沃之又云亦細切須加上又云准訖肉汁中更煮亦啖少與米糝凡下醋下紫菜滿奠焉

菹肖法用豬肉羊肉鹿肥者䪥菜細切熬之與鹽豉汁細切菜菹菜細如小蟲絲長至五寸下肉裏多與菹汁令酢

蟬脯菹法搥之火炙令熟細擘下酢又云蒸之細切香菜置上又云下沸湯中即出擘如上香菜蓼法

緑肉法用豬雞鴨肉方寸准熬之與鹽豉汁煑之葱薑橘胡芹小蒜細切與之下醋切肉名曰緑肉豬雞名曰酸

白瀹瀹煑也音藥肶法用乳下肥肶作魚眼湯下冷水和之擘肶令淨罷若有麤毛鑷子拔去柔毛則剔之茅蒿葉揩洗刀刮削令極淨淨揩釜勿令渝釜渝則肶黑絹袋盛肶酢漿水煑之繫小石勿使浮出上有浮沫數掠去兩沸急出之及熱以冷水沃肶又以茅蒿葉揩令極白淨以少許麵和水為麵漿復絹袋盛肶繫石於麵漿中煑之掠去浮沫一如上法好熟出著盆中以冷水和煑肶麵漿使煖煖於盆中浸之然後擘食皮如玉色滑而且美

酸肶法用乳下肶燖治訖并骨斬臠之令片别帶皮細切葱白豉汁炒之香微下水爛煑為佳下粳米為糝細擘葱白并豉汁下之熟下椒醋大美

齊民要術卷八

欽定四庫全書

齊民要術卷九

後魏 賈思勰 撰

炙法第八十

炙豬法

用乳下豘極肥者豶牸俱得擊治一如煮法揩洗割削令極淨小開腹去五臟又淨洗以茅茹腹令滿柞木穿緩火遥炙急轉勿住（轉常使周徧不至於偏焦也）清酒數塗以發色（色足便止）取新豬膏極白淨者塗拭住著無新豬膏淨麻油亦得色同琥珀又類真金入口則消狀若凌雪含漿膏潤特異凡常也

捧炙（捧或作俸）

大牛用脊小犢用腳肉亦得逼火偏炙一面色白便割割又炙一面含漿滑美若四面俱熟然後割則澀惡不

中食也

腩炙（腩奴感反）

牛羊麞鹿肉皆得方寸臠切葱白研令碎和鹽豉汁僅令相淹少時便炙若汁多久漬則肕撥火開痛逼火迴轉急炙色白熱食含漿滑美若舉而復下下而復上膏盡肉乾不復中食

肝炙

牛羊豬肝皆得臠長寸半廣五分亦以葱鹽豉汁腩之以羊絡肚臌（素千反）脂裹横穿炙之

牛胘炙

老牛胘厚而肥剗穿痛蹙令聚逼火急炙令上劈裂然後割之則脆而甚美若挽令舒申微火遥炙則薄而且肕

灌腸法

取羊盤腸淨洗治細剉羊肉令如籠肉細切葱白鹽豉汁薑椒末調和令鹹淡適口以灌腸兩條夾而炙之割

食甚香美

食經曰作豉丸炙法

羊肉十斤豬肉十斤縷切之生薑三升橘皮五葉藏瓜二升葱白五升合擣令如彈丸別以五斤羊肉作臛乃下丸炙煑之作丸也

膞炙豘法

小形豘一頭膞開去骨去厚處安就薄處令調取調肥豬肉三斤肥鴨二斤合細琢魚漿汁三合琢葱白三斤

薑一合橘皮半合和二種肉著豬上令調平以竹串串之相去二寸下串以竹箸著上以板覆上重物迮之得一宿明旦微火炙以蜜一升合和時時刷之黄赤色便熟先以雞子黄塗之今世不復用也

擣炙法

取肥子鵝肉二斤剉之不須細剉好醋三合瓜菹一合葱白一合薑橘皮各半合椒二十枚作屑合和之更剉令調聚著充竹串上破雞子十枚别取白先摩之令調復以雞子黄塗之唯急火急炙之使焦汁出便熟作一挺

用物如上若多作倍之若無鵝用肥豘亦得也

銜炙法

取極肥子鵝一隻淨治煮令半熟去骨剉之和大豆酢五合瓜菹三合薑橘皮各半合切小蒜一合魚醬汁二合椒數十粒作屑合和更剉令調取好白魚肉細琢裹作串炙之

作餅炙法

取好白魚淨治除骨取肉琢得三升熟豬肉肥者一升細作酢五合葱瓜菹各二合薑橘皮各半合魚醬汁三合看鹹淡多少鹽之適口取足作餅如升盞大厚五分熟油微火煎之色赤便熟可食（一本用椒十枚作屑和之）

釀炙白魚法

白魚長二尺淨治勿破腹洗之竟破背以鹽之取肥子鴨一頭先治去骨細剉作酢一升瓜菹五合魚醬汁三合薑橘各一合葱二合豉汁一合和炙之令熟合取後背入著腹中弗之如常炙魚法微火炙半熟復以少苦

酒雜魚醬豉汁更刷魚上便成

腩炙法

肥鴨淨治洗去骨作臠酒五合魚醬汁五合薑葱橘皮半合豉汁五合合和漬一炊久便中炙子鵝作亦然

豬肉酢法

好肥豬肉作臠鹽令鹹淡適口以飯作糝如作酢法看有酸氣便可食

啖炙

用鵝鴨羊犢麞鹿豬肉肥者赤白半細研熬之以酸瓜
菹筍薑椒橘皮葱胡芹細切以鹽豉汁合和肉丸之手
搦（汝角切）為寸半方以羊豬胳肚䐑裹之兩岐簇兩條簇
炙之簇兩臠令極熟奠四臠牛雞肉不中用

擣炙（一名筒炙一名黄炙）

用鵝鴨麞鹿豬羊肉細研熬和調如啗炙若解離不成
與少麵竹筒六寸圍長三尺削去青皮節悉淨去以肉

薄之空下頭令手捉炙之欲熟小乾不著手豎堰中以
雞鴨白手灌之若不均可再上白猶不平者刀削之更
炙白燥與鴨子黄若無用雞子黄加少朱助赤色上黄
用雞鴨翅毛刷之急手數轉緩則壞既熟渾脫去兩頭
六寸斷之促令奠若不即用以蘆荻包之束兩頭布蘆
間可五分可經三五日不爾則壞與麵則味少酸多則
難著矣

餅炙

用生魚白魚最好鮎鯉不中用下魚片離脊肋仰㨶几
上手按大頭以鈍刀向尾割取肉至皮即止淨洗臼中
熟舂之勿令蒜氣與薑椒橘皮鹽豉和以竹木作圓範
格四寸面油塗絹藉之絹從格上下以裝之按令均平
手捉絹倒餅膏油中煎之出鐺及熱置柈上盌子底按
之令勿拗將奠䰞仰之若盌子奠仰與盌子相應又云
用白肉生魚等分細研熬和如上手團作餅膏油煎如
作雞子餅十字解奠之還令相就如全奠小者二寸半

奠二葱韭葫芹生物不得用用則斑可增衆物若是先
停此若無亦可用此物助諸物

範炙

用鵝鴨臆肉如渾椎令骨碎與薑椒橘皮葱胡芹小蒜
鹽豉切和塗肉塗炙之斫取臆肉去骨奠如白煑之者

炙蚶

鐵鍋上炙之汁出去半殼以小銅柈奠之大奠六小奠
八仰奠別奠酢隨之

炙蠣

似炙蚶汁出去半殼三肉共奠如蚶別奠酢隨之

炙車螯

炙如蠣汁出去半殼去屎三肉一殼與薑橘屑重炙令煖仰奠四酢隨之勿太熟則肕

炙魚

用小鯖白魚最勝渾用鱗治刀細謹無小用大爲方寸准不謹薑橘椒葱胡芹小蒜蘇欓細切鍛鹽豉酢和以漬魚可經宿炙時以雜香菜汁灌之燥則復與之熟而

止色赤則好雙奠不惟用一

作脺奥糟苞第八十一

作脺肉法

驢馬豬肉皆得臘月中作者良經夏無蟲餘月作者必須覆護不密則蟲生麤臠肉有骨者合骨麤剉鹽麴麥䴷合和多少量意斟裁然後鹽麴二物等分麥䴷倍少於麴和訖內甕中密泥封頭日曝之二七日便熟煑供朝夕食可當醬

作奥肉法

先養宿豬令肥臘月中殺之擘訖以火燒之令黄用煖水梳洗之削刮令淨剸去五臟豬肪煼取脂肉臠方五六寸作令皮肉相兼著水令相淹漬於釜中煼之肉熟水氣盡更以向所煼肪膏煑肉大率脂二升酒二升鹽三升令脂渡沒肉緩水煑半日許乃佳漉出甕中餘膏仍瀉肉甕中令相淹漬食時水煑令熟而調和之如常肉法尤宜新韭新韭爛拌亦中炙啖其二歲豬肉未堅

爛壞不任作也

作糟肉法

春夏秋冬皆得作以水和酒糟搦之如粥著鹽令鹹內捧炙肉於糟中著屋陰地飲酒食飯皆炙啖之暑月得十日不臭

苞肉法

十二月中殺豬經宿汁盡浥浥時割作棒炙形茅管中

苞之無菅茅稻稈亦得用厚泥封勿令裂裂復上泥懸著屋外北陰中得至七八月如新殺肉

食經曰作犬牒徒攝反法

犬肉三十斤小麥六升白酒六升煑之令三沸易湯更以小麥白酒各三升煑令肉離骨乃擘雞子三十枚著肉中便裹肉甑中蒸令雞子得乾以石迮之一宿出可食名曰犬牒

食次曰苞牒法

用牛鹿頭肫蹄白煑柳葉細切擇去耳口鼻舌又去惡者蒸之别切豬蹄蒸熟方寸切熟雞鴨卵薑椒橘皮鹽就甑中和之仍復蒸之令極爛熟一升肉可與三鴨子别復蒸令輭以苞之用散茅爲束附之相連必致令裹大如鞞雍小如人腳蹲腸大長二尺小長尺半大木迮之令平正唯重爲佳冬則不入水夏作小者不迮用小板挾之一處與板兩重都有四板以繩通體纒之兩頭與楔楔蘇結反之二板之間楔宜長薄令中交度如楔車軸法强打不容則止懸井中去水一尺許若急待內水中用時去上白皮名曰水牒又云用牛豬肉煑切之如上蒸熟置出白茅上以熟煑雞子白三重間之即以茅苞細繩概束以兩小板挾之急速兩頭懸井水中經一日許方得又云藿葉薄切蒸將熟破生雞子并細切薑橘就甑中和之蒸苞如初奠如白牒一名迮牒是也

餅法第八十二

食經曰作餅酵法

酸漿一斗煎取七升用粳米一升煑著醬遲下火如作粥六月時溲一石麪著二升冬時著四升作

作白餅法

麪一石白米七八升作粥以白酒六七升酵中著火上酒魚眼沸絞去滓以和麪麪起可作

作燒餅法

麪一斗羊肉二斤葱白一合豉汁及鹽熬令熟炙之麪當令起

髓餅法

以髓脂蜜合和麵厚四五分廣六七寸便著胡餅鑪中令熟勿令反覆餅肥美可經久

食次曰粲一名亂積

用秫稻米絹羅之蜜和水水蜜中半以和米屑厚薄令竹杓中下先試不下更與水蜜作竹杓容一升許其下節概作孔竹杓中下瀝五升鐺裏膏脂煑之熟三分之一鐺中也

膏環一名粔籹

用秫稻米屑水蜜溲之强澤如湯餅麪手搦團可長八寸許屈令兩頭相就膏油煑之

雞鴨子餅

破寫甌中少與鹽鍋鐺中膏油煎之令成團餅厚二分全奠一

細環餅截餅環餅一名寒具截餅一名蝎子

皆須以蜜調水溲麪若無蜜煑棗取汁牛羊脂膏亦得用牛羊乳亦好令餅美脆截餅純用乳溲者入口即碎脆如凌雪

餢飳起麪如上法

盤水中浸劑於漆盤背上水作者省脂亦得十日輭然久停則堅乾劑於腕上手挽作勿著勃入脂浮出即急翻以杖周正之但任其起勿刺令穿熟乃出之一面白一面赤輪緣亦赤輭而可愛久停亦不堅若待熟始翻杖刺作孔者洩其潤氣堅破不好法須甕盛濕布蓋口則常有潤澤甚佳任意所便滑而且美

水引餺飥法

細絹篩麪以成調肉臛汁待冷溲之水引挼如箸大一尺一斷盤中盛水浸宜以手臨鐺上挼令薄如韮葉逐沸煑

餺飥挼如大指許二寸一斷著水盆中浸宜以手向盆旁挼使極薄皆急火逐沸熟煑非直光白可愛亦自滑美殊常

切麪粥一名棊子麪 麮盧貨反 麧蘇貨反 粥法

剛溲麪揉令熟大作劑挼餅麤細如小指大重縈於乾麪中更挼如麤箸大截斷切作方棊簸去勃甑裏蒸之氣餾勃盡下著陰地淨席上薄攤令冷挼散勿令相黏袋舉置須即湯煮別作臛澆堅而不泥冬天一作得十日餣麪以粟餅饙水浸即漉著麪中以手向簸箕痛挼令均如胡豆揀取均者熟乾曝乾須即湯煮笊籬漉出別作臛澆甚滑美得一月日停

粉餅法

以成調肉臛中汁沸油豆粉若用粗粉脃而不美不以湯皮則主不中食如環餅麪先剛溲以毛痛揉令極軟熟更以臛汁溲令擇鑠鑠然割取牛角似匙面大鑽作六七小孔僅容粗麻綫若作水引形者更割牛角開四五孔容韭葉取新帛細細兩段各方半下依角之小鑿去中央綴角著紬以鑽鑽之密綴勿令漏粉用訖洗舉得十二年用裹盛溲粉斂四角臨沸湯上搦出熟煮臛澆者酪中及胡麻飲中者眞類玉色稹稹著與好麪不殊一名帽餅著酪中者直用白湯溲之不須肉汁

豚肉餅法一名撥餅

湯溲粉令如薄粥大鐺中煮湯以小杓子挹粉著銅鉢內頰鉢著沸湯中以指急旋鉢令粉悉著鉢中四畔餅既成仍挹鉢傾餅著湯中煮熟令漉出著冷水中酷似豚皮臛澆麻酪任意滑而且美

治麪砂墋初飲反法

簸小麥使無頭角水浸令液漉出去水寫著麪中拌使均調於布巾中良久挺動之土抹悉著麥於麪無損一

石麪用麥三升

雜五行書曰十月亥日食餅令人無病

糉糧法第八十三

風土記注云俗先以二節日用菰葉裹黍米以淳濃灰汁煮之令爛熟於五月五日夏至啖之黏黍一名糉一名角黍蓋取陰陽尚相裹未分散之時象也

食經云粟黍法

先取稻漬之使澤計二升米以成粟一斗著竹篡內米

一行粟一行裹以繩縛其繩相去寸所一行須釜中煑可炊十石米間黍熟

食次曰糉

用秫稻米末絹羅水蜜溲之如强湯餅麵手搦之令長尺餘廣二寸餘四破以棗栗肉上下著之徧與油塗竹箬裹之爛蒸奠二箬不開破去兩頭解去束附

煑䊦第八十四

䊦草片反米有也或作根

煑䊦

食次曰宿客足作䊦䊛蘇革反䊦米一斗以沸湯一升沃之不用膩器斷箕漉出滓以䊦幕舂取勃勃别出一器中折米白煑取汁爲白飲以飲二升投䊦汁中又云合勃下飲訖出勃䊦汁復悉寫釜中與白飲合煑令一沸與鹽白飲不可過折米弱炊令相著盛飯甌中半奠杓抑令偏著一邊以䊦汁沃之與勃又云䊦末以二升小器中沸湯漬之折米煑爲飯沸取飯中汁半升折箕漉䊦出以飲汁當向䊦汁上淋之以䊦幕舂取勃出别勃置復著折米瀋汁爲白飲以䊦汁投中鮭奠如常食之又云若作倉卒難造者得停西䊦最勝又云以勃少許投白飲中勃若散壞不得和白飲但單用䊦汁焉

煑醴酪第八十五

煑醴酪

昔介子推怨晉文公賞從亡之勞不及已乃隱於介休縣緜山中其門人憐之懸書於公門文公寤而求之不獲乃以火焚山推遂抱樹而死文公以緜上之地封之以旌善人於今介山林木遥望盡黑如火燒狀又有抱

樹之形世世祠祀頗有神驗百姓哀之忌日爲之斷火煑醴而食之名曰寒食蓋清明節前一日是也中國流行遂爲常俗然麥粥自可御暑不必要在寒食世有能此粥者聊復録耳

治釜令不渝法

常於暗信處買取最初鑄者鐵精不渝輕利易然其渝黑難然者皆是鐵滓鈍濁所致治令不渝法以繩急束蒿軒兩頭令齊著水釜中以乾牛屎然釜湯煖以蒿三

徧淨洗抒卻水乾然使熱買肥豬肉脂合皮大如手者三四段以脂處處徧揩拭釜察作聲復著水痛疎洗視汁黑如墨抒卻更脂拭疎洗如是十徧許汁清無復黑乃止則不復渝煑杏酪煑餳煑地黃染皆須先治釜不爾則黑惡

煑醴法

與煑黑餳同然須調其色澤令汁味淳濃赤色足者良尤宜緩火急則焦臭傳曰小人之交甘若醴疑謂此非

醴酒也

煑杏酪粥法

用宿穬麥其春種者則不中預前一月事麥折令精細簸揀作五六等必使別均調勿令麤細相雜其大如胡豆者麤細正得所曝令極乾如上治釜訖先令煑一釜麤粥然後淨洗用之打取杏仁以湯脫去黃皮熟研以水和之絹濾取汁汁唯淳濃便美水多則味薄用乾牛糞燃火先煑杏仁汁數沸上作肬腦皺然後下穬麥米唯須緩火以匕徐徐攪之勿令住煑令極熟剛淖得所然後出之預前多買新瓦盆子容受二斗者抒粥著盆子中仰頭勿蓋粥色白如凝脂米粒有類青玉停至四月八日亦不動渝釜令粥黑火急則焦苦舊盆則不滲水覆蓋則解離其大盆盛者數捲（居方切）亦生水也

飧飯第八十六

作粟飧法

師米欲細而不碎（碎則濁而不美）師訖即炊（經宿則澀）淘必宜淨（十徧

已上彌佳）香漿和煖水浸饙少時以手挼無令有塊復小停然後壯（凡停饙冬宜久夏少時蓋以人意消息之若不停饙則飯堅也）投飧時先調漿令甜酢適口下熱飯於漿中尖出便止宜少時住勿使撓攪待其自解散然後撈盛飧便滑美（若不即撈令飯堅）

折粟米法

取香美好穀脫粟米一石（勿令有碎雜）於木槽內以湯淘腳踏瀉去瀋更踏如此十徧隱約有七斗米在便止漉出曝乾炊時又淨淘下饙時於大盆中多多著冷水必令

冷徹米必以手挼饋良久停之折米堅實必須弱炊故也不停則硬

投飯調漿一如上法粒似青玉滑而且美又甚堅實弱炊作酪粥者美於粳米者焉

作寒食漿法

以三月中清明前夜炊飯雞向鳴下熟熱飯於甕中以滿爲限數日後便酢中飯因家常炊三四日輒以新炊飯一椀酘之每取漿隨多少即新汲冷水添之訖夏飧漿並不敗而常滿所以爲異以二升得解水一升水冷清儉有殊於凡

令夏月飯甕井口邊無蟲法

清明節前二日夜雞鳴時炊黍熟取釜湯遍洗井口甕邊地則無馬蚿百蟲不近井甕矣甚是神驗

治旱稻赤米令飯白法

莫問冬夏常以熱湯浸米一食久然後以手挼之湯冷瀉去即以冷水淘汰挼去白乃止飯色潔白無異清流之米又㳲赤稻一臼米裏著蒿葉一把白鹽一把合㳲之即絕白

食經曰作麵飯法

用麵五升先乾蒸攪使冷用水一升留一升麵減水三合以七合水溲四升麵以手擘解以飯一升麵粉乾下稍切取大如粟顆訖蒸熟下著篩中更蒸之

作粳米糗糒法

取粳米汰灑作飯曝令燥擣細磨麤細作兩種折

粳米棗糒法

炊米熟爛曝令乾細篩用棗蒸熟迮取膏溲糒率一升

糒米用棗一升

崔寔曰五月多作糒以供出入之糧

菰米飯法

菰穀盛韋囊中擣瓷器爲屑勿令作末內韋囊中令滿板上揉之取末一作可用升半炊如稻米

胡飯法

以酢瓜菹長切將炙肥肉生雜菜內餅中急捲捲用兩

卷三截無令相就並六斷長不過二寸別奠飄虀隨之

切胡芹奠下酢中爲飄虀

食次曰折米飯生哲冷水用雖好作甚難蒯苦怪反米飯蒯者皆米冷淨也

素食第八十七

食次曰葱韭羹法

下油水中煑葱韭分切沸俱下與胡芹鹽豉研米糝粒大如棗米

瓠羮

下油水中煑極熟瓠橫切厚二分沸而下與鹽豉胡芹累奠之

油豉

豉三合油一斤酢五升薑橘皮葱胡芹鹽合和蒸蒸熟便以油五斤就氣上灑之訖即合甑覆瀉甕中

膏煎紫菜

以燥菜下油中煎之可食則止擘奠如脯

薤白蒸

秫米一石熟舂師令米毛不湑以豉三升煑之湑箕漉取汁用沃米令上諳可走蝦米釋漉出停米豉中夏可半日冬可一日出米葱薤等寸切令得一石許胡芹寸切令得一升許油五升合和蒸之可分為兩甑蒸之氣餾以豉汁五升灑之凡三過三灑可經一炊久三灑豉汁半熟更以油五升灑之卽下用熟食若不卽食重蒸取氣出灑油之後不得停竈上則漏去油重蒸不宜久

久則漏油奠訖以椒薑末粉溲之

膴音蘇托飯

托二斗水一石熬白米三升令黃黑合托三沸絹漉取汁澄清以膴一升投中無膴與油二升膴托好一升次擅托一名托中價

蜜薑

生薑一斤淨洗刮去皮筭子切不患長大如細漆箸以水二升煑令沸去沫與蜜二升煑復令沸更去沫椀子

醎合汁減半奠用箸二人共無生薑用乾薑法如前唯切欲極細

缹瓜瓠法

冬瓜越瓜瓠用毛未脫者（毛脫即堅）漢瓜用極大饒肉者皆削去皮作方臠廣一寸長三寸偏宜豬肉肥羊肉亦佳（肉須別煮令熟薄切）蘇油亦好特宜菘菜（蕪菁葵韭等皆得蘇油宜大用莧菜）細擘葱白（葱白欲得多於菜無葱薤白代之）渾豉白鹽椒末先布菜於銅鐺底次肉（無肉以蘇油代之）次瓜次瓠次葱白鹽豉椒末如是次

第重布向滿為限少下水（僅令相淹漬）缹令熟

又缹漢瓜法

直以香醬葱白麻油缹之勿下水亦好

缹菌（其殞反）法

菌一名地雞口未開內外全白者佳其口開裏黑者臭不堪食其多取欲經冬者收取鹽汁洗去土蒸令氣餾下著屋北陰中之當時隨食者取即湯煠去腥氣擘破先細切葱白和麻油（蘇亦好）熬令香復多擘葱白渾豉鹽椒末與菌俱下缹之宜肥羊肉雞豬肉亦得肉缹者不須蘇油（肉亦先熟煮蘇切重重布之如缹瓜瓠法唯不著菜也）缹瓜瓠菌雖有肉素兩法然此物多充素食故附素條中

缹茄子法

用子未成者（子成則不好也）以竹刀骨刀四破之（用鐵則渝黑也）湯煠去腥氣細切葱白熬油香（蘇彌好）香醬清擘葱白與茄子俱下缹令熟下椒薑末

作菹藏生菜法第八十八

蕪菁菘葵蜀芥鹹菹法

收菜時即擇取好者菅蒲束之作鹽水令極鹹於鹽水中洗菜即內甕中若先用淡水洗者菹爛其洗菜鹽水澄取清者瀉著甕中令沒菜肥即止不復調和菹色仍青以水洗去鹹汁煮為茹與生菜不殊其蕪菁蜀芥二種三日抒出之粉黍米作粥清擣麥䴬作末絹篩布菜一行以䴬末薄坌之即下熱粥清重重如此以滿甕為限其布菜法每行必莖葉顛倒安之舊鹽汁還瀉甕

中葅色黄而味美作淡葅用黍米粥清及麥麲末味亦勝

作湯葅法

菘佳蕪菁亦得收好菜擇訖即於熱湯中煠出之若菜已萎者水洗漉出經宿生之然後湯煠煠訖令水中濯之鹽醋中熬胡麻油香而且脆多作者亦得至春不敗

釀葅法

葅菜也一曰葅不切曰釀葅用乾蔓菁正月中作以熱

湯浸菜令柔軟解辦擇治淨洗沸湯煠即出於水中淨洗便復作鹽水斬度出著箔上經宿菜色生好粉黍米粥清亦用絹篩麥麲末澆葅布菜如前法然後粥清不用大熱其汁纔令相淹不用過多泥頭七日便熟葅甕以穰茹之如釀酒法

作卒葅法

以酢漿煑葵菜擘之下酢即成葅矣

藏生菜法

九月十月中於牆南日陽中掘作坑深四五尺取雜菜種別布之一行菜一行土去坎一尺便止穰厚覆之得經冬須即取粲然與夏菜不殊

食經作葵葅法

擇燥葵五斛鹽二斗水五斗大麥乾飯四升合瀨案葵一行鹽飯一行清水澆滿七日黄便成矣

作菘鹹葅法

水四斗鹽三升攪之令殺菜又法菘一行女麴間之

作酢葅法

三石甕用米一斗擣攪取汁三升煑滓作三升粥令内菜甕中輒以生漬汁及粥灌之一宿以青蒿韭白各一行作麻沸湯澆之便成

作葅消法

用羊肉二十斤肥豬肉十斤縷切之葅二升葅根五升豉汁七升半切葱頭五升

蒲葅

詩義疏曰蒲深蒲也周禮以爲菹謂菹始生取其中心入地者蒻大如匕柄正白生噉之甘脆又煑以苦酒受之如食笋法大美今吳人以爲菹又以爲酢

世人作葵菹不好皆由葵大脆故也菹菘以社前二十日種之葵社前三十日種之使葵至藏皆欲生花乃佳耳葵經十朝苦霜乃采之秫米爲飯令冷取葵著甕中以向飯沃之欲令色黃煑小麥時時粣(桑葛反)之

崔寔曰九月作葵菹其歲温即待十月

食經藏瓜法

取白米一斗鐺中熬之以作糜下鹽使鹹淡適口調寒熱熟拭瓜以投其中密塗甕此蜀人方美好又法取小瓜百枚豉五升鹽三升破去瓜子以鹽布瓜片中次著甕中緜其口三日豉氣盡可食之

食經藏越瓜法

糟一斗鹽三升淹瓜三宿出以布拭之復淹如此凡瓜欲得完慎勿傷傷便爛以布囊就取之佳豫章郡人晚種越瓜所以味亦異

食經藏梅瓜法

先取霜下老白冬瓜削去皮取肉方正薄切如手板細施灰羅瓜著上復以灰覆之煑杬皮烏皮梅汁器中細切瓜令方三分長二寸熟煠之以投梅汁數月可食以醋石榴子著中並佳也

食經曰樂安令徐肅藏瓜法

取越瓜細者不操拭勿使近水鹽之令鹹十日許出拭

之小陰乾熇之仍内著盆中作和法以三升赤小豆三升秫米並炊之令黃合舂之以三斗好酒解之以瓜投中蜜塗乃經年不敗

崔寔曰大暑後六月可藏瓜

食次曰女麴

秫稻米三斗淨淅炊爲飯軟炊停令極冷以麴範中用手餅之以青蒿上下奄之置牀上如作麥麴法三七二十一日開看徧有黃衣則止三七日無衣乃停要須衣

徧乃止出日日曝之燥則用

釀瓜菹酒法

秫稻米一石麥麴成剉隆隆二斗女麴成剉米一斗釀法須消化復以五升米酘之消化復以五升米酘之再酘酒熟則用不迮出瓜鹽揩日中曝令皺鹽和暴糟中停三宿度内女麴酒中爲佳

瓜菹法

採越瓜刀子割摘取勿令傷皮鹽揩數徧日曝令皺先

取四月白酒糟鹽和藏之數日又過著大酒糟中鹽蜜女麴和糟又藏泥甌中唯久佳又云不入白酒糟亦得又云大酒接出清用醅若一石與鹽三升女麴三升蜜三升女麴曝令燥手拃令解渾用女麴者麴黄衣也又云瓜淨洗令燥鹽揩之以鹽和酒糟令有鹽味不須多合藏之密泥甌口軟而黄便可食大者六破小者四破五寸斷之廣狹盡瓜之形又云長四寸廣一寸仰奠四片用小而直者不可用貯

瓜芥菹

用冬瓜切長三寸廣一寸厚二分芥子少與胡芹子合熟研去滓與好酢鹽之下瓜唯久益佳也

湯菹法

用少菘蕪菁去根暫經湯沸及熱與鹽酢渾長者依柸截與酢并和葉汁不爾火酢滿奠之

苦笋紫菜菹法

笋去皮三寸斷之細縷切之小者手捉小頭刀削大頭

唯細薄隨置水中削訖漉出細切紫菜和之與鹽酢乳用半奠紫菜冷水清少久自解但洗時勿用湯湯洗則失味矣

竹菜菹法

菜生竹林下似芹科大而莖葉細生極概淨洗暫經沸湯速出下冷水中即搦去水細切又胡芹小蒜亦暫經沸湯細切和之與鹽醋半奠春用至四月

蕺菹法

蕺去毛土黑惡者不洗暫經沸湯即出多少與鹽一斤以煖水清瀋汁淨洗之及煖即出漉下鹽酢中若不及熱則赤壞之又湯撩蔥白即入冷水漉出置蕺中並寸切用米若椀子奠去蕺節料理接奠各在一邊令滿

菘根榼菹法

菘淨洗徧體須長切方如算子長三寸許束菘根入沸湯小停出及熱與鹽酢細縷切橘皮和之料理半奠之

熯（呼幹反）菹法

淨洗縷切三寸長許束為小杷大如筆管暫經沸湯速出之及熱與鹽酢上加胡芹子與之料理令直滿奠之

胡芹小蒜菹法

並暫經小沸湯出下令冷水中出之胡芹細切小蒜寸切與鹽酢分半奠青白各在一邊若不各在一邊不即入於水中則黃壞滿奠

菘根蘿蔔菹法

淨洗通體細切長縷束為把大如十張紙卷暫經沸湯即出多與鹽二升煖湯合把手按之又細縷切暫經沸湯與橘皮和及煖與則黃壞料理滿奠熅菘蔥蕪菁根悉可用

紫菜菹法

取紫菜冷水漬令釋與蔥菹合盛各在一邊與鹽酢滿奠

蜜薑法

用生薑淨洗削治十月酒糟中藏之泥頭十日熟出水

洗內蜜中大者中解小者渾用竪奠四又云卒作削治蜜中煮之亦可用

梅瓜法

用大冬瓜去皮穰筭子細切長二寸麤細如研生布薄絞去汁即下杬汁令小煖經宿漉出煮一升烏梅與水二升取二升餘出梅令汁清澄與蜜三升杬汁三升生橘二十枚去皮核取汁復和之合煮兩沸去上沫清澄令冷內瓜訖與石榴酸者懸鉤子廉薑屑石榴懸鉤一

柸可下十度嘗看若不大澀杬子汁至一升又云烏梅漬汁淘奠石榴懸鈎一奠不過五六度熟去麤皮杬一升與水三升煑取升半澄清

梨菹法

先作漤盧感反用小梨瓶中水漬泥頭自秋至春至冬中須亦可用又云一月日可用將用去皮通體薄切奠之以梨漤汁投少蜜令甜酢以泥封之若卒切梨如上五梨半用苦酒二升湯二升合和之温令少熱下盛一奠

五六片汁沃上至半以篸置柸旁夏停不過五日又云卒作煑棗亦可用也

木耳菹

取棗桑榆柳樹邊生猶輭濕者乾即不中用作木耳亦得煑五沸去腥汁出置冷水中淨洮又著酢漿水中洗出細縷切訖胡荽葱白少著取香而已下豉汁漿清及酢調和適口下薑椒末甚滑美

蘘菹法

毛詩曰薄言采芑毛云菜也詩義疏曰蘘似苦菜莖青摘去葉白汁出甘脆可食亦可爲茹青州謂之芑西河鴈門蘘尤美時人戀戀不能出塞

蕨

爾雅云蕨虌郭璞注云初生無葉可食廣雅曰紫綦非也詩義疏曰蕨山菜也初生似蒜莖紫黑色二月中高八九寸老有葉瀹爲茹滑美如葵今隴西天水人及此時而乾收秋冬嘗之又云以進御三月中其端散爲三

枝枝有數葉葉似青蒿長麤堅長不可食周秦曰蕨齊魯曰虌亦謂蕨又澆之

食經曰藏蕨法

先洗蕨杷著器中蕨一行鹽一行薄粥沃之一法以薄灰淹之一宿出蟹眼湯瀹之出熇内糟中可至蕨時

蕨菹

取蕨暫經湯出蒜亦然令細切與鹽酢又云蒜蕨俱寸切之

苻字或作莕

爾雅曰莕接余其葉苻郭璞注曰叢生水中葉圓在莖端長短隨水深淺江東菹食之

毛詩周南國風曰參差荇菜左右流之毛注云接余也

詩義疏曰接余其葉白莖紫赤正圓徑寸餘浮在水上根在水底莖與水深淺等大如釵股上青下白以苦酒浸之為菹脆美可案酒其華蒲黃色

餳餔第八十九

史游急就篇饊生但反飴餳楚辭曰粔籹蜜餌有餦餭餦餭亦餳也柳下惠見飴曰可以養老然則飴餔可以養老自幼故録之也

煑白餳法

用白牙散糵佳其成餅者則不中用用不渝釜渝則餳黑釜必磨治令白淨勿使有膩氣釜上加甑以防沸溢乾糵末五升殺米一石米必細眒數十徧淨淘炊為飯攤去熱氣及煖於盆中以糵末和之使均調臥於酳甕中勿以手按撥平而已以被覆盆甕令暖冬則穰茹冬須竟日夏即半日許看米消減離甕作魚眼沸湯以淋之令糟上水深一尺許乃止下水冷訖向一食頃便拔酳取汁取汁煑之每沸輒益兩杓尤宜緩火火急則焦氣盆中汁盡量不復溢便下甑一人專以杓揚之勿令住手手住則餳黑量熟止火良久向冷然後出之用梁米者餳如水精色

黑餳法

用青牙成餅糵末一斗殺米一石餘法同前

琥珀餳法

小餅如碁石內外明徹色如琥珀用大麥糵末一斗殺米一石餘並同前法

煑餔法

用黑餳糵末一斗六升殺米一石臥煑如法但以蓬子押取汁以匕匙紇紇攪之不須揚

食經作飴法

取黍米一石炊作黍著盆中蘖末一斗攪和一宿則得一斛五斗煎成飴

崔寔曰十月先氷凍作京餳煑暴飴

食次曰白繭糖法

熟炊秫稻米飯及熱于杵臼淨者舂之爲糌須令極熟勿令有米粒幹爲餅法厚二分許日曝小燥刀劚爲長條廣二分乃斜裁之大如棗核兩頭尖更曝令極燥膏油煑之熟出糖聚圓之一圓不過五六枚又云手索糌粗細如箭簳日曝小燥用刀斜截大如棗核煑圓如上法圓大如桃核半奠不滿之

黃繭糖

白秫米精舂不簸淅以梔子漬米取色炊舂爲糌糌加蜜餘一如白糌作繭煑及奠如前

煑膠第九十

煑膠法

煑膠要用二月三月十月餘月則不成（熱則不凝無餅寒則凍瘃白膠

不粘）沙牛皮水牛皮豬皮爲上驢馬駝騾皮爲次（其膠勢力雖復相似但驢馬皮薄毛多膠小倍費樵薪）破皮履鞋底格椎皮靴底破鞅鞍但是生皮無問年歲久遠不腐爛者悉皆中者（然新皮膠色明淨而勝其陳久者固宜不如新者）其脂肕鹽熟之皮則不中用（譬如生鐵一經柔熟永無鎔鑄之理無爛汁故也）唯欲舊釜大而不渝者（釜新則燒令皮著底釜小費薪火釜渝令膠色黑）法於井邊坑中浸皮四五日令極液以水淨洗濯無令有泥片割釜中不須削毛（削毛費功於膠無益）凡水皆得煑然鹹苦之水膠乃更勝長作木匕頭施鐵刃時時徹攪之勿令著底（匕頭不施鐵刃頭攪不徹底則焦焦則膠惡是以尤須婁數之）水少更添常使滂沛經宿晬時勿令絕火候皮爛熟以匕瀝汁看後一珠微有黏勢熟矣（爲過傷火令膠焦）取淨乾盆置竈埵（丁闕反）上以米牀加盆布蓬草於牀上以大杓挹取膠爲著蓬草上濾去滓穢挹時勿停火淳熟汁盡更添水煑之攪如初法熟（闕）挹取看熟皮垂盡著釜焦黑無復黏勢乃棄去之膠盆向滿舁著空靜處屋中仰頭令凝（恐氣變成水不令雜）凌旦合盆於席上脫取凝膠口濕細緊線

以割之其近盆底土惡之處不中用者割却少許然後十字坼破之又中斷為段較薄割為餅（唯極薄為佳乾又色似琥珀好堅厚者既難燥又見黯黑皆為膠惡也）近盆末下名為笨膠可以建車近盆末上即是膠清可以雜用最上膠皮如粥膜者膠中之上第一粘好先於庭中豎槌施三重箔擿令免狗鼠於最下箔上布置膠餅其上兩重為作陰涼并扞霜露（膠餅雖凝水汁盡見日即消霜露霑濡復難燥乾）旦起至食時卷去上箔令膠見日（凌旦寒氣不畏消釋霜露之潤見日即乾）食後還復舒箔為蔭雨則內

厰屋之下則不須重箔四五日浥浥時繩穿膠餅懸而日曝極乾乃內屋內懸紙籠之（以防青蠅壁土之汙）夏中雖軟相著至八月秋涼時日中曝之還復堅好

筆墨第九十一

筆法

韋仲將筆方曰先次以鐵梳兔毫及羊青毛去其穢毛盖使不髯茹訖各别之皆用梳掌痛拍整齊毫鋒端本各作扁極令均調平好用衣羊青毛縮羊青毛去兔毫頭下二分許然後合扁捲令極圓訖痛頡之以所整羊毛中或用衣中心名曰筆柱或曰墨池承墨復用毫青衣羊毛外如作柱法使中心齊亦使平均痛頡內管中寧隨毛長者使深寧小不大筆之大要也

合墨法

好醇煙擣訖以細絹篩於堈內篩去草莽若細沙塵埃此物至輕微不宜露篩喜失飛去不可不慎墨一斤以好膠五兩浸梣（才心反）皮汁中梣江南樊雞木皮也其皮

入水綠色解膠又益墨色可以下雞子白去黃五顆更以真硃砂一兩麝香一兩别治細篩都合調下鐵臼中寧剛不宜澤擣三萬杵杵多益善合墨不得過二月九月溫時敗臭寒則難乾潼溶見風日解碎重不得過二三兩墨之大訣如此寧小不大

齊民要術卷九

齊民要術卷十

後魏　賈思勰　撰

五穀果蓏菜茹非中國物產者

聊以存其名目記其怪異耳爰及山澤草木任食非人力所種者悉附於此

五穀

山海經曰廣都之野百穀自生冬夏播琴郭璞注曰播琴猶言播種方俗言也爰有膏稷膏黍膏菽郭璞注曰言好味滑如膏

博物志曰扶海洲上有草名曰篩其實如大麥從七月熟人斂穫至冬乃訖名曰自然穀或曰禹餘糧又曰地三年種蜀黍其後七年多蛇

稻

異物志曰稻一歲夏冬再種出交趾

俞益期牋曰交趾稻再熟也

禾

廣志曰粱禾蔓生實如葵子米粉白如麪可爲饘粥牛食以肥六月種九月熟

感禾扶疎生實似大麥

楊禾似藋粒細左折右炊停則牙生此中國巴禾木稷也

火禾高丈餘子如小豆出粟特國

山海經曰崑崙墟上有木禾長五尋大五圍

郭璞曰木禾穀類也

呂氏春秋曰飯之美者玄山之禾不周之粟陽山之穄

魏書曰烏丸地宜青穄

麥

博物志曰人啖麥橡令人多力健行

西域諸國志曰天竺十一月六日爲冬至則麥秀十二月十六日爲臘臘麥熟

說文曰麰周所受來麰也

豆

博物志曰人食豆三年則身重行動難恒食小豆令肌

爆龘理

東牆

廣志曰東牆色青黑粒如葵子似蓬草十一月熟出幽涼并烏丸地

河西語曰貸我東牆償我田粱

魏書曰烏丸地宜東牆能作白酒

果蓏

山海經曰平坵百果所在不周之山爰有嘉果子如棗

黃如桃黃花赤樹食之不飢

呂氏春秋曰常山之北投淵之上有百果焉羣帝所食羣帝衆帝先升遐者

臨海異物志曰楊桃似橄欖其味甜五月十月熟諺曰楊桃無甕一歲三熟其色青黃核如棗核

臨海異物志曰梅桃子生晉安侯官縣一小樹得數拾石實大三寸可蜜藏之

臨海異物志曰楊搖有七脊子生樹皮中其體雖異味則無奇長四五寸色青黃味甘

臨海異物志曰冬熟如指大正赤味甘勝梅猴闥子如指頭大其味小苦可食

闌桃子其味酸

士翁子如漆子大熟時甜酸其色青黑

枸槽子如指頭大正赤其味甘

雞橘子大如指味甘永寧界中有之

猴總子如小指頭大與柿相似其味不減於柿

多南子如指大其色紫味甘與梅子相似出晉安

王壇子如棗大其味甘出侯官越王祭太一壇邊有此果無知其名因見生處遂名王壇其形小於龍眼有似木瓜

博物志曰張騫使西域還得安石榴胡桃蒲桃

劉欣期交州記曰多感子黃色圍一寸

蔗子如瓜大亦似柚

彌子圓而細其味初苦後甘食皆甘果也

杜蘭香傳曰神女降張碩常食粟飯并有非時果味亦不甘但一食可七八日不飢

棗

史記封禪書曰李少君嘗遊海上見安期生食棗大如瓜

東方朔傳曰武帝時上林獻棗上以杖擊未央殿檻呼朔曰叱叱先生來來先生知此篋裏何物朔曰上林獻棗四十九枚上曰何以知之朔曰呼朔者上也以杖擊

檻兩木林也朔來來者棗也叱叱者四十九也上大笑帝賜帛十疋

神異經曰北方荒內有棗林焉其高五丈敷張枝條蔭里餘子長六寸圍過其長熟赤如朱乾之不縮氣味甘潤殊於常棗食之可以安軀益氣力

神仙傳曰吳郡沈義為仙人所迎上天云天上見老君賜義棗二枚大如雞子

傅玄賦曰有棗若瓜出自海濱全生益氣服之如神

桃

漢舊儀曰東海之內度朔山上有桃屈蟠三千里其卑枝間曰東北鬼門萬鬼所出入也上有二神人一曰荼二曰鬱櫑主領萬鬼鬼之惡害人者執以葦索以食虎黃帝法而象之因立桃梗於門戶上畫荼鬱櫑持葦索以禦凶鬼畫虎於門當食鬼也（櫑音壘　度朔史記注作度索山）風俗通曰今縣官以臘除夕飾桃人垂葦索畫虎於門効前事也

神農經曰玉桃服之長生不死若不得早服之臨死日服之其尸畢天地不朽

神異經曰東方有樹高五十丈葉長八尺名曰桃其子徑三尺二寸小核味和食之令人益壽

漢武內傳曰西王母以七月七日降令侍女更索桃須臾以玉盤盛仙桃七顆大如鴨子形圓色青以呈王母王母以四顆與帝三枚自食

漢武故事曰東郡獻短人帝呼東方朔朔至短人因指

朔謂上曰西王母種桃三千年一著子此兒不良已三過偷之矣

廣州記曰盧山有山桃大如檳榔形色黑而味甘酢人時登採拾只得于上飽噉不得持下迷不得返

玄中記曰木子大者積石山之桃實焉大如十斛籠

甄異傳曰譙郡夏侯規亡後見形還家經庭前桃樹邊過曰此桃我所種子乃美好其婦曰人言亡者畏桃君不畏邪答曰桃東南枝長二尺八寸向日者憎之或亦

不畏也

神仙傳曰樊夫人與夫劉綱俱學道術各自言勝中庭有兩大桃樹夫妻各呪其一夫人呪者兩枝相鬬擊良久綱所呪者桃走出籬

李

列異傳曰袁本初時有神出河東號度索君人共立廟兖州蘇氏母病禱見一人著白單衣高冠冠似魚頭謂度索君曰昔臨盧山下共食白李未久已三千年日月易得使人悵然去後度索君曰此南海君也

梨

漢武内傳曰太上之藥有玄光梨

神異經曰東方有樹高百丈葉長一丈廣六七尺名曰梨其子徑三尺割之瓤白如素食之爲地仙辟穀可入水火也

神仙傳曰介象吳王所徵在武昌速求去不許象言病以美梨一匳賜象須臾象死帝殯而埋之以日中時死

其日晡時到建業以所賜梨付守苑吏種之後吏以狀聞即發象棺棺中有一奏符

柰

漢武内傳曰仙藥之次者有圓邱紫柰出永昌

橙

異苑曰南康有奚石山有甘橘橙柚就食其實任意取足持歸家人噉輒病或顛仆失徑

郭璞曰蜀中有給客橙似橘而非若柚而芳香夏秋華

實相繼或如彈丸或如手指通歲食之亦名盧橘

橘

周官考工記曰橘踰淮而北爲枳此地氣然也

呂氏春秋曰果之美者江浦之橘

吳録地里志曰朱光祿爲建安郡中庭有橘冬月於樹上覆裹之至明年春夏色變青黑味尤絶美上林賦曰盧橘夏熟蓋近於是也

裴淵廣州記曰羅浮山有橘夏熟實大如李剥皮噉則

酢合食極甘又有壺橘形色都是甘但皮厚氣臭味亦不劣

異物志曰橘樹白花而赤實皮馨香又有善味江南有之不生他所

南中八郡志曰交趾特出好橘大且甘而不可多噉令人下痢

廣州記曰盧橘皮厚氣色大如甘酢多九月正月色至二月漸變爲青至夏熟味亦不異冬時土人呼爲壺橘其類有七八種不如吳會橘

甘

廣志曰甘有二十一種有成都平蔕甘大如升色蒼黄犍爲南安縣出好黄甘

荆州記曰枝江有名宜都郡舊江北有甘園名宜都甘

湘州記曰州故大城内有陶侃廟地是賈誼故宅誼時種甘猶有存者

風土記曰甘橘之屬滋味甜美特異者也有黄者有頳

者謂之壺甘

柚

説文曰柚條也似橙而酢

呂氏春秋曰果之美者雲夢之柚

列子曰吳楚之園有大木焉其名爲櫾音柚碧樹而冬青生實丹而味酸食皮汁已憤厥之疾齊州珍之渡淮而北化爲枳焉

裴淵記曰廣州别有柚號曰雷柚實如升大

風土記曰柚大橘也色黃而味酢

椵

爾雅曰櫠椵郭璞注曰柚屬也子大如盂皮厚二三寸中似枳供食之少味

栗

神異經曰東北荒中有木高四十丈葉長五尺廣三寸名栗其實徑三尺其殼赤而肉黃白味甜食之多令人短氣而渴

枇杷

廣志曰枇杷冬花實黃大如雞子小者如杏味甜酢四月熟出南安犍爲宜都

風土記曰枇杷葉似栗子似蒳十五而叢生

荊州土地記曰宜都出大枇杷

椑

西京雜記曰烏椑青椑赤棠椑宜都出大椑

甘蔗

說文曰諸蔗也案書傳曰或爲芋蔗或干蔗或邯睹或甘蔗或都蔗所在不同

雩都縣土壤肥沃偏宜甘蔗味及采色餘縣所無一節數寸長郡獻御

異物志曰甘蔗遠近皆有交趾所產甘蔗特醇好本末無薄厚其味至均圍數寸長丈餘頗似竹斬而食之既甘迮取汁如飴餳名之曰糖益復珍也又煎而曝之既凝而冰破如塼其食之入口消釋時人謂之石蜜者也

家法政曰三月可種甘蔗

薐

說文曰薐芰也廣志曰鉅野大薐也大於常薐淮漢之南凶年以芰爲蔬猶以預爲資鉅野魯藪也

棪

爾雅曰棪槤其劉劉杙郭注曰棪實如柰赤可食劉子生山中實如梨酢甜核堅出交趾

南方草物狀曰劉樹子大如李實三月花色仍連著實

七八月熟其色黃其味酢煑蜜藏之仍甘好

鬱

豳詩義疏曰其樹高五六尺實大如李正赤色食之甜

廣雅曰一名雀李又名車下李又名郁李亦名棣亦名薁李毛詩六月食鬱及薁

芡

說文曰芡雞頭也方言曰北燕謂之葰音役青徐淮泗謂之芡南楚江浙之間謂之雞頭鴈頭

本草經曰雞頭一名鴈喙

藷

南方草物狀曰甘藷二月種至十月乃成卵大如鵝卵小者如鴨卵掘食蒸食其味甘甜經久得風乃淡泊出交阯武平九眞興古也

異物志曰甘藷似芋亦有巨魁剝去皮肌肉正白如脂肪南人專食以當米穀蒸炙皆香美賓客酒食亦施設有如果實也

薁

說文曰薁櫻也廣雅曰燕薁櫻薁也詩義疏曰櫻薁實大如龍眼黑色今車鞅藤實是豳詩曰六月食鬱及薁

楊梅

臨海異物志曰其子大如彈子正赤五月熟似梅味甜酸

食經藏楊梅法擇佳完者一石以鹽一斗淹之鹽入肉中仍出曝令乾熇取杬皮二斤煑取汁漬之不加蜜漬梅色如初美好可堪數歲

沙棠

山海經曰崑崙之山有木焉狀如棠黃華赤實味如李而無核名曰沙棠可以禦水時使不溺

呂氏春秋曰果之美者沙棠之實

柤

山海經曰蓋猶之山上有甘柤枝榦皆赤黃白花黑實也

禮內則曰柤梨薑桂鄭注曰柤梨之不藏者皆人君羞

神異經曰南方大荒中有樹名曰柤二千歲作花九千歲作實其花色紫高百丈敷張自輔葉長七尺廣四五尺色如綠青皮如桂味如蜜理如甘草味飴實長九圍無瓤核割之如凝酥食者壽以萬二千歲

風土記曰柤梨屬内堅而香

西京雜記曰蠻柤

椰

異物志曰椰樹高六七丈無枝條葉如束蒲在其上實

如瓠繫在於山頭若掛物焉實外有皮如胡盧核裏有膚白如雪厚半寸如猪膚食之美於胡桃味也膚裏有汁升餘其清如水其味美於蜜食其膚可以不飢食其汁則愈渴又有如兩眼處俗人謂之越王頭

南方草物狀曰椰二月花色仍連著實房相連累房三十或二十七八子十一月十二月熟其樹黃實俗名之爲丹也横破之可作椀或微長如栝蔞子從破之可作爲爵

南州異物志曰椰樹大三四圍長十丈通身無枝至百餘年有葉狀如蕨菜長丈四五尺皆直竦指天其實生葉間大如升外皮苞之如連狀皮中核堅過於核裏肉正白如雞子著皮而腹内空含汁大者含升餘實形團團然或如瓜蔞横破之可作爵形並應器用故人珍貴之

廣志曰椰出交趾家家種之

交州記曰椰子有漿截花以竹筒承其汁作酒飲之亦

醉也

神異經曰東方荒中有椰木高三二丈圍丈餘其枝不橋二百歲葉盡落而生華華如甘瓜華盡落而生萼萼下生子三歲而熟熟後不長不減形如寒瓜長七八寸徑四五寸萼覆其頂此實不取萬世如故取者掐取其流下生如初其子形如甘瓜瓤甘美如蜜食之令人有澤不可過三升令人醉半日乃醒木高凡人不能得唯木下有多羅樹人能緣得之一名曰無葉一名倚驕張

茂先注曰驕直上不可那也

檳榔

俞益期與韓康伯牋曰檳榔信南遊之可觀子既非常木亦特奇大者三圍高者九丈葉聚樹端房生葉下華秀房中子結房外其擢穗似黍其綴實似穀其皮似桐而厚其節似竹而穊其內空其外勁其屈如覆虹其申如縋繩本不大末不小上不傾下不斜稠直亭亭千百若一步其林則寥朗庇其蔭則蕭條信可以長吟可以

遠想矣性不耐霜不得北植必當遐樹海南遼然萬里弗遇長者之目自令人恨深

南方草物狀曰檳榔三月華色仍連著實實大如卵十二月熟其色黃剝其子肥强可不食唯種作子青其子并殼取實曝乾之以扶留藤古賁灰合食之食之則滑美亦可生食最快好交阯武平興古九眞有之也

異物志曰檳榔若筍竹生竿種之精硬引莖直上不生枝葉其狀若柱其顛近上末五六尺間洪洪腫起若瘣（黃圭反又音回）木焉因拆裂出若黍穗無花而爲實大如桃李又棘針重累其下所以衛其實也剖其上皮煮其膚熟而貫之硬如乾棗以扶留古賁灰并食下氣及宿食白蟲消穀飲啖設爲口實

林邑國記曰檳榔樹高丈餘皮似青桐節如桂竹下森秀無柯頂端有葉葉下繫數房房綴數十子家有數百樹

南州八郡志曰檳榔大如棗色青似蓮子彼人以爲貴

異婚族好客輒先呈此物若邂逅不設用相嫌恨

廣州記曰嶺外檳榔小於交阯者而大於蒳子土人亦呼爲檳榔

廉薑

廣雅曰蔟葰（相遺反）廉薑也吳錄曰始安多廉薑

食經曰藏薑法蜜煮烏梅去滓以漬廉薑再三宿色黃赤如琥珀多年不壞

枸櫞

裴淵廣州記曰枸櫞樹似橘實如柚大而倍長味奇酢皮以蜜煑爲糝

異物志曰枸櫞似橘大如飯筥皮不香味不美可以浣治葛苧若酸漿

鬼目

廣志曰鬼目似梅南人以飲酒

南方草物狀曰鬼目樹大者如李小者如鴨子二月花色仍連著實七八月熟其色黃味酸以蜜煑之滋味柔

嘉交趾武平興古九眞有之也

裴淵廣州記曰鬼目益知直爾不可噉可爲漿也

吳志曰孫晧時有鬼目菜生工人黃耇家依緣棗樹長丈餘葉廣四寸厚三分

顧微廣州記曰鬼目樹似棠梨葉葉如楮皮白樹高大如木瓜而小邪傾不周正味酢九月熟又有草昧子亦如之亦可爲糝用其草似鬼目

橄欖

廣志曰橄欖大如雞子交州以飲酒

南方草物狀曰橄欖子大如棗大如雞子二月華色仍連著實八月九月熟生食味酢蜜藏仍甜

臨海異物志曰餘甘子如梭(且全反)形初入口苦澀後飲水更甘大如梅實核兩頭銳東岳呼餘甘柯欖同一果耳

南越志曰博羅縣有合成樹十圍去地二丈分爲三衢東向一衢木葉似楝子如橄欖而硬削去皮南人以爲

糝南向一衢橄欖西向一衢三丈三丈樹嶺北之候也

龍眼

廣雅曰益智龍眼也

廣志曰龍眼樹葉似荔枝蔓延緣木生子如酸棗色黑純甜無酸七月熟

吳氏本草曰龍眼一名益智一名比目

椹

漢武內傳西王母曰上仙之藥有扶桑丹椹

荔支

廣志曰荔支樹高五六丈如桂樹綠葉蓬蓬冬夏鬱茂青華朱實實大如雞子核黃黑似熟蓮子實白如肪甘而多汁似安石榴有甜酢者夏至日將巳時翕然俱赤則可食也一樹下子百斛犍爲僰道南廣荔枝熟時百鳥肥其名之曰焦核小次曰春花次曰胡偈此三種爲美似鼈卵大而酸以爲醢和率生稻田間

異物志曰荔支爲異多汁味甘絶口又小酸所以成其

味可飽食不可使厭生時大如雞子其膚光澤皮中食乾則焦小則肌核不如生時奇四月始熟也

益智

廣志曰益智葉似蘘荷長丈餘其根上有小枝高八九寸無華萼其子叢生著之大如棗肉瓣黑皮白核小者曰益智含之隔涎濊出萬壽亦生交趾

南方草木狀曰益智子如筆毫長七八寸二月華色仍連著實五六月熟味辛雜五味中芬芳亦可鹽曝

異物志曰益智類薏苡實長寸許如枳椇子味辛辣飲酒食之佳

廣州記曰益智葉如蘘荷莖如竹箭子從心中出一枚有十子子內白滑四破去之取外皮蜜煑爲糝味辛

桶

廣志曰桶子似木瓜生樹木

南方草木狀曰桶子大如雞卵三月花色仍連著實八九月熟採取鹽酸漚之其味酸酢以蜜藏滋味甜美出

交趾

劉欣期交州記曰桶子如桃

蒳子

竺法眞登羅浮山疏曰山檳榔一名蒳子幹似蔗葉類柞一叢千餘榦榦生十房房底數百子四月採

豆蔻

南方草木狀曰豆蔻樹大如李二月花色仍連著實子相連累其核根芬芳成殼七月八月熟曝乾剝食核味

辛香五味出興古
劉欣期交州記曰豆蔻似杬樹
環氏吳記曰黃初二年魏求豆蔻
楂
廣志曰楂查子甚酢出西方
餘甘
異物志曰餘甘大小如彈丸視之理如定陶瓜初入口
苦澀咽之口中乃更甜美足味鹽蒸尤美可多食

蒟子
廣志曰蒟子蔓生依樹子似桑椹長數寸色黑辛如薑
以鹽醃之下氣消穀生南安
芭蕉
廣志曰芭蕉一曰芭菹或曰甘蕉莖如荷芋重皮相裹
大如盂升葉廣二尺長一丈子有角子長六七寸有蔕
三四寸角著蔕生為行列兩兩共對若相抱形剝其上
皮色黃白味似蒲萄甜而脆亦飽人其根大如芋魁大

一石青色其莖解散如絲織以為葛謂之蕉葛雖脆而
好色黃白不如葛色出交阯建安
南方異物志曰甘蕉草類望之如樹株大者一圍餘葉
長一丈或七八尺廣尺餘華大如酒盃形色如芙蓉莖
末百餘子大名為房根似芋魁大者如車轂實隨華每
華一闔各有六子先後相次子不俱生華不俱落此蕉
有三種一種子大如梅指長而銳有似羊角名羊角蕉
味最甘好一種大如雞卵有似羊乳味微減羊角蕉一

種蕉大如藕長六七寸形正名方蕉少甘味最弱其莖
如芋取濩而煑之則如絲可紡績也
異物志曰芭蕉葉大如筵席其莖如芋取蕉而煑之則
如絲可紡績女工以為絺綌則今交阯葛也其內心如
蒜鵠頭生大如合柈因為實房著其心齊一房有數拾
枚其實皮赤如火剖之中黑剝其皮食其肉如飴蜜甚
美食之四五枚可飽而餘滋味猶在齒牙間一名甘蕉
顧微廣州記曰甘蕉與吳花實根葉不異直是南土暖

不經霜凍四時花葉展其熟甘未熟時亦苦澀

扶留

吳錄地理志曰始興有扶留藤緣木而生味辛可以食

檳榔

蜀記曰扶留木根大如箸視之似柳根又有蛤名古賁生水中下燒以爲灰曰牡礪粉先以檳榔著口中又取扶留藤長一寸古賁灰少許同嚼之除胸中惡氣

異物志曰古賁灰牡礪灰也與扶留檳榔三物合食然

後善也扶留藤似木防以扶留檳榔所生相去遠爲物甚異而相成俗曰檳榔扶留可以忘憂

交州記曰扶留有三種一名穫扶留其根香美一名南扶留葉青味辛一名扶留藤味亦辛

顧微廣州記曰扶留藤緣樹生其花實即蒟也可以爲醬

菜茹

呂氏春秋曰菜之美者壽木之華括姑之東中容之國有赤木玄木之葉焉（括姑山名赤木玄木其葉皆可食）餘瞀之南南極之崖有菜名曰嘉樹其色若碧（餘瞀南方山名有嘉美之菜故曰嘉食之而靈若碧青色）

漢武內傳西王母曰上仙之藥有碧海琅菜

韭（西王母曰仙次藥有八肱赤韭）

葱（西王母曰上藥玄都綺葱）

韭（列仙傳曰務光服蒲韭根）

蒜（說文曰菜之美者雲夢之葷菜）

薑（呂氏春秋曰和之美者蜀郡楊樸之薑楊樸地名）

葵（管子曰桓公北伐山戎世冬葵布之天下列仙傳曰丁次卿爲遼東丁家作人丁氏嘗使買葵冬得生葵問冬何得此葵云從日南買來呂氏春秋菜之美者具區之菁者也）

鹿角（南越志曰猴葵色赤生石上南越謂之鹿角）

羅勒（遊名山志曰步廊山有一樹如椒而氣是羅勒土人謂爲山羅勒也）

葙（廣志曰葙根以爲菹香辛）

紫菜（吳都海邊諸山悉生紫菜又吳都賦云綸組紫絳爾雅注云綸今有秩嗇夫所帶糾青絲綸組綬也海中草生彩理有象之者因以名焉）

芹 呂氏春秋曰菜之美者雲夢之芹

優殿 南方草木狀曰合浦有菜名優殿以豆醬汁茹食之甚香美可食

雍 廣州記云雍菜生水中可以爲菹也

冬風 廣州記云冬風菜陸生宜配肉作羹也

穀 字林曰穀菜生水中

蕈菜 音覃味辛

荁 胡對反呂氏春秋曰菜之美者有雲夢之荁

荶 似蒜生水中

芹菜 音謹似蒿也

菹菜 紫色有藤

蘵菜 葉似竹生水旁

蔂菜 似蕨

蔦菜 似蕨生水中

蕨菜 鼈也詩疏曰秦國謂之蕨齊魯謂之鼈

葟菜 似蒜生水邊

蘞菜 徐鹽反似䓓荃菜也一曰染草

蓶菜 音唯似烏韭而黃

䓓菜 他合反生水中大葉

藷菜 根似芋可食又云薯蕷別名

荷 爾雅云荷芙蕖也其實蓮其根藕

竹

山海經曰嶓冢之山多桃枝鉤端竹雲山有桂竹甚毒傷人必死 今始興郡出筀竹大者圍二尺長四丈交阯有篥竹實中勁強有毒銳似刺虎中之則死亦此類 龜山多扶竹 扶竹筇竹也 漢書竹大者一節受一斛小

者數斗以爲柙 音匣 榼 邛都高節竹可爲杖所謂邛竹

尚書曰揚州厥貢篠簜荊州厥貢箘簵 注云篠竹箘簜大竹箘簵皆美竹出雲夢之澤

禮斗威儀曰君乘土而王其政太平蔓竹紫脫常生 其注曰紫脫北方物

南方草木狀曰由梧竹吏民家種之長三四丈圍一尺八九寸作屋柱出交阯

魏志曰倭國竹有條幹

神異經曰南方荒中有沛竹長百丈圍三丈五六尺厚八九寸可爲大船其子美食之可以已瘡癘張茂先注曰子笋也

外國圖曰高楊氏有同產而爲夫婦者帝怒放之於是相抱而死有神鳥以不死竹覆之七年男女皆活同頸異頭共身四足是爲蒙雙民

廣州記曰石麻之竹勁而利削以爲刀切象皮如切芋

博物志曰洞庭之山堯帝之二女常泣以其涕揮竹竹盡成斑下雋縣有竹皮不斑即刮去皮乃見

華陽國志曰有竹王者興於豚水有一女浣於水濱有三節大竹流入女足閒推之不去聞有兒聲持歸破竹得男長養有武才遂雄夷狄氏竹爲姓所破竹於野成林今王祠竹林是也

風土記曰陽羨縣有袁君家壇邊有數林大竹並高二三丈枝皆兩披下掃壇上常潔淨也

盛宏之荆州記曰臨賀謝休縣東山有大竹數十圍長數丈有小竹生旁皆四五尺圍下有盤石徑四五丈極高方正青滑如彈棊局兩竹屈垂拂掃其上初無塵穢未至數十里聞風吹此竹如簫管之音

異物志曰有竹曰篙其大數圍節閒相去局促中實滿堅强以爲柱榱

南方異物志曰棘竹有刺長七八丈大如甕

曹毗湘中賦曰竹則篔簹白烏實中紺族濱榮幽渚繁宗隈曲萋蒨陵丘夔逮重谷

王彪之閩中賦曰竹則苞甜赤若縹箭斑弓度世推節

征合實中篔簹函人桃枝育蟲緗箬素笋彤竿綠筒篔簹竹節中有物長數寸正似世人形俗說相傳云竹人時有得者育蟲謂竹䶉竹中皆有耳因說桃枝可得寄言

神仙傳曰壺公欲與費長房俱去長房畏家人覺公乃書一青竹戒曰卿可歸家稱病以此竹置卿臥處默然便來還房如言家人見此竹是房屍哭泣行喪

南越志云羅浮山生竹皆七八寸圍節長一二丈謂之龍鍾竹

孝經河圖曰少室之山有爨器竹堪爲釜甑安思縣多

苦竹竹之醜有四有青苦者白苦者紫苦者黄苦者

竺法眞登羅浮山疏曰又有筋竹色如黄金

晉起居注曰惠帝二年巴西郡竹生紫色花結實如麥

皮青中米白味甜

吳録曰日南有簞竹勁利削爲矛

臨海異物志曰狗竹毛在節間

字林曰茸竹頭有父文

䉑（音模）竹黑皮竹浮有文

䈲（音感）竹有毛

䉮（力印反）竹實中

筍

呂氏春秋曰和之美者越簵之箘高誘注曰箘竹筍也

吳録曰鄱陽有筍竹冬月生

筍譜曰雞脛竹筍肥美

東觀漢記曰馬援至荔浦見冬筍名苞上言禹貢厥苞

橘柚疑謂是也其味美于春夏

茶

爾雅曰荼苦菜可食詩義疏曰山田苦菜甜所謂菫荼

如飴

蒿

爾雅曰蒿菣蘩皤蒿郭璞注云今人呼青蒿香中炙啖

者爲菣蘩白蒿

禮外篇曰周時德澤洽和蒿茂大以爲宮柱名曰蒿宮

神仙服食經曰七禽方十一月采旁（音彭）勃旁勃白蒿也

白兔食之壽八百年

菖蒲 闕

芸

禮記曰仲冬之月芸始生鄭玄注云香草

呂氏春秋曰菜之美者陽華之芸

倉頡解詁曰芸蒿葉似斜蒿可食春秋有白蒻可食之

莪蒿

詩曰菁菁者莪蘿蒿也義疏云莪蒿生澤田漸如蒙叢

似斜蒿細科二月中生莖葉可食又可蒸香美味頗似蔞蒿

葍

爾雅曰葍蒮茅郭璞曰葍大葉白華根如指正白可啖葍華有赤者爲藑藑葍一種耳亦如陵苕華黃白異名詩曰言采其葍毛云惡菜也義疏曰河東關內謂之葍幽兖謂之燕葍一名爵弁一名蔓根正白著熱灰中温噉之飢荒可蒸以禦飢漢祭甘泉或用之其華有兩種

一種莖葉細而香一種莖赤有臭氣

風土記曰葍蔓生被樹而升紫黃色子大如牛角形如蟦二三同蔕長七八寸味甘如蜜其大者名抹

夏統別傳注獲葍也一名甘獲正圓赤粗似橘

苹

爾雅曰苹藾蕭注曰藾蒿也初生亦可食

詩曰食野之苹詩疏云藾蕭青白色莖似箸而輕脆始生可食又可蒸也

土瓜

爾雅曰菲芴注曰即土瓜也

本草云王瓜一名土瓜衛詩曰采葑采菲無以下體毛云菲芴也義疏云菲似葍莖麤葉厚而長有毛三月中蒸爲茹滑美亦可作羹爾雅謂之葸菜郭璞注云菲草生下濕地似蕪菁華紫赤色可食今河内謂之宿菜

苕

爾雅曰苕陵苕黃華蔈白華茇孫炎云苕華色異名者

廣志云苕草色青黃紫華十二月稻下種之蔓延殷盛可以美田葉可食

陳詩曰邛有旨苕詩疏云苕饒也幽州謂之翹饒蔓生莖如瑩〔魯刀切〕豆而細葉似蒺藜而青其莖葉緑色可生啖味如小豆藿

蘄

爾雅曰蘄蓂大蘄揵爲舍人注曰蘄有小故言大蘄郭璞注云蘄葉細俗呼之曰老蘄

藻

詩曰于以采藻注云聚藻也詩義疏曰藻水草也生水底有二種其一種葉如雞蘇莖大似箸可長四五尺一種莖大如釵股葉如蓬謂之聚藻此二藻皆可食煑熟挼去腥氣米麵糝蒸爲茹佳美荆揚人飢荒以當穀食

蔣

廣雅云蔣也其米謂之雕胡

廣志曰菰可食以作席温於蒲生南方

食經云藏菰法好擇之以蟹眼湯煑之鹽薄灑拂著燥器中蜜塗稍用

羊蹄

詩云言采其蓫毛云惡菜也詩義疏曰今羊蹄似蘆菔莖赤煑爲茹滑而不美多噉令人下痢幽陽謂之蓫一名蓨亦食之

菟葵

爾雅曰莃菟葵郭璞注云頗似葵而小葉狀如藜有毛汋啖之滑

鹿豆

爾雅曰蔨鹿藿其實莥郭璞注云今鹿豆也葉似大豆黃而香蔓延生

藤

爾雅曰諸慮山櫐欇虎櫐郭璞注云今江東呼櫐爲藤似葛而麤大欇虎櫐今虎豆也纏蔓林樹而生莢有毛刺江東呼爲欇欇欇音涉

詩義疏曰櫐苣荒也似燕薁連蔓生葉白色子赤可食酢而不美幽州謂之椎櫐

山海經曰畢山其上多櫐郭璞注曰今虎豆狸豆之屬

南方草木狀曰沈藤生子如齊甌大正月華色仍連著實十月臘月熟色赤生食之甜酢生交趾

毦藤生山中大小如苹蒿蔓衍生人採取剝之以作毦然不多出合浦興古

蕳子藤生緣樹木正月二月華色四月五月熟實如梨

赤如雄雞冠核如魚鱗取生食之淡泊無甘苦出交趾合浦

野聚藤緣樹木三月華色仍連著實五六月熟子大如羮甌里民煑食其味甜酢出蒼梧楸藤生金封山烏滸人往往賣之其色赤又云似草芝出興古

異物志曰葭蒲藤類蔓延他樹以自長養子如蓮菆祖九反著枝葛間一日作扶相連實外有殼裏又無核剝而食之煑而曝之甜美食之不飢

交州記曰含水藤破之得水行者資以止渴

臨海異物志曰鍾藤附樹作根輭弱須緣樹而作上下條此藤纏裹樹樹死且有惡汁尤令速朽也藤咸樹成若木自然大者或至十五圍

異物志曰䕸藤圍數寸重於竹可以杖篾以縛船及以爲席勝竹也

顧微廣州記曰莿如栟櫚葉疏外皮青多棘刺高五六丈者如五六寸竹小者如筆管竹破其外青皮得白心即䕸藤類有十許種續斷草藤也一曰諾藤一曰水藤山行渴則斷取汁飲之治人體有損絕沐則長髮去地一丈斷之輙便生根至地永不死

刀陳嶺有膏藤津汁軟滑無物能比

柔䕸藤有子子極酢爲菜滑無物能比

藙

詩云北山有萊詩義疏云萊藜也莖葉皆似菉王芻今兖州人蒸以爲茹謂之萊蒸譙沛人謂雞蘇爲萊故三

倉云萊茱萸此二草異而名同

蕎

廣志曰蕎子生可食

藨

廣志曰三藨似翦羽長三四寸皮肥細緗色以蜜藏之味甜酸可以爲酒啖出交州正月中熟

異物志曰藨實雖名三藨或有五六長短四五寸藨頭之間正巖以正月中熟正黃多汁其味少酢藏之益美

廣州記曰三廉快酢新說蜜為糝乃美

蘧蔬音氍毹

爾雅曰出隧蘧蔬郭璞注云蘧蔬似土菌生菰草中今江東啖之甜滑

芺

爾雅曰鉤芺郭璞注云大如拇指中空莖頭有臺似薊初生可食

茿

爾雅曰茿萹蓄郭璞注云似小藜赤莖節好生道旁可食又殺蟲

蕵蕪

爾雅曰須蕵蕪郭璞注云蕵蕪似羊蹄葉細味酢可食

隱荵

爾雅曰蒡隱荵郭璞注云似蘇有毛今江東呼為隱荵藏以為葅亦可瀹食

守氣 闕

地榆

神仙服食經曰地榆一名玉札北方難得故尹公度曰寧得一斤地榆不用明月珠其實黑如豉北方呼豉為札當言玉豉與五茄煑服之可神仙是以西域真人曰何以支長久食石畜金鹽何以得長壽食石用玉豉此草霧而不濡大陽氣盛也鑠玉爛石炙其根作飲如茗氣其汁釀酒治風痺補腦

廣志曰地榆可生食

赤莧

爾雅曰蕢赤莧郭璞注云今莧菜之赤莖者

莓

爾雅曰葥山莓郭璞注云今之木莓也實似藨莓而大亦可食

鹿葱

風土記曰宜男草也高六尺花如蓮懷姙人帶佩必生男

陳思王宜男花頌云世人有女求男取此草食之尤良嵇含宜男花賦序云宜男花者荆楚之俗號曰鹿葱可以薦宗廟稱名則義過馬舄也

蔞蒿

爾雅曰購蔏蔞郭璞注曰蔏蔞蔞蒿也生下田初出可啖江東用羹魚

藨

爾雅曰藨麃郭璞注曰麃即莓也江東呼藨莓子似覆

盆而大赤酢甜可啖

綦

爾雅曰綦月爾郭璞注云即紫綦也似蕨可食詩曰綦菜也葉狹長二尺食之微苦即今英菜也詩曰彼汾沮洳言采其英（一本作莫）

覆盆

爾雅曰茥蒛葐郭璞注云覆盆也實似莓而小亦可食

翹搖

爾雅曰柱夫搖車郭璞注云蔓生細葉紫華可食俗呼翹搖車

烏蓲（音丘）

爾雅曰菼薍郭璞注云似葦而小實中江東呼爲烏蓲詩曰葭菼揭揭毛曰葭蘆菼薍義疏云薍或謂之荻至秋堅成即刈謂之雚三月生初生其心挺出其下本大如箸上鋭而細有黃黑勃著之汙人手把取正白噉之甜脆一名遂薚揚州謂之馬尾故爾雅云遂薚馬尾也

幽州謂之旨苹

茶

爾雅曰檟苦茶郭璞注云樹小似梔子冬生葉可煑作羹飲今呼早采者爲茶晚取者爲茗一名荈蜀人名之苦茶

博物志曰飲真茶令人少眠

荆州地記曰浮陵茶最好

荆葵

爾雅曰荍蚍衃郭璞注云似葵紫色詩義疏曰一名芘芣華紫緑色可食似蕪菁微苦陳詩曰視爾如荍

竊衣

爾雅曰蘮蒘竊衣孫炎云似芹江河間食之實如麥兩兩相合有毛著人衣其華著人衣故曰竊衣

東風

廣州記曰東風華葉似落娠婦莖紫宜肥肉作羹味如酪香氣似馬蘭

堇丑六反

字林曰草似冬藍蒸食之酢

萸而究反

木耳也案木耳煑而細切之和以薑橘可爲菹滑美

莓亡代反

莓草實亦可食

荁音九

荁乾堇也

蘄

字林曰草生水中其花可食

木

莊子曰楚之南有冥靈一作泠者以五百歲爲春五百歲爲秋

司馬彪曰木生江南千歲爲一年

皇覽冢記曰孔子冢塋中樹數百皆異種魯人世世無能名者人傳言孔子弟子異國人持其國樹來種之故有柞枌雒離女貞五味毚檀之樹

齊地記曰東方有不灰木

棫

爾雅曰棫白桵郭璞注云桵小木叢生有刺實如耳璫紫赤可食

櫟

爾雅曰櫟其實梂郭璞注云有梂彚自裹孫炎云櫟實橡也

周處風土記云史記曰舜耕於歷山而始寧邵郯二縣界上舜所耕田在於山下多柞樹吳越之間名柞爲櫟故曰歷山

桂

廣志曰桂出合浦其生必高山之嶺冬夏常青其類自爲林林間無雜樹

吳氏本草曰桂一名止唾

淮南萬畢術曰結桂用葱

木緜

吳録地理志曰交趾定安縣有木緜樹高丈實如酒杯口有緜如蠶之緜也又可作布名曰白緤一名毛布又云交趾有欀木其皮中有如白米屑者乾擣之以水淋之似麵可作餅

桑

山海經曰宣山有桑大五十尺其枝四衢（言枝交互四出）其葉大尺赤理黄花青葉名曰帝女之桑（婦人生蠶故以名桑）

十洲記曰扶桑在碧海中上有大帝宮東王所治有椹桑樹長數千丈三千餘圍兩樹同根更相依倚故曰扶桑仙人食其椹體作金色其樹雖大椹如中夏桑椹也但稀而赤色九千歲一生實味甘香

括地圖曰昔烏先生避世於芒尚山其子居焉化民食桑三十七年以絲自裹九年生翼九年而死其桑長千仞蓋蠶類也去瑯琊二萬六千里

玄中記云天下之高者扶桑無枝木焉上至天盤蜿而

下屈通三泉也

棠棣

詩曰棠棣之華蕚不韡韡詩義疏云承花者曰蕚其實似櫻桃薁麥時熟食美北方呼之相思也

說文曰棠棣如李而小子如櫻桃

仙樹

西河舊事曰祁連山有仙樹人行山中以療飢渴者輒得之飽不得持去平居時亦不得見

莎木

廣志曰莎樹多枝葉葉兩邊行列若飛鳥之翼其樹收麪不過一斛

蜀志記曰莎樹出麪一樹出一石正白而味似桄榔出興古

槃多

裴淵廣州記曰槃多樹不花而結實實從皮中出自根著子至杪如橘大食之過熟内許生蜜一樹者皆有數

十

嵩山記曰嵩寺中忽有思惟樹即貝多也有人坐貝多樹下思惟因以名焉漢道士從外國來將子於山西腳下種極高大今有四樹一年三花

緗

顧微廣州記曰緗葉子並似椒味如羅勒嶺北呼爲木羅勒

娑羅

盛宏之荆州記曰巴陵縣南有寺僧房牀下忽生一木隨生旬日勢淩軒棟道人移房避之木長便遲但極晚秀有外國沙門見之名爲娑羅也彼僧所憇之蔭常著花細白如雪元嘉十一年忽生一花狀如芙蓉

榕

南州異物志曰榕木初生少時緣摶他樹如外方扶芳藤形不能自立根本緣繞他木傍作連結如羅網相絡然彼理連合鬱茂扶疎高六七尺

杜芳

南州異物志曰杜芳藤形不能自立根本緣繞他木作房藤連結如羅網相冒然後皮理連合鬱茂成樹所託樹旣死然後扶疎六七丈也

摩廚

南州異物志曰木有摩廚生於斯調國其汁肥潤其澤如脂膏馨香馥郁可以煎熬食物香美如中國用油

都句

劉欣期交州記曰都句樹似栟櫚木中出屑如麵可啖

木豆

交州記曰木豆出徐門子美似烏豆枝葉類柳一年種數年採

木堇

莊子曰上古有椿者以八千歲爲春八千歲爲秋司馬彪曰木堇也以萬六千歲爲一年一名蕣椿

傅元朝華賦序曰朝華麗木也或謂之洽容或曰愛老

東方朔傳曰朔書與公孫宏借車馬曰木堇夕死朝榮士亦不長貧

外國圖曰君子之國多木堇之花人民食之

潘尼朝菌賦云朝菌者世謂之木堇或謂之日及詩人以爲蕣華又一本云莊子以爲朝菌

顧微廣州記曰平興縣有華樹似堇又似桑四時常有花可食甜滑無子此蕣木也

詩曰顏如蕣華義疏曰一名木堇一名王蒸

木蜜

廣志曰木蜜樹號千歲根甚大伐之四五歲乃斷取不腐者爲香生南方枳木蜜枝可食

本草曰木蜜一名木香

枳柜

廣志曰枳柜葉似蒲柳子似珊瑚其味如蜜十月熟樹乾者美出南方邳郯枳柜大如指

詩曰南山有枸毛云柜也義疏曰樹高大似白楊在山

中有子著枝端大如指長數寸噉之甘美如飴八九月熟江南者特美今官園種之謂之木蜜本從江南來其木令酒薄若以爲屋柱則一屋酒皆薄

杌

爾雅曰杌繫梅郭璞云杌樹狀如梅子如指頭赤色似小柰可食

山海經曰單狐之山其木多杌郭璞云似榆可燒糞田出蜀地

廣志曰杌木生易長居人種之為薪又以肥田

夫移

爾雅曰唐棣移注云白移似白楊江東呼夫移詩云何彼穠矣唐棣之華毛云唐棣移也疏云實大如小李子正赤有甜有酢率多少有美者

䓿 音諸

山海經曰前山有多䓿郭璞曰似柞子可食冬夏青作屋柱難腐

木威

廣州記曰木威樹高丈子如橄欖而堅削去皮以為粽

㯟木

吳録地理志曰廬陵南縣有㯟樹其實如甘焦而核味亦如之

歆

廣州記曰歆似栗赤色子大如栗散有棘刺破其外皮內白如脂肪著核不離味甜酢核似荔支

君遷

魏王花木志曰君遷樹細似甘蕉子如馬乳

古度

交州記曰古度樹不花而實實從皮中出大如安石榴色赤可食其實中如有蒲蔾者取之數日不煮皆化成蟲如蟻有翼穿皮飛出 著屋正黑

顧微廣州記曰古度樹葉如栗而大於枇杷無花枝柯皮中生子子似杏而味酢取煮以為粽取之數日不煑

化作飛蟻

熈安縣有孤古度樹生其號曰古度俗人無子於祠炙其乳則生男以金帛報之

槃彌

廣志曰槃彌樹子赤如槙棗可食

都咸

南方草木狀曰都咸樹野生如手指大長三寸其色正黑三月生花色仍連著實七八月熟里民噉子及柯皮

乾作飲芳香出日南

石南

南方記曰石南樹野生二月花色仍連著實實如鷰卵七八月熟人採之取核乾其皮中作肥魚羹和之尤美出九真

國樹

南方記曰國樹子如鴈卵野生三月花色連著實九月熟曝乾訖剥殼取食之味似栗出交趾

楮

南方記曰楮樹子似桃實二月花色連著實七八月熟鹽藏之味辛出交趾

榩

南方記曰榩樹子如桃實長寸餘二月花色連實五月熟色黄鹽藏味酸似白梅出九真

梓棪

異物志曰梓棪大十圍材貞勁非利剛截不能尅堪作船其實類棗著枝葉重曝撓垂刻鏤其皮藏味美於諸樹

都桷

南方草物狀曰都桷樹野生二月花色仍連著實八九月熟一如雞卵里民取食

夫編

南方草物狀曰夫編樹野生三月花色仍連著實五六月成子及握煑投下魚雞鴨羹中好亦中鹽藏出交趾

武平

一樹

南方記曰一樹生山中取葉擣之訖和繻葉汁煑之再沸止味辛曝乾投魚肉羹中出武平興古

州樹

南方記曰州樹野生二月花色仍連著實五六及握煑如李子五月熟剥核滋味甜出武平

前樹

南方記曰前樹野生二月花色連青實如手指長三寸五六月熟以湯滴之削去核食以糟鹽藏之味辛可食出交趾

蒟母

異物志云蒟母樹皮有莁狀似栟櫚但脆不中用南人名其實為蒟用之當裂作三四片

廣州記曰蒟葉廣六七尺接之當覆屋

五子

裴淵廣州記曰五子樹實如梨裏有五核因名五子治霍亂金瘡

白緣

交州記曰白緣樹高丈實味甘美於胡桃

烏臼

玄中記曰荆陽有烏臼其實如雞頭迮之如胡麻子其汁味如豬脂

都昆

南方草木狀曰都昆樹野生二月花色仍連著實八九月熟如雞卵里民取食之皮核滋味醋出九真交趾

齊民要術卷十

齊民要術後序

紹興甲子夏四月十八日龍舒張使君專使貽書曰比因暇日以齊民要術刋板成書將廣其傳求僕爲序以冠其首謹按齊民要術舊多行於東州僕在兩學時東州士夫有以要術中種植畜養之法爲一時美談僕喜聞之欲求善本寓目而不得今使君得之於鄉林居士向伯恭伯恭自少留意問學故一時名士大夫多與之遊而喜傳之書蓋此書乃天聖中崇文院板本非朝廷

要人不可得使君得之刋于州治欲使天下之人皆知務農重穀之道使君之用心可知矣僕嘗觀周公戒成王以無逸之書有曰不知稼穡之艱難乃逸乃諺既誕否則侮厥父母曰昔之人無聞知夫惟不知稼穡之艱難其禍至於侮厥父母而不知懼其害豈小小者哉嘗謂古今親民之官莫如守令故守令皆以勸農爲職漢循吏如召信臣龔遂輩類皆躬勸耕農出入阡陌至於使民賣刀買犢賣劍買牛闕今使君以書載耕稼之要足以爲齊民法其爲賢當不在西漢循吏之下況舒之爲州沃壤千里富饒魚稻爰自吳魏以來爲耕戰實邊之地又得賢使君勸相乎其間其爲舒緩不疑矣僕流落州縣間晚得小壘而爲之有民人社稷於得使君所遺墨本日以縱觀庶幾有補於斯民且無負於勸農之官不亦幸乎使君名轔彥聲其字濟南佳士也嘗爲越之上虞令縣多力穡之農而令實爲之勸故租賦之入不勞而辦又嘗爲九江郡丞而化行乎江漢之間自

九江擢守龍舒聞譽益美功利益博茲以其餘力刋書累編貽訓于後他日得君行道豈易量哉四月十八日左朝散郎權發遣無爲軍主管學事兼管内勸農營田事鎮江葛祐之序

齊民要術後序

宋·陳旉撰

農書

附蠶書

欽定四庫全書　子部四

農書　農家類

提要

臣等謹案農書三卷影宋抄本題曰陳旉撰宋史藝文志亦同陳振孫書錄解題作西山隱居全真子陳旉撰未詳何人永樂大典所載則作陳敷考漢郊祀歌朱明旉與顏師古注曰旉古敷字永樂大典蓋改古文從今文

陳氏作雱則字形相近而誤也首有自序佚其前二頁末有洪興祖後序及旉自跋興祖序稱西山陳居士於六經諸子百家之書釋老氏黃帝神農氏之學貫穿出入往往成誦下至術數小道亦精其能平生讀書不求仕進所至即種藥治圃以自給又稱其紹興己巳年七十四則南北宋間處士也自跋云此書成於紹興十九年真州雖曾刊行而當時傳者失真首尾顛倒意義不貫者甚多又為或人不曉旨趣妄自刪改徒事絺章繪句而理致乖越故取家藏副本繕寫成帙以待當世之君子採取以獻於上則興祖所刊之本有所點竄旉蓋不以為然其自序又稱此書非騰口空言誇張盜名如齊民要術四時纂要迂疏不適用之比其自命殊高今觀其書上卷泛言農事中卷論養牛下卷論養蠶大

抵泛陳大要引經史以證明之虛論多而實事少殊不及齊民要術之典贍詳明遽詆前人殊不自量然所言亦頗有入理者宋人舊帙久無刊本姑存備一家可也末有蠶書一卷宋秦湛撰湛字處度高郵人秦觀之子也所言蠶事頗詳宋志與旉書各著錄不知何人以綴旉後合為一編其說與旉書下篇可以互相補苴今亦仍並錄之焉乾隆四十六

年十二月恭校上

總纂官臣紀昀臣陸錫熊臣孫士毅

總校官臣陸費墀

農書序

闕

分篇目條陳件别而論次之是書也非苟知之蓋嘗允蹈之確乎能其事乃敢著其說以示人孔子曰蓋有不知而作者我無是也多聞擇其善者而從之多見而識之以言聞見雖多必擇其善者乃從而識其不善者也若徒知之雖多曾何足用文中子曰蓋有慕名掠美攘善矜能盜譽而作者其取譏後世寧有已乎若葛抱朴之論神仙陶隱居之疏本草其謬悠之說荒唐之論取誚後世不可勝紀矣僕之所述深以孔子不知而作為可戒文中子慕名而作為可恥與夫葛抱朴陶隱居之述作皆在所不取也此蓋叙述先聖人仁民愛物之志固非騰口空言誇張盜名如齊民要術四時纂要迂疎不適用之比也實有補於來世云爾自念人微言輕雖能為可信可用而不能使人必信必用也惟藉仁人君

子能取信於人者以利天下之心為心庶能推而廣之以行於此時而利後世少裨吾聖君賢相財成之道輔相之宜以左右斯民則旉飲天和食地德亦少效物職之宜不虛為太平之幸老爾西山隱居全真子陳旉序

農書卷上

宋 陳旉 撰

財力之宜篇第一

凡從事於務者皆當量力而為之不可苟且貪多務得以致終無成遂也傳曰少則得多則惑況稼穡在艱難之尤者詎可不先度其財足以贍力足以給優游不迫可以取必效然後為之儻或財不贍力不給而貪多務得未免苟簡滅裂之患十不得一二幸

其成功已不可必矣雖多其田畝是多其患害未見其利益也若深思熟計既善其始又善其中終必有成遂之常矣豈徒苟徼一時之幸哉易曰君子以作事謀始誠哉是言也且古者分田之制一夫一婦受田百畝草萊之地稱焉以其地有肥磽不同故有不易一易再易之别焉不易之地上地也家百畝謂可歲耕之也一易之地中地也家二百畝謂

間歲耕其半以息地氣且裕民之力也再易之地下地也家三百畝謂歲耕百畝三歲而一周也先王之制如此非獨以謂土敝則草木不長氣衰而生物不遂也抑欲其財力優裕歲歲常稔不致務廣而俱失故皆以深耕易耨而百穀用成國裕民富可待也仰事俯育可必也諺有之曰多虛不如少實廣種不如狹收豈不信然竊嘗有以喻之蒲且子古之善弋者也挽纖弱之弓連雙鶬於青雲之際蓋以挽弓之力有餘然後可以巧中

而必獲也若乃力弱而弓强則戰悼惴慄之不暇何暇思獲舉是以推則農之治田不在連阡跨陌之多唯其財力相稱則豐穰可期也審矣

地勢之宜篇第二

夫山川原隰江湖藪澤其高下之勢既異則寒燠肥瘠各不同大率高地多寒泉冽而土冷傳所謂高山多冬以言常風寒也且易以旱乾 闕 饒易以渰浸故治之各有宜也若高田 闕 高水所會歸之處量其所用而鑿為陂塘約十畝田即損二三畝以潴畜水春夏之交雨水時至高大其隄深闊其中俾寬廣足以有容隄之上疎植桑柘可以繫牛牛得凉蔭而遂性隄得牛踐而堅實桑得肥水而沃美旱即決水以灌溉潦即不致於瀰漫而害稼高田早稻自種至收不過五六月其間旱乾不過灌溉四五次此可力致其常稔也又田方耕時大為塍壟俾牛可牧其上踐踏堅實而無滲漏若塍壟地勢高下適等即併合之使田坵闊而緩牛

犂易以轉側也其下地易以渰浸必視其水勢衝突趨向之處高大圩岸環遶之其欹斜坡陁之處可種蔬茹麻麥粟豆兩傍亦可種桑牧牛牛得水草之便用力省而功兼倍也若深水藪澤則有葑田以木縛為田坵浮繫水面以葑泥附木架上而種藝之其木架田坵隨水高下浮泛自不渰溺周禮所謂澤草所生種之芒種是也芒種有二義鄭謂有芒之種若今黃綠穀是也一謂待芒種節過乃種今人占候夏至小滿至芒種節則大

水已過然後以黃綠穀種之於湖闕 芒之種與
芒種節候二義可並用也黃闕 種以至收刈不
過六七十日亦以避水溢之患也稻人掌稼下地以瀦
畜水使其聚也以防止水使不溢也以遂均水使勢分
也以列舍水使其去也以澮瀉水溝之大者也其制如
此可謂備矣尚何水溢之患耶詩稱多黍多稌以言高
下咸得其宜今雖未能盡如古制亦可參酌依倣之也

耕耨之宜篇第三

夫耕耨之先後遲速各有宜也早田穫刈纔畢隨即耕
治晞暴加糞壅培而種豆麥蔬茹因以熟土壤而肥沃
之以省來歲功役且其收足又以助歲計也晚田宜待
春乃耕為其藁秸柔韌必待其朽腐易為牛力山川原
隰多寒經冬深耕放水乾涸雪霜凍沍土壤蘇碎當始
春又遍布朽薙腐草敗葉以燒治之則土暖而苗易發
作寒泉雖冽不能害也若不能然則寒泉常浸土脉冷
而苗稼薄矣詩稱有冽氿泉無浸穫薪冽彼下泉浸彼
苞稂苞蕭苞蓍蓋謂是也平陂易野平耕而深浸即草
不生而水亦積肥矣俚語有之曰春濁不如冬清殆謂
是也將欲播種撒石灰渥漉泥中以去蟲螟之害

天時之宜篇第四

四時八節之行氣候有盈縮踦贏之度五運六氣所主
陰陽消長有太過不及之差其道甚微其效甚著蓋萬
物因時受氣因氣發生理固不易測也若仲冬而李梅實
季秋而昆蟲不蟄藏類可見矣天反時為災地反物為

妖災妖之生不虛其應者氣類召之也陰陽一有愆忒
則四序亂而不能生成萬物寒暑一失代謝即節候差
而不能運轉一氣在耕稼盜天地之時利可不知耶傳
曰不先時而起不後時而縮故農事必知天地時宜則
生之蓄之長之育之成之熟之無不遂矣由庚萬物得由
其道崇丘萬物得極其高大由儀萬物之生各得其宜
者謂天地之間物物皆順其理也故堯命羲和歷象日
月星辰以欽授民時俾咸知東作南訛西成朔易之候

稽之天文則星鳥星火星虛星昴于是乎審矣驗之物理則鳥獸孳尾希革毛毨氄毛亦以詳矣而厥民析因夷隩可得而稽倣之也大則取象乎天地無乖升降之機明則取法乎日星不亂經營之度定之以時應之以數此古聖勤民首意豈率然哉其所以時和歲豐良由於此今人雷同以建寅之月朔為始春建巳之月朔為首夏殊不知陰陽有消長氣候有盈縮冒昧以作事其克有成耶設或有成亦幸而已其可以為常耶聖王之

莅事物皆設官分職以掌之各置其官師以教導之農師之職其可已耶春秋之時法度並廢宜凶荒薦至乃書有年書大有年葢幸而書之抑見天道有常而人自愆忒也詩稱豐年穰穰其崇如墉其比如櫛以言其得法度時宜故豐登有常也洪範九疇彝倫攸敘則百穀用成彝倫攸斁則百穀用不成然則順天地時利之宜識陰陽消長之理則百穀之成斯可必矣古先哲王所以班朔明時者匪直大一統也將使斯民知謹時令樂事赴功也故農事以先知備豫為善

六種之宜篇第五

種蒔之事各有攸敘能知時宜不違先後之序則相繼以生成相資以利用種無虛日收無虛月一歲所資緜緜相繼尚何匱乏之足患凍餒之足憂哉正月種麻枲間旬一糞五六月可刈矣漚刹緝績以為布婦功之能事也二月種粟必疎闊 子碾以轆軸則地緊實科本鬯茂穡穟長大而堅實七月可濟乏絕矣油麻有早晚

二等三月種早麻纔甲拆即耘鉏令苗稀疎一月凡三耘鉏則茂盛七八月可收也四月種荳耘鉏如麻七月成熟矣五月中旬後種晚油麻治如前法九月成熟矣不可太晚晚則不實畏霧露蒙幂之也早麻白而纏荚者佳謂之纏荚麻晚麻名葉裹熟者最佳謂之烏麻油最美也其類不一唯此二者人多種之凡收刈麻必堆罨一二夕然後卓架晒之即再傾倒而盡矣久罨則油暗五月治地唯要深熟於五更乘露鉏之五七徧即土

壤滋潤累加糞壅又復鉏轉七夕已後種蘿蔔菘菜即科大而肥美也篩細糞和種子打壟撮放唯疎為妙燒土糞以糞之霜雪不能凋雜以石灰蟲不能蝕更能以鰻鱺魚頭骨煮汁漬種尤善七月治地屢加糞鉏轉八月社前即可種麥宜屢耘而屢糞麥經兩社即倍收而子顆堅實詩曰十月納禾稼黍稷種稑禾麻菽麥無不畢有以資歲計尚何窮匱乏絕之患耶

居處之宜篇第六

先王居四民時地利亦必有道矣制 闕 二畝半在鄽詩云入此室處者是也 闕 田詩云中田有盧者是也方于耜舉趾之時出居中田之廬以便農事俾釆荼薪樗以給農夫治場為圃以種蔬茹詩所謂疆場有瓜是也又墻下植桑以便育蠶古人治生之理可謂曲盡矣至九月築圃為場十月而納禾稼則歲事畢矣春耕種形足以勞動秋收斂亦可以休息矣于是扶老攜幼入室處以久居中田之廬則鄽居荒而不治于是穹窒熏鼠塞向墐户也國語載管仲居四民各有攸處不使厖雜欲其業專不為異端紛更其志也違寒就温去勞就逸所以處之各得其宜此先王愛民之政也今雖不能如是要之民居去田近則色色利便易以集事俚諺有之曰近家無瘦地遥田不富人豈不信然

糞田之宜篇第七

土壤氣脉其類不一肥沃磽埆美惡不同治之各有宜也且黑壤之地信美矣然肥沃之過或苗茂而實不堅

當取生新之土以解利之即疎爽得宜也磽埆之土信瘠惡矣然糞壤滋培即其苗暢茂而實堅栗也雖土壤異宜顧治之如何耳治之得宜皆可成就周禮草人掌土化之法以物地相其宜而為之種別土之等差而用糞治且土之騂剛者糞宜用牛赤緹者糞宜用羊以至墳壤用麋渴澤用鹿鹹潟用貆勃壤用狐埴壚用豕彊檃用蕡輕爂用犬皆相視其土之性類以所宜糞而糞之斯得其理矣俚諺謂之糞藥以言用糞猶用藥也凡

農居之側必置糞屋低為簷楹以避風雨飄浸且糞露星月亦不肥矣糞屋之中鑿為深池甃以塼甓勿使滲漏凡掃除之土燒燃之灰簸揚之糠粃斷藁落葉積而焚之沃以糞汁積之既久不覺其多凡欲播種篩去瓦石取其細者和匀種子疎把撮之待其苗長又撒以壅之何患收成不倍厚也哉或謂土敝則草木不長氣衰則生物不遂凡田土種三五年其力已乏斯説殆不然也是未深思也若能時加新沃之土壤以糞治之則益精熟肥美其力當常新壯矣抑何敝何衰之有

薅耘之宜篇第八

詩云以薅荼蓼荼蓼朽止黍稷茂止記禮者曰仲夏之月利以殺草可以糞田疇可以美土疆今農夫不知有此乃以其耘除之草拋棄它處而不知和泥渥濁深埋之稻苗根下漚罨既久即皆浥爛而泥土肥美嘉穀蕃茂矣然除草之法亦自有理周官薙氏掌殺草于春始生而萌之於夏日至而夷剗平治之俾不茂盛也日至而耕之謂所種者已收成矣即併根荄犁鉏轉之俾雪霜凍冱根荄腐朽來歲不復生又因得以糞土田也春秋傳曰農夫之務去草也芟夷蘊崇之絶其本根勿使能殖則善者信矣以言盡去稂莠即可以望嘉穀茂盛也古人留意如此而今人忽之其可乎且耘田之法必先審度形勢自下及上旋乾旋耘先於最上處收滀水勿致水走失然後自下旋放令乾而旋耘不問草之有無必徧以手排摝務令稻根之傍液液然而後已所耘之田隨於中間及四傍為深大之溝俾水竭涸泥坼裂

而極乾然後作起溝缺次第灌溉夫已乾燥之泥驟得雨即蘇碎不三五日間稻苗蔚然殊勝于用糞也又次第從下放上耘之即無鹵莽滅裂之病田乾水暖草死土肥浸灌有漸即水不走失如此思患預防何為而不得令恒見農者不先自上滀水自下耘上乃頓然放闕

務令速了及工夫不逮恐泥乾堅難耘摝則必率略未免滅裂土未及乾甚欲水灌溉已不可得遂致旱涸

焦枯無所措手如是失者十常八九終不省悟可勝嘆哉

節用之宜篇第九

古者一年耕必有三年之食三年耕必有九年之食以三十年之通雖有旱乾水溢民無菜色者良有以也冢宰眡年之豐凶以制國用量入以為出豐年不奢凶年不儉祭用數之仂而又九賦九貢九式均節各有條叙不相互用此理財之道故有常也國無九年之蓄曰不足無六年之蓄曰急無三年之蓄曰國非其國也治家

亦然今歲計常用與夫備倉卒非常之用每每計置萬一非常之事出于意外亦素有其備不致侵過常用以至闕乏亦以此也今之為農者見小近而不慮久遠一年豐稔沛然自足棄本逐末侈費妄用以快一日之適其間有收刈甫畢無以餬口者其能給終歲之用乎衣食不給日用既乏其能守常心而不為不義者乎蓋亦鮮矣傳曰收斂蓄藏節用御欲則人不能使之貧養備動時則天不能使之病豈不信然又曰約有者囷窖箱篋之藏然而衣不敢有絲帛行不敢有輿馬非不欲也幾不長慮而恐無以繼之也春秋傳曰儉德之共也侈惡之大也語曰禮與其奢也寧儉奢則不孫儉則固與其不孫也寧固易曰君子用過乎儉聖人之訓誡如此儉雖若固陋然不猶愈于奢而不孫為惡之大者耶然以禮制事而用之適中俾奢不至過泰儉不至過陋不為苦節之凶而得甘節之吉是謂稱事之情而中理者

也詩云儉以足用以言唯儉為能常足用而不至於匱乏語云以約失之者鮮亦此之謂也易傳曰君子安不忘危存不忘亡治不忘亂是以身安而國家可保也又曰理財正辭禁民為非曰義以謂理財之道在上以率之民有侈費妄用則嚴禁之夫是之謂制得其宜矣老子曰能知其所不知者上也不能知其所不知者病矣夫惟病病是以不病聖人不病以其病病是以不病夫能如此孰有倉卒窘迫之患哉

稽功之宜篇第十

好逸惡勞者常人之情偷惰苟簡者小人之病殊不知勤勞乃逸樂之基也詩不云乎始於憂勤終于逸樂故美萬物盛多彼小人務知小者近者偷惰苟簡狃于常情上之人儻不知稽功會事以明賞罰則何以勸沮之哉譬之駕馭駑蹇鞭策不可弛廢也易曰君子以勞民勸相大司徒之職曰以擾萬民勞之乃所以逸之擾之乃所以安之也載師凡宅不毛者有里布謂罰以一里二

十五家之泉也凡田不耕者出屋粟謂空田者罰以三家之稅粟也凡民無職事者出夫家之征謂雖有閑民無職事者猶當出夫稅家稅也閭師凡無職者出夫布凡庶民不畜者祭無牲不耕者祭無盛不植者無椁不蠶者不帛不績者不衰此先王之于民困之如此甄之又如此夫孰為厲已哉凡欲振發而鼓興其蠱獘俾率作興事耳此其所以地無遺利土無不毛尚豈有情游徇末忘本而田萊多荒之患哉斯民也寧復有餓莩流離困苦之患哉昔漢文帝下勸農之詔曰雕文刻鏤傷農事也錦繡纂組害女工也農事傷則飢之本也女工害則寒之原也一夫不耕天下有受其饑者一婦不蠶天下有受其寒者然崇本抑末之道要在明勸沮之方而已況國家之於農大則遣使次則命官主管其事然則在其位者可不舉其職而任其責哉

器用之宜篇第十一

工欲善其事必先利其器器苟不利未有能善其事者

也利而不備亦不能濟其用也詩曰庤乃錢鎛奄觀銍艾傳曰收而場工倚而畚梮時雨既至挾其槍刈耨鎛以旦暮從事於田野當是時也器可以不備具以供其用耶故凡可以適用者要當先時豫備則臨事濟用矣苟一器不精即一事不舉不可不察也

念慮之宜篇第十二

凡事豫則立不豫則廢求而無之實難過求何害農事尤宜念慮者也孟子曰農夫豈為出疆捨其耒耜哉常

人之情多于閒裕之時因循廢事惟志好之行安之樂言之念念在是不以須臾忘廢料理緝治即日成一日歲成一歲何爲而不充足備具也彼惑于多岐而不專一溺于苟且而不精緻旋得旋失烏知積小以成大積微以至著在吾志之不少忘哉若夫閒暇之時放逸委棄臨事之際勉強應用愚未知其可也大率常人之情志驕于業泰體逸于時安有能沐浴膏澤而歌詠勤苦則衆必指以爲汩汩不適時者也其亦不思之甚矣右

十有二宜或有未曲盡事情者今再敘論數篇于後庶纖悉畢備而無遺闕以乏常用云爾

祈報篇

記曰有其事必有其治故農事有祈焉有報焉所以治其事也載芟之詩春籍田而祈社稷良耜之詩於秋冬所以報也則祈報之義凡以治其事者可知矣匪直此也凡法施于民者以勞定國者能禦大災者能捍大患者皆在所祈報也故山川之神則水旱癘疫之災于是乎禜之日月星辰則雪霜風雨之不時于是乎禜之是以先王載之典禮著之令式而秩祀焉凡以爲民祈報也籥章凡國祈年于田祖則龡豳雅擊土鼓以樂田畯爾雅謂田畯乃先農也于先農有祈焉有報焉則神農后稷與夫俗之流傳所謂田父田母舉在所祈報可知矣大田之詩言去其螟螣及其蟊賊無害我田穉田祖有神秉畀炎火有渰淒淒興雨祁祁雨我公田遂及我私是又祈之之詞也甫田之詩言

以我齊明與我犧羊以社以方我田既臧農夫之慶是又報之之禮也繼而曰琴瑟擊鼓以御田祖以祈甘雨以介我稷黍以穀我士女饁彼南畝田畯至喜于此又以見祈報之事也噫嘻之詩言春夏祈穀于上帝者春祈穀于上帝夏大雩于上帝之樂歌也噫嘻成王既昭格爾者嗟歎以告于上帝也言天之所以成王之業者莫不自于遂百穀以富其民也于是欽授民事而率是農夫播厥百穀駿發爾私終三十里亦服爾

耕十千為耦焉其詩嗟歎不敢後於天時所以虔於天澤也溥天之下莫不如是則歲有不豐者乎此王者所以上能順于天下能順于民以成王業故曰明昭上帝迄用康年也若豐年之詩言秋冬報者蓋五行得性而萬物適其宜五氣若時而百穀倍其實故陸禾之數非一而多者黍也水穀之品亦非一而多者稌也則其它從可知矣故亦有高廩萬億及秭于是為酒為醴烝畀祖妣以洽百禮莫不腆厚有以報其賜而薦其誠是以神降

之福孔及于兆民焉大祝掌六祝之辭以事鬼神示祈福祥求永貞掌六祈以同鬼神示則類造攻說禬禜于是乎治其事矣小祝掌小祭祀將事侯禳禱祠之祝號以祈福祥順豐年逆時雨寧風旱彌災兵遠罪疾舉是以言則順時祈報禬禳之事先王所以媚于神而和于人皆所以與民同吉凶之患者也凡在祀典焉可廢耶禳田之祝焉可已耶記不云乎昔伊耆氏之始為蜡也于歲之十二月合聚萬物而索饗之也主先嗇而祭司嗇

也祭之以百種以報嗇也饗農及郵表畷禽獸仁之至義之盡也古之君子使之必報之迎猫為其食田鼠也迎虎為其食田豕也迎而祭之也繼而曰祭坊與水庸事也其祝之之辭曰土反其宅水歸其壑昆蟲無作草木歸其澤凡此皆祈之之辭也春秋有一蟲獸之為災害一雨暘之致愆忒則必雩禜之而特書之以見先王勤恤民隱無所不用其至也夫惟如此此其所以萬物之生各得其宜各極其高大各由其道物無夭閼疵癘

民無札瘥災害者莫不由神降其福以相之而然也今之從事于農者類不能然借或有一焉則勉强苟且而已烏能悉循用先王之典故哉其于春秋二時之社祀僅能舉之至于祈報之禮蓋蔑如也其所以頻年水旱蟲蝗為災害饑饉荐臻民卒流亡未必不由失祈報之禮而匱神乏祀以致其然夫養馬一事也于春則祭馬祖夏祭先牧秋祭馬社冬祭馬步此所以馬得其牧養而無疫癘抑以四時祭祀祈禱而然也至於牛最農事

之急務田畝賴是而後治其牧養盡亦如焉之祈禱以祛禍祈福則必慱碩肥腯不疾瘯蠡矣年來耕牛疫癘殊甚至有一鄉一里靡有孑遺者農夫困苦莫此為甚因附其説幸覽者繹味而深察之以祈福禳禍于救弊其庶幾焉

善其根苗篇

凡種植先治其根苗以善其本本不善而末善者鮮矣欲根苗壯好在夫種之以時擇地得宜用糞得理三者

皆得又從而勤勤顧省修治俾無旱乾水潦蟲獸之害則盡善矣根苗既善徙植得宜終必結實豐阜若初根苗不善方且萎頓微弱譬孩孺胎病氣血枯瘠困苦不暇雖日加拯救僅延喘息欲其充實蓋亦難矣今夫種穀必先修治秧田於秋冬即再三深耕之俾霜雪凍冱土壤蘇碎又積腐藁敗葉剗薙枯朽根荄遍鋪燒治即土暖且爽于始春又再三耕耙轉以糞壅之若用麻枯尤善但麻枯難使須細杵碎和火糞窖罨如作麴樣候其發

熱生鼠毛即攤開中間熱者置四傍收斂四傍冷者置中間又堆窖罨如此三四次直待不發熱乃可用不然即燒殺物矣切勿用大糞以其瓮腐芽櫱又損人腳手成瘡痍難療唯火糞與燖猪毛及窖爛麄殼最佳亦必渥漉田精熟了乃下糠糞踏入泥中盪平田面乃可撒穀種又先看其年氣候早晚寒暖之宜乃下種即萬不失一若氣候尚有寒當且從容熟治苗田以待其暖則力役寬裕無窘迫滅裂之患得其時宜即一月可勝

兩月長茂且無疎失多見人纔暖便下種不測其節候尚寒忽為暴寒所折芽櫱凍爛瓮臭其苗田已不復可下種乃始別擇白田以為秧地未免忽略如此失者十常三四間歲如此終不自省乃復罪歲誠愚癡也若不得已而用大糞必先以火糞久窖罨乃可用多見人用小便生澆灌立見損壞大抵秧田愛往來活水怕冷漿死水青苔薄附即不長茂又須隨撒種闊狹更重圍繞作塍貴闊則約水深淺得宜若纔撒種子忽暴風却急

放乾水免風浪淘蕩聚却穀也忽大雨必稍增水為暴雨漂颻浮起穀根也若晴即淺水從其晒暖也然淺不可太淺太淺即泥皮乾堅深不可太深太深即浸没沁心而萎黄矣唯淺深得宜乃善

農書卷上

欽定四庫全書

農書卷中

宋 陳旉 撰

牛說

或問牛與馬適用於世孰先孰後孰緩孰急孰輕孰重是何馬貴重如彼而牛之輕慢如此荅曰二物皆世所資賴而馬之所直或相倍蓰或相什伯或相千萬以夫貴者乘之三軍用之芻秣之精教習之適養治之至駕馭之良有圉人校人馭夫馭僕專掌其事此馬之所以貴重也牛之為物駕車之外獨用于農夫之事耳牧之于蒿萊之地用之于田野之間勤者尚或顧省之惰者漫不加省飢渴不之知也寒暑不之避也疫癘不之治也困踣不之恤也豈知農者天下之大本衣食財用之所從出非牛無以成其事耶較其輕重先後緩急宜莫大于此也夫欲播種而不深耕熟耰之則食用何自而出食用乏絶即養生何所賴傳曰衣食足知榮辱倉廩

實知禮節又曰禮義生于富足盜竊起于貧窮惟富足
貧窮禮義盜竊之由皆農畝之所致也馬必待富足然
後可以養治繇此推之牛之功多于馬也審矣故愚著
為之說以次農事之後

牧養役用之宜篇第一

夫善牧養者必先知愛重之心以革慢易之意然何術
而能俾民如此哉必也在上之人貴之重之使民不敢
輕愛之養之使民不敢殺然後慢易之意不生矣視牛

之飢渴猶已之飢渴視牛之困苦羸瘠猶已之困苦羸
瘠視牛之疫癘若已之有疾也視牛之字育若已之有
子也苟能如此則牛必蕃盛滋多奚患田疇之荒蕪而
衣食之不繼乎且四時有溫暑涼寒之異必順時調適
之可也于春之初必盡去牢欄中積滯蓐糞亦不必
春也但旬日一除免穢氣蒸鬱以成疫癘且浸漬蹄甲
易以生病又當祓除不祥以淨爽其處乃善方舊草朽
腐新草未生之初取潔淨藁草細剉之和以麥麩穀糠

或荳使之微濕槽盛而飽飼之荳仍破之可也藁草須
以時暴乾勿使朽腐天氣寒冷即處之燠煖之地煮糜
粥以啖之即壯盛矣亦宜預收荳楮之葉與黃落之桑
舂碎而貯積之天寒即以米泔和剉草糠麩以飼之春
夏草茂放牧必恣其飽每放必先飲水然後與草則不
腹脹又刈新芻雜舊藁剉細和勻夜餧之至五更初
乘日未出天氣涼而用之即力倍于常半日可勝一日
之功日高熱喘便令休息勿竭其力以致困乏時其飢

渴以適其性則血氣常壯皮毛潤澤力有餘而老不衰
矣其血氣與人均也勿犯寒暑情性與人均也勿使太
勞此要法也當盛寒之時宜待日出晏溫乃可用至晚
天陰氣寒即早息之大熱之時須夙餧令飽健至臨用
時不可極飽飽即役力傷損也如此愛護調養尚何困
苦羸瘠之有所以困苦羸瘠者以苟目前之急而不顧
恤之也古人卧牛衣而待旦則牛之寒蓋有衣矣飯牛
而牛肥則牛之瘠餒蓋啖以菽粟矣衣以褐薦飯以菽

粟古人豈重畜如此哉以此為衣食之根本故也彼蘽秸不足以充其飢水漿不足以禦其渴天寒嚴凝而凍慄之天時酷暑而曬暴之困瘠羸劣疫癘結瘴以致斃踣則田畝不治無足怪者且古人分田之制必有萊牧之地稱田而為等差故養牧得宜博碩肥腯不疾瘯蠡也觀宣王考牧之詩可知矣其詩曰誰謂爾無牛九十其犉爾牛來思其耳濕濕以見其牧養得宜故字育蕃息也或降于阿或飲于池或寢或訛以見其水草調適

而遂性也爾牧來斯矜矜兢兢揮之以肱畢來既升以見其愛之重之不驚擾之也後世無萊牧之地動失其宜又牧人類皆頑童苟貪嬉戲往往慮其奔逸縶之隱蔽之地其肯求牧于豐芻清潤俾無飢渴之患耶飢渴莫之顧恤及其瘦瘠從而役使困苦之鞭撻趣逐以徇一時之急曰云暮矣氣喘汗流其力竭矣耕者急于就食往往逐之水中或放之山上牛困得水動輒移時毛竅空踈因而乏食則瘦瘠而病矣放之高山筋骨疲乏遂有顛跌僵仆之患愚民無知乃始祈禱巫祝以幸其生而不知所以然者人事不脩以致此也

醫治之宜篇第二

周禮獸醫掌療獸病凡療獸病灌而行之以發其惡然後藥之養之其來尚矣然牛之病不一或病草脹或食雜蟲以致其毒或為結脹以閉其便溺冷熱之異須識其端其用藥與人相似也但大為之劑以灌之即無不愈者其便溺有血是傷于熱也以便血溺血之藥大其

劑灌之冷結即鼻乾而不喘以發散藥投之熱結即鼻汗而喘以解利藥投之脹即疏通毒即解利若每能審理以節適何病之足患哉今農家不知此說謂之疫癘方其病也薰蒸相染盡而後已俗謂之天行唯以巫祝禱祈為先至其無驗則置之于無可奈何又已死之肉經過村里其氣尚能相染也欲病不相染勿令與不病者相近能適時養治如前所說則無病矣今人有病風病勞病腳皆能相傳染豈獨疫癘之氣薰蒸也哉傳曰養備

動時則天不能使之病然已病而治猶愈于不治也

農書卷中

欽定四庫全書

農書卷下

宋 陳旉 撰

蠶桑叙

古人種桑育蠶莫不有法不知其法未有能得者縱或得之亦幸而已矣蓋法可以為常而幸不可以為常也令一或幸焉則曰是無法也或未盡善而失之則亦曰法不足恃也故愚備論之以次牛説之後

種桑之法篇第一

種桑自本及末分為三段若欲種椹子則擇美桑種椹每一枚剪去兩頭兩頭者不用為其子差細以種即成雞桑花桑故去之唯取中間一截以其子堅栗特大以種即其榦强實其葉肥厚故存之所存者先以柴灰淹揉一宿次日以水淘去輕秕不實者擇取堅實者略曬乾水脉勿令甚燥種乃易生預擇肥壤土鉏而又糞糞畢復鉏如此三四轉踏令小緊平整了乃于地面勻薄

布細沙約厚寸許然後于沙上勻布椹子令踈密得所
下子了又以薄沙摻蓋其上即踈爽而子易生芽蘖不
為泥氣腐而根漸蝕下所踏實者肥壤中則易以長茂
矣每畦闊叁尺其長稱焉一畦只可種四行即便於澆
灌又易採除草畦上作棚高三尺棚上畧薄著草蓋却
如種薑棚樣以防黃梅時連雨後忽暴日晒損也待苗
長三五寸即勤剔摘去根榦四傍樸蔌小枝葉只存直
上者榦標葉五七日一次以水解小便澆沃即易長此

第一段也　至當年八月上旬擇陽顯滋潤肥沃之地
深鉏以肥窖燒過土糞以糞之則雖久雨亦踈爽不作
泥淤沮洳久乾亦不致堅硬磽埆也雖甚霜雪亦不凝
凛凍冱治溝壟町畦須踈密得宜然後取起所種之苗
就根頭盡削去榦只留根又削去對榦一條直下者命
根只留四傍根每三根合作一株若品字樣繫縛著一
竹筒底下筒各長三尺大如脚拇指盡劚去中心節令
透徹底一一繫縛了然後行列并竹筒植之可相距二

尺許一株俾三根日久竹筒朽腐自然三榦合為一榦
以三根共蔭一榦植未逾數月榦力專厚易長大矣每
一竹筒口尋常以瓦子一片蓋却免雨水得入漬爛之
也覺久須澆灌即揭起瓦片子以瓶酌小便從竹筒中
下直至根底矣澆畢依前以瓦片子蓋筒口但不必如
前種苗樣作棚也又須時時摘去榦之四傍枝葉謂之
妬芽恐分其力以害榦此第二段也　于次年正月上
旬從植削去太半條榦先行列作穴每相距二丈許深

廣各七尺穴中填以碎瓦石約六七分滿乃下肥火糞
三兩檐于穴中所填者碎瓦石上然後於穴中央植一
株下土平填緊築免風搖動更四畔以椀足大木子四
五條長三尺餘斫斬周迴牢釘以輔助其榦仍以棘刺
絆縛遶護免牛羊挨拶損動也根下得瓦石即虛疏作不
泥糞落其中又引其根易以行待數月根行矣乃于四
傍以大木斫斬周迴釘穴搖動為十數穴穴可深三四
尺又四圍畧高作塘塍貴得澆灌時不流走了糞且蔭

注四傍直從穴中下至根底即易發旺而歲久難摧也又時時看蟲恐蝕損仍剔摘去細枝葉謂之妬條若桑圃在曠野處即每歲于六七月間必鉏去其下草免引蟲援上蝕損至十月又併其下腐草敗葉鉏轉蘊積根下謂之罨壅最浮泛肥美也至来年正月間斫剔去枯摧細枝雖大條之長者亦斫去其半即氣泱而葉濃厚矣大率斫桑要得漿液未行不犯霜雪寒雨斫之乃佳若漿液已行而斫之即滲溜損最不宜也纔斫了便鉏

開根下糞之謂之開根糞則是每歲兩次鉏糞耳此第三段也又有一種海桑本自低亞若欲壓條即于春初相視其低近根本處條以竹木鈎鈎釘地中上以肥潤土培之不三兩月生根矣次年鑿斷徙植尤易于種椹也若欲接揷即别取好桑直上生條不用横垂生者三四寸長截如接果子樣接之其葉倍好然亦易衰不可不知也湖中安吉人皆能之彼中人唯藉蠶辦生事十口之家養蠶十箔每箔得繭一十二斤每一斤取絲一兩三分每五兩絲織小絹一疋每一疋絹易米一石四斗絹與米價常相侔也以此歲計衣食之給極有凖的也以一月之勞賢于終歲勤動且無旱乾水溢之苦豈不優裕也哉前所謂每歲兩次糞鉏乃桑圃之遠于家者如此若桑圃近家即可作墻籬仍更疎植桑令畦壟差闊其下徧栽苧因糞苧即桑亦獲肥益矣是兩得之也桑根植深苧根植淺並不相妨而利倍差且苧有數種唯延苧最勝其皮薄白細軟宜緝績非麄澁赤硬比

也糞苧宜麄爛穀殼糠藁若能勤糞治即一歲三收中小之家只此一件自可了納賦税充足布帛也聚糠藁法于廚棧下深闊鑿一池結甃使不滲洩每舂米即聚礱簸穀及腐藁敗葉漚漬其中以收滌器肥水與滲漉泔淀漚久自然腐爛浮泛一歲三四次出以糞苧因以肥桑愈久而愈茂寧有荒廢枯摧者作一事而兩得誠用力少而見功多也僕每如此為之比隣莫不歎異而胥傚也

收蠶種之法篇第二

人多收蠶種于箧中經天時雨濕熱蒸寒煖不時即罨損浙人謂之蒸布以言在卵布中已成其病其苗出必黄苗黄即不堪育矣譬如嬰兒在胎中受病出胎便病難以治也凡收蠶種之法以竹架疎疎垂之易見風日又辟縣冪之勿使飛蝶綿蟲食之待臘日或臘月大雪即鋪蠶種于雪中令雪壓一日乃復攤之架冪之如初至春候其欲生未生之間細研朱砂調溫水浴之水不可冷亦不可熱但如人體斯可矣以辟其不祥也次治明窗之室不可漏風以糠火溫之如春三月然後置種其中以無灰白紙藉之斯出齊矣先未出時秤種寫記輕重于紙背及已出齊慎勿掃多見人纔見蠶出便即以篦刷或以雞鶩翎掃之夫以微渺如絲髮之弱其能禁篦刷之傷哉必細切葉別布白紙上務令匀薄却以出苗和紙覆其上蠶喜葉香自然下矣却再秤元種紙見所下多少約計自有葉看養寧葉多而蠶少即優

裕而無窘迫之患乃善令人多不先計料至闕葉則典質貿鬻之無所不至苦于蠶受飢餒雖費資産不敢恪也縱或得之已不償所費且狼籍損壞枉損物命多矣一或不得遂失所望可不戒哉又有一種原蠶謂之再生言放子後隨即再出也切不可育既損壞葉條且狼籍作踐其絲且不耐衣著所損多而為利少育之何益也

育蠶之法篇第三

凡育蠶之法須自摘種若買種鮮有得者何哉夫蠶蛾有隔一二日出者有隔三五日出者蛾出不齊則放子先後亦不齊矣其收種者取參差未齊之時別紙摘之及正中間放子齊時又別作一紙摘之及末後放子稍遲又別作一紙摘之凡鬻與人皆首尾前後不齊者而中間齊者留以自用始摘不齊則苗出不齊蠶之眠起遂分數等有正眠者有起而欲食者有未眠者放食不齊此所以得失相半也若自摘種必擇繭之早晚齊者

則蛾出亦齊矣蛾出既齊則摘子亦齊矣摘子既齊則出苗亦齊矣出苗既齊勤勤踈撥則食葉勻矣食葉既勻則再眠起等矣三眠之後晝三與食葉必薄而使食盡非唯省葉且不餧損蠶將飽必勤視去糞薙此育蠶之法也

用火採桑之法篇第四

蠶火類也宜用火以養之而用火之法須别作一小鑪令可擡舁出入蠶既鋪葉餵矣待其循葉而上乃始進火火須在外燒令熟以穀灰蓋之即不暴烈生焰纔食

了即退火鋪葉然後進火每每如此則蠶無傷火之患若蠶饑而進火即傷火若纔鋪葉蠶猶在葉下未能循援葉上而進火即下為糞薙所蒸上為葉蔽遂有熱蒸之患又須勤去沙薙最怕南風若天氣鬱蒸即略以火温解之以去其濕蒸之氣略疏通窻戶以快爽之沙薙必遠放為其蒸熱作氣也最怕濕熱及冷風傷濕即黄肥傷風即節高沙蒸即脚腫傷冷即亮頭而白蜇傷火即焦尾又傷風亦黄肥傷冷風即黒白紅僵能避此數患乃善又須先治葉室必深密凉燥而不蒸濕下作架高五六寸上鋪新簟然後置葉其上勿使通風通風即葉易乾槁常收三日葉以備雨濕則蠶常不食濕葉且不失饑矣外採葉歸必疎爽於葉室中以待其熱氣退乃可與食若便與食則上為葉熱下為沙濕蠶居其中遂成葉蒸矣蒸而黄雖救之亦失半

簇箔藏繭之法篇第五

簇箔宜以杉木解枋長六尺闊三尺以箭竹作馬眼隔

插茅踈密得中復以無葉竹篠縱横搭之又簇背鋪以蘆箔而以篾透背面縛之即蠶可駐足無跌墜之患且其中深穩稠密旋旋放蠶其上初略欹斜以竢其糞盡微以熟灰火温之待入網漸漸加火不宜中輟稍冷即游絲亦止繅之即斷絶多煮爛作絮不能一緒抽盡矣纔拆下箔即急剥去繭衣免致蒸壞如多即以鹽藏之蛾乃不出且絲柔韌潤澤也藏繭之法先晒繭令燥埋大甕地上甕中先鋪竹簀次以大桐葉覆之乃鋪繭一

重以十斤為率摻鹽二兩上又以桐葉平鋪如此重重隔之以至滿甕然後密蓋以泥封之七日之後出而淥之頻頻換水即絲明快隨以火焙乾即不黵斁而色鮮潔也

農書卷下

農書後序

西山陳居士於六經諸子百家之書釋老氏黃帝神農氏之學貫穿出入往往成誦如見其人如指諸掌下至術數小道亦精其能其尤精者易也平生讀書不求仕進所至即種藥治圃以自給紹興己巳自西山來訪予於儀真時年七十四出所著農書三卷曰此吾閑中事業不足拈出然使沮溺耦耕之徒見之必有忻然相契處樊遲請學稼子曰吾不如老農先聖之言吾志也樊遲之學吾事也是或一道也僕喜其言取其書讀之三復曰如居士者可謂士矣因以儀真勸農文附其後俾屬邑刻而傳之丹陽洪興祖序

農書後跋

此書成於紹興十九年真州雖曾刊行而當時傳者失真首尾顛錯意義不貫者甚多又爲或人不曉旨趣妄自刪改徒事絺章繪句而理致乖越是書也將以曉農事之大使人人心喻志解今乃反惑其說使老於農圃而視効於斯文者方且嗢鄙不暇其肯轉相讀說勸勉而依倣之耶僕誠憂之故取家藏副本繕寫成帙以待當世之君子採取以獻于上然後鋟板流布必使天下之民咸究其利則區區之志願畢矣後五年甲戌元日如是菴全眞子題

欽定四庫全書

蠶書

宋 秦觀 撰

予閒居婦善蠶從婦論蠶作蠶書考之禹貢揚梁幽雍不貢繭物兖篚織文徐篚玄纖縞荆篚玄纁璣組豫篚纖纊青篚檿絲皆繭物也而桑土既蠶獨言於兖然則九州蠶事兖爲最乎予游濟河之間見蠶者豫事時作一婦不蠶比屋詈之故知兖人可爲蠶師今予所書有與吳中蠶家不同者皆得兖人也

種變

臘之日聚蠶種沃以牛溲浴于川毋傷其籍乃縣之始雷臥之五日色青六日白七日蠶已蠶尚臥而不傷

時食

蠶生明日桑或柘葉風戾以食之寸二十分晝夜五食九日不食一日一夜謂之初眠又七日再眠如初既食葉寸十分晝夜六食又七日三眠如再又七日若五日

不食二日謂之眠食半葉晝夜八食又三日健食乃食全葉晝夜十食不三日遂繭凡眠已初食布葉勿擲擲則蠶驚毋食二葉

制居

種變方尺及乎將繭乃方四丈織萑葦範以蒼筤竹長七尺廣五尺以為筐建四木宮梁之以為槌縣筐中間九寸凡槌十縣以居食蠶時分其居糞其葉餘必時去之萑葉為籬勿密屈槀之長二尺者自後汝之為簇

以居繭蠶凡繭七日而採之居蠶欲温居繭欲涼故以萑鋪繭寒之以風以緩蛾變

化治

常令煮繭之鼎湯如蟹眼必以筯其緒附于先引謂之餵頭毋過三系則系麤不及則脆其審舉之凡系自鼎道錢眼升于鏁星星應車動以過添梯乃至于車

錢眼

為版長過鼎面廣三寸厚九黍中其厚插大錢一出其端橫之鼎耳後鎮以石緒總錢眼而上之謂之錢眼

鎖星

為三蘆管管長四寸樞以圓木建兩竹夾鼎耳縛樞于竹中管之轉以車下直錢眼謂之鏁星

添梯

車之左端置環繩其前尺有五寸當車牀左足之上建柄長寸有半匼柄為鼓鼓生其寅以受環繩應車運如環無端鼓因以旋鼓上為魚魚半出鼓其出之中建

柄半寸上承添梯添梯者二尺五寸片竹也其上揉竹為鉤以防系竄左端以應柄對鼓為耳方其穿以閑添梯故車運以牽環繩繩簇鼓鼓以舞魚魚振添梯故系不過偏

車

臥種如轆轤必活其兩輻以利脫系

禱神

臥種之日升香以禱天駟先蠶也割雞設醴以禱婦人

寓氏公主益蠶神也毋治堰毋誅草毋沃灰毋室入外人四者神實惡之

戎治

唐史載于闐初無桑蠶丐鄰國不肯出其王即求婚許之將迎乃告曰國無帛可持蠶自為衣女聞置蠶帽絮中關守不敢驗自是始有蠶女刻石約無殺蠶蛾飛盡乃得治繭言蠶為衣則治繭可為絲矣世傳繭之未蛾而竅者不可為絲頃見鄰家誤以竅繭雜全繭治之皆

成糸焉疑蛾蛻之繭也欲以為絲而其中空不復可治嗚呼世有知于闐治絲法者肯以教人則貸蠶之死可勝計哉予作蠶書哀蠶有功而不免故録唐史所載以俟博物者

蠶書

農桑輯要

元·司農司 撰

欽定四庫全書　子部四

農桑輯要　農家類

提要

臣等謹案農桑輯要七卷元世祖時官撰頒行本也前有至元十年翰林學士王磐序稱詔立大司農司不治他事專以勸課農桑為務行之五六年功効大著農司諸公又慮夫播植之宜蠶繅之節未得其術於是徧求古今農家之書删其繁重摭其切要纂成一書鏤為板本進呈將以頒布天下云云案元史司農司設於至元七年分布勸農官巡行郡邑察舉農事成否達於戶部以殿最牧民長官史又稱世祖即位之初首詔天下崇本抑末於是頒農桑輯要之書於民均與王磐所言合惟至元七年至十年不足五六年之數磐蓋據建議設官之始約畧言之耳焦竑國

史經籍志錢曾讀書敏求記皆作七卷永樂大典所載僅有二卷蓋編纂者所合併非有闕佚永樂大典又載有至順三年印行萬部官牒蘇天爵元文類又載有蔡文淵序一篇稱延祐元年仁宗特命刊板於江浙行省明宗文宗復申命頒布蓋有元一代以是書為經國要務也書凡分典訓耕墾播種栽桑養蠶瓜菜果實竹木藥草孳畜十門大致以齊民要術為藍本芟除其浮文瑣事而襍採他書以附益之詳而不蕪簡而有要於農家之中最為善本當時著為功令亦非漫然矣乾隆四十二年三月恭校上

總纂官臣紀昀臣陸錫熊臣孫士毅

總校官臣陸費墀

欽定四庫全書　子部四

農桑輯要目録　農家類

卷一

典訓

農功起本　蠶事起本

經史法言　先賢務農

耕墾

耕地　代田

區田

卷二

播種

收九穀種　種穀

大小麥青稞附　水稻

旱稻　黍穄稗附

粱秫　大豆豍豆附

小豆菉豆白豆附　豌豆

蜀黍　蕎麥

胡麻　麻子蘇子附

麻　苧麻

木棉

論九穀風土及種蒔時月

論苧麻木棉

卷三

栽桑

論桑種　種椹

地桑　移栽

壓桑　栽條

栽桑梢　布行桑

修蒔沿蠶𧑴等法附　科斫搽葉附

接廢樹　接大小樹

義桑　桑雜類

柘

果實

卷六

竹木

藥草

卷七

農桑輯要原序

聖天子臨御天下欲使斯民生業富樂而永無饑寒之憂詔立大司農司不治他事而專以勸課農桑為務行之五六年功效大著民間墾闢種藝之業增前數倍農司諸公又慮夫田里之人雖能勤身從事而播殖之宜蠶繅之節或未得其術則力勞而功寡獲約而不豐矣於是徧求古今所有農家之書披閱參考删其繁重摭其切要纂成一書目曰農桑輯要凡七卷鏤為版本進

呈畢將以頒布天下屬予題其卷首予嘗讀豳詩知周家所以成八百年興王之業者皆由稼穡艱難積累以致之讀孟子書見其論說王道丁寧反覆皆不出乎夫耕婦蠶五雞二彘無失其時老者衣帛食肉黎民不饑不寒數十字而已大哉農桑之業真斯民衣食之源有國者富強之本王者所以興教化厚風俗敦孝悌崇禮讓致太平躋斯民於仁壽未有不權輿於此者矣然則是書之出其利益天下豈可一二言之哉施於家則陶朱猗頓之寶術也用於國則周成康漢文景之令軌也又何待夫序引贊揚而後知其可重哉至元癸酉歲季秋中旬日翰林學士王磐題

欽定四庫全書

農桑輯要卷一

元 司農司 撰

典訓

農功起本

周書曰神農之時天雨粟神農遂耕而種之 白虎通古之人民皆食禽獸肉至於神農因天之時分地之利制耒耜教民農作神而化之使民宜之故謂之神農

典語神農嘗草别穀烝民乃粒食 世本倕作耒耜倕神農之臣也 周本紀棄為兒時其遊戲好種樹麻菽及為成人遂好耕農相地之宜宜穀者稼穡焉民皆法則之堯舉為農師 漢食貨志后稷始甽田以二耜為耦 顔師古曰甽壟也音工犬反或作畎 藝文志農九家百一十四篇 案原本作百四十一篇今據漢書校改 農家者流蓋出農稷之官播百穀勸耕桑以足衣食

蠶事起本

漢食貨志嘉穀布帛二者生民之本興自神農之世 易繫辭神農氏沒黃帝堯舜氏作通其變使民不倦垂衣裳而天下治蓋取諸乾坤 孔頴達曰黃帝已上衣鳥獸之皮其後人多獸少事或窮乏故以絲麻布帛而制衣裳使民得宜也 通典周制享先蠶先蠶天駟也蠶與馬同氣漢制祭蠶神曰苑窳婦人寓氏公主北齊先蠶祠黃帝軒轅氏如先農禮後周祭先蠶西陵氏

經史法言

書洪範八政一曰食二曰貨 孔頴達曰教民使勤農業求資用也人不食則死食

於人最急故教為先有食又須衣故貨為二食則勤農以求之衣則蠶績以求之 無逸周公曰嗚呼君子所其無逸先知稼穡之艱難乃逸則知小人之依 孔安國曰稼穡農夫之艱難事先知之乃謀逸豫則知小人之所依怙 禮記王制國無九年之蓄曰不足無六年之蓄曰急無三年之蓄曰國非其國也三年耕必有一年之食九年耕必有三年之食以三十年之通雖有凶旱水溢民無菜色 孝經庶人章用天之道 邢昺曰春則耕種夏則芸苗秋則穫刈冬則入廩 分地之利 邢昺曰分别五土之高下隨所宜而播種之 謹身節用以養父母此庶

人之孝也史記太史公曰居之一歲種之以穀十歲樹之以木百歲來之以德德者人物之謂也今有無秩祿之奉爵邑之入而樂與之比者命曰素封故曰陸地牧馬二百蹄司馬貞曰馬有四足二百蹄五十匹也牛蹄角千顏師古曰百六十七頭牛為蹄與角凡一千二言千者舉成數也孟康曰馬貴而牛賤以此為率千足羊韋昭曰二百五十頭澤中千足彘水居千石魚陂徐廣曰魚以斤兩為計百二十斤為石顏師古曰大陂養魚一歲收千石魚一山居千章之材服虔曰章方也顏師古曰大材曰章安邑千樹棗燕秦千樹栗蜀漢江陵千樹橘淮北常山已南

河濟之間千樹萩顏師古曰萩即楸字樂彥曰梓木也可以為轅者陳夏千畝漆顏師古曰陳縣夏縣種漆樹而取其汁齊魯千畝桑麻渭川千畝竹及名國萬家之城帶郭千畝畝鍾之田徐廣曰六斛四斗也若千畝卮茜徐廣曰卮音支鮮支也茜音倩一名紅藍其花染繒赤黃也千畦薑韭徐廣曰千畦二十五畝韋昭曰畦猶壟也此其人皆與千戶侯等然是富給之資也不窺市井不行異邑坐而待收身有處士之義而取給焉豈非所謂素封者耶案史記作豈所謂素封者耶非也此節取之非原文漢食貨志周制種穀必雜五種以備災害顏師古曰種即五穀謂黍稷麻麥豆也還廬樹桑顏師古曰還繞也菜茹有畦瓜瓠果蓏殖於疆場雞豚狗彘毋失其時女修蠶織則五十可以衣帛七十可以食肉入者必持薪樵輕重相分班白不提挈冬民既入婦人同巷相從夜績女工一月得四十五日服虔曰一月之中又得夜半為十五日凡四十五日也必相從者所以省費燎火同巧拙而合習俗也顏師古曰燎所以為明火所以為溫燎力召反管子民無所游食則必農民事農則田墾田墾則粟多粟多則國富齊民要術後魏高陽太守賈思勰撰傳曰人生在勤勤則不匱

古語曰力能勝貧謹能勝禍蓋言勤力可以不貧謹身可以避禍庸人之性率之則自力縱之則惰窳耳稼穡不修桑果不茂畜產不肥鞭之可也柂落不完垣牆不牢掃除不盡笞之可也此督課之方也且天子親耕皇后親蠶況夫田父而懷惰窳乎

先賢務農

孟子后稷教民稼穡樹藝五穀五穀熟而民人育氾勝之書氾扶嚴反水名又姓出燉煌濟北二望本姓凡氏避地于氾水因改焉湯有旱災

伊尹作為區田教民糞種負水澆稼　史記管仲相齊與俗同好惡其稱曰倉廩實而知禮節衣食足而知榮辱猗頓魯窮士聞陶朱公富問術焉告之曰欲速富畜五牸乃畜牛羊于息萬計貲擬王公（案魯窮士以下採貨殖列傳猗頓用鹽起注中所引孔叢子語非史記本文）　莊子長梧封人曰昔予為禾耕而鹵莽之則其實亦鹵莽而報予芸而滅裂之則其實亦滅裂而報予予來年變齊（注變更也變更所法也齊同也）深其耕而熟耰之其禾繁以滋予終年厭飧　漢食貨志李悝為

魏文侯作盡地力之教（顏師古曰李悝文侯臣也悝音恢）以為地方百里提封九萬頃除山澤邑居參分去一為田六百萬畮治田勤謹則畮益三升（服虔曰與之三升也臣瓚曰當言三斗謂治田勤則畮加三斗也師古曰計數而言字當為斗瓚說是也）不勤則損亦如之地方百里之增減輒為粟百八十萬石矣又曰糴甚貴傷民（韋昭曰此民謂士工商也）甚賤傷農民傷則離散農傷則國貧故甚貴與甚賤其傷一也漢文帝時賈誼說上曰管子曰倉廩實而知禮節民不足而可治者自古及今未之嘗聞漢之為漢幾四十年矣公私之積猶可哀痛世之有饑穰天之行也禹湯被之矣即不幸有方二三千里之旱國胡以相恤卒然邊境有急數十百萬之衆國胡以餽之夫積貯者天下之大命也苟粟多而財有餘何為而不成以攻則取以守則固以戰則勝懷敵附遠何招而不至今敺民而歸之農使天下各食其力末技游食之人轉而緣南畮則蓄積足而人樂其所矣　前漢宣曲任氏之先為督道倉吏秦之敗也豪傑皆爭取金玉而任氏獨窖

倉粟楚漢相距滎陽也民不得耕種米石至萬而豪傑金玉盡歸任氏任氏以此起富富人爭奢侈而任氏折節為儉力田畜人爭取賤賈任氏獨取貴善富者數世然任公家約非田畜所生不衣食公事不畢則身不得飲酒食肉以此為閭里率故富而主上重之（案此採史記貨殖傳與漢書字句稍異）　黃霸為潁川太守使郵亭鄉官皆畜雞豚以贍鰥寡貧窮者為條教班行之于民間勸以為善防姦之意及務耕桑節用殖財種樹畜養去食穀馬米鹽

靡密（顏師古曰雜而且細）初若煩碎然霸精力能推行之治為天下第一　龔遂為渤海太守躬率以儉約勸民務農桑令口種一樹榆百本薤五十本葱一畦韭家二母彘五雞民有帶持刀劒者使賣劒買牛賣刀買犢曰何為帶牛佩犢春夏不得不趣田畝秋冬課收斂益蓄果實菱芡吏民皆富實　何武為揚州刺史行部必問墾田頃畝五穀美惡　召信臣為南陽太守好為民興利務在富之躬勸耕農出入阡陌止舍離鄉亭稀有安居時行

視郡中水泉開通溝瀆起水門提閼凡數十處以廣溉灌歲歲增加多至三萬頃民得其利蓄積有餘信臣為民作均水約束刻石立於田畔以防分爭禁止嫁娶送終奢靡務出於儉約郡中莫不耕稼力田吏民親愛信臣號曰召父　後漢王丹家累千金好施與周人之急每歲時農收後察其强力收多者輒歷載酒肴從而勞之便於田頭樹下飲食勸勉之因留其餘肴而去其惰嬾者獨不見勞各自恥不能致丹其後無不力田者聚落以致殷富　杜詩為南陽太守省愛民役廣拓土田郡內比室殷足為之語曰前有召父後有杜母　任延為九真太守俗以射獵為業不知牛耕每致困乏延乃令鑄作田器教之墾闢歲歲開廣百姓充給　茨充為桂陽令俗不種桑無蠶織絲麻之利類皆以麻枲頭貯衣民惰窳少麤履足多剖裂血出盛冬皆然火燎炙充教民益種桑柘養蠶織履復令種苧麻數年之間大賴其利衣履温暖今江南知桑蠶織履皆充之教也　張

堪拜漁陽太守開稻田八千餘頃勸民耕種以教殷富百姓歌曰桑無附枝麥穗兩岐張君為政樂不可支

樊重字君雲（後漢書樊宏傳宏世祖之舅封壽張侯父重追爵謚為壽張敬侯）世善農稼好貨殖重性温厚有法度三世共財子孫朝夕禮敬常若公家其營理產業物無所棄課役童隸各得其宜故能上下勠力財利歲倍至乃開廣田土三百餘頃其所起廬舍皆有重堂高閣陂渠灌注又池魚牧畜有求必給嘗欲作器物先種梓漆時人嗤之然積以歲月皆

得其用向之笑者咸求假焉貲至巨萬而賑贍宗族恩加鄉閭外孫何氏兄弟爭財重恥之以田二頃解其忿訟縣中稱美其素所假貸人間數百萬遺令焚削文契責家聞者皆慚爭往償之常戒其子曰（案後漢書本句上有宗為人謙柔畏慎不求苟進二句是君雲之子宏戒其子之言此作君雲戒其子有脫誤）富貴盈溢未有能終者吾非不喜榮勢也天道惡滿而好謙前世貴戚皆明戒也保身全己豈不樂哉　王景為廬江太守百姓不知牛耕致地力有餘而食常不足景乃教用犂耕

墾闢倍多境內豐給又訓令蠶織為作法制著於鄉亭

王符曰一夫不耕天下受其饑一婦不織天下受其寒今舉俗舍本農趨商賈牛馬車輿填塞道路游手為巧充盈都邑是則一夫耕百人食之一婦桑百人衣之以一奉百孰能供之　崔寔為五原太守土宜麻枲而俗不知織績民冬月無衣積細草而臥其中見吏則衣草而出寔為作紡績織紝具以教之民得以免寒苦

劉陶曰民可百年無貨不可一朝有饑故食為至急也

仇覽為蒲亭長勸人生業為制科令至於果菜為限雞豕有數農事既畢乃令子弟羣居就學其剽輕游恣者皆役以田桑嚴設科罰躬助喪事賑恤窮寡期年稱大化　杜畿為河東勸耕桑課民畜牸牛草馬下逮雞豚皆有章程家家豐實然後興學校舉孝悌河東遂安

童恢除不其令若吏稱其職人行善事皆賜酒肴以勸勵之耕織種收皆有條章一境清淨　齊民要術皇甫隆為燉煌令燉煌俗不曉作耬犂及種人牛功力既費

而收穀更少隆乃教作耬犂所省傭力過半得穀加五又燉煌俗婦女作裙攣縮如羊腸用布一疋隆又禁改之所省復不貲　僮种為不其令率民養一猪雌雞四頭以供祭祀死買棺木（案僮种即童恢見後漢書注前史稱其職一條採之本傳此條採之齊民要術序以一人而兩載其事）　顏斐為京兆乃令整阡陌樹桑果又課以閑月取材使得轉相教匠作車又課民無牛者令畜猪投貴時賣以買牛始者民以為煩一二年間家有丁車大牛整頓豐足　譙子曰朝發而夕異宿勤

則菜盈傾筐且苟無羽毛不織不衣不能茹草飲水不耕不食安可以不自力哉 李衡於武陵龍陽洲上作宅種甘橘千樹勑兒曰吾州里有千頭木奴不責汝衣食歲上一疋絹亦可足用矣橘成歲得絹數千疋 仲長子曰天為之時而我不農穀亦不可得而取之青春至焉時雨降焉始之耕田終之簠簋惰者釜之勤者鍾之時及不為而尚得食也哉 魏陳思王曰寒者不貪尺玉而思短褐饑者不願千金而美一食 晉桓宣鎮

襄陽勸課農桑或載鋤耒於軺軒或親耘穫於隴畝 北魏辛纂拜河南刺史督勸農桑親自檢視勤者資以物帛惰者加以罪 唐張全義為河南尹經黄巢之亂繼以秦宗權孫儒殘暴居民不滿百户四野俱無耕者全義招懷流散勸之樹藝數年之後都成坊曲漸復舊制諸縣户口率皆歸復桑麻蔚然野無曠土全義明察人不能欺而為政寛簡出見田疇美者輒下馬與僚佐共觀之召田主勞以酒食有蠶麥善收者或親至其家悉呼出老幼賜以茶綵衣物民間言張公不喜聲伎見之未嘗笑獨見佳麥良繭則笑耳有田荒穢者則集衆杖之或訴以乏人牛乃召其鄰里責之曰彼誠乏人牛何不助之衆皆謝乃釋之由是鄰里有無相助故比户皆有畜積凶年不饑遂成富庶焉 李襲譽嘗謂子孫曰吾負京有田十頃能耕之足以食河内千樹桑事之可以衣能勤此無資於人矣

耕墾

耕地

齊民要術春耕尋手勞（郎到反古曰㩭今曰勞說文曰㩭摩田器今人亦名勞曰摩）秋耕待白背勞（秋既多風若不尋勞地必虛燥秋田㙒實濕勞令地硬諺曰耕而不勞不如作暴蓋言澤難遇喜天時故也桓寛鹽鐵論曰茂木之下無豐草大塊之間無美苗 㙒直輒反田實也暴音曝耗也）凡秋耕欲深春夏欲淺犁欲廉勞欲再（犁廉耕細牛復不疲再勞地熟旱亦保澤也）秋耕䅖（掩同）青者為上（比至冬月青草復生者其美與小豆同）初耕欲深轉地欲淺（耕不深地不熟轉不淺動生土也）菅茅之地宜縱牛羊踐之（踐則根浮）七月耕之則死（非七月復生矣）凡美田之法菉豆

為上小豆胡麻次之悉皆五六月中穊美懿反漫種也種七月八月犂稀殺之為春穀田則畝收十石一石大約今二斗七升十石今二石七斗有餘也後齊民要術中石斗倣此其美與蠶矢熟糞同　氾勝之書曰凡耕之本在於趨時和土務糞澤早鋤早穫春凍解地氣始通土一和解夏至天氣始暑陰氣始盛土復解夏至後九日案氾勝之書作夏至後九十日晝夜分天地氣和以此時耕田一而當五名曰膏澤皆得時功春地氣通可耕堅硬強地黑壚土輒平摩其塊以生草草生復耕之天

有小雨復耕和之勿令有塊以待時所謂強土而弱之春候地氣始通土塊散陳根可拔此時二十日以後和氣去即土剛以此時耕一而當四和氣去耕四不當一杏始華榮輒耕輕土弱土望杏花落復耕耕輒勞之草生有雨澤耕重勞之土甚輕者以牛羊踐之如此則土強此謂弱土而強之也　雜說凡人家營田須量己力寧可少好不可多惡凡地有薄者即須加糞糞之其踏糞法秋收治田後場上所有穀穰等並須收貯一處每

日布牛腳下三寸厚古一尺大約今一尺三寸有餘後齊民要術尺寸倣此每平旦收聚堆積之還依前布之經宿即堆聚至十二月正月之間即載糞糞地案齊民要術有雜說四條此節採第一條之說　種蒔直說古農法犂一擺六今人只知犂深為功不知擺細為全功擺功不到土麤不實下種後雖見苗立根在麤土根土不相著不耐旱有懸死蟲咬乾死等諸病擺功到土細又實立根在細實土中又碾過根土相著自耐旱不生諸病　韓氏直說為農大綱一則牛欺地二則人

欺苗牛欺地則所種不失其時人欺苗則省力易辦反是則徒勞無益矣凡地除種麥外並宜秋耕先以鐵齒擺縱橫擺之然後插犂細耕隨耕隨撈至地大白背時更擺兩徧至來春地氣透時待日高復擺四五徧其地爽潤上有油土四指許春雖無雨時至便可下種秋耕之地荒草自少極省鋤工如牛力不及不能盡秋耕者除種粟地外其餘黍豆等地春耕亦可大抵秋耕宜早春耕宜遲秋耕宜早者乘天氣未寒將陽和之氣掩在

地中其苗易榮過秋天氣寒冷有霜時必待日高方可耕地恐掩寒氣在內令地薄不收子粒春耕宜遲者亦待春氣和暖日高時依前耕擺

代田

漢食貨志趙過為搜粟都尉過能為代田一晦三甽歲代處故曰代田師古曰代易也古法也后稷始甽田以二耜為耦廣尺深尺曰甽長終晦一晦三甽一夫三百甽而播種於甽中師古曰種謂穀子也苗生葉以上稍耨壠草師古曰耨鉏也因隤其土以附苗根師古曰隤謂下之也音頹比盛暑壠盡而根深能風與旱師古曰能讀曰耐其耕耘下種田器皆有便巧率十二夫為田一井一屋故晦五頃鄧展曰九夫為井三夫為屋夫百晦於古為十二頃古百步為晦漢時二百四十步為畝古千二百晦則得令五頃用耦犂二牛三人一歲之收常過縵田晦一斛以上師古曰縵田謂不為甽者也縵莫幹反善者倍之師古曰善為甽者又過縵田二斛已上也過使教田太常三輔蘇林曰太常主諸陵有民故亦課田種大農置工巧奴與從事為作田器二千石遣令長三老力田及里父老善田者受田器學耕種養

苗狀蘇林曰為法意狀也民或苦少牛亡以趨澤師古曰趨讀曰趣趣及也澤雨之潤澤也故平都令光教過以人輓犂師古曰輓引也音晚過奏光以為丞教民相與庸輓犂師古曰庸功也言換功共作也義亦與庸賃同率多人者田日三十畝少者十三畝以故田多墾闢是後民皆便代田用力少而得穀多

崔寔曰趙過教民耕殖其法三犂共一牛一人將之下種挽耬皆取備焉日種一頃據齊地大畝一頃為三十五畝也至令三輔猶賴其利令遼東耕犂轅長四尺迴轉相妨既用兩牛兩人牽之一人將耕一人下種二人輓耬凡用兩牛六人一日纔種二十五畝其懸絕如此三犂共一牛若今三腳耬矣今自濟州已西猶用長轅犂兩腳耬長轅耕平地尚可於山澗之間則不任用且回轉至難費力未如齊人蔚犂之柔便也兩腳耬種壠穊亦不如一腳耬之得中也

區田

齊民要術氾勝之書區種法曰湯有旱災伊尹作為區田教民糞種負水澆稼區田以糞氣為美非必須良田也諸山陵近邑高危傾阪及丘城上皆可為區田區田不耕旁地庶盡地力

務本新書夫豐儉不常者天之

道也故君子貴於思患而豫防之湯有七年之旱伊尹製此法大概與今時種瓜相類區當於閒時旋旋掘下正月種春大麥二三月種山藥芋子三四五月種穀大小豇菉豆八月種二麥豌豆節次為之亦不可貪多穀豆二麥各料百餘區山藥芋子各一十區通約收四五十石數口之家可以無饑矣壬辰戊戌之際但能區種三五畝者皆免饑殍

農桑輯要卷一

欽定四庫全書

農桑輯要卷二

元　司農司　撰

播種

收九穀種（黍稷稗稻麻大麥小麥大豆小豆）

齊民要術凡五穀種子浥鬱則不生生者亦尋死種雜者禾則早晚不均舂復減而難熟糶賣以雜糅見呰炊爨失生熟之節所以特宜存意不可徒然粟黍穄粱秫

常歲別收選好穗純色者劁（才彫反）刈高懸之以擬明年種子將種前二十許日開出水淘（浮秕去則無莠）即曬令燥種之　氾勝之書曰牽馬令就穀堆食數口以馬踐過為種無虸蚄等蟲也又種傷濕鬱熱則生蟲也又薄田不能糞者以原蠶矢雜禾種種之則禾不蟲又取馬骨剉一石以水三石煮之三沸漉去滓以汁漬附子五枚三四日去附子以汁和蠶矢羊矢各等分撓（呼老反）（攪也）令洞洞如稠粥先種二十日時以溲（踈有反）種如麥飯狀當天

旱燥時溲之立乾薄布數撓令乾明日復溲天陰雨則勿溲六七溲而止輒曝謹藏勿令復濕至可種時以餘汁溲而種之則禾稼不蝗蟲無馬骨亦可用雪汁雪汁者五穀之精也使稼耐旱常以冬藏雪汁器盛埋於地中治種如此則收常倍取麥種候熟可穫擇穗大强者斬束立場中之高燥處曝使極燥無令有白魚有輒揚治之取乾艾雜藏之麥一石艾一把藏以瓦器竹器順時種之則收常倍取禾種擇高大者斬一節下把懸高

燥處苗則不敗欲知歲所宜以布囊盛粟等諸物種平量之埋陰地冬至日窖埋冬至後五十日發取量之息最多者歲所宜也 崔寔曰平量五穀各一升小罌盛埋牆陰下餘法同上 師曠占術曰五木者五穀之先欲知五穀但視五木擇其木盛者來年多種之萬不一失也 雜陰陽書曰禾生於棗或楊大麥生於杏小麥生於桃稻生於柳或楊黍生於榆大豆生於槐小豆生於李麻生於楊或荊又凡種禾宜寅午申忌乙丑壬癸秋忌寅晚禾忌丙大麥宜亥卯辰忌子丑戊己小麥忌與大麥同稻宜戊己四季日忌寅卯辰甲乙黍宜巳酉戌忌寅卯丙午穄忌未寅大豆宜申子壬忌卯午丙子甲乙小豆忌與大豆同麻忌四季日戊己凡五穀大判宜上旬次中旬 史記曰陰陽之家拘而多忌止可知其梗概不可委曲從之諺曰以時其澤為上策也

種穀

齊民要術凡穀成熟有早晚苗稈有高下收實有多少

質性有强弱米味有美惡粒實有息耗早熟者苗短而收多晚熟者苗長而收少强苗者短黃穀之屬是也弱苗者長青白黑者是也收少者美而耗收多者惡而息也地勢有良薄良田宜種晚薄田宜種早良田非獨宜晚早亦無害薄地宜早晚必不成實也崔寔曰美田欲稠薄田欲稀山澤有異宜山田種强苗以避風霜澤田種弱苗以求華實也順天時量地利則用力少而成功多任情返道勞而無獲凡穀田菉豆小豆底為上麻黍胡麻次之蕪菁大豆為下常見瓜底不減菉豆本既不論聊復記之凡春種欲深夏種欲淺凡種穀雨後為佳遇小雨宜接濕種遇大雨待歲音穢生小雨不接濕無以生禾苗

大雨不待白背濕耩則令苗瘦蕨若盛者先鋤一徧然後納種乃佳也春若遇旱秋耕之地得仰壟待雨春耕者不中也夏若仰壟匪直盪汰不生兼與草薉俱出凡田欲早晚相雜歲道有所宜有閏之歲節氣近後宜晚田然大率欲早早田倍多於晚早田淨而易治晚者蕪穢難治其收之多少從歲所宜非關早晚然早穀皮薄米實而多晚穀皮厚米少而虛也苗生如馬耳則鏃初角反鋤諺曰欲得穀馬耳鏃稀豁之處鋤而補之凡五穀唯小鋤之為良小鋤者非直省功穀亦倍勝大鋤者草根繁茂用功多而收益少苗出壟則深鋤鋤不厭數周而復始勿以無草而暫停鋤者非止除草

乃熟地而實多糠薄米息鋤得十徧便得八米也春鋤起地夏為除草故春鋤不用觸濕六月已後雖濕亦無嫌春苗既淺陰未覆地濕鋤則地堅夏苗陰厚地不見日故雖濕亦無害矣管子曰為國者使農寒耕而熱芸芸除草也呂氏春秋曰苗其弱也欲孤弱小也苗始生小時欲得孤特疏數則茂好也其長也欲相與俱言相依植不偃仆其熟也欲相扶相扶持不傷折是故三以為族乃多粟族聚也吾苗有行故速長弱不相害故速大橫行必得從行必術正其行通其風行行列也凡種欲牛遲緩行種人令促步以足躡壟底牛遲即子勻足躡則苗茂足跡相接者亦不煩撻也熟速

刈乾速積刈早則鎌傷刈晚則穗折遇風則收減濕積則藁爛積晚則損耗連雨則生耳孝經援神契曰黃白土宜禾 氾勝之書曰種無期因地為時三月榆莢時雨膏地強可種禾植禾夏至後八九十日常夜半候之天有霜若白露下以平明時令兩人持長索相對各持一端以概禾中去霜露日出乃止如此禾稼五穀不傷矣 漢食貨志曰種穀必雜五種以備災害田中不得有樹用妨五穀力耕數耘收穫如盜寇之至董仲舒曰春秋他穀不書至於麥禾不成則書

之以此見聖人於五穀最重麥禾也 種蒔直說芸苗之法其凡有四第一次曰撮苗第二次曰布第三次曰擁第四次曰復俗曰添米一功不至則稂莠之害秕糠之雜入之矣今之器以鋤營州之東以鏟爰有一器出自海壖號曰耬鋤耬様一如下種耬但獨腳無耬斗耳於獨腳下端從後向上斜鑿一竅兩轅中央近後舊安耬斗處橫桄中亦鑿一竅鋤制柄項彎曲一如芸苗鋤但其柄純以鐵為之麄細上下若一鋤刃尖圓如杏葉様用時將鋤柄於耬腳下端斜竅中穿過其柄末上出橫桄竅中其鋤刃橫冒於耬腳下端撮苗後用一驢帶籠觜挽之初用一人牽慣熟不用人止一

人輕扶入土二三寸其深痛過鋤力三倍所辦之田日不啻二十畝今燕趙多用之名曰劐子劐子之制又少異於此（劐子第一徧即成溝子穀根未成不耐旱耬鋤刃在土中故不成溝子第二徧加擗土木鴈翅方成溝子其土分壅穀根擗土用木厚三寸濶三寸長七寸取成三角樣前爲尖中鑿一竅長一寸濶半寸穿於鐵鋤柄上壓鋤刃上）韓氏直説如耬鋤過苗間有小豁不到處用鋤理撥一徧如種黍粟大小等田當用一尺三寸寬腳種蒔下種（易使鋤耬故也）如種麻麥用狹腳種蒔則可

大小麥（青稞附）

齊民要術大小麥皆須五月六月暵地（不暵地而種者其收倍薄崔寔曰五月六月菑麥田也）孝經援神契云黑墳宜麥　氾勝之書曰種麥得時無不善早種則蟲而有節晚則穗小而少實當種麥若天旱無雨澤則薄漬麥種以酢（醋同）漿并蠶矢夜半漬向晨速投之令與白露俱下酢漿令麥耐旱蠶矢令麥忍寒麥生黃色傷於太稠稠者鋤而稀之　崔寔曰凡種大小麥得白露節可種薄田秋分種中田後十日種美田惟穬（古猛反大麥類）麥早晚無常正月可種春麥（案齊民要術春麥下有䄻豆二字）盡二月止青稞（苦禾反麥石）麥（治打時稍難惟映日用碌碡碾）與大麥同時熟麪堪作麨及餺飥甚美磨盡無麩（鋤一徧佳不鋤亦得）　四時類要曬大小麥今年收者于六月掃庭除候地毒熱衆手出麥薄攤取蒼耳碎剉拌曬之至未時及熱收可以二年不蛀若有陳麥亦須依此法更曬須在立秋前秋後則蟲生恐無益矣　士農必用古農語云彭祖壽年八百不可忘了稙蠶稙麥又云社後種麥爭回耬又云社後種麥爭回牛言奪時甚急也

韓氏直説五六月麥熟帶青收一半合熟收一半若過熟則拋費每日至晚即便載麥上場堆積用苫繳覆以防雨作如搬載不及即于地内苫積天晴乘夜載上場即攤一二車薄則易乾碾過一徧翻過又碾一徧起稭下場揚子收起雖未淨直待所收麥都碾盡然後將未淨稭稈再碾如此可一日一場比至麥收盡已碾訖三之二農家忙併無似蠶麥古語云收麥如救火若少遲慢一值陰雨即爲災傷遷延過時秋苗亦誤鋤治

水稻

齊民要術稻無所緣唯歲易為良選地欲近上流地無良薄水清則稻美也三月種者為上時四月上旬為中時中旬為下時先放水十日後曳轆軸十徧徧數唯多為良地既熟淨淘種子浮者不去秋則生稗漬經三宿漉出內草篅市專反判竹圜以盛穀裛之復經三宿芽長二分一畝三升擲三日之中令人驅鳥稻苗長七八寸陳草復起以鎌侵水芟之草悉膿死稻苗漸長復須薅拔草曰薅虎高反薅訖決去水曝根令堅量時

水旱而溉之將熟又去水霜降穫之早刈米青而不堅晚刈零落而損收北土高原本無陂澤隨逐隈曲而田者二月冰解地乾燒而耕之仍即下水十日塊既散液持木斫平之納種如前法既生七八寸拔而栽之既非歲易草稗俱生芟亦不死故須栽而薅之溉灌收刈一如前法畦埒音劣堤崖也大小無定須量地宜取水均而已藏稻必須用箄此既水穀窖埋得地氣則爛敗也舂稻必須冬時積日燥曝一夜置霜露中即舂若冬舂不乾即米青赤脈起不經霜不燥曝則米碎矣秫稻法一切同　周官曰稻人掌稼下地鄭注以水澤之地種穀也謂之稼者有似嫁女相生以瀦畜水以防止水以溝蕩水以遂均水以列舍水以澮寫水以涉揚其芟作田鄭注鄭司農說瀦防以春秋傳曰町原防規偃瀦以列舍水列者非一道以去水也以涉揚其芟以其水寫故得行其田中舉其芟鉤也杜子春讀蕩為和蕩謂以溝行水也玄謂偃瀦者畜流水之陂也防瀦旁堤也遂田首受水小溝也列田之畦埒也澮田尾去水大溝作猶治也開遂舍水于列中因涉之揚去前年所芟之草而治田種稻凡稼澤夏以水殄草而芟夷之鄭注殄病也絕也鄭司農說芟夷以春秋傳曰芟夷蘊崇之今時謂禾下麥為夷下麥言芟刈其禾于下種麥也玄謂將以澤地為稼者必於夏六月之時大雨時行以水病絕草之後生者至秋水涸芟之明年乃稼澤草所生種之芒種鄭注

鄭司農云澤草之所生其地可種芒種芒種稻麥也　氾勝之書曰種稻春凍解耕反其土種稻區不欲大大則水深淺不適冬至後一百一十日可種稻始種稻欲濕濕者缺其塍食陵反畦畔也令水道相直夏至後大熱令水道錯　崔寔曰三月可種粳稻稻美田欲稀薄田欲稠

旱稻

齊民要術旱稻用下田白土勝黑土非言下田勝高原但下停水者不得禾豆麥稻四種雖澇亦收所謂彼此俱獲不失地利故也下田種者用功多高原種者與禾同等也凡下

田停水處燥則堅垎胡格反土乾也濕則汙泥難治而易荒墝
口交反埆音殼而殺種其春耕者殺種尤甚故宜五六月暵
之以擬大麥麥時水澇不得納種者九月中復一轉至
春種稻萬不失一春耕者十不收五蓋誤人耳凡種下田不問秋夏
候水盡地白背時速耕杷勞把白駕反頻翻令熟過燥則堅遇雨則泥
所以宜速耕也二月半種稻為上時三月為中時四月初及半
為下時漬種如法裛令開口耬耩稴種之耩故項反稴烏感反稴種
者省種而生科又勝擲者即再徧勞若歲寒早種慮時晚即不漬種恐芽焦也其土黑堅

彊之地種未生前遇旱者欲得令牛羊及人踐履之濕
則不用一迹入也稻既生猶欲令人踐壠背踐者茂而多實也
苗長三寸杷勞而鋤之鋤唯欲速稻苗性弱不能扇草宜數鋤之每經
一雨輒欲杷勞苗高尺許則鋒古農器天雨無所作宜冒
雨薅之科大如概者五六月中霖雨時拔而栽之栽法欲淺
令其根鬚四散則滋茂深而直下者聚而不科其苗長者亦可拔去葉端數寸勿傷其心也入七月
不復任栽七月百草成時晚故也其高田種者不求極良唯須廢
地過良則苗折廢地則無草亦秋耕杷勞令熟至春黃場始章反納種

不宜濕下餘法悉與下田同

黍穄稗附

齊民要術凡黍穄田新開荒為上大豆底為次穀底為
下地必欲熟再轉乃佳若春夏耕者下種後再勞為良一畝用子四升三月
上旬種者為上時四月上旬為中時五月上旬為下時
夏種黍穄與植穀同時非夏者大率以椹赤為候諺曰椹
釐釐種黍時燥濕候黃場種訖不曳撻令時屯子也常記十月十一
月十二月凍樹日種之萬不失一凍樹者凝霜封著木條也假令月三日凍

樹還以月三日種黍他皆倣此十月凍樹宜早黍十一月凍樹宜中黍十二月凍樹宜晚黍若從十月至正月
皆凍樹者早晚黍悉宜也刈穄欲早黍欲晚穄晚多零落黍早米不成諺曰穄青喉黍折頭
皆即濕踐久積則浥鬱燥踐多兜牟穄踐訖即蒸而裛之不蒸者難舂米碎至
舂又土臭蒸則易舂米堅香氣經久不歇也黍宜曬之令燥濕聚則鬱凡黍黏者
收薄穄味美者亦收薄難舂孝經援神契云黑墳宜
黍　氾勝之書曰黍者暑也種者必待暑黍心未生雨
灌其心心傷無實黍心初生畏天露令兩人對持長索
概去其露日出乃止凡種黍覆土鋤治皆如禾法　稗

既堪水旱種無不熟之時又特滋茂宜種之備凶年稗中有米熟時擣取米炊食之不減粱米又可釀作（酒甚美釅尤踰黍秫魏武使典農種之頃收二千斛斛得米三四斗大儉可磨食之若值豐年可以飯牛馬豬羊）

務本新書種糯不換糯米價值比黃米價高今有與糯米相類者白黃米是也舊呼糯不換宜多種之造酒為佳

粱秫

齊民要術粱秫並欲薄地而稀種與植穀同時（晚者全不收也）

燥濕之宜杷勞之法一同穀苗收刈欲晚（性不零落早刈損實）

大豆（附豍豆）

齊民要術春大豆次植穀之後二月中旬為上時三月上旬為中時四月上旬為下時歲宜晚者五六月亦得然稍晚稍加種子地不求熟（地過熟者苗茂而實少）收刈欲晚（此不零落刈早損實）鋤不過再葉落盡然後刈（葉不盡則難治）刈訖則速耕（大豆性溫秋不耕則無澤也）　孝經援神契曰赤土宜菽也　氾勝之書曰大豆保歲易為宜古之所以備凶年也謹計家口數種大豆率人五畝此田之本也三月榆莢時有雨高田可種大豆土和無塊畝五升土不和則益之種大豆夏至後二十日尚可種戴甲而生不用深耕大豆須均而稀豆花憎見日見日則黃爛而根焦也穫豆之法莢黑而莖蒼輒收無疑其實將落反失之故曰豆熟于場青莢在上黑莢在下　崔寔曰正月可種豍豆二月可種大豆又曰三月昏參夕杏花盛桑椹赤可種大豆四月時雨降可種大小豆美田欲稀薄田欲稠

小豆（菉豆白豆附）

齊民要術小豆大率用麥底然恐小晚有地者常須兼留去歲穀下以擬之　氾勝之書曰小豆不保歲難得椹黑時注雨種豆生布葉鋤之生五六葉又鋤之大豆小豆不可盡治也古所以不盡治者豆生布葉豆有膏盡治之則傷膏傷則不成而民盡治故其收耗折也菉豆白豆種法與小豆同

豌豆

務本新書豌豆二三月種諸豆之中豌豆最為耐陳又收多熟早如近城郭摘豆角賣先可變物舊時莊農往往獻此豆以為嘗新蓋一歲之中貴其先也又熟時少有人馬傷踐以此校之甚宜多種

蜀黍

務本新書蜀黍宜下地春月早種省工收多耐用人食之餘擸碎多拌麩糠以飼五牸外稭稈織箔夾籬寨作燒柴城郭貨賣亦可變物

蕎麥

齊民要術凡蕎麥五月耕經二十五日草爛得轉并種耕三徧立秋前後皆十日內種之假如地耕三徧即三重著子下兩重子黑上一重子白皆有白汁滿如濃即須收刈之但對梢相搭鋪之其白者日漸盡變為黑如此乃為得所若待上頭總黑半已下黑子盡落矣

胡麻 本草衍義曰止是脂麻也

齊民要術胡麻漢張騫從外國得麻種曰胡麻俗呼為烏麻非也今世有白胡麻八稜胡麻白者油多而可以為飯又宜白地種二三月為上時四月上旬為中時五月上旬為下時月半前種者實多而成月半後種者少子而多秕也種欲截雨腳若不緣濕融而不生一畝用子二升漫種者先以耬耩然後散子空曳勞勞上加人則土厚不生耬耩者炒沙令燥中半和之不和沙下不均壟種若荒得用鋒耬鋤不過三徧刈束欲小束大則難燥打手復不勝以五六束為一叢斜倚之不爾則風吹倒損收也候口開乘車詣田抖擻倒豎以小杖微打之還叢之三日一打四五徧乃盡耳若乘濕橫積蒸熱速乾雖鬱裛無風吹虧損又慮裛者不中為種子然油無損也四時類要每

科相去一尺為法

麻子 附蘇子

齊民要術止取實者種斑黑麻子斑黑者實饒崔寔曰苴麻子黑又實而重擣治作燭不作麻耕須再徧一畝用子二升三月種者為上時四月為中時五月初為下時大率二尺留一根概則不成鋤常令淨荒則少實既放勃拔去雄若未放勃去雄者則不成子實凡五穀地畔近道者多為六畜所犯宜種胡麻麻子以遮之胡麻六畜不食麻子齧頭則科大收此二實足供美燭之費也慎勿于大豆地中雜種麻子

扇地雨損而收並薄六月中可于麻子地間散蕪菁子而鋤之擬收其根　氾勝之書曰樹高一尺以蠶矢糞之無蠶矢以溷中熟糞亦善樹一升天旱以流水澆之無流水曝井水殺其寒氣以澆之雨澤時適勿澆澆不欲數霜下實成速斫之其樹大者以鋸鋸之　務本新書凡種五穀如地畔近道者亦可另種蘇子以遮六畜傷踐收子打油燃燈甚明或熬油以油諸物

麻

齊民要術凡種麻用白麻子白麻子為雄麻顏色雖白齧破枯燥無膏潤者秕子也亦不中種市糴者口含少時顏色如舊者佳如變黑者裛麻欲得良田不用故墟故墟有點葉夭折之患不任作布也點丁破反草葉壞也地薄者糞之糞宜熟無熟者用小豆底亦得崔寔曰正月糞疇疇麻田也耕不厭熟縱橫七徧已上則麻無葉也田欲歲易拋子種則節高良田一畝用子三升薄田二升穊則細而不長稀則麤而皮惡夏至前十日為上時至日為中時至後十日為下時麥黃種麻麻黃種麥亦良候也諺曰夏至後不沒狗或答曰但雨多沒橐駝又諺曰五月及澤父子不相借言及澤急也夏至後者匪唯淺短皮亦輕薄此亦趨時不可失也父子之間尚不相假借而況他人者也澤多者先漬麻子令芽生取雨水浸之生芽疾用井水則生遲浸法著水中如炊兩石米頃漉出著席上布令厚三四寸數攪之令均得地氣一宿即芽出水若滂沛十日亦不生待地白背耬耩漫擲子空曳勞截雨腳即種者地濕麻生瘦待白背者麻生肥澤少者暫浸即出不得待生芽耬頭中下之不勞曳撻麻生數日中常驅雀葉青乃止布葉而鋤頻翻再徧止高而鋤者便傷麻稠弱不堪者拔去勃如灰便刈刈拔各隨鄉法未勃者收皮不成放勃不收即驪菓古典反小束也欲小稕普胡反欲薄為其易乾一宿輒翻之得霜露則皮黃也穫欲淨有葉者易爛漚欲清水生熟合宜濁水則麻黑水少則麻脆生則難剝太爛則不任挽暖泉不冰凍冬日漚者最為柔

韌也　氾勝之書曰種枲太早則剛堅厚皮多節晚則皮不堅寧失于早不失于晚夏至後二十日漚枲枲和如絲

苧麻

圖經苧根舊不載所出州土今閩蜀江浙有之其皮可以績布苗高七八尺葉如楮葉面青背白有短毛夏秋間著細穗青花其根黃白而輕虛二月八月採又有一種山苧亦相似謹按陸機草木疏云苧一科數十莖宿

根在地中至春自生不須栽種荊揚間歲三刈官令諸園種之剝取其皮以竹刮其表厚處自脫得裏如筋者煮之用緝令江浙閩中尚復如此孕婦胎損方所須又主白丹濃煮水浴之日三四差韋宙療癰疽發背初覺未成膿者以苧根葉熟擣傅上日夜數易之腫消則差矣　陶隱居云苧即今績麻也　新添栽種苧麻法三四月種子者初用沙薄地為上兩和地為次園圃內種之如無園者瀕河近井處亦得先倒劚土一二徧然後作畦濶半步長四步再劚一徧用腳浮躡或杴背浮按稍實不然著水虛懸再杷蒲巴反平隔宿用水飲畦明旦細齒杷浮摟起土再杷平隨時用濕潤畦土半升子粒一合相和勻撒子一合可種六七畦撒畢不用覆土覆土則不出于畦內用極細梢杖三四根撥剌令平可畦搭二三尺高棚上用細箔遮蓋五六月內炎熱時箔上加苫重蓋惟要陰密不致曬死但地皮稍乾用炊箒細灑水于棚上常令其下濕潤緣子未生芽或苗出力弱而不禁注水徒澆故也

遇天陰及早夜撤去覆箔至十日後苗出有草即拔苗高三指不須用棚如地稍乾用微水輕澆約長三寸卻擇比前稍壯地別作畦移栽臨移時隔宿先將有苗畦澆過明旦亦將做下空畦澆過將苧麻苗用刃器帶土掘出轉移在內相離四寸一栽務要頻鋤三五日一澆如此將護二十日之後十日半月一澆至十月後用牛驢馬生糞蓋厚一尺預選秋耕擺熟肥土更用細糞糞過來年春首移栽地氣已動為上時芽動為中時苗長為下時栽法掘區成行方圓相去一尺五寸將畦中科苗移出栽于區內擁土區中以水湮之若夏秋移栽須趁雨水地濕分根連土於側近地內分栽亦可其移栽年深宿根者移時用刀斧將根截斷長可三四指栽時成行作區方圓各離一尺五寸每區臥栽三二根基盤相對擁土畢然後下水候三五日復澆苗高勤鋤旱則澆之若地遠移栽者須根科少帶元土蒲包封裹外復用席包掩合勿透風日雖數百里外栽之亦活栽培法

如前初年長約一尺便割一鐮麻未堪用再候長成所割即堪績用至十月即將割過根楂用驢馬糞蓋厚一尺不致凍死至二月初杷去糞令苗出以後歲歲如此壓條滋茂如桑法移栽亦可第三年根科交結稠密不移必漸不旺即將本科周圍稠密新科再依前法分栽每歲可割三鐮每割時須根傍小芽出土約高五分其大麻即為可割大麻既割其小芽榮長便是下次再割麻也若小芽過高大麻不割不唯小芽不旺又損已成之麻大約五

月初一鐮六月半一鐮八月半一鐮唯中間一鐮長疾麻亦最好刈倒時隨即用竹刀或鐵刀從梢分批開用手剝下皮即以刀刮其白瓤其浮上皴皮自去縛作小束搭於房上夜露晝曝如此五七日其麻自然潔白然後收之若值陰雨即於屋底風道內搭涼去聲恐經雨黑漬故也所剝之麻春夏秋溫暖時分績與常法同若於冬月用溫水潤濕易為分擘不然乾硬難分其績既成纏作纓子于水甕內浸一宿紡車紡訖用桑柴灰淋下水內浸一宿撈出每纑五兩可用一淨水盞細石灰拌勻置于器內停放一宿至來日擇去石灰却用黍稭灰淋水煮過自然白軟曬乾再用清水煮一度別用水擺拔極淨曬乾逗成纑鋪經緯織造與常法同此麻一歲三割每畝得麻三十斤少不下二十斤目今陳蔡間每斤價鈔三百文已過常麻數倍善績者麻皮一斤得織一斤細者有一斤織布一疋次一斤半一疋又次二斤三斤一疋其布柔韌潔白比之常布又價高一二倍然則此麻但栽植有成便自宿根可謂暫勞永利矣

木棉

新添栽木棉法擇兩和不下濕肥地于正月地氣透時深耕三徧擺蓋調熟然後作成畦畛每畦長八步闊一步內半步作畦面半步作畦背深斸二徧用杷樓平起出覆土於畦背上堆積至穀雨前後揀好天氣日下種先一日將已成畦畛連澆三水用水淘過子粒堆于濕地上瓦盆覆一夜次日取出用小灰搓得伶俐看稀稠

撒於澆過畦內將元起取出覆土覆厚一指再勿澆待六七日苗出齊時旱則澆溉鋤治常要潔淨穊則移栽稀則不須每步只留兩苗稠則不結實苗長高二尺之上打去衝天心旁條長尺半亦打去心葉葉不空開花結實直待棉欲落時為熟旋熟旋摘隨即攤於箔上日曝夜露待子粒乾取下用鐵杖一條長二尺麤如指兩端漸細如趕餅杖樣用梨木板長三尺闊五寸厚二寸做成牀子逐旋取棉子置於板上用鐵杖旋旋趕出子

粒即為淨棉撚織毛絲或棉裝衣服特為輕暖

論九穀風土及種蒔時月

穀之為品不一風土各有所宜種藝之時早晚又各不同案書禹貢冀州厥土惟白壤厥田惟中中兗州厥土黑墳厥田惟中下青州厥土白墳厥田惟上下徐州厥土赤埴墳厥田惟上中揚州厥土惟塗泥厥田惟下下荊州厥土惟塗泥厥田惟下中豫州厥土惟壤下土墳壚厥田惟中上梁州厥土青黎厥田惟下上雍州厥土惟黃壤厥田惟上上又周禮職方氏揚州荊州其穀宜稻豫州其穀宜五種鄭注黍稷菽麥稻青州其穀宜稻麥兗州其穀宜四種鄭注黍稷稻麥雍州其穀宜黍稷幽州其穀宜三種鄭注黍稷稻冀州其穀宜黍稷并州其穀宜五種鄭注同前合二經觀之雖幽并徐梁互闕所載而九州風土之宜其大凡可見矣然一州之內風土又各有所不同但條目繁多書不盡言耳觸類而求之苟塗泥所在厥田中下稻即可種不必拘以荊揚土壤黃白厥田上中黍稷粱

菽即可種不必限于雍冀墳壚黏埴田雜三品麥即可種又不必以并青兗豫為定也若夫時之早晚案齊民要術有上中下三時大率以洛陽土中為準此亦舉一隅之義爾以周公土圭之法推之洛南千里其地多暑洛北千里其地多寒暑既多矣種藝之時不得不加早寒既多矣種藝之時不得不加遲又山川高下之不一原隰廣隘之不齊雖南乎洛其間山原高曠景氣淒清與北方同寒者有焉雖北乎洛山限掩抱風日和煦與

南方同暑者有焉東西以是為差苟比而同之殆類夫膠柱而鼓瑟矣氾勝之書有言種無期因地為時此不刊之論也表而出之庶覽者有所折衷焉

論苧麻木棉

大哉造物發生之理無乎不在苧麻本南方之物木棉亦西域所產近歲以來苧麻藝於河南木棉種於陜右滋茂繁盛與本土無異二方之民深荷其利遂即已試之效令所在種之悠悠之論率以風土不宜為解蓋不

知中國之物出於異方者非一以古言之胡桃西瓜是不產於流沙葱嶺之外乎以今言之甘蔗茗芽是不產於牂牁邛筰之表乎然皆為中國珍用奚獨至於麻棉而疑之雖然託之風土種藝之不謹者有之抑種藝雖謹不得其法者亦有之故特列其種植之方於右庶勤於生業者有所取法焉他日功效有成當暑而被絺綌之衣盛冬而襲麗密之服然後知其不為無補矣

農桑輯要卷二

欽定四庫全書

農桑輯要卷三

元 司農司 撰

栽桑 附柘

論桑種

齊民要術桑椹熟時收黑魯椹 黄魯桑不耐久諺曰魯桑百豐錦帛言其桑好功省用多 博聞録白桑少子壓枝種之若有子可便種須用地陰處其葉厚大得繭重實絲倍每常 士農必用

桑之種性惟在辨其剛柔得樹藝之宜使之各適其用 桑種甚多不可徧舉世所名者荆與魯也荆桑多椹魯桑少椹葉薄而尖其邊有瓣者荆桑也凡枝幹條葉堅勁者皆荆之類也葉圓厚而多津者魯桑也凡枝幹條葉豐腴者皆魯之類也荆之類根固而心實能久遠宜為樹魯之類根不固而心不實不能久遠宜為地桑然荆桑之條葉不如魯桑之盛茂當以魯條接之則能久遠而又盛茂也魯為地桑而有壓條換根之法傳轉無窮亦是可以長久也荆桑之類宜飼大蠶其絲堅紉中紗羅書禹貢厥篚檿絲注曰檿山桑此荆之類而尤佳者也魯桑之類宜飼小蠶

種椹

齊民要術收黑魯椹即日以水淘取曬燥仍畦種 治畦下種

一如葵法常媷令淨　氾勝之書曰種桑法五月取椹著水中即以手潰之以水洗取子陰乾治肥田十畆荒田久不耕者尤善好耕治之每畆以黍椹子各三升合種之黍桑當俱生鋤之桑令稀疏調適黍熟穫之桑生正與黍高平因以利鎌摩地刈之曝令燥後有風放火燒之桑至春生一畆食三箔蠶　四時類要種桑如種葵法土不得厚厚即不生待高一尺又上糞土一徧　務本新書四月種椹二月種舊椹亦同東西掘畦熟糞和土耬平下

水水宜濕透然後布子或和黍子同種椹藉黍力易為生發又遮日色或預於畦南畦西種檾後藉檾陰遮映夏至長至二三寸旱則澆之若不雜黍種須旋搭矮棚於上以箔覆蓋晝舒夜捲處暑之後不須遮蔽至十月之後桑與黍稭同時刈倒順風燒之仍耪糞土蔽仄春暖榮茂次年移栽　一法熟地先耕黍一壠另搓草索截約一托以水浸軟𦈢飯湯更妙索兩頭各歇三四寸中間匀抹濕椹子十餘粒將索臥於黍壠內索兩頭以

土厚壓中間摻土薄覆隔一步或兩步依上臥一索四面取齊成行夂旱宜澆十月刈燒加糞如前冬春擁雪蓋糞清明前後掃去霖雨時覷稀稠移補比之畦種旋移省力決活早二年得力如舊有椹春種更妙後宜築圍牆固護或慮索繁碎以黍椹相和於葫蘆內點種過處用箒掃勻或慮天旱宜就黍壠內撥土平勻順壠作區下水種之　又法春月先於熟地內東西成行勻稀種檾次將桑椹與蠶沙相和或炒黍穀亦可趁逐雨後

於檾北畔耩或點種比之搭矮棚與黍同種緣檾陰高密又透風露雖種數十畆亦不甚委曲費力　士農必用畦種與前法同種子宜新不宜陳新椹種之為上隔年春種多不生蔭畦搭棚為上檾麻次之黍苗又次之桑芽出間令相去五七寸營造尺寸也他倣此頻澆過伏可長至三尺割去檾麻至十月內附地割了撒亂草走火燒過火不可大恐損根糞草蓋至來春杷耬去糞草澆每一科自出芽三數箇留旺者一條已成根則不須蔭可頻澆至秋魯桑可長五七尺荊桑可長三四尺魯桑可移為地桑荊桑可移入園養之

地桑

務本新書夫地桑本出魯桑若以魯桑萌條如法栽培揀肥旺者約留四五條鋤治添糞條有定數葉不繁多衆葉脂膏聚於一葉其葉自大即是地桑 栽地桑法秋後於熟白地內深耕一犂就壠加糞撥土為區如無牛掘區亦可春分前後取臘月所埋桑條 埋條法如後 揀有萌芽處各盤七八寸或一尺鍬區下水臥條栽之覆土約厚三四指深厚則難生以手按勻區東南西種葚五

七粒五月之後芽葉微高旋添糞土已後條高便作地桑或揀魯桑葚兒秋間埋頭深栽更疾得力 士農必用地桑之功惟在治之如法不致荒燥 無樹桑之家純用地桑則人力倍省有樹桑兼地桑之家樹葉既成地桑可止而勿用加澆鋤之功使之滋長至其蠶大眠之後或樹桑不能時至則可就取地桑補之蠶至終老不致闕食 布地桑法牆圍成園將園內地或牛犂或钁斸熟方五尺內掘一阬 內地一畝合栽一百四十科 方深各二尺阬內下熟糞三升 生糞不中壯地不用 和土勻下水一桶調成稀泥將畦內種成魯桑連根掘出一科自根

上留身六七寸其餘截去截斷處火鍁上烙過每一阬栽一根將根坐於泥中 欲疾見功者栽二根 按至阬底提三五次 欲令根須舒順 按桑身頂與地平擁周圍熟土令阬滿次日築實 匝阬四邊築下土至半阬根下土自實不實則根土不相著多懸死 上半阬擁熟土輕築令平滿 附身土不可築實實則芽難生 用虛土封堆如大鍬子樣可厚五七寸周圍自成環池 水澆於內 芽出虛土四五指每一根止留一二條 澆鋤如法當年可長五尺餘 次年附根割條葉飼蠶 須用厚背剛鎌一割要斷鈍鎌一割不能斷則條植不齊雨浸傷根地桑不宜放出身只要條從土中長出身出土名為脚高身上所長條不旺又多被風雨擺折

割過處每一根盤周圍數芽出每一科可計留四五條餘者間去年年附地割之根漸旺留條漸多野魯桑根科栽之亦可 全如前法地桑三年後正長旺五年後根相交根交則不旺春時將相交根斫斷掘去添上糞土或澆過或得雨即復長旺次後斟酌其根欲大將壓成栽子園別園如前法栽之三年後新桑茂盛養蠶斫桑時將舊桑根上只留一條隔年自成一樹分出栽為行桑如此傳轉無有盡期然魯桑所飼蠶其絲少堅韌可斟酌栽剶桑樹於大眠後取葉間飼之 韓氏直說地桑須於近井園內栽之有草則鋤無雨則澆比及蠶生可澆三次其葉自然早生 桑種自有早生者遲生者須擇

其早生者為地桑則可

移栽

齊民要術桑椹旺種明年正月移而栽之仲春季春亦得率五尺一根大都種椹長遲不如壓枝之速無栽者乃種椹也其下常斸掘種菉豆小豆二豆良美潤澤益桑栽後二年慎勿採沐小採者長倍遲務本新書桑生一二年脂脈根株亦必徽嫩春分之後掘區移栽區北直上下栽成土壁壁底旁鍬其土下水三四升將桑草兒靠壁栽立根科須得匀舒以土堅覆土壁比

區地約高三二寸大抵一切草木根科新栽之後皆惡搖擺故用土壁遮禦北風迎合日色今時移栽小桑微帶根鬚上無寸土但經路遠風日耗竭脂脈栽後難活縱活亦不榮旺卻稱地法不宜此係拙謬今後應栽小樹若路遠移多約十餘樹通為一束於根鬚上蘸沃稀泥泥上糝土上以草包或席蒲包包內另用淳泥固塞仍擗夾車箱兩頭不透風日中間順臥樹身上以席草覆蓋預於栽所掘區下糞樹到之時便下水依法栽培

秋栽法平昔栽桑多於春月全樹移栽春多大風吹擺加之春雨艱得又天氣漸熱芽葉難禁故多不活活亦遲得力若是斫去元幹再長樹身桑間鐵腥愈旺地桑是其驗也迤南地分十月埋栽河朔地氣頗寒故宜秋栽霖雨內為上時區深一尺之上平地約留樹身一二指餘者斫去栽罷地須堅築以土封瘢比及地凍於上約量添糞春暖之後就糞撥為土盆雨則可聚旱則可澆樹南春先種穄比及霖雨以來芽條繁茂就作地桑或削去細條

存留旺者一二枝次年便可成樹或是就壓傍條一樹又生十餘比之全樹栽者樹樹必活桑亦榮茂十月木迷宜栽埋頭桑截去桑身栽如秋栽法冬月根脈下行乘春併發一年之間長過元樹栽二年之上其間但有芽葉不旺者於穀雨時以硬木貼樹身去地半指一斧截斷快鏟更妙糝土封其樹瘢樹南種黍五七粒十餘日妒出芽條旱則頻澆立夏之後不宜此法一歲之中除大寒時分不能移栽其餘月分皆可農桑要旨云平原淤壤土地肥虛荆

桑魯桑種之俱可若地連山陂土脈堅硬止宜荆桑又初栽後成科時中心長條上葉勿採其餘在旁脚科止將其葉且勿劚斫蓋令枝葉繁密就為藩蔽以防牛畜咬損犁攞拖拽之患後中心枝既麤即可劚斫在旁科條本根既盛脂脈盡歸中心枝便可長成大樹堅久茂盛不生𧌒心

士農必用種藝之宜惟在審其時月又合地方之宜使之不失其中栽培所宜春分前後十日十月內並為上時春分前後以及發生也十月號陽月又曰小春木氣長生之月故宜栽培以養元氣此洛陽方左千里之所宜其他地方隨時取中可也桑者易生之物嘗於長安試地桑除十一月不生活餘月皆可然春時及寒月必於天氣晴明巳午間藉其陽和如其栽子已出元土忽變天寒風雨以熱土調泥栽培之熱月則必待晚涼仍預於園內稀種穀或麻黍為蔭

養樹桑法牆園成園

大小隨人所欲將園內地耕劚熟方三尺許掘一阬阬之方深下糞水與將畦內種出荆桑全條連根掘出栽培栽地桑法同亦如前法但所築實土與地平上復用土封身一二尺周圍自成環池無雨則澆待桑身長至一大人高劚去梢子則橫條自長任令滋長休科去新條當春不宜科科了數年不旺十二月內或次年正月科則不妨如澆治有功至秋可長大如壯椽十月內或次年春可移為行桑若不如此於園內養成從小便栽為行桑者多被風雨孳畜損壞

野荆桑不成身者移根於園內養之亦同栽培如地桑法芽出留旺者一條長至如大人高其科養如前

壓桑

齊民要術須取栽者正月二月中以鉤弋壓下枝令著地條葉生高數寸仍以燥土壅之土濕則爛明年正月中截取而種之住宅上及園畔者固宜即定其田中種者亦如種椹法先穊種二三年然後更移

務本新書寒食之後將二年之上桑全樹以兜𢱣祛定掘地成渠條上已成小枝者出露土上其餘條樹以土全覆樹根周圍撥作土盆旱宜頻澆如無元樹止就桑

下脚窠依上掘渠埋壓六月不宜全壓

士農必用春氣初透時將地桑邊傍一條梢頭截了三五寸屈倒於地空處多用栽子多屈幾條隨人所欲地上先兜一渠可深五指餘臥條於內用鉤𢱣子攀釘住條短則二箇長則三箇懸空不令著土其後芽條向上生如細耙齒狀橫條上約五寸留一芽其餘剜去可飼小蠶至四五月內晴天巳午時間橫條兩邊取熱溏土擁橫條上成壠橫條即為臥根至晚澆其根科當夜臥根生須至秋其芽條皆為條身至十月或次年春分前後際

臥根根頭截斷取出隨間空處斫斷（一如拐子樣）每一根為一栽（此法萌芽栽子無窮）

栽條

務本新書秋暮農隙時分預掘下區藉地氣經冬藏濕又分減栽時併忙區方深各二尺之上熟糞一二升與土相和納於區內土宜北高南下以留冬春雨雪（餘區準此）臘月内揀肥長魯桑條三二根通連為一窠快斧斫下即將楂頭於火内微微燒過每四十五條與稈草相間

作一束臥於向陽阬內（阬深長三四尺當預掘下防冬深地凍難掘）以土厚覆春分已後取出卻將元區跑開下水三四升布粟三二十粒將條盤曲以草索繫定臥栽區內覆土約厚三四指如或出露條尖三二寸覆土宜厚尺餘俱當堅築仍以虛土另封條尖已後芽生虛土自充先於區南種檾地宜陰濕時時澆之若全臥栽者已後逐旋添土芽條長高斫去傍枝三年可以成樹或就作地桑

栽桑梢

據埋頭栽桑斫下桑梢相連三二枝為一窠栽如前法或於蘿蔔內穿過一枝假借氣力更妙掘區堅埋依前法　壠種桑條秋耕熟地二月再擺勻東西起𡋯約量遠近撥土為區將臘月元埋桑條栽依前法或是單根長桑條依上栽之亦可　栽種桑條者若舊桑多處可以多斫萌條若是少處又慮斫伐太過次年誤蠶故具種椹壓條栽條之法三者擇而行之　士農必用插條法牆圍成園掘阬如地桑法大葉魯桑條上青眼動時

斜條長一尺之上截斷兩頭烙過每一阬內微斜插三二條（栽培如地桑法）待芽出封堆虛土三五寸每一根斜止留一條至秋可長數尺次年割條葉飼蠶（止怕當年三伏日澆蔭不闕無不活者畦內插亦可）如當處無可採之條預於他處擇下大葉魯桑臘月割條藏於土穴（如藏花果接頭透風則乾了）候至桑樹條上青眼微動時開穴所藏條上眼亦動（但黃色）截烙栽培用度如前

布行桑（齊民要術士農必用種椹而後移栽移栽而後布行務本新書畦種之後即移）

為行桑無轉盤之法

齊民要術桑栽大如臂許正月中移之亦不須髡率十步一樹陰相接則妨禾豆行欲小掎角不用正相當相當則妨犁

士農必用園內養成荊魯桑小樹如轉盤時於臘月內可去不便枝梢小樹近上留三五條椀口以上樹留十餘條長一尺以上餘者皆斜去至來春桑眼動時連根掘來於漫地內濶八步一行行內相去四步一樹相對栽之栽培澆灌如前法桑行內種田濶八步牛耕一繳地也行內相去四步一樹破地四步已久可成大樹相對則

可以橫耕故田不廢墾桑不致荒荊棘圍護當年橫枝上所長條至臘月科令稀勻得所至來春便可養蠶野桑成身者即可移栽留橫枝如前法一名一生桑其根平淺故不久自死轉盤換根則長旺又久遠也農家移栽為轉盤桑同果樹一移一旺舊根斫斷新根即生新根不平生向下生也以此故長旺久遠

修蒔治蟲蠹等法附

齊民要術凡耕桑田不用近樹傷桑破犁所謂兩失其犁不著處斸地令起斫去浮根以蠶矢糞之去浮根不妨耬犁令樹肥茂也

又法歲常繞樹一步散蕪菁子收穫之後放豬啖之其地柔軟有勝耕者種禾豆欲得逼樹不失地利田又調熟遶樹散蕪菁者不勞逼也

務本新書桑隔內修蒔宜淨使透風日則桑決榮茂萬一有步屈等蟲又易捕打冬春之際免野火延燒　備春旱者秋深預於桑下約量擁糞經冬地氣藏濕桑亦榮旺春月撥作土盆雨則可聚旱則可鋤鋤治桑隔自然耐旱又辟蟲傷瀕河近井若能一澆亦不失節　備霜災者三月間儻值天氣陡寒北風大作先於園北覷當日風勢多積糞草待夜深發火熯煴假借烟氣順風以解霜凍花果倣此

士農必用樹桑之病

自變革之後桑田不治積有歲年苟就其久荒之業為一時之用荒桑晚生其蠶則稺弱蠶老遲則科葉亦遲故明年之葉其生也又差晚矣積年愈多則與蠶生之日愈不能相及為蠶事者必當開墾其田科斫其桑使之滋長成條其次年所生之葉與蠶生之時自不相遠也

韓氏直說桑樹腳科並浮根依時皆可斸去可做栽子者依法栽之不妨耕種其桑自然根深耐旱葉早生榮茂農桑要旨云害桑蠶蠹不一蠦蛛步屈麻蟲桑狗為害者當生發時必須於桑根周圍封土作堆或用蘇子油於桑根周圍塗掃振打既下令不得復上即蹉撲之或張布幅下承以篩之野蠶為害者其蟲與家蠶同眠起小時不為害欲大眠時將應有五六日內飼蠶桑葉併力收斫連枝積貯不令日氣曬炙其野蠶當斫時自然振落縱有留者亦因積貯蒸死一二日桑

葉萎輭當旋旋剶下切細以温鹽水拌飼之不惟其葉生新抑鹽性涼於蠶有益不然遲於收斫三日內野蠶大眠起桑葉必盡為所食家蠶又何望乎又有蜣蜋蟲性如蠦蛛晝潛於上夜出食葉必須上用大棒振落下用布幅承聚於上風燒之桑間蟲聞其氣即自去以上蟲蓋食葉者也又有蠹根食皮而飛者名曰天水牛於盛夏時生皆沿樹身匝地生子其子形類蛆咣樹骨脂到秋冬漸大蠹食樹心大如蠐螬至三四月間化成樹蛹卻變天水牛故其樹方秋先發黃葉經冬及春必漸枯死除之之法當盛夏食樹皮時沿樹身必有流出脂液濕處離地都無三五寸即以斧削去打死其子其害自絕若已在樹心者宜以鑿剔除之凡諸害桑蟲蠹皆因桑隔荒蕪而生以致累及熟桑使盡修築下為熟地必無此害桑蟲蠹也又桑間可種田禾與桑有宜與不宜如種穀必揭得地脈亢乾至秋桑葉先黃到明年桑葉澀薄十減二三又致天水牛生蠹根咣皮等蟲若

種蜀黍其梢葉與桑等如此叢雜桑亦不茂如種菉豆黑豆芝麻瓜芋其桑鬱茂明年葉增二三分種黍亦可農家有云桑發黍黍發桑此大槩也

科斫 附採葉

齊民要術劚桑十二月為上時正月次之二月為下白汁出則損葉大率桑多者宜苦斫桑少者宜省劚秋斫欲苦而避日中觸熱樹焦枯苦斫春條茂冬春省劚竟日得作　春採者必須長梯高杌數人一樹還條復枝務令淨盡要欲旦暮而避熱時梯不長高枝折人不多上下勞條不還枝仍曲採不淨鳩腳多且暮採令潤澤不避熱條葉乾　秋採欲省裁去妨者秋多採則損條

士農必用樹桑惟在稀科時斫依時斫也使其條葉豐腴而早發不致蠶之稺也稺則條自豐葉自腴今年科不過時則長條豐美明年之葉自然早發而又腴潤也又科斫之利惟在不留中心之枝容立一人於其內轉身運斧條葉偃落於外比之擔負高杌遶樹上下科有心之樹者一人可敵數人之功條不可冗冗則費芟科之功葉薄而無味是故科斫為蠶事之先務時人不知預治於農隙之時而徒費功力於蠶忙之日人則倍勞蠶亦失所如得其法使樹頭易得其條條上易得其葉蠶不待食葉以時生又其葉潤厚農語云鋤頭自有三寸澤斧頭自有一倍桑秦中一法名曰剝桑臘月中悉去其冗所存之條甚疎又於所存條根之上僅留四眼餘皆去之其所留者明年則為柯其眼中所發青條可長三數尺其

葉倍長光澤如沃蠶逼老而手採之獨留一向外之條滋長及秋其長已至尋丈臘月復科之如前歲久則所留之柯繁重復從下斫去既周而復始洛陽河東亦同山東河朔則異於是必留萌條疑風土所宜然欲一試此剝桑之法而未果也

斫樹法自移栽時長五七尺高便割去梢既不留中心其條自向外長樹長大中心可容立一人如長成樹者當中有身及枝者亦可斫去

科條法凡可科去者有四等一瀝水條向下垂者一刺身條向裏生者一駢指條相併生者選去其一一冗脞條雖順生卻稠冗臘月為上正月次之臘月津液未上又農隙人家春科只圖容易剝皮卻損了津液也欲用桑皮將臘月正月科下條向陽土內培了至

二月中取之自可剥惟在時之和融手之審密封繫之固擁包之厚使不致疎淺而寒凝也春分前十日為上時前後五日為中時然取其條眼襯青為時尤好此不以地方遠近皆可準也然必待晴暖之日以藉其陽和也接不密則氣液難通擁包不固厚則風寒入而害生也果之一生者質小而味惡既一接之則質碩大而味美桑亦如是故接換之功不容不知也且木之生氣冬則藏於骨肉之際春則行於肌肉之間生氣既行津液隨之亦如人之生脉夜沈晝浮而氣血從之皮膚之內堅骨之外青而潤者木之肌肉也令乘發生之時即其氣液之動移精美之條笋以合其鄙惡之榦質使之功相附麗二氣交通通則變變則化向之所謂鄙惡者而潛消於冥冥之中蓋精美之至其用乃神山谷道人接花之什有云雍也本犂子仲由元鄙人升堂與入室都在一揮斤可謂善形容造化之妙者也

接廢樹

廢樹老樹也謂枝榦豐大條短葉薄不能復滋長者接法可傳者有四一插接二劈接三壓接又名貼接又名神仙接四批接又名搭接其法度各具本條廢樹可插接又可劈接

插接法附地鋸斷於砧盤上肌肉內附骨用竹篦子插下可深一寸半或插或釘竹篦子大小比接頭劈半樣一面蒲背一面平也削成馬耳狀用時噙養溫和插時平面附骨鋸過處為砧盤堅木為骨皮內骨外青輭者為肌肉鋸用細齒者齒麁傷肌肉接頭可長五寸之上其眼襯青者根頭一寸半用薄刃刀子刻下中半刻成判官頭樣餘半削其骨成馬耳狀又與刻下處相照蒲背上用刀子過斷浮皮剝去顯露肌肉輕過不可傷肌肉又將馬耳尖頭薄骨割去半分青肌肉自長於骨尖半分也將接頭噙養溫暖假借人之生氣易活入於其時不可喫酒及濃厚滋味物取出篦子就用青肌肉半分裹接頭馬耳尖插下極要嵌密每一砧盤上插二條或三條令接頭之骨與樹之骨相著肌肉與樹之肌肉相著木之津液行於肌肉之間如不相對著又不緊密多不活如不用半分肌肉裹馬耳尖則擦了肌肉故亦多有不活者用新牛糞和土為泥封泥了濕土封堆大小斟酌其樹盤接頭頂上可留一二眼土

厚三四寸周圍棘刺遮護接頭生芽條出土長高一二尺約量留三二條其餘割去傍埋椽子一條為依柱芽條漸長用繩子或葛條總繫在柱上不如此被風雨擺折芽條漸長壯止可留二條後為雙身樹也當年可長八九尺一丈至大人高時截去梢其橫枝自長勿採剝至臘月內科截橫條每一身可留三四枝各長一尺然不可拘定或可長可短取其樹勢圓也明年為柯柯上起條採令稀勻至秋成樹劈接亦可其法如後又法掘土見根將橫根周圍一遭斧斫斷

掘去中間正根，將周圍根楂細鋸子截成砧盤，每一砧盤或劈接或插接二三接頭（斟酌砧盤大小，細根不堪接者勿用，封堆等如前法）芽條出土，若太稠密則間令得所，至來年止留一條大者於本地，其餘分出為栽子，於別地栽之（用依柱如前）劈接法：先附地平鋸去身幹，於砧盤傍向下一寸半，皮肉上用快刀子尖向上左右斜批豁兩道至平面，其下尖其上濶一指，中間批豁斷者剔去（其批豁了處如一鴉子樣渠子也，兩壁有斜面，無平底，其尖淺向上漸深至平面，可深至半指許）接頭可長五寸，其麤細如一指許者，於根頭一寸半內量留一半，將其外一半左右削兩刀子成蕎麥楞樣，令頭尖，口內噙養溫暖，嵌於砧盤傍所批渠子內，極要緊密，須使老樹肌肉與接頭肌肉相對著，於一砧盤上如此接至數箇（斟酌砧盤大小）用新牛糞土泥封泥了所繫桑皮，然後用濕土封堆接頭上，可厚五寸（大小斟酌其樹盤）周圍棘刺遮護，接頭上條芽出土長高一二尺，約量留三二條，用依柱如前。壓接法：可就於橫枝上截了，留一尺許（然尺寸不可拘定，惟取樹勢圓也）於接頭

上眼外方半寸，刀尖刻斷皮肉至骨，款揭下帶眼皮肉一方片（其眼底骨上一小心子如米粒，此是一芽生氣之根，揭時用指甲尖劉起，令其小心子帶於皮肉之上）口噙少時，取出，印濕痕於橫枝上，復噙養之，用刀尖依濕痕四圍刻斷皮肉，揭去露骨，將接頭上壓皮嵌貼上（其眼向上，勿令顛倒）上下兩頭用新細薄桑皮繫了（斟酌其緊慢，太緊則生氣不通，太慢則不相附著，俱難活也）用牛糞和泥眼四邊泥了。其所貼之壓多少，可量其樹之大小。搭接法：就畦內將已種出荊桑隔年芽條，去地三寸許，向上削成馬耳狀，將一般麤細魯桑接頭亦削成馬耳狀，兩馬耳相搭，細桑皮繫了，牛糞泥封，濕土擁培，其芽條出土可留一二芽，至秋長如一大人高，明年可移入園中養之，其法如前接（諸果木亦同）取藏接頭：側近有接頭者，臨接時取；遠處有者，預先於臘月節氣內割取其條（其採取培養之法，全如插條法內所說。如取接頭處過遠者，可於未曾盛油新抪甕中與蒲撲一處藏了，外密封不透，雖行千里不致凍傷。果木宜二年條，其藏及接法亦同）

接大小樹（大樹宜劈接、插接，小樹宜搭接、壓接）

附地接者封泥擁培如前半身截成砧盤接者但其縫罅上用紙封又用破席片包裹如仰盆子樣內盛潤土培養其接頭勿令透風（用無底瓦罐盆子代席片亦可）土乾則灑水所包土上條芽長出其所包土亦休取去至秋條長成接處長定所包土不用也（如接頭都活則斟量橫枝多少樹之氣力留之）

義桑

務本新書假有一村兩家相合低築圍牆四面各一百步（若戶多地寬更甚省力）一家該築二百步牆內空地計一萬步

每一步一桑計一萬株一家計分五千株若一家孤另一轉築牆二百步牆內空地止二千五百步依上一步一桑止得二千五百株（其功利不侔如此）恐起爭端當於園心以籬界斷比之獨力築牆不止桑多一倍亦遞相藉力容易句當

桑雜類

齊民要術椹熟時多收曝乾之凶年粟少可以當食（魏畧曰楊沛為新鄭長興平末人多飢窮沛課民益畜乾椹收䝁豆閱其有餘以補不足積聚千餘斛會太祖西迎天子所將千人皆無糧沛謁見乃進乾椹太祖甚善及太祖輔政超為鄴令賜生口十人絹百疋既欲勵之且以報乾椹也今自河以北大家收百石少者尚數十斛故杜葛亂後飢饉薦臻惟仰以全軀命數州之內民死而生者乾椹之力也）

務本新書桑椹平時以棗椹拌餡熯餅食之甜而有益 椹子煎採熟椹盆內微研以布紐汁磁器盛頓晝夜露地放之四十九日以湯點服明耳目益水藏和血氣（或加蜜少許石器同煎亦可）病諸瘡疾作膏藥貼神效 桑螵蛸桑根白皮皆入藥用 桑皮抄紙春初剶斫繁枝剝芽皮為上餘月次之 桑木為弓弩胎則耐挽

拽 桑莪素食中妙物又五木耳桑槐榆柳楮是也桑槐者為良野田中者恐有毒不可食

柘

齊民要術種柘法耕地令熟耬耩作壟柘子熟時多收以水淘汰令淨曝乾散訖勞之草生拔卻勿令荒沒三年間斸去堪為渾心扶老杖十年中四破為杖任為馬鞭胡牀十五年任為弓材亦堪作履裁截碎木中作錐刀靶二十年好作犢車材欲作鞌橋者生枝長三尺許

以繩繫旁枝木橛釘著地中令曲如橋十年之後便是渾成柘橋欲作快弓材者宜於山石之間北陰中種之其高原山田土厚水深之處多掘深阬中種桑柘者隨阬深淺或一丈丈五直上出阬乃扶疎四散此樹條直異於常材十年之後無所不任 柘葉飼蠶絲好作琴瑟等絃清鳴響徹勝於凡絲遠矣 博聞録柘葉多藂生榦疎而直葉豐而厚春蠶食之其絲以冷水繰之謂之冷水絲柘蠶先出先起而先繭柘葉隔年不採者春

再生必毒毒蠶如不採夏月皆要打落方無毒

農桑輯要卷三

欽定四庫全書

農桑輯要卷四

元 司農司 撰

養蠶

論蠶性

齊民要術春秋考異郵曰蠶陽物大惡水故蠶食而不飲 士農必用蠶之性子在連則宜極寒成蛾則宜極暖停眠起宜温大眠後宜涼臨老宜漸暖入簇則宜極

暖

收種

齊民要術收取繭種必取居簇中者 近上則絲薄近地則子不生也

務本新書養蠶之法繭種為先今時摘繭一概並堆箔上或因繰絲不及有蛾出者便就出種罨壓熏蒸因熱而生決無完好其母病則子病誠由此也今後繭種開簇時須擇近上向陽或在苫草上者此乃强良好繭 農桑要旨云繭必雌雄相半簇中在上者多雄下者多雌 陳志宏云雄繭尖細緊小雌者圓慢厚大 另摘

出于透風涼房內淨箔上一一單排日數既足其蛾自生免熏罨鑚延之苦此誠胎教之最先若有拳翅禿眉焦腳焦尾熏黄赤肚無毛黑紋黑身黑頭先出末後生者揀出不用止留完全肥好者勻稀布於連上擇高明涼處置箔鋪連箔下地須灑掃潔淨蠶連厚紙為上薄紙不禁浸浴野語云連用小灰紙更妙候蛾生足移蛾下連屋內一角空豎處立柴草散蛾于上至十八日後西南淨地掘阬貯蛾上用柴草搭合以土封之庶免禽蟲傷食蓋有功于人理當如此 農桑要旨云將蛾作三阬埋種田地內能使地中數年不生剌芥

士農必用蠶事之本惟在謹于謀始使不為後日之患也眠起不齊由于變生之不一變生不一由于收種之不得其法故曰惟在謹于謀始

擇繭出種者

取簇中腰東南明淨厚實繭蛾第一日出者名苗蛾不可用屋中置柴草上放不用蛾次日以後出者可用每一日所出為一等輩各于連上寫記後來下蛾時各為一等輩二日相次為一輩猶可次三日者則不可為將來成蠶眠起不能齊極為患害另作一輩養則可末後出者名末蛾亦不可用鋪連于槌箔上雄雌相配當日可提掇連三五次去其至尿也末時後款摘去雄蛾放在苗蛾一處將母蛾于連上勻布稀稠得所所生子如環成堆者其蛾與子皆不用其餘者生子數足更當就連上令覆養三五日不覆養則氣不足然後將母蛾亦置在雄蛾苗蛾末蛾處十八日後埋之

浴連收貯蠶連附

歲時廣記集正歷凡浴蠶種了小繩子搭掛上元日浴畢掛一七日卻收于清涼處者一甕盛貴得清涼令生

遲也又臘日取蠶種籠掛桑中任霜露雨雪飄凍至立春收謂之天浴蓋蠶蛾生子有實有妄者經寒凍後不復狂生唯實者生蠶則強健有成也

務本新書農家自蛾在連直至臘月內三八日浴連三次比及此時蛾溺毒氣先熏汙八九月甚違胎養之方今後自蛾在連即于無煙通風涼房內桑皮索上單掛不得見日若遇天氣炎熱于午未間將連鋪在涼房淨地上申時卻掛起至十八日後遇天色晴明日未出時汲深井甜水浴連約一頓飯間浸去便溺毒氣依上單掛孕婦並未滿月產婦不得浴

連勿用厚衣帤絮包裹勿近銅鐵鹽灰不得用麻繩繫掛如或不忌後多乾死不生本草陳藏器云苧麻近蠶種則蠶不生當遠之三伏內再浴至秋高時雨連用線長綴通作一連索上搭掛廒免秋風磨擦七八月不宜收起早收蠶子不旺至十月天晴收卷桑皮索繫懸之冬至日臘八日依前浴掛長流水為上井花水次之比及月望數連一卷桑皮索繫定庭前立竿高掛以受臘天寒氣又採辰精月華至歲除夜用五方草同桃符木柤以水同煎放冷元日五更浴連辟

諸惡解厭魅宜蠶五方草者馬齒莧是也五月五日于牆頭並屋上或人迹少到處採者佳若春早進生至天社日重九日採亦同立春後無煙屋內置淨甕一隻細切乾茅草襯底另貯黑豆一二斗上立一絲箔傍卷蠶連連三紙桑皮繫之遶甕竪立以紗蓋甕每十數日將連取出略見風日又蠟連大忌煙熏農家少有避煙房舍日值煙氣熏蒸胎先蘊熱來春必變為見桑葉未生多以土豆埋壓蠟遭困苦後必消耗審此病源決合多方救護謂如一村十數家蠶連各自封記社長斂集于無煙處寄放庶免熏埋之苦 士農必用浴畢掛時須蠶子向外恐有風相磨損其子冬至日及臘八日浴時無令水極凍浸二日取出水極凍則不能出連年節後甕內竪連須使玲瓏每十數日須日高時一出每陰雨後即便曬曝恐傷濕潤然見風亦不可多時

收乾桑葉

務本新書秋深桑葉未黃多廣收拾曝乾擣碎于無煙火處收頓春蠶大眠後用 士農必用桑欲落時將葉未欲落將傷來年桑眼已落者短津味泥封收囤至臘月內搗磨成麪臘月內製者能消蠶熱病甕器內可多收飼蠶餘剩作牛料牛甚美食

製豆粉米粉

務本新書臘八日新水浸菉豆每箔約半升薄攤曬乾又淨淘白米每箔約半升控乾以上二物背陰收頓野語云臘月造油蠶房內點燈諸蟲不入

收牛糞

務本新書冬月多收牛糞推聚春月旋拾恐臨時闕少春暖踏成墼子曬乾苫起燒時香氣宜蠶 士農必用臘月曝乾至春碾搥碎一半收起一半用水拌勻杵築為墼

收蓐草

務本新書臘月刈茅草作蠶蓐則宜蠶

收蒿梢

士農必用收黃蒿豆稭桑梢其餘梢乾勁不臭氣者亦可

修治苫薦

士農必用穀草黃野草皆可但必令緊密一頭截齊一頭留梢者為苫兩頭齊截者為薦也　野語云苫用茅草上簇輕快又不滋熱

治蠶具附蠶槌

齊民要術崔寔曰三月清明令蠶妾具槌椽箔籠案齊民要術作令蠶妾治蠶室塗隙穴具槌持箔籠士農必用蠶具及繰絲器皿務要寬廣槌箔椽切刀鎌斧軖釜等熱繰絲則釜宜大冷繰絲則釜宜小盆欲大其竈臨時治之春磨米麩蠶忙時不及也

蠶室

齊民要術修屋欲四面開窗紙糊厚為籬崔寔曰三月清明治蠶室塗隙穴務本新書蠶屋北屋為上南屋西屋次之大忌東屋為西照日色又西風非長養之氣至穀雨日先須泥補熏乾豎槌了畢勿透風氣若逼蠶生旋泥者牆壁濕潤多生白䵟貼沙之病蠶屋正門須重掛葦簾草薦簷外不必以箔攔夾令時通風日故也屋內東間另用席箔擗夾一間于內生蛾留小門出入上掛蒲簾蓋屋小則容易收火氣停眠前後拆去蛾或于小屋內生之熟火易為烘暖停眠後移入寬快屋內蠶屋須要寬快潔淨通風氣映日陽屋前不宜有大樹密陰南北屋相去宜遠宜安南北窗大忌西窗南北窗上各糊捲窗一眠之後但遇白日晴明若是南風卻捲北窗若有北風卻捲南

窗蓋倒溜風氣宜蠶故也假有一家蠶屋三間止養蠶十數箔雖無北窗亦不須剏開蓋為蠶少屋寬必無太熱若至二十箔以上決當剏開北窗近下安置但是窗上須掛葦簾草薦南簷外先架立搭棚楝柱大眠時搭蓋以隔臨簷熁熱西山牆外另搭趄棚令時多用蜀黍稭壁以避滿牆西照蠶屋西南角從柱向南高壘牆壁四五步或夾厚籬障以泥泥飾防大眠之後剪開窗紙恐有西南風起此風大傷蠶陝西河南尤甚趙地以北頗緩要旨云蠶

屋地基須高一尺擇地不必以陰陽形勢為法　士農

陳志宏云屋基新土填乾于上用泥重覆

必用修屋宜高廣(低則鬱邊多熱)勿接㩜廈(南㩜隔陽氣北㩜助陰氣)蠶生前一月泥飾(厚則耐寒熱)除正門外每周圍可徧安窗無西窗不妨宜高大(每間開壁更好如壁內有通山柱者一壁上分安兩座力不及者勻立直柴枝)亦可檁㩜之間每一間內各開三照窗(長濶皆五六寸許)兩山壁窗近上亦各如㩜上開照窗(大窗先用故紙全糊外各用草薦密封蓋了照窗亦糊捲窗密封)窗臺高不過二尺五寸每一間附地透開三風眼(如貓窗)卻用磚坯蓋塞了泥封固密

火倉

齊民要術屋內四角著火(火若在一處則冷熱不均)　務本新書生蠶有小屋者四壁挫壘空龕(或八或六)頗類參星樣一高一下頓藏熟火庶得火氣勻停如大屋內生蠶一邊難就壁龕當于箔查外挫壘土臺或釘木橛上安火盆盆外另夾帷箔收拾火氣蠶小時將牛糞墼子燒令無煙移入龕內頓放如無壁龕等止于槌箔四向約量頓火(近兩眼則止)若寒熱不均後必眠起不齊又令時蠶屋內素無禦寒熟火止是旋燒柴薪煙氣熏蒸太甚蠶蘊熱毒多成黑蔫　士農必用治火倉屋當中掘一阬濶狹深淺量屋大小(謂如一二間四椽屋四方一面可闊四尺隨屋大小加減)阬周圍塼坯接壘高二尺粘泥泥了通計深四尺細碎乾牛糞阬底上鋪攤一層厚三四指(臘月所收槌碎者)帶根節麤乾柴于糞上鋪一層(五寸以上徑者凡桑榆槐等堅硬者皆可)柴上又鋪糞一層于柴空隙處築得極實(慎不可虛虛則火燄起傷屋又熟火不能久)糞柴相間椿阬滿上復用糞厚蓋了約蠶生前七八日糞上熴熟火黑

黃煙五七日于蠶蛾生前一日少開門出盡烟即閉了(恐暖氣出)其柴糞陷下已成熟火(蠶小喜暖怕烟不可用生火又生火或驟或歇不能均勻此火既熟絕無烟氣一兩月不滅不動便如無火用柴枝剔撥便暖氣熏騰也上必壘高二尺者欲使火氣上騰至空中散布均勻又防負夜人行誤陷入也)其屋乾透其壁皆暖黑婆等諸蟲盡熏了牛糞熏屋大宜蠶也(蠶喜牛糞牛喜蠶沙)糊窗窗上故紙卻用淨白紙替換糊了(外莫捲草薦旋扯故紙糊新紙不使熱氣出去了)每一窗嵌四大捲窗(宜密)

安槌

齊民要術比至再眠常須三箔中箔上安蠶上下空置下箔障土氣上箔防塵埃

士農必用上下二箔上皆鋪切碎稈草中一箔用切碎擣軟稈草為蓐鋪案平匀仍須四邊留箔槌五七寸揉淨紙粘成一段可所鋪蓐大鋪于中箔蓐上揉紙極軟如棉要旨云底箔須鋪二領蠶蛾生後每日日高捲出一領曬至日斜復布于生蠶箔底明日又將底箔撤出曬曝如前翻覆襯藉使受自然陽和之氣停眠起食然後撤去

變色

務本新書清明將甕中所頓蠶連遷于避風溫室酌中

處懸掛太高傷風太下傷土穀雨日將連取出通見風日那表為裏左捲者卻右捲右捲者卻左捲每日交換捲那捲罷依前收頓比及蠶生均得溫和風日生發勻齊要旨云清明後種初變紅和肥滿再變尖圓微低如春柳色再變蛾周盤其中如遠山色此必收之種也若頂平焦乾及蒼黃赤色便不可養此不收之種也

士農必用蠶子變色惟在遲速由己不致損傷自變視桑葉之生以定變子之日須治之三日以色齊為准農語云蠶欲三齊子齊蟻齊蠶齊是也其法桑葉已生自辰巳間于風日中將甕中連取出舒卷提掇舒時連背向日曬至溫不可熱凡一舒一捲時將元捲向外者卻捲向裏元向裏者卻捲向外橫者豎捲豎者橫捲以至兩頭捲來中間相合舒捲無度數但要第一日十分中變灰色者變至三分收了次二日變至七分收了此二日收了後必須用紙密糊封了如法還甕內收藏至第三日于午時後出連舒捲提掇展連手提之凡半日十數徧須要變十分第三次必須至午時後出連者恐第一次先變者先生蟻也蟻生在巳午時之前過午時便不生

桑蠶直說欲疾生者頻舒捲捲之須虛慢欲遲生者少舒捲捲之須緊實

生蟻

士農必用生蟻惟在涼暖知時開措得法使之莫有先後也生蟻不齊則其蠶眠起至老俱不能齊也其法變灰色已全以兩連相合鋪于一淨箔上緊捲了兩頭繩束卓立于無烟淨涼房內第三日晚取出展箔蟻不出為上若有先出者雞翎掃去不用名行馬蟻留則蠶不齊每三連虛捲為一卷放在新暖蠶房內槌匝下隔箔上候東方白將連于院內一箔上單鋪如有露于涼房中或棚下待半頓飯時移連入蠶房就地一箔上單鋪少間黑蟻齊生並無一先一後者和蟻秤連記寫分兩

下蛾

齊民要術蠶初生用荻掃則傷蠶 博聞録用地桑葉細切如絲髮摻淨紙上卻以蠶種覆于上其子聞香自下切不可以鵝翎掃撥 務本新書農家下蛾多用桃杖翻連敲打蛾下之後卻掃聚以紙包裹秤見分兩布在箔上已後節節病生多因此弊今後比及蛾生當匀鋪蓐草蓐宜擣軟塘火内燒粟一二枚先將蠶連秤見分兩次將細葉摻在蓐上續將蠶連翻搭葉上蛾要匀稀連必頻移生盡之後再秤空連便知蠶蛾分兩依此生蠶百無一損今時如下蛾三兩往往止布一席重疊密壓不無損傷今後下蛾三兩決合匀布一箔若分兩多少驗此差分又慎莫貪多謂如已力止合放蛾三兩因為貪多便放四兩以致桑葉房屋椽箔人力柴薪俱各不給因而兩失 士農必用下蛾惟在詳款稀匀使不致驚傷而稠疊是時蠶母沐浴淨衣入蠶屋蠶屋内焚香又將院内雞犬孳畜逐向遠處恐驚新蛾也蛾生既齊取新葉用快利刀切極細須下蛾時旋切則葉查上有津若鈍刀預切下則查乾無津用篩子篩于中箔蓐紙上務要匀薄須用篩子乃能匀不匀則食偏篩用竹編箄子亦可秫黍䅯亦可如小椀大篩底方眼可穿過一小指也將連合于葉上蛾自緣葉上或多時不下連及緣上連背翻過又不下者並連棄了此殘病蛾也一箔蓐上下蛾三兩蠶至老可分三十箔每蛾一錢可老蠶一箔也條長一丈濶七尺之箔如箔小可減蛾下蛾多則蠶稠為後患也養蠶過三十箔者可更加下蛾箔養蠶少者用筐可也蓐如前法

涼暖總論

齊民要術調火令冷熱得所熱則焦燥冷則長遲 務本新書春蠶時分一晝夜之間比類言之大槩亦分四時朝暮天氣頗類春秋正晝如夏深夜如冬既是寒暄不一雖有熱火各合斟量多寡不宜一體自蛾初生相次兩眠蠶屋内正要溫暖蠶母須著單衣以身體較若自身覺寒其蠶必寒便添熱火若自身覺熱其蠶亦熱約量去火一眠之後但天氣晴明巳午未之間暫捲起門上薦簾以通風日免致大眠起後飼罷三頓投食剪開窗紙時陡見風日乍則必驚後多生病古人云貧家悟得養子

法蓋是多在露地慣見風日之故蠶亦如此至大眠後蠶長十分葉增十倍蓐廣沙多自然發熱加之天氣炎熱蠶屋內全要風涼三頓投食罷宜捲起簾薦剪開窗紙門口置甕旋添新水以生涼氣倘遇猛風暴雨或夜氣太涼卻將簾薦暫時放下

士農必用加減涼暖蠶成蟻時宜極暖是時天氣尚寒大眠後宜涼是時天氣已暄又風雨陰晴之不測朝暮晝夜之不同一或失應蠶病即生惟蠶屋得法則可以應之屋之制周置捲窗中伏熟火謂如蠶欲暖而天氣寒閉苫窗撥火則外寒不入和氣內生若遇大寒屢撥熟火不能勝其寒則外燒糞墼絕烟置屋中四隅和氣自然熏蒸寒退則去餘火

蠶欲涼而天氣暄閉火而捲苫窗則火氣內息而涼氣外入若遇大熱盡捲苫窗不能解其熱則去其窗紙上捲照窗下開風眼窗外槌下灑潑新水涼氣自然透達熱退則糊補其窗閉塞風眼使其蠶自初及終不知有寒熱之苦病少繭成一室之功也然寒不可驟加暖熱當漸漸益火寒而驟熱則黃軟多疾熱不可驟加風涼當漸漸開窗熱而驟風涼則變殭此又不可不知也又正熱猛著寒使禁口不食即用鍬子盛無烟熟牛糞火用杴托火鍬于槌箔下往來辟去寒氣蠶自食葉也

飼養總論

務本新書蠶必晝夜飼若頓數多者蠶必疾老少者遲老二十五日老一箔可得絲二十五兩二十八日老得絲二十兩若月餘或四十日老一箔止得絲十餘兩

飼蠶者慎勿貪眠以懶為累每飼蠶後再宜遶箔巡視若有薄處必再摻令勻若值陰雨天寒比及飼蠶先用去葉稈草一把點火遶箔四向照過逼去寒濕之氣然後飼蠶蠶不生病一眠候十分眠纔可住食至十分起方可投食若八九分起便投食直到蠶老決都不齊又多損失停眠至大眠蠶欲向眠若見黃光便合擡解住食直候起時慢慢飼葉宜輕摻若蠶白光多是困餓宜細細飼之猛則多傷若蠶青光正是蠶得食力勿令少

葉急須勤飼令時農家停眠至大眠眠蠶大半蠶母猶自撥葉直候都眠或有起者纔方住食不知先眠之蠶被葉蓋多時以漸不能退皮至大眠起後多是往來遊走直到入簇決都不齊葉忌濕忌熱蠶食濕葉多生瀉病食熱葉則腹結頭大尾尖當蓋小屋或起棚頓放雨露濕葉控去濕潤然後飼蠶

士農必用飼養之節惟在隨蠶所變之色而為之加減厚薄後擘黑及三眠條內隨色加減食法具此條註內使無過不及也蟻生色黑三日後漸變白則向食少加厚變青則正食宜益加厚雖飽亦不傷復變白則慢食宜少減變黃則短食謂之向眠宜愈減純黃則住食謂之正眠眠起自黃而白自白而青自青復白自白而黃又一眠也凡眠起變色例如此時當減食飼之過則傷傷則禁口不食生病而眠遲

時當正食飼之不及則餧餧則氣弱而生病亦眠遲而又繭薄也

用葉蠶不可食之葉有三一承帶雨露既濕又寒食則變褐色生水瀉臨老則浸破絲囊不可抽繅製之之法芟葉實積苫席覆之少時內發蒸熱審其得所啟苫覆而攤之濕氣隨化葉亦不寒即可飼之也二為風日所薦乾者生腹結三浥臭者即生諸疾斯二者無可製之法棄之可也

韓氏直說抽飼斷眠法蠶向眠時量黃白分數抽減所飼之葉漸次細切薄擲頻飼如十分中有三分黃光者即十分中減葉三分比尋常稍宜細切薄擲頻數亦宜稍頻如十分中有五分黃光即減五分比先次又細切薄擲其頓數更宜加頻如十分中有八分黃光即減去八分比先次切令極細擲令極薄其頓亦令極頻候十分黃光不問陰晴早夜急須擡過豫備箔蔟可無失悞擡過時住食起齊時投食此為抽飼斷眠之法謂抽減眠蠶之葉不致覆壓專飼未眠之蠶使之速眠不惟眠起得齊且無葉罨燠熱之病前人謂學取抽飼斷眠法年年歲計得絲蠶不可不知也

分擡總論

務本新書擡蠶須要眾手疾擡若箕內堆聚多時蠶身有汗後必病損漸漸隨擡減耗縱有老者簇內多作薄皮蠶沙宜頓除不除則久而發熱熱氣熏蒸後多白殭每擡之後箔上蠶宜稀布稠則強者得食弱者不得食必遶箔遊走又風氣不通忽遇倉卒開門暗值賊風後多紅殭布蠶須要手輕不得從高擲下如或高擲其蠶身遞相撃撞因而蠶多不旺已後簇內懶老翁赤蛹是也要旨云蠶有白殭是小時陰氣蒸損天晴急用簸箕三四具轉蠶中庭使日氣煦照擡一箔則復布一箔得日氣則盡解矣 野語云蠶燠乾鬆者其蠶無病蠶燠成片濕潤白積者蠶為有病速宜擡解如正可擡卻遇陰雨風冷則不敢擡用茅草細切如豆每一箔可用一斗或二斗勻撒蠶上上再擲葉移時蠶因食葉沿上其茅草能隔燠熱天晴再擡如無茅草稈草次之

士農必用分擡之便惟在頻款稀勻使不致蒸濕損傷也蠶滋多必須分之沙燠厚必須擡之失分則不勝稠疊失擡則不勝蒸濕故宜頻蠶者柔軟之物不禁觸弄小而分之猶能愛護大而擡之莫能顧惜也未免久堆亂積遠擲高拋生病損傷實由于此故宜安款而稀勻或有不齊頻飼以督其後者使之相及而各取其齊也蠶眠不齊病原于初既然矣當從此治之如于純黃之中雜見其退白而向黃者是與純黃不相懸遠頻飼以督之則猶得相及飼頻則可速其眠故爾如已見純黃又多青白此與純黃既遠雖飼之之頻則亦莫及蓋蠶之變色為變之小其眠則絕食退膚為變之

大也為蛹為蛾則變之尤大而至于化也凡至純黃則結嘴不食而眠如人之大病周身之氣血一為變換一晝夜靜安不擾則眠為得所令以青白者尚多飼而亂之動而踩之則眠者失其所矣比其青白者變黃而向眠則此已過眠而動起動起之初欲得少食亦如人之病起欲得少食以接氣血也以後者方眠勒其食而不投以困以餓又必待後者動起而飼之多病少絲端為可惜故蠶經云眠起不齊絲減半良謂此也

初飼蛾

務本新書初飼蛾法宜旋切細葉微篩切刀宜快快則蛾細勻停不住頻飼一時辰約飼四頓一晝夜通飼四十九頓或三十六頓懶者頗疑頻冗予曰新蛾止食桑葉脂脈若頓

數不多譬如嬰兒小時失乳後必羸弱病生蛾初生須隔夜採東南枝肥葉甕中另頓旋取細切 士農必用飼蛾之法當宿澆其桑旋摘其葉宿澆則多液旋摘則不乾利刃以細切之疏篩以薄布之非利刃則無液非細切則蓋蛾非篩則不勻非勻則偏食然葉擡之微液不能久存少頃之間即成枯乾故須旋切而頻篩也第一日飼一復時可至四十九頓第二日飼至三十頓葉微加厚第三日飼至二十餘頓又稍加厚宜極暖宜暗大凡初蛾宜暗眠宜暗將眠及眠起宜微明向食宜明後皆倣此

擘黑

士農必用擘黑法第三日巳午時間于別槌上安三箔如前初安槌法微帶燠薄揭蛾款手擘如小棊子大布于中箔可盈滿不留槌也可漸漸加葉飼早晴可捲東窗苫蠶喜東照及當日背風窗自此後常日宜如此天陰早暮且不宜至夜則閉凡迎風窗苫及西照窗戶不可開蠶畏風也後皆倣此雖大眠後喜涼亦可以避其猛風也漸漸變色隨色加減食至純黃則不飼是謂頭眠不以早晚擡過

頭眠擡飼

士農必用擡頭眠蠶眠結嘴不食皮膚退換蠶之一變也別槌上鋪四箔

上下隔塵潤中二箔安蠶用葦如前薄帶沙燠揭蠶分如大棊子大布滿中二箔沙燠厚則蒸蠶生病一復時可六頓次日可漸漸加葉可開捲窗一半初向黃時宜極暖眠定宜暖起齊宜微暖擡頭眠飽食正食時擡名擡飽食分如小錢大布滿三箔辨色加減食

停眠擡飼

士農必用擡停眠分如小錢微大布滿六箔起齊頭食宜薄一復時可四頓次日可漸加葉辨色加減或全開捲窗

惟避當風窗初向黃時宜暖眠定宜微暖起齊宜溫擡停眠飽食如前法蠶可撥可摻不須分揭可布滿十二箔然不可高拋遠擲恐損蠶身變色加減食

大眠擡飼

務本新書大眠起燠宜頻除蠶宜頻飼或西南風起將門窗簾薦放下此際不宜擡解箔上布蠶須相去一指布蠶一箇取臘月所藏菉豆水浸微生芽曬乾磨作細麪臘月所藏白米蒸熟作粉亦可第四頓投食拌葉勻飼解蠶熱毒絲

多易繅堅韌有色如葉少去秋所收桑葉再擣為末水灑新葉微濕摻末拌勻接闕飼蠶比食豆麪係本食之物又萵苣亦可接闕蠶屋南簷外先所架立搭棚棵柱此時搭蓋士農必用擡大眠分如折二錢大布滿二十五箔起齊投食一復時可三頓第一頓宜薄但可覆白第二頓比前又薄不覆白第三頓如第一頓覆白此三頓食如不短則其蠶至老食慢次日可漸加葉辨色加減頓數可全開捲窗照窗過熱則更劚開窗紙但不至熱則不拘此例初向黃時宜微暖眠定宜溫起齊宜涼落蓐大眠起投食後第六七頓可落蓐全去沙燠蓐草也即是擡飽食可分至三十

箔辨色加減食正食時每飼後可挾葉篷遶槌巡之但見箔上有斑黎處即摻葉補合蠶至大眠後正食時闕一分葉即減一分絲也但見有斑黎處是蠶先食透葉也即當補合不如此則後來多有薄繭也拌米粉臘月內成造者至第七八頓食後于巳午時間將切下葉攤在葉上新水灑拌極勻待少時細羅白粉子拌令極勻每葉一筐用新水一升粉子四兩如無止用新水一筐可飼一箔所有之蠶皆可飼一頓拌葉麪令蠶體充實為繭堅厚為絲堅韌也切葉灑拌新水極勻羅桑麪拌勻于大眠後間飼三五頓假令每頓飼葉二筐令止用一筐減葉一半如蠶喊葉闕大眠後間飼之五頓

亦無妨蠶食不闕不可用擡沙于大眠後飼食第十一二頓間可擡擡如前法全去沙燠不如此則不禁蒸鬱臨老生病難以抽繅蠶欲老飼之宜細薄宜頻養老如養小亦如人老頓食則傷若不如此則食葉不淨其葉蒸濕帶葉入簇所結繭亦濕潤如經鹽水此名簇汗繭難抽繅宜微暖如人老不禁寒涼然亦可相度當如天氣涼暖消息斟酌大意比大眠後未老時宜微暖也依按其法蠶自蛾至老不過二十四五日過此日數愈多桑愈費而絲愈少也

韓氏直說蠶自大眠後十五六頓即老得絲多少全在此數日葉足則絲多不足則絲少見有老者依抽絲斷眠法飼之候十蠶九老方可就箔上撥蠶入簇如是則無簇汗蒸熱

之患繭必早作硬而多絲養蠶無巧食足便老

養四眠蠶

蠶桑直說此蠶別是一種與養春蠶同但第三眠止擡開十五箔擡飽食二十箔大眠擡三十箔

稙蠶之利

韓氏直說稙蠶疾老少病省葉多絲不惟收卻今年蠶又成就來年桑稙蠶生于穀雨不過二十三四日老方是時桑葉發生津液上行其桑斫去比及夏至夏至後一陰生

津液不上行可長月餘其條葉長盛過于往歲至來年春其葉生又早矣積年既久其葉愈盛蠶自早生

晚蠶之害

韓氏直說晚蠶遲老多病費葉少絲不惟晚卻今年蠶又損卻來年桑世人惟知娶多為利不知趨早之為大利壓覆蠶連以待桑葉之盛其蠶既晚明年之桑其生也尤晚矣

十體

務本新書寒熱飢飽稀密眠起緊慢謂飼時緊慢也

三光

蠶經白光向食青光厚飼皮皺為飢黃光以漸住食

八宜

韓氏直說方眠時宜暗眠起以後宜明蠶小并向眠宜暖宜暗蠶大并起時宜明宜涼向食宜有風避迎風窗開下風窗宜加葉緊飼新起時怕風宜薄葉慢飼蠶之所宜不可不知反此者必不成矣

三稀

蠶經下蟻上箔入簇

五廣

蠶經一人二桑三屋四箔五簇謂苫席蒿梢等

雜忌

務本新書忌食濕葉　忌食熱葉　蠶初生時忌屋內掃塵　忌煎煿魚肉　不得將煙火紙撚于蠶屋內吹滅　忌側近舂搗　忌敲擊門窗槌箔及有聲之物

忌蠶屋內哭泣叫喚　忌穢語淫辭　夜間無令燈火光忽射蠶屋窗孔　未滿月產婦不宜作蠶母　蠶母不得頻換顏色衣服洗手長要潔淨　忌帶酒人切桑飼蠶及擡解布蠶　蠶生至老大忌煙熏　不得放刀于竈上箔上　竈前忌熱湯潑灰　忌產婦孝子入家　忌燒皮毛亂髮　忌酒醋五辛羶腥麝香等物　士農必用忌當日迎風窗忌西照日忌正熱著猛風驟寒　忌正寒陡令過熱　忌不淨潔人入蠶室　蠶

屋忌近臭穢

簇蠶

齊民要術蠶老時值雨者則壞繭宜于屋內簇之薄布薪于箔上散蠶訖又薄以薪覆之一槌得安十箔　務本新書簇蠶地宜高平內宜通風勻布柴草布蠶宜稀密則熱熱則繭難成絲亦難繅東北位并食六畜處樹下阬上糞惡流水之地不得簇野語如天氣暄熱不宜日午簇蠶蠶老不禁日氣曬暴故也　士農必用治簇之方惟在乾暖使內無寒濕

簇中繭病有六一簇汗二落簇三逃走四變赤蛹五變殭六黑色簇汗之病蠶老食葉不淨其葉蒸濕帶葉入簇故繭亦濕潤此為簇汗其餘五病皆地濕天寒所致蠶欲老可簇地盤燒令極乾除掃灰淨于上置簇　韓氏直說安圓簇于阜高處打成簇腳一簇可六箔蠶十分中有九分老者宜少擲葉名上馬桑就箔上用簸箕般去宜款手擲于簇上自東南起頭不令落地務令稀勻上復覆蒿梢或豆秸復擲蠶如前至三箔復梢倒根在上如此則簇圓又穩自後蠶可近上擲至六箔覆蒿令簇圓上用箔圍苫繳簇頂如亭子樣防雨至晚又用

苫將簇從下繳至上苫相接日出高時捲去至晚復繳三日外繭成不用馬頭簇亦依上苫繳柴薪要廣簇又玲瓏中間宜架杆蠶多宜馬頭簇簇腳宜南北　曬簇上蠶後第三日辰巳時間開苫箔日曬至未時復苫蓋如前如當日過熱上搭單箔遮日色　翻簇上蠶時被雨雹濕雨纔止纔晴即選一簇地盤如雨濕了則取乾牆土厚覆治簇之法如前不以成繭不成繭翻騰遷移別簇封苫如前小雨則不須但可曬晾又有一法臨簇有雨只于蠶屋中本槌下地面上安簇閘了門窗使透風氣早夜或陰雨變寒則閉門窗添牛糞火比翻簇之法又為妙也又一法搥箔上虛

撒萬槌周圍簇稍與萬箔苫圍之蠶自作繭猶勝于雨中簇也榰音支

擇繭

務本新書繭宜併手忙擇涼處薄攤蛾自遲出免使抽繅相逼

繅絲

士農必用繅絲之訣惟在細圓勻緊使無褊慢節核接頭為節疙疸為核麤惡不勻也生繭繅為上如人手不及殺過繭慢慢繅殺繭法有三一日曬二鹽浥三蒸蒸最好人多不會日曬損繭鹽浥者穩熱釜可繅麤絲單繳者雙繳亦可但不如冷盆所繅

者潔淨光瑩也釜要大置于竈上釜上大盆甑接口添水至甑中八分滿甑中用一板攔斷可容二人對繅也繭少者止可用一小甑水須熱宜旋旋下繭多下則繅不及煮損冷盆可繅全繳細絲中等繭可繅雙繳比熱釜者有精神而又堅韌雖曰冷盆亦是大溫也盆要大必須先泥其外口徑二尺五寸之上者豫先翻過用長粘泥泥底並四圍至唇厚四指將至唇漸薄日曬乾名為串盆用時添水八九分滿水宜溫暖常勻無令作寒作熱釜要小口徑一尺以下者小則下繭少繭欲頻下多下則煮過又不勻也突竈半破塼坯圓壘一遭中空直桶子樣其高比繅絲人身一半其圓徑相盆之

大小當中壘一小臺徑比盆底小坐串盆于小臺上其盆要比圓壘高一唇靠元壘安打絲頭小釜竈比圓壘低一半擀火透圓壘竈子後火烟過處名擀火與擀火相對圓壘匝近上開烟突口做一臥突長七八尺已上先于安突一面壘一臺比突口微低又相去七八尺外安一臺高五尺或就用牆或用木為架子用長一丈椽二條斜磴在二臺上二椽相去濶一塼坯許用塼坯泥成一臥突二椽上平鋪塼坯一層兩邊側立上復平蓋泥了便成一臥突也須與竈口相背謂如竈口向南突口向北是也繅盆居中火衝盆底與盆下臺烟焰遶

盆過烟出臥突中故得盆水常溫又勻也又得烟火與繅盆相遠其繅絲人不為烟火所逼故得安詳也軖車床高與盆齊軸長二尺中徑四寸兩頭三寸用榆槐木四角或六角臂通長一尺五寸六角不如四角軖角少則絲易解臂者輻條也或雙輻或單輻雙輻者穩須脚踏又繅車竹筒子宜細細似織絹穗筒子鐵條子串筒兩樁子亦須鐵也兩竪樁子上橫串鐵條鐵條穿筒子既輕又利也不如此則不能成絕妙好絲古人有言工欲善其事必先利其器餘如常法打絲頭用一人小釜內添水九分滿竈下燃麤乾柴柴細旋添火不勻停候火大熱下繭于熱水內下繭宜少不宜多多則煮過繅絲少用筋輕剔撥令繭滾

轉盪匀挑惹起繭頭麤絲頭名繭頭手捻住于水面上輕提掇數度復提起其繭頭下即是清絲摘去繭頭如重手攪撥繭頭又于手拐子纏數遭可長五七尺將繭上好絲十分中去了二三分實為可惜如輕手剔撥起繭頭長不過一尺也一手撮捻清絲一手用漏杓綽繭欵送入温水盆内杓底上多鏤眼子為漏杓漏瓢更好將清絲挂在盆外邊絲老翁上盆邊釘插一搬子名絲老翁繅絲用一人將絲老翁上清絲約十五絲之上黃絲麤減繭數總為一處穿過錢眼錢下繭攢聚名絲窩又名絮盤繳過當頭蛾眉杖子上兩繳杖子下兩繳挂于軠上又取絲老

翁上清絲如前挂于軠上兩箇絲窩其頭齊行右脚踏軠右轉長切照覷撥掠兩絲窩于内有繭絲先盡蛹子沈了者繭絲斷了繭浮出絲窩者其絲窩減小即取清絲約量添加務要兩絲窩大小長均眼轉覷手頻撥頻添添不過三四絲失添則細了多添則麤了如或手添不迭脚慢踏軠其絲較爭麤如或手添得多了脚緊踏軠其絲較爭細手脚相應亦可取匀也添絲搭在絲窩上便有接頭將清絲用指面喂在絲窩内自然帶上去便無接頭也此名全繳絲圓緊無疙瘩上等也中作紗羅上等疋緞如蛾眉杖上只兩繳名雙繳絲不甚圓緊有小疙瘩中等也不中紗羅中中等緞疋如蛾眉杖上只一繳名單繳絲又名歇口絲稿慢有大疙瘩不中疋緞只中綢帛亦不堅壯此單絲歇口絲多只是熱釜中繅也

蒸餾繭法

韓氏直說如蠶成繭硬紋理麤者必繅快此等繭可以蒸餾繅冷盆絲其繭薄紋理細者必繅不快不宜蒸餾此止宜繅熱盆絲 其蒸餾之法用籠三扇用軟草扎一圈加于釜口以籠兩扇坐于上其籠不論大小籠內匀鋪繭厚三四指許頻于繭上以手背試之如手不禁熱可取去底扇卻續添一扇在上亦不要蒸得過了過了則軟了絲頭亦不要蒸得不及不及則蛾必鑽了如手背

不禁熱恰得合宜于蠶房槌箔上從頭合籠內繭在上用手微撥動如箔上繭滿打起更攤一箔候冷定上用細柳梢微覆了其繭只于當日都要蒸盡如蒸不盡來日必定蛾出釜湯內用鹽一兩油半兩所蒸繭不致乾了絲頭如餾繭多油鹽旋旋入

夏秋蠶法

齊民要術淮南子曰原蠶一歲再登非不利也然王者法禁之為其殘桑也 務本新書凡養夏蠶止須些小

以度秋種慮恐損壞萌條有悞明年春蠶桑葉令時養熱蠶以紙糊窗因避飛蠅遮盡往來風氣天晴蒼熱病生陰則濕生白醭陰晴俱不便當以紗糊窗陳稈草作薦紙條先貼紗邊餘紙就糊窗上中間以線繫紗在窗檻上蠶罷以水潤紙揭下明年再用或用荻簾蠢麻線繫織當窗繫定遮蔽飛蠅透脫風氣另闢一房不令雜人出入決安南北窗以剪剪葉旦暮擡分兼夜頻飼秋蠶初生時去三伏猶近暑氣仍存蠶屋多生濕潤正要四通八達風氣往來蓋初生卻要涼快以陳稈草作

蓐勿用麥稭一日一擡失擡多生白醭一眠宜溫再眠如春門窗俱挂薦簾屋内須用無烟熟火大眠全要暄暖大忌北風寒氣勿飼雨露冷葉春秋蠶法首尾顛倒深宜體測　簇蠶時相次秋高恐值夜寒風冷不能作繭可于簇西北埋柱繫椽箔遮禦北風寒氣三兩夜之間便可作繭　士農必用夏蠶此別是一等俗謂三生蠶春養出夏種夏養出秋種秋養出來春種不可間闕闕則絕其種自蛾至老俱宜涼忌蠅蟲先于蠶生前用麥糠擁于蠶房壁脚燒之去濕氣及諸蟲子壁黑後

須一日早晨一擡其餘並與養春蠶同此蠶不可多養止欲收秋蠶種多則損葉然只可科採桑中冗條取葉也　秋蠶一名原蠶將葉不無傷桑春蠶不幸遇天災不得已養之以補歲計然不宜植宜稺也初宜涼漸漸宜暖與養春蠶正相反其間體候須欲得所初可摘葉蠶大則捋葉初用紗糊窗漸漸天寒上復用紙糊留捲窗簇與繰絲法如前要吉熱蠶槌底亦宜用麥糠麥糠燒之又大路上踏跐起乾塵土收三四石生蠶日于槌底攤平可避暑濕簇秋蠶多于簇心用熟火或炆焚燒不若止于映北風處為簇簇底用麥糠均鋪簇則用乾桑柴為捎新乾桑糠為草得自然溫暖之氣不須用火矣經雨則倒簇

農桑輯要卷四

欽定四庫全書

農桑輯要卷五

元 司農司 撰

瓜菜

種瓜 黄瓜附

齊民要術收瓜子法常歲歲先取本母子瓜截去兩頭止取中央子（本母子者瓜生數葉便結子子復早熟用中輩瓜子者蔓長二三尺然後結子用後輩子者蔓長足然後結子子亦晚熟種早子熟速而瓜小種晚子熟遲而瓜大去兩頭者近蔕子瓜曲而細近

頭子瓜短而喎 又收瓜子法食瓜時擇美者收取即以細糠拌之日曝向燥挼而簸之淨而且速也）良田小豆底佳黍底次之刈訖即耕頻翻轉之二月上旬種者為上時三月上旬為中時四月上旬為下時五月六月上旬可種藏瓜凡種瓜法先以水淨淘瓜子以鹽和之（鹽和則不能死）先臥鋤耬卻燥土（不耬者阬雖深大常雜燥土故瓜不生）然後掊（蒲溝切）阬大如斗口納瓜子四枚大豆三箇于堆旁向陽中瓜生數葉掐去豆（瓜性弱苗不能獨生故須大豆為之起土瓜生不去豆則豆反扇瓜不得滋茂但豆斷汁出更成良潤勿拔之拔之則土虛燥也）多鋤則饒子不鋤則無實（五穀蔬菜果蓏之屬皆如此也蓏郎果反）黄瓜（一名胡瓜）四月中種之（宜監柴木令引蔓緣之 案黄瓜一條原本誤入治瓜籠法中據目錄小註考之當在此條之末今校正）

治瓜籠法

齊民要術旦起露未解以杖舉瓜蔓散灰于根下後一雨日復以土堆其根則永無蟲矣（又摘瓜法在步道上引手而取勿聽浪人踏瓜蔓及翻覆之若無茇而種瓜者地雖美好正得長苗直引無多槃岐故瓜少子若無茇處豎乾柴亦得凡瓜所以早爛者皆由脚蹋及摘時不慎翻動其蔓故也若以理慎護及至霜下葉乾子乃盡矣）

區種瓜法

齊民要術六月雨後種菉豆八月中犂掩殺之十月又一轉即十月終種瓜率兩步為一區坑大如盆口深五寸以土壅其畔如菜畦形坑底必令平正以足蹋之令其保澤以瓜子大豆各十枚徧布坑中（瓜子大豆兩物為雙藉其起土故也）以糞五升覆之（亦令均平）又以土一斗薄散糞上復以足微蹋之冬月大雪時速併力推雪於坑上為大堆至春草生瓜亦生茎葉肥茂異於常者且常有潤澤旱亦無害五月瓜便熟（其掐豆鋤瓜之法與常同若瓜子盡生則大槪宜掐去之一區四根即足矣）

又法冬天以瓜子數枚納熟牛糞中凍即拾聚置之隂地（量地多少以足為限）正月地釋即耕逐鴫布之率方一步下一斗糞耕土覆之肥茂早熟雖不及區種亦勝凡瓜遠矣有蟻者以牛羊骨帶髓者置瓜科左右待蟻附將棄之棄二三則無蟻矣（案此條首行原本脫去齊民要術書名今校增）崔寔曰十二月臘時祀炙萐（所甲切）樹瓜田四角去𧌒（胡濫反瓜中蟲謂之𧌒） 龍魚河圖曰瓜有兩鼻殺人 博聞錄種花藥最忌麝瓜尤忌之賸栽數株蒜薤遇麝不損

西瓜

新添西瓜種同瓜法科宜差稀多種者熟地墢頭上漫擲撈平苗出之後根下擁作土盆欲瓜大者一步留一科科止留一瓜餘蔓花皆掐去瓜大如三斗栲栳

冬瓜

齊民要術種冬瓜法傍牆隂地作區圓二尺深五寸以熟糞及土相和正月晦日種（二月三月亦得）既生以柴木倚牆令其緣上旱則澆之八月斷其梢減其實一本但留五六枚（多留則不成也）十月霜足收之（早收則爛）冬瓜越瓜瓠子十月區種如種瓜法冬則堆雪著區上為堆潤澤肥好乃勝春種

瓠（今名胡蘆古通曰瓠）

齊民要術汜勝之書曰區種瓠法收種子須大者若先受一斗者得收一石受一石者得收十石先掘地作坑方圓深各三尺用蠶沙與土相和令中半（若無蠶沙生牛糞亦得）著坑中足躡令堅以水沃之候水盡即下瓠子十顆復

以前糞覆之既生長二尺餘便總聚十莖一處以布纏之五寸許復用泥泥之不過數日纏處便合為一莖留強者餘悉掐去引蔓結子子外之條亦掐去之勿令蔓延 留子法初生二三子不佳去之取第四五六區留三子即足旱時須澆之坑畔周匝小渠子深四五寸以水停之令其遙潤不得坑中下水 家政法曰二月可種瓜瓠 四時類要種大葫蘆二月初掘地作坑方四五尺深亦如之實填油麻菉豆藁（稭同）及爛草等一重糞

土一重草如此四五重向上尺餘著糞土種十來顆子待生後揀取四莖肥好者每兩莖肥好者相貼著相貼處以竹刀子刮去半皮以刮處相貼用麻皮纏縛定黃泥封裹一如接樹之法待相著活後各除一頭又取所活兩莖准前刮去皮相著一如前法待活後唯留一莖四莖合為一本待著子揀取兩箇周正好大者餘有旋旋除去食之如此一斗種可變為盛一石物大此莊子魏惠王大瓠之法

芋

齊民要術氾勝之書曰種芋區方深皆三尺取豆萁音其豆莖內區中足踐之厚尺五寸取區上濕土與糞和之內區中其上令厚尺二寸以水澆之足踐令保澤取五芋子置四角及中央足踐之旱數澆之其爛芋生子皆長三尺一區收三石　又種芋法宜擇肥緩土近水處和柔糞之二月注雨可種芋率二尺下一本芋生根欲深劚其旁以緩其土旱則澆之有草鋤之不厭數多治芋如此其收常倍　列仙傳曰酒客為梁使烝民益種芋三年當大飢卒如其言梁民不死芋可以救饑饉度凶年今中國多不以此為意後生至有耳目所不聞見者及水旱風蟲霜雹之災便致餓死滿道白骨交橫知而不種坐致泯滅悲夫

務本新書芋宜沙白地地宜深耕二月種為上時相去六七寸下一芋芋蓋三月衆人來往眼目多見幷聞剔鍋聲處多不滋息比及炎熱苗高則旺頻鋤其旁秋生子葉以土壅其根芋可以救饑饉蟲蝗不能傷霜後收之冬月食不發病其餘月分不可多食霜後芋子上

芋白擘下以滾漿水煠過曬乾冬月炒食味勝蒲笋　區芋區長丈餘深闊各一尺區行相間一步寬則透風滋息

葵

齊民要術葵廣雅曰蘬邱葵也廣志曰胡葵其化紫赤案今世葵有紫莖白莖二種種別復有大小之殊又有鴨腳葵也臨種時必燥曝葵子葵子雖經歲不浥然濕種者疥而不肥也地不厭良故墟彌善薄即糞之不宜妄種春必畦種水澆春多風旱非畦不得且畦者省地而菜多一畦供一口畦長兩步廣一步大則水難均又

不容人足入深掘以熟糞對半和土覆其上令厚一寸鐵齒杷耬之令熟足蹋使堅平下水令徹澤水盡下葵子又以熟糞和土覆其上令厚一寸餘葵生三葉然後澆之澆用晨夕日中便止每一掐輒杷耬地令起下水加糞三掐更種一歲之中凡得三輩凡畦種之物治畦皆如種葵法不復條列繁文早種者必秋耕十月末地將凍散子勞之一畝三升正月末散子亦得人足踏踐之乃佳踐者菜肥地釋即生鋤不厭數五月初更種之春者既老秋葉未生故種此相接六月一日種白莖秋葵白莖者宜乾紫莖者乾則黑而澁秋葵堪食仍留五月種者取子春葵子熟不均故須留中輩於此時附地剪卻春葵令根上枿音孽生者柔輭至好仍供常食美于秋菜留之亦中為榜簇掐秋葉必留五六葉不掐則莖孤留葉則科大凡掐葵必待露解諺曰觸露不掐葵日中不剪韭八月半剪去留其歧多者則去地一二寸獨莖者亦可去地四五寸枿生肥嫩比至收時高與人膝等莖葉皆美科雖不高菜實倍多其不剪早生者雖高數尺柯葉堅硬全不中食所可用者唯有葉心附葉黃澁至惡煮亦不美看雖似多其實倍少收待霜降傷早黃爛傷晚黑澁榜簇皆須陰中見日亦澁其碎者割訖即地中尋手紀之待萎而紀者必爛崔寔曰六月六日可種葵中伏後可種冬葵九月作葵菹乾葵

茄子

齊民要術種茄子法茄子九月熟時摘取擘破水淘子取沈者速曝乾裛至二月畦種治畦下水一如葵法性宜水常須潤澤著四五葉雨時合泥移栽之若旱無雨澆水令徹澤夜栽之白日以席蓋勿令見日十月種者如區種瓜法推雪著區中則不須栽其春種不作畦直如種凡瓜法者亦得唯須曉夜數澆耳務本新書茄初開花斟酌窠數削去枝葉再長晚茄秋深老茄煮軟水浸去皮以鹽拌匀冬月食用旋添麻油為上

蔓菁

齊民要術種不求多唯須良地故墟新糞壞牆垣乃佳若無故墟糞者以灰為糞令厚一寸灰多則燥不生也耕地欲熟七月初種之一畝用子三升從處暑至八月白露節皆得早者作菹晚者作乾漫散而勞種不用濕濕則地堅葉焦既生不鋤九月末收葉晚收則黃落仍留根取

子十月中犂𤰝畤（力輟反耕田起土也）拾取耕出者（若不耕畤則留者英不茂實不繁也）其葉作菹擬作乾菜及釀（女亮反）菹者（釀菹者次年正月始作耳須留第一好菜擬之）割訖則尋手擇治而辮（並善切）之勿待萎（萎而後辮則爛）掛著屋下陰中風涼處勿令煙熏（煙熏則苦）燥則上在厨積置以苫之（積時宜候天陰潤不爾多碎折久不苫則澀也）春夏畦種供食者與畦葵法同剪訖更種從春至秋得三輩常供好菹取根者用大小麥底六月中種十月將凍耕出之（一畝得數車早出者根細）又多種蔓菁法近市良田一頃七月初種之（六月

種者根雖麤大葉復蟲食七月末者葉雖膏潤根復細小七月初種根葉俱得）漢桓帝詔曰橫水為災五穀不登令所傷郡國皆種蔓菁以助民食然此可以度凶年救饑饉乾而蒸食既甜且美（若值凶年一頃可活百人）務本新書耕地宜加糞往復匀蓋秋初可種自破甲至結子皆可食十月初採苗煠作和菜餘者曬過留根在地或慮河朔地寒凍死可于十月終以牛隔雨犂耕一犂拾去菜根之後卻將暘土擺匀據先耕出之數曬過冬月蒸食甜而有味春生薹苗亦菜中上品四月收子打油陝西惟食菜油燃燈甚明能變蒜髮比之麻易種收多油不發風武侯多勸種此菜故川蜀曰諸葛菜油臨時熬用少摻芝麻煉熟即與小油無異

蘿蔔（胡蘿蔔附）

齊民要術種菘蘆菔（蒲北反）法與蔓菁同（菘菜似蔓菁而大方言曰蕪菁紫花者謂之蘆菔根實麤大其角及根葉並可生食取子者草覆之不則凍死）四時類要種蘿蔔宜沙軟地五月犂五六徧六月六日種鋤不厭多稠即小間拔令稀至十月收窨之　新添種蘿蔔先深

斸成畦杷平每畦可長一丈二尺闊四尺用細熟糞一擔匀布畦內再斸一徧即起覆土再耬平澆水滿畦候水滲盡撒種于上用木杴匀撒覆土苗出兩葉旱則澆之每子一升可種二十畦水蘿蔔正月二月種六十日根葉皆可食夏四月亦可種大蘿蔔初伏種之水蘿蔔末伏種皆候霜降或醃或藏皆得用如要來年出種深窨內埋藏中安透氣草一把至春透芽生取出作壠或畦下糞栽之旱則澆須令得所夏至後收子可為秋種

胡蘿蔔伏內畦種或壯地漫種

蜀芥芸薹芥子

齊民要術蜀芥芸薹取葉者皆七月半種地欲糞熟種法與蕪菁同既生亦不鋤之十月收蕪菁訖時收蜀芥中為鹹淡二菹亦任為乾菜芸薹足霜乃收（不足霜即澁）種芥子及蜀芥芸薹取子者皆二三月好雨澤時種（二物性不耐寒經冬則死故須春種）旱則畦種水澆五月熟而收子（芸薹冬天草覆亦得取子又得生茹供食）

務本新書芥子菜宜秋前種大緊雖不及蔓菁餘亦頗

同子作芥花芥末如近城郭芥菜宜多種蓋冬月醃藏家家用度曬乾于無煙雨處架起三年亦可食

薑

齊民要術薑宜白沙地少與糞和熟耕如麻地不厭熟縱橫七徧尤善三月種之先種耬耩尋壠下薑一尺一科令上土厚三寸數鋤之六月作葦屋覆之（不耐寒熱故）九月掘出置屋中（中國多寒宜作窖以穀稈合埋之稈奴勒反穀穰）中國土不宜薑僅可存活勢不可滋息種者聊擬藥物小小耳崔寔曰三月清明節後十日封生薑至四月立夏後蠶大食芽生可種之九月藏茈（將几反）薑其歲若溫皆待十月（生薑謂之茈薑）

四時類要種薑潤一步作畦長短任地形橫作壠相去一尺餘五六寸壠中一尺一科帶芽大如三指濶蓋土厚三寸以蠶沙蓋之糞亦得芽出後有草即耘漸漸加土已後壠中卻高壠外即深不得併上土鋤不厭頻

菌子

四時類要三月種菌子取爛構（一名楮）木及葉于地埋之常以泔澆令濕三兩日即生 又法畦中下爛糞取構木可長六七寸截斷碓碎如種菜法于畦中勻布土蓋水澆長令潤如初有小菌子仰杷推之明旦又出亦推之三度後出者甚大即收食之本自構木食之不損人

蒜

齊民要術蒜宜良輭地（白輭地蒜甜美而科大黑輭次之剛強之地辛辣而瘦小也）三徧熟耕九月初種種法黃𪾢時以耬耩逐壠手下之

五寸一株諺云左右通鋤一萬餘株空曳勞二月半鋤之令滿三徧勿以無草而不鋤不鋤則科小條拳而軋之不軋則獨科葉黃鋒出則辮於屋下風涼之處桁之早出者皮赤科堅可以遠行晚則皮皺而易碎皺他骨反皮壞也冬寒取穀𥢶布地一行蒜一行得不爾則凍死收條中子種者一年為獨辮種二年者則成大蒜科皆如拳又逾于凡蒜矣瓦子壠底置獨辦蒜于瓦上以土覆之蒜科橫潤而大形狀殊別亦足以為異今并州無大蒜朝歌取種一歲之後還成百子蒜矣其辦麤細正與條中子同蕪菁根其大如椀口雖種他州子一年亦變大蒜辦變小蕪菁根變大二事相反其理難推又八月中方得熟九月中始刈得花子至于五穀蔬果與餘州早晚不殊亦一異也并州豌豆度井陘已東山東穀子入壺關上黨苗而無實皆余目所親見傳信傳疑蓋土地之異者也 種澤蒜法預耕地熟時採取子漫散勞之澤蒜可以香食吳人調鼎率多用此根葉作葅更勝葱韭此物蕃息一種永生蔓延滋曼年年稍廣間區斸取隨手還合但種數畝用之無窮種者地熟美于野生 崔寔曰布穀鳴收小蒜六月七月可種小蒜八月可種大蒜 四時類要種蒜作行下糞水澆之 務本新書蒜畦栽每窠先下麥糠少許地宜虛春暖則鋤拔薹時頻澆

劉麥時人多食解暑毒

䪥 薤同

齊民要術薤宜白軟良地三轉乃佳二月三月種八月九月種亦得 率七八支為一本諺曰葱三蒜四移葱者三支為一本種薤者四支為一科然支多者科圓大故以七八為率 薤子三月葉青便出之未青而出者肉未滿令薤瘦燥曝挼去莩餘切卻彊根留彊根而濕者即瘦細不得肥也 先重耬耩地壠燥掊而種之壠燥則薤肥耩重則白長 率一尺一本葉生即鋤鋤不厭數薤性多穢荒則羸瘦 五月鋒八月初耩不耩則白短 葉不用翦翦則損白供常食者別種 九月十月出賣經久不佳也 擬種子至春地釋即曝之 崔寔曰正月可種薤韭七月別種薤矣 四時類要正月上辛日掃去薤畦中枯葉下水加糞

葱

齊民要術收葱子必薄布陰乾勿令浥鬱葱性熱不喜浥鬱浥鬱則不生 其擬種之地必須春種菉豆五月掩殺之比至七月耕數徧一畝用子四五升良田五升薄地四升 炒穀拌和之葱子性澁不以穀和下不均調不炒穀則草穢生 兩耬重耩竅瓠下之以批蒲結反契

蘸結反繫腰曳之七月納種至四月始鋤鋤徧仍剪剪與地平高留則無葉深剪則傷根剪欲旦起避熱時良地三剪薄地再剪八月止不剪則不茂剪過則根跳若八月不止則葱無袍而損白十二月盡掃去枯葉枯袍不去枯葉春葉則不茂二月三月出之良地二月出薄地三月出收子者別留之葱中亦種胡荽尋手供食乃至孟冬為葅亦不妨

四時類要 種葱炒穀攪匀塞樓一眼於一眼中種之他月葱出取其塞樓一眼之地中土培之疏密恰好又不勞移

韭

齊民要術 收韭子如葱子法若市中買韭子宜試之以銅鐺盛水于火上微煑韭子須臾芽生者好芽不生者是浥鬱矣治畦下水糞覆悉與葵同然畦欲極深韭一剪一加糞又根性上跳故須深也二月七月種種法以升盞合地為處布子于圍內韭性內生不向外長圍種令科成薅令常淨韭性多穢數薅為良高數寸剪之初種歲止一剪至正月掃去畦中陳葉凍解以鐵杷耬起下水加熟糞韭高三寸便剪之剪如葱法一歲之中不過五剪每剪杷耬下水加糞悉如初收子者一剪即留之若旱種者但無畦與水耳杷糞悉同一種永生諺曰韭者懶人菜以其不須歲種也聲類曰韭者久也一種永生

崔寔曰 正月上辛日掃除韭畦中枯葉七月藏韭菁菁韭花也

四時類要 九月收韭子種韭第一番割棄之主人勿食韭不如栽作行令通鋤割一徧以杷耬之令根不相接為佳如此當葉潤如薤

博聞録 韭畦若用雞糞尤好

胡荽

齊民要術 胡荽宜黑輭青沙良地三徧熟耕樹陰下得禾豆處亦得春種者用秋耕地開春凍解地起有潤澤時急接澤種之種法近市負郭田一畝用子二升故概種漸鋤取賣供生菜也外舍無市之處一畝用子一升疏密正好六七月種先燥曬欲種時布子于堅地一升子與一掬濕土和之以脚蹉令破作兩段多種者以塼瓦蹉之亦得以木礱礱之亦得子有兩仁仁各著故不破兩段則疏密水裛而不生著土者令注入殼中則生疾而長速種時欲燥此菜非雨不生所以不求濕下也於旦暮潤時以耬耩作壟以手散子即勞令平春雨難期必須藉澤蹉跎失機則不得矣地正月中凍解者時節既早雖浸芽不生但燥種之不須

浸子地若二月始解者歲月稍晚恐澤少不時生失歲計矣便于暖處籠盛胡荽子一日三度以水沃之二三日則芽生于旦暮時接潤浸㩜之數日悉出矣大體與種麻相似假令十日二十日未出者亦勿怪之尋自當出有草乃令拔之菜生二三寸鋤去概者供食及賣十月足霜乃收之取子者仍留根間古莧反拔令稀穊即不生以草覆上覆者得供生食又不凍死又五月子熟拔取曝乾勿使令濕濕則裛鬱格柯打出作蒿篅盛之冬日亦得入窖夏還出之但不濕亦得五六年停一畝收十石都邑糶賣石堪一疋絹若地柔良不須重加耕墾者於子熟時好子稍有零落者然後

拔取直深細鋤地一徧勞令平六月連雨時穭音呂生者亦尋滿地省耕種之勞秋種者五月子熟拔去急耕十餘日又一轉入六月又一轉令好調熟如麻地即於六月中旱時耬耩作壟搓子令破手散還勞令平一同春法但既是旱種不須耬潤此菜旱種非連雨不生所以不同春月要求濕下種後未遇連雨雖一月不生亦勿怪麥底地亦得種止須急耕調熟雖名秋種會在六月六月中無不霖過連雨生則根強科大七月種者雨多亦得雨少則生不盡但根細科小不同六月種者便十倍失矣大都不用觸地濕生高數寸鋤去概者供食及賣作葅者十月足霜乃收一畝兩載載直絹三疋若留冬食者以草覆之得竟冬食其有春種小小供食者自可畦種畦種者一如葵法授子沃水生芽種之晝用箔蓋夜則去之晝不蓋熱不生夜不去蟲損之凡種菜子難生者皆水沃令芽生無不即生矣　博聞録胡荽必用月晦日晚下種

菠薐 一名赤根

博聞録菠菜過月朔乃生須二十七八閒種之月初即生

新添菠薐作畦下種如蘿蔔法春正月二月皆可種逐旋食用食不盡者滚湯内掠熟曬乾遇園枯時温水浸軟調食甚良秋社後二十日種者可於窨内收藏冬季常食青菜如欲出子十月内種訖至地凍時水澆過來年夏至後收子可為秋種

萵苣

新添萵苣作畦下種如前法但可生芽先用水浸種一

日于濕地上鋪襯置子於上以盆椀合之候芽微出則種春正月二月種之可為常食秋社前一二日種者霜降後可為醃菜如欲出種正月二月種之九十日收

同蒿

新添同蒿作畦下種亦如前法春二月種可為常食秋社前十日種可為秋菜如欲出種春菜食不盡者可為子

人莧

新添人莧作畦下種亦如前法但五月種之園枯則食如欲出種留食不盡者八月收子

藍菜

務本新書二月畦種苗高剝葉食之剝而復生刀割則不長加火煮之以水淘浸或炒爁或拌食或包酸餡或捲餅生食頗有辛味五月園枯此菜獨茂故又曰主園菜食至冬月以草覆其根四月終結子可收作末(比芥末)根又生葉又食一年陝西多食此菜若中人之家但能自種三兩畦藍菜并一二畦韭周歲之中甚省菜錢

莙薘

新添莙薘作畦下種亦如蘿蔔法春二月種之夏四月移栽園枯則食如欲出子留食不盡者地凍時出於暖處收藏來年春透可栽收種

蘭香(香菜附)

齊民要術(蘭香羅勒也中國為石勒諱故改今人因以名焉且蘭香之目美于羅勒之名故即而用之)三月中候棗葉始生乃種蘭香(早種者徒費子耳天寒不生)治畦

下水一同葵法及水散子訖水盡簁熟糞僅得蓋子便止(厚則不生弱苗故也)晝日箔蓋夜即去之(晝日不用見日夜須受露氣)生即去箔常令足水六月連雨拔栽之(掐心栽泥中亦活)作葅及乾者九月收(晚即乾惡)作乾者天晴時薄地刈取布地曝之乾乃挼取末瓮中盛須則取用(拔根懸者裛爛又有雀糞塵土之患)取子者十月收(自餘雜香菜不列者種法悉與此同)　博物志曰燒馬蹄羊角成灰春散著濕地羅勒乃生　博聞録香菜常以洗魚水澆之則香而茂溝泥水米泔尤佳

荏蓼

齊民要術荏蓼紫蘇薑芥薰葉與荏同時宜畦種 三月可種荏蓼荏子白者良黃者不美 荏性甚易生蓼尤宜水畦種也荏則隨宜園畔漫擲便歲歲自生矣荏子秋末成可收蓬於醬中藏之蓬荏角也實成則惡 其多種者如種穀法雀甚嗜之必須近人家種矣 收子壓取油可以煮餅荏油色綠可愛其氣香美煮餅亞胡麻油而勝麻子脂膏麻子脂膏並有腥氣然荏油不可為澤焦人髮研為羹臛美於麻子遠矣又可以為燭良地十石多種博穀則倍收諸田不同 為帛煎油彌佳荏油性淳塗帛勝麻油 蓼作菹者長二寸則剪絹袋盛

沈於醬甕中又長更剪常得嫩者若待秋子成而落莖既堅硬葉又枯燥 取子者候實成速收之性易彫零晚則落盡 五月六月中蓼可為虀以食莧

芹蒙其呂反苦蒙江東呼苦蕒

齊民要術芹蒙收根畦種之常令足水尤忌潘普官切淅米汁也泔及鹹水澆之則死性易繁茂而甜脆勝野生者白蒙尤宜糞歲歲可收

甘露子

務本新書白地內區種暑月以麥糠蓋之承露滋息

豆豉

四時類要六月造豆豉黑豆不限多少三二斗亦得淨淘宿浸漉出瀝乾蒸之令熟于簟上攤候溫如人體蒿覆一如黃衣法三日一看候黃衣上徧即得又不可太過簸去黃曝乾以水浸拌之不得令太濕又不得令太乾但以手捉之使汁從指間出為候安甕中實築桑葉覆之厚可三寸以物蓋甕口密泥于日中七日開之曝

乾又以水拌卻入甕中一如前法六七度候好顏色即蒸過攤卻火氣又入甕中實築之封泥即成矣

麩豉

四時類要六月造麩豉麥麩不限多少以水勻拌熟蒸攤候溫如人體蒿艾罨取黃衣徧出攤曬令乾即以水拌令浥浥卻入缸甕中實捺安于庭中倒合在地以灰圍之七日外取出攤曬若顏色未深又拌依前法入甕中色好為度色好後又蒸令熱及熱入甕中築泥卻以

冬取喚温暖勝豆豉搽乃過切搦也

果實

種棃 插棃附

齊民要術種者棃熟時全埋之經年至春地釋分栽之多著熟糞及水至冬葉落附地刈殺之以炭火燒頭二年即結子若穭生及種而不栽者則著子遲每棃有十許子惟二子生棃餘皆生杜插者彌疾插法用棠杜棠棃大而細理杜次之桑棃大惡棗石棃上插得者為上棃雖治十收得一二也杜如臂已上皆任插當先插杜經年後插之至冬俱下亦得然俱下者杜死則不生也

杜樹大者插五枝小者或三或二棃葉微動為上時將欲開莩為下時先作麻紉汝珍反纏十許匝以鋸截杜令去地五六寸不纏恐插時皮披留杜高者棃枝繁茂遇大風則披其高留杜者棃樹早成然宜作蒿簟盛杜以土築之令沒風時以籠盛棃免披耳斜攕所咸反竹為籤刺皮木之際令深一寸許折取其美棃枝陽中者陰中枝則實少長五六寸亦斜攕之令過心大小長短與籤等以刀微劃棃枝斜攕之際剝去黑皮勿令傷青皮青皮傷則死拔去竹籤即插棃令至劃處木邊向木皮還近皮插訖以綿羃羃同杜頭封熟泥於上以土培覆令棃枝僅得出頭以土壅四畔當棃上沃水水盡以土覆之勿令堅固百不失一棃枝甚脆培土時宜慎之勿使掌撥掌撥則折其十字破杜者十不收一所以然者木裂皮開虛燥故也棃既生杜旁有葉出輒去之不去勢分棃長必遲凡插棃園中者用旁枝庭前者中心旁枝樹下易收中心上聳不妨用根蔕小枝樹形可喜五年方結子鳩腳老枝三年即結子而樹醜吳氏本草曰金創乳婦不可食棃棃多食則損人非補益之物產婦蓐中及疾病未愈食棃多者無不致病欬逆氣上者尤宜慎之凡遠道取棃枝者下根即燒三四寸亦可行數

百里猶生

藏棃法

齊民要術初霜後即收霜多則不得經夏也於屋下掘作深窨阬底無令潤濕收棃置中不須覆蓋便得經夏摘時必令好接勿令損傷凡醋棃易水熟煮則甜美而不損人也案此條首行原本脫去齊民要術書名今校增

桃 櫻桃蒲萄附

齊民要術種法熟時合肉全埋糞地中直置凡地則不生生亦不茂桃

性早實三歲便結子故不求栽也至春既生移栽實地若仍處糞中則實小而味苦栽法以鍬合土掘移之桃性易種難栽若離本土率多死故須然矣又種法桃熟時於牆南陽中暖處深寬為阬選取好桃數十枚擘取核即納牛糞中頭向上取好爛糞和土厚覆之令厚尺餘至春桃始動時徐徐撥去糞土皆應生芽合取核種之萬不失一其餘以熟糞糞之則益桃味　桃性皮急四年以上宜以刀豎劚其皮不劚者皮急則死七八年便老老則子細十年則死是以宜歲歲常種之又法候其子細便附土斫去枿上生者便為

少桃如此亦無窮也枿糵同　櫻桃二月初山中取栽陽中者還種陽地陰中者還種陰地若陰陽易地則難生生亦不實此果性生陰地既入園圃便是陽中故多難得生宜堅實之地不可用虛糞也　蒲萄蔓延性緣不能自舉作架以承之葉密陰厚可以避熱十月中去根一步許掘作坑收卷蒲萄悉埋之近枝莖薄安黍穰彌佳無穰直安土亦得不宜濕濕則冰凍二月中還出舒而上架性不耐寒不埋則死其歲久根莖麤大者宜遠根作坑勿令莖折其坑外處亦掘土并穰培覆之　博聞錄蒲萄宜栽棗樹邊春間鑽棗樹作一竅引蒲萄枝從竅中過蒲萄枝長塞滿竅子斫去蒲萄根托棗根以生其肉實如棗北地皆如此種

李

齊民要術李性耐久樹得三十年老雖枝枯子亦不細　嫁李法正月一日或十五日以磚石著李樹岐中令實繁　又法臘月中以杖微打歧間正月晦日復打之亦足子也　李樹桃樹並欲鋤去草穢而不用耕墾耕則肥而無實樹下犁撥亦死　桃李大率方兩步一根大槩連陰則子細而味亦不佳

梅杏

齊民要術栽種與桃李同　作白梅梅子酸核初成時摘取夜以鹽汁漬之晝則日曝凡作十宿十浸十日便成矣調鼎和虀所在多入也　作烏梅亦以梅子核初成時摘取籠盛於突上熏之令乾即成矣烏梅入藥不任調食也　作杏李麨法杏李熟時多收取盆中研之生布絞取濃汁塗盤中日曬乾以手磨刮取之可和水為漿及和米麨所在多入也　四時類要熟杏和肉埋糞土中至春既生三月移栽實地既移不得更於糞地

必致少實而味苦移須含土三步一樹概即味甘服食之家尤宜種之

柰林檎

齊民要術柰林檎不種但栽之（種之雖生而味不成）取栽如壓桑法（此果根不浮薉栽故難求是以須壓也）又法栽如桃李法　林檎樹以正月二月中反斧斑駁椎之則饒子

棗（梗棗附）

齊民要術常選好味者留栽之候棗葉始生而移之（棗性

硬故生晚栽早者堅垎生遲也）三步一樹行欲相當（地不耕也）欲令牛馬履踐令淨（棗性堅強不宜苗稼是以不耕荒穢則蟲生所以須淨地堅饒實故宜踐也）正月一日日出時反斧斑駁椎之名曰嫁棗（不椎則花而無實斫則子萎而落也）候大蠶入簇以杖擊其枝間振去狂花（不打花繁實不成）全赤即收　收法日日撼而落之為上（半赤而收者肉未充滿乾則色黃而皮皺將赤味亦不佳全赤不收久則皮破復有烏鳥啄之）梗（音軟）棗陰地種之陽中則少實足霜色殷然後收之早收者澁不任食也　作酸棗麨法多收紅軟者箔上日曝令乾大釜煮之水僅足

盛暑日曝使乾漸以手摩挲取為末以方寸匕投於一椀水中酸甜味足即成好漿遠行用和米麨饑渴得當也

栗（榛附）

齊民要術栗種而不栽（栽者雖生尋死矣）栗初熟時出殼即於屋裏埋著濕土中（埋必須深勿令凍徹若路遠者以韋囊盛之停二日已上見風日者則不復生）至春二月悉芽生出而種之既生數年不用掌近（凡新栽之樹皆不用掌近栗性尤甚也）三年內每到十月常須草裹至二月

栽之樹皆不用掌近栗性尤甚也）三年內每到十月常須草裹至二月乃解（不裹則凍死）　大戴禮夏小正曰八月栗零而後取之不言剝之　榛齊民要術栽種與栗同　周官注曰榛似栗而小說文曰榛似梓實如小栗衛詩曰山有榛詩義疏云榛栗屬或從木有兩種其一種大小枝葉皆如栗其子形似杼子味亦如栗所謂樹之榛栗者其一種枝莖如木蓼葉如牛李色生高丈餘其核中悉如李作胡桃味膏又美亦可食噉漁陽遼代上黨皆饒其枝莖

生樵爇燭明而無煙

柹

齊民要術柹有小者栽之無者取枝於楩棗根上插之如插梨法

安石榴

齊民要術栽石榴法三月初取枝大如手大指者斬令長一尺半八九枝共為一科燒下頭二寸（不燒則漏汁矣）掘圓阬深一尺七寸口徑尺豎枝於阬畔（環圓布枝令勻調也）置枯骨

礓石於枝間（骨石是樹性所宜）下土築之一重土一重骨石平坎止（其土令沒枝頭一寸許也）水澆常令潤澤既生又以骨石布其根下則科圓滋茂可愛（若孤根獨立者雖生亦不佳）十月中以蒲藁裹而纏之（不裹則凍死也）二月初乃解放若不能得多枝者取一長條燒頭圓屈如牛拘而橫埋之亦得然不及上法根強早成其拘中亦安骨石其斸根栽者亦圓布之安骨石於其中也

木瓜

齊民要術木瓜種子及栽皆得壓枝亦生栽種與桃李同 務本新書木瓜秋社前後移栽至次年率多結子遠勝春栽

銀杏

博聞錄銀杏有雌雄雄者有三稜雌者有二稜須合種之臨池而種照影亦能結實 新添春分前後移栽先掘深坑下水攪成稀泥然後下栽子掘取時連土封用草或麻繩纏束則不致碎破土封

橙

新添西川唐鄧多有栽種成就懷州亦有舊日橙樹北地不見此種若於附近地面訪學栽植甚得濟用 柑與橙同

橘

新添西川唐鄧多有栽種成就懷州亦有舊日橘樹北地不見此種若於附近地面訪學栽植甚得濟用

樝子

新添西川唐鄧多有栽種成就北地不見此種若於附近地面訪學栽植甚得濟用

諸果

齊民要術崔寔曰正月自朔暨晦可移諸樹雜木唯有果實者及望而止（望謂十五日）過十五日則果少實食經云種名果法三月上旬斫取直好枝如大拇指長五尺（類要云一尺五寸）內著芋頭中種之無芋大蕪菁根亦可（類要云蘿蔔亦得）勝種核核三四年乃如此大耳可得行種　凡五果

正月一日雞鳴時把火徧照其下則無蟲災　博聞録

柳子厚郭橐駞傳所種樹或移徙無不活且碩茂早實以蕃有問之對曰凡植木之性其本欲舒其培欲平其土欲故其築欲密既然已勿動勿慮去不復顧其蒔也若子其置也若棄則其天者全而其性得矣他植者則不然根拳而土易其培之也若不過焉則不及苟有能反是者則又愛之太恩憂之太勤旦視而暮撫已去而復顧甚者爪其膚以驗其生枯搖其本以觀其疏密而木之性日已離矣雖曰愛之其實害之雖曰憂之其實讎之故不我若也　凡木皆有雌雄而雄者多不結實可鑿木作方寸穴取雌木填之乃實以銀杏雄樹試之便驗社日以杵舂百果樹下則結實牢不實者亦宜用此法果木有蟲蠹者用杉木作釘塞其穴蟲立死樹木有蟲蠹以芫花納孔中或納百部葉　歲時廣記遯齋閑覽凡果木久不實者以祭社餘酒灑之則繁茂倍常用人髮挂枝上則飛鳥不敢近結實時最忌白衣人過

其下則其實盡落

接諸果

四時類要正月取樹本大如斧柯及臂者皆堪接謂之樹砧砧若稍大即去地一尺截之若去地近截之則地力大壯矣夾煞所接之木稍即去地七八寸截之若砧小而高截則地氣難應須以細齒鋸截鋸齒麤即損其砧皮取快刀子於砧緣相對側劈開令深一寸每砧對接兩枝候俱活即待葉生去一枝弱者所接樹選其向

陽細嫩枝如筯麤者長四寸許陰枝即少實其枝須兩節兼須是二年枝方可接接時微批一頭入砧處插砧緣劈處令入五分其入須兩邊批所接枝皮處插了令與砧皮齊切令寬急得所寬即陽氣不應急則力大夾殺全在細意酌度插枝了别取本色樹皮一片長尺餘濶三二分纏所接樹枝并砧緣瘡口恐雨水入纏訖即以黄泥泥之其砧面并枝頭并以黄泥封之對插一邊皆同此法泥訖仍以紙裹頭麻纏之恐其泥落故也砧上有葉生即旋去之乃以灰糞擁其砧根外以刺棘遮護勿使有物動撥其枝春雨得所尤易活其實内子相類者林檎梨向木瓜砧上栗子向櫟砧上皆活蓋是類也

農桑輯要卷五

欽定四庫全書

農桑輯要卷六

元　司農司　撰

竹木

種竹

齊民要術宜高平之地近山阜尤是所宜下田得水即死黄白軟土為良正月二月中斸取西南引根并莖芟去葉於園内東北角種之令阬深二尺許覆土厚五寸竹性愛向西南引故於園東北角種之數歲之後自當滿園諺云東家種竹西家治地為滋蔓而來生也其居東北角者老竹種不生生亦不能滋茂故須取其西南引少根也稻麥糠糞之二糠各自堪糞不令和雜不用水澆澆則淹死勿令六畜入園三月食淡竹筍四月五月食苦竹筍其欲作器者經年乃堪殺未經年者輭未成也

四時類要移竹五月十三日及辰日可以移之　種竹去梢葉作稀泥於阬中下竹栽以土覆之杵築定勿令脚踏土厚五寸竹忌手把及洗手面脂水澆着即枯死　博聞録月菴種竹法深闊掘溝以乾馬糞和細泥填高一尺無馬

糞壟糠亦得夏月稀冬月稠然後種竹須三四莖作一蔟亦須土鬆淺種不可增土於株上泥若用钁打實則不生笋　夢溪云種竹但林外取向陽者向北而栽蓋根無不向南必用雨下遇火日及有西風則不可花木亦然諺云栽竹無時下雨便移多留宿土記取南枝　志林云竹有雌雄雌者多笋故種竹常擇雌者物不逃於陰陽豈不信哉凡欲識雌雄當自根上第一枝觀之有雙枝者乃為雌竹獨枝者為雄竹　竹有花輒槁死

花結實如稗謂之竹米一竿如此久之則舉林皆然其治之法於初米時擇一竿稍大者截去近根三尺許通其節以糞實之則止　瑣碎録云引笋法隔籬埋貍或貓於牆下明年笋自迸出　竹以三伏内及臘月中斫者不蛀一云用血忌日

松（杉柏檜附）

齊民要術崔寔曰正月自朔暨晦可移松柏桐梓竹漆諸樹　博聞錄栽松春社前帶土栽培百株百活舍此時決無生理也　斫松木須五更初便削去皮則無白蟻血忌日尤好　插杉用驚蟄前後五日斬新枝斲阬入枝下泥杵緊相視天陰即插遇雨十分生無雨即有分數　新添種松柏八九月中擇成熟松子（柏子同）去臺收頓至來春春分時甜水浸子十日治畦下水上糞漫散子於畦内如種菜法或單排點種上覆厚土二指許畦上搭矮棚蔽日旱則頻澆常須濕潤至秋後去棚長高四五寸十月中夾蔔稭籬以禦北風畦内亂撒麥糠

覆樹令梢上厚二三寸止（南方宜撒蓋）至穀雨前後手爬去麥糠澆之次冬封蓋亦如此二年之後三月中帶土移栽先掘區用糞土相合内區中水調成稀泥植栽於内擁土令區滿下水塌實（無用杵築脚踏）次日有裂縫處以脚躡合常澆令濕至十月祛倒以土覆藏毋使露樹至春去土次年不須覆栽大樹者於三月中移廣留根土（謂如一丈樹留土方三尺地遠移者二尺五寸一丈五尺樹留土三尺或三尺五寸）用草繩纏束根土樹大者從下剸去枝三二層樹記南北運至區所栽如

前法檜種如松法插枝者二三月檜芽蘖動時先熟斸黃土地成畦下水飲畦一徧滲定再下水候成泥將斫下細如小指檜枝長一尺五寸許下削成馬耳狀先以杖刺泥成孔插檜枝於孔中深五七寸以上栽宜稠密常澆令潤澤上搭矮棚蔽日至冬換作暖蔭次年二三月去之候樹高移栽如松柏法

榆

齊民要術榆性扇地其陰下五穀不植隨其高下廣狹東西北三方所

扇各與樹等種者宜於園地北畔秋耕令熟至春榆莢落時收拾漫散犁細畤勞之明年正月初附地芟殺以草覆上放火燒之一根上必十數條俱生止留一根強者餘悉掐去之一歲之中長八九尺矣不燒則長遲也後年正月二月移栽之初生即移者喜曲故須蔟林長之三年乃可移種初生三年不用採葉尤忌捋心捋心則科茹不長更須依法燒之則依前茂矣不用剝沐剝者長而細又多瘢痕不剝雖短麤而無病諺曰不剝不沐十年成轂言易麤也必欲剝者宜留二寸於壍阬中種者以陳屋草布壍中散榆莢於草上以土覆之燒亦如法陳草速朽肥良勝糞無陳草者用糞糞之亦佳不糞雖生而瘦既栽移者燒亦如法又種榆法其於地畔種者致雀損穀既非叢林率多曲戾不如割地一方種之其白土薄地不宜五穀者惟宜榆及白榆地須近市賣柴莢葉省功梜榆刺榆凡榆三種色別種之勿令和雜梜榆莢葉味苦凡榆莢味甘甘者春時將煮賣是以須別也耕地收莢一如前法先耕地作壟然後散榆莢壟者看好料理又易五寸一莢稀概得中散訖勞之榆生共草俱長未須料理明年正月附地芟殺放火燒之亦任生長勿使棠杜康反近又至明年正月斸去惡者其一株上有七

八根生者悉皆斫去惟留一根麤直好者三年春可將莢葉賣之五年之後便堪作椽不梜者即可斫賣梜者鏇作蓋十年之後魁椀瓶榼器皿無所不任十五年後中為車轂及蒲桃缸　崔寔曰二月榆莢成及青收乾以為旨蓄旨美也蓄積也收青莢小蒸曝之至冬以釀酒滑香宜養老詩云我有旨蓄亦以御冬色變白將落可作醔𨡎醔音牟𨡎音頭榆醬隨節早晏勿失其適

務本新書榆葉曝乾擣羅為末鹽水調勻日中炙曝天寒於火上熬過拌菜食之味頗辛美

白楊

齊民要術白楊一名高飛一名獨搖性甚勁直堪為屋材折則折矣終不曲撓奴孝反楡性久無不曲比之白楊不如遠矣且天性多曲修直者少長又遲緩積年方得凡屋材松柏為上白楊次之楡為下也種白楊法秋耕令熟至正月二月中以犁作壠一壠之中以犁順逆各一到𤱶中寬狹正似蔥壠作訖又以鍫掘底一阬作小塹斫取白楊枝大如指長三尺者屈著壠中以土壓上令兩頭出土向上直豎二尺一株明年正月剗去惡枝一畝三壠一

壠七百二十株一根兩株一畝四千三百二十株三年中為蠶擿都格反蠶椽五年任為屋椽十年堪為棟樑歲種三十畝三年九十畝一年賣三十畝周而復始永世無窮比之農夫勞逸萬倍去山遠者實宜多種千根以上所求必備

棠

齊民要術棠熟時收種之否則春月移栽八月初天晴時摘葉薄布曬令乾可以染絳必候天晴時少摘葉乾之復更摘慎勿頓收若遇陰雨則浥浥不堪染絳也

穀楮

齊民要術說文云穀者楮也按今世人乃有名之曰角楮非也蓋角穀聲相近因誤耳其皮可以為紙者也楮宜澗谷間種之地欲極良秋上候楮子熟時多收淨淘曝令燥耕地令熟二月耬耩之和麻子漫散之即勞秋冬仍留麻勿刈為楮作暖若不和麻子種率多凍死明年正月初附地芟殺放火燒之一歲即沒人不燒者瘦而長亦遲三年便中斫未滿三年者皮薄不任用斫法十二月為上四月次之非此兩月

而斫者楮多枯死也每歲正月常放火燒之自有乾葉在地足得火燃不燒則不滋茂也二月中間斸去惡根移栽者二月蒔之亦三年一斫三年不斫者徒失錢無益也指地賣者省功而利少煮剝賣皮者雖勞而利大其柴足以供燃自能造紙其利又多種三十畝者歲斫十畝三年一徧歲收絹百疋

槐

齊民要術槐子熟時多收擘取數曝勿令蟲生五月夏至前十餘日以水浸之如浸麻子法六七日當芽生好雨種

麻時和麻子撒之當年之中即與麻齊麻熟刈去獨留槐槐既細長不能自立根別豎木以繩攔之（冬天多風雨繩攔宜以茅裹不則傷皮成痕瘢也）明年斸地令熟還於槐下種麻（胥槐令長）三年正月移而植之亭亭條直千百若一（所謂蓬生麻中不扶自直）若隨宜取栽匪直長遲樹亦曲惡（宜於園中割地種之）

柳

齊民要術種柳正月二月中取弱柳枝大如臂長一尺半燒下頭二三寸埋之令没常足水以澆之必數條俱

生留一根茂者（餘悉掐去）別豎一柱以為依主以繩攔之（若不攔必為風所摧不能自立）一年中即高一丈餘其旁生枝葉即掐去令直聳上高下任人取足便掐去正心即四散下垂婀娜可愛（若不掐心則枝不四散或邪或曲生亦不佳也）六七月中取春生少枝種則長倍疾（少枝葉青氣壯故長疾也）楊柳下田停水之處不得五穀者可以種柳八月九月水盡燥濕得所時急耕則鎘榛之至明年四月又耕熟勿令有塊即作疄壠一畝三壠一壠之中順逆各一到畼中寬狭正似葱壠從五月初盡七月末每天雨時即觸雨折取春生少枝長一尺已上者插著壠中二尺一根數日即生少枝長疾三歲成椽比於餘木雖微脆亦足堪事歲種三十畝三年種九十畝歲賣三十畝（終歲無窮）憑柳可以為楯車輞雜材及枕　種箕柳法山澗河旁及下田不得五穀之處水盡乾時熟耕數偏至春凍釋於山陂河坎之旁刈取箕柳三寸截之漫散即勞勞訖引水停之至秋任為簸箕（山柳赤而脆河柳白而韌）陶朱公術曰種柳千樹則足柴十年

以後髡一樹得一載歲髡二百樹五年一周　四時類要種柳取青嫩枝如臂長六七尺燒下頭三二寸埋二尺以上　博聞錄楊柳根下先種大蒜一枚不生蟲

楸

齊民要術楸（詩義疏曰梓楸之疏理色白而生子者為梓說文曰檟楸也然則楸梓二木相類者也色白有角者名為梓似楸有角者名為角楸或名子楸黃色無子者為柳楸世人見其木黃呼為荊黃楸也）亦宜割地一方種之梓楸各別無令和雜楸既無子可於大樹四面掘作阬取栽移之方兩步一根兩畝一行

一行百二十樹五行合六百樹十年後車板盤榼樂器所在任用以為棺材勝於松柏

梓

齊民要術種梓法秋耕地令熟秋末冬初梓角熟時摘取曝乾打取子耕地作壟漫田即再勞之明年春生有草拔令去勿使荒沒後年正月間斸移之方兩步一樹此樹須大不能概栽

梧桐

齊民要術梧桐桐葉花而不實者曰白桐實而皮青者曰梧桐按今人以其皮青號曰青桐也青桐九月收子二三月中作一步圓畦種之方大則難裏所以須圓小治畦下水一如葵法五寸下一子少與熟糞和土覆之生後數澆令澤潤此木宜潤故也當歲即高一丈至冬豎草於樹間令滿外復以草圍之以葛十道束置不然則凍死也明年三月中移植於廳齋之前華淨妍雅極為可愛後年冬不須復裏成樹之後樹别下子一石子於包上生多者五六少者二三也炒食甚美味似菱芡多食亦無妨白桐無子冬結似子者乃是明年之花房亦遠大樹掘阬取栽移之成樹之後任為樂器青桐則不中用於山石之間生者作樂器尤佳青白二材並堪車板盤榼木檿等用

漆

新添春分前後移栽後樹高六七月以剛斧斫其皮開以竹管承之汁滴則成漆

柞

齊民要術柞爾雅云栩杼也注云柞樹案俗人呼杼為橡子以橡殼為杼斗以剜剜似斗故也橡

子儉歲可食以為飯豐年放豬食之可以致肥也宜於山阜之曲三徧熟耕漫散橡子即再勞之生則薅治常令淨潔一定不移十年中椽可雜用二十歲中屋槫斫去尋生料理還復凡為家具者前件木皆所宜種十歲之後無求不給

皂莢

博聞錄樹不結鑿一大孔入生鐵三五斤以泥封之便開花結子既實以篾束其本數匝木楔之一夕自落

新添種者二三月種不結角者南北二面去地一尺鑽

孔用木釘釘之泥封竅即結

楝

新添子熟時雨後種如種桃李法成樹移栽

椿

新添木實而葉香有鳳眼草者謂之椿木踈而氣臭無鳳眼草者謂之樗皆可於春分前後栽之又云有花而莢者謂樗無花不實謂椿

葦 荻附

新添葦四月苗高尺許選好葦連根栽成土墩如椀口大於下濕地內掘區栽之縱横相去一二尺（欲疾得力則密栽）至冬放火燒過次年春芽出便成好葦十月後刈之

一法二月熟耕地作壠取根卧栽以土覆之次年成葦

又壓栽法其葦長時掘地成渠將莖屈倒以土壓之露其稍凡葉向上者亦植令出土下便生根上便成笋與壓桑無異五年之後根交當隔一尺許斸一钁即滋旺矣　荻栽與葦同

蒲

新添四月揀縣蒲肥旺者廣帶根泥移出於水地內栽之次年即堪用（其水深者白長水淺者白短）

作園籬

齊民要術凡作園籬法於牆基之所方整深耕凡耕作三壠中間相去各二尺秋酸棗熟時收於壠中概種之至明年秋生高三尺許間斸去惡者相去一尺留一根必須稀概均調行五條直相當至明年春剶（勃傳反）去横

枝剶必留距（若不留距侵皮痕大逢寒即死）剶訖即編為巴籬隨宜夾縛務使舒緩（急則不復得長故也）又至明年春更剶其末又復編之高七尺便足（欲作高者亦任人意）枳棘之籬折柳樊圃斯其義也其種柳作之者一尺一樹初即斜插插時即編其種榆莢者一同酸棗如其栽榆與柳斜植高共人等然後編之數年長成共相蹙迫交柯錯葉特佀房櫳

諸樹

齊民要術凡栽一切樹木欲記其陰陽不令轉易（陰陽易位

則難生自小栽者不煩記也大樹髡之不髡風搖則死小則不髡先為深阬内樹訖以水沃之著土令如薄泥東西南北搖之良久搖則泥入根間無不活者不搖根虛多死其小樹則不煩耳然後下土堅築近上三寸不築取其柔潤也時時溉灌常令潤澤每澆水盡即以燥土覆之覆則保澤不然即乾埋之欲深勿令撓動凡栽樹訖皆不用手捉及六畜觝突戰國策曰夫柳縱横顛倒樹之皆生使十人樹之一人搖之則無生柳矣凡栽樹正月為上時諺曰正月可栽大樹言得時則易生也二月為中時三月為下時然棗雞口槐兎目桑蝦蟇眼榆負瘤自餘雜木鼠耳虻翅

各以其時此等名目皆是葉生形容之所象似以此時栽種者葉皆即生早栽者葉晚出雖然大率寧早為佳不可晚也樹大率種數既多不可一一備舉凡不見者栽蒔之法皆求之此條

崔寔曰二月盡三月可掩樹枝埋樹枝土中令生二歲已上可移種矣

務本新書一切栽枝記南北根深土遠寛掘上以席包包裹不令見日大車上般載以人牽曳緩緩而行車前數百步平治路上車轍務要平坦不令車輪搖擺於處所依法栽培樹樹決活古人有云移樹無時莫令樹知區宜寛深以水攪土成泥仍摻新栗大麥百餘粒即下樹栽樹大者須以木扶架若根不動搖雖丈許之木可活仍須芟去繁枝不可招風

伐木

齊民要術凡伐木四月七月則不蟲而堅韌凡木有子實者候其子實將熟皆其時也非其時者蟲而且脆也凡非時之木水漚一月或火煏皮逼反取乾蟲皆不生水浸之木更益柔韌

周官曰仲冬斬陽木仲夏斬陰木鄭司農云陽木春夏生者陰木秋冬生者

松柏之屬鄭玄曰陽木生山南者陰木生山北者冬則斬陽夏則斬陰調堅輭也按松柏之性不生蟲蠹四時皆得無所選也山中雜木非七月四月兩時殺者率多生蟲無山南山北之異鄭君之說又無取則周官伐木蓋以順天道調陰陽未必為堅韌之與蟲蠹也

禮記月令孟春之月禁止伐木鄭玄注云為盛德所在也孟夏之月無伐大樹逆時氣也季夏之月樹木方盛乃命虞人入山行木無有斬伐為其未堅韌也季秋之月草木黄落乃伐薪為炭仲冬之月日短至則伐木取竹箭此其堅成之極時也

孟子曰斧斤以時入山林材木不可勝用也趙岐注曰時謂草木零落之時

淮南子曰草木未落時斧斤不入山

林 崔寔曰自正月以終季夏不可伐木必生蠹蟲十一月伐竹木 四時類要十二月斬伐竹木不蛀

藥草

種紫草

齊民要術宜黄白軟良之地青沙地亦善開荒黍穄下大佳性不耐水必須高田秋耕地至春又轉耕之三月種之耬耩地逐壟手下子良田一畝用子二升半薄田用子三升下訖勞之鋤如穀法潔淨為佳其壟底草則拔之壟底用鋤則傷紫草九

月中子熟刈之候稃芳蒲反燥載聚打取子濕載子則浥鬱即深細耕不細不深則失草矣尋壟以杷耬取整理收草宜併手力速竟為良遭雨則損草也一扼隨以茅結之擘葛彌善四扼為一頭當日則斬齊顛倒十重許為長行置堅平之地以板石鎮之令扁濕鎮直而長燥鎮則碎折不鎮賣難售也兩三宿豎頭著日中曝之令浥浥然不曬則鬱黑太燥則碎折五十頭作一洪洪十字大頭向外以葛纏絡著敞屋下陰涼處棚棧上其棚下勿使驢馬糞及人溺又忌煙皆令草失色其利勝藍若欲久停者入五月内著屋中閉戶塞向密泥勿使風入漏氣過立秋然後開出草色不異若經夏在棚棧上草便變黑不復任用 務本新書種訖拖瓶擺之或以輕砘碾過秋深子熟傍去其土連根取出就地鋪穧頓乾輕振其土茅葉束切去虛梢

紅花

齊民要術花地欲得良熟二月末三月初種也種法欲雨後速下或漫散種或耬下一如種麻法亦有鋤而掩種者子科大而易料理花出日日乘涼摘取不摘則乾摘必須盡留餘即合五月子

熟拔曝令乾打取之子亦不用鬱浥五月種晚花春初即留子入五月便種若待新花熟後取子則又晚也七月中摘深色鮮明耐久不黦紆物反色壞也勝春種者收子與麻子同價既任車脂亦堪為燭一頃花日須百人摘以一家手力十不充一但駕車地頭每旦當有小兒僮女十百為羣自來分摘正須平量中半分取是以單夫隻婦亦得多種 曬紅花法摘取即碓擣使熟以水淘布袋絞去黄汁更擣以粟飯漿清而酸者淘之又以布袋絞去汁即收取染紅勿棄也絞訖著

甕器中以布蓋上雞鳴更擣令均於席上攤而曝乾（勝作餅花作餅者不得乾令花浥鬱也）

藍

齊民要術藍地欲良三徧細耕三月中浸子令芽生乃畦之治畦下水一同葵法藍三葉澆之（晨夜再澆）薅治令淨五月中新雨後即接濕耬耩拔栽之三莖作一科相去八寸（栽時宜併力急手無令地燥也）白背即急鋤（栽時既濕白背不急鋤則堅确也）五徧爲良七月中作藍澱崔寔曰榆莢落時可種藍五

月可刈藍六月可種冬藍（冬藍木藍也）

梔子

新添十月選成熟梔子取子淘淨曬乾至來春三月選沙白地斸畦區深一尺全去舊土卻收地上濕潤浮土篩細填滿區下種稠密如種茄法細土薄糝上搭箔棚遮日高可一尺旱時一二日用水於棚上頻頻澆灑不令土脈堅垎四十餘日芽方出土薅治澆溉至冬月厚用蒿草藏護次年三月移開相去一寸一科鋤治澆溉宜頻冬月用土深擁根株其枝梢用草包護至次年三四月又科一步半一科栽成行列須園內穿井頻澆頻鋤每歲冬須北面厚夾籬障以蔽風寒第四年開花結實十月收摘甑內微蒸曬乾用

茶

四時類要熟時收取子和濕沙土拌筐籠盛之穰草蓋不爾即凍不生至二月中出種之於樹下或北陰之地開坎圓三尺深一尺熟斸著糞和土每阬中種六七十

顆子蓋土厚一寸強任生草不得耘相去二尺種一方旱時以米泔澆此物畏日桑下竹陰地種之皆可二年外方可耘治以小便稀糞蠶沙澆擁之又不可太多恐根嫩故也大概宜山中帶坡坂若於平地即於兩畔深開溝壟洩水水浸根必死三年後收茶

椒

齊民要術熟時收取黑子（俗名椒目不用人手數近捉之則不生也）四月初畦種之（治畦下水如種葵法）方三寸一子篩土覆之令厚寸許復

篩熟糞以蓋土上旱輒澆之常令潤澤生高數寸夏連雨時可移之移法先作小阬圓深三寸以刀子圓劙椒栽合土移之於阬中萬不失一（若拔而移者率多死）若移大栽者二月三月中移之先作熟穰泥掘出即封根合泥埋之（行百餘里猶得生）此物性不耐寒陽中之樹冬須草裹（不裹則死）其生小陰中者少稟寒氣則不用裹（所謂習與性成一木之性寒暑異容若朱藍之染能不易質故觀隣識士見友知人也）候實口開便速收之天晴時摘下薄布曝之令一日即乾色赤椒好（若陰時收者色黑失味）其葉

及青摘取可以為葅乾而末之亦足充食也 務本新書三腳椒種秋深熟時揀粒大摘下蔭乾將椒子包裹掘地深埋春暖取出向陽掘畦種之性不耐寒冬月以草厚覆二年後春月移栽樹小時冬月以糞覆根地寒處以草裹縛次年結子椒不歇條一年繁勝一年

茱萸

齊民要術（食茱萸也山茱萸味不任食）二月三月栽之宜故城隄冢高燥處（凡於城上種蒔者先宜隨長短掘壍停之經年然後於壍中種蒔保澤沃壤與平地無差不爾者土堅澤流長物至遲歷年倍多樹木尚小）候實開便收之挂著屋裏壁上廕乾勿使煙熏（煙熏則苦而不香也）用時去中黑子（肉醬魚鮓偏宜用）

茴香

務本新書春暖向陽掘區糞土相和區先下水子用新香不浥者量地下子糝土微蓋區南約量種穀以遮夏日長高三四指旱則澆之或霖雨時就新子種之亦可十月斫去條梢糞土覆根三月去之

蓮藕

齊民要術種蓮子法八月九月中取蓮子堅黑者於瓦上磨蓮子頭令皮薄取墐土作熟泥封之如三指大長二寸使蔕頭平重磨處尖銳泥乾時擲於泥中重頭沉下自然周正皮薄易生少時即出其不磨者皮既堅厚倉卒不能生也 種藕法春初掘藕根節頭著魚池泥中種之當年即有蓮花

芡

齊民要術種芡法一名雞頭八月中收取擘破取子散

著池中自生也

芰

齊民要術種芰法一名蔆秋上子黑熟時收取散著池中自生矣

薯蕷今名山藥

四時類要山居要術云擇取白色根如白米粒成者先收子作三五所阬長一丈闊三尺深五尺下密布甎阬四面一尺許亦側布甎防別入傍土中根即細也作阬子訖填糞土三行下子種之填阬滿待苗著架經年已後根甚麤一阬可支一年食根種者截長一尺已下種

又法地利經云大者折二寸為根種當年便得子收子後一冬埋之二月初取出便種忌人糞如旱放水澆又不宜太濕須是牛糞和土種即易成　務本新書種山藥宜寒食前後沙白地區長丈餘深闊各二尺少加爛牛糞與土相和平勻厚一尺揀肥長山藥上有芒刺者折長三四寸鱗次相挨臥於區內復以糞土勻覆五

寸許旱則澆之亦不可太濕頗忌大糞苗長以高梢扶架霜降後比及地凍出之外將蘆頭另窨來春種之勿令凍損

地黃

齊民要術種地黃法須黑良田五徧細耕三月上旬為上時中旬為中時下旬為下時一畝下種五石其種還用三月中掘取者逐犁後下之至四月末五月初生苗訖至八月盡九月初根成中染若須留為種者即在地中勿掘之待來年三月取之為種計一畝可收根三十石有草鋤不限徧數鋤時別作小刃鋤勿使細土覆心今秋收訖至來年更不須種自旅生也惟須鋤之如此四年不要種之餘根自出矣

枸杞

博聞錄種枸杞法秋冬間收子淨洗日乾春耕熟地作町闊五寸紐草稕如臂大置畦中以泥塗草稕上然後種子以細土及牛糞蓋令徧苗出頻水澆之又可插種

務本新書枸杞宜故區畦種葉作菜食子根入藥新添秋收好子至春畦種如種菜法　又三月中苗出時移栽如常法伏内壓條特為滋茂　一法截條長四五指許掩於濕土地中亦生

菊花

博聞録菊蜀人多種之黄可入茶花子入藥然野菊大能瀉人惟真菊延年乃黄中之色氣味和正花葉根實皆長生藥其性介烈不與百花同盛衰是以通仙靈也

務本新書宜白地栽甜水澆苗作菜食花入藥用三四月帶根土掘出作區下糞水調成泥擘根分栽每區一二科後極滋茂

蒼朮

四時類要二月取根子劈破畦中種上糞下水一年即稠苗亦可為菜若作煎宜多種之

黄精

四時類要二月擇取葉相對生者是真黄精擘長二寸許稀種之一年後甚稠種子亦得其葉甚美入菜用其根堪為煎朮與黄精仙家所種

百合

四時類要二月種百合此物尤宜雞糞每阬深五寸如種蒜法又云取根曝乾擣為麫細篩甚益人

牛蒡子

四時類要熟耕肥地令深平二月末下子苗出後耘旱即澆灌八月已後即取根食若取子即留隔年方有子

凡是閒地即須種之不但畦種也　務本新書牛蒡子宿根亦名鼠黏子葉作菜食明目補中去風久食輕身耐老

決明

四時類要二月取子畦種同葵法葉生便食直至秋間有子若嫌老糞種亦得若入藥不如種馬蹄者　博聞録園圃四旁宜多種蛇不敢入

甘蔗

新添栽種法用肥壯糞地每歲春間耕轉四徧耕多更好擺去柴草使地淨熟蓋下土頭如大都天氣宜三月內下種迤南暄熱二月內亦得每栽子一箇截長五寸許有節者中須帶三兩節發芽於節上畦寬一尺下種處微壅土高兩邊低下相離五寸卧栽一根覆土厚二寸栽畢用水澆澆止令濕潤根脉無致渰沒栽封旱則三二日澆一徧如雨水調勻每一十日澆一徧其苗高二尺餘頻用水廣澆之荒則鋤耘並不開花結子直至

九月霜後品嘗稭稈酸甜者成熟味苦者未成熟將成熟者附根刈倒依法即便煎熬外將所留栽子稭稈斬去虛梢深撅窖阬窖底用草襯藉將稭稈竪立收藏於上用板蓋土覆之毋令透風及凍損直至來春依時出窖截栽如前法大抵栽種者多用上半截儘堪作種其下截肥好者留熬沙糖若用肥好者作種尤佳　煎熬法若刈倒放十許日即不中煎熬將初刈倒稭稈去梢葉截長二寸碓擣碎用密筐或布袋盛頓壓擠取汁即用銅鍋內斟酌多寡以文武火煎熬其鍋隔牆安置牆外燒火無令烟火近鍋專一令人看視熬至稠粘似黑棗合色用瓦盆一隻底上鑽箸頭大竅眼一箇盆下用甕承接將熬成汁用瓢盛傾於盆內極好者澂於盆流於甕內者止可調水飲用將好者即用有竅眼盆盛頓或倒在瓦罌內亦可以物覆蓋之食則從便慎勿置於熱炕上恐熱開化大抵煎熬者止取下截肥好者有力糖多若連上截用之亦得

薏苡

新添九月霜後收子至來年三月中隨耕地於壠內點種勞蓋令平有草則鋤

藤花

新添春分前後移栽長時宜靠樹架起其花茂盛採時天晴便曬乾不致浥損收藏可為素餡食之

薄荷

新添諸處多可移栽經冬根不死採葉可食本入藥用

罌粟

四時類要罌粟尤宜山坡亦可畦種　博聞錄重九日種又中秋夜種則罌大子滿種訖以竹篲掃之

苜蓿

齊民要術地宜良熟七月種之畦種水澆一如韭法亦一剪一上糞鐵杷耧土令起然後下水一年三刈留子者一刈則止春初既中生噉為羮甚香長宜飼馬馬尤嗜之此物長生種者一勞永逸都邑負郭所宜種之　崔寔曰七月八月可

種苜蓿　四時類要苜蓿若不作畦種即和麥種之不妨燒苜蓿之地十二月燒之訖二年一度耕壠外根即不衰凡苜蓿春食作乾菜至益人

農桑輯要卷六

欽定四庫全書

農桑輯要卷七

元　司農司　撰

孳畜禽魚及歲用雜事附

養馬牛總論

齊民要術服牛乘馬量其力能寒温飲飼適其天性如不肥充蕃息者未之有也諺曰羸牛劣馬寒食下言其乏食瘦瘠春中必死務在充飽調適而已　四時類要三月收合龍

駒合驢馬之牝牡此月三日為上　月令季春之月乃合累牛騰馬案月令合累牛騰馬註累騰皆乘匹之名此作騾牛驢馬今校改遊牝於牧仲夏之月遊牝別羣則縶騰駒

馬驢騾附

齊民要術飲飼之節食有三芻飲有三時何謂也一曰惡芻二曰中芻三曰善芻謂饑時與惡芻飽時與善芻引之令食食常飽則無不肥剉草麤雖足豆穀亦不肥充細剉無節簁去土而食之者令馬肥不啌如此喂飼自然好也啌若江反何謂三時一曰朝飲少之二曰晝飲則胸饜水三曰暮極

飲之一日夏汗冬寒皆當節飲諺曰旦起騎穀日中騎水斯言旦飲須節水也每飲食勿行驟則消水小驟數百步亦佳十日一放令其陸梁舒展令馬硬實也驢騾大槩類馬不復別起條端　凡驢馬駒初生忌灰氣遇新出爐者輒死經雨即不死　凡以豬槽餵馬以石灰泥馬槽汗繫著門皆令馬落駒術曰常繫獼猴於馬房令馬不畏辟惡消百病也　馬久步即生筋勞筋勞則生蹄痛久立則發骨勞骨勞則發癰腫久汗不乾則生皮勞皮勞者騕而不振汗未燥而飲飼之則生氣勞氣勞者騕而不噴馳驅無節則生血勞血勞則發強行

何以察五勞終日馳驅舍而視之不騕者筋勞也騕而不時起者骨勞也起而不振者皮勞也振而不噴者氣勞也噴而不溺者血勞也筋勞者兩絆御行三十步而已骨勞者令人牽之起從後笞之起而已皮勞者夾脊摩之熱而已氣勞者緩繫之櫪下遠餧草噴而已血勞者高繫無飲食之大溺而已　治牛馬瘦氣方取獺屎煮灌之獺肉及肝彌良不能得肉肝乃用屎耳　治馬喉腫方以物纏刀子露刃鋒一寸許刺咽喉潰則愈　治馬黑汗方取乾馬糞置

瓶子中頭髮覆之火燒馬糞及髮煙出著馬鼻熏令煙入鼻中須臾即差又方豬脊引脂雄黃亂髮燒煙熏鼻同上法案此二條並治馬黑汗方原本俱作治馬喉腫又方今據齊民要術校改　又療馬結熱起臥戰不食水草方黃連二兩杵末白鮮皮一兩杵皮油五合豬脂四兩細切右以溫水一升半和藥調停灌下牽行拋糞即愈　馬疥方晃音臬黃案齊民要術作雄黃頭髮臘月豬脂煎令髮消及熱塗立效　馬傷水用葱鹽油相和搓成團子納鼻中以手掩馬鼻令不通氣良久待眼淚

出即止　馬傷料用生蘿蔔三五箇切作片子啖之立效　馬猝熱腹脹起臥欲死方藍汁二升和冷水二升灌之立效　治新生小駒子瀉肚方藁本末三錢用大麻子研汁調灌下咽喉便效次以黃連末大麻汁解之　驢馬磨打破瘡馬菌莱石灰一處擣為團曬乾後再擣羅為末先口含鹽漿水洗淨用藥末貼之驗　常啖馬藥鬱金大黃甘草山梔子貝母白藥子黃藥子黃芩款冬花秦艽黃蘗黃連知母桔梗藁本右件一十五味

各等分同擣羅為末每一疋馬啖藥末二兩許仍用油蜜豬脂雞子飯食少許同和調啖之啖後不得飲水至夜喂飼　馬氣藥方青橘皮當歸桂心大黃芍藥木通郁李仁瞿麥白芷牽牛子右件十味各等分擣羅為末用溫酒調灌每疋馬藥末半兩許　點馬眼藥青鹽黃連馬牙硝蕤仁右件四味各等分同研為末用蜜煎入瓷瓶子盛或點時旋取少許以井水浸化點　治馬急起臥取壁上多年石灰細杵羅用酒調二兩已來灌之立效　治馬

食槽內草結方好白礬末一兩分為二服每貼和飲水後啖之不過三兩度即內消卻此法神驗　博聞錄馬傷脾方川厚朴去麤皮為末同薑棗煎灌應脾胃有傷不食水草褰唇似笑鼻中氣短宜速與此藥　馬心熱方甘草芒硝黃蘗大黃山梔子瓜蔞為末水調灌應心肺壅熱口鼻流血跳躑煩燥宜急與此藥　馬肺毒方天門冬知母貝母紫蘇芒硝黃芩甘草薄荷葉同為末飯湯入少許醋調灌療肺毒熱極鼻中噴水　馬肝壅方朴硝黃連為末男子頭髮燒灰存性漿水調灌應邪氣衝肝眼目似睡忽然眩倒此方主之　馬腎搐方烏藥芍藥當歸玄參山茵蔯白芷山藥杏仁秦艽每服一兩酒一大升同煎溫灌隔日再灌　馬氣喘方玄參葶藶升麻牛黃兜苓黃耆知母貝母同為末每服二兩漿水調草後灌之應喘嗽皆治　馬尿血方黃耆烏藥芍藥山茵蔯地黃兜苓枇杷葉為末漿水煎沸候冷調灌應六月熱尿血皆主療之　馬喉腫方螺青川芎知母

川鬱金牛蒡炒薄荷貝母同為末每服二兩蜜二兩漿水煎沸候溫調灌　馬結尿方滑石朴硝木通車前子同為末每服一兩溫水調灌隔時再服結甚則加山梔子赤芍藥同末　馬結糞方皂角燒灰存性同大黃枳殼麻子仁黃連厚朴為末清米泔調灌若傷實加蔓荊子末同調　馬舌硬方款冬花瞿麥山梔子地仙草青黛硼砂朴硝油烟墨等分為細末每用半兩許塗舌上立差　馬膈痛方羌活白藥甜瓜子當歸沒藥芍藥為

末春夏漿水加蜜秋冬小便調療膈痛低頭難不食草

馬流沫方當歸菖蒲白术澤瀉赤石脂枳殻厚朴甘草為末每一兩半酒一升葱白三握同水煎溫灌　馬傷蹄方大黄五靈脂木鼈子去油海桐皮甘草土黄芸薹子白芥子為末黄米粥調藥攤帛上裹之

牛 水牛附

四時類要治牛疫方取人參一兩細切水煮汁五升灌口中差又方真安息香於牛欄中燒如燒香法如初覺

有一頭至兩頭是疫即牽出以鼻吸之立愈又方十二月兎頭燒作灰和水五升灌口中良　牛腹脹欲死方研麻子汁五升溫令熱灌口中愈此治食生豆腹脹垂死者甚良　牛鼻脹方以醋灌耳中立差　牛疥方煮黑豆汁熱洗五度差一本作烏頭汁　牛肚脹及嗽方取榆白皮水煮令熱甚滑以三五升灌之即差　牛虱方以胡麻油塗之即愈豬脂亦得六畜虱塗之亦愈　博聞録牛瘴疫方用真茶二兩和水五升灌之又治牛猝疫而動頭打脇急用巴豆七個去殻細研出油和灌之即愈又燒蒼术令牛鼻吸其香止　牛尿血方川當歸紅花為細末以酒二升半煎取二升冷灌之又法豉汁調食鹽灌　牛患白膜遮眼用炒鹽并竹節燒存性細研一錢貼膜效　牛氣噎方牛有茅根噎以皂角末吹鼻中更以鞋底拍尾停骨下效　牛腹脹方牛喫著雜蟲即腹脹用燕屎一合漿水二升調灌之效　牛觸人方牛顛走逢人即觸是膽大也黄連大黄末雞子酒調灌之

牛尾焦不食水草以大黄黄連白芷末雞子酒調灌之　牛氣脹方淨水洗汗韉取汁一升好醋半升許灌之愈　牛肩爛方舊緜絮三兩燒存性麻油調抹忌水五日愈　牛漏蹄方紫礦為末豬脂和納蹄中燒鐵篦烙之愈　牛沙疥方蕎麥隨多寡燒灰淋汁入綠礬二合和塗愈　韓氏直說餵養牛法農隙時入暖屋用場上諸糠穰鋪牛腳下謂之牛鋪牛糞其上次日又覆糠穰每日一覆十日除一次牛一具三隻每日前後餉約

飼草三束豆料八升或用蠶沙乾桑葉水三桶浸之牛下飼嚥透刷飽飲畢辰巳時間上槽一頓可分三和皆水拌第一和草多料少第二比前草減半少加料第三草比第二又減半所有料全繳拌食盡即往使耕嚥了牛無力夜餵牛各帶一鈴草盡牛不食則鈴無聲即拌之飽使耕俗諺云三和一繳須管要飽不要嚥了使去最好　水牛飲飼與黃牛同夏須得水池冬須得煖廠牛衣

羊

齊民要術常留臘月正月生羔為種者上十一月二月生者次之（非此月數生者毛必焦卷骨骼細小所以然者逢寒遇熱故也其八九十月生者雖值秋肥然比之冬暮母乳已竭春草未生是故不佳其三四月生者草雖茂美而羔小未食常飲熱乳所以亦惡五六七月生者兩熱相仍中之甚惡其十一月十二月生者母既多乳膚軀充滿草雖枯亦不羸瘦母乳適盡即得春草是以極佳）大率十口一羝（羝少則不孕羝多則亂羣不孕者必瘦瘦則匪惟不蕃息經冬或死）羝無角者更佳（有角者喜相觝觸傷胎所由也）擬供廚者宜剩之（剩法生十餘日布裹齒碎之）牧羊必須老人心性宛順者起居以時調其宜適卜式云牧民何異於是者（若使急性人及小兒者攔約不得必有打傷之災或遊戲不看則有狼犬之害懶不驅行無肥充之理將息失所有羔死之患也）惟遠水為良（傷水則蹄甲膿出）二日一飲（頻飲則傷水而鼻膿）緩驅行勿停息（息則不食而羊瘦急行則坌塵而蚛顙也）春夏早放秋冬晚出（春夏氣和所以宜早秋冬霜露所以宜晚養生經云春夏早起與雞俱興秋冬晏起必待日光此其義也夏日盛暑須得陰涼若日中不避熱則塵汗相染秋冬之間必致癬疥七月已後霜露氣降必須日出霜露晞解然後放之不爾則逢毒氣令羊口瘡腹脹也）圈不厭近必須與人居相連開窗向圈（所以然者羊性怯弱不能禦物狼一入圈或能絕羣）架北牆為廠（為屋則傷熱熱則生疥癬且屋處慣暖冬月入田尤

不耐寒）圈中作臺開竇無令停水二日一除毋使糞穢（穢則污毛停水則夾蹄眠濕則腹脹也）圈內須並牆豎柴柵令周匝（羊不揩土毛常自淨不豎柴者羊揩牆壁土鹹相得毛皆成氈又豎柵頭出牆者虎狼不敢踰）羊一千口者三四月中種大豆一頃雜穀并草留之不須鋤治八九月中刈作青茭若不種豆穀者初草實成時收刈雜草薄鋪使乾勿令鬱浥（䴬豆胡豆蓬藜荊棘為上大小豆萁次之高麗豆萁尤是所便蘆薍二種則不中凡乘秋刈草非直為羊而然大凡悉皆倍勝崔寔曰七月七日刈芻茭也）既至冬寒多饒風霜或春初雨落青草未生時則須飼不宜出放

羊有疥者間别之不别相染汙或能合羣致死羊疥先著口者難治多死凡羊經疥得差後夏初肥時宜賣易之不爾後春疥發必死矣 家政法曰養羊法當以瓦器盛一升鹽懸羊欄中羊喜鹽自數還啖之不勞人收 羊有病輒相汙欲令别病法當欄前掘瀆深二尺廣四尺往還皆跳過者無病不能過者入瀆中行過便别之 龍魚河圖曰羊有一角食之傷人案此條上原本脫去龍魚河圖曰五字今校增 四時類要羊疥皮棃蘆根敲打令皮破以泔

浸之缾盛塞口放竈邊令常暖數日味酸便中用以甎瓦刮疥處令赤若堅硬者湯洗之去痂拭令乾以藥汁塗之再上愈疥若多逐日漸漸塗之勿頓塗恐不勝痛也又方豬脂和雄黃塗之愈 羊中水方羊膿鼻眼不淨者皆以水洗治之其方以湯和鹽杓中研令極鹹候冷取清者以小角子受一雞子者灌兩鼻各一角五日後以眼鼻淨為候不差更灌 羊膿鼻方羊膿鼻及口頰生瘡如乾癬者相染多致絶羣治法豎長竿圍中竿頭置板令獼猴居上辟狐狸而益羊差病也 羊夾蹄方取羝羊脂和鹽煎令熟燒鐵令微熱勻脂烙之勿令入泥水不日自差 剪羊毛三月候毛牀動則剪剪訖以河水洗即生毛潔白八月候胡菓子未成時剪之不爾則損毛中旬後剪則勿洗恐寒氣損羊

豬

齊民要術母豬取短喙無柔毛者喙長則牙多一廂三牙已上則不煩畜為難肥故有柔毛者㸌治難淨也牝者子母不同圈子母同圈喜相聚不食則死傷牡者

同圈則無嫌牡性遊蕩若非家生則易走失圈不厭小圈小則肥疾處不厭穢泥汁則避暑亦須小廠以避雨雪春夏草生隨時放牧糟糠之屬當日别與糟糠經夏輒敗不中停放八九十月放而不飼所有糟糠則畜待窮冬春初豬性甚便水生之草杷樓水藻等令近岸豬則食之皆肥初產者宜煮穀飼之其子三日便掐尾六十日後犍三日掐尾則不畏風凡犍豬死者皆風所致耳犍不截尾則前大後小犍骨細肉多不犍則骨麤肉少如犍牛法者無風死之患十一月十二月生者豚一宿蒸之蒸法索籠盛豚著甑中微火蒸之汗出便罷不蒸則腦凍不合不出旬便死所以然者豚性腦少寒盛

（則不能自煖故須煖氣助之）供食豚乳下者佳簡取別飼之愁其不肥共母同圈粟豆難足宜埋車輪為食場散粟豆於內小豚食足出入自由則肥速　四時類要閹豬子待瘡口乾平復後取巴豆兩粒去殼爛擣和麻籸糟糠之類飼之半日後當大瀉其後日見肥大　肥豕法麻子二升擣十餘杵鹽一升同煮後和糠三斗飼之立肥

養雞

齊民要術雞種取桑落時生者良（形小淺毛腳細短者是也守窠少聲善育雛子）春夏生者則不佳（形大毛羽悅澤腳麤長者是遊蕩饒聲產乳易厭既不守窠則無緣蓄息也）雞春夏雛二十日內無令出窠飼以燥飯（出窠早不免烏鴟與濕飯則令臍膿也）雞棲宜據地為籠籠內著棧雖鳴聲不朗而安穩易肥又免狐狸之患若任之樹木一遇風寒大者損瘦小者或死燃柳柴殺雞雛小者死大者盲（此亦燒黍穰殺瓠之流其理難悉）　家政法曰養雞法二月先耕一畝作田秫粥灑之刈生茅覆上自生白蟲便買黃雌雞十隻雄一隻於地上作屋方廣丈五於屋下懸簀令雞宿上夏月盛晝雞當還屋下息并於園中築作小屋覆雞得養子烏不得就　養雞令速肥不爬屋不暴園不畏烏鴟狐狸法（別築牆匡開小門作小廠令雞以避雨日雌雄皆斬去六翮無令得飛出常多收秕稗胡豆之類以養之亦作小槽以貯水割藩為棲去地一尺數掃去屎鑿牆為窠亦去地一尺惟冬天著草不則子凍春夏秋三時則不須直置匡工任其產伏留草則蛆蟲生雛出則著外以草籠之如鵪鶉大還牆內匡中其供食者又作牆匡蒸小麥飼之三七日便肥大矣）　又穀產雞子供常食法（別取雌雞無令與雄相雜其牆匡斬翅剃棲土窠一如前惟多與穀令竟冬肥盛自然穀產矣一雞生百餘卵不雛並食之無咎）　龍魚河圖曰黑雞白頭食之病人有六指者殺人

養生論曰雞肉不可令小兒食食之生蚘蟲又令體消瘦

鵝鴨

齊民要術鵝鴨並一歲再伏者為種（一伏得子者少三伏者冬寒雛多死也）大率鵝三雌一雄鴨五雌一雄鵝初輩生子十餘鴨生數十後輩皆漸少矣（常足五穀飼之生子多不足者生子少）欲於廠屋之下作窠（以防豬犬狐狸驚恐之患）多著細草於窠中令煖先刻白木為卵形窠別著一枚以誑之（不爾不肯入窠喜東西浪生若獨著一窠後有

（爭窠之患）生時尋即收取，別著一煖處，以柔細草覆藉之（停置窠中凍即雛死）。伏時大鵝一十子，大鴨二十子，小者減之（多則不周）。數起者不任為種（數起則凍冷也）。其貪伏不起者，須五六日一與食，起之令洗浴（久不起者飢羸身冷，雖伏無熱）。鵝鴨皆一月雛出。量雛欲出之時，四五日內不用聞打鼓、紡車、大呌、豬犬及舂聲；又不用器淋灰，不用見新產婦（觸忌者雛多厭殺，不能自出，假令出亦尋死也）。雛既出，作籠籠之，先以粳米為粥糜，一頓飽食之，名曰塡嗉。然後以粟飯切苦菜蕪菁英為食，以清水與之，濁則易（不易泥塞則死）。入水中不用停久，尋宜驅出（此既水禽，不得水即死；翮未合，久則水中冷徹亦死）。於籠中高處敷細草，令寢處其上（雛小翮未合，不欲冷也）。十五日後乃出籠（早放者匪直乏力致困，又有寒冷兼鳥鴟災也）。鵝惟食五穀稗子及草菜，不食生蟲（葛洪方曰：居射工之地，當養鵝，鵝見此物能食之，故鵝辟此物也）。鴨靡不食矣。水稗實成時，尤是所便，噉此足得肥充。供廚者，子鵝百日以外，子鴨六七十日佳，過此肉硬。大率鵝鴨六年以上，老不復生伏矣，宜去之。少者初生伏又未能工，惟數年之中佳耳。純取雌鴨，無令雜雄，足其粟豆，常令肥飽，一鴨便生百卵（俗所謂穀生者此卵，既非陰陽合生，雛伏亦不成雛，宜以供膳，幸無麛卵之咎也）。

魚

齊民要術：陶朱公養魚經曰：夫治生之法有五，水畜第一。水畜，所謂魚池也。以六畝地為池，池中作九洲。求懷子鯉魚長三尺者二十頭，牡鯉魚長三尺者四頭，以二月上庚日納池中，令水無聲，魚必生。至四月內一神守，六月內二神守，八月內三神守。神守者，鼈也。所以納鼈者，魚滿三百六十，則蛟龍為之長，而將魚飛去；納鼈則魚不復去，在池中周遶九洲無窮，自謂江湖也。至來年二月，得鯉魚長一尺者一萬五千枚，三尺者四萬五千枚，二尺者萬枚。至明年，得長一尺者十萬枚，長二尺者五萬枚，長三尺者五萬枚，長四尺者四萬枚。留長二尺者千枚作種，所餘皆貨，候至明年，不可勝計也。池中有九洲八谷，谷上立水二尺，又谷中立水六尺，所以養鯉者，鯉不相食，易長又貴也。又作魚池法：三尺大鯉非近江湖倉卒難求若養小魚積年不大欲令生大魚法須載取藪澤陂湖饒大魚之處近水際土十數載以布池底二年之内即生大魚蓋由土中先有大魚子得水即生也

蜜蜂

新添人家多於山野古窑中收取蓋小房或編荆囤兩頭泥封開一二小竅使通出入另開一小門泥封時時開卻掃除常淨不令他物所侵秋花彫盡留冬月蜂所

食蜜餘蜜脾割取作蜜蠟至春三月掃除如前常於蜂窶前置水一器不致渴損春月蜂成有數箇蜂王當審多少壯與不壯若可分為兩窶止留蜂王兩箇其餘摘去如不分除舊蜂王外其餘蜂王盡行摘去　窶烏禾反穴居也

歲用雜事

四時類要正月豎籬落　糞田　開荒　修蠶屋　織蠶箔　造桑機　造麻鞋　舂米此月人閑　築牆　二月栽柳　舒蒲桃上架　解栗裹縛　去石榴裹縛　造醬是月合為中時　寒食前後收柴炭　造布　浣冬衣　採桑螵蛸　三月利溝瀆　葺垣牆　治屋室以待霖雨脫整　移茄子　造酪是月牛羊飽草好造也　四月收蔓菁芥蘿蔔等子　收乾椹子　鋤葱　收乾笋藏笋　此月伐木不蛀　修隄防開水竇　整屋漏以備暴雨五月灰藏毛羽物　氈須人卧不卧則曬幕掃　收蠶種豌豆蜀芥胡荽子　六月命女工織紬絹　收芥子中秋後種　收花藥子之便種　收李核便種　收苜蓿　收槐

花曝乾　斫竹此月及八月不蛀　漚麻　曬氈褥書裘　種小蒜同七月　蘿蔔　七月收楮子　浣故衣制新衣作夾衣以備始涼　刈蒿草　種蜀芥　分薤　漚晚麻　耕菜地　收荷葉陰乾　拭漆器五月至此月晝經雨後漆器圖畫箱篋須曬乾則不損　收瓜蒂　收蒺藜子同八月　八月收薏苡　收角蒿　收韭花　收胡桃收栗　開蜜　下旬造油衣　收油麻秫江豆　備冬衣　刈莞葦　九月收豕同十月　收皂角　貯麻子油

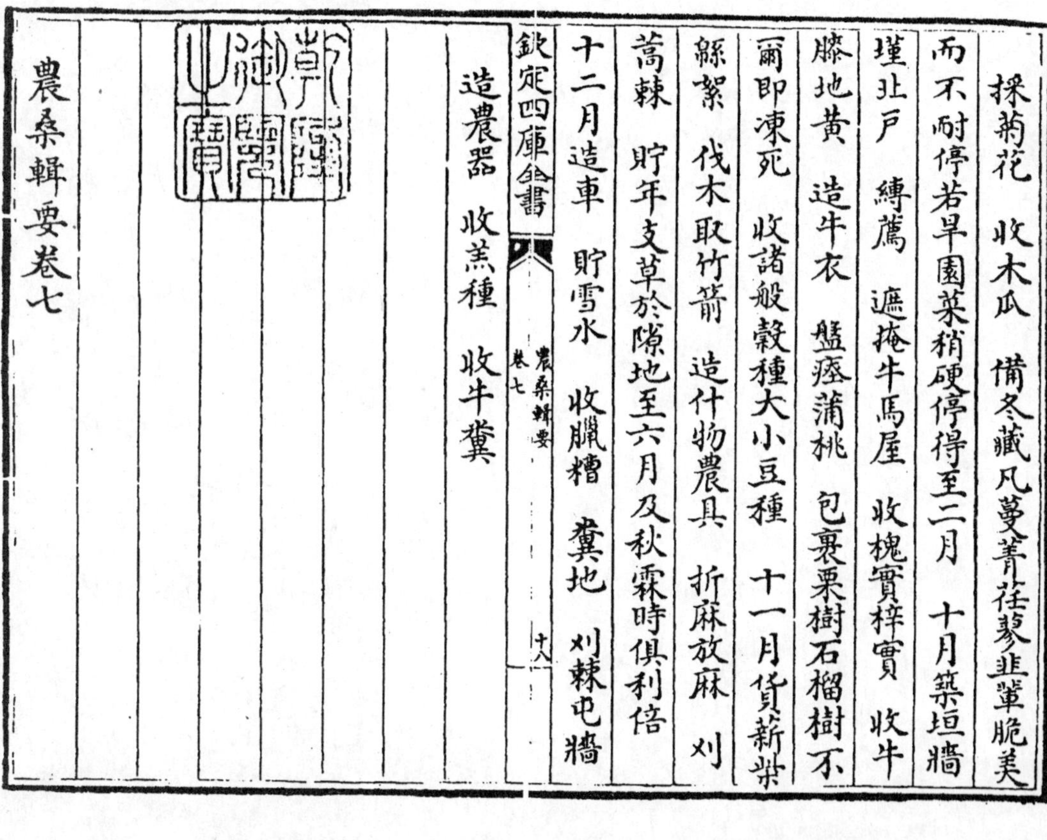

採菊花　收木瓜　備冬藏凡蔓菁菘蓼韭葷脆美而不耐停若旱園菜稍硬停得至二月　十月築垣牆墐北戶　縛薦　遮掩牛馬屋　收槐實梓實　收牛膝地黃　造牛衣　盤瘞蒲桃　包裹栗樹石榴樹不爾即凍死　收諸般穀種大小豆種　十一月貨薪柴緜絮　伐木取竹箭　造什物農具　折麻放麻　刈蒿棘　貯年支草於隙地至六月及秋霖時俱利倍十二月造車　貯雪水　收臘糟　糞地　刈棘屯牆造農器　收蕪種　收牛糞

農桑輯要卷七

農桑衣食撮要

元·魯明善 撰

欽定四庫全書　子部四

提要　農家類

農桑衣食撮要　二卷

臣等謹案農桑衣食撮要二卷元魯明善撰明善元史無傳其始末未詳此本有其幕僚導江張㮚序一篇稱明善輝和爾人（舊作畏吾兒今依元國語解改正）以父字魯為氏名鐵柱以字行于延祐甲寅出監壽陽郡始撰是書且鋟諸梓

又有明善自序則稱叨憲紀之任取所藏農桑撮要刊之學宮末署至順元年六月蓋自壽陽刊板之後閱十有七年而重付剞劂者也考豳風所紀皆陳物候夏小正所紀亦多切田功古來四民月令四時纂要諸書蓋其遺意而今多不傳至元中頒行農桑輯要於耕種樹畜之法言之頗詳而歲用雜事僅列為卷末一篇未為賅備明善此書分十二月令件繫條別簡明易曉使種藝斂藏之節開卷了然蓋以陰補農桑輯要所未備亦可謂留心民事講求實用者矣乾隆四十六年九月恭校上

總纂官臣紀昀臣陸錫熊臣孫士毅

總校官臣陸費墀

魯明善農桑衣食撮要原序

農桑衣食之本務農桑則衣食足衣食足則民可教以禮義民可教以禮義則家國天下可久安長治也虞夏殷周之興罔不由此秦漢而降知恤鮮哉我世祖皇帝中統建元之初首詔有司歲時勸課以厚民生立大司農司以專其任列聖相承式遵祖訓凡我臣子孰敢不虔乃者叨蒙憲綍之任因思衣食之本取所藏農桑撮要刋之學宮所以欽承上意而教民務本也凡天時地

利之宜種植斂藏之法纖悉無遺具在是書茍為民者人習其業則生財足食之道仰事俯育之資將隨取而隨足庶乎教可行而民安於下矣固久安長治之策也其可以農圃細事而忽之哉雖然游末是趨舍是書而不務以自取貧困固吾民之罪而奪其時以落其事使是書為徒設則有司之咎也於戲時和歲豐家給人足與吾民相忘於謠衢擊壤之域顧不美歟謹題其篇端以告來者庶牧民者知所勸也至順元年六月甲申謹

叙

欽定四庫全書　農桑衣食撮要　原序　二

欽定四庫全書

農桑衣食撮要　　元　魯明善　撰

正月　元旦宜齋戒焚香點燭拜謝天地日月星辰國王水土祖宗父母社稷六神勿興惡念每月若遇朔望之日依上焚香拜謝福德必厚

驗歲朝

一日雞二日犬三日豕四日羊五日牛六日馬七日人八日穀日色晴明溫暖則蕃息安泰風雨陰寒慘

冽則疾病衰耗以各日驗之

驗歲草

薺菜先生歲欲甘葶藶先生歲欲苦藕先生歲欲雨蒺藜先生歲欲旱蓬先生歲欲荒水藻先生歲欲惡艾先生歲欲病皆孟春占之

教牛

牛者農之本為家長者須當留心提調每日水草不可失時水牛夏間下水坑不可觸熱冬間要溫暖切忌雪霜凍餓家有一牛可代七人力雖然畜類性與人同切宜愛惜保養

嫁樹

元日五更點火把照桑棗果木等樹則無蟲以刀斧斑駁敲打樹身則結實此謂之嫁樹

移栽諸色果木樹

古人云移樹無時莫教樹知多留宿土記取南枝宜寬深開掘用少糞水和之成泥漿根有宿土者栽於

泥中候水定次日方用土覆蓋根無宿土者深栽於泥中輕提起樹根與地平則根舒暢易得活三四日後方可用水澆灌上半月移栽則多實宜愛護勿令動搖

騸諸色果木樹

樹芽未生之時於根傍掘土須要寬深尋纂心釘地根截去留四邊亂根勿動却用土覆蓋築令實則結果肥大勝插接者謂之騸樹

栽桑樹

耕地宜熟移栽時行須用寬横行闊八步長行相離四步對栽桑行中間可用牛耕故田不廢桑不致荒二月内移栽亦可臘月亦得

移栽諸樹

自朔暨晦可移松栢槐榆等樹二三月亦得

修桑

削去枯枝及低小亂枝條根傍開掘用糞土培壅與

臘月同此月不修理則葉生遲而薄

種麻

古人云十耕蘿蔔九耕麻地要肥熟以土灰拌種或撒子以土灰和腐草蓋密則細疎則粗布葉則删耘宜帶露撒灰耘糞三兩次二三月皆可種之宜早不宜遲臘月八日亦得

種茄匏冬瓜葫蘆黄瓜菜瓜

此月預先以糞和灰土以瓦盆盛或桶盛貯候發熱過以瓜茄子插於灰中常以水洒之日間朝日景夜間収於竈側暖處候生甲時分種於肥地常以少糞水澆灌上用低棚蓋之待長茂帶土移栽則易活社後亦可種之

芋秧

先將園地鉏過一遍又以新黄土覆在鉏過地上却將芋芽向上密排種之用草覆蓋候發出三四葉約四五寸高於三月間移栽之

修諸色果木樹

削去低小亂枝條勿令分力結果自然肥大

栽葱韭薤

去冗鬚微曬乾踈行密排栽之宜雞糞培壅

種苦藚萵苣生菜芥

二三月皆可移種宜用盦過熟灰糞培壅之

合小豆醬

小豆蒸爛冷定團成餅盦出黄衣穿掛當風處至三

四月內用黑豆或黃豆炒過磨去皮簸淨煮熟撈出每小豆黃子一斗熟豆一石用鹽四十餘斤拌勻擣爛入甕每日攪動臘過七日後便可食用合醬時斟酌豆黃用之

修農具

築墻圍

開溝渠

修蠶屋

整屋漏

移栽諸般花窠

織蠶箔

二月 月內三卯有則宜豆無則早種禾農家每歲經驗之言 驚蟄日以石灰摻於門限墻壁外則辟除諸般蟲蟻

種舊椹

宜熟耕地打成畦以舊椹撒於畦中常用水澆灌候芽出時如法愛護冬間附地劃去其窠用柴草薄蓋以走火燒過火大則傷根糞草蓋至春杷摟去糞草用水澆灌每一窠出芽數枝留旺者一枝餘枝削去至秋長五六尺來春可移於熟地內相對作大寬行栽之

鑯諸色菓木

揀好嫩枝條鑯於芋頭或蘿蔔頭上栽易活臘上用箬葉包之若鑯諸般花枝接頭亦得

種黍穄

新開荳田為上一畝用子四升春分前後宜用灰土和子種頻鉏三五窠作一叢書曰黍心未生雨灌其心心傷無實黍心初生畏天露次日早用䕸麻散絟長繩上令兩人對持於黍上牽拽抹去其露則不傷黍刈穄欲早黍欲晚諺曰穄青喉黍折頭黍穄熟時收飯又可釀酒擣碎蒸餻以備日用春後皆可種

種椒

擇濕潤肥地深耕杷勻取上年元埋地中椒子種之用灰糞和細土覆蓋則易生來年依時分開每株約離七八尺地用麻籸灰糞栽之忌水浸根三年後換嫩枝方結實辟蛇喫椒宜種香白芷或以髮纏樹根種生菜亦得

種茶

宜斜坡陰地走水處用糠與焦土種每一圈可用六七十粒覆土厚一寸出時不要耘草旱以米泔澆常

以小便糞水或蠶沙壅之水浸根必死三年後可採茶相離二尺種一叢

種西瓜

宜肥地種掘地作坑如斗大每坑納瓜子四枚多種則漫撒苗出後根下壅作土盆多鉏則饒子不鉏則無實餘蔓花掐去則瓜肥大

種葫蘆黃瓜菜瓜冬瓜茄子

宜晴明日中種之每日早以火糞水澆灌此月下旬栽五月中旬結實若三月種之已遲

種藕蓮

取藕接頭時就用帶草濕泥包裹却於池塘中栽之或用煮酒瓶頭上泥栽種當年開花種蓮子用堅黑者於磚石上磨蓮子頭令皮薄則易生取墐土作泥包裹蓮子在内蓮子頭上作尖樣約三指大長二寸底下務要平重候泥乾時擲於池中重頭沉下自然周正

摘茶

略蒸色小變攤開搧氣通用手揉以竹箬燒烟火氣焙乾以箬葉收諺云茶是草箬是寶

種蘿葡菘菜

上旬撒種三月中旬可食宜肥地以熟糞蓋

種蜀葵

院内路傍墻畔種之候花開盡帶青收其稭勿令枯槁水中漚一二日取皮作繩索用度

揷芙蓉

候芙蓉花開盡帶青稭漚過取皮可代麻檾

種大豇豆

宜踈種用灰蓋地要肥頻澆灌芽出鉏去草

壓桑條

濕土壓則條爛不生根燥土壓之則易生根

種紅花

種時欲雨或漫撒或耬耩如種麻法至五月收子便

種晚花秋間八月種亦得臘月亦可

種豌豆

社前大麥根邊種之以糞過灰糞勻蓋頻鉏

種苕箒即獨掃

屋側路傍皆可種嫩芽可做菜食以草繩腰束九月間刈取以石壓匾收之三月亦可種

種銀杏

於肥地内用灰糞種之候長成小樹次年移栽時連土用草包或麻繩束栽之則易活

種紫蘇

於瓜畦邊成行撒子每叢長高可以得兩利

種蘓子

於五穀地邊近道處種收子打油燃燈甚明

揷蒲萄

預先於去年冬間截取藤枝旺者約長三尺埋窖於熟糞内候春間樹木萌芽發時取出看其芽生以藤

籤蘿蔔内栽之埋二尺在土中則生根留三五寸在土外候苗長牽藤上架根邊常以煮肉肥汁放冷澆灌三日後以清水解之天色乾旱輕鉏根邊土澆之冬月用草包護防霜凍損二三月間皆可揷栽

接諸般果木

熟地内打畦成行用山桃子種芽出長成小樹次年分開相離兩步栽一株候二年樹枝削去梢將桃杏李諸般果木接頭削尖似馬耳尖樣兩枝樹皮相合

着就用本色樹皮一片長尺餘闊三分纏所接樹枝用桑皮裹縛以泥封之輕攀枝梢埋於地内用木鉤釘之土培接頭上用草標記以刺棘遮護則易活

腰接　驗其樹身大者離地一尺截作木砧小者離地七八寸截時須用細齒鋸截鋸齒粗則傷樹皮於砧相對側劈開令深一寸每砧對接兩枝俱用兩樹皮相合以黃泥封之候活待發出葉去一枝弱者若接梨或林檎宜杜樹砧上接之若接栗子宜於櫟樹

砧上插接之

根接　附地截去劈開接頭削尖插之黃泥封固用糞壅以草標記勿令他物動搖頻澆水即活

三月　月内三卯有則宜豆無則宜麻麥此農家經驗之言也

收薔薇花

三月三日收席鋪床下去蚕鋪竈上去蟲蟻

種大豆

宜上旬種杏花盛桑椹赤夏至後二十日皆可種肥地則宜踈瘦地則宜密幾出便耘莢赤莖蒼則收槐樹不生蟲宜豆忌申卯日種

犂秧田

其田須犂杷三四遍用青草厚鋪於内盦爛打平方可撒種爛草與灰糞一同則秧肥旺

浸稻種

早稻清明節前浸晚稻穀雨前後浸其種用稻草包

裹每裹包一斗或斗五投於池塘水内浸不用長流水難得生芽浸三四日微見白芽如鍼尖大然後取出擔歸家於陰處陰乾密撒於秧田内候八九日秧青放水浸之糯稻出芽較遲可浸八九日如前微見白芽出時方可種或於缸甕内用水浸數日撈出以草盦生芽依前法撒種候芒種前後插秧

種粟穀

浸穀用臘雪水浸過耐旱辟蟲傷春種欲深夏種欲

淺凡種穀遇小雨宜趁濕種大雨鉏一遍然後耩種
鉏不厭頻多鉏則不秕細而結實熟則宜速刈乾則
宜速積過熟則拋費

種山藥

預先鉏地成坑壟以芝麻稭鋪填揀山藥上有白粒
芒刺者用竹刀切下一二寸作一段相挨排臥種覆
土五寸旱則澆忌人糞宜牛糞麻粃生苗鉏耘以竹
木扶架霜降後收子種亦得立冬後根邊四圍寬掘

深取則不碎一名黃獨其味與山藥同以菉豆殼麻
粃腐草或小便草鞋包種之四畔用灰則無蟲傷

種香菜

常以洗魚水澆之則香而茂溝泥米泔尤佳

種芋子

宜近水肥地種每窠根邊用盦過菉豆殼壅之或用
麻灰糞牛羊踏過爛草壅其周圍則易長大有草宜
頻鉏之旱以水澆灌人家園邊水側皆可種忽值饑
年可接粮食用

種紵麻

此月內於肥地內撒之以草蓋用鹽沙壅二年後移
踈行窠栽用灰糠拌之寒露後收子十月以後用牛
馬糞勻蓋其根則免致凍死

種秋黍

種宜下地春月早種收多其子可食稭稈可夾籬寨
又作柴燒城郭間貨賣多得濟益也

種藍

將平地耕熟下種用鐵杷勻上用荻簾蓋之每日早
用水洒至生苗去荻簾長至四寸高以熟肥地成畦
打溝成行每五寸地栽一窠每日用水澆灌如地瘦
則用薄糞水澆一二次至七月間收刈採藍取汁之
方開載七月

種䵑（䵑音殺俗作䵑）

此月宜下種比及種時先於年前八九月間耕地一

遍杷平朧月間復耕杷一遍臨種時又耕一次撒種後橫豎復杷三四次生四五葉時即鉏後有草再鉏至五月間收刈打縣

種薑

清明後三日封薑立夏後蠶大食時生芽未可移種先用蠶沙麻籸灰糞盦熟過以大麥地上做壟則四畔泥不流下每壟闊三尺揀有芽者一尺一窠欹斜種坑內用灰糞蓋厚三寸上用土一寸以腐草蓋之

六月棚蓋或插蘆蔽日東西為坑坑口種芋頭以遮日色

種甜瓜

鹽水洗子用盦過糞土種之仍將洗子鹽水澆灌候拖秧時掐去苦心再用糞土壓根實

種茭筍茈菰

先掘地深用蘆席鋪墳排茈菰於上用泥覆水浸之種茭筍不用蘆席止於水邊深栽之

種紅豇豆白豇豆

穀雨前後種六月收子便種再生八月又收子

種芝麻

宜肥地內種此月為上時每畝用子二升上半月種者莢多頻鉏草淨收刈束欲小大則難乾以五六束為一叢斜倚之則不被風雨所倒候口開抖下依舊叢倚之三日一次敲打白者油多四五月間亦可種之又云胡麻

種黑豆

種時熟耕杷地手內握豆半抄行一步一撒苗旺便鉏草淨為佳四月亦可種其豆可作醬及馬料稭稈可以作柴城郭中貨賣得濟

種木綿

先將種子用水浸灰拌勻候生芽於糞地內每一尺作一穴種五七粒候芽出時稠者間去止存旺苗二三窠勤鉏常時掐去苗尖勿要苗長高若苗旺者則

不結至八月間收綿

種茴香

收子陰乾向陽掘地糞土和子種之種麻一窠以遮日色十月斫去枯梢以糞土壅其根

移梔子

帶花移易活梅雨時插嫩枝易生根要鉏淨

鉏蒜

候苗高尺餘頻鉏澆灌拔去薹則結實肥大

種枸杞

鉏肥熟地作平畦細草稕如臂大（按原本作細草稕如臂大稕字無考博聞錄載種枸杞法作細草稕如臂大説文稕束稈也今并據改正）鋪填於畦中以泥塗稕上然後種子用細土及牛糞覆令勻苗出頻澆之春間嫩芽葉可作菜食

移石榴

葉未生時用肥土於嫩枝條上以席草包裹束縛用水頻沃自然生根葉全截下栽之用骨石之類覆壓則易活或於盆內栽亦得

養蠶法

繭種為先開簇時先將好繭揀出於淨箔上薄攤開日數至自然生蛾若有拳翅禿眉焦尾赤肚無毛等蛾揀去不用止留無病者勻布連上生子既足待二三日移蛾下連至十八日後早辰汲井水浴一次浸去蛾便溺毒氣夏秋於通風涼房內連背相靠鈎掛至十月內捲收於無烟淨屋內頓放臘八日依前浴

畢於中庭用竿高掛以受辰精月華之氣

四月　月內三卯有則宜麻無則麥不收此是農家經驗之言　初八日雨下則無麥十三日亦然此老農有驗之言

防露傷麥

但有沙霧用檾麻散絟長繩上侵晨令兩人對持其繩於麥上牽拽抹去沙霧則不傷麥

斫楮皮

非此月而斫者多致枯死十二月斫者亦可

做筍乾

筍肉一百斤用鹽五升水一小桶候沸湯掠取汁候乾旋添汁煮熟撈出壓之或用手揉在鍋隔夜則黑熟曬則枯一日曬乾則硬不揉則不軟臨食時取浸筍汁煮筍則有味

煮新筍

以沸湯煮則易熟而脆味尤美若蔫者少入薄荷同

煮則不蔫與猪羊肉同煮不用薄荷

收諸色菜子

斫倒就地曬打收之用缾罐盛貯標記名號

蟲不蛀皮貨

用莞花末摻之不蛀或以艾捲於皮貨內放於甕中泥封其甕或用花椒在內捲收亦得

蟲不蛀氊毛物

用莞花末摻之或取角黄又名黄蒿五月收角曬乾布撒或毛物氊內捲收之則不蛀

收杏子

杏熟時收核至秋冬間敲取仁揀去山杏仁及雙仁有毒者去尖皮惟取極細收貯食用

造酪

妳子半勺鍋內炒過後傾餘妳熬數十沸盛於罐中候温用舊酪少許於妳子內攪勻以紙封罐口冬月暖處夏月涼處頓放則成酪

五月

午日浸蠶種

以蒲艾揉井水甖浸去尿收掛勿令烟薰損

午日嫁棗

用斧於樹上班駁敲打遍則結實肥大味美

揷稻秧

芒種前後揷之拔秧時輕手拔出就水洗根去泥約八九十根作一小束却於犂熟水田內揷栽每四五

根為一叢約離五六寸揷一叢脚不宜頻那舒手只揷六叢却那一遍再揷六叢再那一遍遂旋揷去務要窠行整直

斫桑

斫桑不可留背角比及夏至開㩲根下可用糞或蠶沙培壅此時不斫則枝條來春不旺

収椹

椹子熟時摘取以水淘過曬乾便種同二月法或

畦種之便生即時多収椹子以待來春種尤佳収貯勿近濕壁墻邊則浥損不生

種桃杏李梅核

宜和肉於肥地内種來年成小樹帶土移栽

移竹

五月十三日謂之竹迷日可用馬糞和糠泥做漿栽之切忌用脚踏推打則次年便出笋

刈紵麻

看根赤便刈刈畢宜用蠶沙麻籸糠粃或糞壅之盛旺於此月刈一鐮六月半刈一鐮八月半刈一鐮隨即用竹刀從梢分批開剥下皮以刀刮去白瓤浮上粗皮自然脫去縛作小束搭於房上夜間得露水露之則麻潔白

収小麥

麥半黄時趂天晴着緊収刈過熟則拋費每日至晚載上塲堆積農家忙併無似蠶麥若遲慢遇雨多為

災傷又秋田苗稼亦誤鉏治

収紅花

侵晨採花擻擣細去黄汁用青蒿覆蓋一宿捻成薄餅子曬乾収之勿近濕墻壁則浥損

種夏蘿蔔菘菜

上旬撒子用灰糞蓋頻澆灌六月中旬可食

壅田

以青草踏於泥内則地肥秧窠旺與灰糞同

收豌豆

諸豆之中豌豆耐陳收多熟早如近城郭摘豆角賣先可變物舊時農莊往往獻此豆以為嘗新蓋一歲之中貴其先也按此條舊本有脫文今從務本新書補入

刈靛

夏至前後看葉上有皺紋方可收刈每五十斤用石灰一斤於大缸内水浸次日變黄色去梗用木杷打轉粉青色變過至紫花色然後取清水成靛種靛之

方先於三月中具載

造酥油

以酪盛於桶内或甕中安置近屋柱邊可將竹篾或桑條作二小圈或用二小木板各鑿一孔亦得於木柱或樹旁上下以繩絟定二小圈或二木板別作一木鑽下釘圓板一半放置桶中一半套於上下圈内却於兩圈中間木鑽上以皮條或繩子纏兩遭兩手牽拽鑽之令轉生沫傾於涼水中凝定候聚得多却於慢火煉過去浮上焦沫即成好酥

曬乾酪

將好酪於鍋内慢火熬令稠去其清水攤於板上曬成小塊候極乾收貯切忌生水濕器

六月

合醬法

用豆一石炒熟磨去皮煮軟撈出用白麪六十斤就熱搜麪勻於案上以蒿葉鋪塡攤開約二指厚候冷

用楮葉或蒼耳葉搭蓋發出黄衣為度去葉涼一日次日曬乾簸淨擣碎約量用鹽四十斤無根水二擔或稀者用白麪炒熟候冷和於醬内若稠者用甘草同鹽煎水候冷添之於火日晚間點燈下醬則不生蟲加蒔蘿茴香香草葱椒物料其味香美

做麥醋

大麥一石或三五斗炒過取一半細碎取一半完全先以細碎者浸一宿次日蒸成飰用楮葉蓋盦成黄

子七日後以完全者浸一宿炊成飰以炊湯半鏇候温將黄子同釀密封蓋如不密封則生蟲過七日後則成醋二七日後出頭醋煑過收貯二糟有味再釀之

做老米醋

將陳倉秔米三斗或五斗淘淨水浸七日每日換水一遍七日後蒸熟候飰冷於席箔上攤開以楮葉蓋覆發黄衣遍矖乾瞌下時簸淨每黄子一斗用水二

斗入甕内又用紅麴一合温水泡下將甕口封閉二十日看一遍候白衣面墜下或白衣不下澄清以味酸為度去白衣將醋鍋内熬一沸又炒鹽少許候冷用潔淨缾甕收貯以泥封之可留一二年

做米醋

用秈穀三斗每日換水浸七日蒸熟攤開盦成黄子曝矖乾極三伏内以糙糯米一斗五升水略浸蒸熟候冷以穀黄擣碎拌和蒸熟糯米缸底先用蓼子數莖然後入缸内用水五升上又用蓼子數莖以米糠蓋之密糊封閉一月然後篘出用烏梅數箇鹽少許同入缾内煑數沸泥封收貯切忌生水濕器盛頓

做蓮花醋

白麪一斤蓮花三朶擣細水和成團用紙包裹掛於當風處一月後取出以糙米一斗水浸一宿蒸熟用水一斗釀之用紙七層密封定每層寫七日字過七日揭去一層至四十九日然後開封篘出煎數沸收

之如二糟有味用瀵水再釀儘有日用忌生水濕器收貯

做豆豉

大黒豆淘淨煑熟漉出篩麪拌匀攤於席上放冷用楮葉盦成黄子候黄衣上遍矖乾用瓜茄切片二件每一斤用淨鹽一兩入生薑橘皮紫蘇蒔蘿小椒甘草切碎同拌一宿次日將豆黄簸去黄衣同入甕内用元汁匀拌上用箬葉蓋覆甎石壓定紙泥密封矖

半月後可開取豆瓜茄曬乾罯蒸氣透再曬收貯

造麩豆

麥麩不限多少以水勻拌熟蒸出放溫蒿艾盦出黃衣曬乾以水勻拌帶潤却入缸甕實捺定倒合庭中地上以少灰圍之七日外取出攤曬若顏色不深又拌依前法色好為度色黑又蒸熱入甕捺實泥封至冬取食溫暖

醬醃瓜茄

新摘瓜茄鹽醃二三日於醬內醃之則肥美

耕麥地

此月初旬四五更時乘露水未乾陽氣在下宜耕之牛得其涼耕過地內稀種菉豆候七月間犁翻豆秧入地勝如用糞則麥苗易茂

收椒

中伏後遇天色晴明帶露收陰一日之後曬三日則紅而裂遇雨薄攤當風處頻翻若盦則黑又不香仍收椒子用乾土和拌攪勻埋於避雨水地內約深一尺勿令水浸生芽至來年二月內取出於肥地深耕依前法種之

種菉豆

立秋前宜刈了麻地上種太早不生角若預占豆收否當年李不鮭則宜豆忌卯日下種

刈麻

麻稈上生白[衤咅]按[衤咅]字無考羣芳譜引此條云麻稈上生白膩時便刈則此[衤咅]字應作膩

字時即刈攤宜薄束宜小漚宜清水生熟要浸宜帶骨麻一斤可取皮四兩

耘稻

稻苗旺時放去水乾將亂草用脚踏入泥中則四畔潔淨用灰糞麻糝相和撒入田內曬四五日土乾裂時放水淺浸稻秧謂之戽田此月正宜加力六月一次七月一次依上耘

曬小麥

宜三伏日曬極乾方収用蒼耳辣蓼同収之

種蘿蔔

宜肥地撒種沙地尤效瘦地用糞作壟種帶露耙地則生蟲鉏不厭頻苗稠則小拔令稀則肥大霜降後或醃或藏窖皆可

欽定四庫全書

農桑衣食撮要卷下

元　魯明善　撰

七月

種胡蘿蔔

宜於伏内畦種或肥地漫種頻澆灌則肥大

種晚瓜

諸般瓜子於肥地内種則瓜肥大可以糟藏

收紫草

用火燒其根陰乾用草包収掛之則葉不落

種菠菜又名赤根菜

用水拌子浸二三日看殼軟撈出控乾就地以盆合蓋候生芽宜肥地虛土内種之則茂

做葫蘆茄匏乾

茄切片葫蘆匏子削條曬乾収依做乾菜法

取漆

以斧斫破其皮用竹管承之滴下則成漆

八月

種大麥小麥

田宜熟耕擗古人云無灰不種麥兩經社日佳白露節後逢上戊日每畝種子三升中戊日每畝種子五升下戊日每畝種子七升以灰糞勻拌密種之若當年杏多不蛀則宜大麥忌子日種桃多不蛀則宜小麥忌戌日種

防霧傷棗

棗熟着霧則多損用䅟麻散絟於樹枝上則可辟霧氣或用稭稈於樹上四散絟縛亦得

糟薑

社前取薑用布擦去皮每一斤用鹽二兩臘糟一升醃藏用乾淨缾罐盛頓忌生水濕器

種葱子

上旬治畦用灰糞勻細撒子來年三月移栽

分韭菜

韭根多年交結則不茂刖作畦分栽摘去花根微留嫩根栽之用雞糞壅或乾猪糞亦可

種雞頭

秋間子熟時收取擘子撒於池内來年自生

種菱

秋間菱角黑時收取撒在池中則自然生之

種蒜

宜熟地耕三次以耬耩成溝二寸一窠種之候苗出

時鉏不厭頻常令根傍潔淨須要鉏地令虛以糞水澆灌則瓣肥大不然則瘦小

放芋根

此月芋苗正旺鉏開根邊土却上別泥及蟠稈葉則力回芋頭與子肥大不然苗盛芋小

栽木瓜

秋社前後移栽之次年使結子勝如春間栽壓枝亦生栽種與桃李法同霜降後摘取

收柿漆

每柿子一升擣碎用水半升釀四五時榨取漆令乾添水再取亦得可以供做繖者用度

鉏竹園

以稻糠或麥糠壅不可雜用或添河泥蓋之

收鵝鴨彈

水鄉居者宜養之雌鴨無雄若足其豆麥肥飽則生卵可以供厨甚濟食用又可以醃藏

九月

寒露收茶子紵麻子

熟時收子曬乾以濕沙拌匀筐内盛貯用草蓋覆凍損則不生候來年二月間依法種之

栽諸般冬菜

栽時每窠根下須用熟糞移栽並在寒露前

刈紫草

子熟即刈之曬乾打子濕則浥杷樓要整理收草宜速遇雨則損每一小束茅草束之當日斬齊一顛一倒十厝堆垛平地上以板石壓令匾於屋下陰涼處棚上頓放勿令烟薰

收芝麻稭

芝麻稭收入米倉内則米不蛀乾曬可點火

收栗

和殼收用沙缸内盛頓種時揀大栗埋屋簷下用糠沙蓋石壓至二月移以芽向下栽之

收茄種

熟時摘取擘破水淘子取沉者曬令乾收之

收諸色豆稭

冬間可餵牛馬損爛者留以種芋頭山藥

收五穀種

揀擇好穗刈之曬乾打下簸去浮秕以穰草裹收勿貯器中亦不得近墻壁濕地恐浥損

種油菜

宜肥地種之以水頻澆灌十月種則無根脚

醃芥菜

取紫青白芥菜切細於沸湯内灼過帶湯撈於盆内與生萵苣同熟油芥花或芝麻白鹽約量拌勻按於甕内熟則攪動按下待二三日變黃色可食至春間味不變十月亦可醃

醃藏諸般菜

葱韭胡荽冬瓜茄子胡蘿蔔等菜可依時候醃藏所

用物料宜者為佳忌生水濕器收貯

藏薑

宜掘深窖以穀粃糠粃合埋之則不致凍損

收雞種

霜降時收者為良形小毛淺脚細短者佳小雞出時宜餧乾飯若餧濕飯則臍生膿而死燒柳柴其烟損雞大者目盲小者多死餧小麥飯則易大有病灌清油則愈勿合失其時

十月

醃蘿蔔

蘿蔔不論多少削去根鬚淨洗以鹽擦之放於甕内醃五六日下水時復攪勻一月後可食用一二鵝棃則香脆春間有食不盡者就以鹵水將蘿蔔煮透控乾入醬或切作細條曬乾收起候臨食之時熱湯浸透炒食味美

醃鹹菜

白菜削去根及黃老葉洗淨控乾每菜十斤鹽十兩用甘草數莖放在潔淨甕盛將鹽撒入菜丫内排頓甕中入蒔蘿少許以手實捺至半甕再入甘草數莖候滿甕用磚石壓定醃三日後將菜倒過拗出鹵水於乾淨器内另放忌生水却將鹵水澆菜内候七日依前法再倒用新汲水渰浸仍用磚石壓之其菜味美香脆若至春間食不盡者於沸湯内灼過曬乾收貯夏間將菜温水浸過壓水盡入香油勻拌以瓷椀

盛頓飦上蒸之其味尤美

收莙薘菜

此月地將凍宜於暖處藏窨來春可栽

收冬瓜

宜地面高燥處安頓忌鹽醋掃帚猫犬蒂彎曲貼肉是雌者可種來年春間依法種之

藏收諸色菓子

以新瓦甕和沙拌窨封蓋收之或芝蔴亦得

壅紵麻

宜用牛馬糞或𪎭泥糠秕之類免致凍死根

耘麥

麥地內有草鉏去尤佳不耘鉏者其麥少收

包裹木瓜石榴諸般等樹

以穀草或稻草將樹身包裹用草繩或紵麻拴定泥封以糠秕培壅其根免致霜雪凍損

割蜜

天氣漸寒百花已盡宜開蜂窶後門用艾燒煙微薰其蜂自然飛向前去若怕蜂螫用薄荷葉嚼細塗在手面上其蜂自然不螫或用紗帛蒙頭及身上截或用皮五指套手尤妙約量存蜜自冬至春其蜂食之餘者揀大蜜脾用利刀割下却封其窶將蜜脾用新生布紐淨不見火者為白沙蜜見火者為紫蜜入甕盛頓却將紐下蜜柤入鍋內慢火煎熬候融化撈出柤再熬預先安排錫鏇或盆瓦各盛冷水次傾蠟汁

在內凝定自成黃蠟以柤內蠟盡為度要知其年收蜜多寡則看當年雨水如何若雨水調勻花木茂盛其蜜必多若雨水少花木稀其蜜必少或蜜不敷蜜蜂食用宜以草雞或一隻或二隻退毛不用肚腸懸掛窶內其蜂自然食之又力倍常至來春二月間開其封視之止存雞骨而已

收豬種

取短喙無柔毛者良（喙音穢俗稱嘴）一廂有三牙者難留難

肥小時餧糟不長猪瘟病灌以黄梔或斷毛尖哄以水草菉豆或灌米泔或灌鹽水即愈

造牛衣

将蓑草間蘆花如織蓑衣法上用蓑草結綴則利水下用蘆花結絡則温暖相連織成四方一片遇極寒鼻流清涕腰軟無力将蓑衣搭在牛脊背用麻繩絟繫可以敵寒免致凍損

泥飾牛馬屋

天色晴明修補屋漏又泥飾墻壁預備雨雪

十一月

壅椒

宜用焦土乾糞培壅與草蓋免致凍死頻以水澆灌此物乃陽中之樹所以不耐寒凍也

種松杉檜栢等樹

自冬至後至春社前皆可種之則易得生活

鉏油菜

鉏淨加糞壅其根此月不培壅來年無根脚

試穀種

冬至平日量五穀種各一升（按崔寔曰平量五穀各一升據此則應作冬至日平量五穀種各一升）用布囊盛頓於北墻陰下埋之於冬至後十五日又云四十九日取出平量息最多者來歲好收宜多種之

鹽鴨子

自冬至後至清明前每一百箇用鹽十兩灰三升米

飲調成團收乾甕内可留至夏間食

收牛糞

多收堆聚春間踏成墼坯於蠶房内燒宜蠶

修池塘

宜於農隙之時塡補埂岸令高中間要挑掘令深則聚水寛廣可以防備乾旱澆灌田禾

十二月

栽桑

掘坑深闊約二小尺却於坑畔取土糞和成泥漿將桑根埋定再用糞土培壅微將桑栽向上提起則根舒暢復用土壅與地平次日築實切不可動搖其桑加倍榮旺勝如春栽

修桑

削去小枝條則枝葉茂盛去其枯枝則不荒

浴蠶連

臘月八日以水浴之遇雪水尤佳歲除夜用五方草

即馬齒莧也同桃符木柤以水煎之放冷於元日五更浴之辟諸惡厭魅則宜蠶

收蓐草

刈茅草乾萬收積勿令雨損來春作蠶蓐則宜蠶簇作繭加倍厚實其絲更好

種麻櫱

宜犁熟肥地臘八日種者為佳與正二月同

擣磨乾桑葉

臘月內製者能消蠶熱病擣磨成麪入潔淨甕內收貯飼蠶餘剩者可做牛料甚美食之

伐竹木

此月伐竹木則不蛀而堅與七月間斫者同

收雪水

雪者天地之氣五穀之精浸諸色種子耐旱不生蟲淋豬清治小兒瘢疹調蛤粉治痱子

造油

臘月所榨清油收貯蠶屋內點燈諸蟲不入熬膏藥大有神效婦人搽頭黑光更無蝨蟣

收臘酵渾頭酵音教

乾糟用鹽水拌捺實泥封則香帶酒則酸不香酵子渾頭曬乾為細末用淨鹽拌勻捺入甕中曬旬日間自然成醬其味甘美並無蠅蟲

收鱖魚

臘八日收鱖魚治小兒瘢疹不出燒存性研極細用

淡酒調服即發懸廁上不生蟲

収猪肪脂

背陰處懸掛能治諸般瘡疥敷湯火瘡及六畜瘡疥去蛆蠅熟諸般皮條不爛加倍壯韌

臘肉

肉一斤鹽一兩半擦之擦參入聲壓五六日入酒糟或濁酒翻轉了再壓五日背陰處晾乾若生白殕以泥封一宿煮如故黑豆中藏可過夏月

収羊種

臘月生者良正月亦好春夏早放早収若収晚遇巳午時熱必汗出有塵土入毛內即生瘡疥秋冬晚放若放早喫露水草口內生瘡又鼻生膿久在泥中則生蔄蹄進好鹽常以鹽啖為妙若有疥便宜間出則免致相染

王禎農書

元·王禎撰

欽定四庫全書　　子部四

王氏農書　　農家類

提要

臣等謹案王氏農書二十二卷元王禎撰禎字伯善東平人官豐城縣尹文淵閣書目曰王禎農書一部十冊讀書敏求記曰農桑通訣六穀譜四農器圖譜十二總名曰農書永樂大典所載併為八卷割裂綴合已非其舊

今依原序條目以類區分編為二十二卷其書典贍而有法蓋賈思勰齊民要術之流圖譜中所載水器尤於實用有裨又每圖之末必係以銘贊詩賦亦風雅可誦今外間所有王禎農務集即從是書摘抄者也唐中和節所進農書世無傳本宋人農書惟陳旉所作存元人農書存於今者三本農桑輯要農桑衣食撮要二書一辨物産一明時令皆取其通俗易行惟禎此書引據賅洽文章爾雅繪畫亦皆工緻可謂華實兼資明人刊本皆舛訛漏落疑誤宏多諸圖尤失其真永樂大典所載猶元時舊本今據以繕寫校勘以還其舊觀焉乾隆三十八年七月恭校上

總纂官臣紀昀臣陸錫熊臣孫士毅

總校官臣陸費墀

欽定四庫全書　子部四

農書目録　農家類

農書原序

農天下之大命也一夫不耕或授之饑一女不織或授之寒古先聖哲敬民事也首重農其教民耕織種植畜養至纖至悉禎不揆愚陋搜輯舊聞為集三十有七為目二百有七十嗚呼備矣躬任民事者儻有取於斯與

皇慶癸丑三月望日東魯王禎書

欽定四庫全書

農書卷一

元　王禎　撰

農桑通訣一

農事起本

神農氏姜姓母曰女登有媧氏之女為少典妃感神龍而生神農人身牛首長於姜水因以為姓火德王故曰炎帝以火名官斲木為耜揉木為耒耒耨之用以教萬人始教耕故號神農氏周書曰神農之時天雨粟神農遂耕而種之白虎通云古之人民皆食禽獸肉至於神農因天之時（案原本此句作用天地之時今據白虎通改正）分地之利制耒耜教民農作神而化之使民宜之故謂之神農典語云神農嘗草別穀烝民粒食後世至今賴之凡人以食為天者其可不知所本耶農丈人一星在斗西南老農主稼穡也與箕宿邉杵星相近蓋人事作乎下天象應乎上農星其殆始於此也

后稷名棄其母有邰氏女曰姜嫄為帝嚳元妃姜嫄出

野見巨人跡踐之而身動如孕者屆期而生子以為不祥棄之隘巷牛羊腓字之棄之平林會伐平林遷之棄渠中氷上鳥覆翼之姜嫄以為神遂收養長之初欲棄之因名曰棄棄為兒時如巨人之志其遊戲好種植麻麥及為成人遂好耕農相地之宜宜穀者稼穡之民皆法之帝堯聞之舉為農師帝舜曰棄黎民阻飢汝后稷播時百穀詩曰思文后稷克配彼天粒我烝民莫匪爾極帝命率育奄有下國俾民稼穡豳風七月之詩陳王

業之艱難蓋周家以農事開國實祖於后稷所謂配天社而祭者皆後世仰其功德尊之之禮實萬世不廢之典也

牛耕起本

嘗聞古之耕者用耒耜以二耜為耦而耕皆人力也三代以來牛但奉祭享賓駕車犒師而已未及於耕也至春秋之間始有牛耕用犁山海經曰后稷之孫叔均始作牛耕是也故孔子有犁牛之言而弟子冉耕字伯牛

禮記呂氏月令季冬出土牛示農耕早晚其例見如此後世因之皆賴其力然牛之有功於世反不如貓虎列於蜡祭典禮實有闕也嘗考之牛之有星在二十八宿丑位其來著矣謂牛生於丑宜以是月致祭牛宿及令各加蒭豆養牛以備春耕請書為定式以示重本

蠶事起本

黃帝少典之子姓公孫名軒轅生而神靈弱而能言幼而徇齊長而聰明神農氏衰諸侯相侵伐神農氏弗能

征於是軒轅乃習用干戈以征不享諸侯咸來賓從而蚩尤為最暴乃徵師殺蚩尤垂衣裳而天下治易繫曰神農氏沒黃帝堯舜氏作通其變使民不倦垂衣裳而天下治蓋取諸乾坤按黃帝元妃西陵氏始勸蠶事月大火而浴種夫人副禕而躬桑乃獻繭稱絲織紝之功因之廣織以供郊廟之服所謂黃帝垂衣裳而天下治蓋由此也然黃帝始置宮室后妃乃得育蠶是為起本西陵氏曰儽祖為黃帝元妃淮南王蠶經云西陵氏勸

蠶稼親蠶始此皇圖要覽云伏羲化蠶西陵氏養蠶禮記月令季春后妃齋戒享先蠶而躬桑以勸蠶事周禮天官内宰中春詔后帥内外命婦始蠶于北郊（蠶于北郊以純陰也）上古有蠶叢帝無文可考蓋古者蠶祭皆無主名至後周壇祭先蠶以黄帝元妃西陵氏為始是為先蠶歷代因之嘗謂天駟為蠶精元妃西陵氏始蠶實為要典若夫漢祭菀窳婦人寓氏公主蜀有蠶女馬頭娘又有謂三姑為蠶母者此皆後世之溢典也然古今所傳

立像而祭不可遺闕故併附之夫蠶之有功於人萬世永賴注於祀典以示報本後之蒙衣被之德者其可不知所本耶嘗撰蠶事祭文二篇以為祈報之禮其文見農器譜

授時篇第一（集授時圖見後農器圖譜）

授時之說始於堯典自古有天文之官重黎以上其詳不可得聞堯命羲和歷象日月星辰考四方之中星定四時之仲月以南方朱鳥七星之中殷仲春則厥民析而東作之事起矣以東方大火房星之中正仲夏則厥民因而南訛之事興矣以西方虛星之中殷仲秋則厥民夷而西成之事舉矣以北方昴星之中正仲冬則厥民隩而朔易之事定矣然所謂歷象之法猶未詳也舜在璿璣玉衡以齊七政說者以為天文器後世言天之家如洛下閎鮮于妄人輩述其遺制營之度之而作渾天儀歷家推步無越此器然而未有圖也蓋二十八宿周天之度十二辰日月之會二十四氣之推移七十二

候之遷變如環之循如輪之轉農桑之節以此占之四時各有其務十二月各有其宜先時而種則失之太早而不生後時而藝則失之太晚而不成故曰雖有智者不能冬種而春收農書天時之宜篇云萬物因時受氣因氣發生時至氣至生理因之今人雷同以正月為始春四月為始夏不知陰陽有消長氣候有盈縮冒昧以作事其克有成者幸而已矣此圖之作以交立春節為正月交立夏節為四月交立秋節為七月交立冬節為

十月農事早晚各疏於每月之下星辰干支別為圖圖使可運轉北斗旋於中以為準則每歲立春斗柄建於寅方日月會於營室東井昏見於午建星辰正於南由此以往積十日而為旬積三旬而為月積三月而為時積四時而成歲一歲之中月建相次周而復始氣候推遷與日歷相為體用所以授民時而節農事即謂用天之道也夫授時歷每歲一新授時圖常行不易非歷無以起圖非圖無以行歷表裏相參轉運無停渾天之儀

粲然具在是矣然按月農時特取天地南北之中氣作標準以示中道非膠柱鼓瑟之謂若夫遠近寒暖之漸殊正閏常變之或異又當推測晷度斟酌先後庶幾人與天合物乘氣至則生養之節不至差謬此又圖之體用餘致也不可不知務農之家當家置一本考歷推圖以定種蓺如指諸掌故亦名曰授時指掌活法之圖

地利篇第二

周禮遂人以歲時稽其人民而授之田野教之稼穡凡治野以土宜教甿今去古已遠田野散淵在上者可不稽諸古而驗於今而以教之民哉夫封畛之別地勢遼絕其間物産所宜者亦往往而異焉何則風行地上各有方位（東方谷風東南方清明風南方凱風西南方涼風西方閶闔風西北方不周風北方廣莫風東北方融風）土性所宜因隨氣化所以遠近彼此之間風土各有別也自黃帝畫野分州得百里之國萬區至帝嚳創制九州統領萬國堯遭洪水天下分絕使禹治之水土既平舜分為十二州尋復為九州禹既平水可事種蓺

乃命棄曰黎民阻飢汝后稷播時百穀是水平之後始播百穀者稷也孟子謂后稷教民稼穡樹蓺五穀謂之教民意者不止教以耕耘播種而已其亦因九州之別土性之異視其土宜而教之歟今按禹貢冀州厥土惟白壤厥田惟中中兗州厥土黑墳厥田惟中下青州厥土白墳厥田惟上下徐州厥土赤埴墳厥田惟上中揚州厥土惟塗泥厥田惟下下荊州厥土惟塗泥厥田惟下中豫州厥土惟壤下土墳壚厥田惟中上梁州厥土

青黎厥田惟下上雍州厥土黄壤厥田惟上上由是觀之九州之内田各有等土各有産山川阻隔風氣不同凡物之種各有所宜故宜於冀兖者不可以青徐論宜於荆揚者不可以雍豫擬此聖人所謂分地之利者也農書云穀之為品不一風土各有所宜周禮職方氏云揚州其穀宜稻荆州其穀宜稻豫州其穀宜五種黍稷菽麥稻青州其穀宜稻麥兖州其穀宜四種黍稷稻麥雍州其穀宜黍稷幽州其穀宜三種黍稷稻冀州其穀宜黍稷并州

其穀宜五種雖徐梁闕所紀載而九州風土之宜其大概可見矣書序稱九州之志謂之九邱言九州所有土地所生風氣所宜皆聚此書孔子述職方以除九邱蓋謂此也此言九州之域種埶之法也今國家區宇之大人民之衆際所覆載皆為所有非九州所能限也常以大體考之天下地土南北高下相半且以江淮南北論之江淮以北高田平曠所種宜黍稷等稼江淮以南下土塗泥所種宜稻秫又南北漸遠寒暖殊别故所種早晚不同惟東西寒暖稍平所種雜錯然亦有南北高下之殊其約論如此然又以十二州十二分野土壤名物論之不無少異所謂十二分野上應二十八宿各有度數州郡度數躔次云角亢氐鄭兖州東郡入角一度東平任城山陰入角六度濟北陳留入亢五度濟陰入氐一度東平入氐七度泰山入角十二度房心宋豫州潁州入房一度汝南入房二度沛郡入房四度梁國入房五度淮陽入心一度魯國入心三度楚國入房四度尾箕燕幽州涼州入箕中十度上谷入尾一度漁陽入尾三度右北平入尾七度西河上郡北地遼西東入尾十度涿郡入尾十六度渤海入箕一度樂浪入箕三度元菟入箕六度廣陽入箕九度斗牽牛須女吴越揚州九江入斗一度廬江入斗六度豫章入斗十度丹陽入

斗十六度會稽入斗一度臨淮入斗四度廣陵入牛八度泗水入女一度六安入女六度虚危齊青州齊國入虚六度北海入虚九度濟南入危一度樂安入危四度東萊入危九度平原入危十一度菑州入危十四度營室東壁衛并州安定入營室一度天水入營室八度隴西入營室四度酒泉入營室十一度張掖入營室十二度武都入東壁一度金城入東壁四度武威入東壁六度燉煌入東壁八度奎婁胃魯徐州東海入奎一度琅琊入奎六度高密入婁一度城陽入婁九度膠東入胃一度昴畢趙冀州魏郡入昴一度鉅鹿入昴三度恒山入昴五度廣平入昴七度中山入昴八度清河入昴九度信都入畢三度趙郡入畢八度安平入畢四度河間入畢十度真定入畢十三度觜參魏益州廣漢入觜一度越巂入觜三度蜀郡入參一度犍為入參三度牂牁入參五度巴郡入參八度漢中入參九度益州入參七度東井輿鬼秦雍州雲中入東井一度定襄入東井八

度鴈門入東井十六度代郡入東井二十八度太原入東井二十九度上黨入輿鬼二度柳七星張周三輔宏農入柳一度河南入七星三度河東入張一度河內入張九度翼軫楚荊州南陽入翼六度南郡入翼十度江夏入翼十二度零陵入軫十一度桂陽入軫六度武陵入軫十度長沙入軫十六度其土產名物各有證驗此天地覆載一定古今不可易者蓋其土地之廣不外乎是但所屬邊裔不無遐絕若能自內而求外由近而及遠則土產之物皆可推而知之矣大抵風土之說總而言之則方域之多大有不同詳而言之雖一州之域亦有五土之分似無多異周禮大司徒以土會之法辨五地之物生一曰山林二曰川澤三曰邱陵四曰墳衍五曰原隰以土宜之法辨十有二土之名物十二分野之土各有所宜辨其名謂白壤黑墳之類辨其物謂所生之物以相民宅而知其利害以阜人民以蕃鳥獸以育草木以任土事辨十有二壤之物而知其種以教稼穡樹藝遂以教民春耕秋穡然稼穡樹藝又有周禮草人掌土化之法以物土相其宜以為之種凡糞種騂剛用牛赤緹用羊墳壤用麋渴澤用鹿鹹潟用貆胡官反勃壤用狐埴墳用豕彊㯺呼覽切堅也用蕡扶云切輕爂孚照切脆也用犬凡所以糞種者皆謂煮取汁也此謂占地形色為之種者一取牛羊等汁以漬種而化之使美則得其宜矣若今之善農者審方域田壤之異以分其類參土化土會之法以辨其種如此可不失種土之宜而能盡稼穡之利是圖之成非獨使民視為訓則抑亦望當世之在民上者按圖考傳隨地所在悉知風土所別種藝所宜雖萬里而遙四海之廣舉在目前如指掌上庶乎得天下農種之總要國家教民之先務此圖之所以作也幸試覽焉

孝弟力田篇第三

孝弟力田古人曷為而並言也孝弟為立身之本力田為養身之本二者可以相資而不可以相離也蓋自民受天地之中以生莫不有是理亦莫不有是氣受之理為仁宜之理為義自其仁而用之親親為孝自其義而用之長長為悌皆其得於良知良能之素人人之所同也特其氣稟有清濁之異其清者為士而濁者為農為

欽定四庫全書 農書 卷一 十二

工為商士以明其仁義農以贍其衣食工以制其器用商以通其貨賄此四民者皆天之所設以相資焉者聖人樹其法度制其品節以教而養之使天下之人莫不衣其衣而食其食親其親而長其長然其教之者莫先於士養之者莫重於農士之本在學農之本在耕是故士為上農次之工商為下本末輕重昭然可見古者田有井黨有庠遂有序家有塾新穀既入子弟始入塾距冬至四十五日而出聚則行射飲正齒位讀教法散則

從事於耕故天下無不學之農詩曰黍稷薿薿攸介攸止烝我髦士即漢力田之科是已帝舜聖人也萬世而下言孝莫加焉而耕於歷山伊尹之訓曰立愛惟親立敬惟長而耕於莘野其他如冀缺長沮桀溺荷蓧丈人之徒皆以耕為事故天下亦少不耕之士周官大司徒三歲大比考其德行道藝而先孝友即漢孝悌之科是已夫天下之務本莫如士其次莫如農農者被蒲茅飯麤糲居蓬藋逐牛豕戴星而出帶月而歸父耕而子饁

兄作而弟隨公則奉租稅給征役私則養父母育妻子其餘則結親姻交鄰里有淳朴之風者莫農若也至於工逞技巧商操贏餘轉徙無常其於終養之義友于之情必有所不逮雖世所不可缺而聖人不以加於農也是以古者崇本抑末其教民也以孝弟為先其制刑也亦以不孝不弟為重加意於立身之本如此當其生也宅不毛者有里布田不耕者出屋粟民無職事者出夫家之征及其死也不畜者祭無牲不耕者祭無盛不樹

者無槨不蠶者不帛不績者不衰加意於養生之本又如此于斯時也家給人足上下有序親疎有禮末作之流亦鮮矣又安有游惰者哉至于瘖聾跛躃斷者侏儒各以其器食之彼廢疾之人猶有所事而後食況於手足耳目無故者哉漢代去古未遠立為孝弟力田之科高帝令賈人不得衣絲乘車重租稅以困辱之惠帝雖稍弛商賈之禁然猶市井子孫不得為官仕皆所以崇本而抑末也至文帝時風俗之靡公私之匱賈誼尚以

為言帝感其説乃耕耤田嘗詔曰孝弟天下之大順也其遣謁者勞賜又詔曰力田民生之本也其賜力田帛二匹而以戶口率置力田常員各率其意以導民焉唐太宗亦詔民有見業農者不得轉為工賈工賈舍見業而力田者免其調夫末作之民尚有益於世用古人且若是抑之而況世降俗末又有出於末作之外者舍其人倫惰其身體衣食之費反侈於齊民以有限之物供無益之人上之人不惟不抑之反從而崇之何哉且一

夫不耕民有飢者一女不蠶民有寒者乃若一夫耕衆人坐而食之欲民之無飢不可得也一女蠶衆人坐而衣之欲民之無寒不可得也飢寒切於民之身體其所以仰事俯育養生送死者皆無所資欲其孝弟不可得也故曰倉廩實知禮節衣食足知榮辱豈不信乎農夫受飢寒之苦見游惰之樂反從而羨之至去隴畝棄耒耜而趨之是民之害也又豈特逐末而已哉夫孝弟者本性之所固有力田者本業之所當為民失其業且失其性者豈其本然哉直狥於流俗惑於他岐以至是耳今國家累降詔條如有勤務農桑增置家業孝友之人從本社舉之司縣察之以聞於上司歲終則稽其事或有游惰之人亦從本社訓之不聽則以聞於官而別徵其役此深得古先聖人化民成俗之意使有職於牧民者悉意奉行明仁義之實以教之課農桑之利以養之則民志專一風俗還淳可使人有曾閔之行而家為堯舜之民矣歐陽永叔有云莫若脩其本以勝之此之謂

也

農書卷一

欽定四庫全書

農書卷二

農桑通訣二　　元　王禎　撰

墾耕篇第四

易大傳曰神農氏作斲木為耜揉木為耒耒耨之利以教天下周書云神農之時天雨粟神農耕而種之始作陶冶斤斧為耒耜以墾草莽然後五穀興此農事之始也當堯之時洪水汎濫草木暢茂五穀不登禹乃隨山刊木益烈山澤而焚之然後九州之土皆可種藝耕作於是后稷教民稼穡樹藝五穀農功之興其有次第如此墾耕者其農功之第一義歟墾除荒也耕犂也古文耕作畊蓋古井田之制令從耒井聲故作耕前漢趙過為搜粟都尉田多墾闢即今俗謂開荒也凡墾闢荒地春曰燎荒如平原草萊深者至春燒荒趁地氣通潤草芽欲發根荄柔脆易為開墾夏曰䅖青夏月草茂時開謂之䅖青可當草糞但根鬚壯密須藉强牛乃可蓋莫若春為上秋曰芟夷其次秋暮草木叢密時先用鐵刀徧地芟倒暴乾放火至春而開根朽省功崔寔四民月令曰正月土氣上騰土長冒橛說者云陳根可拔急菑强土黑壚之田二月陰凍畢釋可菑美田緩土及河渚小處三月杏花盛可菑沙白輕土之田五月六月可菑麥田也如泊下蘆葦地內必用劚力意切刀引之犁鑱隨耕起撥音伐特易牛乃省力沿山或老荒地內樹木多者必須用钁劚去餘有不盡耕科俗謂之埋頭根也當使熟鐵鍛成鑱尖套於退舊生鐵鑱上縱遇根株不至擘缺妨誤工力或地段廣濶不可徧劚則就斫枝莖覆於本根上候乾焚之其根即死而易朽又有經暑雨後用牛曳礰礋或輥子於所斫根查上和泥碾之乾則掙爭去聲死一二歲後皆可耕種其林木大者則劉烏更切殺之謂剝斷樹皮其樹立死葉死不扇便任種蒔三歲後根株莖朽以火燒之則通為熟田矣周禮薙氏掌殺草春始生而萌之夏日至而夷之秋繩去聲而芟之冬日至而耜之書薙作夷謂芟草也又柞氏掌攻草木及林麓夏日至令刊陽木而火之冬日至剝陰木而水之註云刊剝皆斫去次地之皮即此謂除木也詩曰

載芟載柞其耕澤澤蓋謂芟草除木而後可耕也大凡開荒必趂雨後又要調停犂道淺深麄細淺則務盡草根深則不至塞撥麄則貪生費力細則貪熟少功唯得中則可耕荒畢以鐵齒鎘鋒過漫種黍稷或脂麻綠豆耙勞再徧明年乃中爲穀田今漢沔淮潁上率多創開荒地當年多種脂麻等種有收至盈溢倉箱速富者如舊稻塍内開耕畢便撒稻種直至成熟不須薅（呼髙反）拔緣新開地内草根既死無草可生若諸色種子年年揀

淨別無稗莠數年之間可無荒歲所收常倍於熟田蓋曠閑既久地力有餘苗稼䓵（音暢）茂子粒蕃息也諺云坐賈行商不如開荒言其獲利多也除荒開墾之功如此

若夫耕犂之事又有本末上古聖人制耒耜以教耕耨三代以上皆耦耕謂兩人合二耜而耕之詩曰亦服爾耕十千維耦者此也春秋之時后稷之裔孫叔均始作牛耕至漢趙過增其制度三犂一牛則力省而功倍今之耕者大率祖此周禮遂人治野以時器勸甿（音萌）言農夫之耕當先利其器也故詩曰三之日于耜四之日舉趾又曰有略其耜俶載南畝周禮車人爲耒庛庛有三等（見農器譜耒耜門）今易耒耜而爲犂不問地之堅强輕弱莫不任使欲淺欲深求之犂箭箭一而已欲廉欲猛取之犂梢梢一而已然則犂之爲器豈不簡易而利用哉耕地之法未耕曰生已耕曰熟初耕曰塌（音塔）再耕曰轉生者欲深而猛熟者欲淺而廉此其略也天氣有陰陽寒燠之異地勢有高下燥濕之別順天之時因地之宜存

乎其人按月令孟春之月天子以元日祈穀於上帝乃擇元辰天子親載耒耜帥三公九卿諸侯大夫躬耕帝藉命田司善相邱陵阪險原隰土地所宜五穀所殖以教導民田事既飭先定準直農乃不惑仲春之月耕者少舍此言農以春耕爲先務也齊民要術云凡耕高下田不問春秋必須燥濕得所爲佳若水旱不調寧燥無濕（燥耕雖塊一經得雨地則粉解濕耕堅垎數年不佳諺曰濕耕澤鋤不如歸去言無益而有損濕耕者白背速鎘鋒之亦無傷否則大惡也）秋耕欲深夏耕欲淺秋耕穐青爲上

比至冬月青草復生其美與豆同初耕欲深轉地欲淺耕不深則地不熟轉不淺則動生土菅茅之地宜縱牛羊踐之七月耕之則死汜勝之曰凡耕之本在於趣時春凍解地氣始通土一和解夏至天氣始暑陰氣始盛土復解夏至後九十日晝夜分天地氣和以此時耕一而當五名曰膏澤皆得時功韓氏直說云凡地除種麥外並宜秋耕秋耕之地荒草自少極省鋤工如牛力不及不能盡秋耕者除種粟地外其餘黍豆等地春耕亦可大抵秋耕宜早春耕宜遲秋耕宜早者乘天氣未寒時將陽和之氣掩在地中其苗易榮過秋天氣寒冷有霜時必待日高方可耕地恐掩寒氣在內令地薄不收子粒春耕宜遲者亦待春氣和煖日高時耕此所謂順天之時也齊民要術云春地氣通可耕堅硬強地黑壚土輒平磨其塊以生草草生復耙天有小雨復耕和之勿令有塊以待時所謂強土而弱之也杏始華榮輒耕輕土弱土望杏花落復耕耕輒藺之音吝草生有雨澤耕重藺之土甚輕者以牛羊踐之如此則土強所謂弱而強之也此所以因地而利之也農書云旱田穫刈纔畢隨即耕治曬

暴加糞壅培而種豆麥蔬茹因而熟土壤而肥沃之以省來歲工役其所收又足以助歲計晚田宜待春乃耕為其藁秸堅韌必待其朽腐易為牛力也北方農俗所傳春宜早晚耕夏宜兼夜耕秋宜日高耕中原地皆平曠旱田陸地一犁必用兩牛三牛或四牛以一人執之量牛強弱耕地多少其耕皆有定法所耕地內先並耕兩犁墢皆內向合為一壟謂之浮疄自浮疄為始向外繳耕終此一段謂之一繳一繳之外又間作一繳耕畢於三繳之間歇下一繳却自外繳耕至中心作一暘蓋三繳中成一暘也其餘欲耕平原率皆倣此南方水田泥耕其田高下濶狹不等以一犁用一牛挽之作止回旋惟人所便高田早熟八月燥耕而熯之以種二麥其法起墢為疄兩疄之間自成一甽一段耕畢以鋤橫截其疄洩利其水謂之腰溝二麥既收然後平溝甽蓄水深耕俗謂之再熟田也下田熟晚十月收刈既畢即乘天晴無水而耕之節其水之淺深常令塊墢半出水面日暴雪凍土乃酥碎仲春土膏脉起即再耕治又有一等水田泥淖極深能陷牛畜則以木杠橫亘田中人立其上而鋤之南方人畜耐暑其耕四時皆以中晝此南方地勢之異宜也凡人家營田皆當量力寧可少好不可多惡詩曰無田去聲甫田維莠驕驕言力不給而貪多務得未免苟簡之獘故莊子曰昔予為禾耕而

鹵莽之其實亦鹵莽而報予芸而滅裂之其實亦滅裂而報予此言苟簡之害也農書云古者分田之制一夫一婦受田百畝以其地有肥墝(去交切)故有不易一易再易之別不易之地家百畝謂可以歲耕之也一易之地家二百畝謂間歲耕其半也再易之地家三百畝謂歲耕百畝三歲而一周也先王之制如此非獨以為土敝則草木不長氣衰則生物不遂也抑欲其財力有餘深耕易耨而歲可常稔今之農夫既不如古往往租人之

田而耕之苟能量其財力之相稱而無鹵莽滅裂之患則豐穰可以力致而仰事俯育之樂可必矣今備述經傳所載農事之法兼高原下田地勢之宜自北自南習俗不同曰壟曰耕作事亦異通變謂道無泥一方則田功脩而稼穡之務可以次第而舉矣

耙勞篇第五

凡治田之法犁耕既畢則有耙勞耙有渠疏之義勞有蓋磨之功今人呼耙曰渠疏勞曰蓋磨皆因其用以名之所以散墢去芟平土壤也桓寬鹽鐵論曰茂木之下無豐草大塊之間無美苗耙勞之功不至而望禾稼之秀茂實粟難矣韓氏直說云古農法犁一耮六今人只知犁深為功不知耮熟為全功耮功不到土麤不實下種後雖見苗立根在麤土根土不相着不耐旱有懸死蟲咬乾死諸病耙功到則土細而立根在細實土中又碾過根土相着自然耐旱不生諸病又云凡地除種麥外並宜秋耕先以鐵齒耮縱橫耮之然後插犁細耕隨

耕隨勞至地大白背時更耮兩徧至來春地氣透時待日高復耮四五徧其地爽潤上有油土四指許春雖無雨時至便可下種齊民要術云耕荒畢以鐵齒鎘鏤再徧耙之蓋鐵齒鎘鏤已為之先再用耙鎘鏤而後勞之也今人但耕地畢破其塊墢而後用勞平磨乃為得也齊民要術云耕地深細不得趂多看乾濕隨時蓋磨待一段總轉了橫蓋一徧每耕一徧蓋兩徧最後蓋三徧還縱橫蓋之種麥地以五月耕三徧種麻地耕五六徧

倍蓋之但依此法除蟲災外小小旱乾不至全損緣蓋磨數多故也又云春耕尋手勞秋耕待白背勞蓋春多風不即勞則致地虛燥秋田濕濕速勞則恐致地硬又曰耕欲廉勞欲再凡已耕耙欲受種之地非勞不可諺曰耕而不勞不如作暴竊見世人耕了仰着土塊並待孟春蓋若冬之氷雪連夏亢陽徒道秋耕不堪下種也然耙勞之功非但施於納種之前亦有用於種苗之後者齊民要術曰苗既出壠每一遇雨白背時輙以鐵齒鎒鏤縱橫耙而勞之耙法令

人坐上數以手斷去草草塞齒則傷苗如此令地熟軟易鋤省力此用於種苗之後也南方水田轉畢則耙耙畢則抄抄見農器譜故不用勞其耕種陸地者犂而耙之欲其土細再犂再耙後用勞乃無遺功也北方又有所謂撻者與勞相類齊民要術云春種欲深宜曳重撻春氣冷生遲不曳撻則根虛雖生輙死雖生夏氣熱而速曳撻遇雨必致堅垎春澤多者或亦不須撻必欲撻者須待白背濕撻令地堅硬也又用曳打場圃極為平實今人凡下種耧種後惟用砘車碾之然執耧種者亦須腰繫輕撻曳之使壠土覆種稍深也或耕過田畝土性虛浮者亦宜撻之打令土實也今當耕種用之故附於耙勞之末然南人未嘗識此蓋南北習俗不同故不知用撻之功至於北方遠近之間亦有不同有用耙而不知用勞有用勞而不知用耙亦有不知用撻者耙勞撻並見農器譜今並載之使南北通知隨宜而用使無偏廢然後治田之法可得論其全功也

播種篇第六

書稱黎民阻飢汝后稷播時百穀詩言降之種稑稙穉菽麥奄有下國俾民稼穡蓋言天相后稷之功也後之農家者流皆祖述之以至於今其法悉備周禮司稼掌巡邦野之稼而辨其種稑之種周知其名與其所宜地以為法而縣於邑閭按農書九穀之種黍稷秫稻麻大麥小麥大豆小豆凡種浥鬱則不生生亦尋死種雜者禾生早晩不均舂復減而難熟特宜存意揀選常歲別

收好穗純色者劁音樵刈懸之又有粒而或箪或窖者將種前二十許日取出曬之令燥種之氾勝之曰牽馬令就穀堆食數口以馬踐過為種無蚒蚄等蟲也種或傷濕浥鬱則生蟲也或取馬骨剉一石以水三石煑之三沸漉去滓以汁漬附子五枚三四日去附子以汁和蠶矢羊矢各等分攪令洞洞如稠粥先種二十日以溲種如麥飯狀當天旱燥時溲之立乾薄布數攪令乾明日復溲陰雨則勿溲六七溲而曝乾謹藏勿令復濕至可

種時以餘汁溲而種之則禾稼不生蟲也無馬骨亦可用雪汁雪汁者五穀之精使稼耐旱也麥種宜與剉碎蒼耳或艾暑日曝乾熱收藏以瓦器順時種之無不茂凡欲知歲所宜穀以布囊盛粟等諸物種平量之以冬至日埋於陰地冬至後五十日發取量之息最多者歲所宜也又師曠占術曰五木者五穀之先也欲知五穀但視五木擇其木盛者來年多種之萬不失一故雜陰陽書曰禾生於棗或楊大麥生於杏小麥生於桃稻

生於柳或楊黍生於榆大豆生於槐小豆生於李麻生於楊或荊農書云種蒔之事各有攸叙能知時宜不違先後之序則相繼以生成相資以利用種無虛日收無虛月何匱乏之足患凍餒之足憂哉正月種麻枲二月種粟脂麻有早晚二種三月種早麻四月種豆五月中旬種晚麻七夕以後種萊菔菘芥八月社前即可種麥經兩社即倍收而堅好如此則種之有次第所謂順天之時也凡五穀上旬種者全收中旬中收下旬下收又

地勢有良薄山澤有異宜故良田宜種晚薄田宜種早良田非獨宜晚早亦無害薄田種晚必不成實山田宜種強苗以避風霜澤田種弱苗以求華實孝經援神契曰黄白土宜禾黑墳宜麥與黍赤土宜菽汙泉宜稻所謂因地之宜也南方水稻其名不一大槩為類有三早熟而緊細者曰秈晚熟而香潤者曰粳早晚適中米白而黏者曰稬三者布種同時每歲收種取其熟好堅粟無秕不雜穀子曬乾蔀藏置高爽處至清明節取出以

盆盎別貯浸之三日漉出納草篅中晴則暴暖浥以水日三數遇陰寒則浥以温湯候芽白齊透然後下種須先擇美田耕治令熟泥沃而水清以既芽之穀漫撒稀稠得所秧生既長小滿芒種之間分而蒔之旬日高下皆遍北土高原本無陂澤逐水曲而田者納種如前法既生七八寸拔而栽之凡下種之法有漫種耬種瓠種區種之別漫種者用斗盛穀種挾左腋間右手料取而撒之隨撒隨行約行三步許即再料取務要布種均勻則苗生稀稠得所黍晉之間皆用此法南方惟種大麥

則點種其餘粟豆麻小麥之類亦用漫種北方多用耬種耬種見農器譜其法甚備齊民要術云凡種欲牛遲緩行種人令促步以足躡隴底欲土實種易生也今人製造砘車砘子之制見農器譜隨耬種之後循隴碾過使根土相着功力甚速而當去聲瓠種者瓠種之法見農器譜竅瓠貯種隨行隨種務使均勻犁隨掩過覆土既深雖暴雨不至迫撻暑夏最為耐旱且便於撮鋤今燕趙間多用之區種之法凡山陵近邑高危傾陂及邱城上皆可為區田糞種水澆備旱災也區田法見農器譜又按食貨志云種穀必雜五種以備災害五種黍稷麻麥豆也又曰菜茹有畦瓜瓠果蓏殖於疆場則是五種之外蔬蓏亦不可闕者故穀不熟曰飢菜不熟曰饉物理論云百穀者三穀各二十種蔬果各二十種共為百穀蓋蔬果之實所以助穀之不及也是故烹葵食瓜乃繫之豳風農桑之詩蓄菜取蔬互見於月令收斂之後然地有肥瘠能者擇焉時有先後勤者務焉若

夫種蒔之法姑畧陳之凡種蔬蓏必先燥爆其子地不厭良薄即糞之鋤不厭頻旱即灌之用力既多收利必倍大抵蔬宜畦種蓏宜區種畦地長丈餘廣三尺先種數日斸起宿土雜以蒿草火燎之以絕蟲類併得為糞臨種益以他糞治畦種之區種如區田法區深廣可一尺許臨種以熟糞和土拌勻納子糞中候苗出料視稀稠去留之又有芽種凡種子先用淘淨頓瓠瓢中覆以濕巾三日後芽生長可指許然後下種先於熟畦內以

水飲地勻摻芽種復篩細糞土覆之以防日曝此法菜既出齊草又不生凡菜有蟲擣苦參根併石灰水潑之即死茍能依上法種蒔非止家可足食餘者亦可為貲生之利昔龔遂勸農口種葱五十本薤百本韭一畦渤海之民緣是致足夫養生必以穀食配穀必以蔬茹此日用之常理而貧富所不可闕者故於穀食之後以蔬茹繼之而成其百穀之數今歷論播種之法庶農圃者擇而用之

農書卷二

欽定四庫全書

農書卷三　　元　王禎　撰

農桑通訣三

鋤治篇第七

傳曰農夫之務去草也芟夷蘊崇之絕其本根勿使能殖則善者信（音伸）矣蓋稂莠不除則禾稼不茂種苗者不可無鋤芸之功也又說文云鋤言助也以助苗也故字從金從助凡穀須鋤乃可滋茂諺云鋤頭自有三寸澤

也詩曰其鎛（音博）斯趙以薅荼蓼鎛芸田器古之鎛其今之鋤欵（鎛與鋤見農器譜）按齊民要術云苗生如馬耳則鏃鋤（諺曰欲得穀馬耳鏃）稀豁之處鋤而補之凡五穀惟小鋤之為良（小鋤者非直省功穀亦大勝大鋤者草根繁茂用功多而收功益少）苗出壠則深鋤鋤不厭數周而復始勿以無草而暫停（鋤者非止除草乃地熟而穀多糠薄米息鋤得十徧更得八米也）春鋤起地夏而鋤草故春鋤不用觸濕六月已後雖濕亦無嫌（春苗既淺陰未覆地濕鋤則地堅夏苗陰厚地不見日故雖濕亦無害矣管子曰為國者使民寒耕而熱芸芸除草也）又云候黍粟苗未與壠齊即

鋤一徧經五七日更報鋤第二徧候未蠶老更報鋤第三徧無力則止如有餘力秀後更鋤第四徧脂麻大豆並鋤兩徧止亦不厭早鋤穀第一徧便科定每科只留兩三莖更不得留多每科相去一尺兩壠頭空務欲深細第一徧鋤未可全深第二徧惟深是求第三徧較淺於第二徧第四徧又淺於第三徧蓋穀科大則根浮故也第一次撮苗曰鏃第二次平壠曰布第三次培根曰壅第四次添功曰復一次不至則稂莠之害秕稗之雜入之矣諺云穀鋤八徧餓殺狗為無糠也其穀畝得十石斗得八米此鋤多之效也其所用之器自撮苗後可用以代耰鋤者名曰耬鋤(見農器譜)其功過鋤功數倍所辦之田日不啻二十畝或用劐子其制頗同劐(見農器譜)如耬鋤過苗間有小豁眼不到處及壠間草薉未除者亦須用鋤理撥一徧為佳別有一器曰鏟(見農器譜)營州以東用之又異於此凡耘苗之法亦有可鋤不可鋤者旱耕塊撥苗薉同孔出不可鋤治此耕者之失難責鋤也曾氏

農書芸稻篇謂記禮者曰仲夏之月利以殺草可以糞田疇可以美土疆蓋耘除之草和泥渥漉深埋禾苗根下漚罨既久則草腐爛而泥土肥美嘉穀蕃茂矣大抵耘治水田之法必先審度形勢先於最上處瀦水勿致走失然後自下旋放旋芸之其法須用芸爪(見農器譜)不問草之有無必徧以手排漉務令稻根之傍液液然而後已荆揚厥土塗泥農家皆用此法又有足芸為木杖如拐子兩手倚之以用力以趾塌撥泥上草薉壅之苗根

之下則泥沃而苗興其功與芸爪大類亦各從其便也今創有一器曰耘盪(見農器譜)以代手足功過數倍宜普效之慕文曰養苗之道鋤不如耨耨今小鋤也(呂氏春秋曰先生者為米後生者為秕是故其耨也長其兄而去其弟不知稼者其耨也去其兄而養其弟不收其粟而收其秕此失耨之道也)鋤後復有薅拔之法以繼成其鋤之功也夫稂莠秕稗雜其稼出蓋鋤後莖葉漸長使可分別非薅不可故有薅鼓薅馬之說(事見農器譜)其北方村落之間多結為鋤社以十家為率先鋤一家之田本家供其飲食其

餘次之旬日之間各家田皆鋤治自相率領樂事趨功無有偷惰間有病患之家共力助之故田無荒穢歲皆豐熟秋成之後豚蹄盂酒遞相犒勞名為鋤社甚可效也今採摭南北耘耔之法備載於篇庶善稼者相其土宜擇而用之以盡鋤治之功也

糞壤篇第八

田有良薄土有肥磽耕農之事糞壤為急糞壤者所以變薄田為良田化磽土為肥土也古者分田之制上地

家百畝歲一耕之中地家二百畝間歲耕其半下地家三百畝歲耕百畝三歲一周蓋以中下之地瘠薄磽确苟不息其地力則禾稼不蕃後世井田之法變强弱多寡不均所有之田歲歲種之土敝氣衰生物不遂為農者必儲糞朽以糞之則地力常新壯而收穫不減孟子所謂百畝之糞上農夫食九人也踏糞之法凡人家秋收後場上所有穰穢等並須收貯一處每日布牛之脚下三寸厚經宿牛以蹂踐便溺成糞平旦收聚除置院内堆積之每日亦如前法至春可得糞三十餘車至五月之間即載糞糞地畝用五車計三十車可糞六畝匀攤耕蓋即地肥沃兼可堆糞桑行又有苗糞草糞火糞泥糞之類苗糞者按齊民要術云美田之法綠豆為上小豆胡麻次之悉皆五六月穊種七八月犂掩殺之為春穀田則畝收十石其美與蠶矢熟糞同此江淮迤北用為常法草糞者於草木茂盛時芟倒就地內掩罨腐爛也記禮者曰仲夏之月利以殺草可以糞田疇可以

美土疆今農夫不知此乃以其耘除之草棄置他處殊不知和泥渥漉深埋禾苗根下漚罨既久則草腐而土肥美也江南三月草長則刈以踏稻田歲歲如此地力常盛農書云種穀必先治田積腐藁敗葉剗薙枯朽根荄遍鋪而燒之即土暖而爽及初春再三耕耙而以窖罨之肥壤壅之麻籸（舒椿反）穀殻皆可與火糞窖罨殺朽腐最宜秧田必先渥漉精熟然後踏糞入泥盪平田面乃可撒種其火糞種土同草木堆疊燒之土熱冷定

用碌碡碾細用之江南水多地冷故用火糞種麥種蔬尤佳又凡退下一切禽獸毛羽親肌之物最為肥澤積之為糞勝於草木下田水冷亦有石灰為糞則土煖而苗易發然糞田之法得其中則可若驟用生糞又布糞過多糞力峻熱即燒殺物反為害矣大糞力壯南方治田之家常於田頭置塼檻窖熟而後用之其田甚美北方農家亦宜效此利可十倍又有泥糞於溝港內乘船以竹夾取青泥杴潑岸上凝定裁成塊子擔去同大糞

和用比常糞得力甚多或用小便亦可澆灌但生者立見損壞不可不知農書糞壤篇云土壤氣脈其類不一肥沃磽确美惡不同治之各有宜也夫黑壤之地信美矣然肥沃之過不有生土以解之則苗茂而實不堅磽确之土信惡矣然糞壤滋培則苗蕃秀而實堅栗土壤雖異治得其宜皆可種植令田家謂之糞藥言用糞猶用藥也凡農居之側必置糞屋低為簷楹以避風雨飄浸屋中必鑿深池甃以磚甓凡埽除之土燒燃之灰簸揚之糠粃斷藁落葉積而焚之沃以肥液積久乃多凡欲播種篩去瓦石取其細者和勻種子疏把撮之待其苗長又撒以壅之何物不收為圃之家於廚棧之下深潤鑿一池細甃使不滲洩每舂米則聚礱簸穀殼及腐草敗葉漚漬其中以收滌器肥水與滲漉泔淀漚久自然腐爛一歲三四次出以糞苧因以肥桑愈久愈茂而無荒廢枯摧之患矣又有一法凡農圃之家欲要計置糞壤須用一人一牛或驢駕雙輪小車一輛諸處搬運

積糞月日既久積少成多施之種藝稼穡倍收桑果愈茂歲有增羡此肥稼之計也夫埽除之猥腐朽之物人視之而輕忽田得之為膏潤唯務本者知之所謂惜糞如惜金也故能變惡為美種少收多諺云糞田勝如買田信斯言也凡區宇之間善於稼者相其各處地理所宜而用之庶得乎土化漸漬之法沃壤滋生之效俾業擅上農矣

灌溉篇第九

昔禹決九川距四海濬畎澮距川然後播奏艱食烝民乃粒此禹平水土因井田溝洫以去水也後井田之法大備於周周禮所謂遂人匠人之治夫間有遂十夫有溝百夫有洫千夫有澮萬夫有川遂注入溝溝注入洫洫注入澮澮注入川故田畝之水有所歸焉此去水之法也若夫古之井田溝洫脉絡布於田野旱則灌溉澇則泄去故說者曰溝洫之於田野可決而決則無水溢之害可塞而塞則無旱乾之患又荀卿曰修隄防通溝

洫之水潦安水藏以時決塞則溝洫豈特通水而已哉考之周禮稻人掌稼下地以水澤之地種穀也以瀦蓄水以防止水以遂均水以列舍水以澮寫水此又下地之制與遂人匠人異也後世灌溉之利實昉於此至秦廢井田而開阡陌于今數千年遂人匠人所營之迹無復可見惟稻人之法低濕水多之地猶祖述而用之天下農田灌溉之利大抵多古人之遺跡如關西有鄭國白公六輔之渠關外有嚴熊龍首渠河內有史起十二渠自淮泗及汴通河自河通渭則有漕渠郎州有古史渠南陽有召信臣鉗盧陂廬江有孫叔敖芍陂頴川有鴻隙陂廣陵有雷陂浙左有馬臻鏡湖興化有蕭何堰西蜀有李冰文翁穿江之迹皆能灌溉民田為百世利興廢修壞存乎其人夫言水利者多矣然不必他求別訪但能修復故迹足為興利此歷代之水利下及民事亦各自作陂塘計田多少於上流出水以備旱涸農書云惟南方熟於水利官陂官塘處處有之民間所自為

溪堨音遏水蕩難以數計大可灌田數百頃小可溉田數十畝若溝渠陂堨上置水閘以備啓閉若塘堰之水必置涵音竇竇以便通洩此水在上者若田高而水下則設機械用之如翻車筒輪戽斗桔槔之類挈而上之如地勢曲折而水遠則為槽架連筒陰溝浚渠陂柵之類引而達之此用水之巧者若下灌及平澆之田為最或用車起水者次之或再車三車之田又為次也其高田旱稻自種至收不過五六月其間或旱不過澆灌四五次

此可力致其常稔也傳子曰陸田者命懸于天人力難修水旱不時則一年功棄矣田制之由人人力苟修則地利可盡天時不如地利地利不如人事此水田灌溉之利也方今農政未盡興土地有遺利夫海内江淮河漢之外復有名水萬數枝分派别大難悉數内而京師外而列郡至於邊境脉絡貫通俱可利澤或通為溝渠或蓄為陂塘以資灌溉安有旱暵之憂哉復有圍田及圩田之制凡邊江近湖地多閑曠霖雨漲潦不時掩没

或淺浸瀰漫所以不任耕種後因故將征進之暇屯戍於此所統兵衆分工起土江淮之上連屬相望遂廣其利亦有各處富有之家度視地形築土作隄環而不斷内地率有千頃旱則通水澇則泄去故名曰圍田又有據水築為堤岸復疊外護或高至數丈或曲直不等長至瀰望每遇霖潦以扞水勢故名曰圩田内有溝瀆以通灌溉其田亦或不下千頃此又水田之善者又如近年懷孟路開浚廣濟渠廣陵復引雷陂廬江重修芍陂似此等處略見舉行其餘各處陂渠川澤廢而不治不為不多倘能循按故迹或創地利通溝瀆蓄陂澤以備水旱使斥鹵化而為膏腴汙藪變而為沃壤國有餘糧民有餘利然考之前史後魏裴延儁為幽州刺史范陽有舊督亢渠漁陽燕郡有故戾諸堰皆廢延儁營造而就溉田萬餘頃為利十倍今其地京都所在尤宜疏通導達以為億萬衣食之計故秦渠序其略曰鄭國在前白渠起後舉臿如雲決渠為雨且溉且糞長我禾黍衣

食京師億萬之口夫舉事興工豈無今日之延儁倘有成效不失本末先後之叙庶灌溉之事為農務之大本國家之厚利也已上水具並見農器譜請考之

農書卷三

欽定四庫全書

農書卷四

元 王禎 撰

農桑通訣四

勸助篇第十

書曰相小人厥父母勤勞稼穡厥子不知稼穡之艱難乃逸蓋惡勞好逸者常人之情偷惰苟且者小人之病上之人苟不明示賞罰以勸助之則何以獎其勤勞而率其怠勸音倦歟周禮載師凡宅不毛者有里布謂罰以一

里二十五家之泉也田不耕者出屋粟謂罰以三家之稅粟也凡民無職事者出夫家之征謂雖閑民猶當出夫稅家稅也閭師言無職者出夫布不畜者祭無牲不耕者祭無盛不樹者無椁不蠶者不帛不績者不衰先王之於民如此豈為厲農夫哉凡欲振發而飭其蠱弊使之率作興事耳是以地無遺利民無趨末田野治而禾稼遂倉廩實而府庫充則斯民寧復有餓莩流離之患哉月令孟春之月命田司相去聲土地所宜五穀所植以教導民必躬親之孟夏勞去聲農勸民無或失時命農勉作無休於都仲秋乃勸種麥無或失時其有失時行罪無疑季冬命田官告民出五種命農計耦耕事古人之於農蓋未嘗一日忘也後世勸助之道不明其民往往去本而趨末故諺曰以貧求富農不如工工不如商刺繡紋不如倚市門此說一興天下之民男子棄耒耜而爭販鬻婦人舍機杼而習歌舞惰游末作習以成俗一遇凶飢食不足以充其口腹衣不足以蔽其身體懷

金形鵠立以待盡者比比皆是善乎王符之言曰一夫耕百人食之一婦桑百人衣之以一奉百誰能供之時君世主亦有加意於農桑者大則營田有使次則勸農有官似知所以勸助矣然而田野未盡闢倉廩未盡實游惰之民未盡歸農何哉意者徒示之以虛文而未施之以實政歟古者春而省耕非但行阡陌而已資力不足者誠有以補之也秋而省斂非但觀刈穫而已食用不給者誠有以助之也成王適于田以其婦子之饁彼

南畝擾其左右而嘗其旨否愛民如此田野安得而不治黍稷安得而不豊文帝所下三十六詔力田之外無他語減租之外無異説逐末之民安得而不務本太倉之粟安得而不紅腐此上之人重農如此至於承流宣化之官又在於守令之賢各盡其職勤加勸課務求實效及覽古之循吏如黃霸之治穎川勸種樹（樹謂樹藝五穀）龔遂之治渤海課農耕何武行部必問墾田茨充為令益治桑柘召信臣治南陽開溝瀆為民利任延治九真易

射獵為牛耕張堪守漁陽開稻田皇甫隆治燉煌教耬犂此先賢勸助之迹載諸史冊今略舉其著者皆可為後世治民之良規誠使人君能法周成漢文之治以表倡於上公卿守令能法龔黃諸賢之事以奉承於下省徭役以寬民力驅游惰以趨農業又何患民之不勸此（案此篇一遇凶飢至又何患民之不勸共四百六十四字原本誤入收穫篇蓋謂收之欲速也之下謹改正）

田之不治乎令天下之民寒而思衣皆知有桑麻之事飢而思食皆知有稼穡之功則男務耕鋤女事紡織蓋有不待勸而後加勤者況乎諄諄然諭之懇懇然勞之哉又況加實意行實惠驗實事課實功哉如或不然上之人作無益以妨農時斂無度以困民力般樂怠傲不能以身率先於下雖課督之令家至而戶説之民亦不知所勸也故古者天子親耕皇后親蠶下逮公卿侯伯之國與夫守令之家俱當親執耒耜躬務農桑以率其民如此野夫田婦庸有不勤者乎今夫在上者不知衣食之所自惟以驕奢為事不思已之日用寸絲口飯皆出

於野夫田婦之手甚者苛斂不已朘削脂膏以肥已寧肯勉力以勸之哉今長官皆以勸農署銜農作之事已猶未知安能勸人借曰勸農比及命駕出郊先為文移使各社各鄉預相告報期會齎斂祗為煩擾耳柳子厚有言雖曰愛之其實害之雖曰憂之其實讎之種樹之喻可以為戒庶長民者鑒之更其宿弊均其惠利但具為教條使相勉勵不期化而民自化矣又何必命駕鄉都移文期會欺下誣上而自徼功利然後為定典哉敢

告於有司請著為常法以免親詣煩擾之害斯民幸甚

收穫篇第十一

孔氏書傳曰種曰稼斂曰穡種斂者歲之終始也食貨志云力耕數耘收穫如盜賊之至蓋謂收之欲速也故物理論曰稼農之本穡農之末本輕而末重前緩而後急稼欲熟收欲速此良農之務也記曰種而不耨耨而不穫譏其不能圖功攸終也是知收穫者農事之終為農者可不趨時致力以成其終而自廢其前功乎月令仲秋之月命有司趨民收斂季秋之月農事備收孟冬之月循行積聚無有不斂至於仲冬農有不收藏積聚者取之不詰皆所以督民收斂使無失時也禹貢曰二百里納銍三百里納秸服蓋納銍者截禾穗而納之納秸者去穗而刈其藁納之也詩言刈穫之事最多臣工詩曰命我衆人庤乃錢鎛奄觀銍艾（銍艾二器見農器譜）七月詩云九月築場圃十月納禾稼言農工之備也載芟之詩云載穫濟濟有實其積萬億及秭良耜之詩云穫之挃挃積之栗栗其崇如墉其比如櫛以開百室皆言收穫之富也凡農家所種宿麥早熟最宜早收故韓氏直說云五六月麥熟帶青收一半合熟收一半若候齊熟恐被暴風急雨所催必致抛費每日至晚即便載麥上場堆積用苫密覆以防雨作如搬載不及即於地内苫積天晴乘夜載上場即攤一二車薄則易乾碾過一遍翻過又碾一遍起稭下場揚子收起雖未淨直待所收麥都碾盡然後將未淨稭再碾如此可一日一場比至麥收盡已碾訖三之一矣大抵農家忙併無似蠶麥古語云收麥如救火若少遲慢一值陰雨即為災傷遷延過時秋苗亦悞鋤治今北方收麥多用釤（杉去聲）刃麥綽釤麥覆於腰後籠内籠滿則載而積於場一日可收十餘畆較之南方以鐮刈者其速十倍（麥籠麥綽釤刃並見農具譜）凡北方種粟秋熟當速刈之齊民要術云收穀而熟速刈乾速積（刈早則鎌傷刈晚則穗折遇風則收減濕積則藁爛積晚則耗損連雨則生耳）南方收粟用粟鑒（古甸反）摘穗北方收粟用鐮并藁刈之（粟鑒與鐮並見農器）

譜田家刈畢稛（苦本切）而束之以十束積而為稇（力科切）然後車載上場為大積積之視農功稍隙解束以旋旋鏇（士咸切）穗撻之南方水地多種稻秫早禾則宜早收六月七月則收早禾其餘則至八月九月詩云十月穫稻齊民要術曰稻至霜降穫之此皆言晚禾大稻也故稻有早晚大小之別然江南地下多雨上霖下潦劖刈之際則必須假之喬扦多則置之笐架待晴乾曝之可無耗損之失（喬扦笐架見農器譜）齊民要術云收禾之法熟過半斷之

刈穄欲早刈黍欲晚皆即濕踐穄踐訖即蒸而浥之黍宜曬之令燥凡麻有黃埒則刈刈畢則漚之（漚麻法見穀譜）刈菽欲晚葉落盡然後刈脂麻欲小束以五六束為一叢斜倚之候口開乘車詣田抖擻還叢之三日一打四五遍乃盡耳粱秫收刈欲晚早刈損實大抵北方禾黍其收頗晚而稻熟亦或宜早南方稻秫其收多遲而陸禾亦或宜早通變之道宜審行之今按古今書傳所載南北習俗所宜具述而備論之庶不失早禾先後之節也

夫田家作苦今收穫以時了無遺滯黍稷富倉箱之望足慰勤勞鄉社結閭里之歡遞相慶勞有以見國家寵恩之所被而民俗樂業之無窮也

蓄積篇第十二

古者三年耕必有一年之食九年耕必有三年之食雖有旱乾水溢民無菜色豈非節用預備之效歟冢宰眡（音視）年之豐凶以制國用量入以為出祭用數之仂而又以九貢九賦九式均節之取之有制用之有度此理財

之法有常而國家之蓄積所以無闕也國無九年之蓄曰不足無六年之蓄曰急無三年之蓄曰國非其國矣蓄積者豈非有國之先務也周禮倉人掌粟入之藏辨九穀之物以待邦用若穀不足則止餘灋用有餘則藏之以待凶而頒之遺人掌邦之委積以待施惠鄉里之委積（委積並去聲）以恤民之囏阨門關之委積以養老孤郊里之委積以待賓客野鄙之委積以待羇旅縣都之委積以待凶荒以此見先王蓄積皆為民計非徒曰藏富

於國也彼有損下以自益剝民以自豐如商王鉅橋之粟隋人洛口之倉所積雖多豈先王預備憂民之意哉大抵無事而為有事之備豐歲而為歉歲之憂是故國有國之蓄積民有民之蓄積當粒米狼戾之年計一歲一家之用餘多者倉箱之富餘少者儋(音擔)石之儲莫不各節其用以濟凶乏此固知堯之時有九年之水湯之時有七年之旱而國亡捐瘠所為蓄積多而備先具者豈皆藏於國哉蓋必有藏於民者矣今之為農者見小

近而不慮久遠一年豐稔沛然自足侈費妄用以快一時之適所收穀粟耗竭無餘一遇小歉則舉貸出息於兼并之家秋成倍稱而償之歲以為常不能振拔其間有收刈甫畢無以餬口者其能給終歲之用乎嘗聞山西汾晉之俗居常積穀儉以足用雖間有饑歉之歲庶免夫流離之患也傳曰收斂蓄藏節用御欲則天不能使之貧信斯言也近世利民之法如漢之常平倉穀賤則增價糴之不至於傷農穀貴則減價而糶之不使之傷民唐之義倉計墾田頃畝多寡豐年納穀而藏之凶年出穀以賙貧乏官為主之務使均平是皆斂其餘以濟不足雖遇儉歲而不憂饑殍也然嘗考之漢史賈生言於文帝曰漢之為漢幾四十年公私之積猶可哀痛彼一時也自文帝躬行節儉以化天下至景帝末年太倉之粟陳陳相因而民亦富庶人徒見古之蓄積常有餘後之蓄積常不足豈天之生物不如古之多人之謀事不如古之智蓋古之費給有限而後之費給無窮無

怪乎有餘不足之不同也誠使天下之耕者因人力之所至盡地力之所出食之以時用之以禮則男有餘粟女有餘布上之人復明大學生財之道以御之公私兩裕君民俱足又何患蓄積之不如古哉故歷論之敢以此言佐時政云

農書卷四

欽定四庫全書

農書卷五　元　王禎　撰

農桑通訣五

種植篇第十二

司馬遷貨殖傳曰山居千章之楸安邑千樹棗燕秦千樹栗蜀漢江陵千樹橘齊魯千樹桑其人皆與千户侯等其言種植之利博矣觀柳子厚郭橐駝傳稱駝所種樹或移徙無不活且碩茂早實以蕃他人效之莫能如也又知種樹之不可無法也考之於詩帝省其山柞棫斯拔松栢斯兑周之所以受命也樹之榛栗椅桐梓漆衛文公之所以興其國也夫以王侯之富且貴猶以種樹為功况於民乎周禮太宰以九職任萬民一曰三農生九穀二曰園圃之職次於三農其為民事之重尚矣然則種植之務其可緩乎種植之類夥矣民生濟用莫先於桑故首述而備論之桑種甚多不可徧舉世所名者荆與魯也荆桑多椹魯桑少椹葉薄而尖其邉有瓣

者荆桑也凡枝幹條葉堅勁者皆荆之類也葉圓厚而多津者魯桑也凡枝幹條葉豐腴者皆魯之類也荆之類根固而心實能久遠宜為樹魯之類根不固心不實不能久遠宜為地桑然荆之條葉不如魯葉之盛茂當以魯桑條接之則能久遠而又盛茂也魯為地桑而有壓條之法傳轉無窮是亦可以久遠也荆桑所飼蠶其絲堅韌中（去聲）紗羅用禹貢稱厥篚檿絲注曰檿山桑（此荆之産而尤佳者也）魯桑之類宜飼小蠶齊民要術曰收椹之黑者剪去兩頭惟取中間一截蓋兩頭者其子差細種則成鷄桑花桑中間一截其子堅栗則枝幹堅強而葉肥厚將種之時先以柴灰淹揉次日水淘去輕秕不實者曬令水脉才乾種乃易生（按收椹一條乃節取陳旉農書非齊民要術也下慎勿採沐五十二字方是引齊民要術耳）仍當畦種常薅令淨慎勿採沐大如臂許正月中移之十步一樹行欲少掎角不用正相當凡耕桑田不用近樹犂不着處劚土令起斫去浮根以蠶矢糞之剝桑十二月為上時正月次之二月為下大

抵桑多者宜苦斫桑少宜省剝農桑要旨云平原淤壤土地肥虛荆桑魯桑種之俱可若地連山陵土脉赤硬止宜荆桑士民必用云種藝之宜惟在審其時月又合地方之宜使之不失其中蓋謂栽培之宜春分前後十日及十月並為上時春分前後以其發生也十月號陽月又曰小春木氣長生之月故宜栽培以養元氣此洛陽方左千里之所宜其他地方隨宜取中可也大抵春時及寒月必於天氣晴明巳午時藉其陽和如其栽子

已出元土忽變天寒風雨即以熱湯調泥培之暑月則必待晚凉仍預於園中稀種麻麥為蔭惟十一月種栽不生活種桑之次則種材木果核按龔遂為渤海太守令民口種一樹榆秋冬課收斂益蓄果實菱芡民皆富實黄霸治頴川使民務耕桑種樹治為天下第一後漢樊重欲作器物先種梓漆時人嗤之然積以歲月皆得其用向之笑者咸求假焉李衡於武陵龍陽洲上種柑橘千樹勑兒曰吾洲上有千頭木奴不責汝衣食歲得絹一疋亦可足用矣橘成歲得絹數千疋此栽植之明效也使令之時上之勸課皆如龔黄下之力本皆如樊李材木不可勝用果實不可勝食矣齊民要術言種榆者三年之後便可將莢葉賣之五年之後便堪作椽即可斫賣十年後魁椀瓶榼器皿無所不任十五年後可為車轂其歲歲科簡剝治之功指柴雇人賣柴之利已自不貲況諸般器物其利十倍斫後復生不勞更種所為一勞永逸務本直言云近聞諸般材木比之往年價

直重貴蓋因不種不栽一年少於一年可為深惜古人云木奴千無凶年木奴者一切樹木皆是也自生自長不費衣食不憂水旱其果木材植等物可以自用有餘又可以易換諸物若能多廣栽種不惟無凶年之患抑亦有久遠之利焉齊民要術云凡栽一切樹木欲記其陰陽不令轉易大樹髡之小樹則不髡先為深坑納樹訖以水沃之着土令如薄泥東西南北搖之良久然後下土堅築埋之欲深勿令撓動栽訖皆不用手捉及六

畜䑸実凡栽樹正月為上時二月為中時三月為下時然棗鷄口槐兎目桑蝦蟆眼榆負瘤自餘雜木鼠耳虻翅各以其時種樹既多不可一一備舉凡桑果以接博為妙一年後便可獲利昔人以之譬螟子者取其速肖之義也凡接枝條必擇其美宜用宿條向陽者氣壯而易茂嫩條向陰者氣弱而難成根株各從其類然荆桑亦可接魯桑梅可接杏桃可接李接工必有用具細齒截鋸一連厚脊利刃小刀一枚要當心手款穩又必趁時以春分前後十日為宜或取其條襯青為期然必待時暄可接蓋欲藉陽和之氣也一經

接博二氣交通以惡為美以彼易此其利有不可勝言者夫接博其法有六一曰身接先用細鋸截去元樹枝莖作盤砧高可及肩以利刃小刀際其盤之兩旁微啓小罅深可寸半先用竹䉶之測其深淺却以所接條約五寸長一頭削作小篦子先噙口中假津溢以助其氣却內之罅中皮肉相對插之訖用樹皮封繫寬緊得所用牛糞和泥斟酌封裹之勿令透風外仍用留二眼以泄其氣二曰根接鋸截斷元樹身去地五寸許以所接條削篦插之一如身接法就以土培封之以棘枝圍護之三曰皮接用小刀刀子於元樹身八字斜劃之以小竹䉶測其淺深以所接枝條皮肉相向插之封護如前法俟接枝發茂以漸去其元樹枝莖使之莖茂耳四曰枝接如皮接之法而差近枝耳五曰靨於協切接小樹為宜先於元樹橫枝上截了留一尺許於所取接條樹上眼外方半寸刀尖刻斷皮肉至骨併款揭皮肉一方片須帶芽心揭下口噙少時取出印濕痕於橫枝上以刀尖依痕刻斷元樹靨處大小如之以接接之上下兩頭以桑皮封繫緊慢得所仍用牛糞泥塗護之隨樹大小酌量多少接之六曰搭接將已種出芽條去地三寸許向上削作馬耳將所接條併削馬耳相搭接之封繫糞壅如前法今夫種植之功其利既溥又加之以接博猶變稂莠而為嘉禾易碔砆而為美玉世之欲業其生者其可不務之哉又有去蠹之法凡桑果不無蟲蠹宜務去之其法用鐵線作鈎取之一法用硫黃及雄黃作烟薰之即死或用桐油紙撚塞之亦驗夫既已種植復接博之既接博矣復剔其蟲蠹柳子所謂吾問

養樹得養人術此長民為國者所當視傚也夫民為國本本斯立矣既興其利而復除其害為治之道無以外是苟審行之不惟得勸民之法抑亦知政教之本歟

畜養篇第十四

養馬類

陶朱公曰子欲速富當畜五牸疾利切五牸之中惟馬為貴其飲食之節有六食有三芻飲有三時何謂也一曰惡芻二曰中芻三曰善芻何為三時一曰朝飲少之二

曰晝飲則胃饜水三曰暮極飲之驢騾大槩類馬不復別起條端今農家以牛為本雖以馬為首略叙于此

養牛類

牛之為物切於農用善畜養者必有愛重之心有愛重之心必無慢易之意然何術能使民如此哉必也在上之人愛重嚴禁使民不敢輕視妄殺若夫農之於牛也視牛之饑渴猶已之饑渴視牛之困苦羸瘠猶已之困苦羸瘠視牛之疫癘若已之有疾視牛之字育若已之

有子也若能如此則牛必蕃盛矣奚患田疇之荒蕪衣食之不繼哉今夫牛之為畜其氣血與人均也勿犯寒暑其性情與人均也勿使太勞固之以牢捷順之以凉燠時其饑飽以適其性情節其作息以養其血氣若然則皮毛潤澤肌體肥腯力有餘而老不衰其何困苦羸瘠之有於春之初必去牢欄中積滯蓐糞自此以後但旬日一除免穢氣蒸鬱為患且浸漬蹄甲易以生疾又當以時祓除不祥淨爽乃善方舊草凋朽新草未生之時宜取潔淨藁草細剉之和以麥麩穀糠碎豆之屬使之微濕槽盛而飽飼之春秋草茂放牧飲水然後與草則腹不脹至冬月天氣積陰風雪嚴凛即宜處之燠煖之地煑糜粥以啖之又當預收豆楮之葉舂碎而貯積之以米泔和剉草糠麩以飼之古人有卧牛衣而待旦則知牛之寒蓋有衣矣飯牛而牛肥則知牛之餧蓋啖以菽粟矣衣以褐薦飯以菽粟古人豈重畜如此哉以此為衣食之本故耳此所謂時其饑飽以適性情者也

每遇耕作之月除已牧放夜復飽飼至五更初乘日未出天氣凉而用之則力倍於常半日可勝一日之功日高熱喘便令休息勿竭其力以致困乏此南方晝耕之法也若夫北方陸地平遠牛皆夜耕以避晝熱夜半仍飼以芻豆以助其力至明耕畢則放去此所謂節其作息以養其血氣也且古者分田之制必有萊牧之地稱田為等差故養牧得宜而無疾苦觀宣王考牧之詩可見矣其詩曰誰謂爾無牛九十其犉（而純切）爾牛來斯其

耳濕濕或降于阿或飲于池或寢或訛以見字育蕃滋而寢食適宜也今夫藁秸不足以充其饑水漿不足以濟其渴凍之曝之困之瘠之役之勞之又從而鞭箠之則牛斃者過半矣饑欲得食渴欲得飲物之情也至於役使困乏氣喘汗流耕者急於就食或放之山或逐之水牛困得水動輒移時毛竅空疎困而乏食以致疾病生焉放之高山筋力疲乏顛蹶而僵仆者往往相藉也利其力而傷其生烏識其為愛養之道哉牛之為病不

一其用藥與人相似但大為劑以飲之無不愈者便溺有血傷於熱也以治便血之藥治之冷結則鼻乾而不喘以發散藥投之熱結即鼻汗而喘以解利藥投之其或天行疫癘率多薰蒸相染其氣然也愛之則當離避他所祓除沴（音戾）氣而救藥或可偷生傳曰養備動時則天不能使之病畜牛之家誠能節適養護如前所云則自無病然有病而治猶愈於不治若夫醫治之宜則亦有說周禮獸醫掌療獸病凡療獸病灌而行之以發其惡然後藥之其來尚矣今諸處自有獸工相病用藥不必預陳方藥恐多差誤也

養羊類

羊當留臘月正月生羔為種者第一十一月二月生者次之大率十口一羝羝無角者更佳擬供廚者宜剩之牧羊者必須老人其心性宛順起居以時調其宜適卜式云牧民何異於是惟遠水為良二日一飲緩緩驅行勿使停息春夏早放秋冬晚出圈（渠阮切）不厭近必須

與人居相連開窗向圈架北牆為廠圈中作臺開竇勿令停水二日一除勿使糞穢圈內須貼牆豎柴柵令周匝羊一千口者三四月中種大豆一頃雜穀并草留之不須鋤治八九月中刈作青茭若不種豆穀者初草實成時收刈秋青雜草薄鋪使乾勿令鬱浥既至冬寒多饒風霜或春初雨落春草未生時則須飼不宜出放此牧羊之大要其羊每歲得羔可居大羣多則販鬻及所剪毫毛作氈并得酥乳皆可供用博易其利甚多諺云

養羊不覺富正謂此也

養猪類

母猪取短喙無柔毛者良牝者子母不同圈牡者同圈則無嫌圈不厭穢亦須小厰以避雨雪春夏草生隨時放牧糟糠之屬當日别與八九十月放而不飼所有糟糠則蓄待窮冬春初初產者宜煮穀飼之其子三日便掐尾六十日後揵供食豚乳下者佳簡取别飼之嘗謂江南水地多湖泊取萍藻及近水諸物可以飼之養猪

凡占山皆用橡食或食藥苗謂之山猪其肉為上江北陸地可種馬齒約量多寡計其畝數種之易活耐旱割之比終一畝其初已茂用之鍘(查鎋切)切以泔糟等水浸於大檻中令醱黄或拌麩糠雜飼之特為省力易得肥腯前後分别歲歲可鬻足供家費

養鷄類

鷄種取桑落時生者良春夏生者則不佳春夏雛二十日内無令出窠飼以燥飯鷄栖宜據地為籠籠内著棧雖鳴聲不朗而安穩易肥又免狐狸之患若任之樹木一遇風寒大者損瘦小者或死燃柳柴小者死大者盲園中築小屋下懸一簀令鷄宿上或於墻内作龕又以草縛窠令鷄伏抱其園傍可種蜀黍畝許以取蔽陰至秋收子又可飼鷄易以肥長其母春秋可得兩窠鷄雛若養二十餘鷄得雛與卵足供食用又可博换諸物養生之道亦其一也

養鵝鴨類

鵝鴨取一歲再伏(扶又切 花子也)者為種大率鵝三雌一雄鴨五雌一雄鵝初輩生子十餘鴨生數十後輩皆漸少矣欲於厰(音敞)屋之下作窠多著細草於窠中令煖先刻白木為卵形窠别着一枚以誑之生時尋即收取别着一煖處以柔細草覆藉之伏時大鵝一十子大鴨二十子小者減之數起者不任為種其貪伏不起者須五六日一與食起之令洗浴鵝鴨皆一月雛出量雛欲出之時四五日内不用聞打鼓紡車大叫豬犬及舂聲又不用

器淋灰又不用見新產婦雛既出作籠籠之先以粳米為粥糜一頓飽食之名曰填嗉然後以粟飯切苦菜蕪菁英為食以清水與之濁則有泥恐塞鼻孔小鵝泥塞鼻則死入水中不用停久尋宜驅出於籠中高處敷細草令寢處其上十五日後乃出籠鵝惟食五穀稗子及草菜不食生蟲鴨靡不食矣水稗實成時尤是所便啗此足得肥充供廚者子鵝百日以外子鴨六七十日佳過此肉硬大率鵝鴨六年以上老不復生伏矣宜去之少者恐不慣習宿者乃善伏也純取雌鴨無令雜雄足其粟豆常令肥飽一鴨可生百卵夫鵝鴨之利又倍於鷄居家養生之道不可闕也

養魚類

陶朱公養魚經曰夫治生之法有五水畜第一水畜所謂魚池也以六畝地為池池中作九洲求懷子鯉魚長三尺者二十頭牡鯉魚長三尺者四頭以二月上庚日内池中令水無聲魚必生至四月内一神守六月内二神守八月内三神守守者鼈也所以内鼈者魚滿三百六十則蛟龍為之長而將魚飛去内鼈則魚不復去在池中週遶九洲無窮自謂江湖也至來年二月得鯉魚長一尺者一萬五千枚三尺者四萬五千枚二尺者萬枚至明年得長一尺者十萬枚長二尺者五萬枚長三尺者五萬枚長四尺者四萬枚留長二尺者二千枚作種所餘皆貨候至明年不可勝計也池中有九洲八谷谷上立水二尺又谷中立水六尺所以養鯉者鯉不相食易長又貴也凡育魚之所須擇泥土肥沃蘋藻繁盛為上然必名居人築舍守之仍多方設法以防獺害凡所居近數畝之湖如依上法畜之可致速富此必然之效也今人但上江販魚種塘内畜之飼以青蔬歲可及尺以供食用亦為便法

養蜜蜂類

人家多於山野古窯中收取蓋小房或編荆囤兩頭泥封開一二小竅使通出入另開一小門泥封時時開却

掃除常淨不令他物所侵及於家院掃除蛛網及關防
山蜂土蜂不使相傷秋花彫盡留冬月可食蜜脾餘者
割取作蜜蠟至春三月掃除如前常於蜂窠前置水一
器不致渴損春月蜂盛一窠止留一王其餘摘之其有
蜂王分窠羣蜂飛去用碎土撒而收之别置一窠其蜂
即止春夏合蜜及蠟每窠可得大絹一疋有收養分息
數百窠者不必他求而可富也

農書卷五

欽定四庫全書

農書卷六　　元　王禎　撰

農桑通訣六

蠶繅篇第十五

淮南王蠶經云黄帝元妃西陵氏始蠶蓋黄帝制作衣
裳因此始也其後禹平水土禹貢所謂桑土既蠶其利
漸廣禮月令曰古者天子諸侯必有公桑蠶室季春之
月具曲植(音值)籧筐后妃齋戒親東鄉(音向)躬桑禁婦女毋
觀(去聲)省婦使以勸蠶事蠶事既登分繭稱絲效功以共

郊廟之服無有敢惰及考之歴代皇后與諸侯夫人親
蠶之事昭然可見況庶人之婦可不務乎夫育蠶之法
始於擇種收種繭種取簇之中向陽明淨厚實者蛾出
第一日者名苗蛾末後出者名末蛾皆不可用次日以
後出者取之鋪連於槌箔(蠶連蠶槌見農器譜)雄雌相配至暮拋
去雄蛾將母蛾於連上勻布所生子環堆者皆不用生
子數足更就連上令覆養三五日掛時須蠶子向外恐

有風磨損其子冬節及臘八日浴時無令水極凍浸二日取出復掛年節後箔內豎連須使玲瓏每十數日日高時一出每陰雨上節便曬暴蠶子變色要在遲速由已勿致損傷自變桑葉已生自辰巳間將箔取出舒捲提掇亦無度數但要第一日變三分第二日變七分却用紙密糊封了還箔內收藏至第三日午時又出連舒卷須要變至十分其蠶屋火倉蠶箔見農器譜並須預備蠶生宜高廣牕户虛明易辨眠起仍上於行擡各置照牕

每臨早暮以助高明下就附地列置風竇令可啓閉以除濕鬱若新泥濕壁用熟火薰乾窗上用淨白紙新糊門窗各掛葦簾葉薦下蟻之時勿用雞翎等物掃拂惟在詳款稀勻不至驚傷稠疊生齊取葉着懷中令煖用利刀切極細蓰於器內蓐紙上勻薄將連合於葉上蟻聞葉香自下或過時不下連及緣上連背者並葉棄之養蠶蟻時先辟東間一間四角挫壘空龕狀如三星以均火候謂屋小則易收火氣也停眠前後則撤去擇日

安槌上下各鋪三箔上承塵埃下隔濕潤鋪砌碎稈草於上中箔以備分擡用細切搗軟稈草勻鋪為蓐又採淨紙黏成一片鋪蓐上安蠶初生色黑漸漸加食三日後漸變白則向食宜少加厚變青則正食宜益加厚復變白則慢食宜少減變黃則短食宜愈減純黃則停食謂之正眠眠起自黃而白自白而青自青復白自白而黃又一眠也每眠例如此候之以加減食凡葉不可帶雨露及風日所乾或浥臭者食之令生諸病常收三日

葉以備霖雨則蠶常不食濕葉且不失饑採葉歸必疎爽於室中待熱氣退乃與食蠶時晝夜之間大槩亦分四時朝暮類春秋正晝如夏夜深如冬寒暄不一雖有熱火各合斟量多少不宜一例自初生至兩眠正要溫煖蠶母須着單衣以為體測自覺身寒則蠶必寒便添熟火自身覺熱蠶亦必熱約量去火一眠之後但天氣晴明巳午之間暫揭起窗間簾薦以通風日南風則捲北窗北風則捲南窗放入倒溜風氣則不傷蠶大眠起

後飼罷三頓剪開窗紙透風日必不頓驚生病大眠之後捲簾薦去窗紙天氣炎熱門口置瓮旋添新水以生涼氣如遇風雨夜涼却當將簾薦放下其間自小至老蠶滋長則分之沙燠厚則擡之失分則稠疊失擡則蒸濕蠶柔輭(而兗切)之物不禁揉觸小而分擡人知愛護大而分擡或懶倦而不知顧惜久堆亂積遠擲高拋損傷生疾多由於此蠶自大眠後十五六頓即老得絲多少全在此數北蠶多是三眠南蠶俱是四眠日見有老者

量分數減飼候十蠶九老方可入簇值雨則壞繭南方例皆屋簇北方例皆外簇然南簇在屋以其蠶少易辦多則不任北方蠶多露簇率多損壓壅闒(音遏)南北簇法俱未得中今有善蠶者一說南北之間蠶少踈開窗户屋簇之則可蠶多選於院內搆長脊草厦內制蠶簇週以木架平鋪蒿梢布蠶於上用席箔圍護自無蠶病實良策也(蠶簇見農器譜)又有夏蠶秋蠶夏蠶自蟻至老俱宜涼惟忌蠅蟲秋蠶初宜涼漸漸宜煖亦因天時漸涼故也

簇與繰絲法同春蠶南方夏蠶不中繰絲惟堪線纊而已周禮忌原蠶歲再登非不利也然王者法禁之謂其殘桑也然則夏蠶最不宜多育務本新書云凡繭宜併手忙擇涼處薄攤蛾自遲出免使抽繰相逼恐有不及則有瓮浥籠蒸之法(瓮浥籠蒸並見農器譜)士農必用云繰絲之訣惟在細圓匀緊使無褊慢節核麤惡不匀也繰絲有熱釜冷盆之異然皆必有繰車絲軖然後可用熱釜要大置於釜上接一盆甑添水至甑中八分滿甑中用一

板攔斷可容二人對繰也水須常熱旋旋下繭多下則繰不及煮損此可繰麤絲單繳者雙繳者亦可但不如冷盆所繰潔淨光瑩也冷盆要大先泥其外用時添水八九分水宜温煖長匀無令乍寒乍熱可繰全繳細絲中等繭可繰雙繳比熱釜者有精神而又堅韌也南北蠶繰之事摘其精妙筆之於書以為必效之法業蠶者取其要訣歲歲必得庶上以廣府庫之貨資下以備生民之纊帛開利之源莫此為大

祈報篇第十六

曾氏農書云記曰有其事必有其治故農事有祈焉有報焉所以治其事也天下通祀惟社與稷社祭土勾龍配焉稷祭穀后稷配焉此二祀者實主農事載芟之詩春籍田而祈社稷也良耜之詩秋報社稷也此先王祈報之明典也匪直此也山川之神則水旱癘疫之不時於是乎禜（為命切）之日月星辰之神則雪霜風雨之不時於是乎禜之與夫法施於民者以勞定國者能禦大菑（音災）者能捍大患者莫不秩祀先王載之典禮著之令式

歲時行之凡以為民祈報也周禮籥章凡國祈年于田祖則歈豳雅擊土鼓以樂田畯（音俊）乃先農也於先農有祈焉則神農后稷與世俗流傳所為田父田母皆在所祈報可知矣大田之詩言去其螟螣（音特）及其蟊賊無害我田穉田祖有神秉畀炎火有渰淒淒興雨祁祁雨我公田遂及我私此祈之之辭也甫田之詩言以我齊明與我犧羊以社以方我田既臧農夫之慶此報之之辭也繼而琴瑟擊鼓以御（音迓）田祖以祈甘雨以介我稷黍以穀我士女此又見因所報而寓所祈之義也若夫噫嘻之詩言春夏祈穀於上帝蓋大雩帝之樂歌也豐年之詩言秋冬報者烝嘗之樂歌也其詩曰為酒為醴烝畀祖妣以洽百禮然於上帝則有祈而無報於祖妣有報而無祈豈闕文哉抑互言之耳此又祈報之大者也周禮大祝掌六祈以同鬼神示（示與祇同六祈謂類造禬禜攻說皆祭名）小祝掌小祭祀將事侯禳禱祠之祝號以祈福祥順豐年逆時雨寧風旱彌災兵遠罪疾舉是而言

則祈報禬禳之事先王所以媚於神而和於人皆所以與民同吉凶之患者也凡在祀典烏可已耶記禮者曰伊耆氏之始為蜡也歲十二月合聚萬物而索饗之也主先嗇而祭司嗇饗農及郵表畷（張劣切）禽獸迎貓迎虎而祭之祭坊與水庸其辭曰土反其宅水歸其壑昆蟲無作草木歸其澤由此觀之饗先嗇（案此篇歲時行之至饗先嗇共四百六十三字誤寫在蓋古者未有耕牛之後蓋由當時所據之本倒釘一頁而然謹改正）先農而及

於貓虎祭坊與水庸而及於昆蟲所以示報功之禮大小不遺也考之月令有所謂祈来年於天宗者有所謂祈穀實者有所謂為麥祈實者而春秋有一蟲獸之為災害一雨暘之愆忒則必雩聖人特書之以見先王勤恤民隱無所不用其至也夫惟如此是以物由其道而無夭閼疵癘民遂其性而無札瘥災害神之聽之有相之道固如此也後世從事於農者類不能然借或有一焉亦强勉苟且而已豈能悉循用先王之典故哉田

祖之祭民間或多行之不過豚蹄盂酒春秋社祭有司僅能舉之牲酒等物取之臨時其為禮蓋蔑如也水旱相仍蟲螟為敗饑饉荐臻民卒流亡未必不由祈報之禮廢墮神之祀以致然也今取其尤關於農事者言之社稷之神自天子至郡縣下及庶人莫不得祭在國曰大社國社王社侯社在官曰官社官稷在民曰民社自漢以来歷代之祭雖粗有不同而春秋二仲之祈報皆不廢也又育蠶者亦有祈禳報謝之禮皇后祭先蠶淮南子云黄帝元妃西陵氏始蠶即為先蠶考之後漢禮儀志祭菀窳婦人與寓氏公主至庶人之婦亦皆有祭秦觀書云庶人冢婦以下再拜詣旦升香各齋設醴而祭此后妃與庶人之祭雖貴賤之儀不同而祈報之心則一古者養馬一節春祭馬祖夏祭先牧秋祭馬社冬祭馬步此馬之祈謝歲時惟謹至於牛最農事之所資反闕祭禮至於蜡祭迎貓迎虎豈牛之功不如貓虎哉蓋古者未有耕牛故祭有闕典至春秋之間始教牛耕後世田野開闢穀實滋盛皆出其力雖知有愛重之心而曾無愛重之實

近年耕牛疫癘損傷甚多亦盍禳禱祓除祛禍祈福以報其功力豈為過哉故於此篇祭馬之後以牛之説繼之庶不忘乎穀之所自農之所本也

農書卷六

欽定四庫全書

農書卷七

元 王禎 撰

百穀譜一

百穀序引

嘗聞上古之世人食鳥獸血肉以為食至神農氏作始嘗草别穀而後生民粒食賴焉物理論曰百穀者三穀各二十種為六十種蔬菓各二十種共為百穀注云粱者黍稷之總名稻者溉種之總名菽者衆豆之總名三穀各二十種為六十蔬菓之類所以助穀之不及也夫蔬蓏平時可以助食儉歲可以救飢其菓實熟則可食乾則可脯豐歉皆可充飢古人所謂木奴千無凶年非虛語也雖曰種各有二十殆難枚舉今故總為編録其陂澤之産園野之材與夫雜物品類上以助百穀之闕下以補諸物之遺條列而詳具之庶幾覽者擇取而備用焉

穀屬

粟

春秋説題辭曰粟之為言續也粟五變一變而以陽生為苗二變而秀為禾三變而粲然謂之粟四變入臼米出甲五變而蒸飯可食宋均注云粟受五行氣而五變乃成故可食 陽以一立為法故粟積大一分穗長一尺文以七列精以五立西者金所立米者陽精故西字合米而為粟愚按粟之名不一或因姓氏或因形似隨義賦名故早則有高居黄百日粮之類晚則有鵮脚穀鴈頭青之類其餘名字不可徧數今略載於此齊民要術云夫粟成熟有早晚苗稈有高下收實有多少質性有彊弱米味有美惡粒實有息耗地勢有良薄 齊民要術有地勢有良薄一句此脱去謹増入 山澤有異宜順天時量地利則用力少而成功多任情返道勞而無獲凡粟田菉豆小豆底為上麻黍胡麻次之蕪菁大豆為下故種粟春種欲深夏種欲淺其種時雨後為佳遇小雨宜接濕種遇大雨待薉生小雨不接濕無以生禾苗大雨不待白背濕輾則令苗瘦薉若盛者先

鋤一遍然後納種佳也春若遇旱秋耕之地得仰壟待雨春耕者不中也夏若仰壟匪直盪汰不生兼與草薉俱出凡田欲早晚相雜防歲道有所宜有閏之歲節氣近後宜晚田然大率欲早早田倍多於晚早田淨而易治晚者蕪薉難治其收之多少從歲所宜非關早晚然早穀米實而多晚穀皮厚米少而虛也氾勝之書曰種無期因地為時三月榆莢時雨膏地彊可種禾植禾夏至後八九十日常夜半候之天有霜若白露下以平明

時令兩人持長索相對各持一端以槩禾中去霜露日出乃止如此禾稼五穀不傷矣又必待苗生如馬耳則鏃鋤稀豁之處鋤而補之五穀惟小鋤之為良苗出壟則深鋤鋤不厭數周而復始勿以無草而暫停鋤者非止鋤草蓋地熟而實多糠薄而米息鋤得十遍便得八米也春鋤起地夏而除草春鋤不用觸濕六月以後雖濕亦無嫌呂氏春秋曰苗其弱也欲孤其長也欲相與俱其熟也欲相扶是故三以為族乃多粟（族聚也）吾苗有行故速長弱不相害故速大橫行必得從行必術正其行通其風也耘苗之法其凡有四第一次曰撮苗第二次曰布第三次曰壅第四次曰復（俗曰添米）一功不至則稂莠之害秕糠之雜入之矣撮苗後用一驢帶籠觜挽之初用一人牽之慣熟不用止一人輕扶入之二三寸其深痛過鋤力三倍所辦之田日不啻二十畝今燕趙多用之名曰劐子食貨志云力耕數耘收穫如盜賊之至故熟速刈乾速積刈早則鎌傷刈晚則穗折遇風則收

減濕積則蕘爛積晚則損耗連雨則生耳所以收穫不可緩也記曰種而不耨耨而不穫譏其不能圖功攸終也是知收穫者農事之終為農者可不趨時致力以成其終而自廢其前功乎七月詩云九月築場圃十月納禾稼言農功之備也載芟之詩云載穫濟濟有實其積萬億及秭夫粟者五穀之長中原土地平曠惟宜種粟古今穀祿皆以是為差等出納之司皆以是為準則周禮地官曰倉人掌粟入之藏鄭注云九穀盡藏以粟為

主故漢太倉之粟陳陳相因充溢露積於外神農之教曰有石城十仞湯池百步帶甲百萬而亡粟弗能守史記云宣曲任氏之先為督道倉吏秦之敗豪傑皆爭金玉而任氏獨窖倉粟楚漢相距滎陽民不得耕種米石至百金而豪傑金玉盡歸任氏任氏以此起富所以凶年饑歲雖隋侯之珠不易一鍾之粟也由此言之粟之於世豈非為國為家之寶乎

水稻

稻之名不一隨人所呼不必縷數稻有粳秫之別粳性疎而可炊飯秫性粘而可釀酒然非水則無以生故種藝之法宜選上流出水便其性也春秋說題辭稻之為言藉也稻含水盛其德也稻太陰精含水漸洳乃能化也淮南子亦曰江水肥而宜稻南方下土塗泥皆宜水種治稻者蓄陂塘以瀦之置堤閘以止之故周官制典稻人掌稼下地以瀦蓄水以防止水齊民要術云三月種者為上時四月上旬種者為中時中旬為下時先放水十日後曳碌碡十遍地既熟淨淘種子漬經三宿漉出內草篅中裛芽長二分一畝三升種之苗長陳草復起以鎌侵水芟之稻苗漸長復須薅之薅訖去水曝根令堅彊時水旱而溉之又有作為畦埂耕杷既熟放水勻停擲種於內候苗生五六寸拔而秧之今江南皆用此法苗高七八寸則耘之（爪耘爬耘見農器譜）耘畢放水熇之欲秀復用水浸之苗既長茂復事薅拔以去稂莠（薅馬見農器譜）農家收穫尤當及時江南上雨下水收稻必用喬杆笐

架乃不遺失（喬杆笐架見農器譜）蓋刈早則米青而不堅刈晚則零落而損收又恐為風雨損壞此九月築場十月納稼工夫次第不可失也大抵稻穀之美種江淮以南直徹海外皆宜此稼舂而為米潔白可愛炊為飯食尤為香美孔子云食夫稻衣夫錦蓋食之於稻衣之於錦無以加也故生民蓄積而禦飢國家饋運而濟乏誠穀中之上品世間之珍藏也

旱稻

稻之名一而水旱之名異蓋水稻宜近上流旱稻宜用下田齊民要術云凡下田停水處燥則堅垎濕則汚泥難治而易荒墝埆而殺種其春耕者殺種尤甚故宜五六月時暵之以擬大麥麥時水澇不得納種者九月復一轉至春種稻萬不失一凡種下田不問春夏候水盡地白背時速耕杷勞頻翻令熟二月半種稻為上時三月為中時四月初及半為下時漬種如法裛令開口耬耩掩種之即再遍勞苗長三寸杷勞而鋤之鋤惟欲速

每經一雨輒欲杷勞苗高尺許則鋒天雨無所作宜冒雨薅之科大如概者五六月中霖雨時拔而栽之其高田種者不求極良惟須廢地亦秋耕杷勞令熟至春黃塲納種不宜濕下餘法悉與下田同（案此書節取諸書雖不全錄原文然餘法悉與下田同一語乃指高田而言今刪去其高田種者三十字文義不明謹案齊民要術原文增入）令閩中有得占城稻種高仰處皆宜種之謂之旱占其米粒大而且甘為旱稻種甚佳北方水源頗少惟陸地沾濕處種稻其耕鋤薅拔一如前法一種有小香稻者赤芒白粒其米如玉飯之香美凡祭祀延賓以為上饌蓋貴其罕也

大小麥 青稞附

麥芒穀也詩謂貽我來牟即大小麥也雜陰陽書曰大麥生於杏二百日秀秀後五十日成生於亥壯於卯長於辰老於巳死於午惡於戌忌於子丑小麥生於桃二百一十日秀秀後六十日成忌與大麥同月令以仲秋勸人種麥無或失時尚書大傳以秋昏虛星中可以種

麥（虛北方元武之宿八月昏中見於南方）務本直言云麥種初收時旋打旋揚與蠶沙相和辟蟲傷資地力苗又耐旱齊民要術謂八月中戊社前種者為上時下戊前為中時八月末九月初為下時此種麥之法也大麥非良地則不須種小麥非下田則不宜說文曰麥金旺而生火旺而死夫八月乃金旺之月麥於是月而生五月乃火旺之月麥於是月而死是知物之生成各有其時種植之日有先後則所收之利有多寡種植之地有肥磽則所收之利

有厚薄大抵未種之先當於五六月暵地若不暵地而種其收倍薄凡種須用耬犂下之又用砘車碾過日種数畝盖成壟易於鋤治又有漫種一法農人左手挟器盛種右手握而勻擲於地既遍則用耙勞覆之又頗省力（耬犂砘車見農器譜）此北方種麥之法南方惟用撮種故所種不多然糞而鋤之人功既到所收亦厚正月二月勞而鋤之三月四月鋒而更鋤苗乃茂盛既秀不須再鋤直至收穫韓氏直説云四五月麥熟帶青收一半候熟收

一半若過熟則抛費每日至晚即便載麥上場堆積用苫繖覆以防雨作如天晴乘夜載上場薄攤使之易乾碾過一遍翻過又碾一遍起稭下場揚子收起直待所收麥子都碾盡將以前未淨稭桿再碾如此可一日一場比及收盡時分三分中已碾其二分古語云收麥如救火若少遲慢一值陰雨即為災傷况遷延過時秋苗亦妨鋤治北方芟麥用鈐綽腰籠一人日可收麥數畝南方收麥鎌割手菜所種麥少故也若力省而工倍當以北方為法（鈐綽腰籠見農器譜）然貯藏之法尤不可不明大凡曬大小麥須六月掃場地候地毒熱衆手薄攤取著耳碎剉拌曬至未時趁熱收可二年不蛀更欲曬亦止在立秋前若立秋後則已有蟲生恐無益矣夫大小麥北方所種極廣大麥可作粥飯甚為出息小麥磨麪可作餅餌飽而有力若用厨工造之尤為珍味充食所用甚多故春秋惟麥禾不收則書之盖重其關也世又有所謂青稞麥不過名與大小麥頗異爾種畝用子八升與

大麥同時熟好收畝得三四石每石得麪八九斗堪作餅餌磨盡無麸但打時稍難惟伏日用碌碡碾過亦助二麥不足之用也

百穀譜二

穀屬

黍

説文云禾入水為黍又黍暑也當暑而生暑盡而收齊民要術云凡黍田新開荒為上大豆底為次穀底為下

地必欲熟一畝用子四升三月上旬種者為上時四月上旬為中時五月上旬為下時夏種黍與殖穀同時非夏者大率以椹赤為候苗生隴平即宜耙勞鋤三遍乃止鋒而不耩詩云維秬維秠秬黑黍也書曰秬鬯一卣秬黍之別名此言黍之為酒尚矣今有赤黍米黃而黏可蒸食白黍釀酒亞於糯秫廣志云黍有牛黍有稻尾黍馬革大黑黍此黍之異名也又北地遠處惟黍可生所謂當暑而種當暑而收其莖穗低小土人謂之秫子可以釀

酒又可作饘粥黏滑而甘此黍之有補於艱食之地也大抵割黍欲晚早則米不成宜即濕踐之凡祭祀以黍為上盛古人多以雜黍為饌貴其色味之美也

穄

穄禾從祭謂可以供祭也其苗莖穗葉與黍難別故言黍必及於穄其米用有異也種治之法與黍俱同凡穄味美者亦收薄難舂割穄欲早蓋晚多零落收訖宜蒸而裛之曝乾舂而為米其米踈爽可炊煑作飯時諸穀未熟可以接飢其色鮮黃其味香美然所種特少為農家之柿饌也

粱秫

粱有赤粱有白粱廣雅曰有具粱解粱有遼東黃粱其禾莖葉似粟其粒比粟差大其穗帶毛芒牛馬皆不食與粟同時熟收割之法亦同舂而為米圓滑如珠炊之香美勝於粟米世謂之膏粱號食飯之上品也案此條之目粱秫並列乃言粱而不言秫疑文有脫譌謹案廣志曰秫粘粟有赤有白有胡秫早熟及麥說文亦曰秫稷之黏者今世有黃粱穀秫桑根秫穗天棓秫可以補其闕

大豆 附䜹豆

大豆有白黑黃三種廣雅曰大豆菽也爾雅曰戎菽謂之荏菽春大豆次植穀之後二月中旬為上時一畝用子八升三月上旬為中時畝用子一斗四月上旬為下時畝用子一斗二升歲宜晚者五六月亦得然時晚則種子當稍加地不求熟故也尤當及時鋤治使之葉蔽其根庶不畏旱崔寔曰正月可種䜹豆二月可種大豆

又曰三月桑椹赤可種大豆又曰四月時雨降可種大小豆大緊美田欲稀薄田欲稠也穫豆之法貴晚蓋早則零落而損實也其大豆之黑者食而充飢可備凶年豐年可供牛馬料食黃豆可作豆腐可作醬料白豆粥飯皆可拌食三豆色異而用別皆濟世之穀也

小豆

廣雅曰小豆荅也本草經云張騫使外國得胡豆今世小豆有菉豆赤豆白豆豇豆豌豆皆小豆類也種豆於

夏至後十日者為上時畝用子八升初伏斷手為中時畆用子一斗中伏斷手為下時畝用子一斗二升中伏以後則晚矣熟耕耬下以為良澤多者耬耩漫擲而勞之如種麻法氾勝之書云豆生布葉鋤之生五六葉又鋤之然亦不可甚治古所以不盡治者豆有膏盡治之則傷膏傷則不成而其收耗折也夫收刈之法待其可收則刈豆角三青兩黃拔而倒豎籠叢之則生熟皆均不畏嚴霜從本至末全無秕減北方惟用菉豆最多農家種之亦廣人俱作豆粥豆飯或作餌為炙或磨而為粉或作麪材其味甘而不熱頗解藥毒乃濟世之良穀也南方亦間種之

豌豆

豌豆種與大小麥同時來歲三四月則熟又謂之蠶豆以其蠶時熟也百穀之中實為先登蒸煑皆可便食是用接新代飯充飽務本直言云如近城郭種之可摘豆角賣而變物莊農獻送以為嘗新貴其早也今山西人

用豆多麥少磨麪可作餅餌而食此豆五穀中最宜耐陳不問凶豐皆可食用實濟飢之寶也

蕎麥

蕎麥赤莖烏粒種之則易為工力收之則不妨農時晚熟故也農桑輯要云凡蕎麥五月耕地經二十五日草爛得轉并種耕三遍立秋前後皆十日內種之待霜降收刈恐其子粒焦落乃用推鐮穫之（推鐮見農器圖譜）北方山後諸郡多種治去皮殼磨而為麪攤作煎餅配蒜而食

或作湯餅謂之河漏滑細如粉亞於麥麪風俗所尚供為常食然中土南方農家亦種但晚收磨食溲作餅餌以補麪食飽而有力實農家居冬之日饌也

蜀黍 案蜀黍一名高粱一名蜀秫以種來自蜀形類黍故有諸名蜀應從蜀

蜀黍春月種不宜用下地莖高丈餘穗大如帚其粒黑如漆如蛤眼 案齊民要術黍有驚鴿之名據此則蛤當作鴿 熟時收刈成束攢而立之其子作米可食餘及牛馬又可濟荒其稍可作洗帚稭稈可以織箔夾籬供爨無可棄者亦濟世之一穀農家不可闕也

胡麻

胡麻即今之脂麻是也漢時張騫得其種於胡地故目之曰胡麻本草注云麻八稜者為巨勝四稜者為胡麻皆以烏者良白者劣衍義云今胡地所出者多肥大其紋鵲其色紫黑取油亦多齊民要術曰胡麻於白地種二三月為上時四月上旬為中時五月上旬為下時 月半前種者實多而成月半後種者少子而多秕也 種欲截雨脚 若不緣濕融而不生 一畝用子二升漫種者先以耬耩然後撒子空曳勞 勞上加人則土厚不生 耬耩者炒沙令燥中半和之 不和沙下不均壟種若荒得用鋒耩 鋤不過三遍刈束欲小 束大則難燥打手復不勝 以五六束為一叢斜倚 不爾則風吹倒損收也 候口開乘車詣田抖擻 倒豎以小杖微打之 還叢之三日一打四五遍乃盡耳 若乘濕横積蒸熱速乾雖鬱裛無風吹虧損又鬱裛者不中為種子然油無損也 按古詩言麻麥言禾麻則麻尚矣乃今之白脂麻也胡麻出於胡地大而少異取其油可以煎烹可以燃點其麻又可以為飯續齊諧志所謂天台胡麻飯是也

麻子 附蘇子

麻子爾雅所謂蕡枲實儀禮註所謂苴麻之有蕡者皆謂蕡為子也本草圖經曰麻蕡麻子生大山川谷今處處有之皆園圃所蒔績其皮以為布者麻蕡一名麻勃麻上花勃勃者審如是言則子與蕡為二物矣齊民要術曰止取實者種斑黑麻子 斑黑者饒實崔寔曰苴麻子黑又實而重擣治作燭不作麻 耕須再遍一畝用子三升二月種者為上時四月

初為中時五月初為下時大率二尺留一根（概則不成）鋤常令淨（荒則少實）既放勃拔去雄（若未放勃去雄者則不成子實）凡五穀地畔近道者多為六畜所犯宜種胡麻麻子以遮之（胡麻六畜不食麻子齧頭則科大收此二實足供美燭之費也）慎勿於大豆地中雜種麻子（地兩損而收並薄）六月中可於麻子地間散蕪菁子而鋤之擬收其根雜陰陽書曰麻生於楊或荊七十日後花六十日後熟種忌四季辰未戌丑戊己氾勝之書曰樹高一尺以蠶矢糞之無蠶矢以溷中熟糞亦善樹一升天旱以

流水澆之無流水曝井水殺其寒氣以澆之雨澤時適勿澆澆不欲數霜下實成速斫之其樹大者以鋸鋸之務本新書曰凡種五穀如地畔近道者亦可另種蘇子以遮六畜傷踐收子打油燃燈甚明或熬油以油諸物爾雅曰蘇桂荏釋曰蘇荏類草按麻子蘇子六畜所不犯類能全身遠害者於五穀有外護之功於人有燈油之用皆不可闕也

農書卷七

欽定四庫全書

農書卷八

元　王禎　撰

百穀譜三

蓏屬

甜瓜（黃瓜附）

廣雅曰土芝瓜也其子𤬪（力點切）爾雅曰瓞瓝以其綿綿而生也為種不一而其用有二供果為果瓜供菜為菜瓜菜瓜則胡瓜越瓜是也（附見于後）果瓜品類甚多不可枚

舉以狀得名者則有龍肝虎掌兎頭狸首蜜筩之稱以色得名者則有烏瓜黃㼉白㼉小青大斑之別然其味不出乎甘香故不復具錄廣志以瓜之所出惟遼東廬江燉煌者為勝然瓜州之大瓜陽城之御瓜蜀之溫食永嘉之褁瓜第未可以優劣論是又不必拘以土地所宜顧種藝之法何如耳愚嘗聞甘肅等處其甜瓜大如枕割去其皮其肉與瓤甘勝糖蜜所割膚皮暴之稍乾柔韌貴之中土以為贈送甘而有味蓋風土所宜其實

大而味甘非他種可比又嘗見浙間一種謂之陰瓜宜於陰地種之秋熟色黃如金膚皮稍厚藏之可歷冬春食之如新凡種常瓜以二月上旬為上時三月上旬為中時四月上旬為下時至五六月止可種藏瓜耳秋瓜小實中留藏食種宜陽地暖則易長杜詩所謂陽坡可種瓜者是也法先以水淨淘瓜子以鹽拌之鹽和則不能死坑深可五寸口大如斗納瓜子四箇大豆三箇以熟糞土覆之瓜生數葉掐去豆瓜性弱以豆為之起土瓜生掐豆汁出更成良潤行陣宜整兩行

微相近兩行外相遠中通步道近以就糞遠以通行瓜生比至初花三四次鋤之勿令生草草生脅瓜無子蔓長宜用乾柴枝就地引之則子多摘時引手摘取之勿令踏瓜蔓及翻覆之踏則瓜爛翻則瓜死宜慎之又區種法兩步為一區口大如盆以土壅其畔區中蹋令平內瓜子大豆各十枚如前法糞覆之十月種者大雪時壅雪坑上春草生瓜亦生矣又法加甕蓄水埋於科中央口與地平常令水滿四畔種瓜則不畏旱亦良法也凡收子宜用本母子瓜截去兩頭者取中央子本母子瓜生數葉便結子子亦早熟中輩蔓長二三尺方生子後者蔓足方生子用兩頭子者瓜曲而細短而喎瓜生蟻用羊骨置其旁引棄之此種藝之法也一枚可以濟人之飢渴五畝可以足家之衣食一種胡瓜色黃即黃瓜也亦有青白者又越瓜色白即白瓜皆菜瓜也種同前瓜法黃瓜則以樹枝引蔓延緣而生白瓜則就地延蔓生子而已畏旱宜常灌溉之生熟皆可食烹飪隨宜實夏秋之嘉蔬也或以醬藏為豉鹽漬為霜瓜則又兼蔬蓏之用矣

西瓜

種出西域故名西瓜一說契丹破回紇得此種歸按五代史作蕭翰破回紇得種歸蓋翰為遼將與此說合以牛糞覆棚而種味甘北方種者甚多以供歲計今南方江淮閩浙間亦效種比北方者差小味頗減爾種同前瓜法區行差稀多種者竪頭上漫擲勞平苗出之後根下壅作土盆欲瓜大者步留一科科止留一瓜餘蔓花皆掐去則實大如三斗栲栳矣味寒解酒毒其子曝乾取仁薦茶亦得有雲頭者最

佳故古人有一片冷沉潭底月六彎斜捲隴頭雲之句其宿酲未解病暍未蘇得此而食世俗所謂醍醐灌頂甘露洒心正謂此也

冬爪

冬爪以其冬熟也廣志謂之蔬𧑅（按𧑅亦作蔬音及）神仙本草曰一名水芝一名白爪生嵩高平澤今在處園圃皆蒔之其實生苗蔓下大者如斗而更長皮厚而有毛初生正青綠經霜則白如塗粉其中肉及子亦白故謂之白

爪齊民要術曰種冬爪法傍墻陰地作區圓二尺深五寸以熟糞及土相和正月晦日種（二月三月亦可）既生以柴木倚墻令其緣上旱則澆之八月斷其稍減其實一本但留五六枚（多留則不成也）十月霜足收之（早收則爛）冬爪越爪十月區種如種爪法冬則推雪着區上為堆潤澤肥好乃勝春種又曰削去皮子於芥子醬中或美豆醬中藏之佳荊楚歲時記曰七月採爪犀以為面脂本草圖經曰犀瓣也瓠亦堪作澡豆按蔬菓中爪之為種至夥也獨此爪耐久經霜乃熟又可藏之彌年不壞今人亦用為蜜煎其犀用為茶果則兼蔬果之用矣

瓠

說文曰瓠一曰壺皆瓠屬也陸農師曰項短大腹曰瓠細而合上曰匏似匏而肥圓者曰壺然有甘苦二種甘者供食苦惟充器耳按毛詩云匏有苦葉者苦匏也（注云不可食特可佩以渡水而已蓋以作壺瀊水也）又曰幡幡匏葉采之亨之此甘匏也故曰甘瓠纍之其為物也蔓生而葘瓣夏熟而秋

枯爾雅曰瓠犀瓣豳風曰九月斷壺亦其義也本草云味甘冷無毒利水道止消渴惟苦者有毒不宜食凡種如爪法蔓長則作架引之氾勝之書云先掘地作坑方圓深各三尺圍蠶沙和土令勻（無蠶沙牛糞亦可）著坑中作蹊令堅平以水沃之水盡下子十顆復以前糞覆之既生長二尺餘便捻聚十莖一處以布纏之五寸許以泥封護候纏處合為一莖擇彊者留之餘悉掐去引蔓結子子外之條亦掐去之凡留子初生二三子不佳取第四

五者區留三子即足用餘旋食之又四時類要云坑深四五尺坑底填油麻菉豆䕮及爛草糞各一重上着糞土以子十顆種之待成揀彊者四莖每兩莖相貼纏之待其相著各除一頭又取所留兩莖如前法相貼活後惟留一頭著子則揀留兩子如此則一斗變為盛一石矣莊子魏惠王大瓠之種種之實五石其亦以此法歟夫瓠之為物也纍然而生食之無窮最為佳蔬烹飪無不宜者種如其法則其實斗石大之為甕盎小之為瓢

杓膚瓠可以喂猪犀瓣可以灌燭咸無棄材濟世之功大矣可不知所種哉

芋

芋一名土芝齊人曰莒蜀呼為蹲鴟在在有之蜀漢為最顏師古注蹲鴟芋也葉如荷長而不圓莖微紫乾之亦中食根白亦有紫者其大如斗食之味甘旁生子甚夥拔之則連茹而起宜蒸食亦中為羹臛東坡所謂玉糝羹者此也煑法宜先用鹽微糝之則不粘糊廣志所載凡十四種其大如斗魁如杵簇者名君子芋子少而魁大者為談善芋子多而魁亦大者為百果芋畝收百斛又有車轂鋸子青邊旁巨四種惟多子耳他如緣枝生而色黄者則有雞子芋蔓生而根如鵝鴨卵者則有博士芋餘悉下品不復具錄凡此諸芋皆可乾腊亦可藏至夏食之種宜軟白沙地近水為善芋畏旱故宜近水區深可三尺許區行欲寬寬則過風芋本欲深深則根大率二尺一根漸漸加土壅之春宜種秋宜壅立夏種不生卵秋失壅而瘦不肥霜降捩其葉使收

液以美其實則芋愈大而愈肥氾勝之書云區方深各三尺下實豆萁尺有五寸以糞著其上深如其其一區種五本復以糞土上覆之旁四本中一本漸漸培之芋成其爛皆長三尺此亦良法今之農不然但於淺土秧子候苗成移就區種故其利亦薄其可不知此法按列仙傳云酒客為梁使烝民益種芋三年當大飢卒如其言而梁民得不死卓氏曰岷山之下沃野有蹲鴟至死不飢且夫五穀之種或豐或歉天時使然芋則繫之人力若種藝有

法培壅及時無不獲利以之度凶年濟饑饉助穀食之不及故次於稼穡之後

蔓菁

蔓菁一名蕪菁爾雅曰葑說文蕪菁也即詩采葑采菲之葑也河東太原所出者根極大他皆不及又出吐谷中故北地多種此葉似菘而根不同四時仍有春食苗夏食心謂之薹子秋可為葅冬根宜蒸食菜中之最有益者常食通中益氣令人肥健諸葛亮所止必令兵士

種蔓菁取其纔出甲可生啖一也葉舒可煮食二也久居隨以滋長三也棄去不惜四也回則易尋而採之五也冬有根可斸食六也故川蜀人呼為諸葛菜其子九蒸九曝可擣為粉塗帛者資之亦可為油陝西唯食此油燃燈甚明能變蒜髮齊民要術云種不求多唯須良地新糞壞垣墻乃佳（糞若以灰令厚一寸灰多則燥不生也）耕地欲熟宜加糞往覆勻蓋七月初種之畝子三升漫撒而勞種不用濕（濕則葉焦）既生不鋤九月末收葉六月種者根大而葉蠹七月末種者葉美而根小惟七月初者根葉俱得仍留根取子十月中犁麁畤拾取耕出者不則留多而英不茂實不繁也擬賣者純種九英（九英根大而味不美）春夏用畦種如葵法翦訖復種取根者用大小麥底六月中種十月將凍取出之（一畝可得數車早出者根細）漢桓帝詔曰横水為災五穀不登令所傷郡國皆種蔓菁以助民食然此可以度凶年救飢饉以一種而兼數美為利甚博杜工部有云冬菁飯之半豈虛語哉

蘿蔔

爾雅曰葖蘆萉（音菔）一名菜菔又名雹突今俗呼蘿蔔在在有之北方者極脆食之無柤中原有迭秤者其質白其味辛甘尤宜生啖能解麪毒子可入藥下氣消穀四時皆可種然不如末伏秋初為善破甲以後便可供食老圃云蘿蔔一種而四名春曰破地錐夏曰夏生秋曰蘿蔔冬曰土酥故黄山谷云金城土酥淨如練以其潔也種同蔓菁法每子一升可種二十畦（畦可長一丈二尺闊四尺）擇

地宜生耕地宜熟(地生則不蘇耕熟則草少)凡種先用熟糞勻布畦內仍用火糞和之令勻撒種之俟苗出成葉視稀稠去留之其去之者亦可供食以疎為良(疎則根大而美密則反是)尺地約可二三窠厚加培壅其利自倍然收種子宜用九月十月收者擇其良去鬚帶葉移栽之澆灌得所至春二月收子可備時種(宿根在地不經移種者為科子種之亦而不肥)按蔬茹之中惟蔓菁與蘿蔔可廣種成功速而為利倍然蔓菁北方多獲其利而南方罕有之蘆菔南北所通美者生熟皆

可食醃藏腊豉以助時饌凶年亦可濟飢功用甚廣不可具述其可不知所種哉

茄子

茄子一名落蘇隋煬帝改茄子為崑崙瓜一種出自新羅國者其色微紫蒂長味甘今之紫茄黃山谷所謂紫膨脝者是也今在在有之又有青茄白茄白者為勝亦名銀茄有一種白者謂之渤海茄又一種白花青色稍匾一種白而匾者皆謂之番茄甘脆不澁生熟可食又一種水茄其形稍長甘而多水可以止渴此數種中土頗多南方罕得亦宜種之凡收種於九月黃熟時摘取擘開水淘洗去浮者曝乾至春二月種如葵法常澆潤之旱即乾死俟著四五葉高可五寸許帶土移栽之凡栽根株宜築實不實則死區中不宜有浮土恐雨泥濺葉則萎而難茂栽時得晴為宜早晚澆灌之鋤治培壅勤者務馬務本新書云茄開花斟酌窠數削去枝葉再長晚茄老圃云種茄二十科糞壅得所可供一人食昔

張浮休頌之云身紫百贅頸附千疣採之不勤茄之頗柔善於形容者也茄視他菜為最耐久供膳之餘糟醃豉腊無不宜者須廣種之

薑

薑說文曰禦濕之菜史記云種千畦薑與千戶侯等言其利博也凡種宜用沙地熟耕或用鍬深掘為善三月畦種之畦闊一步長短任地橫作壟深可五七寸壟中一尺一科以土上覆厚三寸許仍以糞培之益以蠶糞

尤佳芽出生草勤鋤之壟中漸漸加土培壅一法用蓆草覆之勿令他草生使薑芽自迸出六月用枝葉作棚以防日曝（薑性不耐寒熱故爾或只用帶葉樹枝扦插）四月竹箄爬開根土取薑母貨之不虧元本秋社前新芽頓長分採之即紫薑芽色微紫故名最宜糟食亦可代蔬劉屏山詩云恰似匀粧指柔尖帶淺紅似之矣白露後則帶絲漸老為老薑味極辛可以和烹飪蓋愈老而愈辣者也晒乾則為乾薑醫師資之今北方用之頗廣齊民要術曰中國

多寒土不宜薑所種僅可擬藥物耳九月中掘出置屋中宜作窖穀稈合埋之今南方地暖不用窖至小雪前以不經霜為上抜去土就日曬過用篛篰盛貯架起下用火薫三日夜令濕氣出盡卻掩篰口仍高架起下用火薫令常暖勿令凍損至春擇其芽之大者如前法種之為效速而利益倍（養羊種薑子利相當）按薑辛而不葷去邪辟穢蔬茹中之拂士也日用不可闕然本草云能解穢溫中多食則少志傷心氣其亦夫子不撤食不多食之義云爾

蓮藕

蓮荷實也藕荷根也爾雅云其實蓮其根藕蓮子八月九月中收蓮子堅黑者於瓦上磨蓮子頭令薄取墐土作熟泥封之如三指大長二寸使蔕頭平重磨處尖銳泥乾時擲於池中重頭沈下自然周正皮薄易生不時即出其不磨者皮既堅厚倉卒不能生也種藕法春初掘藕根節頭著魚池泥中種之當年即有蓮花蓮子可

欽定四庫全書　農書　卷八　十三

磨為飯輕身益氣令人彊健藕止渴散血服食之不可闕者

芡

芡一名雞頭一名雁頭山谷詩云剖蚌煑鴻頭是也葉大如荷皺而有刺花開向日花下結實故菱寒而芡暖其莖菆之嫩者名為菆人採以為菜茹八月採擘破取子散著池中自生雞頭作粉食之甚妙河北沿溏濼居人採之舂去皮搗為粉蒸煠作餅可以代粮龔遂守渤

海勸民秋冬益蓄菱芡蓋謂其能充饑也

芰

芰一名菱芰蔆也世俗謂之菱角葉浮水上花開背日實有二種一種四角一種兩角又有青紫之殊秋則子黑熟時收取散在池中自生生食性冷煮熟為佳蒸作粉蜜和食之尤美江淮及山東曝其實以為米可以當糧猶以橡為資也

百穀譜四

蔬屬

葵

葵說文曰菜也有紫莖白莖二種葉之小者為鴨脚葵種出少室山中今南北皆有之又一種花有五色者名曰蜀葵不可食爾雅所謂菺戎葵是也（菺音肩）按葵為百菜之主備四時之饌本豐而耐旱味甘而無毒供食之餘可為葅腊枯枿之遺可為榜簇子若根則能療疾咸無棄材誠蔬茹之上品民生之資助也春宜畦種冬宜撒種然夏秋皆可種也詩曰七月亨葵此種之早者俗呼為秋葵遲者為冬葵崔寔曰正月可種葵芥又曰六月六日種葵中伏以後可種冬葵時有先後為之在人齊民要術云凡種時必燥曝葵子（子雖經歲不浥然濕種則瘠而不肥）地不厭良薄即糞之鋤不厭數旱則灌之（春多風旱）畦長兩步廣半之（大則水難均）深掘以熟糞對土勻覆其上厚一寸許杷耬之令熟足蹋使堅平用水澆潤水盡下子又以糞土上覆深如其下葵出三葉然後澆之（澆用晨夕日中則止）

凡畦種之物悉如之不復條列旱種者必秋耕十月末地將凍散子勞之（一畝可子三升）須人足蹋之乃佳（蹋則菜肥）正月末種者亦如之五月初更種（春者既老種以續之秋留取子春者熟不均）於此時附地剪去春葵令根上枿生者柔軟亦可食乾之即中為榜簇掐秋葉必留五六葉（不掐則莖孤留葉則枿大）凡掐葵必露解（諺云觸露不掐葵）八月半剪去（留其歧歧多者則去地一二寸獨莖者半之）枿生肥嫩至收時高可過膝莖葉皆美窠雖不高菜實倍多不剪反是此種藝之法也宿根在地春生嫩葉亦

可採食前金人以韭蓼汁併雞肉和食謂之冷羹最為上饌古詩腰鎌刈葵藿葵之用鎌其來尚矣然莖葉叢茂時方可刈嫩惟採擷之耳杜詩云刈葵莫放手放手傷葵根蓋傷根則不生矣格物之精尤不可不審昔魯相公儀休食葵而美拔而棄之蓋不與民爭利雖然仁矣而未博也苟上之人教之以種藝之法勿奪其時使之家種百畦其利自倍是與民共之尚何利之爭哉

芥

芥字從艹從介取其氣之辛辣而有剛介之性故曰芥古人所謂菜重芥薑者其以是與為種不一葉似菘而有毛味極辣者青芥也莖葉俱紫為紫芥作虀食之美又有白芥子粗大於他芥色白如粱米味極辛美宜入藥利九竅明耳目通中芥極多心芥之嫩者為芥藍極脆東坡云芥藍如菌蕈脆美牙頰響芸薹芥不甚香經冬根不死患腰脚疾者不宜食比他芥不為甚佳齊民要術云七月半種之地欲糞熟與蕪菁同畝用子一升既生亦不鋤之十月收蕪菁訖收蜀芥又云種芥子及蜀芥取子者皆二月好雨澤時種二物性不耐寒經冬則死故須春種之五月熟而收子今江南農家所種如種葵法俟成苗必移栽之（早者七月半後種遲者八月半種）厚加培壅草即鋤之旱即灌之冬芥經春長心（中為醎淡二菹亦任為鹽菜）楊誠齋詩云蟹眼嫩湯微熟了鵝兒新酒未醒初此言芥虀之美也如欲收子者即不摘心蓋南北寒暖異宜故種略不同而其用則一夫芥之為物心多而耐久味辣

而性溫可擣取汁以供庖饌尤烈烈可愛足以鮮沉酣消煩滯亦蔬茹中之介然者是宜受辛於虀臼而見媚於盤飧也可不種哉

芸薹芥子

種同蜀芥每畝用子四升足霜始收味辛不甚香經冬以草覆之不死至春復可供食性涼破血先患腰脚者不宜多食然其子入藥功用頗多亦不可闕也

菌子

菌子說文曰蕈也爾雅曰中馗菌率皆朽株濕氣蒸浥而生中原呼菌為磨菇又為莪又一種謂之天花桑樹上生者呼為桑莪施之素食最佳雖南北異名而其用則一今江南山中松下生者名為松滑誠齋云傘不如笠釘勝笠蓋愈嫩愈美風味過於他蕈又有紫蕈白蕈二種尤佳朱文公詩云誰將紫芝苗種此槎上土便學商山翁風餐謝肥羜言紫蕈之美也又詩云聞說閩風苑瓊田產玉芝不收雲露表烹瀹詎相宜此言白蕈之

美也深山中多有之菌之種不一名亦如之野蕈如赤菰黃耳皆可食然辨之不精多能毒人雖甘無益也不復具載種菌法四時類要云三月種菌子取爛楮木及葉於地埋之常以泔澆灌之三兩日即生又法畦中下爛糞取楮可長六七寸截斷槌碎如種菜法勻布土蓋日澆潤之令長濕隨生隨食可供常饌今山中種香蕈亦如此法但取向陰地擇其所宜木（楓楮栲等樹）伐倒用斧碎斫成坎以土覆壓之經年樹朽以蕈碎剉勻布坎內以蒿葉及土覆之時用泔澆灌越數時則以槌棒擊樹謂之驚蕈雨雪之餘天氣蒸暖則蕈生矣雖踰年而獲利利則甚博採訖遺種在內來歲仍發復相地之宜易歲代種新採趁生煮食香美曝乾則為乾香蕈今深山窮谷之民以此代耕殆天茁此品以遺其利也

蒜

蒜說文曰葷菜也又曰菜之美者張騫使西域得大蒜種歸種之今京口有蒜山多出蒜蒜有大小之異大者

曰葫即今大蒜每頭六七瓣收條中子種者一年為獨蒜再種之則皆六七瓣矣小曰蒜葉似細葱而澁頭小如蒿即今山蒜爾雅曰蒚山蒜也二物氣味相似能興陽伐性故道家者流多忌食之性熱而有小毒氣極葷然以入臭肉掩臭氣夏月食之解暑辟瘴氣北方食餅肉不可無此家有其種多者收一二頃以供歲計今在在種之齊民要術云宜熟軟地耕三遍八月種至來年四五月收凡種每半尺地一根鋤治令淨時加糞壅菜

長一尺許漸漸撥開土要見白則本大不爾止益葉耳或結葉亦佳嫩薹可為蔬又一種澤蒜可以香食吳人調鼎率多用此根鮮葅更勝葱韭此物易滋蔓隨斸隨合熟時採之漫散種之按諸菜之葷者惟宜採鮮食之經日則不美惟蒜雖久而味不變可以資生可以致遠施之臭腐則化為神奇用之鼎俎則可代醢醬旅途尤為有功炎風瘴雨之所不能加食餲腊毒之所不能害此亦食經之上品日用之多助者也其可不廣種之哉

薤

薤爾雅曰鴻薈本出魯山平澤今處處有之葉似韭而闊本豐而白深本草云雖辛不葷五藏學道人長餌之以其能溫中通神安魂魄續筋力爾故杜甫詩曰束比青芻色圓齊玉筯頭衰年關膈冷味煖併無憂或取其白莖酒尤佳樂天詩云酥煖薤白酒又內則云切葱薤實諸醯以柔之碎錄云豚脂用葱膏用薤然則酒也醯也膏也無施不可種法與韭同二三月種凡三四支一本或七八支（許云葱三薤四蓋支多則本茂）率一尺一本葉生則鋤（薤性多穢荒即瘦瘠）薤子三月葉青便出之（未青而出者肉未滿令薤瘦）漢渤海太守龔遂勸農家種薤百本民獲其利到于今稱之又一種麥原中自生者俗呼為天薤即野薤也葉比家薤而小味亦辛即爾雅所載勤山薤也亦可供食但不多有耳夫薤韭屬也支本益茂而功用過之生則氣辛熟則甘美種之不蠹食之有益故學道者之所資而老人之所宜食也醫家目之以為菜之珍不亦宜乎

葱

葱說文曰葷菜也其色葱（葱淡綠色也）故名凡四種山葱胡葱漢葱凍葱爾雅曰茖即山葱宜入藥胡葱亦然食惟用漢葱凍葱耳（漢葱木葱也）漢葱葉大而香薄冬即葉枯宜供羹食凍葱葉細而益香又宜過冬比漢為勝或名大官葱陸放翁詩莖羹僣用大官葱凡種法收葱子必薄布陰乾勿令浥鬱（葱性熱浥則不出矣）擬種之地必須春種菉豆五月掩殺之比至七月耕數遍一畝用子四升炒穀拌

和種之(蔥子性澁不以穀和下不均不炒穀則草穢生)兩耬重耩竅瓠下之以批契(上撇下屑)繫腰曳之七月納種至四月始鋤鋤遍仍翦翦與平地(高留則無葉深翦則傷根)翦欲旦起避熱時良地三翦薄地再翦八月止(不翦則不茂翦過則根跳)八月不止則蔥無袍而損白十二月盡掃去枯葉枯袍(不去枯袍春葉不茂)二月三月出移種之收子者別留之又法先以子畦種移栽却作溝壠糞而壅俱成大蔥皆高尺許白亦如之宿根在地來春併得作種移栽之昔龔遂治渤海勸農口種蔥一畦非

惟足供烹飪種多亦可資富梁呂僧珍其先販蔥為業及貴其兄子棄業求官珍不許曰汝等自有常分不可妄求可速歸蔥肆爾可謂知所本矣按蔥之為物中通外直本茂而葉香雖八珍之奇五味之異非此莫能達其美是猶商梅之調鼎吳橙之芼鮮也其可以他菜而例視之哉

百穀譜五

蔬屬

韭

韭叢生豐本葉青細而長近根處白韭久也圖經云一種而久故謂之韭圃人種蒔一歲而三四割之其根不傷至冬培壅之先春而復生信乎一種而久者也(諺云韭者懶人菜以其不須歲種也)詩七月獻羔祭韭周禮醯人其實韭菹記王制庶人春薦韭以卵庾郎一食二十七種杜詩夜雨翦春韭樂天詩秋韭花初白皆是物也齊民要術教人收韭子如蔥子法(若市上買韭子宜試之以銅鐺盛水於火上微煑韭子須臾芽生者好芽

不生者是裛鬱矣)治畦下水糞覆悉與葵同然畦欲極深(以韭根性上跳故須深也)二月七月種種法以升盞合地為處布子於圍內(以韭性內生不向外長圍種令科成也)薅令常淨至正月上辛日掃去畦中陳葉以鐵杷耬起下水加熟糞韭高三寸便翦之一歲之中不過五翦(每一翦一加糞)收子者一翦即留之若旱種者但無畦與水耳杷糞則同四時類要云九月收韭子種韭第一番割棄之主人勿食事類全書韭畦用雞糞尤佳故本草以韭為草鍾乳凡近城郭園圃之家可

種三十餘畦一月可割兩次所易之物足供家費積而計之一歲可割十次秋後又可採韭花以供蔬饌之用謂之長生韭至冬移根藏於地屋蔭中培以馬糞煖而即長高可尺許不見風日其葉黃嫩謂之韭黃比常韭易利數倍北方甚珍之又有就舊畦内冬月以馬糞覆之於迎陽處隨畦以蜀黍籬障之用遮北風至春其芽早出長可三二寸則割而易之以為嘗新韭城府士庶之家造為饌食互相邀請以為嘉味剪而復生久而不

乏故謂之長生實蔬菜中易而多利食而溫補貴賤之家不可闕也

葫荽（按齊民要術及本草俱作胡荽）

葫荽漢張騫自西域得其種莖葉皆細可同邪蒿食及作羹良并人呼為香荽即此也本草云味辛溫殺蟲去毒事類全書云葫荽必用月晦日晚下種齊民要術云葫荽宜黑壚青沙良地三遍熟耕春種者用秋耕地開春凍解地起有潤澤時急接澤種之疎密正好六七月種先曬燥欲種時布子於堅地一升子與一掬濕土和之以脚搓子破作兩段（以磚瓦搓之亦得以木礱礱之亦得）於旦暮潤時以耬耩作壟以手散子即勞令平菜生二三寸鋤去概者供食十月足霜乃收之取子者仍留根間拔令稀（概即不生）以草覆上（覆者得供生食又不凍）此菜旱種非連雨不生所以不同春月要求濕麥底地亦得種止須急耕調熟雖名秋種會在六月連雨生則根彊科大七月種者雨多亦得雨少則生不盡但根細科小不同耳六月種者若留

冬食則以草覆之得竟冬食其春種小小供食者自可畦種一如葵法棱子沃水生芽種之（晝用箔蓋夜則去之晝不蓋熱不生夜不去蟲損之）凡種菜子難生者皆水沃令芽生無不即生矣又有一種名石葫荽亦名鵝不食草載在本草止堪入藥却非此種葫荽其子搗細香而微辛食饌中多作香料以助其味於蔬菜子葉皆可用生熟皆可食甚有益於世也

菠薐

菠薐莖微紫葉圓而長下多花闕劉禹錫嘉話録云菠薐本西國中種自頗陵國將其子來今呼其名語頗訛耳農桑輯要云菠薐作畦下種如蘿蔔法春正月二月皆可種逐旋食用秋社後二十日種於畦內以乾馬糞培之以避霜雪十月內以水沃之以備冬食又宜以香油炒食尤美春月出薹嫩而又佳至春暮莖葉老時用沸湯掠過曬乾以備園枯時食用甚佳實四時可用之菜也

萵苣

苣數種有苦苣有白苣有紫苣皆可食葉有白毛為白苣紫色為紫苣苦味為苦苣即野苣也又名褊苣今人家常食者白苣江外嶺南吳人無白苣但種野苣以供厨饌生食之所謂萵苣也農桑輯要云萵苣作畦下種如菠薐法但得生芽先用水浸種一日於濕地上布襯置子於上以盆碗合之候芽漸出則種春正月二月種之可為常食秋社前一二日種者霜降後可為醃菜如欲出種正月二月種之九十日收其莖嫩如指大高可踰尺去皮蔬食又可糟藏謂之萵笋生食又謂之生菜四時不可闕者

同蒿

同蒿者葉綠而細莖稍白味甘脆春二月種可為常食秋社前十日種可為秋菜如欲出種春菜食不盡者可為子俱是畦種其葉又可湯泡以配茶茗實菜中之有異味者

人莧

莧亦多種有馬齒莧鼠齒莧及糠莧此野莧也若夫赤莧白莧紫莧紅莧人莧又有五色莧皆可蔬茹人白二莧亦可入藥易言莧陸夬夬謂其柔脆也列子言寧生程程生馬馬生人馬者馬莧馬藍草之類人者人參人莧之類也農桑輯要云人莧但五月種之園枯則食（今人有三四月種者）如欲出種留食不盡者八月收子本草云不可以莧菜與鱉同食則生鱉瘕試以鱉甲如豆片大者以

莧菜封裹之置於土坑以土蓋之一宿盡變成鱉也然病者頗忌常人食之作蔬作羹皆可用也

藍菜

務本新書云二月畦種苗高剝葉食之剝而復生刀割則不長加火煮之以水淘浸或炒爁或伴食或包餕餡或捲餅生食頗有辛味五月園枯此菜獨茂故又曰主園菜至冬月以草覆其根四月中結子可收作末（比芥末）根又生葉可食一年陜西多食此菜

莙蓬

莙蓬作畦下種如蘿蔔法春二月種之夏四月移栽園枯則食如欲出子留食不盡者地凍時出於暖處收藏來年春透可栽收種或作蔬或作羹或作菜乾無不可也

蘭香附（香菜）

齊民要術云蘭香羅勒也（或謂避石勒名故改今名）三月中候棗葉生乃種蘭香（早種者天寒不生徒費子耳）治畦下水一同葵法及水散子訖水盡簁熟糞僅得蓋子便止（厚則不生弱苗故也）晝日箔蓋夜即去之（晝日不用見日夜須受露氣）生即去箔常令足水六月連雨拔栽之（掐心栽泥中亦活）作菹及乾者九月收作乾者天晴時薄地刈取布地曝之乾乃挼取末瓮中盛（枝根懸者裛爛又有雀㲋及塵土之患）取子者十月收（自餘雜香菜不列者種法悉與此同）博物志燒馬蹄羊角成灰春散著濕地羅勒乃生事類全書云香菜常以洗魚水澆之則香而茂溝泥水米泔亦佳夏秋採葉可作菜食或切葉以芼諸菜或於素食麪粉之類皆可覆食以助香味也

荏蓼

爾雅云蘇桂荏（蘇荏類故名桂荏）薔虞蓼（虞蓼澤蓼）本草云荏狀如蘇白色其子碾之雜米作糜甚肥美下氣補益東人呼為蕉以其似蘇字但除禾旁故也齊民要術云三月可種荏蓼崔寔又云正月可種（荏子白者良黃者不美）蓼宜水畦種荏則隨宜園畔漫擲歲歲自生矣荏子壓取油可以煮餅（荏油色綠可愛其氣香美煮餅亞於麻油而勝麻子脂膏荏油不可以為澤焦人髮碾為羹臛美於麻子）

遠矣又可以為燭為帛煎油彌佳荏油性淳塗帛勝香油蒸作葅者長二寸則剪絹袋盛沉於醬瓮中又長更剪常得嫩者若待秋子成而落莖死堅硬葉又枯焦取子者候實成速收之性易凋零晚則落盡五月六月中蓼可以為虀食二菜實菜中之用廣而多益者

芹𧂇

芹爾雅曰楚葵也本草曰水斳音芹一名水英又曰芹有兩種秋芹取根色白赤芹取莖葉並堪作葅及生菜味甘杜子美詩所謂香芹碧澗羹是也又有一種馬芹爾

雅曰茭牛蘄註曰似芹可食菜也而葉細銳一名馬芹與水芹葢同類而異出耳𧂇其禹反一音渠詩義疏曰苦菜也青州謂之芑農桑輯要曰江東呼為苦蕒愚按陸士衡釋芑菜曰莖青白色摘其葉白汁出脆可生食亦可蒸為茹則是今人所謂石𧂇者似苦蕒耳味不苦亦有野生者謂之苦菜者非齊民要術云芹𧂇並收根畦種之常令足水尤忌潘孚袁反米汁泔及鹹水澆之即死性並易繁茂而甜脆勝野生者白𧂇尤宜糞歲可常收陶隱居曰二三月芹作英時可作葅及熟爚式灼弋灼二反食之爾雅馬芹子入藥用齊民要術云馬芹子可以調蒜韲按古詩中泮水采芹新田采芑即今之芹𧂇是矣昔有野人食芹而美欲獻之君今以𧂇配之其味俱甜脆生熟可食此二蔬之美誠不可乏者其野生者無種蒔之勞而供噉食之用尤為可嘉不然何以見詠於詩人哉

甘露子

甘露子蔬屬也苗長四五寸許根如累珠味甘而脆故

名甘露也亦有野甘露凡種宜於園圃近陰地春時種之用麥糠為糞地宜沾潤為佳至秋乃收生熟皆可食可用蜜或醬醋漬之作豉亦得今詳其功用固蔬中之不可遺者務本新書曰白地內區種暑月以麥糠蓋之承露滋茂甘露之名豈非由是而得歟然其味之美亦誠足稱其名矣

農書卷八

欽定四庫全書

農書卷九

百穀譜六　　元　王禎　撰

果屬

梨

梨謂之快果本草圖經曰乳梨（又名雪梨）出宣城皮厚而肉實鵝梨出近京州郡及北都皮薄而漿多味差短於乳梨香則過之其餘有水梨消梨紫煤梨赤梨甘棠梨禦兒梨之類又註云消梨可療病青梨茅梨並不任用桑梨惟堪煮食廣志曰洛陽北邙張公夏梨海內惟有一樹恒山真定山陽鉅野梁國睢陽齊國臨菑鉅鹿並出梨上黨楟（徒丁切）梨小而味甘廣都梨鉅野豪梨重六斤新豐箭谷梨宏農京兆右扶風郡界諸谷中梨率多供御陽城秋梨夏梨愚按今魏府多產鵝梨北地有香水梨最為上品梨樹亦可種亦可插齊民要術云種法梨熟時全埋之經年至春地釋分栽之多著熟糞及水至

冬葉落附地刈殺之以炭火燒頭二年即結子（若穭生及種而不栽者則著子遲每梨有十許子惟二子生梨餘皆生杜）插者彌疾插法用棠杜（棠梨大而細理杜次之桑梨大惡石榴上插得者為上梨雖治十收得一二也）杜如臂以上者任插（當先種杜經年後插之主客俱下亦得然俱下者杜死則不生）杜樹大者插五枝小者或三或二梨葉微動為上時將欲開萼為下時先作麻紉（尼真切）纏十數匝以鋸截杜令去地五六寸（不纏恐插時皮披留杜高者梨枝繁茂遇大風則披其高留杜者梨樹早成然宜作蒿葦盛杜以土築之令沒風時以籠盛梨則免披耳）斜攕（音尖）竹為籤刺皮木之際令深一寸許折取其

美梨枝陽中者（陰中枝則實少）長五六寸亦斜攕之令過心大小長短與籤等以刀微劃（烏更切）梨枝斜攕之際剥去黑皮（勿令傷青皮青皮傷即死）拔去竹籤即插梨至劃處木邊向木皮還近皮插訖以綿冪杜頭封熟泥於上以土培覆令梨枝僅得出頭以土壅四畔當梨上沃水水盡以土覆之務令堅固百不失一（梨枝甚脆培土時宜慎之勿令掌撥掌撥則折）其十字破杜者十不收一（所以然者木裂皮開虛燥故也）梨既生杜旁有葉輒去之又曰凡插梨園中者用旁枝庭前者中心（旁枝樹下易收中心

(上糞不妨)用根蔕小枝樹形可喜五年方結子鳩脚老枝三年即結子而樹醜又曰凡遠道取梨枝者下根即燒三四寸亦可行數百里猶生藏梨法初霜後即收(霜多即不得經夏)於屋下掘作深廕坑底無令潤濕收梨置中不須覆蓋便得經夏(摘時必令好接勿令損傷)又曰凡醋梨易水熟煮則甜美而不損人也按魏文帝詔曰真定郡梨大如拳甘若蜜脆若菱可以解煩熱參之神農經中療病之功亦為不少西路產梨用刀去皮切作瓣子以火焙乾謂之梨

花嘗充貢獻實為佳果上可供於歲貢下可奉於盤珍張敷稱為百果之宗豈不信乎

桃

桃典術曰五木之精也厭伏邪氣制百鬼爾雅曰旄冬桃榹(息移切)桃山桃郭璞註曰旄桃子冬熟山桃實如桃而不解核廣志曰桃有冬桃夏白桃秋白桃襄桃其桃之美也有秋赤桃本草曰桃梟在樹不落殺百鬼鄴中記曰石虎苑中有句鼻桃重二斤西京雜記曰榹桃緗核桃霜桃言霜下可食金城桃胡桃出西域甘美可食綺蔕桃含桃紫文桃本草衍義曰桃品亦多京畿有油桃小於衆桃有赤斑點而光如塗油山中一種正是月令中桃始華者但花多子少不堪啗惟堪取仁文選謂山桃發紅萼者是也太原有金桃色深黃西京有崑崙桃肉深紫紅色此二種尤甘又餅子桃如今之香餅子齊民要術曰種桃法桃熟時合肉全埋糞地中(直置凡地則不生生亦不茂桃性早實三歲便結子故不求栽也)至春既生移栽實地(若仍處糞中則實小而苦)栽法以鍬合土掘

移之(桃性易種難栽若離本土率多死矣)又法桃熟時於牆南陽中煖處深寬為坑選取好桃數十枚擘破核即內牛糞中頭向上取好爛糞和土厚覆之令厚尺餘至春桃始動時徐徐撥去糞土皆應生芽合取核種之萬不失一其餘以熟糞糞之則益桃味桃性皮急四年以上宜以刀豎劙其皮(不劙皮急即死)七八年便老(老則子細)十年即死(是以宜歲歲常種之)又法候其子細便附土斫去枿上生者復為少桃酢(且故切)法桃爛自零者收取內之瓮中以物蓋口七日後既爛

漉去皮核密封閉之三七日酢成香美可食夫蟠桃仙果固世所罕見而天台之山武陵之洞往往有窺其境者所種皆旻行況於凡世安可少此果哉其花可觀其實可食而其樹且易成也且其為種早熟者謂之絡絲白晚熟者謂之過鴈紅夏秋咸有食之不匱誠仙凡之佳果也

李

李有數種爾雅曰休無實李痤（祖和切）椄（子捷切）慮李駁赤李註曰休無實李一名趙李痤椄慮李即今之麥李細實有溝道與麥同熟故名駁赤李其實赤者是也廣志曰有黃建李青皮李馬肝李赤陵李有餻李肥黏似糕有柰李離核李似柰有劈李熟必劈破有經李一名老李數年即枯有杏李味小酢似杏有黃扁李有夏李冬李冬十一月熟有春季李冬花春實愚嘗見北方一種謂之御黃其重踰兩肉厚核小食之甘香而美李中之嘉種也江南建寧有一種名均亭李紫色極肥大味甘

如蜜南方之李此實為最齊民要術曰李性耐久樹得三十年老雖枝枯子亦不細嫁李法正月一日或十五日以磚石着李樹岐中令實繁又臘月中以杖微打歧間正月晦日復打亦足子又法以煑寒食醴酪火掭着樹間亦良桃李樹下並欲鋤去草穢而不用耕墾（耕則肥而無實樹下犂撥亦死）桃李率方兩步一根（太概連陰則子細而味亦不佳）作白李法用夏李色黃便摘取於鹽中挼之鹽入汁出然後合鹽晒令萎手捻之令扁復晒極扁乃止曝使乾飲酒時以湯漉之漉着蜜中可以薦酒夫李之與桃同氣類也韓詩外傳有云春則擷其花夏則取其陰秋則啖其實以桃李並言其有益於人多矣昔王安豐家有好李鑽核而賣貴其種也和嶠家有好李計核而責錢獲其利也當其避暑山亭納涼池閣沉之清泉飣之氷俎其風味又豈減於桃杏哉

梅杏

梅與杏二果也爾雅曰梅柟也（柟奴含反俗作楠）西京雜記曰

侯梅朱梅同心梅紫蔕梅燕脂梅麗枝梅本草圖經曰梅實生漢川山谷今襄漢川蜀江湖淮嶺皆有之杏類梅者味酢且故反類桃者味甘廣志曰滎陽有白杏鄴中有赤杏有黄杏有柰杏西京雜記曰文杏材有文彩蓬萊杏東海都尉于台獻一株花雜五色云是仙人所食杏也本草曰黄而圓者名金杏相傳云種出濟南郡之分流山彼人謂之漢帝杏今近都多傳之熟最早其扁而青黄者名木杏味酢不及金杏愚嘗見北方有一種

杏甚佳赤色大而稍扁肉厚謂之肉杏又謂之金剛拳言其大也齊民要術曰栽種法與桃李同作白梅法梅子酸核初成時摘取夜以鹽汁漬之晝則日曝凡作十宿十浸十曝則成矣調鼎和虀所在多入也又作烏梅法亦以梅子核初成時摘取籠盛於突上熏之即成矣烏梅入藥不任調食食經曰蜀中藏梅法取梅極大者剥皮陰乾勿令得風經二宿去鹽汁内蜜中月許更易蜜經年如新作烏梅令不蠹法濃燒穰以湯沃之取汁以梅投中使澤乃出蒸之作杏李麨法麨充小反糗也杏李熟時多取爛者盆中研之生布絞取濃汁塗盆中日曝乾以手磨刮取之可和水為漿及和米麨所入任意也按書説命曰若作和羹爾惟鹽梅梅之貴也尚矣杏又其次也曹孟德一指梅林而解三軍之渴虛言猶若此況即其境者乎嵩高山記亦云牛山多杏自中國喪亂百姓饑餓皆資此為命人人充飽由是而觀梅杏之功殆伯仲耳

百穀譜七

果屬

柰林檎

柰與林檎二果而相類也廣志曰柰有白青赤三種張掖有白柰酒泉有赤柰西方例多柰家以為脯數十百斛以為蓄積如收藏棗栗西京雜記曰紫柰緑柰别有素柰朱柰陶隱居云江東有之而北國最豐皆作脯有林檎相似而小林檎一名來禽洪玉父曰以味甘來衆

禽也本草圖經曰木似柰實比柰差圓亦有甘酢二種甘者早熟而味脆美酢者差晚須熟爛堪噉齊民要術曰柰林檎不種但栽之（種之雖生而味不佳）取栽如壓桑法（此果根不浮蔵栽故難求是以須壓也）又法於樹旁數尺許掘坑洩其根頭則栽易生矣凡樹栽者皆然栽如桃李法林檎樹以正月二月中翻斧斑駁椎之則饒子作柰脯法柰熟時中破曝乾即成矣作柰麨法拾爛柰内瓮中盆合口勿令蠅入六七日許當大爛以酒淹痛拌之令如粥狀下水更

拌以羅漉之去皮子良久澄清瀉去汁置布於上以灰飲汁如作米粉法汁盡刀劚大如梳掌於日中曝乾研作末便成甘酸得所芳香非常作林檎麨法林檎赤熟時劈破去心子蔕日晒令乾或磨或擣下細絹篩麄者更磨擣以細盡為限以方寸匕投於椀中即成美漿（不去蔕則太苦合子則不度夏留心則太酸）若乾噉者以林檎麨一升和米麨一升味正調適按本草陳士良云大長者為柰圓者為林檎夏熟小者味澁為梣（昨今反青皮木）秋熟若是則柰之與

林檎形相似也氣味相近也然柰性寒林檎性温則有不同者至若二果可以薦新可以作脯食而不乏亦未嘗不同焉誦潘安仁二柰丹白之賦覩王羲之來禽青李之帖豈非古人之所重哉

棗

棗類最多爾雅曰壺棗邊要棗櫅（子兮切）白棗樲酸棗遵羊棗楊徹齊棗洗大棗煑填棗蹶泄苦棗晳無實棗還味稔（而審反）諸棗（郭璞註江東呼棗大而銳上者為壺壺猶瓠也要細棗今謂之鹿盧棗櫅即今棗子白熟樲樹小實酢遵實小而圓紫黑色俗呼羊矢棗洗今河東猗氏縣出大棗如雞卵蹶泄子味苦晳不著子還味短味也楊徹未詳）

廣志曰河東安邑棗東郡穀城紫棗（長二寸）西王母棗（大如李核三月熟）河東汲郡棗（一名墟棗）東海蒸棗洛陽夏白棗安平信都大棗梁國夫人棗大白棗（一名蹙咨小核多肥）三星棗駢白棗灌棗又有狗牙雞心牛頭羊矢獼猴細腰之名又有氐棗木棗崎廉棗桂棗夕棗西京雜記曰有弱枝棗玉門棗棠棗青花棗赤心棗潘岳閒居賦有周文弱枝之棗丹棗青州有樂氏棗豐肌細核多膏肥

美世傳樂毅從燕齋來所種也齊民要術曰旱澇之地不任耕稼者歴落種棗則任矣棗性燥故也又曰常選好味者留栽之候棗葉始生而移之棗性硬故生晚栽早者堅垎生遲也三步一樹行欲相當地不耕也欲令牛馬踐履令淨棗性堅強不宜苗稼若耕荒穢則蟲生須淨地堅饒實故宜踐也正月一日日出時反斧斑駮椎之名曰嫁棗不椎則花而無實斫則子萎而落候大蠶入簇以杖擊其枝間振去狂花不打花繁不實不成全赤即收收法日日撼而落之為上半赤而收者肉味充滿乾則色黃而皮皺將赤味亦不佳全赤久不收則皮硬復有烏鳥

之耗曬棗法先治地令淨有草萊令棗臭布棗於箔上以扒兵拔反無齒把聚而復散之一日中二十度乃佳夜仍不聚得霜露氣速成陰雨時乃聚而苫蓋之五六日別擇取紅軟者上高廚而暴之廚上者已乾雖厚一尺亦不壞去胮滂江切爛者胮者水不乾留之徒污棗其未乾者曬暴如法食經曰作乾棗法新菰蔣露於庭以棗著上厚三寸復以新蔣覆之凡三日三夜撤覆露之畢日曝取乾納屋中率一石以酒一升漱着器中密泥之經數年不敗本草衍義曰青州棗去皮核焙乾為棗圈尤為奇

果棗油法鄭元曰擣棗實和以塗繒上燥而形似油也棗脯法切棗曝之乾如脯也作酸棗麨法多收紅軟者箔上日曝令乾大釜中煮之水僅自淹一沸即漉出盆研之生布絞取濃汁塗盤上或盆中盛暑日曝使乾漸以手摩挲取為末以方寸匕投一椀中甜酸味足即成美漿遠行用和米麨饑渴俱當也夫棗咏於詩記於禮不特為可薦之果用以入藥調和胃氣其功不少今南北皆有之然南棗堅燥不如北棗肥美生於青晉絳州

者尤佳太史公稱安邑千樹棗其人與千户侯等則棗之為利顧不溥哉

栗 榛附

栗陸璣疏曰五方皆有之周秦吳揚特饒惟濮陽及范陽生者味美他方不及草木圖經曰兖州宣州者最勝果中栗最有益治腰脚之疾愚嘗見燕山栗小而味最甘蜀本圖經曰板栗佳栗二木皆大又有茅栗似栗而細衍義曰有一種栗頂圓末尖謂之旋栗榛亦栗屬實

最小詩曰樹之榛栗是也本草曰生遼東山谷樹高丈許子如小栗中土亦有鄭元曰關中鄜（芳扶切）坊甚多齊民要術曰栗種而不栽（栽者雖生尋死）栗初熟出殼即於屋裡埋着濕土中（埋必須深勿令凍徹若路遠者以韋囊盛之停三日以上及見風日則不復生矣）至春二月芽生出而種之既生數年不用掌近（凡新栽樹皆不宜掌近栗尤甚）三年內每到十月常須草裹至二月乃解（不裹則凍死）種榛法與栗同本草圖經曰栗欲乾莫如曝欲生莫如潤食經曰藏乾栗法取穰灰淋汁漬栗取出日中曬

令栗肉焦燥可至後年春夏藏生栗法著器中曬細沙令燥以盆覆之至後年二月生芽而不生蟲按史記秦饑應侯請發五苑之棗栗由是觀之本草所謂栗厚腸胃補腎氣令人耐饑殆非虛語史記又言燕秦千樹栗其人與千户侯等栗之利誠不減於棗矣本草言遼東榛子軍行食之當粮榛之功亦可亞於栗也

桑椹

嘗考之史傳三國魏武軍乏食乃得乾椹以濟饑魏志武祖軍無粮新鄭長楊沛進乾椹後遷沛為鄴令後漢王莽時天下大荒有蔡順採椹赤黑別盛之赤眉賊見而問之順曰黑者奉母赤者自食盖桑椹乾濕皆可食可以救儉昔聞之故老云前金之末饑歉民多餓莩至夏初青黄未接其桑椹已熟民皆食椹獲活者不可勝計凡植桑多者椹黑時悉宜振落箔上曝乾平時可當果食歉歲可禦饑餓雖世之珍異果食未可比之適用之要故備録之

柿

柿多種本草云黄柿出近京州郡紅柿南北通有之朱柿出華山似紅柿而皮薄更甘珍諸柿食之皆善而益人衍義曰柿有着蓋柿於蔕下別生一重有牛心柿蒸餅柿皆以形得名華州有一等朱柿比諸品中最小深紅色有一種塔柿亦大於諸柿又有椑柿生江淮南似柿而青黑潘岳閑居賦曰梁侯烏椑之柿是也齊民要術曰柿有小者栽之無小者取之於梗（而兖反紅藍棗紅似柿）棗

根上揷之如揷梨法食經曰以灰汁澡柹再三度乾令汁絶着器中經十日可食本草衍義云生則澁以温水養之需澁去可食又有烘柹器内盛之待其紅軟其澁自去味甘如蜜圖經曰乾柹火乾者謂之火柹出宣州越州愚按作柹乾法生柹撋去厚皮捻扁向日曝乾内於甕中待柹霜俱出可食甚凉其霜收之甘凉如蜜可醫口瘡及咽喉熱積若論柹之性日乾者濕火乾者熱生者彌冷一果而不同如此本草稱其善而益人又何以異哉

荔枝

荔枝一名丹荔嶺南記云此木以荔枝為名者以其結實時枝弱而蔕牢不可摘取以刀斧劙去其枝故以為名生嶺南巴中泉福漳興嘉蜀渝涪及二廣州郡皆有之其品閩為最蜀川次之嶺南為下樹形團團如帷蓋葉如冬青華如橘朶如蒲萄核如枇杷殼如紅繒膜如紫綃肉白如肪花於二三月實於五六月其根浮必須加糞土以培之性不耐寒最難培植纔經繁霜枝葉枯死遇春二三月再發新葉初種五六年冬月覆蓋之以護霜雪種之四五十年始開花結實其木堅固有經四百餘年猶能結實者曬荔法採下即用竹籬眼曬經數日色變核乾用火焙之以核十分乾硬為度收藏用竹籠箬葉裹之可以致遠成朶曬乾者名為荔錦取其肉生以蜜熬作煎嚼之如糖霜然名為荔煎北方無此種自漢南粤以備方物於是荔枝始通中國漢唐時命驛馳貢洛陽取於嶺南長安來於巴蜀雖曰鮮獻傳置之

速然腐爛之餘色香味之存者無幾蓋此果若離本枝一日色變二日香變三日味變四五日外香色味盡皆去矣非惟中原不嘗生荔之味江浙之間亦罕焉今閩中歲貢亦曬乾者宋蔡君謨作荔枝譜載之名色詳矣兹不復録昔李直方第果實或薦荔枝曰當舉之首魏文帝詔羣臣曰南方果之珍異者有荔枝龍眼焉今閩中荔枝初著花時商人計林斷之以立券一歲之出不

知幾千萬億水浮陸轉販鬻南北外而西夏新羅日本流求大食之屬莫不愛好重利以酬之夫以一木之實生於海濱巖險之遠而能名徹上京外被四夷重於當世是亦有足貴者故附之穀譜是亦卓然為南北果品之奇者也

龍眼

龍眼花與荔枝同開樹亦如荔枝但枝葉稍小殼青黃色形如彈丸核如木梡子而不堅肉白而帶漿其甘如

蜜熟於八月白露後方可採摘一朶五六十顆作一穗荔枝過即龍眼熟故謂荔枝奴福州興化泉州有之比荔枝特罕木性畏寒北方亦無此種今充歲貢焉曬龍眼法採下用梅鹵浸一宿取出曬乾用火焙之以核乾硬為度如荔枝法收藏之成朶乾者名龍眼錦東坡詩云龍眼與荔枝異出同父祖端如柑與橘未易相可否夫龍眼與荔枝齊名味亦甚美登盤俎而充歲貢稱於魏文之詔詠於左思之賦又豈凡果之可比哉故附穀譜荔枝之後

百穀譜八

果屬

橄欖 餘甘子附

橄欖生嶺南及閩廣州郡性畏寒江浙難種樹大數圍實長寸許形如訶子而無稜瓣其子先生者向下後生者漸高有野生者樹峻不可梯緣但刻其根方寸許內鹽於其中一夕子皆自落蜜藏極甜生啖及煮食之並

消酒解諸毒誤食鯸鮐魚肝迷悶欲死者飲其汁立解以其木作楫撥著魚皆浮出物之相畏有如此者此果南人尤重之可作茶果其味苦酸而澁食久味方回甘故昔人名為諫果然消酒解毒亦果中之有益於人者

餘甘惟泉州有之乃深山窮谷自生之物非人家所種其樹稍高其子核形又如梅實兩頭銳始嚼味酸澁飲水乃甘九月採比之橄欖酷相似以蜜藏之亦佳劉彥沖詩云炎方橄欖佳餘甘豈苗裔風姿雖小殊氣韻乃

酷似騂顔澁吻餘髣髴清甘至俟門收寸長粉骨成珍劑誠哉言也

石榴

石榴一名若榴一名丹若舊不著所出州土陸璣云張騫使西域得塗林安石榴種今人稱為海榴以產海外也中原河陰者最佳榴實有二種其子一紅如瑪瑙一白如水晶莊布詩云鸚鵡啄殘紅豆顆此言紅榴也皮日休詩云嚼破水晶千萬粒此言白榴也然花不出於

紅黃味不出乎甘酸爾甘者可餐多食亦損肺道家謂之三尸酒云三尸得此果則醉酸者皮堪入藥染墨亦良夏則花實秋後則摘以充盤果多則可窨藏榴之法取其實者有稜角者用熱湯微泡置之新甕瓶中久而而不損若圓者則不可留留亦壞爛榴房比他果最為多子北齊高延宗納妃妃母宋氏薦石榴蓋取其房中多子之義北人以榴子作汁加蜜為飲漿以代盃茗甘酸之味亦可取焉

木瓜

木瓜爾雅曰楙注曰實如小瓜酢可食詩曰投我以木瓜毛公曰楙也疏義曰楙葉似柰實如小瓤瓜上黃似著粉山陰蘭亭尤多西京亦有之而宣城者為佳宣城人種蒔最謹始實則簇紙花薄其上夜露日暴漸而變紅花文如生本州以充土貢故有天下宣城花木瓜之稱木瓜種子及栽皆得壓枝亦生栽種與桃李同法秋社前後移栽至次年率多結實勝春栽者凡食啖勿誤

取和圓子其色樣外形真似木瓜但木瓜皮薄微赤黃香甘酸而不澁向裏子頭尖一面方若和圓子則微黃蔕麄子小圓味澁微酸傷人氣不可不辨此物入肝益筋與血入藥絕有功病腰腎脚膝者服食不宜闕以蜜漬食亦甚益人（蜜漬之法先切去皮煮令熟著水中拔去酸味却以蜜熬成煎藏之）又宜去子爛蒸擂作泥入蜜與薑作煎飲用冬月尤美夫木瓜得木之正故入筋試以鉛霜塗之則失酸味受金之制也五行相尅之義於此蓋亦可驗此果既能愈疾又

宜飲啖蕉用有益誠可貴焉

銀杏

銀杏之得名以其實之白一名鴨脚取其葉之似其木多歷年歲其大或至連抱可作棟梁夫樹有雌雄之異種時須合種之臨池而種照影成實春分前後移栽先掘深坑水攪成稀泥然後下栽子掘取時連土封用草包或麻繩纏束則不致碎破土封其子至秋而熟初收時小兒不宜食食則昏霍惟炮煮作顆食為美以澣油

甚良顆如綠李積而腐之惟取其核即銀杏也梅聖俞詩云北人見鴨脚南人見胡桃識内不識外疑若橡栗鞴正謂是耳今人以其多而易得往往賤之然絳囊入貢玉椀薦酒其初名價亦豈減於蒲萄安石榴哉

橘 附柑

橘生南山川谷及江浙荆襄皆有之木高可丈許刺出於莖間夏初生白花至冬實黄禹貢曰厥包橘柚錫貢注云大曰柚小曰橘然自是兩種郭璞云柚似橙而大於橘北地無此種故橘逾淮而成枳地氣使然也橘有數種有綠橘有紅橘有蜜橘有金橘而洞庭橘為勝今充土貢種植之法種子及栽皆可枳樹截接或掇栽尤易成但宜於肥地種之冬收實後須以火糞培壅則明年花實俱茂乾旱時以米泔灌溉則實不損落惟皮與核堪入藥用皮之陳者最良又宜作食料其肉味甘酸食之多痰不益人以蜜煎之為煎則佳食貨志云蜀漢江陵千樹橘其人與千户侯等夫橘南方之珍果味則

可口皮核愈疾近升盤俎遠備方物而種植之獲利又倍焉其利世益人故非可與他果同日語也柑甘也橘之甘者也莖葉無異於橘但無刺為異耳種植與橘同法生江漢唐鄧間而泥山者名乳柑地不彌一里所其柑大倍常皮薄味珍脉不粘瓣食不留滓一顆之核纔一二間有全無者然又有生枝柑有郭柑有海紅柑有衢柑雖品不同而温台之柑最良歲充土貢焉江浙之間種之甚廣利亦殊博昔李衡於武陵龍陽洲上種柑

千樹謂其子曰吾州里有千頭木奴不責汝衣食歲上一疋絹亦足用矣及柑成歲輸絹數千疋故史游急就篇註云木奴千無凶年蓋言可以市易穀帛也柑之大者擘破氣如霜霧故老杜云破柑霜落爪是也庾肩吾云王逸為賦取對荔枝張衡製辭用連石蜜足使萍實非甜蒲萄猶餲其貴重如此

橙

橙似橘樹而有刺葉大而形圓大於橘皮甚香厚而皺

其瓤味酸不堪食以瓤洗去酸汁細切和蜜鹽煎成煎食之亦佳唐鄧間多有之江南尤甚北地亦無此種今人取橙皮合湯香味殊美栽植無異於橘而其香則橘又不得比焉劉彦沖詩云橙橘甘酸各有能南包橘柚不同升果中亦抱遺才歎有客攀條氣拂膺昔人橙詩云吴姬三日手猶香故橙之為果可以熏袖可以芼鮮可以漬蜜真佳實也

櫨子

櫨梨之小者爾雅云櫨似梨而酢澁陶隱居注本草木瓜條乃云木瓜利筋脛又有榠櫨大而黄可進酒去痰櫨子澁斷痢禮記云柤梨曰攢之鄭公不識櫨乃云是梨之不臧者然淮南子曰樹柤梨橘食之則美嗅之則香莊子曰柤梨橘柚皆可於口者蓋古人以櫨列於名果今人罕食之耳西川唐鄧多種此亦足濟用然櫨味比之梨與木瓜雖為稍劣而以之入蜜作湯煎則香美過之亦可珍也

農書卷九

欽定四庫全書

農書卷十

百穀譜九　　元　王禎　撰

竹木

竹 筍附

種竹宜高平之地近山阜尤是所宜下田得水即死黃白軟土為良正月二月中斸取西南引根并莖芟去葉於園內東北角種之令坑深二尺許覆土厚五寸竹性愛向西南引故於園東北角種之數歲之後自當滿園諺云東家種竹西家治地為滋蔓而來生也其居東北角者老竹種不生生亦不能滋茂故須取其西南引少根也稻麥糠糞之二糠各自堪糞不令和雜不用水澆澆則淹死勿令六畜入園三月食淡竹筍四月五月食苦竹筍其欲作器者經年乃堪殺未經年者軟未成也移竹多用辰日又用臘月非此時移栽則不活惟五月十三日謂之竹醉日又謂之竹迷日栽竹則茂盛種竹宜去梢葉作稀泥於坑中下竹栽以土覆之杵築定勿令脚踏土厚五寸竹忌手把及洗手面脂水澆著即枯死月庵種竹法深闊

掘溝以乾馬糞和細泥填高一尺無馬糞礱糠亦得夏月稀冬月稠然後種竹須三四莖作一叢亦須土鬆淺種不可增土於株上泥若用钁打實則筍不生夢溪云種竹但林外取向陽者向北而栽蓋根無不向南必用雨下遇火日及有西風則不可花木亦然諺云栽竹無時雨下便移多留宿土記取南枝志林云竹有雌雄雌者多筍故種竹常擇雌者物不逃於陰陽可不信哉凡欲識雌雄當自根上第一枝觀之有雙枝者乃為雌竹獨枝者為雄竹若竹有花輒槁死花結實如稗謂之竹米一竿如此久之則舉林皆然其治之之法於初米時擇一竿稍大者截去近根三尺許通其節以糞實之則止鎖碎錄云引竹法隔籬埋貍或猫於牆下明年筍自迸出竹以三伏內及臘月中斫者不蛀一云用血忌日

筍陸佃云字從勹從日包之日為筍解之日為竹又曰字從竹從旬旬內為筍旬外為竹也採筍之法視其叢中斜密者芟取之竹鞭方行處不宜採採則竹不繁

採時可避露日出後掘深土取之半折取鞭根旋得投窰器中以油單覆之勿令見風風吹則堅筍味甘美有毒惟香油與薑能殺其毒煮宜久熟生則損人然食品之中最為珍貴故禮云加豆之實筍菹魚醢詩云其蔌伊何維筍及蒲蓋貴之也

松 杉栢檜附

事類全書云栽松春社前帶土栽培百株百活舍此時決無生理也斫松木須五更初便削去皮則無白蟻血

忌日尤好山人斫老松根取松明然之以代油燭亦貧家之利挿杉用驚蟄前後五日斬新枝斸阬入枝下泥杵緊相視天陰即挿遇雨十分生無雨即有分數種松栢法八九月中擇成熟松子栢子同去臺收頓至來春春分時甜水浸子十日治畦下水土糞漫撒子於畦内如種菜法或單排點種上覆土厚二指許畦上搭短棚蔽日旱則頻澆常令濕潤至秋後去棚長高四五寸十月中夾薥稭籬以禦北風畦内亂撒麥糠覆樹令梢上厚二三寸止南方宜微蓋至穀雨前後手爬去麥糠澆之次冬封蓋亦如此二年之後三月中帶土移栽先擬區用糞土相合内區中水調成稀泥植栽於内擁土令區滿下水塌實毋用杵築脚踏次日有裂縫處以脚躡合常澆令濕至十月祛倒以土覆藏毋使露樹至春去土次年不須覆栽大樹者於三月中移廣留根土謂如一丈樹留土三尺地遠移者二尺五寸一丈五尺樹留土三尺或三尺五寸用草繩纏束根土樹大者從下剸去枝三二層樹記南北運至區處栽如前法檜種如松

法挿枝二三月檜芽蘖動時先熟斸黄土地成畦下水飲畦一遍滲定再下水候成泥漿斫下細如小指檜枝長一尺五寸許下削成馬耳狀先以杖刺泥成孔挿檜枝於孔中深五七寸以上栽宜稠密常澆令潤澤上搭矮棚蔽日至冬換作暖廕次年二三月去後候樹高移栽如松栢法

榆

榆白枌也榆曰蘬莖直切之詩所謂山有榆是也榆性扇

地其陰下五穀不植隨其高下廣狹東西北三方所扇各與樹等種者宜於園地北畔秋耕令熟至春榆荚落時收取漫散犂細畊勞之明年正月初附地芟殺以草覆上放火燒之一根上必十數條俱生留一根強者餘悉掐去之一歲之中長八九尺矣不燒則長遲也後年正月二月移栽之初生即移者喜曲故須叢林長之三年乃移種初生三年不用採葉尤忌戕心戕心則科茹不長更須依法燒之則依前茂矣不用剥沐剥者長而細又多瘢痕不剥雖短麤而無病諺曰不剥不沐十年成轂言易麤也必欲剥者宜留二寸許於壍阬中種者以陳屋草布壍上散榆荚於草上以土覆

之燒亦如法陳草速朽肥良勝糞無陳草者用糞糞之亦佳不糞雖生而瘦既栽移者燒亦如法也又種榆法其於地畔種者致雀損穀既非叢林率多曲戾不如割地一方種之其白土薄地不宜五穀者唯宜榆地須近市賣柴炭葉省功也白榆梜榆刺榆凡榆三種色別種之勿令和雜梜榆荚葉味苦凡榆荚味甘甘者春時將煑賣是以須別也耕地收荚一如前法先耕地作壟然後散榆荚壟者看科理又易五寸一荚稀概得中散訖勞之榆生共草俱長未須科理明年正月附地芟殺放火燒之亦任生長又至明年正月斸去惡者其一株上有七八根生者悉皆斫去唯留一根麤直好者三年春可將荚葉賣之五年之後便堪作椽不梜者即可斫賣梜者鏇作盞十年之後魁椀瓶榼器皿無所不任十五年後中為車轂及蒲桃瓮崔寔曰二月榆荚成及青收乾以為旨蓄旨美也蓄積也收青荚小蒸爆之至冬以釀酒滑香宜養老詩云我有旨蓄亦以御冬色變白將落可作醔𨡓醔音牟𨡓音頭即榆醬也能助肺殺諸蟲下氣隨節早晏勿失其適榆葉曝乾擣羅為末鹽水調勻日中炙曝天寒於火上熬過拌菜

食之味頗辛美榆皮去上皺澀乾枯者將中間嫩處剉乾磑為粉當歉歲亦可代食昔豐沛歲飢民以榆皮作屑煑食之人賴以濟焉

柳

說文曰柳小楊也從木丣聲種柳以正月二月中取弱柳枝大如臂長一尺半燒下頭二三寸埋之令沒常足水以澆之必數條俱生留一根茂者餘悉掐之別豎一柱以為依主以繩欄之若不欄必為風所推不能自立一年中即高一丈餘

其旁生枝葉即掐去令宜聳上高下任人取足便掐去正心即四散下垂婀娜可愛（如不掐心則枝不四散或卬或曲生亦不佳也）六七月中取春生少枝種則長倍疾（少枝葉青色壯故長疾也）種綿柳下田停水不得五穀之處及山澗河旁至春凍釋於山陂河坎之旁刈取箕柳三寸截之漫散即勞勞訖引水停之至秋収刈任為箕箱之類（山柳赤而脆河柳白而韌）憑柳可以為楯車輞雜材及椀陶朱公曰種柳千樹則足柴又堪屋材十年以後髡一樹得一載每歲髡二百樹五年一周其材用柴薪不可勝用

柞（附楝）

柞爾雅云栩杼也注云柞樹案俗人呼杼為橡子以橡殻為杼斗以剜剜似斗故也橡子儉歲可食者為飯豐年放猪食之可以致肥也宜於山阜之曲三徧熟耕漫散橡子即再勞之生則薅治常令淨潔一定不移十年之中逆順各一到㽃中寬狹正似蔥壟從五月初盡七月末每天雨時即觸雨折取春生少枝長一尺已上者揷著壟中二尺一根數日即生少枝長疾三歲成椽比如餘木雖微脆亦足堪事歲種三十畝三年種九十畝歲賣三十畝終歲無窮　楝（音練）説文曰苦楝木也鵷雛食其實以楝子於平田耕熟作壟種之其長甚疾五年後可作大椽北方人家欲構堂閣先於三五年前種之其堂閣欲成則楝木可椽

榖楮

説文云榖者楮也有二種一種皮有斑花文謂之斑榖

今人用為冠者一種皮白無花枝葉相類或云斑者是楮白者是榖楮宜澗谷間種之地欲極良秋上候楮子熟時多収淨淘曝令燥耕地令熟二月耬耩之和麻子漫散之即勞秋冬仍留麻勿刈為楮作暖（若不和麻子種率多凍死）明年正月初附地芟殺放火燒之一歲即没人（不燒者瘦而長亦遲）三年便中斫（未滿三年者皮薄不任用）斫法十二月為上四月次之（非此兩月而斫者楮多枯死也）每歲正月常放火燒之（自有乾葉在地足得火爇不燒則不滋茂也）二月中間劚去惡根移栽者二月蒔之亦三

年一斫三年不斫者徒失錢無益也捎地賣者省功而利少煑剥賣皮者雖勞而利大其柴足以供燃自能造紙其利又多種三十畝者歲斫十畝三年一遍歲収絹百匹南方鄉人以穀皮作衾甚堅好糶之實為貧家之利焉

皂莢

皂莢有二種生雍州川谷及魯鄒縣今處處有之如猪牙者良其角亦有長尺一二寸者種者二三月種不結角者南北二面去地一尺鑽孔用木釘釘之泥封竅即

結或云樹不結鑿一大孔入生鐵三五斤以泥封之便開花結子既實以篾束其本數匝木楔之一夕自落用以洗垢滌膩最良角與刺俱堪入藥亦物之利益於世者

葦附荻

葦爾雅云蒹葭蘆葦也荻一名菼説文曰蘆荻也葦四月苗高尺許選好家葦連根栽成土墩如碗口大於下濕地内掘區栽之縱横相去一二尺欲疾得力則密栽至冬放火燒過次年春芽出便成好葦十月後刈之一法二月熟耕地作壟取根卧栽以土覆之次年成葦又壓栽法其葦長時掘地成渠將莖按倒以土壓之露其梢凡葉向上者亦植令出土下便生根上便成笋與壓桑無異五年之後根交當隔一尺許斸一钁即滋旺矣荻栽與葦同呂氏春秋云季秋之月命虞人材葦供國郭璞傳云不宜焚荻地理志云名山大川不封蓋欲與民同利也以是觀之葦荻雖微物亦可以供國利民如此

漆

漆樹皮白葉似椿花如槐子今處處有之而梁蜀者為勝春分前後移栽後樹高六七月以剛斧斫其皮開以竹管承之汁滴則成漆用漆在燥熱及霜冷時則難乾得陰濕雖寒月亦易乾物之性也若霑漬人以油治之凡驗惟稀者以物蘸起細而不斷斷而急収起及塗於乾竹上蔭之速乾者乃佳樊宏父嘗欲作器物先種梓漆時人嗤之積以歲月皆得其用向之笑者皆求假焉

貲至鉅萬蓋漆易成而利博故也

百穀譜十

雜類

苧麻

苧麻有二種一種紫麻一種白苧其根舊不載所出州土本南方之物近河南亦多藝之不可以風土所宜例論也皮可以績布苗高七八尺葉如楮葉面或青或紫背則皆白有短毛夏秋間著細穗青花其根黃白而輕

虛又有一種山苧亦頗相似農桑輯要云栽種苧麻法三四月種子者初用沙薄地為上兩和地為次園圃內種之如無園者瀕河處亦得先倒斸地一二遍然後作畦闊半步長四步再斸一遍用濕潤畦土半升子粒一合相和勻撒子一合可種六七畦撒畢不用土覆土覆則不出於畦內用極細梢杖三四根撥刺令平可畦搭二三尺高棚上用細箔遮蓋五六月炎熱時箔上用苫加覆惟要陰密不致曬死稍乾用炊帚細灑水於棚上常令其下濕潤如遇天陰及早夜撤去覆箔苗出有草即拔苗高三指不須用棚如地稍乾用微水輕澆約長三寸却擇比前稍壯地別作畦移栽臨移時隔宿先將有苗畦澆過明早亦將做下空畦澆過將苧麻苗用刀器帶土撅出轉移在內相離四寸一栽務要頻鋤三五日一澆如此愛護二十日後十日半月一澆至十月後用驢馬生糞厚蓋按陸機草木疏云苧一科數十莖宿根在地中至春自生不須栽種荊揚間歲三刈每刈時

須根傍小芽出土高五分其大麻即可割大麻既割小麻榮長即是下次再割麻也大麻不割不惟小芽不旺又失已成之麻大約五月初一鐮六月半一鐮八月一鐮鐮畢剝取其皮用竹刀或鐵刀從梢分批開用手剝下皮即以刀刮其白瓤其浮上皺皮自去其漚暴之法刮製之具亦嘗具述（見農器圖譜）若值陰雨即於屋底風道內搭涼（去聲）棚恐經雨黑漬故也或又謂孕婦胎損方所須又主白丹濃煮水浴之日四三瘥韋宙療癰疽發背初

覺未成膿者以苧根葉熟擣敷上日夜數易之腫消則瘥矣夫苧初種若成宿根自在土培之糞壅之又加以鋤治之工有三刈之可收實一勞而永利按之本草根葉亦足療人績為布衣寒暑俱可被體其利溥哉

木綿

木綿一名吉貝穀雨前後種之立秋時隨獲所收其花黃如葵其根獨而直其樹不貴乎高長其枝榦貴乎繁衍不由宿根而出以子撒種而生所種之子初收者未

實近霜者又不可用惟中間時月收者為上須經日曬燥帶綿收貯臨種者再曬旋碾即下其種本南海諸國所産後福建諸縣皆有近江東陝右亦多種滋茂繁盛與本土無異種之則深荷其利悠悠之論率以風土不宜為說按農桑輯要云雖托之風土種藝不謹者有之種藝雖謹不得其法者有之信哉言也夫種木綿擇兩和地不下濕肥地於正月地氣透時深耕三遍擺盖調熟然後作成畦畛每畦長八步闊一步内半步作畦背上堆積土至穀雨前後揀好天氣日下種先一日將已成畦畛連澆三次用水淘過子粒堆於濕地上用少灰搓得伶俐看稀稠撒於澆過畦内將元起出覆土覆厚一指再勿澆待六七月苗長齊時旱則澆溉鋤治常要潔淨稠則移栽稀則不須每步只留兩苗稠則不結實苗髙二尺之上打去衝天心傍條長尺半亦打去心葉葉不空開花結實直待綿欲落時旋熟旋摘隨即攤於箔上日曝夜露待子粒乾取下製造（其器用見農器圖譜）夫木綿

為物種植不奪於農時滋培易為於人力接續開花而成實可謂不蠶而綿不麻而布又兼代氈毯之用以補衣褐之費可謂兼南北之利也

檾

檾（卯頴切） 說文云枲屬從𣏟熒省聲𣏟匹刃切麻片也爾雅翼檾髙四五尺或六七尺葉似苧而薄實如大麻子或作蹟周禮典枲麻草注草葛蹟也集韻或作苘當從𣏟非從林也檾種與麻同法但科行頗稀其長也如竹

葉大如扇上圍如蓋花黄結子蓬如橡斗然與黄麻同時熟刈作小束池内漚之爛去青皮取其麻片潔白如雪耐水不爛可織為毯被及作汲綆牛索或任牛衣雨衣草覆等具農家歲歲不可無者

茶

茶經云一曰茶二曰檟三曰蔎（音舒列切）四曰茗五曰荈（音舛）早採曰茶次曰檟又其次曰蔎晚曰茗至荈則老葉矣蓋以早為貴也爾雅云檟苦茶（注云樹似梔子早採為茶晚曰茗蜀人名苦茶）

六經中無茶字蓋茶即荼也詩云誰謂荼苦其甘如薺以其苦而甘味也閩浙蜀荆江湖淮南皆有之惟建溪北苑所產為勝四時類要云茶熟時收取子和濕土拌勻筐籠盛之穰草蓋覆不即凍死不生至二月中出種之樹下或北陰之地開坎圓三尺深一尺熟斸著糞土每坑中種六七十顆畏日宜桑下竹陰地種子二年外方可芸治微以火糞薄壅之多則傷根峻坡為宜平地則兩畔深溝以洩水水浸即死種之三年即收其利此種藝之法茶之為物釋滯去垢破睡除煩功則著矣其或採造藏貯之無法碾焙煎試之失宜則雖建芽浙茗祇為常品故採之宜早率以清明穀雨前者為佳過此不及然茶之美者質良而植茂新芽一發便長寸餘其細如針斯為上品如雀舌麥顆特次材耳採訖以甑微蒸生熟得所（生則味澀熟則味減）蒸已用筐箔薄攤乘濕略揉之入焙勻佈火烘令乾勿使焦編竹為焙裹箬覆之以收火氣茶性畏濕故宜箬收藏者必以箬籠剪箬雜貯之

則久而不浥宜置頓高處令常近火為佳凡煎試須用活水活火烹之故東坡云活水仍將活火烹者是也活水謂山泉水為上江水次之井水為下活火謂炭火之有焰者當使湯無妄沸始則蟹眼中則魚目纍然如珠終則泉湧皷浪此候湯之法非活火不能爾東坡云蟹眼已過魚眼生颼颼欲作松風聲盡之矣茶之用有三曰茗茶曰末茶曰蠟茶凡茗煎者擇嫩芽先以湯泡去熏氣以湯煎飲之今南方多效此然末子茶尤妙先焙

芽令燥入磨細碾以供點試凡點湯多茶少則雲脚散湯少茶多則粥面聚鈔茶一錢七先注湯調極勻又添注入廻環擊拂視其色鮮白著盞無水痕為度其茶既甘而滑南方雖産茶而識此法者甚少蠟茶最貴而製作亦不凡擇上等嫩芽細碾入羅雜腦子諸香膏油調齊如法印作餅子製樣任巧候乾仍以香膏油潤飾之其製有大小龍團帶胯之異此品惟充貢獻民間罕見之始于宋丁晋公成於蔡端明間有他造者色香味俱

不及蠟茶珍藏既久點時先用温水微漬去膏油以紙裹槌碎用茶鈐微炙旋入碾羅（旋碾則色白經宿則色昏新者不用漬）茶鈐屈金鐵為之砧用石椎用木茶之用芼梗桃松實脂麻杏仁栗任用雖失正味亦供咀嚼然茶性冷多飲則能消陽山谷益以薑鹽煎飲其亦以是歟因併及之夫茶靈草也種之則利博飲之則神清上而王公貴人之所尚下而小夫賤隸之所不可闕誠民生日用之所資國家課利之一助也

枸杞

枸杞爾雅云枸杞檵注云枸杞也詩云集于芑杞疏云一名地骨春夏採葉秋採莖實冬採根枸杞千歲其形如犬朱孺子幼事道士王元正居大若巖汲于溪見二花犬因逐之入于枸杞叢下掘之根形如二犬食之忽覺身輕種枸杞法秋冬間収子淨洗日乾春耕熟地作畦闊五寸紐草稕如臂大置畦中以泥塗草稕上然後種子以細土及牛糞蓋令徧苗出頻水澆之又可挿種

葉作菜食子根入藥輕身益氣諺云去家千里勿食蘿摩枸杞言其補精氣也

種紫草

紫草爾雅謂之藐廣雅謂之茈莀苗似蘭香節青種紫草宜黃白軟良之地青沙地亦善開荒黍穄下大佳性不耐水必須高田秋耕地至春又轉耕之三月種之耬耩地逐壠手下子（良田一畝用子二升薄田用子三升）下訖勞之鋤如穀法潔淨為佳其壠底草則拔之（壠底用鋤則傷紫草）九月中子熟

刈之候桴（芳蒲反）燥載聚打去子（濕載子則浥鬱）即深細耕（不細不深則失草矣）尋壠以杷耬取整理（收草宜併手力速竟為良遇雨則損草也）一把隨以茅結之（擘葛彌善）四把為一頭當日則斬齊顛倒十重許為長行置堅平之地以板石鎮之令扁（濕鎮直而長燥鎮則碎折不鎮賣難售也）兩三宿豎頭著日中曝之令浥浥然（不曬則鬱黑太燥則碎折）五十頭作一洪（洪十字大頭向外以葛縺絡）著廠屋下陰涼處棚棧上其棚下勿使驢馬糞及人溺又忌烟皆令草失色其利勝藍若欲久停者入五月內著屋中閉戶塞向密

泥勿使風入漏氣過立秋然後開出草色不異若經夏在棚棧上草便變黑不復任用種訖拖瓶擺之或以輕鈋碾過秋深子熟傍去其土連根取出就地鋪穧頗乾輕振其土以茅葉束切去虛稍以之染紫其色殊美

紅花

紅花一名黃藍葉頗似藍故有藍名生於西域張騫所得今處處有之（花地欲得良熟二月末三月初種也）種法欲雨後速下或漫散種或樓下一如種麻法亦有鋤培而掩種者子科

[下半頁]

大而易料理花出日日乘涼摘取（不摘則乾）摘必須盡（留餘即合）五月子熟拔曝令乾打取之（子亦不用鬱浥）五月種晚花（春初即留子入五月便種若待新花熟後取子則又晚也）七月中摘深色鮮明耐久不黦（紆物反色壞也）勝春種者收子與麻子同價既任車脂亦堪為燭一頃花日須百人摘以一家手力十不充一但駕車地頭每旦當有小兒僮女十百為羣自來分摘正須平量中半分是以單夫隻婦亦得多種曬紅花法摘取即碓擣使熟以水淘布袋絞去黃汁更擣以栗飯漿清而

醋者淘之又以布袋絞去汁即收取染紅勿棄也絞訖著瓮器中以布蓋上鷄鳴更擣令均於席上攤而曝乾（勝作餅花作餅者不得乾令花浥鬱也）以染真紅及作臙脂其利殊博也

藍

藍染草也爾雅云葴馬藍藍有蓼種有木藍有松藍可以為澱者有蓼藍但可染碧不堪作澱藍一本而有數色刮竹青綠雲碧青藍黃豈非青出於藍而青於藍者乎種藍之法藍地欲良三徧細耕三月中浸子令芽生

乃畦種之治畦下水一同葵法藍三葉澆之（晨夜再澆）薅治令淨五月中新雨後即接濕耧耩拔栽之三莖作一科相去八寸（栽時宜併力急手無令地燥也）白背即急鋤（栽時既濕白背不即鋤則堅确也）五徧為良七月中作藍澱崔寔曰榆莢落時可種藍五月可刈藍六月可種冬藍（冬藍木藍也）藍非獨可染青紋其汁飲之能解虫豸諸藥等毒不可闕也

百穀譜十一

飲食類（案飲食類內尚有虫七月詩說食時五觀二篇今皆軼去止存備荒論一篇）

備荒論

蓋聞天災流行國家代有堯有九年之水湯有七年之旱雖二聖人亦不能逃其適至之數也春秋二百四十二年書大有年僅二而水旱螽蝗屢書不絕然則年穀之豐蓋亦罕見為民父母者當為思患豫防之計故古者三年耕必有一年之食九年耕必有三年之食以三十年之通制國用雖有旱乾水溢而民無菜色者蓄積多而備先具也其蓄積之法北方高亢多粟宜用竇窖可以久藏南方墊濕多稻宜用倉廩亦可歷遠年（倉廩竇窖詳見農器譜）其備旱荒之法則莫如區田區田者起自湯旱時伊尹所制斸地為區布種而灌溉之救水荒之法莫如櫃田櫃田者於下澤沮洳之地四圍築土形高如櫃種藝其中水多浸溢則用水車出之可種黃綠稻地形高處亦可陸種諸物（區田櫃田詳見農器譜）此皆救水旱永遠之計也備蟲荒之法惟捕之乃不為災然蝗之所至凡草木葉靡有遺者獨不食芋桑與水中菱芡宜廣種此其餘則果食之脯米豆之麨棲於山者有葛粉（取葛根肉為粉）蕨

萁（取蕨根擣碎以水淘汰澄粉為萁）蒟蒻橡栗之利瀕於水者有魚鱉蝦蟹蛤螺芹藻之饒皆可以濟飢救儉其或懷金立鵠易子炊骸荒饑之極則辟穀之法亦可用之辟穀方者出於晉惠帝時黃門侍郎劉景先遇太白山隱士所傳曾見石本後人用之多驗今錄于此昔晉惠帝時永寧二年黃門侍郎劉景先表奏臣遇太白山隱士傳濟飢辟穀僊方上進言臣家大小七十餘口更不食別物惟

水一色若不如斯臣一家甘受刑戮今將真方鏤板廣傳見下大豆五斗淨淘洗蒸三遍去皮又用大麻子三斗浸一宿漉出蒸三遍令口開右件二味豆黄擣為末麻仁亦細擣漸下豆黄同擣令匀作團子如拳大入甑内蒸從初更進火蒸至夜半子時住火直至寅時出甑午時曬乾擣為末乾服之以飽為度不得食一切物第一頓得七日不飢第二頓得四十九日不飢第三頓得三百日不飢第四頓得二千四百日不飢更不服永不

飢也不問老少但依法服食令人强壯容貌紅白永不憔悴渴即研大麻子湯飲之轉更滋潤臟腑若要重喫物用葵子三合許為末煎冷服取下其藥如金色任喫諸物並無所損前知隨州朱頌教民用之有驗序其首尾勒石于漢陽軍大別山太平興國寺又傳寫方用黑豆五斗淘淨蒸三遍曬乾去皮細末秋麻子三斗溫浸一宿去皮曬乾為細末細糯米三斗做粥熟和擣前二味為劑右件三味合擣作團如拳大入甑中蒸一宿從

一更發火蒸至寅時日出方才取出甑曬至日午令乾再擣為末用小棗五斗煮去皮核同前三味為劑如拳頭大再入甑中蒸一夜服之以飽為度如渴者淘麻子水飲之便更滋潤臟腑無芝麻汁白湯亦得少飲不得別食一切之物又許真君方武當山李道人傳累試有驗避難歇食方用白麪六兩黄蠟三兩白膠香五兩右件將麪冷水煉令熟如打麪一同然後為圓如黑豆大日曬乾再將蠟溶成汁了將圓子投入内打令匀候冷

單子裹安在淨處如服時每日早晨空心可服三五十丸冷水嚥下不得熱食如要喫物任意不妨又服蒼朮方用蒼朮一斤好白芝麻香油半斤右件將朮用白米泔浸一宿取出切成片子前香油炒令熟用瓶盛取每日空心服一撮用冷水湯嚥下大能壯氣駐顏色辟邪又能行履飢即服之詳此數方其間所用品味雖不出乎穀而民間亦難卒得若官中預蓄品味饑歲荒年給賜飢民無資糧賑濟之勞而可延餓殍時月之命實益

世之方安可秘而不流傳哉

農書卷十

欽定四庫全書

農書卷十一

元 王禎 撰

農器圖譜一

田制門

農器圖譜首以田制命篇者何也蓋器非田不作田非器不成周禮遂人凡治野以土宜教甿稼穡而後以時器勸甿命篇之義遵所自也夫禹別九州其田壤之法固多不同而稷教五穀則樹藝之方亦隨以異故皆以人力器用所成者書之各有科等用列諸篇之右其篇目特以耤田為冠示勸天下之農也然雖有鎡基不如待時乃以授時圖正之庶耕殖者無先後之失云

耤田天子親耕之田也古者耤田千畝天子親耕用供郊廟齍（音粢）盛（平聲）躬勸天下之農耤之言借也王一耕之庶人耘耔以終之謂借民力成之也詩春耤田而祈社稷禮月令孟春之月天子乃以元日（謂上辛郊祭天也）祈穀于上帝乃擇元辰（郊後吉辰也）天子親載耒耜措之于參保介（保介車右人君之車必使勇士衣甲居右而參乘以備非常也）之御間帥三公九卿諸侯大夫躬耕帝耤天子三推三公五推卿諸侯九推反執爵于太寢三公九卿諸侯大夫皆御命曰勞（去聲）酒周禮內宰詔后帥六宮之人生穜稑之種以獻於王使後宮藏種而又生之天官甸師掌帥其屬（府史胥徒也）而耕王耤以時入之以供齍（音粢）盛（平聲）至漢文帝開耤田置令丞春始東耕景帝詔朕親耕以奉宗廟粢盛為天下先武帝制策曰今朕親耕以為農先昭帝耕于鈎盾弄田明帝東巡耕于下邳章帝北巡耕於懷縣魏氏天子親耕於耤晉武帝耕于東郊共祀訓農宋文帝制千畝親耕齊武帝載耒耜躬耕梁初依宋禮後魏太武帝祭先農

而後耕北齊耕耤於帝城隋制耤壇行禮播植以擬齍盛唐太宗致祭先農耤于千畝之甸元宗欲重勸耕進耕五十餘步肅宗命去耒耜彫刻晃而朱紘躬九推焉宋端拱以來有耕耤事類五卷此耤田之制歷載經史昭然可鑒欽惟聖朝丕闡皇圖講明典禮開帝耤於京畿備齍盛於郊廟先身示勸照映古今昔李蒙賦云揉為耒剡為耜取其象也遠矣農為本食為天惟其利也大焉聖人利器致豐躬親莫重乎稼穡軌物勵俗敦勸

克厚乎率先于以奉神祇昭報之誠達于以祈社稷孝享之德宣則躬耕之義也從古以然皇帝勤惟國本欽若人天所務惟農順動而取諸豫所寶惟穀時行而應乎乾洎正月之吉日將有事乎昊天列千官於近甸屯萬騎於遐阡當是時也其祭不戒而宿設其工職競以先後大禮備兮和樂陳嗇夫馳兮庶人走帝乃服葱犗秉御耦我疆我理禮正於三推必躬必親義存乎千畝四輔冢宰六卿近臣大夫師長之族都鄙華裔之人聖

有作兮萬物咸覩人胥效兮天下歸淳且圖匱者於其豐防儉者於其逸有備所以無患克勤是用終吉三推之禮廢則倉廩以之虛肆眚之恩廢則簡書以之佚欽哉欽哉能事斯畢夫然則農功可大農扈允臧以農為本兮國有常令以農率下兮人知向方亦既奉宗廟亦既備粢當一人垂訓兮萬國昌固有述於日用于胥頌美兮聲洋洋案此條所引唐肅宗命去耒耜雕刻云云考唐書係高宗乾封二年事蓋徵引之誤

又案此賦欽若人天將有事乎昊天天字韵兩押

太社

太社祭法曰王為群姓立社曰太社自立曰王社又按唐郊祀録云社壇居東面北廣五丈高五尺以五色土為之四面宮坎飾以方色稷壇在西如社之制每於春秋二仲元辰及臘各以太牢祭焉皇帝親祀則司農省牲進熟司空亞獻司農終獻案太社及下條國社皆不別繫歌詩總以後條民社下祝辭括之

國社

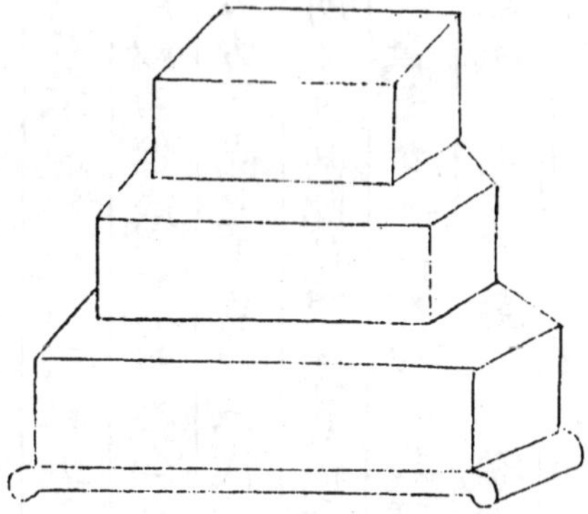

國社祭法曰諸侯為百姓立社曰國社自立社曰侯社其制度考之朱文公社稷壇記云壇方二丈五尺崇三尺其再成方面皆殺尺崇四分而去一三成方殺如之而崇不復殺用三獻禮祭以少牢今郡國祭社皆有定式此不復具載

民社

民社古有里社樹以土地所宜之木如夏后氏以松殷人以栢周人以栗莊子見櫟社樹漢高祖禱豐枌榆社唐有楓林社皆以樹為主也自朝廷至于郡縣壇壝制度皆有定例惟民有社以立神樹春秋所報莫不羣祭於此考近代祭儀前一日社正及諸社人各齋戒祭日未明三刻烹牲于廚掌饌者實祭器掌事者以席入設社神之席於神樹之下設稷神之席於神樹之西俱北面質明社正以下皆再拜讀祝禮成而退案社壇祭社

稷神之所也社五土之祇稷五穀之神稷非土無以生土非穀無以成故祭社必及稷觀先王之制其于社稷春有祈歌載芟之詩秋有報歌良耜之詩然自漢以来歷代之祭雖有不同而春秋二仲祈報皆不廢也嘗考近代祭儀社以后土勾龍氏稷以后稷氏配按社稷壇記所謂社壇必受霜露風雨以達天地之氣其表則木松栢栗是也韓詩外傳云社主以石為之准五數長五尺準陰之二數方二尺剡其上以象物方其下以象地

體埋其半以根在土中而本末均也禮考索云自天子至郡縣下逮庶人莫不通祭祝辭云社五土祇稷五穀祖土穀生成利用以叙世感載育禮從今古闕壝制壇剡石為主封以五方所尚之土表以三代所宜之樹北面而居不屋其所用達兩間陰陽寒暑仍受四時霜露風雨以相田農以穀士女去彼螟蝗介我稷黍時惟二仲祀事斯舉詩歌幽雅樂奏土鼓有酒盈觴有肴在俎神其享之願降多祜 案剡其上以象物攷韓詩外傳作以象物生蓋誤脫一字

井田

夫	夫	夫
夫	公田	夫
夫	夫	夫

萬井

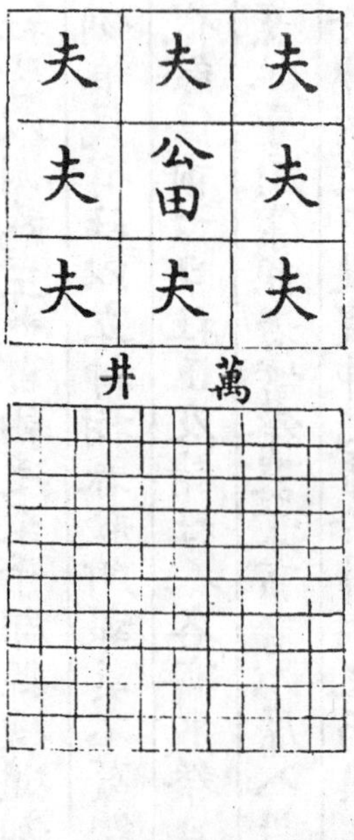

井田按古制井田九夫所治之田也鄉田同井井九百畝井十為通通十為成成十為終終十為同積為萬井九萬夫之田也井間有溝成間有洫同間有澮所以通水于川也遂人盡主其地歲出田稅各有等差以治溝洫也竊謂井田溝洫去古已遠不可復覩今按圖考譜猶得想像髣髴但後世沿革不能復古故因為賦之云井九百畝在方里中八家百畝其中為公公田共畢私事方從積而言之井十為通通十為成成十為終終十

井萬總名曰同遂人掌役田水何容溝洫畎澮距川而東盡力於此當稱禹功經界既正遂底時雍秦人一變阡陌橫縱兼并以力侵奪相雄先王舊制一掃無踪斯民失所仁政曷逢迨漢而降王伯兼崇曩固今壞今非古農戶有增耗世有汚隆治因是異法不再窮各授永業彼疆此封穿引萬水足救災凶使民奠居賦簡時豐田雖不井綽有遺風

區田

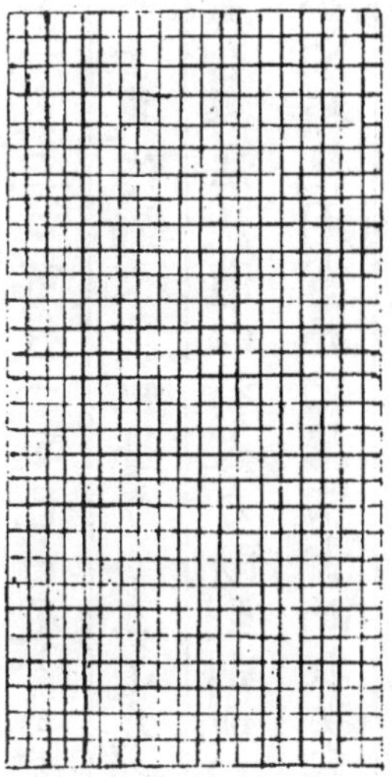

區田按舊說區田地一畝闊一十五步每步五尺計七十五尺每一行占地一尺五寸該分五十行長一十六步計八十尺每行一尺五寸該分五十三行長闊相折通二千六百五十區空一行種一行於所種行內隔一區種一區除隔空外可種六百六十二區每區深一尺用熟糞一升與區土相和布穀勻覆土以手按實令土種相着苗出看稀稠存留鋤不厭頻旱則澆灌結子時鋤土深壅其根以防大風搖擺古人依此布種每區收

穀一斗每畝可收六十六石今人學種可減半計之又參攷氾勝之書及務本新書謂湯有七年之旱伊尹作為區田教民糞種負水澆稼諸山陵傾阪及邱城上皆可為之其區當於閑時旋旋掘下正月種春大麥二三月種山藥芋子三四月種粟及大小豆八月種二麥豌豆節次為之不可貪多夫豐儉不常天之道也故君子貴思患而預防之如嚮年壬辰戊戌饑歉之際但依此法種之皆免餓殍此已試之明效也竊謂古人區種之

法本為禦旱濟時如山郡地土高仰歲歲如此種藝則可常熟惟近家瀕水為上其種不必牛犂但鑿钁墾斸又便貧難大率一家五口可種一畝已自足食家口多者隨數增加男子兼作婦人童稚量力分工定為課業各務精勤若糞治得法沃灌以時人力既到則地利自饒雖遇天災不能損耗用省而功倍田少而收多全家歲計指期可必實救貧之捷法備荒之要務也詩云昔聞伊尹相湯日救旱有方由聖智限將一畝作田規計

區六百六十二星分棊布滿方疇參錯有條相列次耕畬元不用牛犂短臿長鑱皆佃器糞腴灌溉但從宜瘦坂窮原俱美地舉家計口各輸力男女添工到童稚坎餘種耨非重勞日課同趍等娛戲菽粟藷芋雜數品辦作儲糧接充餌終年五口儘無飢倍種兼收仍不啻乂知豐歉歲不常大抵古今同一致天災莫禦自流行魃虐此時憂悉被吏民百禱竟無功稼野一枯乏秉穗令人空仰昔阿衡徒法不行誠自棄揭来學製古侯邦承忝例署兼農事帶山田少闕食多教不及民深可愧故將制度寫為圖庶使貧農窮地利會須歲歲保豐穰共享太平歌既醉

區田

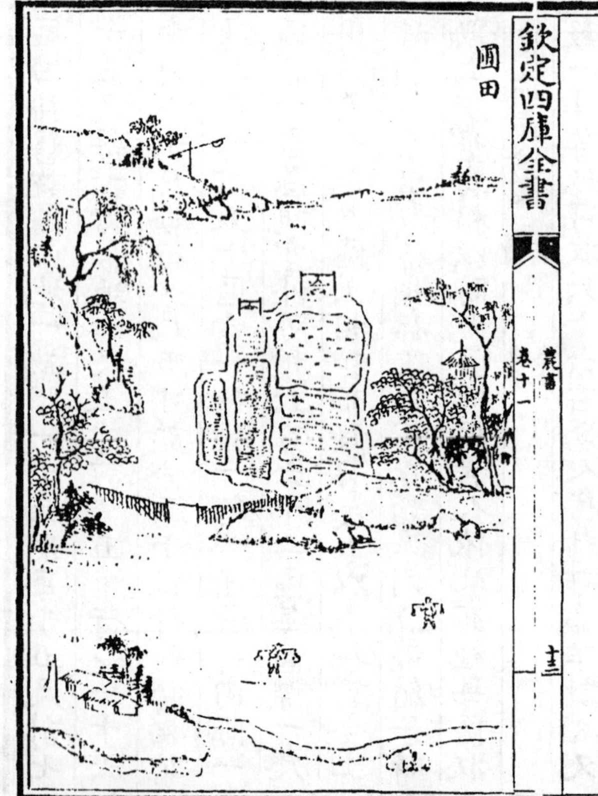

圃田種蔬果之田也周禮以場圃任園地註曰圃樹果蓏之屬其田繚以垣墻或限以籬塹負郭之間但得十畝足贍數口若稍遠城市可倍添田數至半頃而止結廬於上外周以桑課之蠶利内皆種蔬先作長生韭一二百畦時新菜二三十種惟務多取糞壤以為膏腴之本慮有天旱臨水為上否則量地鑿井以備灌溉地若稍廣又可兼種麻苧果穀等物比之常田歲利數倍此園夫之業可以代耕至於養素之士亦可托為隱所曰得供贍又有宦遊之家若無別墅就可棲身駐跡如漢陰之獨力灌畦河陽之閑居鬻蔬亦何害於助道哉詩云二頃負郭田尺土寧易取數口仰成家片產足為圃遠即加倍徙多仍防莽鹵雖云絶里閭終得並（蒲浪切）城府幽可處山隈潤宜臨水滸未始外犂鋤或亦事斤斧中可居一廛外或興百堵請學擬樊須不如聞孔父業作灌園翁籍占輸稅户作計務勤劬傭工贍貧窶水種要漸（平聲）濡糞滋饒朽腐蔬茹間（去聲）甘辛瓠瓜無苦窳芃

芃黍稷苗蔚蔚桑果樹鬻利達市廛植本入村塢界展陣圖橫區分僧衲補隨分了朝昏無心富囷庾高卧儘元龍信誣從市虎閑看穴蟻爭靜聽井蛙怒偶爾閱物情居然為地主進退綽有餘奔競耻為伍寸壤總康莊衆流獨砥柱自我結蓬茅從渠愛簪組畎畝着吾身乾坤留此土陵谷幾變遷耕鑿一今古四序轉軒楹八表際庭宇造境到羲炎逢時知舜禹柴荆敞昏夜桔槔憩煙雨俱同動植甦黍與（音預）膏澤溥斗酒一醉歡槃飧衆美聚口腹粗能甘身形不知苦養生誠足嘉報本非敢侮五土既有神百穀豈無祖齋祭奏豳詩歲時鳴土鼓不離農務中是用紀圖譜

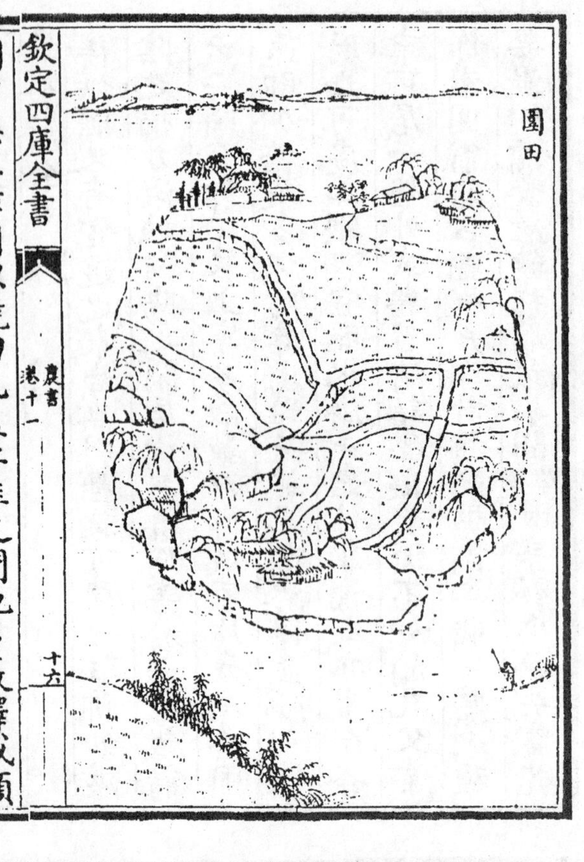

圍田築土作圍以繞田也盖江淮之間地多藪澤或瀕水不時渰沒妨于耕種其有力之家度視地形築土作堤環而不斷內容頃畝千百皆為稼地後值諸將屯戍因令兵衆分工起土亦傚此制故官民異屬復有圩田謂疊為圩岸扞護外水與此相類雖有水旱皆可救禦凡一熟之餘不惟本境足食又可贍及鄰郡實近古之上法將來之永利富國富民無越于此詩云度地置圍田相兼水陸全萬夫興力役千頃入周旋俯納環城地穹懸覆幕天中藏仙洞秘外繞月宮圓蟠亘參淮甸紆回際海壖官民皆紀號遠近不相緣守望將同井寬平却類川隰桑宜葉沃堤柳要根駢交往無多逕高居各一壥偶因成土著元不異民編生業團鄉社覊壥隔市壥溝渠通灌溉塍埂互連延俱樂耕耘便猶防水旱偏翻車能沃槁瀽穴可抽泉擁綠秧鋤後均黃刈穫前總沾新税籍素表屢豐年黍稌及億秭禽箱累萬千折償依市直輸納帶逋懸歲計仍餘羨牙商許懋遷補添他

郡食販入外江船課最勸農職治優都水權富民茲有要陸海豈無邊祈奏載芟詠報歌良耜篇降穰今若此蒙利敢安然壤土常增築風濤每慮穿積儲趍日用防備廢宵眠擊鼓供惟急苫廬守獨專本為憑禦護或未免災愆誰念農工苦徒知粒食鮮併將圖譜事編記作詩傳 案此詩高居各一壥覊壥隔市壥壥字韻兩押

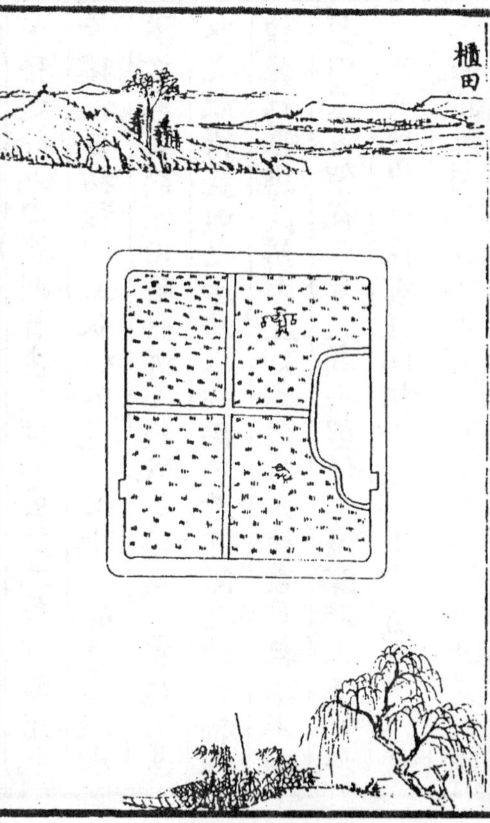

櫃田

櫃田築土護田似圍而小四面俱置瀽穴如此形制順置田段便於耕蒔若遇水荒田制既小堅築高峻外水難入內水則車之易涸淺浸處宜種黃穋稻周禮謂澤草所生種之芒種黃穋稻是也黃穋稻自種至收不過六十日則熟以避水溢之患如水過澤草自生穋稗可收高涸處亦宜陸種諸物皆可濟饑此救水荒之上法一名埧音壩水漑田亦曰埧田與此同名而實異詩云江邊有田以櫃稱四起封圍皆力成有時捲地風濤生外禦衝盪如嚴城大至連頃或百畝內少塍埂殊

寬平牛犂展用易為力不妨陸耕及水耕長彌一引徹兩際秧壠依約無斜橫旁置瀽穴供吐納水旱不得為虧盈素號常熟有定數寄收粒食猶囷京庸田有例召民佃三年稅額方全徵便當從此事修築永護稼地非徒名吾生口腹有成計終焉願依江鄉氓

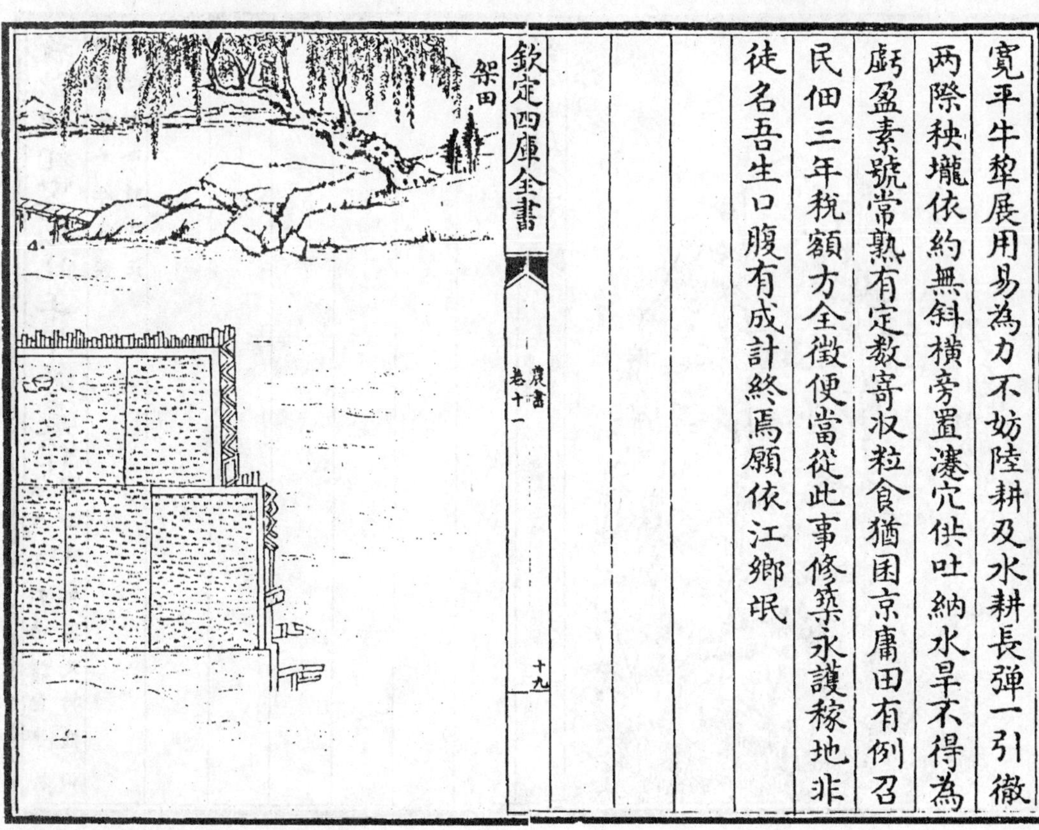

架田架猶筏也亦名葑田集韻云葑方用切菰根也葑亦作湗江東有葑田又淮東二廣皆有之東坡請開杭之西湖狀謂水涸草生漸成葑田考之農書云若深水藪澤則有葑田以木縛為田坵浮繫水面以葑泥附木架上而種藝之其木架田坵隨水高下浮泛自不渰浸周禮所謂澤草所生種之芒種是也芒種有二義鄭元謂有芒之種若今黄穋穀是也一謂待芒種節過乃種今人占候夏至小滿至芒種節則大水已過然後以黄穋

穀種之於湖田然則有芒之種與芒種二義可並用也黄穋穀自初種以至收刈不過六七十日亦可以避水溢之患竊謂架田附葑泥而種既無旱暵之灾復有速收之効得置田之活法水鄉無地者宜傚之詩云稲人種藝巧憑藉既辨土宜知土化只知地盡更無禾不料葑田還可架從人牽引或去留任水淺深隨上下悠悠生業天地中一片靈槎偶相假古今誰識有活田浮種浮耘成此稼但使游民聊駐脚有産諒非為土著縣官稅畝倘相容顧此年年務農作業原本架田詩重繫於圃田詩之後又將櫃田詩誤繫於此條架田之下今謹改正

梯田

梯田謂梯山為田也夫山多地少之處除磊石及峭壁例同不毛其餘所在土山下自横麓上至危巔一體之間裁作重磴即可種藝如土石相半則必疊石相次包土成田又有山勢峻極不可展足播殖之際人則傴僂蟻沿而上耨土而種躡坎而耘此山田不等自下登陟俱若梯磴故總曰梯田上有水源則可種秔秫如止陸種亦宜粟麥盖田盡而地地盡而山山鄉細民必求墾佃猶勝不稼其人力所致雨露所養不無稍穫然力田

至此未免艱食又復租税隨之良可憫也詩云世間田制多等夷有田世外誰名題非水非陸何所兮危巔峻麓無田蹊層磴横削高為梯舉手捫之足始躋傴僂前向防顛擠佃作有具仍兼攜随宜墾斸或東西知時種早無噬臍稺苗亟耨同高低十九畏旱思雲霓凌冒風日面且黧四體臞瘁肌若刲冀有薄穫勝稗稊力田至此嗟欲啼田家貧富如雲泥貧無錐置富望迷古稱井地今可稽一夫百畝容安棲餘夫田數猶半圭我今豈獨非黔黎可無片壤充耕犂佃業今欲青雲齊一飽纔足及孥妻輸租有例將何齎慚愧平地田千畦

欽定四庫全書 農書 卷十一 二十三

塗田

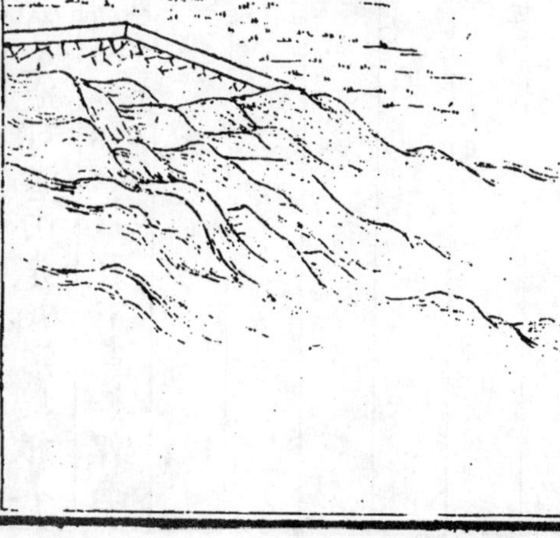

塗田書云淮海維揚州厥土惟塗泥大抵水種皆須塗泥然瀕海之地復有此等田法其潮水所泛沙泥積於島嶼或墊溺盤曲其頃畝多少不等上有鹹草叢生候有潮来漸惹塗泥初種水稗斥鹵既盡可為稼田所謂瀉斥鹵兮生稻粱沿邊海岸築壁或樹立樁橛以抵潮泛田邊開溝以注雨潦旱則灌溉謂之甜水溝其稼收比常田利可十倍民多以為永業又中土大河之側及淮灣水匯之地與所在陂澤之曲凡潢汙洄互壅積泥

滓退皆成淤灘亦可種藝秋後泥乾地裂布掃麥種於上此所謂淤田之效也夫塗田淤田各因潮漲而成以地法觀之雖若不同其收穫之利則無異也詩云書稱淮海惟揚州厥土塗泥来已久今云海嶠作塗田外拒潮来古無有霖潦滲漉斥鹵盡秔秫已豐三載後又有河淤水退餘禾麥一收倉廩皁昔聞漢世有民歌涇水一石泥數斗且溉且糞長禾黍衣食京師億萬口稔知燕地多陂渠（後魏裴延儁為幽州刺史修復燕地故戾陵諸堨及范陽督亢渠溉田萬餘頃為利十倍）糞溉膏腴倍常畝若云是地可塗田先須滋培根本厚關政令知水利先（昔司馬温公言今關政水利居其一）天下豈無霖雨手

沙田

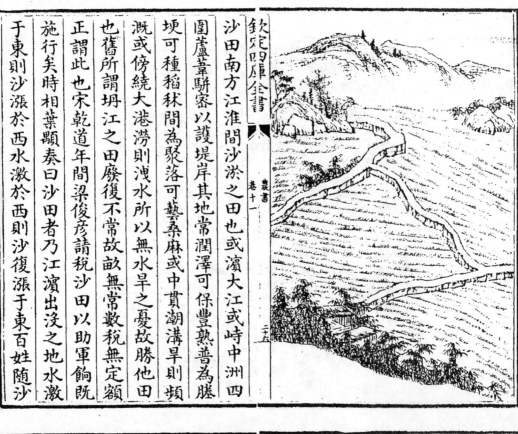

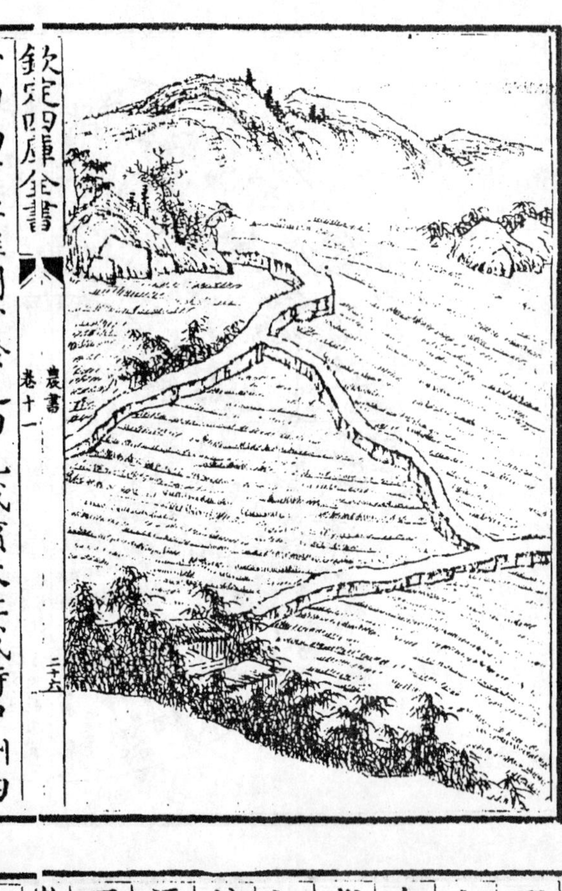

沙田南方江淮間沙淤之田也或濵大江或峙中洲四圍蘆葦駢密以護堤岸其地常潤澤可保豐熟普為塍埂可種稻秋間為聚落可藝桑麻或中貫潮溝旱則頻溉或傍繞大港澇則洩水所以無水旱之憂故勝他田也舊所謂坍江之田廢復不常故畝無常數稅無定額正謂此也宋乾道年間梁俊彦請稅沙田以助軍餉既施行矣時相葉顒奏曰沙田者乃江濵出沒之地水激于東則沙漲於西水激於西則沙復漲于東百姓隨沙漲之東西而田焉是未可以為常也且比年兵興兩淮之田租並復至今未征況沙田乎其事遂寢時論韙之今國家平定江南以江淮舊為用兵之地最加優恤租稅甚輕至於沙田聽民耕墾自便今為樂土愚嘗客居江淮目擊其事輒為之贊云江上有田總名曰沙中開畝畝外繞蒹葭耐經水旱遠際雲霞耕同陸土横亘水涯內備農具傍泊魚杈易勝畦埂肥漬菭華普宜稻秫可植桑麻種則雜錯收則倍加潮生上溉水夬分乂澇

須浚港旱或戽車地為永業姓隨其家三時力穡多稼逾秅公私彼此横縦遍遐租賦不常豐稔惟嘉常恐飽德賛詠非誇

授時指掌活法之圖

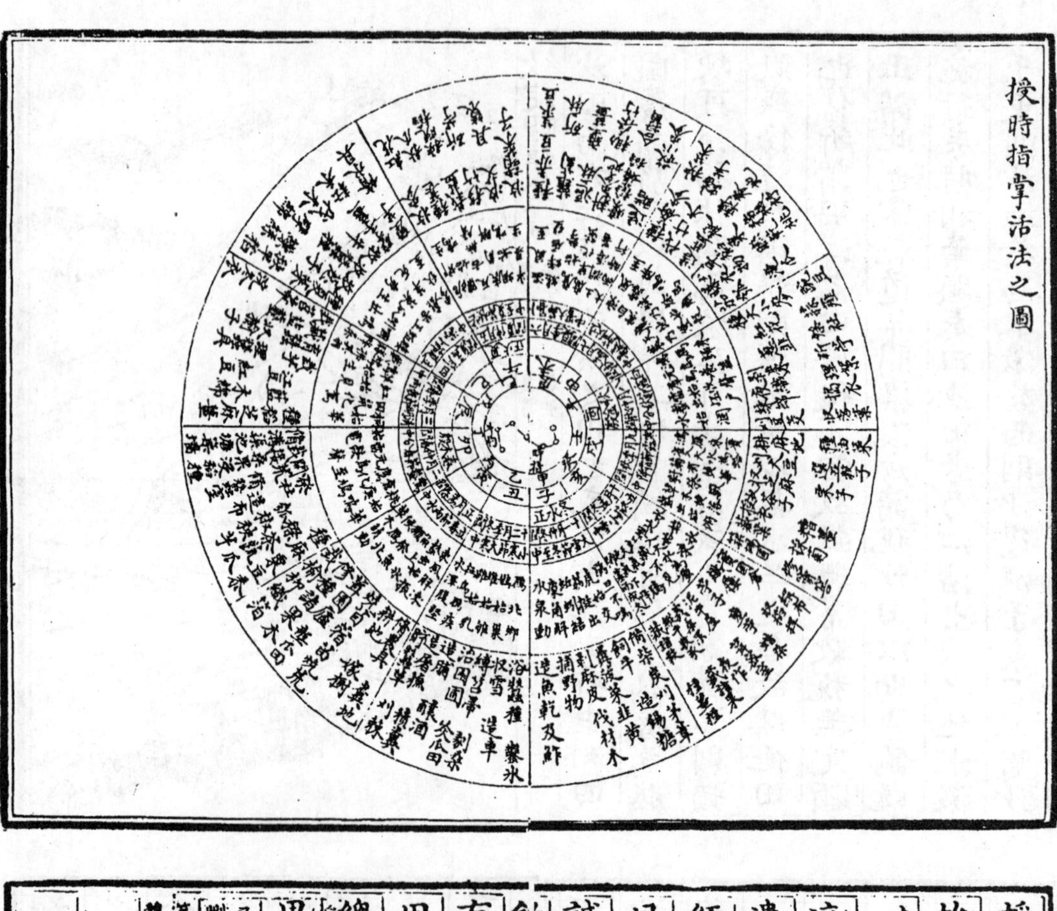

授時圖示民耕桑時候之圖諺云雖有鎡基不如待時故繫此圖於田制門之末案此下原本重載農桑通訣中授時一篇係重出今謹刪去

詩云天地始一氣施生本相資用道以分利所貴在適時時既有贏縮氣因為盛衰盛氣忽已及頃刻不可遺奈何幽且遠彼庶難具知圖成儻盈尺備悉踰渾儀經星若循環四仲猶旋規人事自外明斗杓由中持昏旦無爽度早晚有常期天人交際間表裏洞不疑作事誠有的厚生此其基活法非自古造妙誰管窺字民當有要欲救寒與飢勿奪足規訓敬授無疑遲參贊得實用化育不吾欺千歲日可致灼灼如著龜領畧歸一圖總撥為農師悠悠衣食原歎足皆由茲願言常諦審千里始毫釐毋為自安者惰棄徒傷悲案原本授時圖既列于田制門之後又重見於農桑通訣授時篇之前疊出無所取義今謹刪去農桑通訣中一圖而此條又刪去重見之授時一篇以符體例

欽定四庫全書

農書卷十二

元 王禎 撰

農器圖譜一

耒耜門

昔神農作耒耜以教天下後世因之佃作之具雖多皆以耒耜為始然耕種有水陸之分而器用無古今之間所以較彼此之殊效參新舊以兼行使粒食之民生生永賴仍以蘇文忠公所賦秧馬係之又為農器譜之始所有篇中名數先後秩序一一用陳于左

耒耜

句
中直
庛
耜

耒耜上句木也易繫曰神農氏作斲木為耜揉木為耒說文曰耒手耕曲木從木推手周官車人為耒庛長尺有一寸鄭注云庛讀如棘刺之刺刺耒下前曲接耜則耒長六尺有六寸其受鐵處嗽自其庛緣其外遂曲量之以至於首得三尺三寸自首遂曲量之以至于庛亦三尺三寸合為之六尺六寸若從上下兩曲之内相望如弦量之只得六尺與步相應堅地欲直庛柔地欲句庛直庛則利推句庛則利發倨句磬折謂之中地耜耑

也釋名曰耜齒也如齒之斷物也說文云相從木㠯聲徐鉉等曰今作耜周官考工記匠人為溝洫耜廣五寸二耜為耦一耦之伐廣尺深尺謂之甽鄭云古者耜一金兩人併發之其壟中曰甽甽上曰伐伐之言發也今之耜岐頭兩金象古之耦也賈公彥疏云古者耜一金者對後代耜岐頭二金者也云今之耜岐頭者後用牛耕種故有岐頭兩腳耜也耒耜二物而一事猶杵臼也陸龜蒙曰耒耜者古聖人作也自乃粒以來至於生民

賴之有天下國家者此其本也飽食安坐曾不求名稱之義豈非揚子所謂如禽者也余在田野間一日呼耕甿就數其目恍若登農皇之廬受播種之法淳風泠泠聳豎毛髮然後知聖人之旨趣朴乎其深哉孔子謂吾不如老農信也因書作耒耜經王荊公詩云耒耜見於易聖人取風雷不有仁智兼利端誰能開神農后稷死般爾相尋來山林盡百巧揉斲無良材

犂

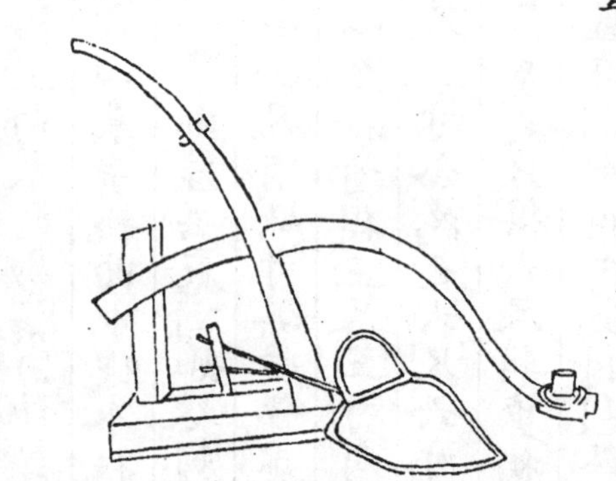

犂墾田器釋名曰犂利也利則發土絕草根也利從牛故曰犂山海經曰后稷之孫叔均始教牛耕注云用牛犂也後改名耒耜曰犂陸龜蒙耒耜經曰農之言曰耒耜民之習通謂之犂冶金而為之曰犂鑱曰犂壁斲木而為之曰犂底曰壓鑱曰策額曰犂箭曰犂轅曰犂梢曰犂評去聲曰犂建曰犂槃木金凡十有一事耕之土曰墢音伐墢猶塊也起其墢者鑱也覆其墢者壁也故鑱引而居下壁偃而居上鑱之次曰策額格雅切言其可以扞

其壁也皆貤然相戴（貤余豉切物之相連次也）自策額達於犁底縱而貫之曰箭前如桯而樛者曰轅（桯杠也按周禮輪人為蓋桯圍倍之鄭司農云桯蓋杠也讀如丹楹之楹）後如柄而喬者曰梢轅有越加箭可弛張焉轅之上又有如槽形亦加柄焉刻為級前高而後庳所以進退曰評進之則箭下入土也深退之則箭上入土也淺以其上下類激射故曰箭以其淺深類可否故曰評評之上曲而衡之者曰建建犍也（犍渠堰切門犍也與鍵同）所以柅其轅與評（柅女氏切倚也）無是則二物躍而出箭不能

止横於轅之前末曰槃言可轉也左右繫以樫乎軛也（樫苦耕切樫也）轅之後末曰梢中在手所以執耕者也轅取車之胷梢取舟之尾止乎此乎鑱長一尺四寸廣六寸壁廣長皆尺微橢（徒果切狹長也）底長四尺廣四寸評底過壓鑱二尺策額減壓鑱四寸廣狹與底同箭高三尺評尺有三寸槃增評尺七焉建惟稱轅修九尺梢得其半轅至梢中間掩四尺犁之終始丈有二詩云犁以利為用用在耕夫手九木雖備制二金乃居首弛張測淺深高庳

定前後朝畦餘宿草暮壠起新畝懷哉服牛功還勝並耕耦（古未相並耕曰耦）

牛

牛耕牛也易繫黃帝堯舜服牛乘馬引重致遠以利天下蓋取諸隨未有用之耕者山海經曰后稷之孫叔均始教牛耕世以為起於三代愚謂不然牛若常在畎畝武王平定天下胡不歸之三農而放之桃林之野乎故周禮祭牛之外以享賓駕車犒師而已未及耕不然牽以蹊田正使藉稻何足為異乃設奪而罪之之喻耶在詩有云載芟載柞其耕澤澤千耦其耘徂隰徂畛又曰有略其耜俶載南畝以明竭作于春皆人力也至於穫

之積之如墉如櫛然後殺時犉牡有捄其角以為社稷之報若果使之耕曾不如迎貓迎虎列於蜡祭乎蓋牛之耕起于春秋之間故孔子有犂牛之言而弟子冉耕字伯牛禮記呂氏月令季冬出土牛示農耕早晚前漢趙過又增其制度三犂一牛後世因之生民粒食皆其力也然知資其力而不知養其力力既竭矣曾不審寒暑之異宜疫癘之救藥有冬鬻春租冀免芻豆之費壯鞭老殺猶圖皮肉之貲今勸農有官牛為農本而不加勸以致生不滋感價失廉平田野小民歲多租債以救目前計其所輸已過半直是以貧者愈貧由不恤農之本故也若為民牧者當先知愛重祈報使不敢慢易絕其妄殺憫其羸瘠豈其來牧潔其欄牢則無不孚育蕃息札瘥不作耕種不失足致豐盈此誠善政務本之意也其可忽諸柳宗元賦云若知牛乎牛之為物魁形巨首垂耳抱角毛革疏厚牟然而鳴黃鍾滿脰抵觸隆曦日耕百畝往來修直植及禾黍自種自斂服箱以走輸

入官倉已不適口富窮飽飢功用不有陷泥蹷塊常在草野人不慙愧利滿天下皮角見用肩尻莫保或穿緘縢或實俎豆由是觀之物無踰者不如羸驢服逐駑馬曲意隨勢不擇處所不耕不駕藿菽自與騰踏康莊出入輕舉喜則齊鼻怒則奮躑當道長鳴聞者驚辟善識門戶終身不惕牛雖有功於已何益命有好醜非若能力慎勿怨尤受以多福嶺南舊俗皆好殺牛東坡嘗書此以諭其知者

耙

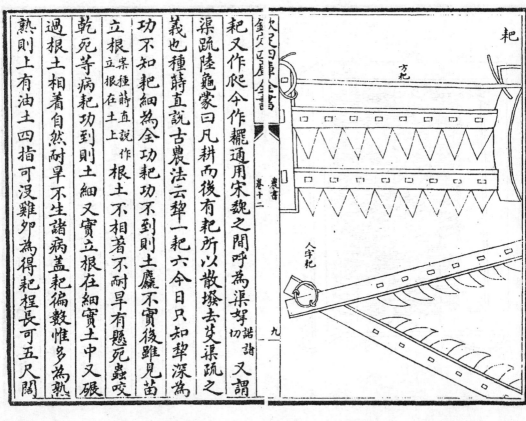

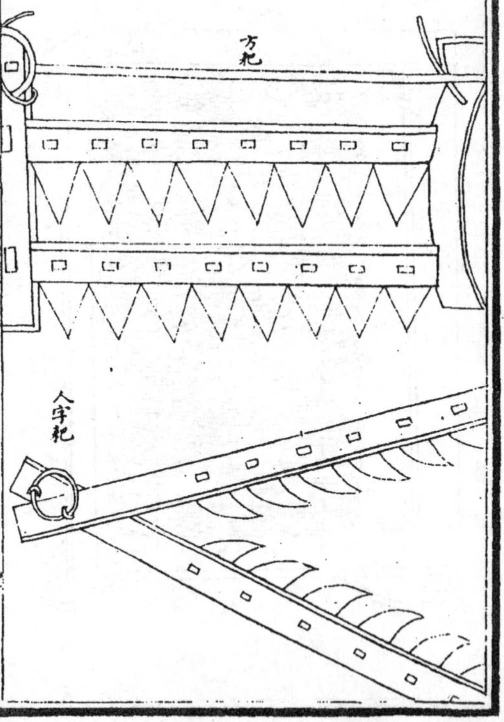

耙又作爬今作䎱通用宋魏之間呼為渠拏(諾諸切)又謂渠疏陸龜蒙曰凡耕而後有耙所以散墢去芟渠疏之義也種蒔直說古農法云犂一耙六今日只知犂深為功不知耙細為全功耙功不到則土麤不實後雖見苗立根(宋種蒔直說作立根在土上)根土不相著不耐旱有懸死蟲咬乾死等病耙功到則土細又實立根在細實土中又碾過根土相著自然耐旱不生諸病蓋耙徧數惟多為熟熟則上有油土四指可沒雞卵為得耙桯長可五尺闊約四寸兩桯相離五寸許其桯上相間(去聲)各鑿方竅以納木齒齒長六寸許其桯兩端木栝長可三尺前梢微昂穿兩木梮以繫牛鞅鉤索此方耙也又人字耙者鑄鐵為齒齊民要術謂之鐵齒鎘楱(狙侯切)凡耙田者人立其上入土則深又當於地頭不時跂足閃去所擁草木根茇水陸俱必用之詩云古人制農器因物利其利犂耕啟厥初耙入抑為次跡居鎘楱功齒有渠疏義再遍不妨多稼事匪求易

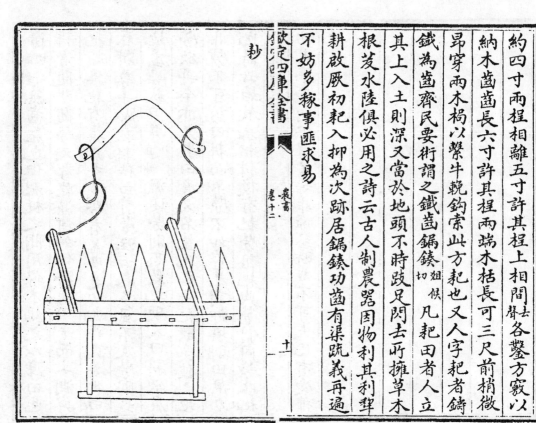

耖

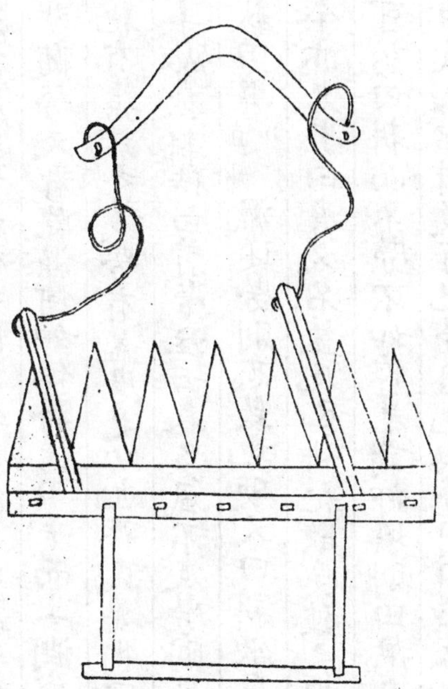

耖(初教切) 疏通田泥器也高可三尺許廣可四尺上有橫柄下有列齒其齒比耙齒倍長且密人以兩手按之前用畜力輓行一耖用一人一牛有作連耖二人二牛特用於大田見功又速耕耙而後用此泥壤始熟矣前人耕織圖詩云脫袴下田中盎漿着膝尾巡行遍畦畛扶耖均泥滓遲遲春日斜稍稍樵歌起薄暮佩牛歸共浴前溪水

勞

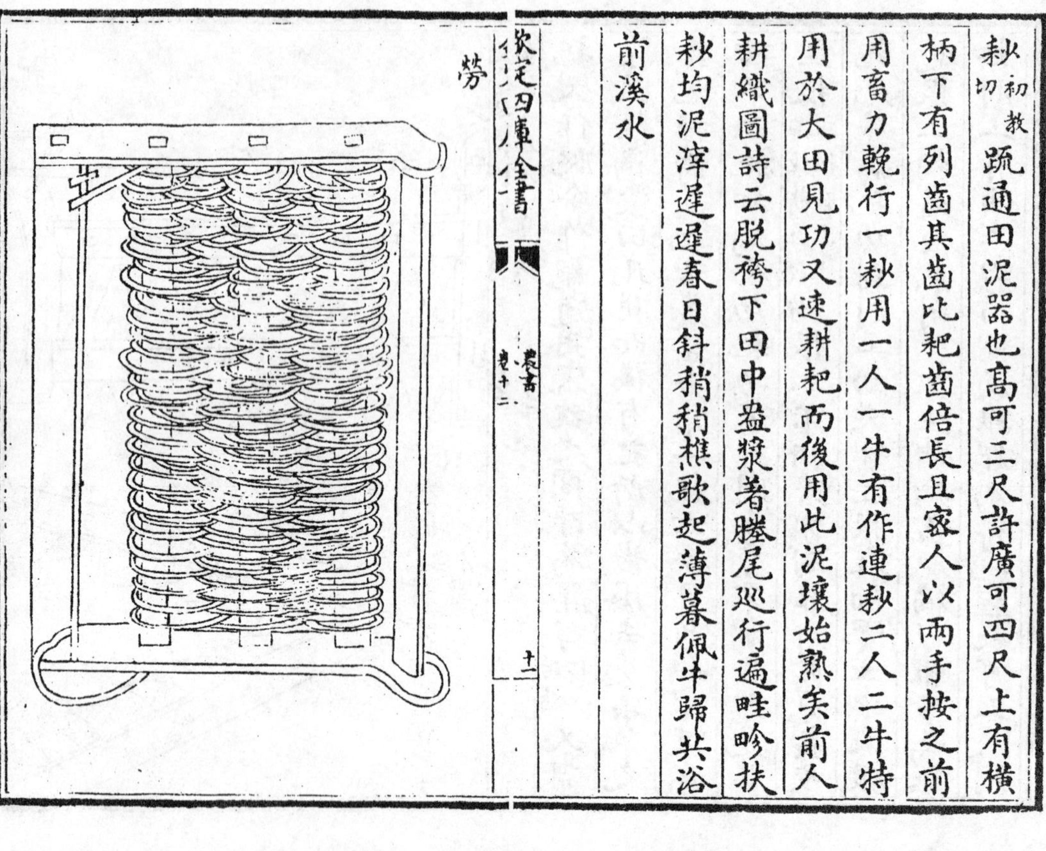

勞(郎到切) 無齒耙也但耙梃之間用條木編之以摩田也耕者隨耕隨勞又看乾濕何如但務使田平而土潤與耙頗異耙有渠疏之義勞有蓋摩之功也齊民要術曰春耕尋手勞秋耕待白背勞注云春多風不及勞則致地虛燥秋田塌(直輒切)濕速勞則恐致地硬又曰耕欲廉勞欲再今亦名勞曰摩又名蓋凡已耕耙欲受種之地非勞不可諺曰耕而不勞不如作暴謂仰墢則田無力也詩云始教耒耜耕後有耙勞利耙與勞制同勞比耙功異平摩期保澤蓋埽非擁篲時哉不可失已有受種地

撻

撻打田篲也用科木縛如埽篲復加區闊上以土物壓之亦要輕重隨宜曳以打地長可三四尺廣可二尺餘古農法云耬種既過後曳此撻使壟滿土實苗易生也齊民要術曰凡春種欲深宜曳重撻夏種欲淺直置自生注云春氣冷生遲不曳撻則根虛雖生輒死夏氣熱而生速曳撻遇雨必致堅垎其春澤多者或亦不須撻必欲撻者須待白背濕撻則令地堅硬故也又用曳打場面極為平實今人耬種後唯用砘車碾之然執耬種者亦須腰繫輕撻曳之使壟土覆種稍深也或耕過田畝土性虛浮亦宜撻之詩云有物同帚篲謂能資種藝負載體加重利幹材乃備方深覆蔭功已寄發生意回看眎畝間所歷盡實地

耰

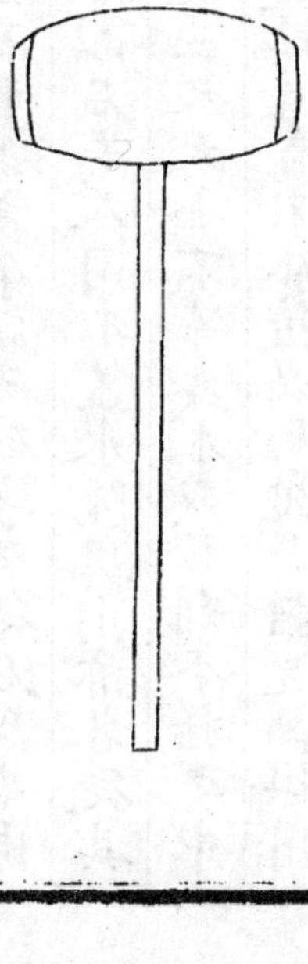

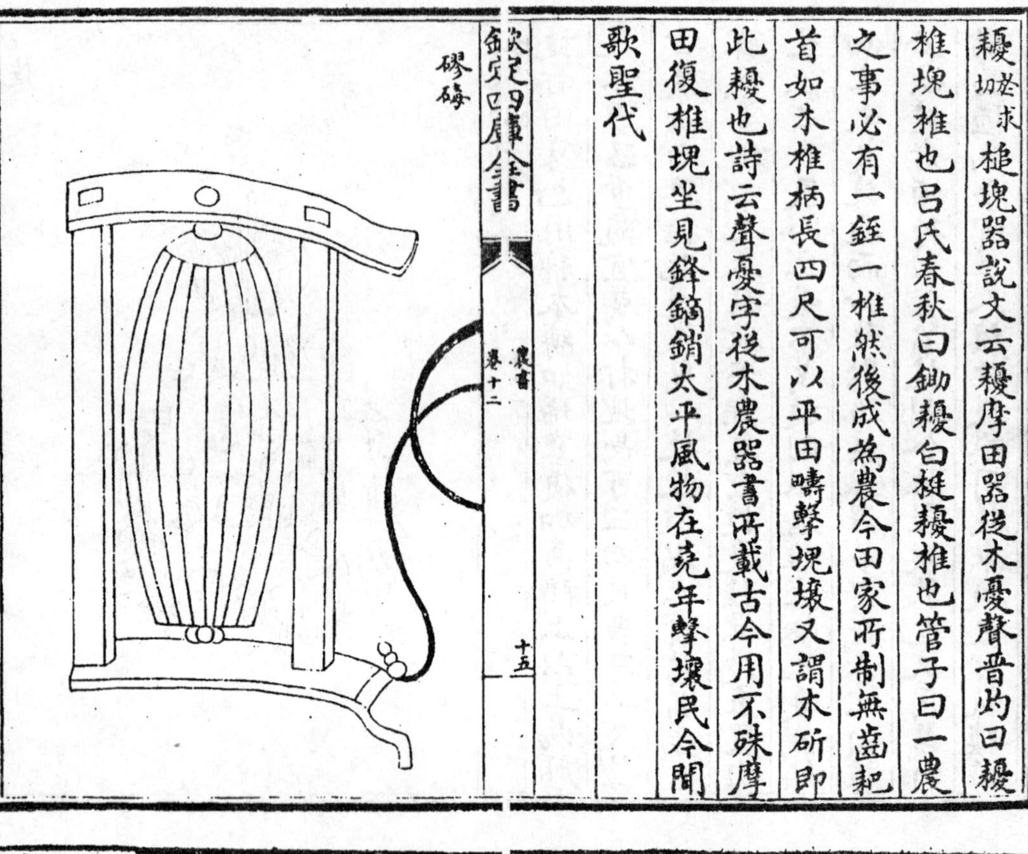

耰於求切 椎塊器說文云耰摩田器從木憂聲晉灼曰耰椎塊椎也呂氏春秋曰鋤耰白梃耰椎也管子曰一農之事必有一銍一椎然後成為農今田家所制無齒耙首如木椎柄長四尺可以平田疇擊塊壤又謂木斫即此耰也詩云聲憂字從木農器書所載古今用不殊摩田復椎塊坐見鋒鏑銷太平風物在堯年擊壤民今聞歌聖代

磟碡

磟石竹切 碡徒篤切 又作碌碡陸龜蒙耒耜經曰耙而後有磟碡焉有礰礋焉自耙至礰礋皆有齒磟碡觚稜而已咸以木為之堅而重者良余謂磟碡字皆從石恐本用石也然北方多以石南人用木蓋水陸異用亦各從其宜也其制可長三尺大小不等或木或石刊木括之中受簨軸以利旋轉又有不觚稜混而圓者謂混軸俱用畜力輓行以人牽之碾打田疇上塊垡易為破爛及碾捍場圃間麥禾即脫稃穗水陸通用之詩云木石非異名大小惟一致機括內圓轉觚稜外排峙登場脫稃穗入塿均塊滓物用隨所宜人兮胡不爾

石礰礋

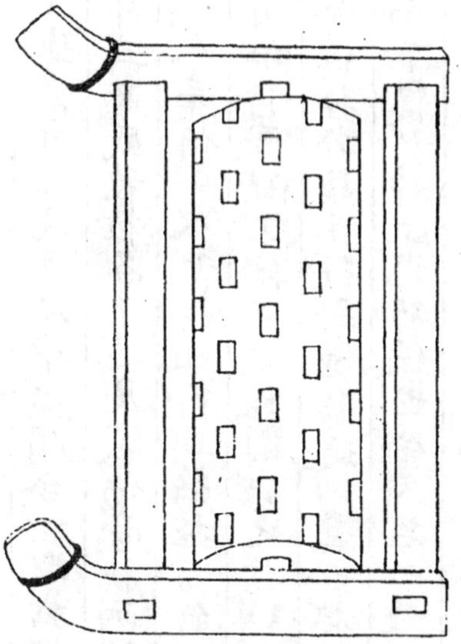

木礰礋

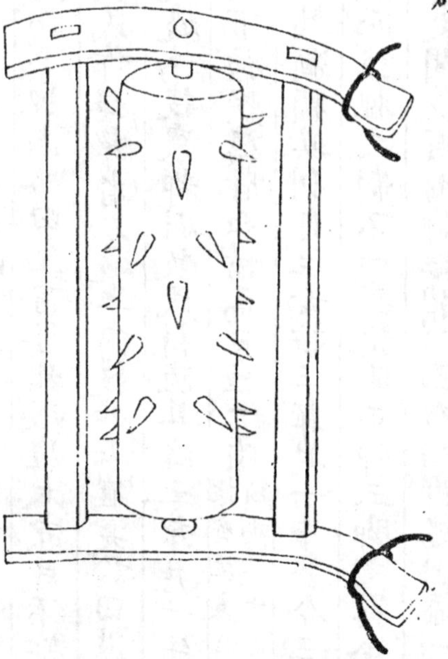

礰(呼格切)礋(音澤)又作礰礋與磟碡之制同但外有列齒獨用於水田破塊滓溷泥塗也耒耜經云自耙至礰礋皆有齒者詩云他山有奇石錫鑿煩良工制成三尺餘簨軸旋其中齒齒鉏鋙堅就彼破塊功一轉土膏潤再轉春泥融礰轆復礰轆妙用終無窮遥觀萬頃綠粼粼漾春風不辭屨泥滓但願歌年豐

耬車

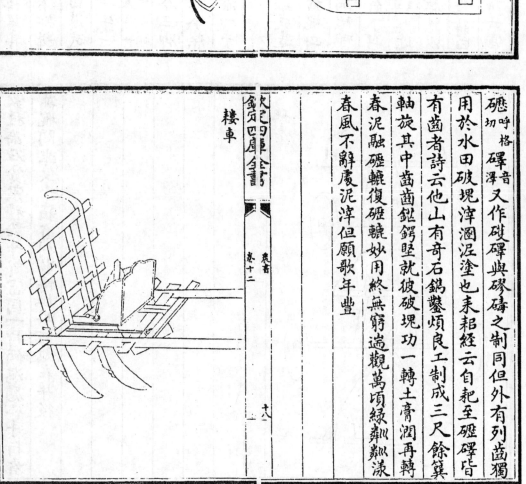

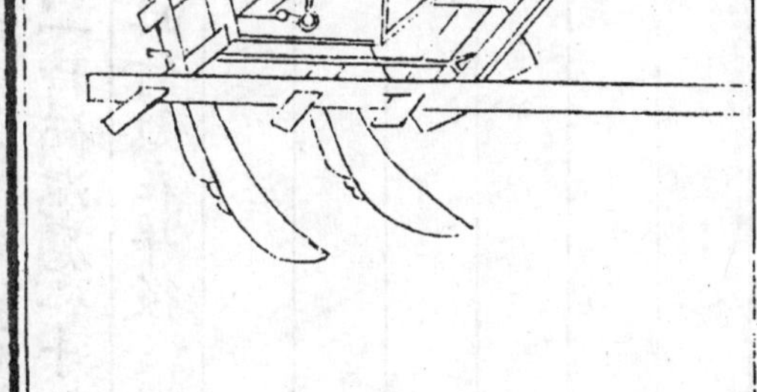

耬(落侯切)車下種器也通俗文曰覆種曰耬一云耬犂其金似鑱而小魏志畧曰皇甫隆為燉煌太守民不知耕隆乃教民作耬犂省力過半得穀加五崔寔論曰漢武帝以趙過為捜粟都尉教民耕殖其法三犂共一牛一人將之下種輓耬皆取備焉日種一頃(據齊地大畝一頃為三十五畝)也今三輔猶頼其利自注云按三犂共一牛若今三脚耬矣然而耬種之制不一有獨脚兩脚三脚之異今燕趙齊魯之間多有兩脚耬關以西有四脚耬但添一牛

功又速也夫耬中土皆用之他方或未經見恐難成造其制兩柄上彎高可三尺兩足中虛闊合一壠橫桄四匝中置耬斗其所盛種粒各下通足竅仍傍挾兩轅可容一牛用一人牽傍一人執耬且行且搖種乃自下此耬種之體用今特圖録不無有見鐻削鐻之意(鐻渠呂切)近有創制下糞耬種於耬斗後別置篩過細糞或拌蠶沙耩時隨種而下覆於種上尤巧便也今又名曰種蒔曰耩子曰耬犂習俗所呼不同用則一也王荊公詩云富家種論石貧家種論斗貧富同一時傾瀉應心手行看萬壠間坐使千箱有利物博如此何慙在牛後

砘車

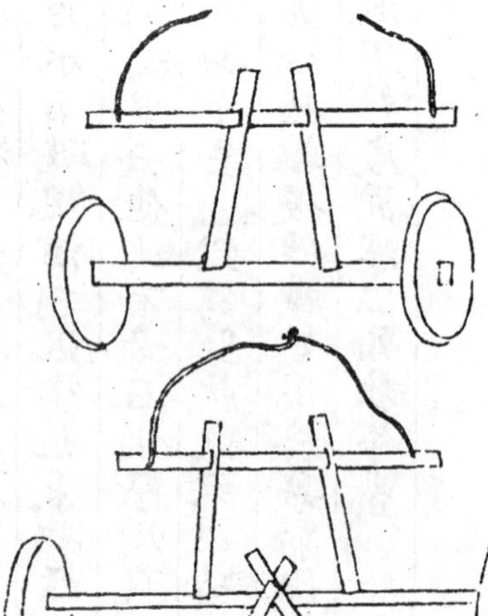

砘（音鈍）車石碢也以木軸架碢為輪故名砘車兩碢用一牛四碢兩牛力也鑿石為圓徑可尺許竅其中以受機栝畜力輓之隨耬種所過溝壠碾之使種土相著易為生發然亦看土脉乾濕何如用有遲速也古農法云耬種後用撻則壠滿土實又有種人足躡壠底各是一法今砘車轉碾溝壠特速此後人所創尤簡當也詩云以砘為車古未聞字因義取石從屯斷成壁月雲根老動殷春雷陸地喧勢藉機衡圓轉力轍循種土發生原田

頭已碾農夫説溝壠苗深穀易蕃

瓠種

瓠種竅瓠貯種量可斗許乃穿瓠兩頭以木箄貫之後

用手執為柄前用作嘴（瓠嘴中草莛通之以播其種）瀉種於耕過壠畔（半田半也恐太深故種於壠畔也）隨耕隨瀉務使均匀又犂隨掩過遂成溝壠覆土既深雖暴雨不至拋（普格切）撻（他達切）暑夏最為能（與耐同）旱且便於撮鋤苗亦鬯茂燕趙及遼以東多用之齊民要術曰兩耬重溝竅瓠下之以批（莫結切）契（蘇結切）繫腰曳之此舊制以今較之頗拙於用故從今法寡力之家比耕耙耬砘易為功也詩云休言瓠落只輪

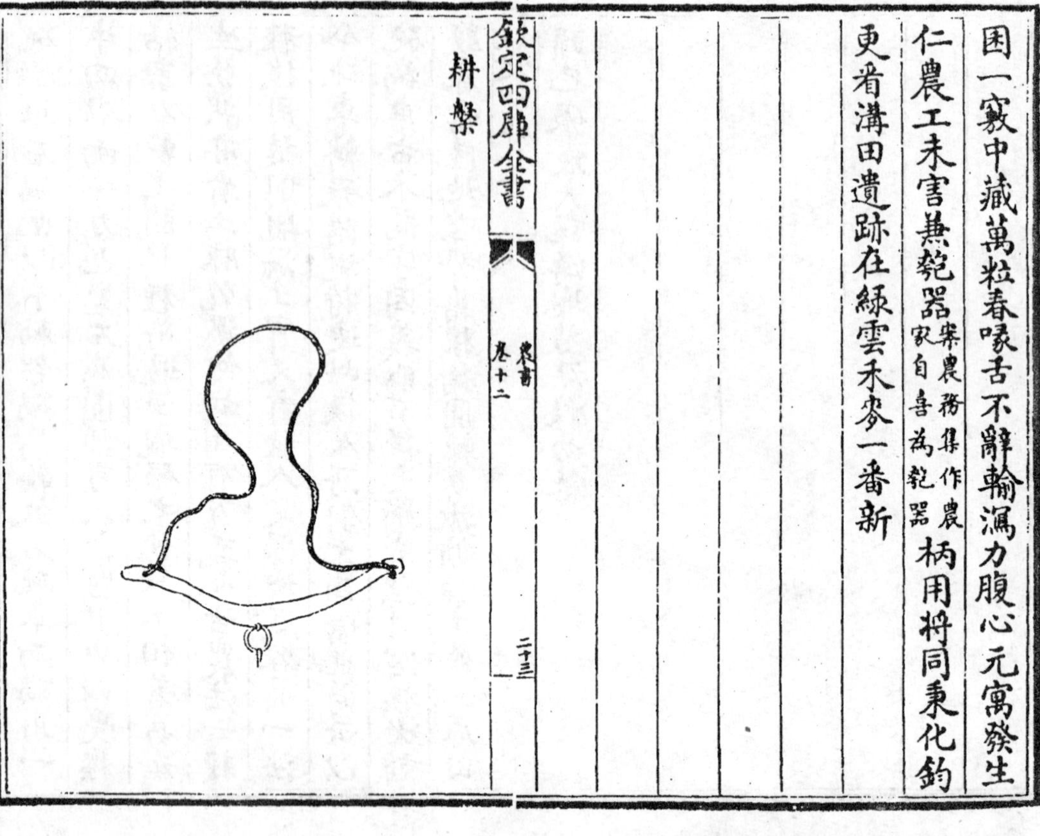

囷一穀中藏萬粒舂喙舌不辭輸瀉力腹心元寓發生仁農工未害兼匏器梁農務集作農家自喜為匏器柄用將同秉化鈞更看溝田遺跡在綠雲禾麥一番新

耕槃

耕槃駕犁具也耒耜經云橫於犁轅之前末曰槃言可轉也左右繫以摼苦耕切乎軛也耕槃舊制稍短駕一牛或二牛故與犁相連今各處用犁不同或三牛四牛其槃以直木長可五尺中置鈎環耕時旋擐犁首與軛相為本末不與犁為一體故復表出之詩云木金十一事耕槃踞犁首左右連雙藤圓轉栝柜紐軛也導吾前轅兮從去聲吾後既同濟世功寧辭力田畝

牛軛

牛軛於革切字亦作軶服牛具也隨牛大小制之以曲木竅其兩旁通貫耕索仍下繫鞅板用控牛項軛乃穩順了無軒側說文曰軛轅前木也潘安仁耤田賦云葱犗服於縹軛詩云軛也如折磬居然在牛領上轉槃乃安引耕索還盤屈形深擁去聲肩藉力控垂頸歸挂屋廈時嘉苗滿田頃

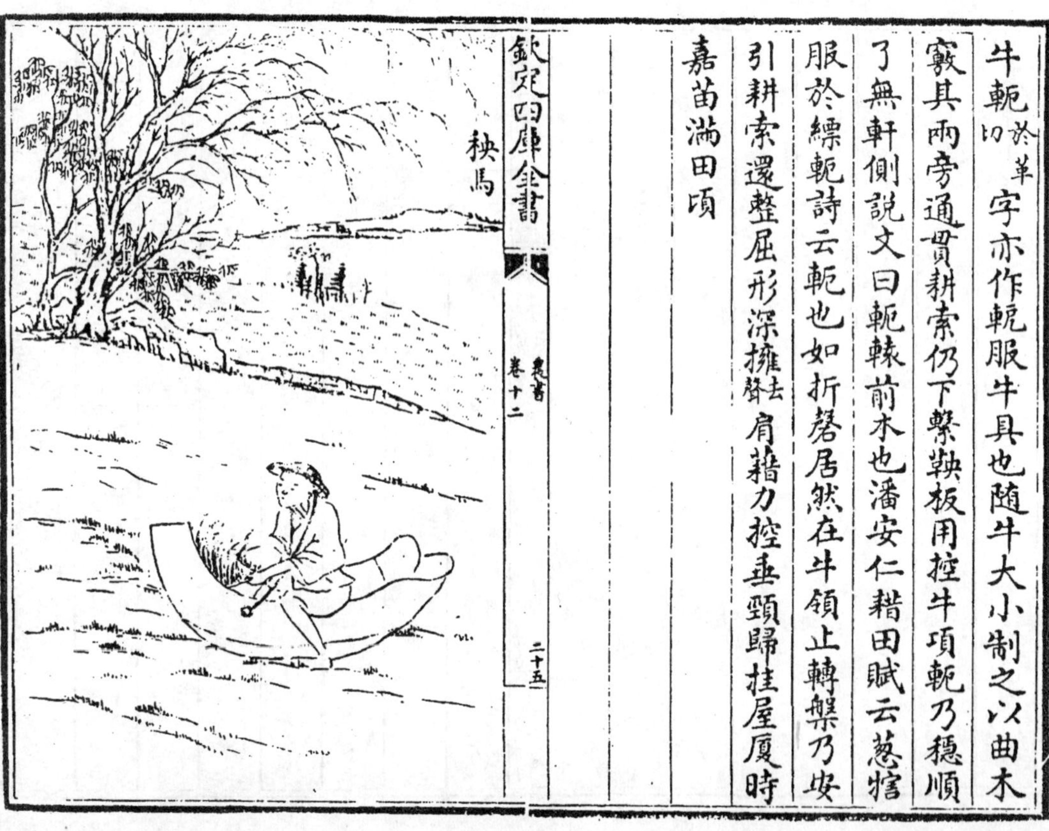

秧馬

秧馬蘇文忠公序云余過廬陵見宣德郎致仕曾君安止出所作禾譜文既溫雅事亦詳實惜其有所缺不譜農器也予昔遊武昌見農夫皆騎秧馬以榆棗為腹欲其滑以楸梧為背欲其輕腹如小舟昂其首尾背如覆瓦以便兩髀雀躍於泥中繫束藁其首以縛秧日行千畦較之傴僂而作者勞佚相絕矣史記禹乘四載泥行乘橇解者曰橇形如箕擿行泥上豈秧馬之類乎作秧馬歌一首附於禾譜之末云春雲濛濛雨淒淒春秧欲

老翠剡齊嗟我父子行水泥朝分一壠暮千畦腰如箜篌首啄雞筋煩骨殆聲酸嘶我有桐馬手自提頭尻軒昂腹脇低背如覆瓦去角圭以我兩足為四蹄聳踊滑汰如鳧鷖纖纖束藁亦可齎何用繁纓與月題揭從畦東或畦西山城欲閉聞鼓鼙忽作的顱躍檀溪歸來挂壁從高棲了無芻秣饑不啼少壯騎汝逮老黳何曾蹶軼防顛隮錦韉公子朝金閨笑我一生踏牛犂不知自有木駃騠

農書卷十二

欽定四庫全書

農書卷十三　元　王禎　撰

農器圖譜三

钁臿門

钁臿起土具也太公六韜農器篇云钁臿斧鋸蓋钁臿農所必用墾斸荒梗疏決溝渠不可闕者因以名篇冠其類也又有鐃鏵等器雖略見犂譜終未詳備乃復表出之次於耒耜之後就附钁臿之内庶無遺逸仍條之梧桐角以起東作云

钁

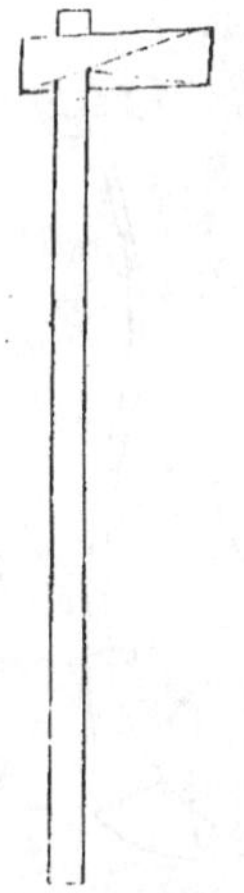

钁居縛切斸田器也爾雅謂之鐯斫也又云魯斫說文云欘陟玉切也玉篇云欘亦作斸又作钃誅也主以誅除物根株也蓋钁斸器也農家開闢地土用以斸荒凡田園山野之間用之者又有闊狹大小之分然總名曰钁詩云斸柄為身首半圭非鋒非刄截然齊淩晨幾用和煙斸逼暮同歸帶月携巳斫靈苗挑藥籠每通流水入蔬畦更省功在盤根地辦與春農趂雨犂

鍤

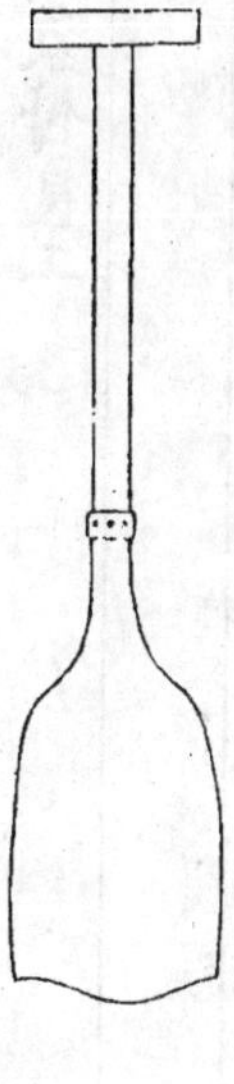

鍤楚洽切顔師古曰鍬也所以開渠也或曰削有所穿也唐韻作鍫俗作臿同作臿爾雅曰斛謂之鍫方言云燕之東北朝鮮洌水之間謂之斛宋魏之間謂之鏵或謂之鍏音韋江淮南楚之間謂之鍤趙魏之間謂之喿七俏切皆謂鍬也鍬鍤斛音同鍬斛唐韻又吐彫反亦謂鋘鍬然多謂之鍤蓋古謂鍤今謂鍬一器二名宜通用淮南子曰禹之時天下大水禹執畚鍤以為民先前漢溝洫志白渠歌曰舉鍤為雲决渠為雨以此見水利之事皆

本於鍤也詩云有鍤公耶私與畚日為伍何去應官徭
歸來事田圃起土作隄防決渠沛霖雨但恐農隙時又
趂挑河鼓

鋒

鋒孚逢切古農器也其金比犂鑱小而加鋭其柄如耒首
如刃鋒故名鋒取其銛利也地若堅垎胡格切鋒而後耕
牛乃省力又不乏刃古農法云鋒地宜深鋒苗宜淺齊
民要術耕田篇云速鋒之地恒潤澤而不硬注曰刈穀
之後即鋒茇蒲達切下令突起則潤澤易耕案此註在種穀篇鋤得五
徧以上不須耩之下此誤作耕田篇種穀篇云苗高一尺則鋒之黍穄篇
云苗生壠平鋒而不耩公項切農書云無鏵而耕曰耩既
鋒矣固不必耩蓋鋒與耩相類今耩多用歧頭若易鋒
為耩亦可代也近世農家不識此器亦不知名茲特録
其功用知為不可廢也詩云鋒也古農器於今用不同
初緣耒耜制遂助犂鋤功利取根茇斷堅攻土脉通兼
材宜不廢圖象付良工

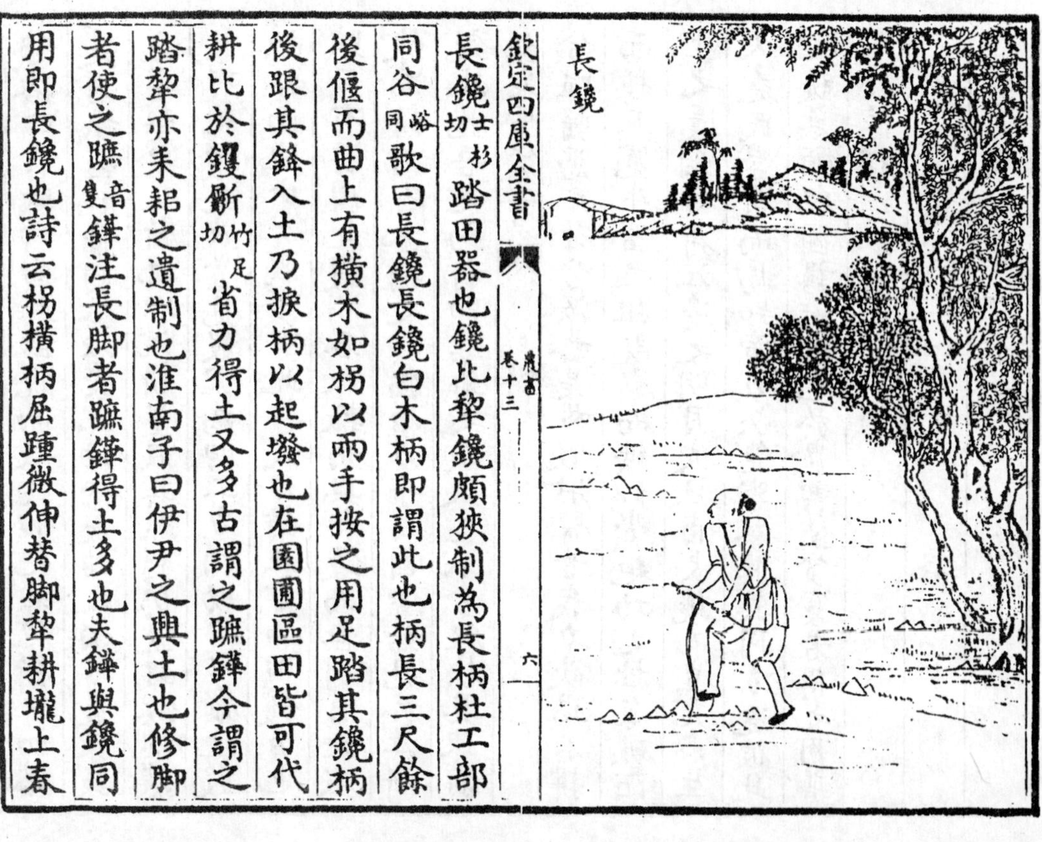

長鑱士杉切踏田器也鑱比犂鑱頗狹制為長柄杜工部同谷同峪歌曰長鑱長鑱白木柄即謂此也柄長三尺餘後偃而曲上有橫木如枴以兩手按之用足踏其鑱柄後跟其鋒入土乃捩柄以起墢也在園圃區田皆可代耕比於钁斸竹足切省力得土又多古謂之蹠鏵今謂之踏犂亦耒耜之遺制也淮南子曰伊尹之興土也修脚者使之蹠音隻鏵注長脚者蹠鏵得土多也夫鏵與鑱同用即長鑱也詩云枴橫柄屈踵微伸替脚犂耕壠上春足一踏來同耜舉手雙按處與鍬均杜陵託命歌同谷伊尹興工自有華我亦從今事茲器東皐甘作力田人

鐵搭

鐵搭四齒或六齒其齒銳而微鉤似杷非杷斸土如搭是名鐵搭就帶圜銎以受直柄柄長四尺南方農家或乏牛犁舉此斸地以代耕墾取其疏利仍就鍽鍐塊壤兼有杷钁之效嘗見數家為朋工力相助日可斸地數畝江南地少土潤多有此等人力猶北方山田钁戶也賦云有器與杷钁而各殊轍用與杷钁而無別自夫煆煉而鋒乃有銎柄之揭獨擅力乎田園嘗始見於江浙銳比昆吾之鉤利即鏌鋣之鐵舉巨爪兮爬抉具疏齒兮噬齧憑爪牙兮汝藝是施假肘臂兮我力欲竭不耕而種且寬牛畜之租既斸而鏝似覺杷功之拙每破陌上之晨烟幾荷江邊之明月彼杜甫長鑱而豈託我生又堯民擊壤而焉知帝力必能審察其異同方達彼此之緩急願編圖譜附搭也於農書使貧窶者得之用普及於稼穡

鐵杴　木杴

鐵刃木杴　竹揚杴

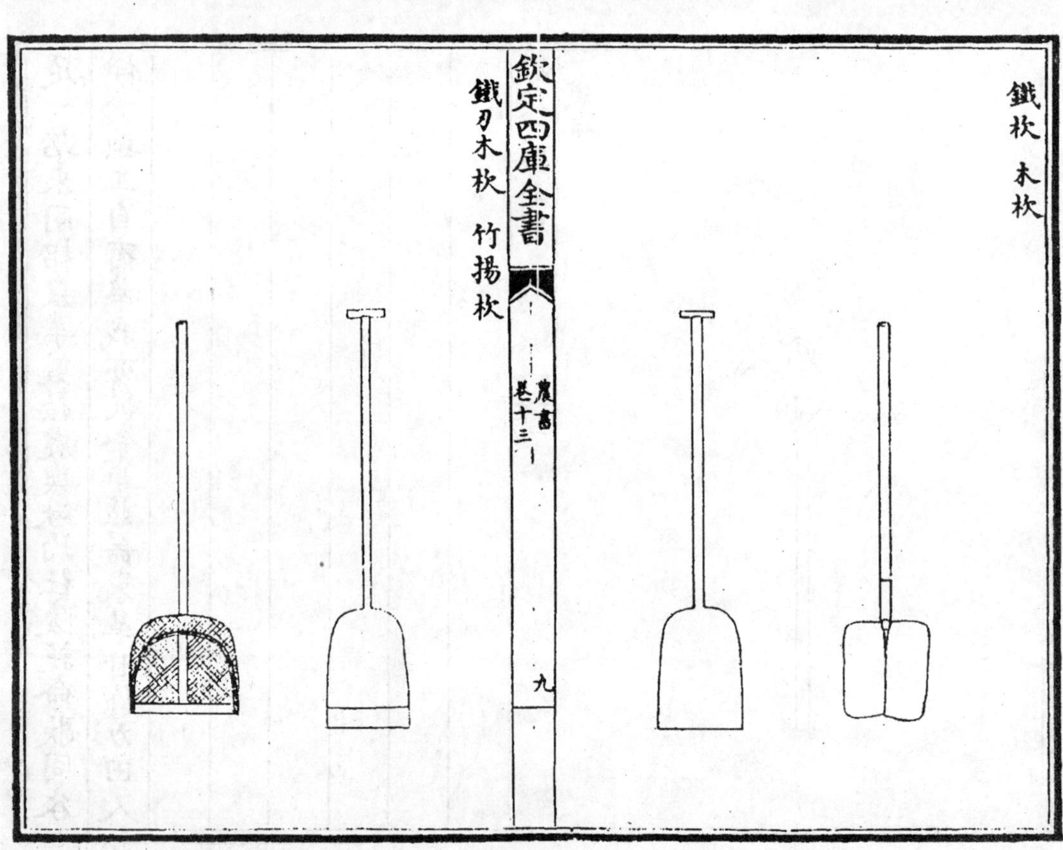

杴虛嚴切鍤屬但其首方闊柄無短拐此與鍬鍤異也煆鐵為首謂之鐵杴惟宜土工剡木為首謂之木杴可揀初責切穀物又有鐵刃木杴裁割田間塍埂以竹為之者淮人謂之竹揚杴與江浙颺去聲籃少異今皆用之因附於後鐵杴詩云非鍫非鍤別名杴柄直銎圓首利銛毋謂土工能事畢剗除荒穢要渠蕪木杴詩云柄頭掌木儘寬平穀實抄來忌滿盈苗夏穫鋤方用事幾回高閣待秋成鐵刃木杴詩云杴頭利刃擬風斤裁割畦田爾策勲莫謂等閑農事了人間經界要平分竹揚杴詩云竿頭擲穀一箕輕忽作晴空驟雨聲已向風前糠粃盡不勞車扇太怭生

鐃

鐃仕杉切犁之金也集韻注鋭也吳人云鐵犁長尺有四寸廣六寸陸龜蒙耒耜經曰治金而為之者曰犁鐃起其墢者也負鐃者底底實於鐃中謂之鼈肉底之次曰壓鐃皆貤然相戴貤以豉切物之相連次也若剜土既多其鋒必禿還可鑄接貧農利之體用又見鏵序案鐃為犁之金其詳見耒耜門犁一條故不別繫以詩

鏵

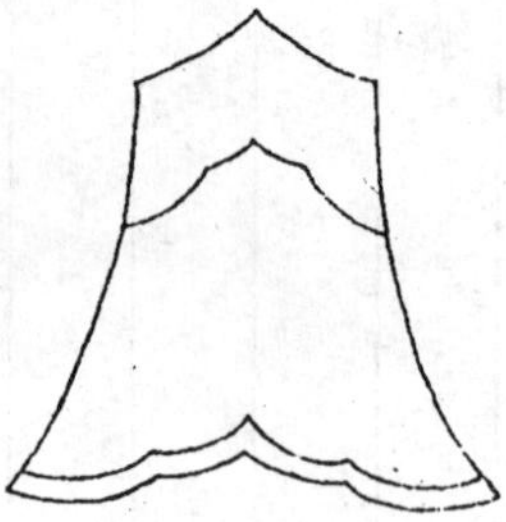

鏵胡爪切　集韻云耕具也釋名鏵鍤類起土也說文鏵作茉兩刃鍤也從木象形宋魏作茉互爪切　集韻茉作鏵或曰削能有所穿也又鏵剗地為坎也淮南子曰故伊尹之興土功修脚者使之蹠音隻鏵長脚者蹠鏵得土多也今謂之踏犂者舊用鏵亦用鑱鏵與鑱頗異鑱狹而厚惟可正用鏵闊而薄翻覆可使老農云開墾生地宜用鑱翻轉熟地宜用鏵蓋鑱開生地着力易鏵耕熟地見功多然北方多用鏵南方皆用鑱雖各習尚不同若取其便則生熟異器當以老農之言為法庶南北互用鑱鏵不偏廢也詩云惟犂之有金猶弧之有矢弧以矢為機犂以金為齒起土鍤刄同截荒斂鏵比緬懷神農學利端從此始

鐴

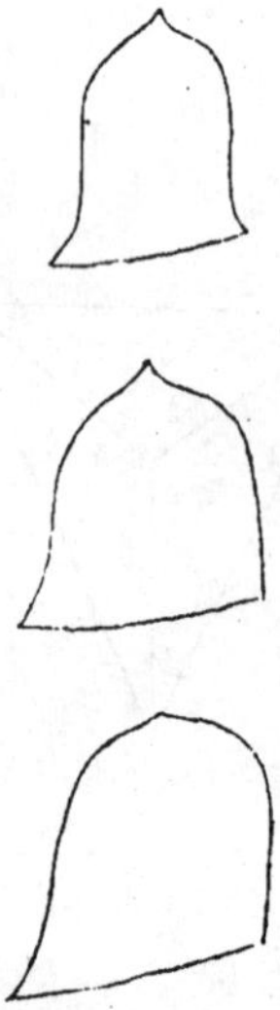

鏵蒲狀切　犁耳也陸龜蒙耒耜經其略曰冶金而為之曰犁鏵案耒耜經鏵作壁　起其墢者鑱也覆其墢者鏵也鑱引而居下鏵倚而居上鏵形其圓廣長皆尺微橢徒果切狹長也背有二乳係于壓鑱之兩旁鑱之次曰策額言其可以扞其鏵也皆相連屬不可離者夫鏵形不一耕水田曰瓦繳曰高腳耕陸田曰鏡面曰碗口隨地所宜制也詩云

犁以耜為齒耜以鏵為耳背盎作殼樞面深倚偃水覆墢翻若雲起甽直如矢裁成輔相間厥功深可倚

剗

剗初簡切平土器也　俗又名鏟上聲周禮薙氏掌殺草冬日至而耜之鄭元謂以耜測凍土而剗之其刃如鋤而闊上有深袴插於犁底所置鑱處其犁輕小用一牛或人輓行北方幽冀等處遇有下地經冬水涸至春首浮凍稍甦乃用此器剗土而耕草根既斷土脉亦通宜春種麰麥凡草莽汙澤之地皆可用之蓋地既淤壞肥沃不待深耕仍火其積草而種去聲乃倍收斯因地制器剗土除草故名剗兼體用而言也詩云制器相地宜剗名良有義

起土與耜同除荒過鉏利既能耕墾兼仍取播殖易面看功施去聲何案此句疑有訛字　春麥已交翠

劐

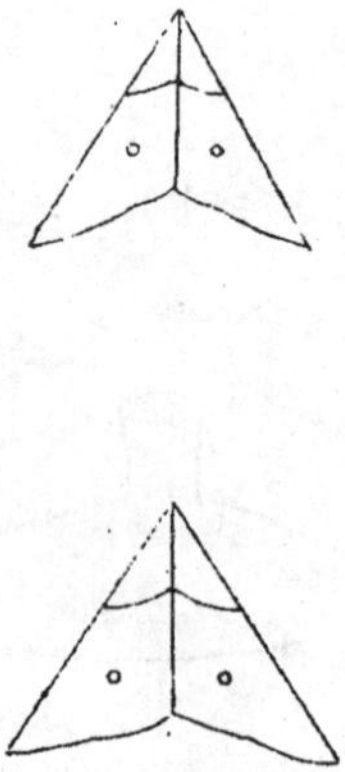

劐呼鑊切農桑輯要云燕趙之間用之今燕趙迤南又謂之種金耬足所耩金也如鏟而小中有高脊長四寸許闊三寸插於耬足背上兩竅以繩控於耬之下柢其金入地三寸許耬足隨瀉種粒其種入土既深田亦加熟劐所過猶小犂一遍如古耦耕之法即一事而兩得也

詩云種耬如耦耜足木履雙金制比耕鏟小功惟入土深發生資爾後利用見於今苗壠雲平日嗟無迹可尋

梧桐角

梧桐角浙東諸鄉農家兒童以春月捲梧桐為角吹之聲遍田野前人有村南村北梧桐角山後山前白菜花之句狀時景也則知此制已久但故俗相傳不知所自蓋音樂主和寓之於物以假聲韻所以感陽舒而蕩陰欝導天事而達人事則人與時適物隨氣化非直為戲樂也天台戴式之賦之云鳳簫鼉鼓龍鬚笛夜宴華堂醉春色繁聲緩響蕩人心但有歡娛別無益何如村落捲桐吹能使時人知稼穡村南村北聲相續青郊雨後

耕黄犢一聲催得大麥黄一聲喚得新秧緑人言此角只兒戲孰識古人吹角意田家作勞多怨咨故假聲音召和氣吹此角起東作吹此角田家樂此角上與豳子之律同宫商合鍾吕形甚朴聲甚古一吹寒谷生禾黍

農器圖譜四

錢鎛門

錢鎛古耘器見於聲詩者尚矣然制分大小而用有等差揆而求之其鉏耨鏟盪等器皆其屬也如耬鉏鐙耘爪之類是其變也至於薅鼓又其輔也儻度而用之則知水陸之耘事有大功利在矣

錢

錢子踐切 臣工詩曰庤乃錢鎛注錢銚也銚七遥切世本垂作銚唐韻作廊今鍬與鍤同此錢與鎛為類薅呼毛切器也非鍬屬也兹度其制似鍬非鍬殆與鏟同纂文曰養苗之道鋤不如耨力豆切耨不如鏟楚簡切鏟柄長二尺刃廣二寸以剗地除草此鏟之體用即與錢同錢特鏟之别名耳集錢鎛一類故此不别繫詩而於鎛一條以王安石詩總括之

鎛

鎛布各切 耨别名也良耜詩曰其鎛斯趙以薅荼蓼釋名曰鎛迫也迫地去草也爾雅疏云鎛耨一器或云鉏或云鋤屬嘗質諸考工記凡器皆有國工粵獨無鎛何也粵之無鎛非無鎛也夫人而能為鎛也荆州之田第八而賦第三揚州之田第九而賦雜出第六者人功修也以人皆趨農故耕耨之器手熟目稔不須國工而自能也竊謂鎛鋤屬農所通用故人多匠之不必國工今舉世皆然非獨粵也王荆公詩云於易見耒耜于詩見錢

鎛百工聖人為此㝡功不薄欲收禾黍善先去蒿萊惡顧因觀器悟更使臣工作

耨

耨（力豆切）除草器易繫曰耒耨之利以教天下葢取諸益呂氏春秋曰耨柄尺此其度也其耨六寸所以間稼也高誘注云耨芸苗也六寸所以入苗間廣雅又云定謂之耨爾雅云斪（巨俱切）斸（丁錄切）謂之定郭曰鋤屬淮南子曰摩蜃而耨（蜃大蚌也摩令利用耨此古農器也）呂氏春秋曰先生者美米後生者粃是故其耨也長其兄而去其弟不知稼者其耨也去其兄而養其弟不收其粟而收其粃此失耨之道也纂文曰養苗之道鋤不如耨耨不如鏟鏟柄長二尺刃廣二寸以剗地除草此耨之功也詩云剗物各有名薅器即云耨壅厚破蟻封啄深過鳥咮

葉以上稍耨壠草因隤其土以附苗根此耨之功也詩云創物各有名薅器即云耨壅厚破蟻封啄深過鳥咮護（竹救切）苗如養賢去草同擊寇曽聞傴僂翁功毋求速就

耬鉏

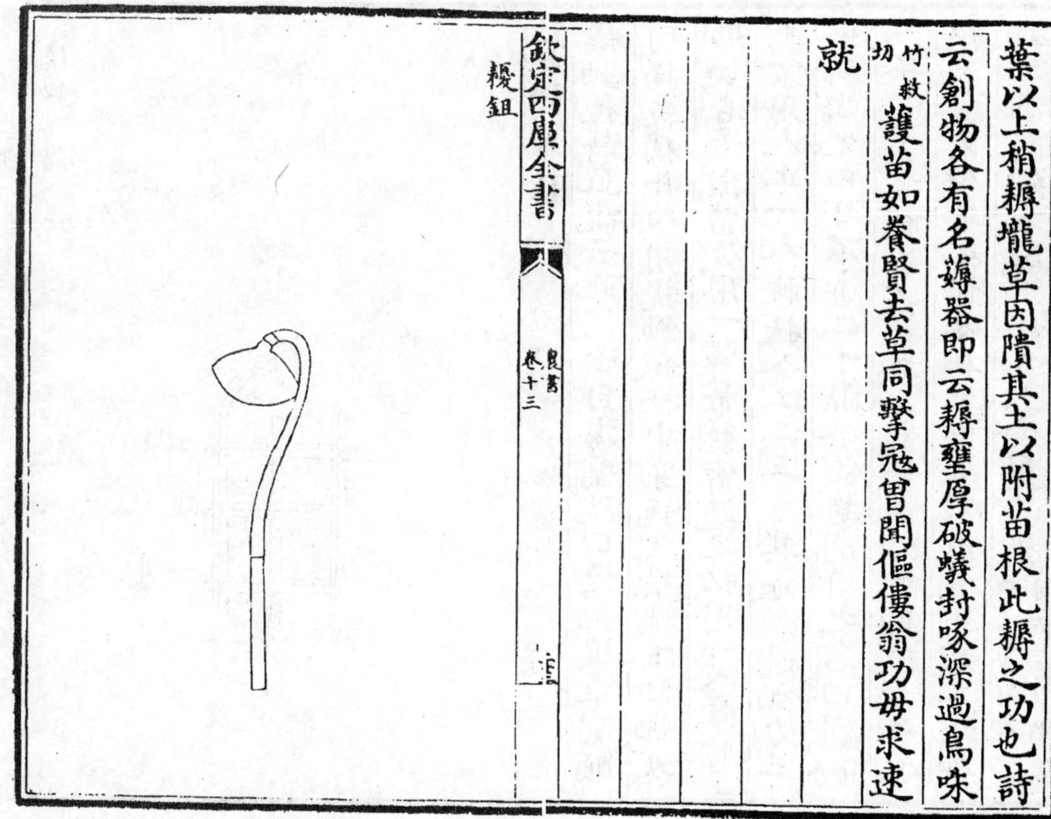

耰鉏古云斪斸一名定耰為鉏柄也賈誼云秦人借父耰鉏即此也釋名鋤助也去穢助苗也說文鋤立薅也齊民要術曰苗生馬耳則鏃（初角切諺曰欲得穀馬耳鏃）鋤稀豁之處鋤而補之凡五穀惟小鋤為良勿以無草而暫停春鋤起地夏鋤除草故春鋤不用觸濕六月以後雖濕亦無嫌夫鋤法有四一次曰鏃二次曰布三次曰擁四次曰復諺云鋤頭自有三寸澤言鋤則苗隨滋茂其刃如半月比禾壟稍狹上有短銎以受鋤鉤鉤如鵝項下帶

深袴（皆以鐵為之）以受木柄鉤長二尺五寸柄亦如之北方陸田舉皆用此江淮間雖有陸田習俗水種殊不知薅粟黍穄等稼耰鋤鏃布之法但用直項鋤頭刃雖鋤也其用如斸是名钁鋤故陸田多不豐收今表此耰鋤之效并其制度庶南北通用王荆公詩云鍛金以為曲揉木以為直直曲相後先心手始兩得秦人望屋食以此當金革君勿易耰鋤耰鋤勝鋒鏑

耬鋤

耬鋤種蒔直說云此器出自海壖號曰耬鋤耬車制頗同獨無耬斗但用耰鋤鐵柄中穿耬之橫桄下仰鋤刃形如杏葉撮苗後用一驢帶籠觜輓之初用一人牽慣熟不用人止一人輕扶入土二三寸其深痛過鋤力三倍所辦之田日不啻二十畝今燕趙間用之名曰劐（呼鑊切）子劐子之制又少異於此劐子第一遍即成溝子穀根未成不耐旱耬鋤刃在土中故不成溝子第二遍加擗土木鴈翅方成溝子其土分壅穀根（擗土用木厚三寸闊三寸前為

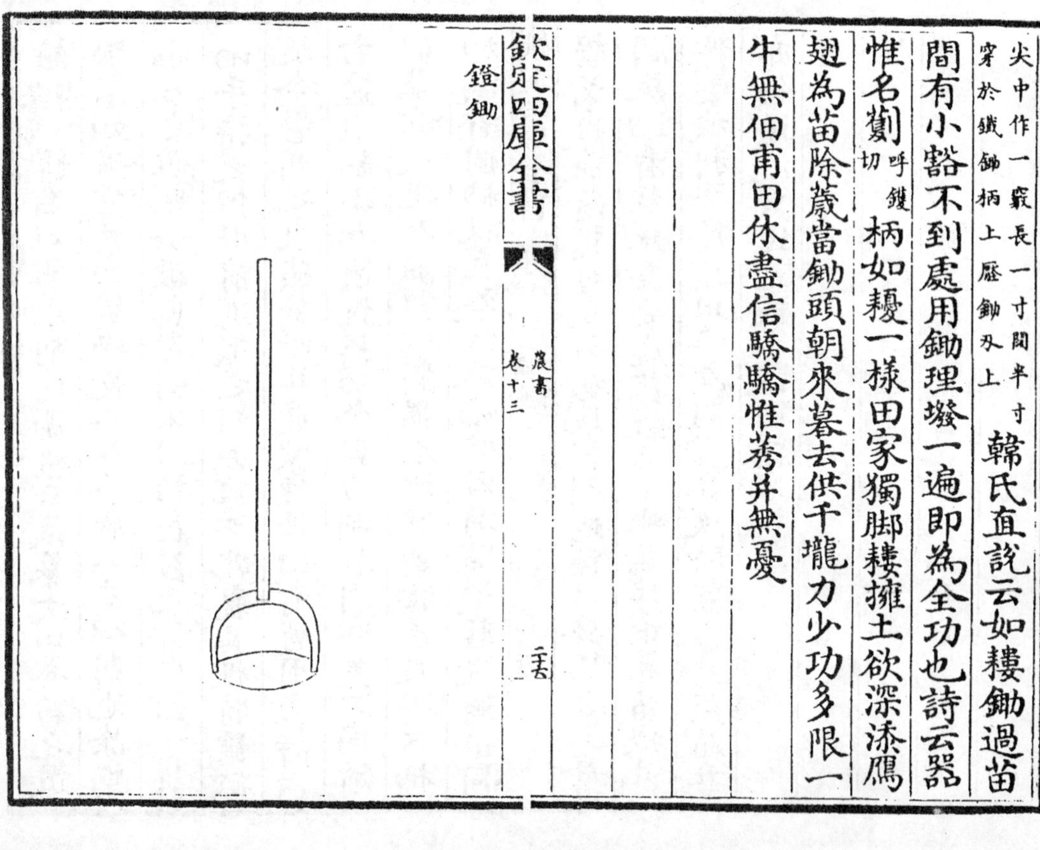

尖中作一竅長一寸闊半寸穿於鐵鋤柄上壓鋤刃上韓氏直說云如耬鋤過苗間有小豁不到處用鋤理撥一遍即為全功也詩云器惟名劐呼鑊切柄如耬一樣田家獨脚耬擁土欲深添鴈翅為苗除薉當鋤頭朝來暮去供千壠力少功多限一牛無佃甫田休盡信驕驕惟莠并無憂

鐙鋤

鐙多鄧切鋤剗草具也形如馬鐙其踏鐵兩旁作刃甚利上有圓銎以受直柄用之剗草故名鐙鋤柄長四尺比常鋤無兩刃角不致動傷苗稼根莖或遇少旱或熇苗之後壠土稍乾荒薉復生非耘耙耘爪所能去者故用此劃除特為捷利此創物者隨地所宜偶假其形而取便於用也與前代儀仗鐙棒無異嘗見江東農家用之詩云茲鋤以鐙稱惟鐙與鉏異鉏乃擬鐙形鐙也取鉏利借用有實材五名非本器物兮多變通執一豈云智

鏟

鏟楚簡切 釋名曰鏟平削也廣雅云籤纂文曰養苗之道鋤不如耨耨不如鏟柄長二尺刃廣二寸以剗地除草此古之鏟也今鏟與古制不同柄長數尺首廣四寸許兩手持之但用前進攛之剗去壠草就覆其根特號敏捷今營州之東燕薊以北農家種溝田者皆用之詩云古鏟惟制小頗適鋤耨功今與古制異用亦差不同溝田隴欹仄他刃誠難攻制器度地宜創物須良工長柄加潤首圓柄投直釜眂畝耀吐月肘腋凌輕風務進同

撞戈再前遂摘踪覆芟易反掌剷地深潛鋒巳令土膏潤旋平聲看蔓草空要處耨難外不離芸芓中養苗成此稼去穢利吾農無田非力闢有具致時豐嘗見燕趙北亦傳遼池東遠近或未識圖譜容相通

耘盪

耘盪徒浪切 江浙之間新制之形如木屐而實長尺餘闊約三寸底列短釘二十餘枚簨其上以貫竹柄柄長五尺餘耘田之際農人執之推盪禾壠間草泥使之溷溺則田可精熟既勝杷鋤又代手足水田有手耘足耘况所耘田數日復兼倍嘗見江東等處農家皆以兩手耘田匍匐禾間膝行而前日曝於上泥浸於下誠可嗟憫眞西山言豳詩農事之敘至耘苗則曰暑日流金田水若沸耘耔是力稂莠是除爬沙而指為之戾傴僂而腰為之折

此耘苗之苦也今覩此器惜不預傳以濟彼用茲特圖録庶愛民者播為普法詩云稻人掌稼須下地秧壠年年勤捕薅適當盛暑見薅人手足爬沙泥浸漬伊誰制器代爪耘長竹柄頭加木屣（所綺切）底列短釘為鐵齒盪草入泥俱膿死速比耰鉏用處功（謂殺草與耰鋤等速也）粒食由來同所致舉世誰非穀腹人智力取之寧有異至若執筆公署間但仰廪支供口費又若持戈征戍徒尤藉貲糧遠輸饋世間亦復多挾藝作計無非謀此食試將茲器示於人由此致食應不識便當獻送政事堂穀祿使知從我得願將制度付國工徧賜吾農資稼穡

耘爪

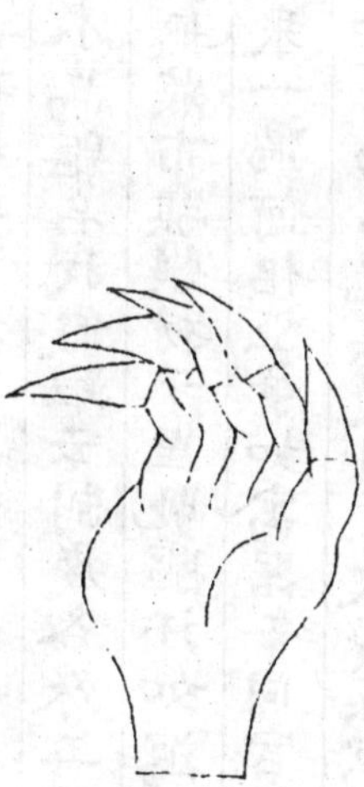

耘爪耘水田器也即古所謂烏耘者其器用竹管隨手指大小截之長可逾寸削去一邊狀如爪甲或好堅利者以鐵為之穿於指上乃用耘田以代指甲猶烏之用爪也陸龜蒙烏耘辯謂耘者去莠舉手務疾而畏晚烏之啄食務疾而畏奪法其疾畏故曰烏耘然嘗覩農人在田傴僂伸縮以手耘其草泥無異烏足之爬抉豈非烏耘者耶今述耘爪故因辯之庶識者有所取也詩云惟農有烏耘爪田仍去莠剷竹貫十指耨禾牽兩肘僂

欽定四庫全書　農書　卷十三

借以為功踈剔乃能久羨彼城府人安居長袖手

薅馬薅禾所乘竹馬也佀籃而長如鞍而狹兩端拳以竹系農人薅禾之際乃寘於跨間餘裳斂之於內而上控於腰畔乘之兩股既寬又行壠上不礙苗行胡郎切又且不為禾葉所緒故得專意摘剔稂莠速勝鋤薅此所乘順快之一助也余嘗盛夏過吳中見之土人呼為竹馬與兒童戲乘者名同而實異殆若秧馬之類因命曰薅馬乃作詩道其梗槩云嘗見兒童喜相迓抖擻繁纓騎竹馬今落田家薅具中髣髴形模懸跨下頭尻微昂

如據鞍腹脇中虛深仰瓦乘來壠上斂褰裳借足於人寬兩髁初無鞭轡手不施只有叢荒常滿把昔聞坡老歌秧田以木為軀名我假雖云制度各殊工不出同途趍稼野豈無燕市騏驥材千里馳驅汗如瀉亦有尚廄麒麟姿路乘一鳴何佀啞爭如寓器午同宮芻秣不煩殃咎寡又如畫幅出龍媒過目徒教費摹寫尤疑鐵騎響風簷聒耳胡為勞鑄冶豈知創物利于民獨有老農真智者朝騎暮去有常程暑月奔忙非夏庌茶蓼朽止

方告勞杳不聞斯馴里厖回看所歷稼如雲擬賀豐穰

奏幽雅功成瓢爲一長嗟控御由人多用舍

薅鼓曾氏薅鼓序云薅田有鼓自入蜀見之始則集其來既來則節其作既作則防其笑語而妨務也其聲促烈清壯有緩急抑揚而無律呂朝暮曾不絕響悲夫田家作苦綺襦紈袴不知稼穡之艱難因作薅鼓歌以告之云炎風灼肌汗成雨赤日流空水如煑稗苗森森茁方乳田家長養過兒女稊根稗實藏深土得水滋萌疾機弩老農憂煎走旁午子汲婦炊具雞黍百端勸相防莽鹵尚恐偷惰貪笑語長椌剳桐三尺許促烈軒轟無

律呂雙手俱胼折腰膂朝走東皐夕南畝錦堂公子調樂府終日靈鼉緩歌舞庖人擇精揮鳥羽小槽真珠色勝琥歸來醉飽月停午囊甕猶嫌不勝貯萬錢棄擲在盤狙厭飫臺輿腯鼯鼠老農此時獨淒楚長鑱為命鉏為伍歸見桐椌音不吐只有伸吟滿環堵但得一甌置龜腑敢較人間異甘苦吁嗟公子還知否請聽嬉田一聲鼓

農書卷十三

欽定四庫全書

農書卷十四　元 王禎 撰

農器圖譜五

銍艾門

傳曰種曰稼斂曰穡稼為農之本穡為農之末本輕而末重先緩而後急故農法曰熟欲速穫此銍艾等器所以為田農收斂之要務也仍以斧鋸等附亦農事之不可緩者

銍

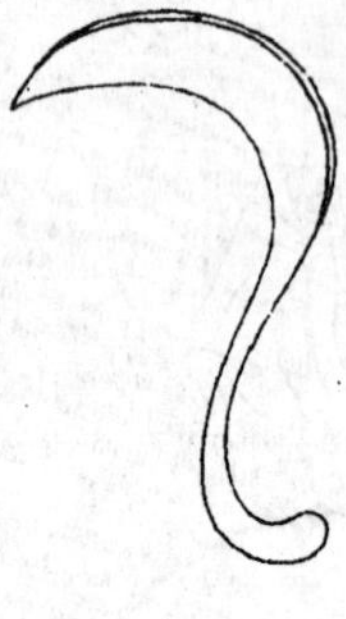

銍知栗切穫禾穗刃也臣工詩曰奄觀銍艾書禹貢曰二百里納銍注刈禾半藁也小爾雅云截穎謂之銍截穎即穫也據陸氏釋文云銍穫禾短鎌也纂文云江湖之間以銍為刈說文云此則銍器斷禾聲也故曰銍管子曰一農之事必有一推一銍然後成為農此銍之歷見于經傳者如此誠古今必用之器也詩云制形類短鎌名義因聲聞總秸既異賦禾藁惟中分雖云一鉤鐵解空千畝雲小材有大用乘時策奇勳苟無遽棄捐磨厲以須君

艾

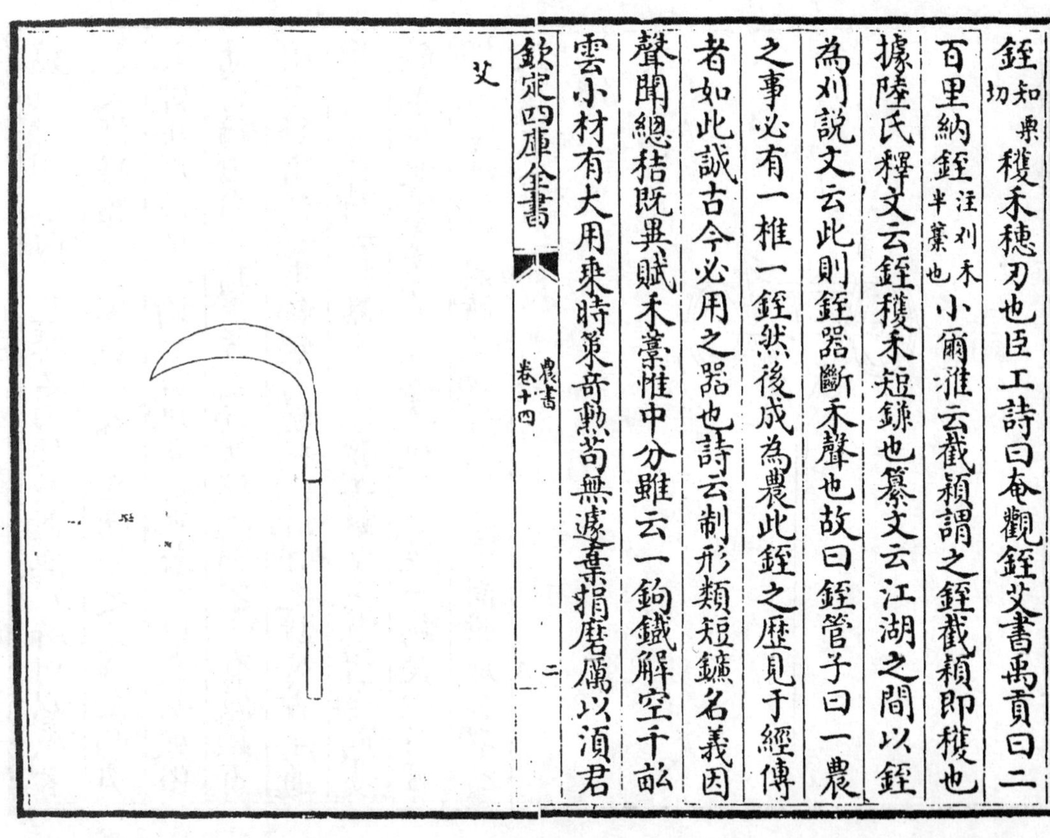

艾魚肺切穫器今之刈鐮也方言刈鉤江淮陳楚之間謂之鉊音昭或謂之鐹音果自關而西或謂之鉤或謂之鐮或謂之鍥音結詩奄觀銍艾陸氏釋文音乂芟草亦作刈賈策若艾草菅注艾讀曰刈古艾從草今刈從刀字宜通用詩云艾也著周詩一物兩用備始資芟蔓草終賴斂秉穟磨淬擬工利收穫疾飈至毋謂雪鬣匙腰月棄塵翳

鎌

鎌力詹切刈禾曲刀也釋名曰鎌廉也薄其所刈似廉者也又作鐮禮薙氏掌殺草春始生而萌之夏日至而夷之鄭康成謂夷之鉤鎌迫地芟之也若今取茭矣風俗通曰鎌刀自揆積芻蕘之効然鎌之制不一有佩鎌有兩刃鎌有袴鎌有鉤鎌有鎌桐鎌柄楔其刃也之鎌皆古今通用芟器也詩云利器從來不獨工鎌爲農具古今同芟餘禾稼連雲遠除去荒蕪捲地空低控一鉤長似月輕揮尺刃捷如風因時殺物皆天道不爾何收歲杪功

推鎌

推鎌斂禾刃也如蕎麥熟時子易焦落故制此具便於收斂形如偃月用木柄長可七尺首作兩股短叉架以横木約二尺許兩端各穿小輪圓轉中嵌鎌刃前向仍左右加以斜杖謂之蛾眉杖以聚所劖之物凡用則執柄就地推去禾莖既斷上以蛾眉杖約之乃回手左擁成稕以離舊地另作一行子既不損又速於刀刈數倍此推鎌體用之效也詩云北方寒早多晚禾亦莖烏粒連山阿霜餘日薄熟且過脆落不耐揮刈何因物制器用靡他田夫已見伐長柯一鉤偃月鎌新磨置之叉頭行兩碣仍加修杖雙眉蛾推擁捷勝輪走坡左挨忽若持横戈原頭積稕雲長拖秋成助斂知時和欲充糲食無飢魔北風捲地翻長河此時鎌也收功多試向田翁唱此歌

粟鋻

粟鋻古賢切截禾穎刃也集韻云鋻剛也其刃長寸許上帶圓銎穿之食指刃向手内農人收穫之際用摘禾穗與銍形制不同而名亦異然其用則一此特加便捷耳詩曰截然小刃帶圓銎禾穎還分掌握中總道詩人能博物好將題詠繼臣工

⿰金絜

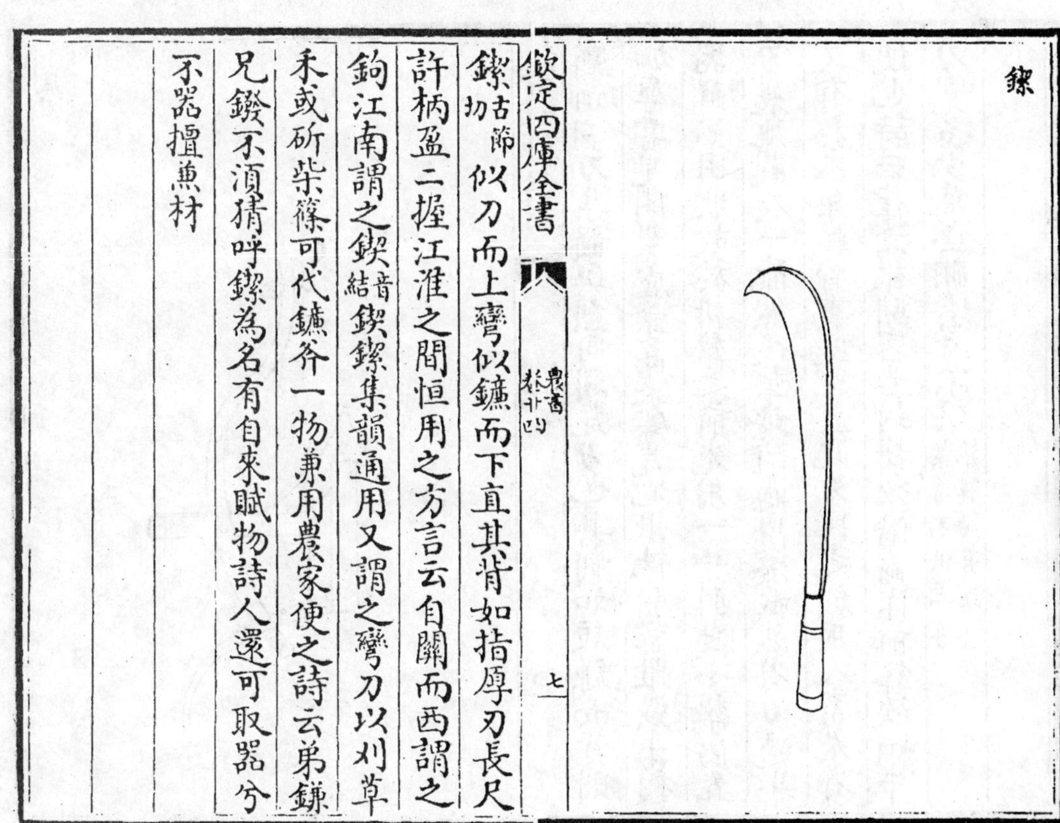

⿰金絜古節切似刃而上彎似鐮而下直其背如指厚刃長尺許柄盈二握江淮之間恒用之方言云自關而西謂之鉤江南謂之鍥音結鍥⿰金絜集韻通用又謂之彎刀以刈草禾或斫柴篠可代鐮斧一物兼用農家便之詩云弟⿰金絜兄鏺不須猜呼⿰金絜為名有自來賦物詩人還可取器分不器擅魚材

鏺

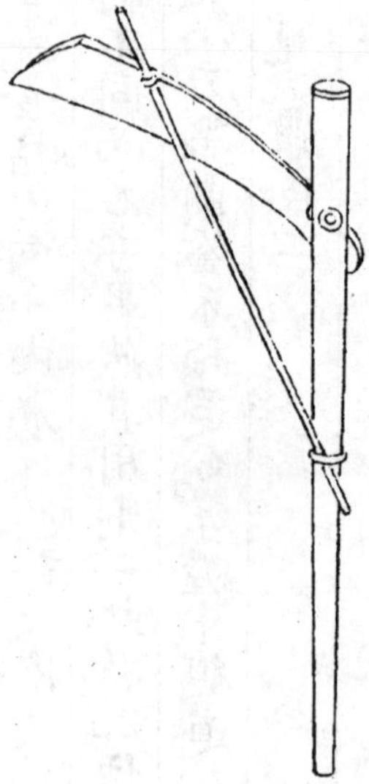

鏺蒲末切　集韻云鏺兩刃刈也其刃長餘二尺闊可三寸横插長木柄内牢以逆楔先結切農人兩手執之遇草萊或麥禾等稼折腰展臂匝地芟之柄頭仍用掠草杖以聚所芟之物使易收束太公農器篇云春鏺草棘又唐有鏺麥殿今人亦云芟曰鏺蓋體用互名皆此器也詩云摩地寧論草與禾雲隨風捲一劘過田頭曾聽農夫說功比刎鐮十倍多

劚刀

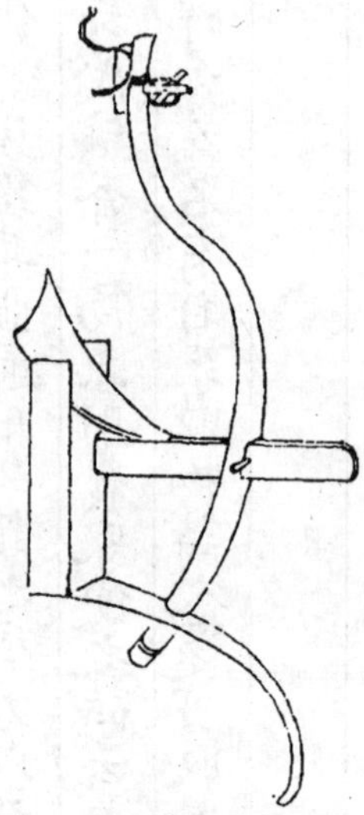

劚郎計切　刀集韻與劙同闢荒刃也其制如短鐮而背則加厚嘗見開墾蘆葦蒿萊等荒地根株駢密雖强牛利器鮮不困敗故於耕犂之前先用一牛引曳小犂仍置刃裂地闢及一隴然後犂鑱隨過覆墢截然省力過半又有於本犂轅首裏邊就置此刃比之别用人畜尤省便也詩云萑葦根駢密若封耕犂借爾作前鋒欲知牛力寬多少萬堡翻雲省不供案省不供三字難解疑有誤

斧

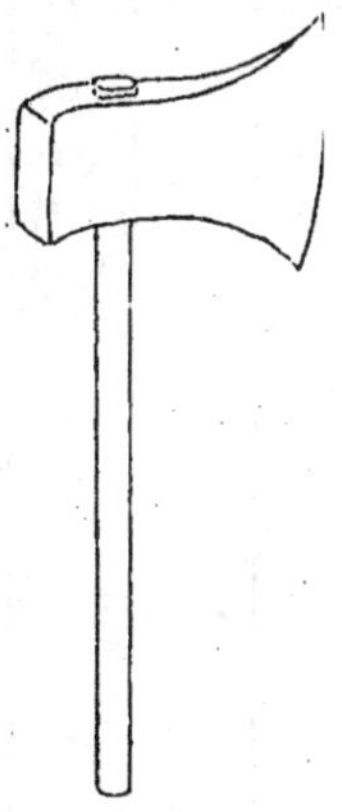

斧釋名曰斧甫始也凡將制器始以斧伐木已乃制之也周書曰神農作陶冶斧破木為耒耜鉏耨以墾草莽然後五穀興其柄為柯然樵斧桑斧制頗不同樵斧狹而厚桑斧闊而薄蓋隨所宜而制也今農夫耕作之際脩整佃具隨身尤不可闕者王荆公詩云百金聚一冶所賦以所遭此豈異鏌鋣奈何獨當樵朝出在人手暮歸在人腰用舍各有時此心兩無邀

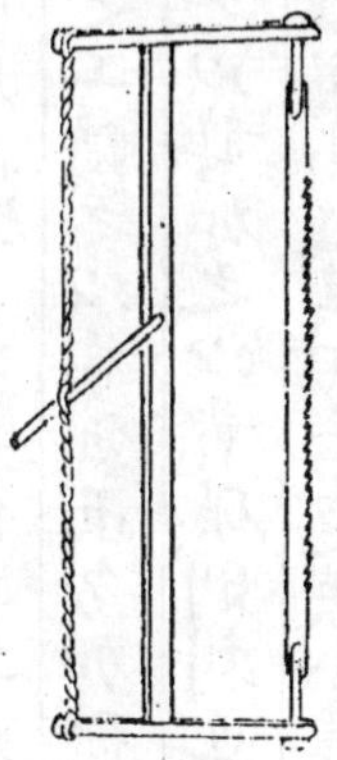

鋸解截木也古史考曰孟莊子作鋸說文曰鋸槍唐也莊子曰禮若亢鋸之柄亢舉也禮有所斷猶舉鋸之柄以斷物也又曰天下好智而百姓求竭矣於是乎釿音斤鋸制焉太公農器篇云钁鍤斧鋸此鋸為農器尚矣今接博桑果不可闕者詩云百鍊出煅工脩薄見良鐵架木作梁橫錯刃成齒列直斜隨墨絃來去霏輕屑儻遇盤錯間利器乃能別

鏩

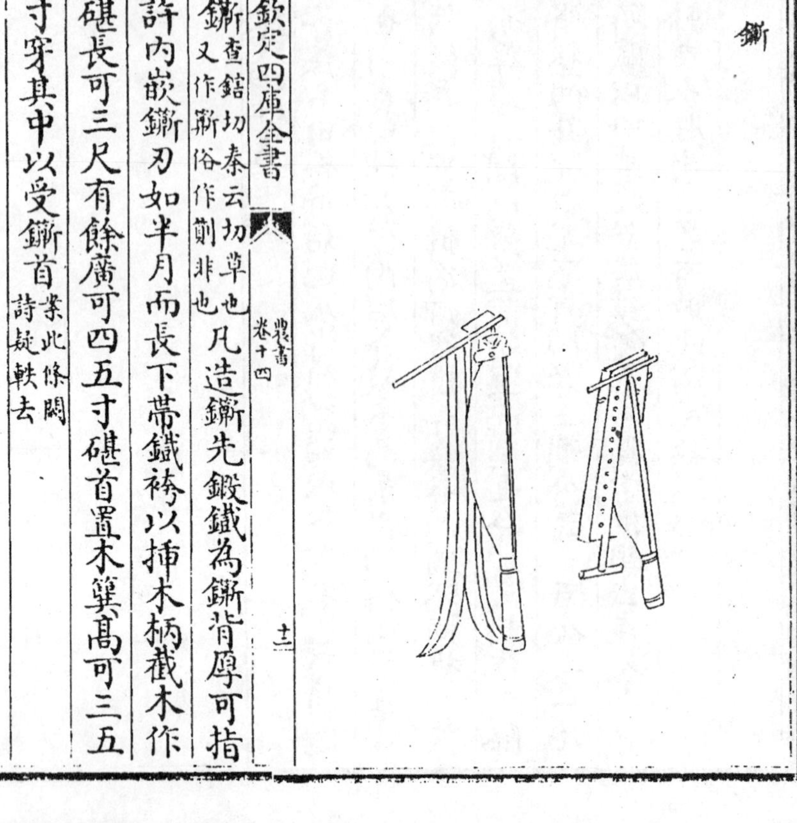

鏩查鎋切秦云切草也又作鏩俗作剪非也凡造鏩先鍛鐵為鏩背厚可指許內嵌鏩刃如半月而長下帶鐵袴以插木柄截木作碪長可三尺有餘廣可四五寸碪首置木簨高可三五寸穿其中以受鏩首案此條闕詩疑軼去

礪

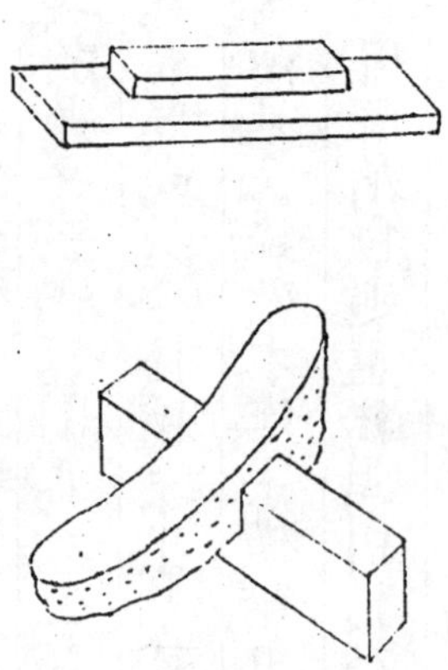

礪磨刃石也書曰揚州厥貢礪砥砥細於礪皆磨石也廣志曰礪石出首陽山有紫白粉色出南昌者最善山海經曰高梁之山多砥礪今隨處閒去聲亦有之但上數處為佳耳尸子曰鐵使於越之工鑄之以為劍而勿加砥礪則以刺不入擊不斷磨之以礱加之以黄砥則刺也無前擊也無下自是觀之礪與弗礪其相去遠矣今農器鑣斧鎒鏺之類非礪不可大小之家所必用也蔡邕銘曰木以繩直金以淬剛必須砥礪就其鋒鍔

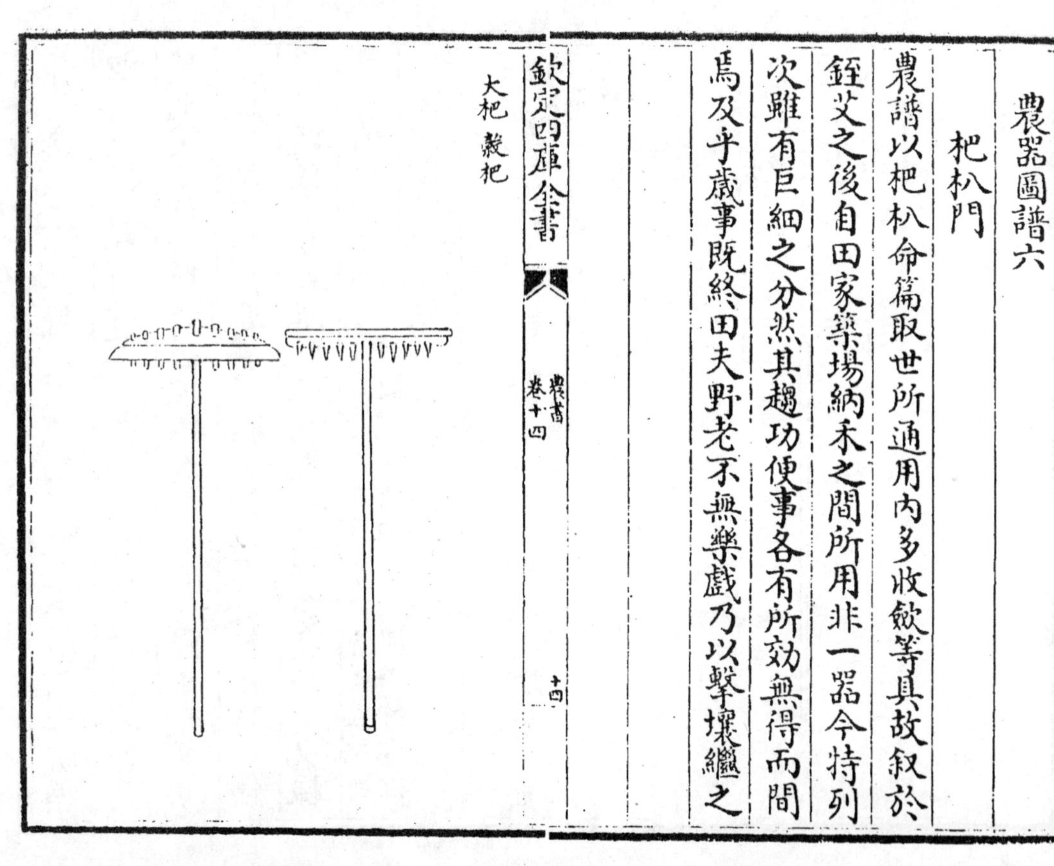

農器圖譜六

杷朳門

農譜以杷朳命篇取世所通用內多收斂等具故敘於銍艾之後自田家築場納禾之間所用非一器今特列次雖有巨細之分然其趨功便事各有所効無得而間焉及乎歲事既終田夫野老不無樂戲乃以擊壤繼之

大杷　穀杷

竹杷　耘杷　小杷

杷蒲巴切鏤齒器也方言云宋魏間謂之渠拏女余切或謂之渠疏直柄橫首柄長四尺首闊一尺五寸列鑿方竅以齒為節夫畦畛之間鏝劚塊壤疏去瓦礫場圃之上耬聚麥禾擁積稭穗此亦農之功也復有穀杷或謂透齒杷用攤曬穀又耘杷以木為柄以鐵為齒用耘稻禾竹杷場圃樵野間用之王褒僮約曰揉竹為杷大杷詩云直躬橫首制為杷入土初疑巨爪爬解與當途除瓦礫且將踈跡混塵沙操持有要從耰柄鍋鏷惟勤利齒

牙去惡從來類忠讜惜哉獨用野夫家穀杷詩云曬槃留跡以杷名翻覆能令五穀平毋訝晴陰不恒德舍之藏則用之行竹杷詩云揉竹為杷指爪如強于穰藁易渠疏僕僮有約供薪爨一務誰知用有餘耘杷詩云鐵作渠疏代爪耘幾將踈質効微勲纒綿蔓草知多少輙為良苗一解紛案國有小杷而此條未詳言之蓋杷雖有大小之別而其用則一故條中不復纏分而詩亦祇以大杷槩之非闕文也

朳

朳博拔切無齒杷也所以平土壤聚穀實說文云無齒為朳禾譜字作䎱託黠切周生烈曰夫忠謇朝之杷朳正人國之埽篲秉杷執篲除凶埽穢國之福主之利也杷朳之為器也見於書傳至今不替其用為不負紀錄矣朳詩云長柄為身首闊橫似杷無齒朳為名補填罅漏坤無缺推擁泥汙坎易盈每與渠疏供壠畝解收狼戾作囷京從今柄用多餘力未許人間有不平

平板

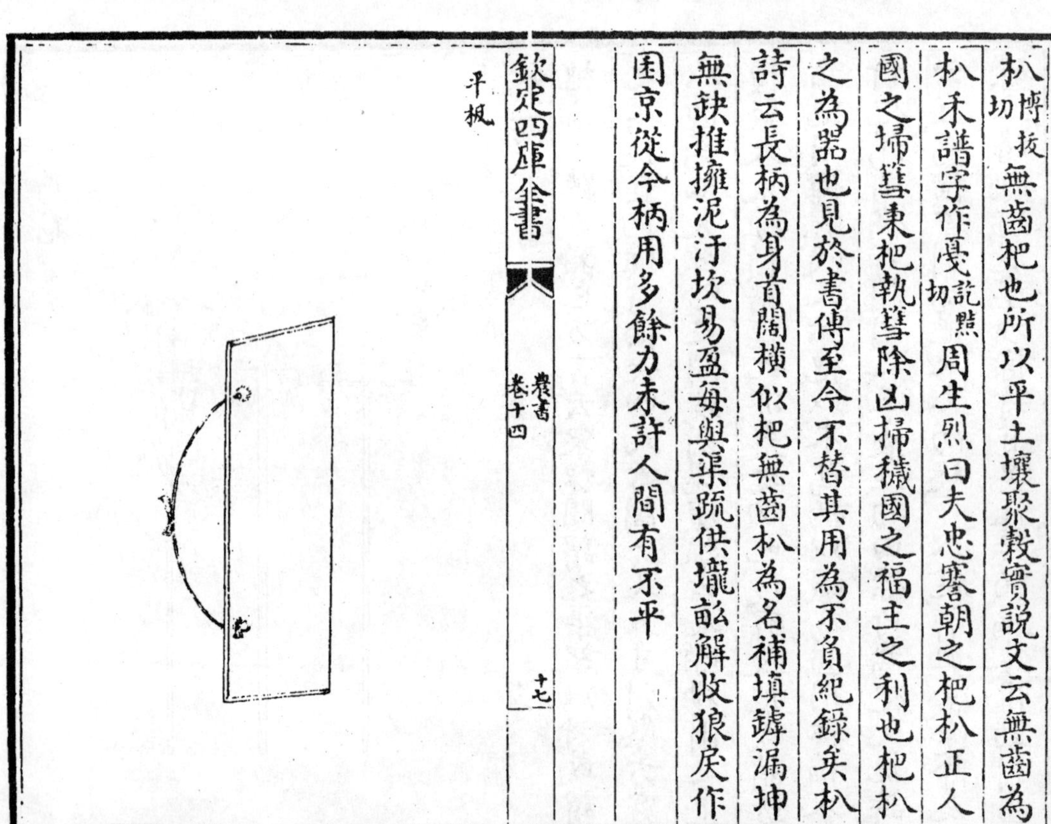

平板平摩種秧泥田器也用滑面木板長廣相稱上置兩耳繫索連軛駕牛或人拖之摩田須平方可受種即得放水浸漬勻停秧出必齊田家或仰坐橇代之終非本器詩云小於食案大於砧畦面勻拖恐不任材厚似難浮水動體寬原不墊泥深一行已見光如拭再過都無跡可尋世道迍邅方汝用一區毋為滯蹄涔

田盪

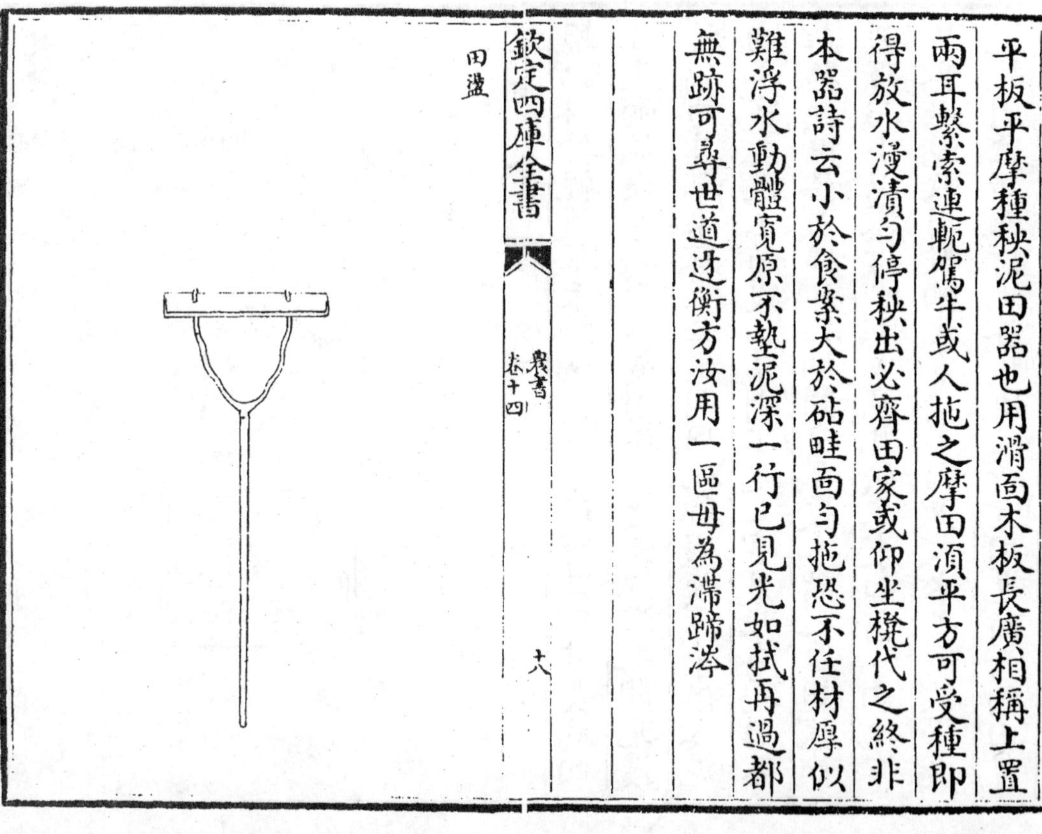

田盪他浪切　均泥田器也用叉木作柄長六尺前貫橫木五尺許田方耕耙尚未勻熟須用此器平着其上盪之使水土相和凹凸各平則易為秧蒔農書種植篇云凡水田渥漉精熟然後踏糞入泥盪平田面乃可撒種此亦盪之用也夫田盪與上篇耘盪徒浪切之盪字同音異所用亦各不類因辯及之耘盪見錢鎛門詩云農事方殷春已歸綠雲滿握眷秧齊秧馬既具田成畦尚欠有物平水泥橫木叉頭手自攜盪磨泥面如排擠人畜一過饒足

蹄却行一抹前踪迷瑩滑如展黃玻瓈揷蒔足使無高低處汙不染濯清溪歸來自潔從高棲一遇詩人經品題附名農譜名始躋願言永用同鋤犁

輥軸

輥軸古本切輥碾草禾軸也其軸木徑可三四寸長約四五尺兩端俱作轉䇲挽索用牛拽之夫江淮之間凡漫種稻田其草禾齊生並出則用此輥碾使草禾俱入泥内再宿之後禾乃復出草則不起又嘗見北方稻田不解插秧惟務撒種却於軸間交穿板木謂之雁翅狀如礰碡而小以轅打水土成泥就碾草禾如前江南地下易於得泥故用輥軸北方塗田頗少放水之後欲得成泥故用雁翅轅打此各随地之所宜用也詩云稻田荒薉與苗同都入機衡輥碾中本擬助禾輕着力却憑偃草重於風一番泥滓重加熱幾倍薅耘可並功思巧何人添雁翅聯翩更覺用尤工

秧彈

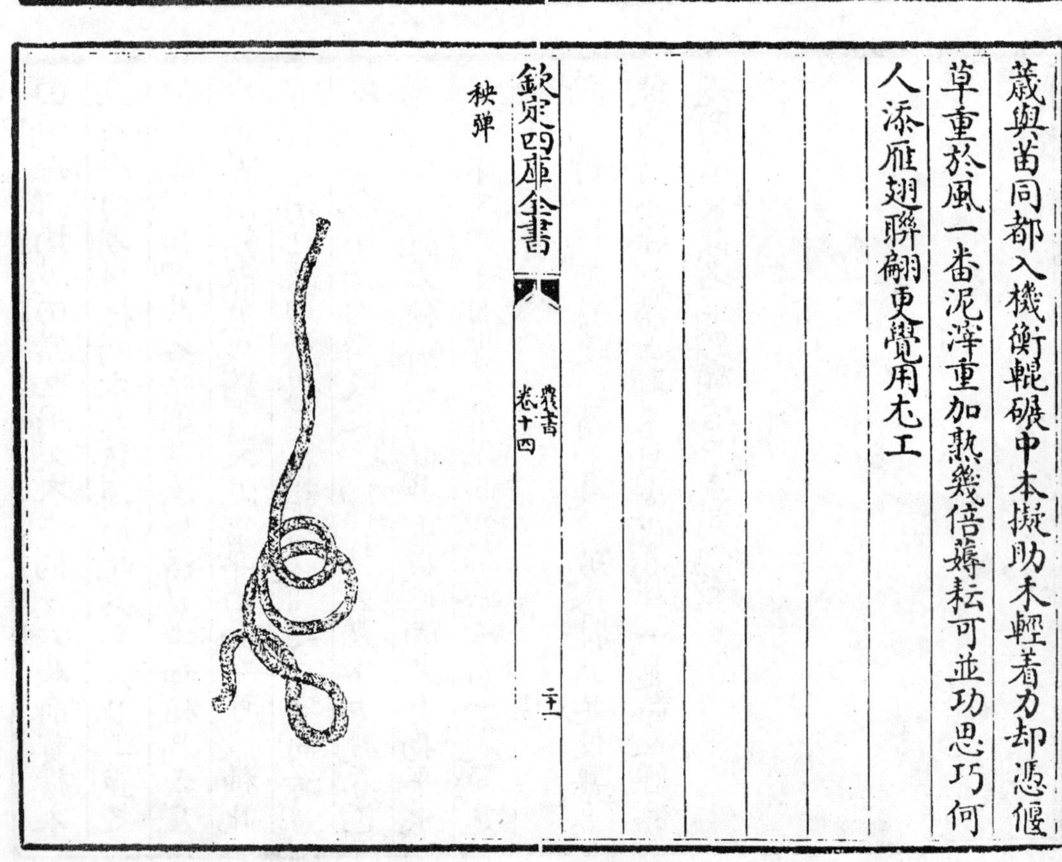

秧彈平聲秧壠以篾為彈彈猶弦也世呼船牽去聲曰彈字義俱同盖江鄉櫓田内平而廣農人秧蒔漫無準則故制此長篾掣於田之兩際其直如弦循此布秧了無欹斜猶梓匠之繩墨也詩云塍埂寛長有櫓田秧彈依約不容偏物情自是宜標準苗壠囘看直似弦

杈

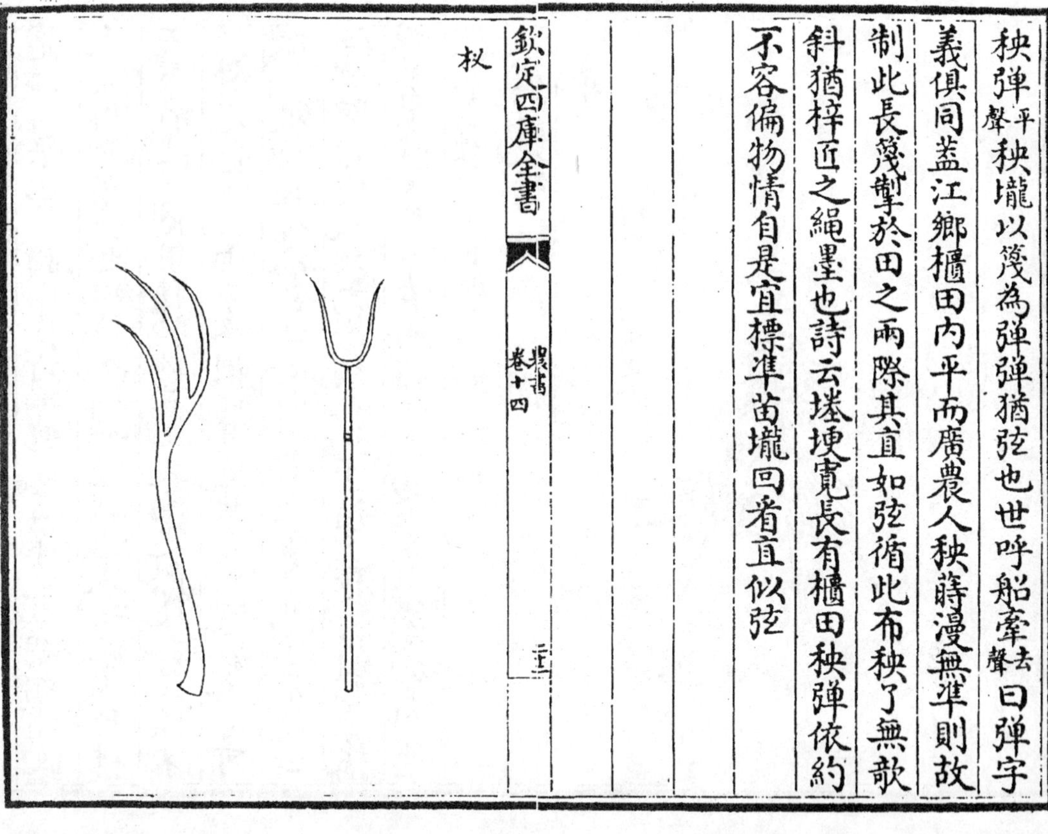

杈初加切 箝禾具也揉木為之通長五尺上作三股長可二尺上一股微短皆形如彎角以箝取禾稈也又有以木為榦以鐵為首二其股者利如戈戟唯用叉取禾束謂之鐵禾杈集韻云杈杷農器也詩云豎若戈戟森用與戈戟異彼能禦外侮此則供稼事願言等鋤耰非因為戰備今遇太平時叉也即農器

麥笐

笐下浪切架也集韻作䈥竹竿也或省作笐今湖湘間收禾並用笐架懸之以竹木構如屋狀若麥若稻等稼穫而束音繭之悉倒其穗控於其上久雨之際比於積垛不致鬱浥江南上雨下水用此甚宜北方或遇霖潦亦可倣此庶得種糧勝於全廢今特載之冀南北通用詩云

江鄉臨老稻收天笐架棲禾豈棄捐多稼一川歸偉構祥雲萬壘表豐年有同巨廩成高積要與饑民解倒懸稼畢莫辭零落去從來萬事等蹄筌

喬扦

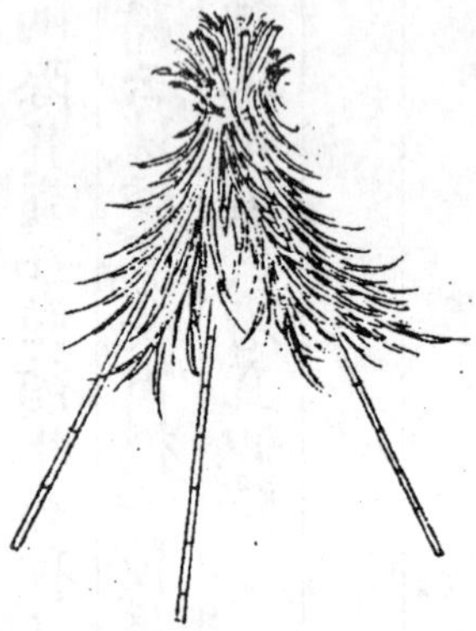

喬扦音千挂禾具也凡稻皆下地沮濕或遇雨潦不無渰浸其收穫之際雖有禾穧不能卧置乃取細竹長短相等量水淺深每以三莖為數近上用篾縛之叉於田中上控禾把又有用長竹横作連脊挂禾尤多凡禾多則用笐架禾少則用喬扦雖大小有差然其用相類故并次之詩云

江鄉新霽稻初收縛竹為扦可寄留白水有時深鼎足黄雲隨意挂叉頭豐年有象居人喜滯穗無遺寡婦愁稼事畢時仍有用不妨場圃作量籌

禾鉤

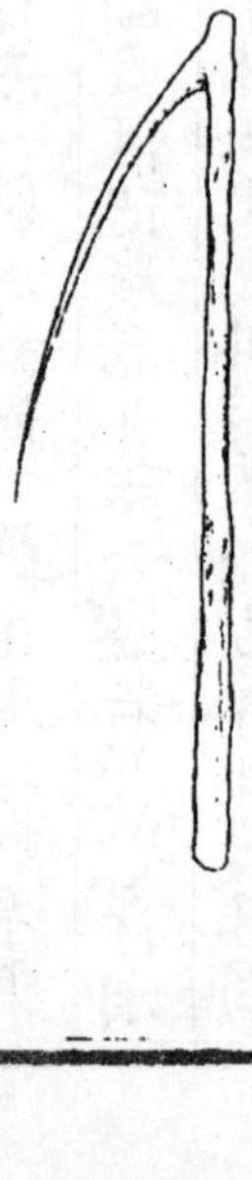

禾鉤斂禾具也用木鉤長可二尺嘗見壠畝及荒蕪之地農人將芟倒禾稈或草稈用此匝地約之成稇則易於就束比之手撻（力展切）甚速便也詩云物性縱横本自由不經約束浩難收荒原草木知多少會見芟夷入此鉤

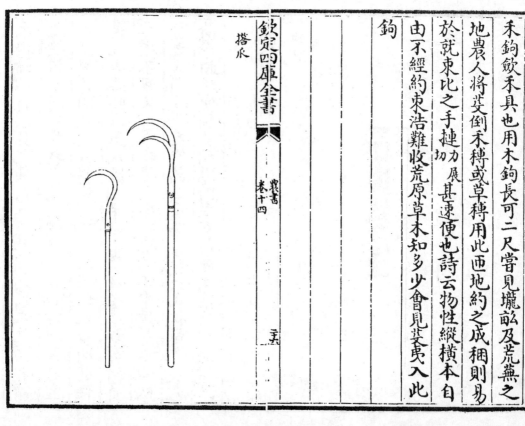

搭爪

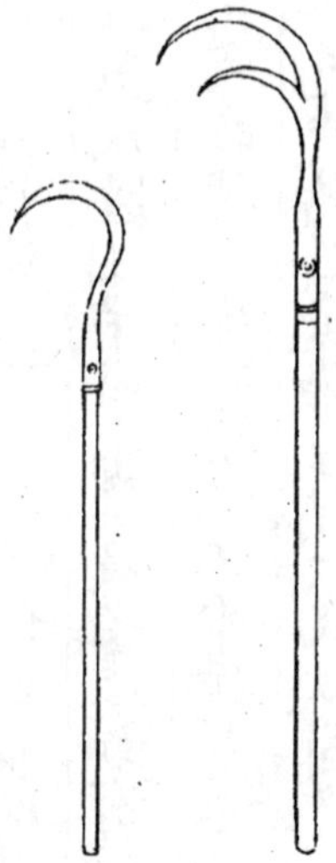

搭爪上用鐵鉤帶袴中受木柄通長尺許狀似彎爪用如爪之搭物故曰搭爪以攫草禾之束或積或擲日以萬數速於手挈可謂智勝力也詩云非鉤非刃亦非鉗挈物風生利爪尖草束禾頭千萬計不煩手指一親拈

禾擔

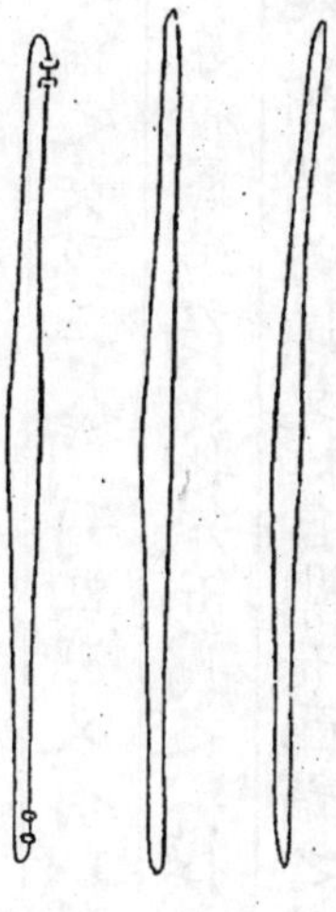

禾擔都濫切負禾具也其長五尺五寸剡匾木為之者謂之輭擔斫圓木為之者謂之楤擔集韻云楤音聰尖頭擔也匾者宜負器與物圓者宜負薪與禾釋名曰擔任也力所勝任也凡山路崎嶇或水陸相半舟車莫及之處如有所負非擔不可又田家收穫之後塍埂之上禾積星散必欲登之場圃荷此尤便詩云纍纍禾積大田秋都入農夫荷擔頭纔使赬肩到場圃主家倉廩又催收

連耞

連耞古牙切擊禾器國語曰權節其用耒耜耞芟耞拂也以擊草廣雅曰拂謂之架說文曰拂架也拂擊禾連架釋名曰架加也加杖於柄頭以撾陟瓜切穗而出穀也其制用木條四莖以生革編之長可三尺闊可四寸又有以獨挺為之者皆於長木柄頭造為擐軸舉而轉之以撲禾也方言云僉宋魏之間謂之攝殳音殊自關而西謂之棓蒲項切齊楚江淮之間謂之柍音怏或謂之桲音勃今呼為連耞南方農家皆用之北方穫禾少者亦易取辦也耕織圖詩云霜時天氣佳風勁木葉脫持穗及此時連耞聲亂發黃雞啄遺粒烏鳥喜聒聒歸家抖塵埃夜屋燒榾柮

刮板

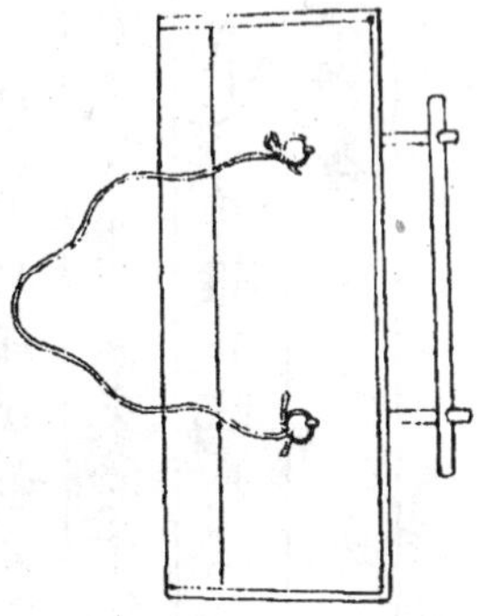

刮板剗土具也用木板一葉濶二尺許長則倍之或煆鐵為舌板後釘直木二莖高出板上櫫以横柄板之兩傍係二鐵鐶以鐶拽索兩手推按或人或畜輓行以剗壅脚土凡修閘填起堤防填汙坎積邱垤均土壤治畦埂疊場圃聚子粒擁糠粃（胡骨切）除瓦礫（郎擊切）雖若泛用然農家之事居多也詩云廣舌横短柄雙環繫長紖却行卞斂蹤前排如擁盾（食尹切）起堰作陂塘分田立畦畛（章忍切）人間不平地所到略能盡

擊壤

擊壤釋名曰擊壤野老之戲蓋擊塊壤之具因以為戲也藝苑曰擊壤古戲也又曰壤以木為之前廣後銳長尺四寸濶三寸其形如履將戲先側一壤於地遥於三四十步以手中壤敲之中（去聲）者為上風土記曰擊壤以木為之其形如履臘節僮少以為戲分部如摘博也元晏先生（皇甫謐號元晏先生）曰十七年與姑從子果抑等擊壤於路此非直野老僮少之戲至於逸人隱士亦有時而為此戲也逸士傳曰堯時有壤父五十人擊壤於康衢觀

者曰大哉堯之為君壤父作色曰吾日出而作日入而息鑿井而飲耕田而食帝何力於我哉此有以見其時平歳熟不知樂之所自信哉堯之德蕩蕩乎民無能名焉宜壤父有此答也吳盛彦擊壤賦云論衆戲之為樂獨擊壤之可娛因風托勢罪一殺兩藝文曰以塼二枚長七寸相去三十步立為標（或以塊壤為標蓋田夫擊壤之意也）各以塼一枚方圓一尺擲之主人擲籌隨多少甲先擲破則得一籌後破則奪先破者又今村陌中張梃為戲者皆其

遺制歟詩云泰和民如何戲適因塊壤相從雜稚耋峙立越尋丈乘平初側一得雋終殺兩徒歌足懽愉至意自融益帝力既不知大德日蕩蕩爾來幾千年古俗遂長往雖云遺制在淳風邈難想誰能陶真樂返古如指掌懷哉壤父歌三復有遺響

農書卷十四

欽定四庫全書

農書卷十五　　元　王禎　撰

農器圖譜七

蓑笠門

傳曰首戴茅蒲身服襏襫此謂之農今田家蓑笠以莎以篛為之者是也後之禦雨蔽日等具由此增其巧便為田農必用之物是可尚也復以牧笛葛燈籠等附之愈貴飾於圖譜矣

蓑

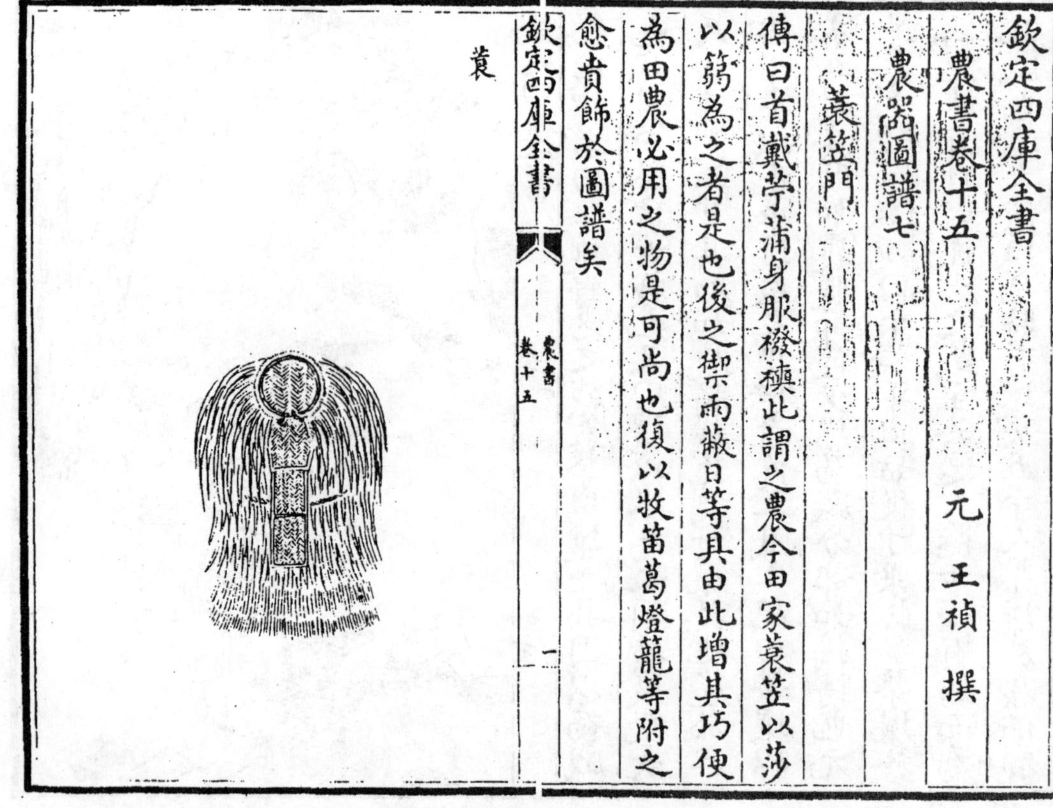

蓑雨衣無羊詩曰何蓑何笠毛註曰蓑所以備雨笠所以禦暑唐韻云蓑草名可為雨衣又名襏（北末切）襫（施隻切）說文云秦謂之萆（方歷切又婢亦切）爾雅曰滿俟莎蓑衣以莎草為之故音同莎又名薜六韜農器篇曰蓑薜簦笠今總謂之蓑雨具中最為輕便王荆公詩云采采霜露下披披煙雨中蒲茅以為衣袒裼相與同勿妬市門人綺紈被奴僮當慙邊城戍擐甲徂春冬

笠

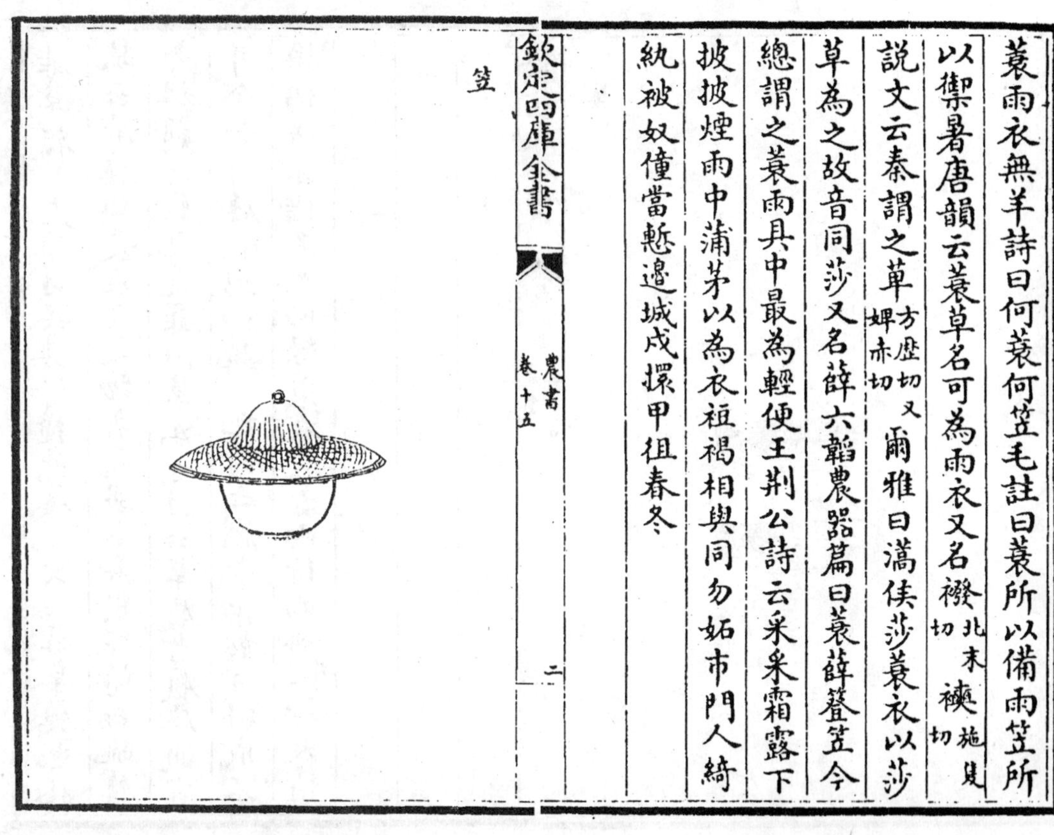

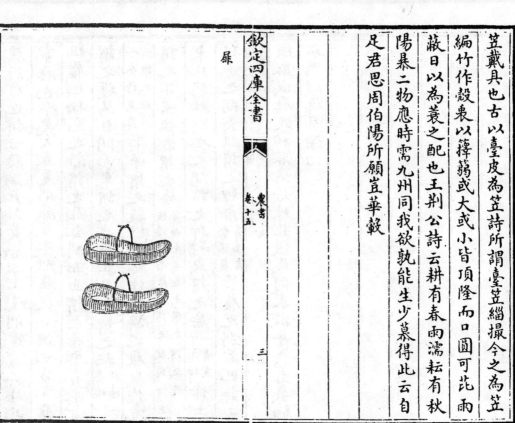

笠戴具也古以臺皮為笠詩所謂臺笠緇撮今之為笠編竹作殼裹以籜箬或大或小皆頂隆而口圓可芘雨蔽日以為蓑之配也王荆公詩云耕有春雨濡耘有秋陽暴二物應時需九州同我欲孰能生少慕得此云自足君思周伯陽所願豈華轂

屝

扉草屨也左傳曰共其資糧扉屨說文曰扉草屨也孔疏云扉屨俱是在足之物善惡異名耳喪服傳曰疏屨者粗蒯之扉也是扉用草為之注云草履者履屨通言耳今云扉屨相形以曉人也詩云蒯菅柔韌自編成不換仍呼不借名長向綠蓑衣底着雨行偏稱（去聲）野夫情

屨

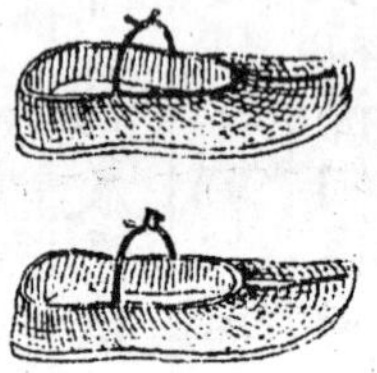

屨麻履也傳云屨滿戶外蓋古人上堂則遺屨於外此常屨也今農人春夏則扉秋冬則屨從省便也方言扉粗屨也徐兖之郊謂之扉自關而西謂之屨中有木者謂之複舄自關而東謂之複履其卑者謂之鞔（音婉　按揚子今本作其庳者謂之靴）下禪謂之鞮（今韋鞮也）絲作者謂之履麻作者謂之不借粗者謂之屨（按揚子南楚江沔之間總謂之麤西南梁益之國或謂之屨）東北朝鮮洌水之間謂之䩕（音卬）或謂之㢊（下瓦切　一音畫）徐土邳沂之間大粗謂之䩕角（今漆履有齒者）皆屨之別名也詩云

織麻成屨足相容嗜好殊非蠟屐同未擬平生着幾緉且憑踐履有深功

橇

橇輸芮切泥行具也史記禹乘四載泥行乘橇孟康曰橇形如箕擿行泥上東坡秧馬歌叙云橇豈秧馬之類歟以康言考之非秧馬類也甞聞向時河水退灘淤地農人欲就泥裂漫撒麥種柰泥深恐没故制木板為履前頭及兩邉高起如箕中綴毛繩前後繫足底板既濶則舉步不陷今海陵人泥行及刈過葦泊中皆用之切詳本字從木從毛即具義也詩云大禹平水土泥行即乘橇後人相地宜彷像資種藝材寛一屐餘跡認雙鳧蛻豈知千載後翻免足胝弊

覆殼

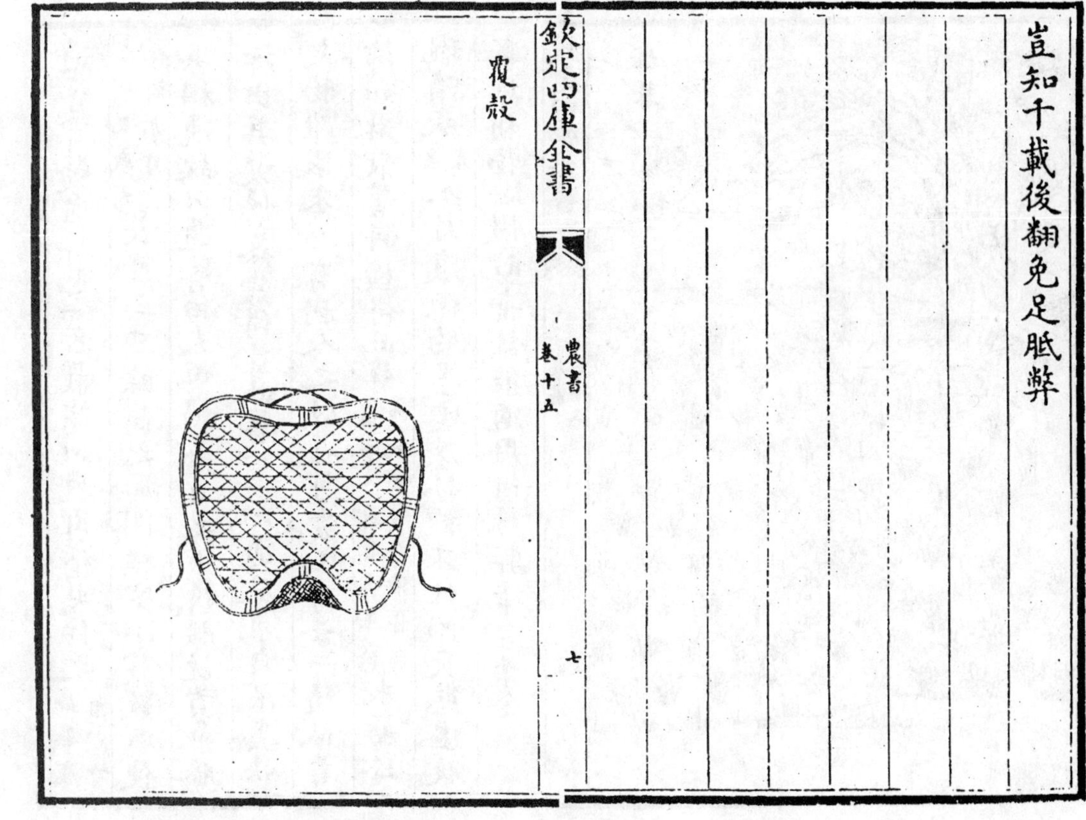

覆殼一名鶴翅一名背蓬篾竹編如龜殼裹以籜箬覆於人背繩繫肩下耘耨之際以禦畏日兼作雨具下有卷口可通風氣又分雨溜適當盛暑田夫得此以免曝烈之苦亦一壺千金之比也詩云田頭赫日曝膚顏微智能令庇蔭清竹股合編深可覆筠胎層布薄還輕製成龜背兼龜兆俯作鶴軀如鶴行南北耨鋤人得此隨身長若片雲生

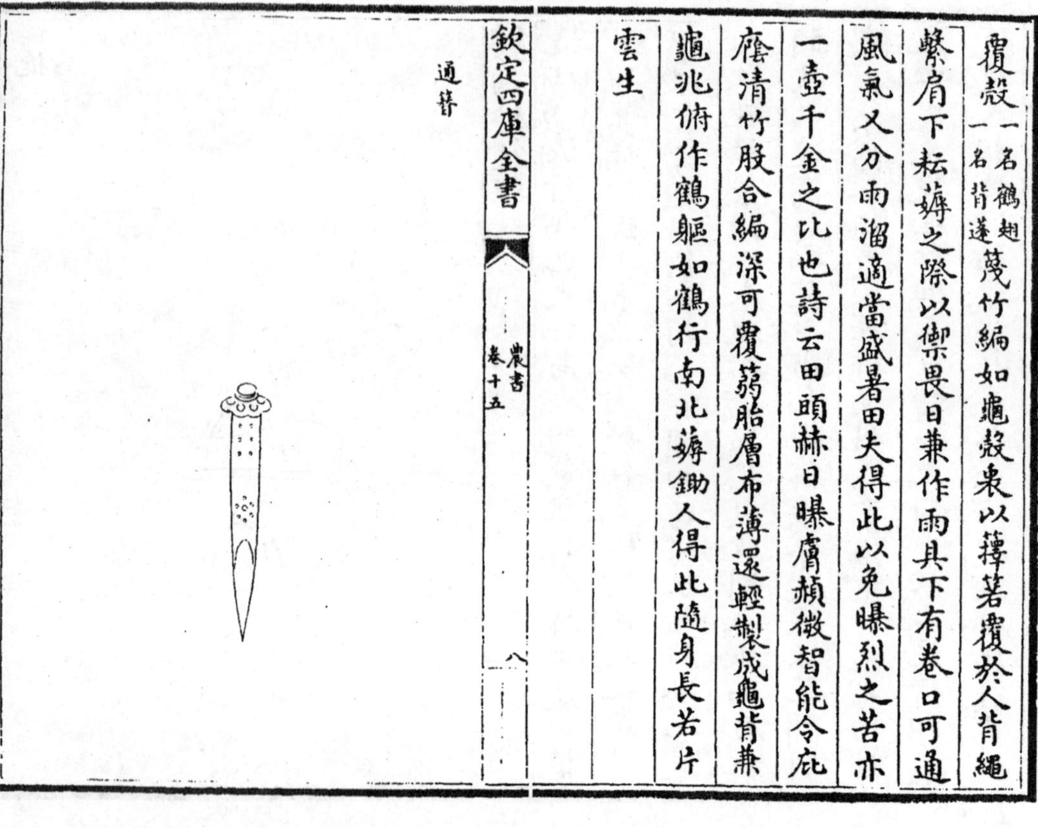

通簪貫髮虛簪也一名氣筒以鹿角稍尖作之如無鹿角以竹木代之或大銅筒亦可長可三寸餘筒之周圍橫穿小竅數處使俱相通故曰通簪田夫田婦暑日之下折腰俛首氣騰汗出其髮髻蒸鬱得貫此簪一二以通風氣自然爽快夫物雖微末而有利人之效甚可愛也詩云汗隨低首沛如淋散髻斜横得此簪散字上聲晉書王儉作散髮髻斜橫簪氷筋玲瓏清吹去聲入月痕依約墨雲深孤標不作附炎態虛腹寧無利物心微眇棄餘能適用何殊弊帚直千金

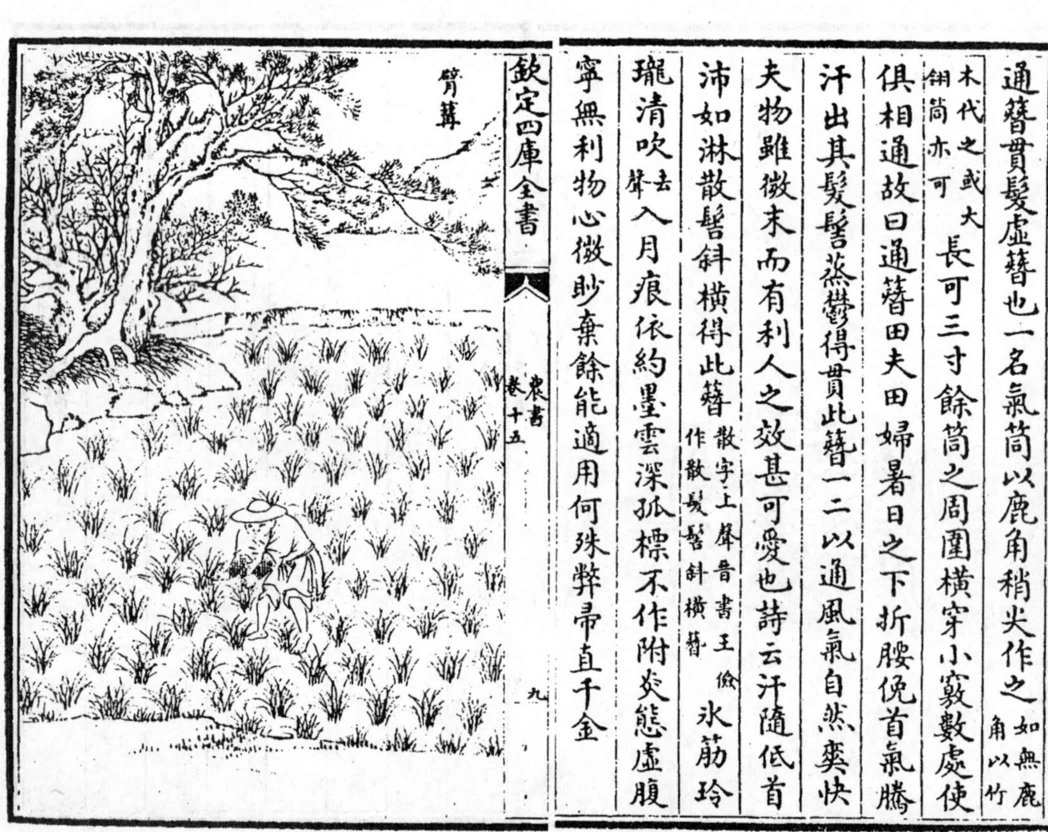

臂篝（篝古侯切 籠荅也）狀如魚笱篾竹編之又呼為臂籠江淮之間農夫耘苗或刈禾穿臂於內以捲（居顔切）衣袖猶北俗芟刈草木以皮為袖套皆農家所必用者詩云筠篝編織作中虛穿臂農夫護若膚不似舞姬華宴上巧籠衣袖絡珍珠

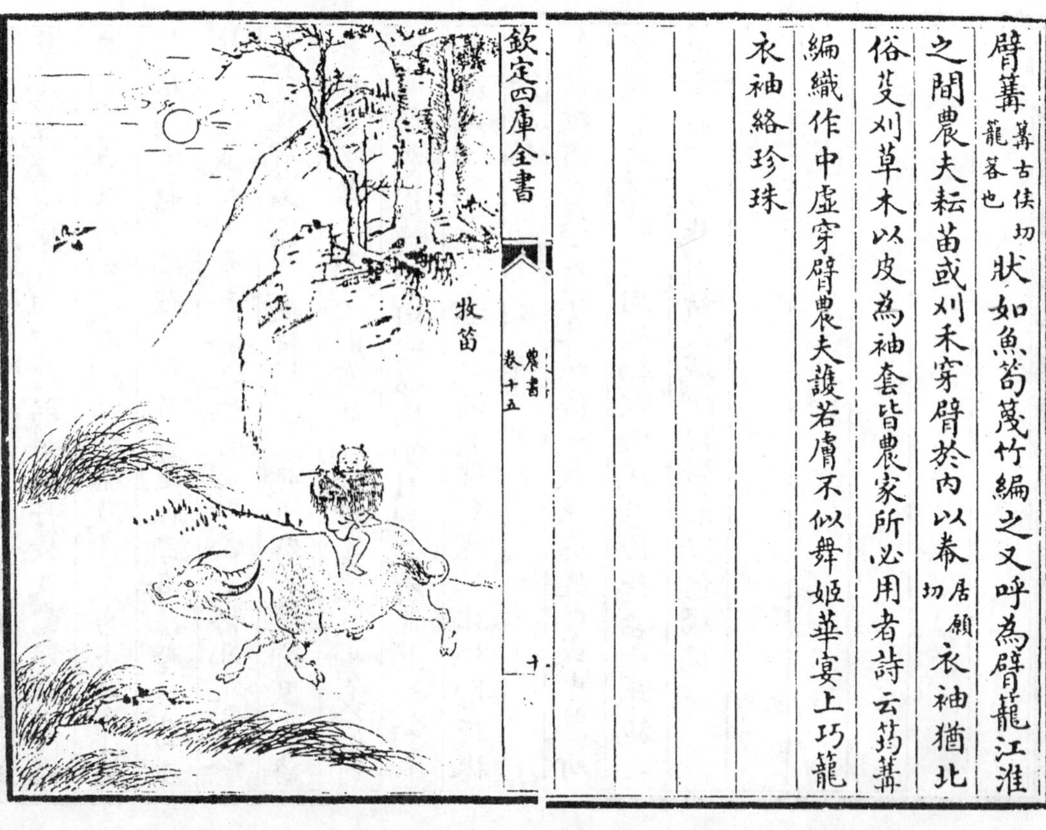

牧笛牧牛者所吹早暮招來群牧猶牧馬者鳴笳也嘗於村野閒聞之則知時和歲豐寓於聲也每見模為圖畫詠為歌詩實古今太平之風物也王荆公詩云綠草無端倪牛羊在平地芊綿杳靄閒落日一横吹迢遥送晚響誕謾寫真意豈比賣餳夫吹簫販童稚

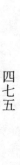

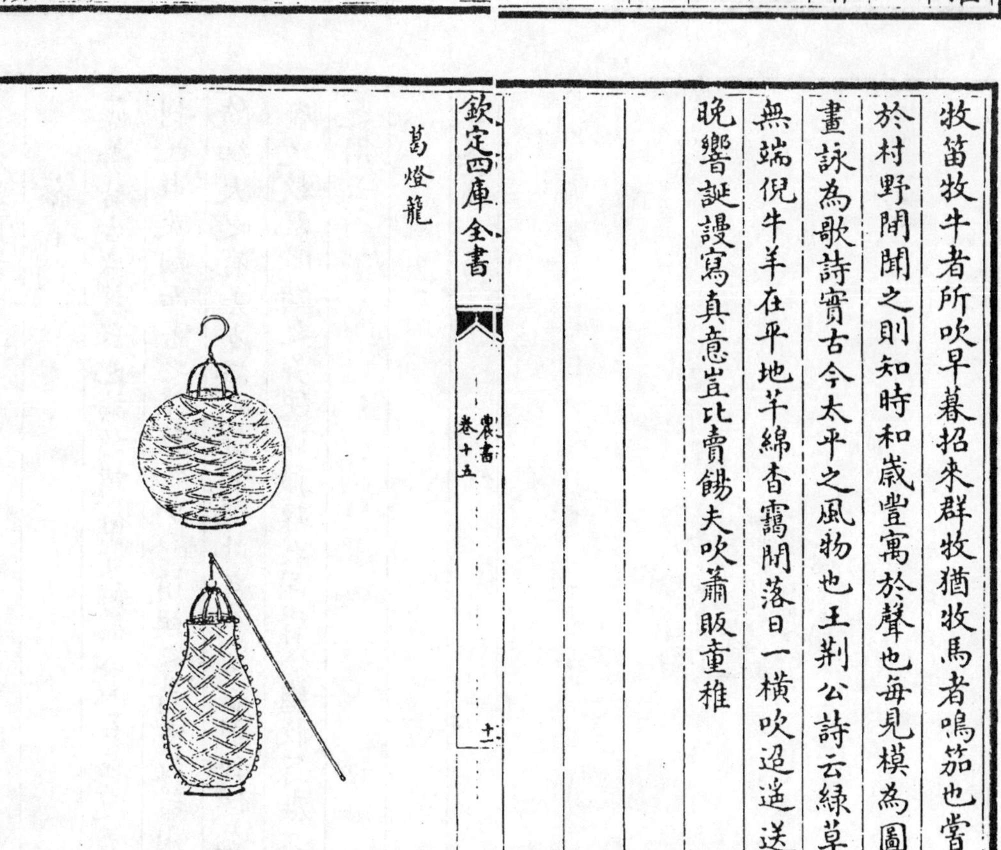

葛燈籠南史宋武祖微時躬耕於丹徒及受命耨耜之具頗有存者皆命藏之以示子孫及孝武帝大明中壞所居陰室起玉燭殿與群臣觀之牀頭有障壁挂葛燈籠侍臣盛稱武帝素儉之德帝曰田舍翁得此足矣今農家䙡用以憑暮夜提携往來照視有古之遺風焉詩云田家破厚夜膏火固常然匪加覆護功莫禦長風前瞻彼蘞蔓葛體質相纏綿物分用有宜所貴求天全采

施以豉切谷姿葺燈手親編順彼自然性非杞柳桮棬貪我拔擢思結爾纏縈緣持之或遠適處也或中懸所要效實用照暗憑周旋緬懷宋武事儉德垂千年施之田舍翁朴俗非求妍火城爛紅紗賦分何獨偏

農器圖譜八

蓧蕢門

蓧蕢皆古盛穀器也論語謂荷蕢荷蓧今以名篇遵古制也由是類而書之然穀物別入聲精粗之異等故器用隨細大之有差方俗稱呼分彼此之名室家用舍備盈虛之數既貯儲之多便須藏䟽之同資今總收錄庶不乏用云

蓧

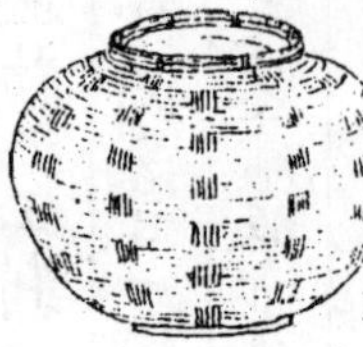

蓧徒吊切 字從草從條取其象也即今之盛穀種器語曰遇丈人以杖荷蓧蓋蓧器之小者可杖荷之既農隱所用必為盛穀器也包氏曰蓧竹器考其字體非從竹若謂竹器非也說文曰耘器稽之書傳錢鎛鉏耨皆及為之謂蓧為耘器亦非也當與蕢同類皆盛穀器但有大小之差故因辯之以祛世惑南方盛稻種用簞以竹為之北方藏粟種用蔞多以草木之條編之蓧蓋是此類 案蓧蕢皆盛穀器故併作一詩繫在蕢一條之下

蕢

蕢草器從草貴聲論語有荷蕢而過孔氏之門者古文作臾象形盛穀器集韻作匱字從竹舉土籠也語云譬如為山未成一簣書云功虧一簣俱從竹注云土籠今上文從草以草為之即盛穀器也詩云伊昔丈人荷蓧與荷蕢蓧蕢雖若殊知皆古農器視彼隱者流避世復避地為茲身口謀寧同聖人意寥寥千載後猶能覩餘制因物想遺風憮然發三喟 案此蓧蕢二條原本誤列於蓧蕢門小引之前謹改正

筐

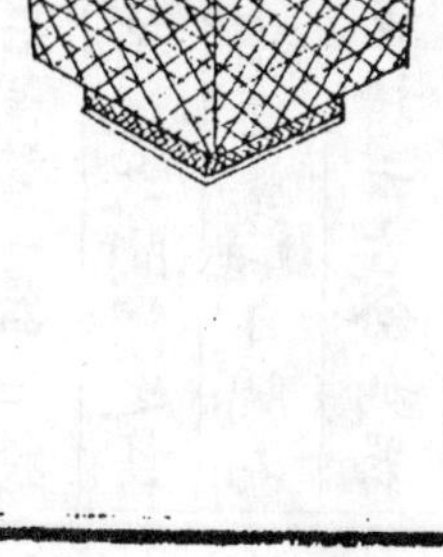

筐竹器之方者詩注云筐篚屬可以行幣帛及盛物三禮圖曰大筐以竹受五斛以盛米致饋於聘賓小筐以竹受五升以盛米又曰筐以盛熬穀詩曰采采卷耳不盈頃音傾筐又曰女執懿筐爰求柔桑筐之制其來已久今用於農家者多矣案筐筥亦一類故亦併作一詩繫於筥一條之下

筥

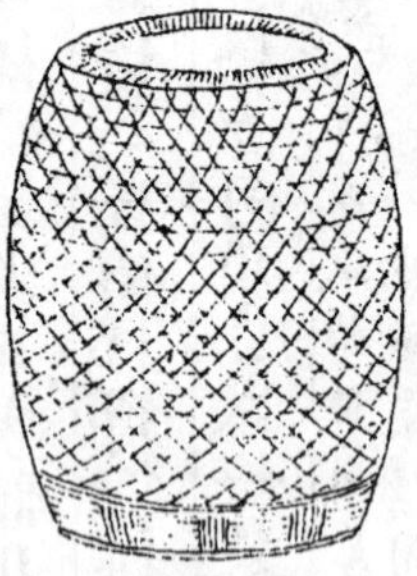

筥亦作籧竹器之圓者注曰筥圓而長但可實物而已三禮圖曰筥受五升盛饔餼之米致於賓館良耜詩曰載筐及筥左傳筐筥錡釜之器字說云筐筥一器也特方圓之異云耳江沔之間謂之籅音餘趙岱之間謂之筥分孜切淇衛之間謂之牛筐小者南楚謂之簍音縷自關而西秦晉之間謂之箄方氏切筥其通語也詩云古今制器同方圓曰筐筥是用采蘋蘩于以盛稷黍修誠薦王公居貧侑尊俎物分苟適用雅素吾所與

畚

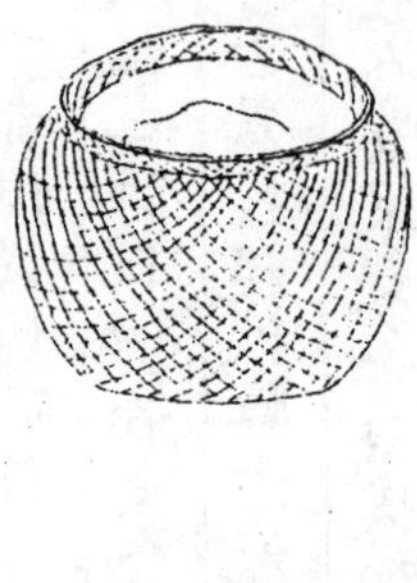

畚（音本）土籠（力董切）也左傳樂喜陳畚梮注云畚簣籠集韻作畚晉書王猛少貧賤嘗鬻畚為事說文畚𠜾（音瓶）屬又蒲器也所以盛種杜林以為竹筥揚雄以為蒲器然南方以蒲竹北方用荆柳或負土或盛物通用器也詩云

江南貴蒲竹漢北取荆柳致用與蕢均聯名惟帚偶不辭編織勞常為貧賤有他日與土工嗟哉須汝負

笆

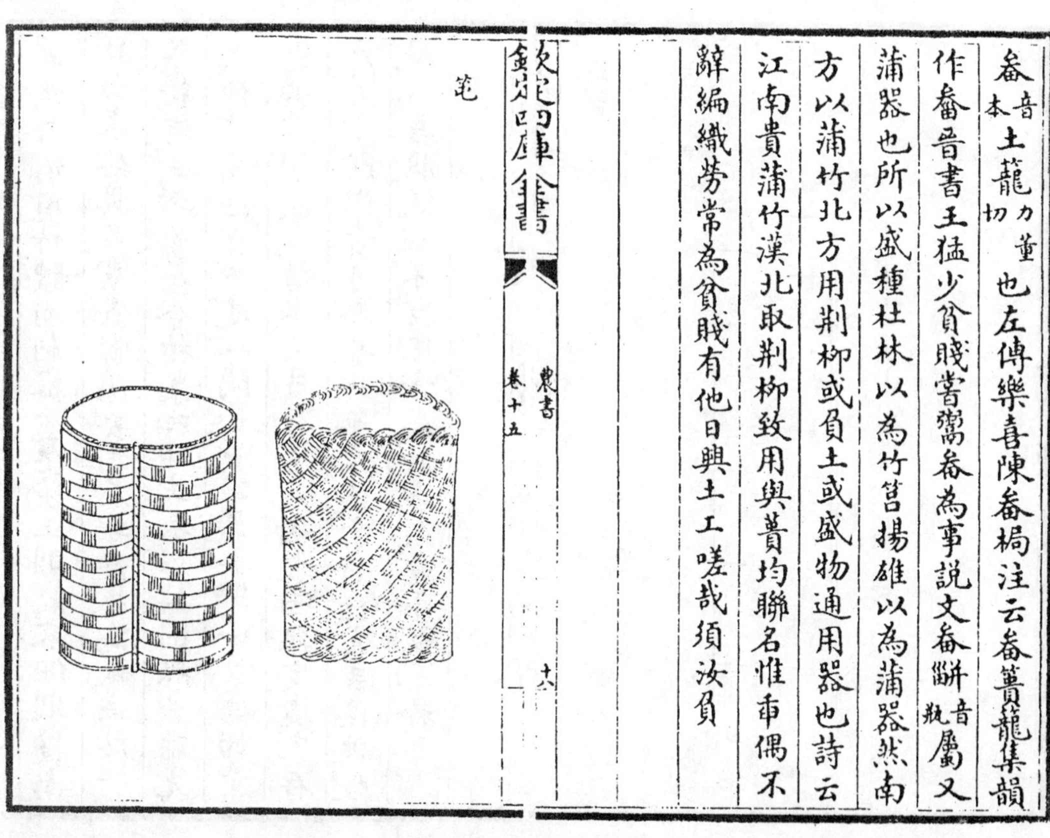

笆（徒本切）集韻云盛穀器或作囤又篴也北方以荆柳或蒿卉制成圓樣南方判竹編草或用蘧蒢空洞作圍各用貯穀南北通呼曰笆兼篅䉛而言也然笆多露置可用貯糧篅䉛在室可用盛種皆農家收穀所先具者故併次之

篅（市專切）說文云判竹圜以盛穀笆類也篅或作圖此䉛與篅皆笆之別名但大小有差亦蒢蕢之舊制不可遺也

䉛（韋忽切）集韻云䉛筐盛種器蓋連底小笆便於移用䉛作籯又作䉛詩云農家屯糧元有具以

笆為名須用竹體圓制密塗墍茨正則能容傾則覆南北由來無異名露置當陽安用屋欒歲先為歉歲防一年耕有三年蓄但令積衆比任生木必指囷無魯肅先民作器兼細巨下逮人間篅與䉛篅與䉛小毋慮酌量出納宜朝暮日計不足月有餘徙頓東西無定處家存戶置多貯儲貴可無憂賤無蠹便當封作富民侯彼腹繞飢吾腹飫國不空虛倉廩助歲歲豐年歌黍稌

榖匣

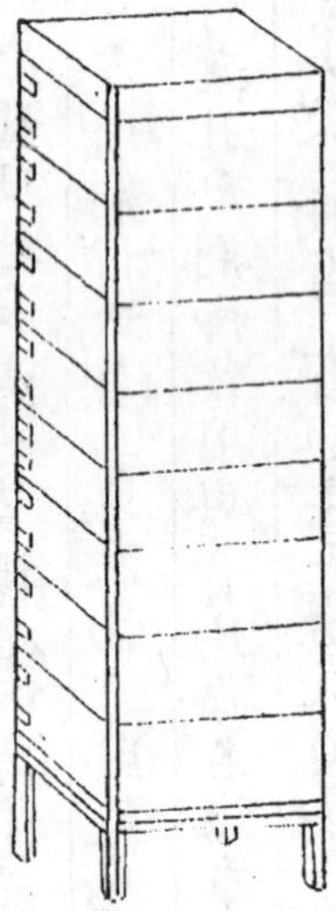

榖匣盛榖方木層匣也用板四葉相嵌而方大小不等高下隨宜下作底足疊累數層上作頂蓋貯榖於內置穴於下可以啟閉用之多在屋室亦可露置以免覆之比之囷京可以移頓較之篅䉛可以增減既無雀鼠之耗又無濕浥之虞實穀藏之佳者詩云取制異囷京初憑梓匠成虛中元有受正立乃無傾封鐍開還瀉方層貯每盈家家能置此亦號小常平

籬

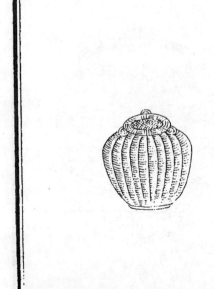

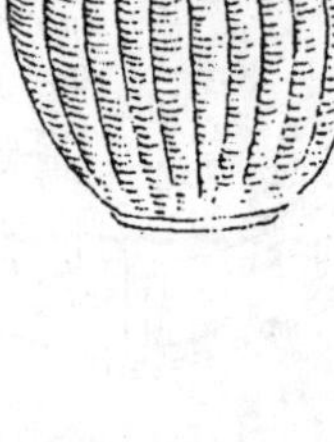

蘿匠竹為之上圓下方挈米穀器量可一斛方言蘿所以注斛陳魏宋楚之間謂之篙自關而西謂之注箕皆蘿之別名也案蘿與䈤亦併作一詩繫䈤一條之下

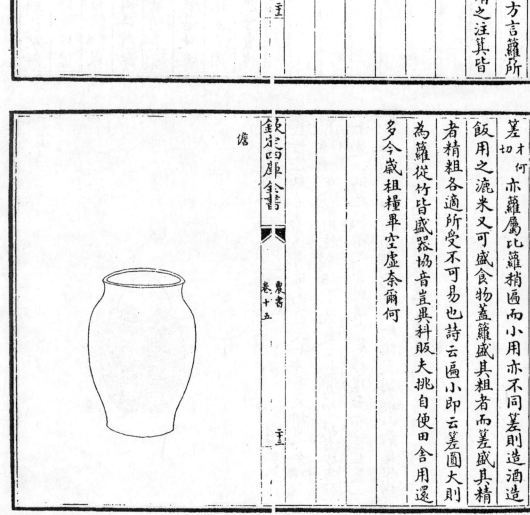

䈤

䈤才何切亦蘿屬比蘿稍匾而小用亦不同䈤則造酒造飯用之漉米又可盛食物蓋蘿盛其粗者而䈤盛其精者精粗各適所受不可易也詩云匾小即云䈤圓大則為蘿從竹皆盛器協音豈異科販夫挑自便田舍用還多今歲租糧畢空虛奈爾何

儋

儋（都監切）貯米器也漢書揚雄無儋石之儲晉劉毅家無儋石之儲應劭曰齊人名甖為儋受二斛顏師古曰儋者一人所負擔也方言云罃陳魏宋楚之間曰甋（音臾）或曰瓶（音殊）燕之東北朝鮮洌水之間謂之瓺（音暢）周洛韓鄭之間謂之甑儋或作甔字從瓦瓦器也今江淮間農家造泥為甕披以麻草用貯食米可以代儋細民甚便之詩云腹寬口綽豈瓶罌力負從知一擔平外備五名因俗異中容兩斛賴陶成揚雄嗜酒嗟常乏劉毅呼盧愧豈盈我願貯儲能稍給不須攀慕二公名

籃

籃竹器無係為筐有係為籃大如斗量又謂之笭（郎鼎切）箵（桑鼎切）農家用採桑柘取蔬菓等物易挈提者方言籠南楚江沔之間謂之篣或謂之笯郭璞云亦呼籃蓋一器而異名也詩云賣花擔上兩相宜劚藥山前屢挈歸何似採桑盛葉好是中還有綺羅衣

箕

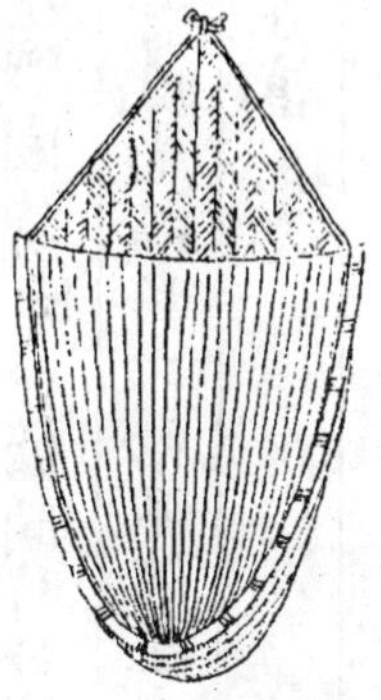

箕簸箕也説文云簸揚米去糠也莊子曰箕之簸物雖去粗留精然要其終皆有所除是也然北人用柳南人用竹其制不同用則一也詩云哆兮侈兮成是南箕箕四星二星為踵二星為舌哆侈謂踵巳大而舌又廣也又維南有箕載翕其舌故箕皆有舌易播物也諺云箕星好風謂主簸揚農家所以資其用也王荆公詩云精良止如留疏惡棄如擠如擠非爾憎如留豈吾吝無心以擇物誰喜亦誰慍翁乎勤簸揚可使糠粃盡

帚

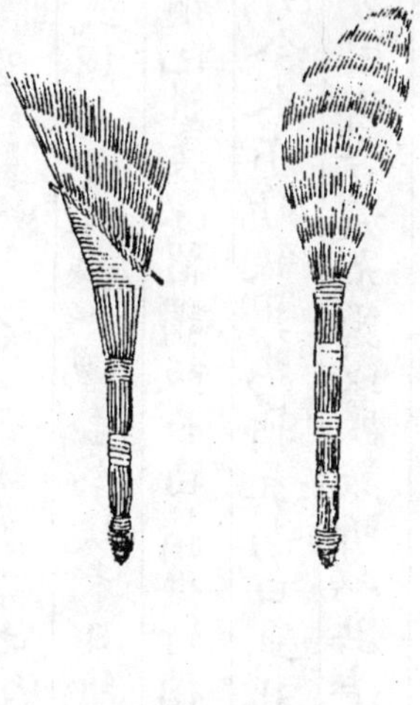

帚今作箒又謂之彗集韻云少康作箕帚其用有二一則編草為之潔除室内制則匾短謂之條亦作苕帚一則束篠為之擁掃庭院制則叢長謂之埽帚又有種生埽帚一科可作一帚謂之獨埽農家尤宜種之以備場圃間用也詩云有星常在天埽除即名彗觀象者何人為帚以潔地身居百穀後名擅千金義能清四海塵此事乃極致

簏

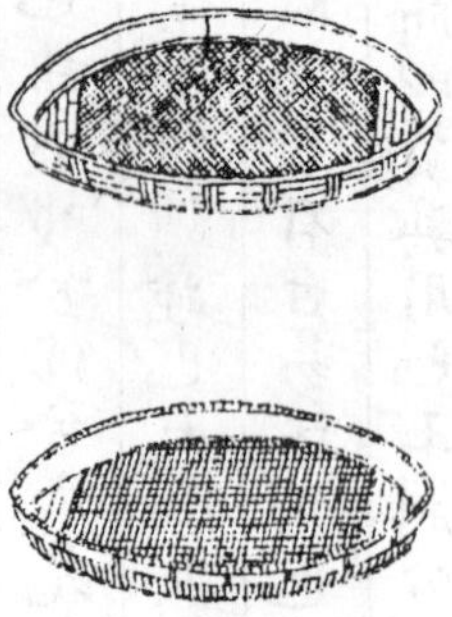

簏所宜切竹器内方外圓用篩穀物説文云可以除粗取精集韻作簛又作簁或作篩其制有疎密大小之分然皆粒食之總用也耕織圖詩云茆檐閒杵臼竹屋細簏簸照人珠琲光奮臂風雨過計功初不淺坐食良自賀西隣華屋兒醉飽正高卧

簞 筲附

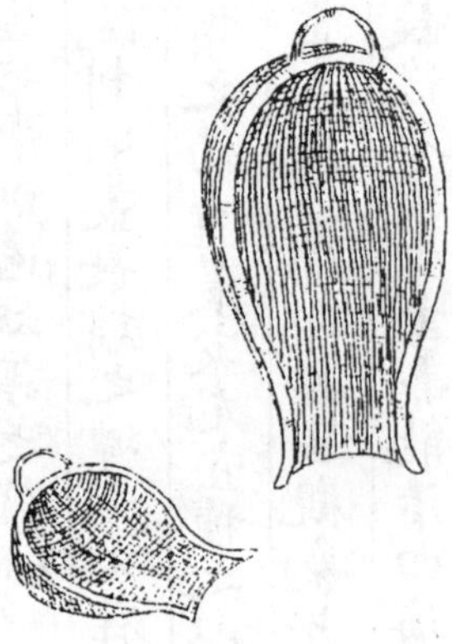

簞於六切漉米器説文淅箕也又云漉米籔蘇后切又炊簞也廣雅曰淅籮音箱匠音旋簞籔一曰方言云炊簞謂之縮漉米簞也或謂之篗音籔或謂之匠江東呼為淅籤也蓋今炊米日所用者 筲所交切飯筲也説文陳留謂飯帚曰筲從竹捎聲一曰飯器容五升今人亦呼飯箕為筲箕南曰簞北曰筲南方用竹北方用柳皆漉米器或盛飯所以供造酒食農家所先雖南北名制不同而其用則一故附類之簞詩云筲用亦已多簞也惟一器口圓得匠名腹深有

斆義漉米本所施爨炊仍可備日用有餘功毋為飽時棄筲詩云筲器亦名箕筠人織竹為朶頣深且哆便腹大而㕁適應今時用良由古制遺令人常飽德淅玉趂晨炊

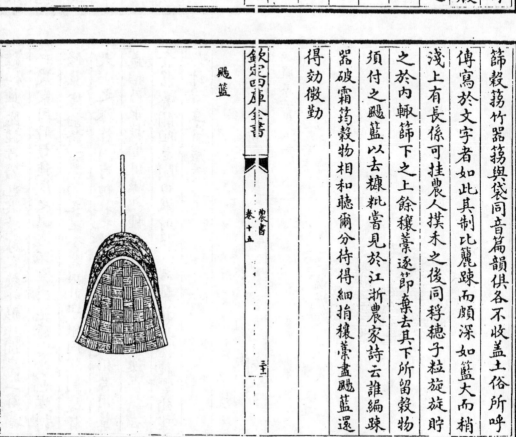

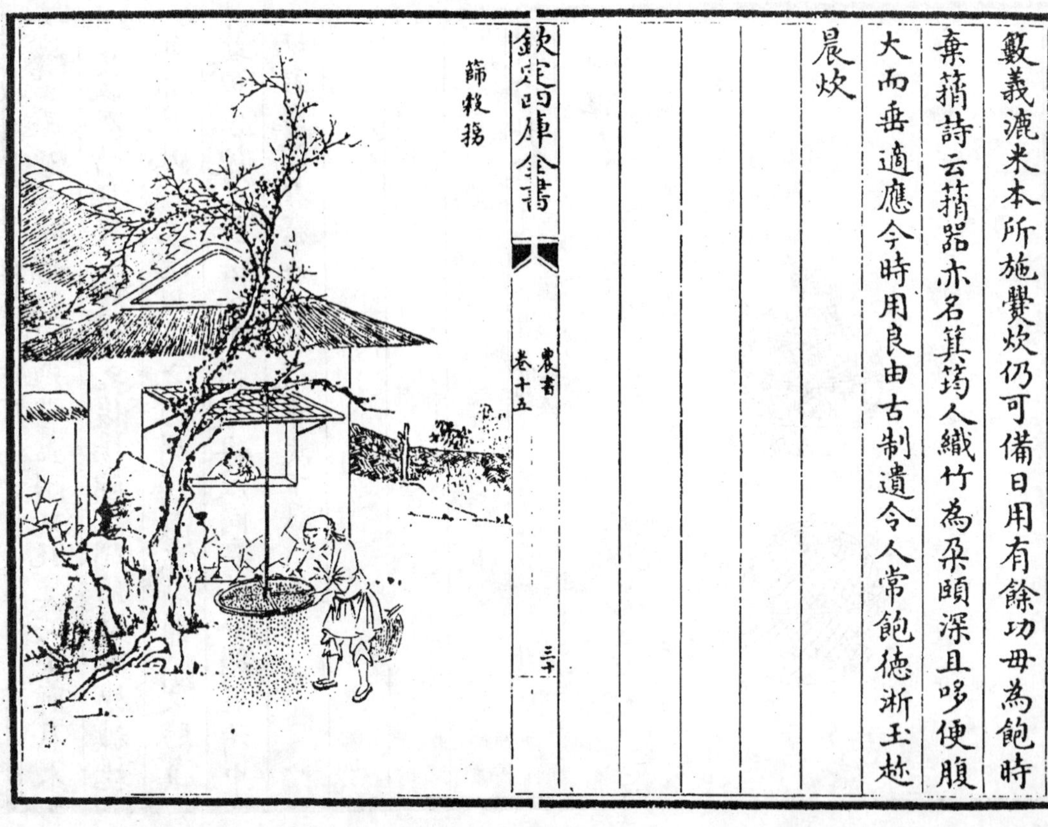

篩穀箉

篩穀箉竹器箉與袋同音篇韻俱各不收蓋土俗所呼傳寫於文字者如此其制比籮踈而頗深如籃大而稍淺上有長係可挂農人撲禾之後同稃穗子粒旋旋貯之於內輒篩下之上餘穰藁逐節棄去其下所留穀物須付之颺籃以去糠粃嘗見於江浙農家詩云誰編踈器破霜筠穀物相和聽爾分待得細捐穰藁盡颺籃還得効微勤

颺籃

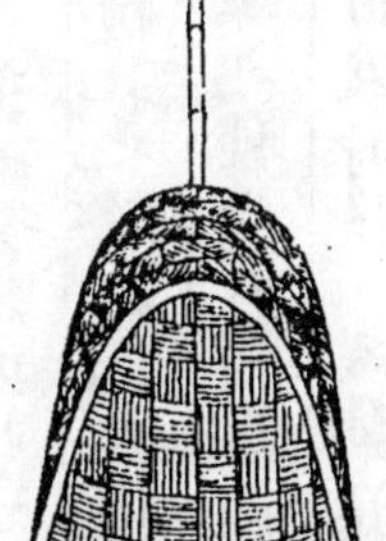

颺籃颺餘亮切 集韻謂風飛也籃形如此箕而小前有木舌後有竹柄農夫收穫之後場圃之間所踈禾穗糠粃相雜執此摽而向風擲之乃得淨穀不待車扇又勝箕簸田家便之詩云稃穗離披與穀同要憑分別混淆中柄頭能瀉精糧在糠粃從渠走下風

種箪

種上聲箪盛種竹器也其量可容數斗形如圓甕上有篭口農家用貯穀種庋之風處不至鬱浥勝窖藏也古謂修箪窖論語一箪食之箪食器與此字雖同然制度有大小之殊作用有彼此之效齊民要術云藏稻必用箪蓋稻乃水穀宜風燥之種時就浸水內又其便也詩云食器嘗聞陋巷間田家貯穀亦名箪指期播種雲彌望好作資生寶藏看

曬槃

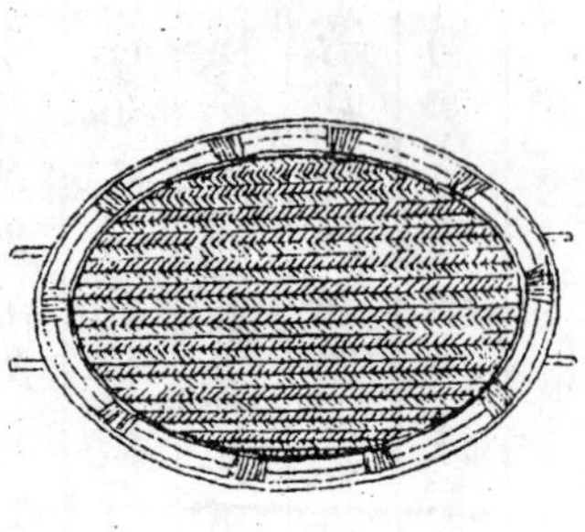

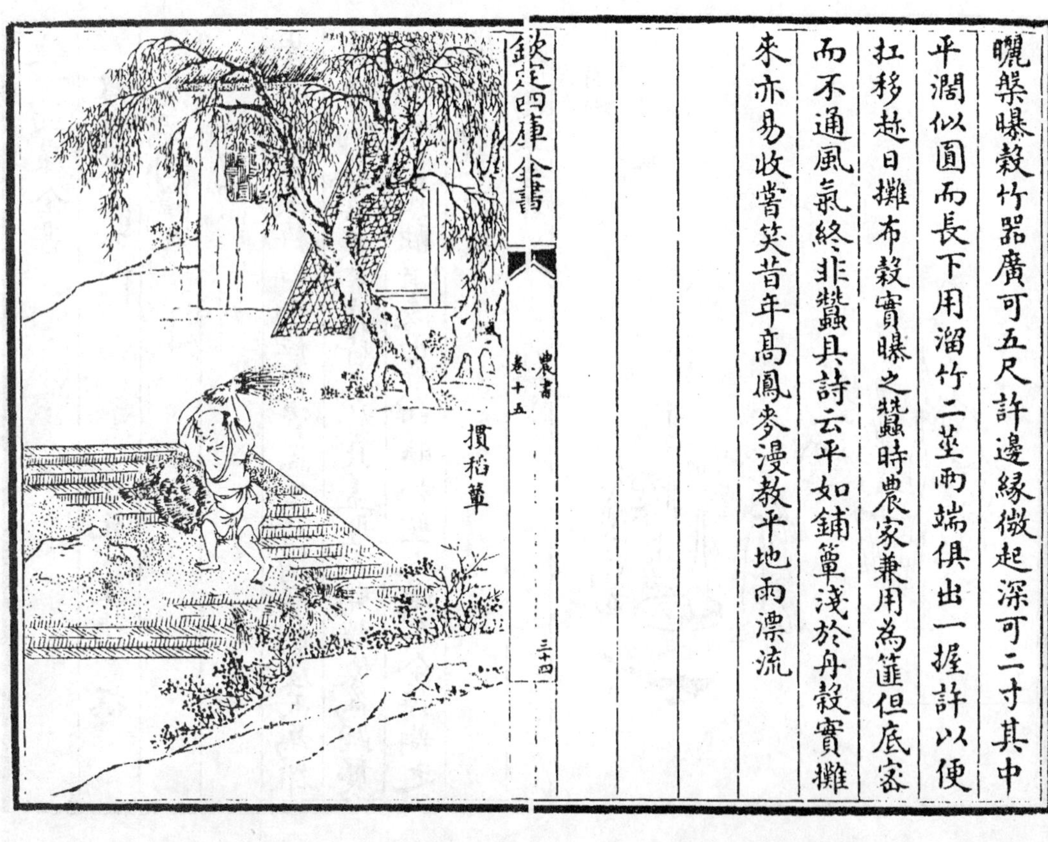

曬槃曝穀竹器廣可五尺許邊緣微起深可二寸其中平濶似圓而長下用溜竹二莖兩端俱出一握許以便扛移趂日攤布穀實曝之蠶時農家兼用為篚但底密而不通風氣終非蠶具詩云平如鋪簟淺於舟穀實攤來亦易收嘗笑昔年高鳳麥漫教平地雨漂流

摜稻簟

摜古患切稻簟摜抖擻也簟承所遺稻也農家禾有早晚次第收穫即欲隨手得糧故用廣簟展布置木物或石於上各舉稻把摜之子粒隨落積於簟上非唯免汚泥沙抑且不致耗失又可曬穀物或捲作笓誠為多便南方農種之家率皆制此詩云摜稻當憑廣簟中聲如風雨露寒蓬誰知舒卷皆能用就貯精糧保歲豐

農書卷十五

欽定四庫全書

農書卷十六

元 王禎 撰

農器圖譜九

杵臼門

昔聖人教民杵臼而粒食資焉後乃增廣制度而為碓為磑為礱為輾等具皆本於此蓋聖人開端後為蹈襲得其變也孔融謂後世機巧勝於聖人過矣今特辯之使知本末云

杵臼

杵臼舂也易繫辭曰黃帝堯舜氏作斷木為杵掘地為臼杵臼之利萬民以濟按古舂之制秅常隻切百二十斤稻重一秅為粟二十斗為米十斗曰毇許委切為米六斗大半斗曰粲又曰糲洛帶切米一石舂為九斗曰糳則各切糳米之精者斯古舂之制自杵臼始也詩云易繫十三卦皆為萬民利聖人創杵臼尚象以制器於義取雷山上動而下止人知擣舂法脫粟從此始後世相沿襲更變各任智制度雖不同由來資古意

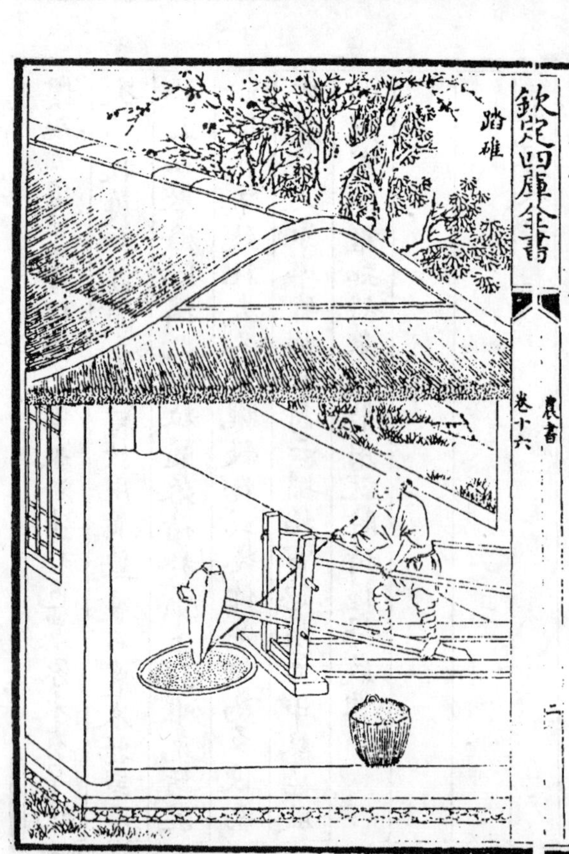
踏碓

碓舂器用石杵臼之一變也廣雅曰碻（丁力切）碓也方言云碓梢謂之碓機自關而東謂之梴（音延）桓譚新論曰杵臼之利後世加巧因借身重以踐碓而利十倍耕織圖詩云娟娟月過墻簌簌風吹葉田家當此時村舂響相答竹間炊玉香會見流匙滑更須水輪轉地碓勞蹴蹋

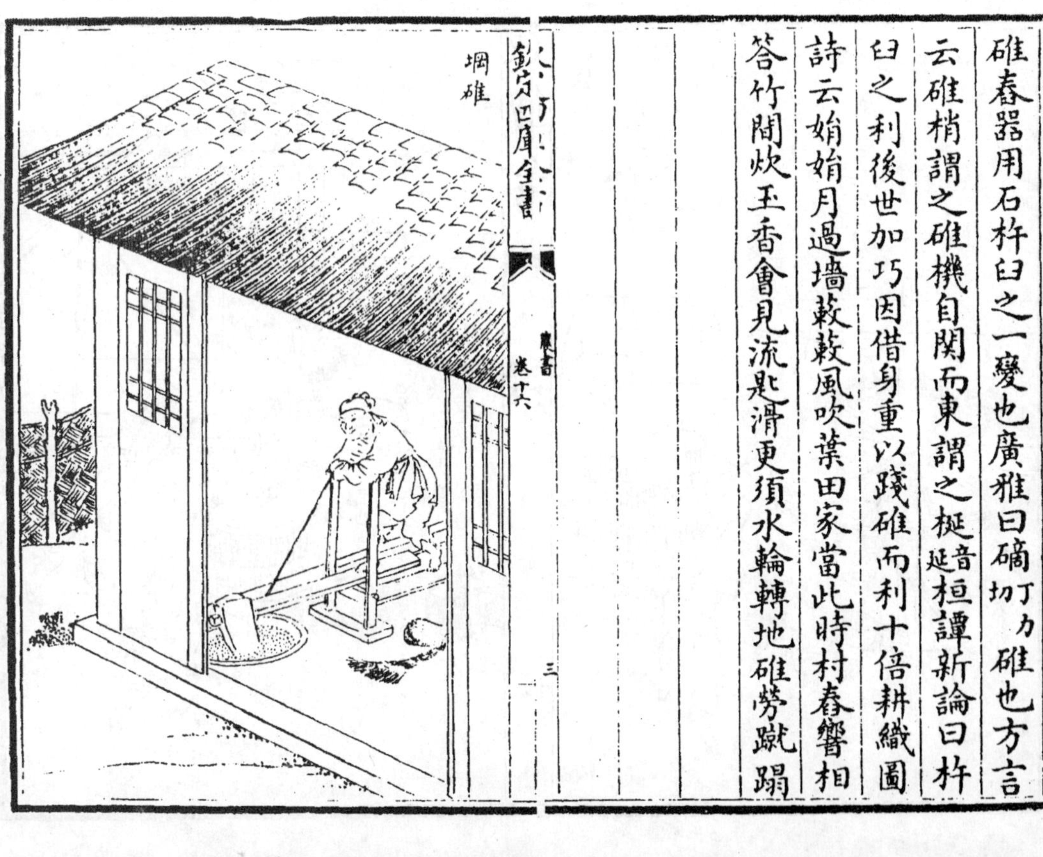

堈碓以堈作碓臼也集韻云堈（居郎切）甕也又作甌其制先掘埋堈坑深逾二尺次下木地釘三莖置石於上後將大磁堈穴透其底向外側嵌坑內埋之復取碎磁與灰泥和之以窒底孔令圓滑如一候乾透乃用半竹篘長七寸許徑四寸如合脊瓦樣但其下稍闊以熟皮周圍護之（取其滑也）倚于堈之下唇篘下兩邊以石壓之或兩竹竿刺定然後注糙於堈內用碓木杵（杵頭鐵圈束之圈內置四犬牙釘稍旪之）擣於篘內堈既圓滑米自翻倒簌於篘內一擣一

簌既省人攪米自勻細然木杵既輕動防狂迸須於踏碓時已起而落隨以左足躡其碓腰方得穩順一堈可舂米三石功校常碓累倍始於浙人故又名浙碓今多於津要商旅輳集處所可作連屋置百餘具者以供往來稻船貸糶粳糯及所在上農之家用米既多尤宜置之詩云杵臼搜奇作碓堈米翻堈滑恣舂撞鐵籠木末裝全杵皮護篘材倚半腔頻作低昂身與共慣成踏躡足須雙近隨文軌通南北不獨鏗鍧在楚邦

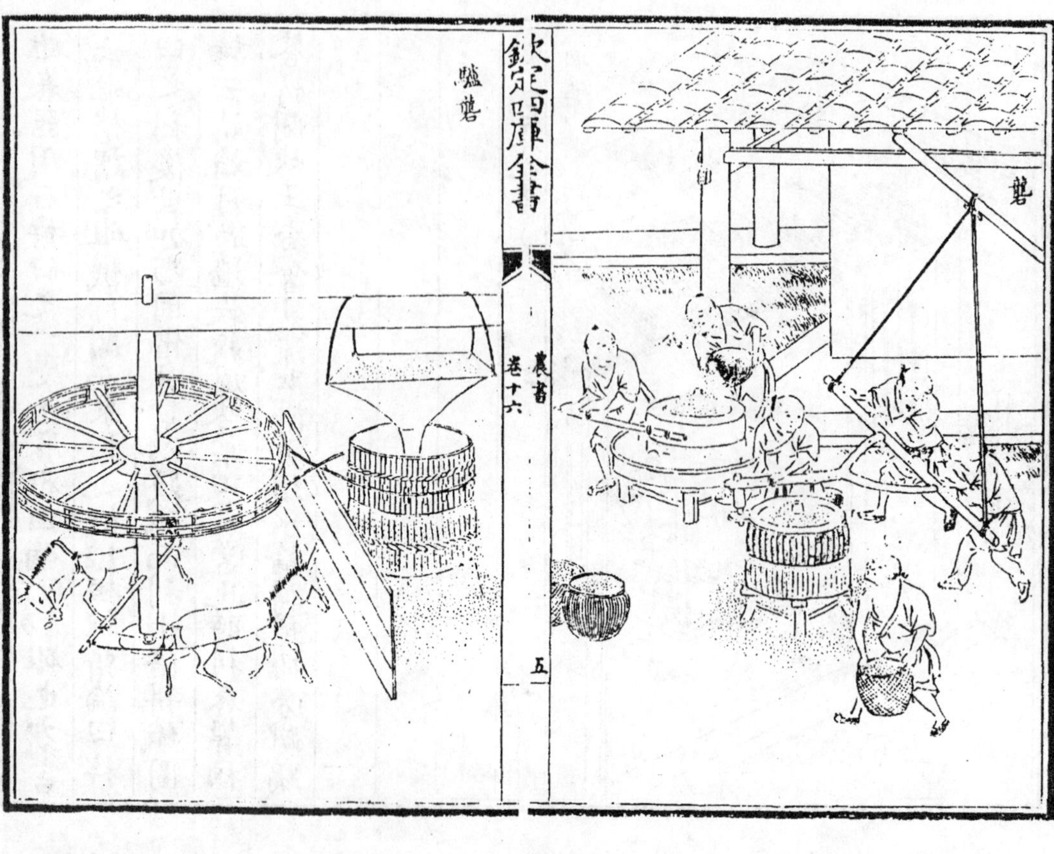

礱(力董切)礧穀器所以去穀殼也淮人謂之礱(力董切)江浙之間謂之礱(盧東切)編竹作圍內貯泥土狀如小磨仍以竹木排為密齒破穀不致損米就用拐木竅貫礱上掉軸以繩懸檩上衆力運肘轉(上聲)之日可破穀四十餘斛北方謂之木礧石鑿者謂之石木礧礱礧字從石初本用石今竹木代者亦便又有礱磨上級甚薄可代穀礱亦不損米或人或畜轉之謂之礱磨復有畜力挽行大木輪軸以皮弦或大繩繞輪兩周復交於礱之上級輪轉(上聲)則繩轉繩轉則輪亦隨轉計輪轉一周則礱轉十五餘周比用人功既速且省(案此條闕詩疑軼去)

石輥

輥女蒲切通俗文曰石碢轢穀曰輥後魏書曰崔亮在雍州讀杜頡傳見其為八磨嘉其有濟時用因教民為輥今以礪石甃為圓槽周或數丈高逾二尺中央作壘植以簨軸上穿幹木貫以石碢有用前後二碢相逐前備撞木不致相擊仍隨帶攪杷畜力輓行循槽轉碾曰可毀米三十餘斛近有法製輥槽法製用沙石芹泥與糯粥同膠和之以為圓槽候浥下以木椎緩築令實直至乾透可用轢米特易可加前數此又輥之巧便者詩云欲兼杵臼功制輥中去聲規式勞勸畜代人圓轉知勝力朝夕課量數公私饒粒食更令水輪轉上聲後世功巧極

輥輾

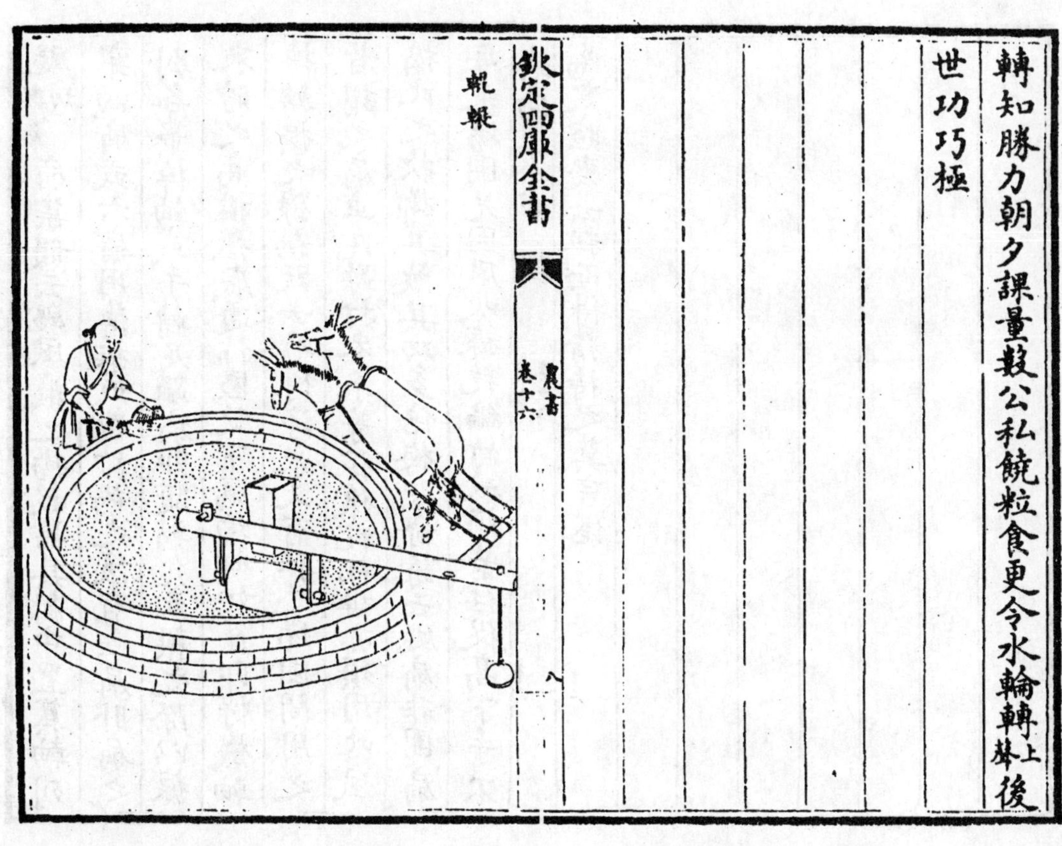

輥(古本切)輥世呼曰海青輥喻其速也但比常輥減去圓槽就碢榦括以石輥(輥徑可三尺長可五尺)上置板檻隨輥榦圓轉作竅下穀不計多寡旋碾旋收易於得米較之碢輥疾過數倍故比于鶩鳥之尤者人皆便之詩云制輥應嫌杵臼遲豈知輥制有遺機須教粒食從今易別轉犛上礧車疾似飛

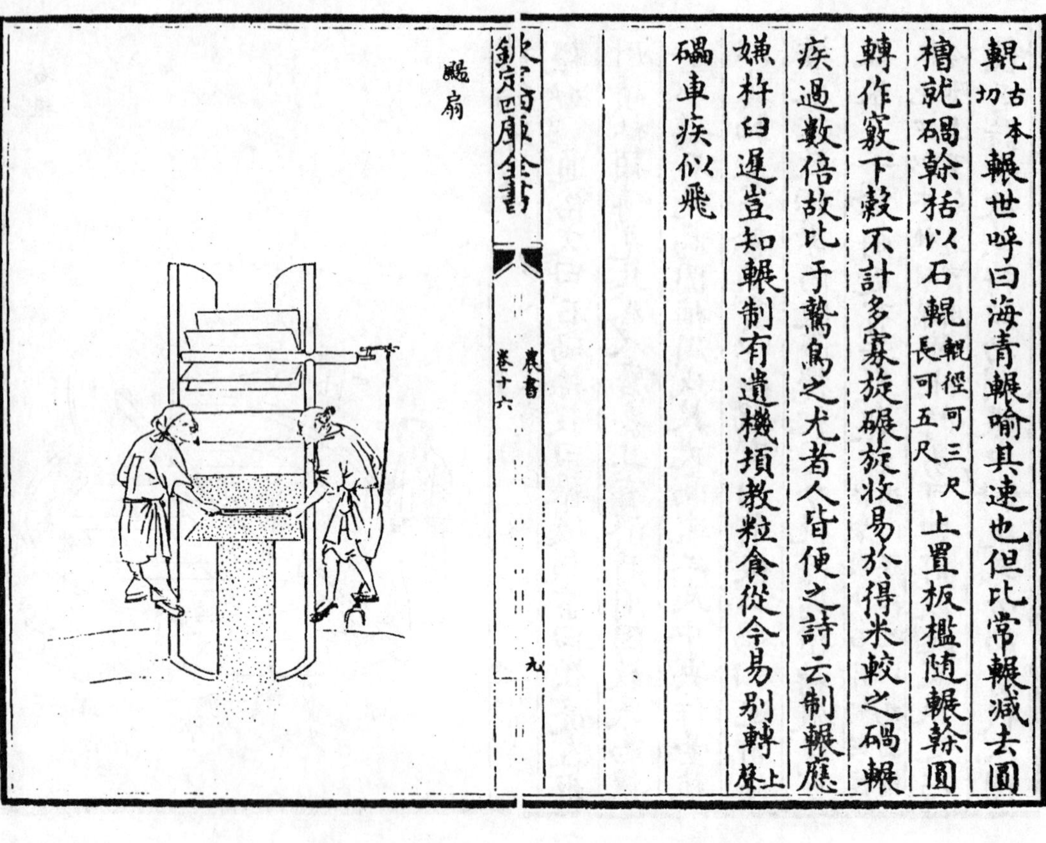

颺扇

颺(與章切)扇集韻云颺風飛也揚穀器其制中置箕軸列穿四扇或六扇用薄板或糊竹為之復有立扇臥扇之別各帶掉軸或手轉足躡扇即隨轉凡舂輾之際以糠米貯之高檻檻底通作匾縫下瀉均細如簾即將機軸掉轉搧之糠粞既去乃得淨米又有舁之場圃間用之者謂之扇車凡蹂打麥禾等稼穮秕相雜亦須用此風搧比之杴擲其箕其功多倍梅聖俞詩云颺扇非圜扇每來場圃見因風吹糠秕編竹破筠箭任從高下手不

為寒暄變去粗而得精持之莫言倦

礳

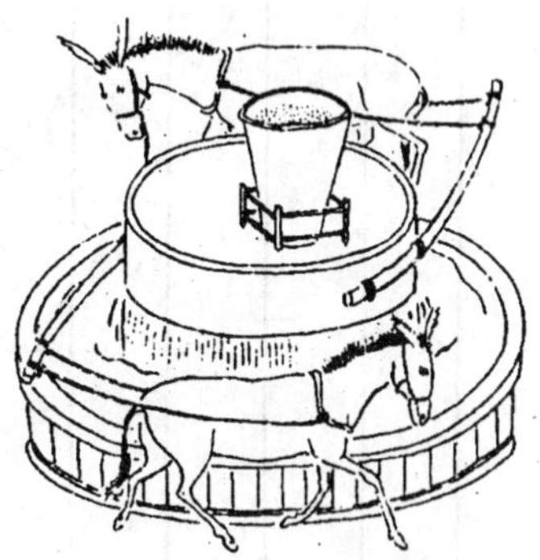

礳莫卧切磨韻作磨磑五對切也礳同說文云礳石磑也世本曰公輸班作磑方言或謂之䃺錯碓切字說云礳從石從靡礳之而靡焉今皆作磨字既從石又從磨平聲之義特易曉也通俗文曰填音鎮礳曰硐大公切磨床曰摘真易切今又謂主磨曰臍注磨曰眼轉磨曰榦承磨曰槃載磨曰床多用畜力輓行或借水輪或掘地架木下置鐏軸亦轉以畜力謂之旱水磨比之常磨特為省力凡磨上皆用漏斗盛麥下之眼中則利齒旋轉上聲破麥作麩然後收之篩羅乃得成麪世間餅餌自此始矣詩云斷圓山骨舊胚胎動靜乾坤有自來利齒細噴常日雪旋平聲機深般音隱不雲雷臨流須借水輪轉上聲役畜豈勞人力推一自世間多餅食便知元是濟民材

連磨

連磨連轉上聲磨也其制中置巨輪輪軸上貫架木下承鐏臼復於輪之周圍列遶八磨輪輻適與各磨木齒相間去聲一牛拽轉則八磨隨輪輻俱轉用力少而見功多後魏書崔亮在雍州讀杜顏傳見其為八磨嘉其有濟時用劉景宣作磨奇巧特異策一牛之任轉八磨之重竊謂此雖並載前史然世罕有傳者今乃尋繹搜索度其可用述此制度既圖於前復叙於後庶来者倣之以廣食利嵇含八磨賦云外兄劉景宣作磨奇巧因賦之

云方木矩峙圓質規旋下靜似坤上轉似乾巨輪內建八部外連

油榨取油具也用堅大四木各圍可五尺長可丈餘疊作卧枋於地其上作槽其下用厚板嵌作底槃槃上圓鑿小溝下通槽口以備注油於甖凡欲造油先用大鑊爨炒芝麻既熟即用碓舂或輾碾令爛上甑蒸過理草為衣貯之圈內累積在槽横用枋桯相拶復竪插長楔高處舉碓或椎擊擗之極緊則油從槽出此横榨謂之卧槽立木為之者謂之立槽傍用擊楔或上用壓梁得油甚速今燕趙間創法有以鐵為炕面就接蒸釜爨項

乃傾芝麻於上執枚勻攪待熟入磨下之即爛比鑊炒及舂碾省力數倍南北農家歲用既多尤宜則傚詩云巨材成榨床細溜刻槃口麻爛入重圈機械應心手取之亦多方脂膏竟誰有田頭室中婦何嘗潤蓬首

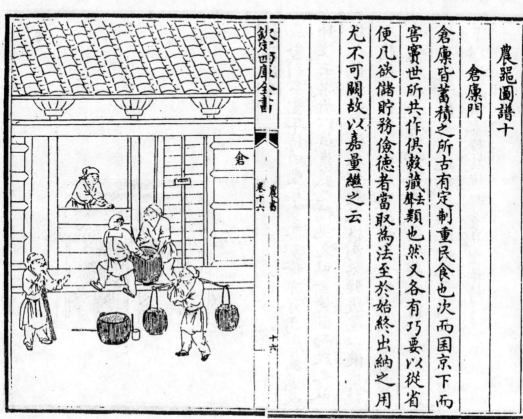

農器圖譜十

倉廩門

倉廩皆蓄積之所古有定制重民食也次而國京下而窖竇世所共作倶斂藏之類也然又各有巧要以從省便凡欲儲貯務儉德者當取為法至於始終出納之用尤不可闕故以嘉量繼之云

倉

倉穀藏去聲也釋名曰倉藏也藏穀物也天文集曰廩星主倉史記天官書胃為天倉此名著於天象者禮月令曰孟冬令有司修囷倉周禮倉人掌粟入之藏此名著於公府者甫田詩曰乃求千斯倉管子曰倉廩實而知禮節此名著於民家者推而言之則知倉之類尚矣今國家倫儲蓄之所上有氣樓謂之敖房前有簷楹謂之明廈倉為總名蓋其制如此夫農家貯穀之屋雖規模稍下其名亦同皆係累年蓄積所在內外材木露者悉宜灰泥塗飾以備火災木又不蠹可為永法詩云實穀藏去聲曰倉制度一遵古積不厭斗升耗或容雀鼠常平名固佳相因義仍取揆諸創始心荒歉豈無補

廩

廩倉別名豐年詩曰豐年多黍多稌亦有高廩萬億及秭注云廩所以藏粢盛之穗說文曰倉黃亩而取之故謂之亩或從广從禾今農家構為無壁廈屋以儲禾穗及種稑之種即古之扁也唐韵云倉有屋曰廩倉其藏穀之總名而廩庾又有屋無屋之辨也詩云廩名天上星有象常昭垂在地為定制廣廈庇于斯上乃奉粢盛下以備凶饑黍稌及億秭重見豐年詩

庾

庾鄭詩箋云露積穀也集韵庾或作[illegible]倉無屋者詩曰曾孫之庾如坻如京又曰我庾維億蓋謂庾積穀多也

詩云露積以庾稱有象囷自成初無經構功何同倉廩名詩人嘗比賦如坻復如京公私囷儲蓄視此知豐盈

囷

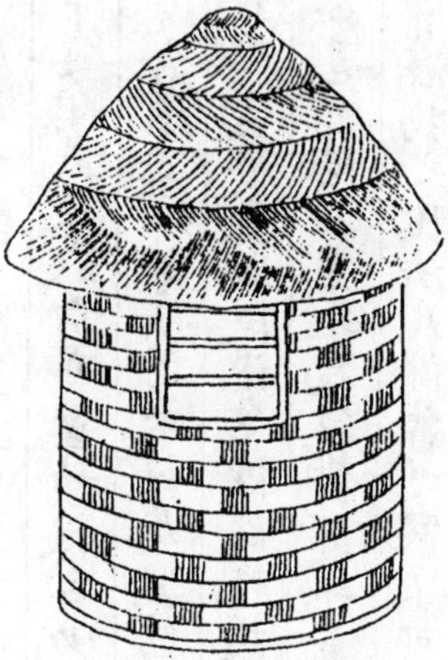

囷邱倫切圓倉也禮月令曰修囷倉說文廩之圓者圓謂之囷方謂之京管子曰夷吾過市有新成囷京者吳志周瑜謁魯肅肅指其囷以與之西京襍記曰曹元理善筭囷之穀數類而言之則囷之名舊矣今貯穀圜笆泥塗其內草苫於上謂之露笆者即囷也詩云富國何如富在民鄉閭是處有高囷只知不負英雄謁遇歎能傾一濟貧

京

京倉之方者廣雅云字從广㐭倉也又謂四起曰京今取其方而高大之義以名倉曰京則其象也夫囷京有方圓之别北方高亢就地植木編條作笆故圓即囷也南方墊濕離地嵌板作室故方即京也此囷京又有南北之宜庶識者辨之擇而用也詩云大云倉廩次囷京各貯粢粮取象成可是今人迷古制方圓未識有他名

穀盅

穀盅（敕中切）集韵云虚䍐也又謂之氣籠編竹作圍徑可一尺高或二丈底足稍大易於竪立内置木撑（丑孟切）數層乃先列倉中每間或五或六亦量積穀多少高低大小而制之嘗見倉廩囷京等所貯米穀蒸濕結厚數尺謂之㬠頭以致壓盦變黄漸成浥腐往往耗損元數公私坐致陷害誠甚可惜今置此䍐使欝氣升通米得堅燥免蹈前弊實濟物之良法凡儲蓄之家不可闕也詩云虛中潔外大餘身廁跡囷倉氣可伸要識有功能積

久陳陳從此更相因

窖

窖古孝切藏穀穴也史記貨殖傳曰宣曲任氏秦之敗也豪傑皆爭取金玉任氏獨窖倉粟楚漢相拒滎陽民不得耕米石至數萬而豪傑金玉盡歸任氏任氏以是起富嘗謂穀之所在民命是寄今藏置地中緩急可恃且風蟲水旱十年之內儉居五六安可不預備凶災夫穴地為窖小可數斛大至數百斛先投柴棘燒令其土焦燥然後周以糠稳貯粟於內五穀之中唯粟耐陳可歷遠年有於窖上栽樹大至合抱內若變浥樹必先驗驗

謂葉必萎黃又擣別窖北地土厚皆宜作此江淮高峻土厚處或宜倣之既無風雨雀鼠之耗又無水火盜賊之虞雖箧笥之珍府藏之富未可埒也詩云作窖良有法貯穀期不腐焦確擬陶爐穰秕親壤土厚瘞防水潦深藏勝倉庾却嗟金玉家無能備饑苦

竇似窖月令曰穿竇窖鄭注云穿竇窖者入地橢曰竇方曰窖疏云橢者似方非方似圓非圓釋文云橢他果切謂狹而長今人下掘或旁穿出土轉上聲于他處内竇以粟復以草墢封塞他人莫辨即謂竇也蓋小口而大腹竇小孔穴也故名竇詩云穿竇以貯穀遠謀輸老農小口傍能通虛腹寬有容深儲慮竊發迷藏加密封一朝催租急肯許防饑凶

升斗

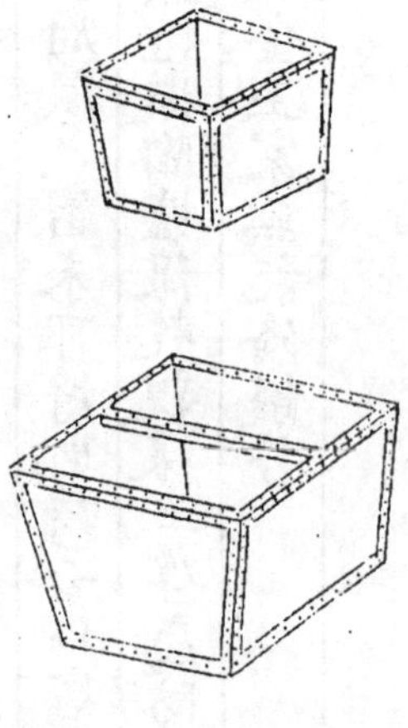

升十合量也前漢志云以子穀秬黍中者千二百實其龠以井水準其槩二龠為合十合為升說文云升從斗象形唐韻云升成也　斗十升量也前漢志云十升為斗斗者聚升之量也說文云斗象形有柄唐韻云俗作㪷天文集曰斗星仰則天下斗斛不平覆則歲稔案此條不別繫以詩者總在槩斛一條以唐敬括嘉量賦括之

槩斛

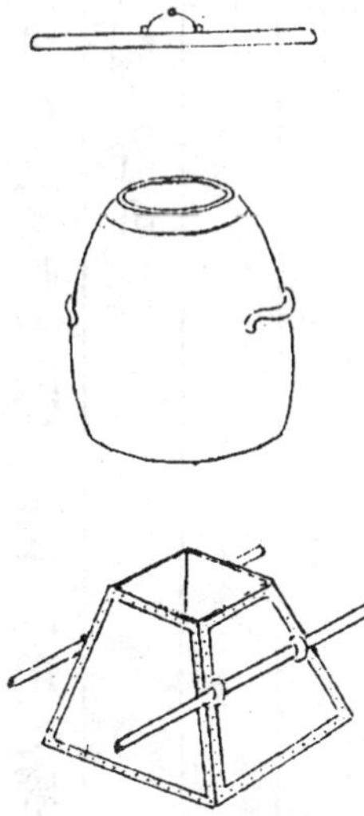

槩功代切平斛斗器說文云槩杚斗斛從木既聲杚古沒切平也漢書云以井水準其槩也唐書列女李畬母傳畬為監察御史得米量之三斛而贏問於吏曰御史本不槩是也集韻杚亦音槩亦書作槩古有豆區烏侯切釜鍾庾秉之量左傳曰四升為豆四豆為區四區為釜十釜為鍾又二釜半為庾十六斛為秉皆古量之名也今唯以升斗斛為準最號簡要蓋出納之司易會計也　斛十斗量也前漢志云十斗為斛斛者角斗平多少之量也廣雅云斛謂之鼓方斛謂之角周禮曰㮚氏為量改煎金錫則不耗不耗然後權之權之然後準之準之然後量之其銘曰時文思索允臻其極嘉量既成以覲四國永啟厥後茲物維則時文思索言是文德之君思求索為民立法而作量漢書五量之法用銅方尺而圜其外旁有庣止彫切焉師古曰庣不滿之處也上為斛下為斗上謂仰斛下為覆斛之底受一斗也左耳為升右耳為合龠夫量者躍於龠合於合登於升聚於斗角於斛職在太倉大司農掌之今夫農家所得穀數凡輸納於

官販糴于市積貯於家多則斛少則斗零則升又必槩以平之貧富皆不可闕者敬括嘉量賦云作之嘉量其義惟深嘉者以善為節量者用平其心窮微于子穀之數酌憲于黃鍾之音蓋取諸象爰範于金亦既成止其儀可觀堅外可程虛中受益功格於衡鏡實同乎珪錫以分多少寧患乎不均以立信仁抑行之無斁然美其方能立矩畢莫可踰出入罔忲包含式孚徇公滅私乃為而勿有納新吐故亦用當其無理將神而共契跡與

道而相符且器守乎謙人惟厥操人非器罔主器非人奚湛不謹則詐僞生端無方則羨溢爲耗職是司者胡頗相胥由此言旃不其至然外乎則槩斛前漢律歷志作庣乃旁穿既因物以進退亦與時而懋遷施于政而四方仰則毗乎理而百代猶傳誠可美而可尚願斯焉而取焉異乎大小區分高卑奇偶始增撮而就合卒聚升而成斗斛又斗之所積殼皆槩其所受隨求而或進或退順動而何先何後洎乎職輿都尉計起弘羊洽平糶而作

典布均輸而有方常平由是以實大國因之用強豈比天有斗而酒漿不挹山有谷而牛馬空量然而當春秋分之期爲晝夜至之時于以較矣于以用之實萬人之所欲敢望聞于有司

農書卷十六

欽定四庫全書

農書卷十七

元　王禎　撰

農器圖譜十二

鼎釜門

鼎釜皆烹飪器今鼎以取爨釜以供饍爲農家必用之事復以老瓦盆匏樽土鼓之類迭相敘次愈見朴俗天真不事華玩如造羲皇氏之庭眷而懷之洎乎其樂之不自知也兹特圖其舊制賛以新詠庶形往古之風以革澆俗之弊其於政化不爲無補云

鼎

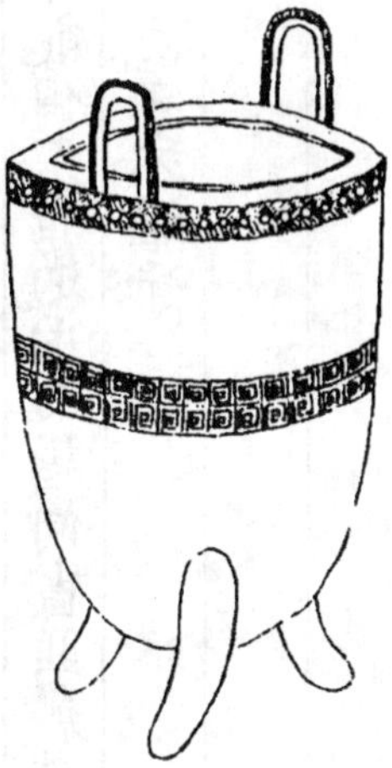

鼎說文云鼎三足兩耳烹飪器也周禮烹人掌共鼎鑊以給水火之齊今農家乃用煮繭繅絲嘗讀秦觀蠶書云凡繅絲嘗令煮繭之鼎湯如蟹眼又云絲自鼎道升於鎖星蓋繅絲用鼎就其深大煮繭既多則繅取欲速不致蛾出或用甑接釜口象其深綽但權務省節終不若鼎之火候為便然原夫鼎之為器大則烹牲而供上祀小則和羹而備五味今用之以取繭絲而衣被斯民則其功利所及又豈止為向之食饗而已哉故嘉其兼用遂寘名田譜之內贊云維鼎在昔祀享多儀三代以來鑄象剖疑以定九州以正四夷國所係望農何與知降及後世物變風移取其深綽蠶繅是宜湯生蟹眼緒引繭絲婦工對向手筋駢持餵端自內輕紙由茲冷盆莫並熱釜何裨古今異用彼此一時既國而家既食而衣器兮不器備用無遺著為永法載播聲詩

釜

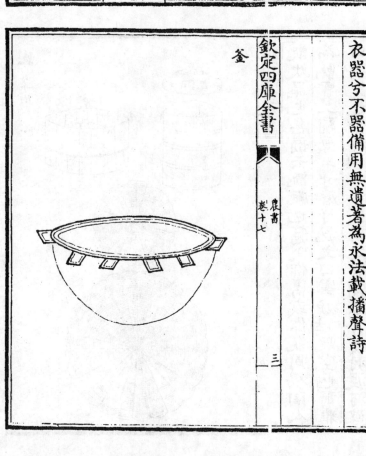

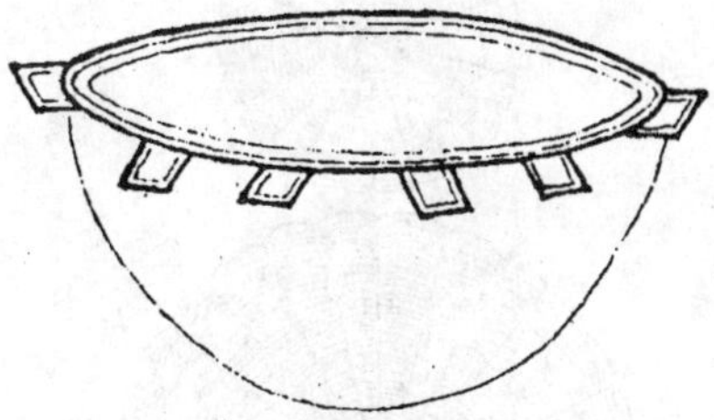

釜煑器也古史考黃帝始造釜甑火食之道成矣易說卦曰坤為釜廣雅曰錪(他典切)鉼(音餅)鬲(音歷)鍑(音富)鏕(音鹿)鏝鍪(漫牟二音)鬹(音規)錡釜也說文釜作鬴鍑屬魏略曰鍾繇為相國以五熟鼎範因太子鑄之釜成太子與繇書曰昔周之九鼎咸以一體調一味豈若斯釜五味時芳蓋鼎之烹飪以享上帝今之嘉釜有踰茲義異錄曰南方有以沙土燒之者燒熟油之淨逾鐵器尤宜煑藥一斗者纔直十錢斯濟貧之具不可無者賛云黃帝始造火食是須金獻歐冶制厥範模綽口銳下古今不踰中潔其腹外黔其膚薪爇而沸井汲而濡水火既濟饔飧乃餔掩彼鼎鼐五味能俱舉世通用田譜何書匪農獻穀徒生爾魚既曰跨竈寧不媚乎

甑　箄附

甑炊器也集韻云甑甗也籀文作鬻或作甑周禮陶人為甑實二鬴厚半寸脣寸說文曰窒(户圭切)甑空也爾雅曰䰝謂之鬵(徐林切)方言或謂之酢餾漢書項羽渡河破釜甑又任文公知有王莽之變悉賣奇物唯存銅甑以此知古人用甑雖軍旅及反側之際不可廢者或謂釜甑舉世皆用今作農器何也蓋民之力田必資火食非釜甑不成以此起農事之始及穀物既登爨以釜甑又為農事之終所需莫急於此故附農器之內讚云日用

炊爨甑也為先窐作一空底或七穿編箄為隔甎帶周纓覆盆奠煦跨釜能專中成至味外示陶埏餅餌作蒸饙餾非饘匪此為飫民食𣅜天　箄甑箄也說文云箄蔽也所以蔽甑底也淮南子曰明鏡可以鑑形蒸食不如竹箄孔融同歲論曰弊箄徑尺不能捄鹽池之鹹矣箄弊可以止鹹故也又曰弊箄甑甎在旃茵之上雖貧者不搏此言易得之物也字從竹或無竹處以荆柳代之用不殊也詩云甑或之七穿編竹以為箄有緣（去聲）取

象圓無底此能蔽巧偷蛛網功深為餅餌計孰謂材有餘止鹹猶用䉛

老瓦盆

老瓦盆田家盛酒器也周禮曰盆實二鬴厚半寸脣一寸甄土為之所以盛物晉書阮咸傳曰咸至宗人間共集以大盆盛酒（案此載晉書阮咸傳此本誤作劉義慶世說謹改正）潘岳賦云傾縹盆以酌酒蓋盆古亦盛酒器也老子曰埏埴以為器當其無有器之用竊謂季世習俗奢僭以金玉為飲器鮮不敗德今瓦盆盛酒有復古淳儉之風其可尚也杜工部詩云莫笑田家老瓦盆自從盛酒長兒孫傾銀注玉驚人眼一醉終同卧竹根

匏樽

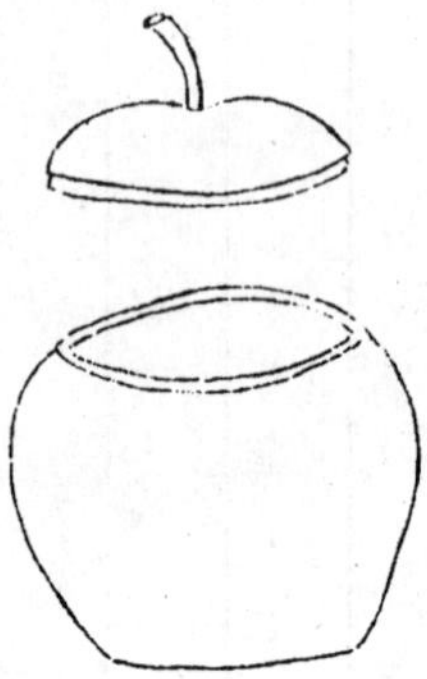

匏樽匏瓠也開以盛酒故曰匏樽周禮注云取甘匏割去柢為樽而酌之王昭禹謂門出入所在瓠中虛象門祭之去其害門者又鬯人禁門用瓢齎注云春秋魯莊公二十五年秋大水鼓用牲于門故書作剽鄭司農讀剽為瓢杜子春讀齎為粢瓢為瓠蠡也粢粢盛也鄭元謂齎讀為齊取甘匏割去柢以齊為尊也東坡云舉匏尊以相屬今田家用此皆其遺制賦云沿大塊兮孕質引蔓葉兮高懸惟中虛兮表圓實取離兮象乾繫生成兮永固匪雕琢兮自然惟繫之兮不食爰剖之兮用全繼窪尊兮作古與鴟夷兮比肩至若畎畝登秋粒米呈瑞民無菜色家稱樂歲走赤脚兮提攜酤村醪兮遠致瀉瓦盆之真率競捧承乎若器既爾汝兮相屬遂長幼兮同醉復乃俯扣仰荅迭歌里謡忘一已之所之邁千載之寂寥初若笠澤引田舍之觴又似柴桑倒茅簷之瓢無思慮兮適劉伶之動止浮江湖兮游莊周之逍遥浩浩乎無懷大庭兮去此逾幾又奚啻等山罍於敝屣

兮儕犧象於蘇樵

瓢杯

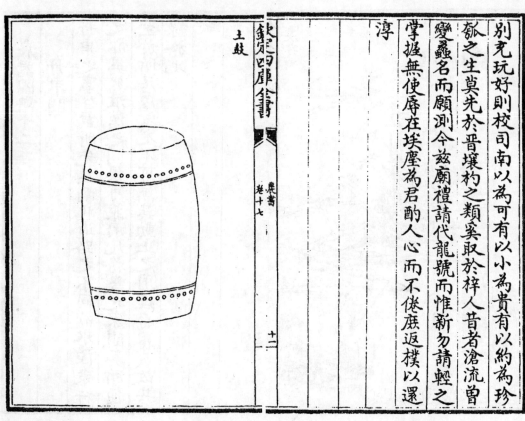

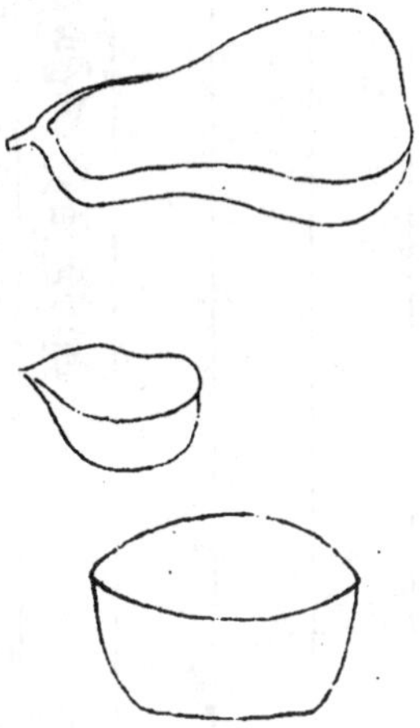

瓢杯判瓠為飲器與匏尊相配許由一瓢自隨顏子一瓢自樂今舉匏尊傾瓢杯何田家之有真趣也韋肇賦其畧曰當其判飲器配圓壺雖人斯造製而天與規模柄非假操而直腹非待剖而刳黃其色以居貞圓其首以持重匪憎乎林下逸人何事而喧可惜乎樽中夫子能拙於用笙匏同出詎為樂音以見奇牢巹合行未諭婚姻之所共於是薦芳席娛宻座動而委命雖提挈之由君用或當仁信斟酌而在我挹酒漿則仰惟北而有別光玩好則校司南以為可有以小為貴有以約為珍瓠之生莫先於晋壤杓之類奚取於梓人昔者滄流曽變蠡名而願測今茲廟禮請代龍號而惟新勿請輕之掌握無使辱在埃塵為君酌人心而不倦庶返樸以還淳

土鼓

土鼓古樂器也杜子春云以瓦爲匡以革爲面兩可擊也禮運曰蕢桴而土鼓^(案蕢桴而土鼓出禮運此本訛作易繫辭謹改正)明堂位曰土鼓蒯桴伊耆氏之樂也周禮春官籥章掌土鼓豳籥中春晝擊土鼓歛豳詩以迎暑氣中秋迎寒亦如之凡國之祈年于田祖歛豳雅擊土鼓以息老物^(杜子春云息老物謂息田夫養老勞農)今農家秋斂之後擊鼓以祀田祖即其遺意也詩云粤昔伊耆氏樂制惟土苴繼自神農氏作鼓正從瓦蒯桴一引擊真性足陶寫當時風俗成往往朴而野大音能希聲調高誠和寡迨周因用之歛合豳頌雅祈年及祭蜡齋敬格上下是雖器質畧名亦不徒假花腰鳴且急可以愧來者

農器圖譜十二

舟車門

舟車之事任載所先葢南北道路之不同故水陸乘行之亦異然淮漢之間俱可兼用凡務農之家隨其所便至於所居廬室尤不可無其動止之用理存賫載故共録於此

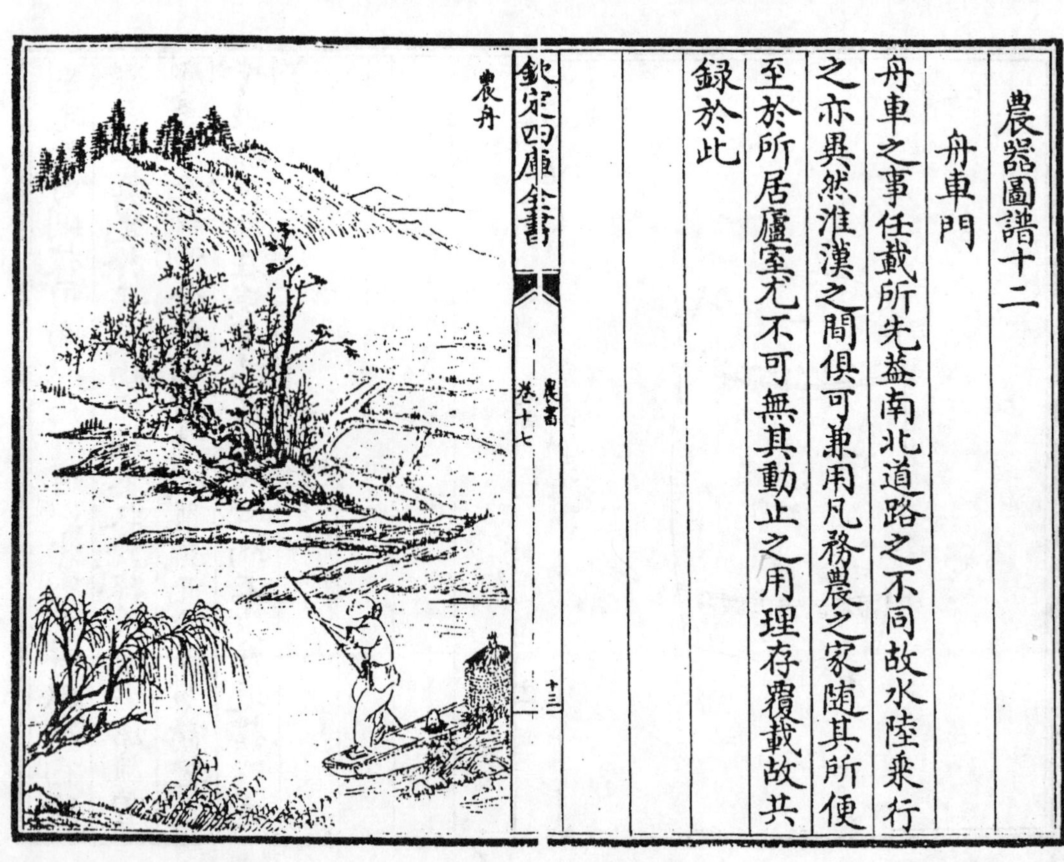

農舟

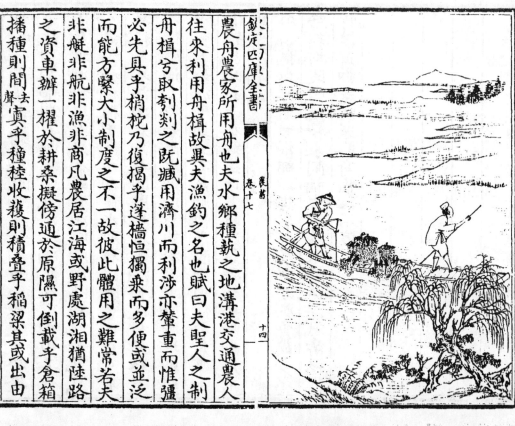

農舟農家所用舟也夫水鄉種蓺之地溝港交通農人往來利用舟楫故異夫漁釣之名也賦曰夫聖人之制舟楫兮取刳剡之既臧用濟川而利涉亦輦重而惟彊必先具乎梢柁乃復揭乎蓬檣恒獨乘而多便或並泛而能方繫大小制度之不一故彼此體用之難常若夫非艇非航非漁非商凡農居江海或野處湖湘猶陸路之資車辦一櫂於耕桑擬傍通於原隰可倒載乎倉箱播種則間去聲寘乎種稑收穫則積疊乎稻粱其或出由

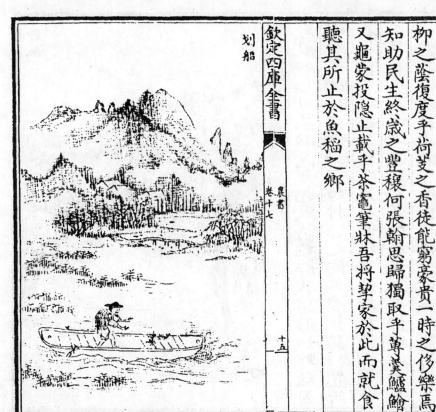

港口歸下橫塘雖慣作村溪之逆上須防風雨以遮藏沙際輕帆挂新晴於遠浦離根短纜泊落日之孤莊彼有駕乎蘭舫銜以華妝廣陳罇俎暖沸絲篁方轉乎楊柳之蔭復度乎荷芰之香徒能窮豪貴一時之侈樂焉知助民生終歲之豐穰何張翰思歸獨取乎蓴羹鱸鱠又龜蒙投隱止載乎茶竈筆牀吾將挈家於此而就食聽其所止於魚稻之鄉

划船

划戶花切船集韻划謂撥進也其船制短小輕便易於撥進故曰划船別名秧塌嘗見淮上瀕水及灣泊田土待冬春水涸耕過至夏初遇有淺漲所漫乃划此船就載宿浥稻種徧撒田間水內候水脉稍退種苗即出可收早稻又見江南春夏之間用此箝貯泥糞及積載秧束以往所佃之地若際水則以鍬棹撥至或隔陸地則引纜掣去如泥中草上尤為順快水陸互用便於農事故備錄於此詩云水鄉遠近多岐路誰作划船新制度不煩梢柂與帆檣一櫂翩翩恣來去農事方殷負載多水路無拘隨所遇歸來閒艤古方塘不知江海風濤怒有時撐出柳邊來還勝斷橋人不渡

野航

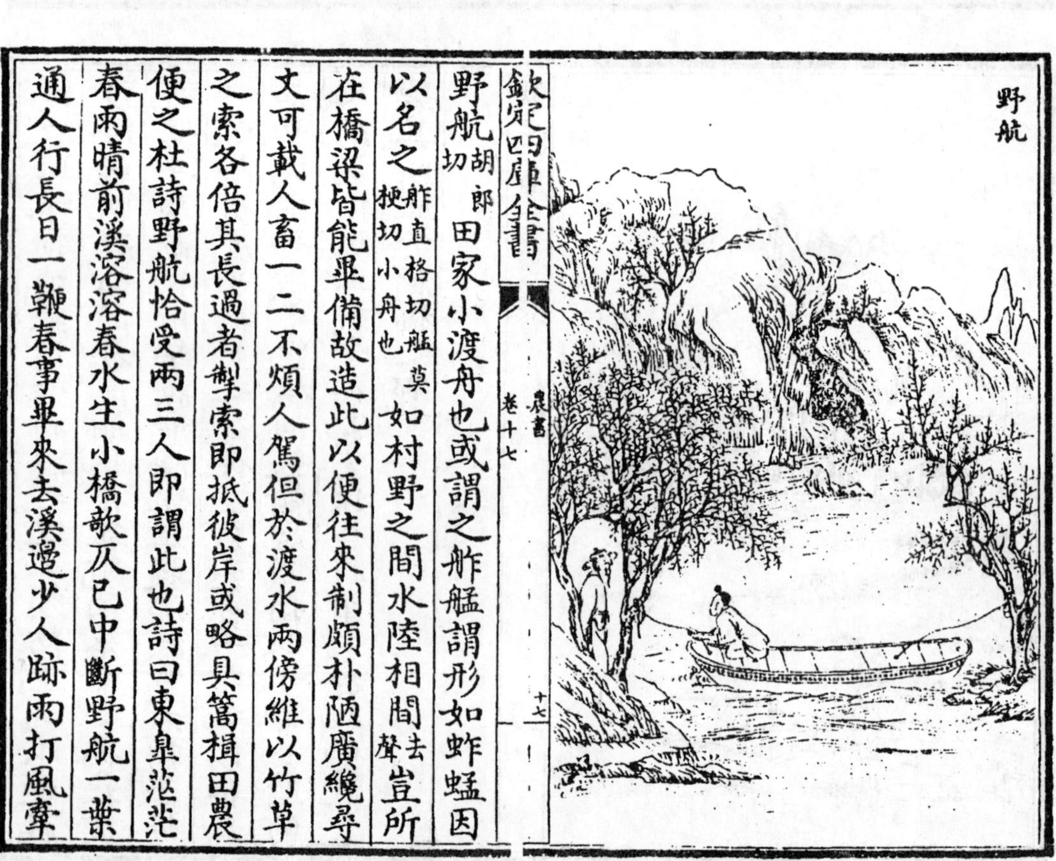

野航胡郎切田家小渡舟也或謂之舴艋謂形如蚱蜢因以名之舴直格切艋莫梗切小舟也如村野之間水陸相間去聲豈所在橋梁皆能畢備故造此以便往來制頗朴陋廣纔尋丈可載人畜一二不煩人駕但於渡水兩傍維以竹草之索各倍其長過者掣索即抵彼岸或略具篙楫田農便之杜詩野航恰受兩三人即謂此也詩曰東皐氾氾春雨晴前溪溶溶春水生小橋欹仄已中斷野航一葉通人行長日一鞭春事畢來去溪邊少人跡雨打風牽

盡日橫白鷺有時來上立

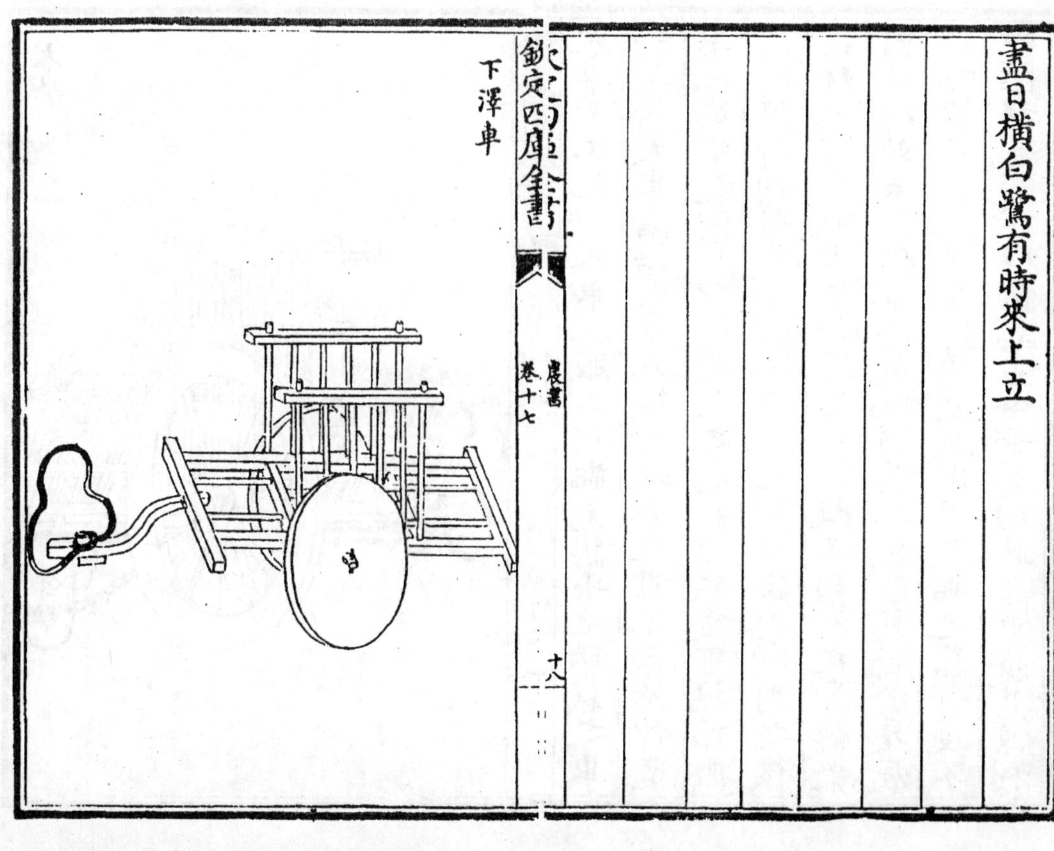

下澤車田間任載車也古所謂箱者詩曰乃求萬斯箱又睆彼牽牛不以服箱箱即此車也周禮車人行澤者反輮女久切又行澤者欲短轂短轂則利轉今俗謂之板轂車其輪用厚濶板木相嵌斲成圓樣就留短轂無有輻也泥淖奴教切中易於行轉了不沾塞即周禮行澤車也蓋如車制而畧但獨轅著地如犁托之狀上有橛以擐牛軛槃索上下坡坂絕無軒輊陟利切之患漢馬援弟少遊嘗謂乘下澤車是也詩云下澤名車異爾輶服箱

元自有耕牛雙輪不輻還成轂獨木非轅類作輈兒向通逵爭軌轍要登多稼出田疇有時命駕或他適常慕平生馬少遊

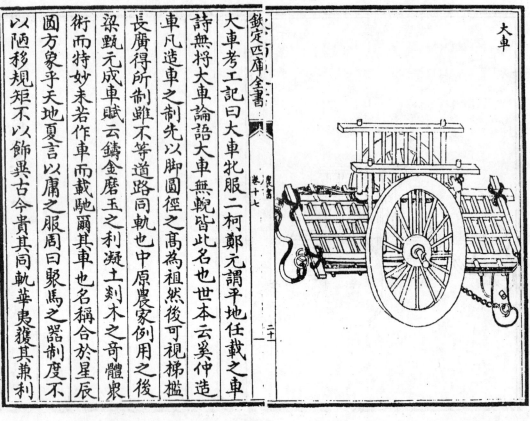

大車

大車考工記曰大車牝服二柯鄭元謂平地任載之車詩無將大車論語大車無輗皆此名也世本云奚仲造車凡造車之制先以脚圓徑之高為祖然後可視梯檻長廣得所制雖不等道路同軌也中原農家例用之後梁甄元成車賦云鑄金磨玉之利凝土剡木之奇體象術而特妙未若作車而載馳爾其車也名稱合於星辰圓方象乎天地夏言以庸之服周曰聚馬之器制度不以陋移規矩不以飾異古今貴其同軌華夷獲其兼利

拖車

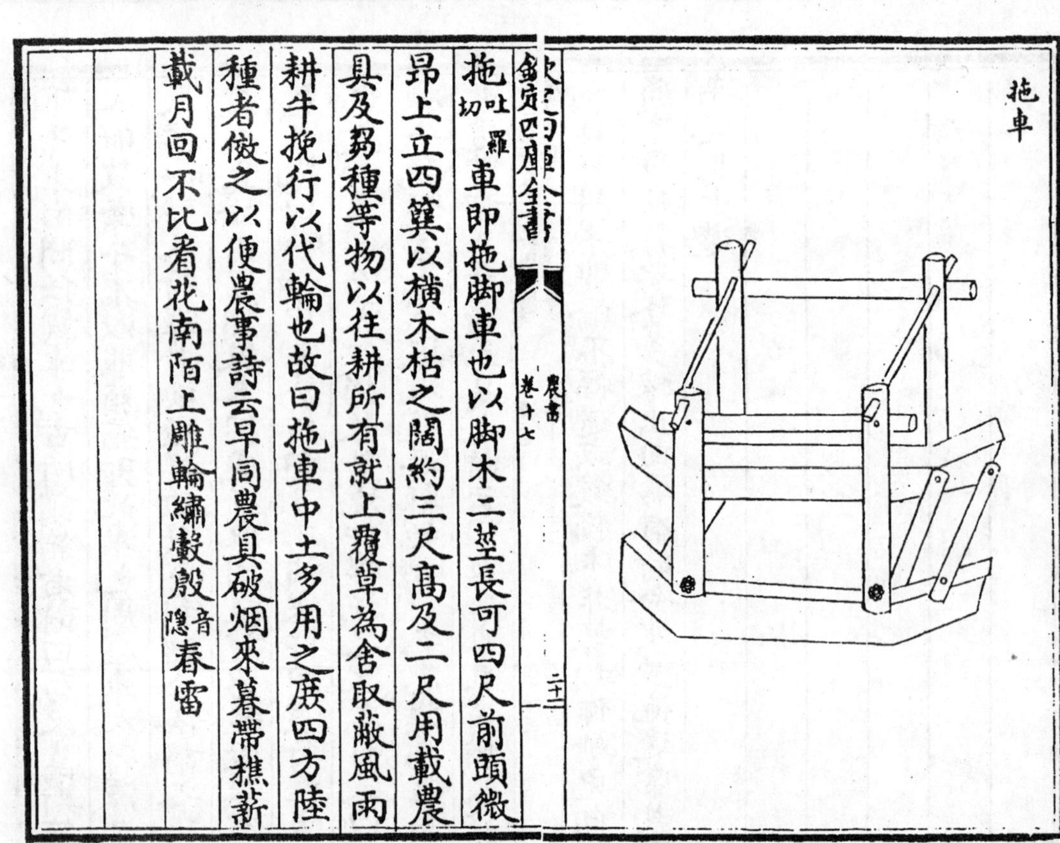

拖吐羅切車即拖脚車也以脚木二莖長可四尺前頭微昂上立四簨以横木栝之闊約三尺高及二尺用載農具及芻種等物以往耕所有就上覆草為舍取蔽風雨耕牛挽行以代輪也故曰拖車中土多用之庶四方陸種者倣之以便農事詩云早同農具破烟來暮帶樵薪載月回不比看花南陌上雕輪繡轂殷音隱春雷

田廬農書云古者制五畝之宅以二畝半在鄽詩云入此室處是也以二畝半在田詩云中田有廬是也此蓋古制自井田之變農人散居隨業所在其屋廬園圃遂成久處四時之内農事俱便管子所謂居四民各有攸處不使龐雜欲其業專不爲異端紛更其志今農家多居田野即其理也嘗讀陸龜蒙田廬賦狀其窄陋非久經其處不能曲盡若此使世之崇居華構猶未滿志者觀之可悟奢泰之失賦畧曰江上有田田中有廬屋以

蒲蔣扉以蘧篨笆籬楗微方實櫺踈簷卑歒而立傴僂户偪側而行趦趄蝸涎隆頂黿折旁塗夕吹入面朝陽曝膚左有牛栖右有雞居將行蹬遯未起啼驅宜從野逸反若囚拘

守舍

守舍看平聲禾廬也架木苫草略成構結兩人可舁禾稼將熟寢處其中備防人畜或就塍坎縛草為之若於山鄉及曠野之地宜高架牀木免有虎狼之患真西山言農事之叙云至其禾迨垂穎而堅栗懼人畜之傷殘縛草田中以為守舍數尺容膝僅足蔽雨寒夜無眠風霜砭骨此守禾之苦也詩云禾穗纍纍青半黄邊山際野多熟鄉一粒未得人初嘗不應辦作麋冢糧老農作計須夜防結草構木安匡床高低量置田中央容身僅足庇雨霜比於露宿知猶强所圖歲晏實饑腸世族多少居華堂安然熟寢無更長便腹何嘗乏稻粱敢較甘苦均閒忙不遑寧處禾無傷

牛室

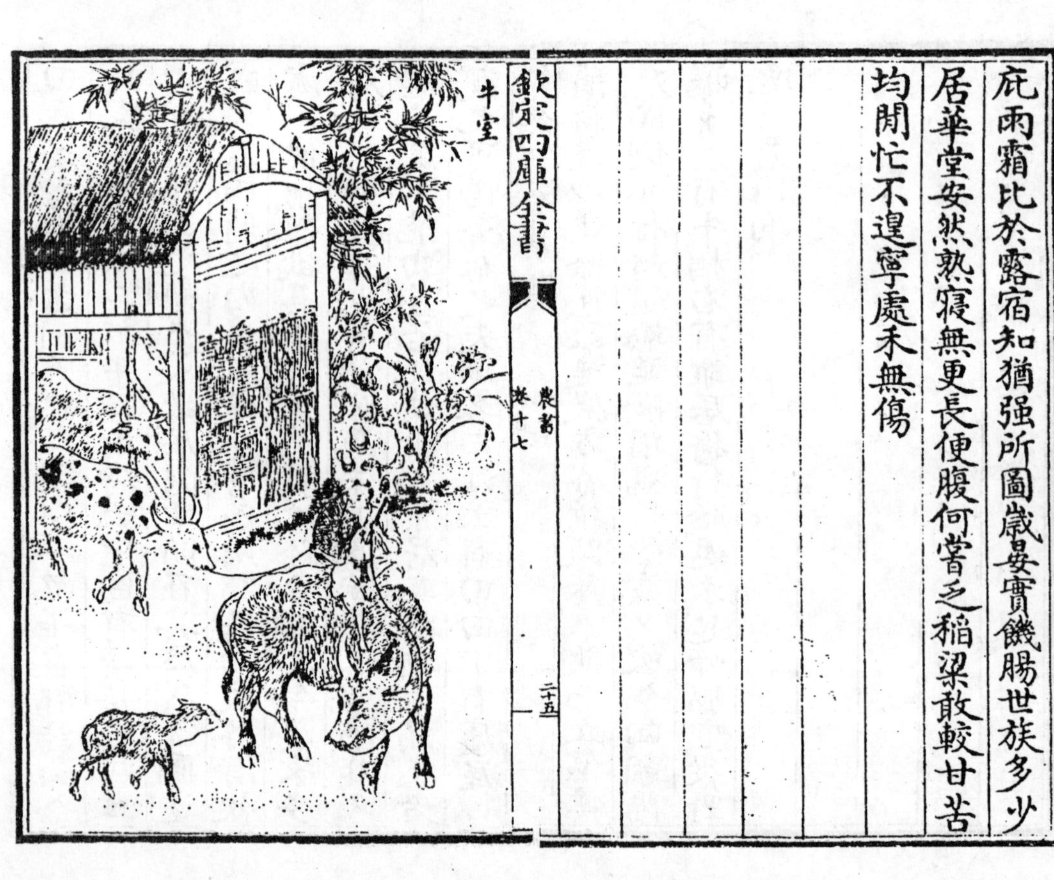

牛室門朝陽者宜之夫歲事逼冬風霜淒凜獸既氄毛率多穴處獨牛依人而生故宜入養密室閑之老農云牛室內外必事塗墍以備不測火災最為切要陸龜蒙序云冬十月耕牛為寒築室納而皁之建之前日老農請乞靈於土官以從鄉教予勉而為之辭云四牸三牯中一去乳天霜降嚴入此室處老農拘拘度地不敢東西幾何七舉其武南北幾何丈二加五偶楹當閒載尺入土太歲在亥餘不足數上締蓬茅下遠城府耕耨以時餘食得所或寢或訛免風免雨宜爾子孫實我倉庾

農書卷十七

欽定四庫全書

農書卷十八

農器圖譜十三

元　王禎　撰

灌溉門

灌溉之利大矣江淮河漢及所在川澤皆可引而及田以為沃饒之資但人情拘於常見不能通變間去聲有知其利者又莫得其用之具今特多方搜摘既述舊以增新復隨宜而制物或設機械而就假其力或用挑浚而永賴其功大可下潤於千頃高可飛流於百尺架之則遠達穴之則潛通世間無不救之田地上有可興之雨其用水有法槩可見矣故輯諸篇庶資農事云

水栅排木障水也集韵云栅倉格切說文云竪木立栅也若溪岸稍深田在高處水不能及則於溪之上流作栅遏水使之旁出下溉以及田所具制當流列植樹椿椿上枕以伏牛擗脾役切以拉盧合切木仍用塊石高壘衆楗斜撐平聲以邀水勢此栅之小者如秦雍之地所拒川水率用巨栅其蒙利之家歲例量力均辦所需工物乃深植椿木列置石囤長或百步高可尋丈以横截中流使傍入溝港凡所溉田畝計千萬號為陸海此栅之大者其餘各處境域

雖有此水而無此栅非地利素不彼若盖工所未及也今特列於圖譜以示大小規制庶彼方做之俾水為有用之水田為不旱之田由此栅也詩云山源洄洑溪澗空兩岸對峙直里切如崇墉傍田救旱無由供上流作障憑地崇支分下灌畦塍重卧邀沛澤真伏龍復有川水波濤洪枚椿列植當要衝仍制石廩如合縱即容切要約中流無必東穿渠遠溉波溶溶至今陸海稱秦中畎澮距川惟禹功岡閒濬治方成農後世拒水能傍通却資沃

灌開田封向來陂堨皆餘蹤海内萬水空朝宗餘波尚
使膏潤同縱有湯旱無饑凶坐令歲歲歌時豐富民有
具今始逢此柵功利將無窮

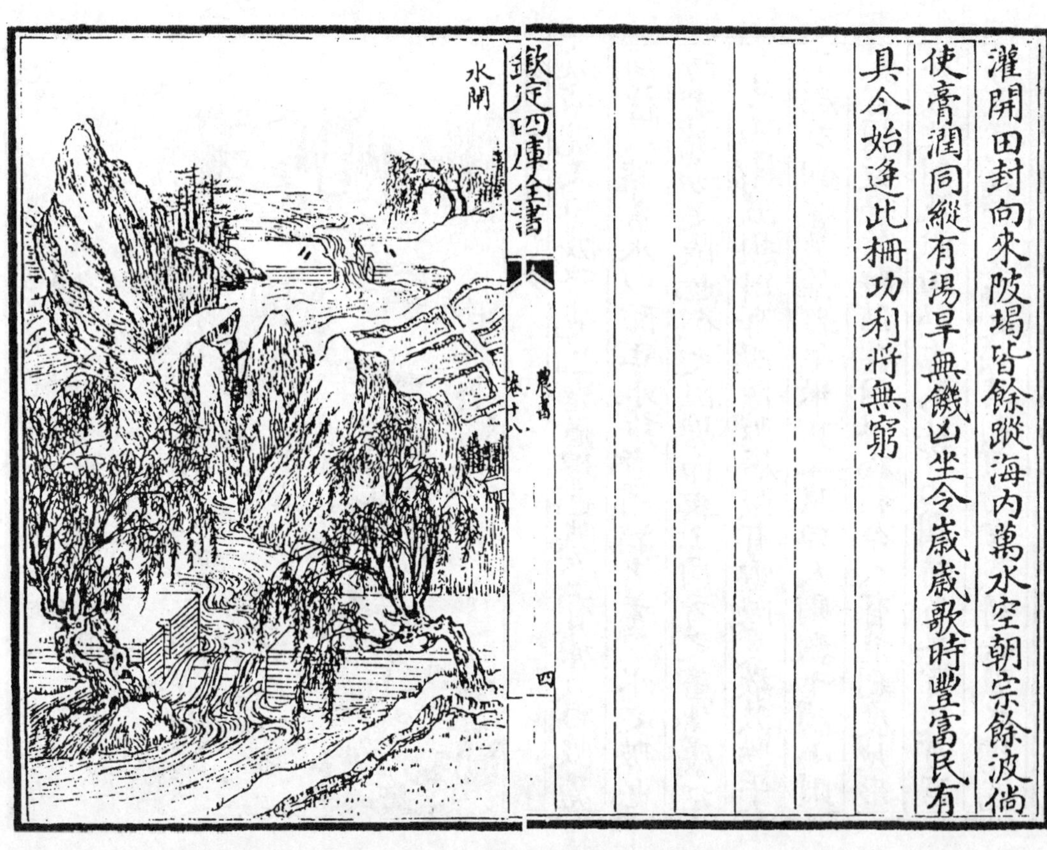

水閘甲乙切 開閉水門也間去聲 有地形高下水陸不均則必跨據津要高築堤壩匯水前立斗門甃石為壁疊木作障以備啟閉如遇旱涸則撤水灌田民賴其利又得通濟舟楫轉上聲激碾磑五對切 實水利之總揆也詩云陂

岸人呼古閘頭萬夫工役見重修禹門似是崇三級巫
峽還同束衆流少擘溝渠供碾磑每通膏澤到田疇休
將層閾輕抽去恐有他時旱暵憂

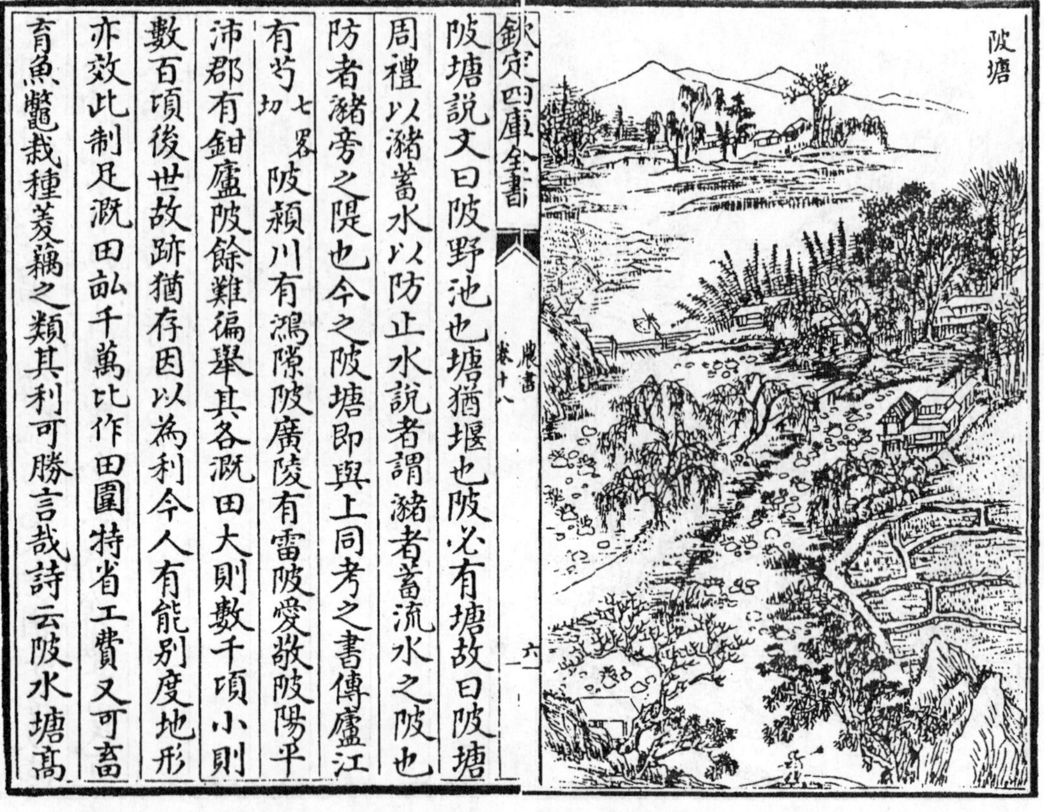

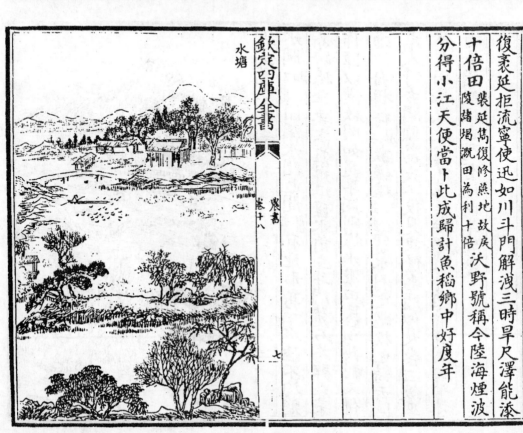

陂塘說文曰陂野池也塘猶堰也陂必有塘故曰陂塘周禮以豬蓄水以防止水說者謂豬者蓄流水之陂也防者豬旁之隄也今之陂塘即與上同考之書傳廬江有芍（七略切）陂潁川有鴻隙陂廣陵有雷陂愛敬陂陽平沛郡有鉗廬陂餘難徧舉其各溉田大則數千頃小則數百頃後世故跡猶存因以為利今人有能別度地形亦效此制足溉田畝千萬比作田圍特省工費又可畜育魚鱉栽種菱藕之類其利可勝言哉詩云陂水塘高復衰延拒流寧使迅如川斗門解洩三時旱尺澤能添十倍田（裴延儁復修燕地故戾陵諸堨溉田為利十倍）沃野號稱今陸海煙波分得小江天使當卜此成歸計魚稻鄉中好度年

水塘

水塘即洿池也因地形坳下用之瀦蓄水潦或修築甽
堰以備灌溉田畝兼可畜育魚鼈栽種蓮芡俱各獲利
累倍大凡陸地平田别無溪澗井泉以溉田者救旱之
法非塘不可夫江淮之間在在有之然官民異屬各為
永業歲收産利誠用水之多便者詩云自是江淮地利
同預瀦塘水助吾農一泓積潦能施潤數頃良疇儘可
供頓使稻禾無旱涸更教魚鼈足涵容年來無闕重脩
築都水田官不爾慵

翻車甫煩切今人謂龍骨車也魏畧曰馬鈞居京都城内有地可為園無水以灌之乃作翻車令兒童轉上聲之而灌水自覆漢靈帝使畢嵐作翻車設機引水洒南北郊路則翻車之制又起於畢嵐矣今農家用之溉田其車之制除壓欄木及列檻樁外車身用板作槽長可二丈闊則不等或四寸至七寸案四寸七寸制太狹疑有誤高約一尺槽中架行道板一條隨槽闊狹比槽板兩頭俱短一尺用置大小輪軸同行道板上下通週以龍骨板葉其在上

大軸兩端各帶拐木四莖置於岸上木架之間人憑架上踏動拐木則龍骨板隨轉去聲循環行道板刮水上岸此翻車之制關楗頗多必用木匠可易成造其起水之法若岸高三丈有餘可用三車中間去聲小池倒都皓切水上之足救三丈已上高旱之田凡臨水地段皆可置用但田高則多費人力如數家相助計日趨工俱可濟旱水具中機械巧捷惟此為最東坡詩云翻翻聯聯銜尾鴉犖呂角切犖确胡角切确蜕骨蛇分畦翠浪走雲陣刺水緑秧抽稻芽洞庭五月欲飛沙鼉鳴窟中如打衙天公不念老農泣喚取阿香推雷車

筒車

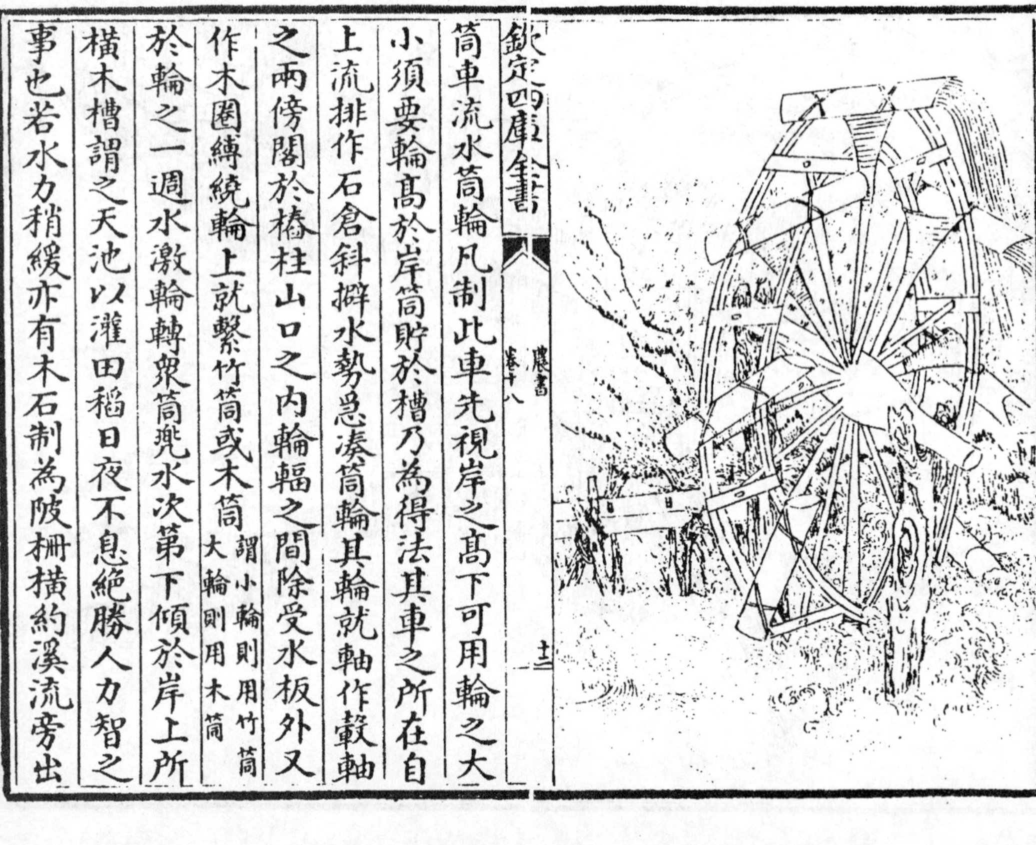

筒車流水筒輪凡制此車先視岸之高下可用輪之大小須要輪高於岸筒貯於槽乃爲得法其車之所在自上流排作石倉斜擗水勢急湊筒輪其輪就軸作轂軸之兩傍閣於椿柱山口之内輪輻之間除受水板外又作木圈縛繞輪上就繫竹筒或木筒謂小輪則用竹筒大輪則用木筒於輪之一週水激輪轉衆筒兜水次第下傾於岸上所横木槽謂之天池以灌田稻日夜不息絶勝人力智之事也若水力稍緩亦有木石制爲陂柵横約溪流旁出激輪又省工費或遇流水狹處但壘石斂水湊之亦爲便易此筒車大小之體用也有流水處俱可置此但恐他境之民未始經見不知制度今列爲圖譜使倣傚通用則人無灌溉之勞田有常熟之利輪之功也張安國詩云象龍喚不應竹龍起行雨聯綿十車輻咿軋百舟艣轉此大法輪救汝旱歲苦横江鎖巨石濺瀑疊城鼓神機日夜運甘澤高下普老農用不知辦息了千畝抱孫帶黄犢但看翠浪舞餘波及井臼舂玉飲酥乳江吴

詩蹋車足繭要背僂此樂殊不知吾歸當教汝

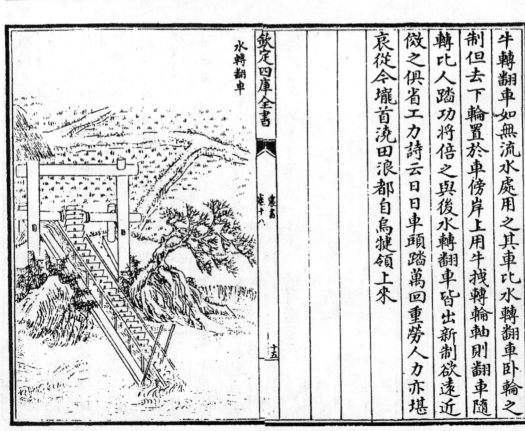

牛轉翻車

水轉翻車

牛轉翻車如無流水處用之其車比水轉翻車卧輪之制但去下輪置於車傍岸上用牛拽轉輪軸則翻車隨轉比人踏功将倍之與後水轉翻車皆出新制欲遠近倣之俱省工力詩云日日車頭踏萬回重勞人力亦堪哀從令壠首澆田浪都自烏犍領上來

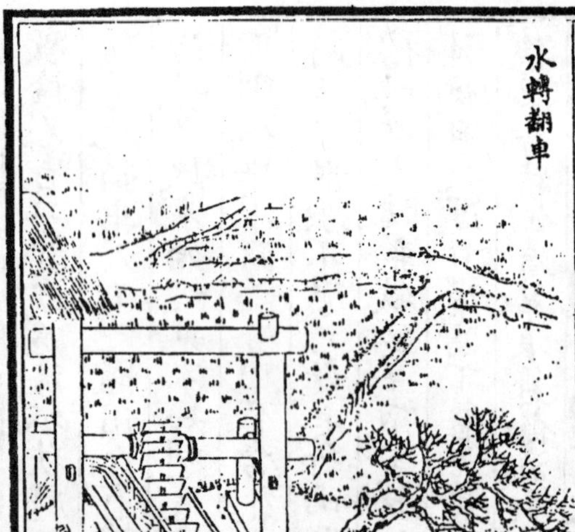

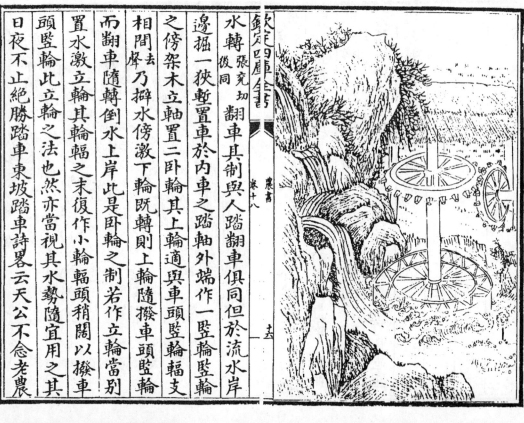

水轉（張兖切　後同）翻車其制與人踏翻車俱同但於流水岸邊掘一狹塹置車於內車之踏軸外端作一豎輪豎輪之傍架木立軸置二臥輪其上輪適與車頭豎輪輻支相間（去聲）乃擗水傍激下輪既轉則上輪隨撥車頭豎輪而翻車隨轉倒水上岸此是臥輪之制若作立輪當別置水激立輪其輪輻之末復作小輪輻頭稍闊以撥車頭豎輪此立輪之法也然亦當視其水勢隨宜用之其日夜不止絕勝踏車東坡踏車詩畧云天公不念老農泣喚取阿香推雷車范至能詩云地勢不齊人力盡丁男多在踏車頭此皆憫人事之勞也今以水力代之工役既省所利又溥其殆仁智事歟詩云從來激浪轉筒輪却恨翻車智未仁誰識人機盜天巧因憑水力貸疲民

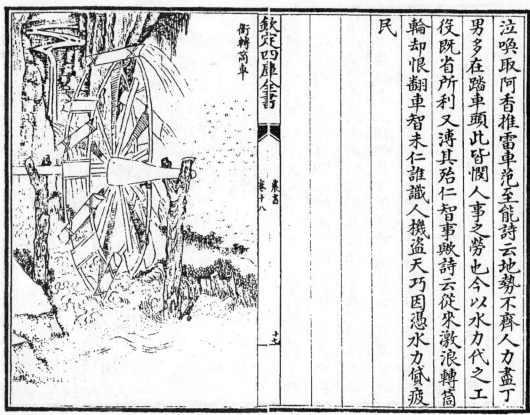

衛轉筒車

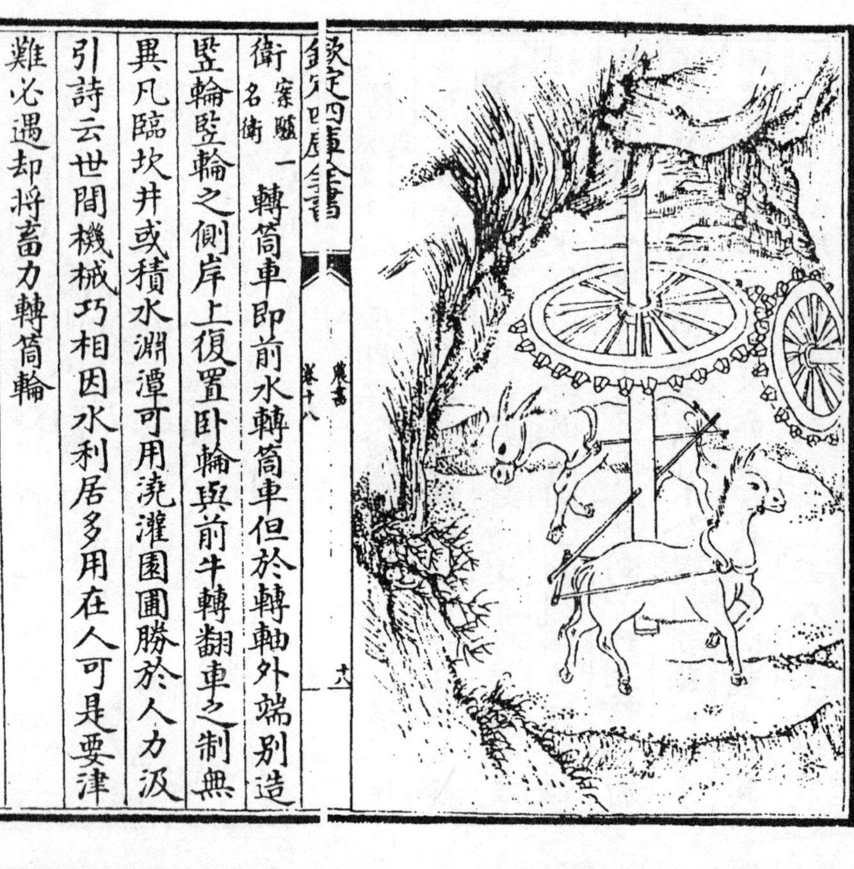

衛（案驢一名衛）轉筒車即前水轉筒車但於轉軸外端别造竪輪竪輪之側岸上復置卧輪與前牛轉翻車之制無異凡臨坎井或積水淵潭可用澆灌園圃勝於人力汲引詩云世間機械巧相因水利居多用在人可是要津難必遇却將畜力轉筒輪

高轉筒車其高以十丈為準上下架木各竪一輪下輪半在水内各輪徑可四尺輪之一週兩傍高起其中若槽以受筒索其索用竹均排三股通穿為一隨車長短如環無端索上相離五寸俱置竹筒筒長一尺筒索之底托以木牌長亦如之通用鐵線縛定隨索列次絡於上下二輪復於二輪筒索之間架刳（口孤切）木平底行槽一連上與二輪相平以承筒索之重或人踏或牛拽轉上輪則筒索自下兜水循槽至上輪輪首覆水空筒復

下如此循環不已日所得水不減平地車身若積為池沼再起一車計及二百餘尺如田高岸深或田在山上皆可及之今平江虎丘寺劍池亦類此制但小小汲飲不足溉田故不錄此近創此法已經較試庶用者述之所轉上輪形如輥制易綴筒索用人則於輪軸一端作掉拔用牛則制作豎輪如牛轉翻車之法或於輪軸兩端造作拐木如人踏翻車之制若筒索稍慢則運移上輪其餘措置當自忖度不能悉陳詩云身車尋丈舊知名誰料飛空效建上聲瓴力丁切一索繳輪升碧澗泉筒兜水上青冥溉田農父無虞旱負汲山人賴久寧顛倒救時霖雨手却從平地起清泠

水轉高車

水轉高車遇有流水岸側欲用高水可用此車其車亦高轉筒輪之制但於下輪軸端別作豎輪傍用卧輪撥之與水轉翻車無異水輪既轉則筒索兜水循槽而上餘如前例又須水力相稱如打輾磨之重然後可行日夜不息絕勝人牛所轉上聲此誠秘術今表暴之以諭來者詩云通渠激浪走轟雷激轉筒車幾萬回水械就携多水上天池還瀉半天來竹龍解吐無雲雨前人有象龍喚不應竹龍起行雨之句旱魃潛消此地災安得臨流施此技樓居滁

去暑天埃今都城已有高車用水飛上樓閣散若霧雨頗聞費力故有上句

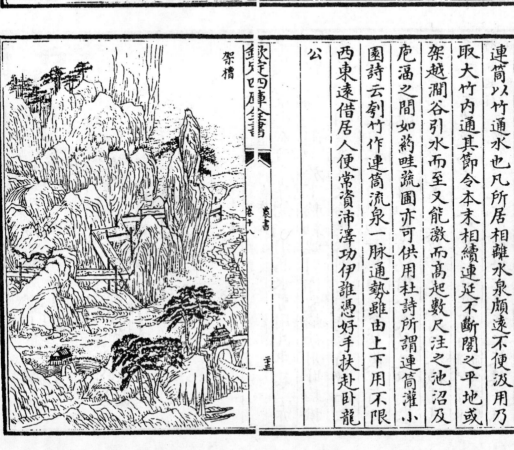

連筒

連筒以竹通水也凡所居相離水泉頗遠不便汲用乃取大竹内通其節令本末相續連延不斷閣之平地或架越澗谷引水而至又能激而高起數尺注之池沼及庖湢之間如葯畦蔬圃亦可供用杜詩所謂連筒灌小園詩云刳竹作連筒流泉一脉通勢雖由上下用不限西東遠借居人便常資沛澤功伊誰憑好手扶赴卧龍公

架槽

架槽木架水槽也間有聚落去水既遠各家共力造木為槽遞相嵌接不限高下引水而至如泉源頗高水性趨下則易引也或在窪下則當車水上槽亦可遠達若遇高阜不免避礙或穿鑿而通若遇坳險則置之义木駕空而過若遇平地則引渠相接又左右可移隣近之家足得借用非惟灌溉多便抑可潴蓄為用詩云刳木作槽身架水自泉口遠引無崇卑量移能左右梯空越澗鑿穴高穿培塿人能禦天災豈非霖雨手

戽斗

戽斗（戽侯古切）挹水器也唐韻云戽抒（上與切）也抒水器挹也凡水岸稍下不容置車當旱之際乃用戽斗控以雙綆兩人掣之抒水上岸以溉田稼其斗或柳筲或木罌從所便也詩云虐魃久為妖田夫心獨苦引水潴陂塘兩器數呑吐繘（居律切）綆（古杏切）屢挈提項背頻傴僂捐捐（古忽切）弗暫停俄作甘澤溥焦槁意悉甦物用豈無補毋嫌量云小于中有倉庾

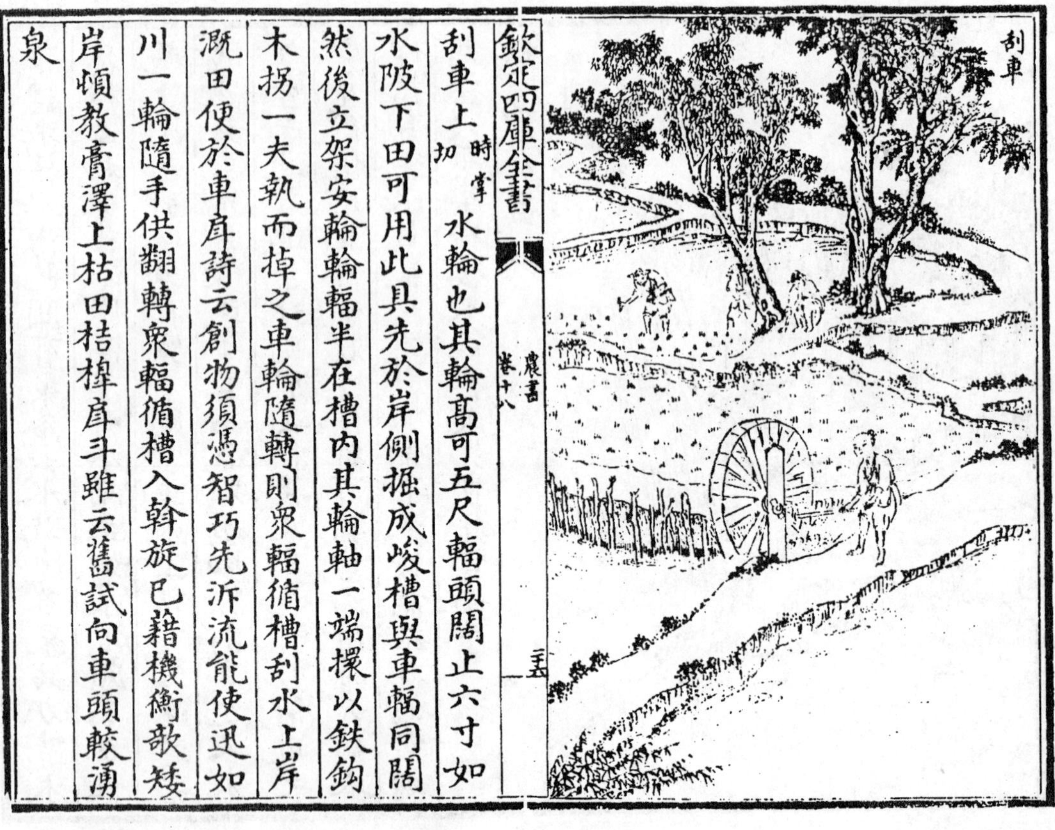

刮車上 時掌 切 水輪也其輪高可五尺輻頭闊止六寸如水陂下田可用此具先於岸側掘成峻槽與車輻同闊然後立架安輪輪輻半在槽內其輪軸一端擐以鉄鉤木拐一夫執而掉之車輪隨轉則衆輻循槽刮水上岸溉田便於車戽詩云創物須憑智巧先泝流能使迅如川一輪隨手供翻轉衆輻循槽入斡旋已藉機衡敬矮岸頓教膏澤上枯田桔槹戽斗雖云舊試向車頭較湧泉

桔槔

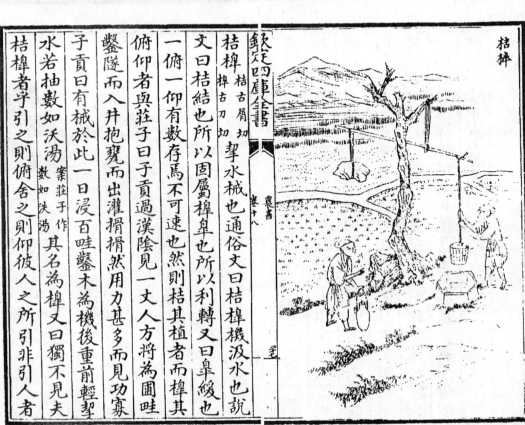

桔槔 桔古屑切 槔古刀切 挈水械也通俗文曰桔槔機汲水也說文曰桔結也所以固屬槔皐也所以利轉又曰皐緩也一俯一仰有數存焉不可速也然則桔其植者而槔其俯仰者與莊子曰子貢過漢陰見一丈人方將為圃畦鑿隧而入井抱甕而出灌搰搰然用力甚多而見功寡子貢曰有械於此一日浸百畦鑿木為機後重前輕挈水若抽數如沃湯 案莊子作數如泆湯 其名為槔又曰獨不見夫桔槔者乎引之則俯舍之則仰彼人之所引非引人者

也故俯仰不得罪於人今瀕水灌園之家多置之實古今通用之器用力少而見功多者王契賦云智者濟時以設功強名之曰桔槔何樸斵之太簡俾役力兮不勞作固兮為我之身臨深兮是我之理若虞機張如鳥斯企山有木用工見汲引之能巽乎水自我成潤物之美不羸瓶而上出何抱甕之勤止執虛趨下雖自屈於勞形持滿因高終見伸於知己鄭圃之側漢園之旁溝塍綺錯畎畝相望帶嘉蔬兮映芳草背古岸而面垂楊欲建標以取別能舉直而自強若垂竿兮匪釣象爟火兮無光不忘機以棄俗乃習坎而為常隨用舍而俯仰應淺深而短長重泉之水兮不滯九畹之蘭兮益芳雖欲絕學以棄智其若得存而失亡歌曰大道隱兮世人薄無為守拙空寂寞老圃之道可行何恥見機而作

轆轤

轆轤（轆力木切 轤力胡切）纒綆械也唐韵云圓轉木也集韵作槓轤汲水木也井上立架置軸貫以長轂其頂嵌以曲木人乃用手掉轉（上聲）纒綆於轂引取汲器或用雙綆而逆順交轉所懸之器虛者下盈者上更相上下次第不輟見功甚速凡汲於井上取其俯仰則桔槔取其圓轉則轆轤皆挈水械也然桔槔綆短而汲淺獨轆轤深淺俱適其宜也仲子陵賦云木德標象金行效事與桔槔之用則同比箕虡之形不異井之弗幕瓶亦汔至當於要

路之津存乎兼濟之地忠也陳力而就列孝也致養而不匱圓轉則智士之心通流乃仁者之志故轆轤之體一有君子之道四觀其得位攸處居中特立從繩以寸工假器以尺汲自上至下者念茲以有成虛往實來者釋此而何執利物不言利急人之所急捨之則其道可卷而懷用之則其功可俯而給案唐仲子陵賦作用之則其功可俯而拾及夫挈瓶所施懸綆所統崇朝以聞乎三接永日何啻乎七縱為萬人仰與天下共其靜也則無機之機其動也

則有用之用德必不孤賢亦有準泉蒙者道為之慶案唐仲子陵賦慶作發井深者心為之軫案易井渫不食為我心惻深字當是渫字之誤無忘乎牽攣益存乎汲引斯亦惠而不費乎賢人之業於是乎盡也

瓦竇

瓦竇泄水器也又名函管以瓦筒兩端牙鍔五各切相接置於塘堰之中時放田水須預於塘前堰內疊作石檻以護筒口令可啟閉不然則水湊其處非惟難於窒塞抑亦衝激滲漏不能久穩必立此檻其竇乃成唐韋丹為江南西道觀察使築堤扞江竇以疏漲此雖竇之大者亦其類也詩云坡塘泄水瓦為筒好在田夫啟閉中守口如瓶常處靜剸犀脫鞘忽為通高低獨限淵源地早晚能施沛澤功若道此中能救旱只疑窟宅接龍宮

石籠

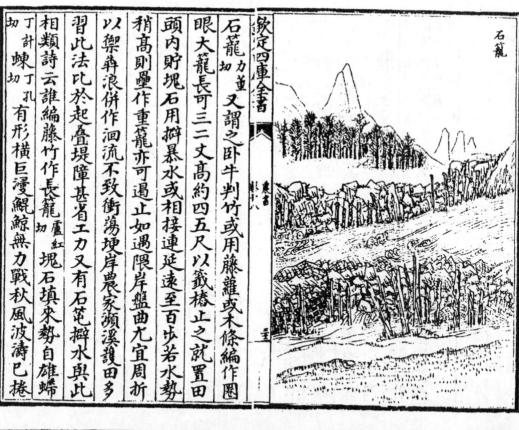

石籠（力董切）又謂之卧牛判竹或用藤蘿或木條編作圈眼大籠長可三二丈高約四五尺以籖樁止之就置田頭內貯塊石用擗暴水或相接連延遠至百步若水勢稍高則壘作重籠亦可遏止如遇隈岸盤曲尤宜周折以禦犇浪併作洄流不致衝蕩埂岸農家瀕溪護田多習此法比於起疊堤障甚省工力又有石笆擗水與此相類詩云誰編藤竹作長籠（盧紅切）塊石填來勢自雄蝃（丁計切）蝀（丁孔切）有形橫巨浸鯢鯨無力戰秋風波濤已捲犇騰勢壠畒都歸扞禦功擬喚六丁鞭爾去若為能障百川東

浚渠

浚渠 浚與濬同開治也深也 凡川澤之水必開渠引用可及於田考之古有溝洫畎澮以治田水書云濬畎澮距川是也逮夫疏鑿已遠井田變古後世則引川水為渠以資沃灌按史記秦鑿涇為渠又關西有鄭國白公六輔之渠外有龍首渠河内有史起十二渠范陽有督亢渠河北有廣戾渠朗州有古史渠今懷孟有廣濟渠俱各溉田千百餘頃利澤一方永無旱暵所謂人能勝天豈不信哉後之人有能因其地利水勢繼此而作益國富民可

見速效凡長民者宜審行之詩云疏鑿為渠趁地形昔時遺跡見經營井田既廢阡陌作水利還從畚臿成捷要濟時通漕運尋常決雨致豐盈即將導達為長策願溉膏腴富上京 漢武帝時白公復穿渠溉田民得饒足其歌畧曰鄭國在前白渠起後舉臿如雲決渠為雨且溉且糞長我禾黍衣食京師億萬之口今燕地有後魏裴延儁所修舊督亢渠及故戾陵諸堨溉田百萬餘畝遺跡猶在故有上句

陰溝

陰溝行水暗渠也凡水陸之地如遇高阜形勢或隔田圃聚落不能相通當於川岸之傍或溪流之曲穿地成穴以磚石為圈 去聲 引水而至若别無隔礙則當踏視地形用筞索度其高下及經由處所畫為界路先引濬犁耕過後復浚掘及作甓穴上覆元土亦是一法如灌溉之餘常流不絶又可蓄為魚塘蓮蕩其利亦博或貫穿城邑巷陌及注之園囿池沼悉周於用雖遠近大小深淺曲直不同然皆泆流内達膏澤傍通水利之中最為

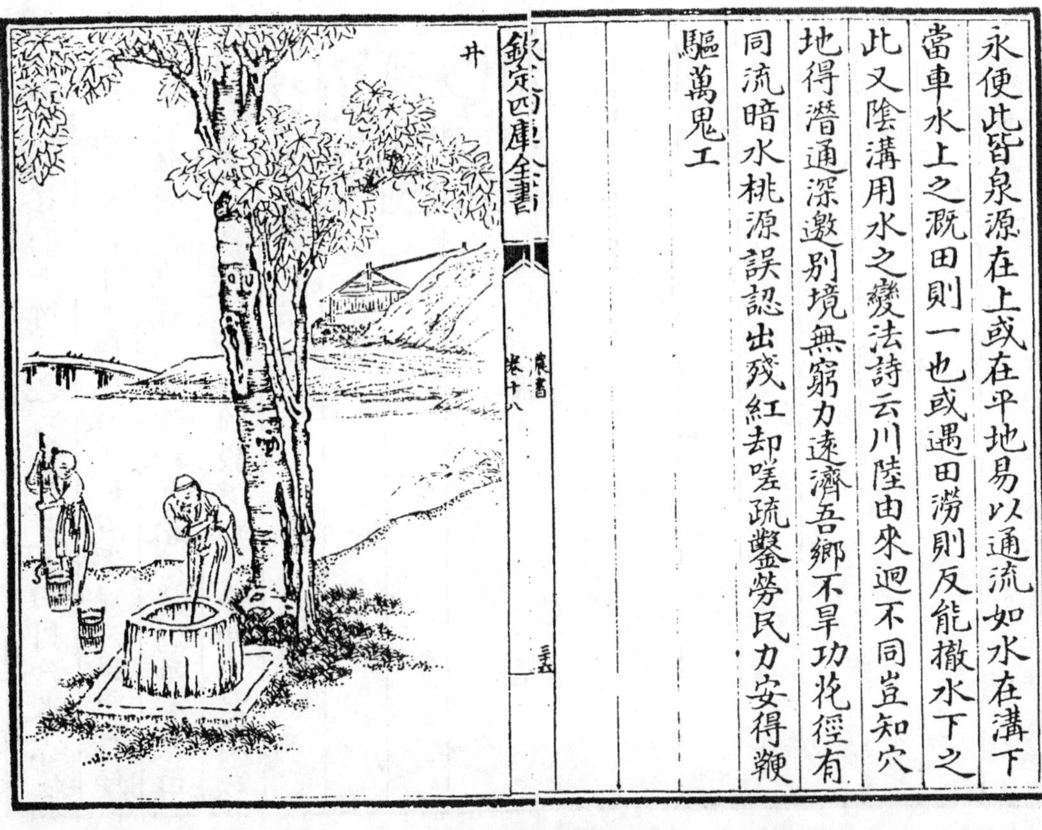

永便此皆泉源在上或在平地易以通流如水在溝下當車水上之溉田則一也或遇田澇則反能撤水下之此又陰溝用水之變法詩云川陸由來迴不同豈知穴地得潛通深邀別境無窮力遠濟吾鄉不旱功花徑有同流暗水桃源誤認出殘紅却嗟疏鑿勞民力安得鞭驅萬鬼工

井

井穴地出水也說文曰清也易曰井洌寒泉食甃之以石則潔而不泥汲之以器則養而不窮井之功大矣按周書云黄帝穿井又世本云伯益作井堯民鑿井而飲湯旱伊尹教民田頭鑿井以溉田今之桔槔是也此皆人力之井也若夫巖穴泉竇流而不窮汲而不竭此天然之井也皆可灌溉田畝水利之中所不可闕者辟能詩云源遠匠難尋加欄底更深汲新聞土氣鑿徹見天心滴亂瓶初發痕移甃漸沉雲雷如震用飛出便為霖

水篣

水簩薄庚切集韵云竹箕也又籠也夫山田利於水源在上間有流泉飛下多經磴級不無混濁泥沙於壅畦埂農人皆編竹為籠或木條為捲芭承水透溜乃不壞田詩云瀑布中懸護土沙飛流聚沫白生華即看器用成天巧積雪巖前走浪花

農書卷十八

欽定四庫全書

農書卷十九　　元　王禎　撰

農器圖譜十四

利用門

農譜命篇曰利用與夫易云利用書曰利用其文同其理異今因水之利於用故以名篇亦古斷章摘句假其義也然水利之用衆矣惟關於農事係於食物者錄之然必假他物乃可成功所以訪諸彼而得於此稽諸古而行於今啟秘妙於初傳斡連機而同運或造穀食代人畜之勞或導溝渠集雲雨之效或資汲引於庖湢或供刻漏於田疇其餘舟楫溉灌等事已具前篇覽者當互相參攷以盡水利之用云

濬鏵

濬鏵濬思潤切與浚同鏵胡瓜切鍫也濬深也書云濬畎澮距川今濬鏵即此濬也周禮匠人爲溝洫耜廣五寸二耜爲耦一耦之垡廣尺深尺以此考之則知濬鏵即耦耜之法其制大倍常鏵鏵亦稱是凡開田間溝渠及作陸壍乃别制箭犂可用此鏵斵犂底爲胎煆鐵爲刃犂轅貫以横木二人扶之可使數牛輓行插犂既深一去復回即成大溝挑浚之力日省萬數唐書天寶初開砥柱之險以通流石中得古鐵犂鏵上有平陸二字因改河北縣爲平陸縣此蓋先開險時所遺器也又泰山下舊有曠野其地汙下不任種蒔土人呼曰淳于泊近於耕斵之除得舊鏵大可尺餘故老云聞昔有大鏵用開田間去水溝壍當是此器因并記之以爲興利者之助詩云田家作犂如耦耜惟犂用鏵能劚音究切地只知鏵也便農耕不料開通有他制形模展大殊倍常犂鏵稱之同一事斵木成胎堅則強煆鐵爲鋒深可遂九牛力輓即成渠速若雲行兼雨施去聲水陸相隣久不通一引泉源隨手

至平田積潦或生波一過犇流除浸漬好將挑浚借奇功劃呼麥反土劚垡供萬簣爲語雲屯荷鍤人勿謂夙傳無此器故陳圖序贊歌詩願播人間資水利

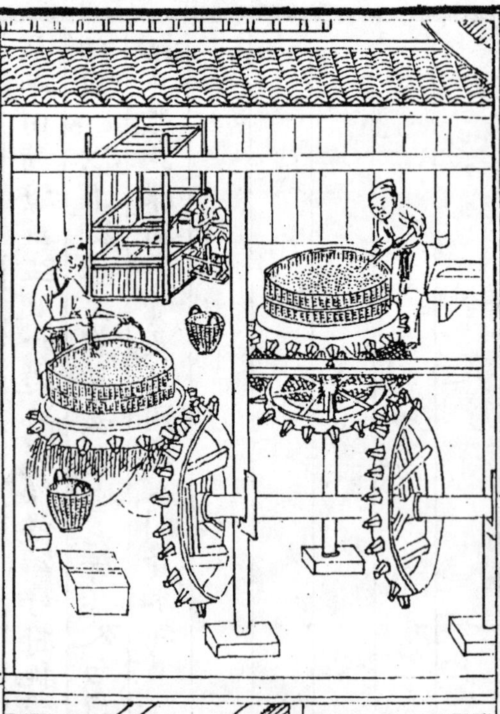

卧輪水磨

欽定四庫全書

農書　卷十九

四

立輪連二磨

欽定四庫全書

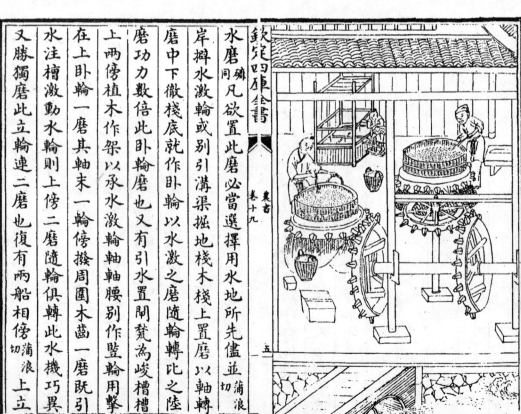

農書　卷十九

五

水磨（礳同）凡欲置此磨必當選擇用水地所先儘並（蒲浪切）岸擗水激輪或别引溝渠掘地棧木棧上置磨以軸轉磨中下徹棧底就作卧輪以水激之磨隨輪轉比之陸磨功力數倍此卧輪磨也又有引水置閘甃為峻槽槽上兩傍植木作架以承水激輪軸軸腰别作豎輪用擊在上卧輪一磨其軸末一輪傍撥周圍木齒一磨既引水注槽激動水輪則上傍二磨隨輪俱轉此水機巧異又勝獨磨此立輪連二磨也復有兩船相傍（蒲浪切）上立

四楹以茆竹爲屋各置一磨用索纜於急水中流船頭仍斜插板木湊水抛以鐵爪使不横斜水激立輪其輪軸通長旁撥二磨或遇泛漲則遷之近岸可許移借比之他所又為活法磨也庶興利者度而用之詩云用水良有法假物役機智夫磑圓利民復以水為利湍流激輪轉坤軸發樞秘星墜化石圓風旋疑鬼掣動靜法陽陰造化出精粹造化動靜間乾坤具茲器人唯盗物巧越古入極致今看益世功機事何必棄

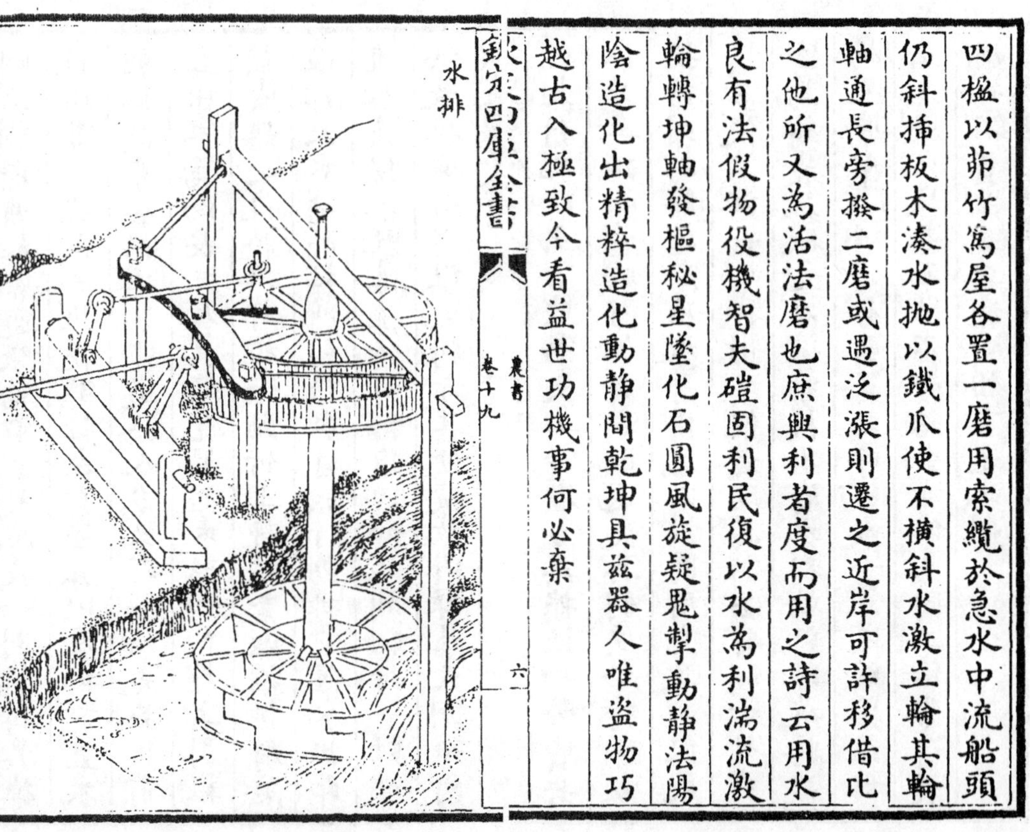

水排

水排蒲拜切集韻作橐與韛同韋囊吹火也後漢杜詩爲南陽太守造作水排鑄為農器用力少而見功多百姓便之注云冶鑄者為排吹炭令激水以鼓之也魏志曰朝暨字公至爲樂陵太守徙監冶謁者舊時冶作馬排每一熟石用馬百匹更作人排又費工力暨乃因長流水為排計其利益三倍於前由是器用充實詔褒美就加司金都尉以令稽之此排古用韋囊今用木扇其制當選湍流之側架木立軸作二臥輪用水激轉上下輪

則上輪所週絃索通繳輪前旋鼓掉枝一例隨轉其掉枝所貫行桄因而推輓卧軸左右攀耳以及排前直木則排隨來去搧冶甚速過於人力又有一法先於排前直出木簨約長三尺簨頭竪置偃木形如初月上用鞦韆索懸之復於排前植一勁竹上帶㯉索以控排扇然後郤假水輪卧軸所列枵木自然打動排前偃木排即隨入其枵木既落㯉竹引排復回如此間（去聲）打一軸可供數排宛若水碓之制亦甚便捷故併録此夫銅鐵國

之大利凡設立冶監動支工帑雇力興搧極知勞費若依此上法頓為減省但去古已遠失其制度今特多方捜訪列為圖譜庶冶煉者得之不惟國用充足又使民鑄多便誠濟世之秘術幸能者述焉詩云嘗聞古循吏官為鑄農器欲免力役繁排冶資水利輪軸既旋轉機榪互牽掣（尺制切）深存槖籥功呼吸唯一氣遂致巽離用立見風火熾熟石既不勞鎔金亦何易國工倍常資農用知省費誰無興利心顧言述此制

水碾（褚葦切）水輪轉碾也後魏書崔亮教民為碾奏於張方橋東堰谷水造水碾數十區豈水碾之制自此始歟其碾制上同（事見杵臼門）但下作卧輪或立輪如水磨之法輪軸上端穿其碢幹水激則碢隨輪轉循槽轢穀疾若風雨日所毀米比於陸碾功利過倍詩云湍流激碾走通渠木石相乘有秘樞水府暗推坤軸健天衡圓轉月輪孤循環似假風雷迅受納難同杵臼拘粒食中州易精鑿好傳規制徧方隅

水輪三事

水輪三事謂水轉輪軸可兼三事磨礱碾也初則置立水磨變麥作麪一如常法復於磨之外周造碾圓槽如欲穀米惟就水輪軸首易磨置礱既得糲米則去礱置碾碢幹循槽碾之乃成熟米夫一機三事始終俱備變而能通兼而不乏省而有要誠便民之活法造物之潛機今創此制幸識者述焉詩云制磨元憑一水輪就加礱碾巧相因軸端更軯置皆從省穀物兼成豈憚頻餅食已供無匱之米珠重造得圓匀濟民有要無人識農

譜圖中擬細陳

水礱

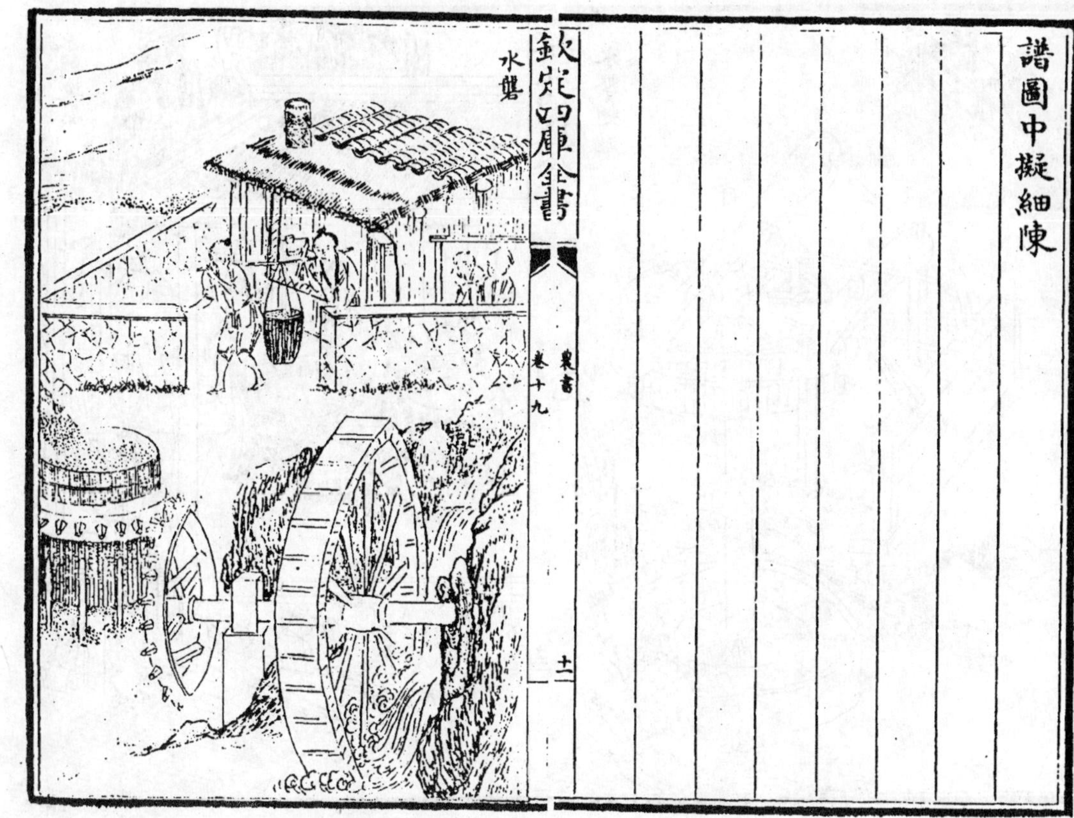

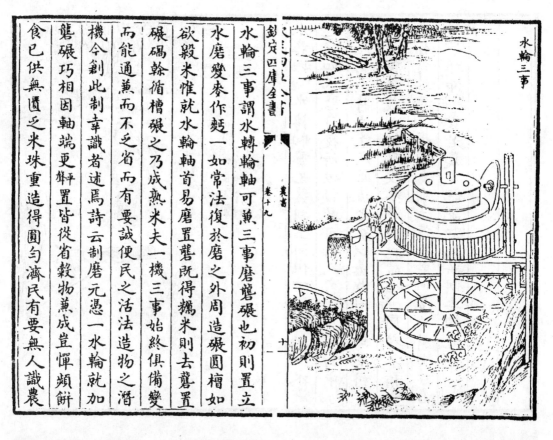

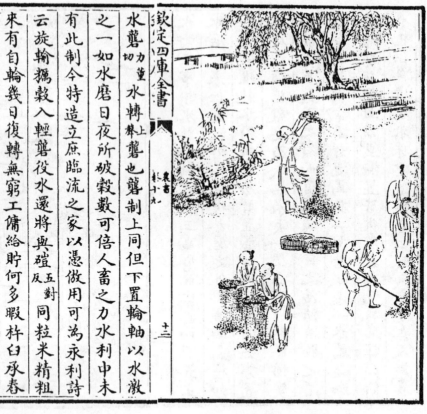

水礱力董切水轉上聲礱也礱制上同但下置輪軸以水激之一如水磨日夜所破穀數可倍人畜之力水利中未有此制今特造立庶臨流之家以憑做用可為永利詩云旋輪糲穀入輕礱役水還將與磑五對反同粒米精粗來有自輪幾日復轉無窮工傭給貯何多暇杵臼承舂祇半功仰去聲食老農方聽說江鄉新制要相通

水轉連磨

水擊麵羅

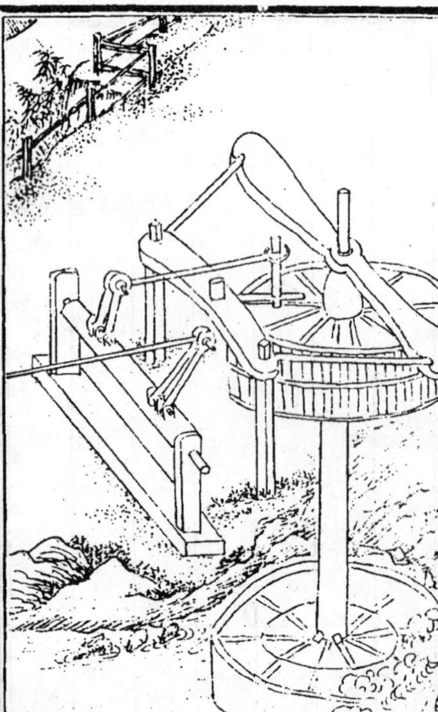

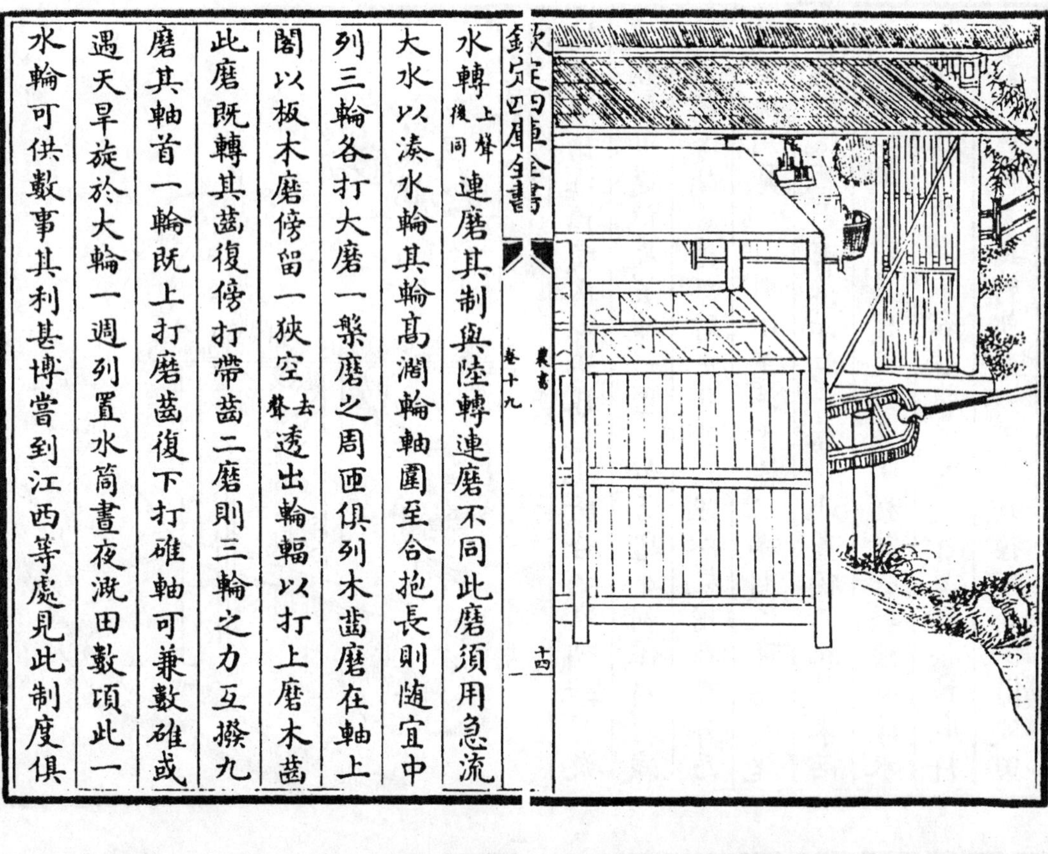

水轉上聲後同連磨其制與陸轉連磨不同此磨須用急流大水以湊水輪其輪高濶輪軸圍至合抱長則隨宜中列三輪各打大磨一槃磨之周匝俱列木齒磨在軸上閣以板木磨傍留一狹空去聲透出輪輻以打上磨木齒此磨既轉其齒復傍打帶齒二磨則三輪之力互撥九磨其軸首一輪既上打磨齒復下打碓軸可兼數碓或遇天旱旋於大輪一週列置水筒晝夜溉田數頃此一水輪可供數事其利甚博嘗到江西等處見此制度俱係茶磨所兼碓具用擣茶葉然後上磨若他處地分間有去聲溪港大水做此輪磨或作碓碾日得穀食可給千家誠濟世之奇術也陸轉連磨下用水輪亦可詩云昔聞團遠磨相連役水今看别有傳一軸連輪方卧轉衆機聯體復旁旋要樞自假波濤力哲匠誰偷造化權總道于人多飽德好將規制示民先

水擊麪羅隨水磨用之其機與水排俱同按圖視譜當自考索羅因水力互擊椿柱篩麪甚速倍于人力又有就磨輪軸作機擊羅亦為捷巧詩云春雷聲殷上聲雪成團收入羅床别有機纔得水輪輕借力方池匀受玉塵飛

槽碓

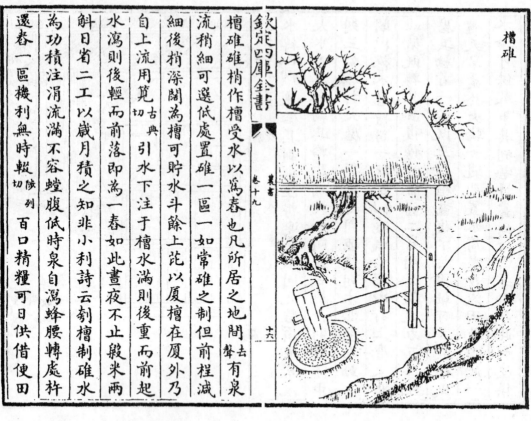

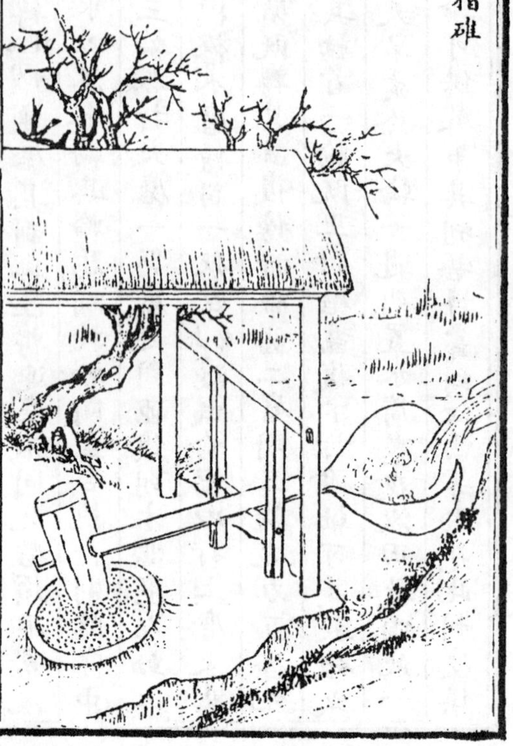

槽碓碓梢作槽受水以爲舂也凡所居之地間（去聲）有泉流稍細可選低處置碓一區一如常碓之制但前程減細後梢深闊爲槽可貯水斗餘上庇以厦槽在厦外乃自上流用筧（古典切）引水下注于槽水滿則後重而前起水瀉則後輕而前落即爲一舂如此晝夜不止毇米兩斛日省二工以歲月積之知非小利詩云刳槽制碓水爲功積注涓流滿不容螳腹低時泉自瀉蜂腰轉處杵還舂一區機利無時輟（陟列切）百口精糧可日供借使田家應竊喜代人工力不須傭

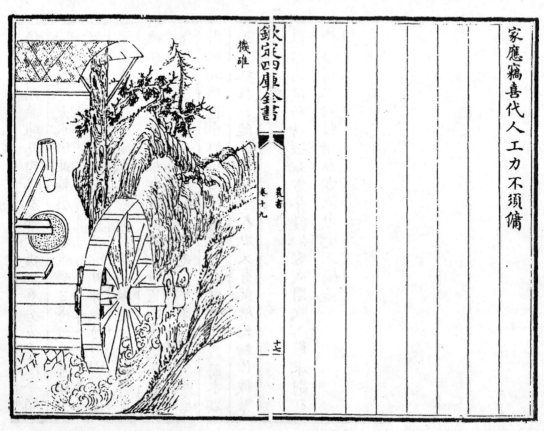

機碓

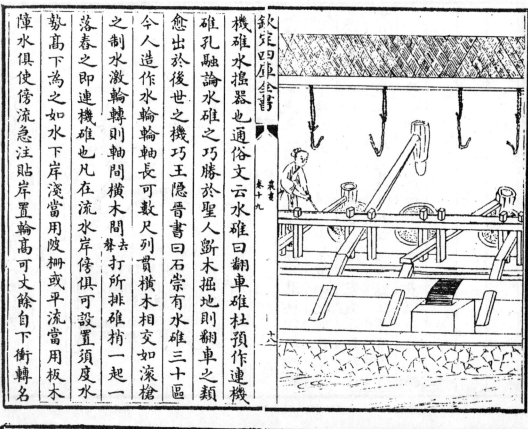

機碓水擣器也通俗文云水碓曰翻車碓杜預作連機碓孔融論水碓之巧勝於聖人斲木掘地則翻車之類愈出於後世之機巧王隱晉書曰石崇有水碓三十區今人造作水輪輪軸長可數尺列貫横木相交如滚槍之制水激輪轉則軸間横木間(去聲)打所排碓梢一起一落舂之即連機碓也凡在流水岸傍俱可設置須度水勢高下為之如水下岸淺當用陂柵或平流當用板木障水俱使傍流急注貼岸置輪高可丈餘自下衝轉名曰撩(落蕭切)車碓若水高岸深則為輪減小而闊以板為級上用木槽引水直下射轉(上聲)輪板名曰斗碓又曰鼓碓此隨地所制各趣其巧便也詩云杵臼中來有別傳作機還假物相連水輪翻轉(上聲)無朝暮舂杵低昂間(去聲)後先蹴踏休誇人力健供飱易得米珠圓擬將要法為圖譜載入農書利用篇

水轉大紡車

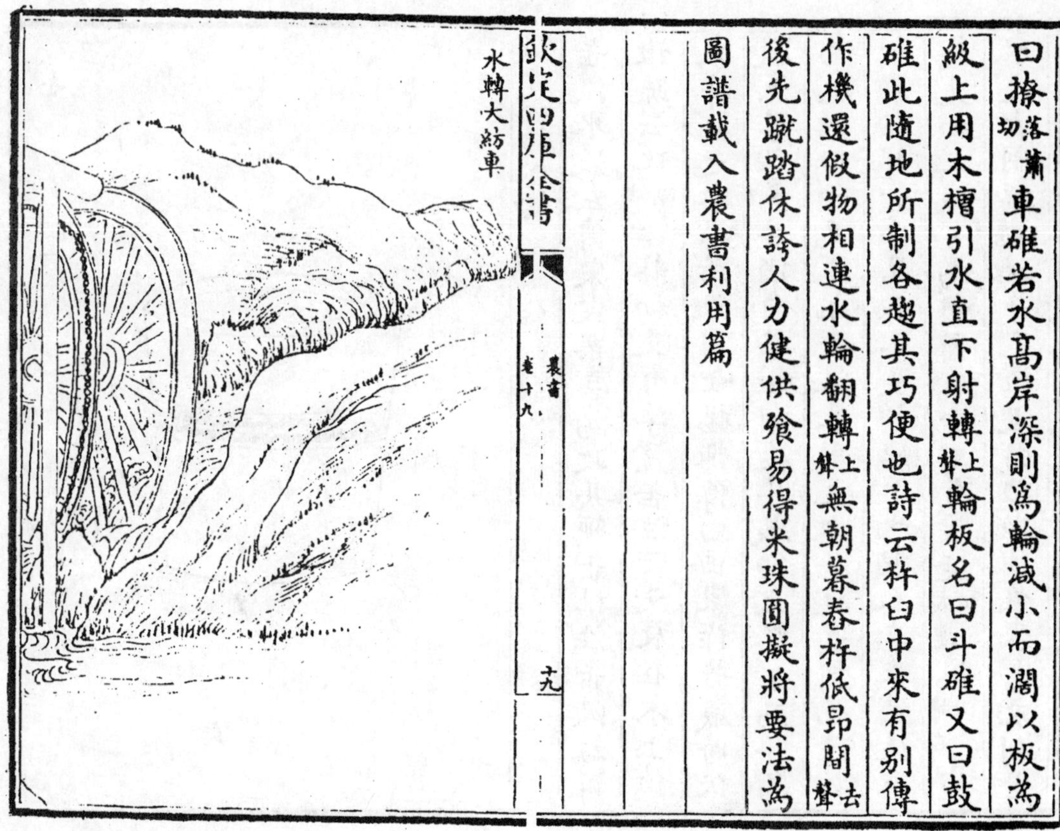

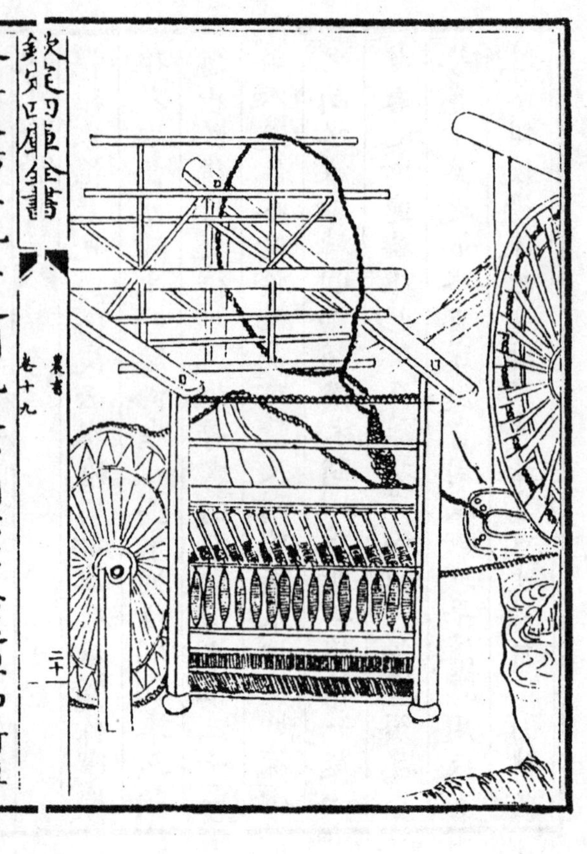

水轉大紡車此車之制見麻苧門茲不具述但加所轉（上聲）水輪與水轉輾磨之法俱同中原麻苧之鄉凡臨流處所多置之今特圖寫庶他方績紡之家做此機械比用陸車愈便且省庶同獲其利詩云車紡工多日百斤更憑水力捷如神世間麻苧鄉中地好就臨流置此輪

缶

缶汲水器左傳宋災樂喜為政具綆缶杜注缶汲器爾雅疏云比（毗至切）卦初爻有孚盈缶注云爻辰在未上值東井井之水人所汲用缶楊惲傳曰田家作苦歲時伏臘烹羊炰羔斗酒自勞（去聲）酒後耳熱仰天擊缶而呼烏烏應劭曰缶瓦器也今汲器用瓦亦缶之遺制也詩云缶名在卦著乎易有孚盈缶始于此聖人立象豈徒然義見初爻誠有為體圓質素用有常埏（式連切）埴（時石切）由來遵古制繘（居役切）井元憑汲引功虛往盈來需永利世

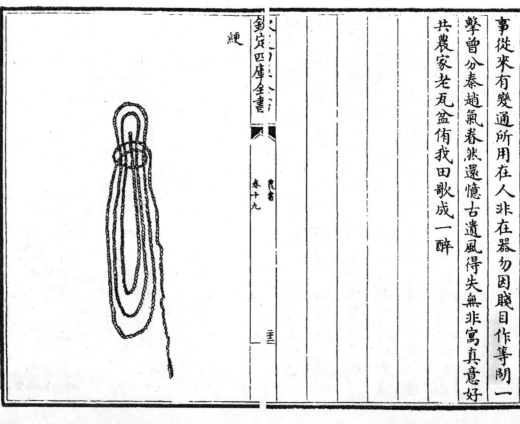

事從來有變通所用在人非在器勿因賤目作等閑一擊曾分秦趙氣春然還憶古遺風得失無非寓真意好共農家老瓦盆侑我田歌成一醉

綆

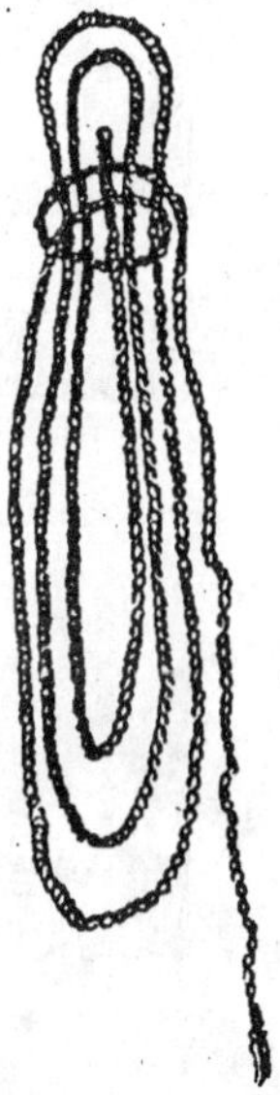

綆古杏切　郭璞云汲水索也易卦云汔其迄切至亦未繘井方言繘自關而東周洛韓魏間謂之絡關西謂之繘綆或作絖古杏切俗謂井索下繫以鉤今汲用之家必有轆轤為綆設也詩云惟井有綆見于易綆入卦辭名以繘人間鑿飲安可闕懸缶至今無止日物本無情偶如智用舍以時存曲直正思湔滌此心塵汲引須憑一輸力

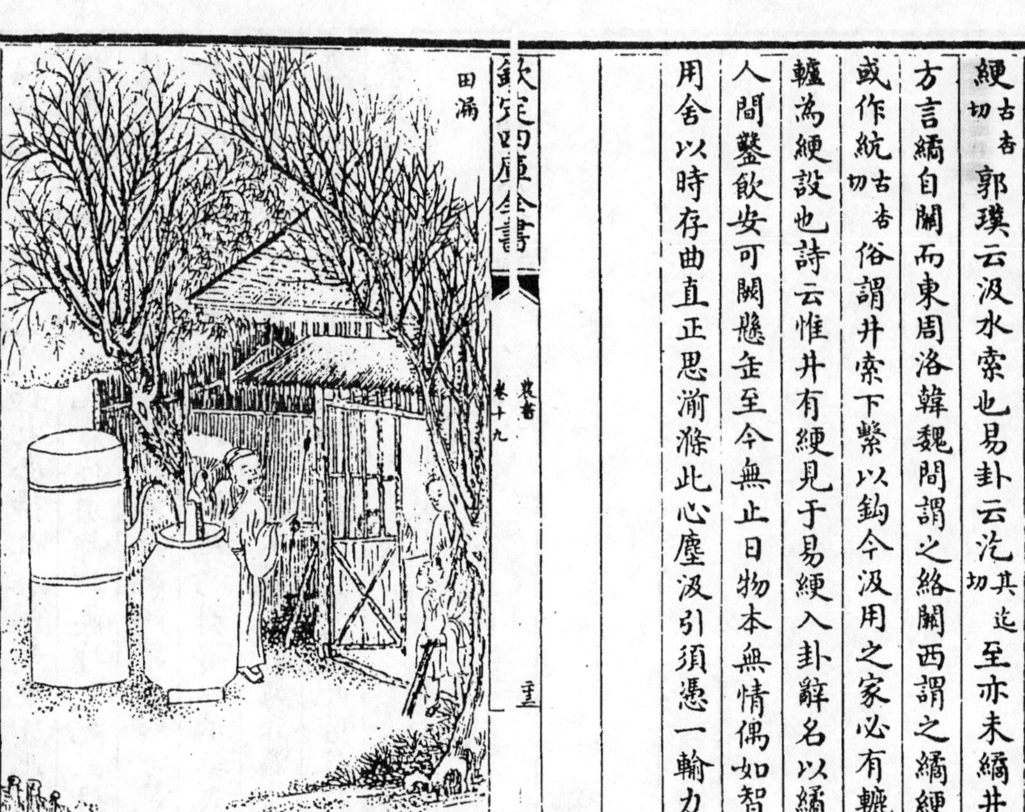

田漏

田漏田家測景水器也凡寒暑昏曉已驗於星若占候時刻惟漏可知古今刻漏有二曰稱漏曰浮漏夫稱漏以權衡作之殆不如浮漏之簡要今田漏槩取其制置箭壺內刻以為節既壺水下注則水起箭浮時刻漸露自巳初下漏而測景焉至申初為三辰得二十五刻倍為六辰得五十刻晝之於箭視其下尚可增十餘刻也乃於卯酉之時上水以試之今日午至來日午而漏與景合且數日皆然則箭可用矣如或有差當隨所差而

損益之改畫時刻又試如初必待其合也農家置此以揆時計工不可闕者大凡農作須待時氣時氣既至耕種耘耔事在晷刻苟或違之時不再來所謂寸陰可競分陰當惜此田漏之所以作也茲刊為圖譜以示準式

梅聖俞詩云占星昏曉中寒暑已不疑田家更置漏寸晷亦欲知汗與水俱滴身隨陰屢移誰當哀此勞往往奪其時

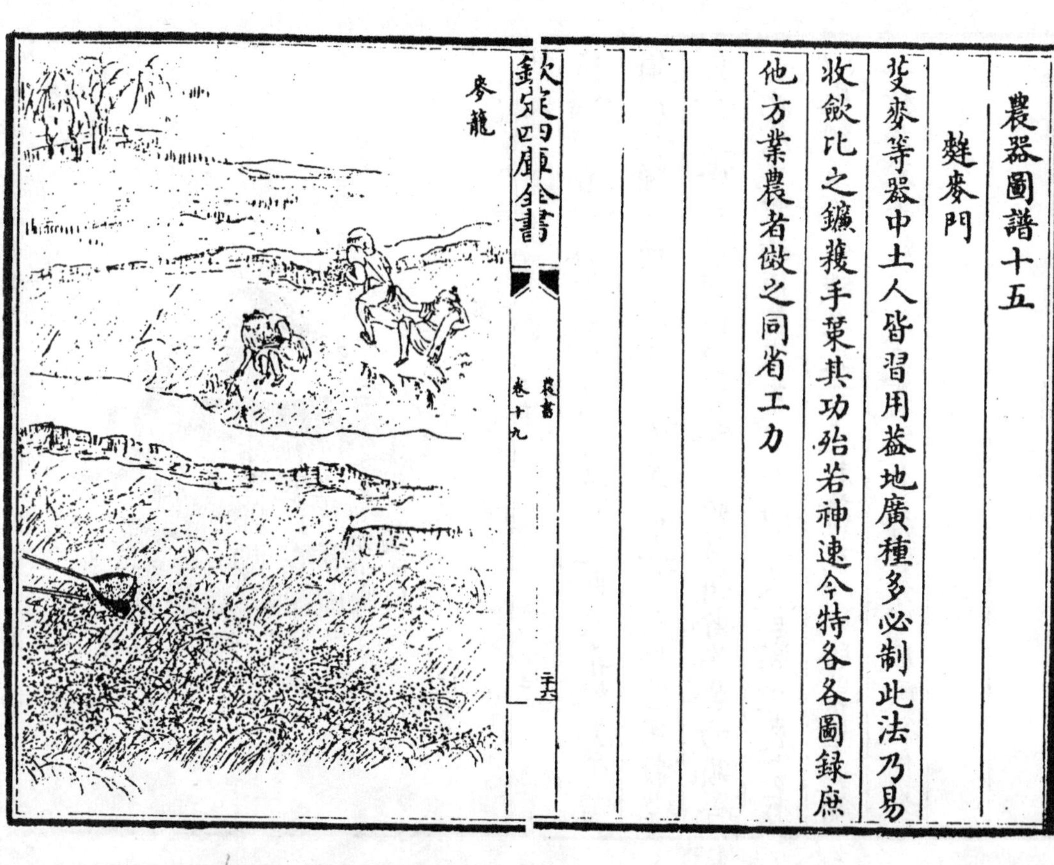

農器圖譜十五

麰麥門

芟麥等器中土人皆習用蓋地廣種多必制此法乃易收斂比之鐮穫手菓其功殆若神速今特各各圖錄庶他方業農者倣之同省工力

麥籠

麥籠（力董切）盛芟麥器也判竹編之底平口綽廣可六尺深可二尺載以木座座帶四碢用轉（上聲）而行芟麥者腰繫鉤繩牽（去聲）之且行且曳就借使力前向綽麥乃覆籠內籠滿則舁之積處往返不已一籠日可收麥數畒又謂之腰籠詩云籠具牽來足轉輪瑞芒滿腹一何頻不須更問倉箱數已驗今年早得辛

積苫

積（資昔切）苫（失廉切）芟麥既積編草覆之也農桑輯要云苫須於農隙時備下以防雨作農桑直說云作苫用穀草黃野草皆可但組作腰緊（去聲）一頭留梢者為苫兩頭齊者為薦凡露積須苫繳蓋不為雨所敗也嘗見農家有以麻經或草索織之又可速就詩云紐成腰緊草如鋪禾積苫來若結廬應是農家有先備等閑風雨欲何如

捃刀

捃（君運切）刀集韻云捃拾也俗謂拾麥刀刃長可五寸闊近二寸上下竅繩穿之繫於指腕隨手芟穗取其便也麥禾既熟或收刈不時莖穗狼籍不能淨盡單貧之人得以取其遺滯詩云謂此有滯穗伊寡婦之利蓋捃拾之間用此器也詩云銍刈中來有別名掌邊霜刃覺風生禾田伊利知多少俱入錚然截穎聲

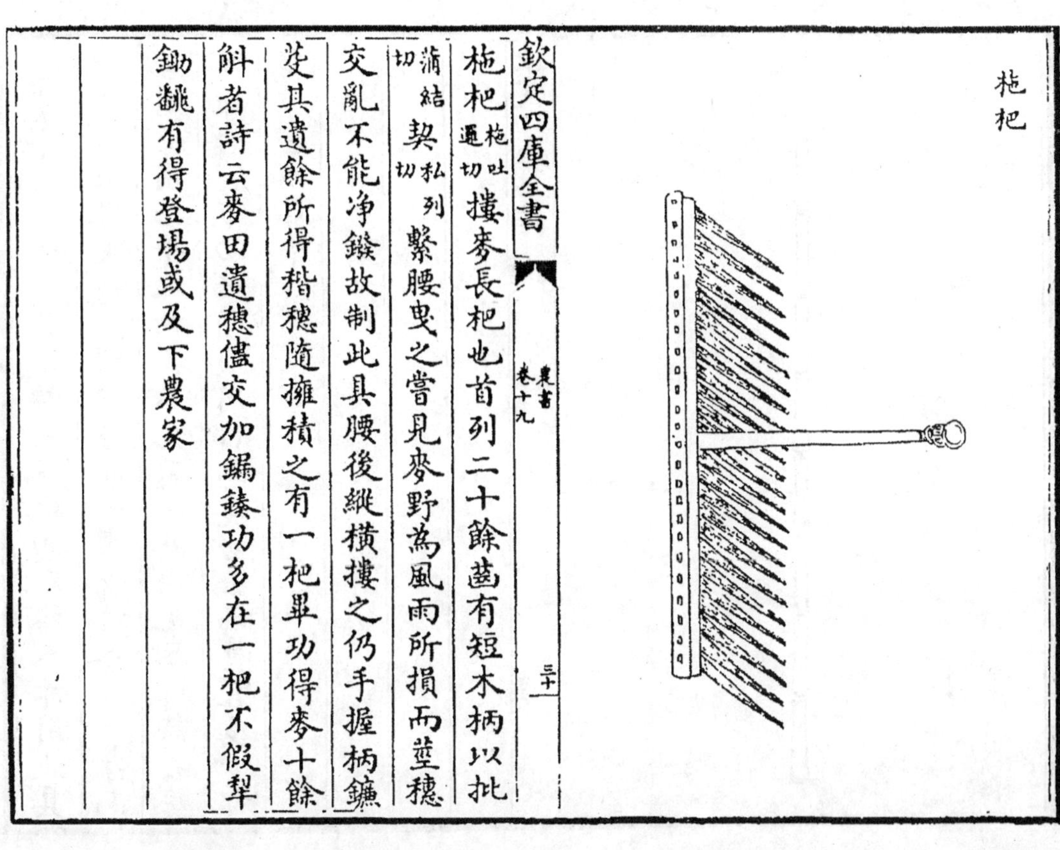

抪杷(抪吐邏切)摟麥長杷也首列二十餘齒有短木柄以批(蒲結切)契(私列切)繫腰曳之嘗見麥野為風雨所損而莖穗交亂不能淨鏺故制此具腰後縱橫摟之仍手握柄鐮芟其遺餘所得稭穗隨擁積之有一杷畢功得麥十餘斛者詩云麥田遺穗儘交加鎘鏤功多在一杷不假犁鋤耰有得登場或及下農家

麥䤹　麥綽

麥䤹(所鑑切)芟麥刃也集韻曰䤹長鐮也然如鐮長而頗直比鏺薄而稍輕所用斫而劖之故曰䤹用如鏺也亦曰鏺其刃務在剛利上下嵌繫綽柄之首以芟麥也比之刈穫功過累倍詩云利刃由來與鏺同豈知芟麥有殊功回看萬頃黃雲地不用刓鐮捲已空　麥綽(昌約切)抄麥器也篾竹編之一如箕形稍深且大旁有木柄長可三尺上置䤹刃下橫短柺以右手執之復於䤹旁以繩牽短軸(近刃處以細竹代繩防為刃所割也)左手握而掣之以兩手齊

運芟麥入綽覆之籠也嘗見北地芟取蕎麥亦用此具但中加密耳夫籠釤綽三物而一事係於人之一身而各周於用信乎人為物本物因人而用也麥綽詩云芟麥雖憑利刃功柄頭須用竹為籠勿云編量容多少都覆黃雲入籠中

抄竿

抄（之教切，畧取也）竿扶麥竹也長可及丈麥已熟時忽為風雨所倒不能芟取乃别用一人執竿抄起卧穗竿舉則釤隨鏺之殊無損失必兩習熟者能用不然則有矛盾之差矣或曰今麥事有捃刀拖杷抄竿等器名色冗細似不足紀録而皆取之何也曰物有濟於人而遺之不可然世之豪侈輩固不屑知而貧窶者欲得為利拯既壞於無遺取棄餘為有用是可尚也故綴於麥事之末抄竿詩云風雨摧殘二麥秋一竿料理冀全收欲知自我

扶顛力都在芟夫釤綽頭　芟麥歌田家食力不食智趂麥年年勤種蒔老農八十諳地利暑夏呼兒先暵地再耕再耨土華膩手把耬犂知已試土沃不妨投種穊今年已報春澤被覆壠苗深如櫛比薰風長養見天意獵獵青旗催穉穗纔結稃胞花雪墜赫赫曦輪熾鑽燧儘着精華輸至味粒飽芒森密如篲頓失前時浪翻翠豈知真宰調元氣化作黃雲表嘉瑞老農眼飽雖自慰旦夕却憂風雨至子婦并忙事芟器釤綽翩翩轉雙臂

曳籠腰間盈復棄急載牛箱夜無寐轉首登場簇高積
趂去聲風翻日碾半猶未已向公門奉新餽麴材和糴凡幾
次年餉迎門仍語誶夏稅有程今反易自餘宿負如取
寄指此有秋爭蟻卒一得豈能償百費終歲勤勞一歡
欲昨日公堂宴賓貴尊俎横陳混肴胾檀板珠繩按歌
吹萬錢不值供一醉庖人搓揉出精粹尚喜食新誇餅
餌物不天來皆力致飽食何人知所自春祈夏薦禮所
記報本從來追古義但願斯民不畏吏吏不擾民民自
遂凡在牧民遵此治坐見兩岐歌政異日富囷倉均被
賜不使老農憂歲事

農書卷十九

欽定四庫全書

農書卷二十

元　王禎　撰

農器圖譜十六

蠶繅門

蠶繅之事自天子后妃至于庶人之婦皆有所執以共
衣服故篇目以繭館爲首示率天下之蠶者其作用之
門如曲植鉤筐之類與夫軠釜繭絲之法必先精曉習
熟而後可望於獲利今條列名件一一備述又使世之
繒纊其身者皆知所自出也然農譜有蠶事者蓋農桑
衣食之本不可偏廢特以蠶具繼于農器之後異無闕
失云

繭館皇后親蠶之所古公桑蠶室也按月令季春之月具曲植（植直吏切注曰曲薄也植槌也）籧（居呂切）筐后妃齋戒親東鄉（許亮切）躬桑禁婦女毋觀（音灌）省（所景切）婦使以勸蠶事（注曰嚮者嚮時氣也毋觀去容飾也婦使縫線組紃之事）蠶事既登分繭稱（去聲）絲效（戶教切）功以共（音恭）郊廟之服無有敢惰（徒卧切）周制天子諸侯必有公桑蠶室近川而為之築宮仞有三尺棘墻而外閉之后妃齋戒享先蠶而躬桑以勸蠶事皇后親蠶儀曰皇后躬桑始捋一條執筐受桑捋三條女尚書跪曰可

止執筐者以桑授蠶母以桑適金室前漢文帝紀詔皇后親桑以奉祭服景帝詔后親桑為天下先元帝王皇后為太后幸繭館率皇后及列侯夫人桑明帝時皇后率諸侯夫人蠶魏文帝黄初中皇后蠶於北郊遵周典也晉武帝太康中立蠶官皇后躬桑依漢魏故事宋孝武立蠶觀后親桑循晉禮也北齊置蠶宮皇后躬桑于其所後周制皇后至蠶所桑隋制皇后親桑於位唐太宗貞觀元年皇后親蠶顯慶元年皇后武氏先天二年

皇后王氏乾元二年皇后張氏並見親蠶禮元宗開元中命宮中食蠶親自臨視宋開寶通禮郊祀錄並有后親蠶祝辭此歷代后妃親蠶之事采之史編昭然可見茲特冠於篇首庶有國家者按圖考譜知繭館之不徒名也昔梅聖俞有蠶具繭館詩今不撰續爲之賦云惟蠶有功於世歸美廣物產之貨資作人生之衣(去聲)被中春之月天子詔后以躬桑大昕之朝內宰告期而命祀於是詣靈壇降寶殿翠障央予道周鳳輦翔於畿甸順春氣於東方朝先蠶於北面具夫青繅之服(皇后蠶服青上縹下深衣)侑以芳馨之薦九宮傾動鶬然陪祭以成班三獻禮成沛矣迎祥於回眷當其疊承寵命適對韶光擇世婦於吉卜受鞠衣於明堂(月令三月薦鞠衣祭先帝於明堂)所以崇開禁館始入公桑援條有三聽女尚書之勸止執筐不再受宮夫人之是將體之以坤儀之柔順視之以毋道之慈良破蟻以來庶眷至於千箔獻繭之後諒化被於多方是以命繅治以成絲就趨工而俟織元黃朱綠染各精明黼黻文章(古者獻繭使繅遂朱綠之元黃之以爲黼黻文章)參同品色(案原本誤將繭館及先蠶壇連繪又誤題曰蠶神今謹改正分繪)

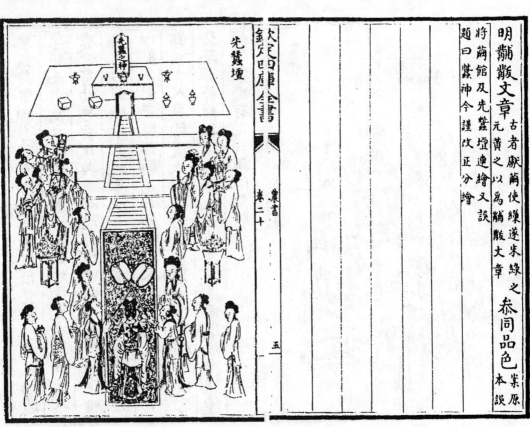

先蠶壇

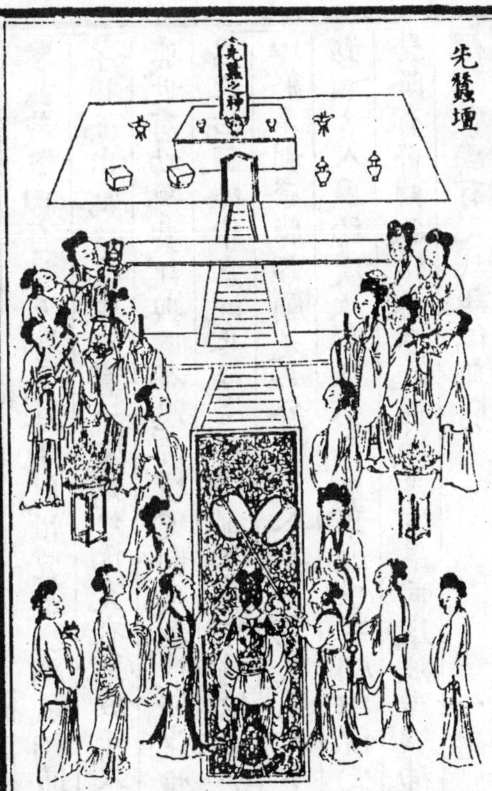

先蠶之神

先蠶壇先蠶猶先酒先飯祀其始造者壇築土爲祭所
也黄帝元妃西陵氏始蠶即先蠶也按黄帝元妃西陵氏曰儽祖始勸蠶
稼月大火而浴種夫人副褘而躬桑乃獻繭稱絲織紝之功因之廣織以供郊廟之服皇圖要覽云伏羲化繭西陵氏養蠶淮南王蠶經云西陵氏勸蠶稼親蠶始此
禮月令季春是月也后妃
齋戒享先蠶而躬桑以勸蠶事周禮天官内宰中春詔
后帥外内命婦始蠶於北郊注蠶于北郊以純陰也漢禮儀志皇
后祀先蠶禮以中牢魏黄初中置壇于北郊依周典也
晋制先蠶壇高一丈方二丈四出陛陛廣五尺皇后至

西郊親祭躬桑北齊先蠶壇高五尺方二丈四陛陛各
五尺外兆四十步面開一門皇后升壇祭畢而桑後周
皇后至先蠶壇親饗隋制宫北三里壇高四尺皇后以
太牢致幣而祭唐制壇在長安宫北苑中高四尺周圍
三十歩皇后並有事於先蠶其儀備開元禮宋用北齊
之制築壇如中祠禮通禮義纂后親享先蠶貴妃亞獻
昭儀終獻夫蠶祭有壇稽之歷代雖儀制少異然皆遞
相沿襲餼羊不絶知禮之不可獨廢有天下國家者尚

鑒兹哉贊曰有星天駟象合乎龍惟蠶辰生精氣相通
孕卵而出寓食桑中取育于室繭絲内充衣去聲被于人
奕世有功粤載祀典同荅恩隆壇壝制度歴代所崇惟
君立后毓德中宫既正母儀普帥婦工嘗建繭館桑必
以躬奉制祭服郊廟是共公侯夫人莫不勉從爲天下
勸繼古人風約漢故事築祭于東享以中牢相以禮容
登降有節拜獻惟恭眷此區域萬方混同舉被繒纊神
福稔蒙國有定式報德無窮

蠶神

天駟星

黄帝元妃西陵氏始蠶

蠶神天駟也天文辰爲龍蠶辰生又與馬同氣謂天駟即蠶神也淮南王蠶經云黄帝元妃西陵氏始蠶至漢祀菀窳婦人寓氏公主蜀有蠶女馬頭娘此歷代所祭不同然天駟爲蠶精元妃西陵氏爲先蠶實爲要典若夫漢祭菀窳婦人寓氏公主蜀有蠶女馬頭娘又有謂三姑爲蠶母者此皆後世之溢典也然古今所傳立像而祭不可遺闕故併附之稽之古制后妃祭先蠶壇壝牲幣如中祠此后妃親蠶祭神禮也蠶書云卧種之日

詰旦升香割雞設醴以禱先蠶此庶人之祭也自天子后妃至於庶人之婦事神之禮雖有不同而敬奉之心一是諒爲知所本矣乃作爲祈報之辭曰（祈）唯蠶之精天駟有星惟蠶之神伊昔著名氣鍾於此孚卵而生既桑而育既眠而興神之福汝有箔皆盈尚異終惠用彰厥靈簇老獻瑞繭盆效成敬獲吉卜願契心盟神宜饗之祈祀唯馨（報）龍精一氣功被多方繼當是歲神降于桑載生載育來福來祥錫我繭絲製此衣裳室家之慶閭里之光敬帥長幼詰旦升香設餚於俎奠醴於觴工祝致告神德彌彰（案菀窳婦人寓氏公主本二神原本圖中併作一神謹改正）

蠶室

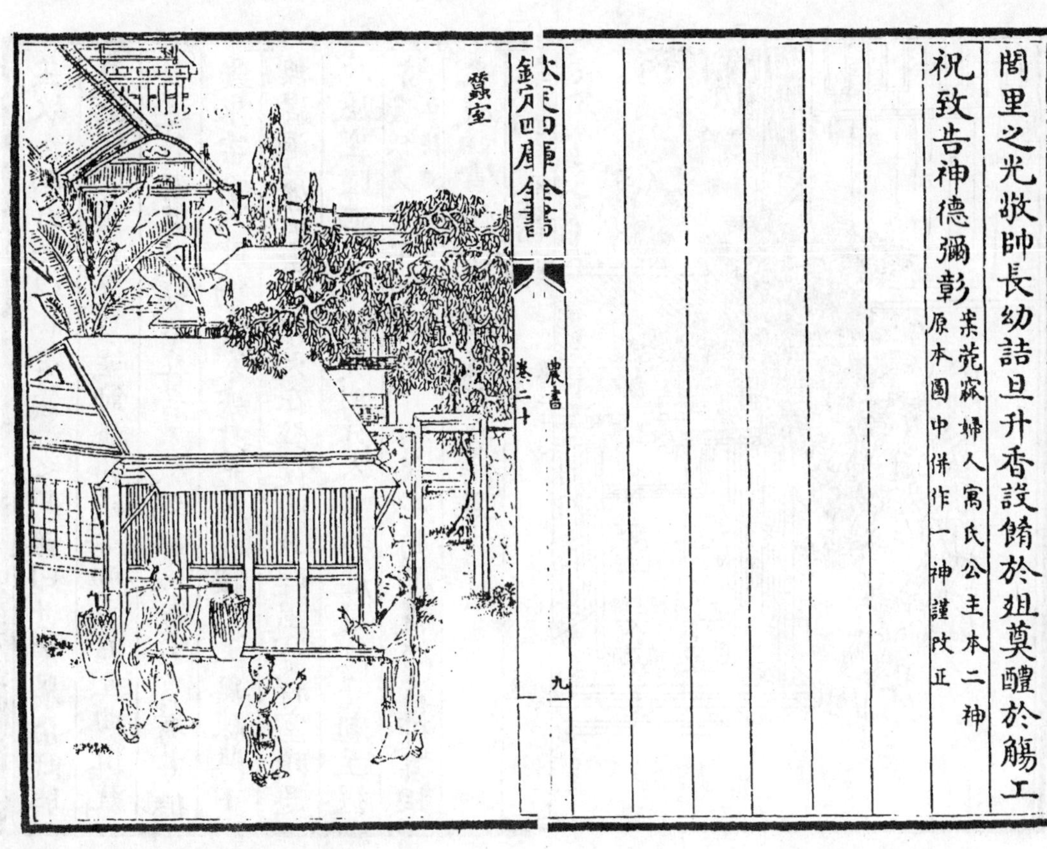

蠶室記曰古者天子諸侯皆有公桑蠶室近川而爲之築宮仞有三尺棘牆而外閉之三宮之夫人世婦之吉者使入蠶室奉種浴於川桑於公桑此公桑蠶室也其民間蠶室必選置蠶宅負陰抱陽地位平爽正室爲上南西爲次東又次之若室舊則當淨掃塵埃預期泥補若逼近臨時墻壁濕潤非所利也夫締構之制或草或瓦須内外泥飾材木以防火患復要間架寬敞可容槌箔牕戶虛明易辨眠起仍上於行椲口練切各置照牕每

臨蠶簿以助高明下就附地列置風竇令可啓閉以除濕欝考之諸蠶書云蠶室先辟東間養蟻停眠前後撤去西牕宜遮西曬尤忌西南風起大傷蠶氣可外置墻壁四五步以禦之餘條蠶書所有蠶神室蠶神像宜用高空去聲處安置凡一切忌惡之事邪穢之氣辟除蠲潔夙夜齋敬不敢褻慢余觀蠶書云毋治堰毋誅草毋決灰毋室入外人四者神實惡之如能依上法自然宜蠶不必泥去聲於陰陽家拘忌巫覡胡的切女巫也等誘惑至使回換門戶謟禱神祇虛費財用實無所益故表而出之以爲業蠶者之戒銘曰世業農桑既興我室比臨蠶月復事塗飾桃茢祓除神主斯立曲植既具蘧筐乃集連蟻方生苦不厭密婦以母名育有慈德爰求柔桑入此飼食寒燠身先是爲體測上無疎薄下無濕浥簾箔垂門龕火在壁夜牕或遮風竇時窒頗忌北風空障西日他工莫與外人勿入庇護攸安漸至捉績蠶欲老時取以視絲明也耕織圖有捉績篇祈祀以時願獲終吉神實相之簇如雪積分繭稱絲來告功畢

火倉

火倉蠶室火龕也凡蠶生室内四壁挫壘空龕狀如三星務要玲瓏頓藏熟火以通煖氣四向匀停蠶家或用旋燒柴薪煙氣薫籠蠶蘊熱毒多成黒蔫今制爲擡爐先自外燒過薪糞(牛糞)舁入室内各龕約量頓火隨寒熱添減若寒熱不均後必眠起不齊(已上出諸蠶書)農書云蠶火類也宜用火以養之用火之法須别作一爐令可擡舁出入火須在外燒熟以穀灰蓋之即不暴烈生燄夫擡爐之制一如矮床内嵌燒爐兩旁出柄二人舁之以送熟火火倉詩云朝陽一室虚窻明今朝喜見蠶初生四壁已令得熟火空龕挫壘如三星阿母體測衣絹單添減火候隨寒暄誰識貴家歡飲處紅爐畫閣簇嬋媛擡爐詩云誰創擡爐由智者出入凉温蠶屋下摶以水土貫以木不假昆吾鼓爐冶出生入熟覆穀灰擩拾糞薪猶土苴功成四海袴襦完又餉春醪奏豳雅

蠶槌

蠶槌(音墜)禮季春之月具曲植植即槌也務本直言云穀雨日竪槌夫槌立木四莖各過梁柱之高隨屋每間竪之其立木外旁刻如鋸齒而深各每莖挂桑皮圜繩(蠶不宜麻)四角按二長椽椽上平鋪葦箔稍下縋(馳偽之)之凡槌下懸中離九寸以居箔擡飼之間皆可移之上下農桑直説云每槌上中下閒鋪三箔上承塵埃下隔濕潤中備分擡梅聖俞詩云三月將掃蠶(蠶蟻)妾具其器立植先掯(音摘)括室内亦塗塈衆材疎以成多箔所得寄拾老歸

簇時應無懟棄置

蠶椽 蠶箔

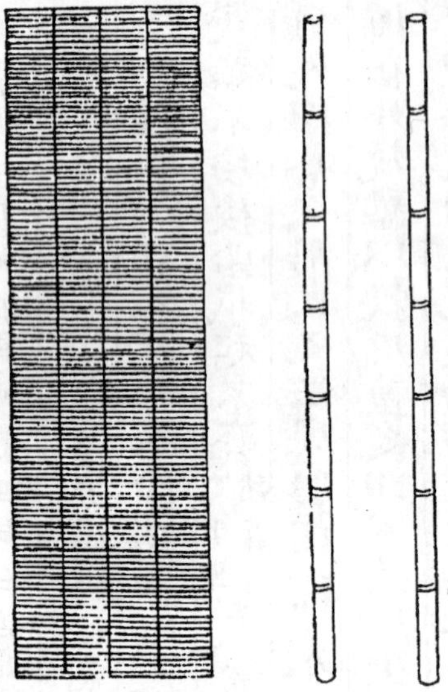

蠶椽架蠶箔木也或用竹長一丈二尺皆以二莖爲偶控於槌上以架蠶箔須直而輕者爲上久不蠹者又爲上（爲蠶因食葉上緣之蠹屑不能透砂事見農桑要旨）詩云椽欲直而輕不貴曲而蠹輕則與人宜蠹以病蠶故鉤繩可移懸蓐箔乃平布桑餘掛新絲功誰推此具

蠶箔曲薄承蠶具也禮具曲植曲即箔也周勃以織薄曲爲生顔師古注云葦薄爲曲北方養蠶者多農家宅院後或園圃間多種萑（湖官切）葦以爲箔材秋後芟取皆能自織方可四丈以二

椽棧之懸於搥上至蠶分擡去蓐時取其卷舒易用南方雀葦甚多農家尤宜用之以廣蠶事梅聖俞詩云河上緯蕭人女歸又織葦相與爲蠶曲還殊作筠筐入用此何多往售獲能幾願豐天下衣不嘆貧服卉

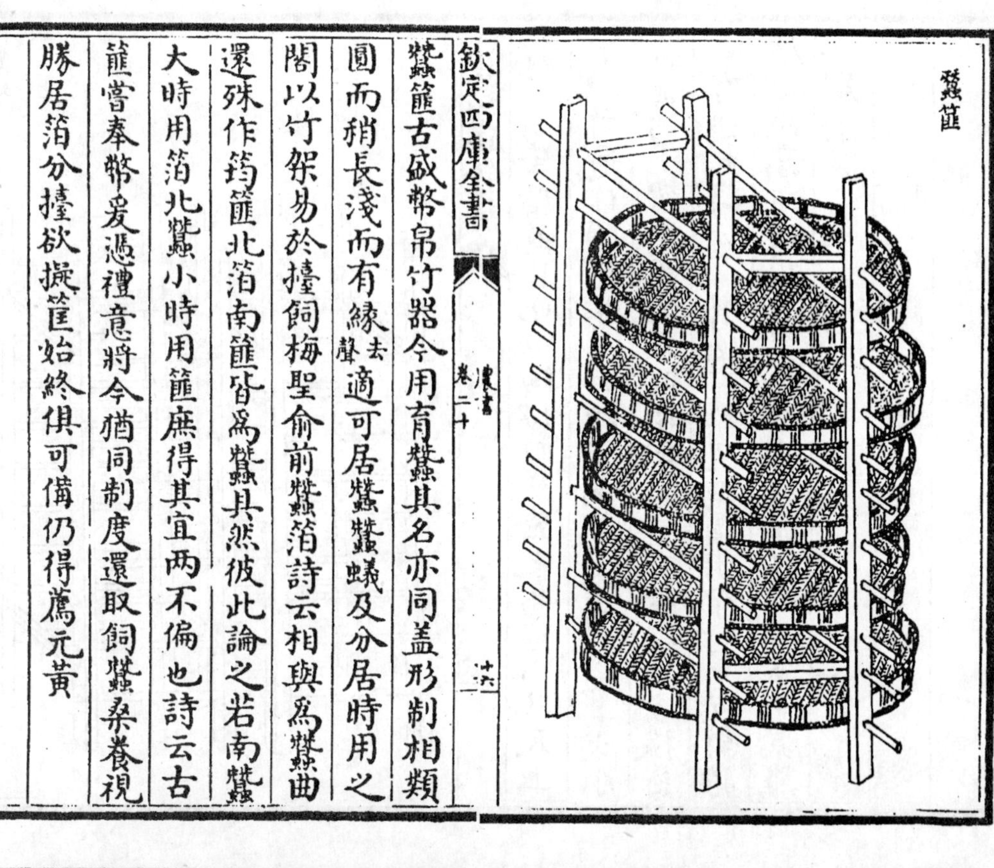

蠶筐古盛幣帛竹器今用育蠶其名亦同蓋形制相類圓而稍長淺而有緣去聲適可居蠶蠶蟻及分居時用之閣以竹架易於擡飼梅聖俞前蠶箔詩云相與為蠶曲還殊作筥筐北箔南筐皆為蠶具然彼此論之若南蠶大時用箔北蠶小時用筐庶得其宜兩不偏也詩云古筐嘗奉幣爰憑禮意將今猶同制度還取飼蠶桑養視勝居箔分擡欲擬筐始終俱可備仍得薦元黃

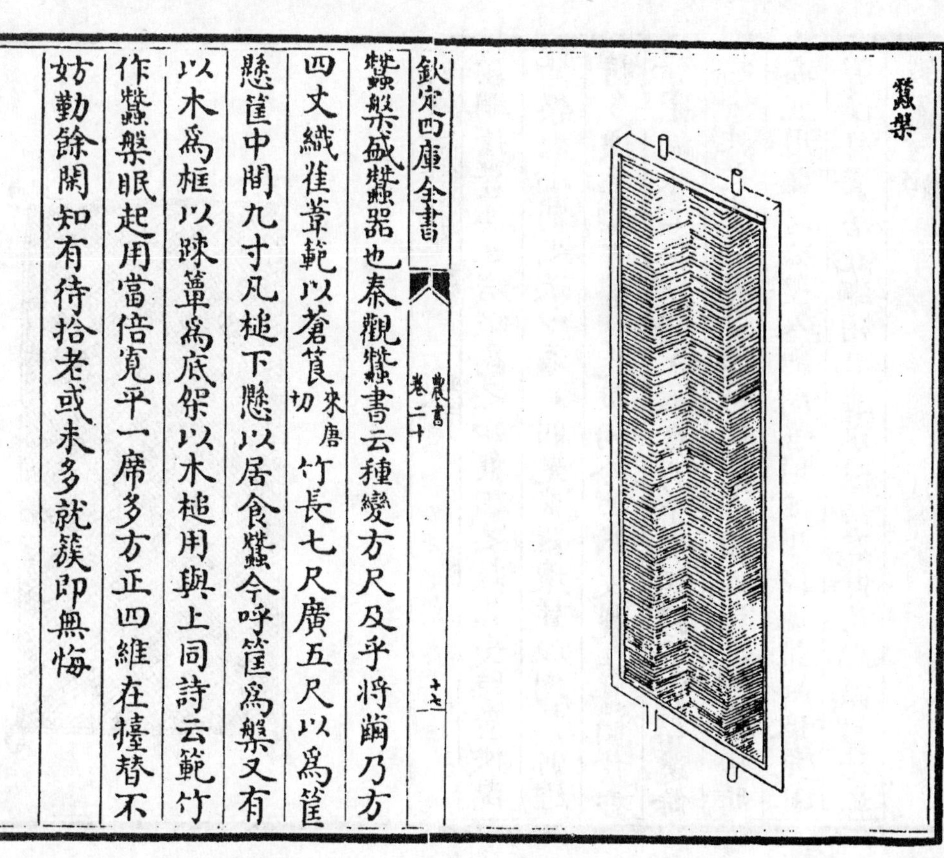

蠶槃盛蠶器也秦觀蠶書云種變方尺及乎將繭乃方四丈織萑葦範以蒼筤來唐切竹長七尺廣五尺以為筐懸筐中間九寸凡槌下懸以居食蠶今呼筐為槃又有以木為框以疎簟為底架以木槌用與上同詩云範竹作蠶槃眠起用當倍寬平一席多方正四維在擡替不妨勤餘閑知有待拾老或未多就簇即無悔

蠶架

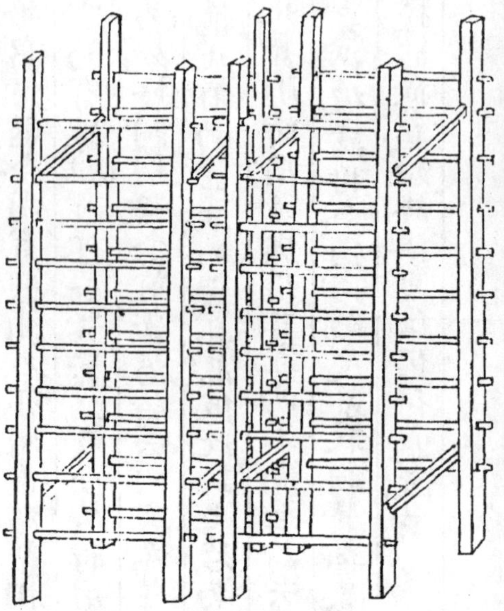

蠶架閣蠶槃箔具也以細枋四莖豎之高可八九尺上下以竹通作橫桄十層每層皆閣養蠶槃箔隨其大小蓋箔用小架槃用大架此南方槃箔有架猶北方椽箔之有椎也詩云育蠶必有槃置槃須用架竹木互維持層級限高下規模等箔椎習用足桑柘那知富貴家羅綺簇朱榭

蠶網

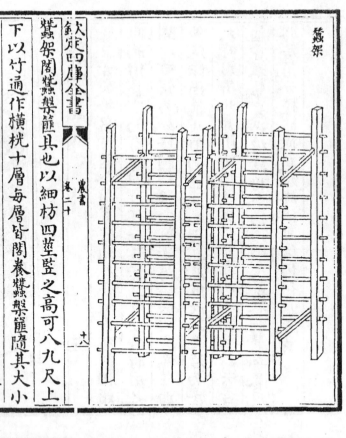

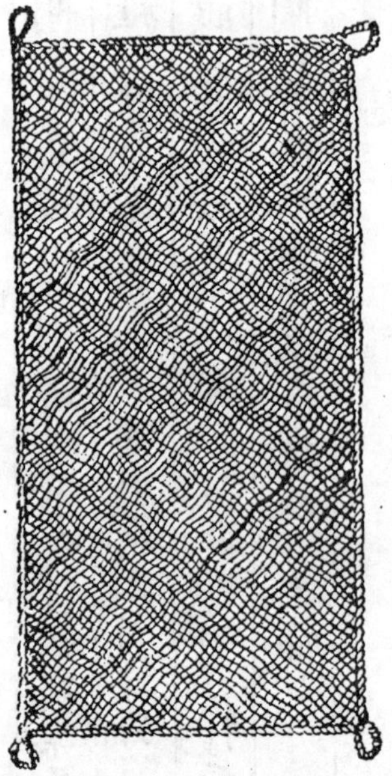

蠶網擡蠶具也結繩爲之如魚網之制其長短廣狹視蠶槃大小制之沃以漆油則光緊難壞貫以網索則維持多便至蠶可替時先布網於上然後灑桑蠶閒葉香皆穿網眼上食候蠶上葉齊共手提網移置別槃遺餘拾去比之手替省力過倍南蠶多用此法北方蠶小時亦宜用之詩云聖人制網罟因彼川澤漁誰知取魚具解使移蠶居紀綱用非異水陸功有餘兩端誠可詰生殺意何如

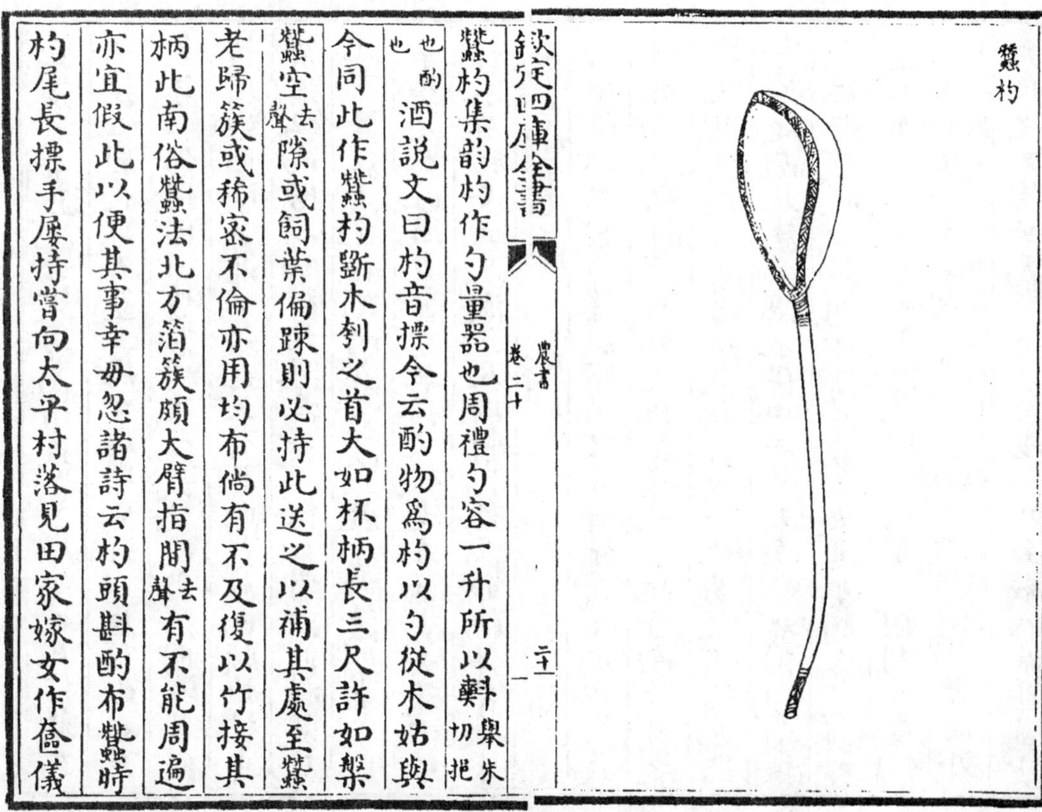

蠶杓集韻杓作勺量器也周禮勺容一升所以斟（朱舉切）把也酌也酒說文曰杓音標令云酌物爲杓以勺從木姑與令同此作蠶杓斲木刳之首大如杯柄長三尺許如槃蠶空（去聲）隙或飼葉偏踈則必持此送之以補其處至蠶老歸簇或稀密不倫亦用均布倘有不及復以竹接其柄此南俗蠶法北方箔簇頗大臂指間（去聲）有不能周遍亦宜假此以便其事幸毋忽諸詩云杓頭斟酌布蠶時杓尾長標手屢持嘗向太平村落見田家嫁女作奩儀

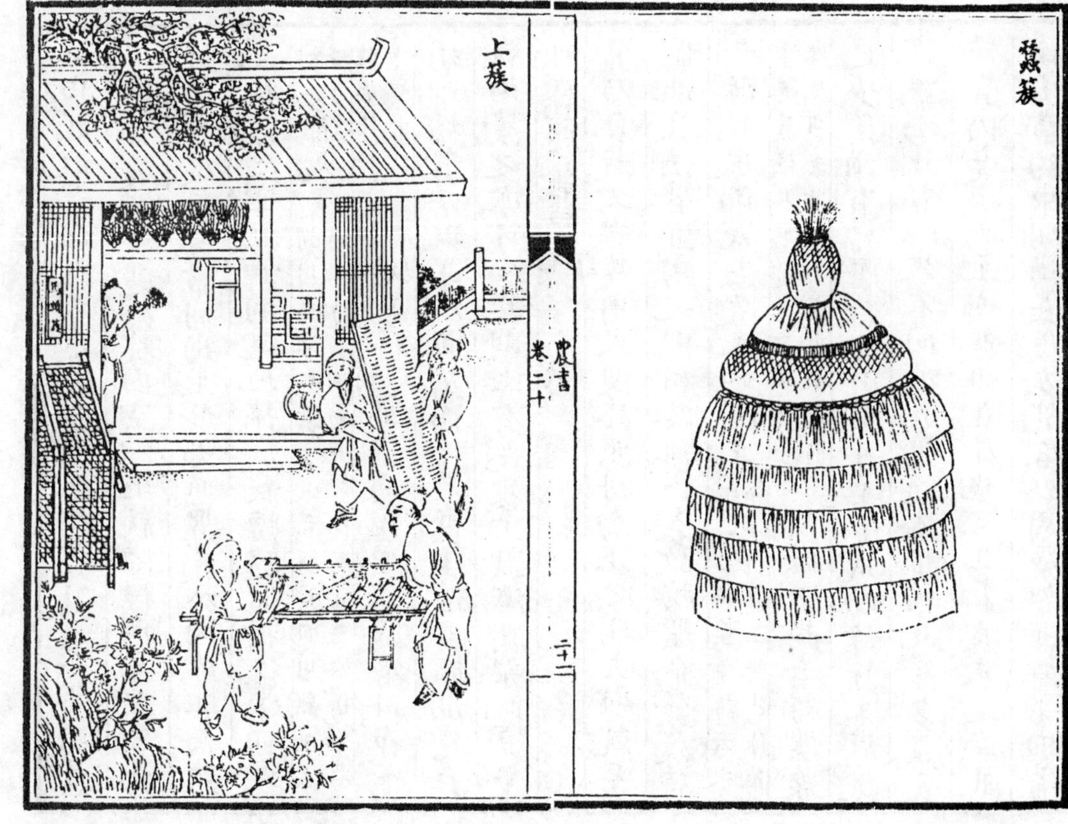

蠶簇農桑直說云簇用蒿梢叢柴苫席等也凡作簇先立簇心用長椽五莖上撮一處繫定外以蘆箔繳合是爲簇心仍周圍匀豎蒿梢布蠶簇訖復用箔圍及苫繳簇頂如圓亭者此團簇也又有馬頭長簇兩頭植柱中架横梁兩傍以細椽相搭爲簇心餘如常法此横簇皆北方蠶簇法也嘗見南方蠶簇止就屋內蠶槃上布短草簇之人既省力蠶亦無損又按南方蠶書云簇泊以杉木解枋長六尺濶三尺以箭竹作馬眼槅插茅疎密

得中復以無葉竹篠縱横搭之簇背鋪蘆箔而以竹箴透背面縛之即蠶可駐足無跌墜之患此皆南簇較之上文北簇則蠶有多少故簇有大小難易之不同也然嘗論之南北簇法俱未得中何哉夫南簇蠶少規制狹小殆若戲技故獲利亦薄北簇雖大其弊頗多蒿薪積疊不無覆壓之害風雨侵浥於立切濕潤也亦有翻倒之虞謂經雨倒簇也蠶桑直說云簇蠶時雨被沾濕纔晴不以成繭不成繭翻倒别簇如雨少則曝乾復内外寒燠之不均或高下稀密之易所以致簇内病生繭少

皆由此故習俗既久未能遽革今聞善蠶者一法約量本家育蠶多少選於院内空去聲地就添椽木苫草等物作連脊厦屋尋常别用至蠶老時置簇於内隨其長短先構簇心空直如洞就地掘成長槽隨宜濶狹旁可人行以備火候謂用火法也蠶書云已入簇微用熟灰火温之待入網漸漸加火不宜中輟稍冷游絲亦止絲之即斷多致黴作絮不能一緒抽盡矣外則周以層架隨層卧布蒿梢以均蠶居既畢用重箔圍之若蠶少屋多疏開窻户就内簇之亦可如此則上有芘覆下無濕潤架既寬平

蠶乃自若又總簇用火便於照料南北之間去短就長制此良法皆宜用之則始終無憾矣故梅聖俞蠶簇詩云競畏風雨寒露置未如屋止謂此也梅聖俞詩云氷蠶三眠休作繭當其簇漠北取蓬蒿江南藉茅竹蒿疎無翳泥竹淨亦森束云云前二句歌云捲去綠雲桑已少箔頭有絲蠶欲老月餘辛苦見成功作簇不應從草草南北習俗久不同彼此更須論拙巧北簇多露置積疊仍憂風雨至南簇俱在屋施之北蠶良未足南北簇法當約中别搆長廈方能容外周層架蒿草平内備

火候通人行飼却神桑絲已吐女灑桃漿男打鼓作繭直須三日許開簇圑圝不勝數我家多蠶方自慶得法於今還可證免似向來多簇病

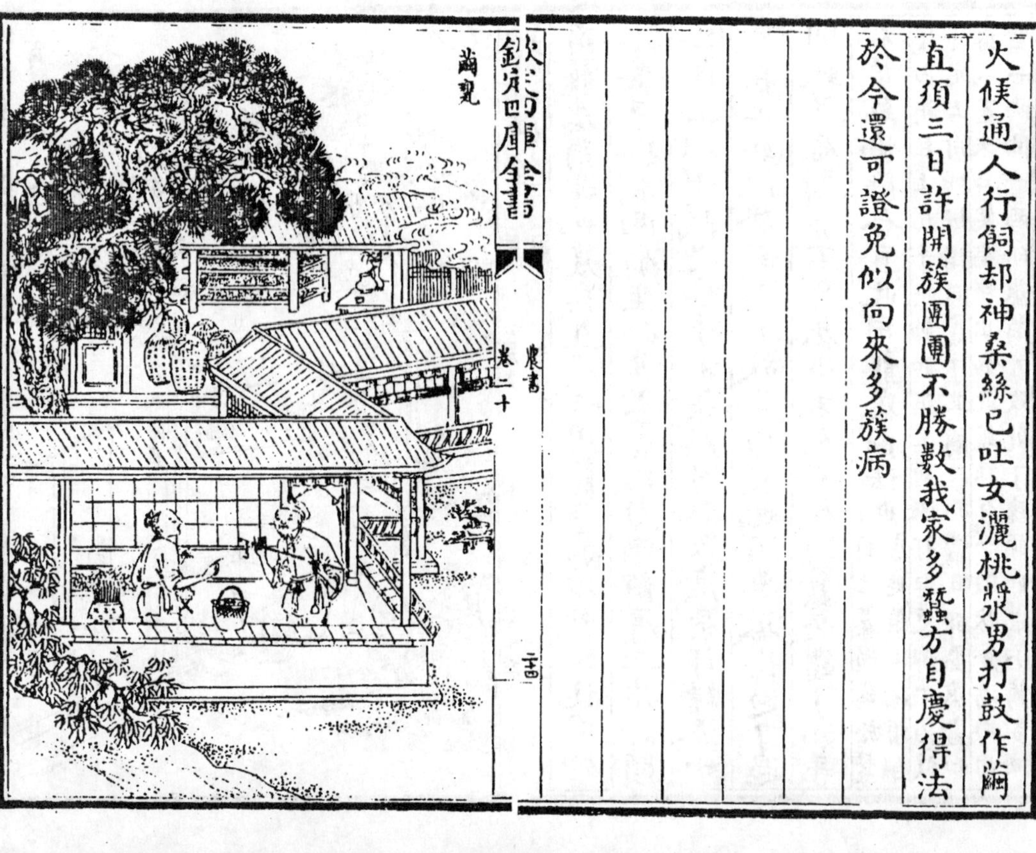

繭甕

繭甕蠶書云凡浥於立切繭列埋大甕地上甕中先鋪竹簀次以大桐葉覆之乃鋪繭一重以十斤為率摻鹽二兩上又以桐葉平鋪如此重重隔之以至滿甕然後密蓋以泥封之七日之後出而繅之頻頻換水即絲明快蓋為繭多不及繅取即以鹽藏之蛾乃不出其絲柔韌如各切潤澤又得勻細此南方淹繭法用甕頗多可不預備嘗讀北方農桑直說云生繭即繅為上如人手不及殺繭慢慢繅者殺繭法有三一曰日曬二曰鹽浥三曰

籠蒸籠蒸最好人多不解日曬損繭鹽浥甕藏者穩前人織圖詩云盤中水晶鹽井上梧桐葉陶器固封閉窖繭近旬浹門前春水生布穀催畚臿明朝踏繅車車輪纏白氈徒叶切

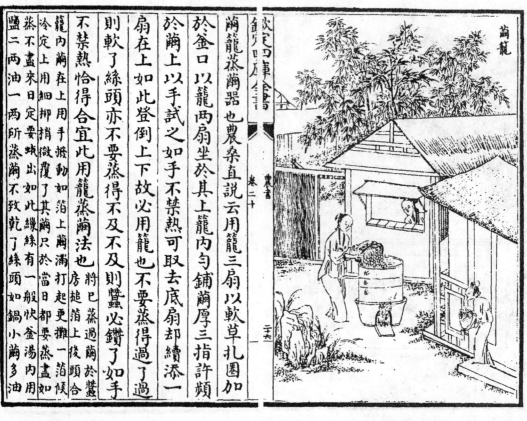

繭籠蒸繭器也農桑直説云用籠三扇以軟草扎圈加於釜口以籠两扇坐於其上籠内匀鋪繭厚三指許頻於繭上以手試之如手不禁熱可取去底扇却續添一扇在上如此登倒上下故必用籠也不要蒸得過了過則軟了絲頭亦不要蒸得不及不及則蠶必鑽了如手不禁熱恰得合宜此用籠蒸繭法也將已蒸過繭於蠶房槌箔上後頭合籠内繭在上用手撥動如箔上繭滿打起更攤一箔候冷定上用細柳梢微覆了其繭只於當日都要蒸盡如蒸不盡來日定要蛾出如此繅絲有一般快釜湯内用鹽二两油一两所蒸繭不致乾了絲頭如鍋小繭多油鹽旋入

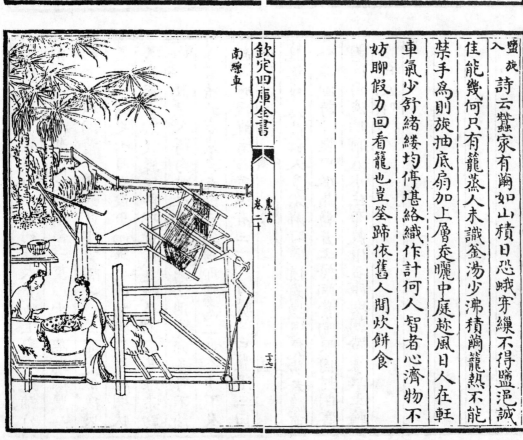

詩云蠶家有繭如山積日恐蛾穿繅不得盬浥誠佳能幾何只有籠蒸人未識釜湯少沸積繭籠熱不能禁手爲則旋抽底扇加上層危曬中庭趂風日人在軒車氣少舒緒縷均停堪絡織作計何人智者心濟物不妨聊假力回看籠也豈筌蹄依舊人間炊餅食

南繅車

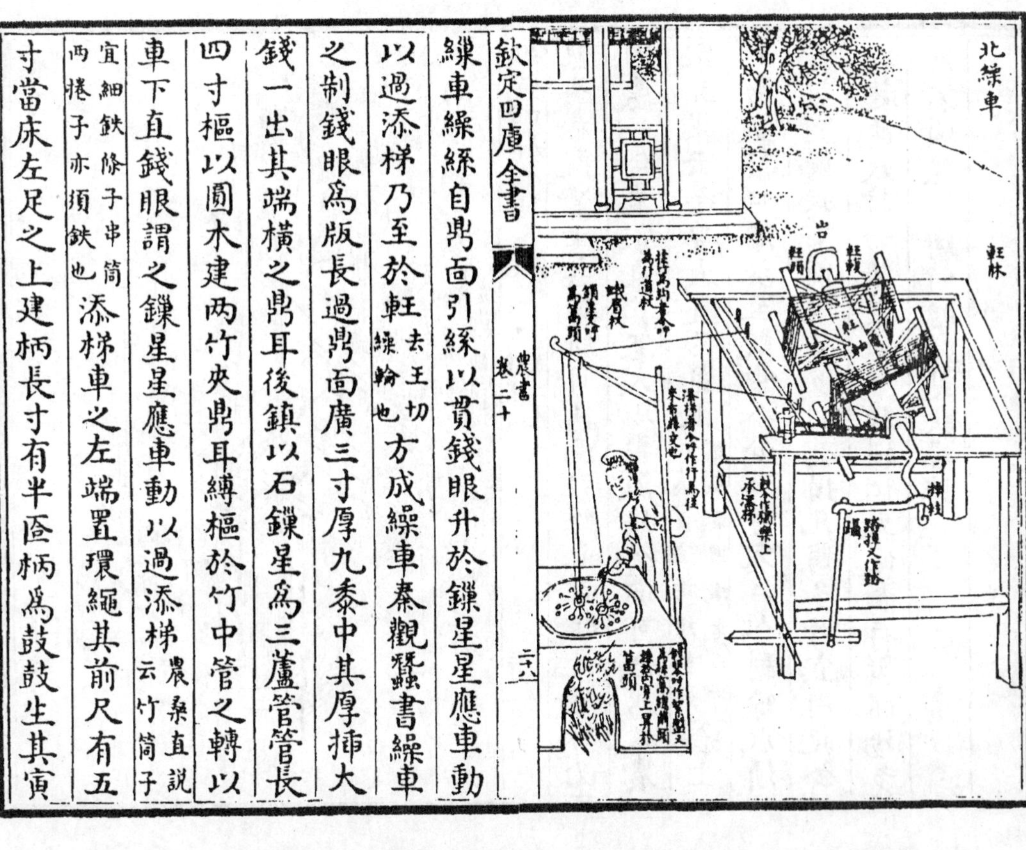

繅車繅絲自鼎面引絲以貫錢眼升於鏁星星應車動以過添梯乃至於軖（去王切 繅輪也）方成繅車秦觀蠶書繅車之制錢眼爲版長過鼎面廣三寸厚九黍中其厚插大錢一出其端橫之鼎耳後鎮以石鏁星爲三蘆管管長四寸樞以圓木建兩竹夾鼎耳縛樞於竹中管之轉以車下直錢眼謂之鏁星星應車動以過添梯（農桑直說云竹筒子宜細鉄條子串筒兩捲子亦須鉄也）添梯車之左端置環繩其前尺有五寸當床左足之上建柄長寸有半匼柄爲鼓鼓生其寅以受環繩繩應車運如環無端鼓因以旋鼓上爲魚魚半出鼓其出之中建柄半寸上承添梯者二尺五寸片竹也其上揉竹爲鉤以防絲竅左端以應柄對鼓爲耳方其穿以閑添梯故車運以牽環繩繩簇鼓鼓以舞魚魚振添梯故絲不過偏制車如轆轤必添兩軸以利脫絲竊謂上文云車者今呼爲軖軖必以床（農桑直說云軖床下鼎一尺軸長二尺中徑四寸兩頭三寸用榆槐木四角或六角輻通長三尺五寸六角不如四角軖小則絲易解）以承軖軸軸之一端以鐵爲裊掉復用曲木擐作活軸左

足踏動軖即隨轉自下引絲上軖總名曰繅車詠曰人家育蠶憂不得今歲蠶收繭如積滿家兒女喜欲狂趍送車頭趁繅緝南州誇冷盆冷盆細繳何輕勻北俗尚熱釜熱釜絲圓儘多緒即今南北均所長熱釜冷盆俱此軖軖頭轉機須足踏錢眼添梯絲度滑非紘非管聲咿喔村北村南響相答婦姑此時還對語準備吾家好機杼豈知縣吏已催科不時捐去無餘紀迫索仍憂宿負多車乎車乎將奈何

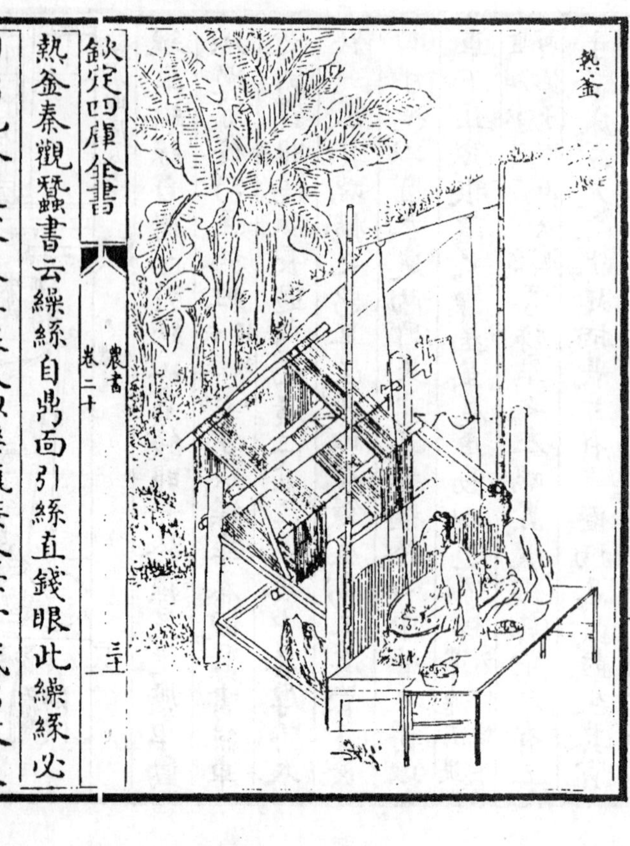
熱釜

熱釜秦觀蠶書云繅絲自鼎面引絲直錢眼此繅絲必用鼎也今農家象其深大以槃甑接釜亦可代鼎故農家直說云釜要大置於竈上如蒸竈法可繅粗絲單繳者雙繳者亦可釜上大盤甑接口添水至甑中八分滿可容二人對繅水須常熱宜旋旋下繭繅之多則煮損凡繭多者宜用此釜以趨速效詩云蠶家熱釜趁繅忙火候長存蟹眼湯多繭不須愁不辦時時頻見脫絲軖

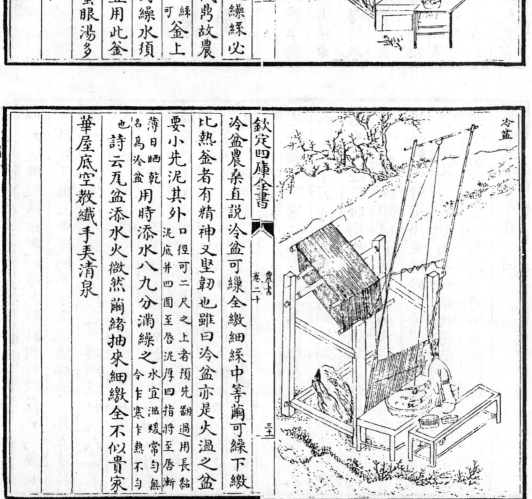

冷盆

冷盆農桑直說冷盆可繅全繳細絲中等繭可繅下繳比熱釜者有精神又堅韌也雖曰冷盆亦是大溫之盆要小先泥其外口徑可二尺之上者預先翻過用長黏泥底并四圍至唇泥厚四指將至唇漸薄日晒乾名爲冷盆用時添水八九分滿繅之水宜溫煖常勻無令乍寒乍熱不勻也詩云瓦盆添水火微然繭緒抽來細緻全不似貴家華屋底空教纖手奏清泉

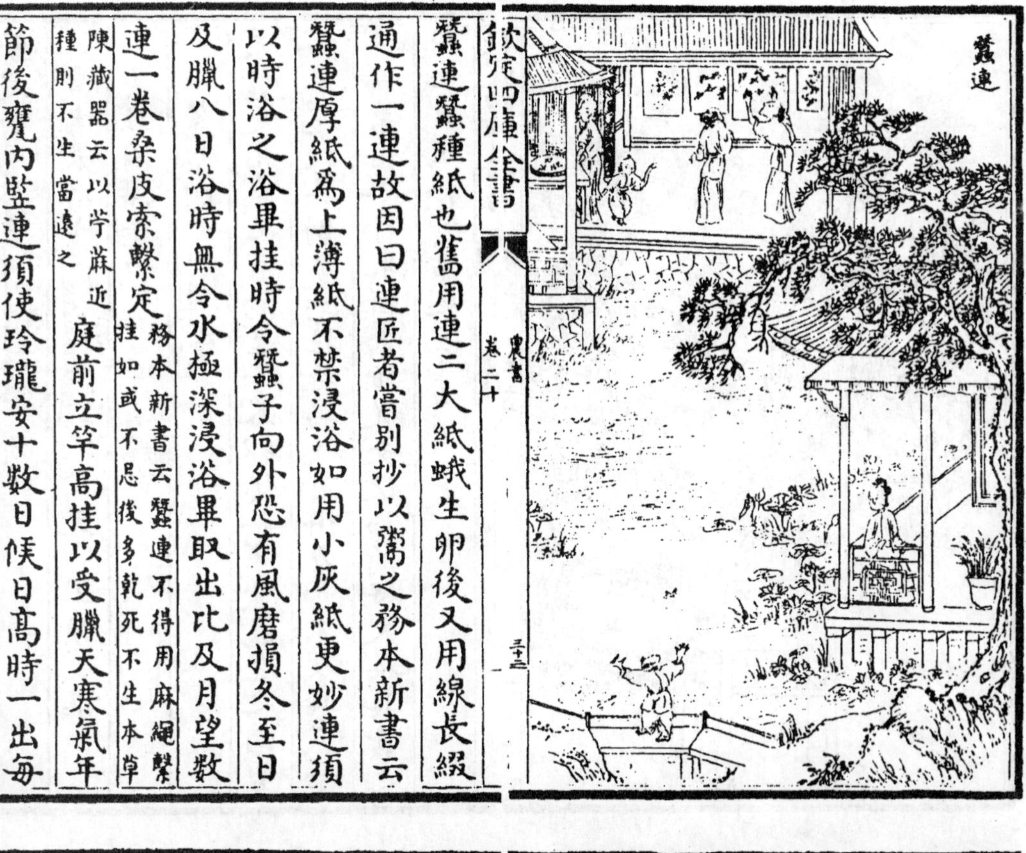

蠶連蠶種紙也舊用連二大紙蛾生卵後又用線長綴通作一連故因曰連匠者嘗別抄以鬻之務本新書云蠶連厚紙爲上薄紙不禁浸浴如用小灰紙更妙連須以時浴之浴畢挂時令蠶子向外恐有風磨損冬至日及臘八日浴時無令水極深浸浴畢取出比及月望數連一卷桑皮索繫定務本新書云蠶連不得用麻繩繫挂如或不忌後多乾死不生本草陳藏器云以苧麻近種則不生當遠之庭前立竿高挂以受臘天寒氣年節後甕內竪連須使玲瓏安十數日候日高時一出每陰雨後即便曬暴恐傷濕潤見風亦不可多時此蠶連育養之法直至暖種而生前文間取諸蠶書詩云前朝蛹如山今朝卵如粟如山今歲謀如粟來歲足來歲一何神生化楮一幅丁寧語荊婦依時勤曬沐

乾隆御覽之寶

農書卷二十

欽定四庫全書

農書卷二十一

農器圖譜十七

元　王禎　撰

蠶桑門

夫蠶之用桑必有鉤筐等器以供其事然遠近之間習俗不通故其制度巧拙絕異彼有併力而不及此或一工而兼倍今特采輯去短從長使知所擇夫桑具蠶之用也故次於蠶事之後

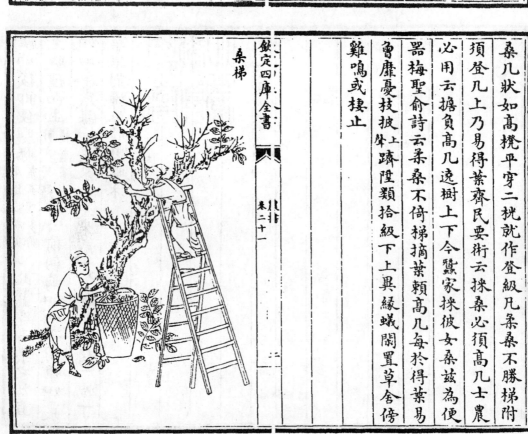

桑几

桑几狀如高櫈平穿二桄就作登級凡桑桑不勝梯附須登几上乃易得葉齊民要術云採桑必須高几士農必用云擔負高几遶樹上下今蠶家採彼女桑茲為便器梅聖俞詩云柔桑不倚梯摘葉賴高几每於得葉易曾靡憂枝披上聲躋陞類拾級下上異緣蟻閑置草舍傍雞鳴或棲止

桑梯

桑梯說文曰梯木陼也夫桑之稺者用几採摘其桑之高者須梯剝毋全切削去也斫梯若不長未免攀附傍條不還則鳩脚多亂樛居秋切枝折垂則乳液旁出必欲趁於高下隨意去留須梯長可也齊民要術云採桑必須長梯梯不長則高枝折正謂此也詩云貫木取諸漸為梯利用晉附彼墻下桑如躡平地迅女枝既不攀遠揚亦可及何當展所施摘蓮華峯峻

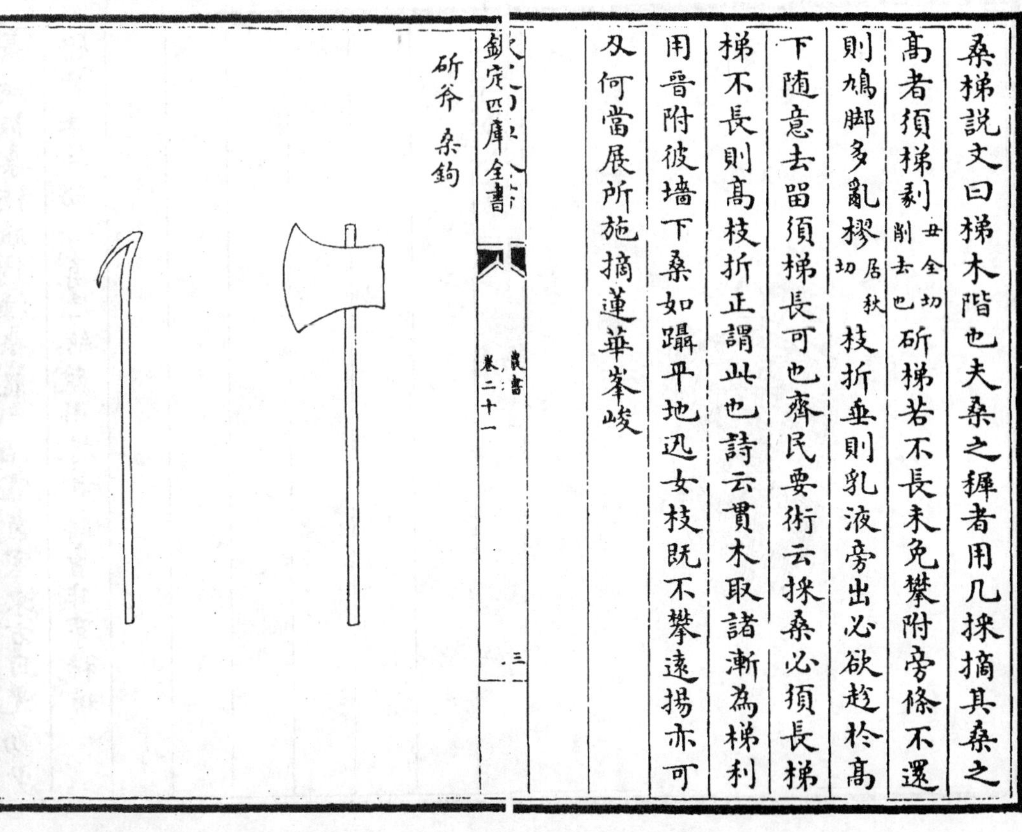

斫斧　桑鉤

斫斧桑斧也其斧銎曲容切匾而刃闊與樵斧不同詩謂蠶月條桑取彼斧斨以伐遠揚士農必用云轉身運斧條葉偃落於外即謂以伐遠揚也凡斧所剝斫不煩再及者為上至遇枯枝勁節不能拒遏又為上如剛而不闕利而不乏尤為上也然用斧有法必須轉腕回刃向上斫之枝查既順津脉不出則葉必復茂故農語云斧頭自有一倍葉以此知科斫之利勝惟在夫善用斧之效也梅聖俞詩云科桑持野斧乳濕新磨刃繁枿一以

除肥條更豐潤魯葉大如掌吳蠶食若駿始時人謂斨利俗令乃信　桑鉤採桑具也凡桑者欲得遠揚枝葉引近就摘故用鉤木以代臂指扳普班切援之勞昔后妃世婦以下親蠶皆用筐鉤採桑唐肅宗上元初獲定國寶十三內有採桑鉤一以此知古之採桑皆用鉤也然北俗伐桑而少採南人採桑而少伐歲歲伐之則樹脉易衰久久採之則枝條多結欲南北隨宜採斫互用則桑斧桑鉤各有所施故兩及之不致偏廢梅聖俞詩云

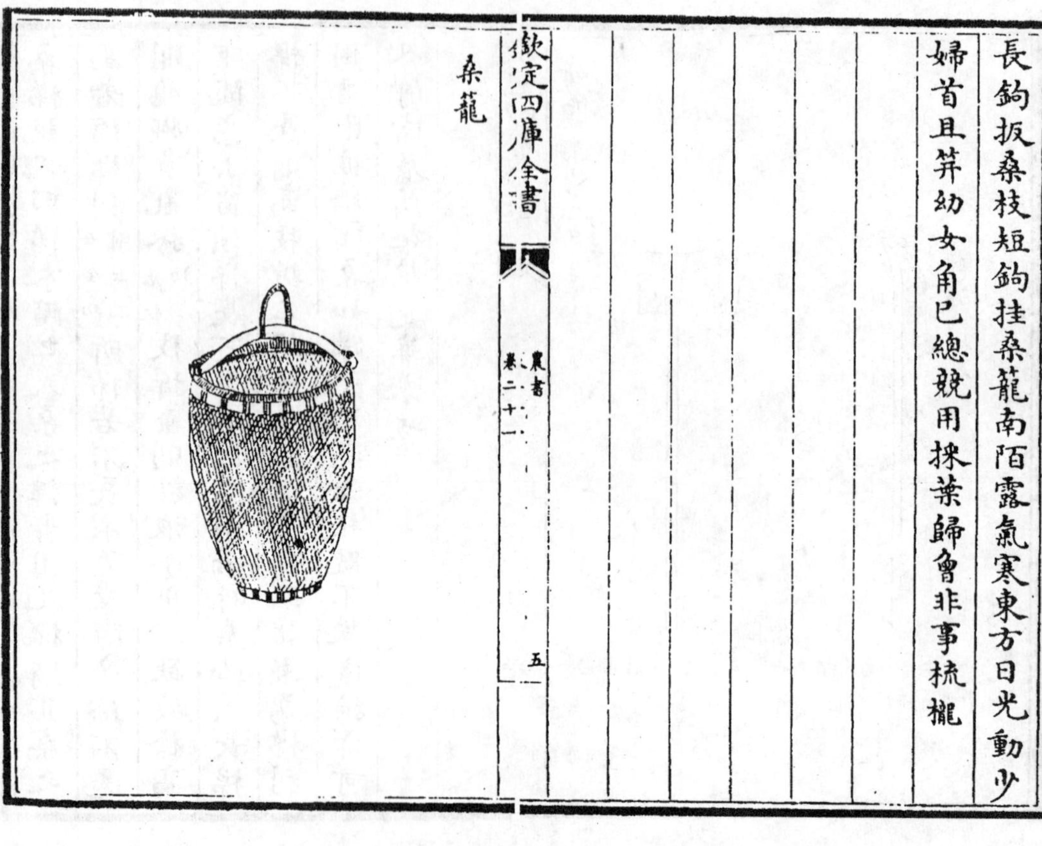

長鉤扳桑枝短鉤挂桑籠南陌露氣寒東方日光動少婦首且笄幼女角已總競用採葉歸會非事梳櫳

桑籠

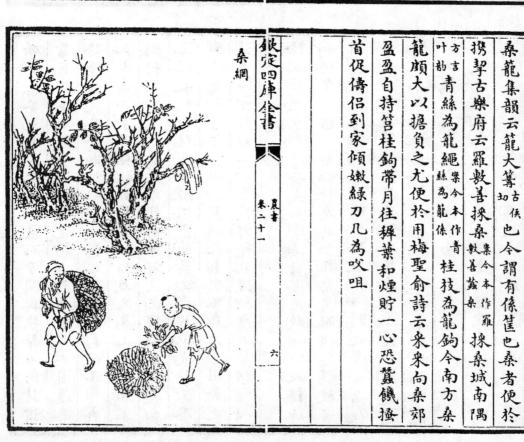

桑籠集韻云籠大篝古侯切也今謂有係筐也桑者便於携挈古樂府云羅敷善採桑案今本作羅敷善蠶桑採桑城南隅方言叶韻青絲為籠繩案今本作青絲為籠係桂枝為籠鉤今南方桑籠頗大以擔負之尤便於用梅聖俞詩云采采向桑郊盈盈自持筥桂鉤帶月往擷葉和煙貯一心恐蠶饑搔首促儔侶到家傾嫩綠刀几為吚咀

桑網

桑網盛葉繩兜也先作圈木緣圈繩結網眼圓垂三尺有餘下用一繩紀為網底桑者挈之納葉於內網腹既滿歸則解底繩傾之或人挑負或用畜力馱送比之筐籃甚為輕便北方蠶家多置之詩云厥初結網功豈知兼水陸制用有異同隨宜可伸縮一網作領圈衆目寛兜腹蠶家急葉時歸來傾萬綠

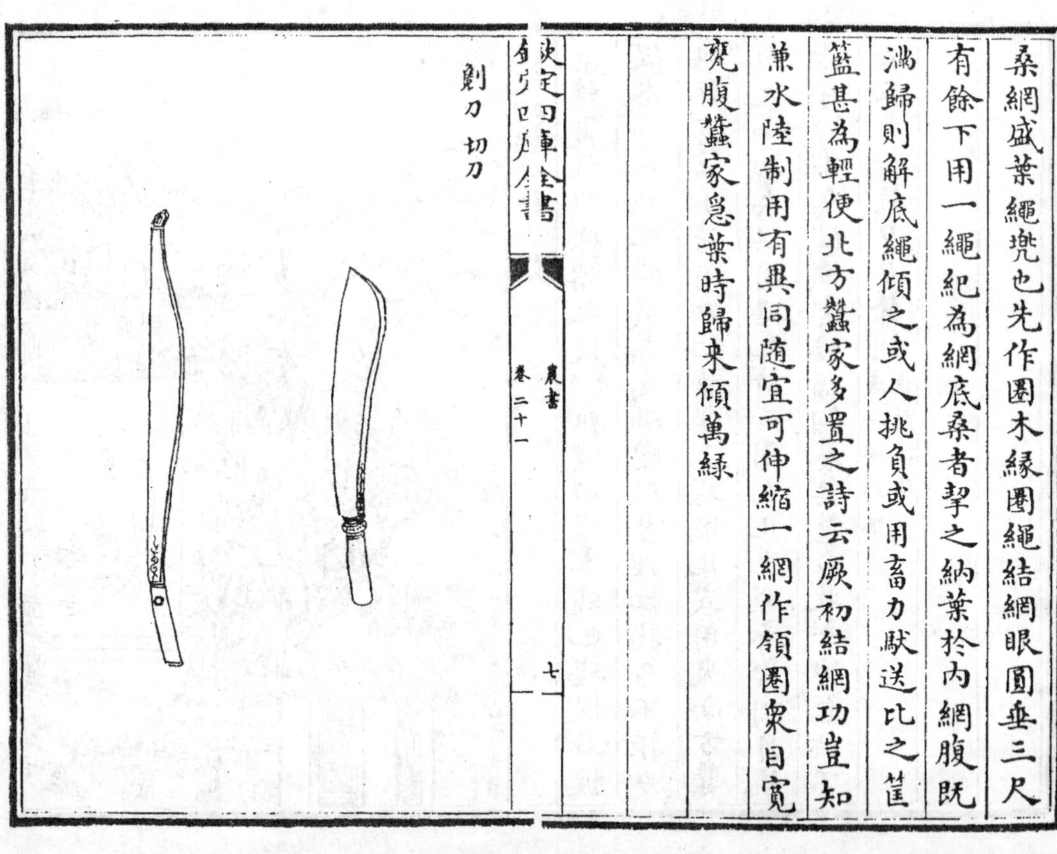

劖刀　切刀

劖（士咸切）刀剗桑刃也刀長尺餘闊約二寸木柄一握南人斫桑剝桑俱用此刃北人斫桑用斧劖桑用鐮鐮刃雖利終非本器不若劖刀之輕且順也若南人斫桑用斧北人劖葉用刀去短就長兩為便也詩云晶熒一尺鐵煆以赫連鋼剗斫有餘用功寘在蠶桑椽附日以戕新枝日以長胡為幽人歌獨取斧與斨　切刀斷桑刃也蠶蟻時用小刀蠶漸大時用大刀或用漫鍘蠶多者又用兩端有柄長刃切之名曰懶刀（懶刀如皮匠刮刀長三尺許兩端有

短木柄以手按刃半截半切斷葉雲積可供十筐）先於長櫈上鋪葉勻厚人於其上俯按此刀左右切之一刃之利可桑百箔詩云煆金作懶刀形制半圭璧一食飫千筐雙柲便兩搤切之復裁之斷桑如雲積刀作千握絲功成在三尺（鍘查鎋切隶云切單也又作剒）

桑碪

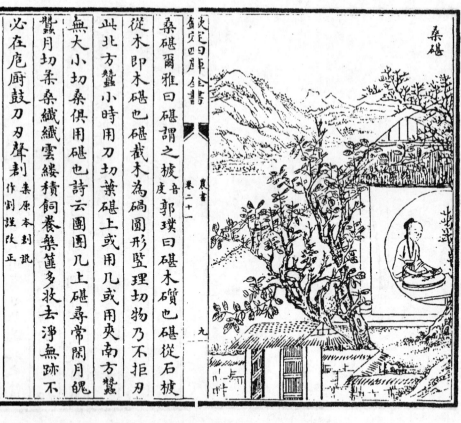

桑碪爾雅曰碪謂之榩音虔郭璞曰碪木櫍也碪從石榩從木即木碪也碪截木為碢圓形竪理切物乃不拒刃此北方蠶小時用刀切葉碪上或用几或用夾南方蠶無大小切桑俱用碪也詩云團團几上碪尋常閑月魄蠶月切柔桑纖纖雲縷積飼養籧篨多收去淨無跡不必在庖廚鼓刀刃聲割集原本割訛作劄謹改正

桑夾

桑夾挾桑具也用木礩上仰置叉股高可二三尺於上順置鍘刃左手茹葉右手按刃切之此夾之小者若蠶多之家乃用長椽二莖駢竪壁前中寬尺許乃實納桑葉高可及丈人則躡梯上之兩足後踏屋壁以胸前向壓住兩手緊按長刃向下裁切此桑夾之大者南方切桑唯用刀碪不識此等桑具故特歷説之以廣其利詩云沃葉緑雲多吐出掌握內刃頭風雨聲紛然落呀㖸材良用有餘力小功輙倍春蠶食急時蘧篨誠有待

農器圖譜十八

織絍門

織絍婦人所親之事傳曰一女不織民有寒者古謂庶士以下各衣(去聲)其夫秋而成事烝而獻功愆則有辟是也凡紡絡經緯之有數梭緯機杼之有法雖一絲之緒一綜之交各有倫敘皆須積勤而得累功而至日夜精思不致差互然後乃成幅匹如閨閫之屬務之不惟防閑驕逸又使知其服被之所自不敢易也

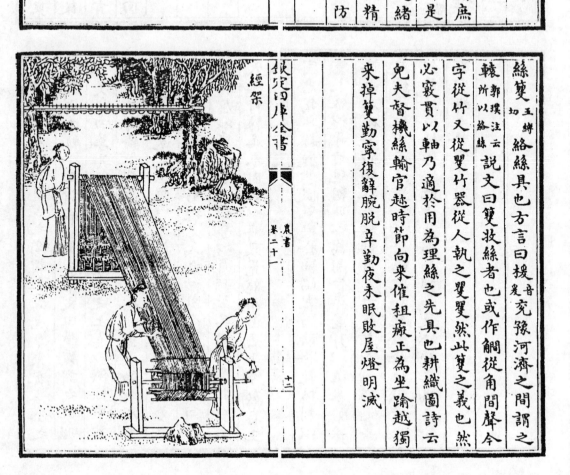

絲籰

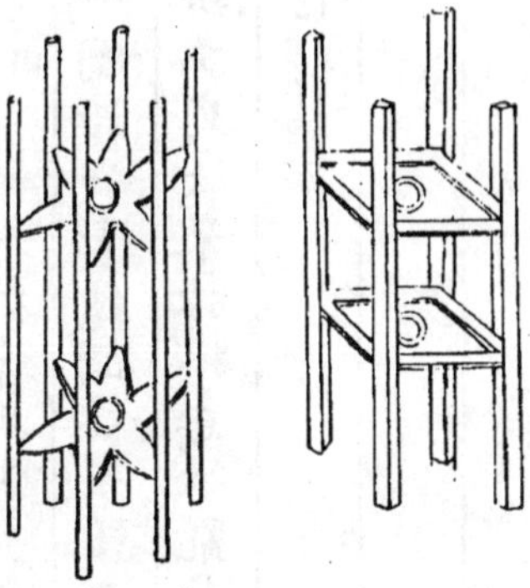

絲籰(王縛切)絡絲具也方言曰㡛(音爰)兗豫河濟之間謂之轅(郭璞注云所以絡絲)說文曰籰收絲者也或作䈂從角間聲今字從竹又從矍竹器從人執之矍矍然此籰之義也然必竅貫以軸乃適於用為理絲之先具也耕織圖詩云兒夫督機絲輸官趁時節向來催租瘢正為坐踰越獨来掉籰勤寧復辭腕脫卒勤夜未眠敗屋燈明滅

經架

經架牽絲具也先排絲籰於下上架橫竹列環以引衆緒總於架前經筅（與牌同）一人往來挽而歸之紖軸然後授之機杼前人織圖詩云素絲頭緒多羨君巧安排青鞵（胡街切）不動塵緩步交去來脉脉意欲亂眷眷首重回王言正如絲亦付經綸才

緯車

緯（織絲也）車方言曰趙魏之間謂之歷鹿車東齊海岱之間謂之道軌今又謂維（音碎）車通俗文曰織纖謂之維（蘇內切）受緯曰莩其拊上立柱置輪輪之上近以鐵條中貫細筒乃周輪與筒繚環繩右手掉輪則筒隨輪轉左手引絲上筒遂成緯維以充織緯孫德施賦云惟工藝之多門偉英麗乎創形擬老氏之一轂兮應天運以回行秉轉屈以成規兮不殫勞以自傾故其用同造物巧參天地軒轅垂衣因其以濟袞冕龍旂用康上帝勲存王室惠我阜隸覩其微風輿於軸端霧雨散於轂輻制以靈木絡以奇竹規朝日以為圓兮準暈月以造象若洪輪之在碓兮似蜘蛛之結網爾乃才藝妻妾工巧是嘉或織錦組或匹綾羅（一作紗）舒皓腕於輕輪兮換擬景乎鐃華絲成妙於指端清籟幽而相和象蟋蟀之鳴戶兮類寒蟬之吟家

絡車方言曰河濟之間絡謂之給郭璞註曰所以轉籰給事也說文云車柎方無切為柅易姤曰繫於金柅柅女履切金者堅剛之物柅者制動之主通俗文曰張絲曰柅蓋以脫軖之絲張於柅上上作懸鉤引致緒端逗於車上其車之制必以細軸穿籰措於車座兩柱之間謂一柱獨高中為通槽以貫其籰軸之首一柱下而管其籰軸之末人既繩牽軸動則籰隨軸轉絲乃上籰此北方絡絲車也南人但習掉籰取絲終不若絡車安且速也今宜通用

詩云軖絲張柅復相牽絡婦車成用具全座上通槽連箕臼軸頭引籰逗繩圜一鉤遞控防偏度獨纏依循入卧纏幾向華筵曾誤認箜篌人坐理氷絃

織機織絲具也按黃帝元妃西陵氏曰嫘祖始勸蠶稼月大火而浴種夫人副禕而躬桑乃獻繭稱絲遂成織紝之功因之廣織以給郊廟之服見路史傅子曰舊機五十綜者五十躡六十綜者六十躡馬鈞者天下之名巧也患其遺日喪功乃易以十二躡今紅（音工）女織繒惟用二躡又為簡要凡人之衣（去聲）被於身者皆其所自出也王逸賦曰（案此賦已經刪節）織機功用大矣上自太始下訖羲皇（案今本漢王逸賦無此三句）帝軒龍躍伯余是創（案今本作庶業是昌）俯覃聖思（案今本作俯覃聖思）仰攬三光悟彼織女終日七襄（案今本無此二句）爰制布帛始垂衣裳於是取衡山之孤桐南岳之洪樟賸復回轉刻象乾形大庭淡泊擬則川平光為日月蓋取昭明三軸列布上法台星兩驥齊首儼若將征方圓綺錯極妙窮奇兔耳跧伏若安若危猛犬相守竄身匿蹄高樓雙峙下臨清池游魚銜餌瀺灂其陂鹿盧並起纖繊俱垂宛若星圖屈膝推移一（案今本作一往一來匪勞匪疲）

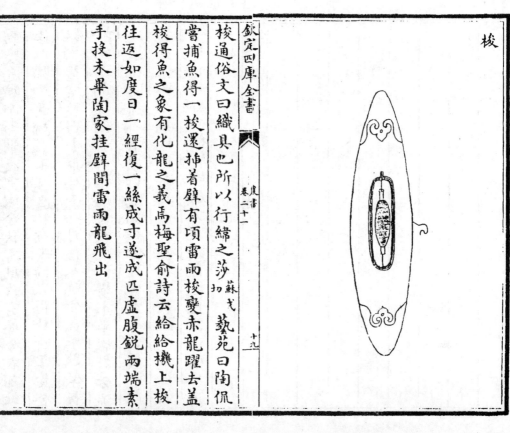

梭

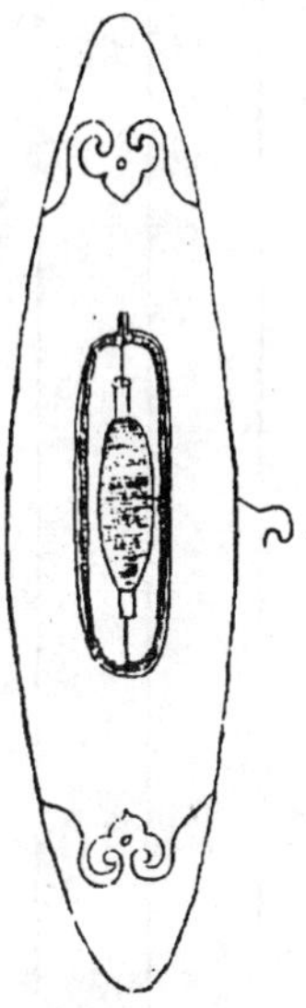

梭通俗文曰織具也所以行緯之莎蘇戈切藝苑曰陶侃嘗捕魚得一梭還挿着壁有頃雷雨梭變赤龍躍去蓋梭得魚之象有化龍之義焉梅聖俞詩云給給機上梭往返如度日一經復一絲成寸遂成匹虛腹銳兩端素手投未畢陶家挂壁間雷雨龍飛出

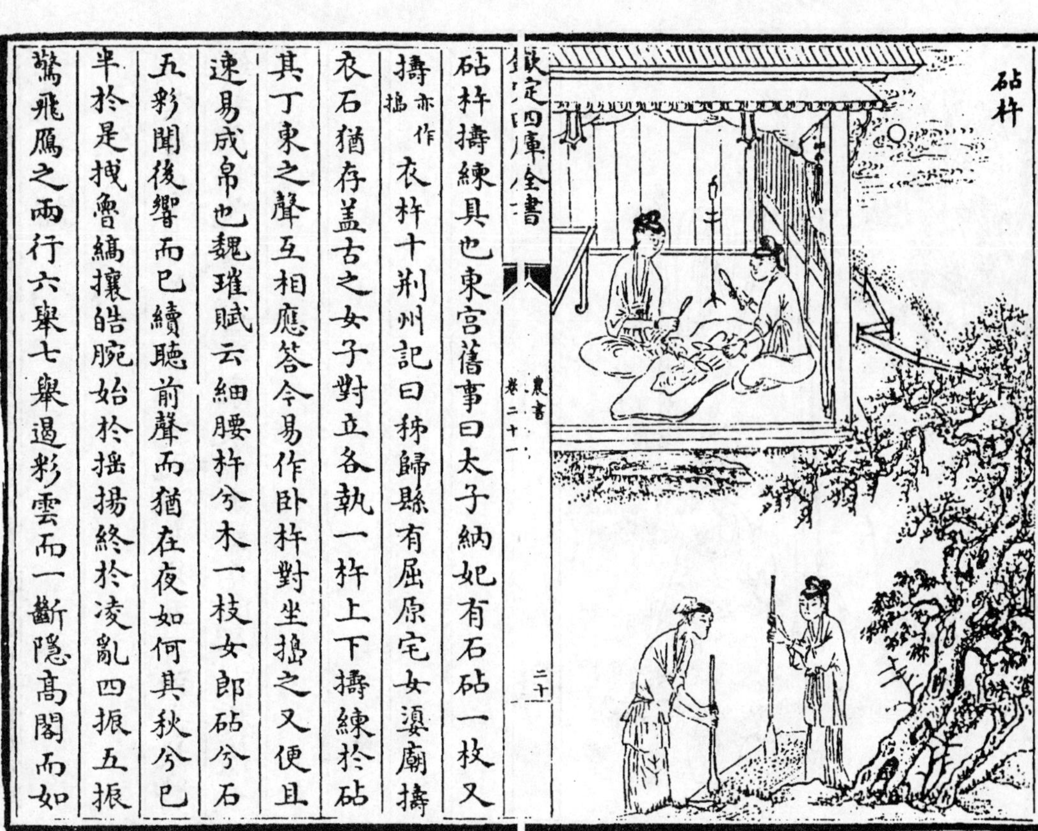

砧杵

砧杵擣練具也東宮舊事曰太子納妃有石砧一枚又擣亦作搗衣杵十荆州記曰秭歸縣有屈原宅女媭廟擣衣石猶存蓋古之女子對立各執一杵上下擣練於砧其丁東之聲互相應答今易作卧杵對坐搗之又便且速易成帛也魏璀賦云細腰杵兮木一枝女郎砧兮石五彩聞後響而已續聽前聲而猶在夜如何其秋兮已半於是拽魯縞攘皓腕始於搖揚終於凌亂四振五振驚飛鴈之兩行六舉七舉遏彩雲而一斷隱高閣而如

動度遥城而如散夜有露兮秋有風杵有聲兮衣可縫佳人聽兮意何窮步逍遥於凉景暢容與於晴空黄金釵兮碧雲髮白素巾兮青女月佳人聽兮良未歇擘長虹而乍開凌倒景而將越是時也餘響未畢微影方流透迤洞房半入宵夢窈窕閑館方增客愁李都尉以胡笳動泣向子期以鄰笛增憂古人獨感於聽今者況兼乎秋梁擣練賦此下尚有二聯此本節去願君無按龍泉色誰道明珠不可投

農器圖譜十九

纊絮門木棉附

纊絮禦寒古今所尚然制造之法南北互有所長故特總輯庶知通用近世以來復以木棉為助今附於後

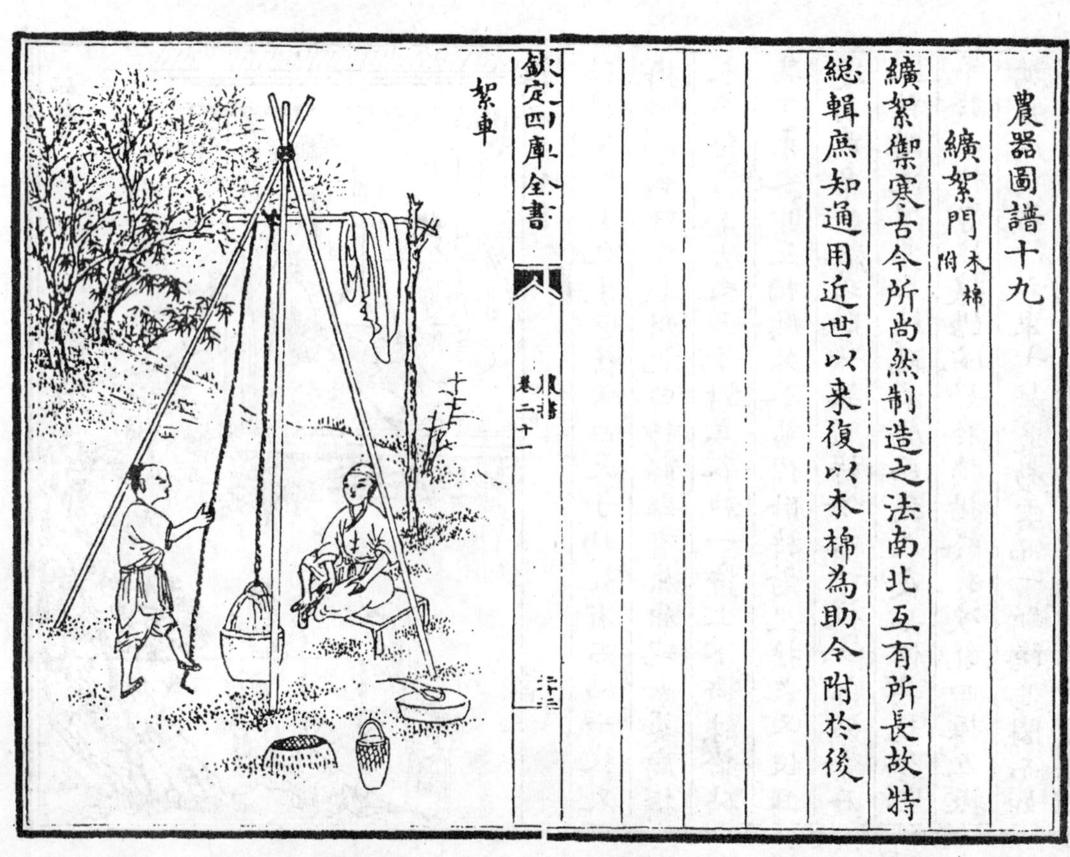

絮車構木作架上控鉤繩滑車下置煑繭湯甕絮者掣繩上轉滑車下徹甕內鉤繭出沒灰湯漸成絮段莊子謂泙澼絖者疏云泙浮也澼漂也絖絮也古者纊絮綿一也今以精者為綿粗者為絮因蠶家退繭造絮故有此車煑之法常民藉以禦寒次於綿也彼有擣繭為胎謂之牽縭者較之車煑工拙懸絕矣詩云世有泙澼纊架構以車名下上輪繩滑牽聯甕繭烹濟貧寒可禦售業價還輕會遇不龜手百金為爾榮

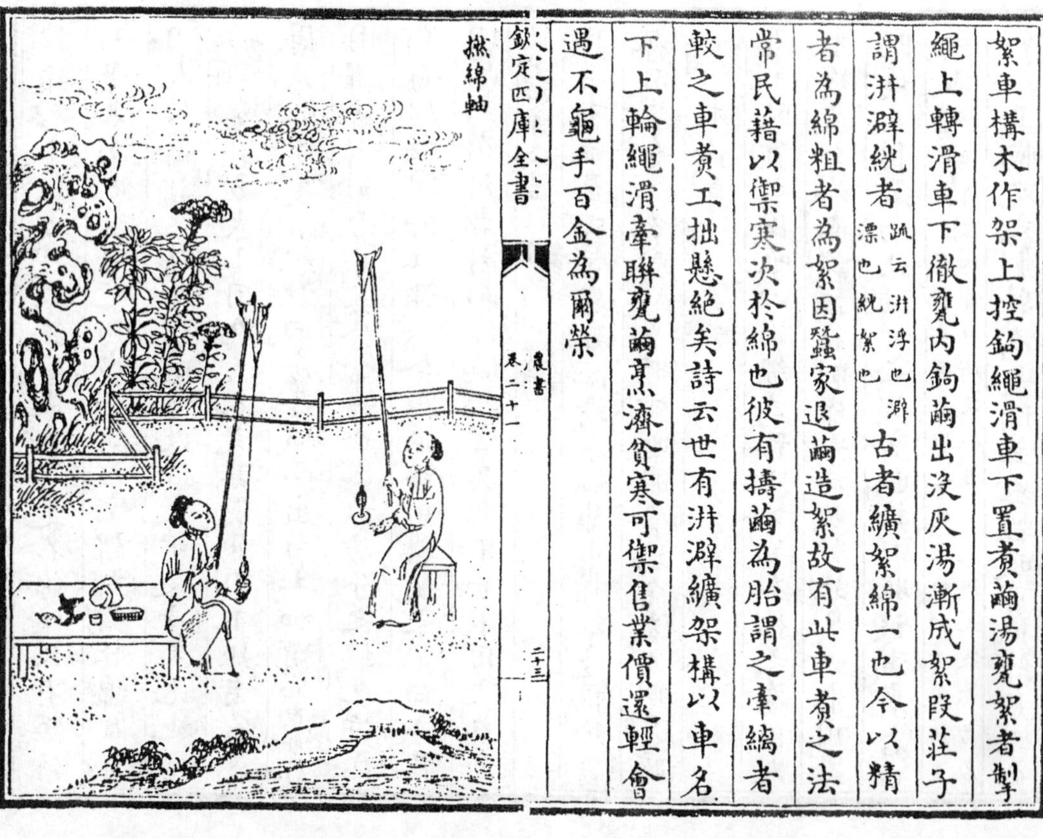

撚綿軸制作小碢或木或石上揷細軸長可尺許先用叉頭挂綿左手執叉右手引綿上軸懸之撚作綿絲就纏軸上即為紬縷閨婦室女用之可代紡績之功詩云叒綿高執玉叉頭細作垂絲撚復收待得功成付機杼不知誰解衣去聲新紬

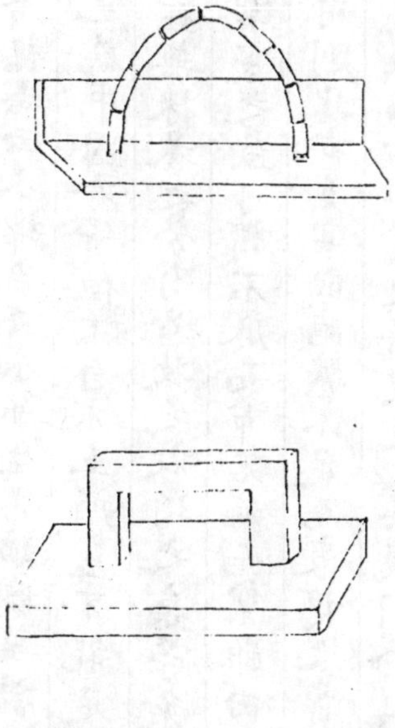

綿矩

綿矩以木框方可尺餘用張𥻦綿是名綿矩又有揉竹
而彎者南方多用之其綿外圓內空謂之猪肚綿及有
用大竹筒謂之筒子綿就可改作大綿裝時未免扡（池解
切折物也）裂北方大小用瓦盖各從其便然用木矩者最為
得法酈善長水經註曰房子城西出白土細滑如膏可
用濯綿霜鮮雪曜異於常綿世俗云房子之纊也抑亦
類蜀郡之錦得江津矣今人張綿用藥使之膩白亦其
理也但為利者因而作偽反害其真不若不用之為愈

詩云有𥻦盈頃筐置矩臨清溪縿維由我張邊幅須爾
齊用裝身上衣輕煖夜晴霓迆還棄墻角未可同筌蹄

木棉序 附

桑土既蠶之後唯以𥻦纊為務殊不知木棉之為用夫
木棉產自海南諸種蓺制作之法駸駸北來江淮川蜀
既獲其利至南北混一之後商販於此服被漸廣名曰
吉布又曰棉布（異物志云木棉之為布曰班布繁縟多巧者曰城次粗者曰文縟又次粗者名曰烏驎）其幅足之制特為長闊茸密輕暖可抵繒帛又為
毳服毯段足代本物按裴淵廣州記云蠻夷不蠶採木
棉為絮又諸番雜志云木棉吉貝木所生占城闍婆諸
國皆有之今已為中國珍貨但不自本土所產不能足
用且比之桑蠶無採養之勞有必收之效埒之枲苧免
績緝之工得禦寒之益可謂不麻而布不繭而絮雖曰
南產言其適用則北方多寒或𥻦纊不足而裘褐之費
此最省便夫種植之法已載穀譜製造之具復列於此
庶遠近滋習助桑麻之用兼蠻夷之利將自此始矣

木棉攪車

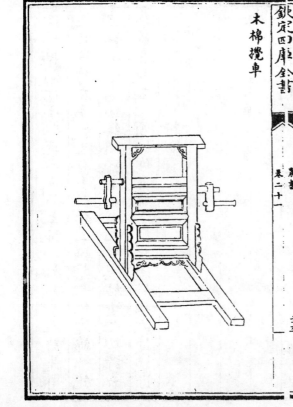

木棉攪車木棉初採曝之陰或焙乾南州異物志班布吉貝木所生熟時狀如鵝毳細過絲綿中有核如珠珣（公後切）用之則治出其核昔用輾軸今用攪車尤便夫攪車四木作框上立二小柱高約尺五上以方木管之立柱各通一軸軸端俱作掉拐軸末柱竅不透二人掉軸一人喂上棉英二軸相軋則子落於內棉出於外比用輾軸工利數倍今特圖譜使民易倣（凡木棉雖多今用此法即去子得棉不致積滯）詩云二木相摩運兩端宛如造物沒機關霜棉山積珠論斗只在思樞柄用間

木棉彈弓 木棉捲筳

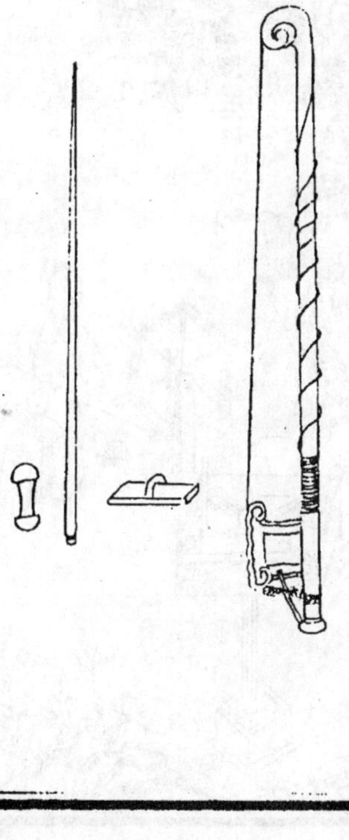

木棉彈弓以竹為之長可四尺許上一截頗長而彎下一截稍短而勁控以繩絃用彈棉英如彈氈毛法務使結者開實者虛假其功用非弓不可詩云主射由來數此弓豈知弦法有他功却將一掬香棉朶彈作晴雲滿座中 木棉捲筳（徒丁切）淮民用蜀黍梢莖取其長而滑今他處多用無節竹條代之其法先將棉毳條於几上以此筳捲而扞之遂成棉筒隨手抽筳每筒牽紡易為勻細皆捲筳之效也詩云折得脩莛捲毳茸就憑瑩滑

脫圓筒作棉匠具雖多巧獨有天然造物功

木棉紡車

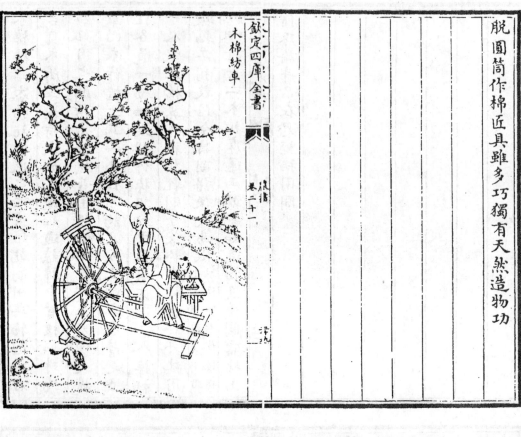

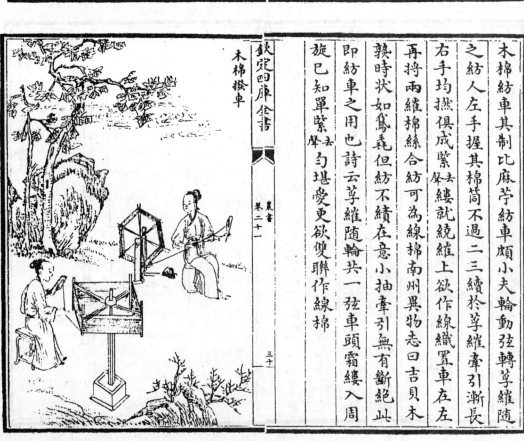

木棉紡車其制比麻苧紡車頗小夫輪動弦轉苧維隨之紡人左手握其棉筒不過二三續於苧維牽引漸長右手均撚俱成緊(去聲)纑就繞維上欲作線織置車在左再將兩維棉絲合紡可為線綿南州異物志曰吉貝木熟時狀如鵞毳但紡不績在意小抽牽引無有斷絕此即紡車之用也詩云苧維隨輪共一弦車頭霜縷入周旋已知單緊(去聲)勻堪愛更欲雙聯作線棉

木棉撥車

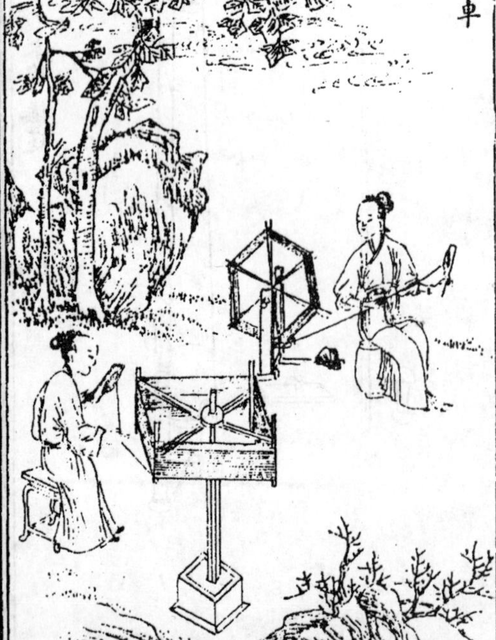

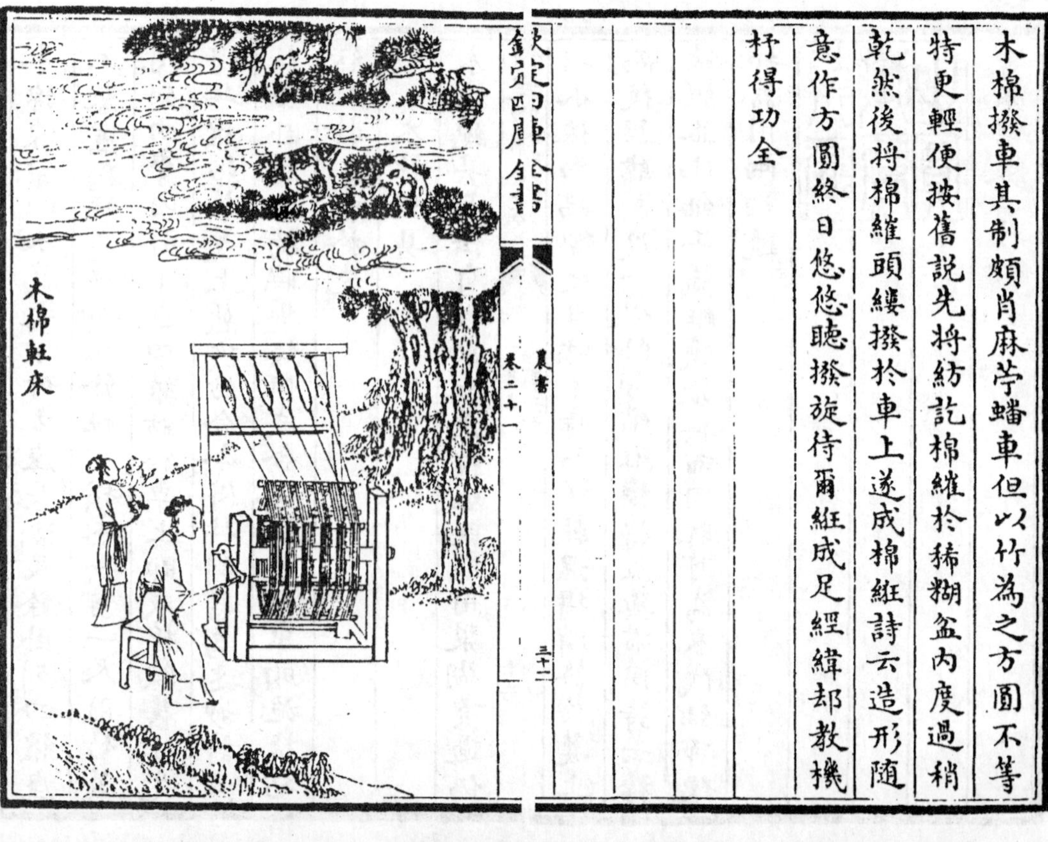

木棉撥車其制頗肖麻苧蟠車但以竹為之方圓不等特更輕便按舊説先將紡訖棉維於稀糊盆内度過稍乾然後將棉維頭縷撥於車上遂成棉紝詩云造形隨意作方圓終日悠悠聽撥旋待爾紝成足經緯却教機杼得功全

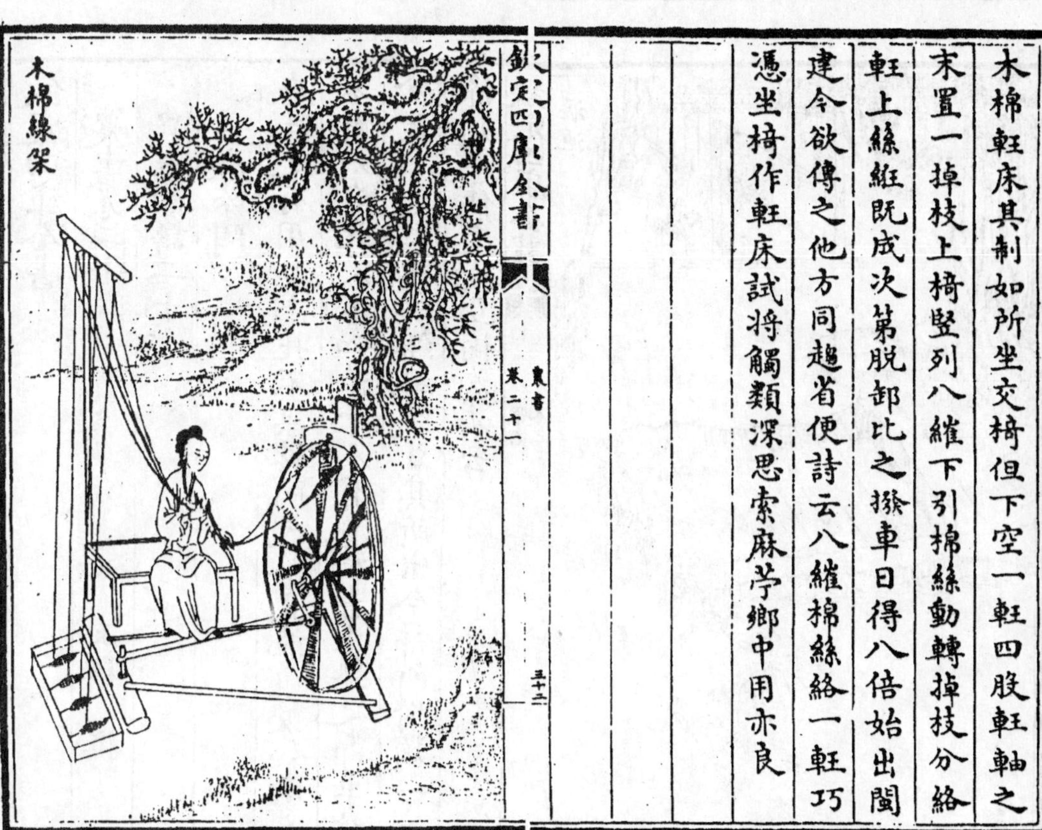

木棉軠床其制如所坐交椅但下空一軠四股軠軸之末置一掉枝上椅竪列八維下引棉絲動轉掉枝分絡軠上絲紝既成次第脱卸比之撥車日得八倍始出閩建今欲傳之他方同趨省便詩云八維棉絲絡一軠巧憑坐椅作軠床試將觸類深思索麻苧鄉中用亦良

木棉線架以木為之下作方座長濶尺餘卧列四維座上鑿置獨柱高可二尺餘柱下橫木長可二尺用竹篾均列四彎内引下座四維紡於車上即成棉線舊法先將此維絡於籰上然後紡合今得此制甚為速妙詩云絲牽卧維上拘聮雙縷俱成合線棉便向車頭施捷巧紡人特喜勝於先

木棉總具

木棉總具其法自撥車軖床棉紝既成用漿糊煮過仍以木杖兩端掣之日曬不時手搓乾濕得所絡於籰上而後經緯制度一倣紬類織紝機杼並與布同詩云棉絲經絡比紬工織紝機張與布同既可為衣代紬布便知器用兩相通

乾隆御覽之寶

農書卷二十一

欽定四庫全書

農書卷二十二

元　王禎　撰

農器圖譜二十

麻苧門

麻苧之有用具南北不無異同民俗豈能通變如南人不解刈麻北人不知治苧及有漚浸審生熟之節車紡分大小之工凡絺綌繩綆皆其所出今并所附類一一條列庶使南北互相為法云

漚池

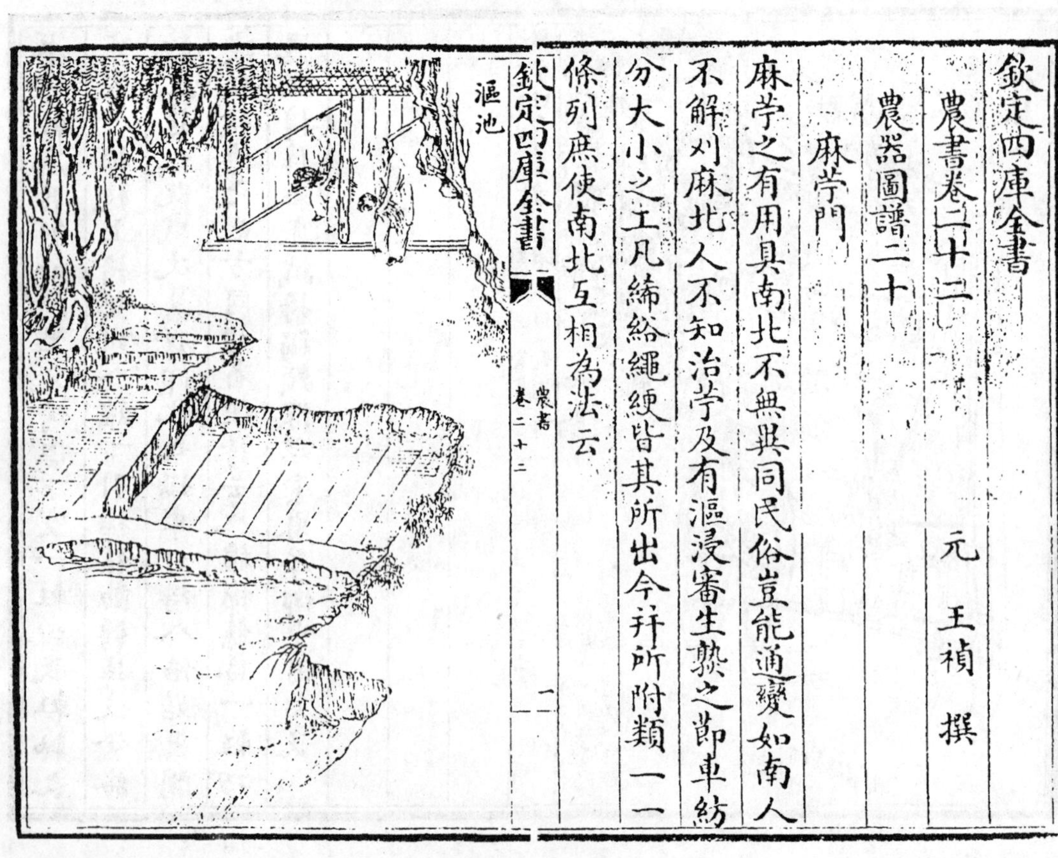

漚烏侯切池漚浸漬也池猶泓也詩云東門之池可以漚麻凡藝麻之鄉如無水處則當掘地成池或甃以塼石蓄水於內用作漚所齊民要術云漚欲清水生熟合宜注說云濁水則麻黑水少則麻脆生則難剝太爛則不任此漚法也氾勝之書曰夏至後二十日漚枲枲和如絲大凡北方治麻刈倒即束之卧置池內水要寒煖得宜麻亦生熟有節須人體測得法則麻皮潔白柔韌可績細布南方但連根拔麻遇用則旋浸旋剝其麻片黃

皮粗厚不任細績雖南北習尚不同然北方隨刈即漚於池可為上法又詩云東門之池可以漚苧以此知苧亦可漚問之南方造苧者謂苧性本難軟與漚麻不同必先績苧已紡成纑乃用乾石灰拌和累日夏天三日冬天五日春秋約中既畢抖去別用石灰煮熟待冷於清水中濯淨然後用蘆簾平鋪水面如水遠則用大盆盛水鋪簾或草攤纑浸曝每日換水亦可攤纑於上半浸半曬遇夜收起瀝乾次日如前候纑極白方可起布此治苧池漚之法須假水浴日曝而成北人未之省也今錄之冀南北通用竊讀孟子所謂江漢以濯之秋陽以暴之皜皜乎不可尚已今漚苧雖曰小技亦此理歟詩曰解襞常麻作雪衣詩云麻衣如雪好將漚法教民知若憑地利江南易是處人家近水湄

刈刀　苧刮刀

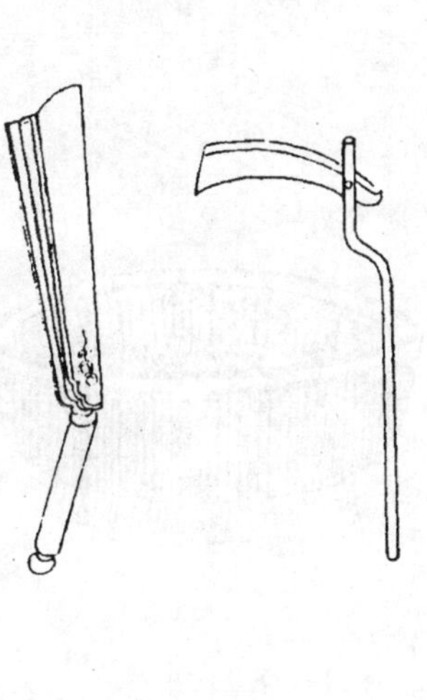

刈刀穫麻刄也或作两刄但用鐮桐似洛切旋插其刄俯身控刈取其平穩便易北方種麻頗多或至連頃另有刀工各具其器劃刈根莖劖削梢葉甚為速效齊民要術曰麻勃如灰便刈菓欲小穧欲薄穫欲淨此刈麻法也南方惟用拔取頗費工力故録於此示其便也詩云森森麻榦覆陰濃頃畝方期一捲空說似吳儂初未信中原隨地有刀工

苧刮刀刮苧皮刄也煅鐵為之長三寸許捲成小槽內插短柄兩刄向上以鈍為用仰置

手中將所剝苧皮横覆刄上以大指就按刮之苧膚即蜕農桑輯要云苧刈倒時用手剝下皮以刀刮之其浮皺七句切自去又曰苧剝取其皮以竹刮其表厚處自脫得裡如筋者煑之用績今制為兩刄鐵刀尤便于用詩云刮苧由來要愈工柄頭雙刄就為銎形模外若無他伎掌握中能効此功捲去膚皴見精粹退餘梗澁得輕鬆作麻已付金釵績更為珍藏用不窮

績䉛

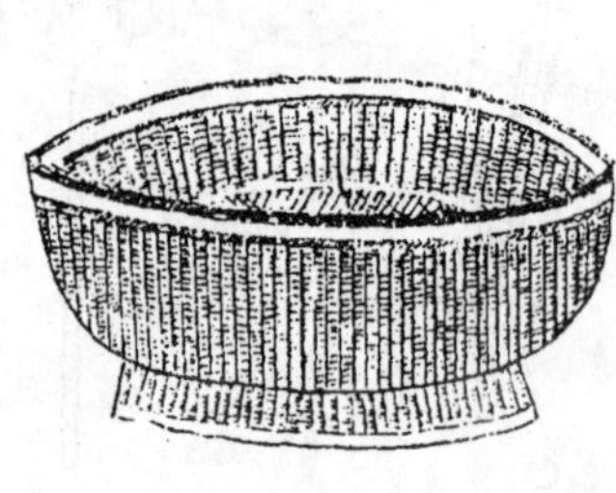

績䉛去中切 盛麻績器也績集韻云緝也䉛說文曰籠也又姑簍也字從竹或以條莖編之用則一也大小深淺隨其所宜制之麻苧蕉葛等為之絺綌皆本于此有日用生財之道也詩云績麻如之何以器為縈繙初謎飛霰落次若層雲屯功成在良筌日新等銘槃詩人有深刺勿傚南方原

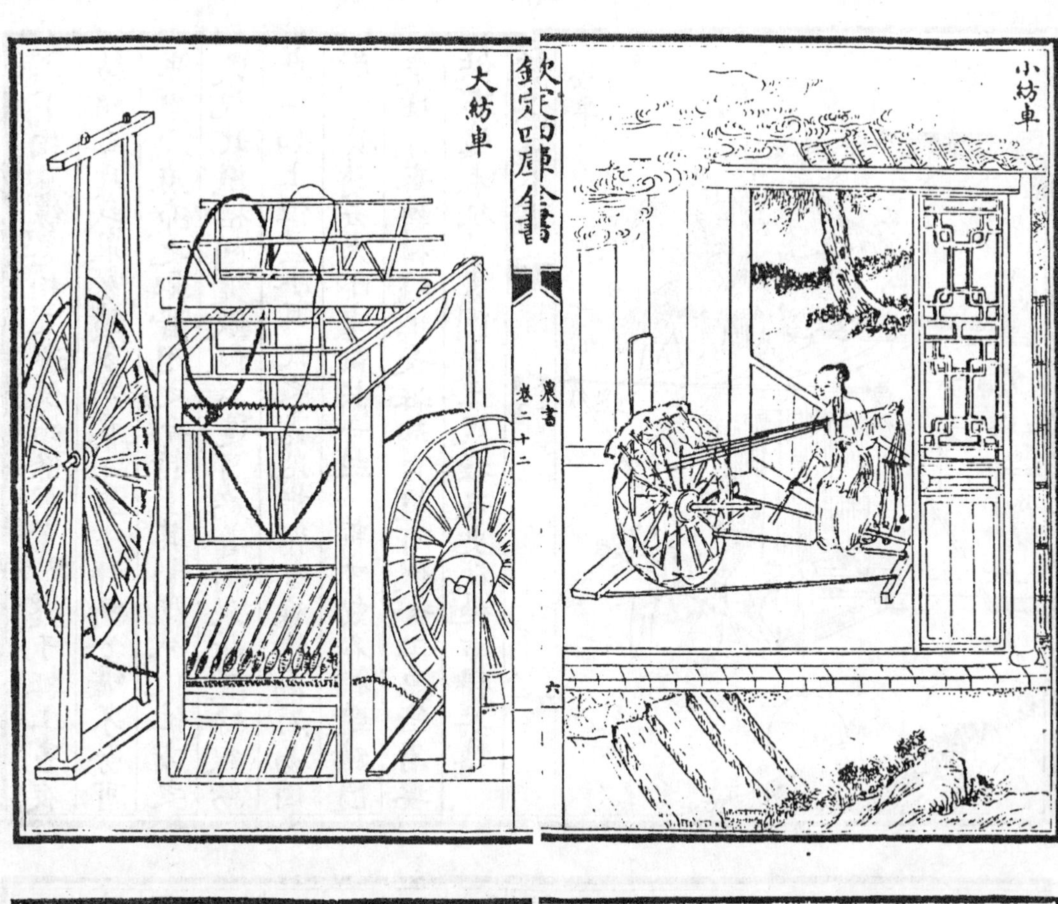

小紡車紡妃兩切此車之制凡麻苧之鄉在在有之前圖具陳兹不復述隋書鄭善果母清河崔氏恒自紡績善果曰母何自勤如是耶荅曰紡績婦人之務上自王后下至大夫妻各有所製若惰業者是為驕逸吾雖不知禮其可自敗名乎今士大夫妻妾衣去聲被纖美曾不知紡績之事聞此鄭母之言當自悟也詩云宓間荊布踏車人紡具維持總一身旋績纆綿分衆縷各隨莩維轉上聲孤輪無窮運用資生業不礙繁喧徹近隣從此輪功到機杼年年絺綌為誰新　大紡車其制長餘二丈闊約五尺先造地柎木框四角立柱各高五尺中穿横桄上架枋木其枋木兩頭山口卧受捲纑長軖鐵軸次于前地柎上立長木座座上列臼以承䉶底鐵簨夫䉶用木車成筩子長一尺二寸圍一尺二寸計三十二枚内受績纆䉶上俱用杖頭鐵環以拘䉶軸又于額枋前排置小鐵叉分勒績條轉上聲上長軖仍就左右別架車輪兩座通絡皮弦下經列䉶上拶轉軖旋鼓或人或畜轉上聲動左邊大輪弦隨輪轉衆機皆動

上下相應緩急相宜遂使績條成緊去聲纏于軠上晝夜紡績百斤或衆家績多乃集于車下秤績分纑不勞可畢中原麻布之鄉皆用之今特圖其制度欲使他方之民視此機栝關楗倣做成造可爲普利又新置絲線紡車一如上但差小耳比之露地桁架合線特爲省易因附于此詩云大小車輪共一絃一輪才動各相連績隨衆轖方齊轉上聲纑上長軠却自纏可代女工兼倍省要供布縷未征前畫圖中土規模在更欲他方得共傳

蟠車

蟠車纏纑具也又謂之撥車南人謂撥柎又云車柎南北人皆慣用習見已圖于前茲不必述詩云績紡功才畢蟠纑得此車行桄運樞臬交輳寄横义宛轉荊釵手周旋里布家豈知羅綺輦惟務撥琵琶

纑刷

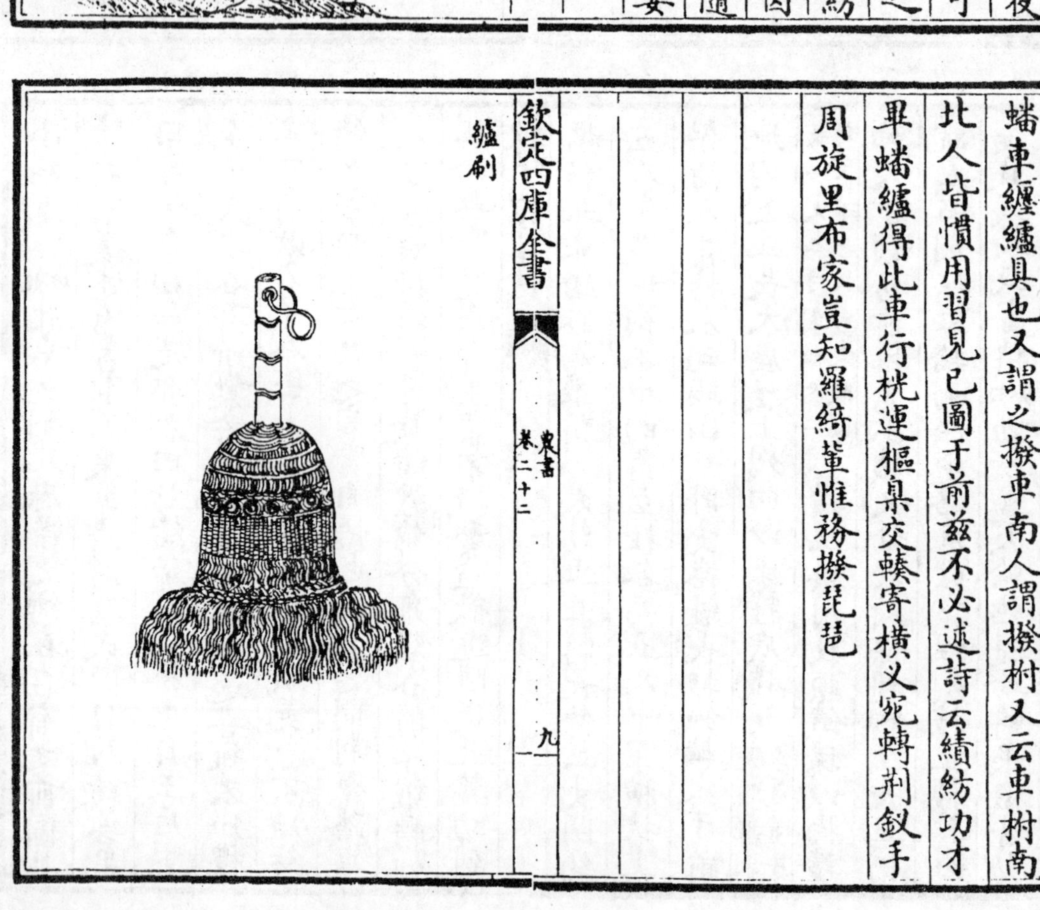

纑刷䟽布縷器也束草根為之通柄長可尺許圍可尺餘其縷縷杼軸既畢架以义木下用重物掣之纑縷已均布者以手執此就加漿糊順下刷之即增光澤可授機織此造布之内雖曰細具然不可闕詩云績麻經紡即為纑功用都歸一刷餘饒與機頭借光潤已聞催布有征胥

布機

布機釋名曰布列諸縷淮南子曰伯余之初作衣也(伯余黄帝臣也)緂(他甘切)麻索縷手經指挂(案淮南子此句下有其成猶網羅一句)後世為之機杼幅匹廣長踈密之制存焉農家春秋績織最為要具詩云誰家績紡成札札弄機杼大布可以衣絺縠安用許哀彼度梭人辛苦織如霧坐令鄉落間長歌二東句

行臺監察御史詹雲卿造布之法印行令抄附于此

毛絁布法揀一色白苧麻水潤分成縷粗細任意旋緝旋搓本俗于腿上搓作纑逗成鋪不必車紡亦勿㢡漚只經生纑論帖穿苧如常法以發過稀糊調細豆麵刷過更用油水刷之于天氣濕潤時不透風處或地窨子中洒地令潤經織為佳若風日高燥則纑縷乾脆難織每織必先以油水潤苧及潤纑經織成生布于好灰水中浸蘸𤇆乾再蘸再𤇆如此二日不得揉搓再蘸濕了於乾灰内周徧滲浥兩時久納于熱灰水内浸濕於甑中蒸之文武火養二三日頻頻翻覷要識灰性及火候緊慢次用淨水滌濯天晴再三帶水搭𤇆

如前不計次數惟以潔白為度灰須上等白者落藜蓁柴豆稭等灰入少許炭灰妙　鐵勒布法將揀下褋色苧麻水潤分縷隨緝隨搓經織皆如前法水煑過便是先將生苧麻折作二尺五寸長不斷煞乾蒸過帶濕剥下去粗皮如常法水潤緝搓如前　麻鐵黎布法將褋色老火麻帶濕曲折作二尺五寸長煞乾收之欲用時旋于木甑中蒸過趂濕剥下煞乾以木桿子兩個夾麻順歷數次至麻性頗軟堪緝為度水潤緝績紡作纑生

織成布水煑便是此布妙處唯在不搓揉了麻之骨力好灰水㶣煞布子潔白而已雖曰㶣煞頗煩而省纏縈皴纑等工亦多比之南布或有價高數倍者真良法也鏤板印布與存心治生君子共之

紝車

紝車績麻枲（想里切）紝（俗寫作麻紝廣韻並無此字今姑從俗紴廣韻作乃聲）緊（去聲）具也造作箕虡（箕思尹切虡其舉切）高二尺上穿橫軸長可二尺餘貫以軖轂左手引麻牽軖既轉右手續接麻皮成緊（去聲）縱纑軖上紝縷既盈乃脫軖付之繩車或作別用詩云形如綢籆却輕便（平聲）麻縷牽来日萬旋料得紝成付它具作繩功力已居先

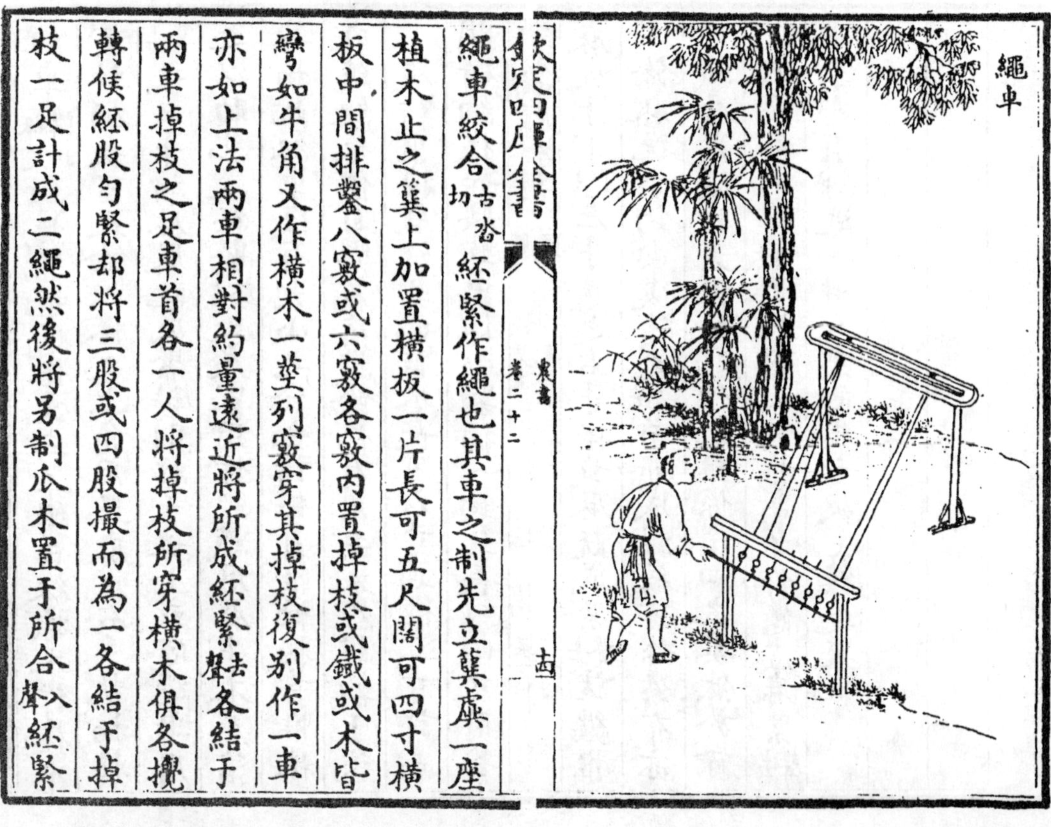

繩車絞合古沓切絍緊作繩也其車之制先立簨虡一座植木止之簨上加置横板一片長可五尺闊可四寸横板中間排鑿八竅或六竅各竅内置掉枝或鐵或木皆彎如牛角又作横木一莖列竅穿其掉枝復别作一車亦如上法兩車相對約量遠近將所成絍緊去聲各結于兩車掉枝之足車首各一人將掉枝所穿横木俱各攪轉候絍股匀緊却將三股或四股撮而為一各結于掉枝一足計成二繩然後將另制瓜木置于所合入聲絍緊

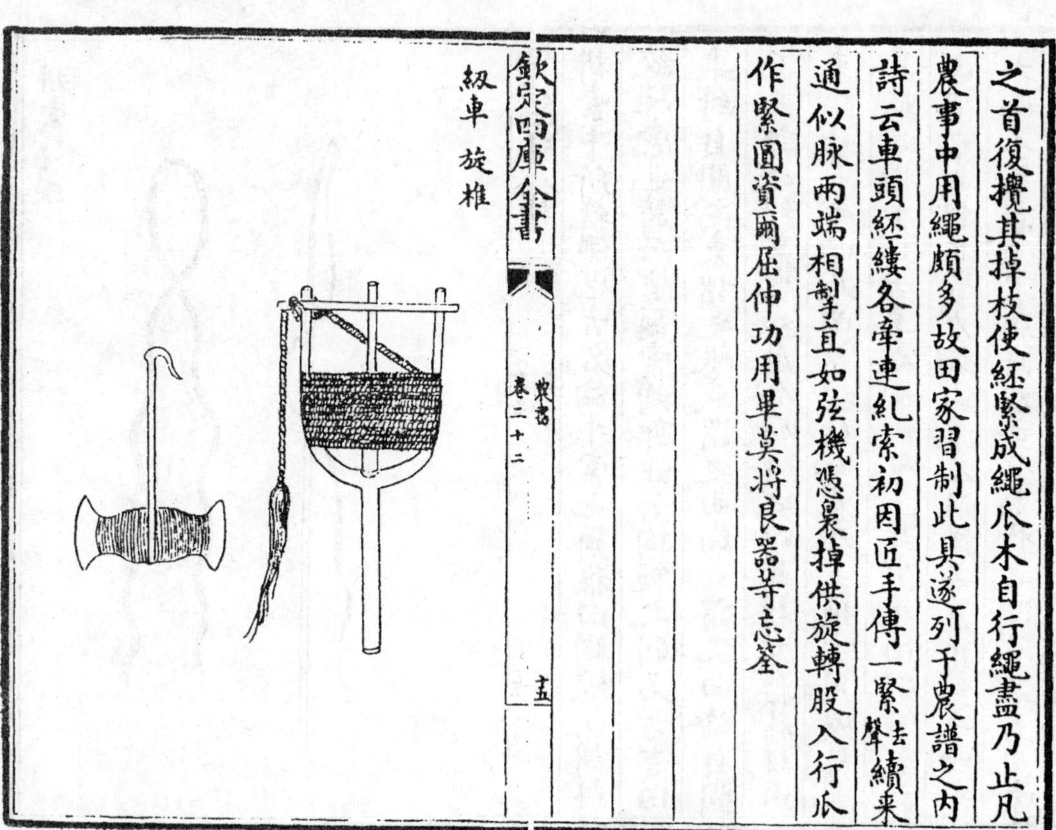

之首復攪其掉枝使絍緊成繩瓜木自行繩盡乃止凡農事中用繩頗多故田家習制此具遂列于農譜之内

詩云車頭絍縷各牽連糺索初因匠手傳一緊去聲續来通似脉兩端相掣直如弦機憑梟掉供旋轉股入行瓜作緊圜資爾屈伸功用畢莫將良器等忘筌

紉車紉尺鄰切繟繩器也通俗文曰單繟曰紉揉木作棬中貫軸柄長可尺餘以棬之上角用單麻皮右手執柄轉上聲之左手續麻股既成緊去聲則纏于棬上或隨繩車用之以助糾絞紉緊去聲又農家用作經織麻屨牛衣薦箔等物此紉車復有大小之分也詩云身惟軸柄首惟棬麻縷紉來儘自纏薦箔織餘仍有用牛衣經緯輓于毯

旋平聲椎掉麻紱具也截木長可六寸頭徑三寸許兩間斫細樣如腰鼓中作小竅插一鈎篗長可四寸用繫

麻皮于下以左手懸之右手撥旋麻既成緊去聲就纏椎上餘麻挽于鈎內復續之如前所成經緯可作麤布亦可織屨農隙時老稚皆能作此雖係瑣細之具然於貧民不為無補故繫于此詩云鉤椎高挈作懸虛麻緊去聲成來布有纑近喜鄉人更他用却旋毛縷造氍毹

耕索　呼鞭

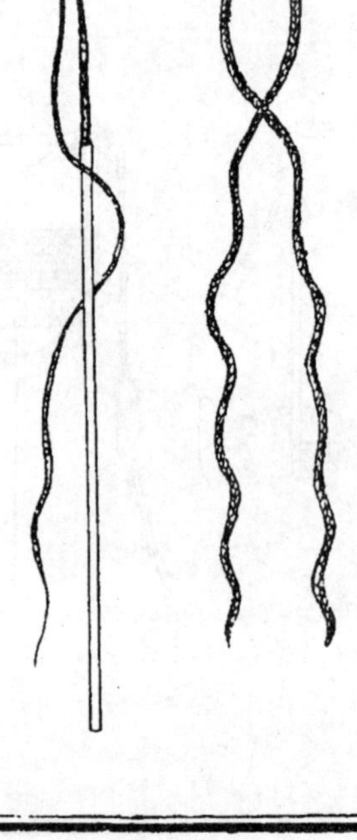

耕索牛所輓繩也古名綯牛索也爾雅曰綯絞也謂糾絞繩索也詩云宵爾索綯郭注云綯繩之別名方言曰車紂自關而東謂之緻或謂之曲綯或謂之曲綸自關而西謂之紂古㽹切農家紉麻合之以輓耕犂按舊說遼東犂轅長可四尺回轉相妨今秦晉之地亦用長轅犂其轅端橫木如古車之制以駕二牛然平田則可至於山隈水曲轉折費力如山東及淮漢等處用三牛四牛大小不等高下不齊既難並駕動作之間終不若用索

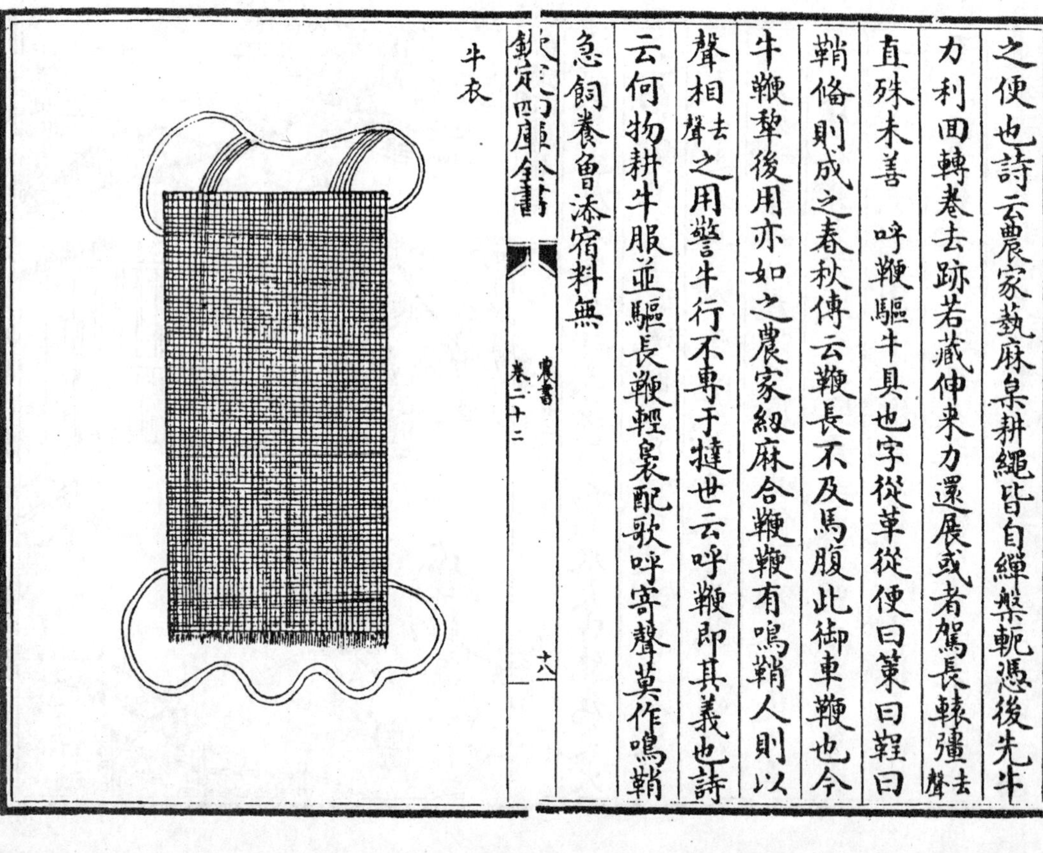

之便也詩云農家䵶麻枲耕繩皆自緶槃軶憑後先牛力利田轉卷去跡若藏伸來力還展或者駕長轅彊去聲直殊未善

呼鞭驅牛具也字從革從便曰策曰鞕曰鞘㭘則成之春秋傳云鞭長不及馬腹此御車鞭也今牛鞭犂後用亦如之農家紉麻合鞭鞭有鳴鞘人則以聲相去聲之用警牛行不專于撻世云呼鞭即其義也詩云何物耕牛服並驅長鞭輕裊配歌呼寄聲莫作鳴鞘急飼養曾添宿料無

牛衣

牛衣顏師古曰編亂麻為之即今呼為䵶具者前漢王章傳嘗卧牛衣中晉書劉寔好學少貧苦口誦手繩賣牛衣以自給據牛之有衣舊矣以此見古人重畜不忘農之本故也今牧養中唯牛毛疎最不耐寒每近冬月皆宜以冗麻續作𦁛緊去聲編織毯段衣去聲之如裋市主切褐然以禦寒冽不然必有凍慄之患農耕之家不可不預為儲備王荊公詩云百獸冬自煖獨牛無氄毛無衣與卒歲坐恐得空牢主人覆護恩豈啻一綈袍問汝何以報穮穮滿東皋案農務集作黍離滿東皋

法製長生屋天生五材民並用之而水火皆能為災火之為災尤其暴者也春秋左氏傳曰天火曰災人火曰火夫古之火正或食于心或食于咮咮為鶉火心為大火天火之孽雖曰氣運所感亦必假于人火而後作焉人之飲食非火不成人之寢處非火不明人火之孽失于不慎始于毫髮終于延綿且火得木而生得水而熄至土而盡故木者火之母人之居室皆資于木易于生患水者火之牡而足以勝火人皆知之土者水之子而足以禦火而人未之知也水者救于已然之後土者禦于未然之前救于已然之後者難為功禦于未然之前者易為力此曲突徙薪之謀所以愈于焦頭爛額之功也吾嘗觀古人救火之術宋災樂喜為政使伯氏司里火所未至撤小屋塗大屋陳畚挶具綆缶備水器蓄水潦積土塗表火道此救療之法也鄭災公孫僑為政郊人助園史除于國北禳火于元冥回禄祈于四鄘此祈禳之法也是皆救于已然之後嘗見往年腹裏諸郡所

居瓦屋則用磚裹杣簷草屋則用泥圬上下既防延燒且易救護又有別置府藏外護磚泥謂之土庫火不能入竊以此推之凡農家居屋厨屋蠶屋倉屋牛屋皆宜以法製泥土為用先宜選用壯大材木締構既成椽上鋪板板上傅泥泥上用法製油灰泥塗飾待日曝乾堅如瓷石可以代瓦凡屋中内外材木露者與夫門窻壁堵通用法製灰泥圬墁之務要匀厚固密勿有罅隙可免焚爇之患名曰法製長生屋是乃禦於未然之前誠

為長策又豈特農家所宜哉今之高堂大厦危樓傑閣所以居珍寶而奉身體者誠為不貲一旦患生於不測爨起于微眇轉眄揺足化為煨燼之區瓦礫之場千金之軀亦或不保良可哀憫平居暇日誠能依此製造不惟歷刼火而不壞亦可防風雨而不朽至若閬闠之市居民輳集雖不能盡依此法其間或有一焉亦可以間隔火道不至延燒安可惜一時之費而不為永久萬全之計哉賛曰上棟下宇從古而然衣食之利農家攸先

維彼倉廩食之所寄維彼蠶室衣之所繫矧兹居室于焉寢處一有遺燎化為焦土嗟爾農夫豫戒不虞製泥和灰是墁是塗何畏畢方何愁回禄棟宇恒存衣食恒足匪直農家此策是宜凡百居宅可倣作之　法製灰泥用磚屑為末白善泥桐油枯（如無桐油枯以油代之）莩炭石灰糯米膠以前五件等分為末將糯米膠調和得所地面為磚則用磚模脫出趂濕于良平地面上用泥墁成一片半年乾硬如石磚然圬墁屋宇則加紙筋和匀用之不致折裂塗飾材木上用帶筋石灰如材木光處則用小竹釘簪麻鬚惹泥不致脫落

活字板韻輪圖

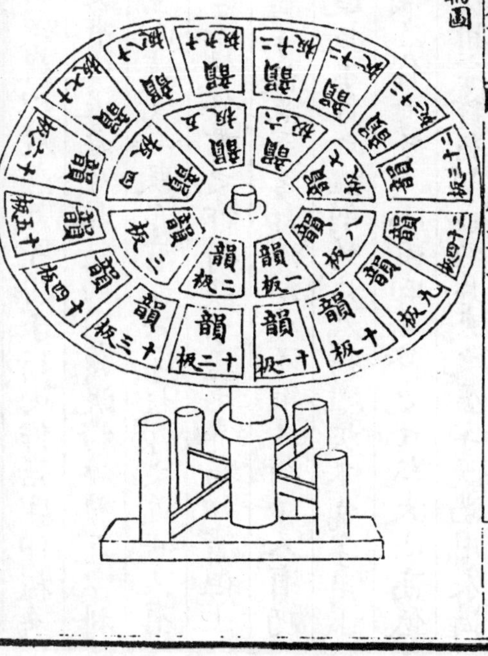

造活字印書法伏羲氏畫卦造契以代結繩之政而文籍生焉注云書字于木刻其側以為契各持其一以相考合黄帝時倉頡視鳥跡以為篆文即古文科斗書也周宣王時史籀變科斗而為大篆秦李斯損益之而為小篆程邈省篆而為隸由隸而楷由楷而草則又漢魏間諸賢變體之作此書法之大概也或書之竹謂之竹簡或書于縑帛謂之帛書厥後文籍寖廣縑貴而簡重不便于用又為之紙故字從巾按前漢皇后紀已有赫蹏紙至後漢蔡倫以木膚

麻頭敝布魚網造紙稱為蔡倫紙而文籍資之以為卷軸取其易于卷舒目之曰卷然皆寫本學者艱于傳錄故人以藏書為貴五代唐明宗長興二年宰相馮道李愚請令判國子監田敏校正九經刻板印賣朝廷從之鋟梓之法其本于此因是天下書籍遂廣然而板木工匠所費甚多至有一書字板功力不及數載難成雖有可傳之書人皆憚其工費不能印造傳播後世有人別生巧技以鐵為印盔界行內用稀瀝青澆滿冷定取平

火上再行煨化以燒熟瓦字排于行內作活字印板為其不便又有以泥為盔界行內用薄泥將燒熟瓦字排之再入窑內燒為一段亦可為活字板印之近世又有鑄錫作字以鐵條貫之作行嵌于盔內界行印書但上項字樣難于使墨率多印壞所以不能久行今又有巧便之法造板木作印盔削竹片為行雕板木為字用小細鋸鎪開各作一字用小刀四面修之比試大小高低一同然後排字作行削成竹片夾之盔字既滿用木掮

掮先結切之使堅牢字皆不動然後用墨刷印之

寫韻刻字法先照監韻內可用字數分為上下平上去入五聲各分韻頭校勘字樣抄寫完備擇能書人取活字樣製大小寫出各門字樣糊于板上命工刊刻稍留界路以憑鋸截又有如助辭之乎者也字及數目字并尋常可用字樣各分為一門多刻字數約有三萬餘字寫畢一如前法今載立號監韻活字板式于後其餘五聲韻字俱要做此

一東通侗恫桐同仝童僮曈朣瞳銅峒

橦絧蕫筒穜潼獞𤛆詷艟籠龔聾曨朧櫳瓏礱瀧芃逢
鬃蒙冡懞幪濛霥矇艨曚懵悤蔥聰驄騣豵緵鬷叢叢
篈蘴潨洪洚紅谹鴻訌烘空悾箜公功工攻玒翁豐酆
灃風楓馮渢嵩娀菘崧充㤝㳘忡終螽戎䖾駥狨崇漴
中衆忠蟲沖冲种爞翀隆癃窿融㲯彤雄熊弓躬躳宮
芎窮藭　二冬彤㣚農儂宗鬆賨悰琮潨慒淙攻　三
鍾鐘橦舂椿惷衝衝罿憧艟鱅慵茸摐鏦從蓯蹤摐松
丰夆鋒鏠烽逢峯螽蜂搻重穜龍龍醲濃穠欀容溶蓉

庸墉鎔鄘鏞封葑逢傭恭共供龔胸匈凶洶訩訽跫邕
噰雝灉癰饔壅顒喁禺蛩邛筇蛬　四江扛杠矼釭
玒腔椌降悾缸舡项洚訌虹邦龐尨庬哤雙艭愯瀧䏶
窓囪鏦樁惷幢　五支枝肢卮梔觗氏楮搘禔祇衹衹
秖衹秪砥跂施葹鍦鉈釃廝蘼䙊吹歔炊差衰匙翅垂
陲倕腄兒痿斯祈澌凘虒褫雌眥髭觜疵訾玭觜隨遺
隋知摛螭縭馳池邸菟褫鍉鎚槌搥甀離离蠡劙剺黎
蘼𥡴纚羅籬縭醨漓璃灕鸝驪鸑孋梨藜犂犂𣺊來倈徠

鳌鶩䘐犛狸貍霾氂鈹被陂羆碑畀痺裨鎞鈚裨埤箄
鼙皮疲罷　鏤字修字法將刻訖板木上字樣用細齒
小鋸每字四方鏤下盛于筐筥器內每字令人用小裁
刀修理齊整先立準則於準則內試大小高低一同然
後另貯別器　作盔嵌字法于元寫監韻各門字數嵌
於木盔內用竹片行行夾住擺滿用木榍輕掮之排於
輪上依前分作五聲用大字標記　造輪法用輕木造
為大輪其輪盤徑可七尺輪軸高可三尺許用大木砧

鑿竅上作横架中貫輪軸下有鑽臼立轉輪盤以圓竹
笆鋪之上置活字板面各依號數上下相次鋪擺凡置
輪兩面一輪置監韻板面一輪置雜字板面一人中坐
左右俱可推轉摘字蓋以人尋字則難以字就人則易
此轉輪之法不勞力而坐致字數取訖又可補還韻內
兩得便也　取字法將元寫監韻另寫一冊編成字號
每面各行各字俱計號數與輪上門類相同一人執韻
依號數喝字一人於輪上元布輪字板內取摘字隻嵌

於所印書板盔内如有字韻内别無隨手令刋匠添補疾得完備　作盔安字刷印法用平直乾板一片量書面大小四圍作欄右邊空候擺滿盔面右邊安置界欄以木搘搘之界行内字樣須要個個修理平正先用刀削下諸様小竹片以别器盛貯如有低邪隨字形襯𣏌搘之至字體平穩然後刷印之又以椶刷順界行^（徒念切）竪直刷之不可横刷印紙亦用椶刷順界行刷之此用活字板之定法也　前任宣州旌德縣縣尹時方撰農書因字數甚多難於刋印故尚已意命匠創活字二年而工畢試印本縣志書約計六萬餘字不一月而百部齊成一如刋板使知其可用後二年予遷任信州永豐縣挈而之官是農書方成欲以活字嵌印今知江西見衍命工刋板故且收貯以待别用然古今此法未有所傳故編録于此以待世之好事者為印書省便之法傳於永久本為農書而作因附于後

農書卷二十二

救荒本草

明·朱橚撰

救荒本草

欽定四庫全書　　子部四

救荒本草目録　　農家類

卷一

草部二百四十五種

卷二

草部

卷三

草部

卷四

草部

卷五

木部八十種

卷六

木部

卷七

米穀部二十種

果部二十三種

卷八

菜部四十六種

臣等謹案救荒本草八卷明周王朱橚撰橚明太祖第五子洪武十一年封十四年就藩開封建文時廢徙雲南成祖復其爵洪熙元年薨謚曰定明史本傳稱橚好學能詞賦嘗作元宫詞百章以國土夷曠庶草蕃廡考核其可佐饑饉者四百餘種繪圖上之即是書也李時珍本草綱目以此書及普濟方俱云洪武初周憲王著攷憲王有燉於仁宗初始嗣封其説殊誤是編為嘉靖乙卯陸東所重刊每卷又分為前後共成四卷其見諸舊本草者一百三十八種新增者二百七十六種皆詳核可據前有東自序亦稱周憲王著葢當時以親藩貴重刊書皆不題名故輾轉傳

訛有所不免今特為糾正焉乾隆四十三年九月恭校上

總纂官臣紀昀臣陸錫熊臣孫士毅

總校官臣陸費墀

救荒本草原序

植物之生於天地間莫不各有所用苟不見諸載籍雖老農老圃亦不能盡識而可亨可芼者皆躪藉於牛羊鹿豕而已自神農氏品嘗草木辨其寒温甘苦之性作為醫藥以濟人之夭札後世賴以延生而本草書中所載多伐病之物而於可茹以充腹者則未之及也敬惟周王殿下體仁遵義孳孳為善凡可以濟人利物之事無不留意嘗讀孟子書至于五穀不熟不如荑稗因念林林總總之民不幸罹於旱澇五穀不熟則可以療飢者恐不止荑稗而已也苟能知悉而載諸方冊俾不得已而求食者不惑甘苦於荼薺取昌陽棄烏喙因得以裨五穀之缺則豈不為救荒之一助哉於是購田夫野老得甲坼勾萌者四百餘種植於一圃躬自閲視俟其滋長成熟迺召畫工繪之為圖仍疏其花實根幹皮葉之可食者彚次為書一帙名曰救荒本草命臣同為之序臣惟人情於飽食煖衣之際多不以凍餒為虞一旦

遇患難則莫知所措惟付之於無可柰何故治己治人鮮不失所今殿下處富貴之尊保有邦域於無可虞虞之時乃能念生民萬一或有之患深得古聖賢安不忘危之旨不亦善乎神農品嘗草木以療斯民之疾殿下區别草木欲濟斯民之飢同一仁心之用也雖然今天下方樂雍熙泰和之治禾麥產瑞家給人足不必論及於荒政而殿下亦豈忍覩斯民仰食於草木哉是編之作蓋欲辨載嘉植不沒其用期與圖經本草並傳于後世庶幾萍實有徵而凡可以亨芼者得不躪藉於牛羊鹿豕苟或見用於荒歲其及人之功利又非藥石所可擬也尚慮四方所產之多不能盡録補其未備則有俟於後日云永樂四年歲次丙戌秋八月奉議大夫周府左長史臣卞同序

欽定四庫全書

救荒本草卷一

明 周王朱橚 撰

草部

葉可食 本草原有四十種

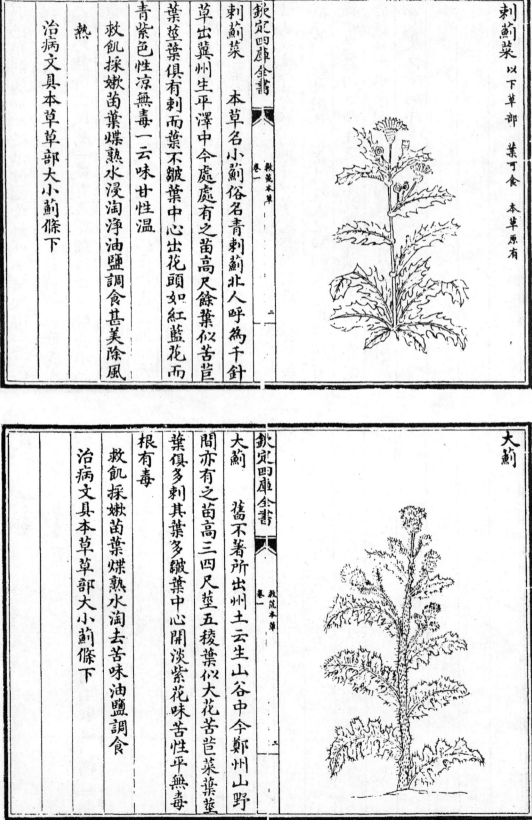

刺薊菜 以下草部 葉可食 本草原有

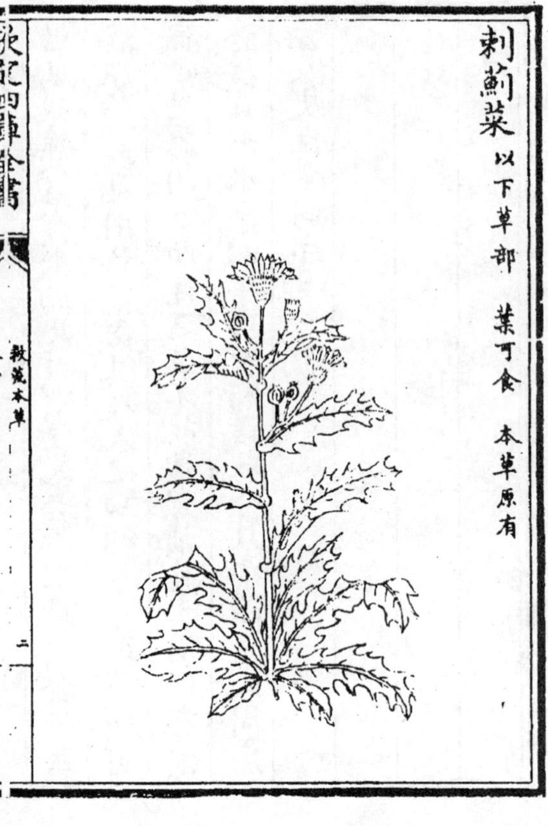

刺薊菜　本草名小薊俗名青刺薊北人呼為千針草出冀州生平澤中今處處有之苗高尺餘葉似苦苣葉莖葉俱有刺而葉不皺葉中心出花頭如紅藍花而青紫色性凉無毒一云味甘性温

救飢採嫩苗葉煠熟水浸淘淨油鹽調食甚美除風熱

治病文具本草草部大小薊條下

大薊

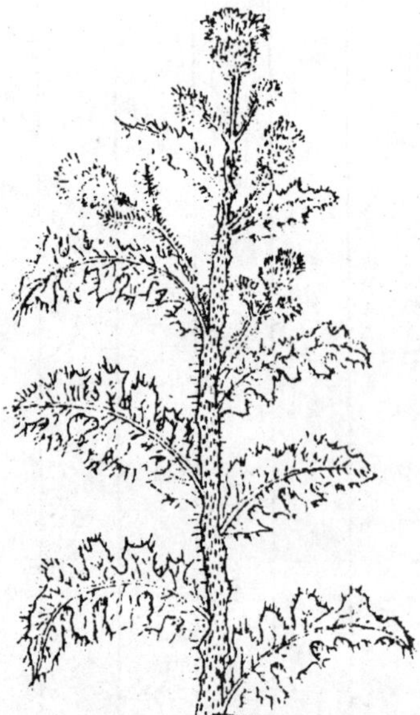

大薊　舊不著所出州土云生山谷中今鄭州山野間亦有之苗高三四尺莖五稜葉似大花苦苣菜葉莖葉俱多刺其葉多皺葉中心開淡紫花味苦性平無毒根有毒

救飢採嫩苗葉煠熟水淘去苦味油鹽調食

治病文具本草草部大小薊條下

山莧菜

山莧菜　本草名牛膝一名百倍俗名脚斯蹬又名對節菜生河内川谷及臨朐江淮閩粤關中蘇州皆有之然皆不及懷州者為真蔡州者最長大柔潤今鈞州山野中亦有之苗高二尺已來莖方青紫色其莖有節如鶴膝又如牛膝狀以此名之葉似莧菜葉而長頗尖艄音哨葉皆對生開花作穗根味苦酸性平無毒葉味甘微酸惡螢火陸英龜甲畏白前

救飢採苗葉煠熟換水浸去酸味淘淨油鹽調食

治病文具本草草部牛膝條下

款冬花

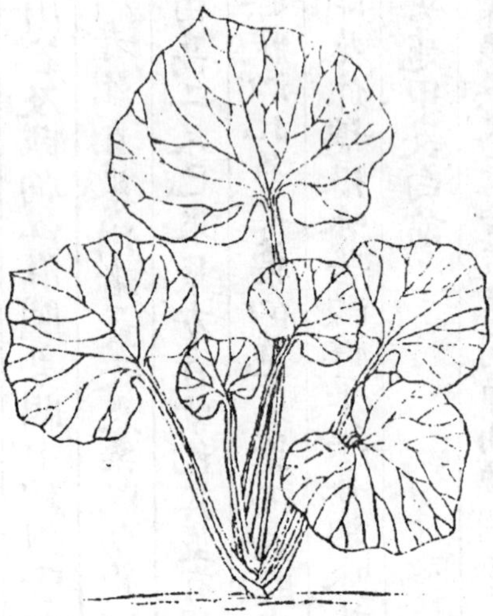

款冬花　一名橐（音托）石一名顆凍一名虎鬚一名菟奚一名氐冬生常山山谷及上黨水傍關中蜀北宕（音蕩）昌秦州雄州皆有今鈞州密縣山谷間亦有之莖青微帶紫色葉似葵葉甚大而叢生又似石葫蘆葉頗團開黃花根紫色圖經云葉如荷而斗直大者容一升小者容數合俗呼為蜂斗葉又名水斗葉此物不避冰雪最先春前生雪中出花世謂之鑽凍又云有葉似萆薢開黃花青紫萼去土一二寸初出如菊花萼通直而肥實無子陶隱居所謂出高麗百濟者近此類也其葉味苦花味辛甘性温無毒杏仁為之使得紫菀良惡皂莢硝石元參畏貝母辛夷麻黃黃芩黃連青箱

救飢採嫩葉煠熟水浸淘去苦味油鹽調食

治病文具本草草部條下

萹蓄

萹蓄　亦名萹竹生東萊山谷今在處有之布地生道傍苗似石竹葉微闊嫩綠如竹赤莖如釵股節間花出甚細淡桃紅色結小細子根如蒿根苗葉味苦性平一云味甘無毒

救飢採苗葉煠熟水浸淘淨油鹽調食

治病文具本草草部條下

大藍

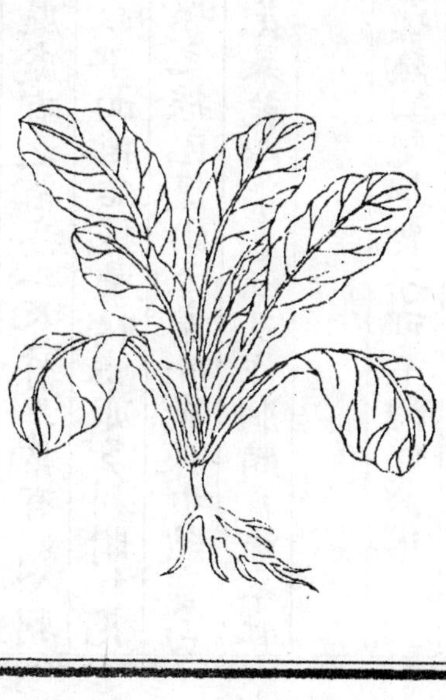

大藍　生河內平澤今處處有之人家園圃中多種苗高尺餘葉類白菜葉微厚而狹窄尖艄淡粉青色莖叉梢間開黃花結小莢其子黑色本草謂菘藍可以為澱染青以其葉似菘菜故名菘藍又名馬藍爾雅所謂葴馬藍是也味苦性寒無毒

救飢採葉煠熟水浸去苦味油鹽調食

治病文具本草草部藍實條下

石竹子

石竹子　本草名瞿麥一名巨句麥一名大菊一名大蘭又名杜母草燕麥蘥音藥麥生大山川谷今處處有之苗高一尺已來葉似獨掃葉而尖小又似小竹葉而細窄莖亦有節梢間開紅白花而結蒴内有小黑子味苦辛性寒無毒蘘草牡丹為之使惡螵蛸

救飢採嫩苗葉煠熟水浸淘淨油鹽調食

治病文具本草草部瞿麥條下

紅花菜

紅花菜　本草名紅藍花一名黄藍出梁漢及西域滄魏亦種之今處處有之苗高二尺許莖葉有刺似刺薊葉而潤澤窊五化切面梢結梂彙音求蝟亦多刺開紅花蘂出梂上圃人採之採已復出至盡而罷梂中結實白顆如小豆大其花暴乾以染真紅及作胭脂花味辛性温無毒葉味甘

救飢採嫩葉煠熟油鹽調食子可笮音作作油用

治病文具本草草部紅藍花條下

萱草花

萱草花　俗名川草花本草一名鹿葱謂生山野花名宜男風土記云懷姙婦人佩其花生男故也人家園圃中多種其葉就地叢生兩邊分垂葉似菖蒲葉而柔弱又似粉條兒菜葉而肥大葉間攛葶開金黃花味甘無毒根涼亦無毒葉味甘

救飢採嫩苗葉煠熟水浸淘淨油鹽調食

治病文具本草草部條下

車輪菜

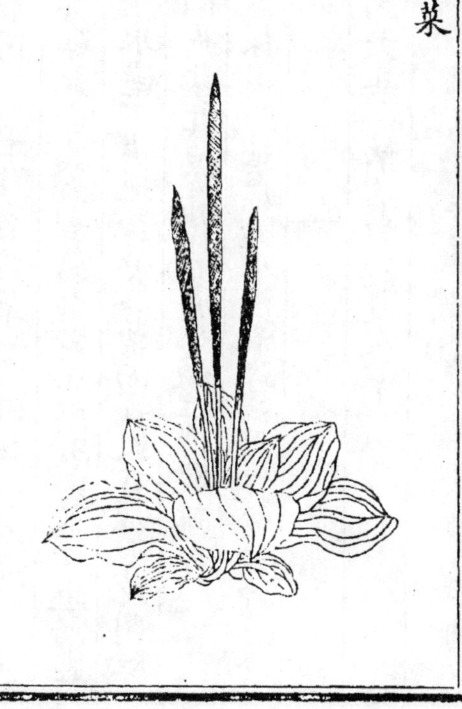

車輪菜　本草名車前子一名當道一名芣苢音浮以一名蝦蟆衣一名牛遺一名勝舄音昔爾雅云馬舄幽州人謂之一舌草生滁州及真定平澤今處處有之春初生苗葉布地如匙面累年者長及尺餘又似玉簪葉稍大而薄葉叢中心攛葶三四莖作長穗如鼠尾花甚密青色微赤結實如葶藶子赤黑色生道傍味甘鹹性寒無毒一云味甘性平葉及根味甘性寒常山為之使

救飢採嫩苗葉煠熟水浸去涎沫淘淨油鹽調食

治病文具本草草部車前子條下

白水葒苗

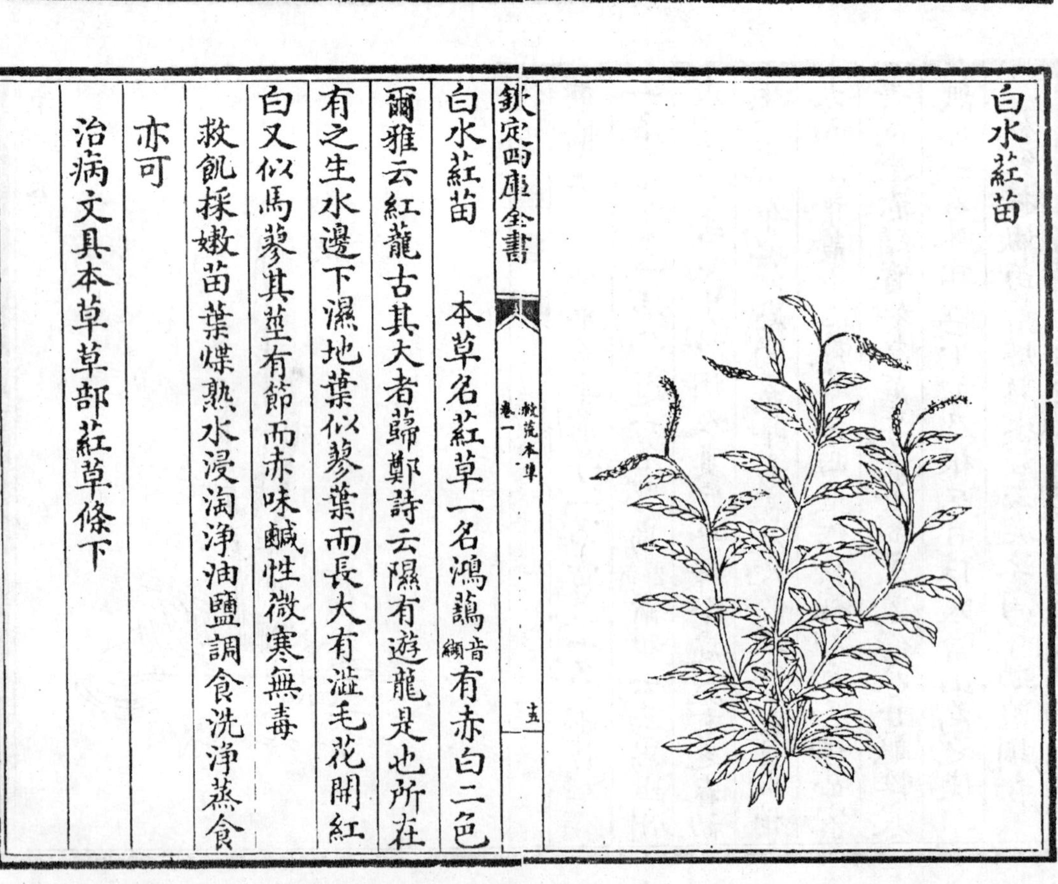

白水葒苗　本草名葒草一名鴻鷁音纈有赤白二色爾雅云紅蘢古其大者蘬鄭詩云隰有遊龍是也所在有之生水邊下濕地葉似蓼葉而長大有澁毛花開紅白又似馬蓼其莖有節而赤味鹹性微寒無毒

救飢採嫩苗葉煠熟水浸淘浄油鹽調食洗浄蒸食亦可

治病文具本草草部葒草條下

黄耆

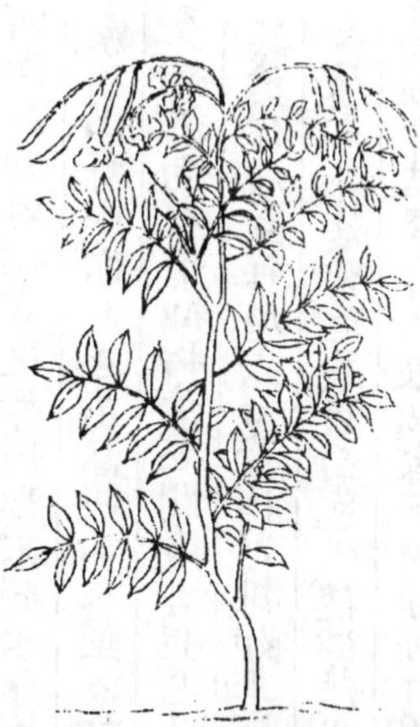

黄耆　一名戴糝一名戴椹一名獨椹一名芰草一名蜀脂一名百本一名王孫生蜀郡山谷及白水漢中河東陝西出綿上呼為綿黄耆今處處有之根長二三尺獨莖叢生枝𣗳其葉扶疎作羊齒狀似槐葉微尖小又似蒺藜葉闊大而青白色開黄紫花如槐花大結小尖角長寸許味甘性微温無毒一云味苦微寒惡龜甲白蘚皮

救飢　採嫩苗葉煠熟換水浸淘洗去苦味油鹽調食

藥中補益呼為羊肉

治病　文具本草草部條下

威靈仙

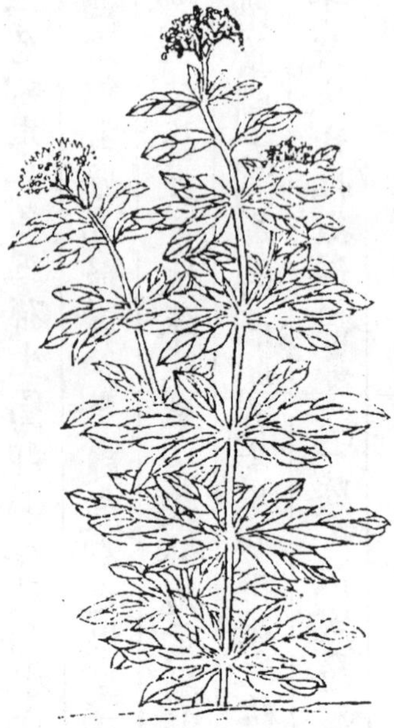

威靈仙　一名能消出商州上洛華山并平澤及陝西河東河北河南河湖石州寧化等州郡不聞水聲者良今密縣梁家衝山野中亦有之苗高一二尺莖方如釵股四稜莖多細茸白毛葉似柳葉而闊邊有鋸齒又似旋覆花葉其葉作層生每層六七葉相對排如車輪樣有六層至七層者花淺紫色或碧白色作穗似蒲臺子亦有似菊花頭者結實青色根稠密多鬚味苦性溫無毒惡茶及麵湯以甘草梔子代飲可也

救飢採葉煠熟換水浸去苦味再以水淘淨油鹽調食

治病文具本草草部條下

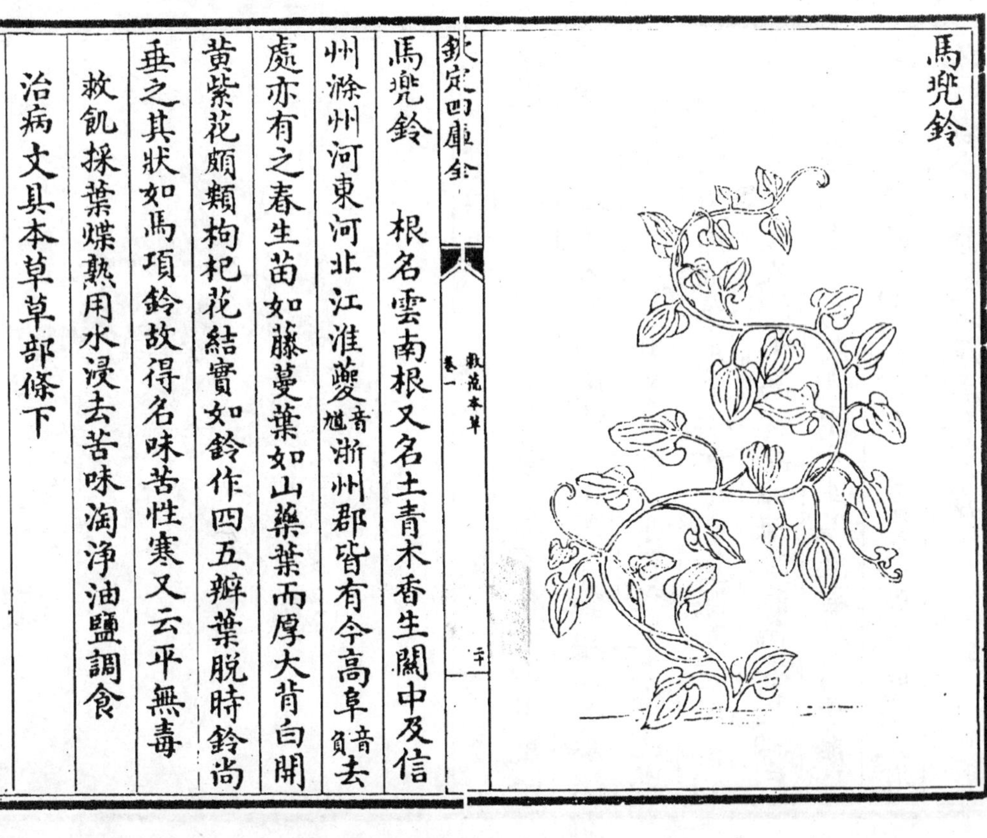

馬兜鈴　根名雲南根又名土青木香生關中及信州滁州河東河北江淮夔音馗浙州郡皆有今高阜音負去處亦有之春生苗如藤蔓葉如山藥葉而厚大背白開黄紫花頗類枸杞花結實如鈴作四五瓣葉脱時鈴尚垂之其狀如馬項鈴故得名味苦性寒又云平無毒

救飢採葉煠熟用水浸去苦味淘淨油鹽調食

治病文具本草草部條下

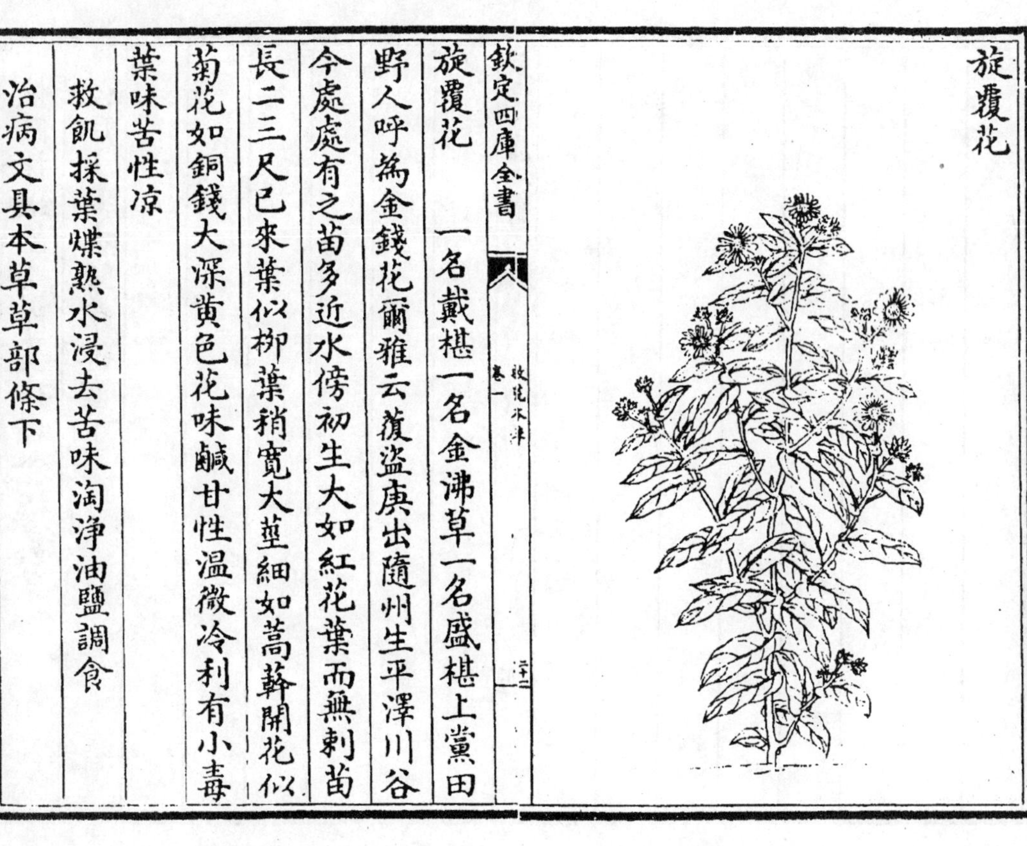

旋覆花　一名戴椹一名金沸草一名盛椹上黨田野人呼為金錢花爾雅云蕧盜庚出隨州生平澤川谷今處處有之苗多近水傍初生大如紅花葉而無刺苗長二三尺已來葉似柳葉稍寬大莖細如蒿簳開花似菊花如銅錢大深黄色花味鹹甘性温微冷利有小毒葉味苦性凉

救飢採葉煠熟水浸去苦味淘淨油鹽調食

治病文具本草草部條下

防風

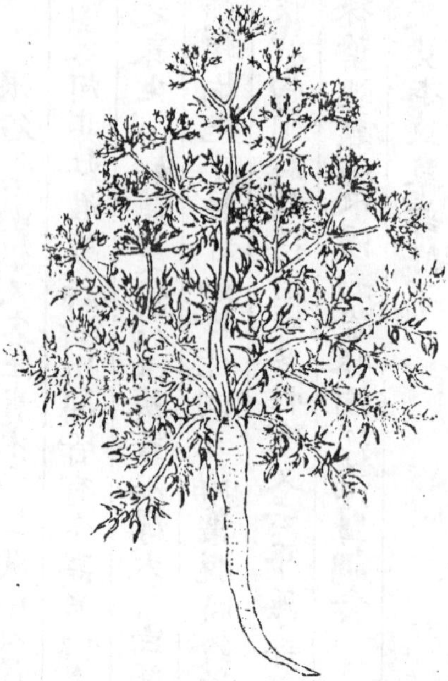

防風　一名銅芸一名茴草一名百枝一名屛風一名蕳根一名百蜚生同州沙苑川澤邯鄲琅邪上蔡陜西山東處處皆有今中牟田野中亦有之根上黄色與蜀葵根相類稍細短莖葉俱青緑色莖深而葉淡葉似青蒿葉而闊大又似米蒿葉而稀踈莖似茴香開細白花結實似胡荽子而大味甘辛性温無毒殺附子毒惡乾薑藜蘆白歛芫花又有石防風亦療頭風眩痛又有叉頭者令人發狂叉尾者發痼疾

救飢採嫩苗葉作菜茹煠食極爽口

治病文具本草草部條下

䔋臭苗

䔋臭苗　本草茺蔚子是也一名益母一名益明一名大札一名貞蔚皆云蓷（音推）益母也亦謂蓷臭穢生海濱池澤今田野處處有之葉似荏子葉又似艾葉而薄小色青莖方節節開小白花結子黑茶褐色三稜細長味辛甘微溫一云微寒無毒

救飢採苗葉煠熟水浸淘淨油鹽調食

治病文具本草草部茺蔚子條下

澤漆

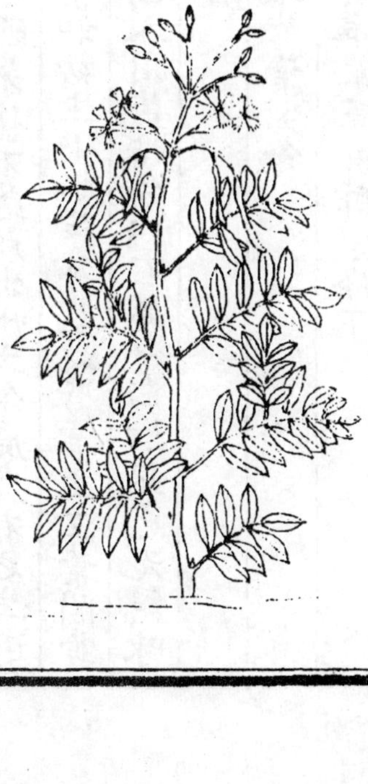

澤漆　本草一名漆莖大戟苗也生大山川澤及冀州鼎州明州今處處有之苗高二三尺科叉生莖紫赤色葉似柳葉微細短開黃紫花狀似杏花而瓣頗長生時摘葉有白汁出亦能嚙（音咬）人故以為名味苦辛性微寒無毒一云有小毒一云性冷微毒小豆為之使惡薯蕷今嘗葉味澁苦食過回味甜

救飢採葉及嫩莖煠熟水浸淘淨油鹽調食採嫩葉蒸過晒乾做茶喫亦可

治病文具本草草部條下

酸漿草

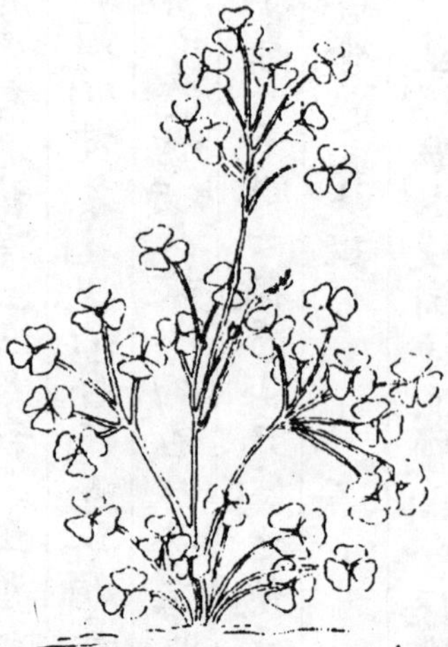

酸漿草　本草名酢（與醋字同）漿草一名醋母草一名鳩酸草俗為小酸茅舊不著所出州土今處處有之生道傍下濕地葉如初生小水萍每莖端皆叢生三葉開黄花結黑子南人用苗揩鍮（音偷）石器令白如銀色光艷味酸性寒無毒

救飢採嫩苗葉生食

治病文具本草草部酢漿條下

蛇床子

蛇床子　一名蛇粟一名蛇米一名虺牀一名思益一名繩毒一名棗棘一名牆蘼爾雅一名盱生臨淄川谷田野今處處有之苗高二三尺青碎作叢似蒿枝葉似黄蒿葉又似小葉蘼蕪又似藁本葉每枝上有花頭百餘結同一窠開白花如傘蓋狀結子半黍大黄褐色味苦辛甘無毒性平一云有小毒惡牡丹巴豆貝母

救飢採嫩苗葉煠熟水浸淘洗淨油鹽調食

治病文具本草草部條下

桔梗

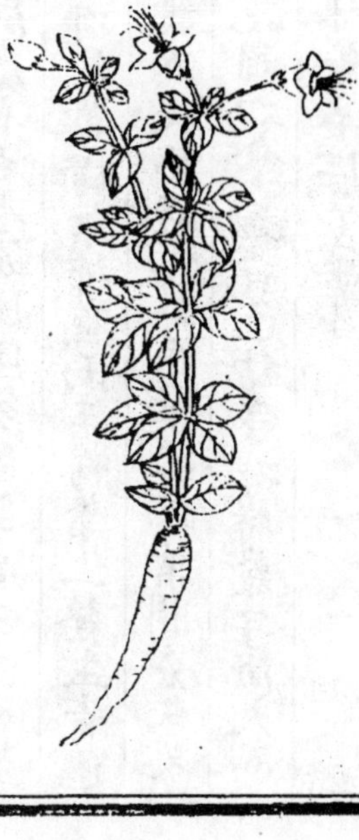

桔梗　一名利如一名房圖一名白藥一名梗草一名薺苨生嵩高山谷及寃句和州解州今鈞州密縣山野亦有之根如手指大黄白色春生苗莖高尺餘葉似杏葉而長撱四葉相對而生嫩時亦可煮食開花紫碧色頗似牽牛花秋後結子葉名隱忍其根有心無心者乃薺苨也根葉味辛苦性微温有小毒一云味苦性平無毒節皮為之使得牡礪遠志療恚怒得硝石石膏療傷寒畏白芨龍眼龍膽

救飢採葉煠熟換水浸去苦味淘洗淨油鹽調食
治病文具本草草部條下

茴香

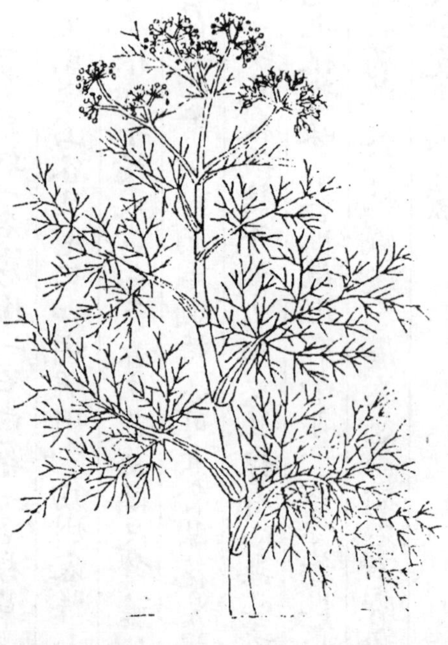

茴香　一名蒔音時香子北人呼為土茴香茴蒔聲相近故云耳今處處有之人家園圃多種苗高三四尺莖麄如筆管傍有淡黄袴葉抪莖而生袴葉上發生青色細葉似細蓬葉而長極踈細如糸髮狀袴葉間分生义枝稍頭開花花頭如傘蓋黄色結子如蒔蘿子微大而長亦有線瓣味苦辛性平無毒

救飢採苗葉煠熟換水淘淨油鹽調食子調和諸般食味香美

治病文具本草草部薺香子條下

夏枯草

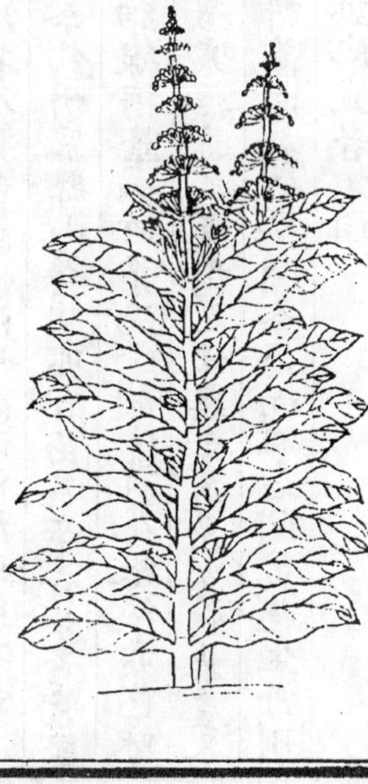

夏枯草　本草一名夕句一名乃東一名燕面生蜀郡川谷及河淮浙滁平澤今祥符西田野中亦有之苗高二三尺其葉對節生葉似旋覆葉而極長大邊有細鋸齒背白上多氣脉紋路葉端開花作穗長二三寸許其花紫白似丹參花葉味苦微辛性寒無毒土瓜為之使俗又謂之鬱臭苗非是

救飢採嫩葉煠熟換水浸淘去苦味油鹽調食

治病文具本草草部條下

藁本

藁本　一名鬼卿一名地新一名微莖生崇山山谷及西川河東兖州杭州今衛輝輝縣栲栳圈山谷間亦有之俗名山園荽苗高五七寸葉似芎藭葉細小又似園荽葉而稀疎莖比園荽莖頗硬直味辛微苦性溫微寒無毒惡䕡茹畏青葙子

救飢　採嫩苗葉煠熟水浸淘淨油鹽調食

治病　文具本草草部條下

柴胡

柴胡　一名地薫一名山菜一名茹草葉一名芸蒿生弘農川谷及寃句壽州淄州關陝江湖間皆有銀州者為勝今鈞州密縣山谷間亦有苗甚辛香莖青紫堅硬微有細線楞葉似竹葉而小開小黃花根淡赤色味苦性平微寒無毒半夏為之使惡皂莢畏女菀藜蘆又有苗似斜蒿亦有似麥門冬苗而短者開黃花生丹州結青子與他處者不類

救飢　採苗葉煠熟換水浸淘去苦味油鹽調食

治病 文具本草草部條下

漏蘆

漏蘆 一名野蘭俗名莢蒿根名鹿驪根俗呼為鬼油麻生喬山山谷及泰州海州單州曹兖州今鈞州新鄭沙岡間亦有之苗葉就地叢生葉似山芥菜葉而大又多花叉亦似白屈菜葉又似大蓬蒿葉及似風花菜脚葉而大葉中攛葶上開紅白花根苗味苦醎性寒大寒無毒連翹為之使

救飢 採葉煠熟水浸淘去苦味油鹽調食

治病 文具本草草部條下

龍膽草

龍膽草　一名龍膽一名陵游俗呼草龍膽生齊朐山谷及兗句襄州吳興皆有之今鈞州新鄭山崗間亦有根類牛膝而根一本十餘莖黃白色宿根苗高尺餘葉似柳葉而細短又似小竹開花如牽牛花青碧色似小鈴形樣陶隱居注云狀似龍葵味苦如膽因以為名味苦性寒大寒無毒貫衆小豆為之使惡防葵地黃又云浙中又有山龍膽草味苦澁此同類而別種也

救飢採葉煠熟換水浸淘去苦味油鹽調食勿空腹

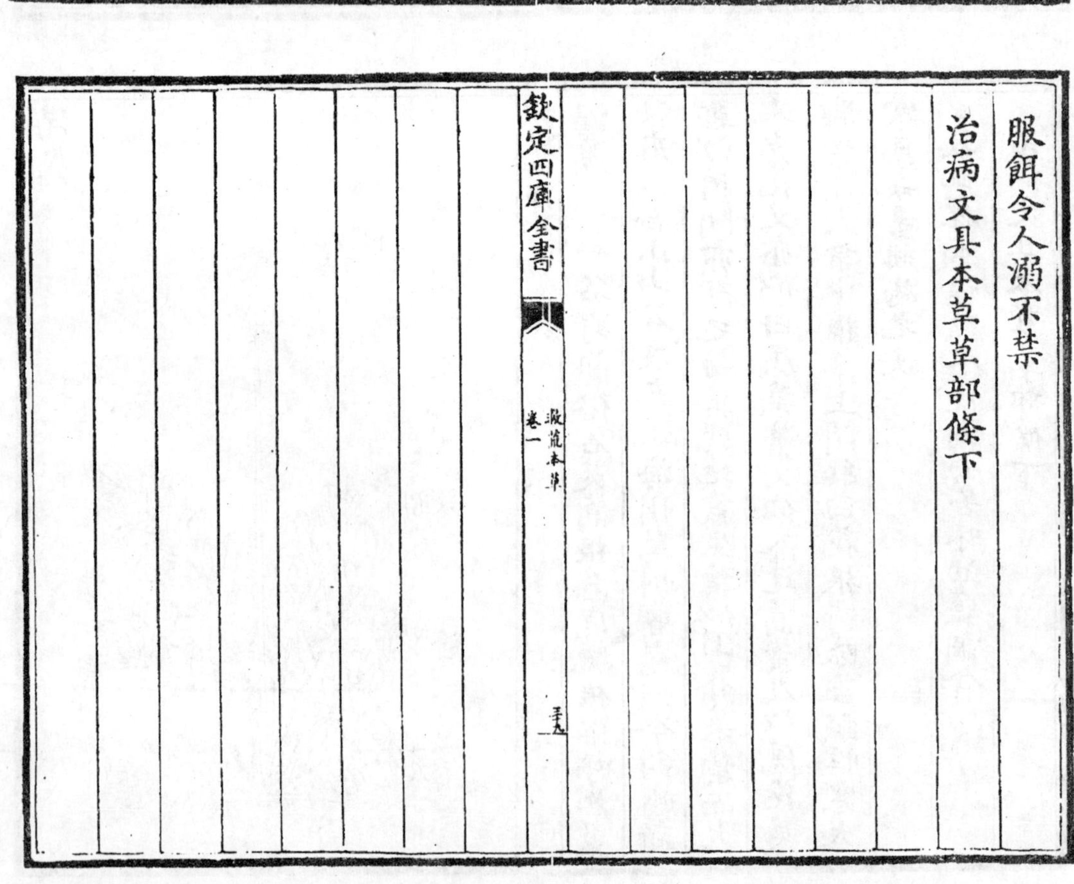

服餌令人溺不禁

治病文具本草草部條下

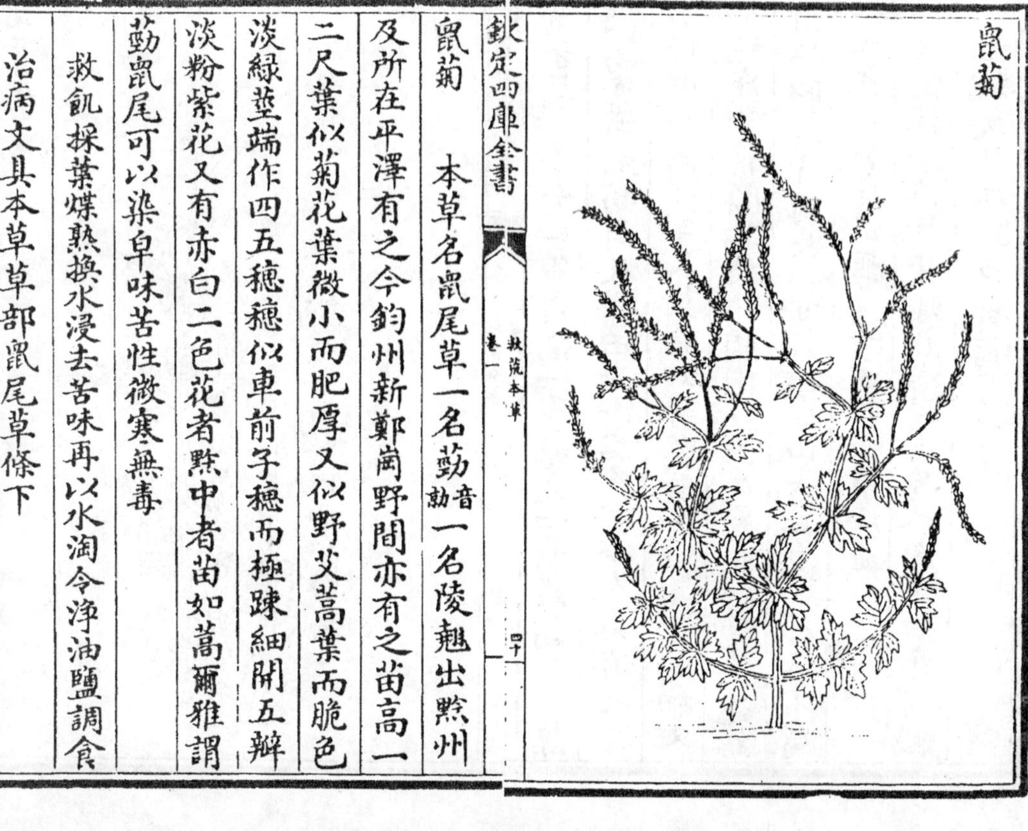

鼠菊　本草名鼠尾草一名葝音勁一名陵翹出黔州及所在平澤有之今鈞州新鄭崗野間亦有之苗高一二尺葉似菊花葉微小而肥厚又似野艾蒿葉而脆色淡綠莖端作四五穗穗似車前子穗而極疎細開五瓣淡粉紫花又有赤白二色花者黙中者苗如蒿爾雅謂葝鼠尾可以染皁味苦性微寒無毒

救飢採葉煠熟換水浸去苦味再以水淘令淨油鹽調食

治病文具本草草部鼠尾草條下

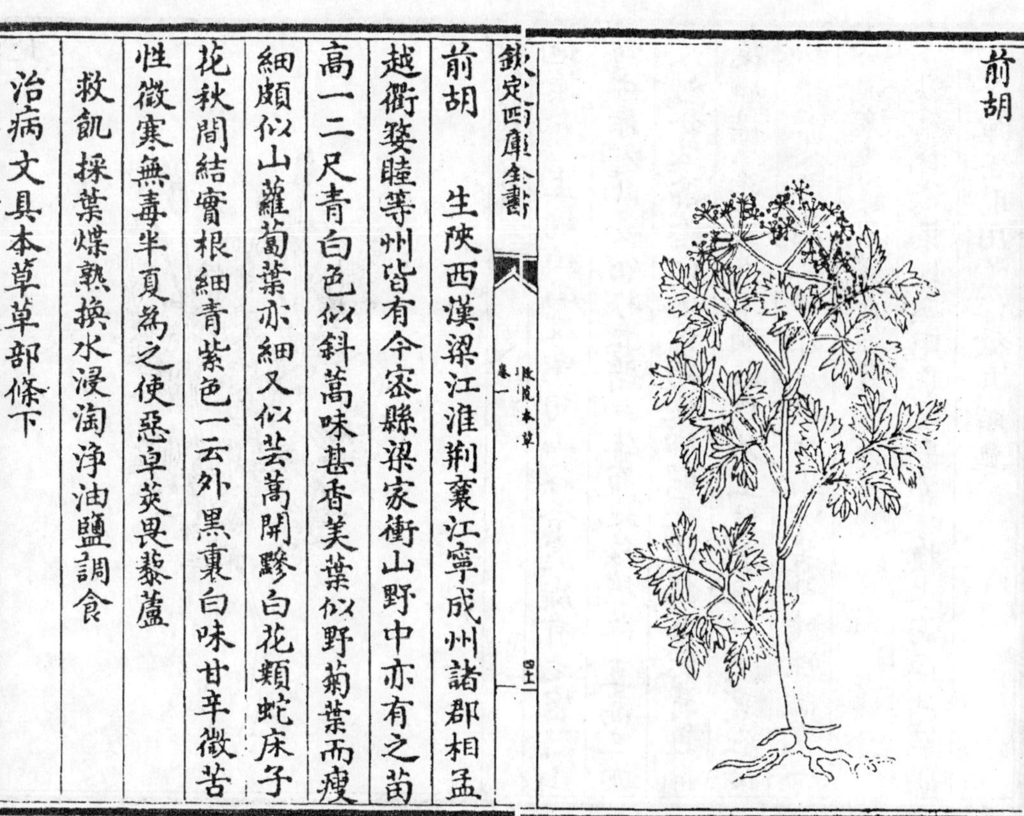

前胡　生陝西漢梁江淮荆襄江寧成州諸郡相孟越衢婺睦等州皆有今密縣梁家衝山野中亦有之苗高一二尺青白色似斜蒿味甚香美葉似野菊葉而瘦細頗似山蘿蔔葉亦細又似芸蒿開黪白花類蛇床子花秋間結實根細青紫色一云外黑裏白味甘辛微苦性微寒無毒半夏為之使惡皁莢畏藜蘆

救飢採葉煠熟換水浸淘淨油鹽調食

治病文具本草草部條下

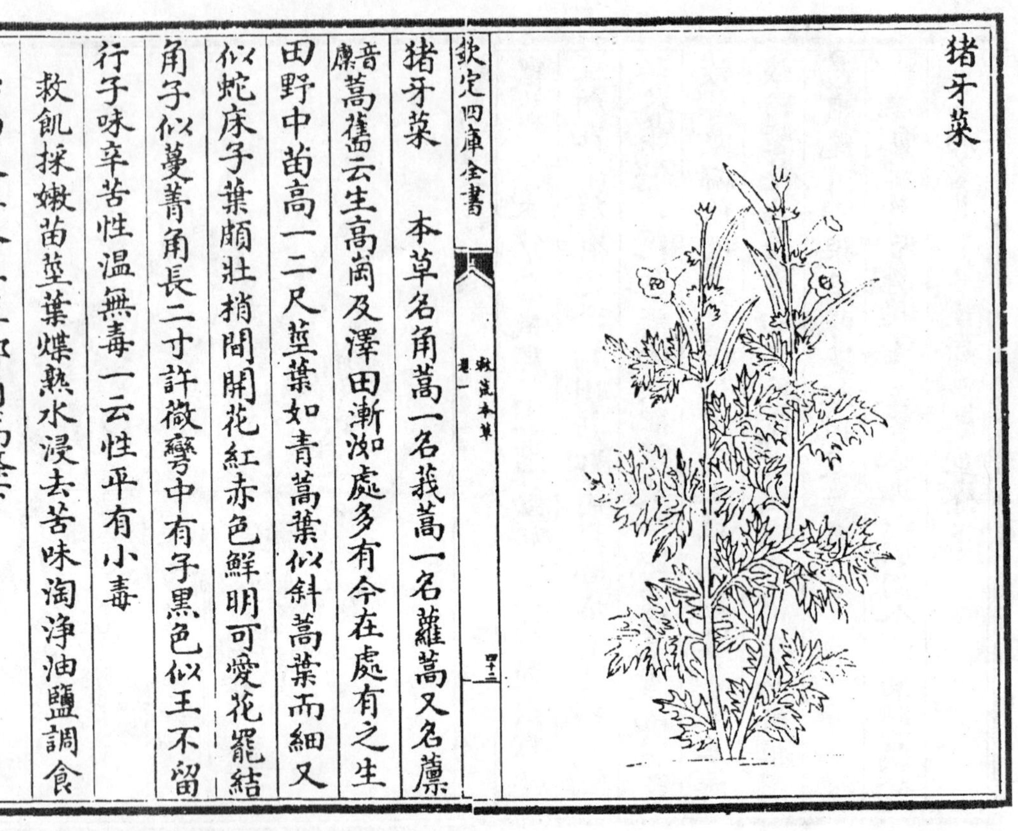

猪牙菜　本草名角蒿一名莪蒿一名蘿蒿又名藘音廉蒿舊云生高崗及澤田漸洳處多有今在處有之生田野中苗高一二尺莖葉如青蒿葉似斜蒿葉而細又似蛇床子葉頗壯稍間開花紅赤色鮮明可愛花罷結角子似蔓菁角長二寸許微彎中有子黑色似王不留行子味辛苦性溫無毒一云性平有小毒

救飢採嫩苗莖葉煠熟水浸去苦味淘淨油鹽調食

治病文具本草草部角蒿條下

地榆

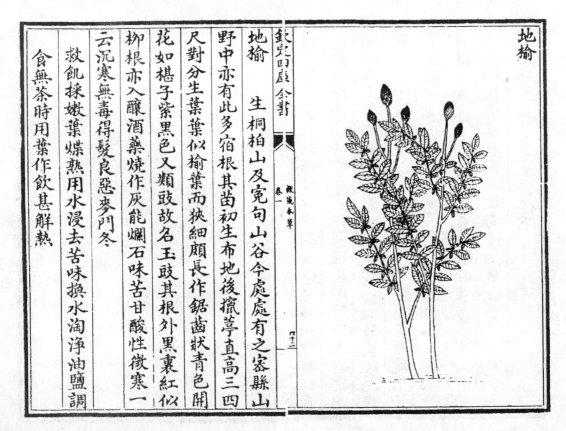

地榆　生桐柏山及宛句山谷今處處有之密縣山野中亦有此多宿根其苗初生布地後攛葶直高三四尺對分生葉葉似榆葉而狹細頗長作鋸齒狀青色開花如椹子紫黑色又類豉故名玉豉其根外黑裏紅似柳根亦入釀酒藥燒作灰能爛石味苦甘酸性微寒一云沉寒無毒得髮良惡麥門冬

救飢採嫩葉煠熟用水浸去苦味換水淘淨油鹽調食無茶時用葉作飲甚解熱

治病文具本草草部條下

川芎

川芎　一名芎藭一名胡藭一名香果其苗葉名蘼蕪一名薇蕪一名茳蘺生武功川谷斜谷西嶺雍州川澤及寃句其關陝蜀川江東山中亦多有以蜀川者為勝今處處有之人家園圃多種苗葉似芹而葉微細窄却有花叉又似白芷葉亦細又如園荽葉微壯又有一種葉似蛇床子葉而亦麄壯開白花其芎人家種者形塊大重實多脂潤其裏色白味辛甘性温無毒山中出者瘦細味苦辛其節大莖細狀如馬銜謂之馬銜芎狀

如雀腦者謂之雀腦芎此最有力白芷為之使畏黄連

其蘼蕪味辛香性温無毒

救飢採葉煠熟換水浸去辛味淘浄油鹽調食亦可

煮飲甚香

治病文具本草草部條下

葛勒子秧

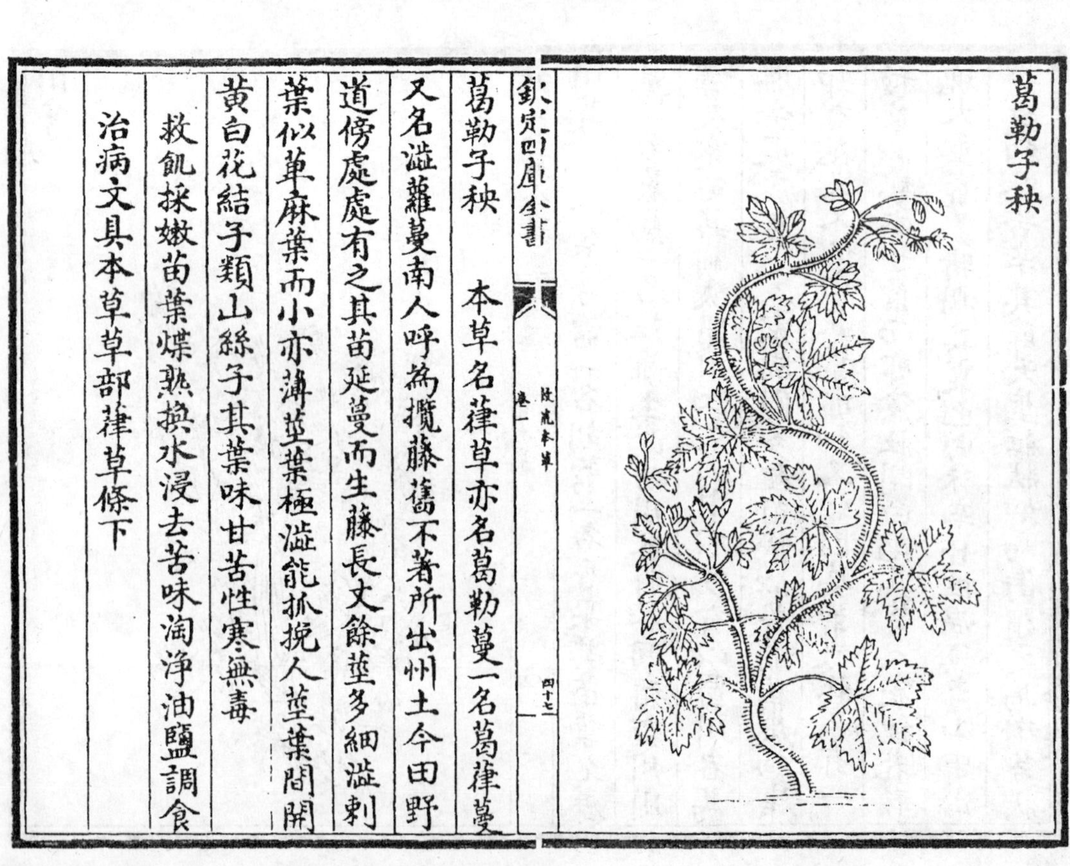

葛勒子秧　本草名葎草亦名葛勒蔓一名葛葎蔓又名澀蘿蔓南人呼為攬藤蕎不著所出州土今田野道傍處處有之其苗延蔓而生藤長丈餘莖多細澀刺葉似萆麻葉而小亦薄莖葉極澀能抓挽人莖葉間開黄白花結子類山絲子其葉味甘苦性寒無毒

救飢採嫩苗葉煠熟換水浸去苦味淘浄油鹽調食

治病文具本草草部葎草條下

連翹

連翹　一名異翹一名蘭華一名折根一名軹音紙一名三廉爾雅謂之連一名連苕音條生太山山谷及河中江寧澤潤淄兖鼎岳利州南康皆有之今密縣梁家衝山谷中亦有科苗高三四尺莖桿赤色葉如榆葉大而光色青黃邊微細鋸齒又似金銀花葉微尖艄音哨開花黄色可愛結房狀似山梔子蒴微匾而無稜瓣蒴中有子如雀舌樣極小其子折之間片片相比如翹以此得名味苦性平無毒葉亦味苦

救飢採嫩葉煠熟換水浸去苦味淘洗淨油鹽調食

治病文具本草草部條下

仙靈脾

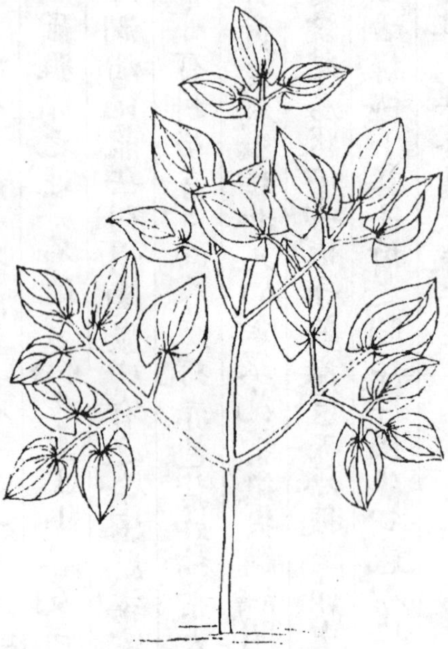

仙靈脾　本草名淫羊藿一名剛前俗名黄德祖千兩金乾雞筋放杖草棄杖草俗又呼三枝九葉草生上郡陽山山谷及江東陝西泰山漢中湖湘汾州等郡并永康軍皆有之今密縣山野中亦有苗高二尺許莖似小豆莖極細緊葉似杏葉頗長近蔕皆有一缺又似菉豆葉亦長而光梢間開花白色亦有紫色花作碎小獨頭子根紫色有鬚形類黄連狀味辛性寒一云性温無毒生處不聞水聲者良薯蕷紫芝為之使

救飢　採嫩葉煠熟水浸去邪味淘淨油鹽調食

治病　文具本草草部淫羊藿條下

青杞

青杞　本草名蜀羊泉一名羕泉一名羊飴俗名漆姑生蜀郡山谷及所在平澤皆有之今祥符縣西田野中亦有苗高二尺餘葉似菊葉稍長花開紫色子類枸杞子生青熟紅根似遠志無心有椮疎錦切味苦性微寒無毒

救飢採嫩葉煠熟水浸去苦味淘洗淨油鹽調食

治病文具本草草部蜀羊泉條下

野生薑

野生薑　本草名劉寄奴生江南其越州滁州皆有之今中牟南沙崗間亦有之莖似艾蒿長二三尺餘葉似菊葉而瘦細又似野艾蒿葉亦瘦細開花白色結實黃白色作細筩子蒴兒蓋蒿之類也其子似稗而細苗葉味苦性溫無毒

救飢採嫩葉煠熟水浸淘去苦味油鹽調食

治病文具本草草部劉寄奴條下

馬蘭頭

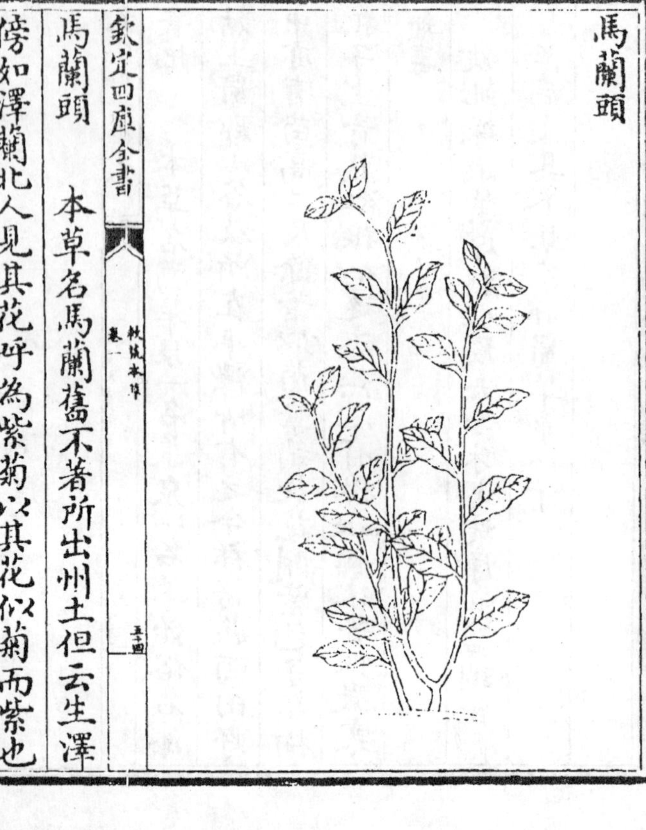

馬蘭頭　本草名馬蘭舊不著所出州土但云生澤傍如澤蘭北人見其花呼為紫菊以其花似菊而紫也苗高一二尺莖亦紫色葉似薄荷葉邊皆鋸齒又似地瓜兒葉微大味辛性平無毒又有山蘭生山側似劉寄奴葉無椏不對生花心微黄赤

救飢採嫩苗葉煠熟新汲水浸去辛味淘洗淨油鹽調食

治病文具本草草部條下

豨薟

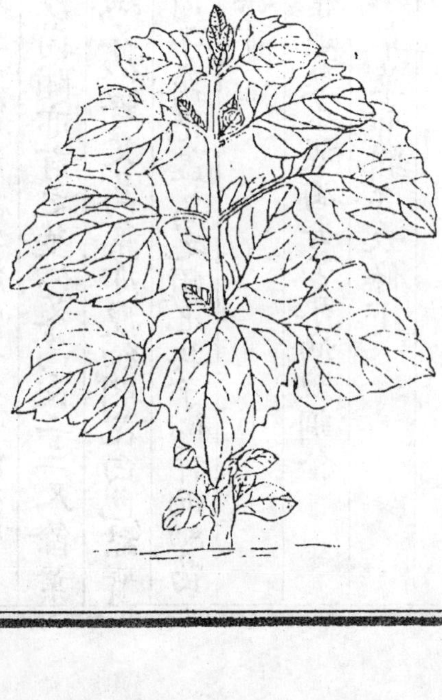

豨薟音杴　俗名占糊菜俗又呼火杴草舊不著所出州郡今處處有之苗高三四尺金稜銀線素根紫稭莖又對節而生莖葉頗類蒼耳莖葉紋脉竪直梢葉間開花深黄色又有一種苗葉似芥葉而尖狹開花如菊結實頗似鶴蝨料苗味苦性寒有小毒

救飢採嫩苗葉煠熟水浸去苦味淘洗淨油鹽調食

治病文具本草草部條下

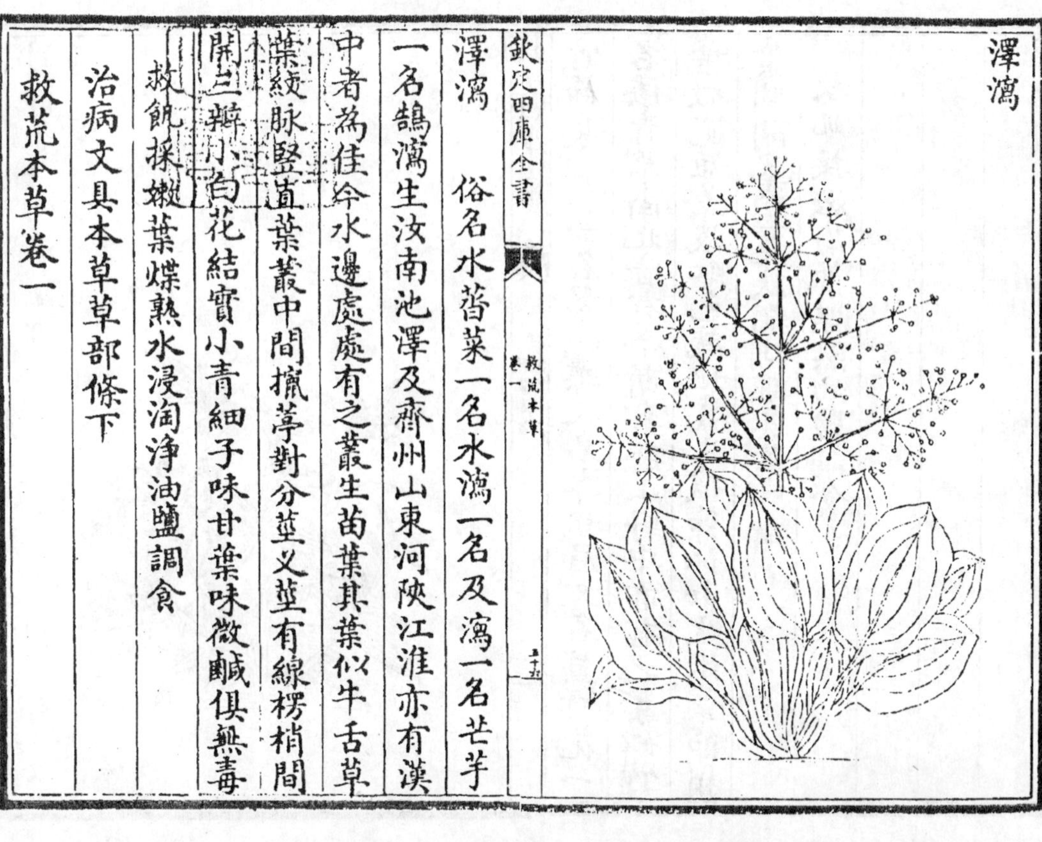

澤瀉　俗名水簮菜一名水瀉一名及瀉一名芒芋一名鵠瀉生汝南池澤及齊州山東河陝江淮亦有漢中者為佳今水邊處處有之叢生苗葉其葉似牛舌草葉紋脉竪直葉叢中間攛葶對分莖叉莖有線楞梢間開三瓣小白花結實小青細子味甘葉味微醎俱無毒

救飢　採嫩葉煠熟水浸淘淨油鹽調食

治病　文具本草草部條下

救荒本草卷一

欽定四庫全書

救荒本草卷二

明　周王朱橚　撰

草部

葉可食　新增八十三種

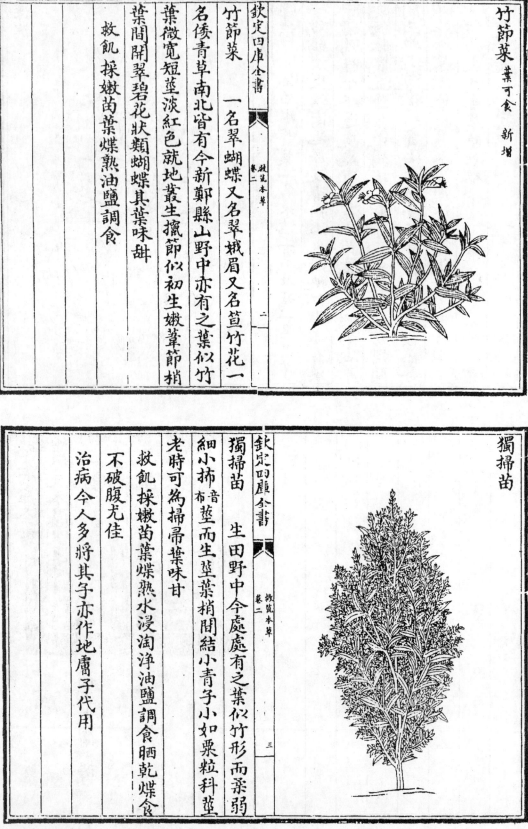

竹節菜 葉可食 新增

竹節菜 一名翠蝴蝶又名翠娥眉又名荁竹花一名倭青草南北皆有今新鄭縣山野中亦有之葉似竹葉微寬短莖淡紅色就地叢生攛節似初生嫩葦節梢葉間開翠碧花狀類蝴蝶其葉味甜

救飢 採嫩苗葉煠熟油鹽調食

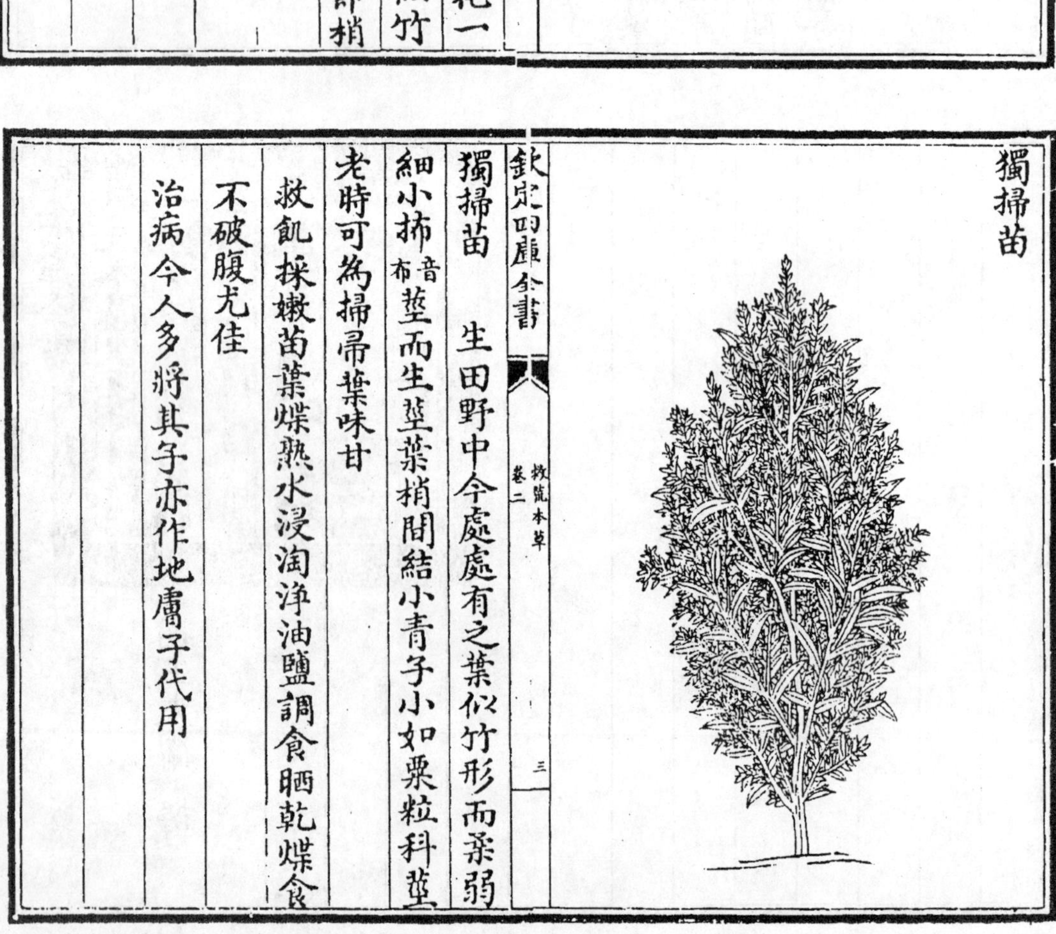

獨掃苗

獨掃苗 生田野中今處處有之葉似竹形而柔弱細小抪音布莖而生莖葉梢間結小青子小如粟粒科莖老時可為掃帚葉味甘

救飢 採嫩苗葉煠熟水浸淘淨油鹽調食晒乾煠食不破腹尤佳

治病 今人多將其子亦作地膚子代用

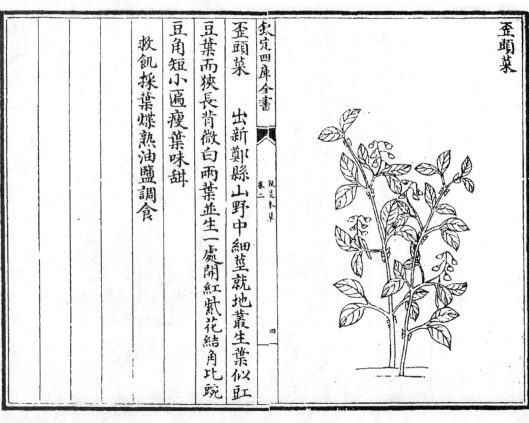

歪頭菜

歪頭菜　出新鄭縣山野中細莖就地叢生葉似豇豆葉而狹長背微白兩葉並生一處開紅紫花結角比豌豆角短小匾瘦葉味甜

救飢採葉煠熟油鹽調食

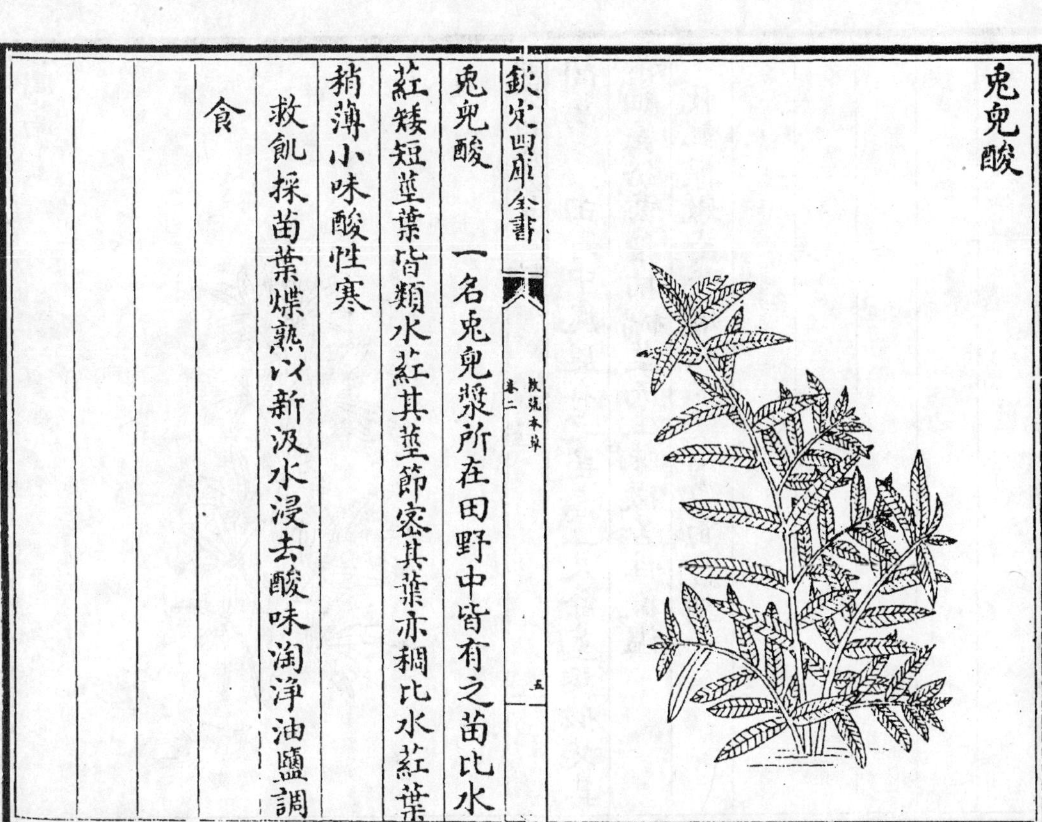

兎兒酸

兎兒酸　一名兎兒漿所在田野中皆有之苗比水葒矮短莖葉皆類水葒其莖節密其葉亦稠比水葒葉稍薄小味酸性寒

救飢採苗葉煠熟以新汲水浸去酸味淘淨油鹽調食

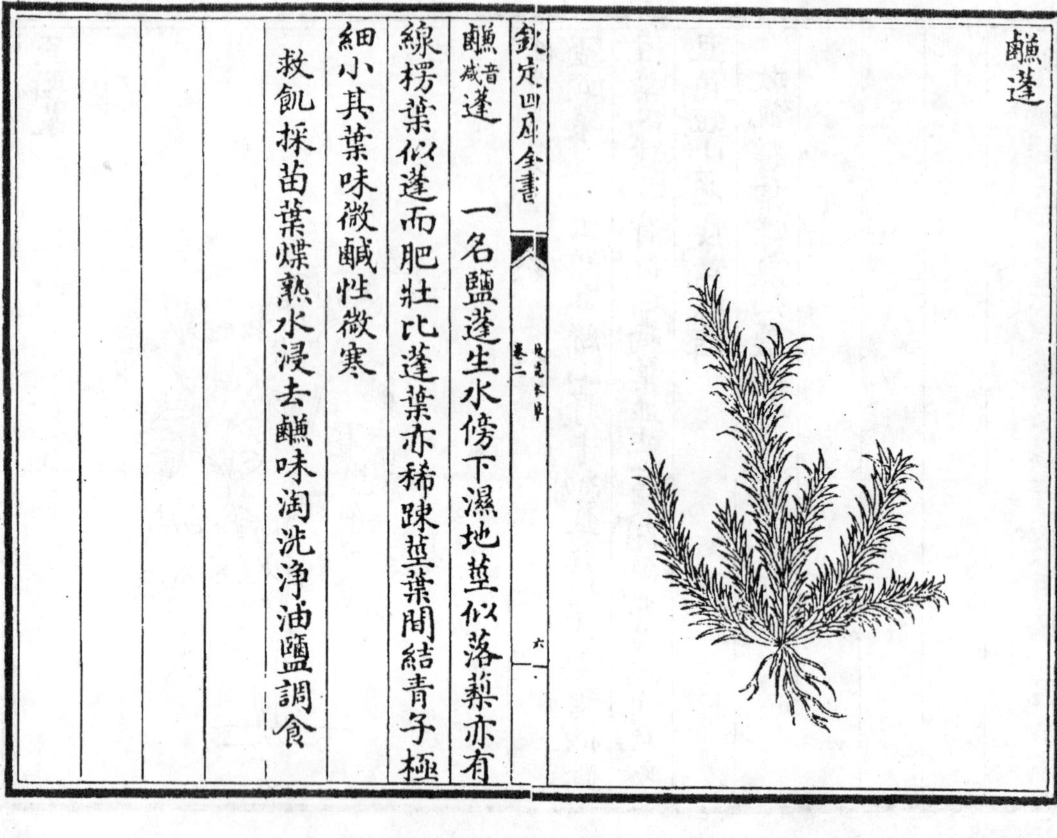

鹹音減蓬　一名鹽蓬生水傍下濕地莖似落藜亦有線楞葉似蓬而肥壯比蓬葉亦稀疎莖葉間結青子極細小其葉味微鹹性微寒

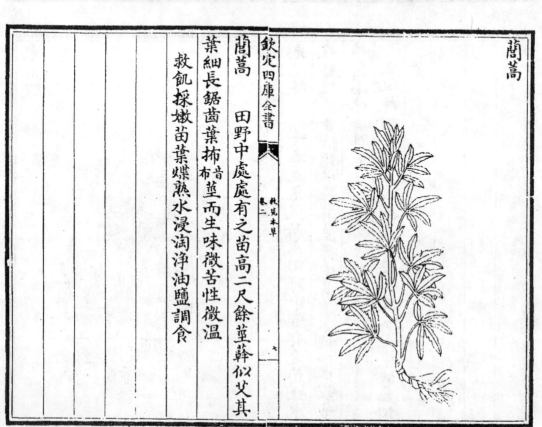

救飢採苗葉煠熟水浸去鹹味淘洗淨油鹽調食

蔄蒿

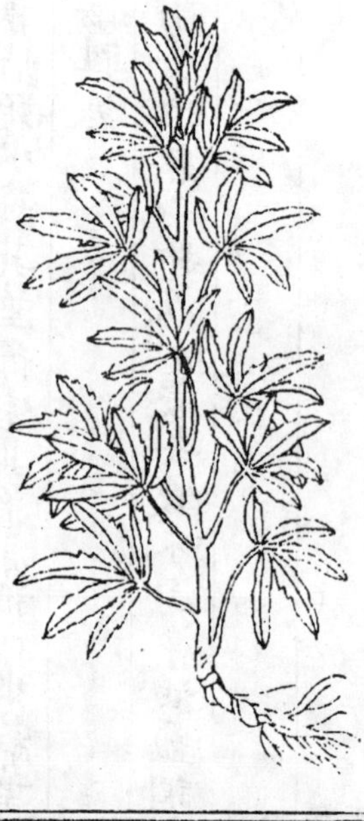

蔄蒿　田野中處處有之苗高二尺餘莖簳似艾其葉細長鋸齒葉抪音布莖而生味微苦性微溫

救飢採嫩苗葉煠熟水浸淘淨油鹽調食

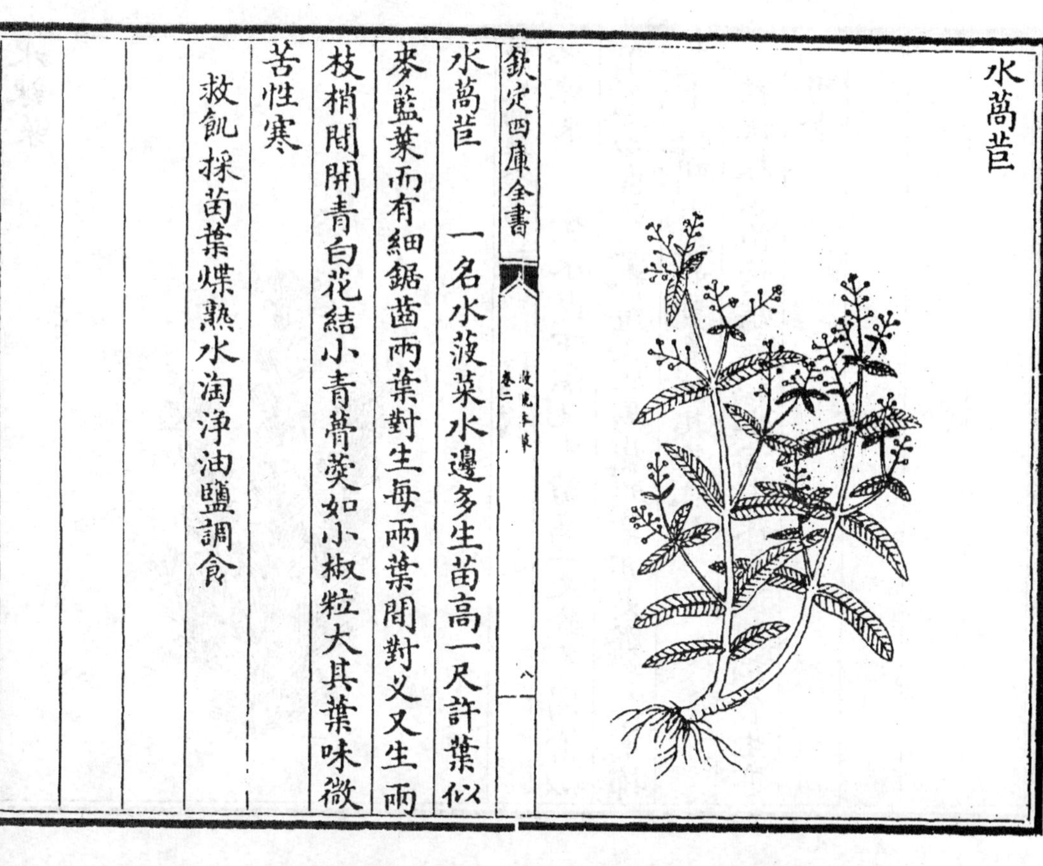

水萵苣　一名水菠菜水邊多生苗高一尺許葉似麥藍葉而有細鋸齒兩葉對生每兩葉間對叉又生兩枝梢間開青白花結小青蓇葖如小椒粒大其葉味微苦性寒

救飢採苗葉煠熟水淘淨油鹽調食

金盞菜

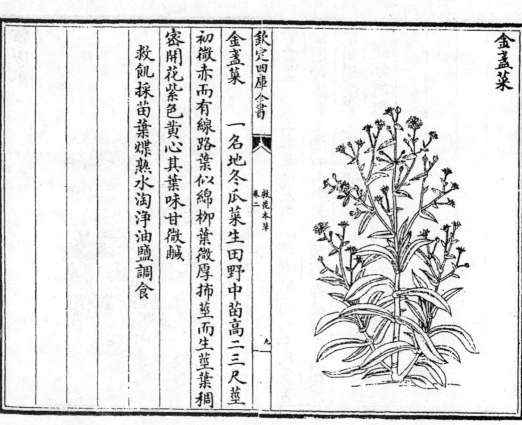

金盞菜　一名地冬瓜菜生田野中苗高二三尺莖初微赤而有線路葉似綿柳葉微厚抪莖而生莖葉稠密開花紫色黄心其葉味甘微鹹

救飢採苗葉煠熟水淘淨油鹽調食

水辣菜

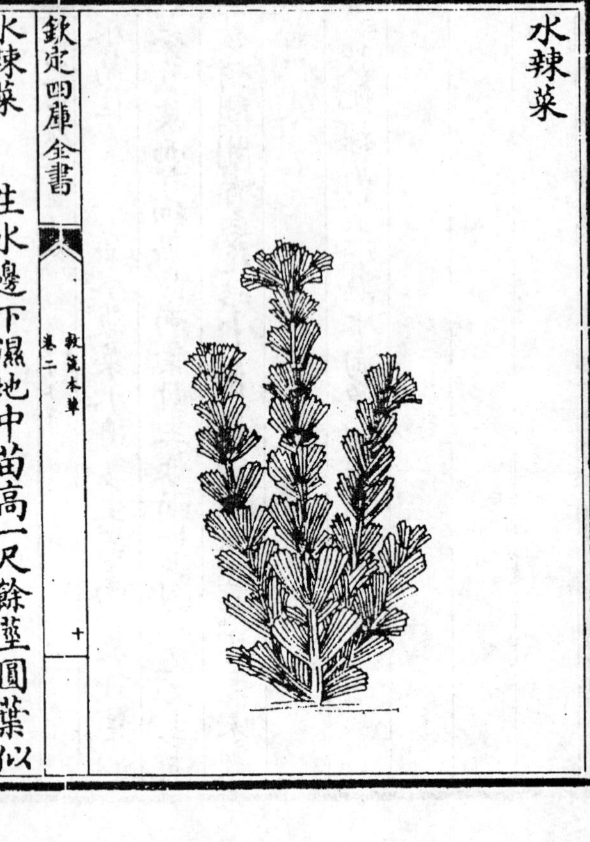

水辣菜　生水邊下濕地中苗高一尺餘莖圓葉似鷄兒腸葉頭微齊短又似馬蘭頭葉亦更齊短其葉抪莖生梢間出穗如黄蒿穗其葉味辣

救飢採嫩苗葉煠熟換水淘去辣氣油鹽調食生亦可食

紫雲菜

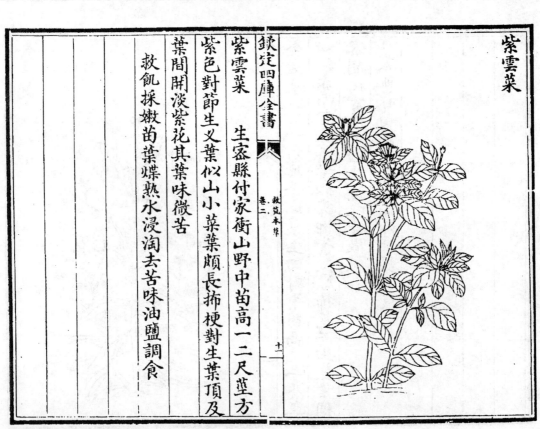

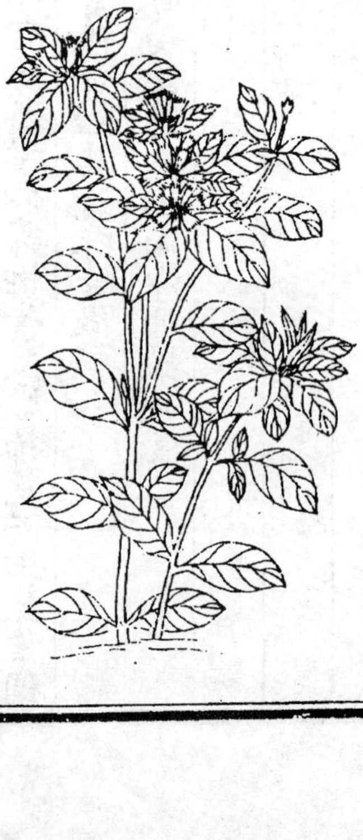

紫雲菜　生密縣付家衝山野中苗高一二尺莖方紫色對節生乂葉似山小菜葉頗長抪梗對生葉頂及葉間開淡紫花其葉味微苦

救飢採嫩苗葉煠熟水浸淘去苦味油鹽調食

可食

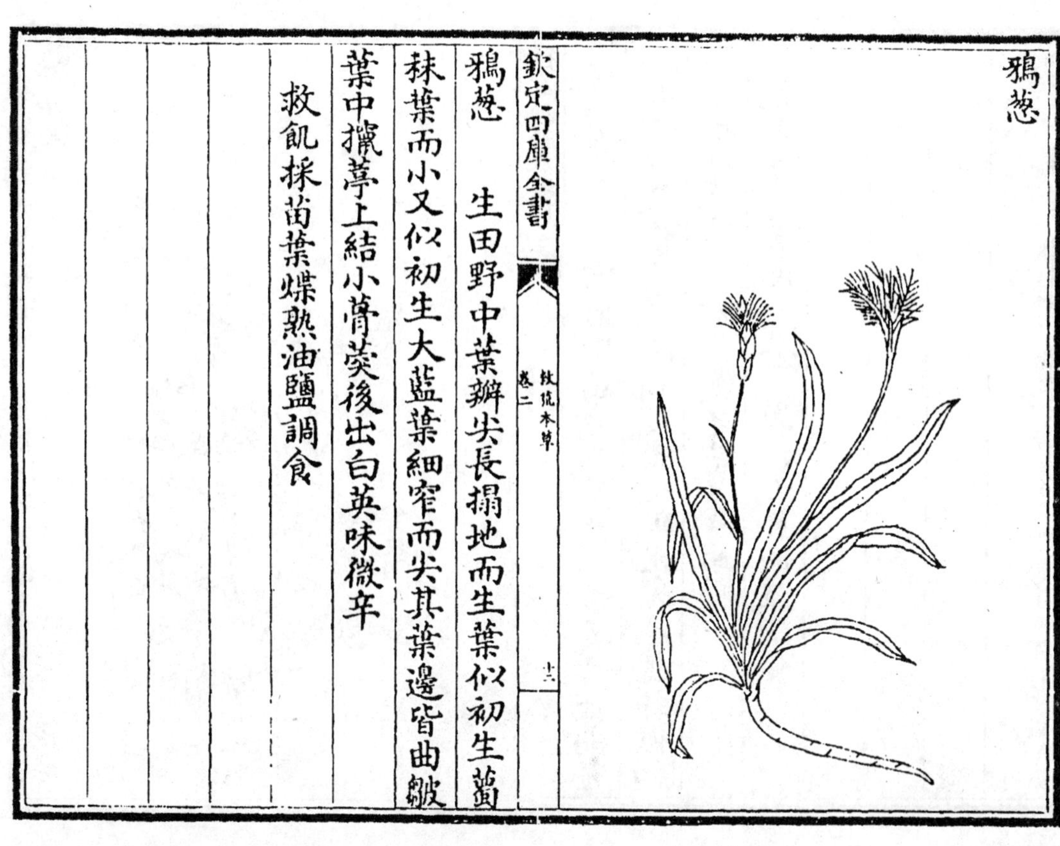

鵶葱

鵶葱　生田野中葉瓣尖長搨地而生葉似初生蜀秫葉而小又似初生大藍葉細窄而尖其葉邊皆曲皺葉中攛葶上結小膏葖後出白英味微辛

救飢採苗葉煠熟油鹽調食

匙頭菜

匙頭菜　生密縣山野中作小科苗其莖面窊五化切背圓葉似團匙頭樣有如杏葉大邊微鋸齒開淡紅花結子黃褐色其葉味甜

救飢採葉煠熟水浸淘淨油鹽調食

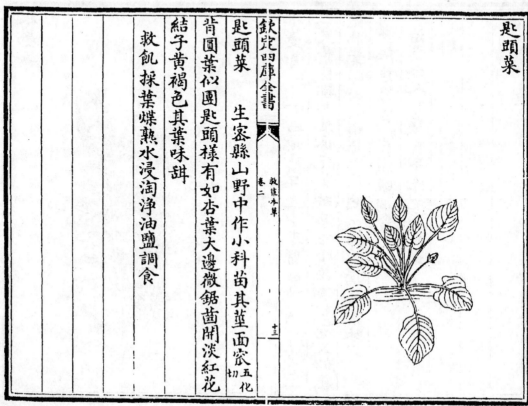

鷄冠菜

鷄冠菜　生田野中苗高尺餘葉似青葙菜葉而窄小又似山菜葉而窄𣓨梢間出穗似兎兒尾穗却微細小開粉紅花結實如莧菜子苗葉味苦

救飢採苗葉煠熟水浸淘去苦氣油鹽調食

水蔓菁

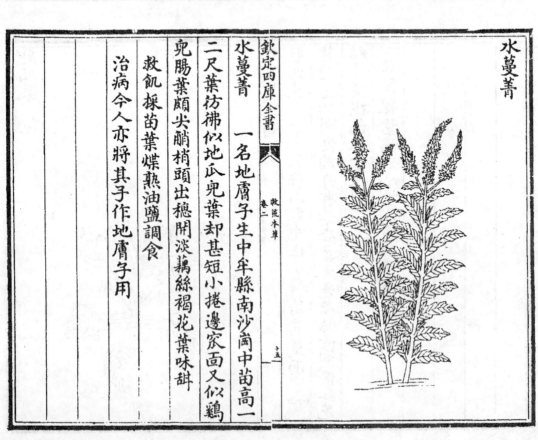

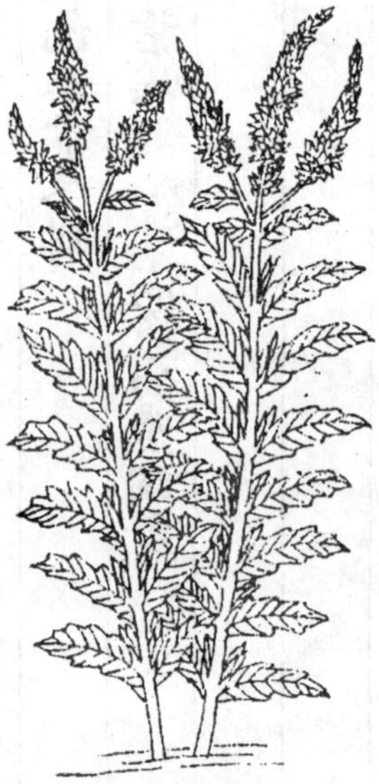

水蔓菁　一名地膚子生中牟縣南沙崗中苗高一二尺葉彷彿似地瓜兒葉却甚短小捲邊窊面又似鷄兒腸葉頗尖𣓨梢頭出穗開淡藕絲褐花葉味甜

救飢採苗葉煠熟油鹽調食

治病今人亦將其子作地膚子用

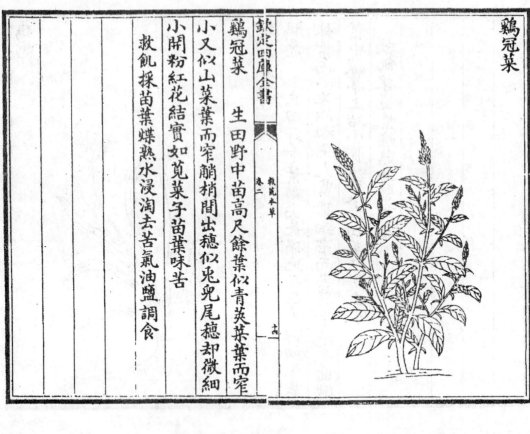

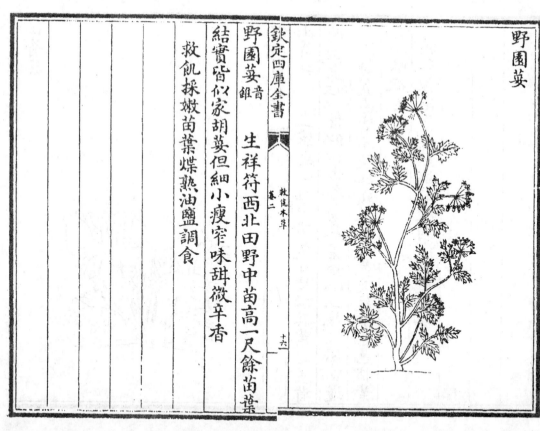

野園荽

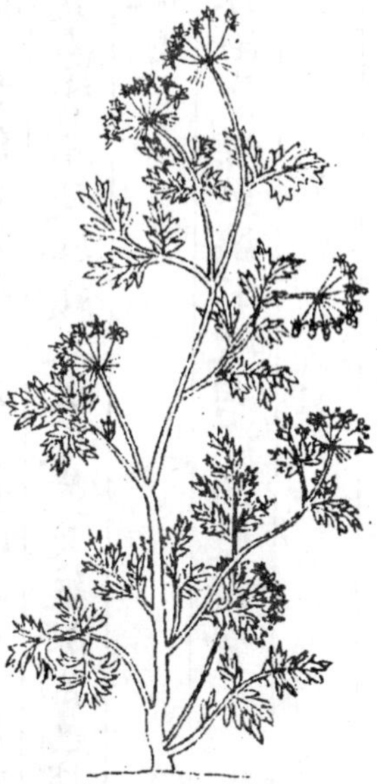

野園荽音雖　生祥符西北田野中苗高一尺餘苗葉結實皆似家胡荽但細小瘦窄味甜微辛香

救飢採嫩苗葉煠熟油鹽調食

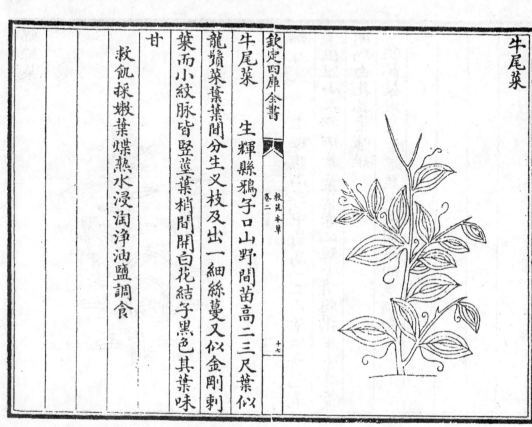

牛尾菜

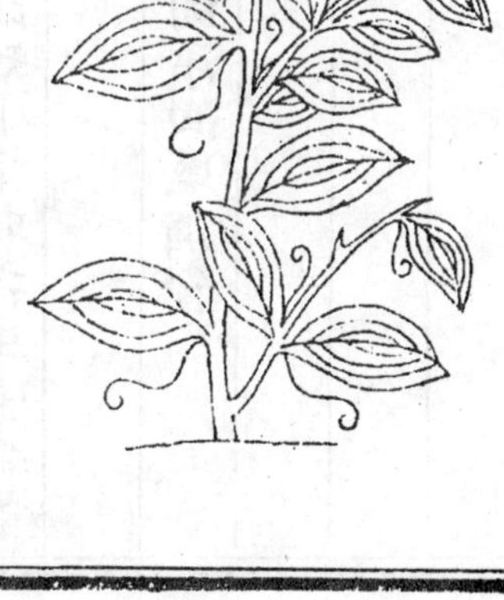

牛尾菜　生輝縣鵶子口山野間苗高二三尺葉似龍鬚菜葉葉間分生叉枝及出一細絲蔓又似金剛刺葉而小紋脉皆竪莖葉梢間開白花結子黑色其葉味甘

救飢採嫩葉煠熟水浸淘浄油鹽調食

山莃菜

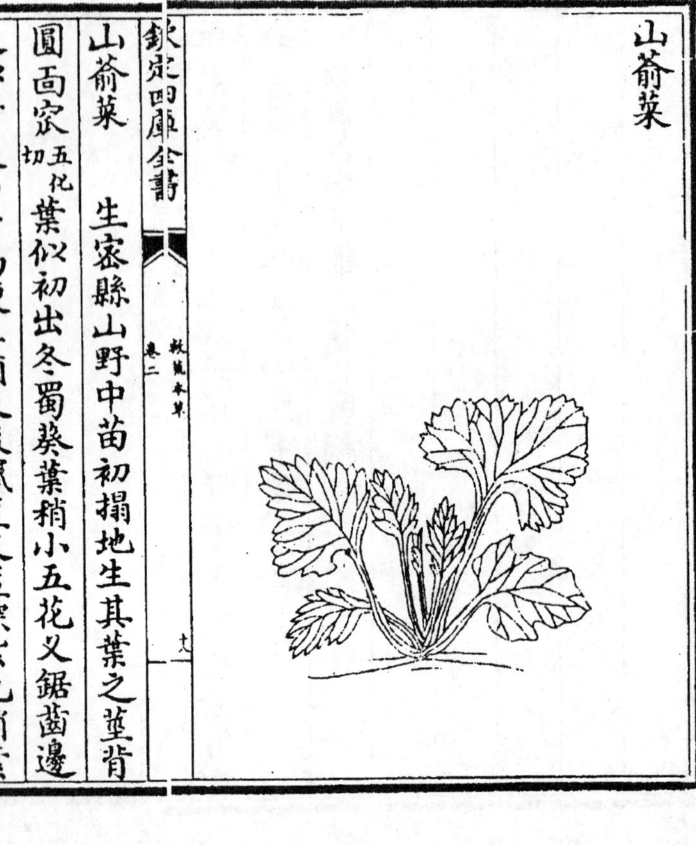

山莃菜　生密縣山野中苗初搨地生其葉之莖背圓而窊(五化切)葉似初出冬蜀葵葉稍小五花叉鋸齒邊又似蔚臭苗葉而硬厚頗大後攛莖叉莖深紫色梢葉頗小味微辣

救飢採苗葉煠熟換水浸淘淨油鹽調食

綿絲菜

綿絲菜　生輝縣山野中苗高一二尺葉似兎兒尾葉但短小又似柳葉菜葉亦比短小梢頭攢生小蓇葖開黲白花其葉味甜

救飢採嫩苗葉煠熟水浸淘淨油鹽調食

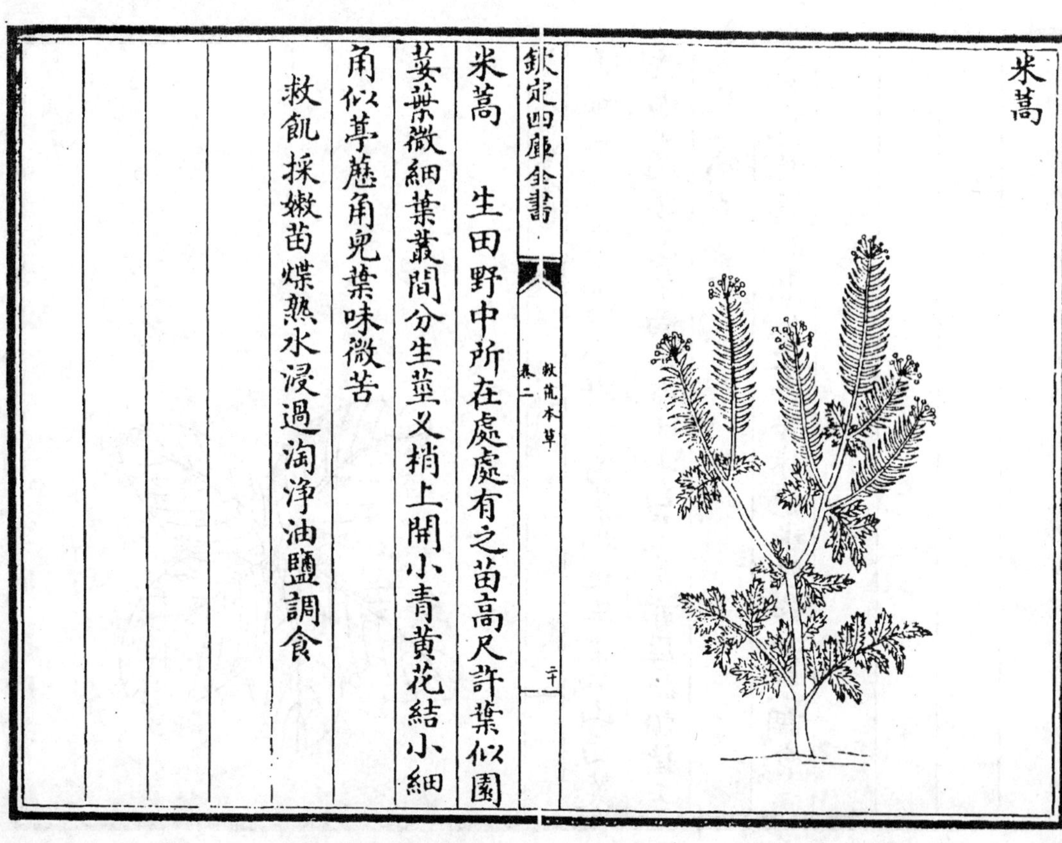

米蒿

米蒿　生田野中所在處處有之苗高尺許葉似園荽葉微細葉叢間分生莖叉梢上開小青黄花結小細角似葶藶角兒葉味微苦

救飢　採嫩苗煠熟水浸過淘淨油鹽調食

山芥菜

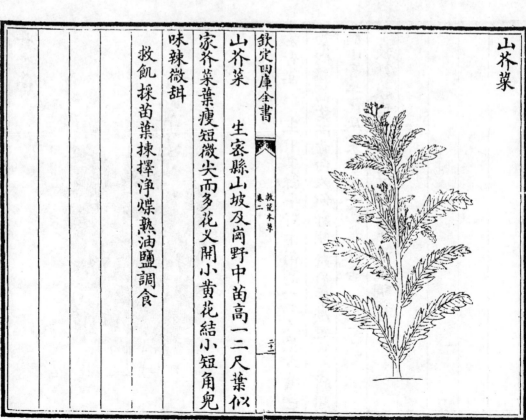

山芥菜　生密縣山坡及崗野中苗高一二尺葉似家芥菜葉瘦短微尖而多花叉開小黄花結小短角兒味辣微甜

救飢　採苗葉揀擇淨煠熟油鹽調食

舌頭菜

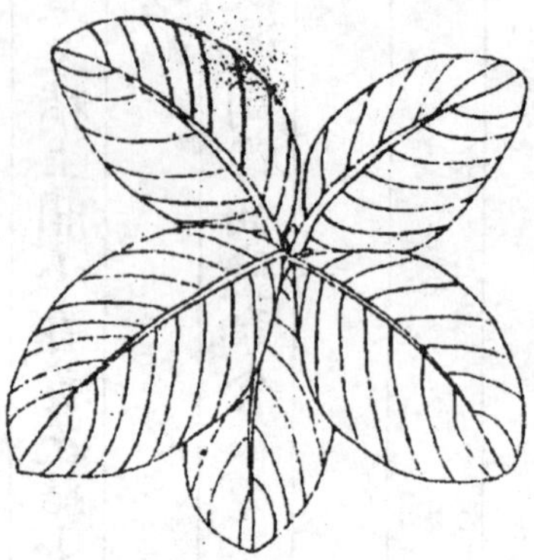

舌頭菜　生密縣山野中苗葉搨地生葉似山白菜葉而小頭頗團葉面不皺比山白菜葉亦厚狀類猪舌形故以為名味苦

救飢採葉煠熟水浸去苦味換水淘淨油鹽調食

紫香蒿

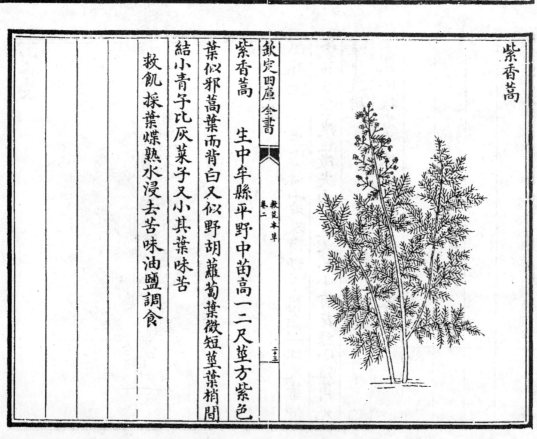

紫香蒿　生中牟縣平野中苗高一二尺莖方紫色葉似邪蒿葉而背白又似野胡蘿蔔葉微短莖葉梢間結小青子比灰菜子又小其葉味苦

救飢採葉煠熟水浸去苦味油鹽調食

金盞兒花

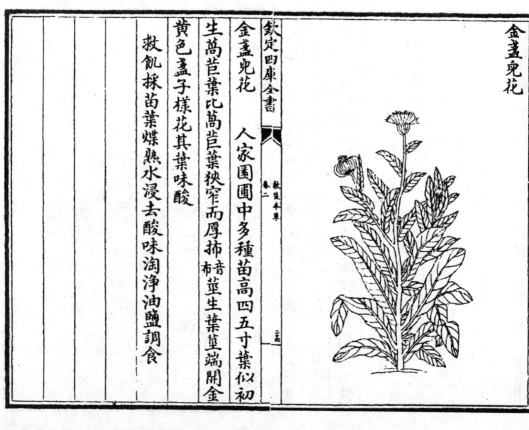

金盞兒花 人家園圃中多種苗高四五寸葉似初生萵苣葉比萵苣葉狹窄而厚抪音布莖生葉莖端開金黃色盞子樣花其葉味酸

救飢採苗葉煠熟水浸去酸味淘淨油鹽調食

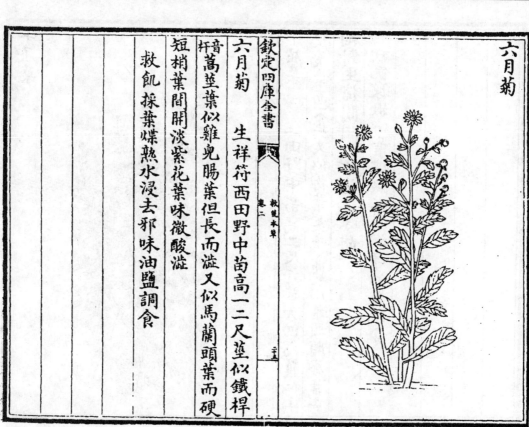

六月菊

六月菊 生祥符西田野中苗高一二尺莖似鐵桿音杆蒿莖葉似雞兒腸葉但長而澁又似馬蘭頭葉而硬短梢葉間開淡紫花葉味微酸澁

救飢採葉煠熟水浸去邪味油鹽調食

費菜

費菜　生輝縣太行山車箱衝山野間苗高尺許葉似火焰草葉而小頭頗齊上有鋸齒其葉抪音布莖而生葉梢上開五瓣小尖淡黄花結五瓣紅小花蒴兒苗葉味酸

救飢採嫩苗葉煠熟換水淘去酸味油鹽調食

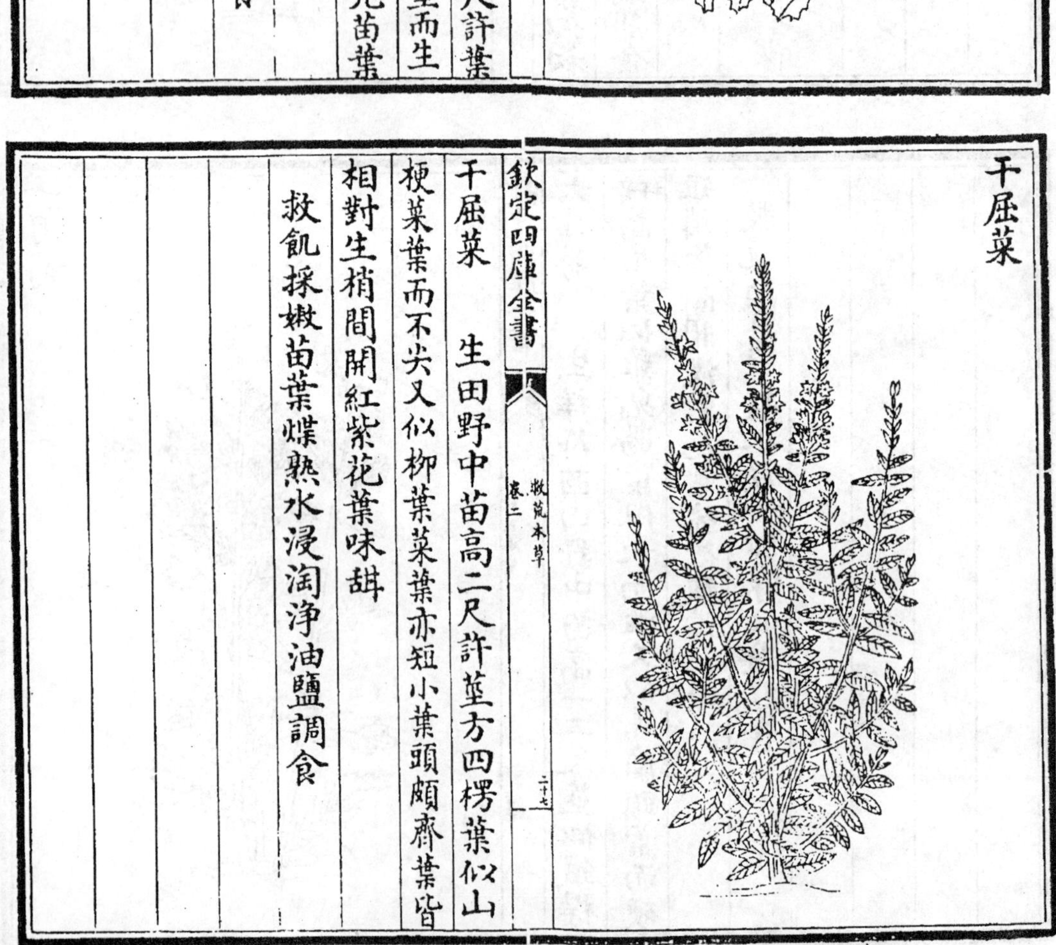

千屈菜

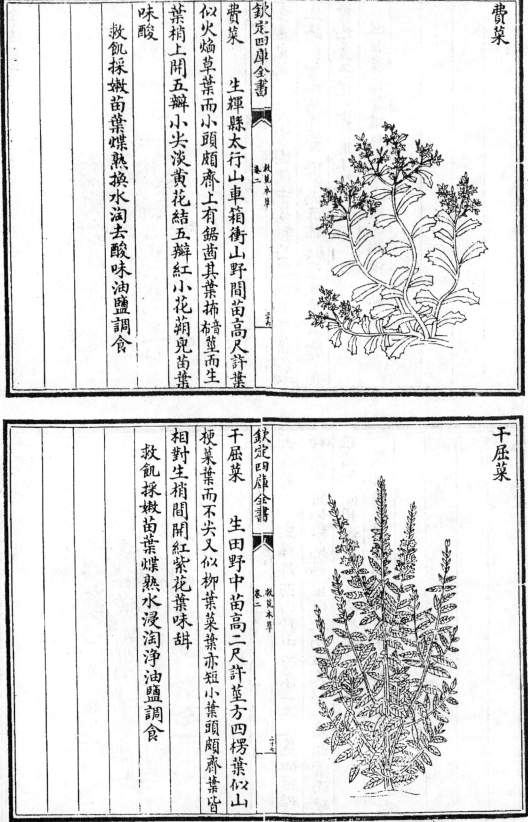

千屈菜　生田野中苗高二尺許莖方四楞葉似山梗菜葉而不尖又似柳葉菜葉亦短小葉頭頗齊葉皆相對生稍間開紅紫花葉味甜

救飢採嫩苗葉煠熟水浸淘淨油鹽調食

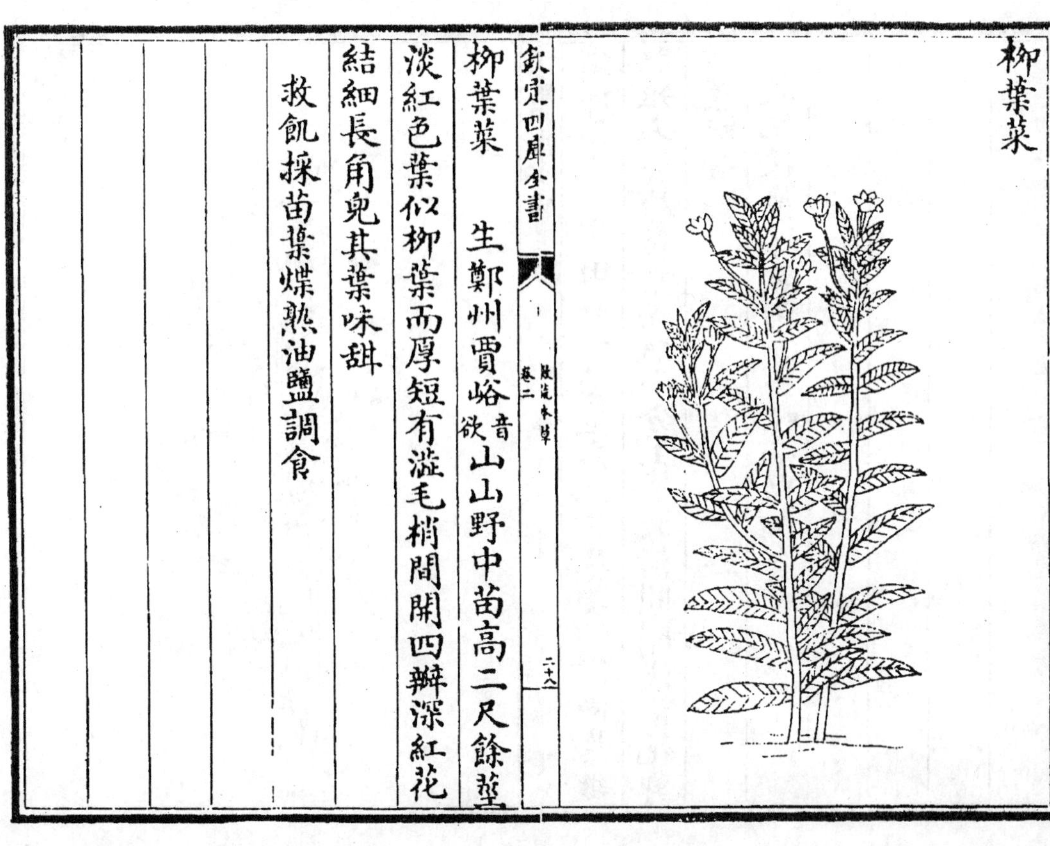

柳葉菜　生鄭州賈峪音欲山山野中苗高二尺餘莖淡紅色葉似柳葉而厚短有澁毛梢間開四瓣深紅花結細長角兒其葉味甜

救飢採苗葉煠熟油鹽調食

婆婆指甲菜

婆婆指甲菜　生田野中作地攤音灘科生莖細弱葉像女人指甲又似初生棗葉微薄細莖梢間結小花蒴苗葉味甘

救飢採嫩苗葉煠熟油鹽調食

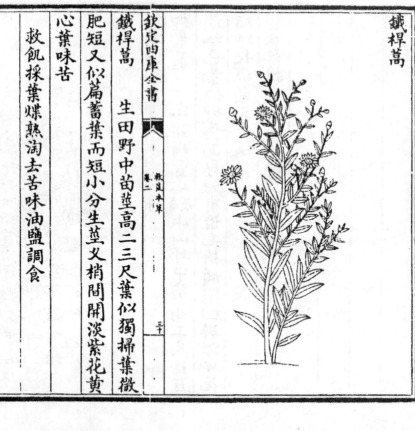

鐵桿蒿

鐵桿蒿　生田野中苗莖高二三尺葉似獨掃葉微肥短又似扁蓄葉而短小分生莖叉梢間開淡紫花黄心葉味苦

救飢採葉煠熟淘去苦味油鹽調食

山甜菜

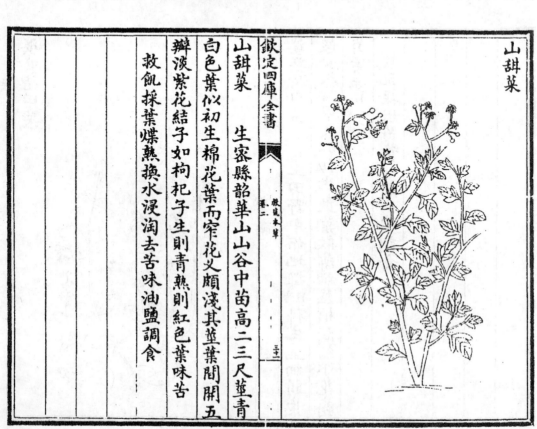

山甜菜　生密縣韶華山山谷中苗高二三尺莖青白色葉似初生棉花葉而窄花叉頗淺其莖葉間開五瓣淡紫花結子如枸杞子生則青熟則紅色葉味苦

救飢採葉煠熟換水浸淘去苦味油鹽調食

剪刀股

剪刀股(音古)　生田野中處處有之就地作小科苗葉似嫩苦苣葉而細小色頗似藍亦有白汁莖叉梢間開淡黃花葉味苦

救飢　採苗葉煠熟水浸淘去苦味油鹽調食

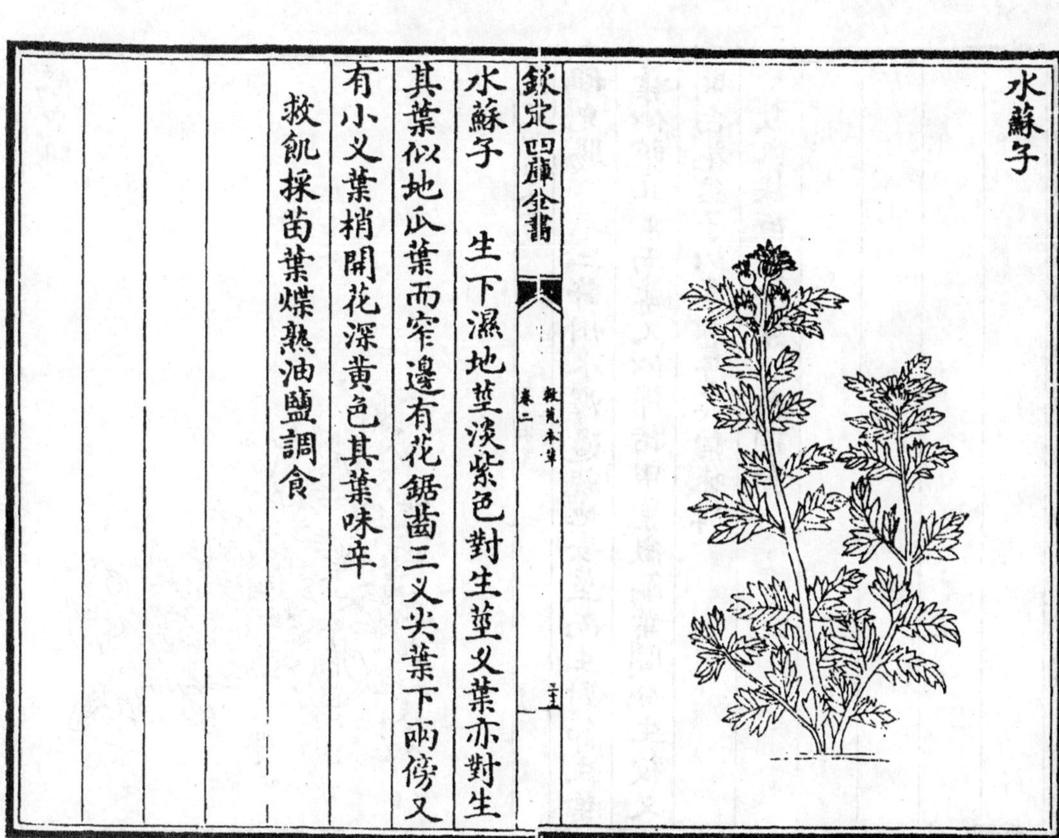

水蘇子

水蘇子　生下濕地莖淡紫色對生莖叉葉亦對生其葉似地瓜葉而窄邊有花鋸齒三叉尖葉下兩傍又有小叉葉梢開花深黃色其葉味辛

救飢　採苗葉煠熟油鹽調食

風花菜

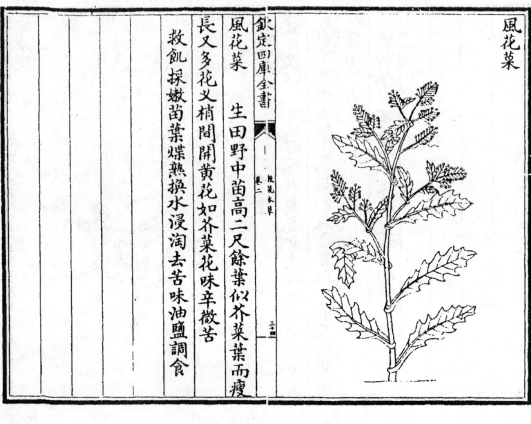

風花菜　生田野中苗高二尺餘葉似芥菜葉而瘦長又多花叉梢間開黄花如芥菜花味辛微苦

救飢採嫩苗葉煠熟換水浸淘去苦味油鹽調食

鵝兒腸

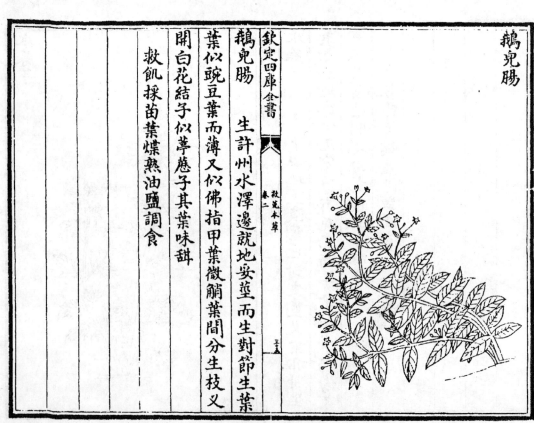

鵝兒腸　生許州水澤邊就地妥莖而生對節生葉葉似豌豆葉而薄又似佛指甲葉微艄葉間分生枝叉開白花結子似葶藶子其葉味甜

救飢採苗葉煠熟油鹽調食

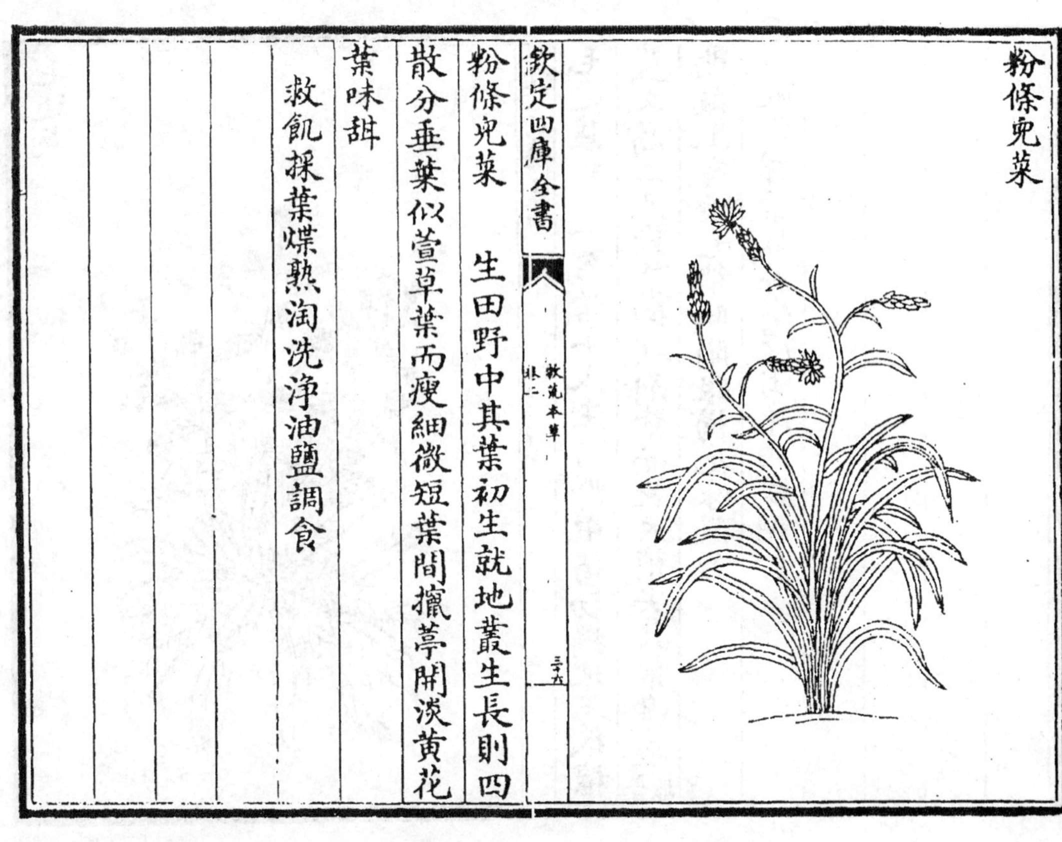

粉條兒菜

粉條兒菜　生田野中其葉初生就地叢生長則四散分垂葉似萱草葉而瘦細微短葉間攛葶開淡黃花葉味甜

救飢採葉煠熟淘洗淨油鹽調食

辣辣菜

辣辣菜　生荒野中今處處有之苗高五七寸初生尖葉後分枝莖上出長葉開細青白花結小匾蒴其子似米蒿子黃色味辣

救飢採嫩苗葉煠熟水浸淘淨油鹽調食生揉亦可食

毛連菜

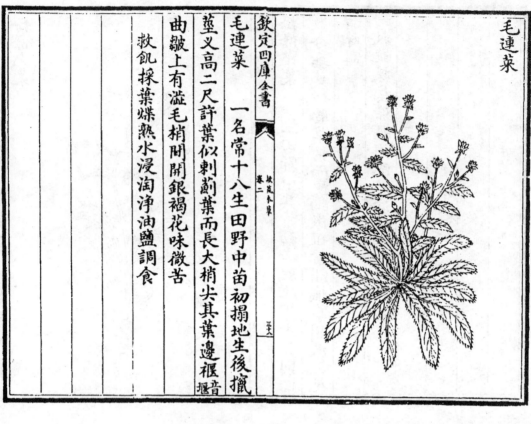

毛連菜　一名常十八生田野中苗初搨地生後攛莛乂高二尺許葉似刺薊葉而長大稍尖其葉邊褗音堰曲皺上有澁毛稍間開銀褐花味微苦

救飢採葉煠熟水浸淘淨油鹽調食

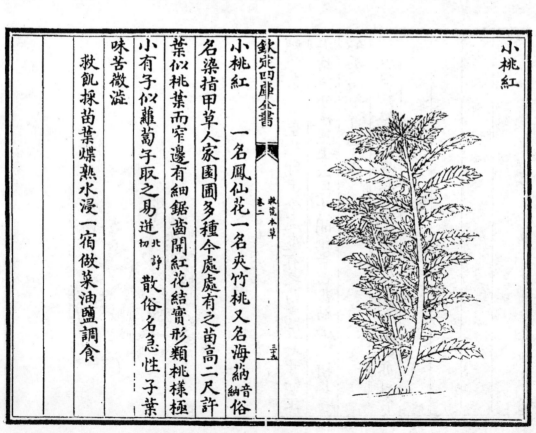

小桃紅

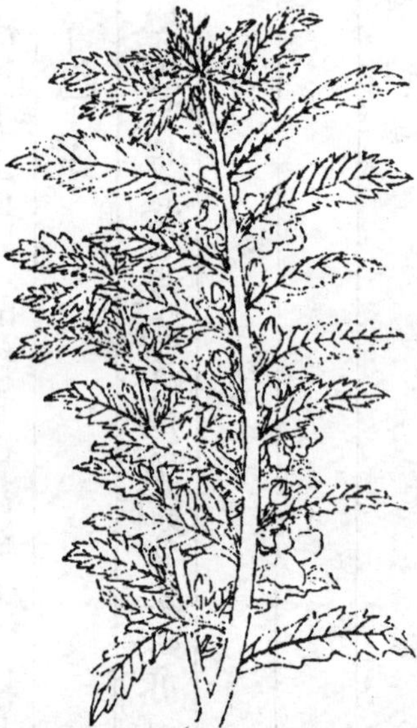

小桃紅　一名鳳仙花一名夾竹桃又名海蒳音納俗名染指甲草人家園圃多種今處處有之苗高二尺許葉似桃葉而窄邊有細鋸齒開紅花結實形類桃樣極小有子似蘿蔔子取之易迸北諍切散俗名急性子葉味苦微澁

救飢採苗葉煠熟水浸一宿做菜油鹽調食

青莢兒菜

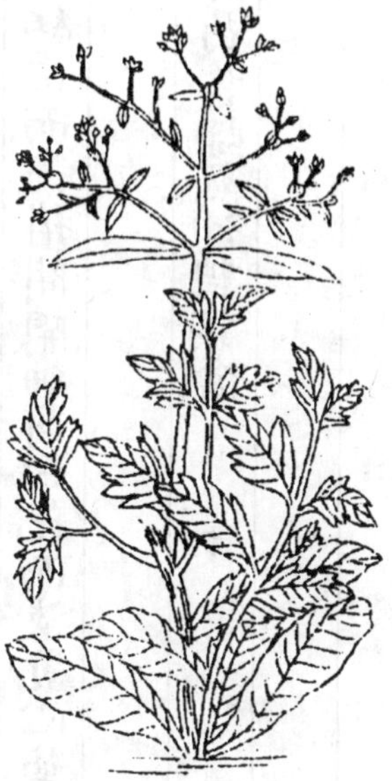

青莢兒菜　生輝縣太行山山野中苗高二尺許對生莖叉葉亦對生其葉面青背白鋸齒三叉葉脚葉花叉頗大狀似荏子葉而狹長尖艄莖葉梢間開五瓣小黄花衆花攢開形如穗狀其葉味微苦

救飢採嫩苗葉煠熟換水浸淘去苦味油鹽調食

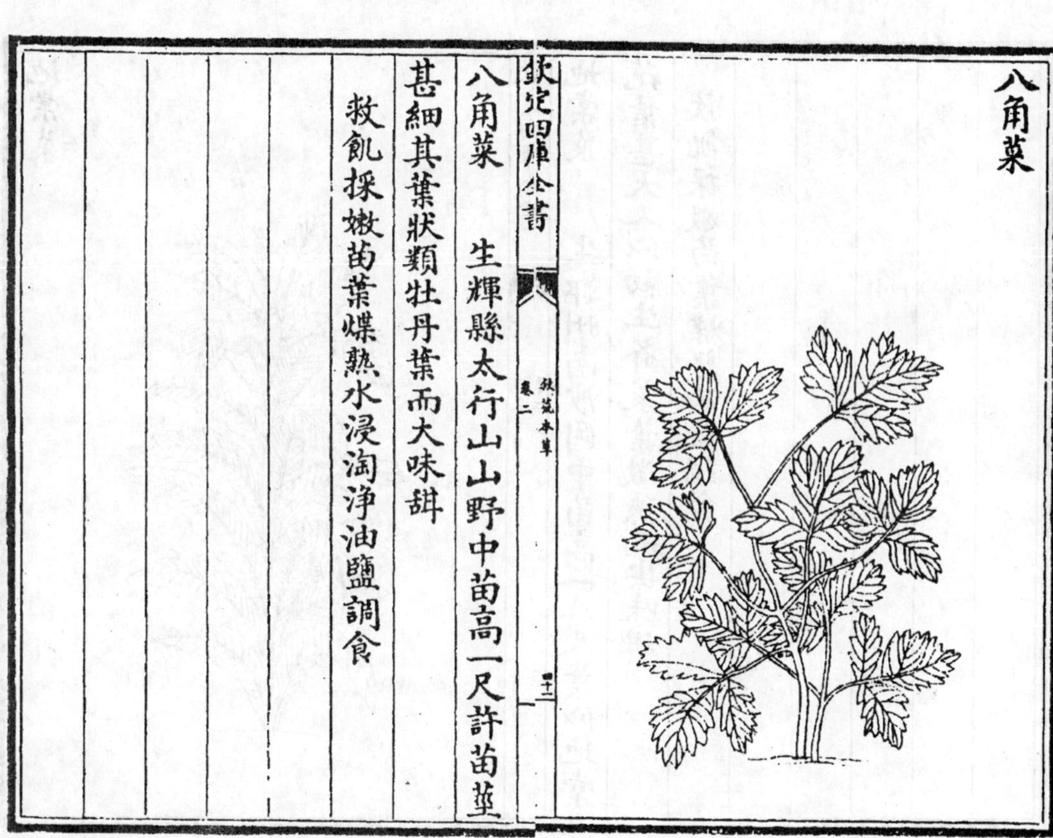

八角菜　生輝縣太行山山野中苗高一尺許苗莖甚細其葉狀類牡丹葉而大味甜

救飢採嫩苗葉煠熟水浸淘浄油鹽調食

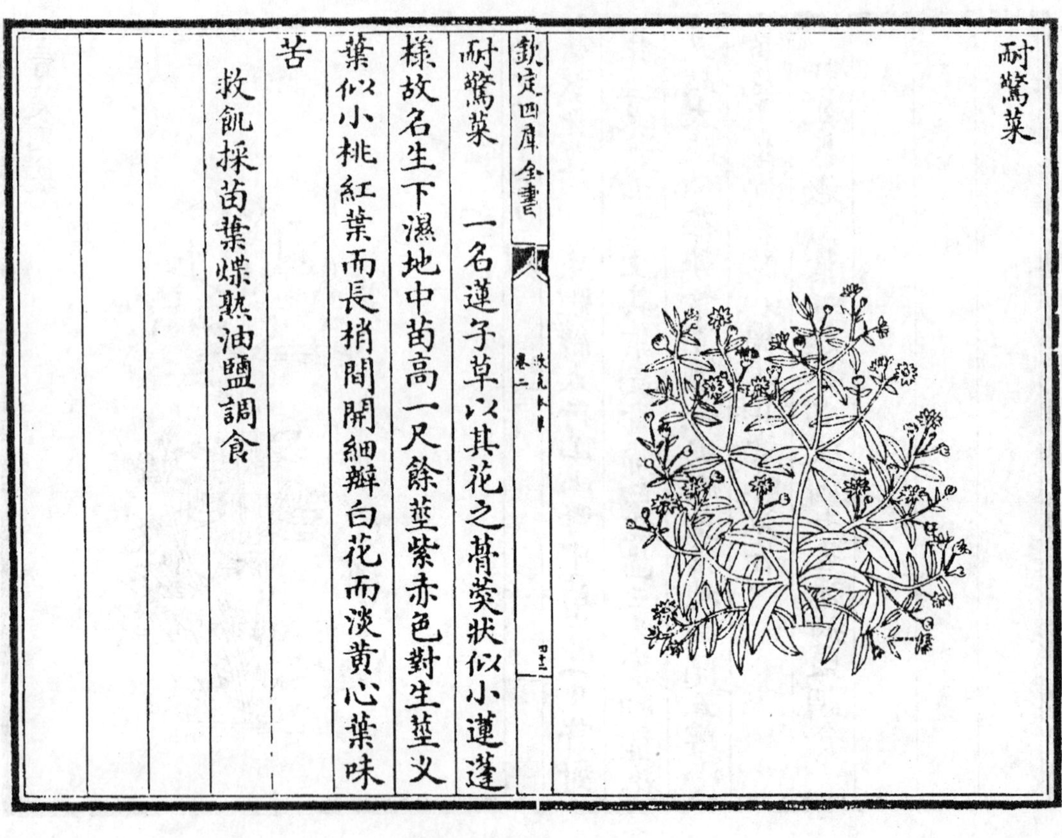

耐驚菜　一名蓮子草以其花之蓇葖狀似小蓮蓬樣故名生下濕地中苗高一尺餘莖紫赤色對生莖叉葉似小桃紅葉而長梢間開細瓣白花而淡黃心葉味苦

救飢採苗葉煠熟油鹽調食

地棠菜

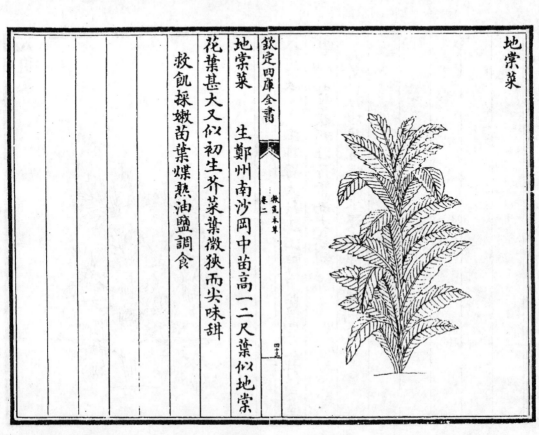

地棠菜　生鄭州南沙岡中苗高一二尺葉似地棠花葉甚大又似初生芥菜葉微狹而尖味甜

救飢採嫩苗葉煠熟油鹽調食

鷄兒腸

鷄兒腸　生中牟田野中苗高一二尺莖黑紫色葉似薄荷葉微小邊有稀鋸齒又似六月菊梢葉間開細瓣淡粉紫花黃心葉味微辣

救飢　採葉煠熟換水淘去辣味油鹽調食

雨點兒菜

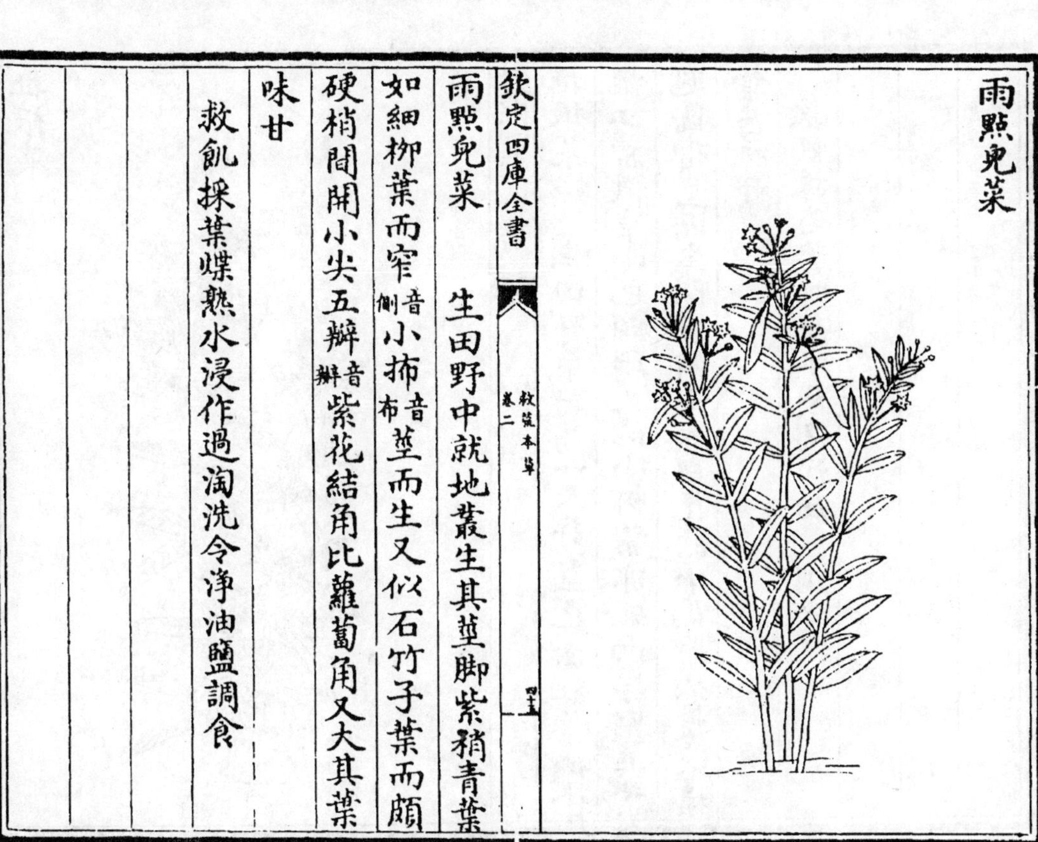

雨點兒菜　生田野中就地叢生其莖脚紫稍青葉如細柳葉而窄音側小抪音布莖而生又似石竹子葉而頗硬梢間開小尖五瓣音辦紫花結角比蘿蔔角又大其葉味甘

救飢　採葉煠熟水浸作過淘洗令淨油鹽調食

白屈菜

白屈菜 生田野中苗高一二尺初作叢生莖葉皆青白色莖有毛刺梢頭分叉上開四瓣黄花葉頗似山芥菜葉而花叉極大又似漏蘆葉而色淡味苦微辣

救飢 採葉和淨土煑熟撈出連土浸一宿換水淘洗淨油鹽調食

扯根菜

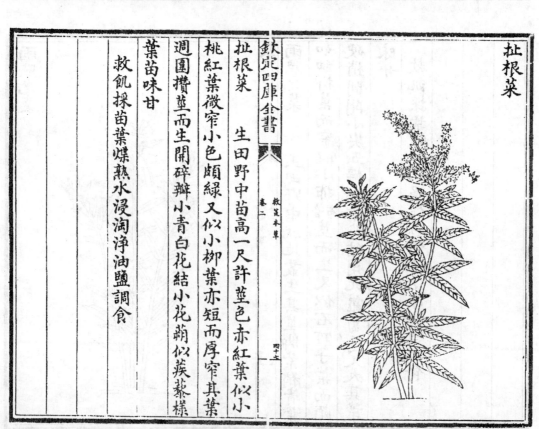

扯根菜 生田野中苗高一尺許莖色赤紅葉似小桃紅葉微窄小色頗緑又似小柳葉亦短而厚窄其葉週圍攢莖而生開碎瓣小青白花結小花蒴似蒺藜樣葉苗味甘

救飢 採苗葉煠熟水浸淘淨油鹽調食

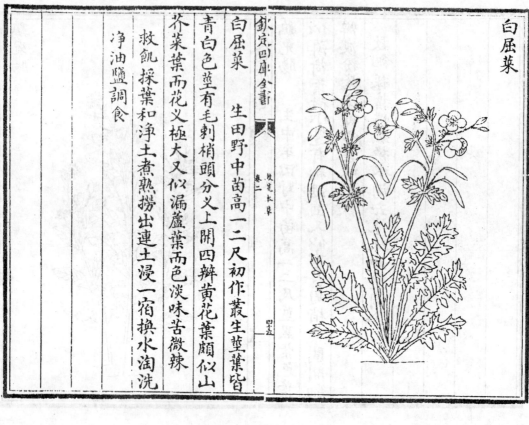

救荒本草

草零陵香

欽定四庫全書　卷二　救荒本草

草零陵香　又名芫香人家園圃中多種之葉似苜蓿葉而長大微尖莖葉間開小淡粉紫花作小短穗其子小如粟粒苗葉味苦性平

救飢採苗葉煠熟換水淘淨油鹽調食

治病今人遇零陵香缺多以此物代用

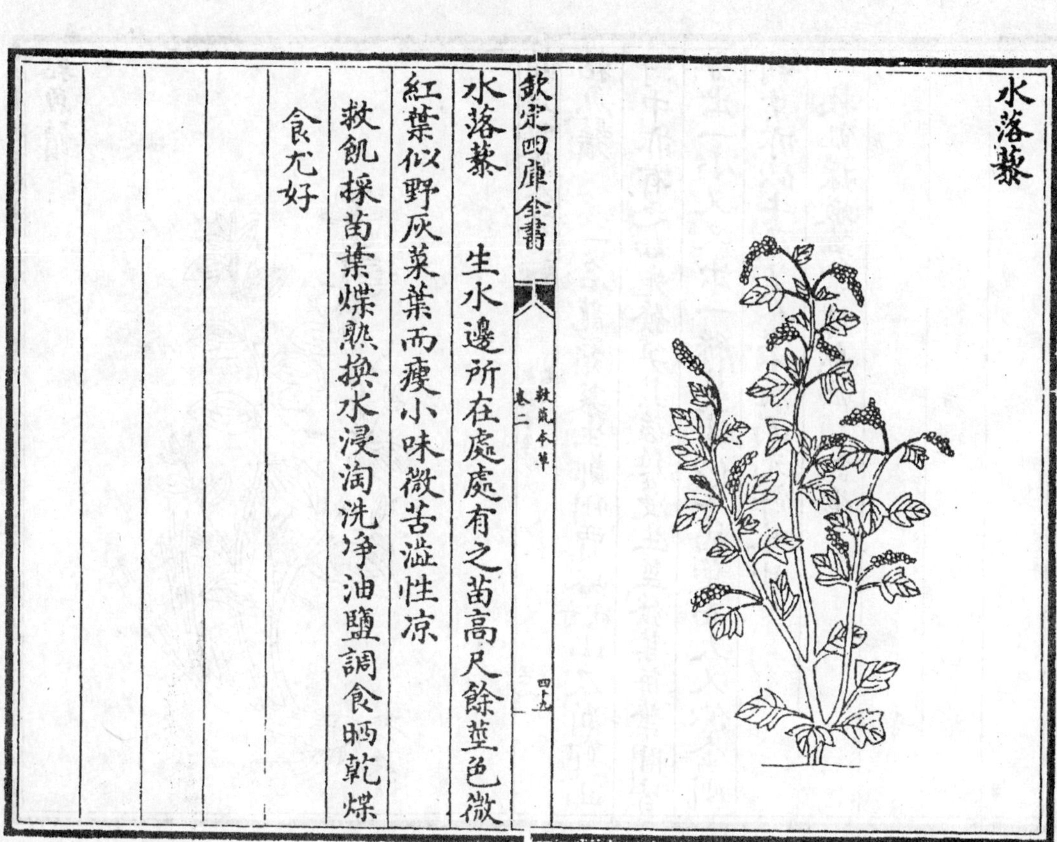

水落藜

欽定四庫全書　卷二　救荒本草

水落藜　生水邊所在處處有之苗高尺餘莖色微紅葉似野灰菜葉而瘦小味微苦澁性凉

救飢採苗葉煠熟換水浸淘洗淨油鹽調食晒乾煠食尤好

涼蒿菜

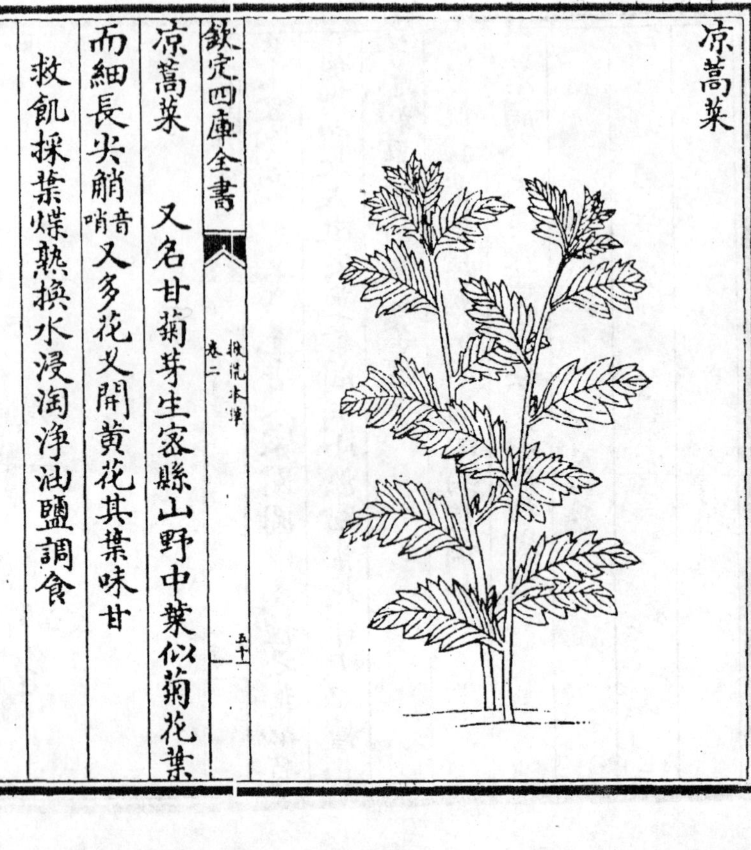

涼蒿菜　又名甘菊芽生密縣山野中葉似菊花葉而細長尖艄（音哨）又多花叉開黄花其葉味甘

救飢採葉煠熟換水浸淘淨油鹽調食

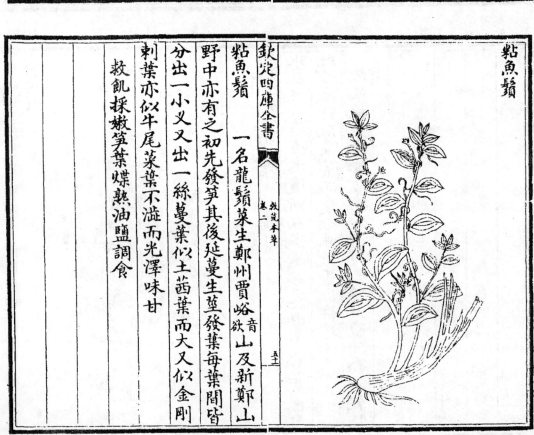

粘魚鬚

粘魚鬚　一名龍鬚菜生鄭州賈峪（音欲）山及新鄭山野中亦有之初先發笋其後延蔓生莖發葉每葉間皆分出一小叉又出一絲蔓葉似土茜葉而大又似金剛刺葉亦似牛尾菜葉不澁而光澤味甘

救飢採嫩笋葉煠熟油鹽調食

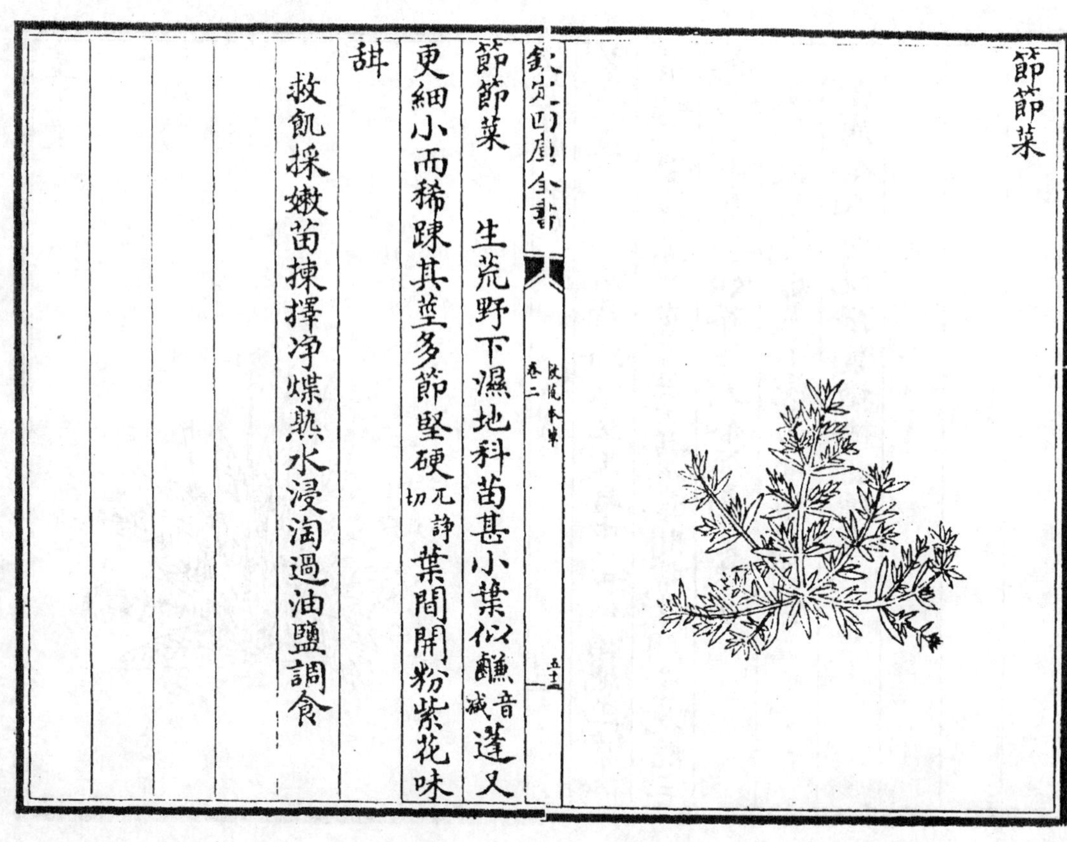

節節菜

節節菜　生荒野下濕地科苗甚小葉似鹹(音減)蓬又更細小而稀疎其莖多節堅硬(兀靜切)葉間開粉紫花味甜

救飢採嫩苗揀擇淨煠熟水浸淘過油鹽調食

野艾蒿

野艾蒿　生田野中苗葉類艾而細又多花叉葉有艾香味苦

救飢採葉煠熟水淘去苦味油鹽調食

堇堇菜

堇堇菜　一名箭頭草生田野中苗初搨地生葉似鈹音批箭頭樣而葉蒂甚長其後葉間攛葶開紫花結三瓣蒴兒中有子如芥子大茶褐色葉味甘

救飢採苗葉煠熟水浸淘淨油鹽調食

治病今人傳說根葉擣傅諸腫毒

婆婆納

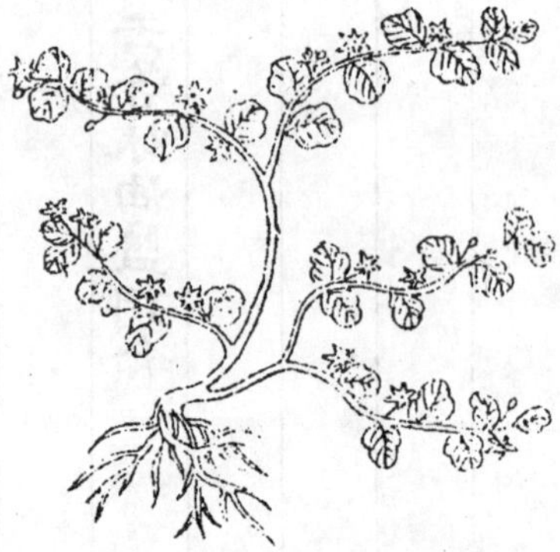

婆婆納　生田野中苗搨地生葉最小如小面花黶音掩兒狀類初生菊花芽葉又團邊微花如雲頭樣味甜

救飢採苗葉煠熟水浸淘淨油鹽調食

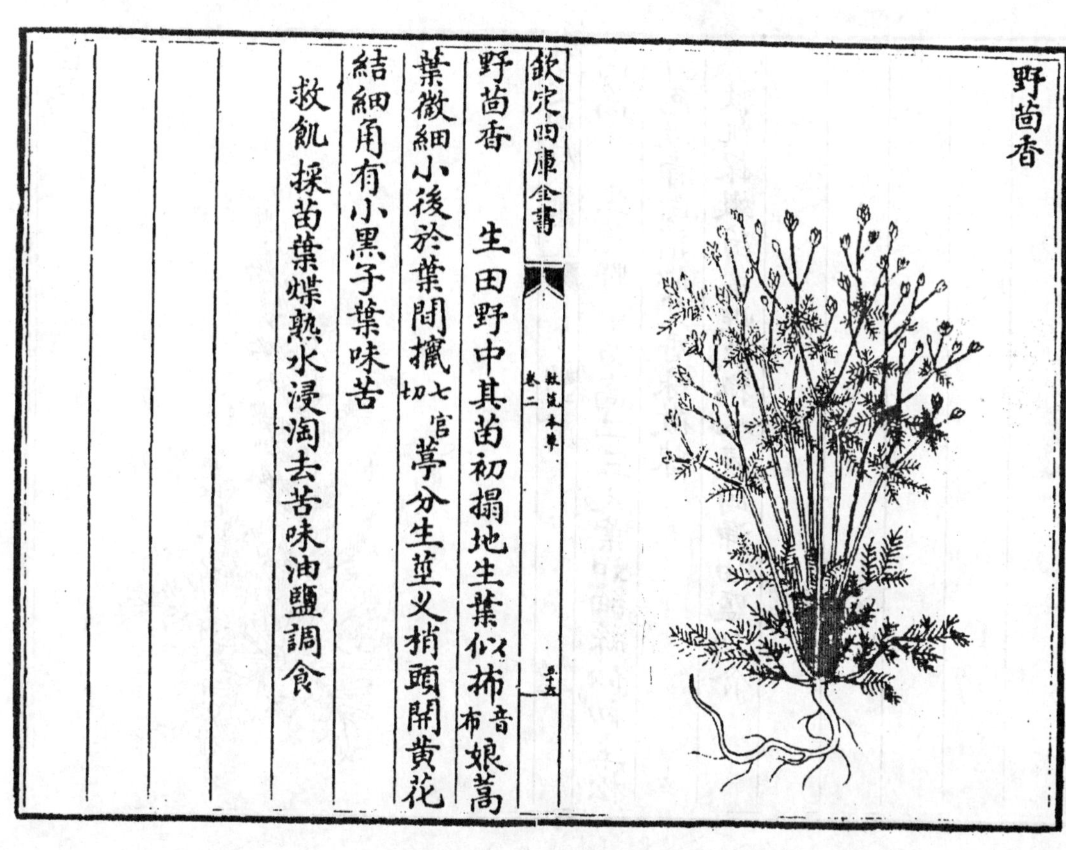

野茴香　生田野中其苗初搨地生葉似抪音布娘蒿葉微細小後於葉間攛七官切葶分生莖叉梢頭開黃花結細角有小黑子葉味苦

救饑採苗葉煠熟水浸淘去苦味油鹽調食

蠍子花菜

蠍子花菜　又名虼音吃蚤花一名野菠菜生田野中苗初搨地生葉似初生菠菜葉而瘦細葉間攛生莖叉高一尺餘莖有線楞梢間開小白花其葉味苦

救饑採嫩葉煠熟水淘淨油鹽調食

白蒿

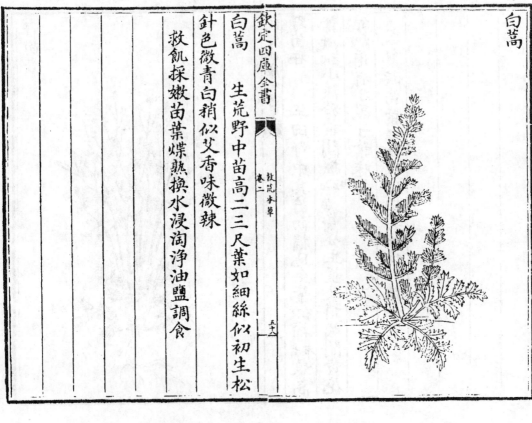

白蒿　生荒野中苗高二三尺葉如細絲似初生松針色微青白稍似艾香味微辣

救飢採嫩苗葉煠熟換水浸淘淨油鹽調食

野同蒿

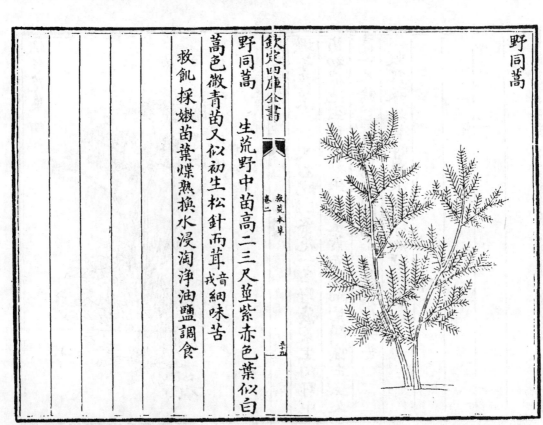

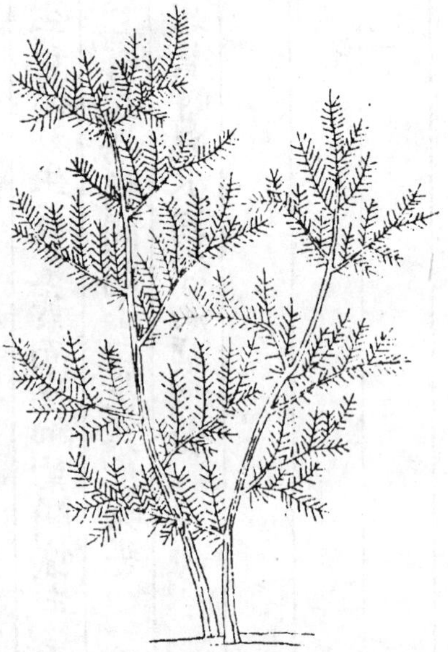

野同蒿　生荒野中苗高二三尺莖紫赤色葉似白蒿色微青苗又似初生松針而茸音戎細味苦

救飢採嫩苗葉煠熟換水浸淘淨油鹽調食

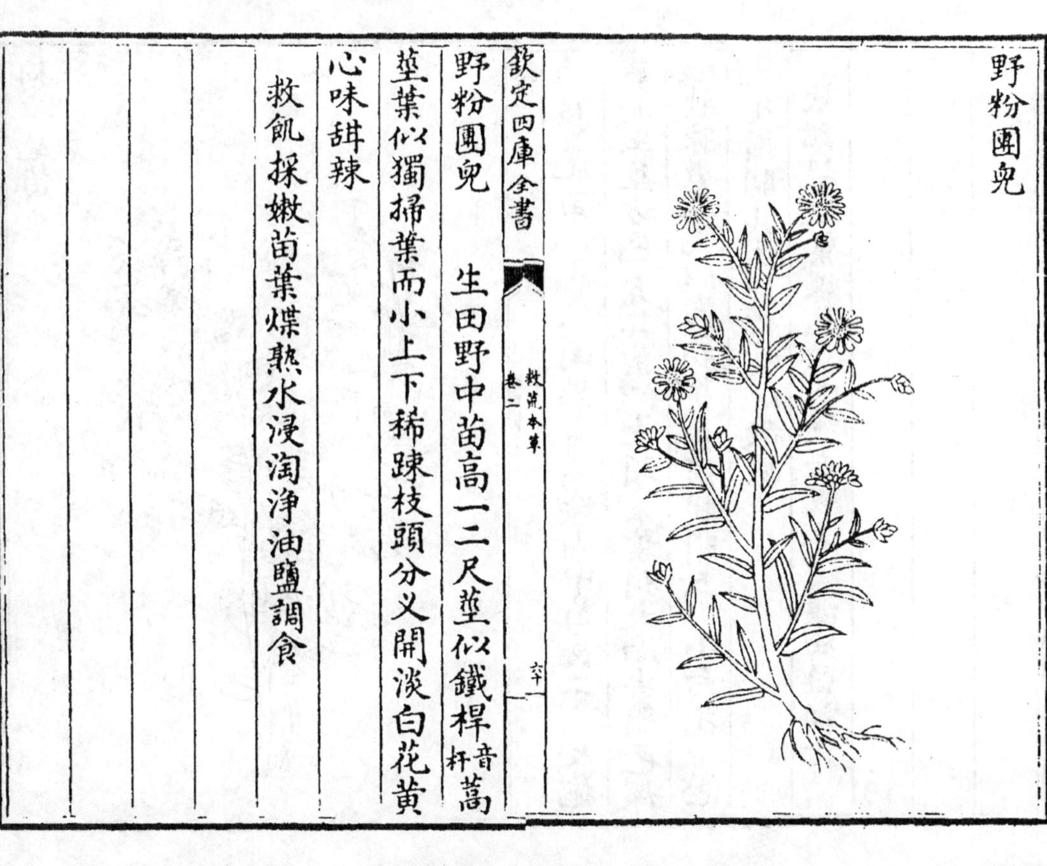

野粉團兒　生田野中苗高一二尺莖似鐵桿音杆蒿莖葉似獨掃葉而小上下稀疎枝頭分叉開淡白花黃心味甜辣

救飢採嫩苗葉煠熟水浸淘淨油鹽調食

蚵蚾菜

蚵蚾菜音蚵嫂　生密縣山野中科苗高二三尺許葉似連翹葉微長又似金銀花葉而尖紋皺却少邊有小鋸齒開粉紫花黃心葉味甜

救飢採嫩苗葉煠熟水浸淘洗淨油鹽調食

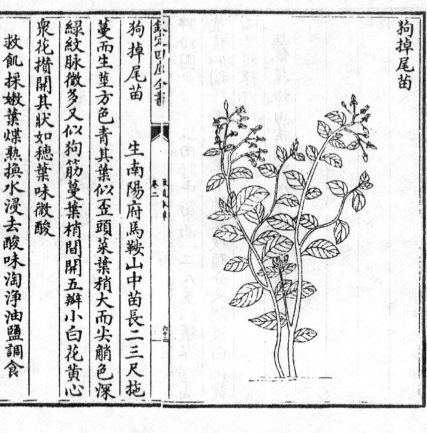

狗掉尾苗

狗掉尾苗　生南陽府馬鞍山中苗長二三尺拖蔓而生莖方色青其葉似歪頭菜葉稍大而尖艄色深綠紋脈微多又似狗筋蔓葉梢間開五瓣小白花黃心衆花攢開其狀如穗葉味微酸

救飢採嫩葉煠熟換水浸去酸味淘淨油鹽調食

石芥

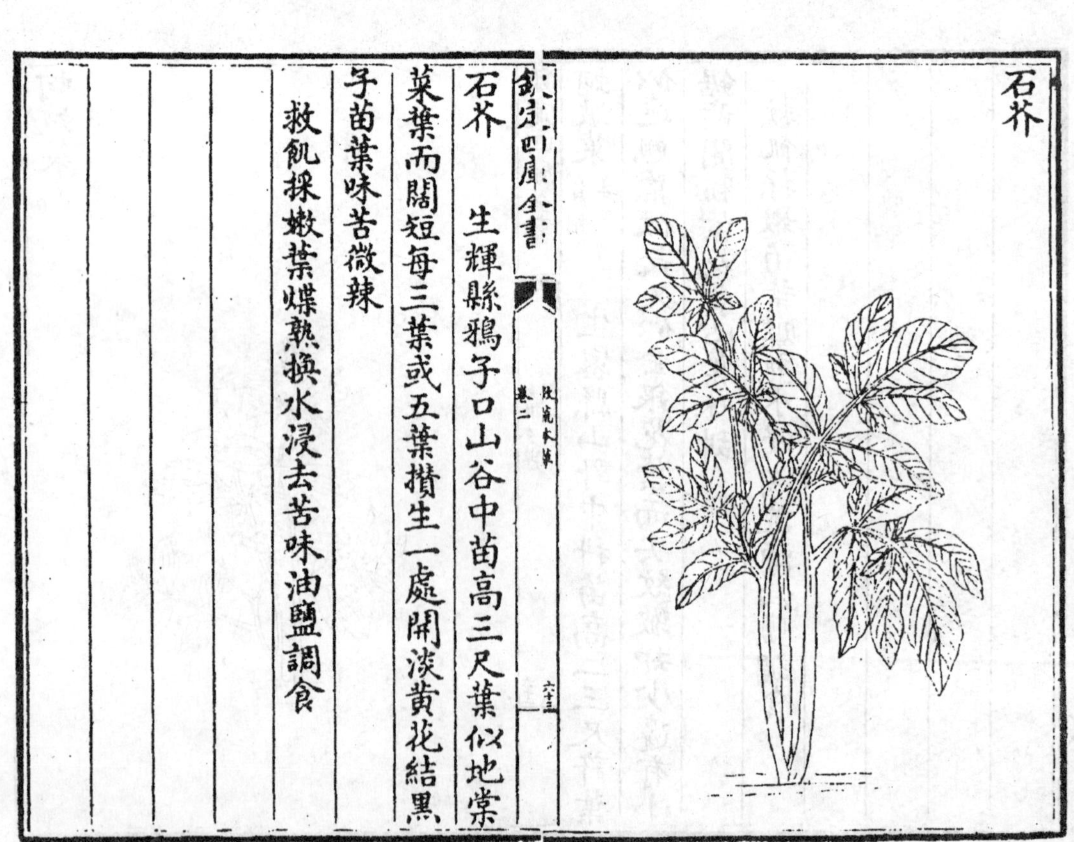

石芥　生輝縣鴉子口山谷中苗高三尺葉似地棠菜葉而闊短每三葉或五葉攢生一處開淡黃花結黑子苗葉味苦微辣

救飢採嫩葉煠熟換水浸去苦味油鹽調食

獾耳菜

獾耳菜音歡　生中牟平野中苗長尺餘莖多枝叉其莖上有細線楞葉似竹葉而短小亦軟又似萹蓄葉却頗闊大而又尖莖葉俱有微毛開小黲白花結細灰青子苗葉味甘

救飢採嫩苗葉煠熟水浸淘淨油鹽調食

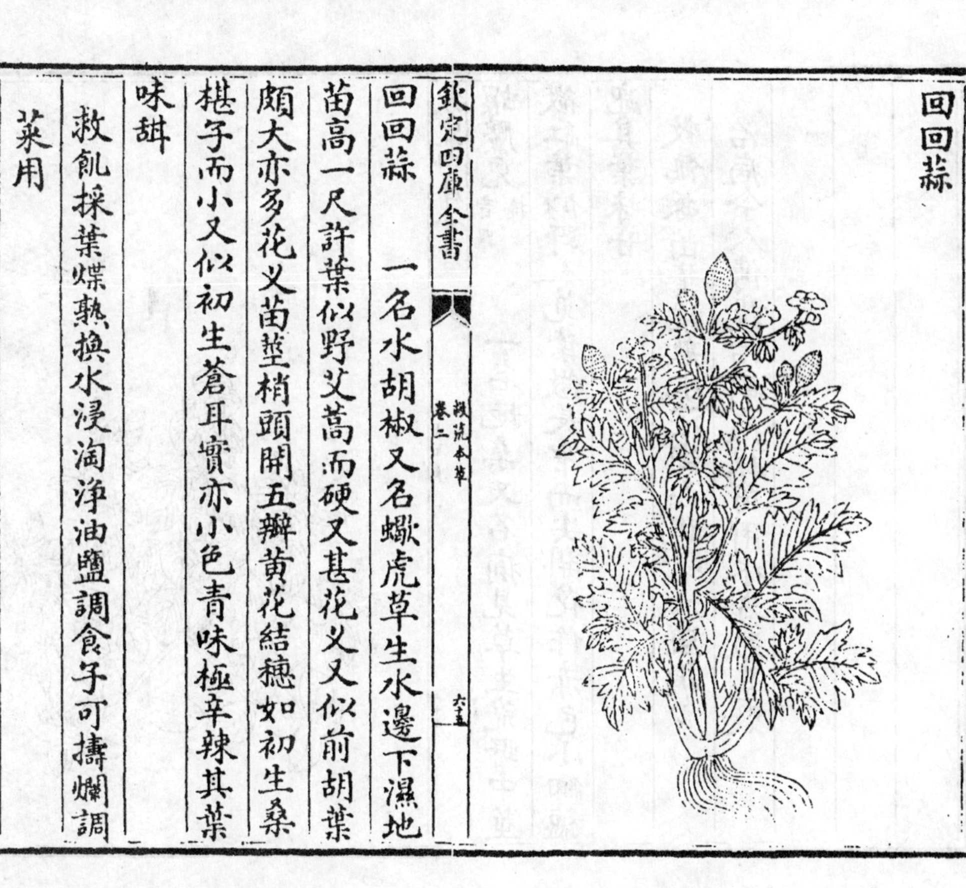

回回蒜

回回蒜　一名水胡椒又名蠍虎草生水邊下濕地苗高一尺許葉似野艾蒿而硬又甚花叉又似前胡葉頗大亦多花叉苗莖梢頭開五瓣黃花結穗如初生桑椹子而小又似初生蒼耳實亦小色青味極辛辣其葉味甜

救飢採葉煠熟換水浸淘淨油鹽調食子可擣爛調菜用

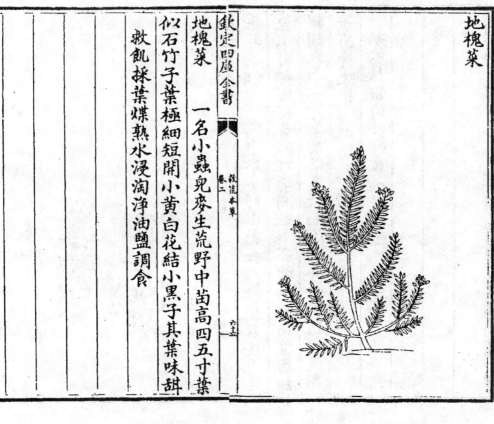

地槐菜

地槐菜　一名小蟲兒麥生荒野中苗高四五寸葉似石竹子葉極細短開小黄白花結小黑子其葉味甜

救飢　採葉煠熟水浸淘淨油鹽調食

螺黶兒

螺黶兒音羅掩　一名地桑又名痢見草生荒野中莖微紅葉似野人莧葉微長窄而尖開花作赤色小細穗兒其葉味甘

救飢　採苗葉煠熟水浸淘去邪味油鹽調食

治病　今人傳說治痢疾採苗用水煮服甚效

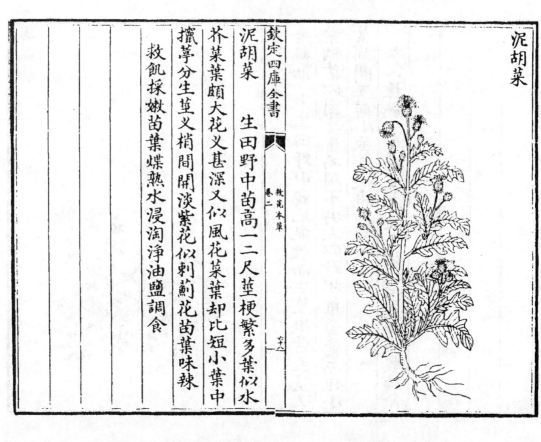

泥胡菜

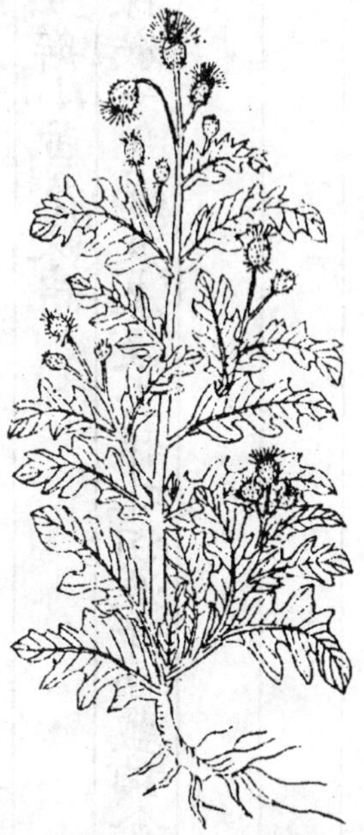

泥胡菜　生田野中苗高一二尺莖梗繁多葉似水芥菜葉頗大花叉甚深又似風花菜葉却比短小葉中攛葶分生莖叉梢間開淡紫花似刺薊花苗葉味辣

救飢採嫩苗葉煠熟水浸淘淨油鹽調食

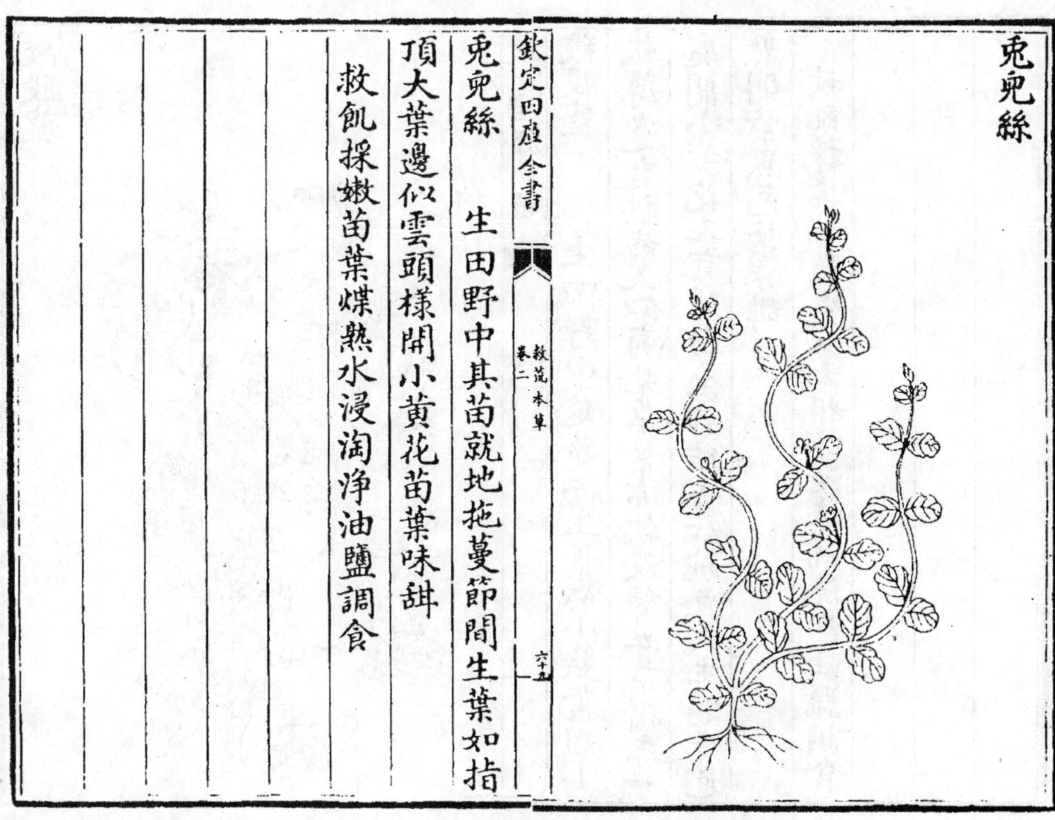

兎兒絲　生田野中其苗就地拖蔓節間生葉如指頂大葉邊似雲頭樣開小黄花苗葉味甜

救飢採嫩苗葉煠熟水浸淘淨油鹽調食

老鸛筋

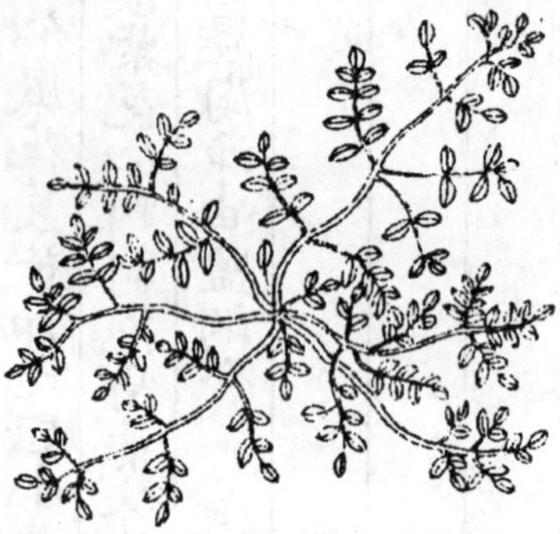

老鸛筋　生田野中就地拖棘而生莖微紫色莖叉繁稠葉似園荽葉而頭不尖又似野胡蘿蔔葉而短小葉間開五瓣小黄花味甜

救飢採嫩苗葉煠熟水浸去邪味淘洗淨油鹽調食

絞股藍

絞股藍　生田野中延蔓而生葉似小藍葉短小軟薄邊有鋸齒又似痢見草葉亦軟淡緑五葉攢生一處開小黄花又有開白花者結子如豌豆大生則青色熟則紫黑色葉味甜

救飢採葉煠熟水浸去邪味涎沫淘洗淨油鹽調食

山梗菜

山梗菜　生鄭州賈峪（音欲）山山野中苗高二尺許莖淡紫色葉似桃葉而短小又似柳葉菜葉亦小梢間開淡紫花其葉味甜

救飢採嫩葉煠熟淘洗淨油鹽調食

抪娘蒿

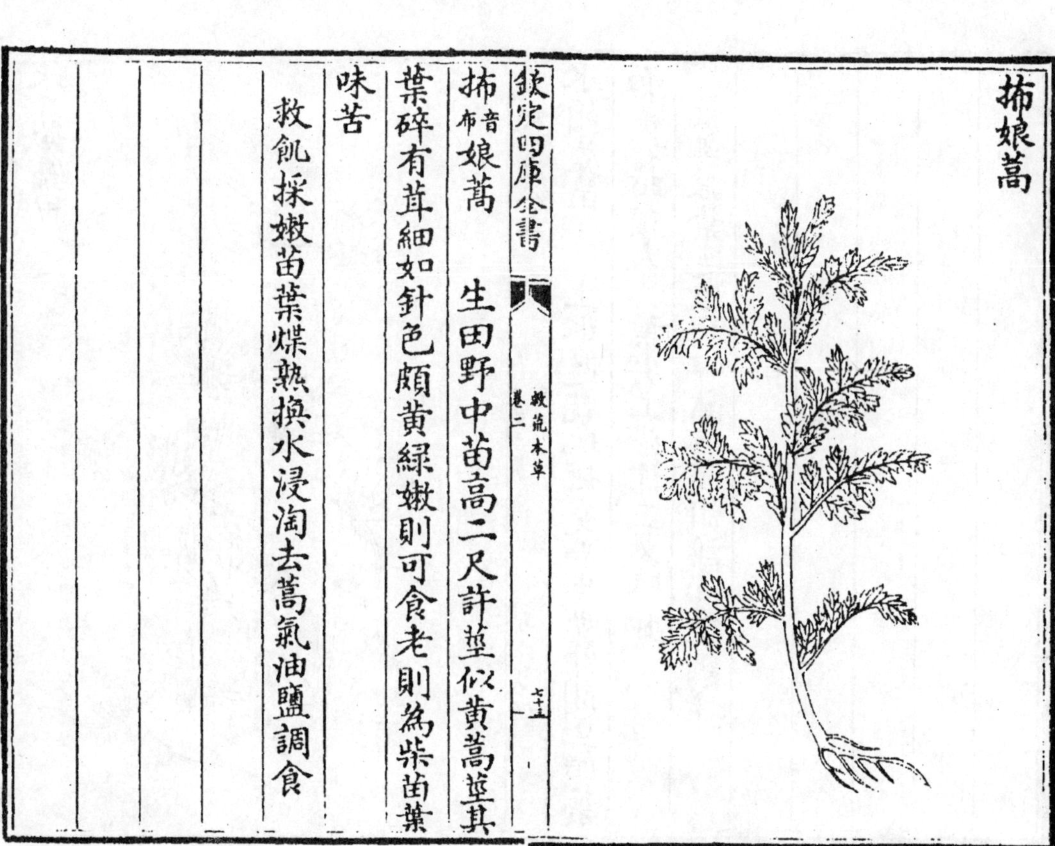

抪（音布）娘蒿　生田野中苗高二尺許莖似黄蒿莖其葉碎有茸細如針色頗黄綠嫩則可食老則為柴苗葉味苦

救飢採嫩苗葉煠熟換水浸淘去蒿氣油鹽調食

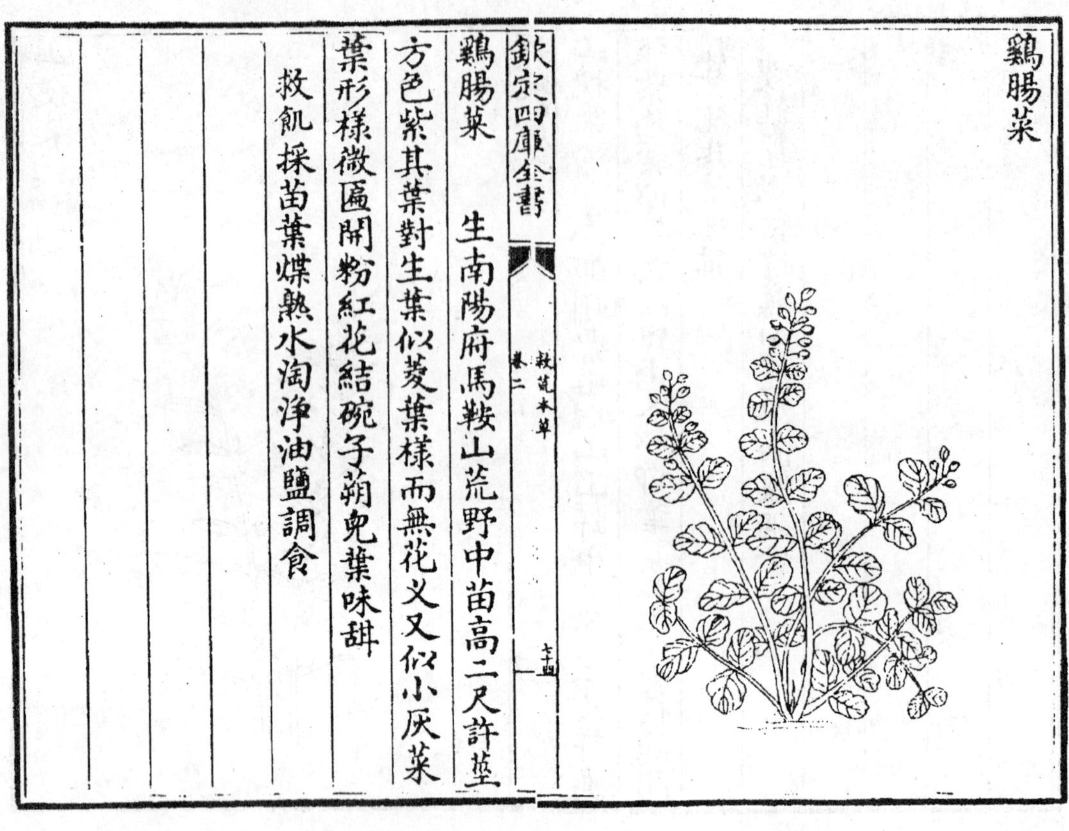

鷄腸菜　生南陽府馬鞍山荒野中苗高二尺許莖方色紫其葉對生葉似菱葉樣而無花叉又似小灰菜葉形樣微匾開粉紅花結碗子蒴兒葉味甜

救飢採苗葉煠熟水淘淨油鹽調食

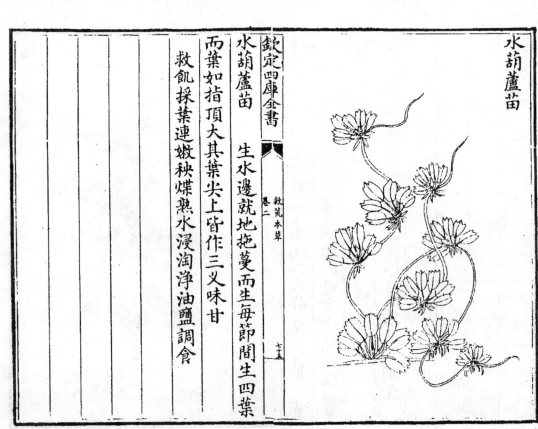

水葫蘆苗

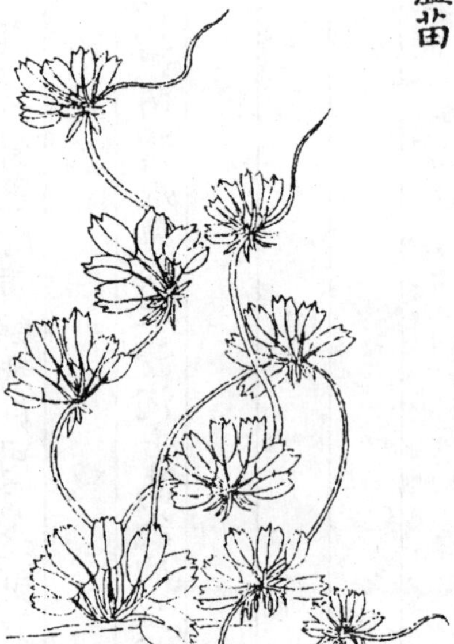

水葫蘆苗　生水邊就地拖蔓而生每節間生四葉而葉如指頂大其葉尖上皆作三叉味甘

救飢採葉連嫩秧煠熟水浸淘淨油鹽調食

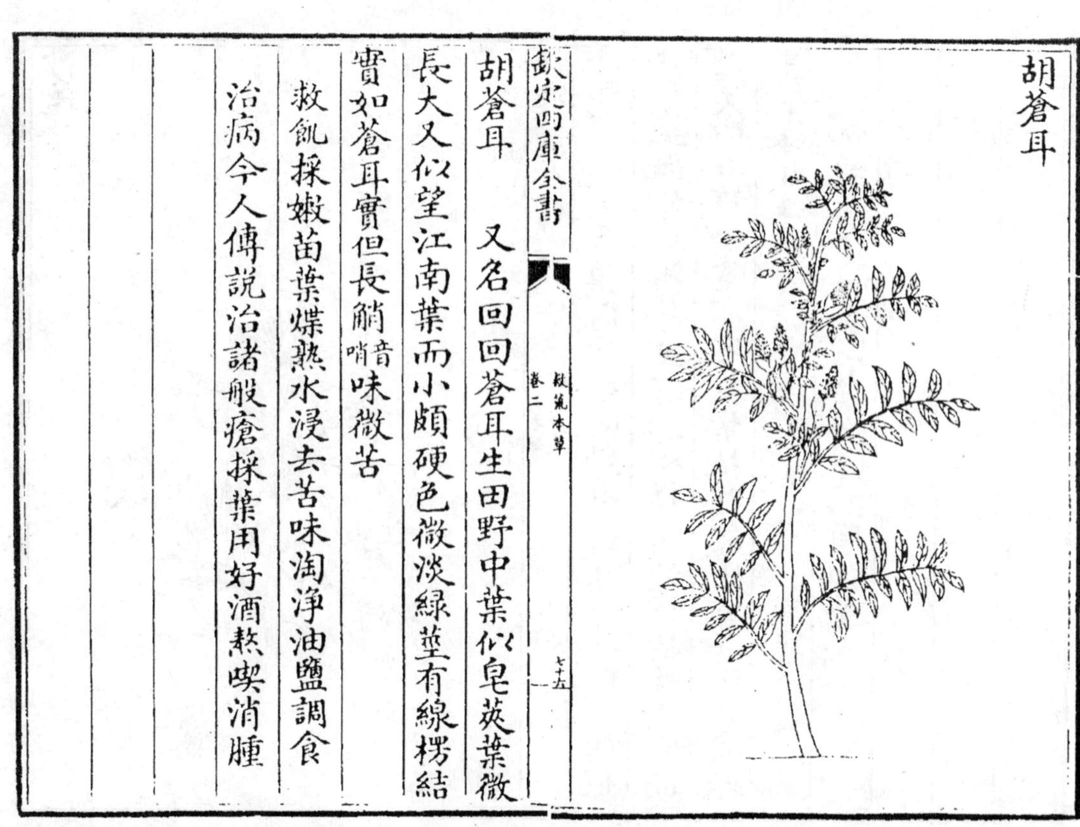

胡蒼耳　又名回回蒼耳生田野中葉似皂莢葉微長大又似望江南葉而小頗硬色微淡綠莖有線楞結實如蒼耳實但長稍(音哨)味微苦

救飢採嫩苗葉煠熟水浸去苦味淘淨油鹽調食

治病今人傳說治諸般瘡採葉用好酒熬喫消腫

水棘針苗

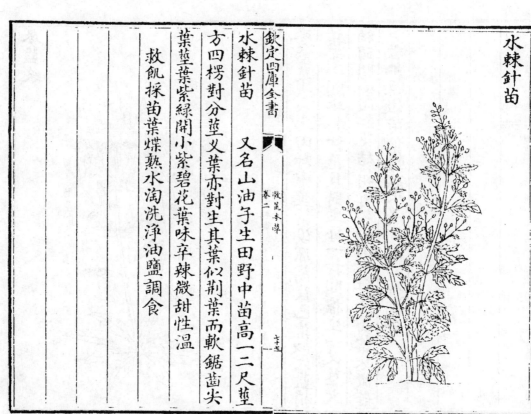

水棘針苗　又名山油子生田野中苗高一二尺莖方四楞對分莖叉葉亦對生其葉似荊葉而軟鋸齒尖葉莖葉紫綠開小紫碧花葉味辛辣微甜性溫

救飢採苗葉煠熟水淘洗淨油鹽調食

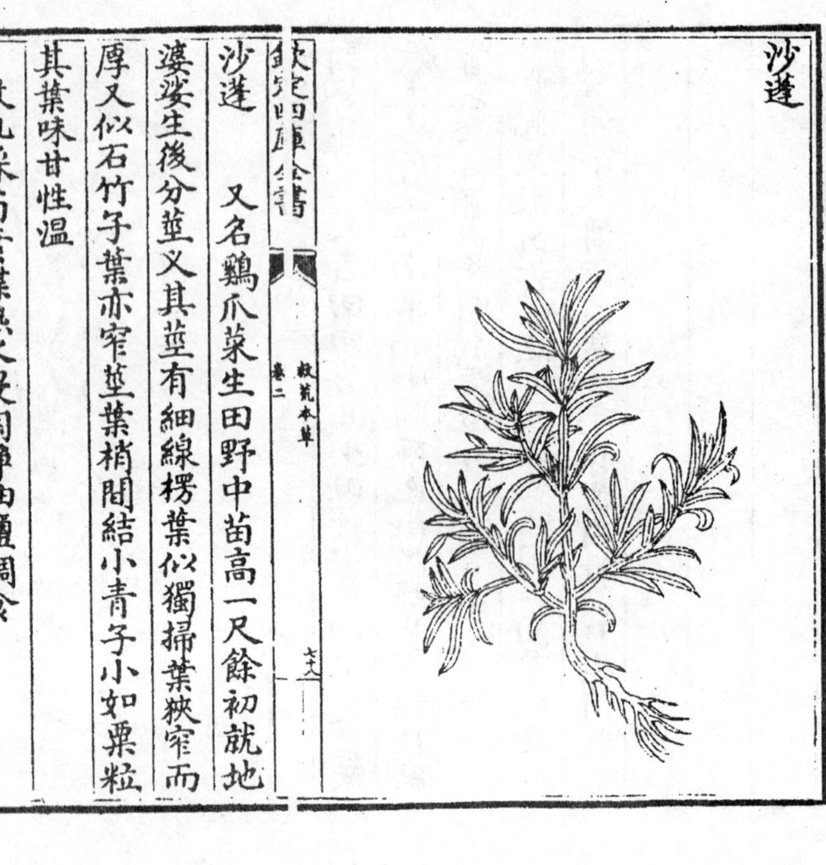

沙蓬　又名鷄爪菜生田野中苗高一尺餘初就地婆娑生後分莖叉其莖有細線楞葉似獨掃葉狹窄而厚又似石竹子葉亦窄莖葉梢間結小青子小如粟粒其葉味甘性温

救飢採苗葉煠熟水浸淘淨油鹽調食

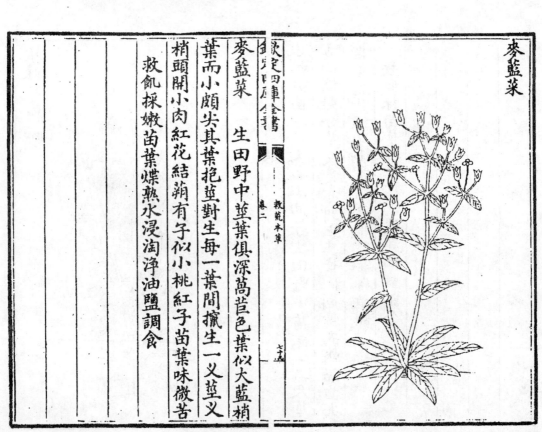

麥藍菜

麥藍菜　生田野中莖葉俱深蒿苣色葉似大藍梢葉而小頗尖其葉抱莖對生每一葉間攛生一叉莖叉梢頭開小肉紅花結蒴有子似小桃紅子苗葉味微苦

救飢採嫩苗葉煠熟水浸淘淨油鹽調食

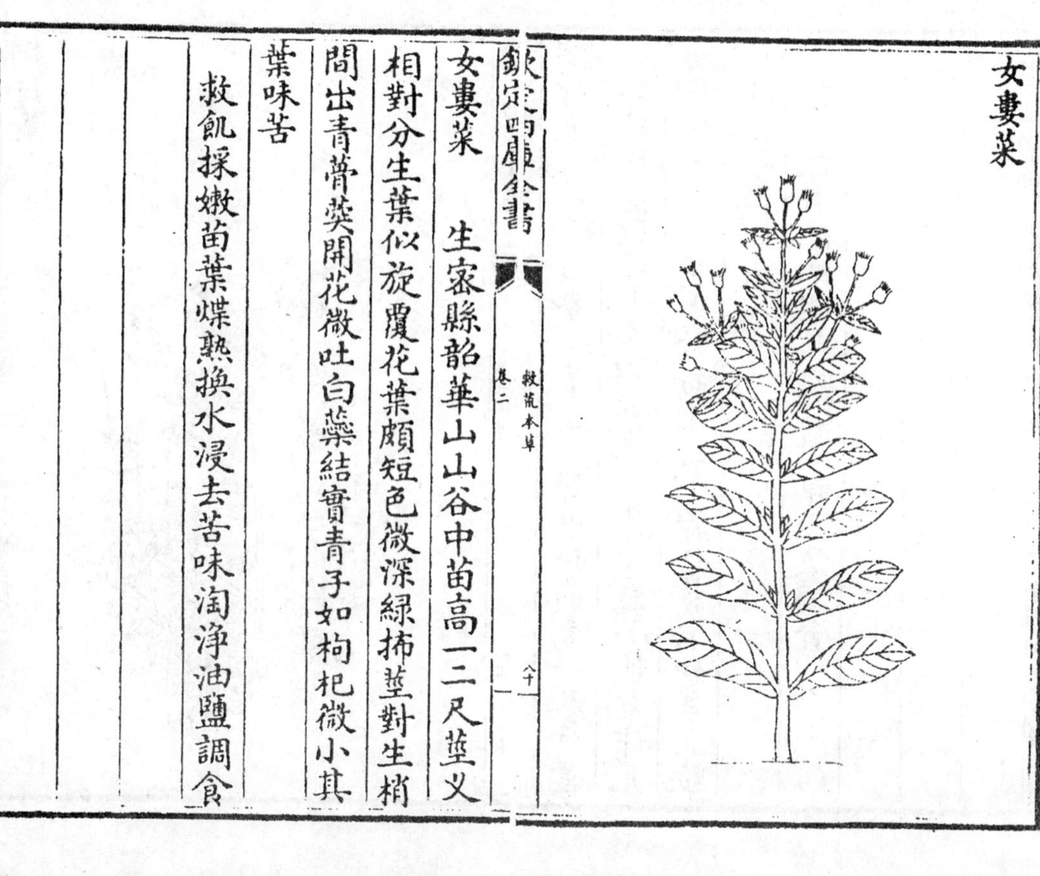

女婁菜

女婁菜　生密縣韶華山山谷中苗高一二尺莖叉相對分生葉似旋覆花葉頗短色微深綠抪莖對生梢間出青蓇葖開花微吐白蘂結實青子如枸杞微小其葉味苦

救飢採嫩苗葉煠熟換水浸去苦味淘淨油鹽調食

委陵菜

委陵菜　一名飜白菜生田野中苗初搨地生後分莖叉莖節稠密上有白毛葉彷彿類柏葉而極闊大邊如鋸齒形面青背白又似雞腿兒葉而却窄又類鹿蕨葉亦窄莖葉梢間開五瓣黃花其葉味苦微辣

救飢採苗葉煠熟水浸淘淨油鹽調食

獨行菜

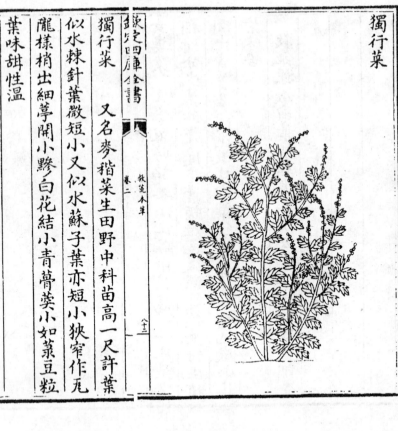

獨行菜　又名麥秸菜生田野中科苗高一尺許葉似水棘針葉微短小又似水蘇子葉亦短小狹窄作瓦隴樣梢出細葶開小黪白花結小青蓇葖小如菉豆粒葉味甜性温

救飢採嫩苗葉煠熟換水淘淨油鹽調食

山蓼

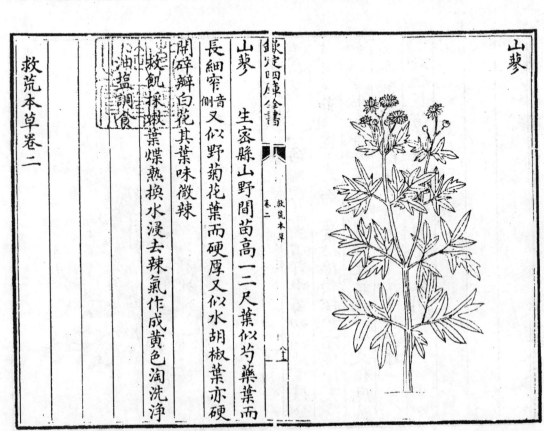

山蓼　生密縣山野間苗高一二尺葉似芍藥葉而長細窄音側又似野菊花葉而硬厚又似水胡椒葉亦硬開碎瓣白花其葉味微辣

救飢採嫩葉煠熟換水浸去辣氣作成黃色淘洗淨油盐調食

救荒本草卷二

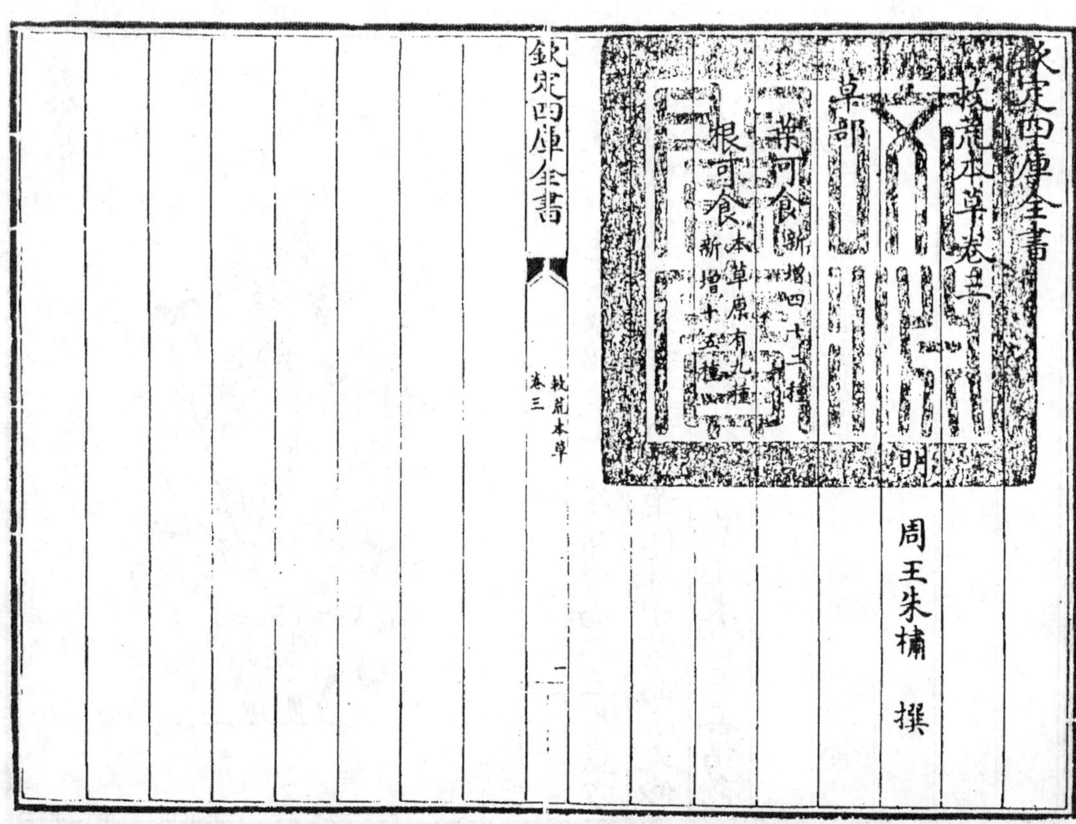

欽定四庫全書

救荒本草卷三

草部

葉可食新增四十七種

根可食本草原有九種新增十五種

明　周王朱橚　撰

花蒿　葉可食　新增

花蒿　生荒野中苗葉就地叢生葉長三四寸四散分垂葉似獨掃葉而長硬其頭頗齊微有毛澁味微辛

救飢採葉煠熟水浸淘淨油鹽調食

葛公菜

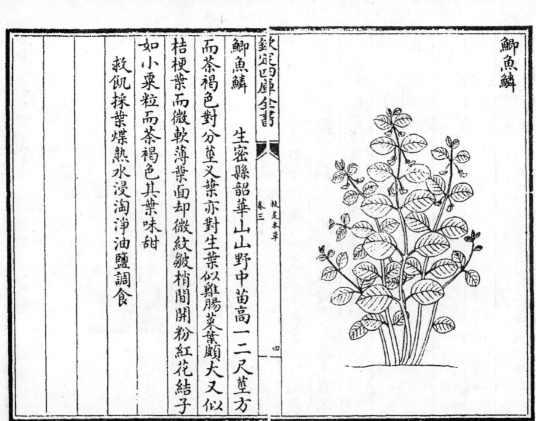

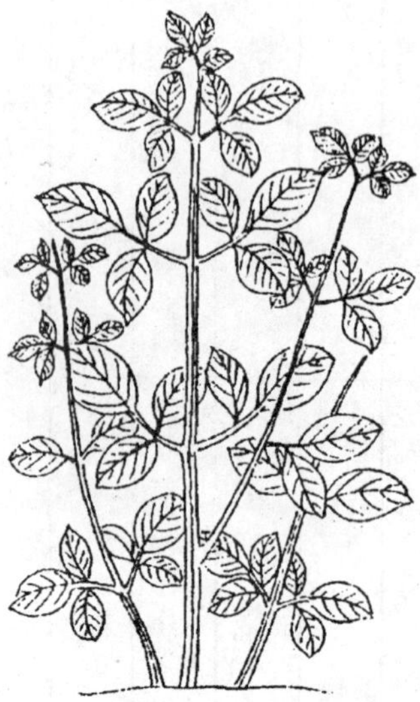

葛公菜 生密縣韶華山山谷間苗高二三尺莖方窊面四楞對分莖叉葉亦對生葉似蘇子葉而小又似荏子葉而大梢間開粉紅花結子如小米粒而茶褐色味甜微苦

救飢採葉煠熟水浸去苦味換水淘淨油鹽調食

鯽魚鱗

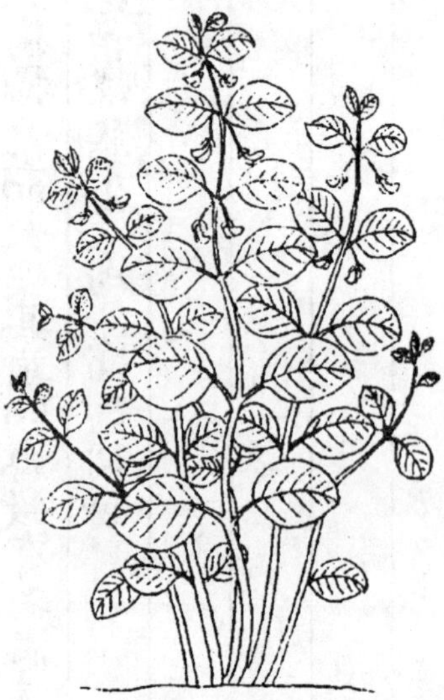

鯽魚鱗 生密縣韶華山山野中苗高一二尺莖方而茶褐色對分莖叉葉亦對生葉似雞腸菜葉頗大又似桔梗葉而微軟薄葉面却微紋皺梢間開粉紅花結子如小粟粒而茶褐色其葉味甜

救飢採葉煠熟水浸淘淨油鹽調食

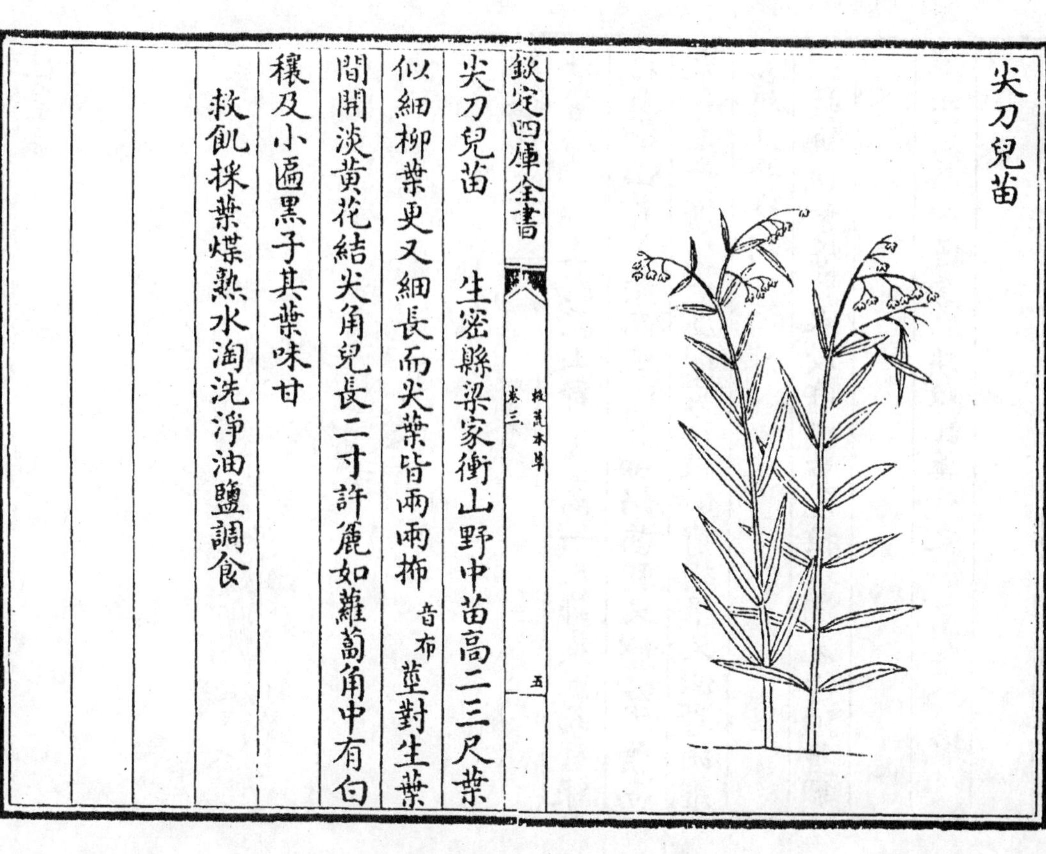

尖刀兒苗　生密縣梁家衝山野中苗高二三尺葉似細柳葉更又細長而尖葉皆兩兩抪音布莖對生葉間開淡黄花結尖角兒長二寸許麄如蘿蔔角中有白穰及小匾黑子其葉味甘

救飢採葉煠熟水淘洗淨油鹽調食

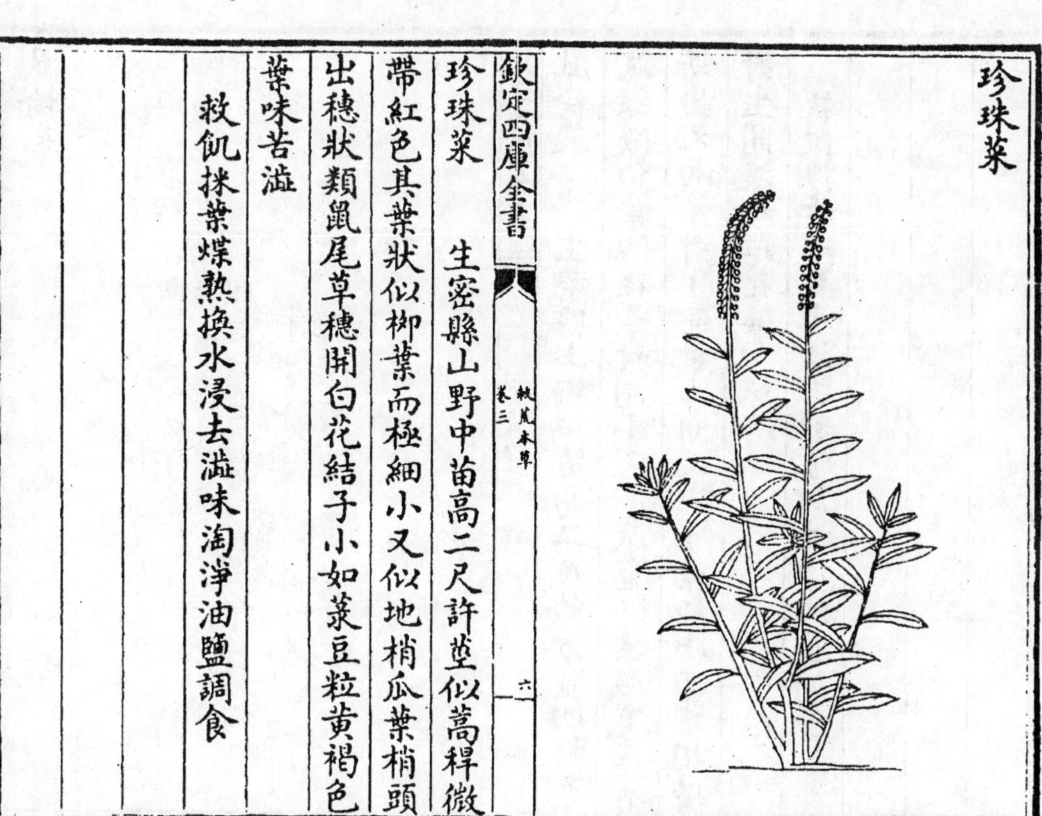

珍珠菜　生密縣山野中苗高二尺許莖似蒿稈微帶紅色其葉狀似柳葉而極細小又似地梢瓜葉梢頭出穗狀類鼠尾草穗開白花結子小如菉豆粒黄褐色葉味苦澁

救飢採葉煠熟換水浸去澁味淘淨油鹽調食

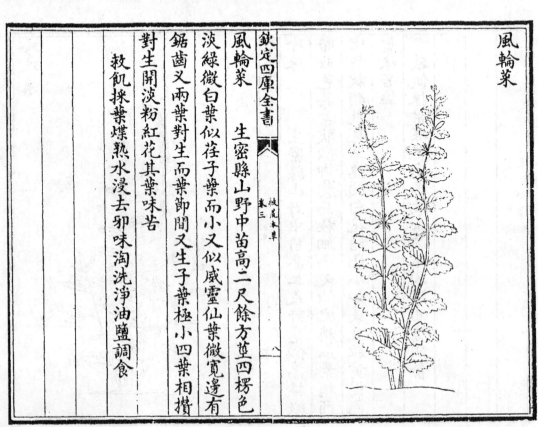

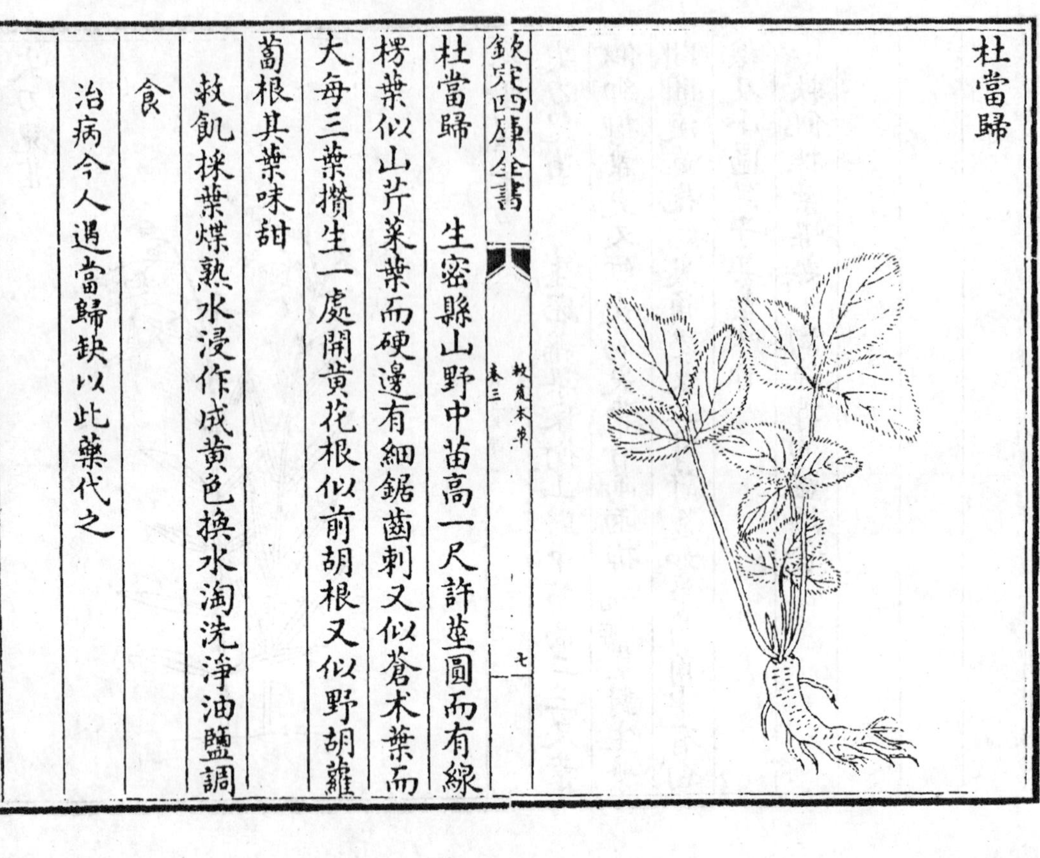

杜當歸 生密縣山野中苗高一尺許莖圓而有線楞葉似山芹菜葉而硬邊有細鋸齒刺又似蒼朮葉而大每三葉攢生一處開黄花根似前胡根又似野胡蘿蔔根其葉味甜

救飢採葉煠熟水浸作成黄色換水淘洗淨油鹽調食

治病今人遇當歸缺以此藥代之

風輪菜

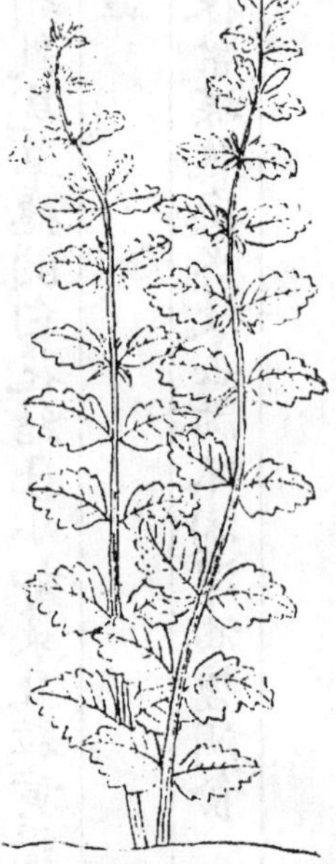

風輪菜 生密縣山野中苗高二尺餘方莖四楞色淡緑微白葉似荏子葉而小又似威靈仙葉微寛邊有鋸齒又兩葉對生而葉節間又生子葉極小四葉相攢對生開淡粉紅花其葉味苦

救飢採葉煠熟水浸去邪味淘洗淨油鹽調食

拖白練苗

拖白練苗 生田野中苗搨地生葉似垂盆草葉而又小葉間開小白花結細黄子其葉味甜

救飢採苗葉煠熟油鹽調食

透骨草

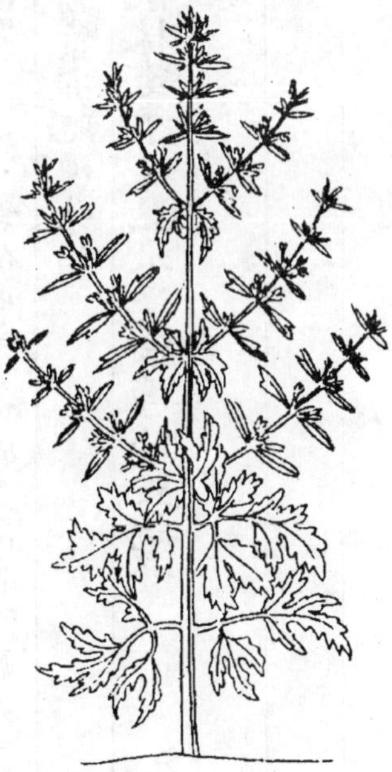

透骨草 一名天芝麻生中牟荒野中苗高三四尺莖方窊面四楞其莖脚紫對節分生莖乂葉似菵蒿葉而多花乂葉皆對生莖節間攢開粉紅花結子似胡麻子葉味苦

救飢採嫩苗葉煠熟水浸去苦味淘淨油鹽調食

治病今人傳説採苗擣傅腫毒

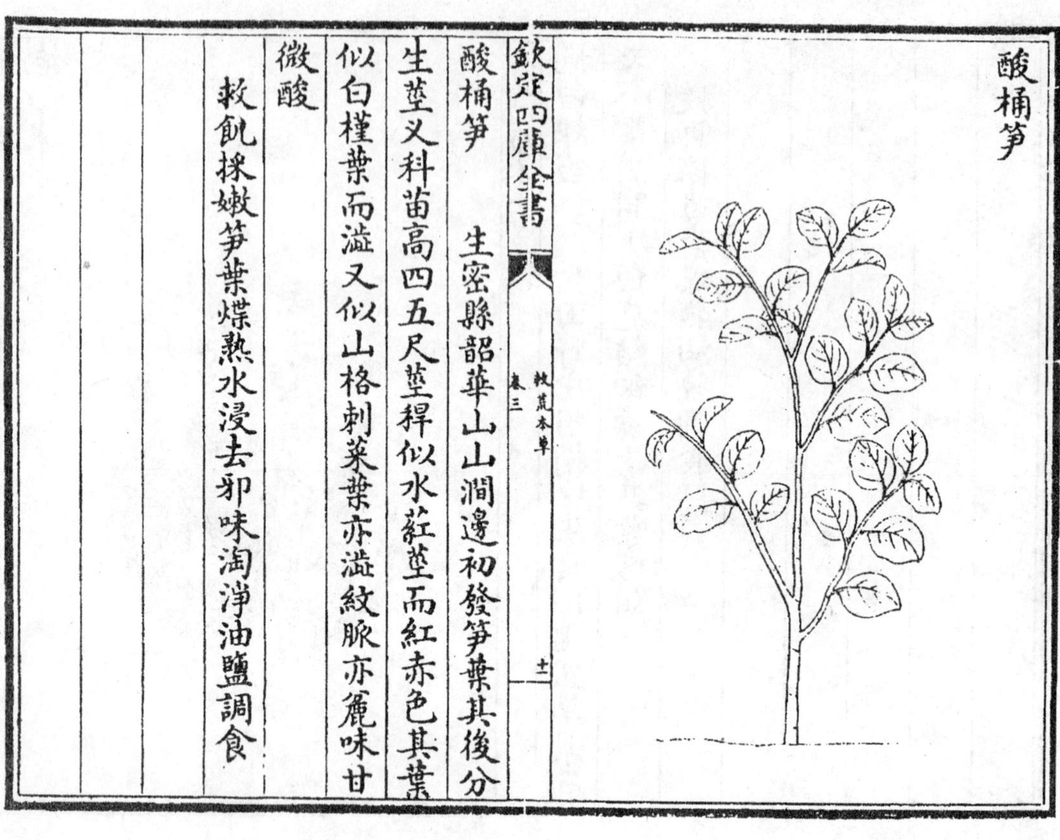

酸桶笋　生密縣韶華山山澗邊初發笋葉其後分生莖叉科苗高四五尺莖稈似水葒莖而紅赤色其葉似白槿葉而澁又似山格刺菜葉亦澁紋脈亦麄味甘微酸

救飢　採嫩笋葉煠熟水浸去邪味淘淨油鹽調食

鹿蕨菜

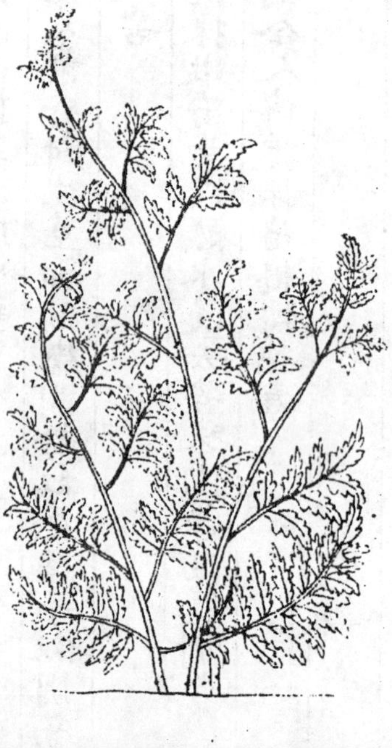

鹿蕨菜　生輝縣山野中苗高一尺許其葉之莖背圓而面窊 五化切 葉似紫香蒿脚葉而肥濶頗硬又似胡蘿蔔葉亦肥硬味甜

救飢　採苗葉煠熟水浸淘淨油鹽調食

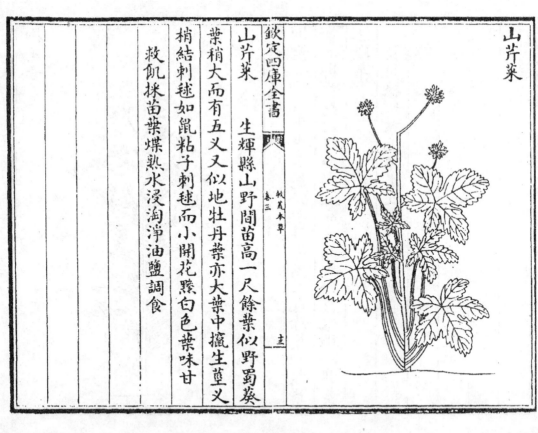

山芹菜

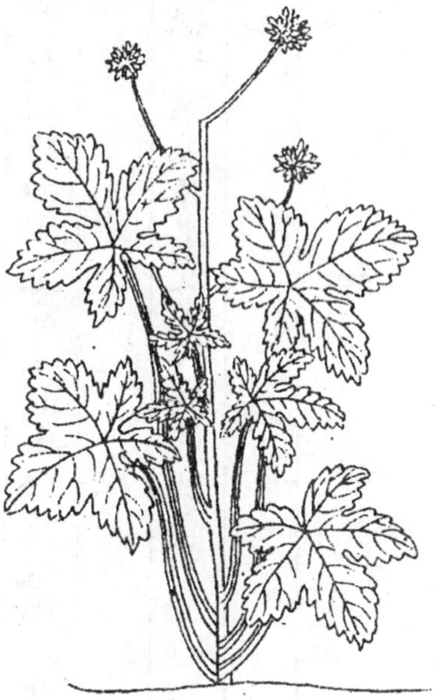

山芹菜　生輝縣山野間苗高一尺餘葉似野蜀葵葉稍大而有五叉又似地牡丹葉亦大葉中攛生莖叉梢結刺毬如鼠粘子刺毬而小開花黲白色葉味甘

救飢採苗葉煠熟水浸淘淨油鹽調食

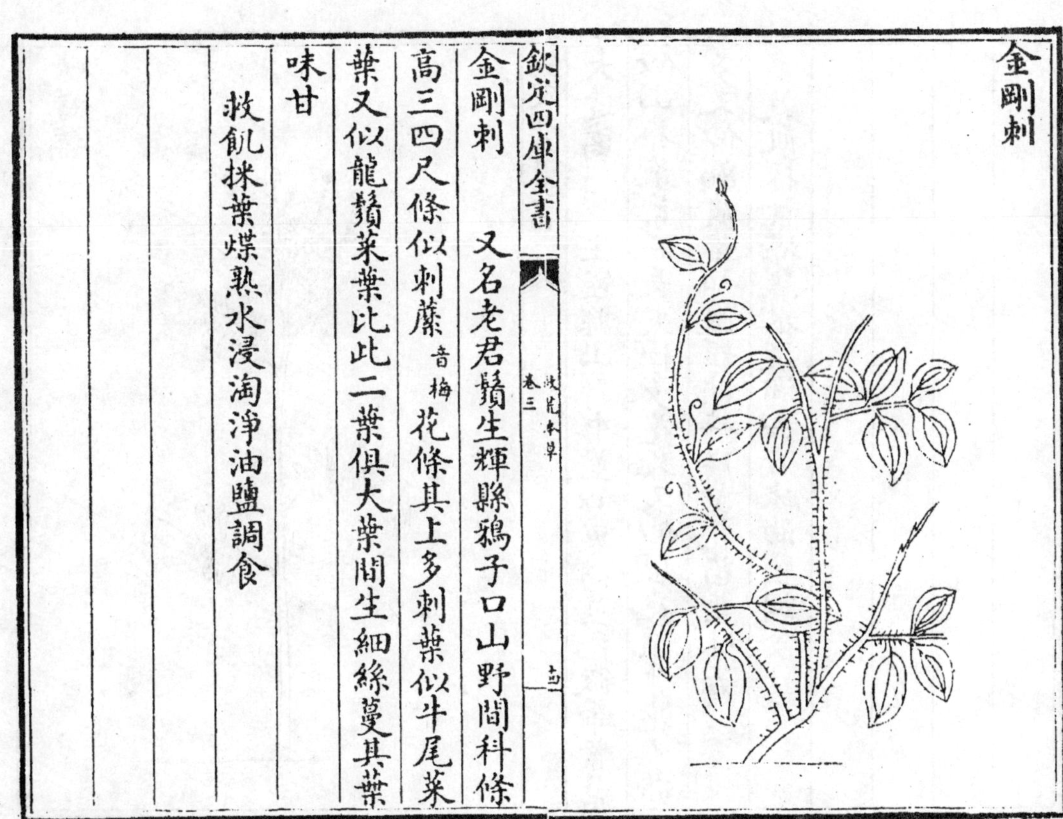

金剛刺　又名老君鬚生輝縣鵶子口山野間科條高三四尺條似刺藤音梅花條其上多刺葉似牛尾菜葉又似龍鬚菜葉比此二葉俱大葉間生細絲蔓其葉味甘

救飢採葉煠熟水浸淘淨油鹽調食

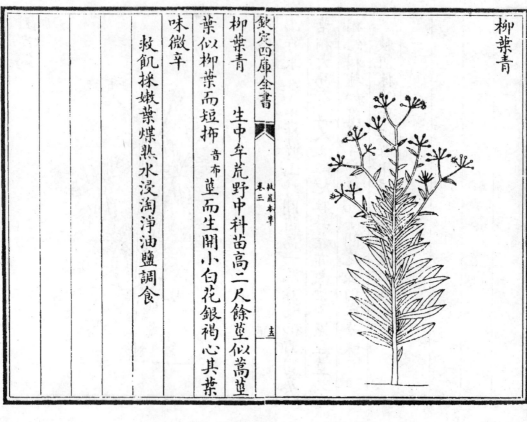

柳葉青

柳葉青　生中牟荒野中科苗高二尺餘莖似蒿莖葉似柳葉而短抪音布莖而生開小白花銀褐心其葉味微辛

救飢採嫩葉煠熟水浸淘淨油鹽調食

大蓬蒿

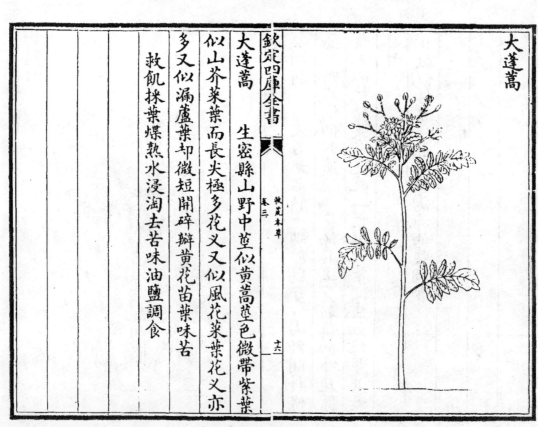

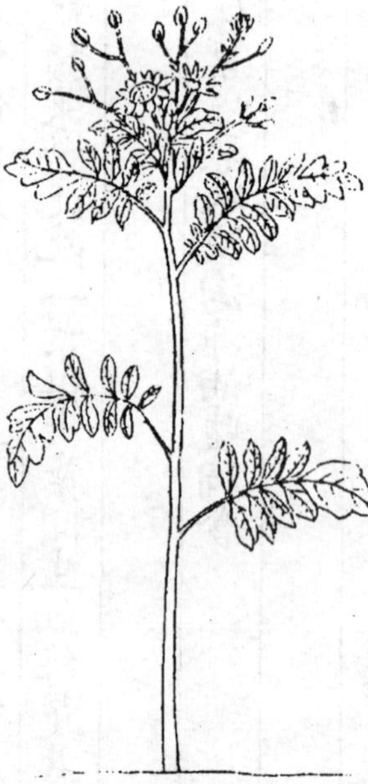

大蓬蒿　生密縣山野中莖似黄蒿莖色微帶紫葉似山芥菜葉而長尖極多花叉又似風花菜葉花叉亦多又似漏蘆葉却微短開碎瓣黄花苗葉味苦

救飢採葉煠熟水浸淘去苦味油鹽調食

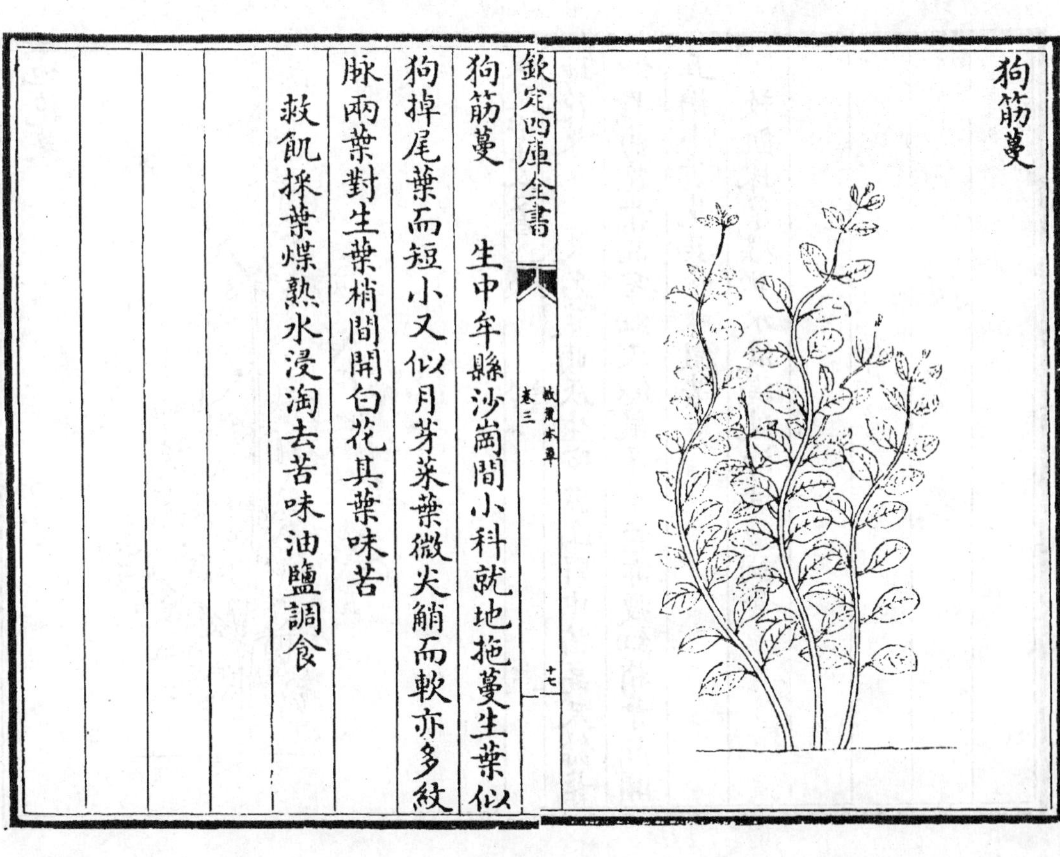

狗筋蔓　生中牟縣沙崗閒小科就地拖蔓生葉似狗掉尾葉而短小又似月芽菜葉微尖艄而軟亦多紋脉兩葉對生葉梢閒開白花其葉味苦

救飢採葉煠熟水浸淘去苦味油鹽調食

兎兒傘

兎兒傘　生滎陽塔兒山荒野中其苗高二三尺許每科初生一莖莖端生葉一層有七八葉每葉分作四叉排生如傘葢狀故以為名後於葉閒攛生莖叉上開淡紅白花根似牛膝而踈短味苦微辛

救飢採嫩葉煠熟換水浸淘去苦味油鹽調食

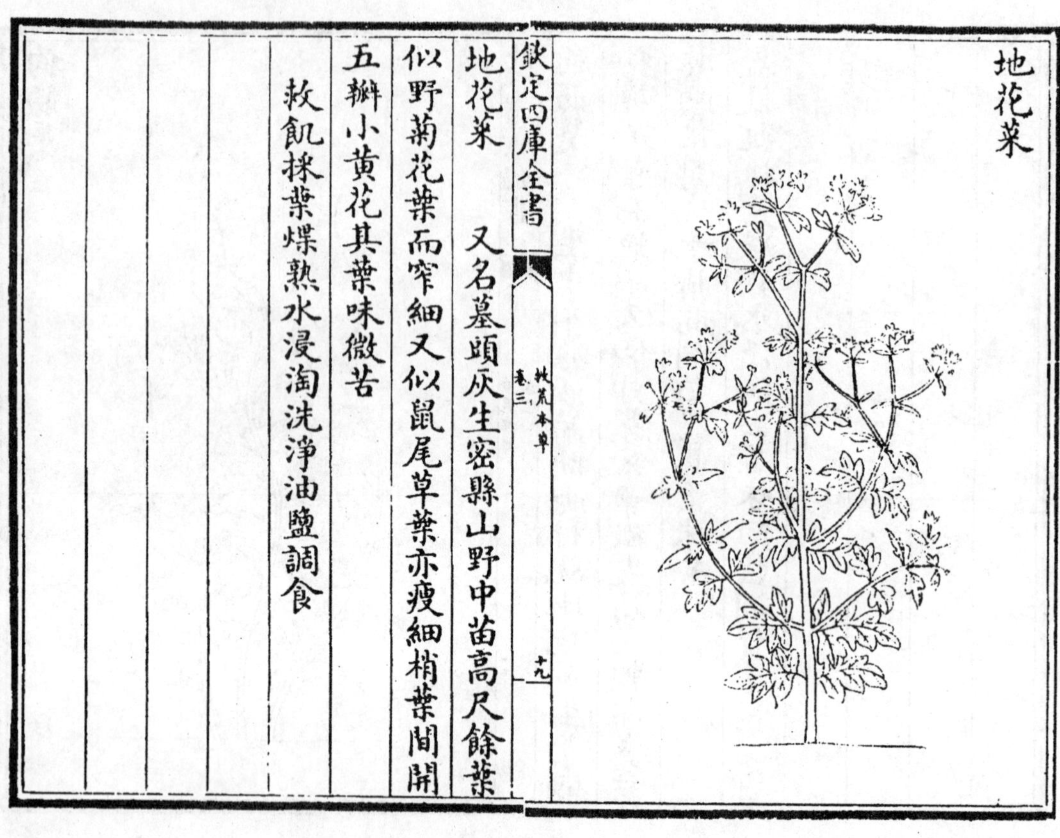

地花菜　又名墓頭灰生密縣山野中苗高尺餘葉似野菊花葉而窄細又似鼠尾草葉亦瘦細梢葉間開五瓣小黄花其葉味微苦

救飢採葉煠熟水浸淘洗淨油鹽調食

杓兒菜

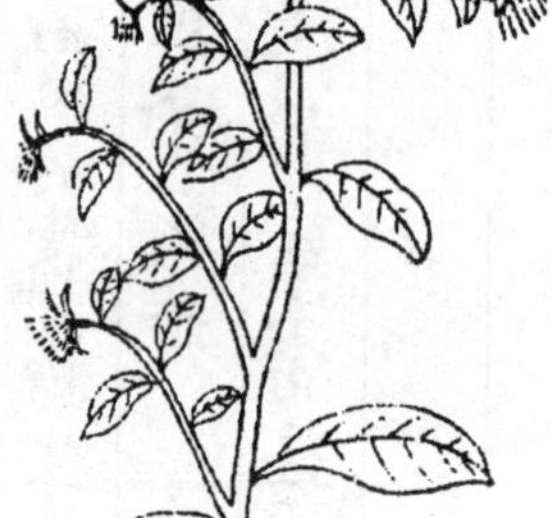

杓兒菜　生密縣山野中苗高一二尺葉類狗掉尾葉而窄頗長黑綠色微有毛澁又似耐驚菜葉而小軟薄梢葉更小開碎瓣淡黄白花其葉味苦

救飢採葉煠熟水浸去苦味淘洗淨油鹽調食

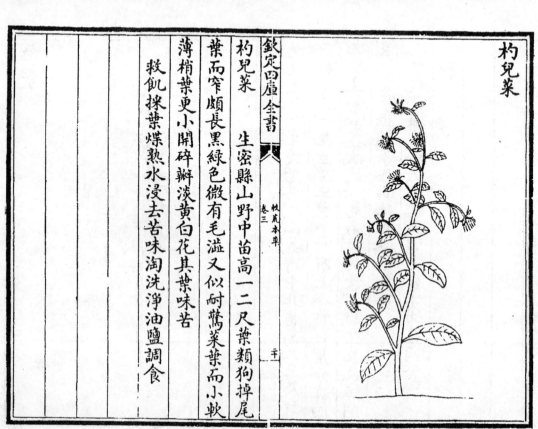

佛指甲

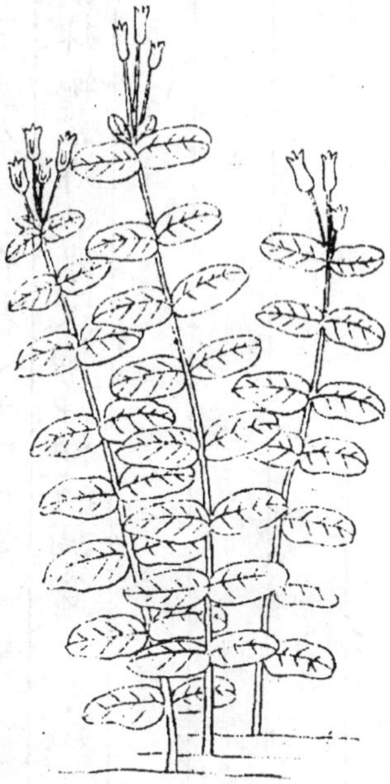

佛指甲　生密縣山谷中科苗高一二尺莖微帶赤黄色其葉淡緑背皆微帶白色葉如長匙頭樣似黑豆葉而微寛又似鵝兒腸葉甚大皆兩葉對生開黄花結實形如連翹微小中有黒子小如粟粒其葉味甜

救飢採嫩葉煠熟換水淘洗淨油鹽調食

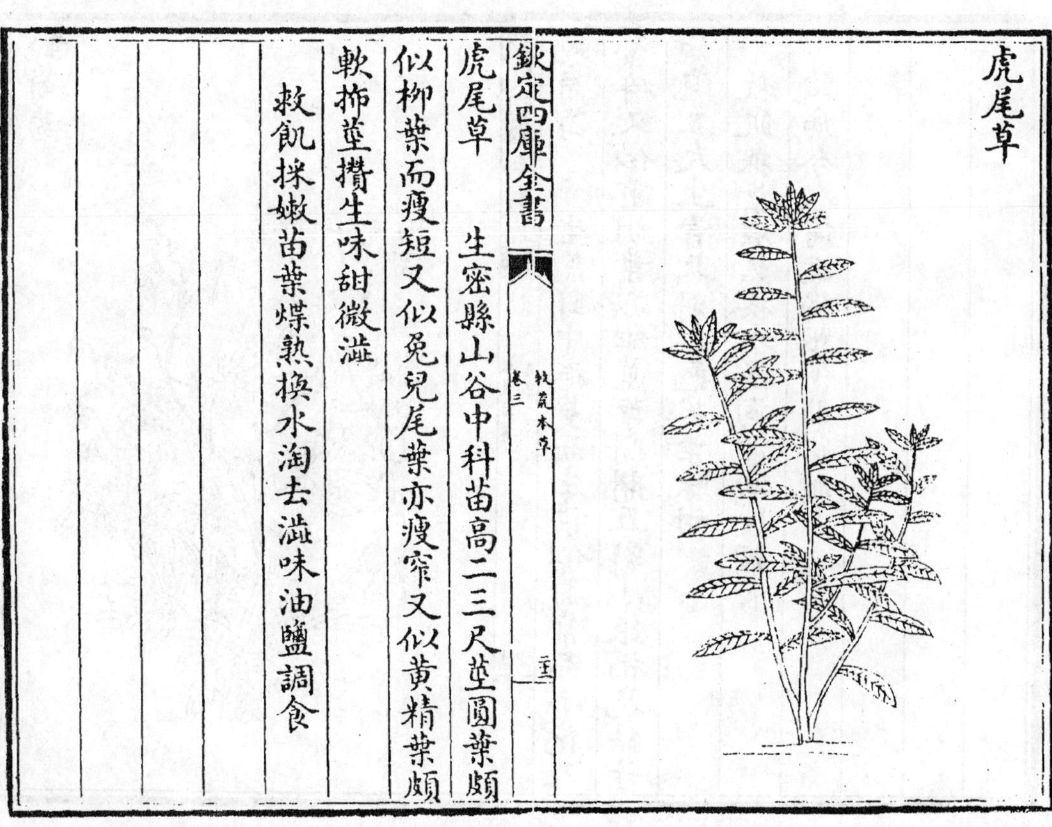

虎尾草

虎尾草　生密縣山谷中科苗高二三尺莖圓葉頗似柳葉而瘦短又似兎兒尾葉亦瘦窄又似黄精葉頗軟抪莖攢生味甜微澁

救飢採嫩苗葉煠熟換水淘去澁味油鹽調食

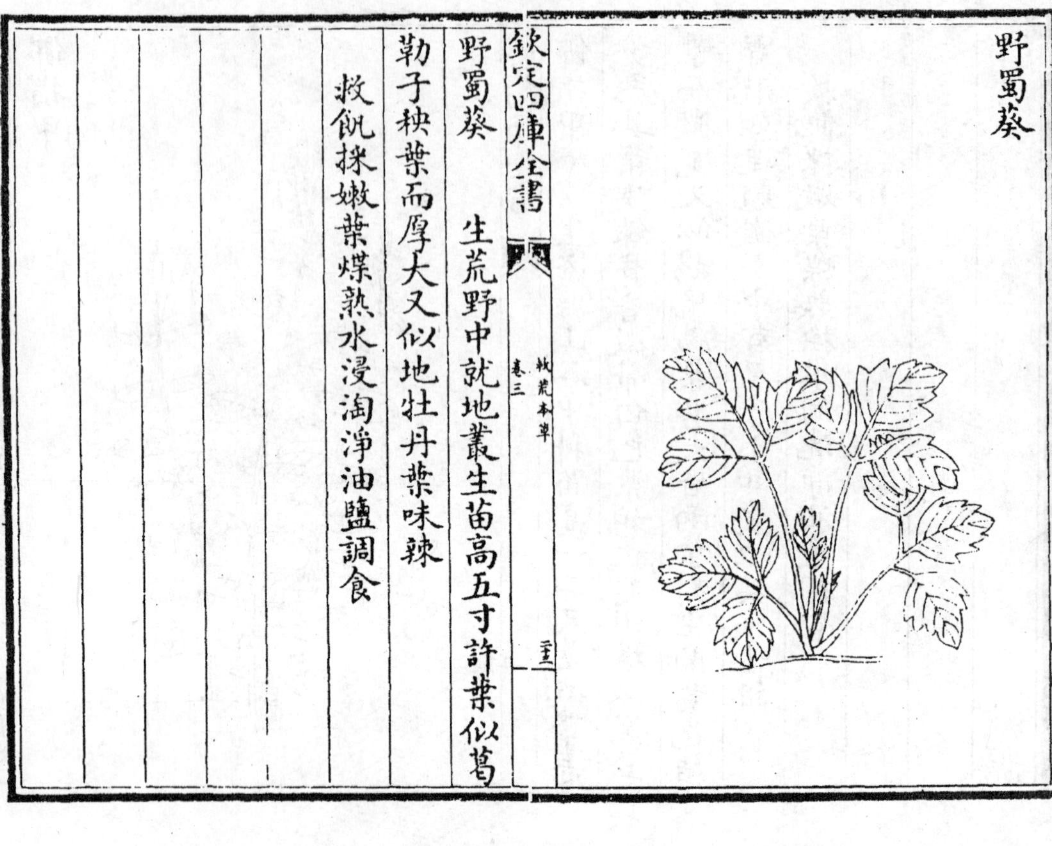

野蜀葵

野蜀葵　生荒野中就地叢生苗高五寸許葉似葛勒子秧葉而厚大又似地牡丹葉味辣

救飢採嫩葉煠熟水浸淘淨油鹽調食

蛇葡萄

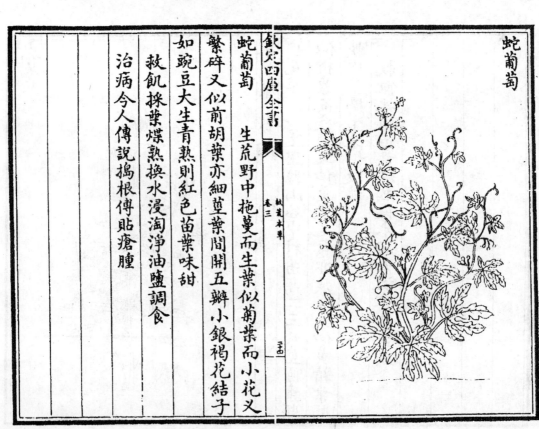

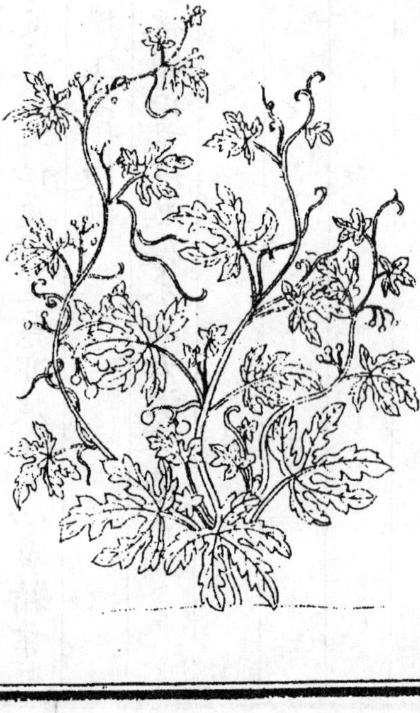

蛇葡萄　生荒野中拖蔓而生葉似菊葉而小花叉繁碎又似前胡葉亦細莖葉間開五瓣小銀褐花結子如豌豆大生青熟則紅色苗葉味甜

救飢採葉煠熟換水浸淘淨油鹽調食

治病今人傳說搗根傳貼瘡腫

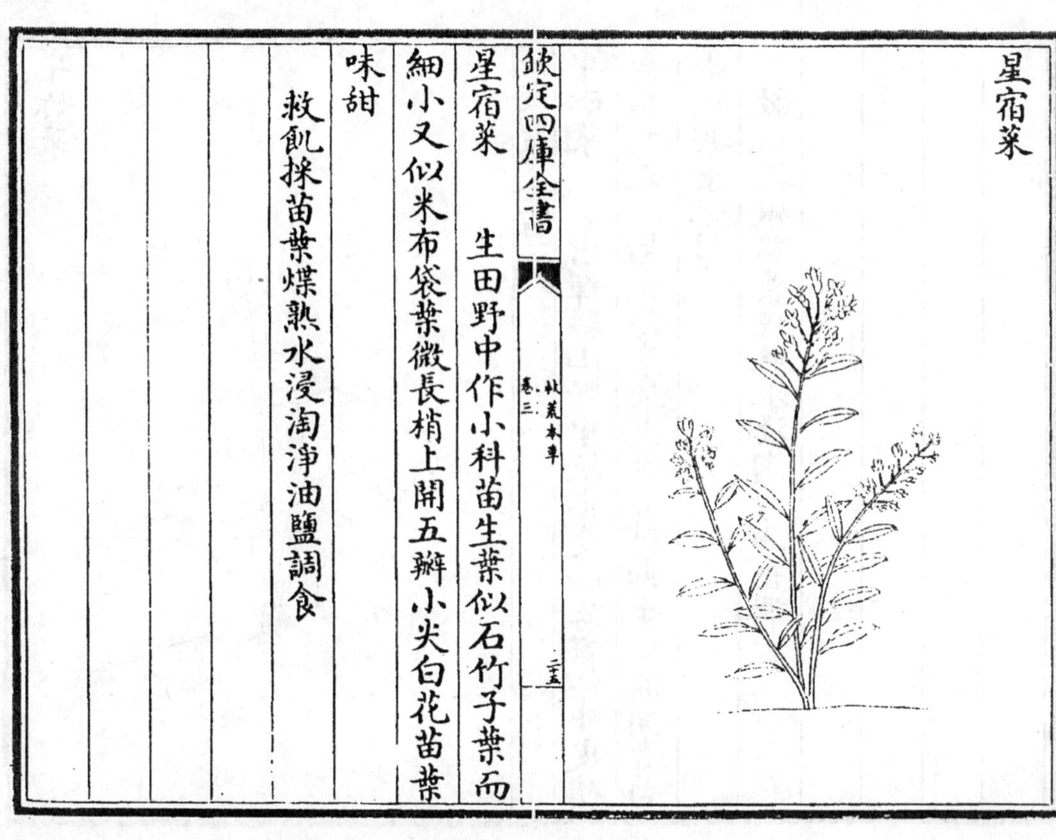

星宿菜　生田野中作小科苗生葉似石竹子葉而細小又似米布袋葉微長梢上開五瓣小尖白花苗葉味甜

救飢　採苗葉煠熟水浸淘淨油鹽調食

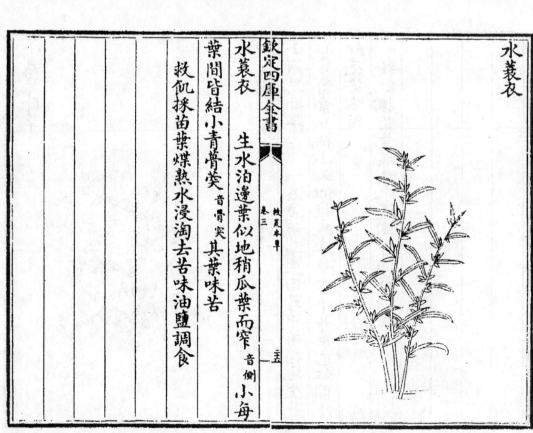

水蓑衣

水蓑衣　生水泊邊葉似地稍瓜葉而窄音側每葉間皆結小青脊葖音骨突其葉味苦

救飢　採苗葉煠熟水浸淘去苦味油鹽調食

牛妳菜

牛妳菜　出輝縣山野中拖藤蔓而生葉似牛皮硝葉而大又似馬兜鈴葉極大葉皆對節生梢間開青白小花其葉味甜

救飢採嫩苗葉煠熟水浸淘淨油鹽調食

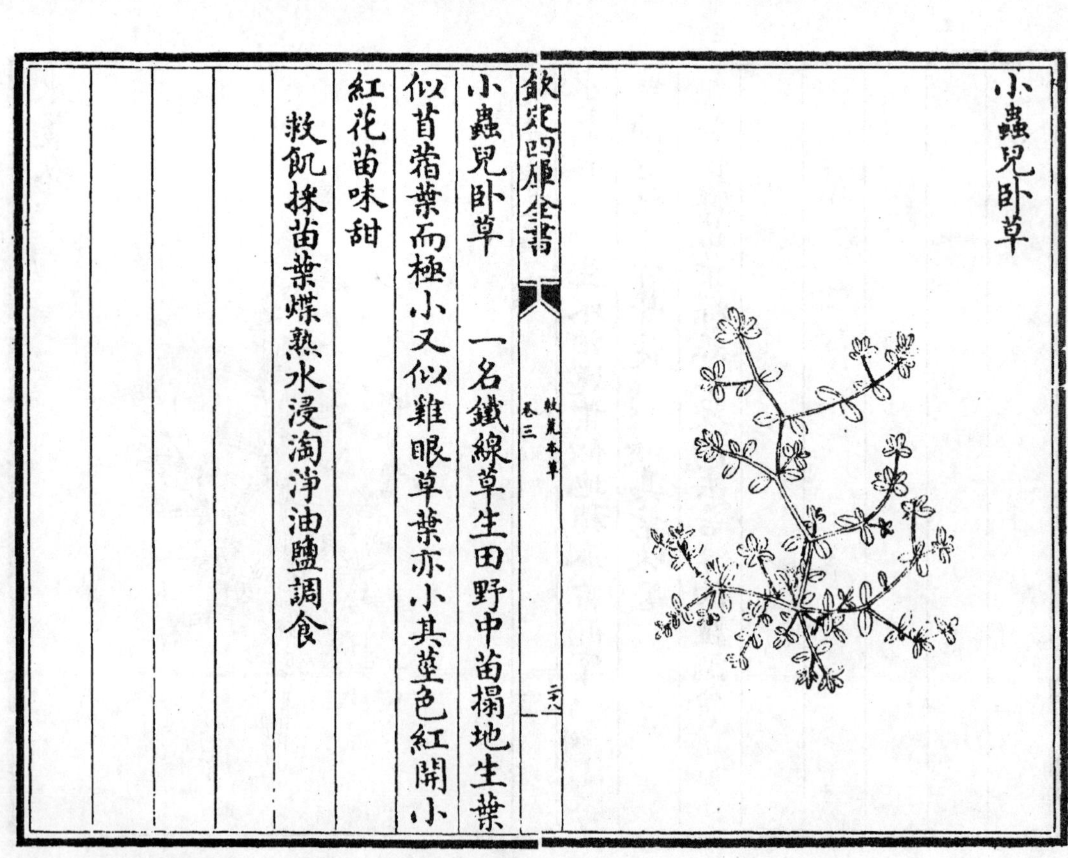

小蟲兒卧草

小蟲兒卧草　一名鐵線草生田野中苗搨地生葉似苜蓿葉而極小又似雞眼草葉亦小其莖色紅開小紅花苗味甜

救飢採苗葉煠熟水浸淘淨油鹽調食

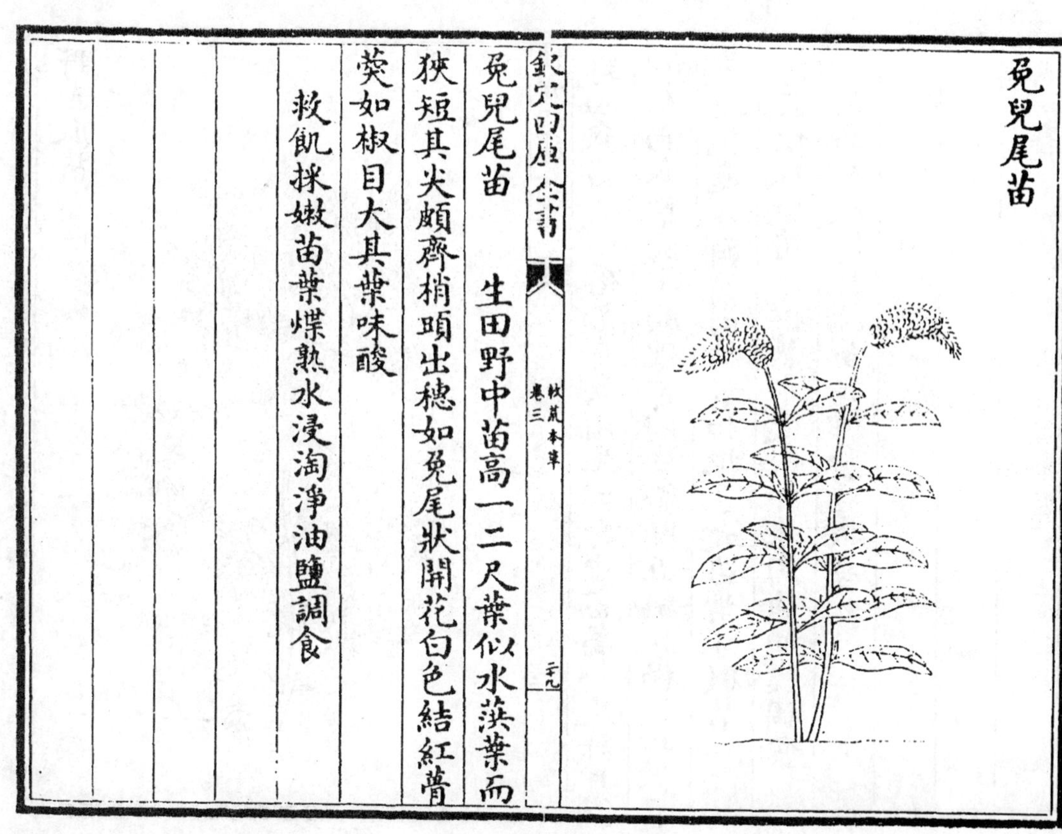

兎兒尾苗

兎兒尾苗　生田野中苗高一二尺葉似水荭葉而狹短其尖頗齊梢頭出穗如兎尾狀開花白色結紅蓇葖如椒目大其葉味酸

救飢採嫩苗葉煠熟水浸淘淨油鹽調食

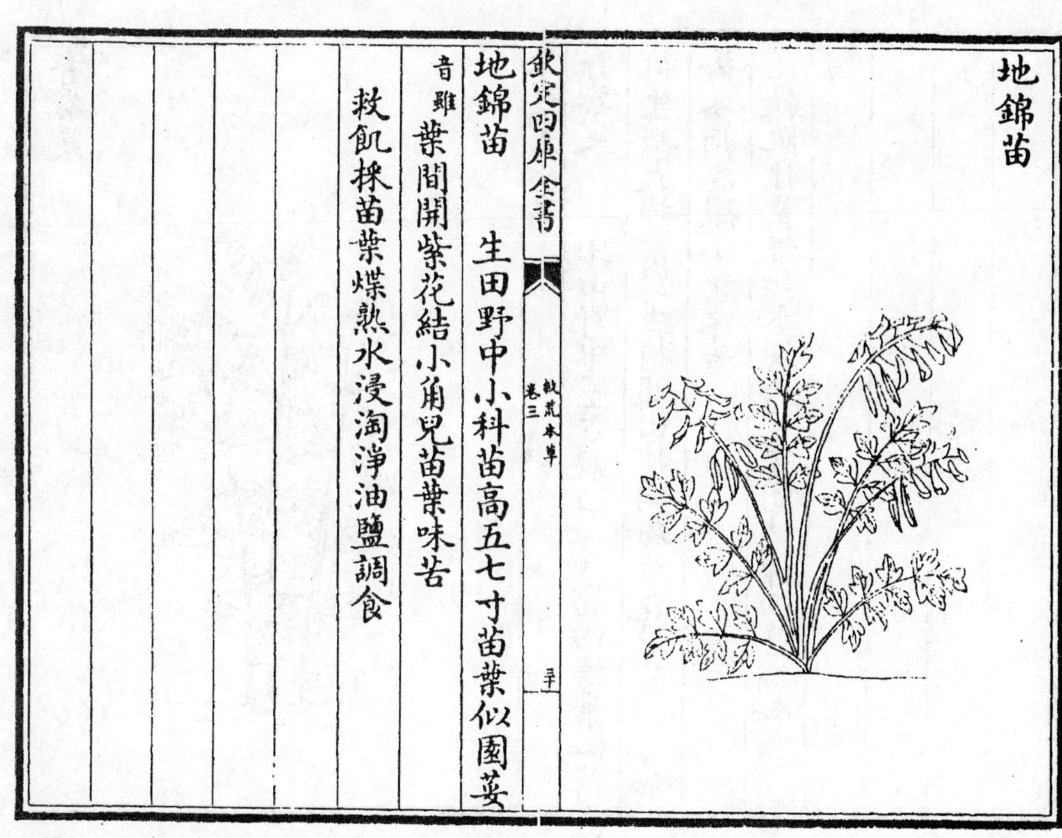

地錦苗

地錦苗　生田野中小科苗高五七寸苗葉似園荽（音雖）葉間開紫花結小角兒苗葉味苦

救飢採苗葉煠熟水浸淘淨油鹽調食

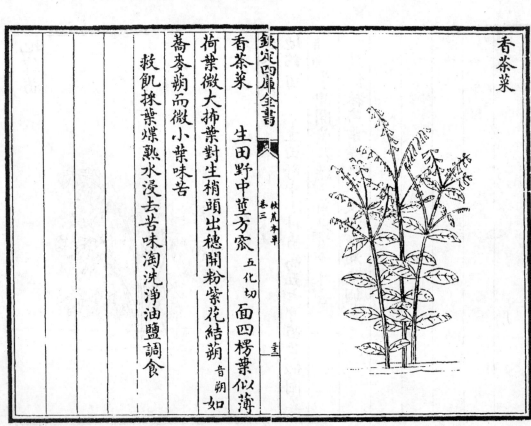

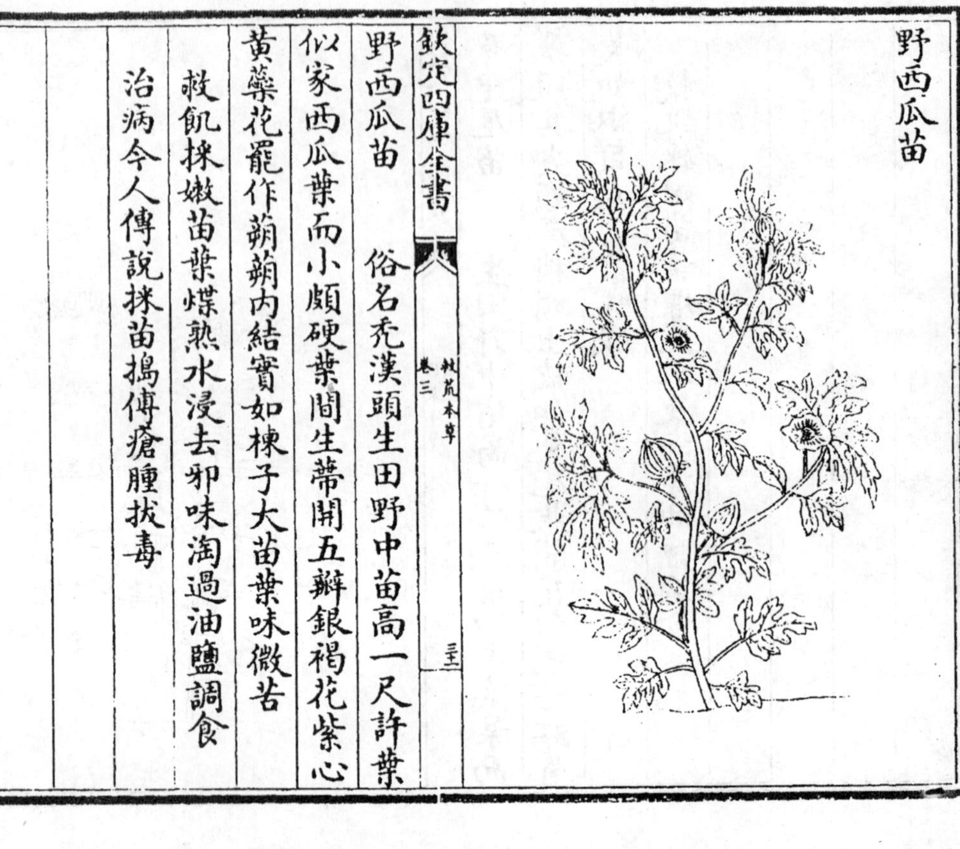

野西瓜苗　俗名秃漢頭生田野中苗高一尺許葉似家西瓜葉而小頗硬葉間生蔕開五瓣銀褐花紫心黄蘂花罷作蒴蒴内結實如楝子大苗葉味微苦

救飢採嫩苗葉煠熟水浸去邪味淘過油鹽調食

治病今人傳說採苗搗傅瘡腫拔毒

香茶菜

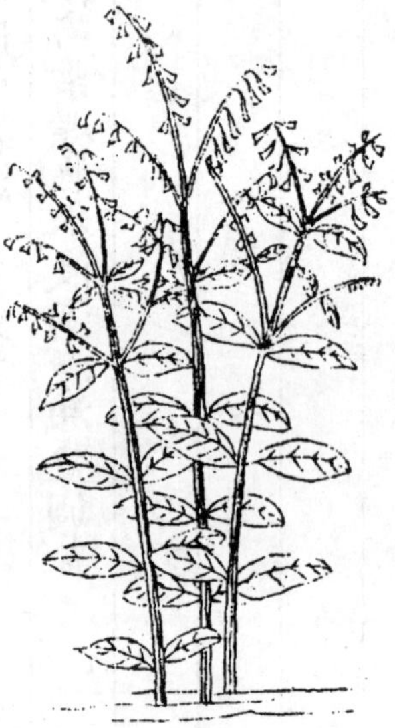

香茶菜　生田野中莖方窊五化切面四楞葉似薄荷葉微大抪葉對生梢頭出穗開粉紫花結蒴音朔如蕎麥蒴而微小葉味苦

救飢採葉煠熟水浸去苦味淘洗淨油鹽調食

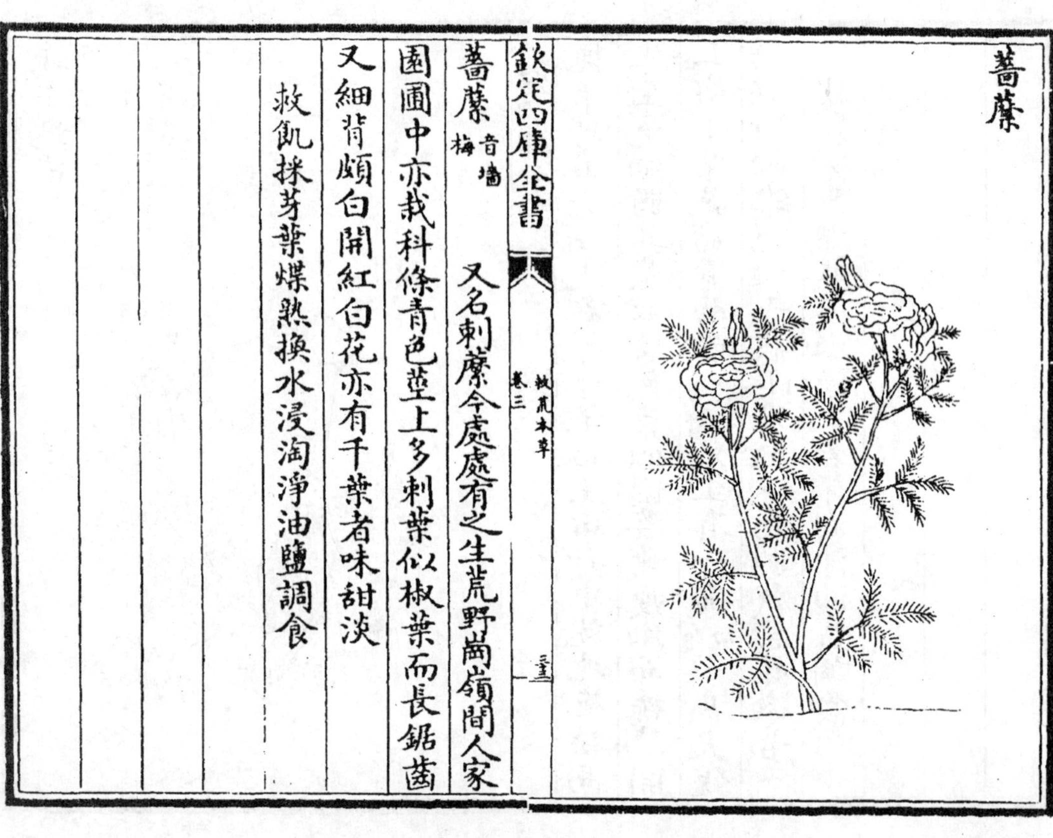

薔蘼

薔蘼（音墻梅）　又名刺蘼今處處有之生荒野崗嶺間人家園圃中亦栽科條青色莖上多刺葉似椒葉而長鋸齒又細背頗白開紅白花亦有千葉者味甜淡

救飢　採芽葉煠熟換水浸淘淨油鹽調食

毛女兒菜

毛女兒菜　生南陽府馬鞍山中苗高一尺許葉似綿絲菜葉而微尖又似兔兒尾葉而小莖葉皆有白毛梢間開淡黃花如大黍粒十數顆攢成一穗味甘酸

救飢　採苗葉煠熟水浸淘淨油鹽調食或拌米麵蒸食亦可

牻牛兒苗

牻牛兒苗音尨又名鬬牛兒苗生田野中就地拖秧而生莖蔓細弱其莖紅紫色葉似園荽葉瘦細而稀疏開五瓣小紫花結青蓇葖音骨突兒上有一嘴即委切甚尖銳音芮如細錐音追子狀小兒取以為鬬戲葉味微苦

救飢採葉煠熟換水浸去苦味淘淨油鹽調食

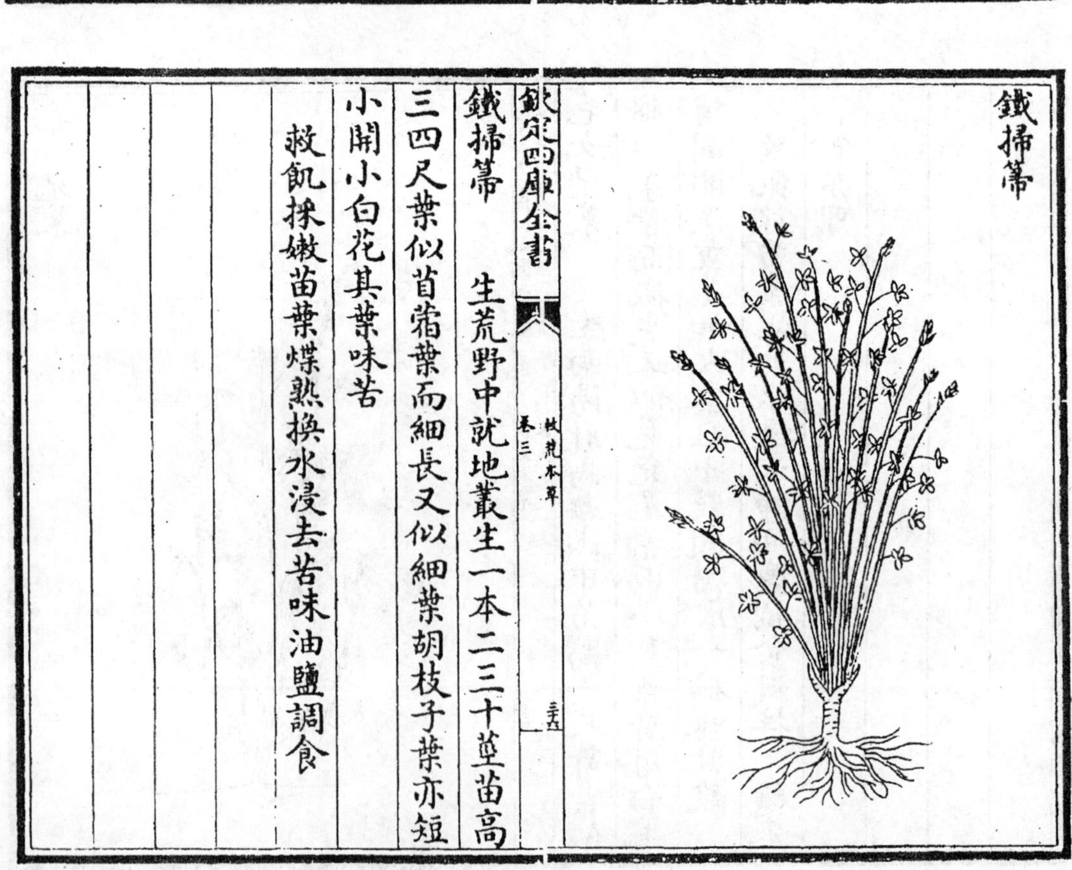

鐵掃箒

鐵掃箒生荒野中就地叢生一本二三十莖苗高三四尺葉似苜蓿葉而細長又似細葉胡枝子葉亦短小開小白花其葉味苦

救飢採嫩苗葉煠熟換水浸去苦味油鹽調食

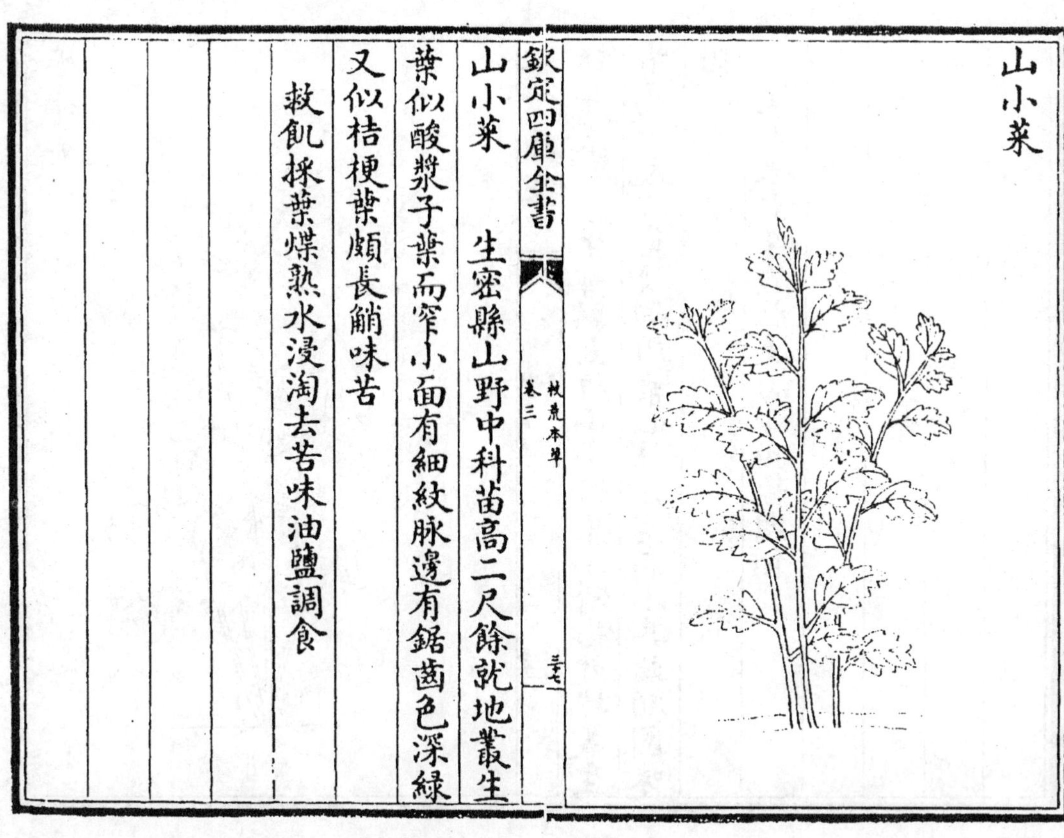

山小菜　生密縣山野中科苗高二尺餘就地叢生葉似酸漿子葉而窄小面有細紋脉邊有鋸齒色深緑又似桔梗葉頗長艄味苦

救飢採葉煠熟水浸淘去苦味油鹽調食

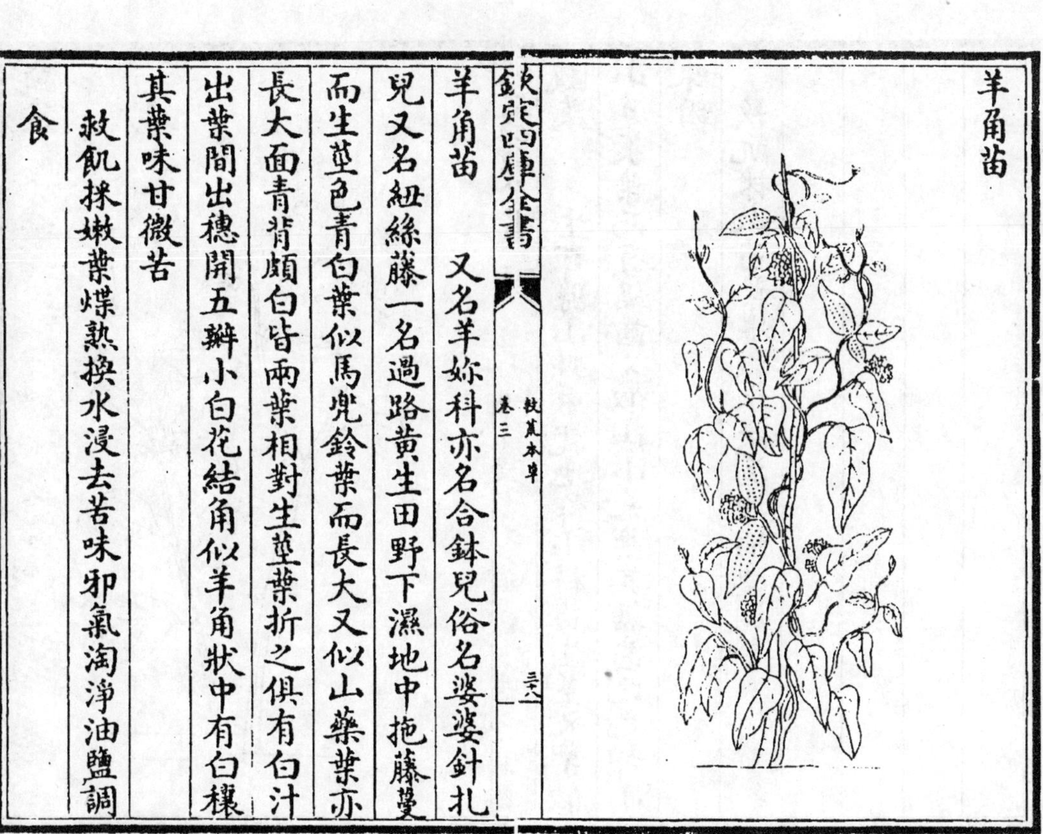

羊角苗　又名羊㚷科亦名合鉢兒俗名婆婆針扎兒又名紐絲藤一名過路黄生田野下濕地中拖藤蔓而生莖色青白葉似馬兜鈴葉而長大又似山藥葉亦長大面青背頗白皆兩葉相對生莖葉折之俱有白汁出葉間出穗開五瓣小白花結角似羊角狀中有白穰其葉味甘微苦

救飢採嫩葉煠熟換水浸去苦味邪氣淘淨油鹽調食

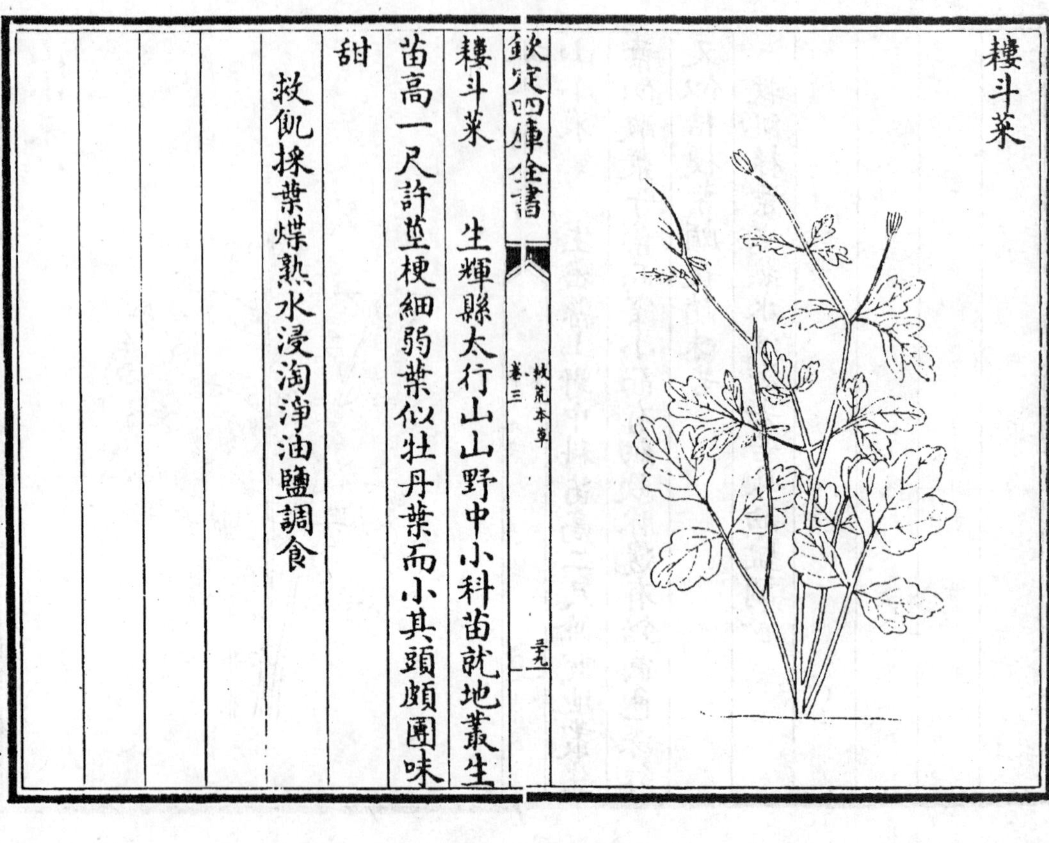

耬斗菜　生輝縣太行山山野中小科苗就地叢生苗高一尺許莖梗細弱葉似牡丹葉而小其頭頗團味甜

救飢採葉煠熟水浸淘淨油鹽調食

甌菜

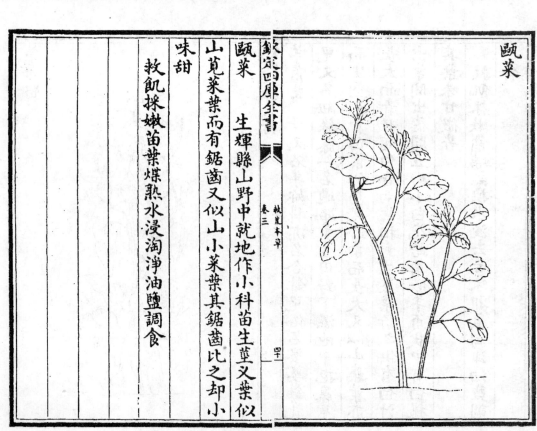

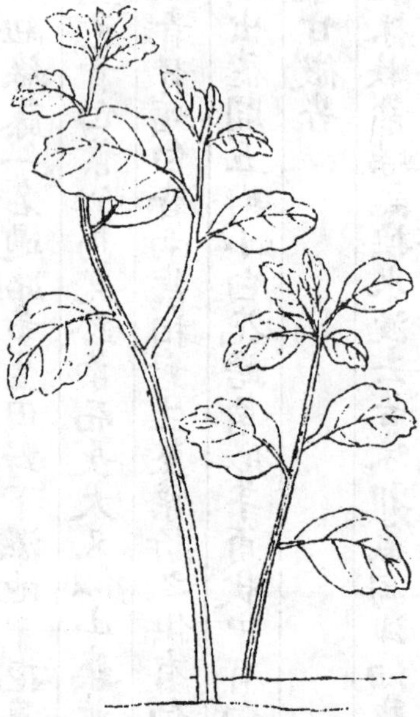

甌菜　生輝縣山野中就地作小科苗生莖叉葉似山莧菜葉而有鋸齒又似山小菜葉其鋸齒比之却小味甜

救飢採嫩苗葉煠熟水浸淘淨油鹽調食

變豆菜

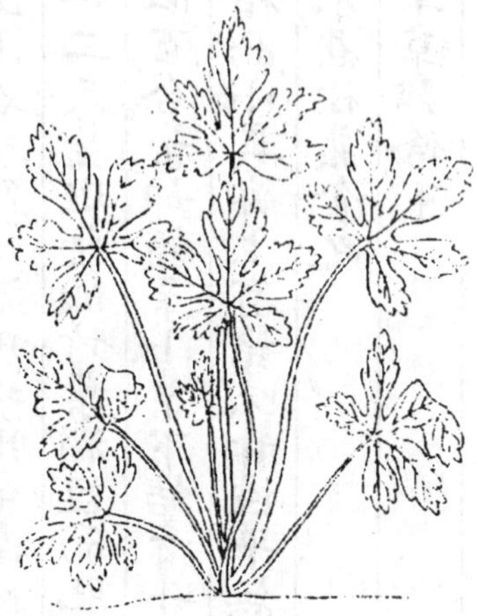

變豆菜 生輝縣太行山山野中其苗葉初作地攤音灘科生葉似地牡丹葉極大五花叉鋸齒尖其後葉中分生莖叉梢葉頗小上開白花其葉味甘

救飢採葉煠熟作成黄色換水淘淨油鹽調食

和尚菜

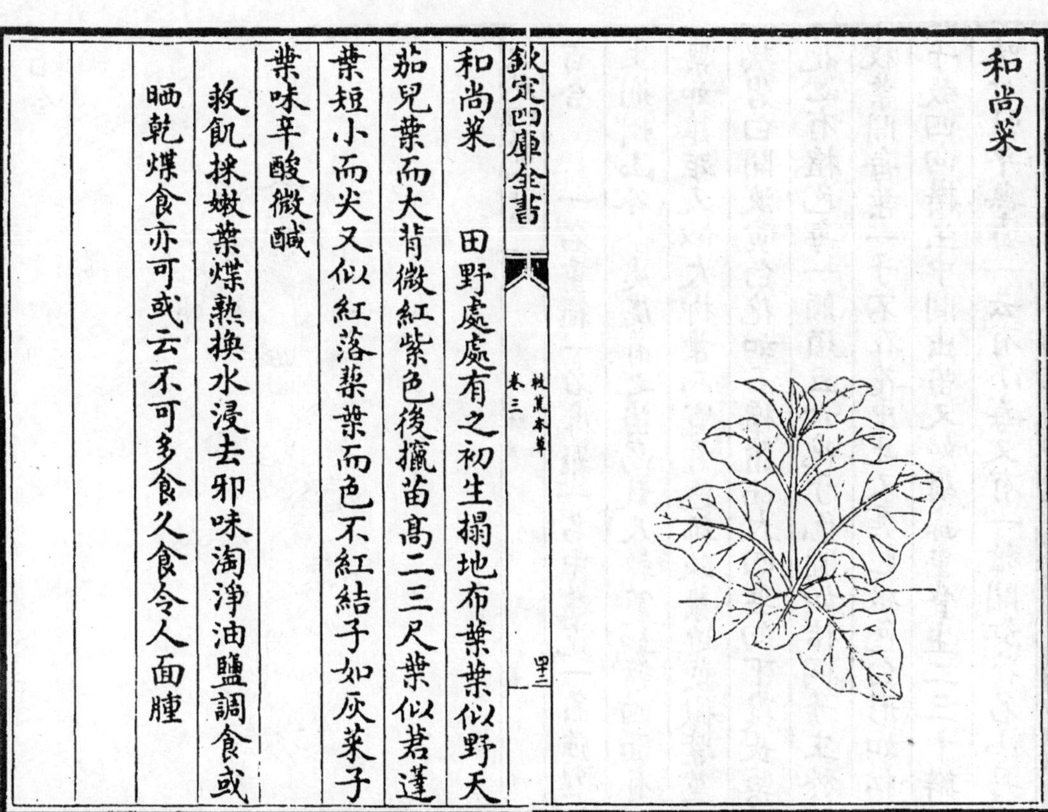

和尚菜 田野處處有之初生搨地布葉葉似野天茄兒葉而大背微紅紫色後攛苗高二三尺葉似莙蓬葉短小而尖又似紅落藜葉而色不紅結子如灰菜子葉味辛酸微鹹

救飢採嫩葉煠熟換水浸去邪味淘淨油鹽調食或晒乾煠食亦可或云不可多食久食令人面腫

萎蕤 根可食 本草原有

萎蕤 本草一名女萎一名熒一名地節一名玉竹一名馬薰生太山山谷及舒州滁州均州今南陽府馬鞍山亦有苗高一二尺莖斑葉似竹葉濶短而肥厚葉尖處有黄點又似百合葉却頗窄小葉下結青子如椒粒大其根似黄精而小異節上有鬚味甘性平無毒

救飢 採根換水煮極熟食之

治病 文具本草草部條下

百合

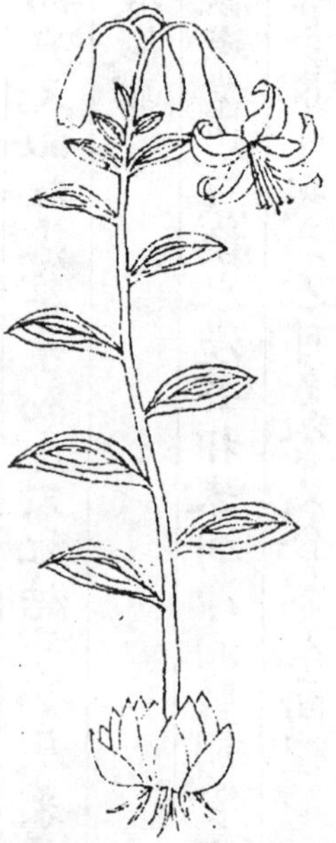

百合 一名重箱一名摩羅一名中逢花一名強瞿生荆州山谷今處處有之苗高數尺幹麤如箭四面有葉如雞距又似大柳葉而寛青色稀疎葉近莖微紫莖端碧白開淡黄白花如石榴觜而大四垂向下覆長蘂花心有檀色每一顆須五六花子色圓如梧桐子生於枝葉間每葉一子不在花中此又異也根色白形如松子殼四向攢生中間出苗又如葫蒜重疊生二三十瓣味甘性平無毒一云有小毒又有一種開紅花名山丹

不堪用

救飢採根煮熟食之甚益人氣又云蒸過與蜜食之

或為粉尤佳

治病文具本草草部條下

天門冬

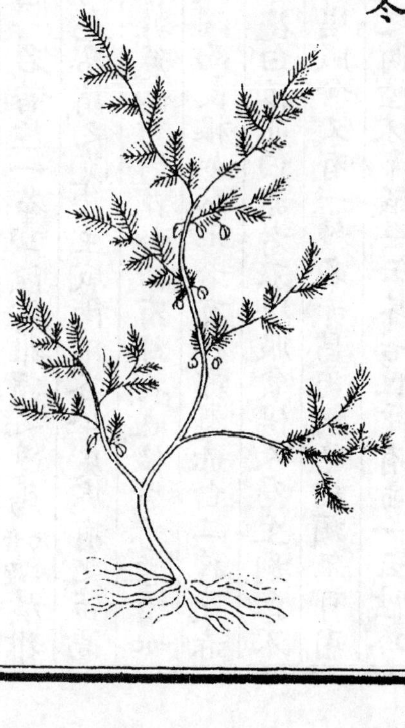

天門冬　俗名萬歲藤又名婆羅樹本草一名顛勒

或名地門冬或名筵門冬或名巔棘或名淫羊食或名

管松生奉高山谷及建州漢州今處處有之春生藤蔓

大如釵股長至丈餘延附草木上葉如茴香極尖細而

踈滑有逆刺亦有濇而無刺者其葉如絲杉而細散皆

名天門冬夏生白花亦有黄花及紫花者秋結黑子在

其根枝傍入伏後無花暗結子其根白或黄紫色大如

手指長二三寸大者為勝其生高地根短味甜氣香者

上具生水側下地者葉細似蘊而微黄根長而味多苦氣臭者下亦可服味苦甘性平大寒無毒垣衣地黄及貝母為之使畏曾青服天門冬誤食鯉魚中毒浮萍解之

救飢採根換水浸去邪味去心煮食或晒乾煮熟入蜜食尤佳

治病文具本草草部下

章柳根

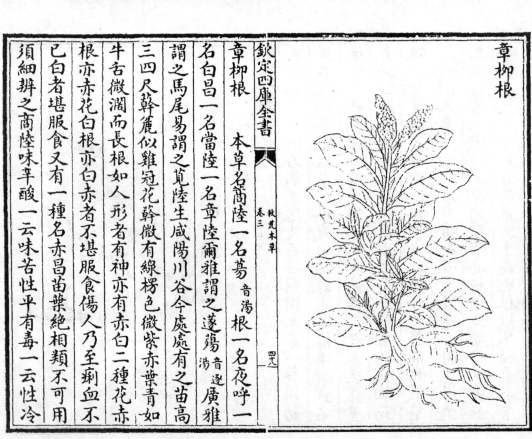

章柳根　本草名蔏陸一名募音湯根一名夜呼一名白昌一名當陸一名章陸爾雅謂之蓫薚音逐湯廣雅謂之馬尾易謂之莧陸生咸陽川谷今處處有之苗高三四尺莖麄似雞冠花莖微有線楞色微紫赤葉青如牛舌微濶而長根如人形者有神亦有赤白二種花赤根亦赤花白根亦白赤者不堪服食傷人乃至痢血不已白者堪服食又有一種名赤昌苗葉絶相類不可用須細辨之商陸味辛酸一云味苦性平有毒一云性冷

得大蒜良

救飢取白色根切作片子煠熟換水浸洗淨淡食得大蒜良凡製薄切以東流水浸二宿撈出與豆葉隔間入甑蒸從午至亥如無葉用豆依法蒸之亦可花白者年多仙人採之作脯可為下酒

治病文具本草草部商陸條下

沙參

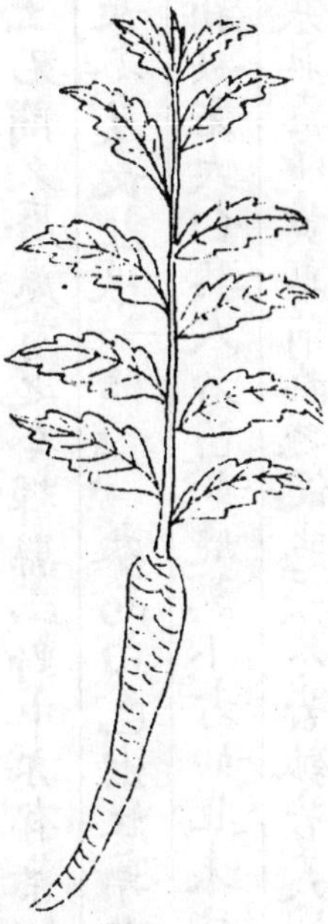

沙參　一名知母一名苦心一名志取一名虎鬚一名白參一名識美一名文希生河内川谷及寃句般陽續山并淄齊潞隨歸州而江淮荆湖州郡皆有今輝縣太行山邊亦有之苗長一二尺叢生崖坡間葉似枸杞葉微長而有叉牙鋸齒開紫花根如葵根赤黄色中正白實者佳味微苦性微寒無毒惡防己反藜蘆又有杏葉沙參及細葉沙參氣味與此相類但圖經内不曾該載此二種葉苗形容未敢併入本條今皆另條開載

救飢掘根浸洗極淨換水煮去苦味再以水煮極熟食之

治病文具本草草部條下

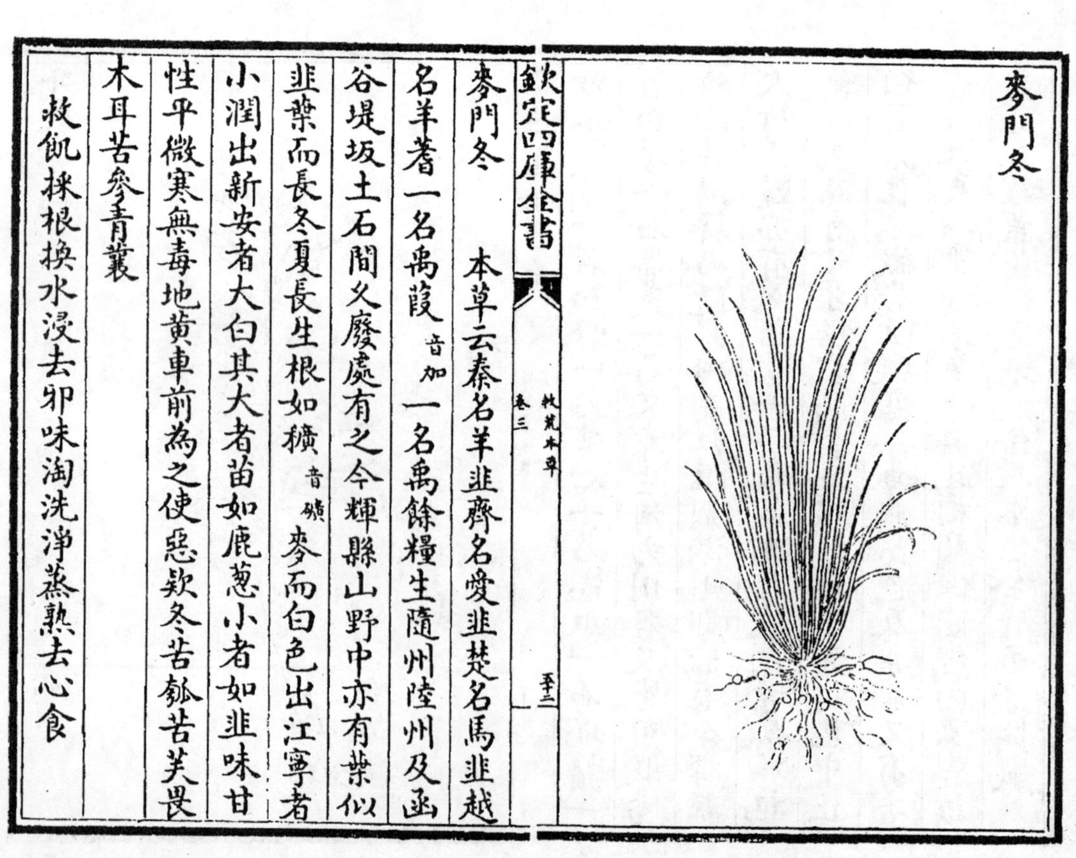

麥門冬　本草云秦名羊韭齊名愛韭楚名馬韭越名羊蓍一名禹葭音加一名禹餘糧生隨州陸州及函谷堤坂土石間久廢處有之今輝縣山野中亦有葉似韭葉而長冬夏長生根如穬音礦麥而白色出江寧者小潤出新安者大白其大者苗如鹿葱小者如韭味甘性平微寒無毒地黄車前爲之使惡欵冬苦瓠苦芺畏木耳苦參青蘘

救飢採根換水浸去邪味淘洗淨蒸熟去心食

治病文具本草草部條下

苧根

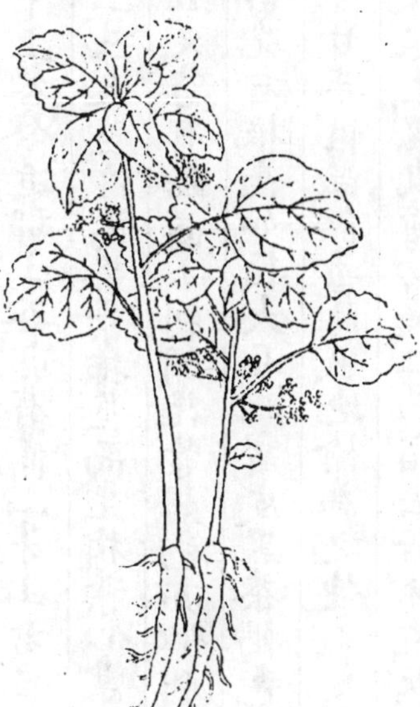

苧根　舊云閩蜀江浙多有之今許州人家田園中亦有種者皮可績布苗高七八尺一科十數莖葉如楮葉而不花叉面青背白上有短毛又似蘇子葉其葉間出細穗花如白楊而長每一朶凡十數穗花青白色子熟茶褐色其根黄白色如手指麄宿根地中至春自生不須藏種荆揚間一歲二三刈剥其皮以竹刀刮其表厚處自脱得裹如筋者煮之用緝以苧近蠶種之則蠶不生根味甘性寒

救飢採根刮洗去皮煮極熟食之甜美

治病文具本草草部條下

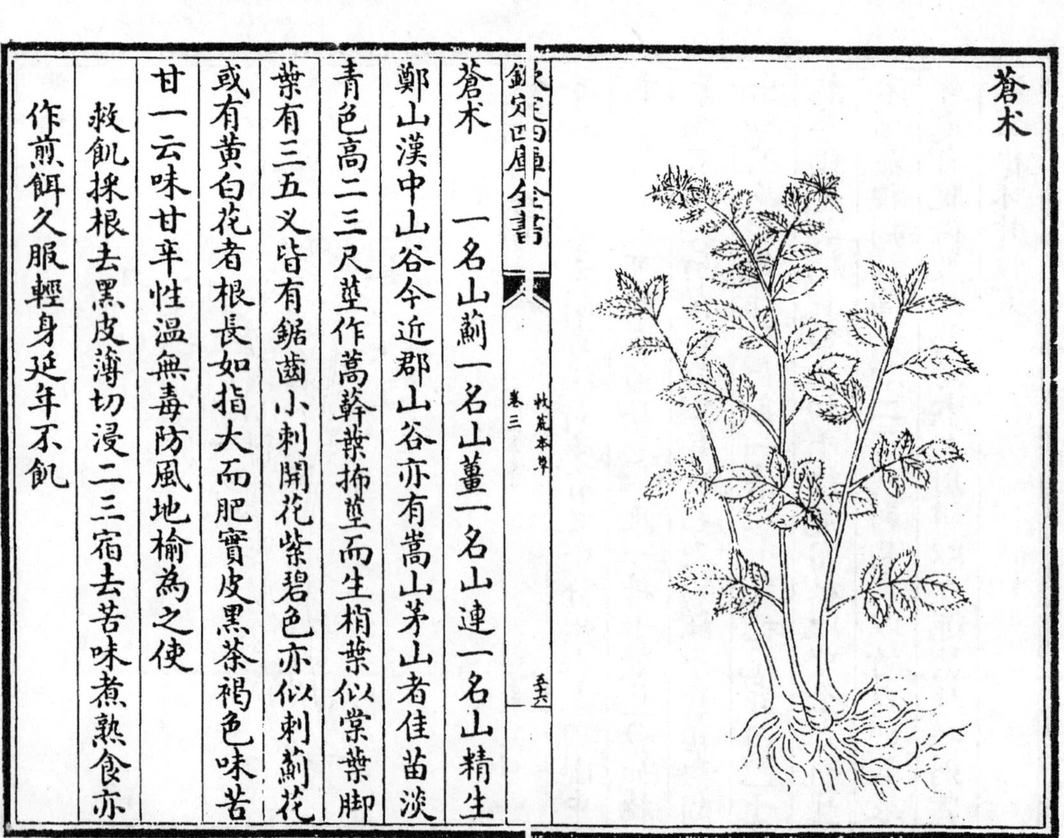

蒼术　一名山薊一名山薑一名山連一名山精生鄭山漢中山谷今近郡山谷亦有嵩山茅山者佳苗淡青色高二三尺莖作蒿榦葉抪莖而生梢葉似棠葉脚葉有三五叉皆有鋸齒小刺開花紫碧色亦似刺薊花或有黃白花者根長如指大而肥實皮黑茶褐色味苦甘一云味甘辛性溫無毒防風地榆為之使

救飢採根去黑皮薄切浸二三宿去苦味煮熟食亦作煎餌久服輕身延年不飢

治病文具本草草部條下

菖蒲

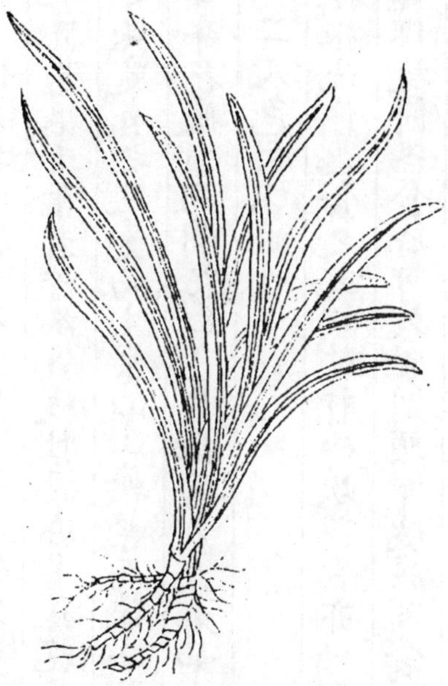

菖蒲　一名堯韭一名昌陽生上洛池澤及蜀郡嚴道戎衛衡州并嵩岳石磧上今池澤處處有之葉似蒲而匾有脊一如劒刃其根盤屈有節狀如馬鞭龡大根傍引三四小根一寸九節者良節尤密者佳亦有十二節者露根者不可用又一種名蘭蓀又謂溪蓀根形氣色極似石上菖蒲葉正如蒲無脊俗謂之菖蒲生於水次失水則枯其菖蒲味辛性溫無毒秦皮秦艽為之使惡地膽麻黄不可犯鐵令人吐逆

救飢採根肥大節稀水浸去邪味製造作果食之

治病文具本草草部條下

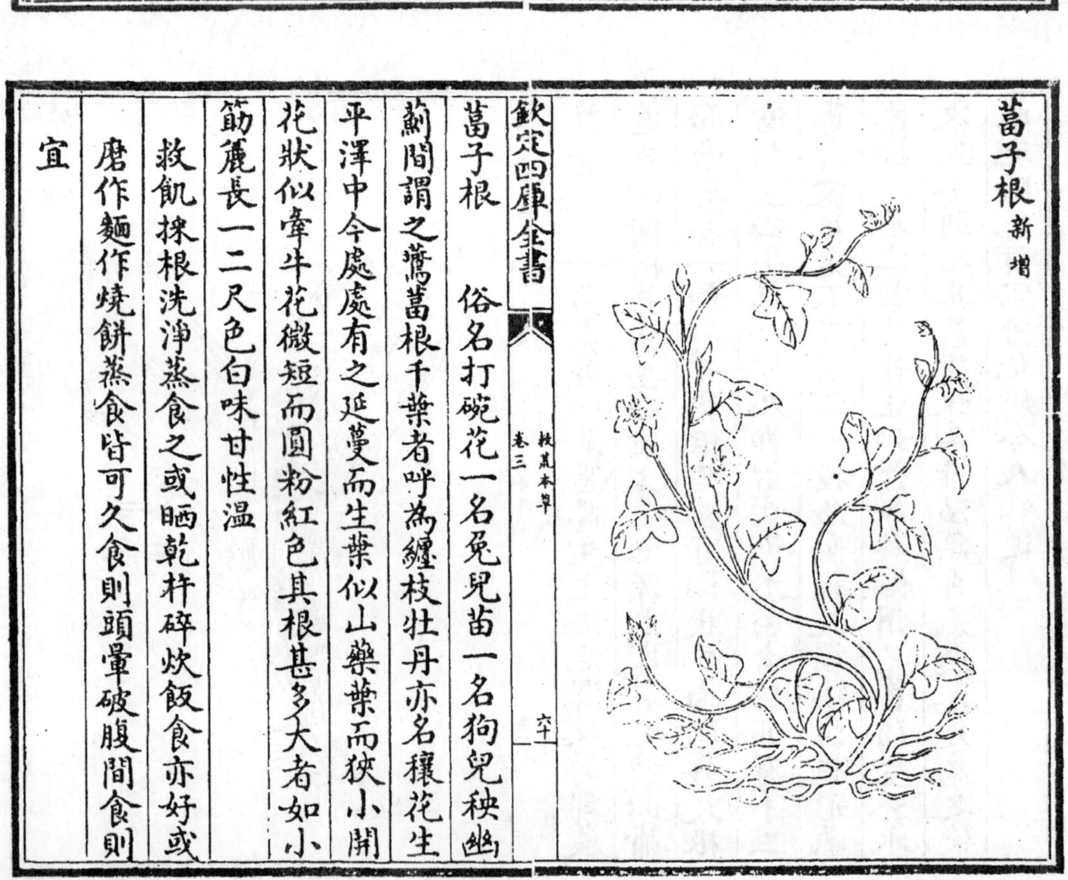

葍子根　新增

葍子根　俗名打碗花一名兎兒苗一名狗兒秧幽薊間謂之燕葍根千葉者呼為纏枝牡丹亦名穰花生平澤中今處處有之延蔓而生葉似山藥葉而狹小開花狀似牽牛花微短而圓粉紅色其根甚多大者如小筯麄長一二尺色白味甘性温

救飢採根洗淨蒸食之或晒乾杵碎炊飯食亦好或磨作麵作燒餅蒸食皆可久食則頭暈破腹間食則宜

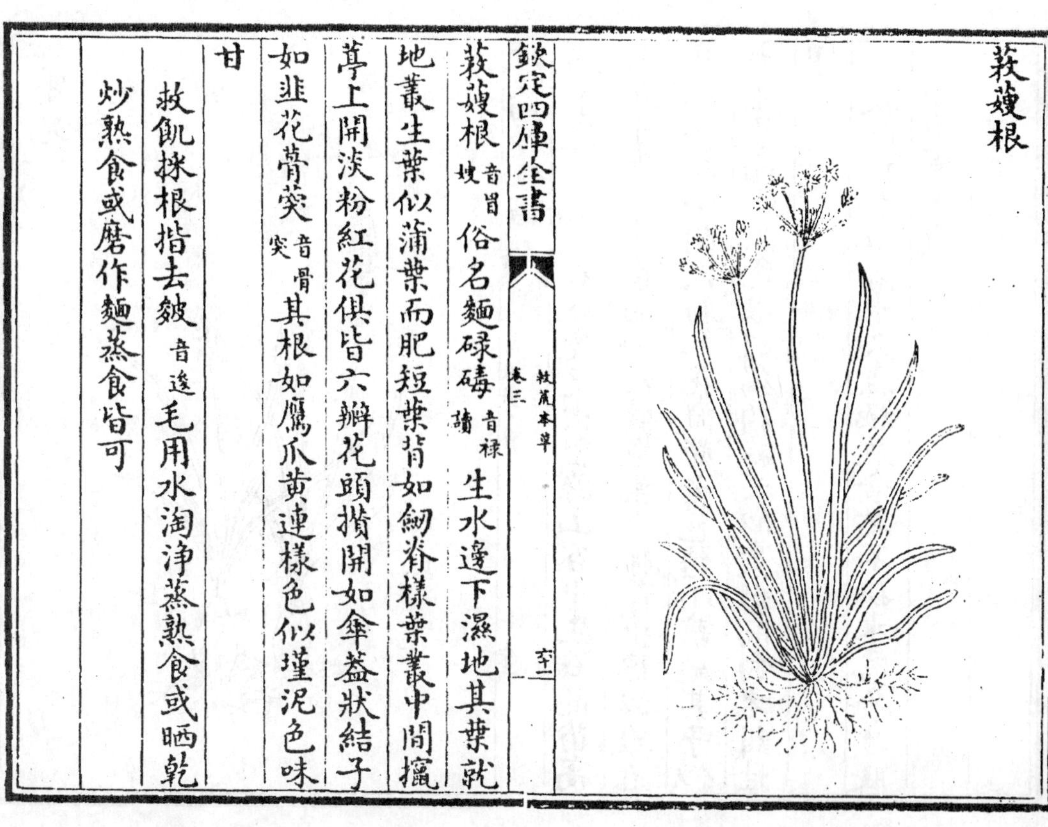

蔌蓃根音冒嫂　俗名麵碌碡音祿讀　生水邊下濕地其葉就地叢生葉似蒲葉而肥短葉背如劒脊樣葉叢中間攛葶上開淡粉紅花俱皆六瓣花頭攢開如傘蓋狀結子如韭花蓇葖音骨突　其根如鷹爪黄連樣色似墐泥色味甘

救飢　採根揩去皴音逡毛用水淘淨蒸熟食或晒乾炒熟食或磨作麵蒸食皆可

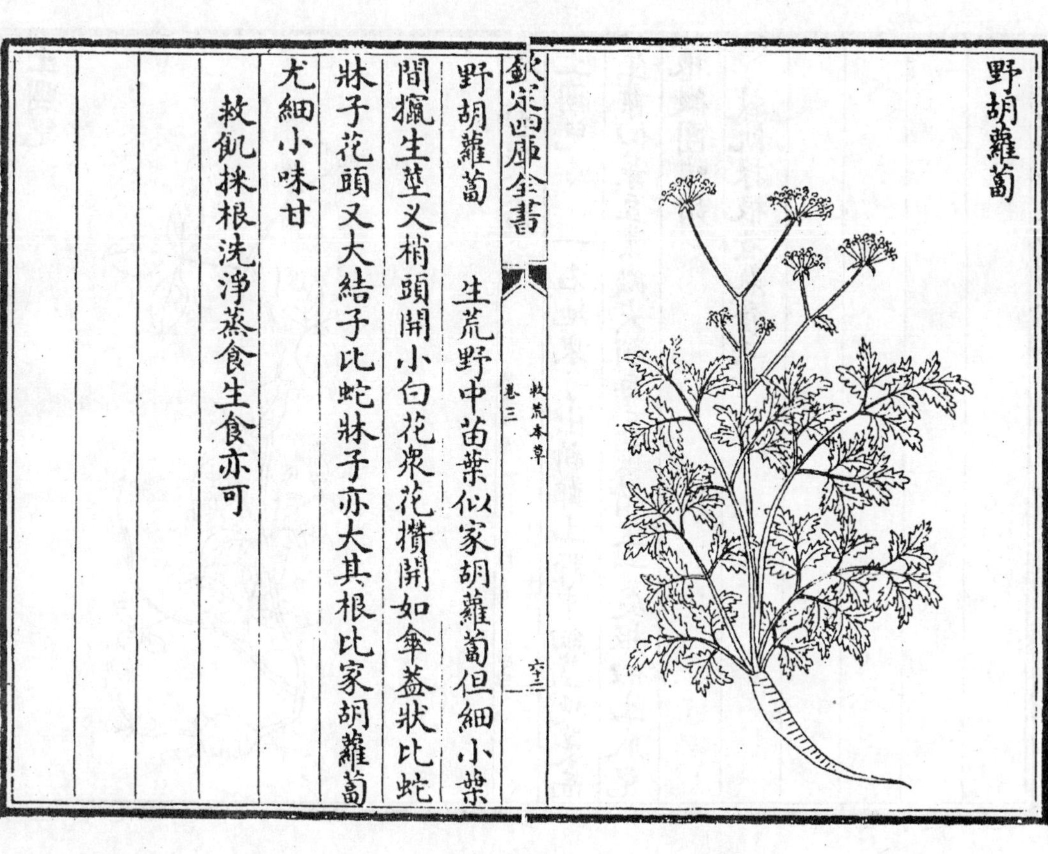

野胡蘿蔔　生荒野中苗葉似家胡蘿蔔但細小葉間攛生莖叉梢頭開小白花衆花攢開如傘蓋狀比蛇牀子花頭又大結子比蛇牀子亦大其根比家胡蘿蔔尤細小味甘

救飢　採根洗淨蒸食生食亦可

綿棗兒

綿棗兒　一名石棗兒出密縣山谷中生石間苗高三五寸葉似韭葉而潤瓦隴樣葉中攛葶出穗似雞冠莧穗而細小開淡粉紅花微帶紫色結小蒴兒其子似大藍子而小黑色根類獨顆蒜又似棗形而白味甜性寒

救飢　採取根添水久煮極熟食之不換水煮食後腹中鳴有下氣

土圞兒

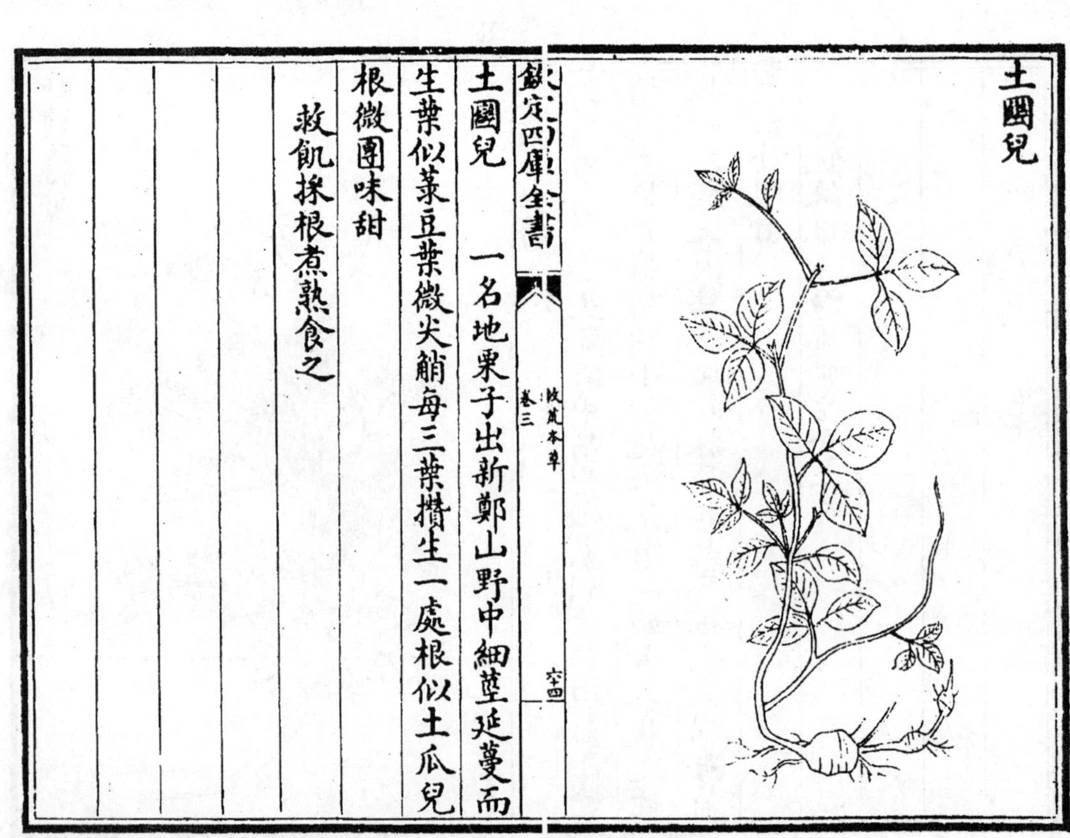

土圞兒　一名地栗子出新鄭山野中細莖延蔓而生葉似菉豆葉微尖艄每三葉攢生一處根似土瓜兒根微團味甜

救飢　採根煮熟食之

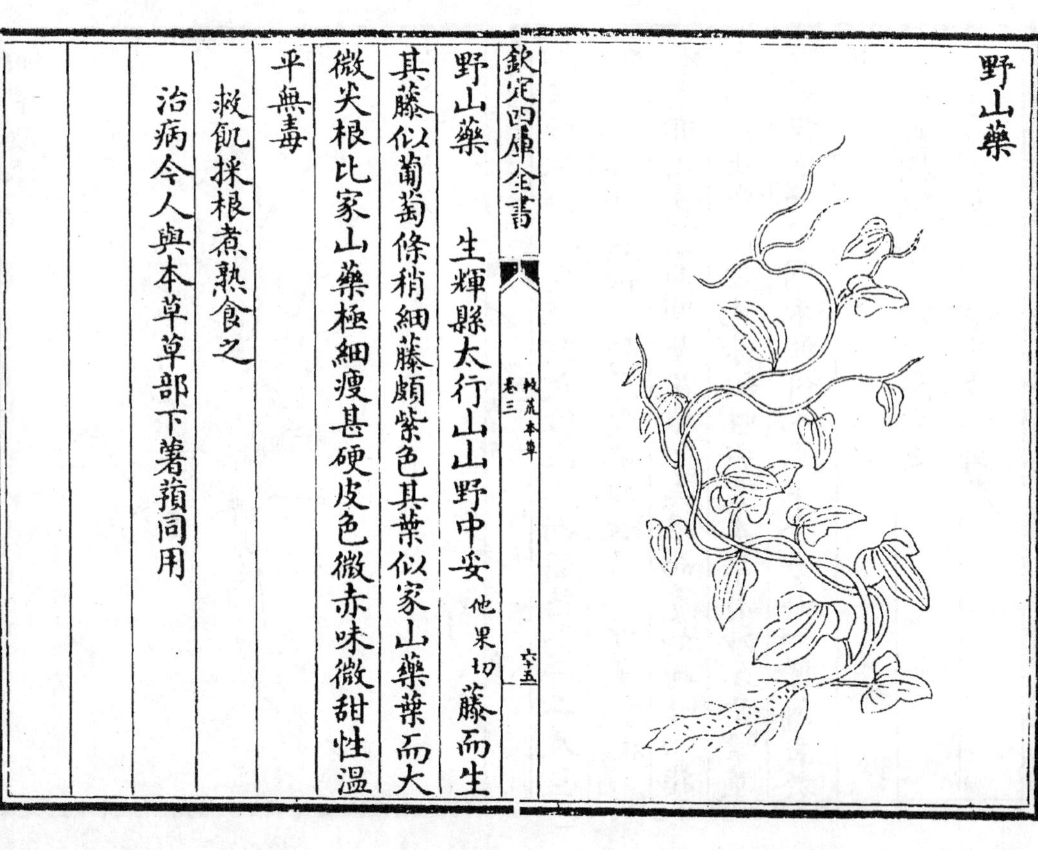

野山藥　生輝縣太行山山野中妥（他果切）藤而生其藤似葡萄條稍細藤頗紫色其葉似家山藥葉而大微尖根比家山藥極細瘦甚硬皮色微赤味微甜性溫平無毒

救飢採根煮熟食之

治病今人與本草草部下薯蕷同用

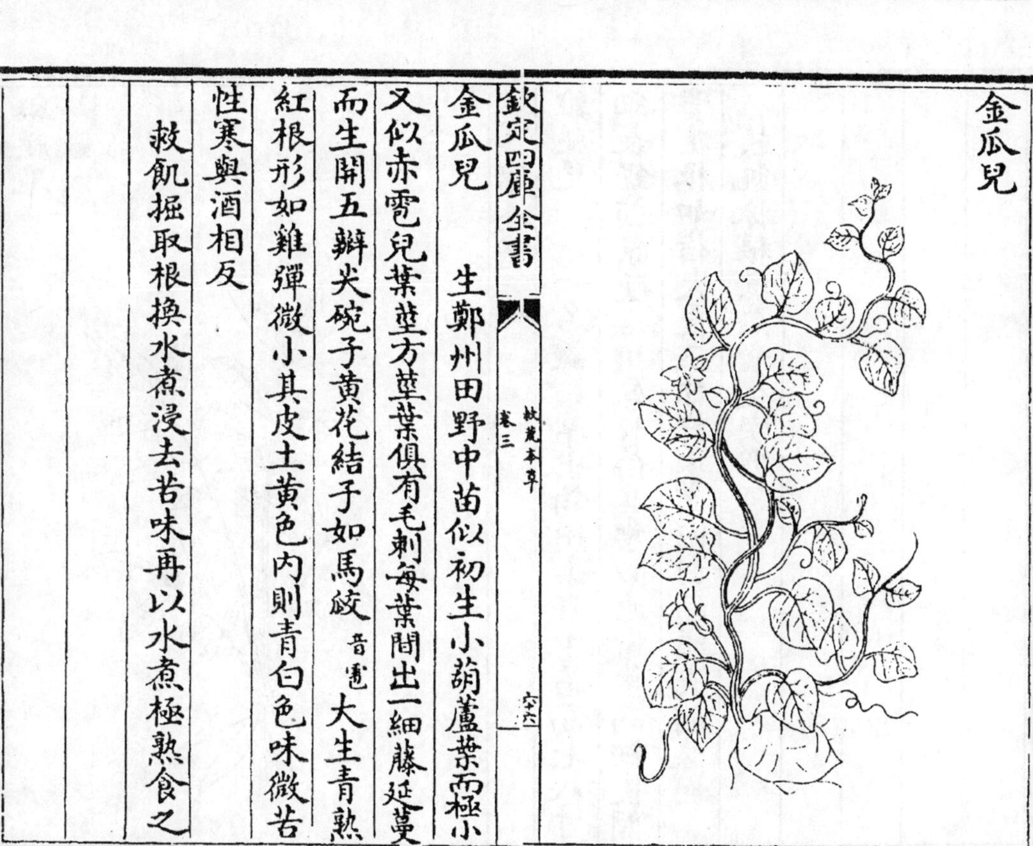

金瓜兒　生鄭州田野中苗似初生小葫蘆葉而極小又似赤雹兒葉莖方莖葉俱有毛刺每葉間出一細藤延蔓而生開五瓣尖碗子黃花結子如馬瓝（音雹）大生青熟紅根形如雞彈微小其皮土黃色內則青白色味微苦性寒與酒相反

救飢掘取根換水煮浸去苦味再以水煮極熟食之

細葉沙參

細葉沙參　生輝縣太行山山衝間苗高一二尺莖似蒿幹音杆葉似石竹子葉而細長又似水蓑與莎同音梭衣葉亦細長梢間開紫花根似葵根而麄如拇音母指大皮色灰中間白色味甜性微寒本草有沙參苗葉莖狀所說與此不同未敢併入條下今另為一條薄載於此

救飢　掘取根洗淨煮熟食之

治病　與本草草部下沙參同用

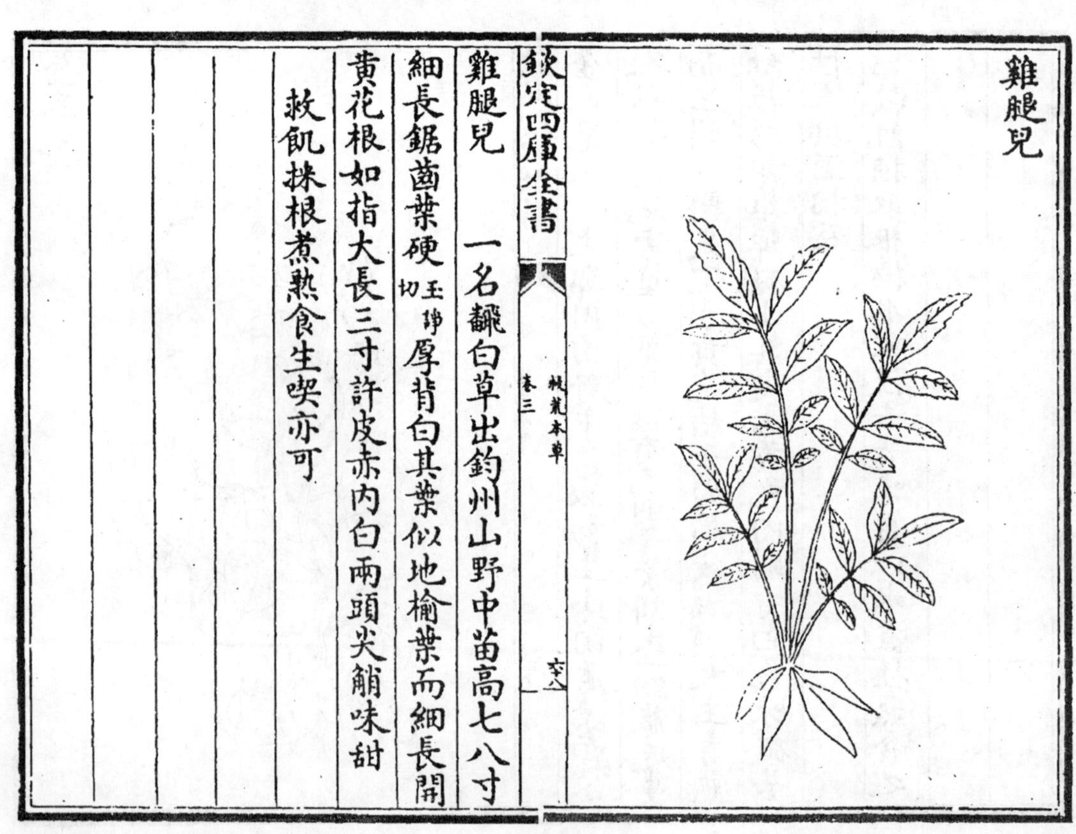

雞腿兒

雞腿兒　一名飜白草出鈞州山野中苗高七八寸細長鋸齒葉硬玉諍切厚背白其葉似地榆葉而細長開黃花根如指大長三寸許皮赤內白兩頭尖艄味甜

救飢　採根煮熟食生喫亦可

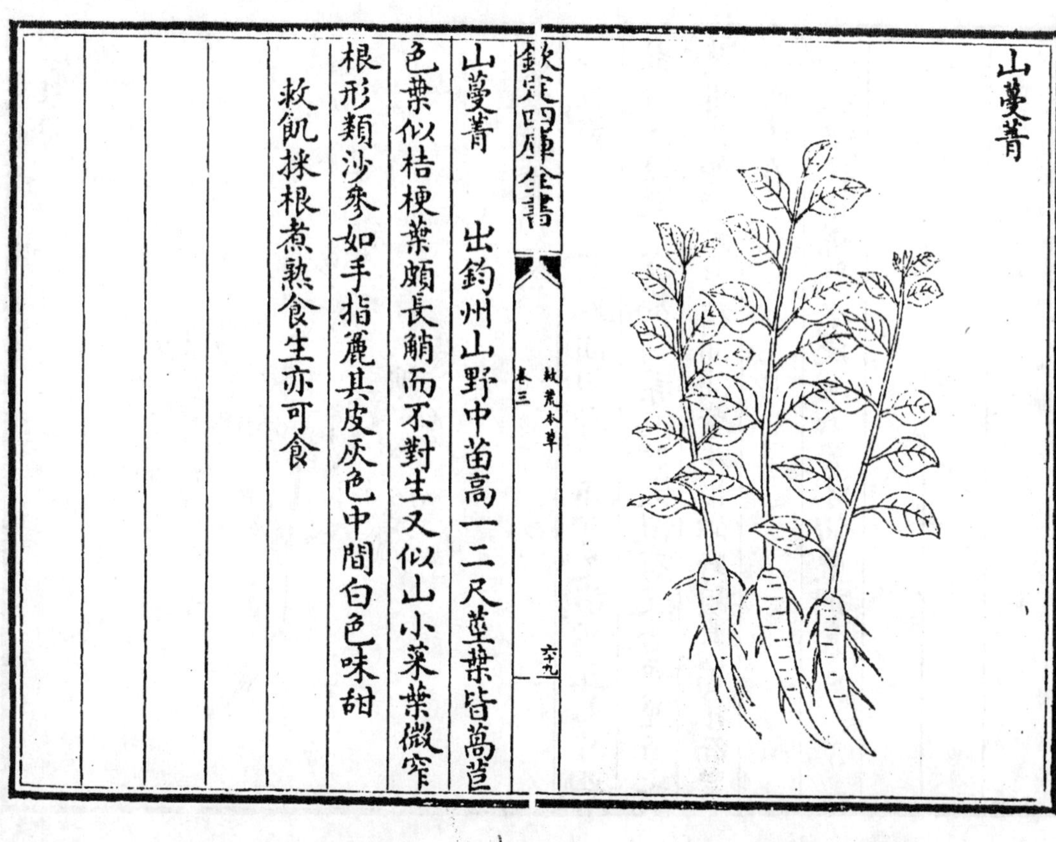

山蔓菁

山蔓菁　出鈞州山野中苗高一二尺莖葉皆萵苣色葉似桔梗葉頗長艄而不對生又似山小菜葉微窄根形類沙參如手指麄其皮灰色中間白色味甜

救飢採根煮熟食生亦可食

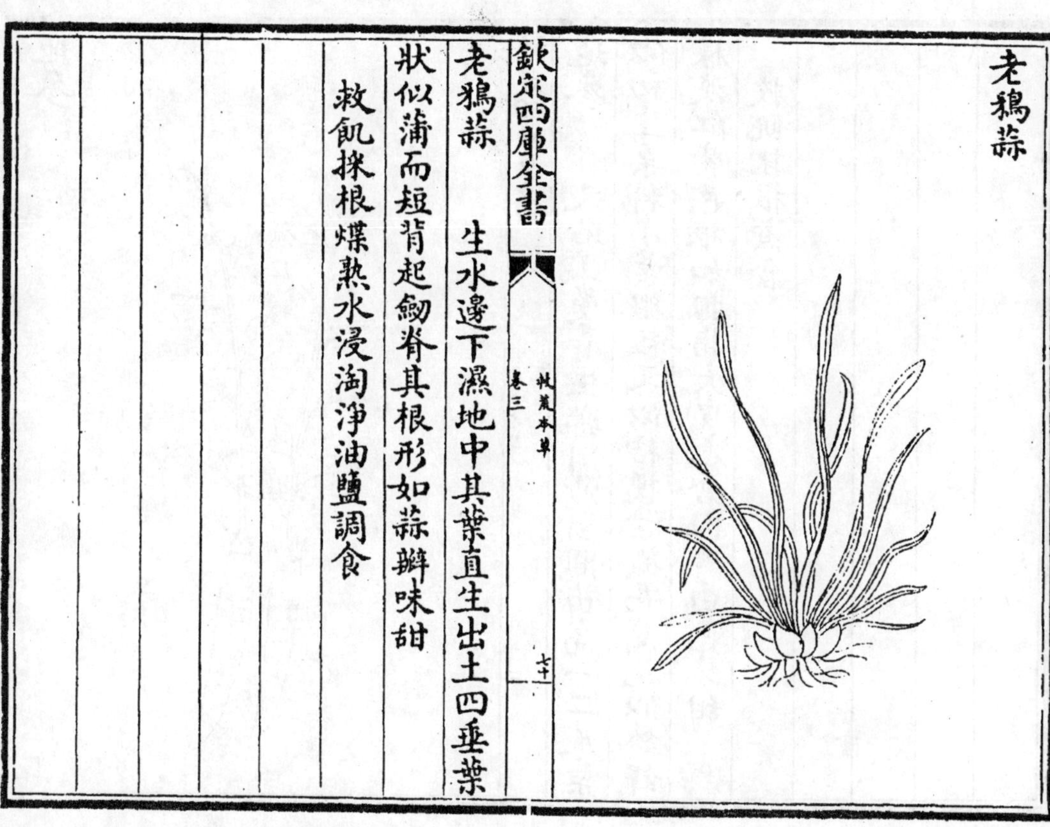

老鴉蒜

老鴉蒜　生水邊下濕地中其葉直生出土四垂葉狀似蒲而短背起劒脊其根形如蒜瓣味甜

救飢採根煠熟水浸淘淨油鹽調食

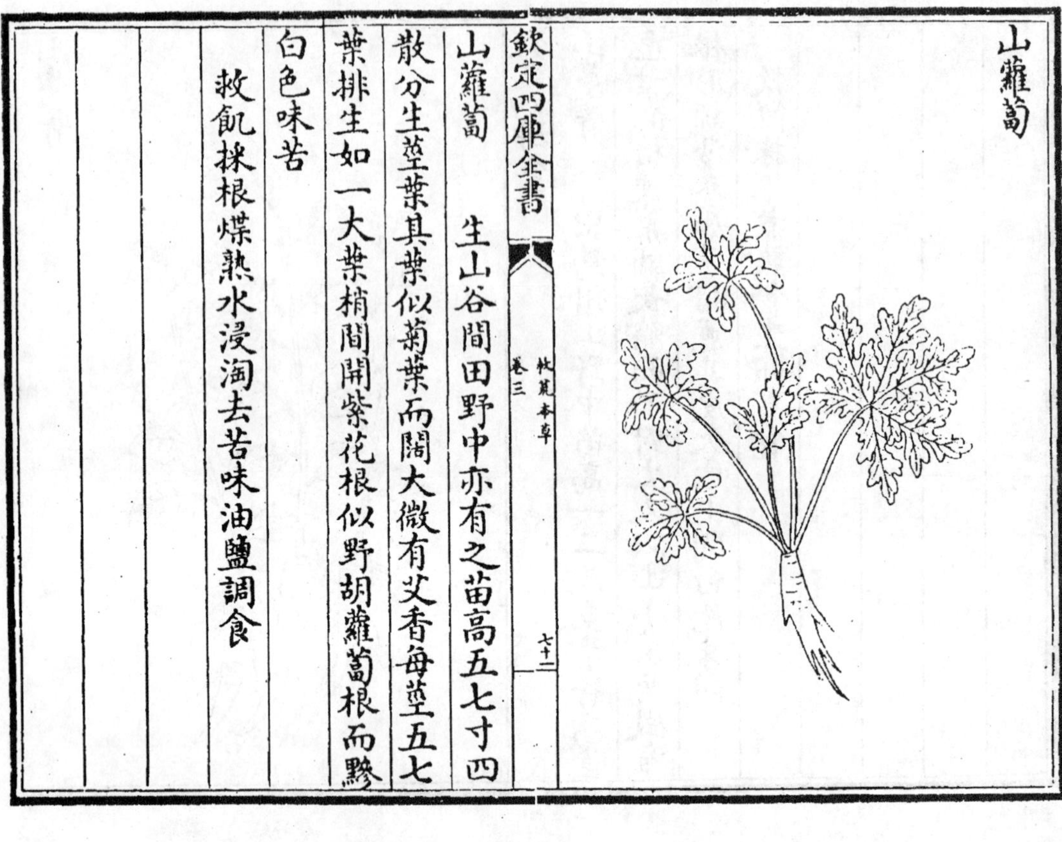

山蘿蔔　生山谷間田野中亦有之苗高五七寸四散分生莖葉其葉似菊葉而闊大微有艾香每莖五七葉排生如一大葉梢間開紫花根似野胡蘿蔔根而黪白色味苦

救飢採根煠熟水浸淘去苦味油鹽調食

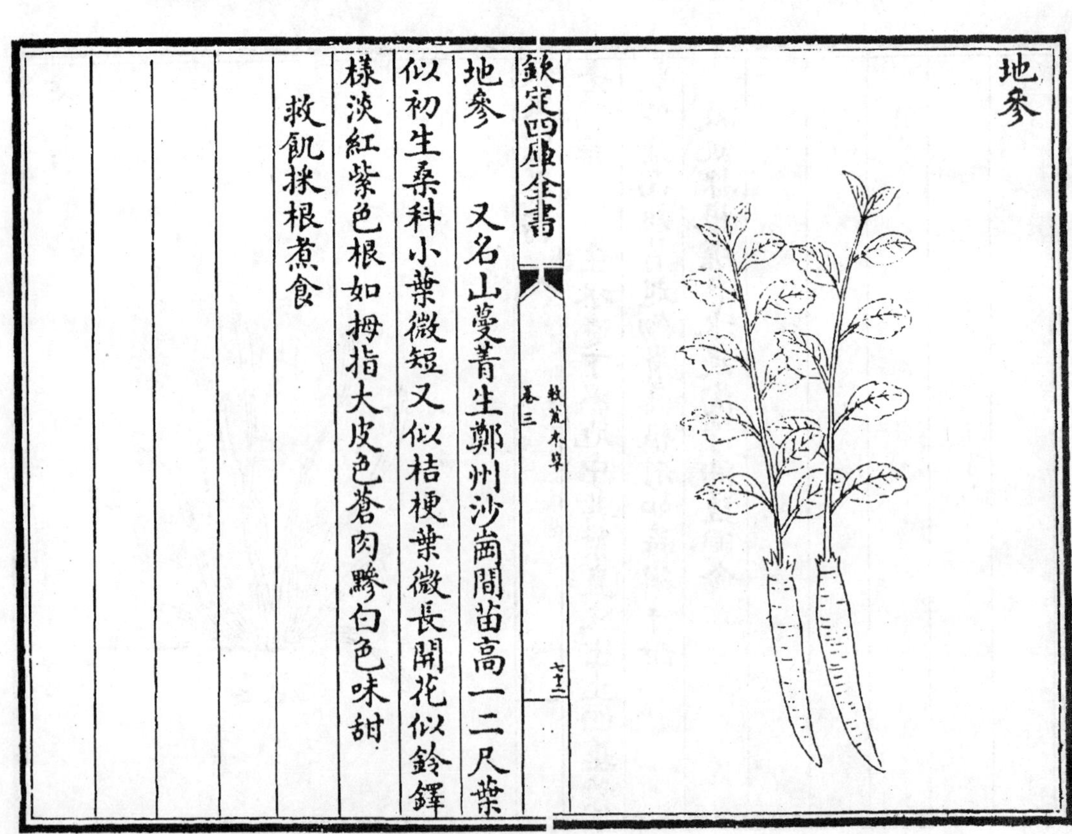

地參　又名山蔓菁生鄭州沙崗間苗高一二尺葉似初生桑科小葉微短又似桔梗葉微長開花似鈴鐸樣淡紅紫色根如拇指大皮色蒼肉黪白色味甜

救飢採根煮食

獐牙菜

獐牙菜　生水邊苗初搨地生葉似龍鬚菜葉而長窄葉頭頗團而不尖其葉嫩薄又似牛尾菜葉亦長窄其根如茅根而嫩皮色灰黑味甜

救飢掘根洗淨煮熟油鹽調食

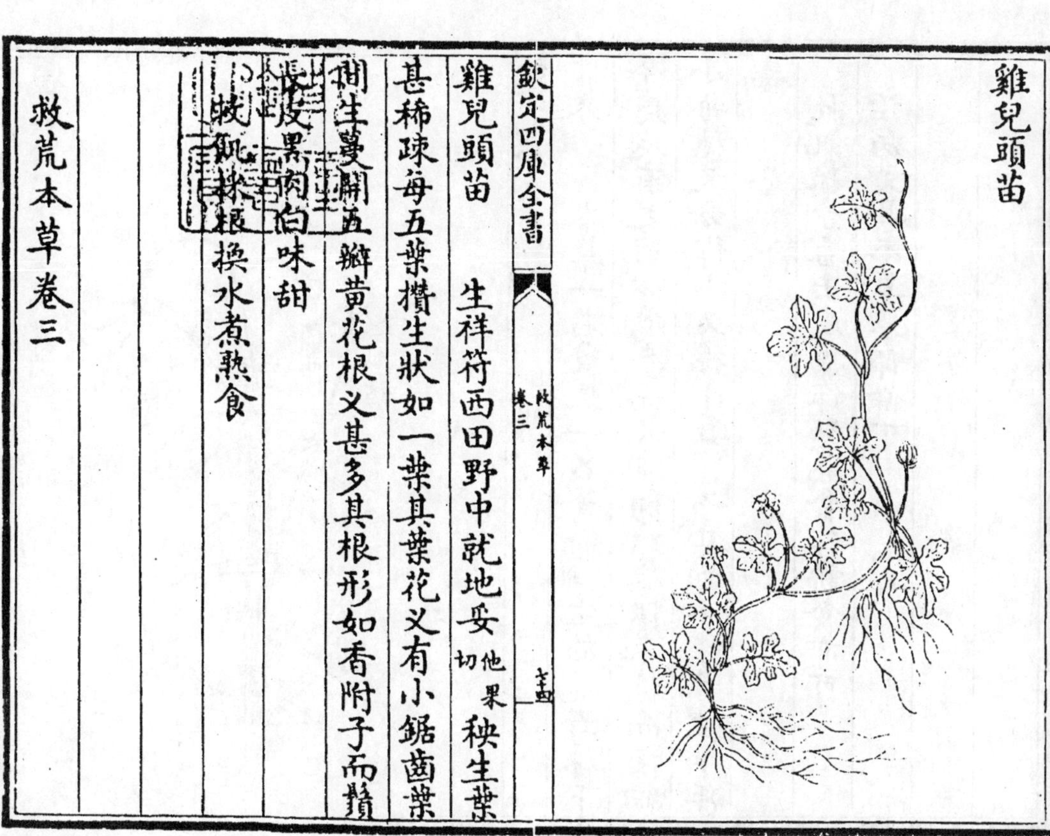

雞兒頭苗

雞兒頭苗　生祥符西田野中就地妥（他果切）秧生葉甚稀疎每五葉攢生狀如一葉其葉花叉有小鋸齒葉間生莖開五瓣黄花根叉甚多其根形如香附子而鬚長皮黑肉白味甜

救飢採根換水煮熟食

救荒本草卷三

欽定四庫全書

救荒本草卷四

明 周王朱橚 撰

草部

實可食 本草原有四種 新增十六種

葉及實皆可食 本草原有六種 新增三種

根葉可食 本草原有四種 新增十種

筍葉可食 本草原有一種

根及花皆可食 本草原有二種

根及實皆可食 本草原有一種 新增一種

花葉皆可食 本草原有二種 新增二種

莖可食 本草原有一種 新增一種

筍及實皆可食 本草原有一種

雀麥 實可食 本草原有

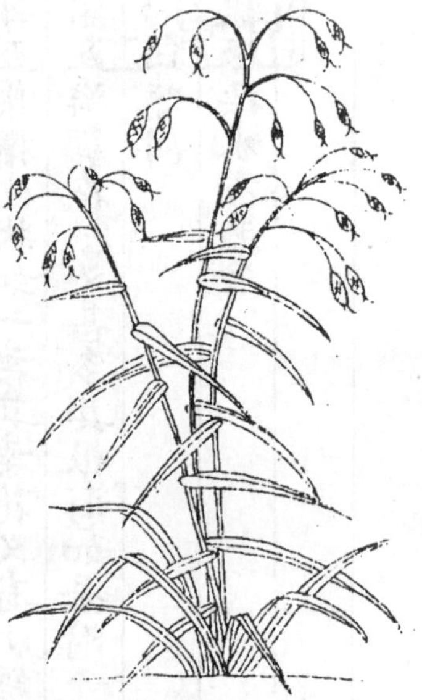

雀麥 本草一名鷰麥一名籥音藥 生於荒野林下今處處有之苗似鷰麥而又細弱結穗像麥穗而極細小每穗又分作小叉穗十數箇子甚細小味甘性平無毒

救飢 採子舂去皮擣作麵蒸食作餅食亦可

治病 文具本草草部條下

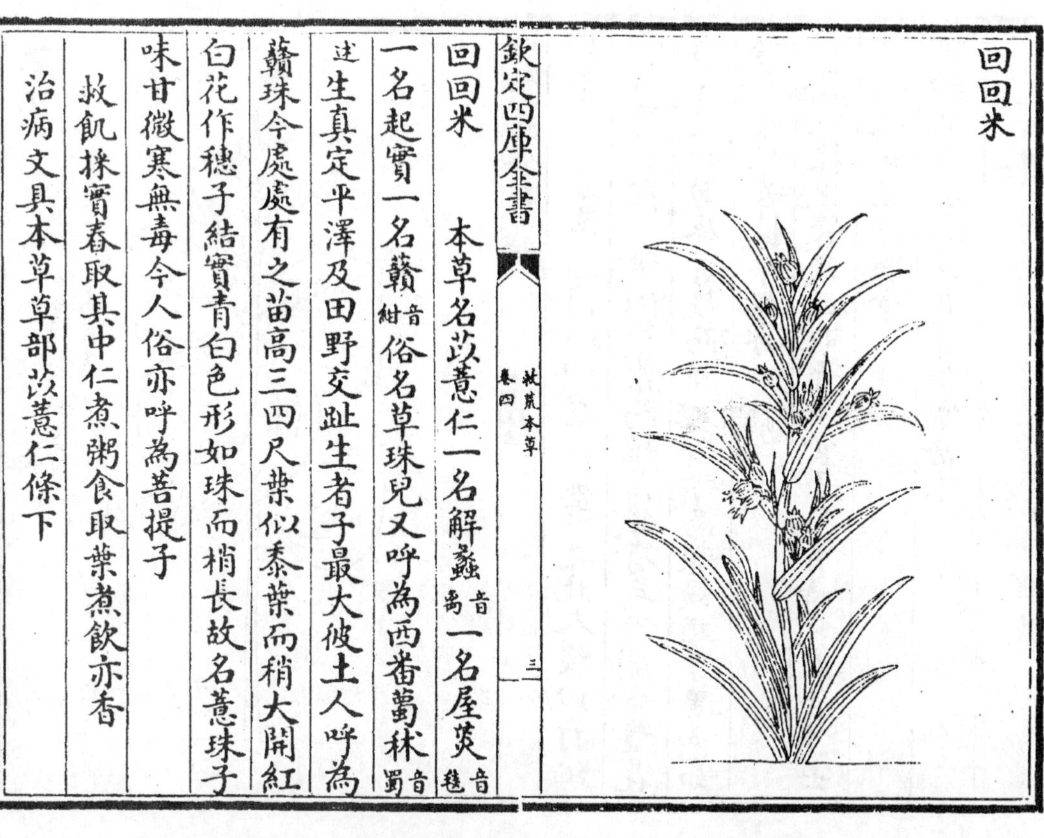

回回米

回回米　本草名苡薏仁一名解蠡音禹一名屋菼音毯一名起實一名贑音甘俗名草珠兒又呼為西番蜀秫音蜀生真定平澤及田野交趾生者子最大彼土人呼為贑珠今處處有之苗高三四尺葉似黍葉而稍大開紅白花作穗子結實青白色形如珠而稍長故名薏珠子味甘微寒無毒今人俗亦呼為菩提子

救飢採實舂取其中仁煮粥食取葉煮飲亦香

治病文具本草草部苡薏仁條下

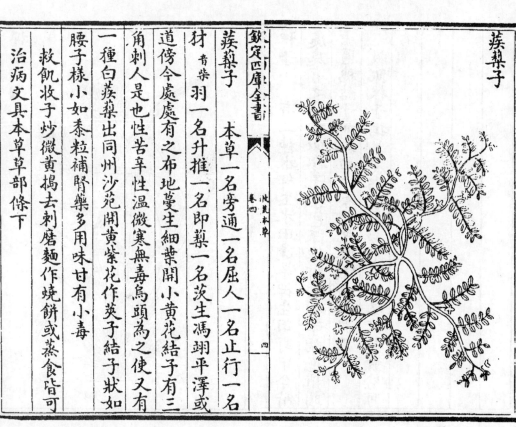

蒺蔾子

蒺蔾子　本草一名旁通一名屈人一名止行一名豺音柴羽一名升推一名即蔾一名茨生馮翊平澤或道傍今處處有之布地蔓生細葉開小黃花結子有三角刺人是也性苦辛性溫微寒無毒烏頭為之使又有一種白蒺蔾出同州沙苑開黃紫花作莢子結子狀如腰子樣小如黍粒補腎藥多用味甘有小毒

救飢收子炒微黃搗去刺磨麵作燒餅或蒸食皆可

治病文具本草草部條下

䕷子

䕷子　本草名苘與䔾同實處處有之北人種以打繩索苗高五六尺葉似芋葉而短薄微有毛澁開金黄花結實殼似蜀葵實殼而圓大俗呼為䕷饅頭子黑色如䓍豆大味苦性平無毒

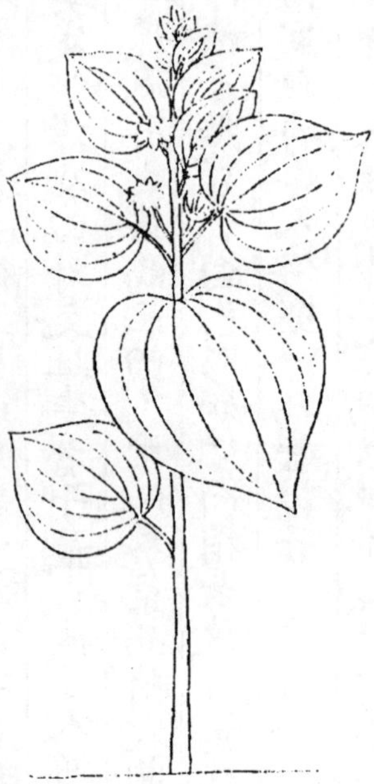

救飢採嫩䕷饅頭取子生食子堅實時收取子浸去苦味晒乾磨麪食

治病文具本草草部苘實條下

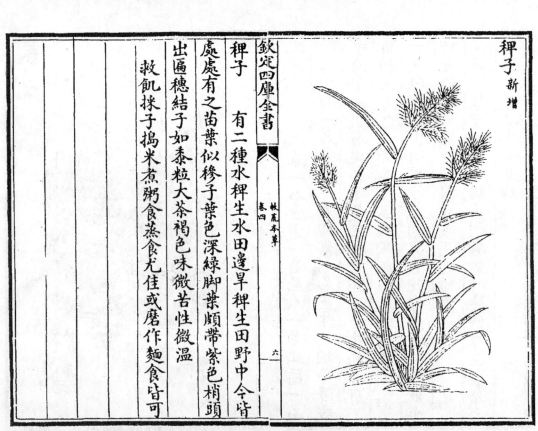

稗子新增

稗子　有二種水稗生水田邊旱稗生田野中今皆處處有之苗葉似穇子葉色深緑脚葉頗帶紫色梢頭出匾穗結子如黍粒大茶褐色味微苦性微温

救飢採子搗米煮粥食蒸食尤佳或磨作麪食皆可

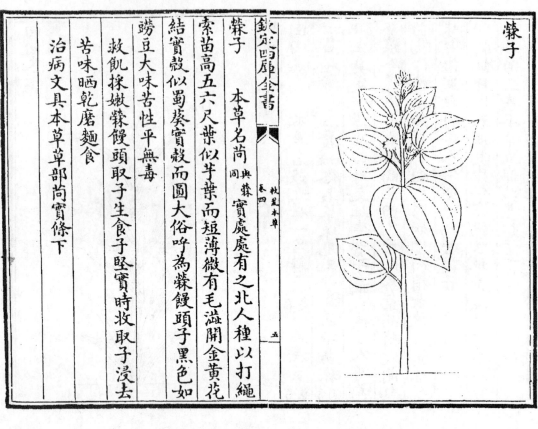

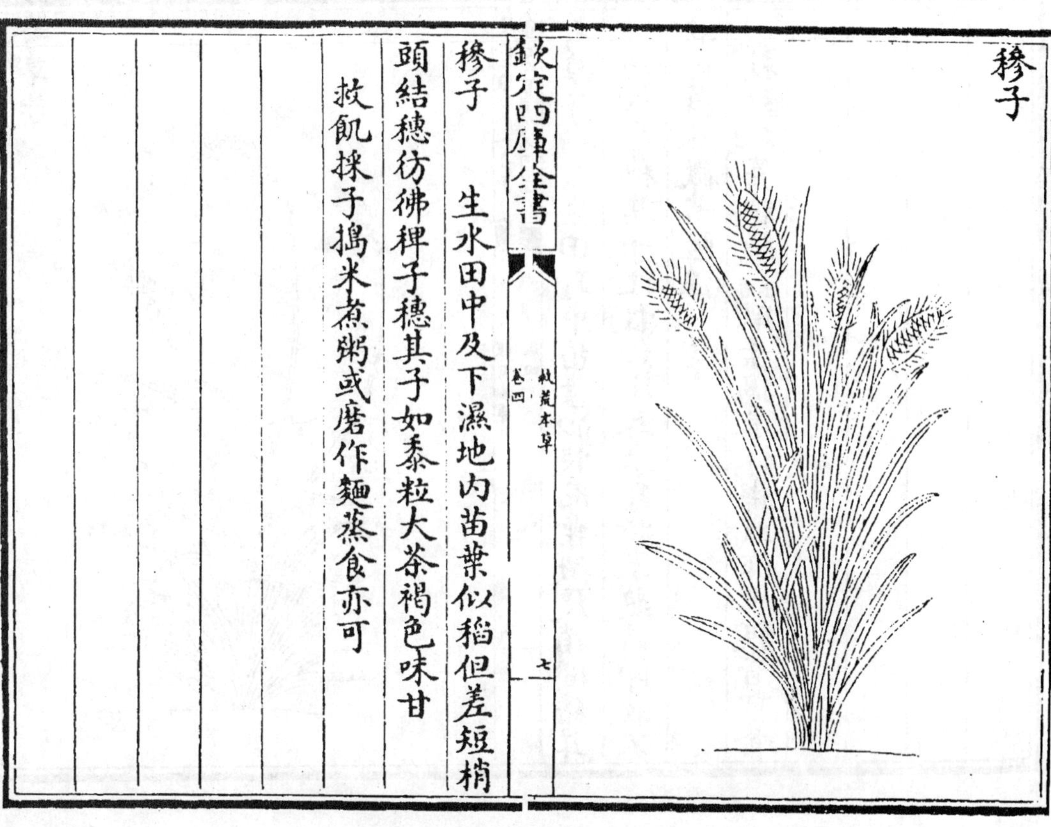

䅟子　生水田中及下濕地内苗葉似稻但差短梢頭結穗彷彿稗子穗其子如黍粒大茶褐色味甘

救飢採子擣米煮粥或磨作麵蒸食亦可

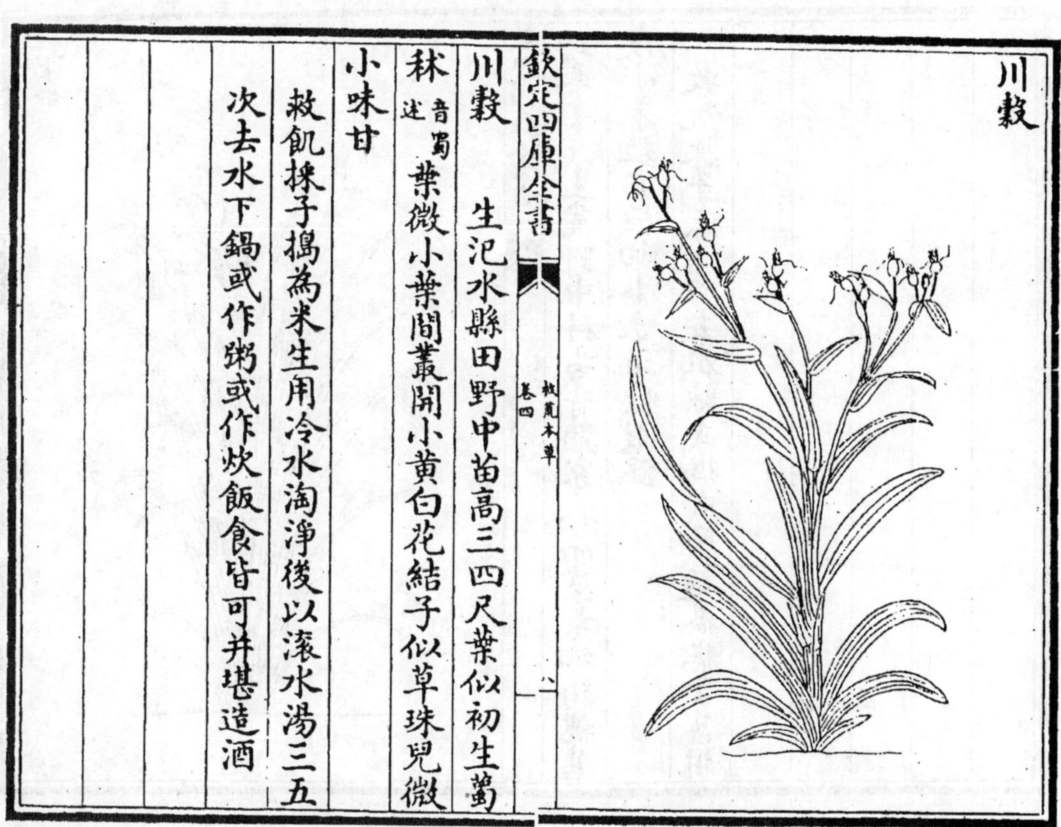

川穀　生汜水縣田野中苗高三四尺葉似初生蜀秫音蜀述葉微小葉間叢開小黃白花結子似草珠兒微小味甘

救飢採子擣為米生用冷水淘淨後以滾水湯三五次去水下鍋或作粥或作炊飯食皆可并堪造酒

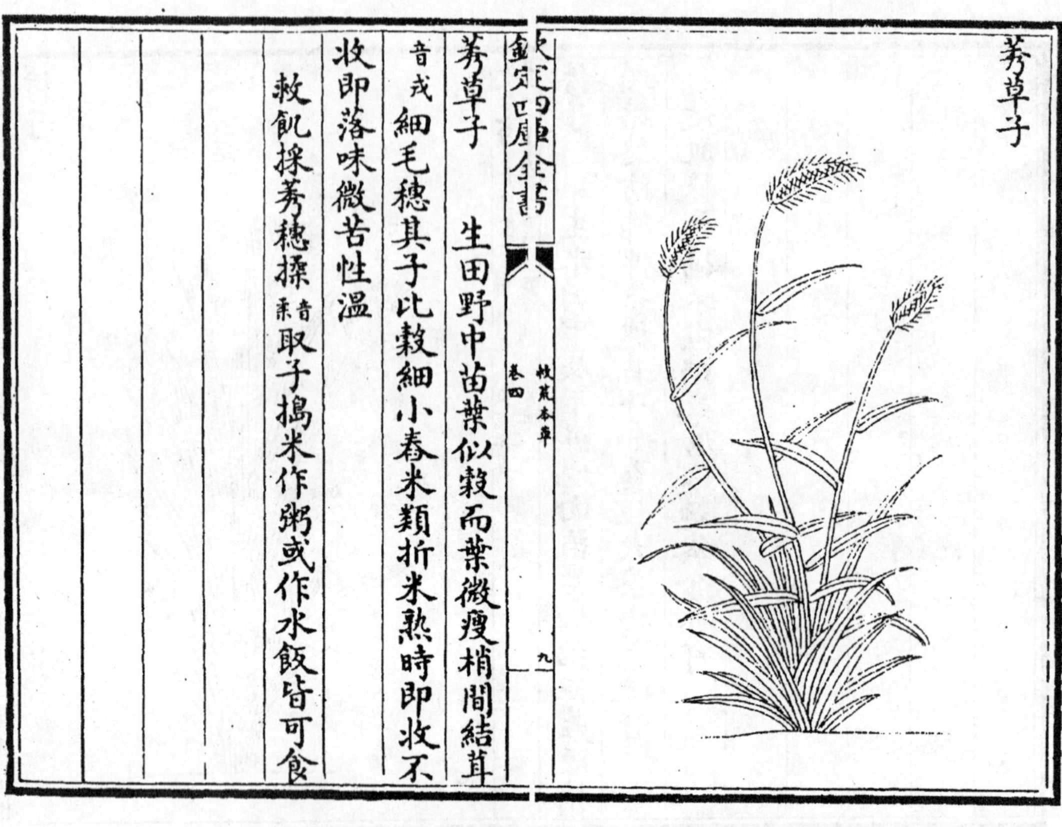

莠草子

莠草子　生田野中苗葉似穀而葉微瘦梢間結茸（音戎）細毛穗其子比穀細小舂米類折米熟時即收不收即落味微苦性温

救飢採莠穗揉（音柔）取子擣米作粥或作水飯皆可食

野黍

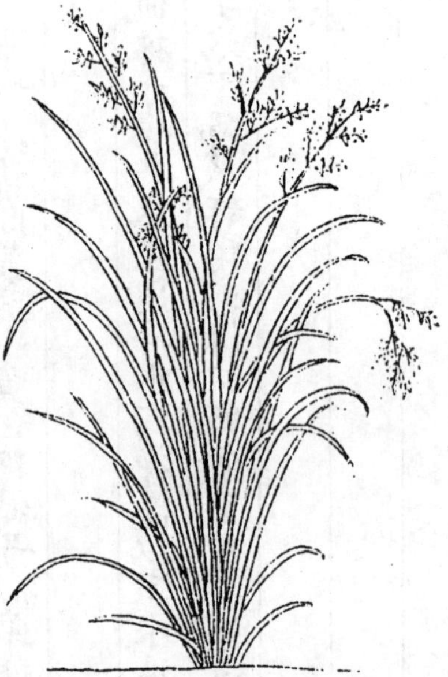

野黍　生荒野中科苗皆類家黍而莖葉細弱穗甚瘦小黍粒亦極細小味甜性微温

救飢採子舂（音冲）去粗糠或擣或磨麵蒸糕食甚甜

雞眼草

雞眼草　又名掐音恰不齊以其葉用指甲掐之作劐音霍不齊故名生荒野中搨地生葉如雞眼大似三葉酸漿葉而圓又似小蟲兒卧草葉而大結子小如粟粒黑茶褐色味微苦氣味與槐相類性温

救飢　採子搗取米其米青色先用冷水淘淨却以滚水湯三五次去水下鍋或煮粥或作炊飯食之或磨麵作餅食亦可

鷰麥

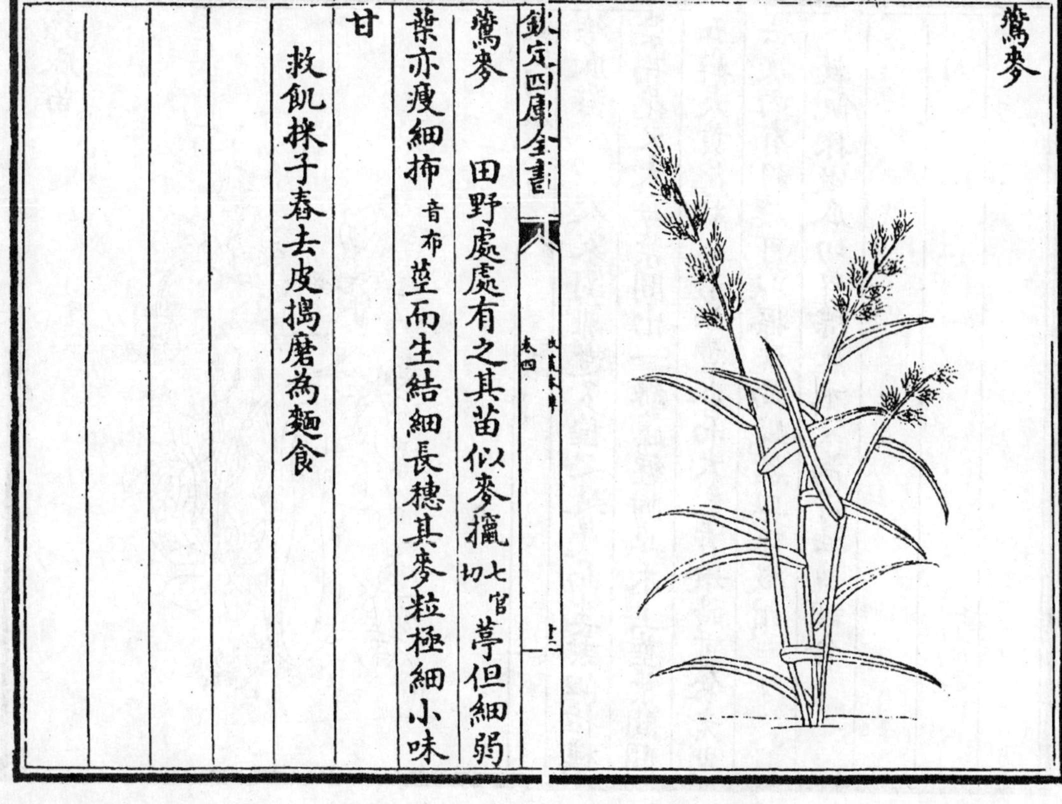

鷰麥　田野處處有之其苗似麥攛七官切葶但細弱葉亦瘦細抪音布莖而生結細長穗其麥粒極細小味甘

救飢　採子舂去皮搗磨為麵食

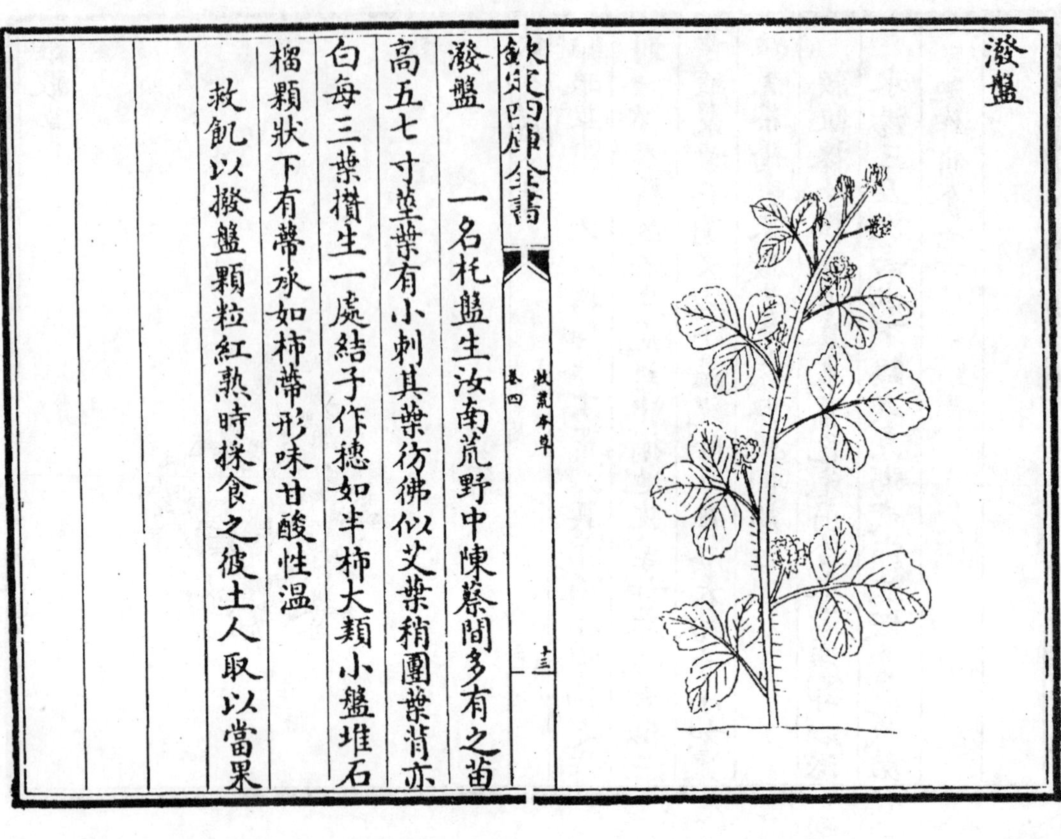

欽定四庫全書　救荒本草　卷四　十三

潑盤　一名托盤生汝南荒野中陳蔡間多有之苗高五七寸莖葉有小刺其葉彷彿似艾葉稍團葉背亦白每三葉攢生一處結子作穗如半柿大類小盤堆石榴顆狀下有蔕承如柿蔕形味甘酸性温

救飢以潑盤顆粒紅熟時採食之彼土人取以當果

絲瓜苗

欽定四庫全書　救荒本草　卷四　十四

絲瓜苗　人家園籬邊多種之延蔓而生葉似栝樓葉而花叉大每葉間出一絲藤纏附草木上莖葉間開五瓣大黄花結瓜形如黄瓜而大色青嫩時可食老則去皮内有絲縷可以擦洗油膩器皿味微甜

救飢採嫩瓜切碎煠熟水浸淘淨油鹽調食

地角兒苗

地角兒苗　一名地牛兒苗生田野中搨地生一根就分數十莖其莖甚稠葉似胡豆葉微小葉生莖面每攢四葉對生作一處莖傍另又生葶梢頭開淡紫花結角似連翹而小中有子狀似⿰豆勞豆顆味甘

救飢採嫩角生食硬角煮熟食

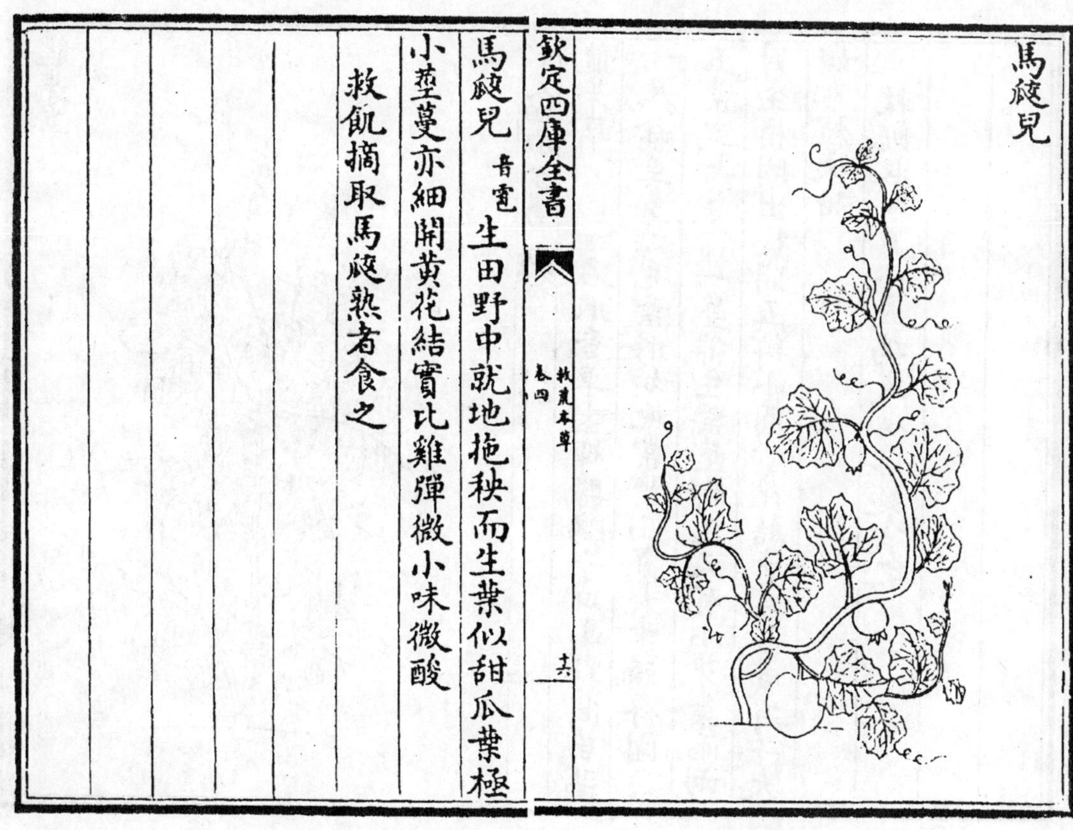

馬㼎兒

馬㼎兒 音雹 生田野中就地拖秧而生葉似甜瓜葉極小莖蔓亦細開黄花結實比雞彈微小味微酸

救飢摘取馬㼎熟者食之

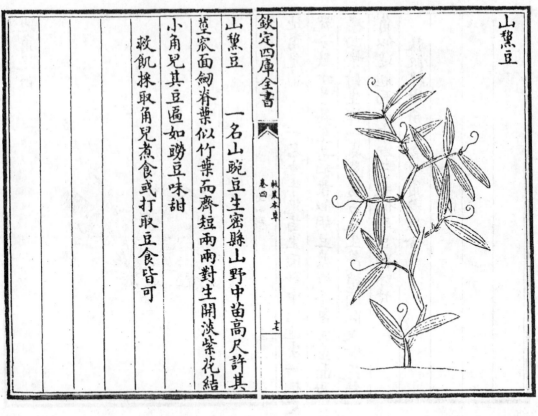

山藜豆　一名山豌豆生密縣山野中苗高尺許其莖窊面劒脊葉似竹葉而齊短兩兩對生開淡紫花結小角兒其豆匾如䝁豆味甜

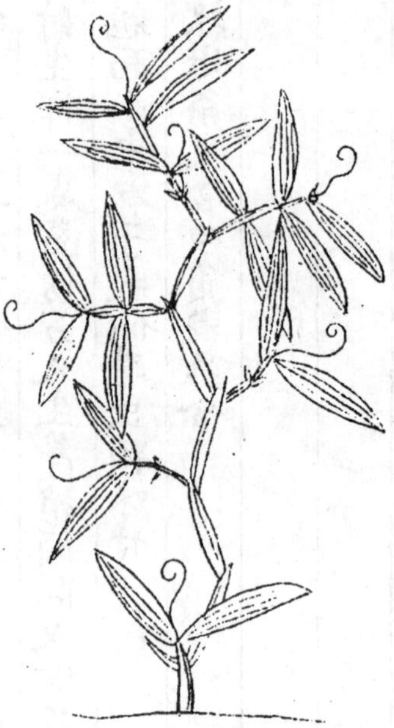

救飢採取角兒煮食或打取豆食皆可

龍芽草

龍芽草　一名瓜香草生輝縣鴨子口山野間苗高一尺餘莖多澁毛葉形如地棠葉而寬大葉頭齊團每五葉或七葉作一莖排生葉莖脚上又有小芽葉兩兩對生梢間出穗開五瓣小圓黄花結青毛蓇葖有子大如黍粒味甜

救飢收取其子或搗或磨作麵食之

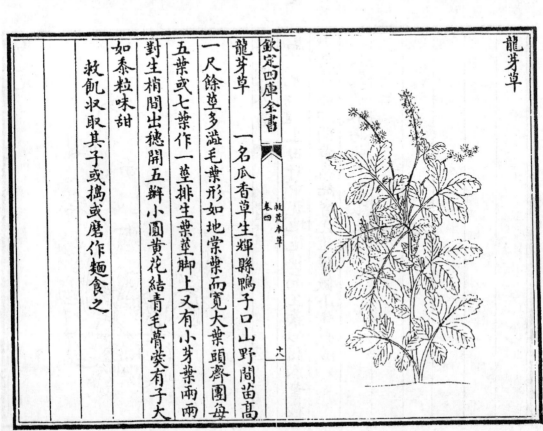

地稍瓜

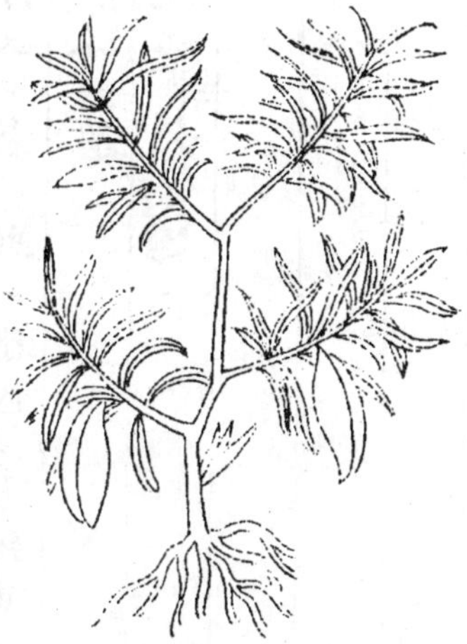

地稍瓜　生田野中苗長尺許作地攤科生葉似獨掃葉而細窄尖硬又似沙蓬葉亦硬週圍攢莖而生莖葉間開小白花結角長大如蓮子兩頭尖艄（音峭）又似鵶嘴形名地稍瓜味甘

救飢其角嫩時摘取煠食角若皮硬剝取角中嫩穰生食

錦荔枝

錦荔枝　又名癩葡萄人家園籬邊多種之苗引藤蔓延附草木生莖長七八尺莖有毛澁葉似野葡萄葉而花叉多葉間生細絲蔓開五瓣黄碗子花結實如雞子大尖艄紋縐狀似荔枝而大生青熟黄内有紅瓤味甜

救飢採荔枝黄熟者食瓤

雞冠果

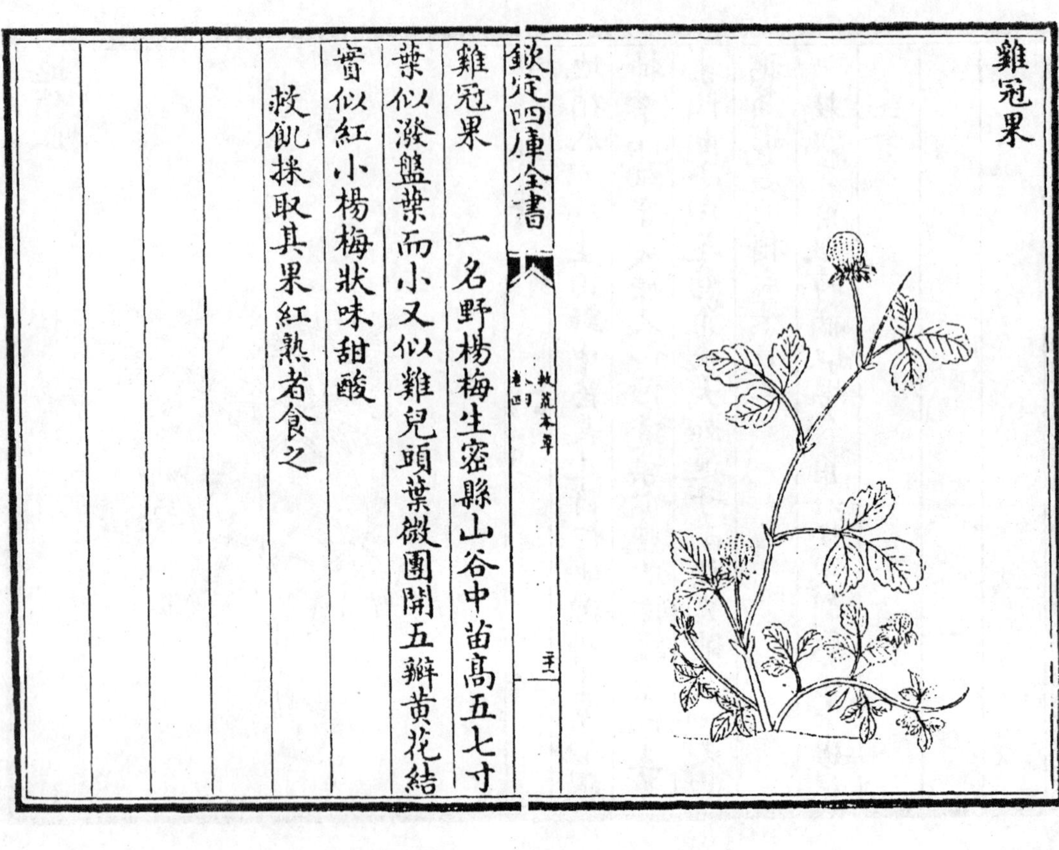

雞冠果　一名野楊梅生密縣山谷中苗高五七寸葉似澇盤葉而小又似雞兒頭葉微團開五瓣黄花結實似紅小楊梅狀味甜酸

救饑採取其果紅熟者食之

羊蹄苗 葉及實皆可食　本草原有

羊蹄苗　一名東方宿一名連蟲陸一名鬼目一名蓄俗呼猪耳朵生陳留川澤今所在有之苗初搨地生後攛生莛叉高二尺餘其葉狭長頗似萵苣而色深青又似大藍葉微潤莖節間紫赤色其花青白成穗其子三稜根似牛蒡而堅實味苦性寒無毒

救饑採嫩苗葉煠熟水浸淘淨苦味油鹽調食其子熟時打子搗為米以滚水湯三五次淘淨下鍋作水飯食微破腹

治病文具本草草部條下

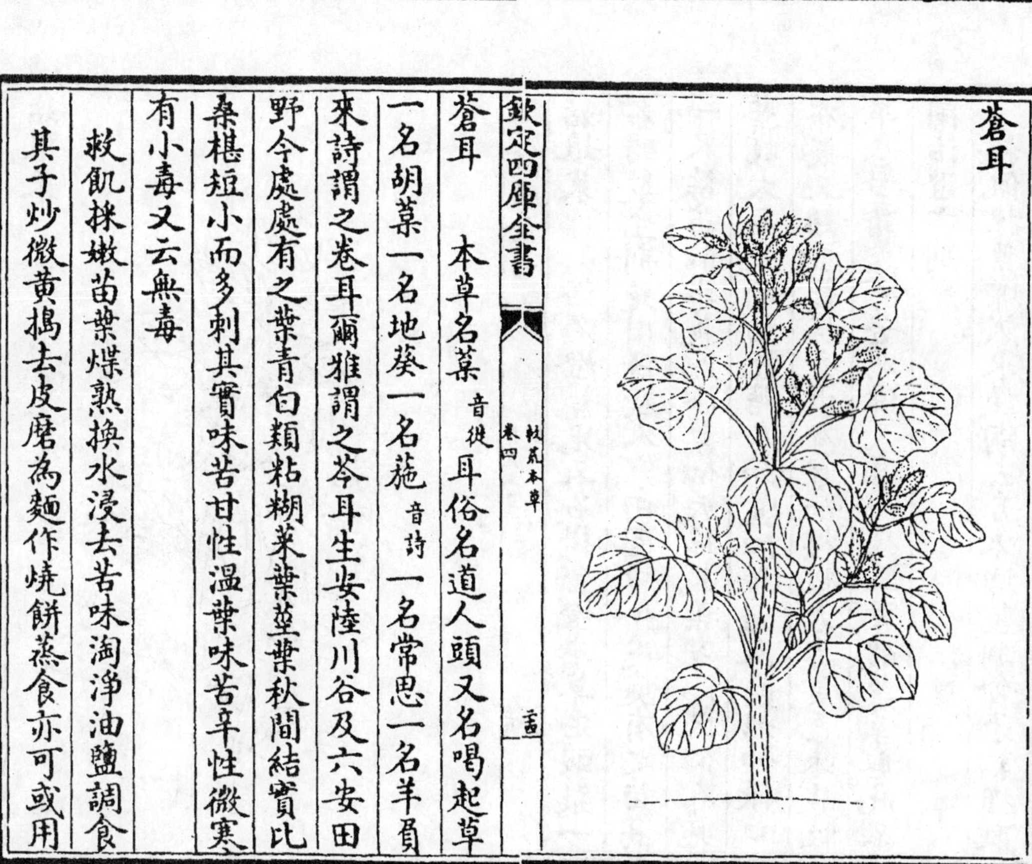

蒼耳　本草名菜音徙耳俗名道人頭又名喝起草一名胡菜一名地葵一名葹音詩一名常思一名羊負來詩謂之卷耳爾雅謂之苓耳生安陸川谷及六安田野今處處有之葉青白類粘糊菜葉莖葉秋間結實比桑椹短小而多刺其實味苦甘性温葉味苦辛性微寒有小毒又云無毒

救飢採嫩苗葉煠熟換水浸去苦味淘淨油鹽調食其子炒微黃搗去皮磨為麵作燒餅蒸食亦可或用

子熬油點燈

治病文具本草草部菓耳條下

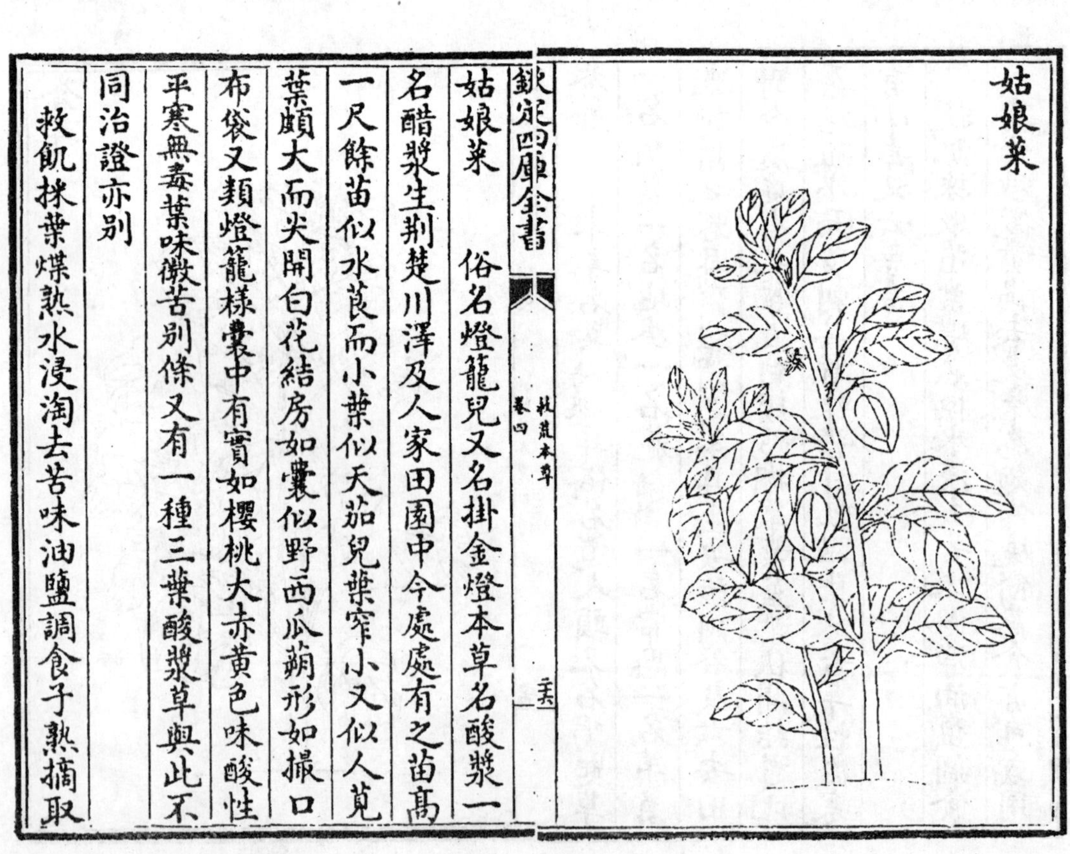

姑娘菜

姑娘菜　俗名燈籠兒又名掛金燈本草名酸漿一名醋漿生荊楚川澤及人家田園中今處處有之苗高一尺餘苗似水莨而小葉似天茄兒葉窄小又似人莧葉頗大而尖開白花結房如囊似野西瓜蒴形如撮口布袋又類燈籠樣囊中有實如櫻桃大赤黃色味酸性平寒無毒葉味微苦別條又有一種三葉酸漿草與此不同治證亦別

救飢採葉煠熟水浸淘去苦味油鹽調食子熟摘取

食之

治病文具本草草部酸漿條下

土茜苗

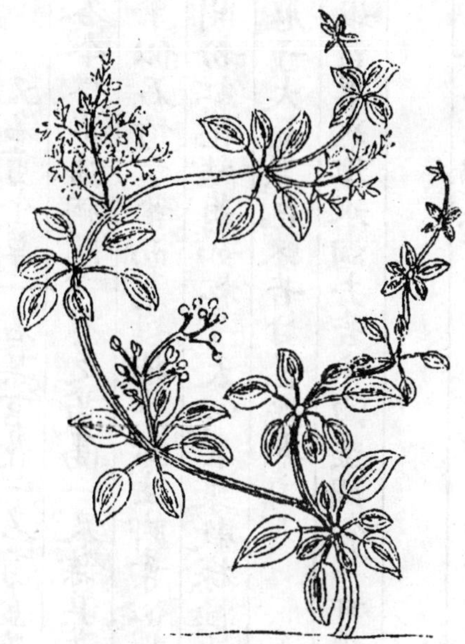

土茜苗　本草根名茜根一名地血一名茹藘音閭一名茅蒐音搜一名蒨與茜同生喬山川谷徐州人謂之牛蔓西土出者佳今北土處處有之名土茜根可以染紅葉似棗葉形頭尖下闊紋脉竪直莖方莖葉俱澁四五葉對生節間莖蔓延附草木開五瓣淡銀褐花結子小如菉豆粒生青熟紅根紫赤色味苦性寒無毒一云味甘一云味酸畏鼠姑葉味微酸

救飢採葉煠熟水浸作成黄色淘淨油鹽調食其子

紅熟摘食

治病文具本草草部茜根條下

王不留行

王不留行　又名剪金草一名禁宫花一名剪金花生太山山谷今祥符沙堈間亦有之苗高一尺餘其莖對節生乂葉似石竹子葉而寛短抪莖對生脚葉似槐葉而狹長開粉紅花結蒴如松子大似罌粟殻樣極小有子如葶藶子大而黑色味苦甘性平無毒

救飢　採嫩葉煠熟換水淘去苦味油鹽調食子可搗為麵食

治病　文具本草草部條下

白薇

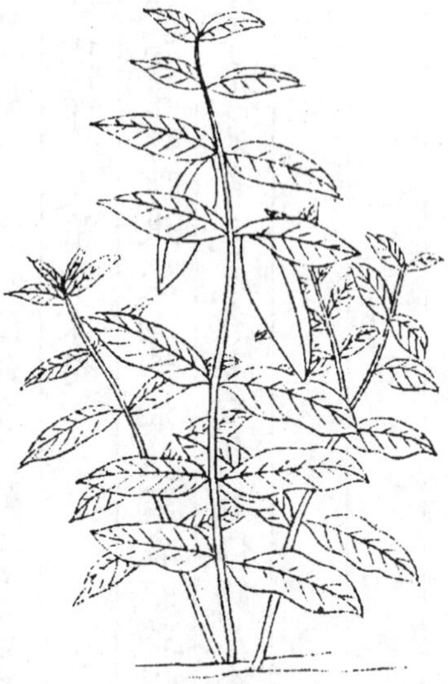

白薇　一名白幕一名薇草一名春草一名骨美生平原川谷并陝西諸郡及滁州今鈞州密縣山野中亦有之苗高一二尺莖葉俱青頗類柳葉而闊短又似女婁脚葉而長硬毛澁開花紅色又云紫花結角似地稍瓜而大中有白瓤根狀如牛膝根而短黃白色味苦鹹性平大寒無毒惡黃耆大黃大戟乾薑乾漆山茱萸大棗

救飢　採嫩葉煠熟水浸淘淨油鹽調食并取嫩角煠

熟亦可食

治病　文具本草草部條下

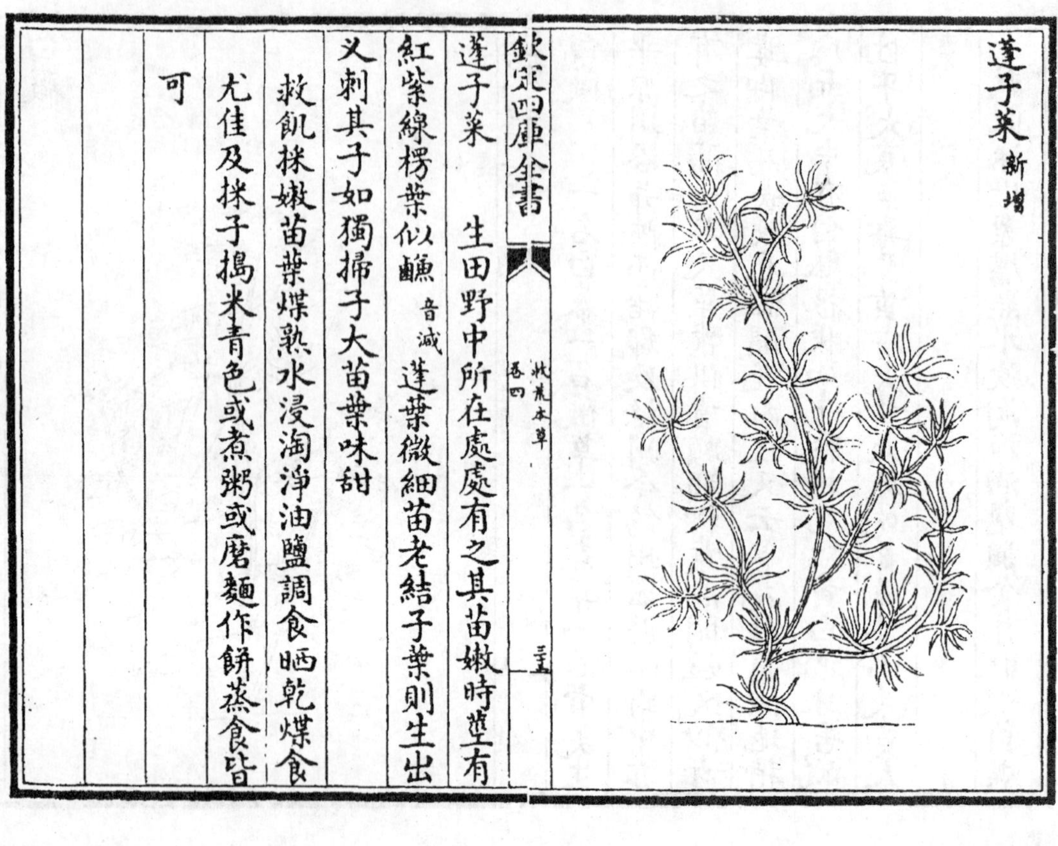

蓬子菜 新增

蓬子菜　生田野中所在處處有之其苗嫩時莖有紅紫線楞葉似鹻音減蓬葉微細苗老結子葉則生出叉刺其子如獨掃子大苗葉味甜

救飢採嫩苗葉煠熟水浸淘淨油鹽調食晒乾煠食尤佳及採子擣米青色或煮粥或磨麪作餅蒸食皆可

胡枝子

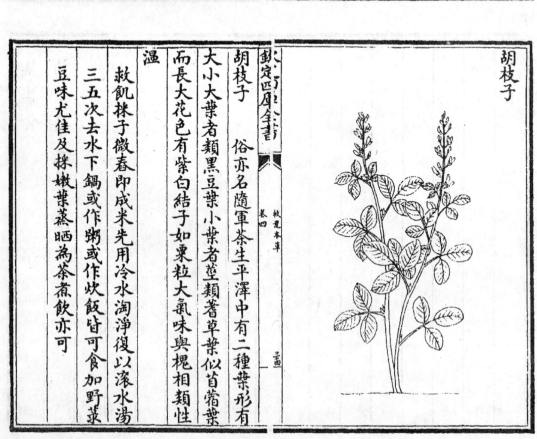

胡枝子　俗亦名隨軍茶生平澤中有二種葉形有大小大葉者類黑豆葉小葉者莖類蓍草葉似苜蓿葉而長大花色有紫白結子如粟粒大氣味與槐相類性溫

救飢採子微舂即成米先用冷水淘淨復以滚水湯三五次去水下鍋或作粥或作炊飯皆可食加野菜豆味尤佳及採嫩葉蒸晒為茶煮飲亦可

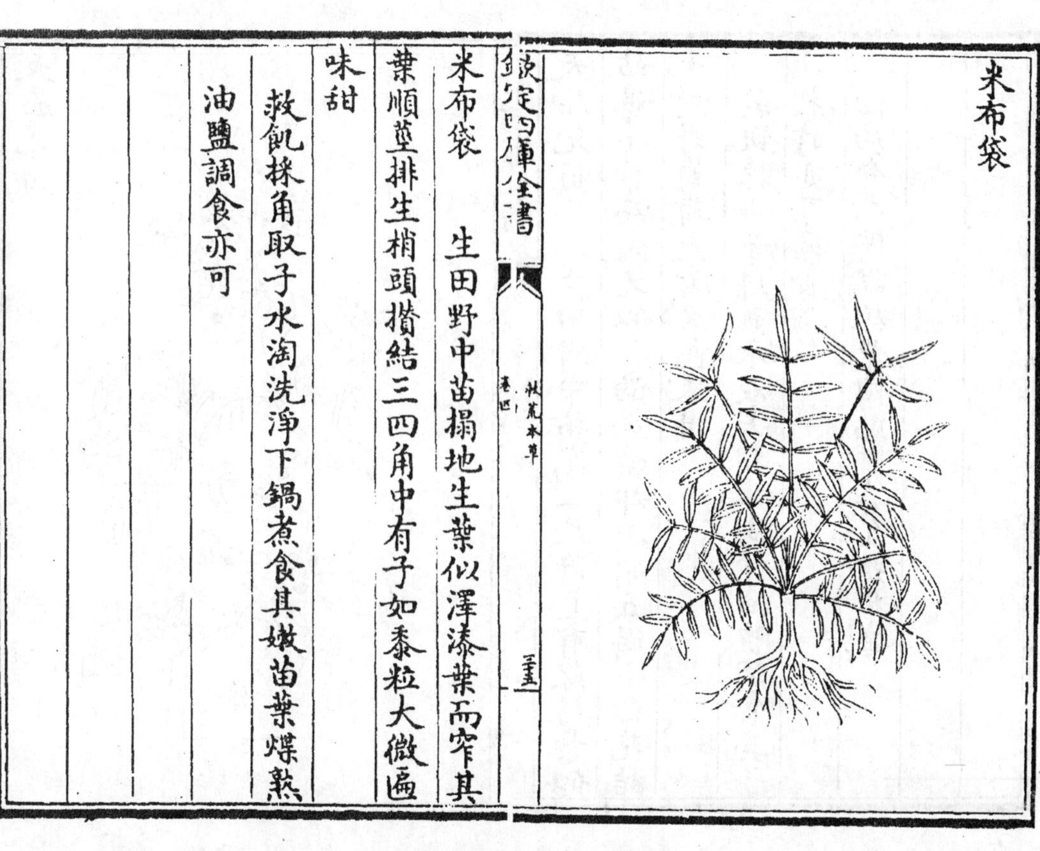

米布袋　生田野中苗搨地生葉似澤漆葉而窄其葉順莖排生梢頭攢結三四角中有子如黍粒大微匾味甜

救飢　採角取子水淘洗淨下鍋煮食其嫩苗葉煠熟油鹽調食亦可

水慈菰

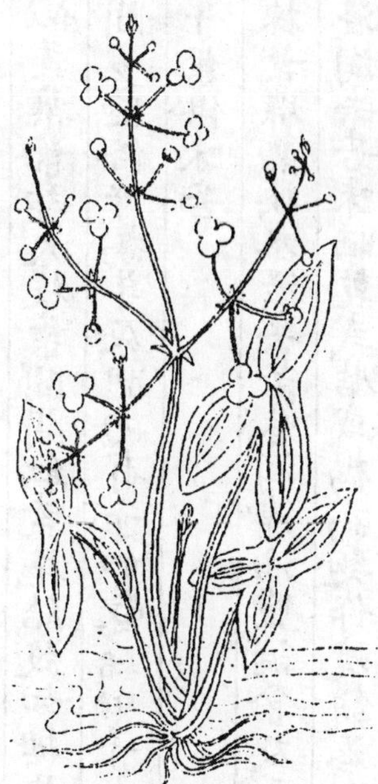

水慈菰　俗呼為剪刀草又名箭搭草生水中其莖面窊背方背有線楞其葉三角似剪刀形葉中攛生莖叉梢間開三瓣白花黃心結青蓇葖如青楮桃狀頗小根類葱根而麄大其味甜

救飢　採近根嫩笋莖煠熟油鹽調食

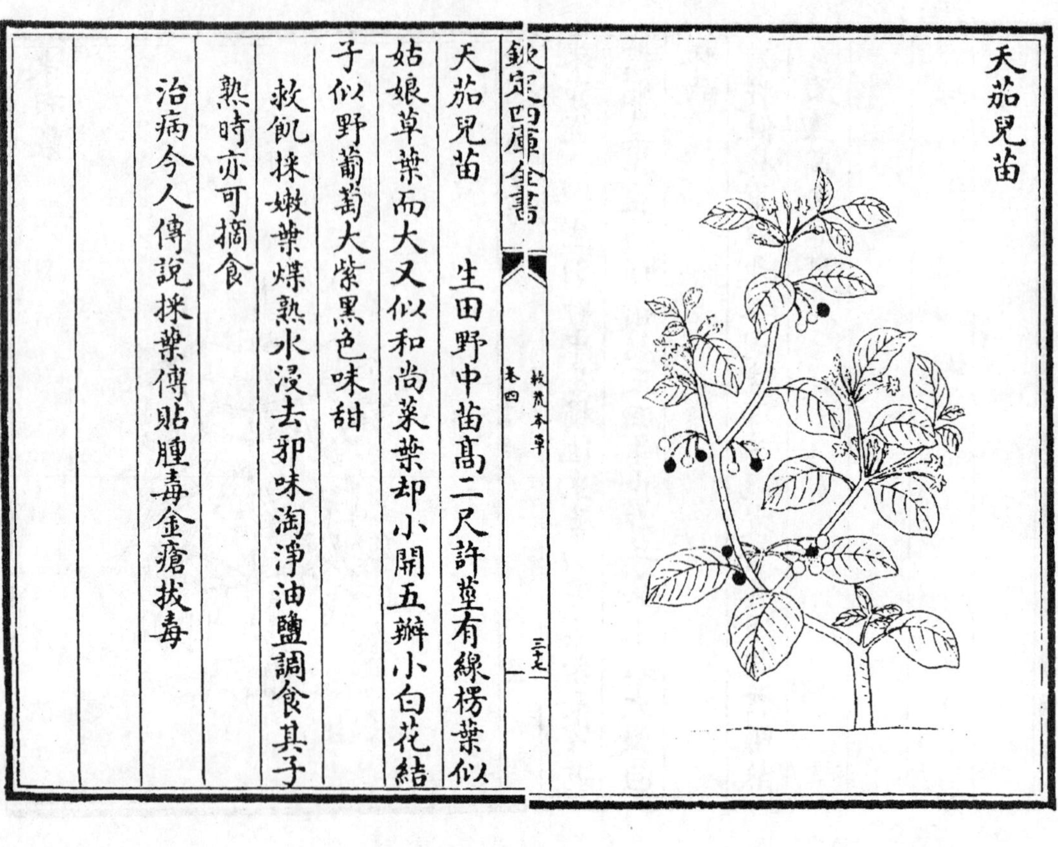

天茄兒苗

天茄兒苗　生田野中苗高二尺許莖有線楞葉似姑娘草葉而大又似和尚菜葉却小開五瓣小白花結子似野葡萄大紫黑色味甜

救飢　採嫩葉煠熟水浸去邪味淘淨油鹽調食其子熟時亦可摘食

治病　今人傳說採葉傅貼腫毒金瘡拔毒

苦馬豆

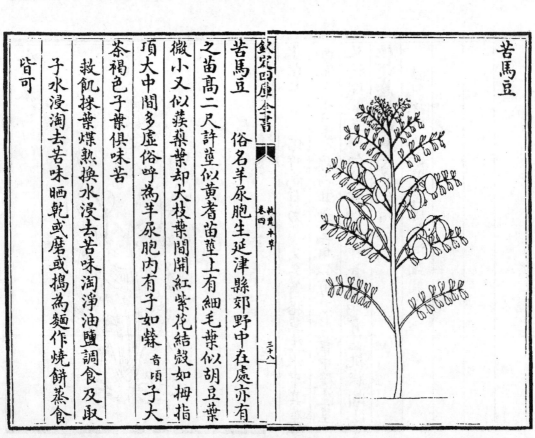

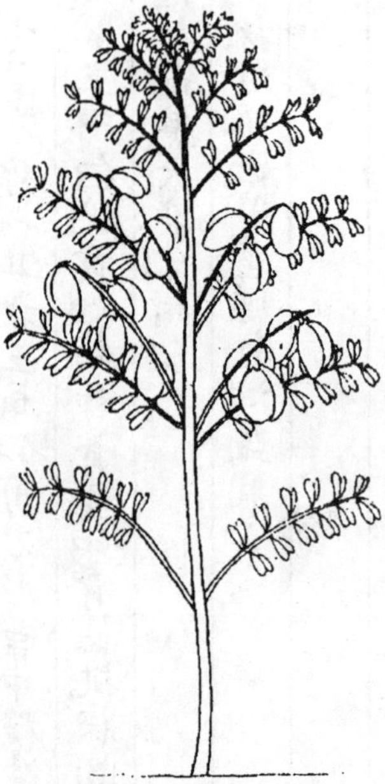

苦馬豆　俗名羊尿胞生延津縣郊野中在處亦有之苗高二尺許莖似黃耆苗莖上有細毛葉似胡豆葉微小又似蒺藜葉却大枝葉間開紅紫花結殼如拇指頂大中間多虛俗呼為羊尿胞內有子如檾（音頃）子大茶褐色子葉俱味苦

救飢　採葉煠熟換水浸去苦味淘淨油鹽調食及取子水浸淘去苦味晒乾或磨或搗為麵作燒餅蒸食皆可

猪尾把苗

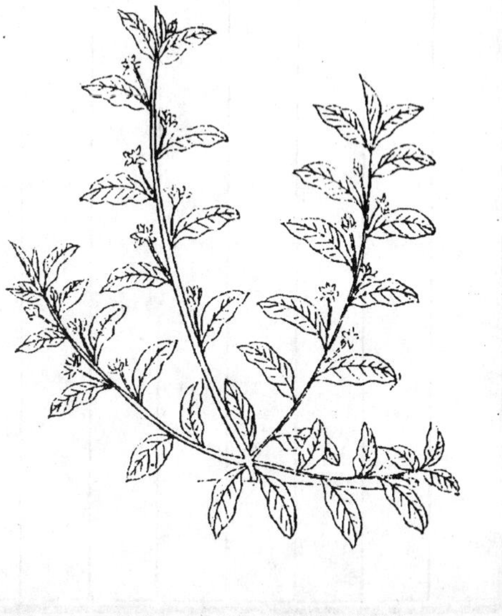

猪尾把苗　一名狗脚菜生荒野中苗長尺餘葉似甘露兒葉而甚短小其頭頗齊莖葉皆有細毛每葉間順條開小白花結小蒴兒中有子小如粟粒黑色苗葉味甜

救飢採嫩葉煠熟換水浸淘淨油鹽調食子可搗為麵食

黄精苗根葉可食　本草原有

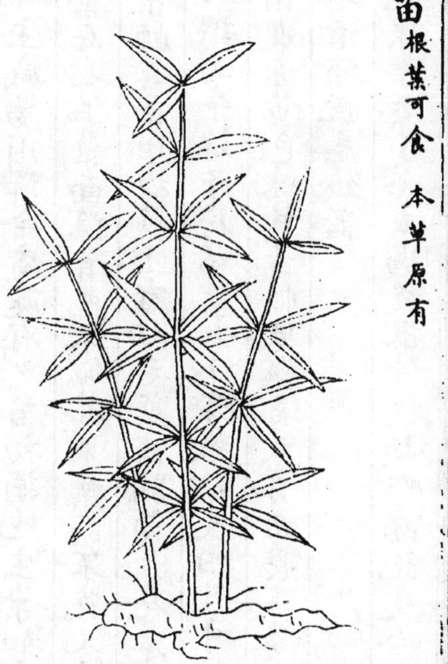

黄精苗　俗名筆管菜一名重樓一名菟竹一名雞格一名救窮一名鹿竹一名萎蕤一名仙人餘糧一名垂珠一名馬箭一名白及生山谷南北皆有之嵩山茅山者佳根生肥地者大如拳薄地者猶如拇指葉似竹葉或兩葉或三葉或四五葉俱皆對節而生味甘性平無毒又云莖光滑者謂之太陽之草名曰黄精食之可以長生其葉不對節莖葉毛鈎子者謂之太陰之草名曰鈎吻食之入口立死又云莖不紫花不黄為異

救飢採嫩葉煠熟換水浸去苦味淘洗淨油鹽調食山中人採根九蒸九暴食甚甘美其蒸暴用甑去底安釜上裝置黃精令滿密蓋蒸之令氣溜即暴之如此九蒸九暴令極熟若不熟則刺人咽喉久食長生辟穀其生者若初服只可一寸半漸漸增之十日不食他食能長服之止三尺服三百日後盡見鬼神餌必升天又云花實極可食罕得見至難得

治病文具本草草部條下

地黃苗

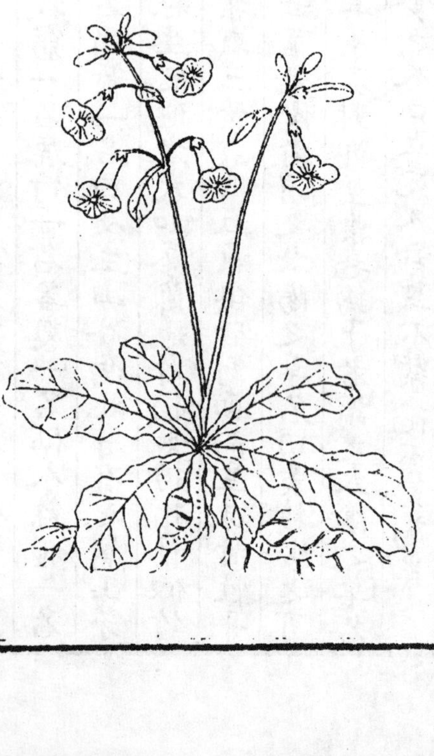

地黃苗　俗名婆婆妳一名地髓一名苄音戶一名芑音杞生咸陽川澤今處處有之苗初搨地生葉如山白菜葉而毛澁葉面深青色又似芥菜葉而不花叉比芥菜葉頗厚葉中攛莛上有細毛莛梢開筒子花紅黃色北人謂之牛妳子花結實如小麥粒根長四五寸細如手指皮赤黃色味甘苦性寒無毒惡貝母畏蕪荑得麥門冬清酒良忌鐵器

救飢採葉煮羮食或搗絞根汁搜麵作餺飥及冷淘

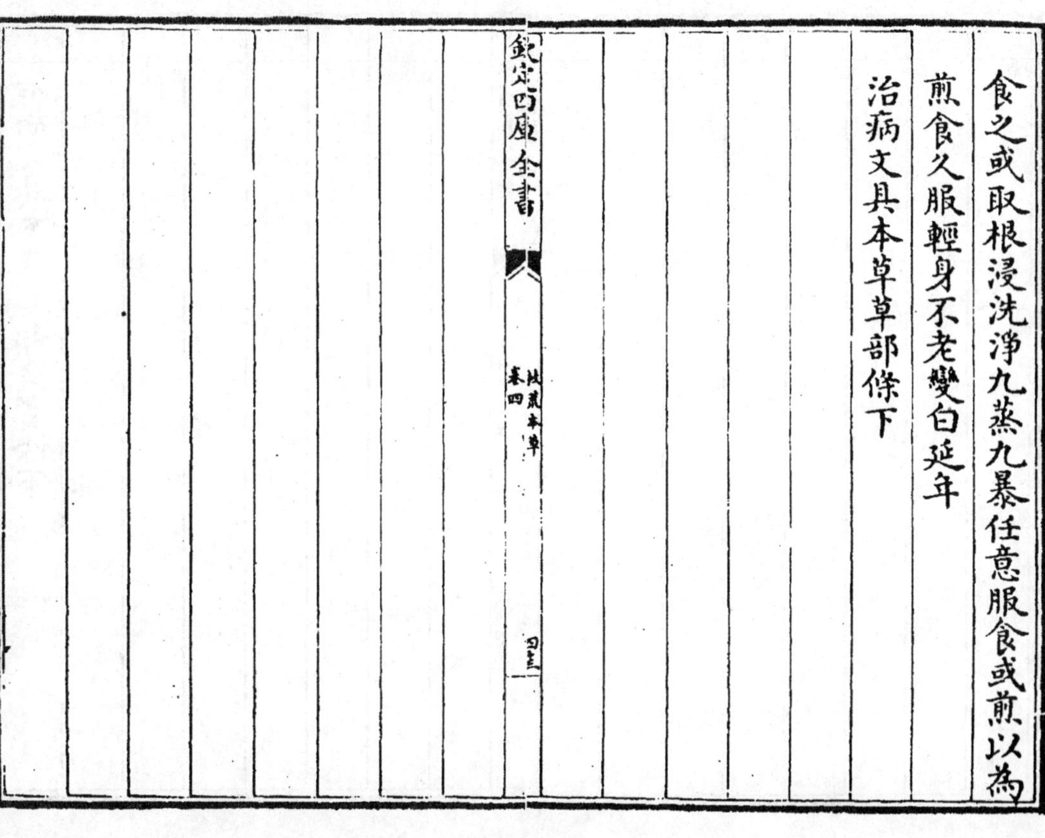

食之或取根浸洗淨九蒸九暴任意服食或煎以為煎食久服輕身不老變白延年

治病文具本草草部條下

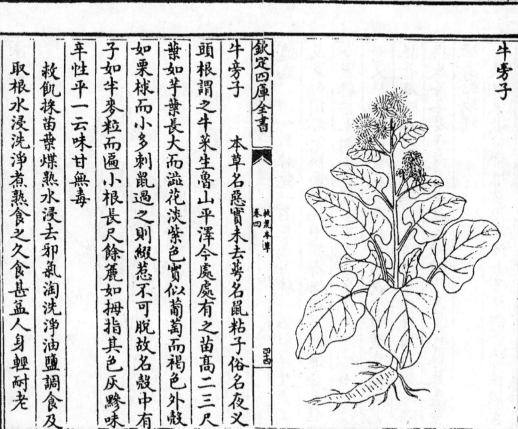

牛蒡子

牛蒡子　本草名惡實未去蒡名鼠粘子俗名夜义頭根謂之牛菜生魯山平澤今處處有之苗高二三尺葉如芋葉長大而澁花淡紫色實似葡萄而褐色外殼如栗梂而小多刺鼠過之則綴惹不可脫故名殼中有子如牛麥粒而匾小根長尺餘麤如拇指其色灰黲味辛性平一云味甘無毒

救飢　採苗葉煠熟水浸去邪氣淘洗淨油鹽調食及取根水浸洗淨煮熟食之久食甚益人身輕耐老

治病文具本草草部惡實條下

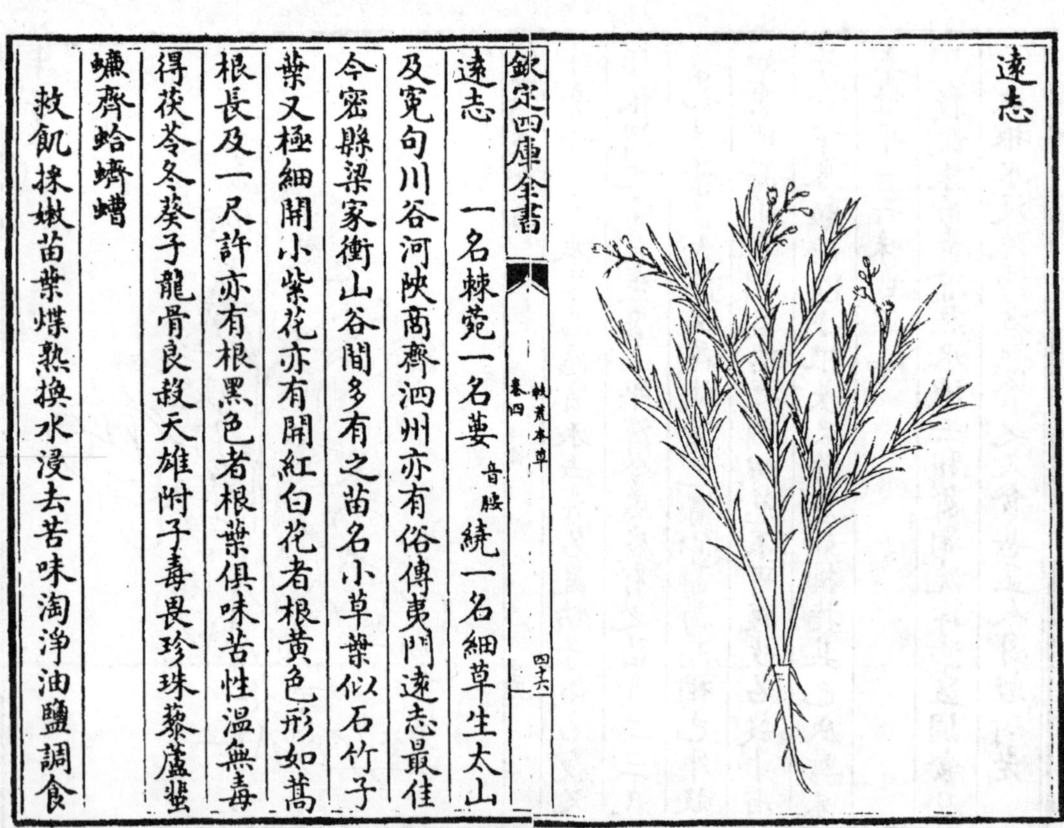

遠志　一名棘菀一名葽音腰繞一名細草生太山及宛句川谷河陝商齊泗州亦有俗傳夷門遠志最佳今密縣梁家衝山谷間多有之苗名小草葉似石竹子葉又極細開小紫花亦有開紅白花者根黃色形如蒿根長及一尺許亦有根黑色者根葉俱味苦性温無毒得茯苓冬葵子龍骨良殺天雄附子毒畏珍珠藜蘆蜚蠊齊蛤蠐螬

救飢採嫩苗葉煠熟換水浸去苦味淘淨油鹽調食

及掘取根換水煮浸淘去苦味去心再換水煮極熟食之不去心令人心悶

治病文具本草草部條下

杏葉沙參新增

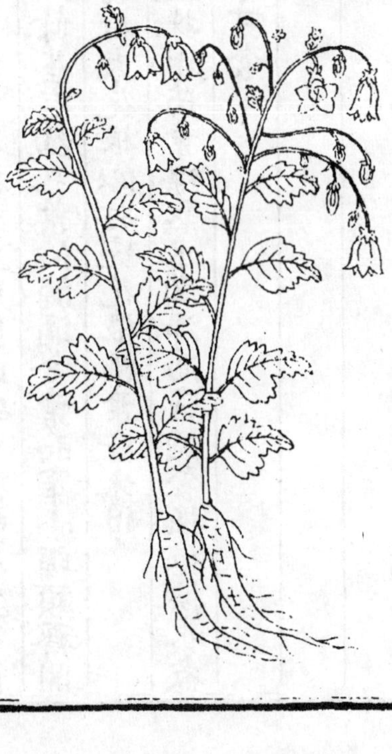

杏葉沙參　一名白麵根生密縣山野中苗高一二尺莖色青白葉似杏葉而小邊有叉牙又似山小菜葉微尖而背白梢間開五瓣白碗子花根形如野胡蘿蔔頗肥皮色灰黲中間白色味甜性微寒本草有沙參苗葉根莖其說與此形狀皆不同未敢併入條下乃另開於此其杏葉沙參又有開碧色花者

救飢採苗葉煠熟水浸淘淨油鹽調食掘根換水煮食亦佳

治病與本草草部下沙參同用

藤長苗

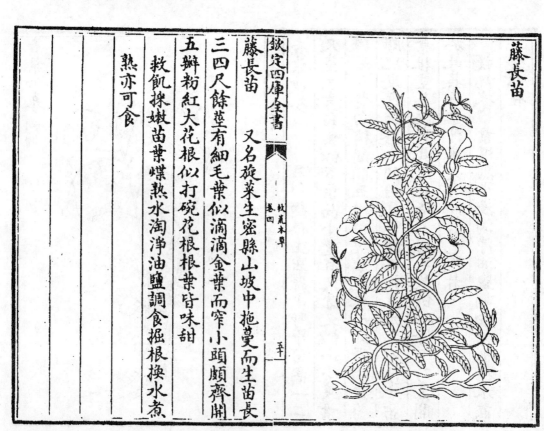

藤長苗　又名旋菜生密縣山坡中拖蔓而生苗長三四尺餘莖有細毛葉似滴滴金葉而窄小頭頗齊開五瓣粉紅大花根似打碗花根根葉皆味甜

救飢採嫩苗葉煠熟水淘淨油鹽調食掘根換水煮熟亦可食

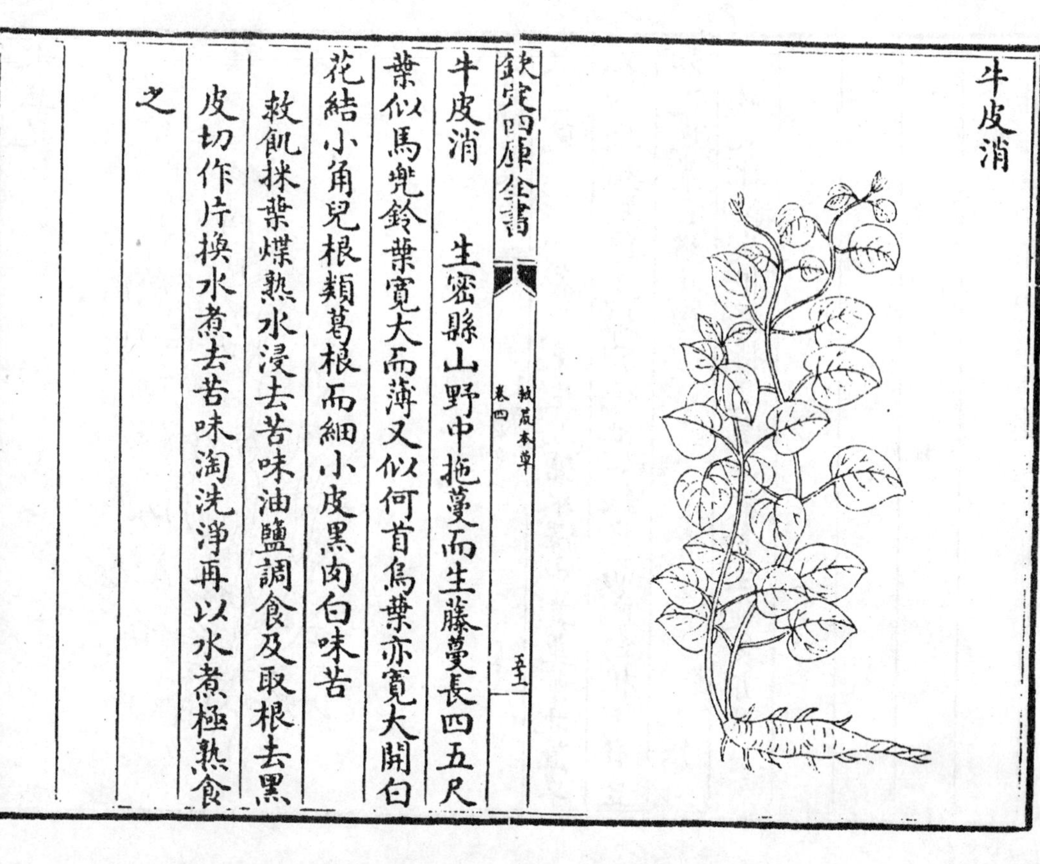

牛皮消　生密縣山野中拖蔓而生藤蔓長四五尺葉似馬兜鈴葉寛大而薄又似何首烏葉亦寛大開白花結小角兒根類葛根而細小皮黑肉白味苦

救飢　採葉煠熟水浸去苦味油鹽調食及取根去黑皮切作片換水煮去苦味淘洗淨再以水煮極熟食之

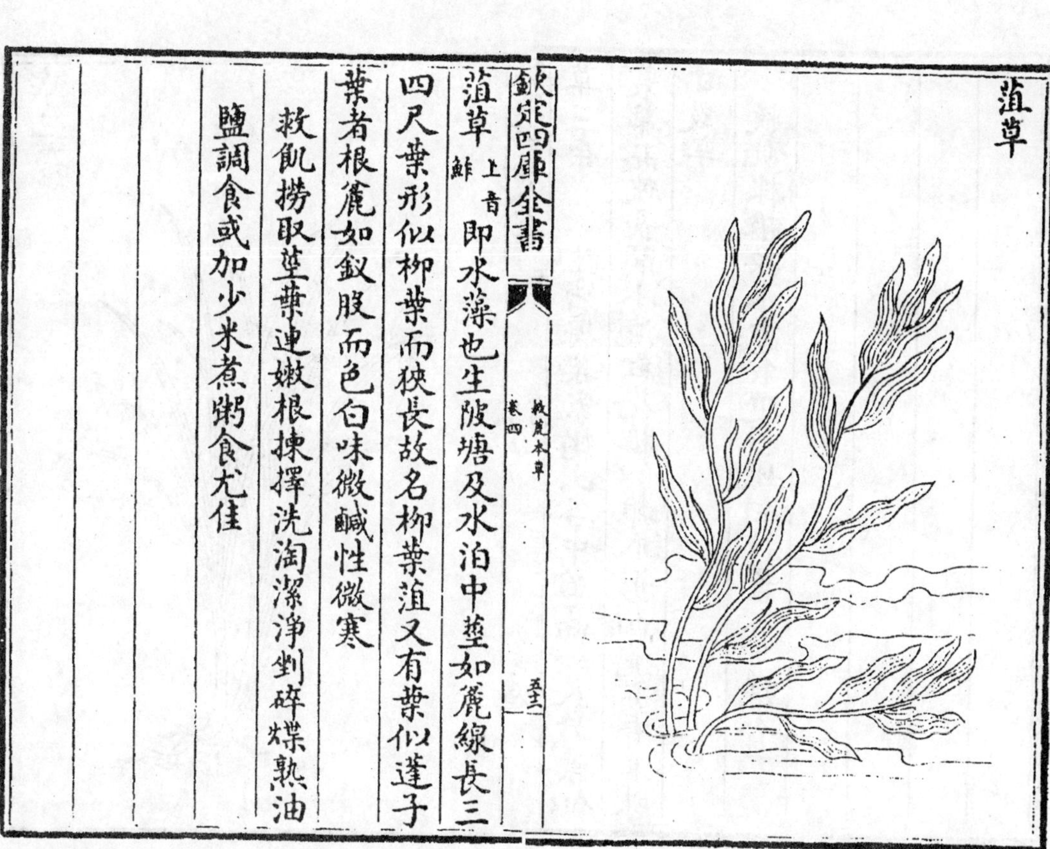

菹草 上音鉏　即水藻也生陂塘及水泊中莖如麄線長三四尺葉形似柳葉而狹長故名柳葉菹又有葉似蓬子葉者根麄如釵股而色白味微鹹性微寒

救飢　撈取莖葉連嫩根揀擇洗淘潔淨剉碎煠熟油鹽調食或加少米煮粥食尤佳

水豆兒

水豆兒　一名葳菜生陂塘水澤中其莖葉比蒩草又細狀類細線連綿不絶根如釵股而色白根下有豆如退皮菉豆瓣味甜

救飢採秧及根豆揀洗潔淨煮食生醃食亦可

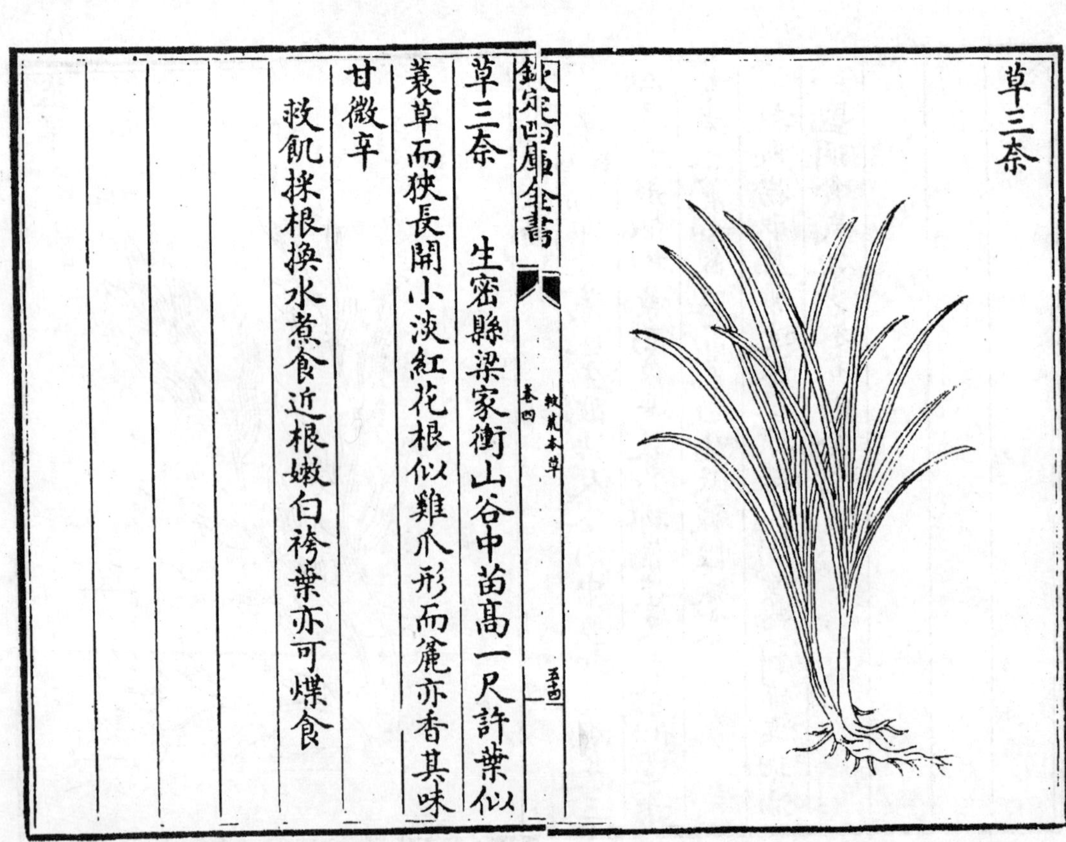

草三柰

草三柰　生密縣梁家衝山谷中苗高一尺許葉似蓑草而狹長開小淡紅花根似雞爪形而麁亦香其味甘微辛

救飢採根換水煮食近根嫩白梢葉亦可煠食

水葱

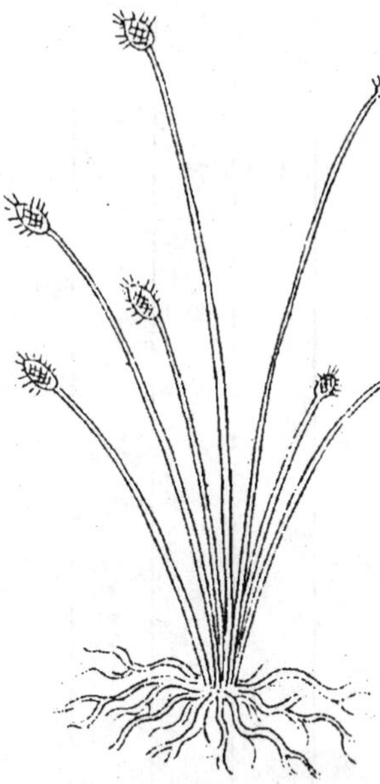

水葱　生水邊及淺水中科苗彷彿類家葱而極細長梢頭結膋葖彷彿類葱膋葖而小開黪白花其根類葱根皮色紫黑根苗俱味甘微鹹

救飢採嫩苗連根揀擇洗淨煠熟水浸淘淨油鹽調食

蒲笋　笋葉可食　本草原有

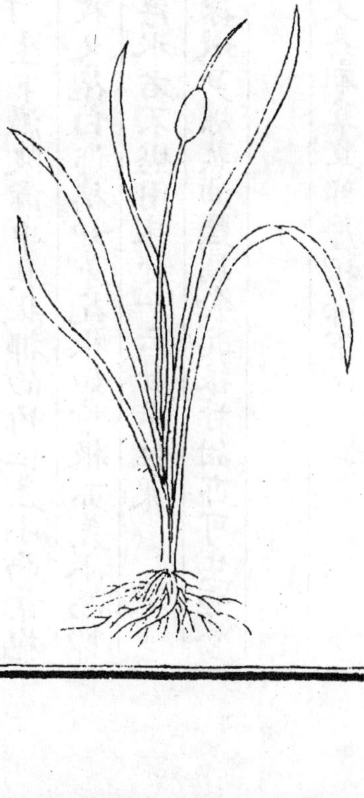

蒲笋　本草名其苗為香蒲即甘蒲也一名雎一名醮俚俗名此蒲為香蒲謂菖蒲為臭蒲其香蒲水邊處處有之根比菖蒲根極肥大而少節其葉初未出水時葉莖紅白色採以為笋後攛梗於叢葉中花抱梗端如武士棒杵故俚俗謂蒲棒蒲黄即花公藥屑也細若金粉當欲開時有便取之市廛間亦採之以蜜搜作果食貨賣甚益小兒味甘性平無毒

救飢採近根白笋揀剝洗淨煠熟油鹽調食蒸食亦

可或採根刮去麤皴七倫切晒乾磨麵打餅蒸食皆可

治病文具本草草部香蒲及蒲黄條下

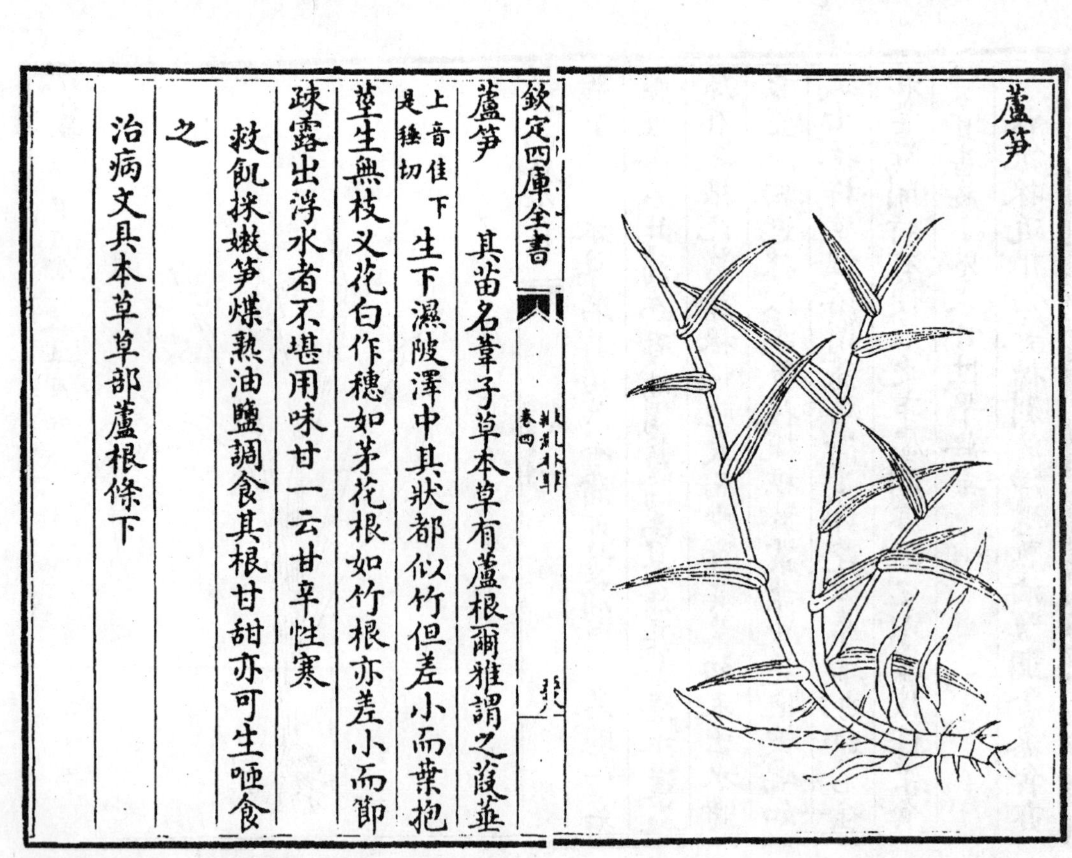

蘆笋

蘆笋　其苗名葦子草本草有蘆根爾雅謂之葭華上音佳下是錘切生下濕陂澤中其狀都似竹但差小而葉抱莖生無枝叉花白作穗如茅花根如竹根亦差小而節踈露出浮水者不堪用味甘一云甘辛性寒

救飢採嫩笋煠熟油鹽調食其根甘甜亦可生咂食之

治病文具本草草部蘆根條下

茅芽根

茅芽根　本草名茅根一名蘭根一名茹根一名地菅音奸一名地筋一名兼杜又名白茅菅其芽一名茅針生楚地山谷今田野處處有之春初生苗布地如針夏生白花茸茸然至秋而枯其根至潔白亦甚甘美根性寒茅針性平花性温俱味甘無毒

救飢採嫩芽剝取嫩穰食甚益小兒及取根咂食甜味久服利人服食此可斷穀

治病文具本草草部茅根條下

葛根　根及花皆可食　本草原有

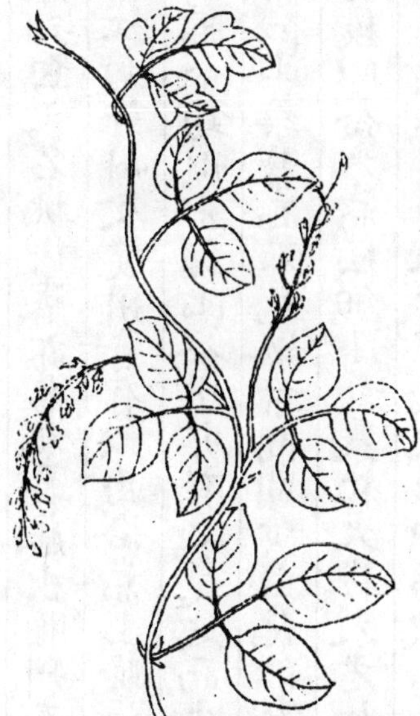

葛根　一名雞齊根一名鹿藿一名黄斤生汶山川谷及成州海州浙江并澧鼎之間今處處有之苗引藤蔓長二三丈莖淡紫色葉頗似楸葉而小色青開花似豌豆花粉紫色結實如皂莢而小根形如手臂味甘性平無毒一云性冷殺野葛巴豆百藥毒

救飢掘取根入土深者水浸洗淨蒸食之或以水中揉出粉澄濾成塊蒸煮皆可食及採花晒乾煠食亦可

治病文具本草草部條下

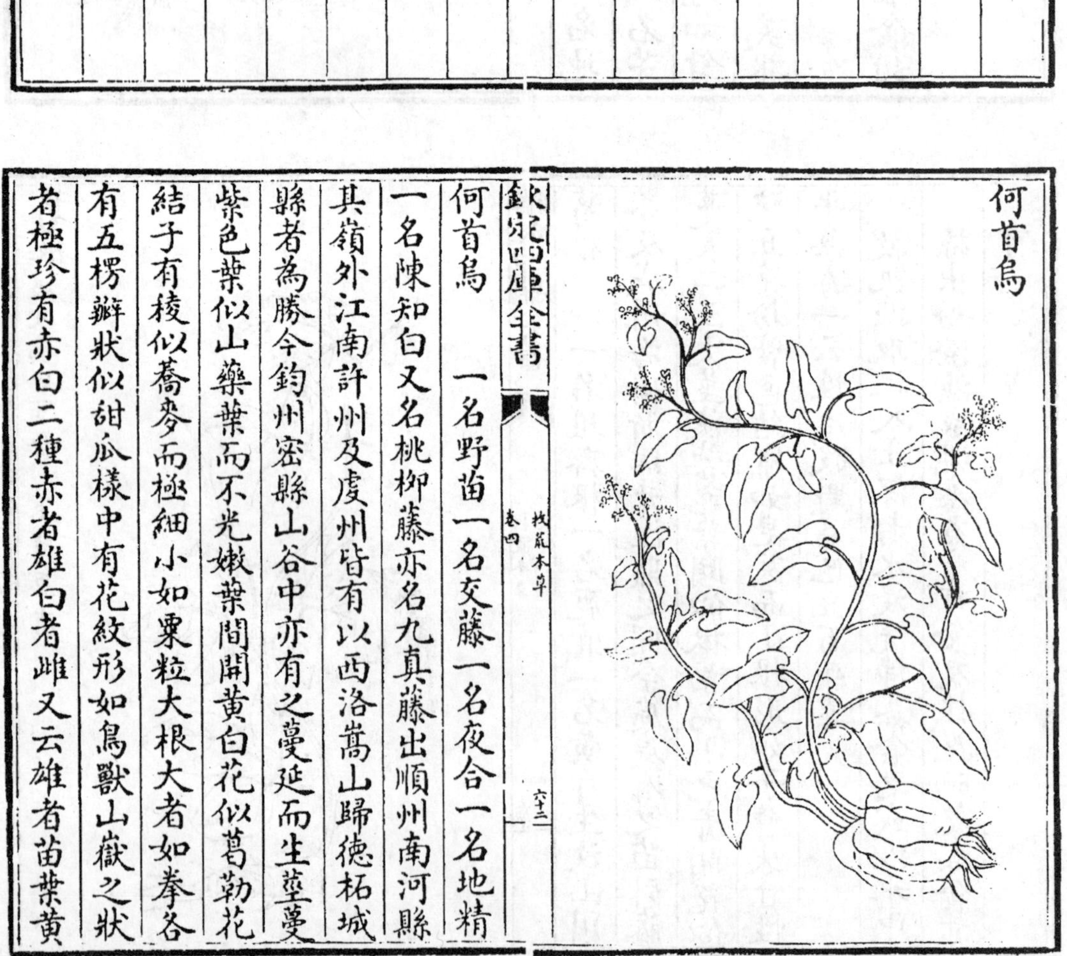

何首烏 一名野苗一名交藤一名夜合一名地精一名陳知白又名桃柳藤亦名九真藤出順州南河縣其嶺外江南許州及虔州皆有以西洛嵩山歸德柘城縣者為勝今鈞州密縣山谷中亦有之蔓延而生莖蔓紫色葉似山藥葉而不光嫩葉間開黄白花似葛勒花結子有稜似蕎麥而極細小如粟粒大根大者如拳各有五楞瓣狀似甜瓜樣中有花紋形如鳥獸山嶽之狀者極珍有赤白二種赤者雄白者雌又云雄者苗葉黄

白雌者赤黄色一云雄苗赤生必相對遠不過三四尺夜則苗蔓相交或隱化不見凡修合藥須雌雄相合服有驗宜偶日服二四六八日是也其藥本無名因何首烏見藤夜交採服有功因以採人為名耳又云其為仙草五十年者如拳大號山奴服之一年髭鬢烏黑一百年如碗大號山哥服之一年顏色紅悅百五十年如盆大號山伯服之一年齒落重生二百年如斗栲栳大號山翁服之一年顏如童子行及奔馬三百年如三斗栲

栳大號山精服之一年延齡純陽之體久服成地仙又云其頭九數者服之乃仙味苦澁性微溫無毒一云味甘茯苓為之使酒下最良忌鐵器猪羊血及猪肉無鱗魚與蘿蔔相惡若並食令人髭鬢早白腸風多熱

救飢掘根洗去泥土以苦竹刀切作片米泔浸經宿換水煮去苦味再以水淘洗淨或蒸或煮食之花亦可煠食

治病文具本草草部條下

瓜樓根 根及實皆可食　本草原有

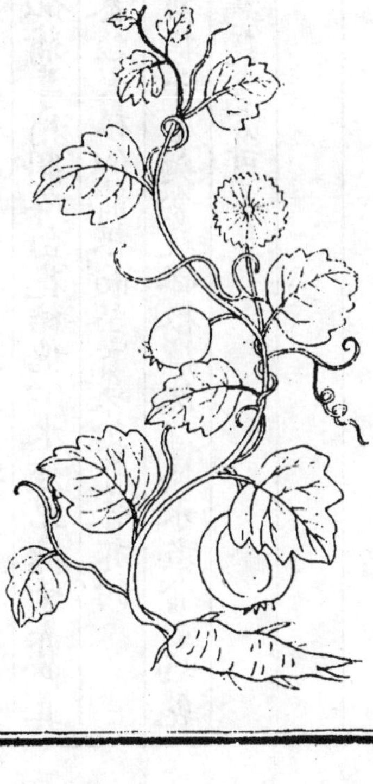

瓜樓根　俗名天花粉本草有栝樓實一名地樓一名果蠃音裸一名天瓜一名澤姑一名黄瓜生弘農川谷及山陰地今處處有之入土深者良生鹵地者有毒詩所謂果蓏音裸之實是也根亦名白藥大者細如手臂皮黄肉白苗引藤蔓葉似甜瓜葉而窄花叉有細毛開花似葫蘆花淡黄色實在花下大如拳生青熟黄根味苦性寒無毒枸杞為之使惡乾薑畏牛膝乾漆反烏頭

救飢採根削皮至白處寸切之水浸一日一次換水浸經四五日取出爛搗研以絹袋盛之澄濾令極細如粉或將根晒乾擣為麵水浸澄濾二十餘遍使極膩如粉或為燒餅或作煎餅切細麵皆可食採栝樓穰煮粥食極甘取子炒乾擣爛用水熬油用亦可

治病文具本草草部栝樓條下

碑子苗 新增

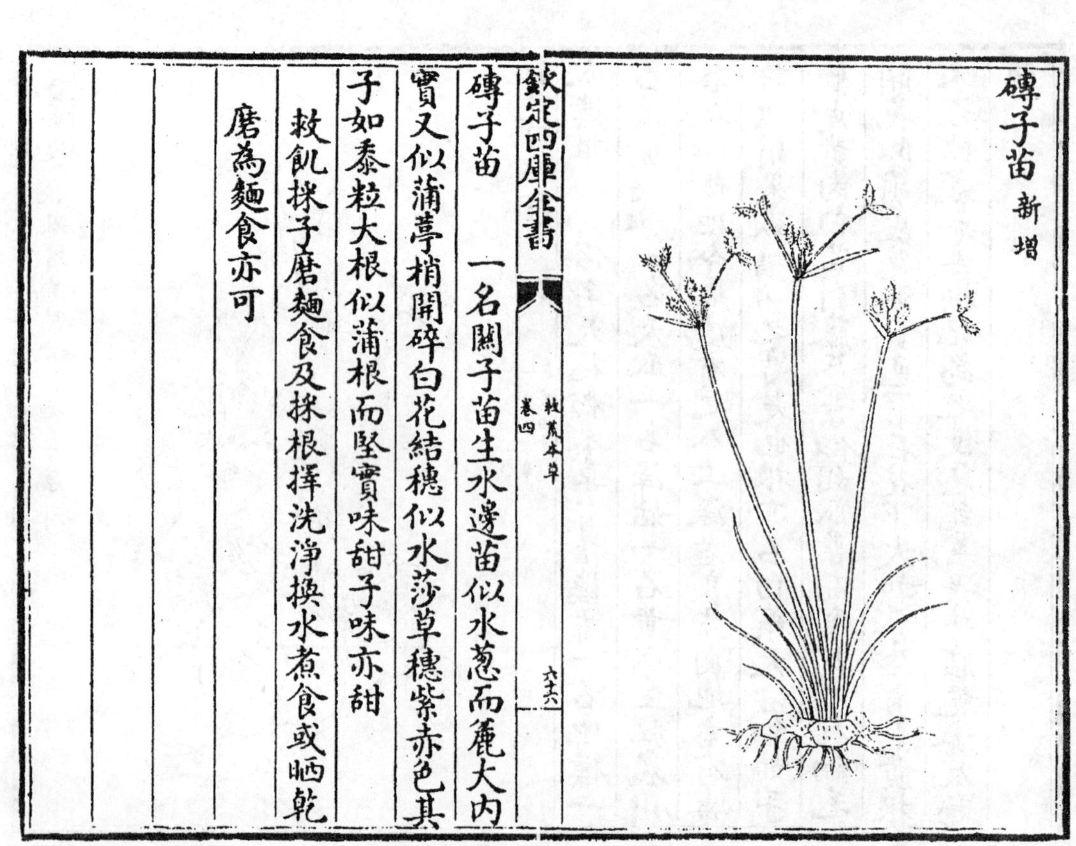

碑子苗 一名關子苗生水邊苗似水葱而麄大內實又似蒲葶梢開碎白花結穗似水莎草穗紫赤色其子如黍粒大根似蒲根而堅實味甜子味亦甜

救飢採子磨麵食及採根擇洗淨換水煮食或晒乾磨為麵食亦可

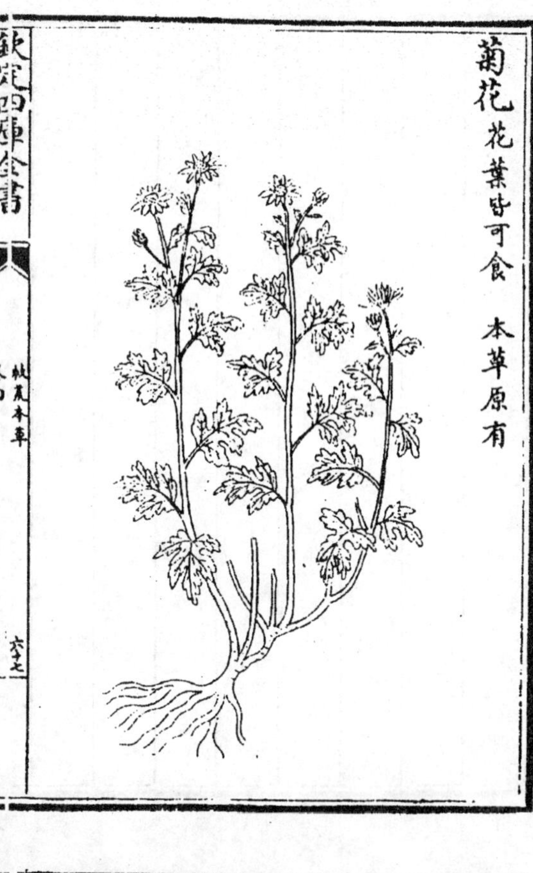

菊花　一名節華一名日精一名女節一名女華一名女莖一名更生一名周盈一名傅延年一名陰成生雍州川澤及鄧衡齊州田野今處處有之味苦甘性平無毒术枸杞桑根白皮為之使

救飢　採莖紫氣香而味甘者採葉煠食或作羮皆可青莖而大氣味作蒿苦者不堪食名苦薏其花亦可煠食或炒茶食

治病　文具本草草部條下

金銀花

金銀花　本草名忍冬一名鷺鷥藤一名左纒藤一名金釵股又名老翁鬚亦名忍冬藤舊不載所出州土今輝縣山野中亦有之其藤凌冬不凋故名忍冬草附樹延蔓而生莖微紫色對節生葉葉似薜荔葉而青又似水茶臼葉頭微團而軟背頗澁又似黑豆葉而大開花五出微香蔕帶紅色花初開白色經一二日則色黄故名金銀花本草中不言善治癰疽發背近代名人用之奇效味甘性温無毒

救飢採花煠熟油鹽調食及採嫩葉換水煮熟浸去邪氣淘淨油鹽調食

治病文具外科精要及本草草部忍冬條下

望江南新增

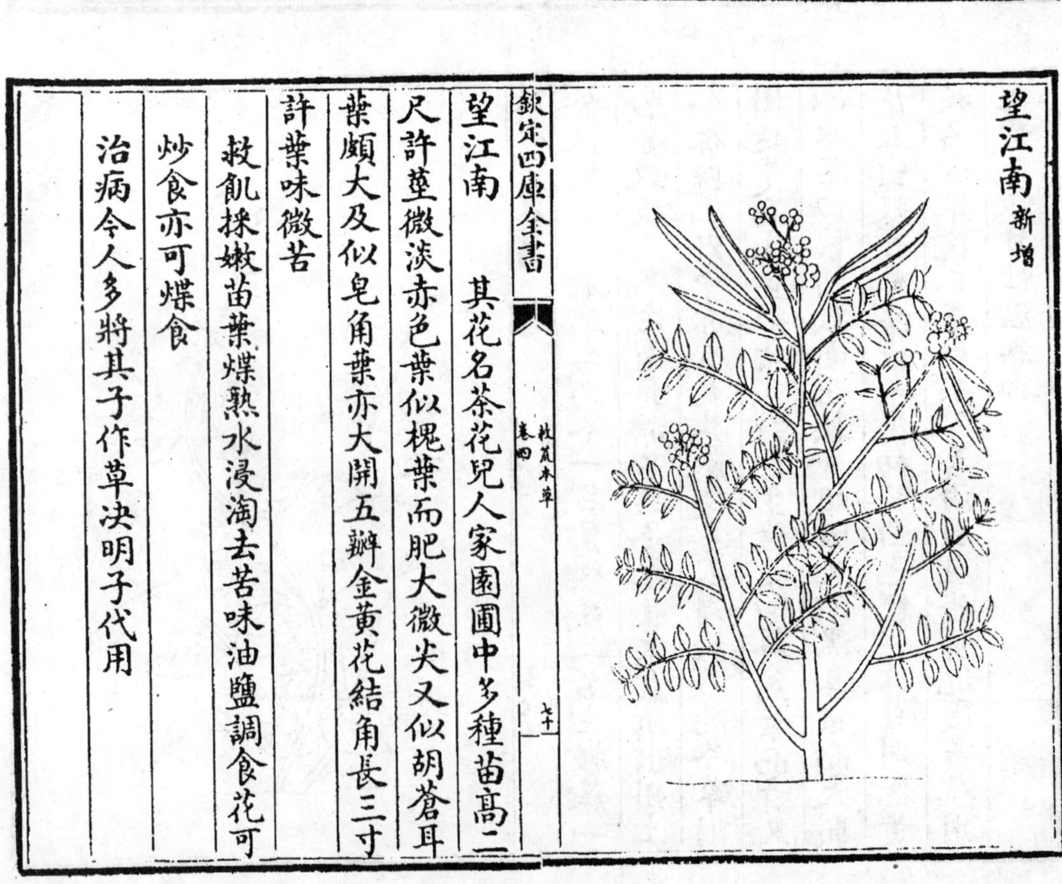

望江南　其花名茶花兒人家園圃中多種苗高二尺許莖微淡赤色葉似槐葉而肥大微尖又似胡蒼耳葉頗大及似皂角葉亦大開五瓣金黄花結角長三寸許葉味微苦

救飢採嫩苗葉煠熟水浸淘去苦味油鹽調食花可炒食亦可煠食

治病今人多將其子作草决明子代用

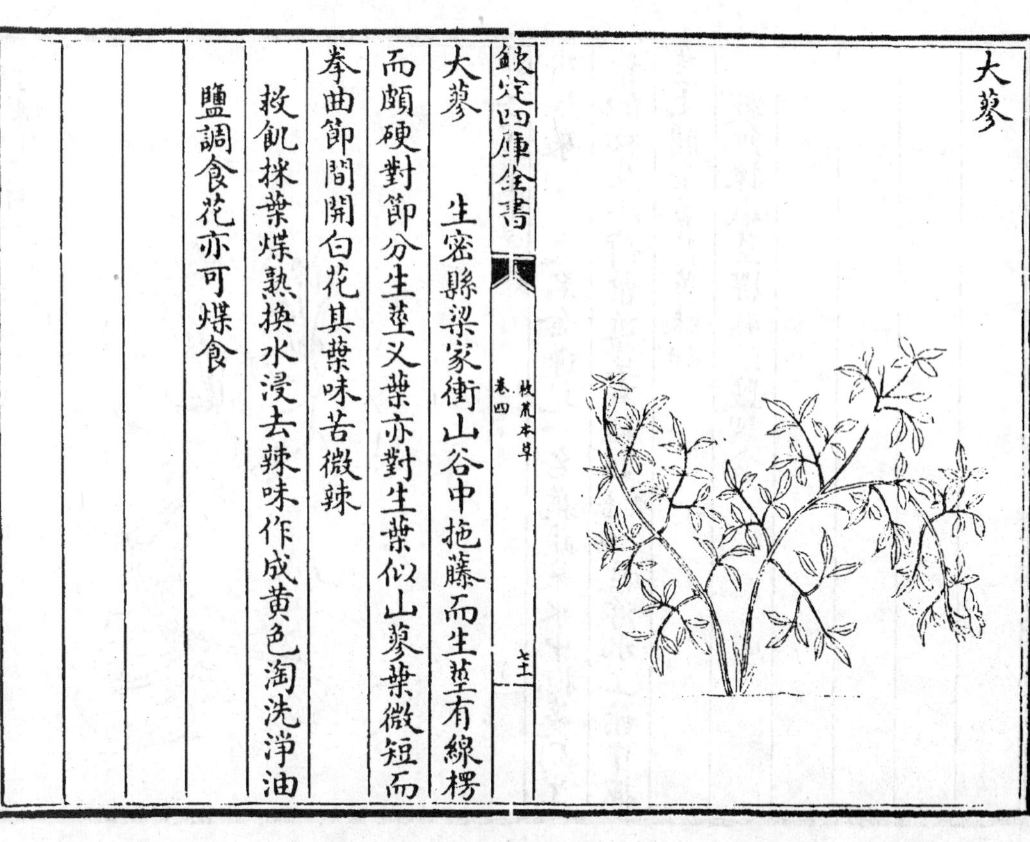

大蓼

大蓼　生密縣梁家衝山谷中拖藤而生莖有線楞而頗硬對節分生莖叉葉亦對生葉似山蓼葉微短而拳曲節間開白花其葉味苦微辣

救飢　採葉煠熟換水浸去辣味作成黃色淘洗淨油鹽調食花亦可煠食

黑三稜　苗可食　本草原有

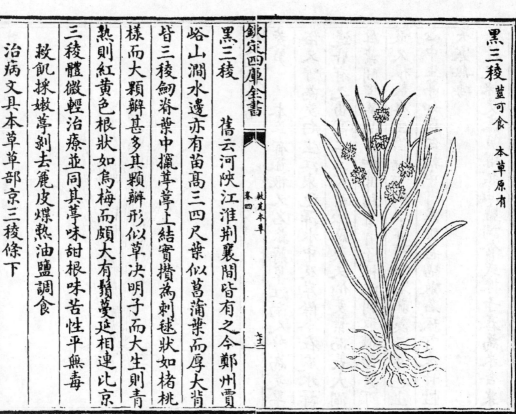

黑三稜　舊云河陝江淮荊襄間皆有之今鄭州賈峪山澗水邊亦有苗高三四尺葉似菖蒲葉而厚大背皆三稜劒脊葉中攛葶葶上結實攢為刺毬狀如楮桃樣而大顆瓣甚多其顆瓣形似草決明子而大生則青熟則紅黃色根狀如烏梅而頗大有鬚蔓延相連比京三稜體微輕治瘡並同其葶味甘根味苦性平無毒

救飢　採嫩葶剝去麄皮煠熟油鹽調食

治病　文具本草草部京三稜條下

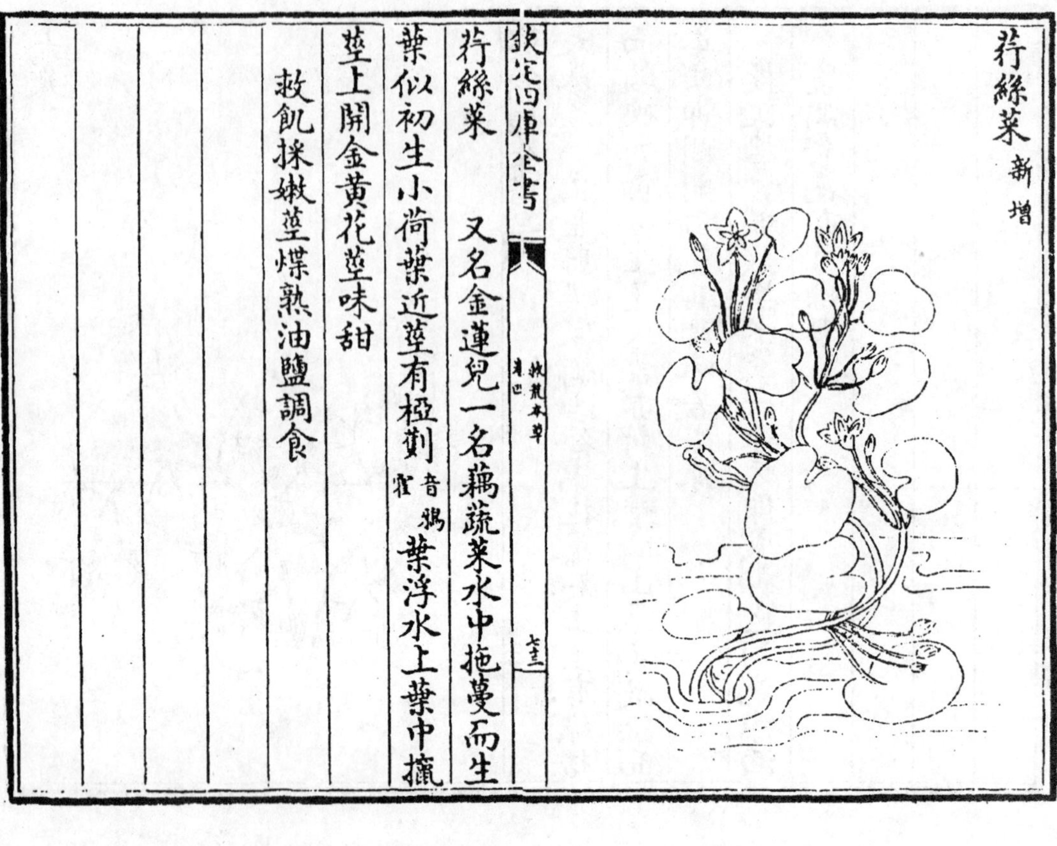

荇絲菜 新增

欽定四庫全書　救荒本草 卷四　七十三

荇絲菜　又名金蓮兒一名藕蔬菜水中拖蔓而生葉似初生小荷葉近莖有椏葪 音鴉寉 葉浮水上葉中攛莖上開金黄花莖味甜

救飢採嫩莖煠熟油鹽調食

茭笋 笋及實皆可食　本草原有

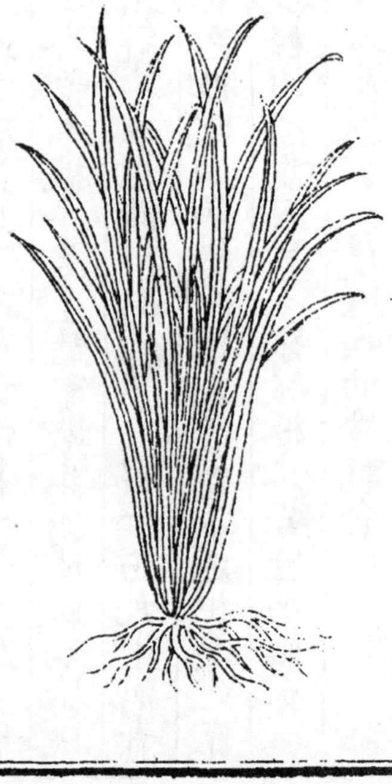

欽定四庫全書　救荒本草 卷四　七十四

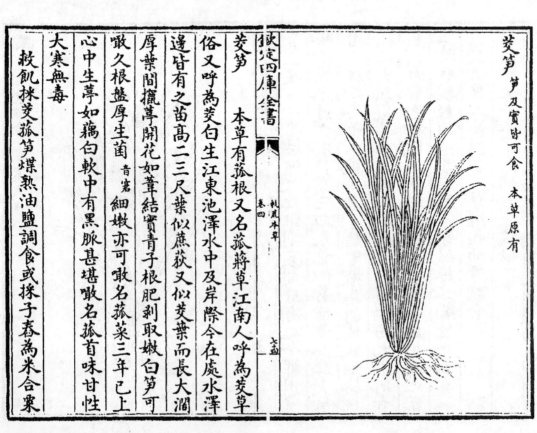

茭笋　本草有菰根又名菰蔣草江南人呼為茭草俗又呼為茭白生江東池澤水中及岸際今在處水澤邊皆有之苗高二三尺葉似蔗荻又似茭葉而長大澗厚葉間攛葶開花如葦結實青子根肥剥取嫩白笋可噉久根盤厚生菌 音窘 細嫩亦可噉名菰菜三年已上心中生葶如藕白軟中有黑脉甚堪噉名菰首味甘性大寒無毒

救飢採茭菰笋煠熟油鹽調食或採子舂為米合粟

煮粥食之甚濟飢

治病文具本草草部菰根條下

救荒本草卷四

欽定四庫全書

救荒本草卷五

明 周王朱橚 撰

木部

葉可食 本草原有六種 新增三十二種

茶樹 以下木部 葉可食 本草原有

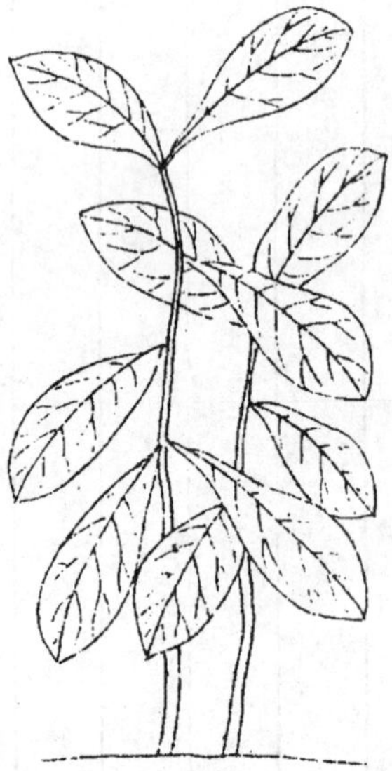

茶樹 本草有茗苦搽與茶字同 圖經云生山南漢中山谷閩浙蜀荆江湖淮南山中皆有之惟建州北苑數處產者性味獨與諸方不同今密縣梁家衡山谷間亦有之其樹大小皆類梔子春初生芽為雀舌麥顆又有新芽一發便長寸餘微麄如針漸至環脚軟枝條之類葉老則似水茶臼葉而長又似初生青岡橡葉而少光澤又云冬生葉可作羹飲世呼早採者為搽與茶字同晚取者為茗一名荈音喘蜀今謂之苦搽今通謂之茶茶聲近故呼之又有研治作餅名為臘茶者皆味甘苦性微寒無毒加茱萸葱薑等良又別有一種蒙山中頂上清峰茶云春分前後多聚人力俟雷初發聲併手齊採若得四兩服之即為地仙

救飢 採嫩葉或冬生葉可煮作羹食或蒸焙作茶皆可

治病 文具本草木部茗苦搽條下

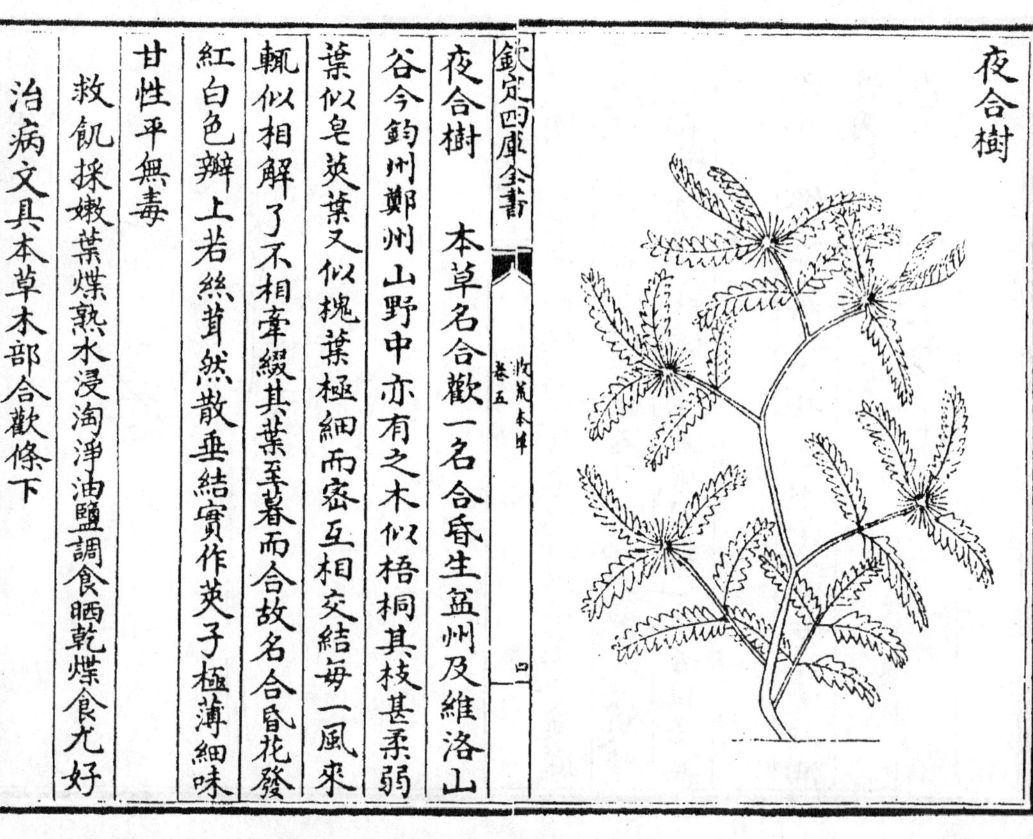

夜合樹　本草名合歡一名合昏生益州及維洛山谷今鈞州鄭州山野中亦有之木似梧桐其枝甚柔弱葉似皂莢葉又似槐葉極細而密互相交結每一風來輒似相解了不相牽綴其葉至暮而合故名合昏花發紅白色瓣上若絲茸然散垂結實作莢子極薄細味甘性平無毒

救飢採嫩葉煠熟水浸淘淨油鹽調食晒乾煠食尤好

治病文具本草木部合歡條下

木槿樹

木槿樹　本草云木槿如小葵花淡紅色五葉成一花朝開暮斂花與枝兩用湖南北人家多種植為籬障亦有千葉者人家園圃多栽種性平無毒葉味甜

救飢採嫩葉煠熟冷水淘淨油鹽調食

治病文具本草木部條下

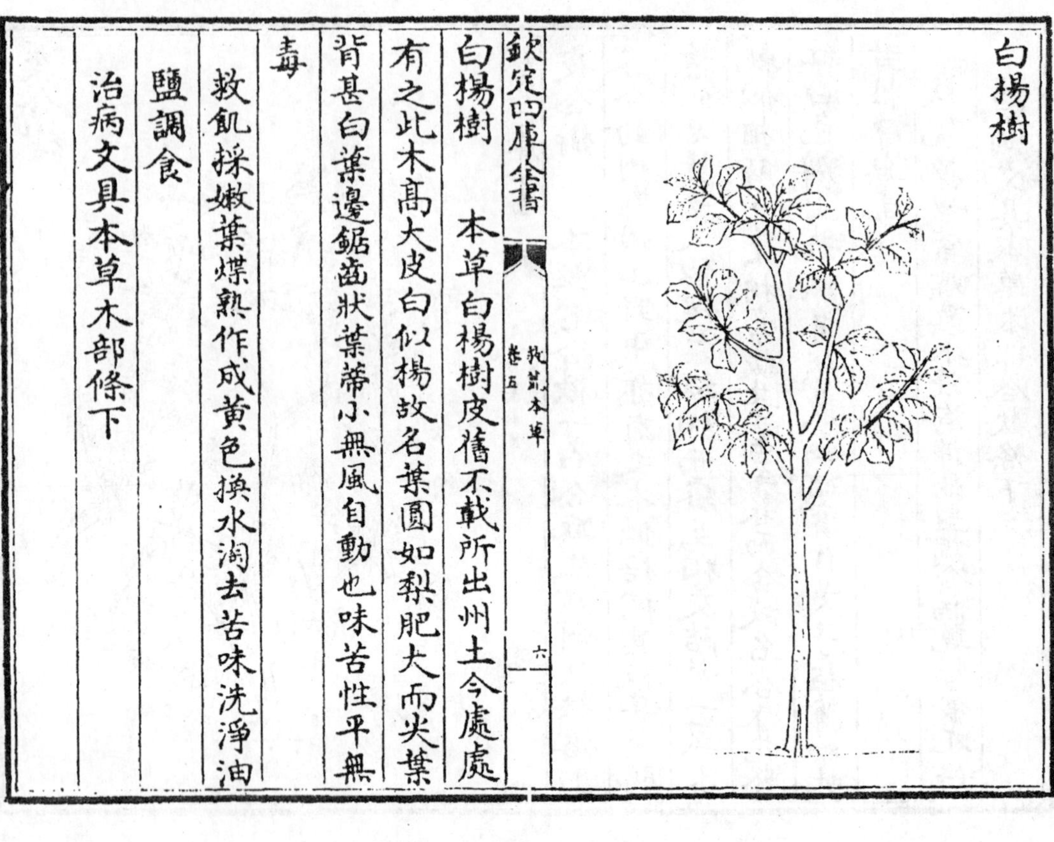

白楊樹　本草白楊樹皮舊不載所出州土今處處有之此木高大皮白似楊故名葉圓如梨肥大而尖葉背甚白葉邊鋸齒狀葉蒂小無風自動也味苦性平無毒

救飢採嫩葉煠熟作成黃色換水淘去苦味洗淨油鹽調食

治病文具本草木部條下

黃櫨

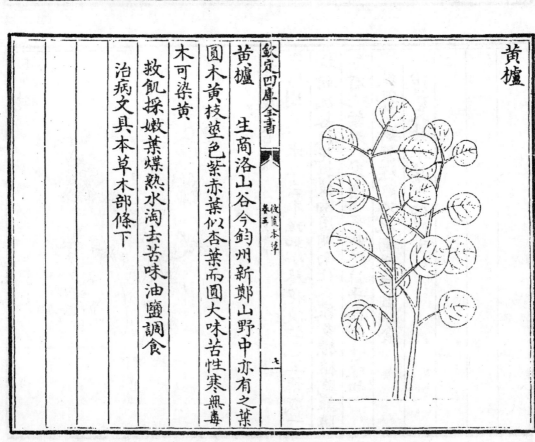

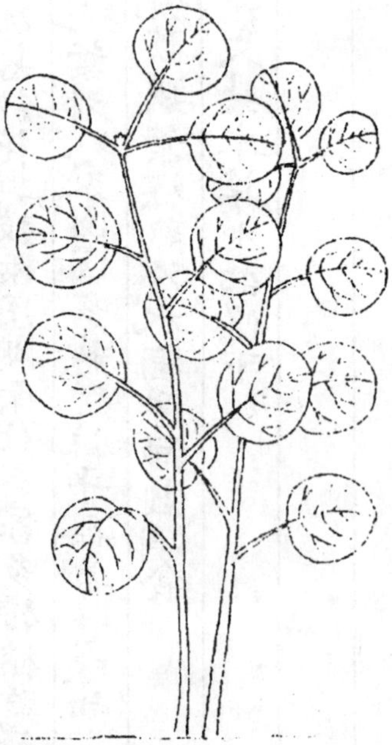

黃櫨　生商洛山谷今鈞州新鄭山野中亦有之葉圓木黃枝莖色紫赤葉似杏葉而圓大味苦性寒無毒木可染黃

救飢採嫩葉煠熟水淘去苦味油鹽調食

治病文具本草木部條下

椿樹芽

椿樹芽　本草有椿木樗木舊不載所出州土今處處有之二木形幹大抵相類椿木實而葉香可啖樗木疏而氣臭膳夫熬去其氣亦可啖北人呼樗為山椿江東人呼為虎目葉脫處有痕如樗蒲子又如眼目故得此名夏中生莢樗之有花者無莢有莢者無花莢常生臭樗上未見椿上有莢者然世俗不辨椿樗之異故俗名為椿莢其實樗莢耳其無花不實木大端直為椿有花而莢木小幹多迂矮者為樗椿味苦有毒樗味苦有小毒性溫一云性熱無毒

救飢採嫩葉煠熟水浸淘淨油鹽調食

治病文具本草木部椿木樗木及椿莢條下

椒樹

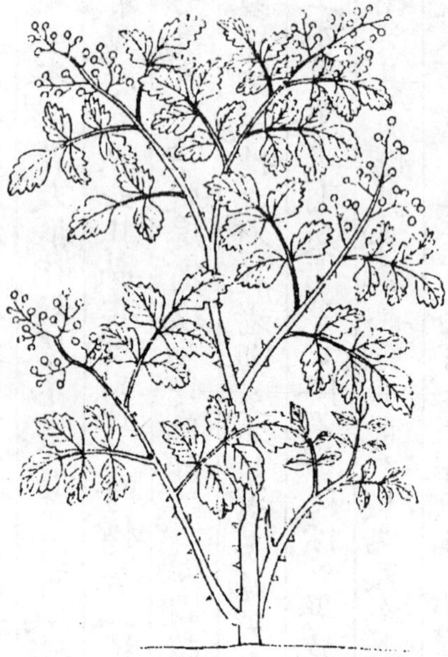

椒樹　本草蜀椒一名南椒一名巴椒一名蓎藙音唐毅生武都川谷及巴郡歸峽蜀川陝洛間人家園圃多種之高四五尺似茱萸而小有針刺葉似刺蘼葉微小葉堅而滑可煮食甚辛香結實無花但生於葉間如豆顆而圓皮紫赤此椒江淮及北土皆有之莖實皆相類但不及蜀中者皮肉厚腹裏白氣味濃烈耳又云出金州西城者佳味辛性温大熱有小毒多食令人乏氣口閉者殺人十月勿食椒損氣傷心令人多忘杏仁為之使畏欵冬花

救飢採嫩葉煠熟換水浸淘淨油鹽調食椒顆調和百味香美

治病文具本草木部蜀椒條下

椋子樹

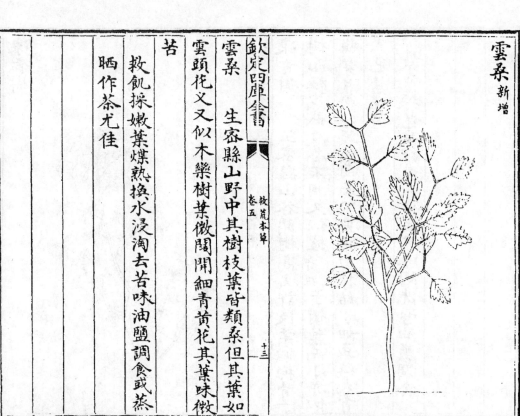

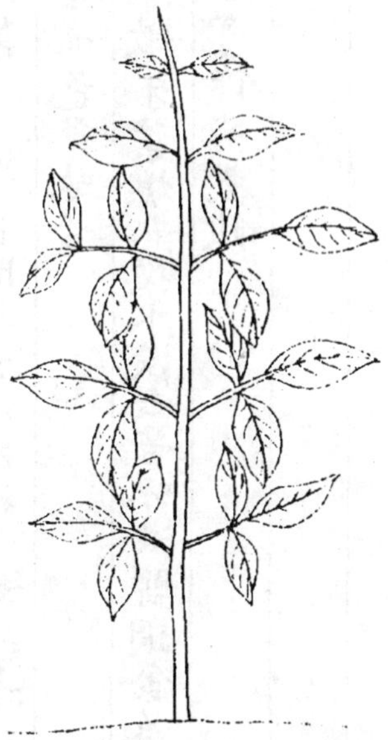

椋子樹上音良　本草有椋子木舊不載所出州土今密縣山野中亦有之其樹有大者木則堅重材堪為車輞初生作科條狀類荊條對生枝叉葉似柿葉而薄小兩葉相當對生開白花結子細圓如牛李子大如豌豆生青熟黑味甚鹹性平無毒葉味苦

救飢採葉煠熟水浸淘去苦味洗淨油鹽調食

治病文具本草木部條下

雲桑 新增

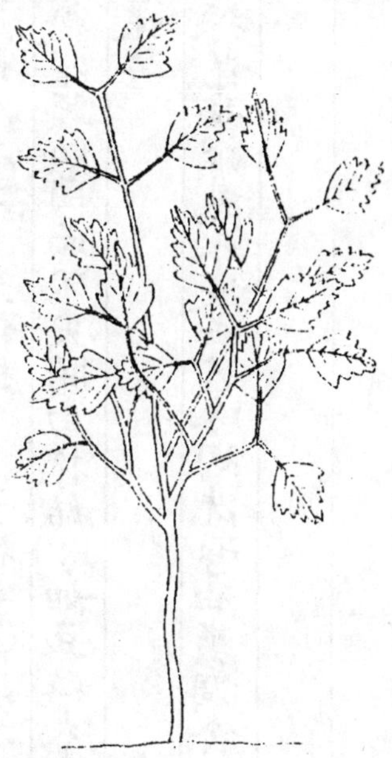

雲桑　生密縣山野中其樹枝葉皆類桑但其葉如雲頭花叉又似木欒樹葉微闊開細青黄花其葉味微苦

救飢採嫩葉煠熟換水浸淘去苦味油鹽調食或蒸晒作茶尤佳

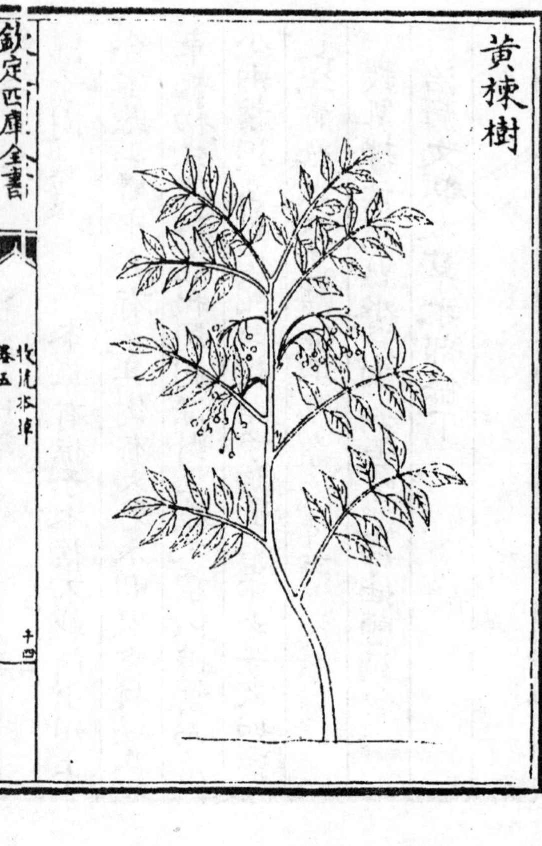

黄楝樹　生鄭州南山野中葉似初生椿樹葉而極小又似楝葉色微帶黄開花紫赤色結子如豌豆大生青熟亦紫赤色葉味苦

救飢採嫩芽葉煠熟換水浸去苦味油鹽調食蒸芽曝乾亦可作茶煮飲

凍青樹

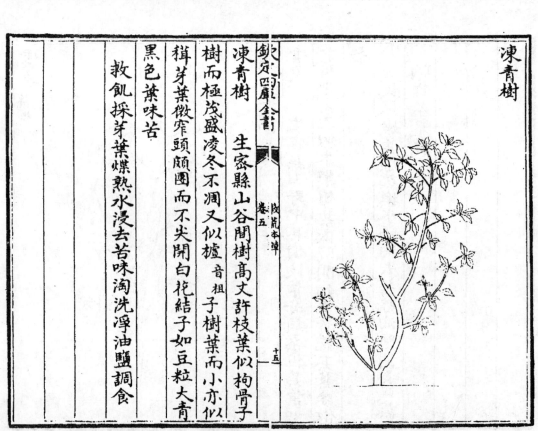

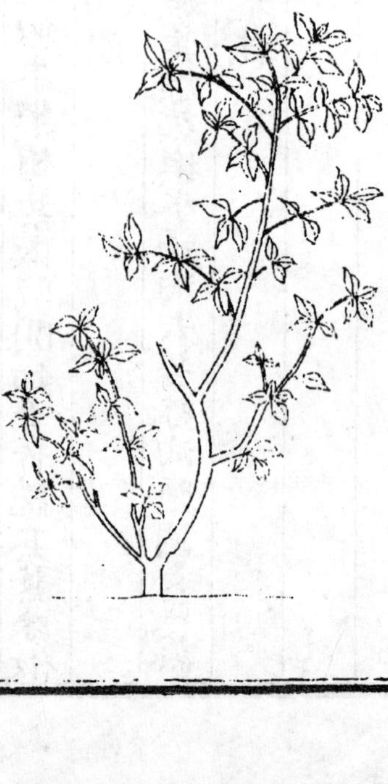

凍青樹　生密縣山谷間樹高丈許枝葉似枸骨子樹而極茂盛凌冬不凋又似樝音祖子樹葉而小亦似穁芽葉微窄頭頗團而不尖開白花結子如豆粒大青黑色葉味苦

救飢採芽葉煠熟水浸去苦味淘洗淨油鹽調食

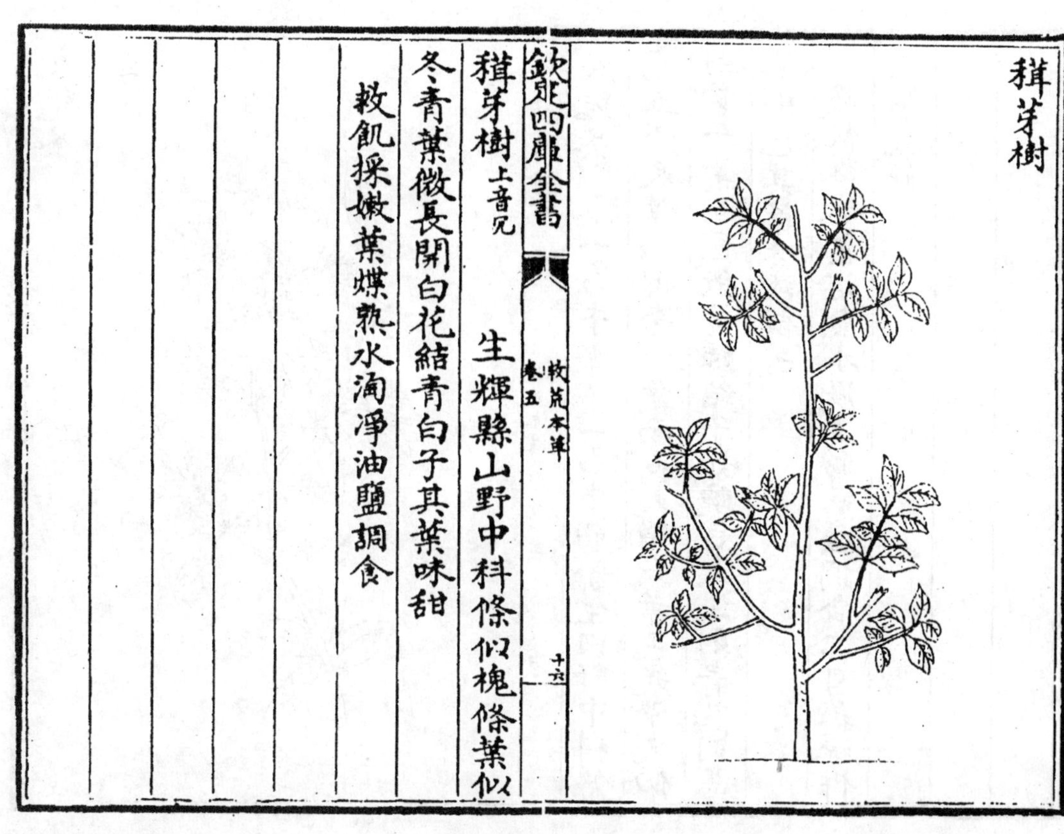

穁芽樹上音冗　生輝縣山野中科條似槐條葉似冬青葉微長開白花結青白子其葉味甜

救飢採嫩葉煠熟水淘淨油鹽調食

月芽樹

月芽樹　又名芿音仍芽　生田野中莖似槐條葉似歪頭菜葉微短稍硬又似穁芽葉頗長艄其葉兩兩對生味甘微苦

救飢採嫩葉煠熟水浸淘淨油鹽調食

女兒茶

女兒茶　一名牛李子一名牛筋子生田野中科條高五六尺葉似郁李子葉而長大稍尖葉色光滑又似白棠子葉而色微黄綠結子如豌豆大生則青熟則黑茶褐色其葉味淡微苦

救飢採嫩葉煠熟水浸淘淨油鹽調食亦可蒸曝作茶煮飲

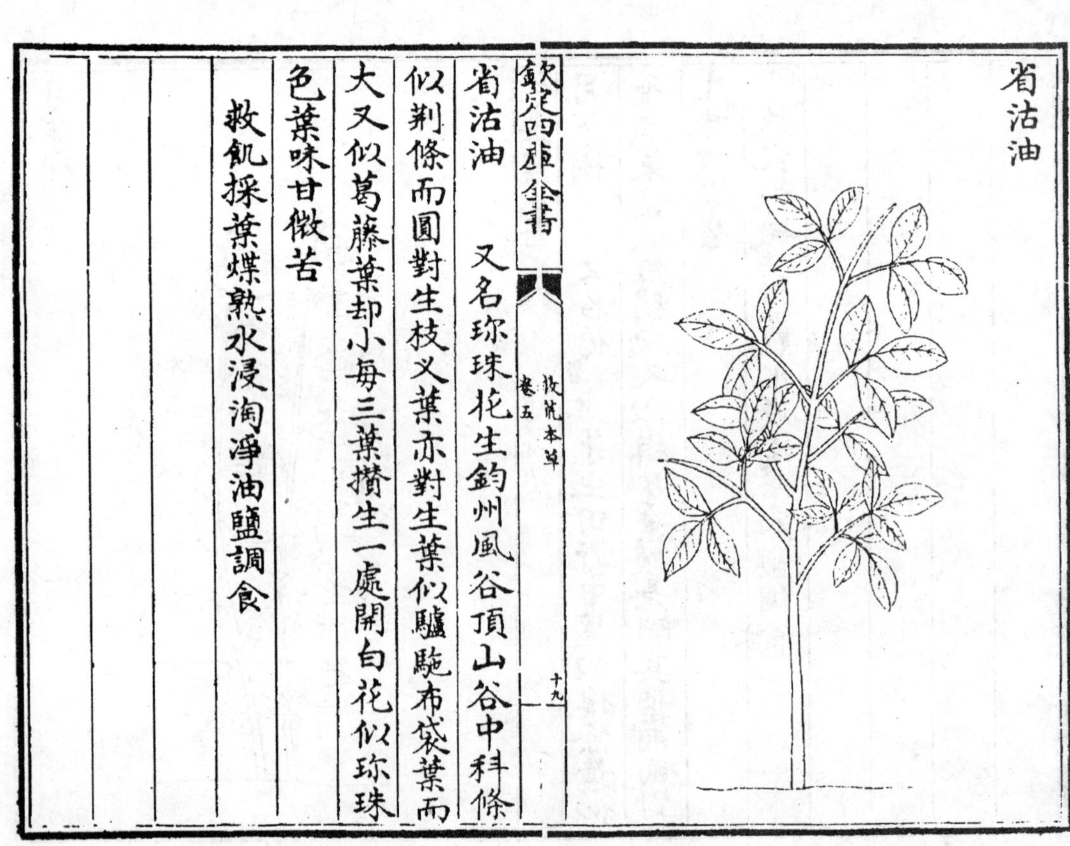

省沽油

省沽油　又名珎珠花生鈞州風谷頂山谷中科條似荊條而圓對生枝叉葉亦對生葉似驢駞布袋葉而大又似葛藤葉却小每三葉攢生一處開白花似珎珠色葉味甘微苦

救飢採葉煠熟水浸淘淨油鹽調食

白槿樹

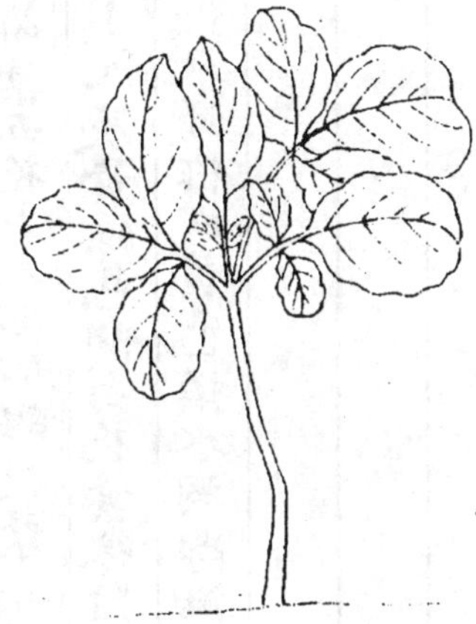

白槿樹　生密縣梁家衝山谷中樹高五七尺葉似茶葉而甚闊大光潤又似初生青岡葉而無花叉又似山格剌樹葉亦大開白花其葉味苦

救飢採嫩葉煠熟换水浸去苦味油鹽調食

回回醋

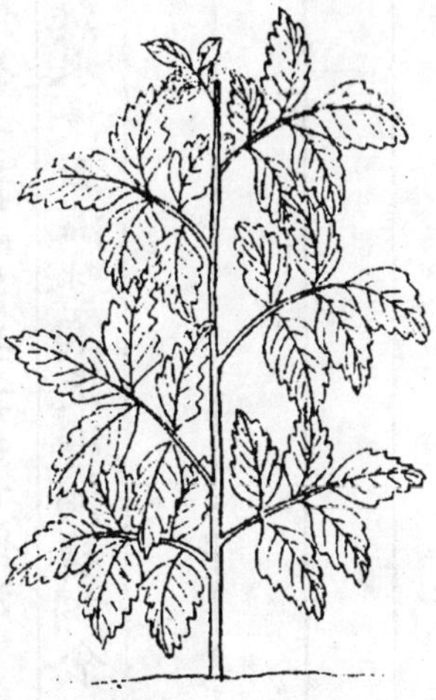

回回醋　一名淋樸樕生密縣韶華山山野中樹高丈餘葉似兜櫨樹葉而厚大邊有大鋸齒又似厚椿葉而亦大或三葉或五葉排生一莖開白花結子大如豌豆熟則紅紫色味酸葉味微酸

救飢採葉煠熟水浸去酸味淘淨油鹽調食其子調和湯味如醋

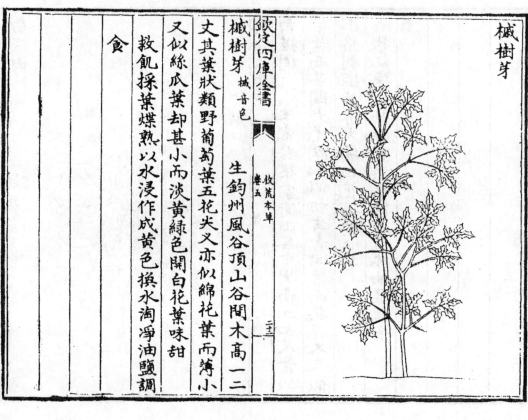

槭樹芽

槭樹芽　槭音色　生鈞州風谷頂山谷間木高一二丈其葉狀類野葡萄葉五花尖叉亦似綿花葉而薄小又似絲瓜葉却甚小而淡黄緑色開白花葉味甜

救飢採葉煠熟以水浸作成黄色换水淘淨油鹽調食

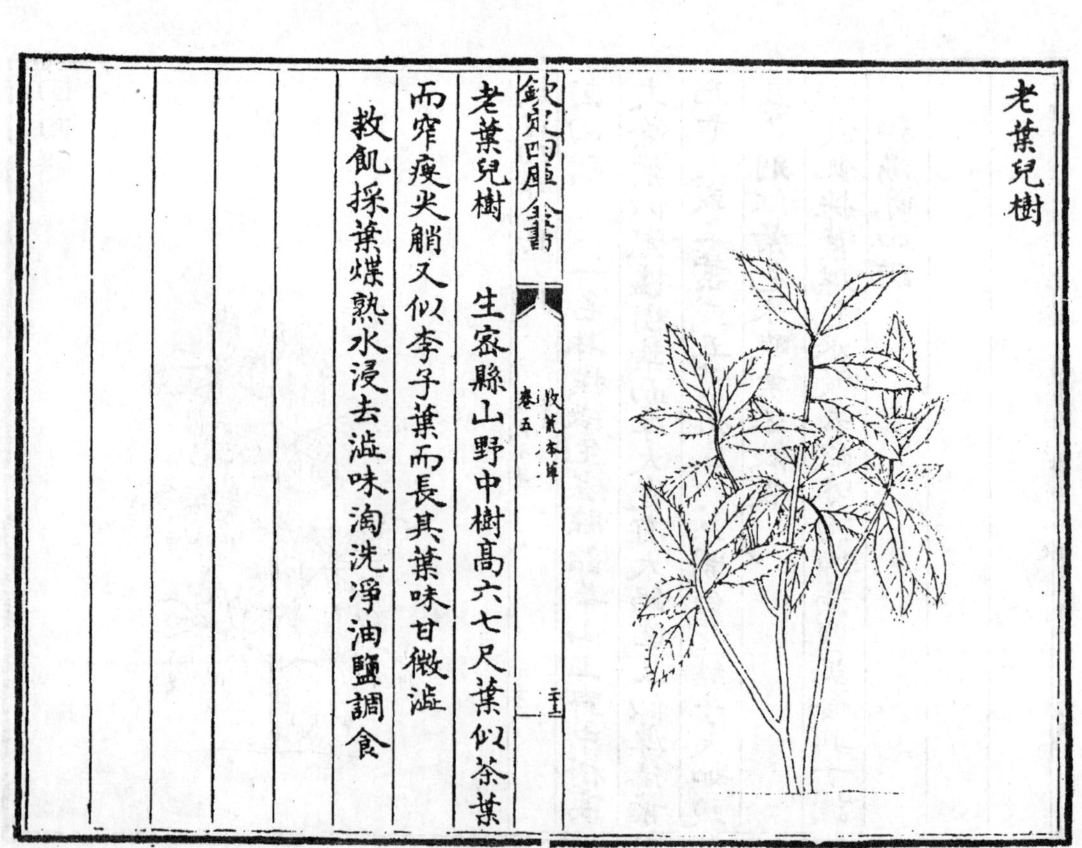

老葉兒樹

老葉兒樹　生密縣山野中樹高六七尺葉似茶葉而窄瘦尖䏣又似李子葉而長其葉味甘微澁

救飢採葉煠熟水浸去澁味淘洗淨油鹽調食

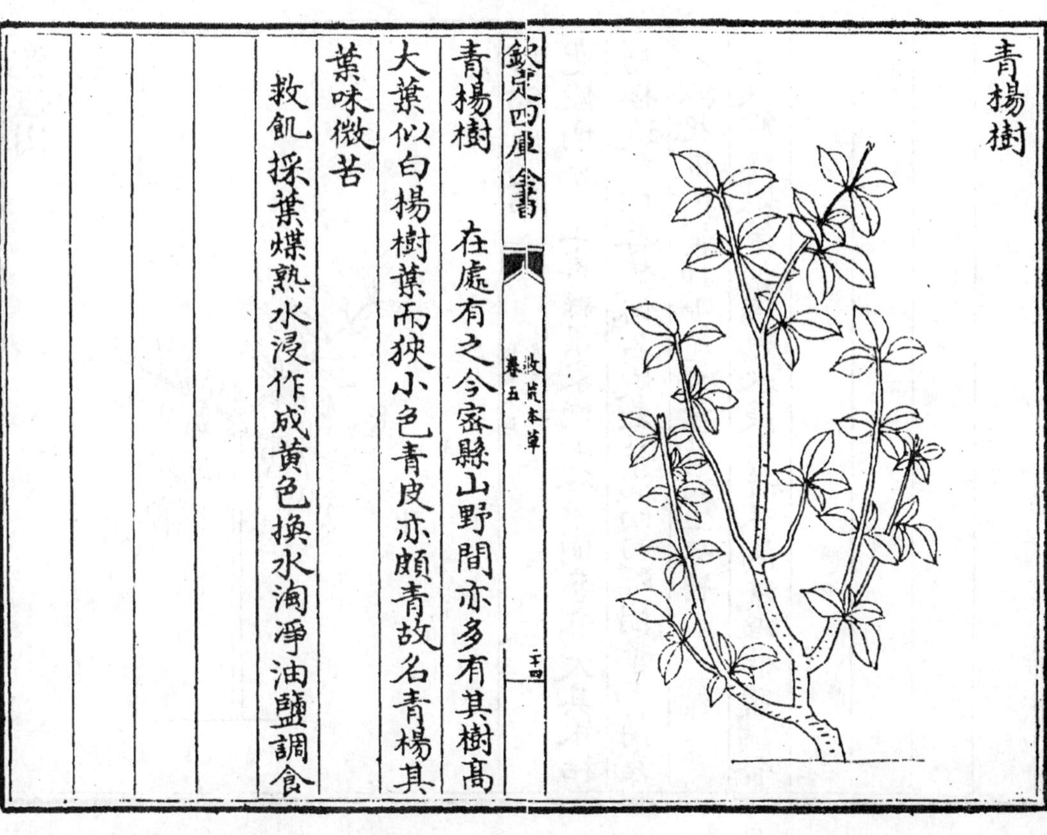

青楊樹　在處有之今密縣山野間亦多有其樹高大葉似白楊樹葉而狹小色青皮亦頗青故名青楊其葉味微苦

救飢採葉煠熟水浸作成黄色换水淘淨油鹽調食

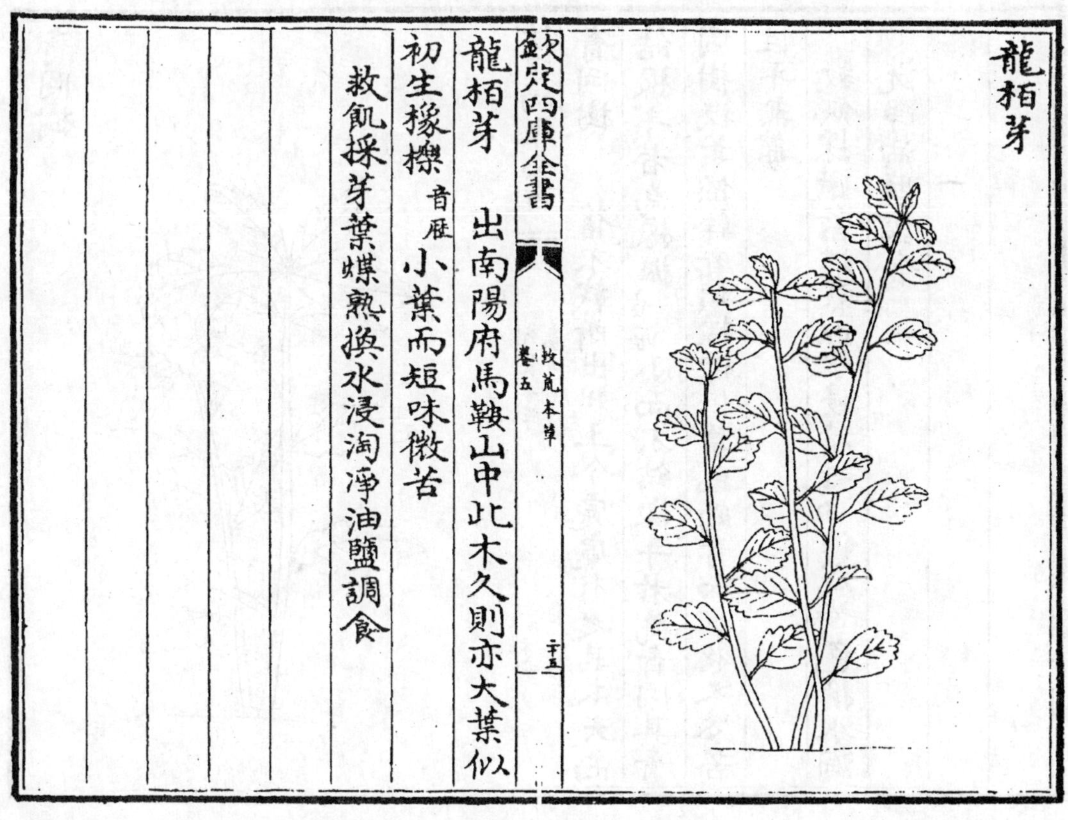

龍栢芽　出南陽府馬鞍山中此木久則亦大葉似初生橡櫟音歴小葉而短味微苦

救飢採芽葉煠熟換水浸淘淨油鹽調食

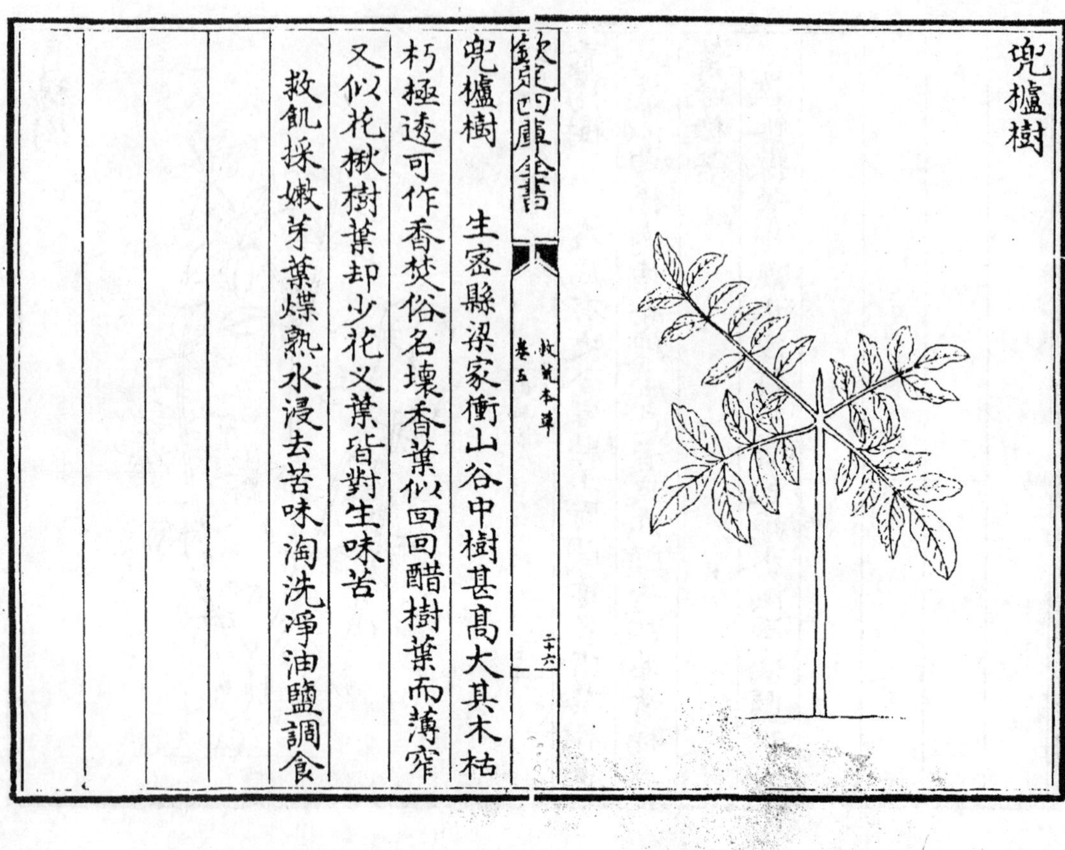

兜櫨樹

兜櫨樹　生密縣梁家衝山谷中樹甚高大其木枯朽極透可作香焚俗名壞香葉似回回醋樹葉而薄窄又似花楸樹葉却少花叉葉皆對生味苦

救飢採嫩芽葉煠熟水浸去苦味淘洗淨油鹽調食

青岡樹

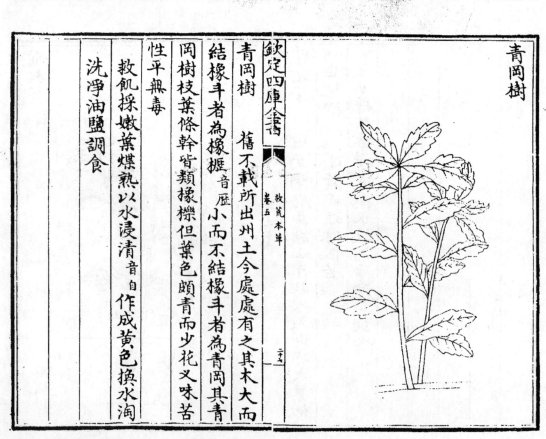

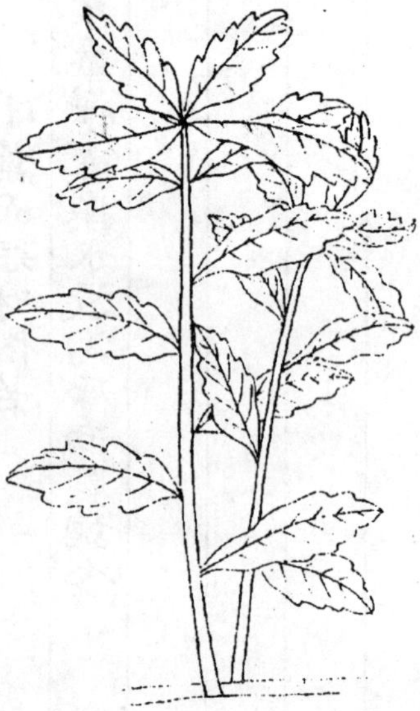

青岡樹　舊不載所出州土今處處有之其木大而結橡斗者為橡櫪音歷小而不結橡斗者為青岡其青岡樹枝葉條幹皆類橡櫟但葉色頗青而少花叉味苦性平無毒

救飢採嫩葉煠熟以水浸漬音自作成黃色換水淘洗淨油鹽調食

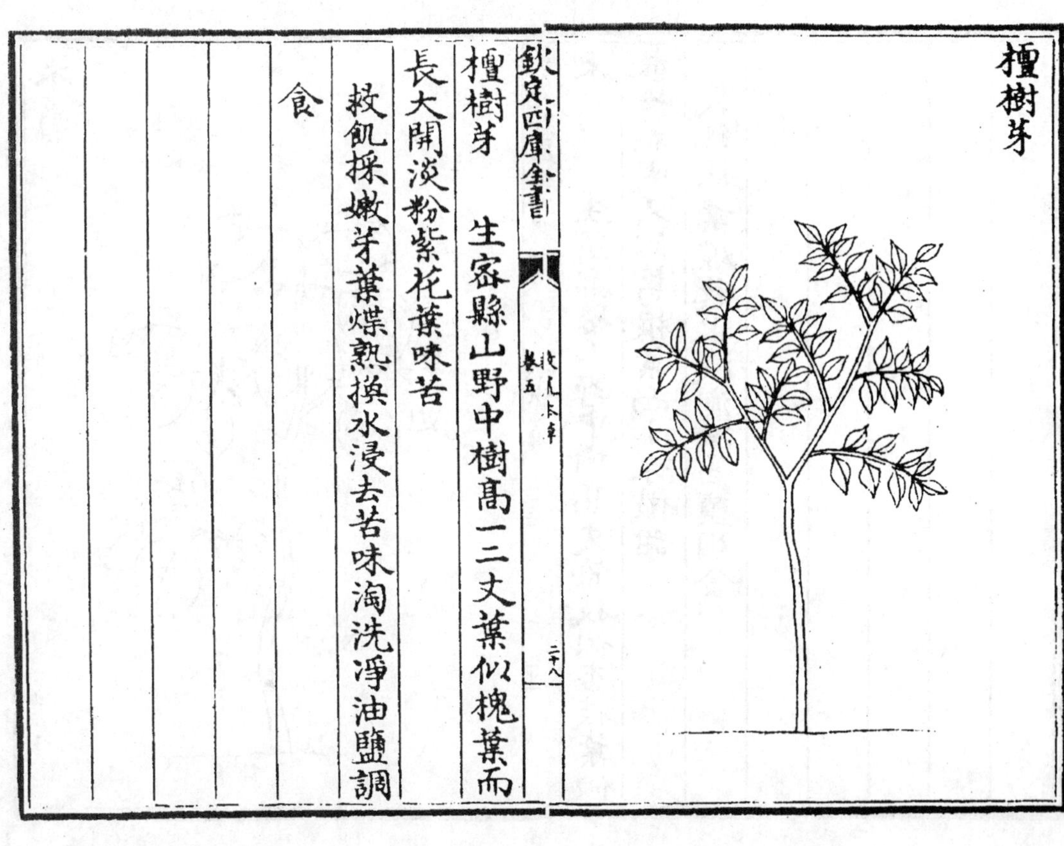

檀樹芽　生密縣山野中樹高一二丈葉似槐葉而長大開淡粉紫花葉味苦

救飢採嫩芽葉煠熟換水浸去苦味淘洗淨油鹽調食

山茶科

山茶科　生中牟土山田野中科條高四五尺枝梗灰白色葉似皂莢葉而團又似槐葉亦團四五葉攢生一處葉甚稠密味苦

救飢採嫩葉煠熟水淘洗淨油鹽調食亦可蒸晒乾做茶煑飲

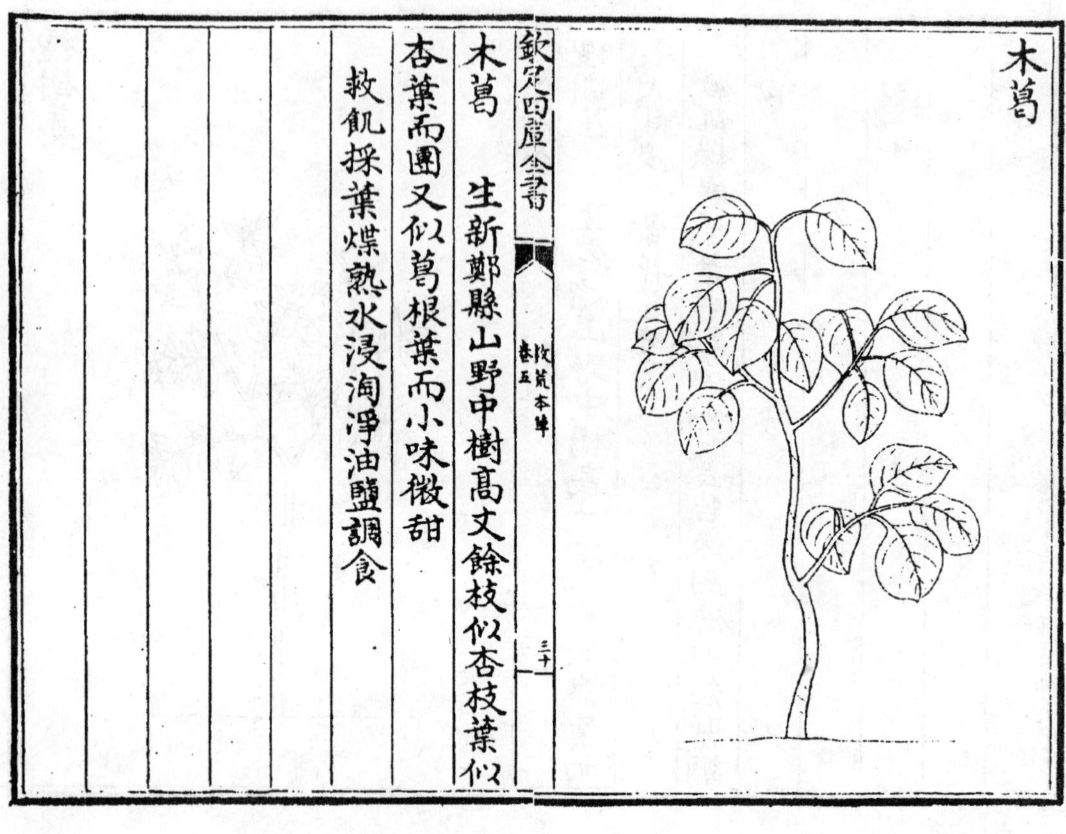

木葛　生新鄭縣山野中樹高丈餘枝似杏枝葉似杏葉而團又似葛根葉而小味微甜

救飢採葉煠熟水浸淘淨油鹽調食

花楸樹

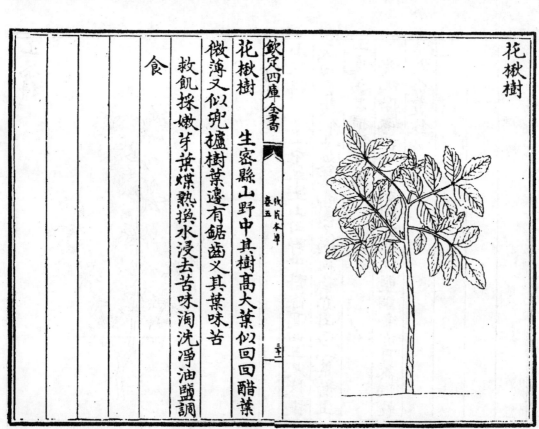

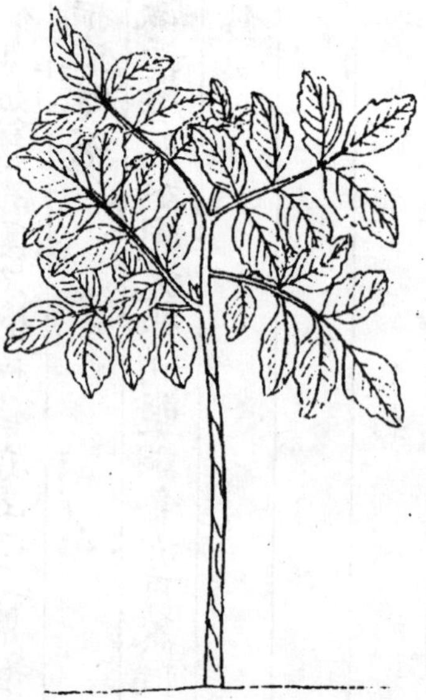

花楸樹　生密縣山野中其樹高大葉似回回醋葉微薄又似兜櫨樹葉邊有鋸齒叉其葉味苦

救飢採嫩芽葉煠熟換水浸去苦味淘洗淨油鹽調食

白辛樹

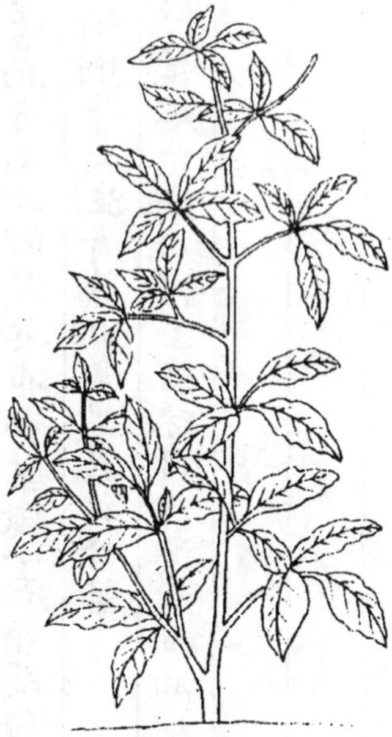

白辛樹　生滎陽塔兒山崗野間樹高丈許葉似青檀樹葉頗長而薄色微淡緑又似月芽樹葉而大色亦差淡其葉味甘微澁

救飢　採葉煠熟水浸淘去澁味油鹽調食

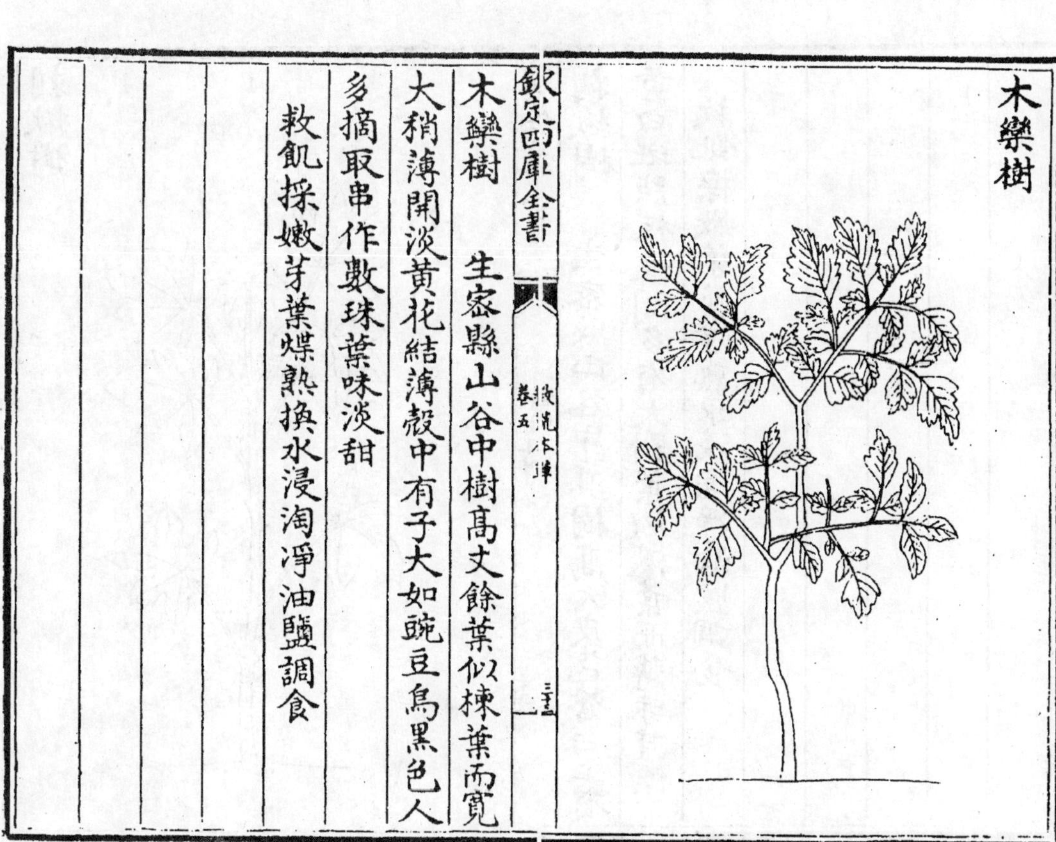

木欒樹

木欒樹　生密縣山谷中樹高丈餘葉似楝葉而寬大稍薄開淡黄花結薄殻中有子大如豌豆烏黑色人多摘取串作數珠葉味淡甜

救飢　採嫩芽葉煠熟換水浸淘淨油鹽調食

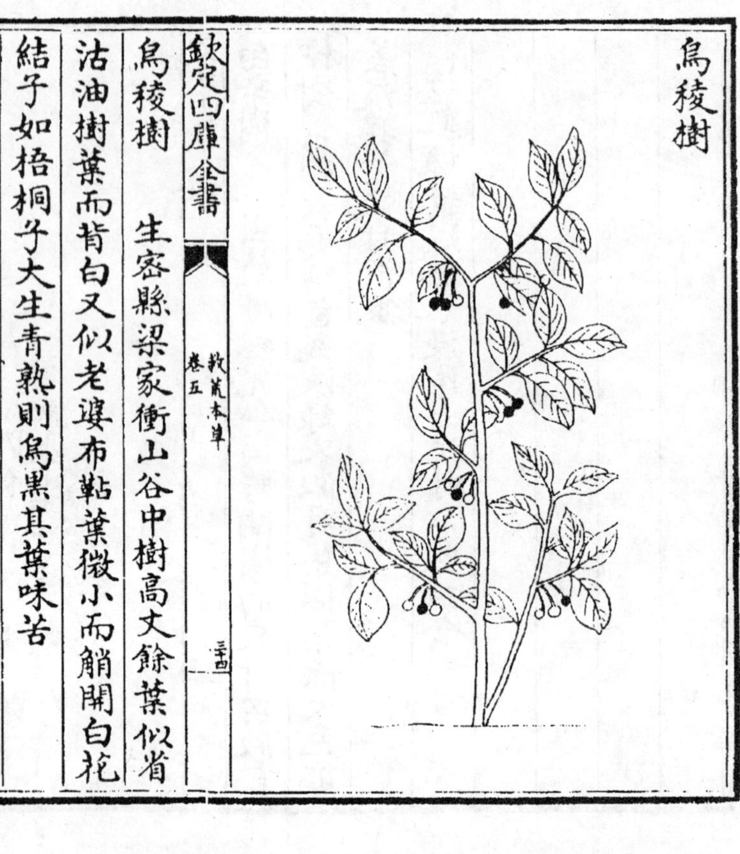

烏稜樹　生密縣梁家衝山谷中樹高丈餘葉似省沽油樹葉而背白又似老婆布鞊葉微小而艄開白花結子如梧桐子大生青熟則烏黑其葉味苦

救飢採葉煠熟換水浸去苦味作過淘洗淨油鹽調食

刺楸樹

刺楸樹　生密縣山谷中其樹高大皮色蒼白上有黃白斑點枝梗間多有大刺葉似楸葉而薄味甘

救飢採嫩芽葉煠熟水浸淘淨油鹽調食

黄絲藤

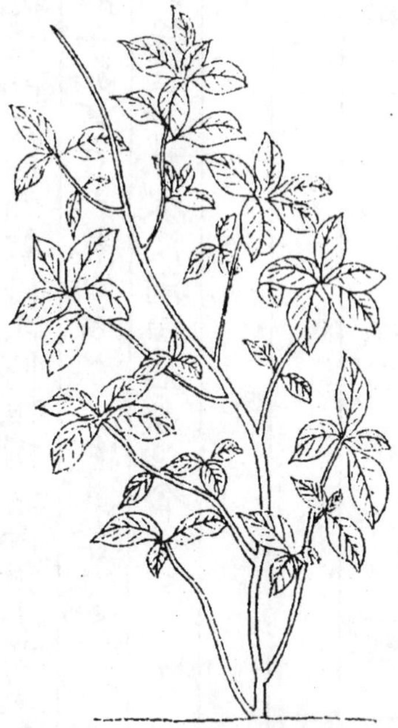

黄絲藤 生輝縣太行山山谷中條類葛條葉似山格刺葉而小又似婆婆枕頭葉頗硬背微白邊有細鋸齒味甜

救飢 採葉煠熟水浸淘淨油鹽調食

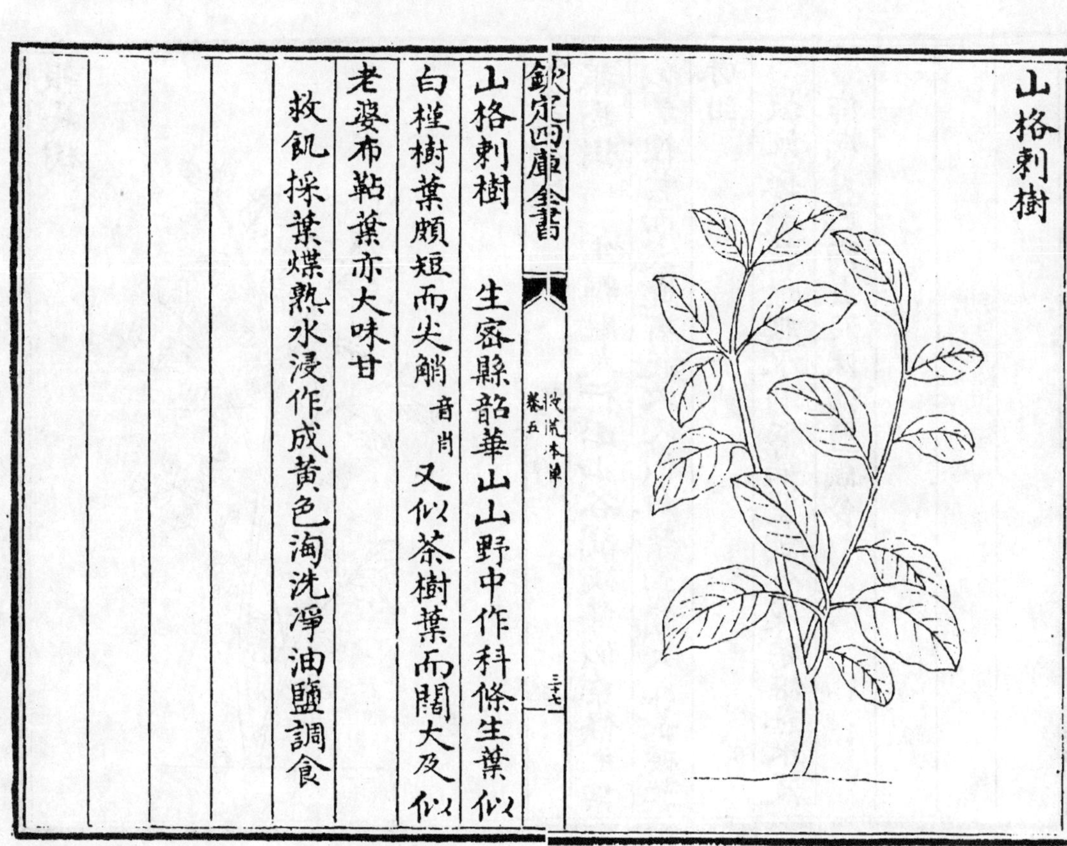

山格刺樹

山格刺樹 生密縣韶華山山野中作科條生葉似白槿樹葉頗短而尖艄音肖又似茶樹葉而闊大及似老婆布鞊葉亦大味甘

救飢 採葉煠熟水浸作成黄色淘洗淨油鹽調食

秔樹

秔樹杭去聲 生輝縣太行山山谷中其樹高丈餘葉似槐葉而大卻頗軟薄又似檀樹葉而薄小開淡紅色花結子如菉豆大熟則黃茶褐色其葉味甜

救飢 採葉煠熟水浸淘淨油鹽調食

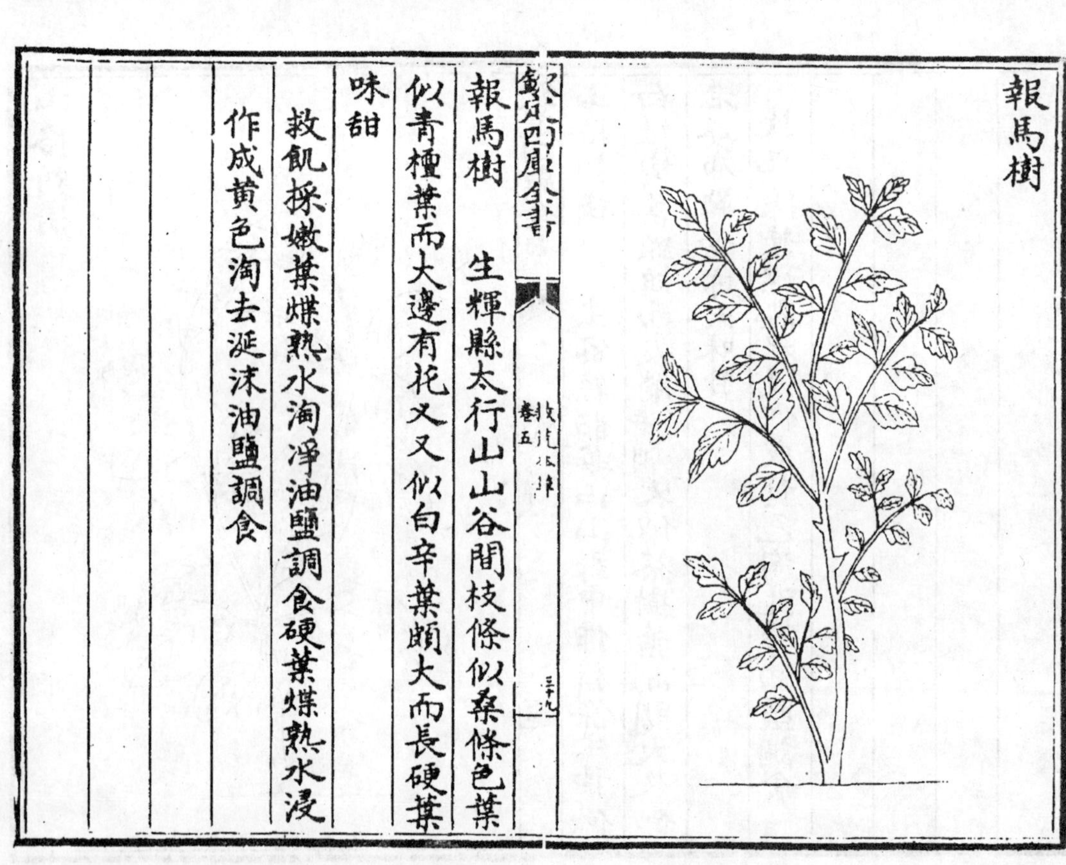

報馬樹

報馬樹 生輝縣太行山山谷間枝條似桑條色葉似青檀葉而大邊有花叉又似白辛葉頗大而長硬葉味甜

救飢 採嫩葉煠熟水淘淨油鹽調食硬葉煠熟水浸作成黃色淘去涎沫油鹽調食

椴樹

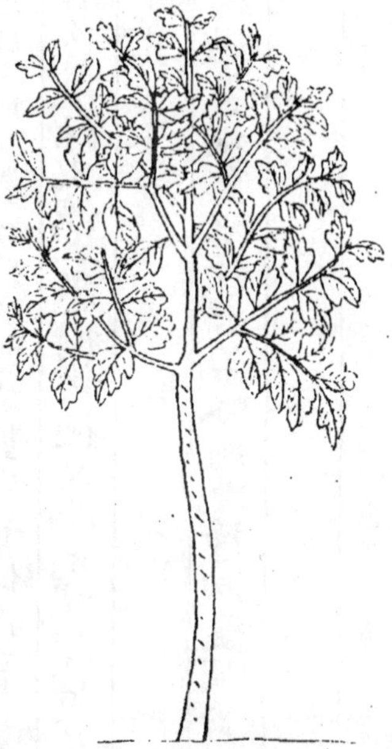

椴樹　生輝縣太行山山谷間樹甚高大其木細膩可為桌器枝又對生葉似木槿葉而長大微薄色頗淡綠皆作五花椏音鴉叉邊有鋸齒開黄花結子如豆粒大色青白葉味苦

救飢採嫩葉煠熟水浸去苦味淘洗淨油鹽調食

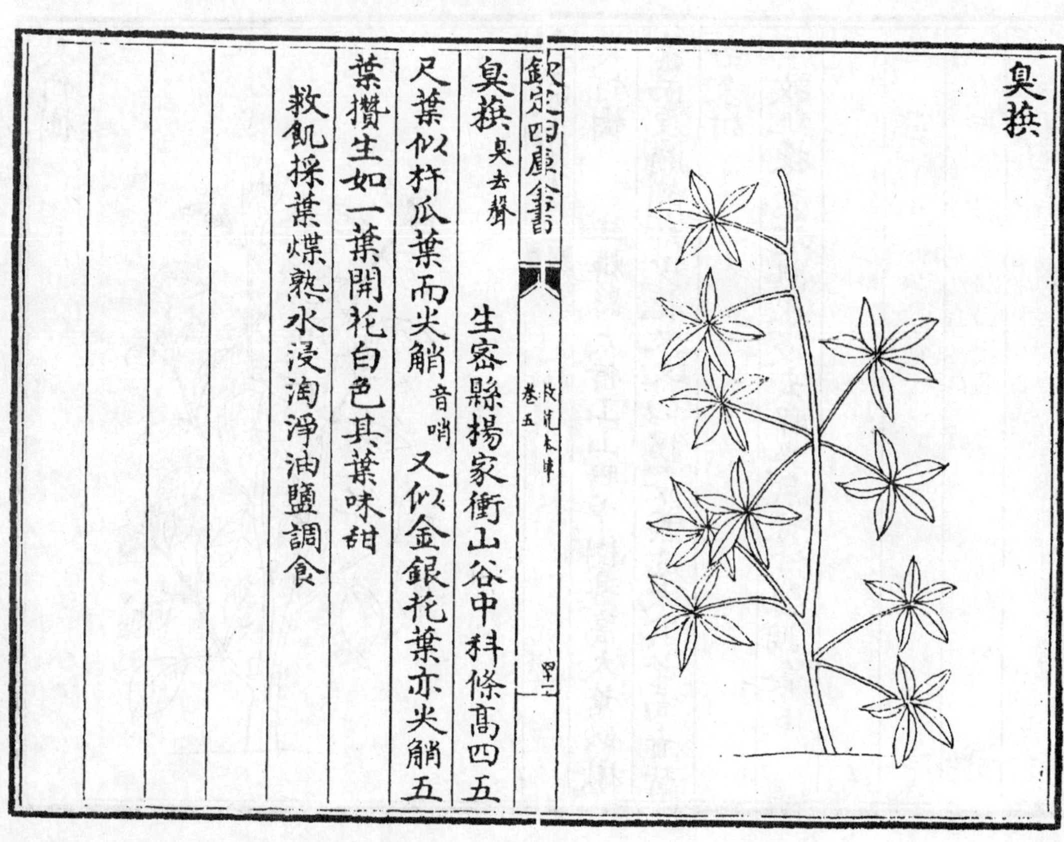

臭棘

臭棘臭去聲　生密縣楊家衝山谷中科條高四五尺葉似杵瓜葉而尖艄音哨又似金銀花葉亦尖艄五葉攢生如一葉開花白色其葉味甜

救飢採葉煠熟水浸淘淨油鹽調食

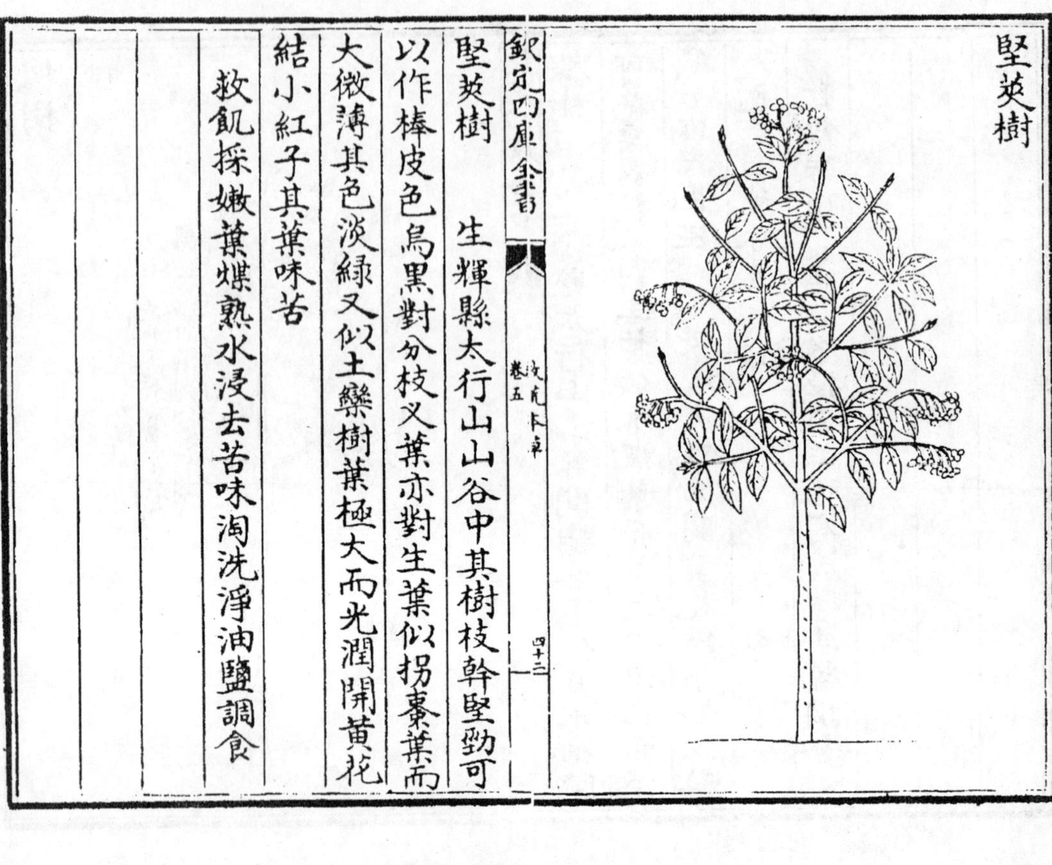

堅莢樹　生輝縣太行山山谷中其樹枝幹堅勁可以作棒皮色烏黑對分枝叉葉亦對生葉似拐棗葉而大微薄其色淡緑又似土欒樹葉極大而光潤開黄花結小紅子其葉味苦

救飢採嫩葉煠熟水浸去苦味淘洗淨油鹽調食

臭竹樹

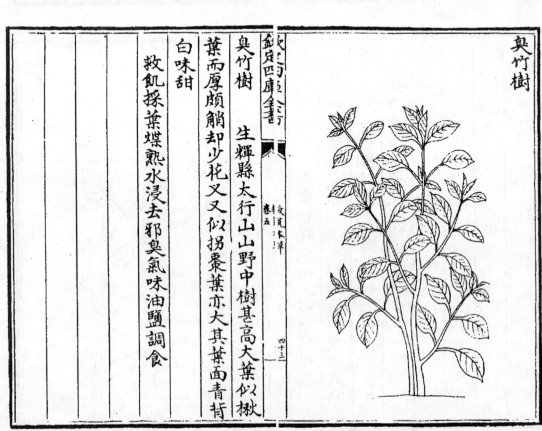

臭竹樹　生輝縣太行山山野中樹甚高大葉似楸葉而厚頗艄却少花叉又似拐棗葉亦大其葉面青背白味甜

救飢採葉煠熟水浸去邪臭氣味油鹽調食

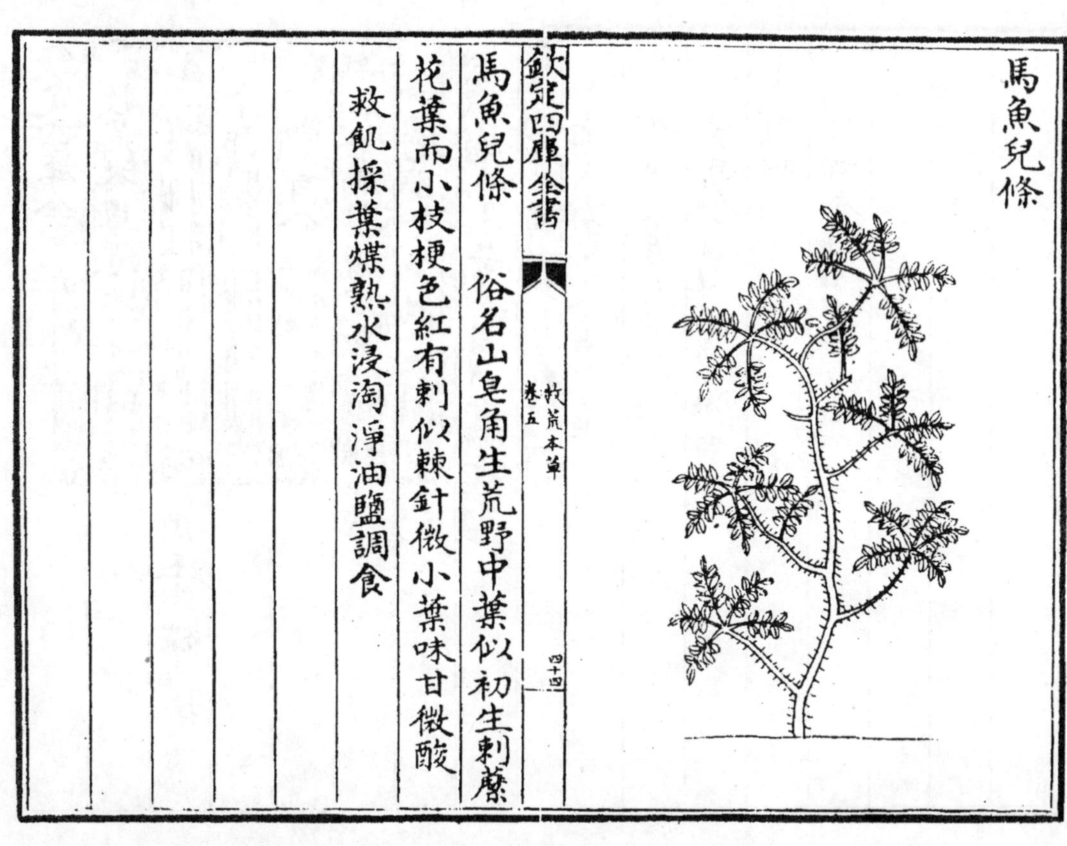

馬魚兒條

馬魚兒條　俗名山皂角生荒野中葉似初生刺蘗花葉而小枝梗色紅有刺似棘針微小葉味甘微酸

救飢採葉煠熟水浸淘淨油鹽調食

老婆布鞊

老婆布鞊　生鈞州風谷頂山野間科條淡蒼黄色葉似匙頭樣色嫩緑而光俊又似山格刺葉却小味甘

救飢採葉煠熟水浸作過淘淨油鹽調食

救荒本草卷五

欽定四庫全書

救荒本草卷六

明 周王朱橚 撰

木部

實可食 本草原有六種 新增十四種

葉及實皆可食 本草原有五種 新增三種

花可食 新增五種

花葉皆可食 本草原有一種

花葉實皆可食 新增二種

葉皮及實皆可食 本草原有二種

笋可食 本草原有一種

米穀部

實可食 新增七種

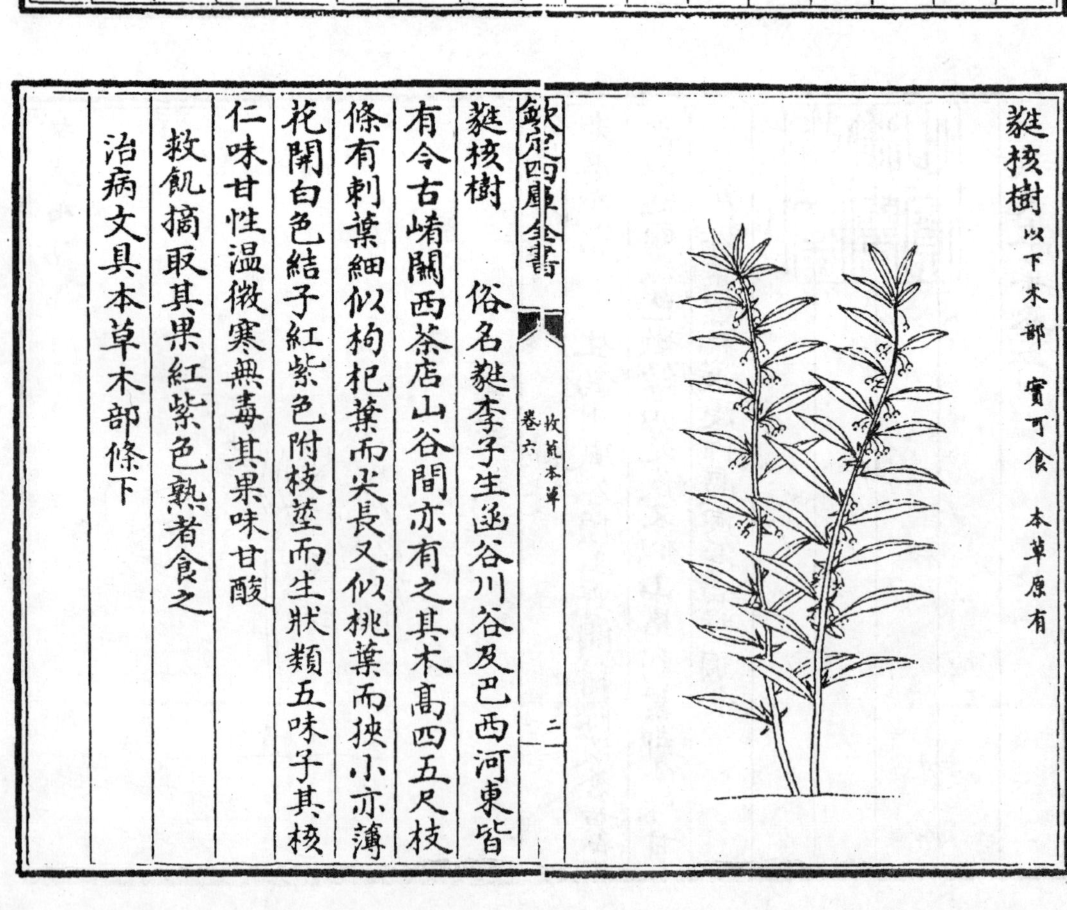

蕤核樹 以下木部 實可食 本草原有

蕤核樹 俗名蕤李子生函谷川谷及巴西河東皆有今古崤關西茶店山谷間亦有之其木高四五尺枝條有刺葉細似枸杞葉而尖長又似桃葉而狹小亦薄花開白色結子紅紫色附枝莖而生狀類五味子其核仁味甘性温微寒無毒其果味甘酸

救飢摘取其果紅紫色熟者食之

治病文具本草木部條下

酸棗樹

酸棗樹　爾雅謂之樲棗出河東川澤今城壘坡野間多有之其木似棗而皮細莖多棘刺葉似棗葉微小花似棗花結實紫紅色似棗而圓小核中仁微扁名酸棗仁入藥用味酸性平一云性微熱惡防己

救飢採取其棗為果食之亦可釀酒熬作燒酒飲未紅熟時採取煑食亦可

治病文具本草木部條下

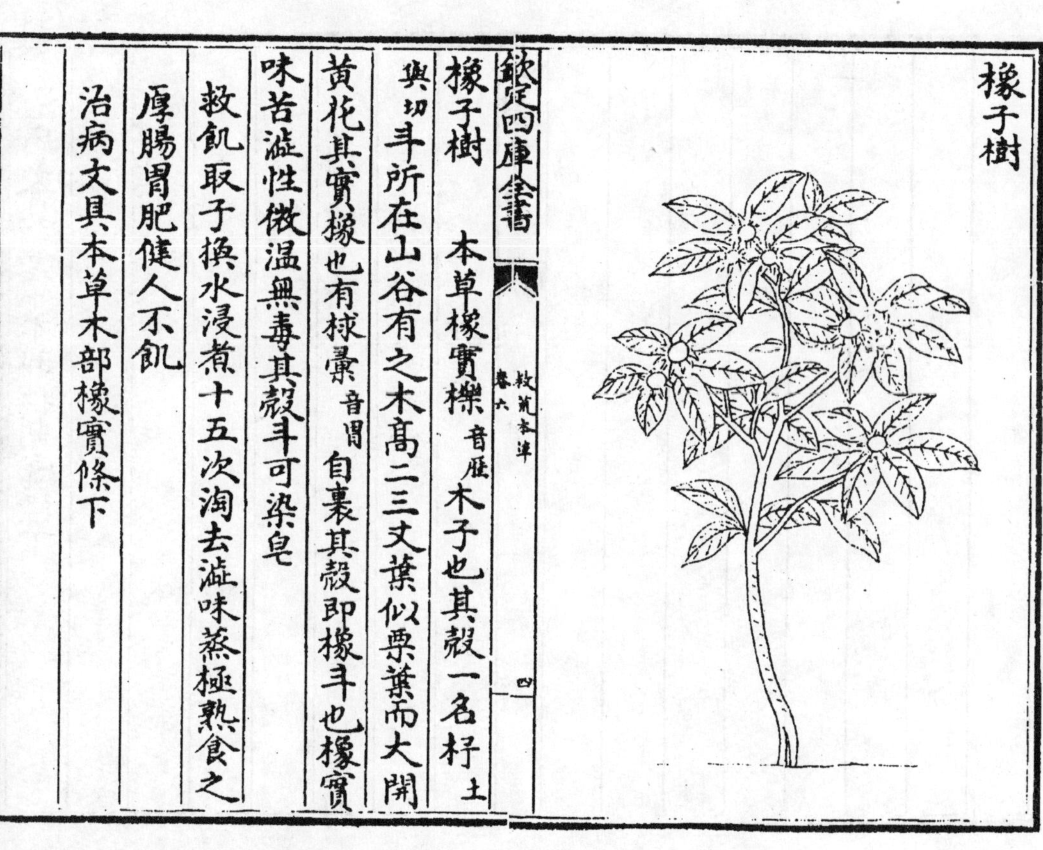

橡子樹　本草橡實櫟音歷木子也其殼一名杼土與切斗所在山谷有之木高二三丈葉似栗葉而大開黃花其實橡也有梂彚音胃自裹其殼即橡斗也橡實味苦澁性微温無毒其殼斗可染皂

救飢取子換水浸煑十五次淘去澁味蒸極熟食之厚腸胃肥健人不飢

治病文具本草木部橡實條下

荆子

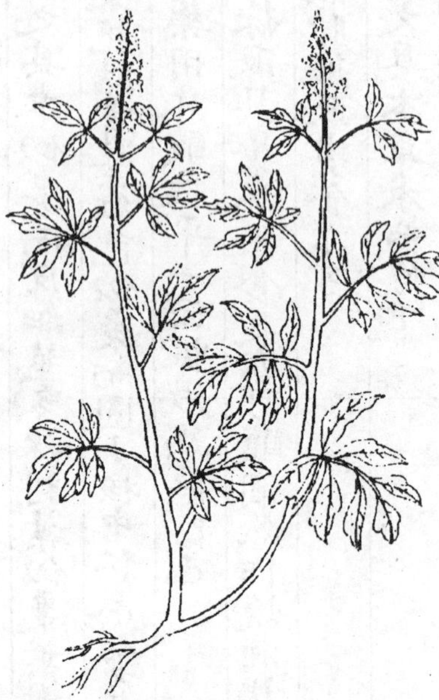

荆子　本草有牡荆實一名小荆實俗名黄荆生河間南陽宛句山谷并眉州蜀州平壽都鄉高岸及田野中今處處有之即作箠杖者作科條生枝莖堅勁對生枝叉葉似麻葉而踈短又有葉似棶葉而短小却多花叉者開花作穗花色粉紅微帶紫結實大如黍粒而黄黑色味苦性温無毒防風為之使惡石膏烏頭陶隠居登真隠訣云荆木之華葉通神見鬼精

救病採子换水浸淘去苦味晒乾擣磨為麪食之

治病文具本草木部牡荆實條下

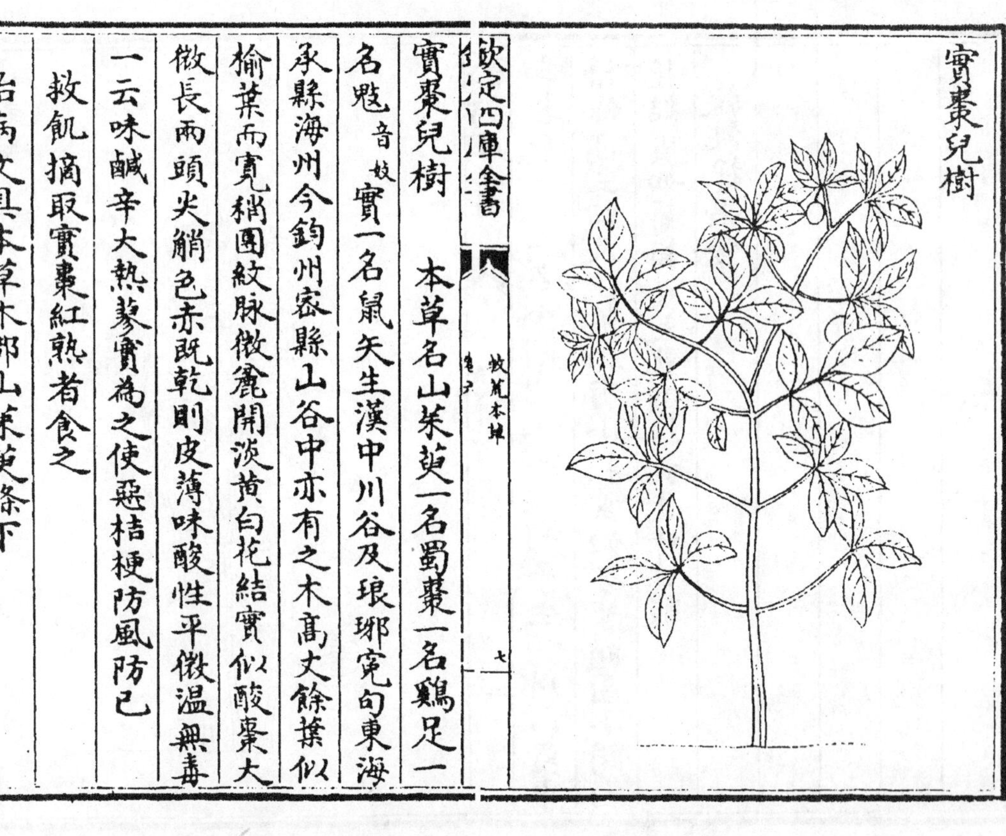

實棗兒樹　本草名山茱萸一名蜀棗一名鷄足一名魌（音妓）實一名鼠矢生漢中川谷及琅琊宛句東海承縣海州今鈞州密縣山谷中亦有之木高丈餘葉似榆葉而寬稍團紋脉微麄開淡黄白花結實似酸棗大微長兩頭尖艄色赤既乾則皮薄味酸性平微溫無毒一云味鹹辛大熱蓡實為之使惡桔梗防風防己

救飢摘取實棗紅熟者食之

治病文具本草木部山茱萸條下

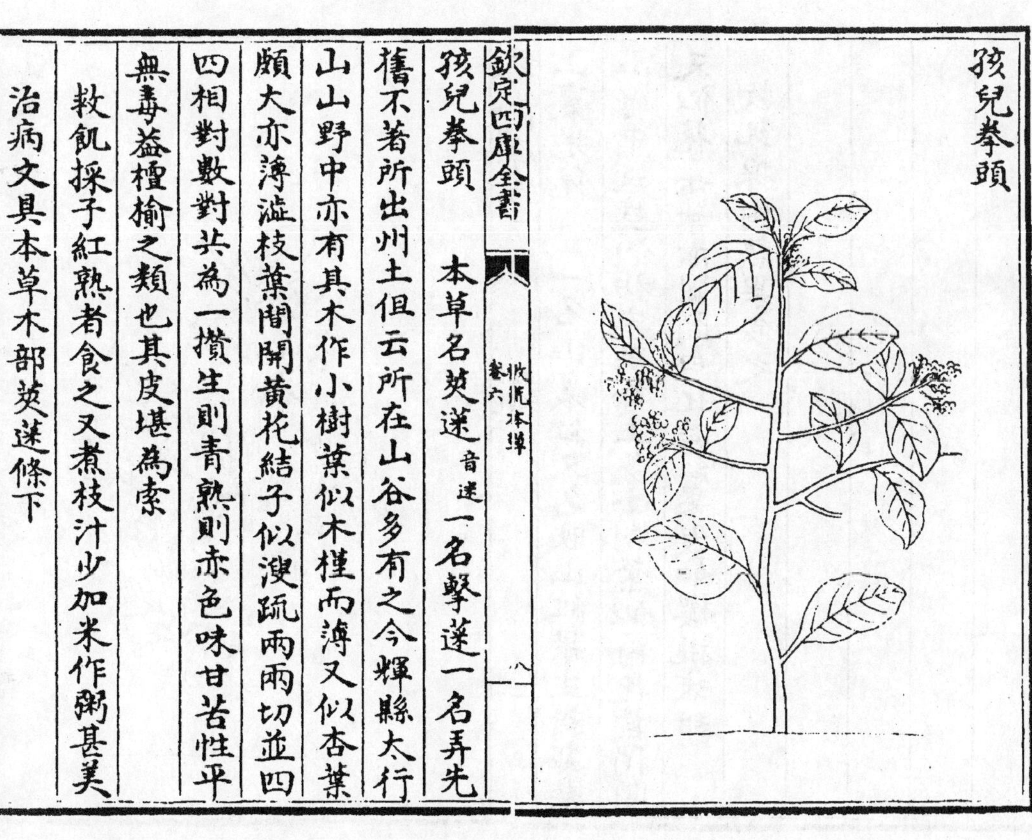

孩兒拳頭　本草名莢蒾（音迷）一名擊蒾一名弄先舊不著所出州土但云所在山谷多有之今輝縣太行山山野中亦有其木作小樹葉似木槿而薄又似杏葉頗大亦澀枝葉間開黄花結子似溲䟽兩兩切並四四相對數對共為一攢生則青熟則赤色味甘苦性平無毒葢檀榆之類也其皮堪為索

救飢採子紅熟者食之又煮枝汁少加米作粥甚美

治病文具本草木部莢蒾條下

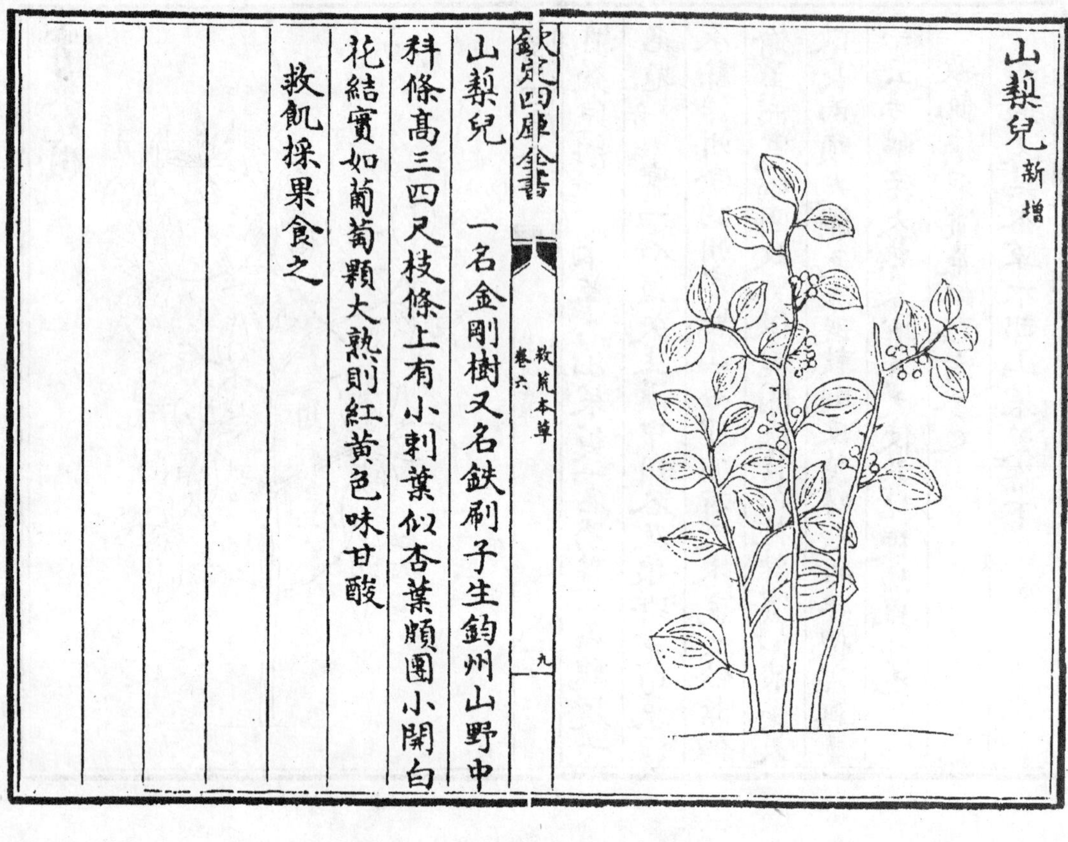

山䕷兒 新增

山䕷兒 一名金剛樹又名鉄刷子生鈞州山野中科條高三四尺枝條上有小刺葉似杏葉頗團小開白花結實如葡萄顆大熟則紅黄色味甘酸

救飢採果食之

山裹果兒

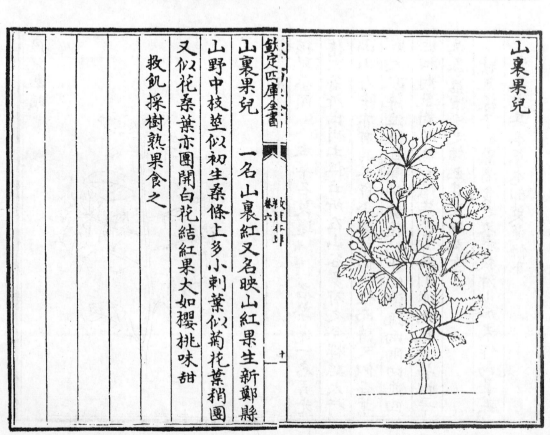

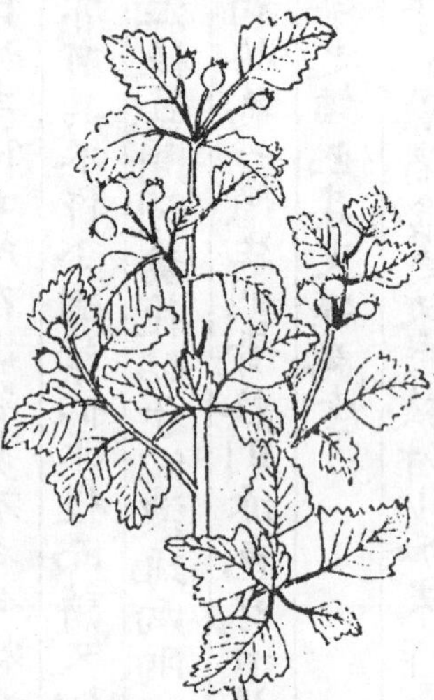

山裹果兒 一名山裹紅又名映山紅果生新鄭縣山野中枝莖似初生桑條上多小刺葉似菊花葉稍團又似花桑葉亦團開白花結紅果大如櫻桃味甜

救飢採樹熟果食之

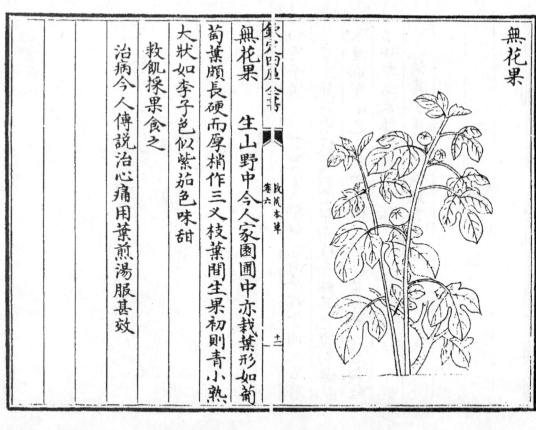

無花果

無花果　生山野中今人家園圃中亦栽葉形如葡葡葉頗長硬而厚梢作三叉枝葉間生果初則青小熟大狀如李子色似紫茄色味甜

救飢採果食之

治病今人傳說治心痛用葉煎湯服甚效

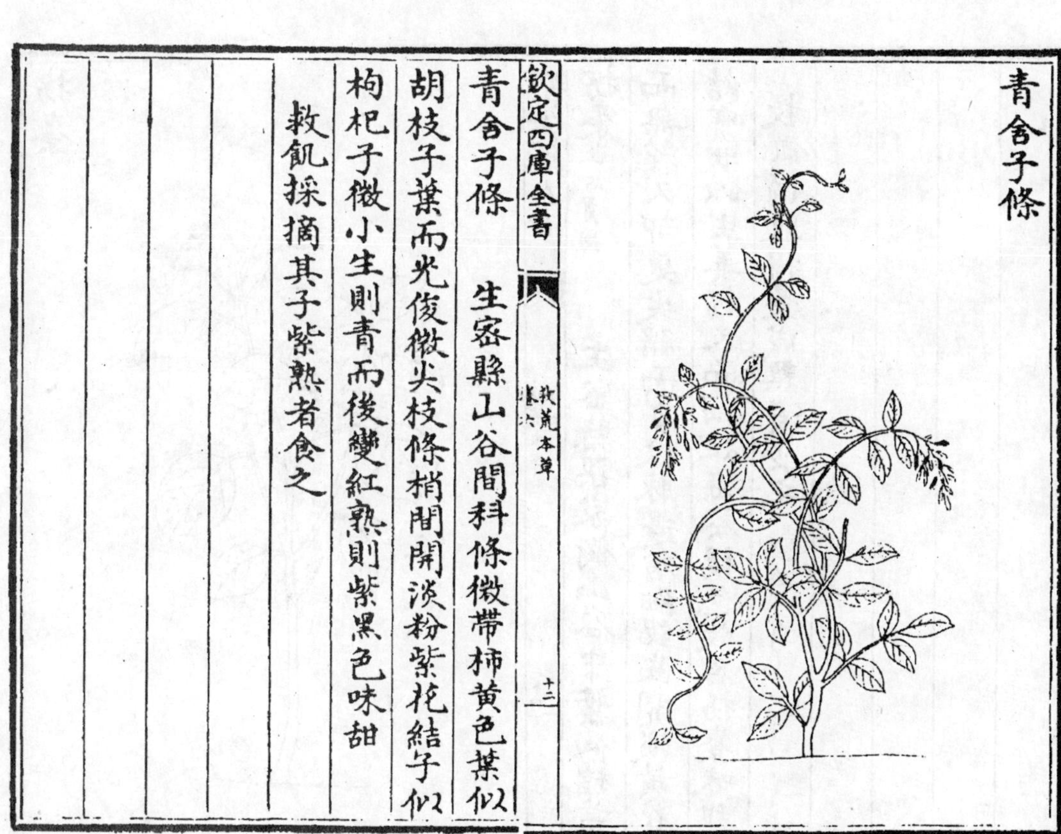

青舍子條　生密縣山谷間科條微帶柿黃色葉似胡枝子葉而光俊微尖枝條梢間開淡粉紫花結子似枸杞子微小生則青而後變紅熟則紫黑色味甜

救飢採摘其子紫熟者食之

白棠子樹

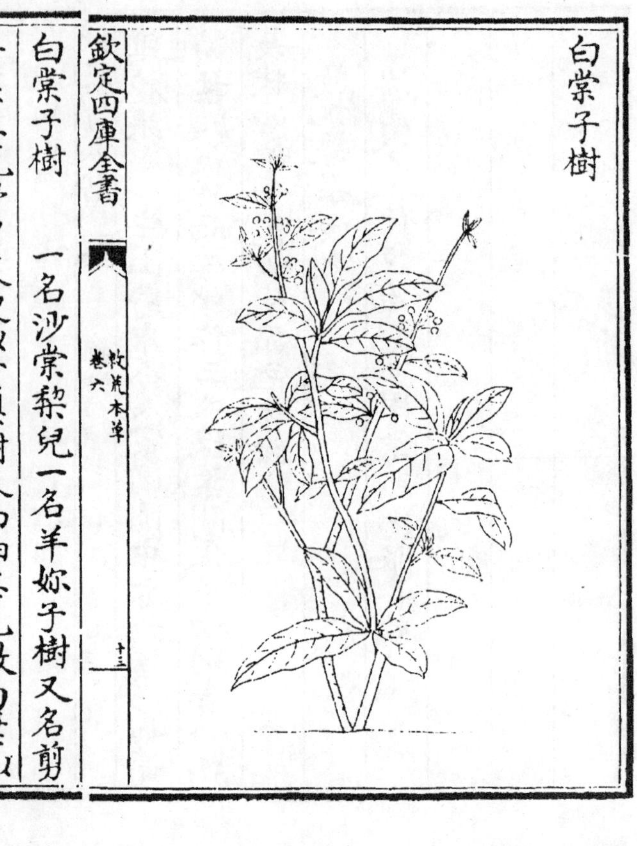

白棠子樹　一名沙棠梨兒一名羊妳子樹又名剪子果生荒野中枝梗似棠梨樹枝而細其色微白葉似棠葉而窄小色亦頗白又似女兒茶葉却大而背白結子如豌豆大味酸甜

救飢其子甜熟時摘取食之

拐棗

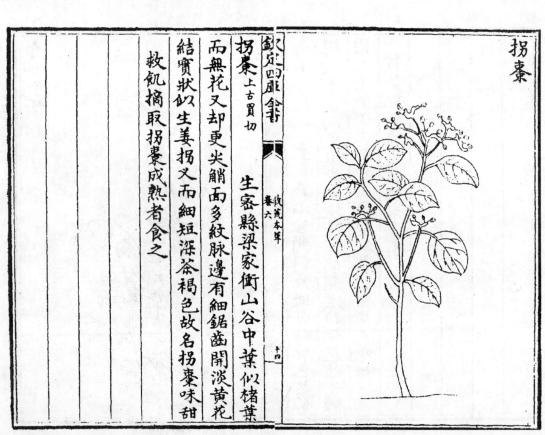

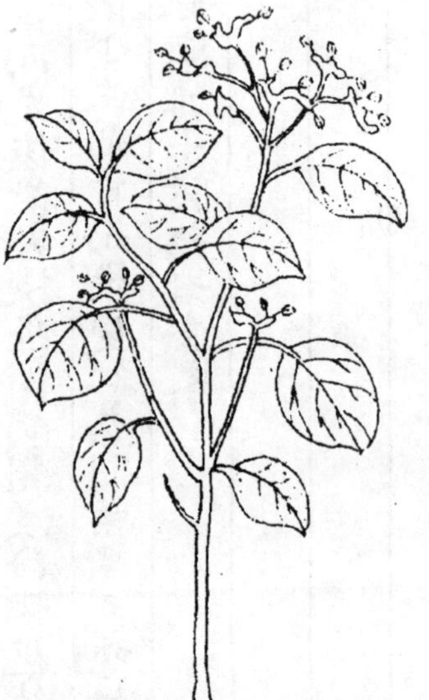

拐棗上古買切　生密縣梁家衝山谷中葉似楮葉而無花叉却更尖艄面多紋脈邊有細鋸齒開淡黃花結實狀似生薑拐叉而細短深茶褐色故名拐棗味甜

救飢摘取拐棗成熟者食之

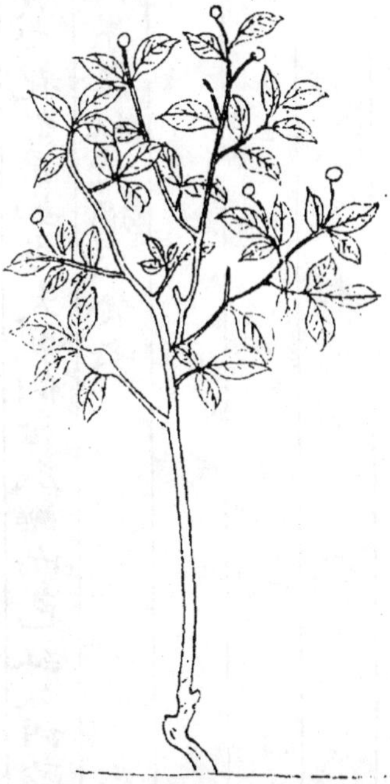

木桃兒樹

木桃兒樹　生中牟土山間樹高五尺餘枝條上氣脉積聚為疙瘩狀類小桃兒極堅實故名木桃其葉似楮葉而狹小無花叉却有細鋸齒又似青檀葉梢間另又開淡紫花結子似梧桐子而大熟則淡銀褐色味甜可食

救飢採取其子熟者食之

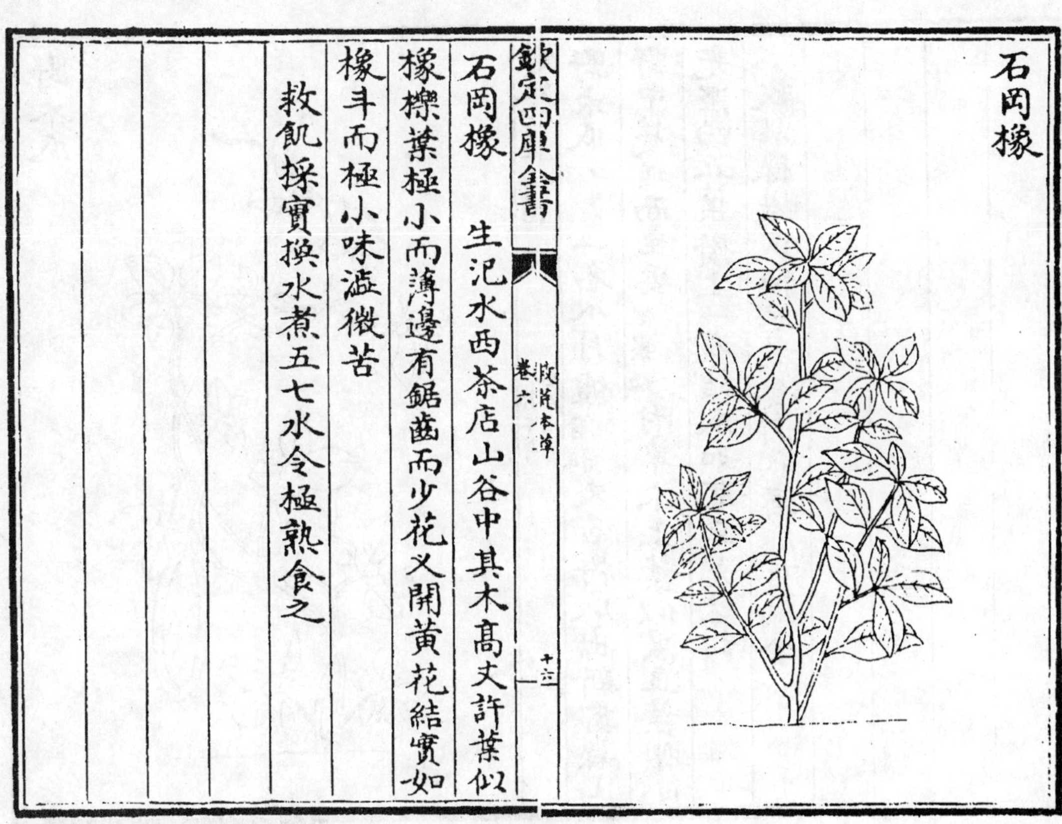

石岡橡

石岡橡　生汜水西茶店山谷中其木高丈許葉似橡櫟葉極小而薄邊有鋸齒而少花叉開黃花結實如橡斗而極小味澀微苦

救飢採實換水煮五七水令極熟食之

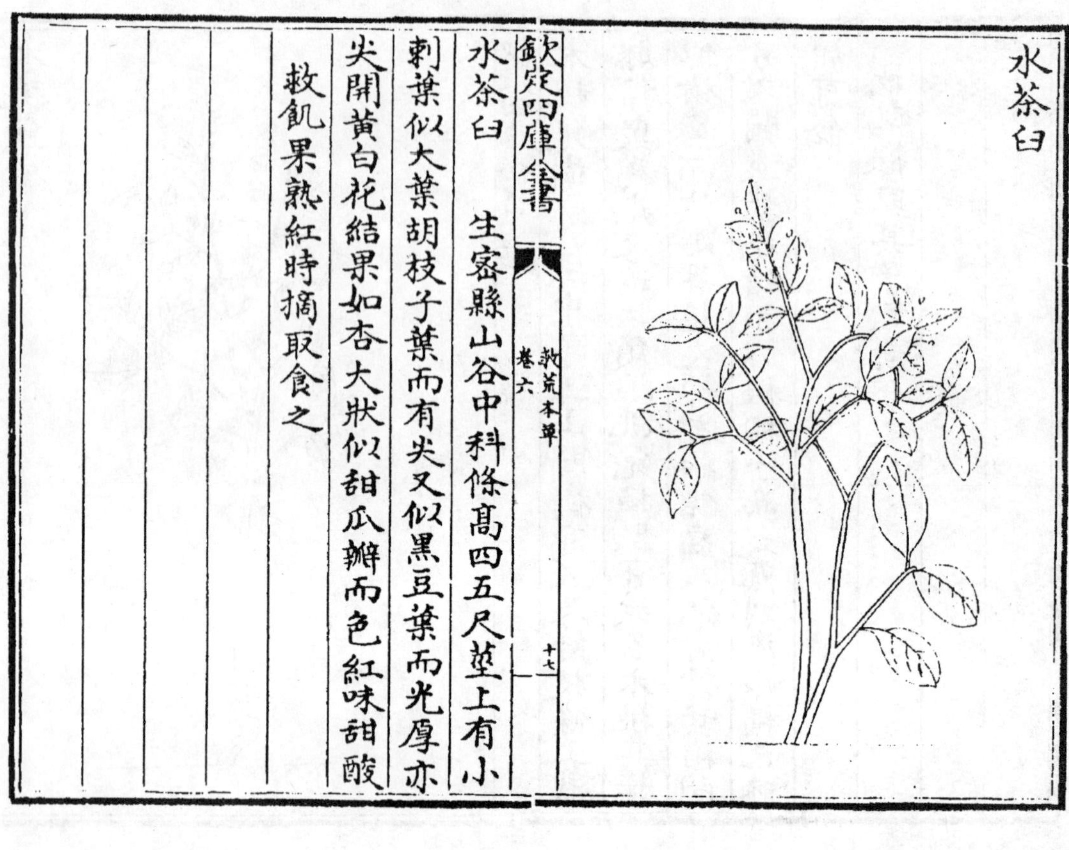

水茶臼 生密縣山谷中科條高四五尺莖上有小刺葉似大葉胡枝子葉而有尖又似黒豆葉而光厚亦尖開黄白花結果如杏大狀似甜瓜瓣而色紅味甜酸

救飢果熟紅時摘取食之

野木瓜

野木瓜 一名八月樝音相又名杵瓜出新鄭縣山野中蔓延而生妥他果切附草木上葉似黒豆葉微小光澤四五葉攢生一處結瓜如肥皂大味甜

救飢採嫩瓜換水煮食樹熟者亦可摘食

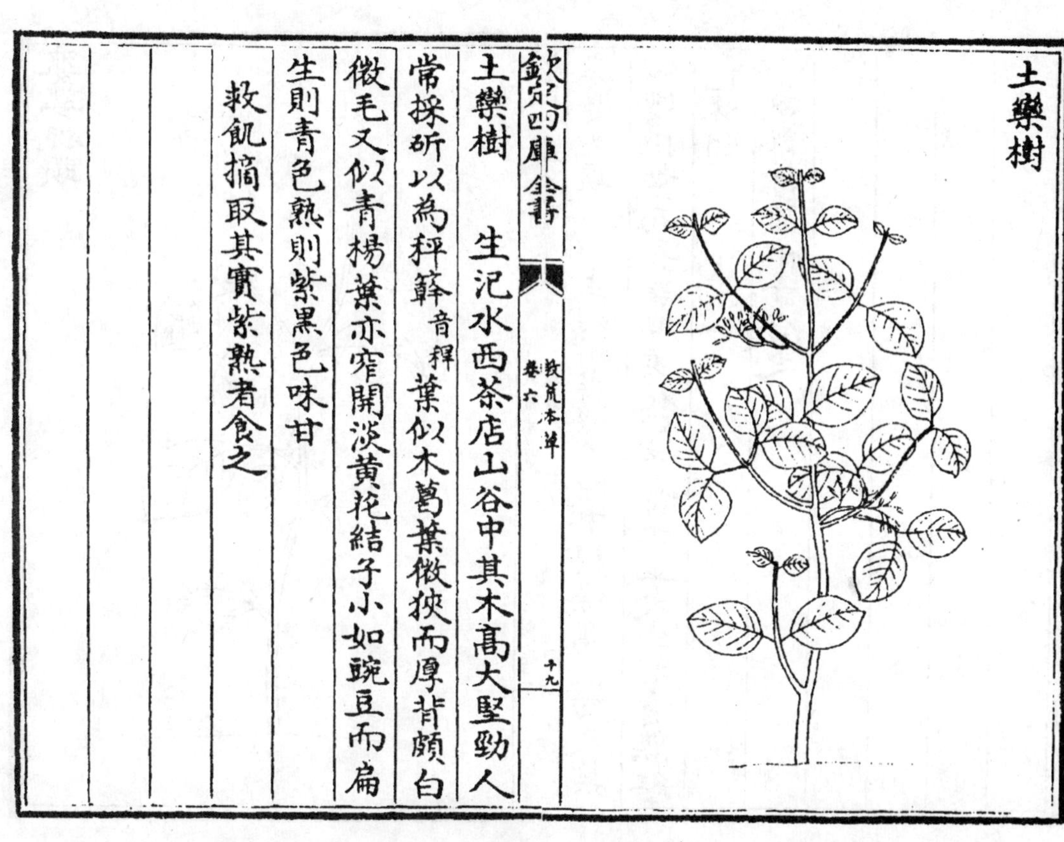

土欒樹　生汜水西茶店山谷中其木高大堅勁人常採斫以為秤簳音稈葉似木葛葉微狹而厚背頗白微毛又似青楊葉亦窄闊淡黄花結子小如豌豆而扁生則青色熟則紫黑色味甘

救飢摘取其實紫熟者食之

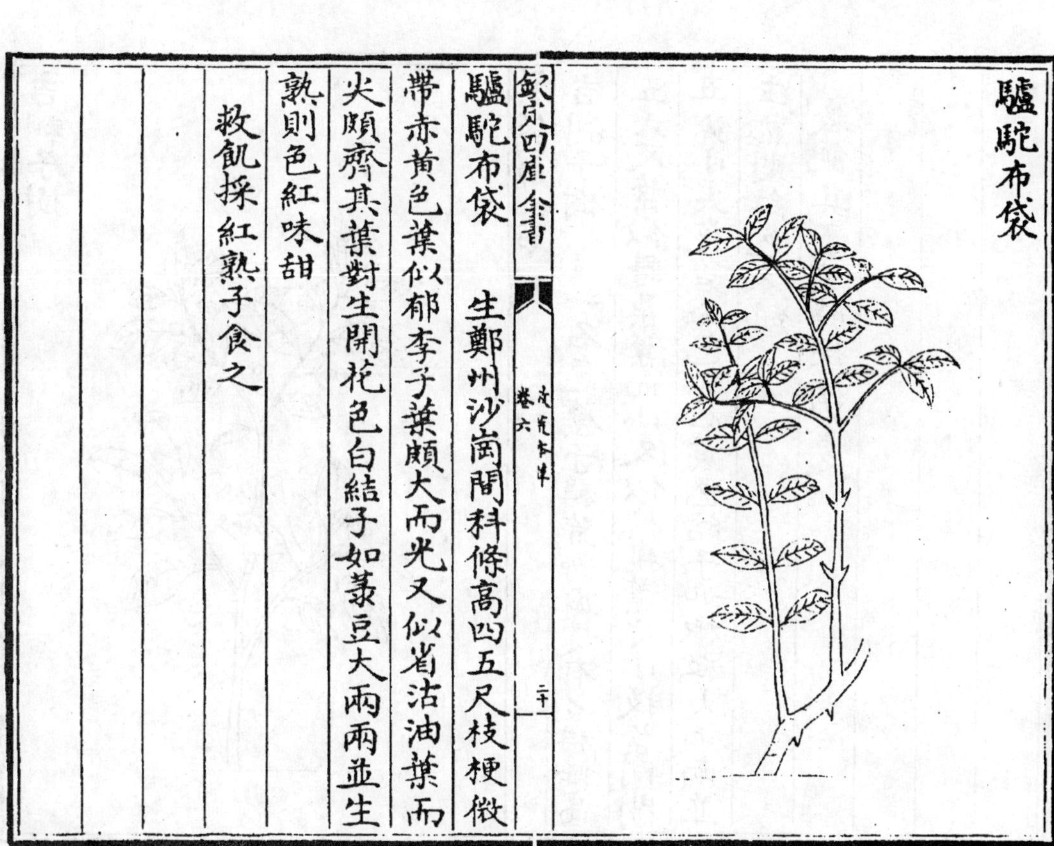

驢駝布袋　生鄭州沙崗間科條高四五尺枝梗微帶赤黄色葉似郁李子葉頗大而光又似省沽油葉而尖頗齊其葉對生開花色白結子如菉豆大兩兩並生熟則色紅味甜

救飢採紅熟子食之

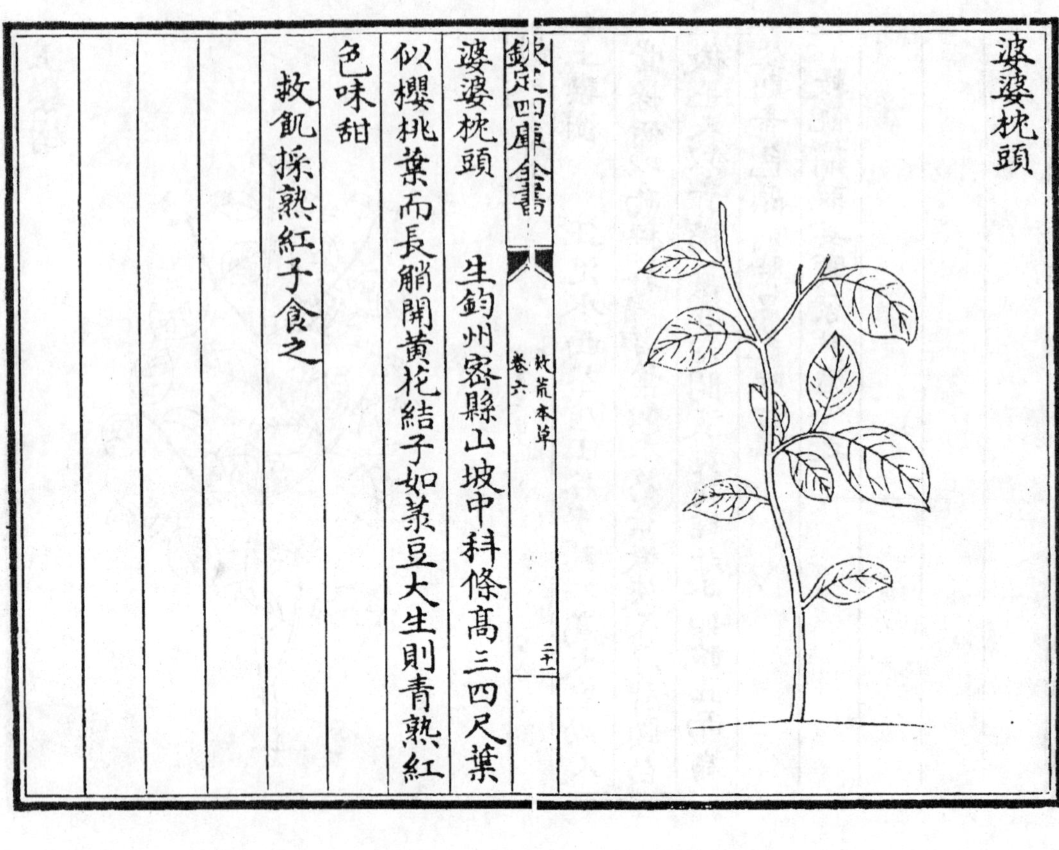

婆婆枕頭　生鈞州密縣山坡中科條高三四尺葉似櫻桃葉而長艄開黃花結子如菉豆大生則青熟紅色味甜

救飢採熟紅子食之

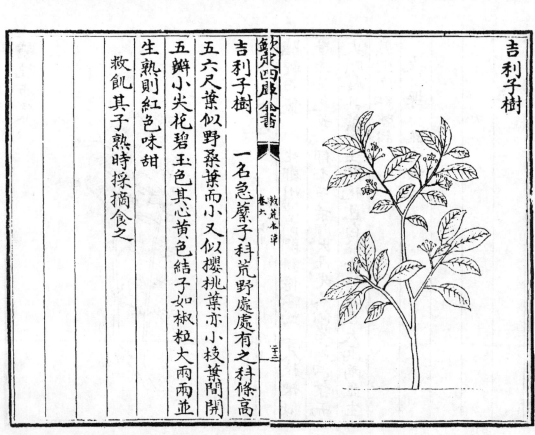

吉利子樹

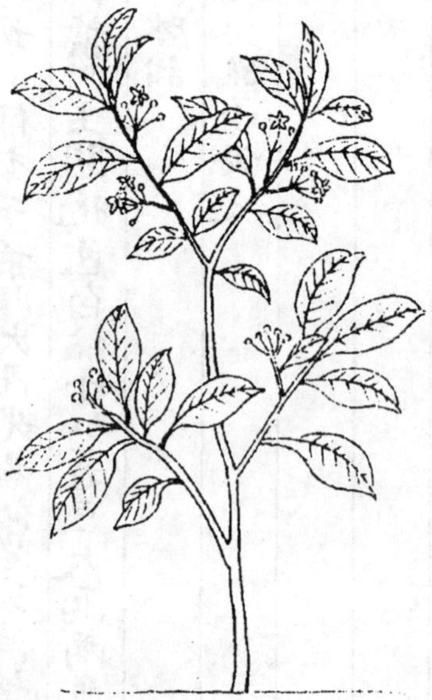

吉利子樹　一名急蘩子科荒野處處有之科條高五六尺葉似野桑葉而小又似櫻桃葉亦小枝葉間開五瓣小尖花碧玉色其心黃色結子如椒粒大兩兩並生熟則紅色味甜

救飢其子熟時採摘食之

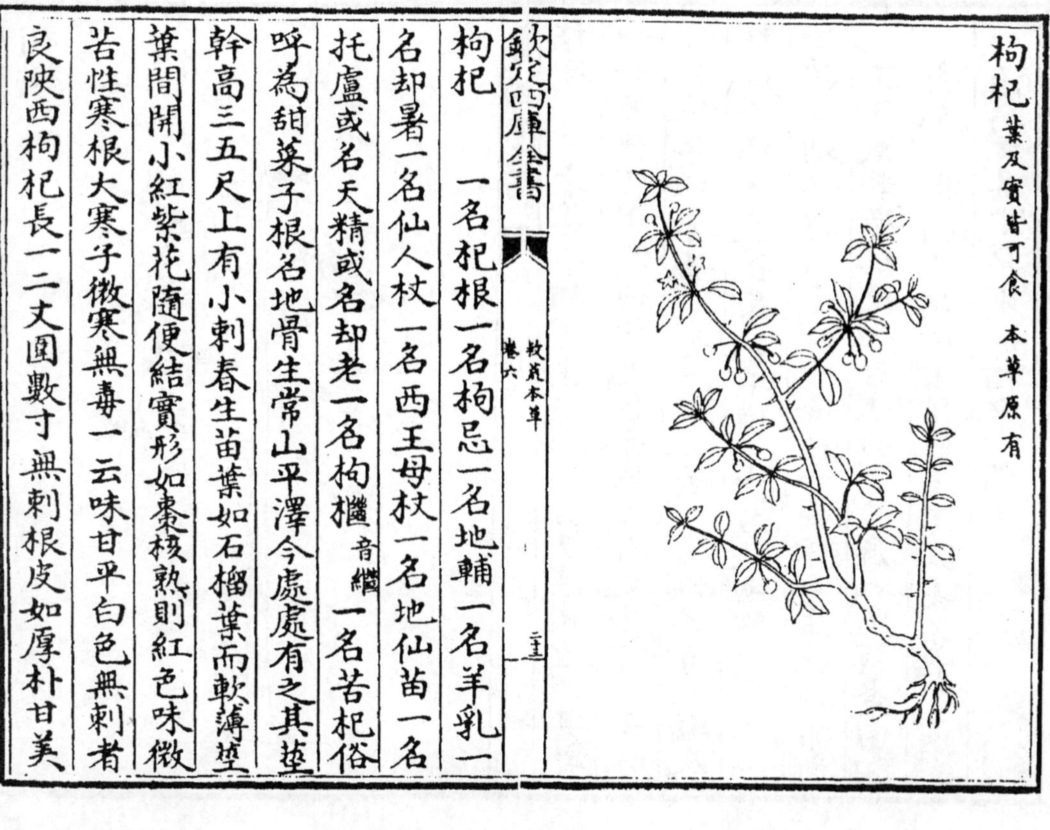

枸杞葉及實皆可食　本草原有

枸杞　一名杞根一名枸忌一名地輔一名羊乳一名却暑一名仙人杖一名西王母杖一名地仙苗一名托盧或名天精或名却老一名枸檵音繼一名苦杞俗呼為甜菜子根名地骨生常山平澤今處處有之其莖幹高三五尺上有小刺春生苗葉如石榴葉而軟薄堪葉間開小紅紫花隨便結實形如棗核熟則紅色味微苦性寒根大寒子微寒無毒一云味甘平白色無刺者良陝西枸杞長一二丈圍數寸無刺根皮如厚朴甘美異於諸處生子如櫻桃全少核曝乾如餅極爛有闕

救飢　採葉煠熟水淘淨油鹽調食作羮食皆可子紅熟時亦可食若渴煮葉作飲以代茶飲之

治病　文具本草木部條下

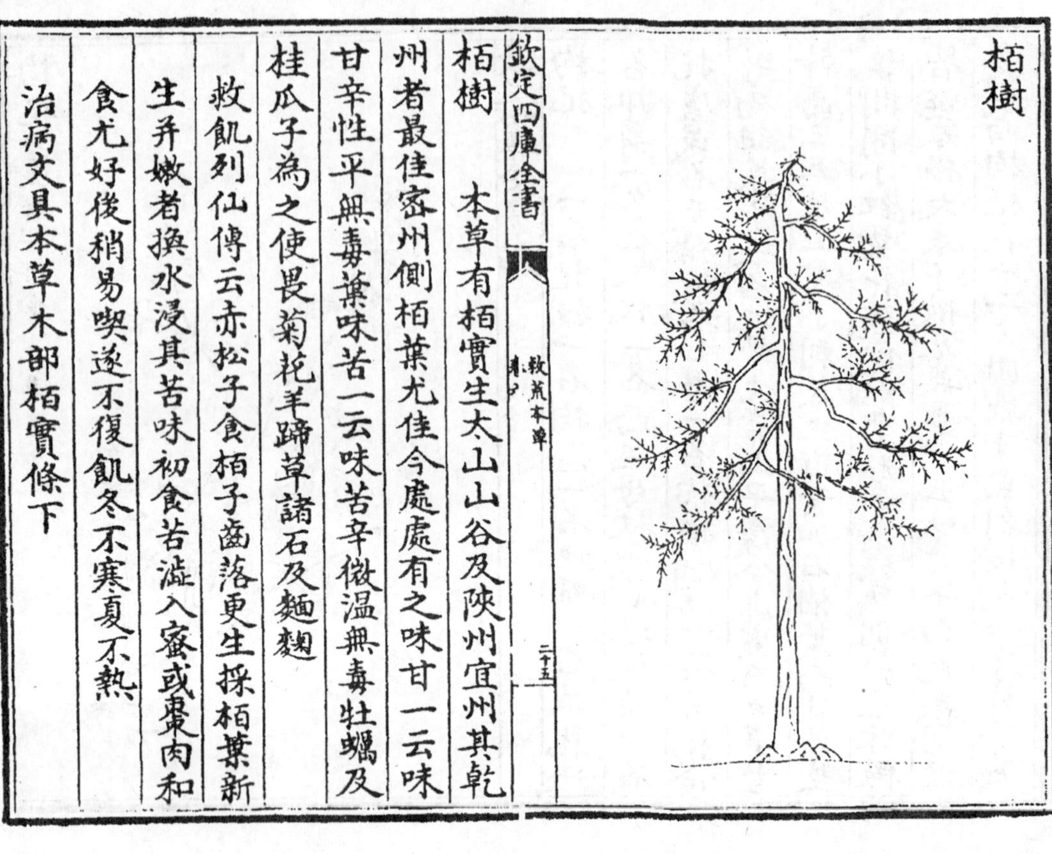

栢樹　本草有栢實生太山山谷及陜州宜州其乾州者最佳密州側栢葉尤佳今處處有之味甘一云味甘辛性平無毒葉味苦一云味苦辛微温無毒牡蠣及桂瓜子為之使畏菊花羊蹄草諸石及麪麴

救飢列仙傳云赤松子食栢子齒落更生採栢葉新生并嫩者換水浸其苦味初食苦澁入蜜或棗肉和食尤好後稍易喫遂不復飢冬不寒夏不熱

治病文具本草木部栢實條下

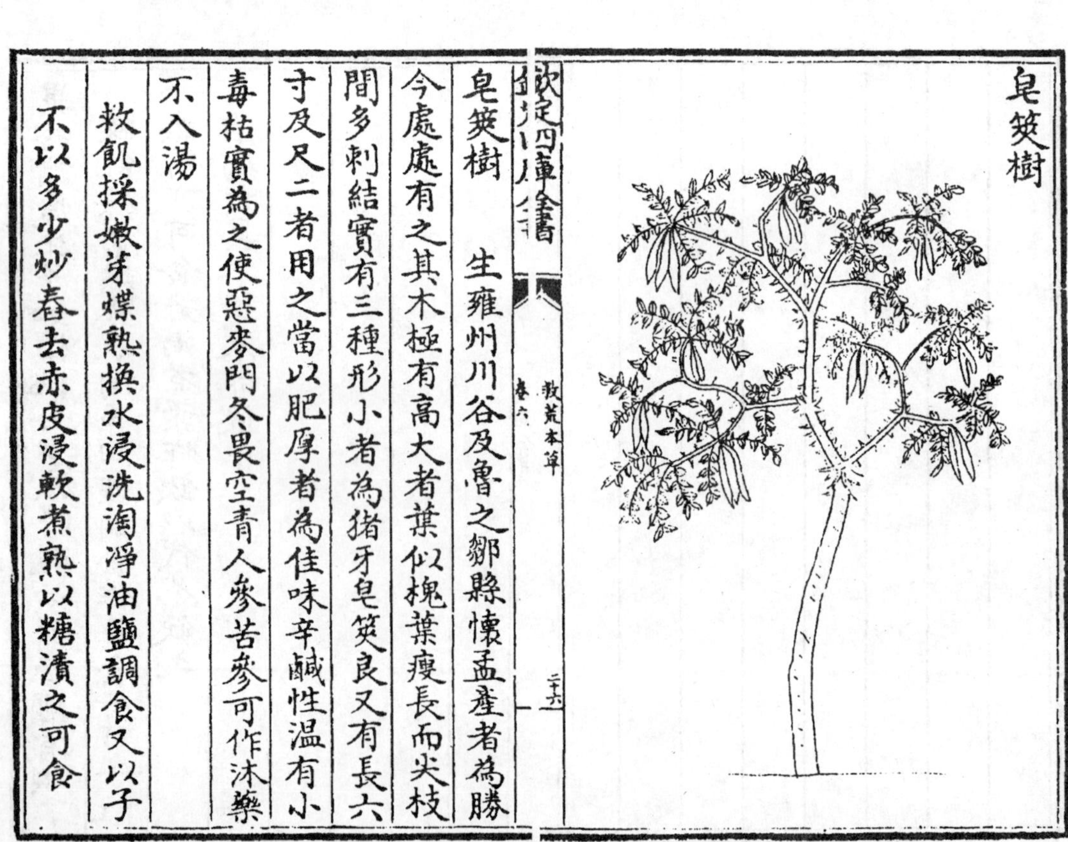

皂莢樹　生雍州川谷及魯之鄒縣懷孟產者為勝今處處有之其木極有高大者葉似槐葉瘦長而尖枝間多刺結實有三種形小者為猪牙皂莢良又有長六寸及尺二者用之當以肥厚者為佳味辛鹹性温有小毒栝實為之使惡麥門冬畏空青人參苦參可作沐藥不入湯

救飢採嫩芽煠熟換水浸洗淘淨油鹽調食又以子不以多少炒舂去赤皮浸軟煮熟以糖漬之可食

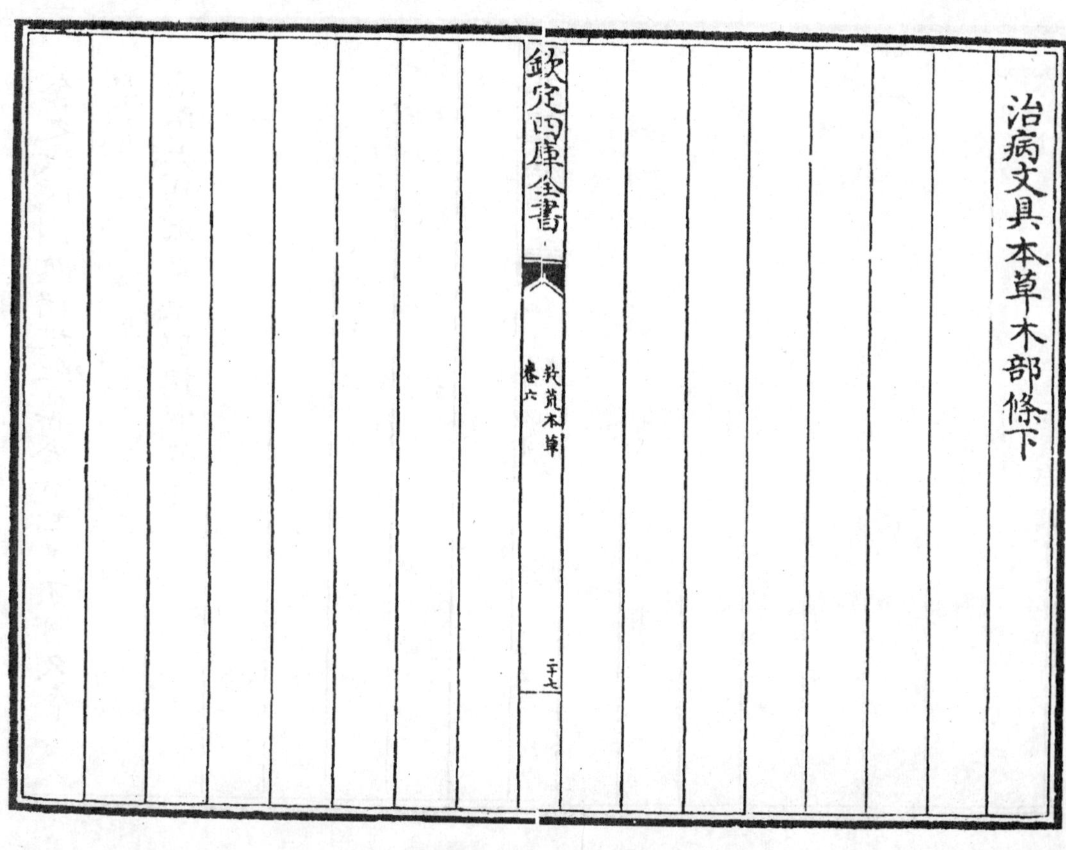

治病文具本草木部條下

楮桃樹

楮桃樹　本草名楮實一名穀音構實生少室山今所在有之樹有二種一種皮有斑花紋謂之斑穀人多用皮為冠一種皮無花紋枝葉大相類其葉似葡萄葉作瓣叉上多毛澁而有子者為佳其桃如彈大青綠色後漸變深紅色乃成熟浸洗去穰取中子入藥一云皮斑者是楮皮白者是穀皮可作紙實味甘性寒葉味甘性涼俱無毒

救飢採葉并楮桃帶花煠爛水浸過握乾作餅焙熟

食之或取樹熟楮桃紅蘂食之甘美不可久食令人

骨軟

治病文具本草木部楮實條下

柘樹

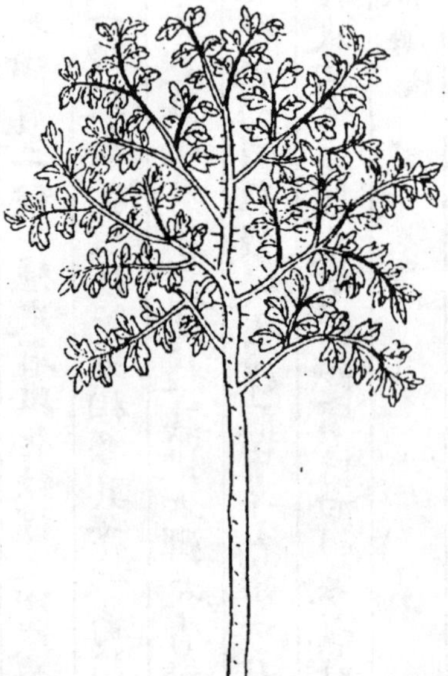

柘樹　本草有柘木舊不載所出州土今北土處處有之其木堅勁皮紋細密上多白點枝條多有刺葉比桑葉甚小而薄色頗黃淡葉稍皆三叉亦堪飼蠶綿柘刺少葉似柹葉微小枝葉間結實狀如楮桃而小熟則亦有紅蘂味甘酸葉味甘微苦柘木味甘性温無毒

救飢採嫩葉煠熟以水浸洳作成黃色換水浸去邪味再以水淘淨油鹽調食其實紅熟甘酸可食

治病文具本草木部條下

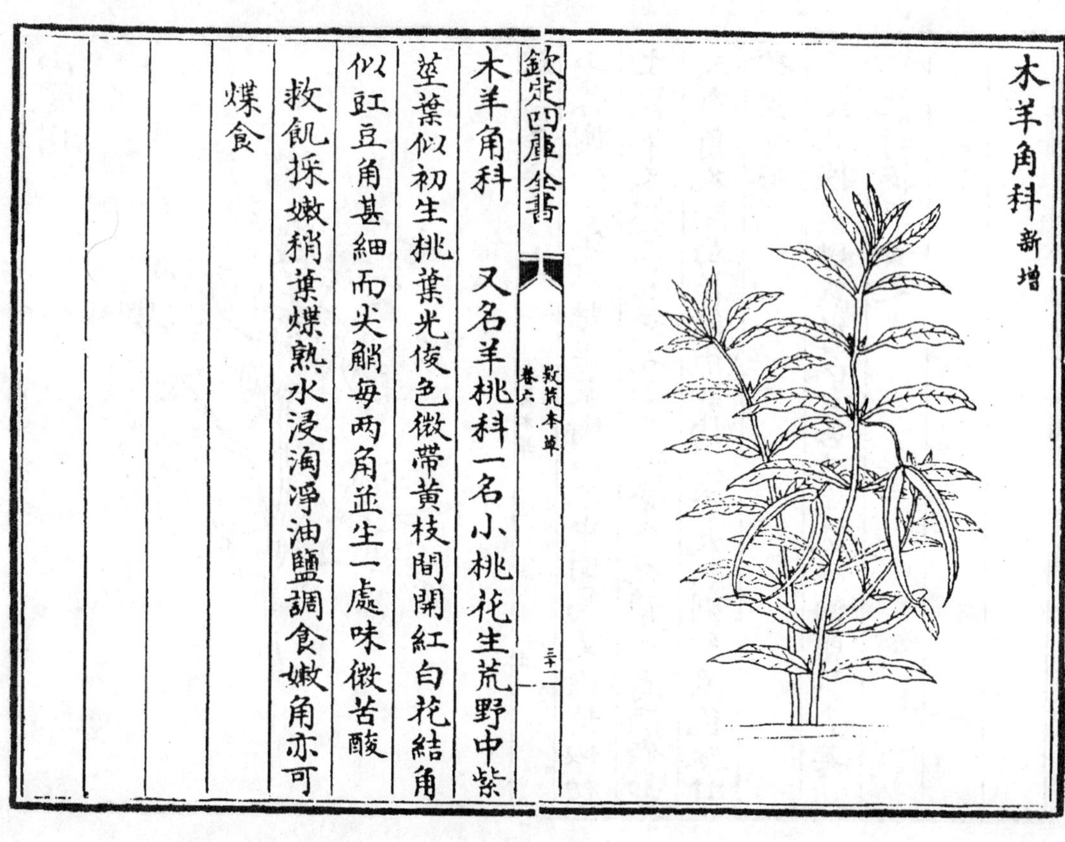

木羊角科 新增

木羊角科　又名羊桃科一名小桃花生荒野中紫莖葉似初生桃葉光俊色微帶黃枝間開紅白花結角似豇豆角甚細而尖艄每兩角並生一處味微苦酸

救飢採嫩稍葉煠熟水浸淘淨油鹽調食嫩角亦可煠食

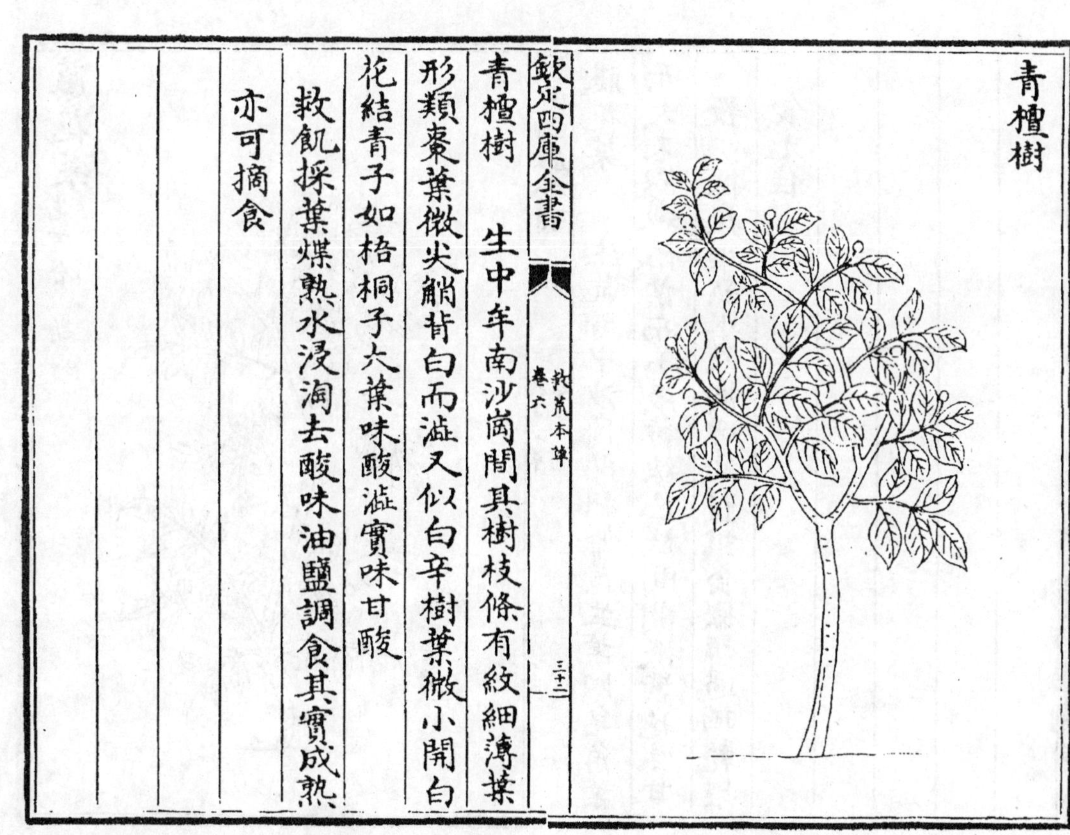

青檀樹

青檀樹　生中牟南沙崗間其樹枝條有紋細薄葉形類棗葉微尖艄背白而澁又似白辛樹葉微小開白花結青子如梧桐子大葉味酸澁實味甘酸

救飢採葉煠熟水浸淘去酸味油鹽調食其實成熟亦可摘食

山檾樹

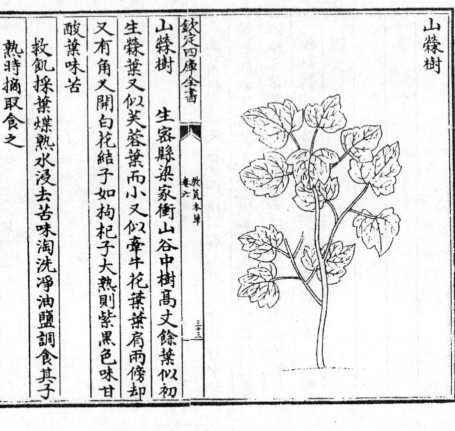

山檾樹　生密縣梁家衝山谷中樹高丈餘葉似初生檾葉又似芙蓉葉而小又似牽牛花葉葉肩兩傍却又有角叉開白花結子如枸杞子大熟則紫黑色味甘酸葉味苦

救飢採葉煠熟水浸去苦味淘洗淨油鹽調食其子熟時摘取食之

藤花菜　花可食　新增

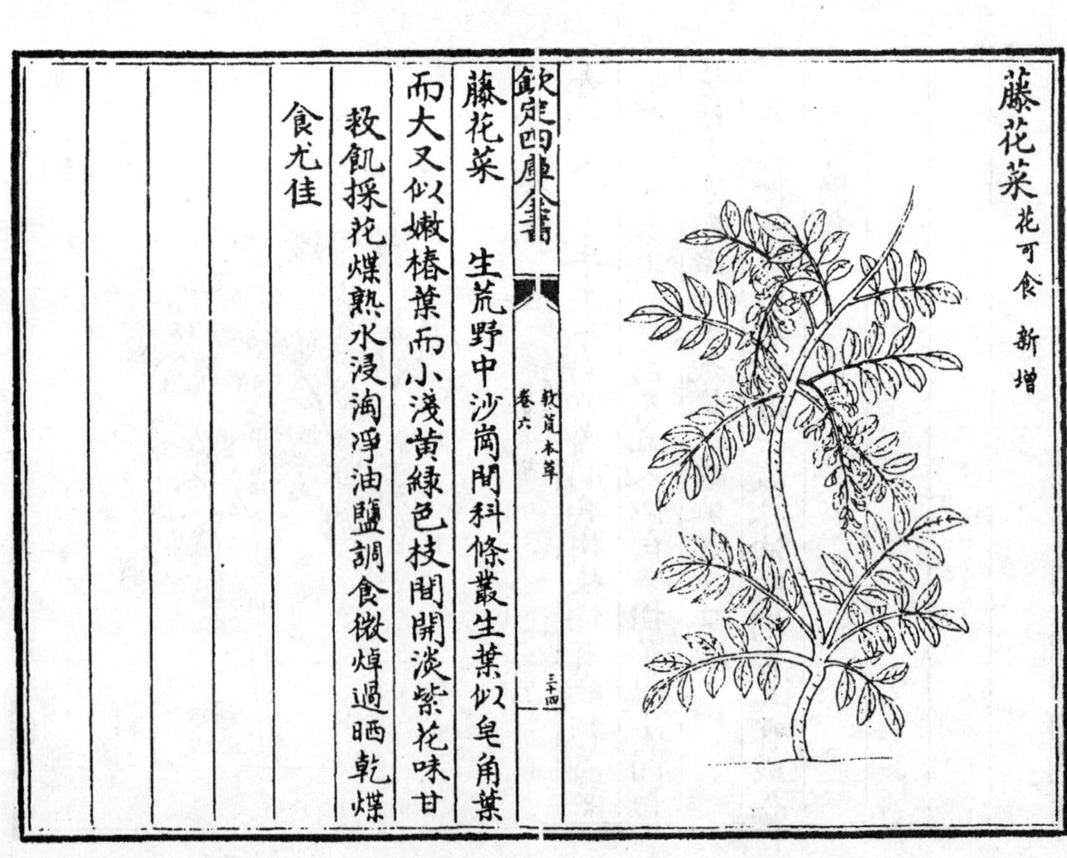

藤花菜　生荒野中沙崗間科條叢生葉似皂角葉而大又似嫩椿葉而小淺黄綠色枝間開淡紫花味甘

救飢採花煠熟水浸淘淨油鹽調食微焯過晒乾煠食尤佳

欛齒花

欛齒花上音罷　本名錦鷄兒花又名醬瓣子生山野間人家園宅間亦多栽葉似枸杞子葉而小每四葉攢生一處枝梗亦似枸杞有小刺開黄花狀類雛形結小角兒味甜

救飢採花煠熟油鹽調食炒熟喫茶亦可

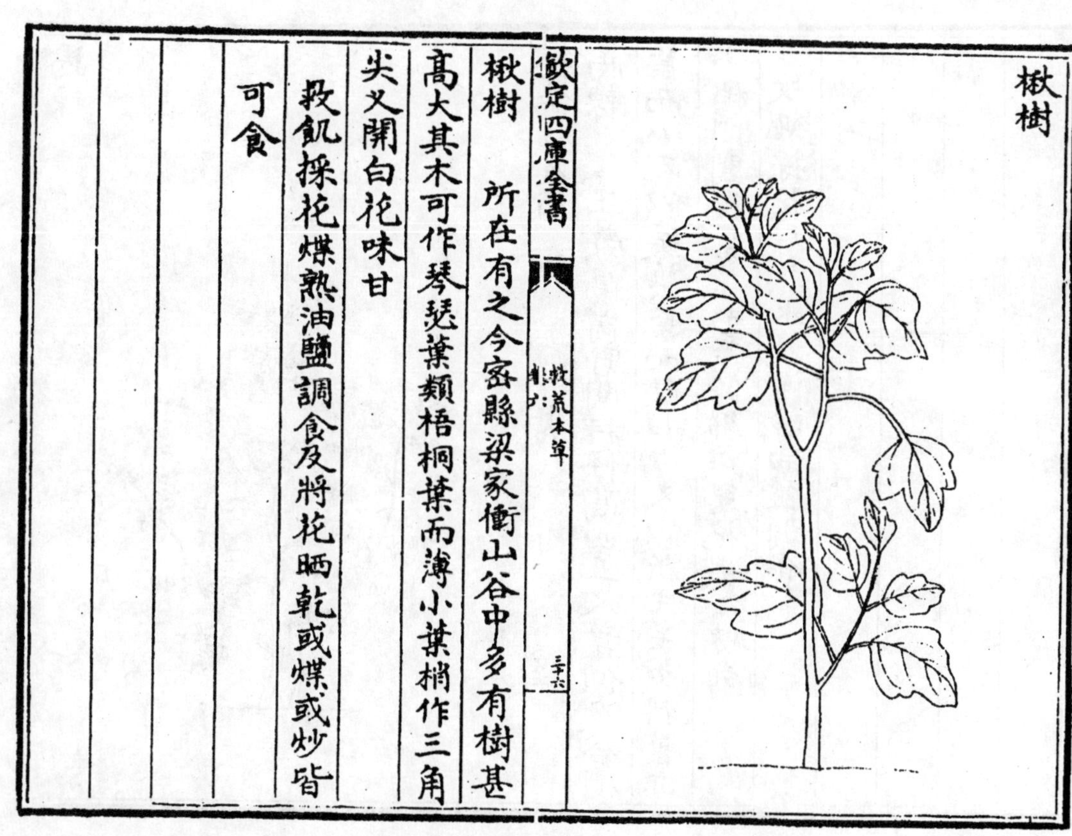

楸樹　所在有之今密縣梁家衝山谷中多有樹甚高大其木可作琴瑟葉類梧桐葉而薄小葉梢作三角尖叉開白花味甘

救飢採花煠熟油鹽調食及將花晒乾或煠或炒皆可食

臘梅花

臘梅花　多生南方今北土亦有之其樹枝條頗類李其葉似桃葉而寬大紋脉微麄開淡黃花味甘微苦

救飢採花煠熟水浸淘淨油鹽調食

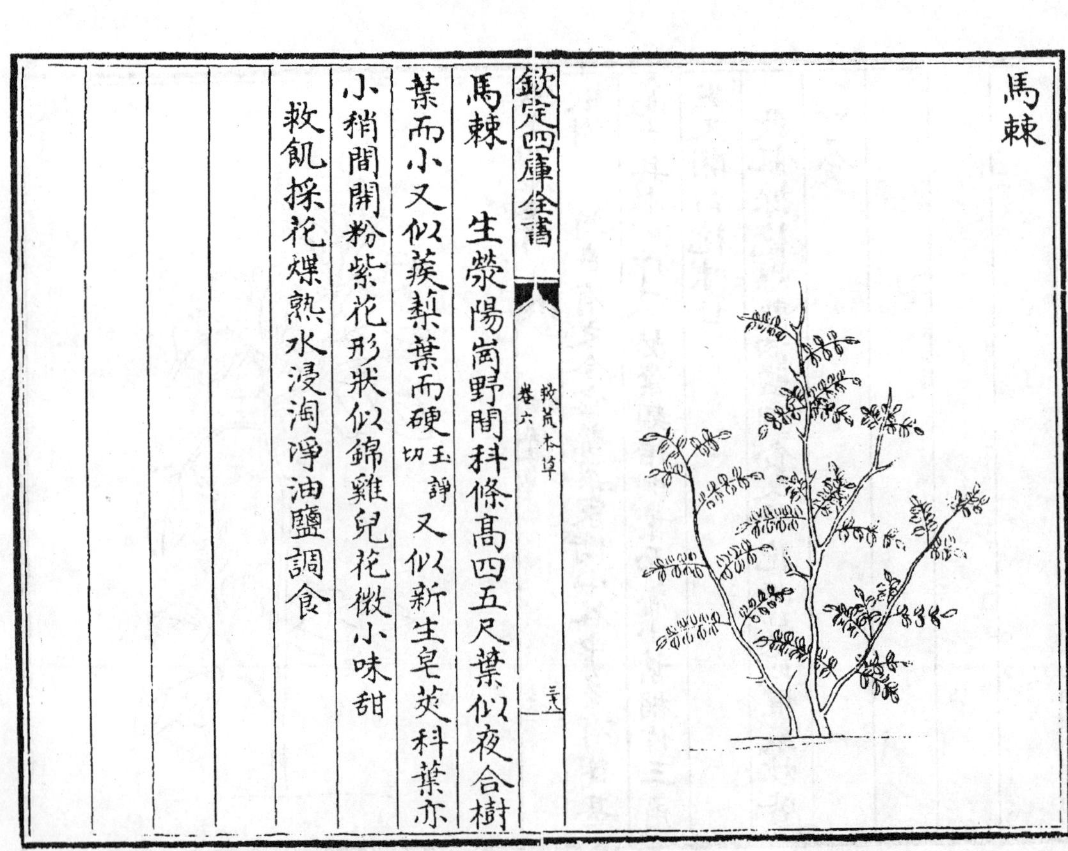

馬棘

馬棘　生滎陽崗野間科條高四五尺葉似夜合樹葉而小又似蒺藜葉而硬玉諍切又似新生皂莢科葉亦小稍間開粉紫花形狀似錦雞兒花微小味甜

救飢採花煠熟水浸淘淨油鹽調食

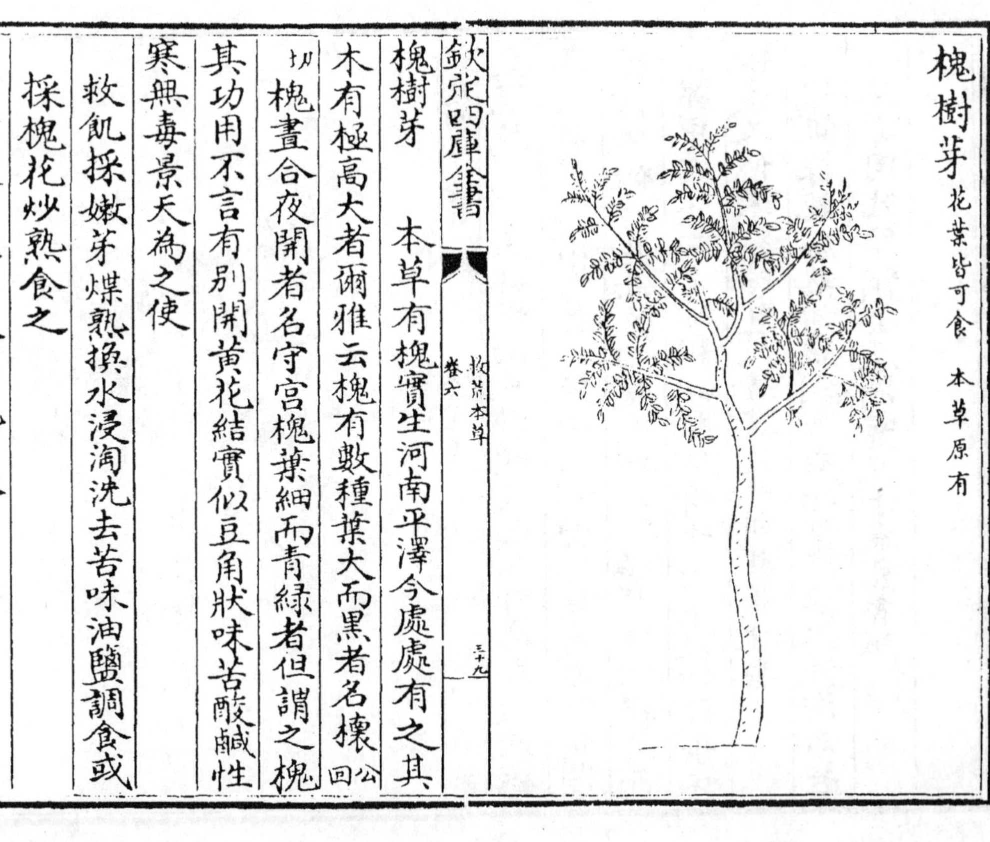

槐樹芽 花葉皆可食　本草原有

槐樹芽　本草有槐實生河南平澤今處處有之其木有極高大者爾雅云槐有數種葉大而黑者名櫰公回切槐晝合夜開者名守宮槐葉細而青綠者但謂之槐其功用不言有別開黃花結實似豆角狀味苦酸鹹性寒無毒景天為之使

救飢採嫩芽煠熟換水浸淘洗去苦味油鹽調食或採槐花炒熟食之

治病文具本草木部槐實條下

棠梨樹 花葉實皆可食　新增

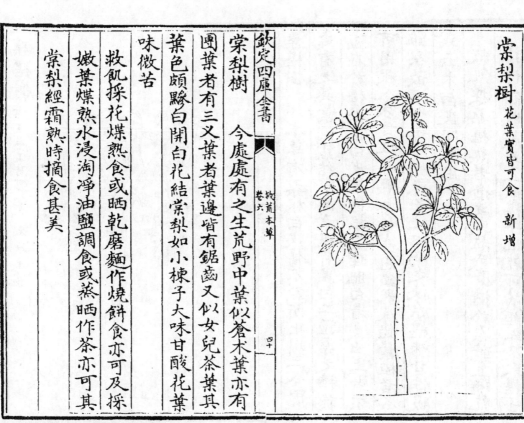

棠梨樹　今處處有之生荒野中葉似蒼朮葉亦有團葉者有三叉葉者葉邊皆有鋸齒又似女兒茶葉其葉色頗黲白開白花結棠梨如小楝子大味甘酸花葉味微苦

救飢採花煠熟食或晒乾磨麪作燒餅食亦可及採嫩葉煠熟水浸淘淨油鹽調食或蒸晒作茶亦可其棠梨經霜熟時摘食甚美

文冠花

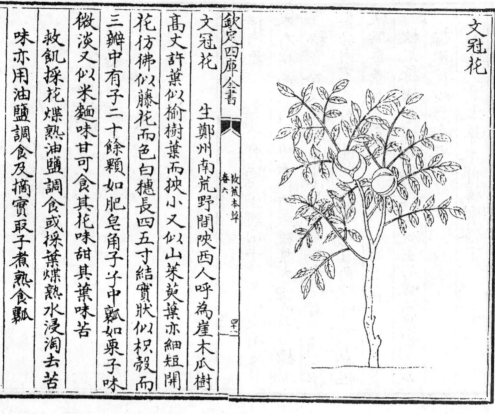

文冠花　生鄭州南荒野間陝西人呼為崖木瓜樹高丈許葉似榆樹葉而狹小又似山茱萸葉亦細短開花彷彿似藤花而色白穗長四五寸結實狀似枳殼而三瓣中有子二十餘顆如肥皂角子子中瓤如栗子味微淡又似米麵味甘可食其花味甜其葉味苦

救飢採花煠熟油鹽調食或採葉煠熟水浸淘去苦味亦用油鹽調食及摘實取子煮熟食瓤

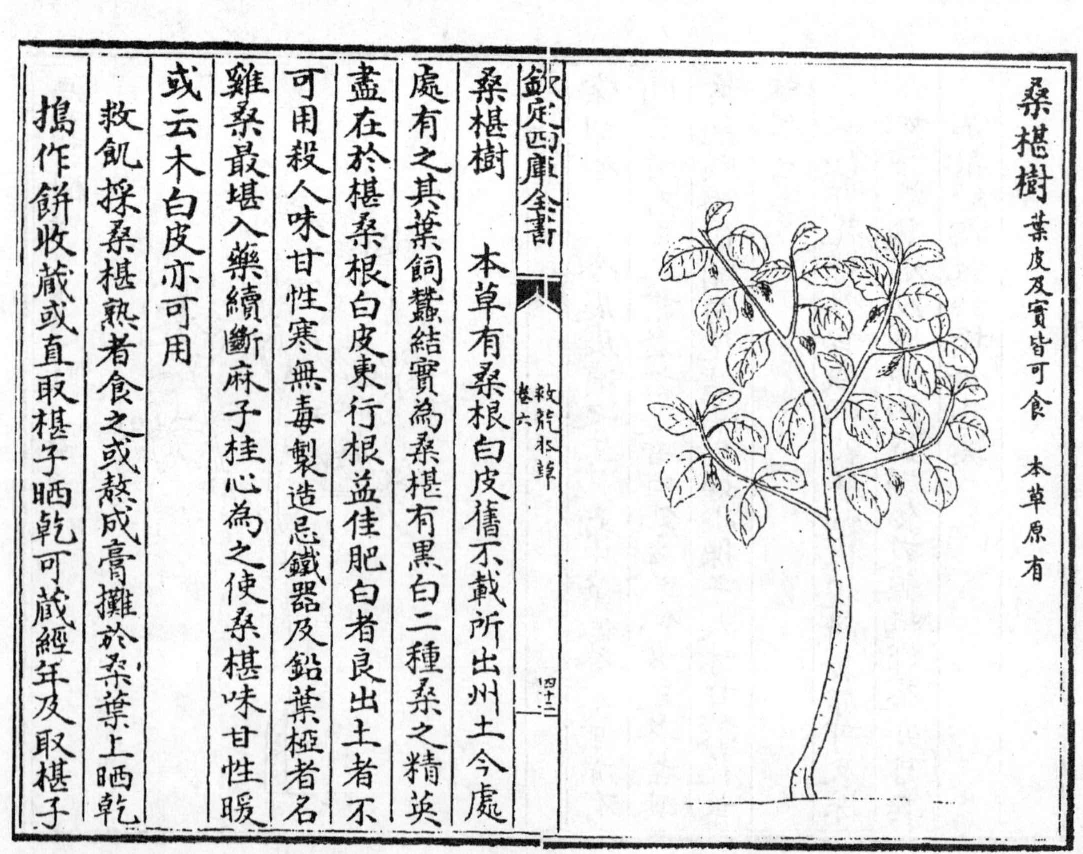

桑椹樹　葉皮及實皆可食　本草原有

桑椹樹　本草有桑根白皮舊不載所出州土今處處有之其葉飼蠶結實為桑椹有黑白二種桑之精英盡在於椹桑根白皮東行根益佳肥白者良出土者不可用殺人味甘性寒無毒製造忌鐵器及鉛葉椏者名雞桑最堪入藥續斷麻子桂心為之使桑椹味甘性暖或云木白皮亦可用

救飢採桑椹熟者食之或熬成膏攤於桑葉上晒乾擣作餅收藏或直取椹子晒乾可藏經年及取椹子

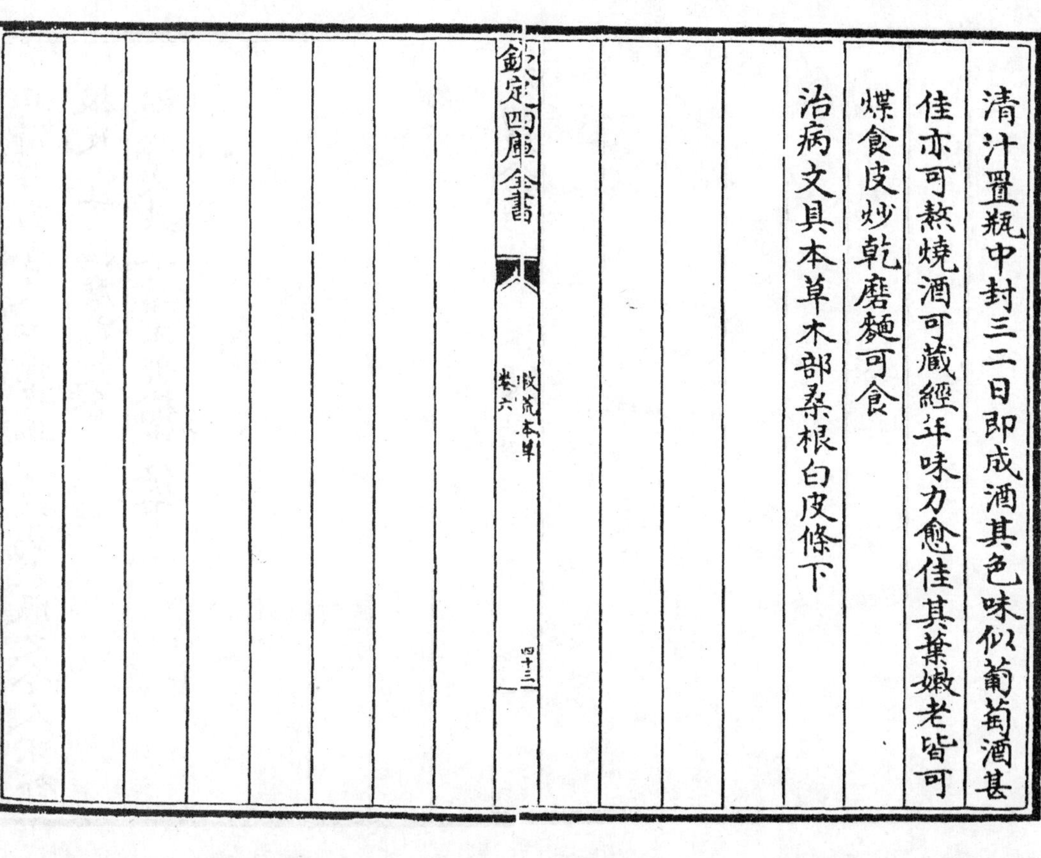

清汁置瓶中封三二日即成酒其色味似葡萄酒甚佳亦可熬燒酒可藏經年味力愈佳其葉嫩老皆可煠食皮炒乾磨麵可食

治病文具本草木部桑根白皮條下

榆錢樹

榆錢樹　本草有榆皮一名零榆生穎川山谷秦州今處處有之其木高大春時未生葉其枝條間先生榆莢形狀似錢而薄小色白俗呼為榆錢後方生葉似山茱萸葉而長尖䏰潤澤榆皮味甘性平無毒

救飢採肥嫩榆葉煠熟水浸淘淨油鹽調食其榆錢煮糜羹食佳但令人多睡或焯過晒乾備用或為醬皆可食榆皮刮去其上乾燥皴澁者取中間軟嫩皮剉碎晒乾炒焙極乾擣磨為麵拌糠䴬草末蒸食取

其滑澤易食又云榆皮與檀皮為末服之令人不飢根皮亦可搗磨為麵食

治病文具本草木部榆皮條下

竹笋　笋可食　本草原有

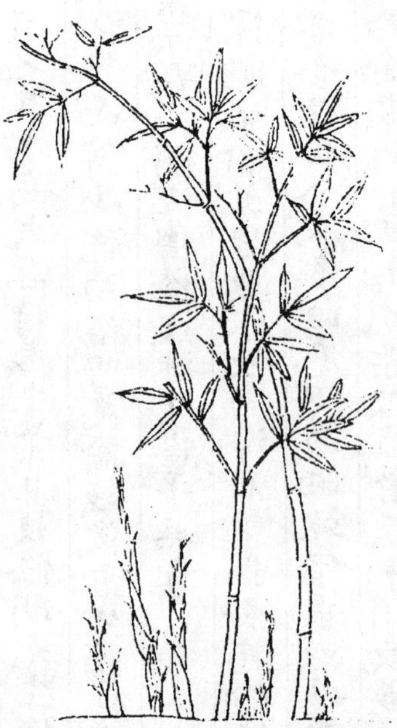

竹笋　本草竹葉有篁音謹又音九竹葉苦竹葉淡竹葉本經並不載所出州土今處處有之竹之類甚多而入藥者惟此三種人多不能盡别篁竹堅而促節體圓而質勁成白如霜作笛者有一種亦不名篁竹苦竹亦有二種一種出江西及閩中本極麤大笋味甚苦不可噉一種出江浙近地亦時有之肉厚而葉長濶笋微苦味俗呼甜苦笋食所最貴者亦不聞入藥用淡竹肉薄節間有粉南人以燒竹瀝者醫家只用此一品又有一種

溥殼者名甘竹葉最勝又有實中竹篁竹並以笋為佳於藥無用凡取竹瀝惟用淡竹苦竹篁竹爾陶隱居云竹實出藍田江東乃有花而無實而頃來斑斑有實狀如小麥堪可為飯圖經云竹笋味甘無毒又云寒

救飢採竹嫩笋煠熟油鹽調食焯過晒乾煠食尤好

治病文具本草木部竹葉條下

野豌豆 以下米穀部 實可食 新增

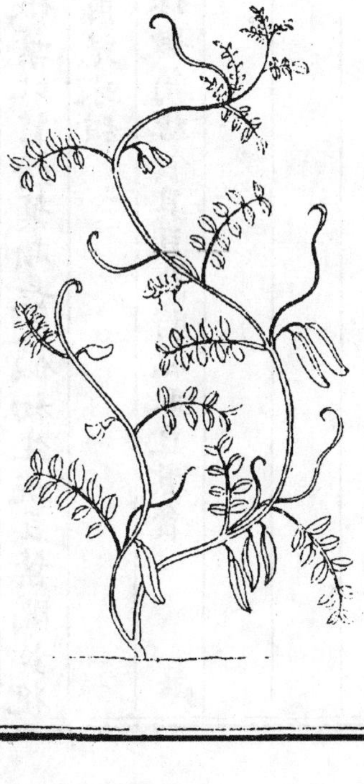

野豌豆 生田野中苗初就地拖秧而生後分生莖叉苗長二尺餘葉似胡豆葉稍大又似苜蓿葉亦大開淡粉紫花結角似家豌豆角但秕音比小味苦

救飢採角煮食或收取豆煮食或磨麵製造食用與家豆同

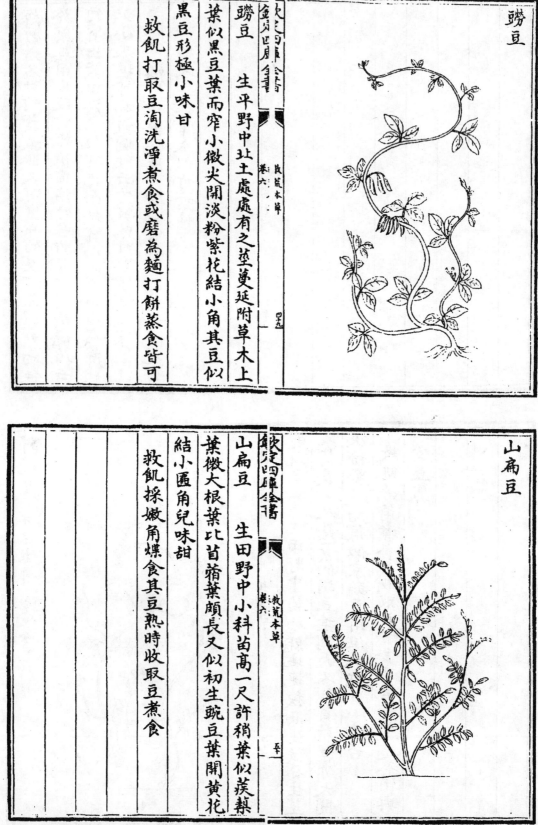

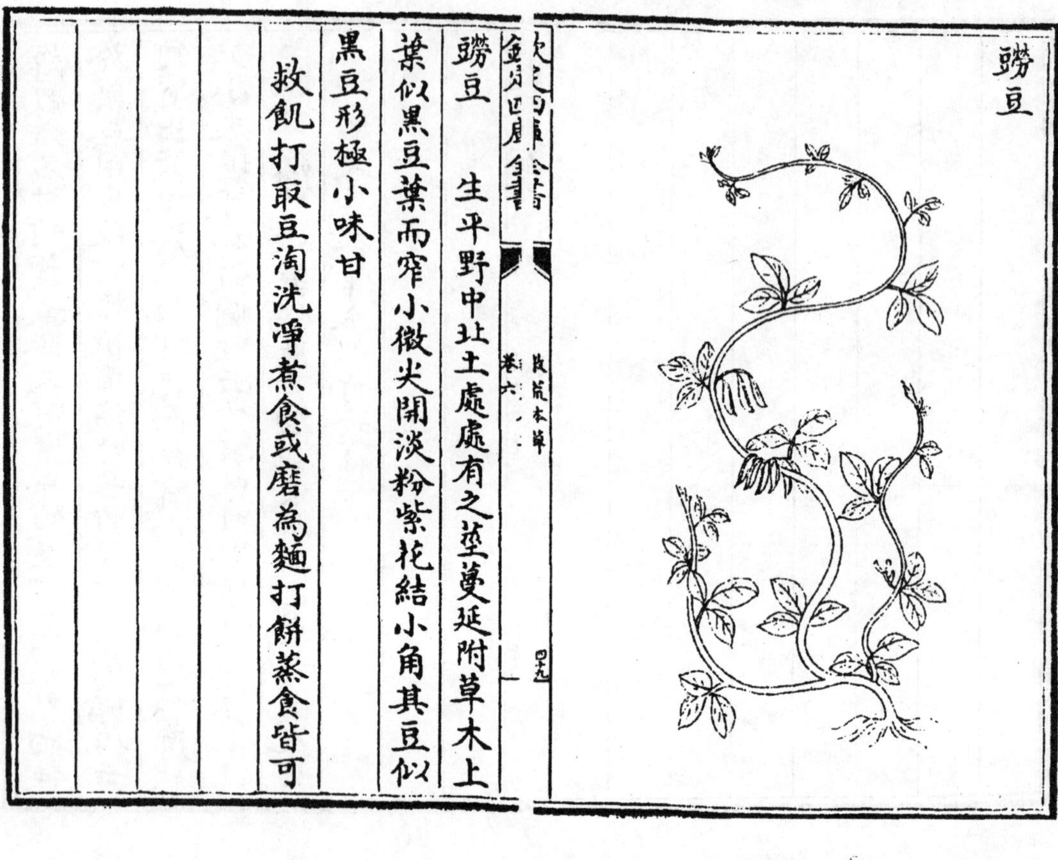

勞豆　生平野中北土處處有之莖蔓延附草木上葉似黑豆葉而窄小微尖開淡粉紫花結小角其豆似黑豆形極小味甘

救飢　打取豆淘洗淨煮食或磨為麵打餅蒸食皆可

山扁豆

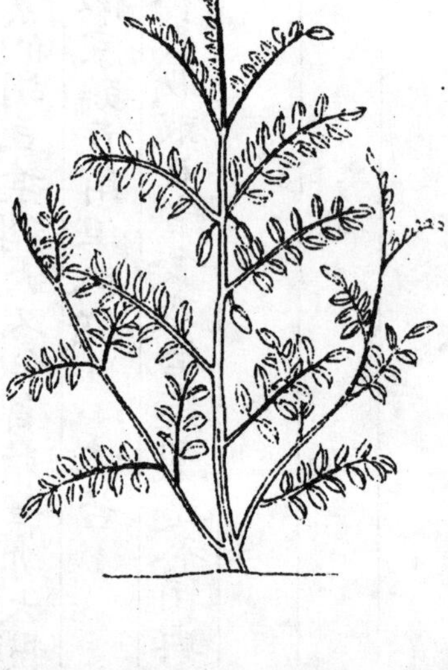

山扁豆　生田野中小科苗高一尺許稍葉似蒺藜葉微大根葉比苜蓿葉頗長又似初生豌豆葉開黃花結小匾角兒味甜

救飢　採嫩角煠食其豆熟時收取豆煮食

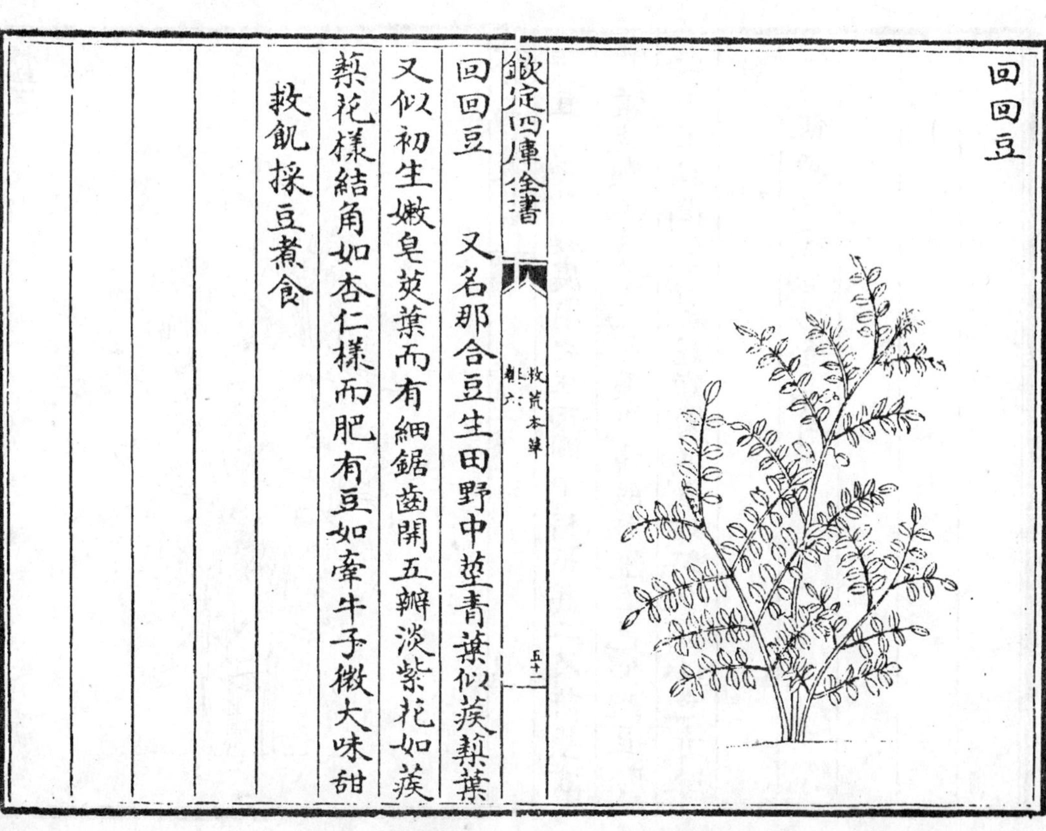

回回豆　又名那合豆生田野中莖青葉似蒺藜葉又似初生嫩皂莢葉而有細鋸齒開五瓣淡紫花如蒺藜花樣結角如杏仁樣而肥有豆如牽牛子微大味甜

救飢採豆煮食

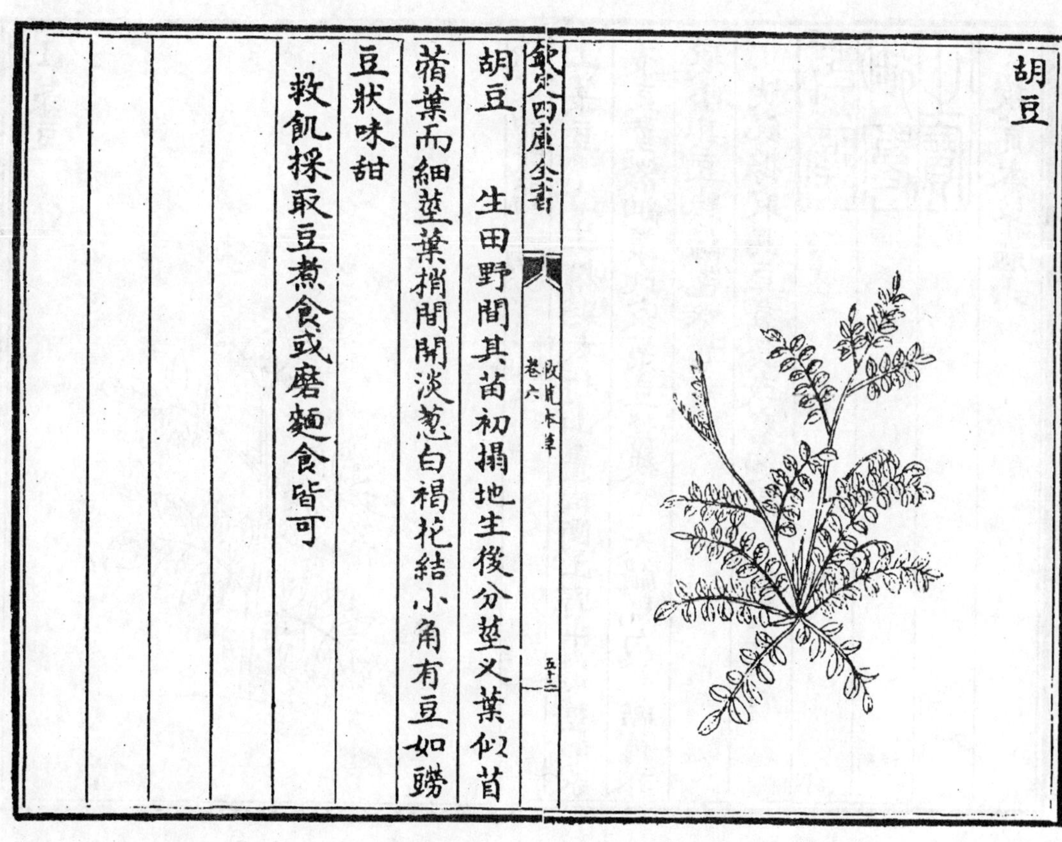

胡豆　生田野間其苗初搨地生後分莖叉葉似苜蓿葉而細莖葉梢間開淡葱白褐花結小角有豆如䝁豆狀味甜

救飢採取豆煮食或磨麵食皆可

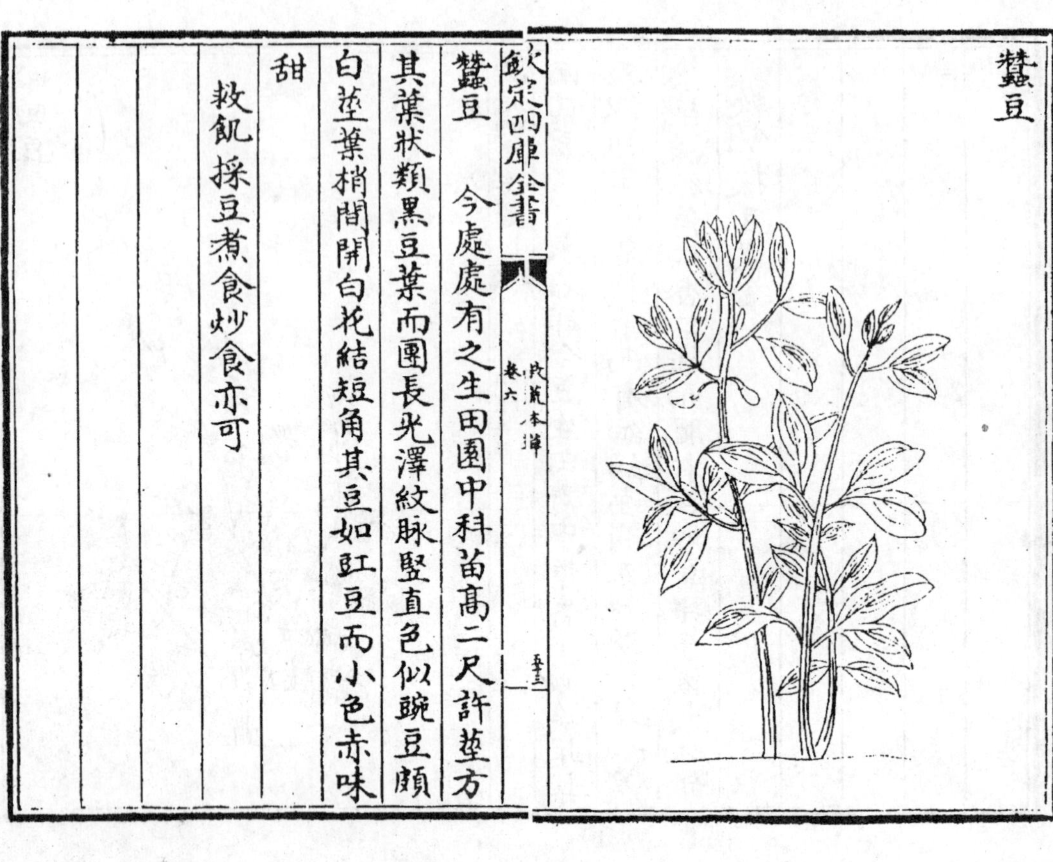

蠶豆

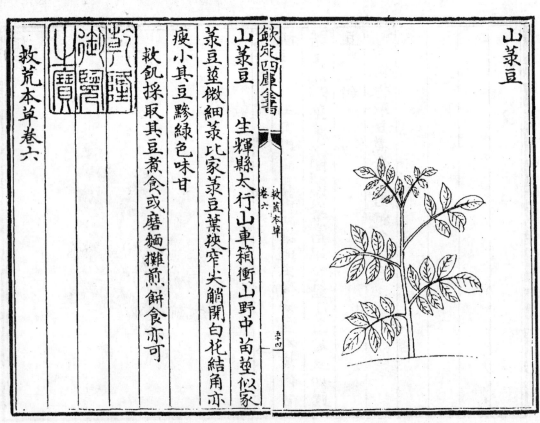

蠶豆　今處處有之生田園中科苗高二尺許莖方其葉狀類黑豆葉而團長光澤紋脈竪直色似豌豆顏白莖葉梢間開白花結短角其豆如豇豆而小色赤味甜

救飢　採豆煮食炒食亦可

山菉豆

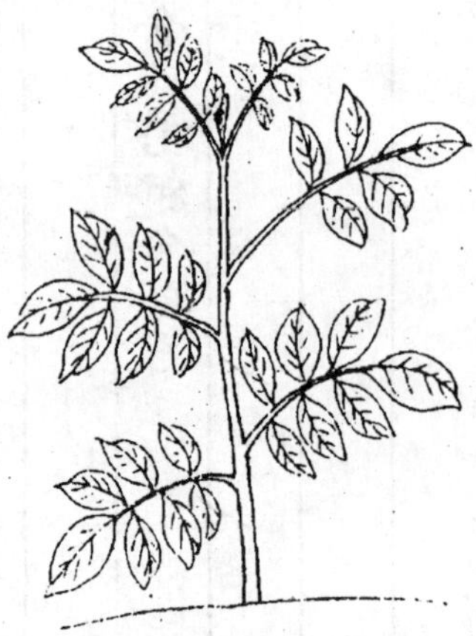

山菉豆　生輝縣太行山車箱衝山野中苗莖似家菉豆莖微細菉比家菉豆葉狹窄尖艄開白花結角亦瘦小其豆黲綠色味甘

救飢　採取其豆煮食或磨麵攤煎餅食亦可

救荒本草卷六

欽定四庫全書

救荒本草卷七

明 周王朱橚 撰

米穀部

葉及實皆可食本草原有五種新增八種

果部

實可食本草原有十種新增四種

葉及實皆可食本草原有四種新增一種

根可食本草原有二種

根及實皆可食本草原有二種

蕎麥苗 葉及實皆可食 本草原有

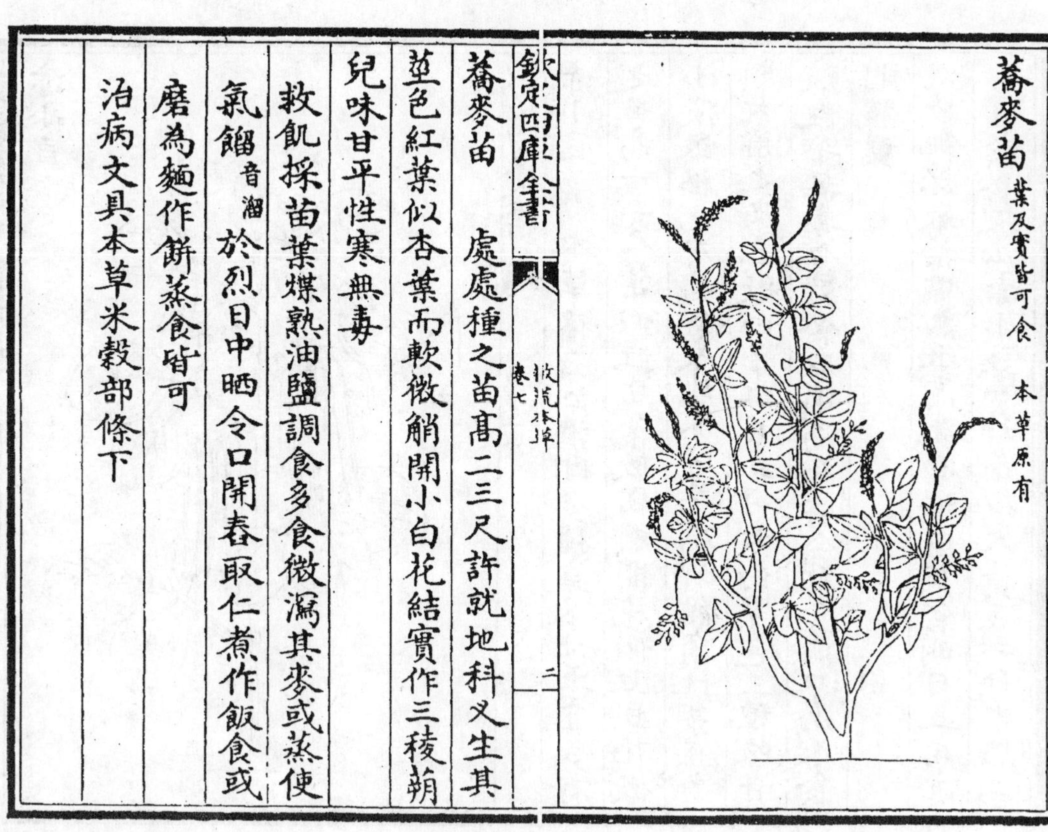

蕎麥苗 處處種之苗高二三尺許就地科叉生其莖色紅葉似杏葉而軟微艄開小白花結實作三稜蒴兒味甘平性寒無毒

救飢採苗葉煠熟油鹽調食多食微瀉其麥或蒸使氣餾音溜於烈日中晒令口開舂取仁煮作飯食或磨為麵作餅蒸食皆可

治病文具本草米穀部條下

御米花

御米花　本草名罌子粟一名象穀一名米囊一名囊子處處有之苗高一二尺葉似靛葉色而大邊皺多有花叉開四瓣紅白花亦有千葉花者結殼似骲音炮箭頭殼中有米數千粒似葶藶子色白隔年種則佳米味甘性平無毒

救飢採嫩葉煠熟油鹽調食取米作粥或與麪作餅皆可食其米和竹瀝煮粥食之極美

治病文具本草米穀部罌子粟條下

赤小豆

赤小豆　本草舊云江淮間多種蒔今北土亦多有之苗高一二尺葉似豇豆葉微團艄開花似豇豆花微小淡銀褐色有腐氣人故亦呼為腐婢結角比菉豆角頗大角之皮色微白帶紅其豆有赤白黧色三種味甘酸性平無毒合鮓食成消渴為醬合鮓食成口瘡人食則體重

救飢採嫩葉煠熟水淘洗淨油鹽調食明目豆角亦可煮食又法赤小豆一升半炒大黃豆一升半焙二

味搗末每服一合新水下日三服盡三升可度十一日不飢又説小豆食之逐津液行小便久服則虚人令人黒瘦枯燥

治病文具本草米穀部條下

山絲苗

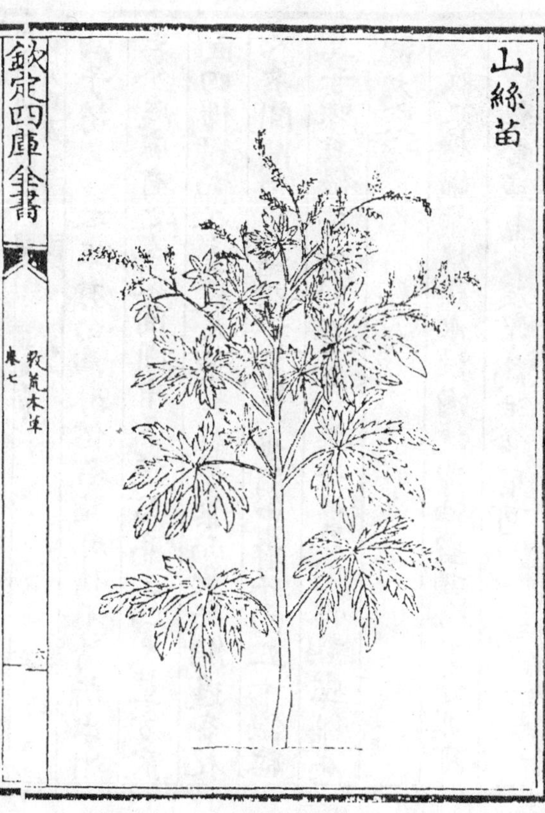

山絲苗　本草有麻蕡音焚一名麻勃一名莩音字一名麻母生太山川谷今皆處處有之人家園圃中多種蒔績其皮以為布苗高四五尺莖有細線楞葉形狀似柳葉而邊皆有乂牙鋸齒每八九葉攢生一處又似荆葉而狹色深青開淡黄白花結實小如菉豆顆而區圓經云麻蕡此麻上花勃勃者味辛性平有毒麻子味甘性平微寒滑利無毒入土者損人畏牡蠣白薇惡茯苓

救飢採嫩葉煠熟換水浸去邪惡氣味再以水淘洗

淨油鹽調食不可多食亦不可久食動風子可炒食亦可打油用

治病文具本草米穀部麻蕡條下

油子苗

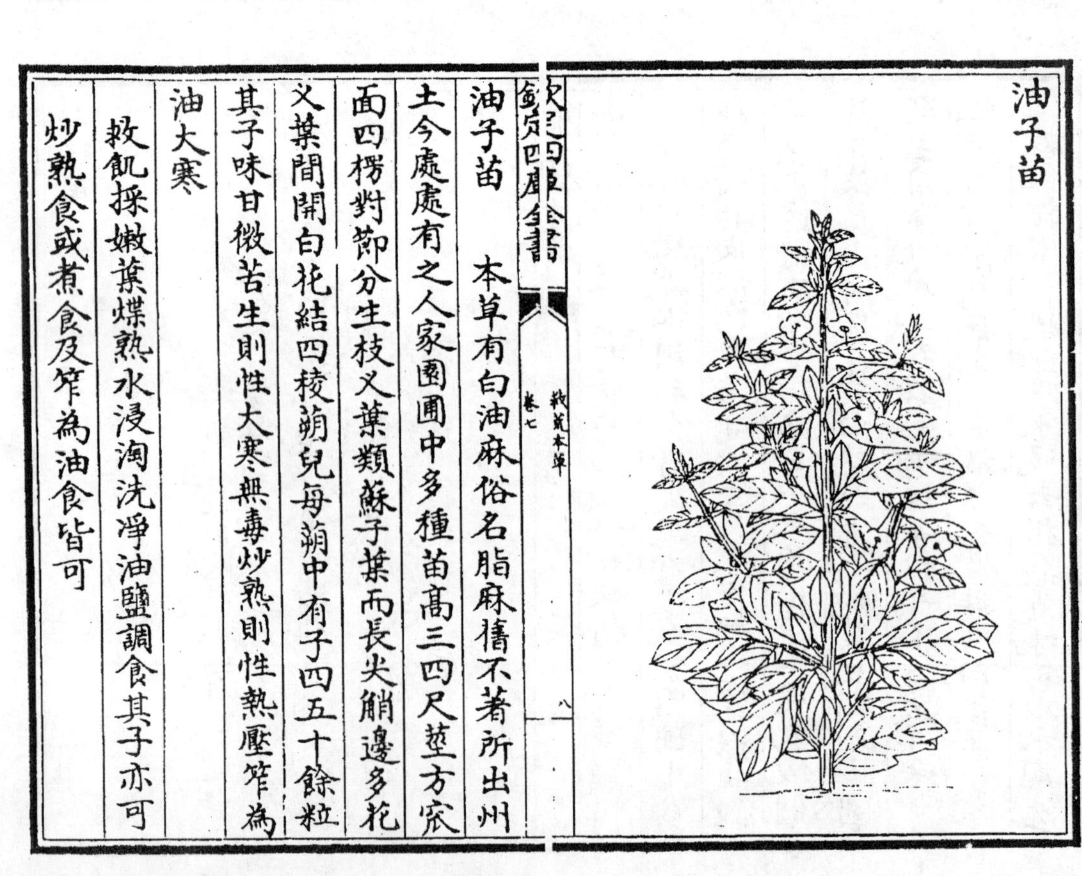

油子苗　本草有白油麻俗名脂麻舊不著所出州土今處處有之人家園圃中多種苗高三四尺莖方窊面四楞對節分生枝叉葉類蘇子葉而長尖䇿邊多花叉葉間開白花結四稜蒴兒每蒴中有子四五十餘粒其子味甘微苦生則性大寒無毒炒熟則性熱壓笮為油大寒

救飢採嫩葉煠熟水浸淘洗淨油鹽調食其子亦可炒熟食或煮食及笮為油食皆可

治病文具本草米穀部白油麻條下

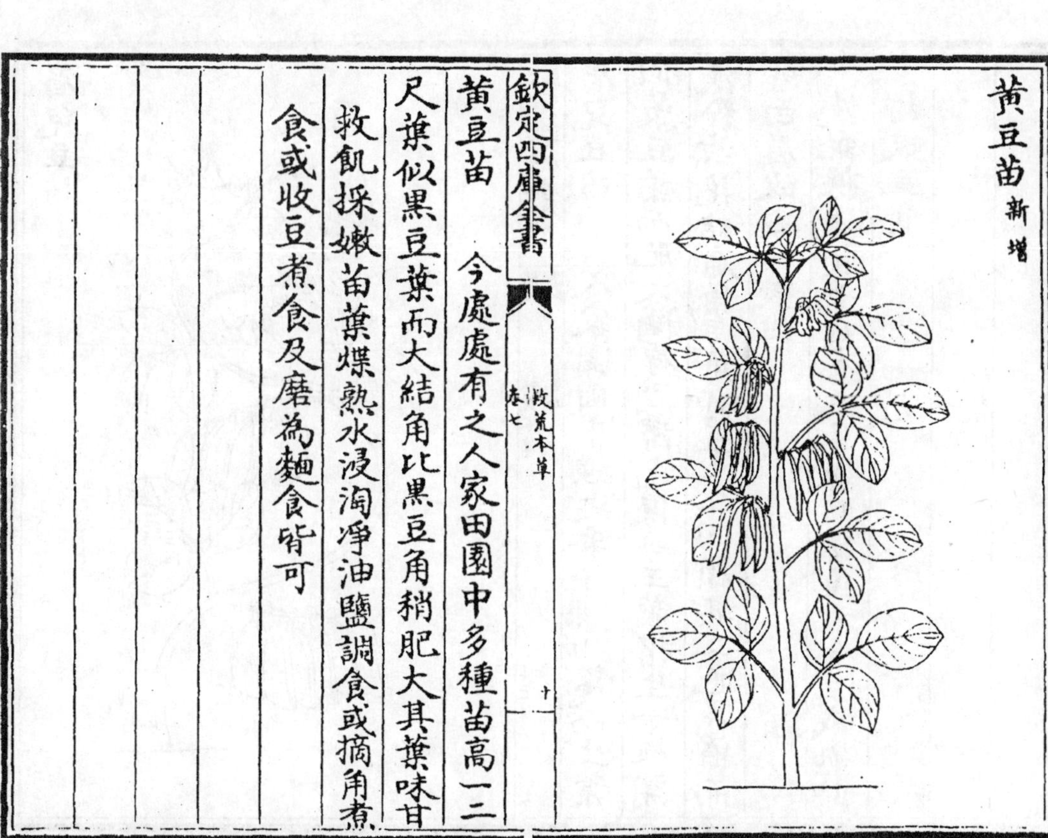

黃豆苗 今處處有之人家田園中多種苗高一二尺葉似黑豆葉而大結角比黑豆角稍肥大其葉味甘

救飢 採嫩苗葉煠熟水浸淘淨油鹽調食或摘角煮食或收豆煮食及磨為麵食皆可

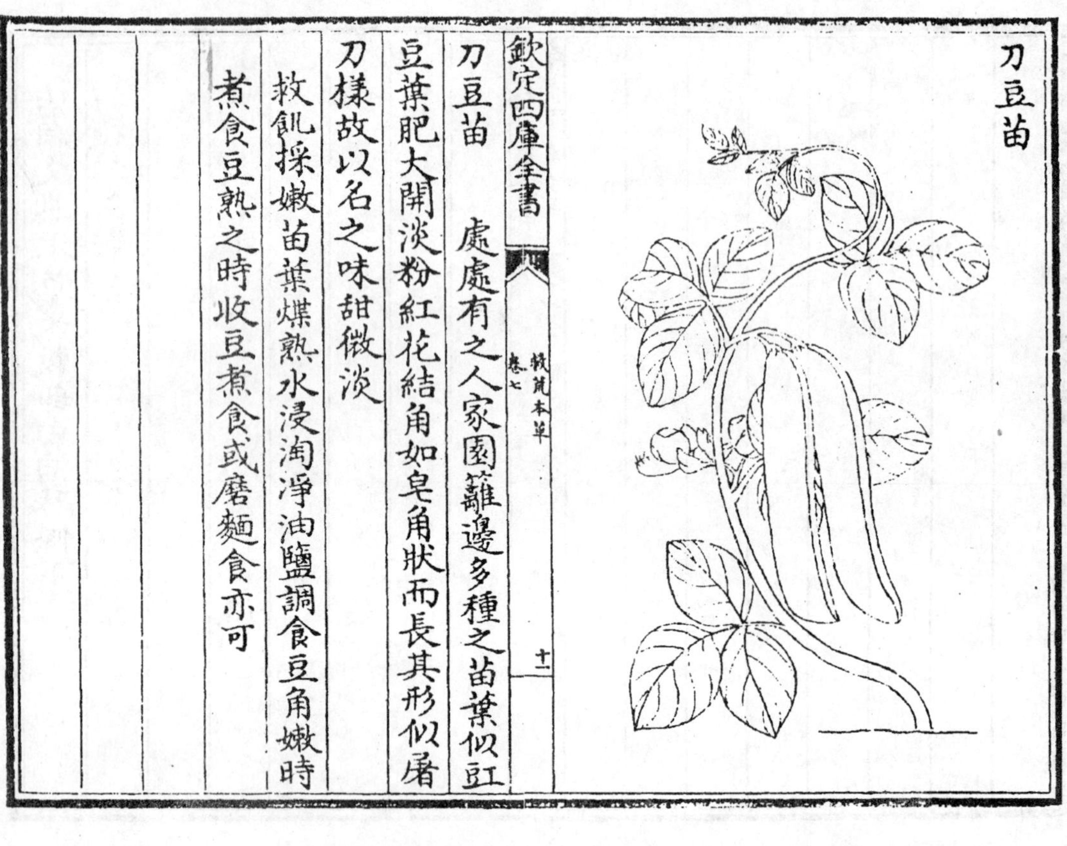

刀豆苗　處處有之人家園籬邊多種之苗葉似豇豆葉肥大開淡粉紅花結角如皂角狀而長其形似屠刀樣故以名之味甜微淡

救飢採嫩苗葉煠熟水浸淘淨油鹽調食豆角嫩時煮食豆熟之時收豆煮食或磨麵食亦可

眉兒豆苗

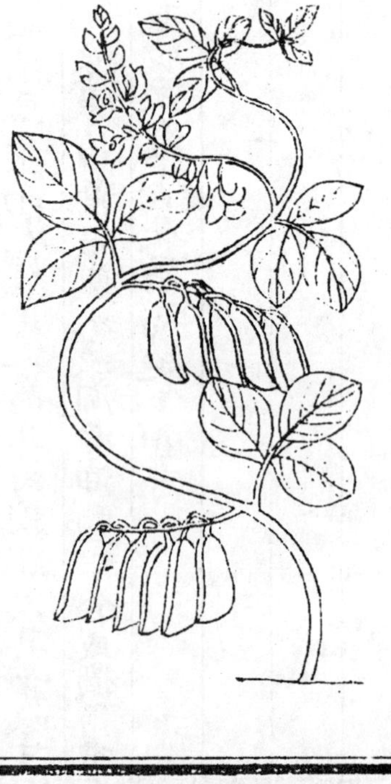

眉兒豆苗　人家園圃中種之妥他果切蔓而生葉似菉豆葉而肥大闊厚潤澤光俊每三葉攢生一處開淡粉紫花結扁角每角有豆止三四顆其豆色黑匾而皆白眉故名味微甜

救飢採嫩苗葉煠食豆角嫩時採角煮食豆成熟時打取豆食

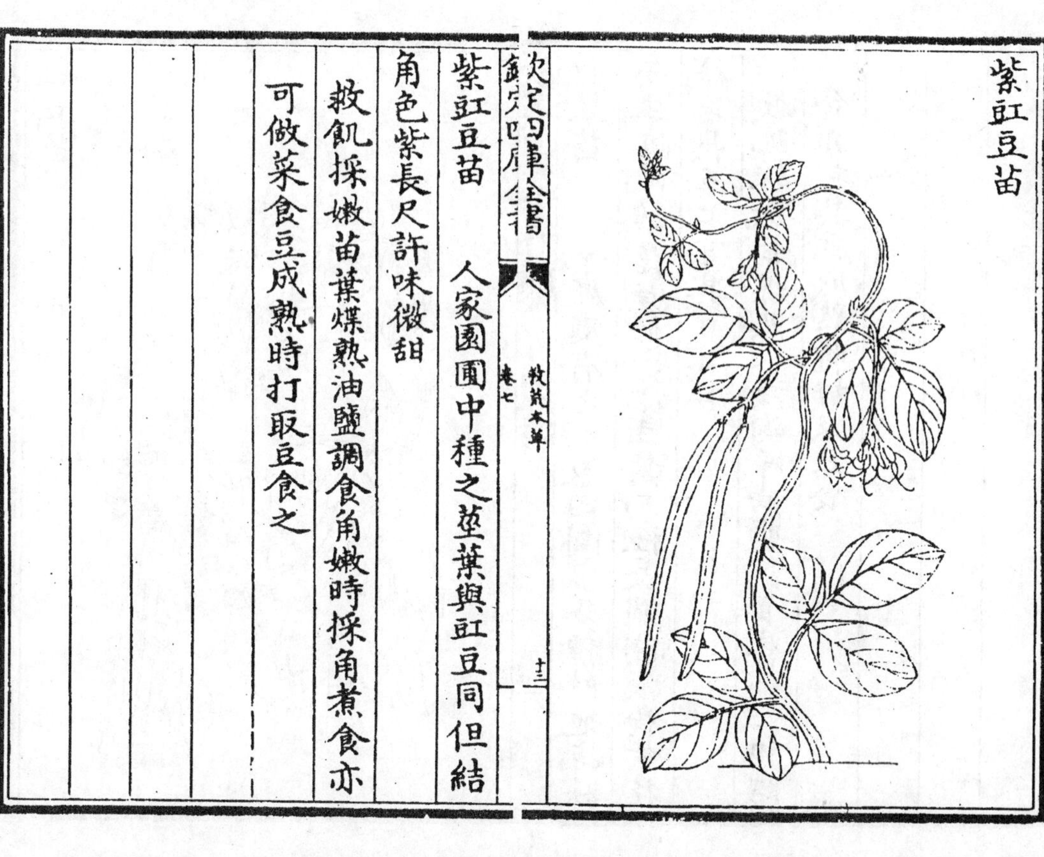

紫豇豆苗

紫豇豆苗　人家園圃中種之莖葉與豇豆同但結角色紫長尺許味微甜

救飢採嫩苗葉煠熟油鹽調食角嫩時採角煮食亦可做菜食豆成熟時打取豆食之

蘇子苗

蘇子苗　人家園圃中多種之苗高二三尺莖方窊五化切面四楞上有澁毛葉皆對生似紫蘇葉而大開淡紫花結子比紫蘇子亦大味微辛性溫

救飢採嫩葉煠熟換水淘洗淨油鹽調食子可炒食亦可笮油用

豇豆苗

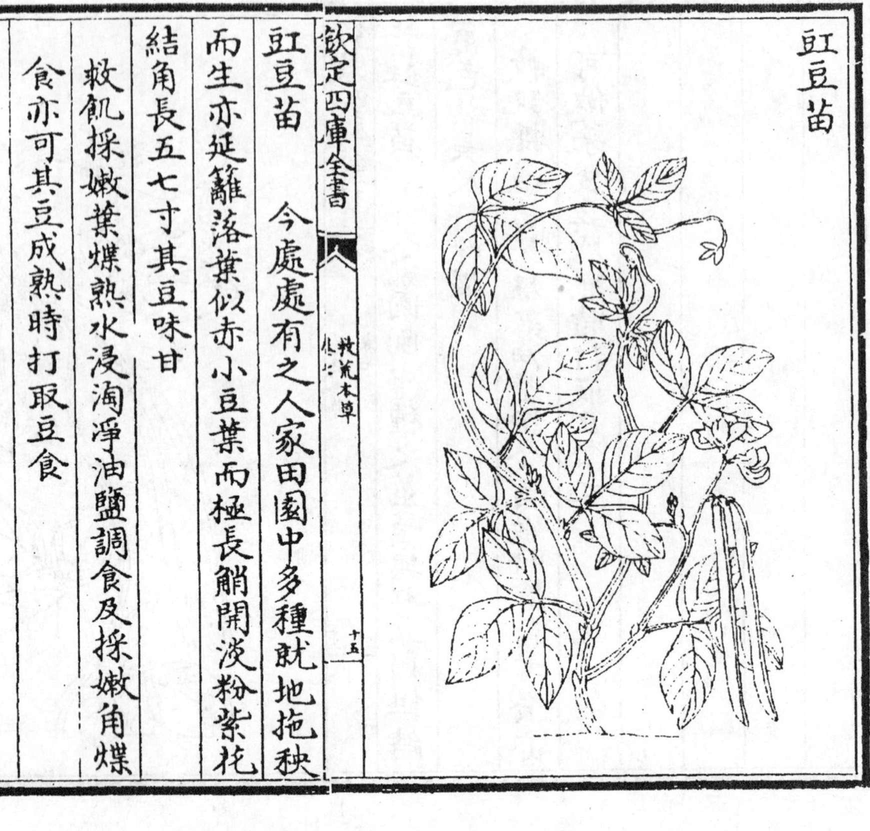

豇豆苗　今處處有之人家田園中多種就地拖秧而生亦延籬落葉似赤小豆葉而極長艄開淡粉紫花結角長五七寸其豆味甘

救飢採嫩葉煠熟水浸淘淨油鹽調食及採嫩角煠食亦可其豆成熟時打取豆食

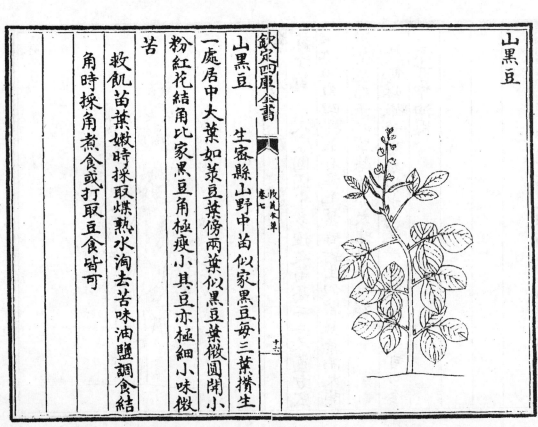

山黑豆

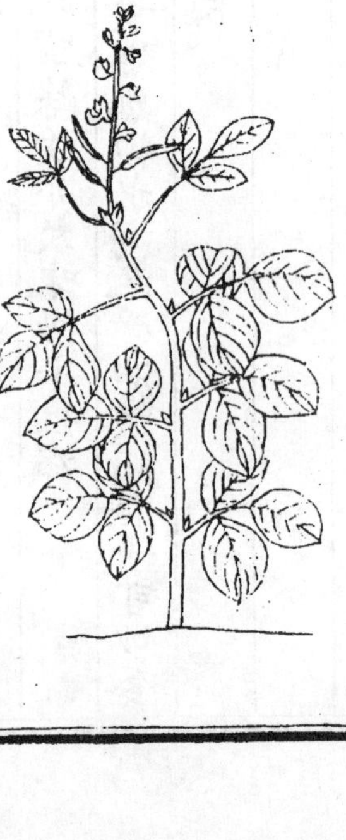

山黑豆　生密縣山野中苗似家黑豆每三葉攢生一處居中大葉如菉豆葉傍兩葉似黑豆葉微圓開小粉紅花結角比家黑豆角極瘦小其豆亦極細小味微苦

救飢苗葉嫩時採取煠熟水淘去苦味油鹽調食結角時採角煮食或打取豆食皆可

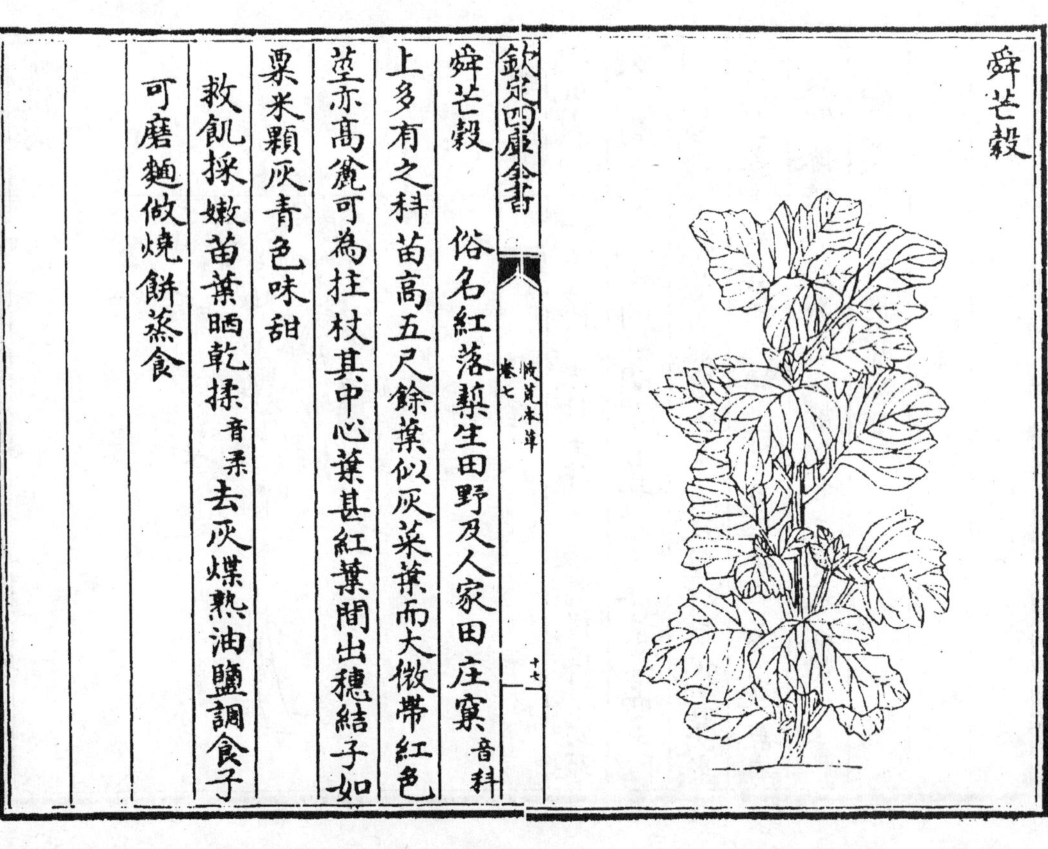

舜芒穀 俗名紅落藜生田野及人家田庄窠音科上多有之科苗高五尺餘葉似灰菜葉而大微帶紅色莖亦高麄可為拄杖其中心葉甚紅葉間出穗結子如粟米顆灰青色味甜

救飢採嫩苗葉晒乾揉音柔去灰煠熟油鹽調食子可磨麪做燒餅蒸食

櫻桃樹以下果部 實可食 本草原有

櫻桃樹 處處有之古謂之含桃葉似桑葉而狹窄微軟開粉紅花結桃似郁李子而小紅色鮮明味甘性熱

救飢採果紅熟者食之

治病文具本草果部條下

胡桃樹

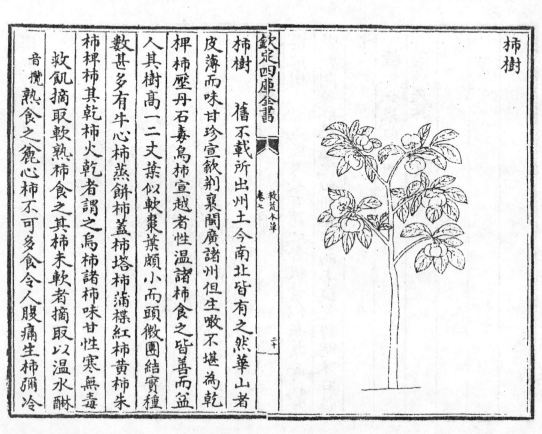

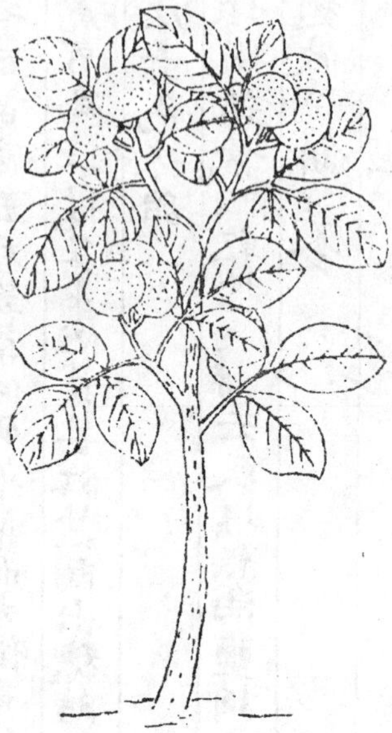

胡桃樹　一名核桃生北土舊云張騫從西域將來陝洛閒多有之今鈞鄭閒亦有其樹大株葉厚而多陰開花成穗花色蒼黃結實外有青皮包之狀似梨大熟時漚去青皮取其核是胡桃味甘性平一云性熱無毒

救飢採核桃漚去青皮取瓤食之令人肥健

治病文具本草果部條下

柹樹

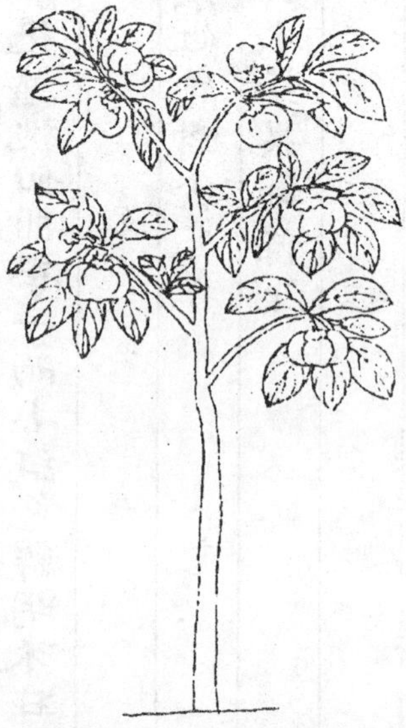

柹樹　舊不載所出州土今南北皆有之然華山者皮薄而味甘珍宣歙荆襄閩廣諸州但生噉不堪為乾椑柹壓丹石毒烏柹宣越者性温諸柹食之皆善而益人其樹高一二丈葉似軟棗葉頗小而頭微團結實種數甚多有牛心柹蒸餅柹蓋柹塔柹蒲楪紅柹黃柹朱柹椑柹其乾柹火乾者謂之烏柹諸柹味甘性寒無毒

救飢摘取軟熟柹食之其柹未軟者摘取以温水醂音攬熟食之甕心柹不可多食令人腹痛生柹彌冷

尤不可多食

治病文具本草果部條下

梨樹

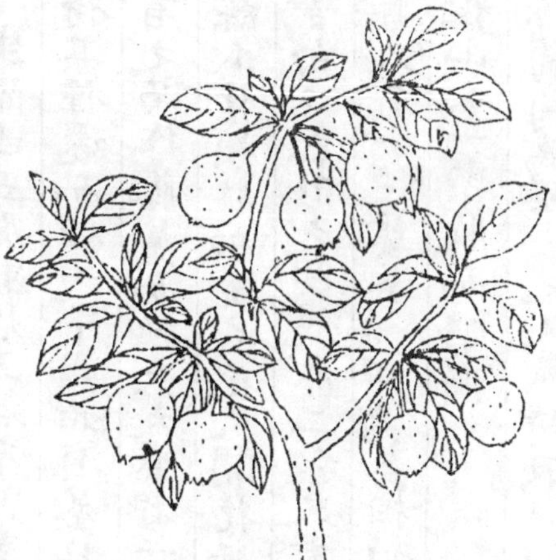

梨樹 出鄭州及宣城今處處有之其樹葉似棠葉而大色青開花白色結實形樣甚多鵝梨出鄭州極大味香美而漿多乳梨出宣城皮厚而肉實味極長水梨出北都皮薄而漿多味差短又有消梨紫煤梨赤梨甘棠㮚兒梨紫花梨青梨茅梨桑梨之類不能盡具其名梨實味甘微酸性寒無毒

救飢 其梨結硬未熟時摘取煮食已經霜熟摘取生食或蒸食亦佳或削其皮晒作梨糁收而備用亦可

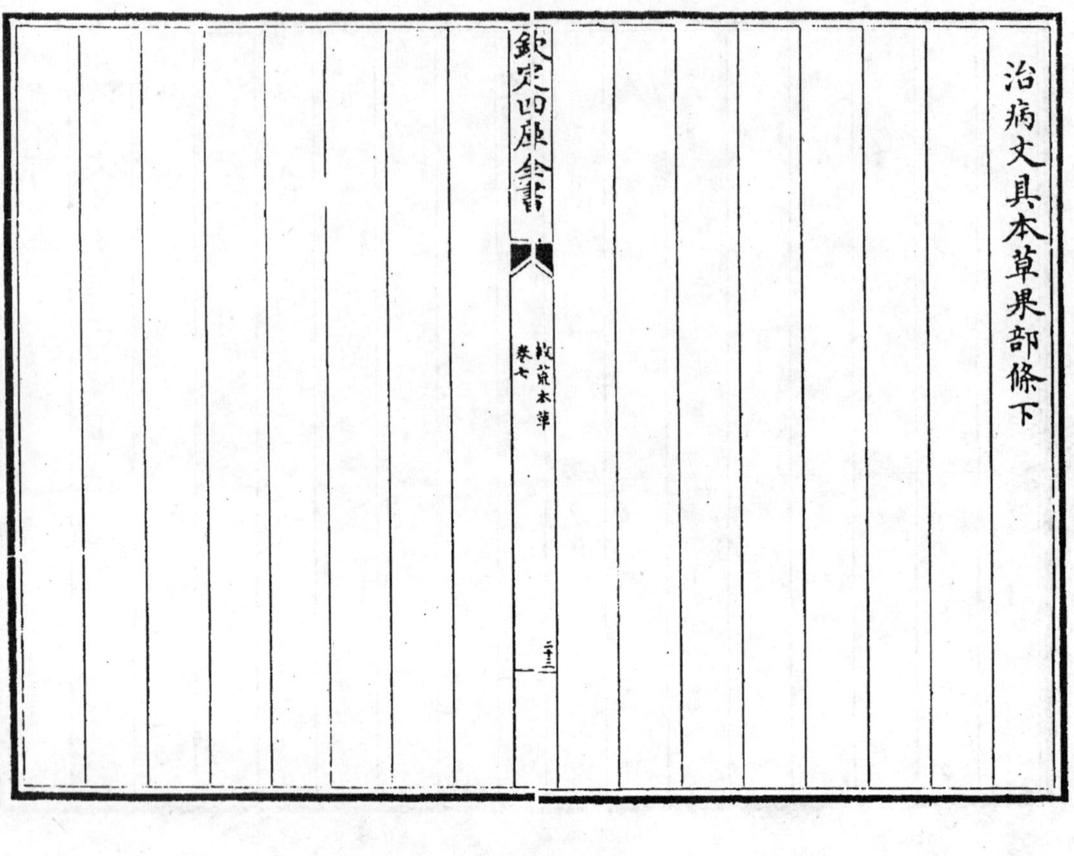

治病文具本草果部條下

葡萄

葡萄　生隴西五原敦煌山谷及河東舊云漢張騫使西域得其種還而種之中國始有蓋北果之最珍者今處處有之苗作藤蔓而極長大盛者一二本綿被山谷葉類絲瓜葉頗壯而邊多花叉開花極細而黃白色其實有紫白二色形之圓銳亦二種又有無核者味甘性平無毒又有一種蘡薁音嬰郁真相似然蘡薁乃是千歲虆但山人一槩收而釀酒

救飢採葡萄為果食之又熟時取汁以釀酒飲

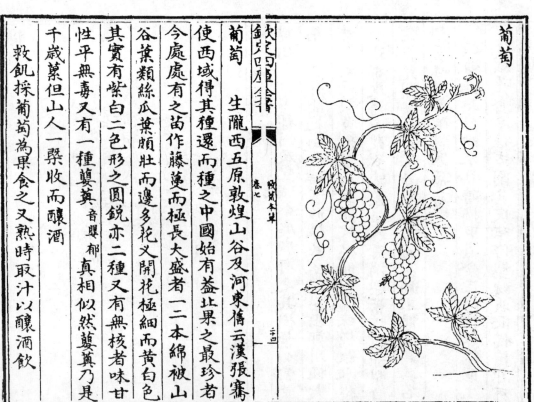

治病文具本草果部條下

李子樹

李子樹　本草有李核人舊不載所出州土今處處有之其樹大高丈餘葉似郁李子葉微尖觧而潤澤光俊開白花結實種類甚多見爾雅者有休無實李李之無實者一名趙李李痤接慮李即今之麥李細實有溝道與麥同熟故名之駁赤李其子赤者是也又有青李緑李赤李房陵李朱仲李馬肝李黃李紫李水李散見書傳美其味之可食皆不入藥今有穿條紅御黃子其

李實味甘微苦一云味酸核人味苦性平倶無毒

救飢摘取李實色熟者食之不可臨水上食亦不可和蜜食損五臟及與雀肉同食和漿水食令人霍亂澁氣多食令人虛熱

治病文具本草果部李核人條下

木瓜

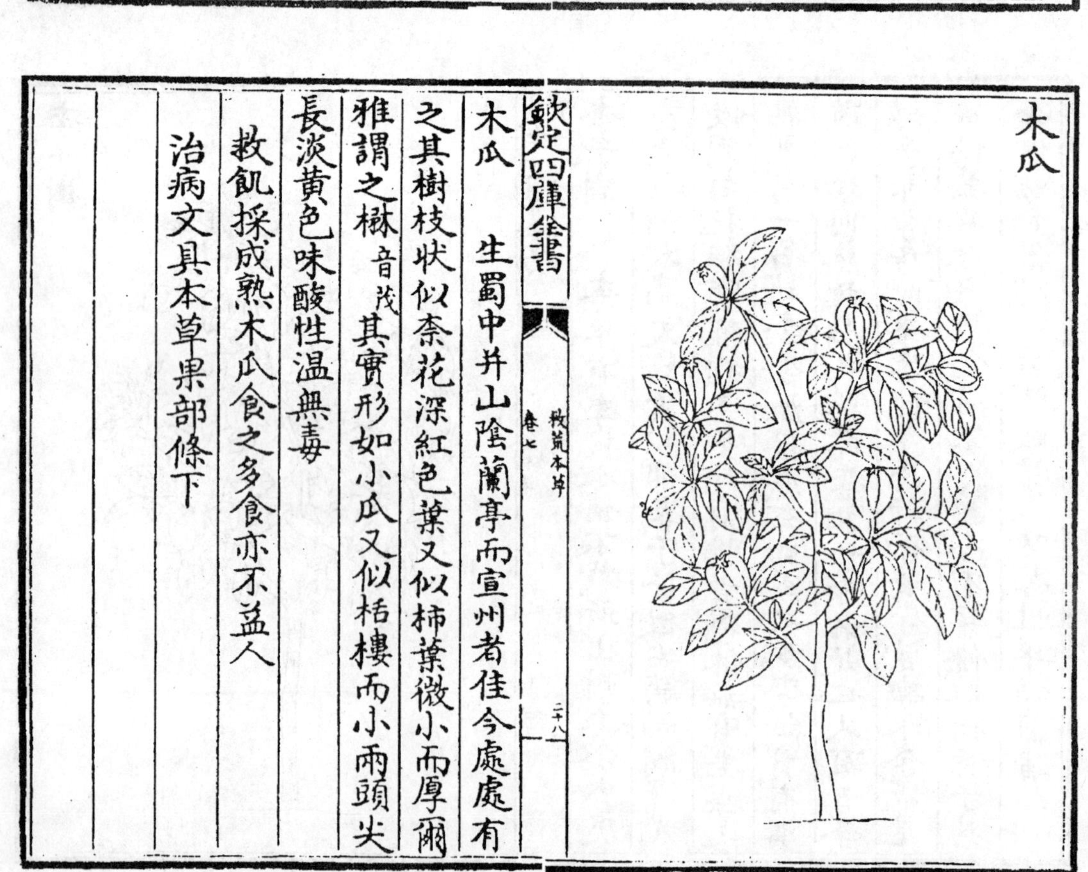

木瓜　生蜀中并山陰蘭亭而宣州者佳今處處有之其樹枝狀似柰花深紅色葉又似柿葉微小而厚爾雅謂之楙音茂其實形如小瓜又似栝樓而小兩頭尖長淡黃色味酸性温無毒

救飢採成熟木瓜食之多食亦不益人

治病文具本草果部條下

櫨子樹

櫨子樹　舊不著所出州土今輩縣趙峯山野中多有之樹高丈許葉似冬青樹葉稍闊厚背色微黄葉形又類棠梨葉但厚結果似木瓜稍團味酸甜微澁性平

救飢果熟時採摘食之多食損齒及筋

治病文具本草果部木瓜條下

郁李子

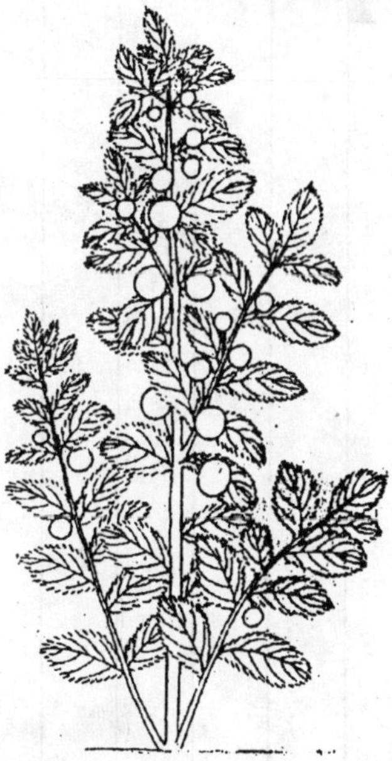

郁李子　本草郁李人一名爵李一名車下李一名雀梅即奥音郁李也俗名藲音歐梨兒生隰州髙山川谷丘陵上今處處有之木高四五尺枝條花葉皆似李惟子小其花或白或赤結實似櫻桃赤色其人味酸性平一云味苦辛其實味甘酸根性涼俱無毒

救飢其實紅熟時摘取食之酸甜味美

治病文具本草木部郁李人條下

菱角

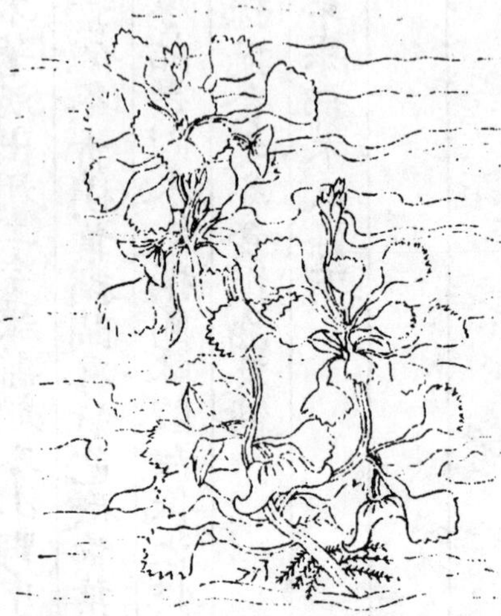

菱角　本草名芰音技實一名菱音陵處處有之水中拖蔓生葉浮水上三尖鋸齒葉開黄白花花落而實生實有二種一種四角一種兩角兩角中又有嫩皮而紫色者謂之浮菱食之尤美味甘性平無毒一云性冷

救飢採菱角鮮大者去殼生食殼老及雜小者煮熟食或晒其實火燔以為米充粮作粉極白潤宜人服食家蒸曝蜜和餌之斷穀長生又云雜白蜜食令人生蟲一云多食臟冷損陽氣痿莖腹脹滿暖薑酒飲或含吴茱萸嚥津液即消

治病文具本草果部芰實條下

軟棗 新增

軟棗 一名丁香柿又名牛乳柿又呼羊矢棗爾雅謂之梬音影舊不載所出州土今北土多有之其樹枝葉條幹皆類柿而結實甚小乾熟則紫黑色味甘性温一云微寒無毒多食動風發冷風咳嗽

救飢採取軟棗成熟者食之其未熟結硬時摘取以温水漬養醂盧感切去澁味另以水煮熟食之

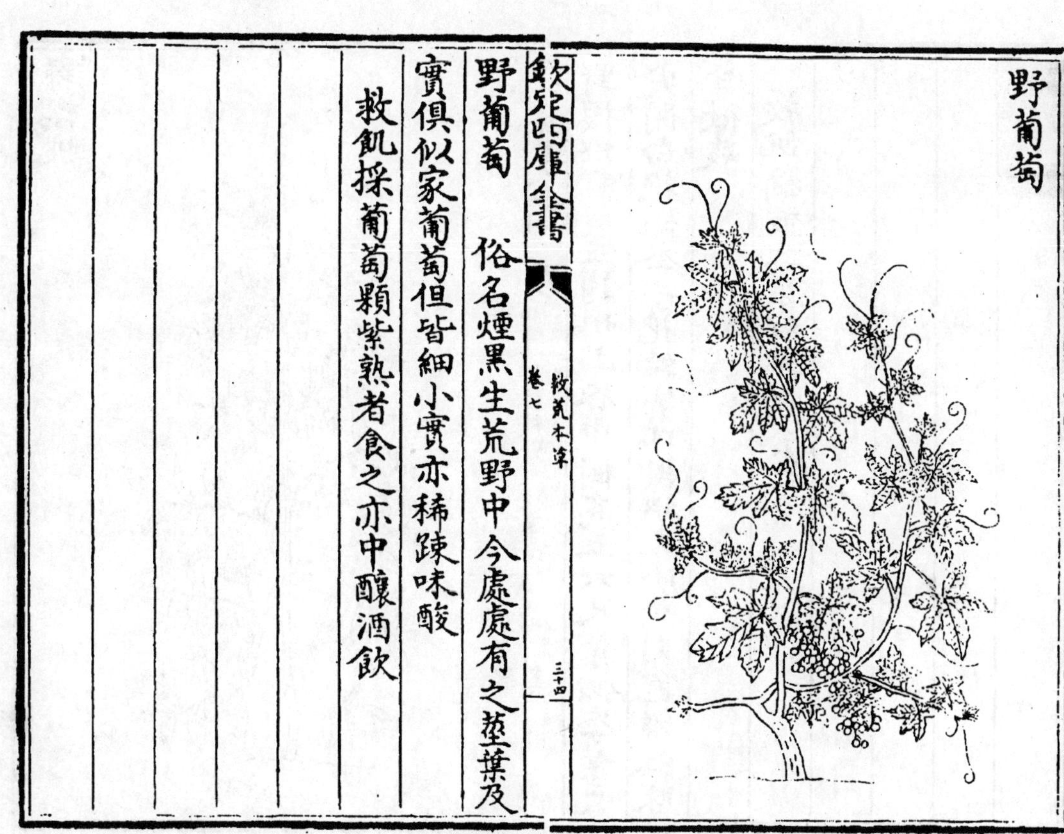

野葡萄

野葡萄 俗名烟黑生荒野中今處處有之莖葉及實俱似家葡萄但皆細小實亦稀疎味酸

救飢採葡萄顆紫熟者食之亦中釀酒飲

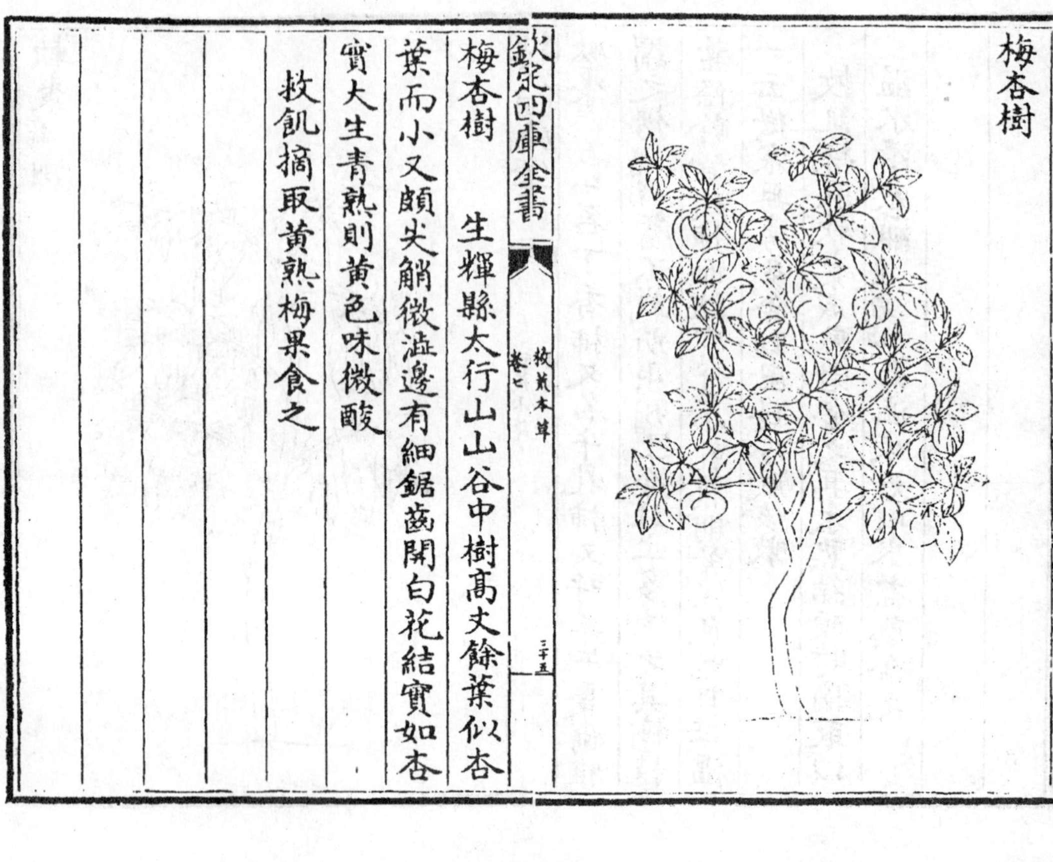

梅杏樹　生輝縣太行山山谷中樹高丈餘葉似杏葉而小又頗尖艄微澁邊有細鋸齒開白花結實如杏實大生青熟則黄色味微酸

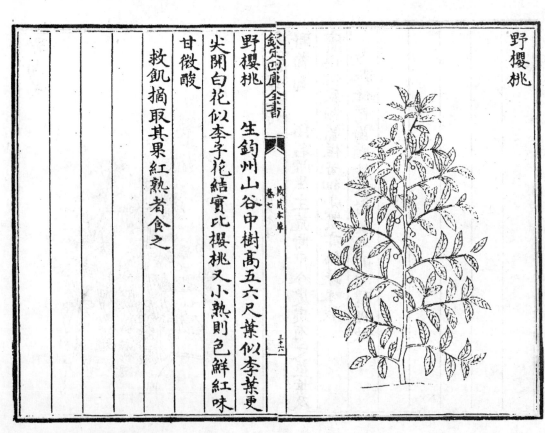

救飢摘取黄熟梅果食之

野櫻桃

野櫻桃　生鈞州山谷中樹高五六尺葉似李葉更尖開白花似李子花結實比櫻桃又小熟則色鮮紅味甘微酸

救飢摘取其果紅熟者食之

石榴葉及實皆可食　本草原有

石榴　本草名安石榴一名丹若廣雅謂之若榴舊云漢張騫使西域得其種還今處處有之木不甚高大枝柯附幹自地便生作叢種極易成折其枝條盤土中便生其葉似枸杞葉而長微尖葉緑微帶紅色花有黄赤二色實亦有甘酸二種甘者可食酸者入藥味甘酸性温無毒又有一種子白瑩澈如水晶者味亦甘謂之水晶石榴

救飢採嫩葉煠熟油鹽調食榴果熟時摘取食之不

可多食損人肺及損齒令黑

治病文具本草果部條下

杏樹

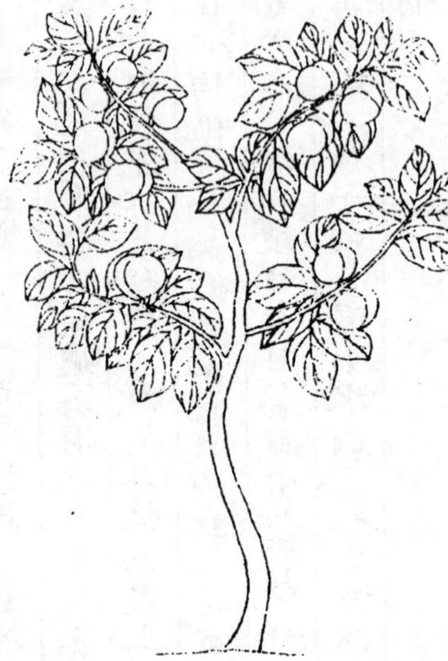

杏樹　本草有杏核人生晉山川谷今處處有之其實有數種黄而圓者名金杏熟最早扁而青黄者名木杏其子皆入藥又小者名山杏不堪入藥其樹高丈餘葉頗圓淡緑頗帶紅色葉似木葛葉而光嫩微尖開花色紅結實金黄色核人味甘苦性温冷利有毒得火良惡黄芩黄耆葛根解錫毒畏蘘草杏實味酸性熱

救飢採葉煠熟以水浸漬作成黄色換水淘淨油鹽調食其杏黄熟時摘取食不可多食令人發熱及傷

筋骨

治病文具本草果部杏核人條下

棗樹

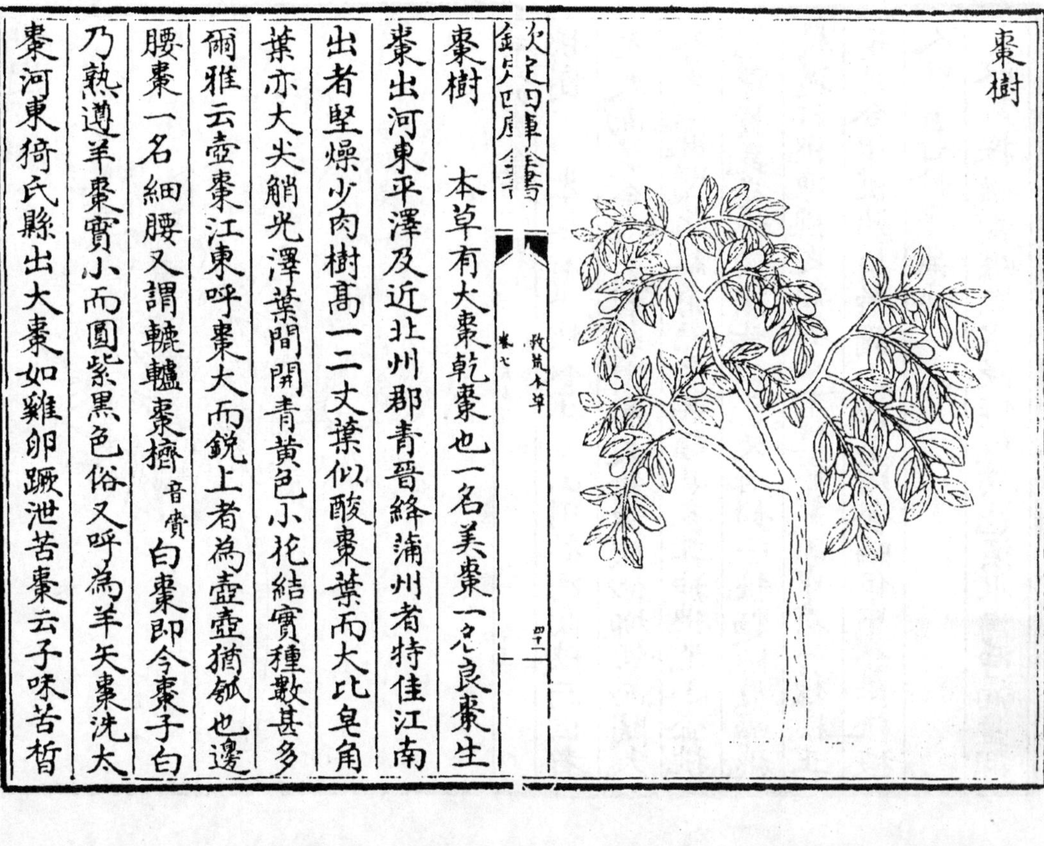

棗樹　本草有大棗乾棗也一名美棗一名良棗生棗出河東平澤及近北州郡青晉絳蒲州者特佳江南出者堅燥少肉樹高一二丈葉似酸棗葉而大比皂角葉亦大尖艄光澤葉間開青黄色小花結實種數甚多爾雅云壺棗江東呼棗大而銳上者為壺壺猶瓠也邊腰棗一名細腰又謂轆轤棗櫅音賷白棗即今棗子白乃熟遵羊棗實小而圓紫黑色俗又呼為羊矢棗洗大棗河東猗氏縣出大棗如雞卵蹶泄苦棗云子味苦皙無實棗云不著子者還味稔棗云還味短味也又有水菱棗御棗即撲落蘇也又有牙棗皆味甘美其餘不能盡别其名大棗味甘性平無毒殺烏頭毒牙齒有病人切忌食生棗味甘辛多食令人寒熱腹脹羸瘦人不可食蒸煮食補腸胃肥中益氣不宜合葱食

救飢採嫩葉煠熟水浸作成黄色淘淨油鹽調食其棗紅熟時摘取食之其結生硬未紅時煮食亦可

治病文具本草果部大棗條下

桃樹

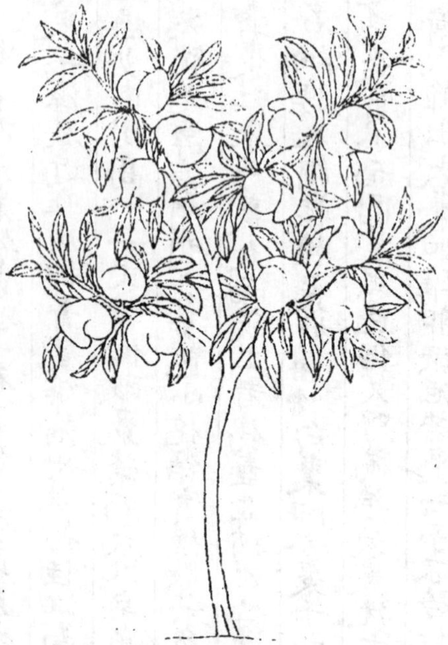

桃樹　本草有桃核人生太山川谷河南陝西出者尤大而美今處處有之樹高丈餘葉狀似柳葉而闊大又多紋脉開花紅角結實品類甚多其油桃光小金桃色深黃崑崙桃肉深紫紅色又有餅子桃麵桃鷹嘴桃鳯過紅桃凍桃之類名多不能盡載山中有一種桃正是月令中桃始華者謂山桃不堪食啗但中入藥桃核人味苦甘性平無毒

救飢採嫩葉煠熟水浸作成黃色換水淘淨油鹽調食桃實熟軟時摘取食之其結硬未熟時亦可煮食或切作片晒乾為糝收藏備用

治病文具本草果部桃核人條下

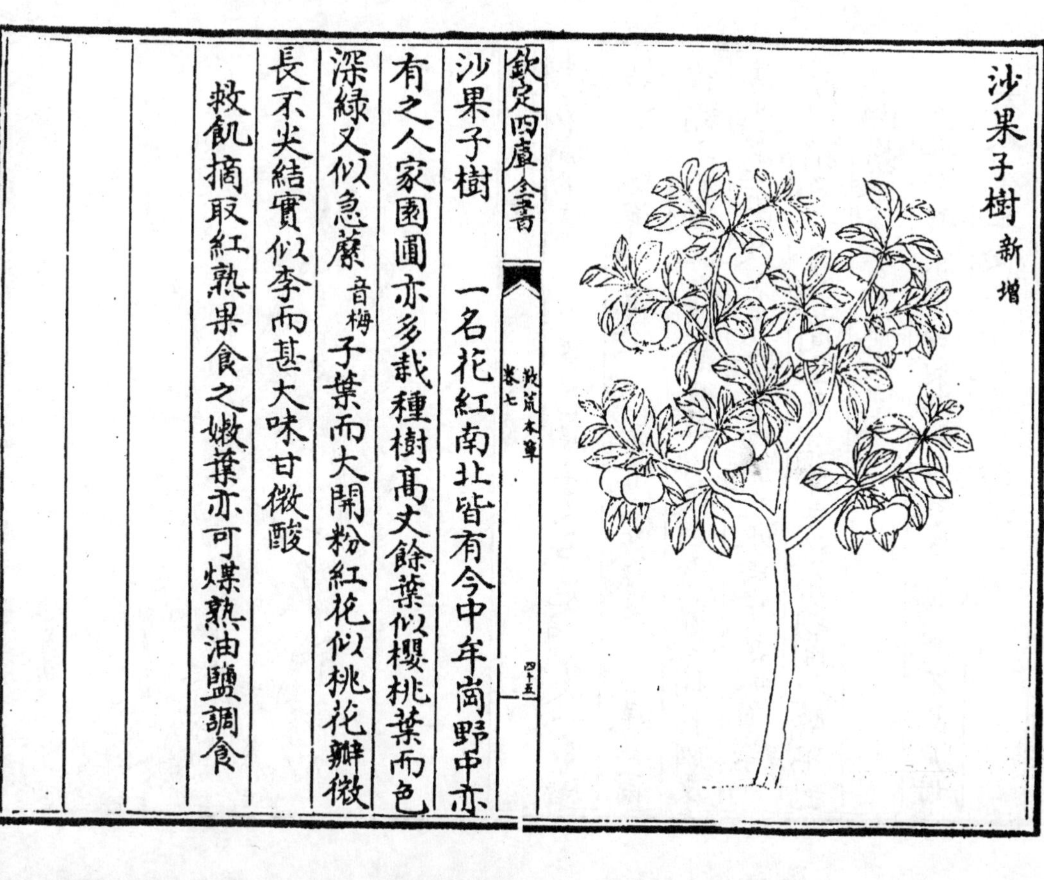

沙果子樹 新增

沙果子樹　一名花紅南北皆有今中牟岡野中亦有之人家園圃亦多栽種樹高丈餘葉似櫻桃葉而色深綠又似急䕷(音梅)子葉而大開粉紅花似桃花瓣微長不尖結實似李而甚大味甘微酸

救飢摘取紅熟果食之嫩葉亦可煠熟油鹽調食

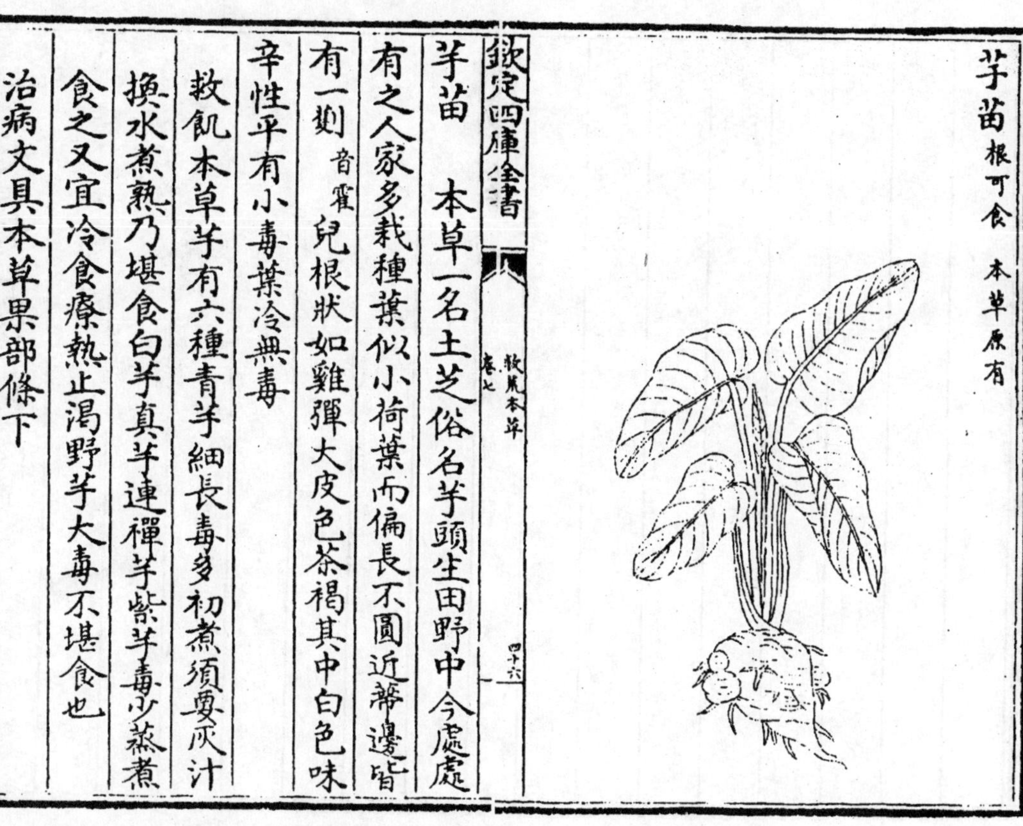

芋苗 根可食 本草原有

芋苗　本草一名土芝俗名芋頭生田野中今處處有之人家多栽種葉似小荷葉而偏長不圓近蔕邊皆有一劐(音霍)兒根狀如雞彈大皮色茶褐其中白色味辛性平有小毒葉冷無毒

救飢本草芋有六種青芋細長毒多初煮須要灰汁換水煮熟乃堪食白芋真芋連禪芋紫芋毒少蒸煮食之又宜冷食療熱止渴野芋大毒不堪食也

治病文具本草果部條下

鉄勃臍

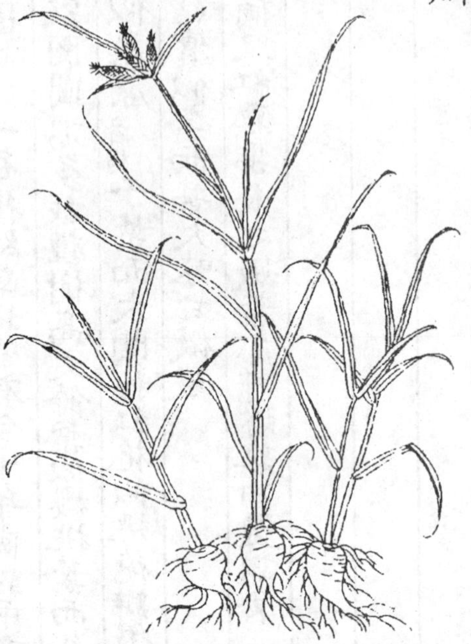

鉄勃臍 勃音孛 本草名烏芋又名鳧音夫茨一名藉姑一名水萍一名槎 音查 牙亦名茨菰又名燕尾草爾雅謂之芍有二種根黑皮厚肉硬白者謂之猪勃臍皮薄色淡紫肉軟者謂之羊勃臍生水田中葉似莎草而厚肥稍又長窄葉間生葶其葶三稜梢頭開花醬褐色根即勃臍味苦甘性微寒

救飢採根煮熟食製作粉食之厚人腸胃不飢服丹石人尤宜食解丹石毒孕婦不可食

治病文具本草果部烏芋條下

蓮藕 根及實皆可食 本草原有

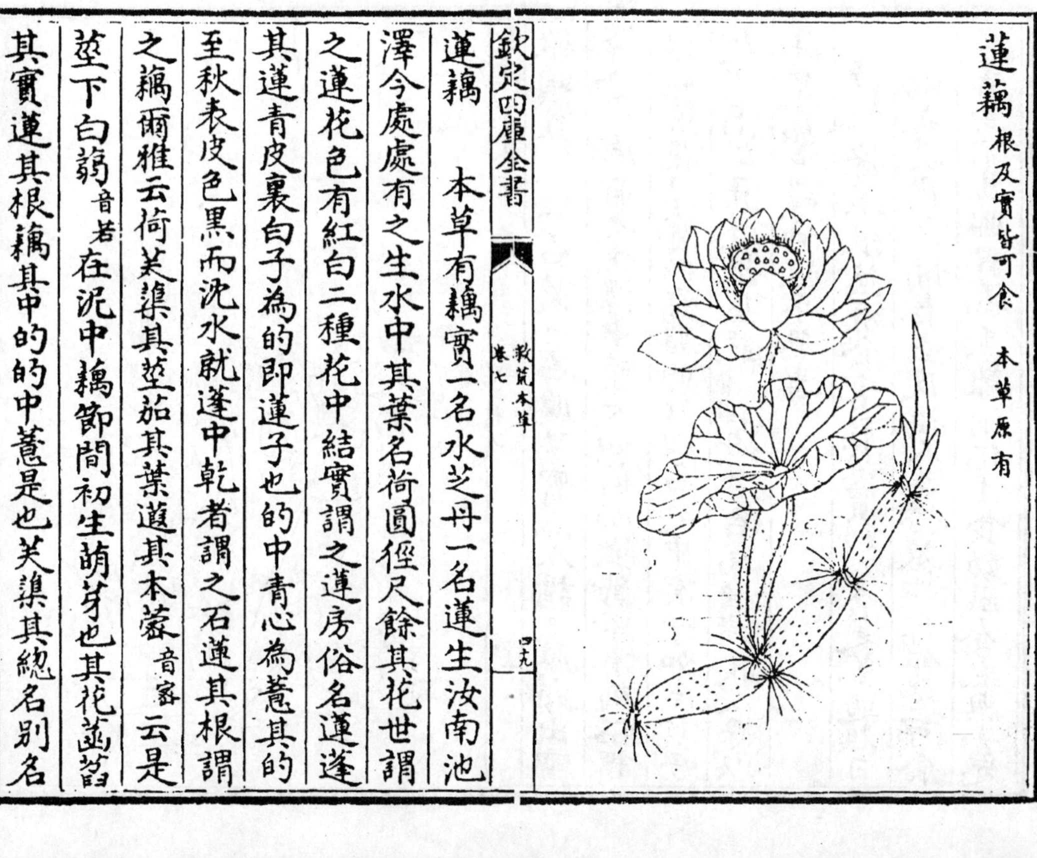

蓮藕 本草有藕實一名水芝丹一名蓮生汝南池澤今處處有之生水中其葉名荷圓徑尺餘其花世謂之蓮花色有紅白二種花中結實謂之蓮房俗名蓮蓬其蓮青皮裏白子為的即蓮子也的中青心為薏其的至秋表皮色黑而沉水就蓬中乾者謂之石蓮其根謂之藕爾雅云荷芙蕖其莖茄其葉蕸其本蔤音密云是莖下白蒻音若在泥中藕節間初生萌芽也其花菡萏其實蓮其根藕其中的的中薏是也芙蕖其總名别名芙蓉又云其花未發為菡萏已發為芙蓉蓮實莖味甘性平寒無毒

救飢採藕煠熟食生食皆可蓮子蒸食或生食亦可又可休粮仙家貯石蓮子乾藕經千年者食之至妙又以實磨為麵食或屑為米加粟煮飯食皆可

治病文具本草果部藕實條下

雞頭實

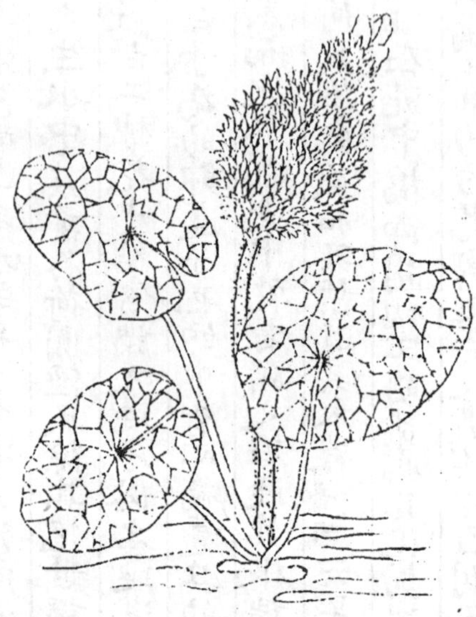

雞頭實 一名芡一名鴈喙實幽人謂之鴈頭出雷澤今處處有之生澤中葉大如荷而皺背紫有刺俗謂雞頭盤花結實形類雞頭故以名之中有子如皂莢子大艾褐色其近根莖蔌音取嫩者名蔿音葦蔌人採以為菜茹實味甘性平無毒

救飢 採嫩根莖煠食實熟採實剝人食之蒸過烈日晒之其皮即開舂去皮擣人為粉蒸煠作餅皆可食多食不益脾胃氣兼難消化生食動風冷氣與小兒食不能長大故駐年耳

治病 文具本草果部條下

救荒本草卷七

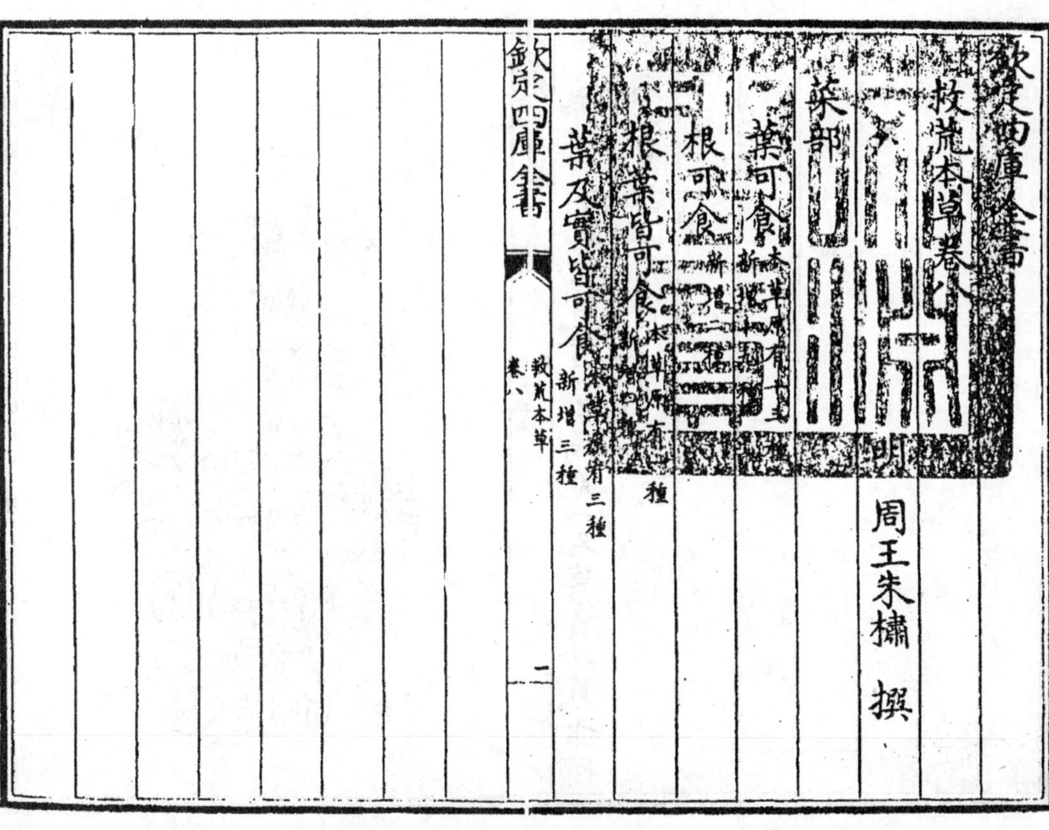

欽定四庫全書

救荒本草卷八

明 周王朱橚 撰

菜部

葉可食 本草原有十[illegible]種 新增[illegible]種

根可食 新增二種

根葉皆可食 本草原有[illegible]種 新增四種

葉及實皆可食 本草原有三種 新增三種

蕓臺菜 以下菜部 葉可食 本草原有

蕓臺菜 今處處有之葉似菠菜葉比菠菜葉兩傍多兩叉開黃花結角似蔓菁角有子如小芥子大味辛性溫無毒經冬根不死辟蠹音渡

救飢採苗葉煠熟水浸淘洗淨油鹽調食

治病文具本草菜部條下

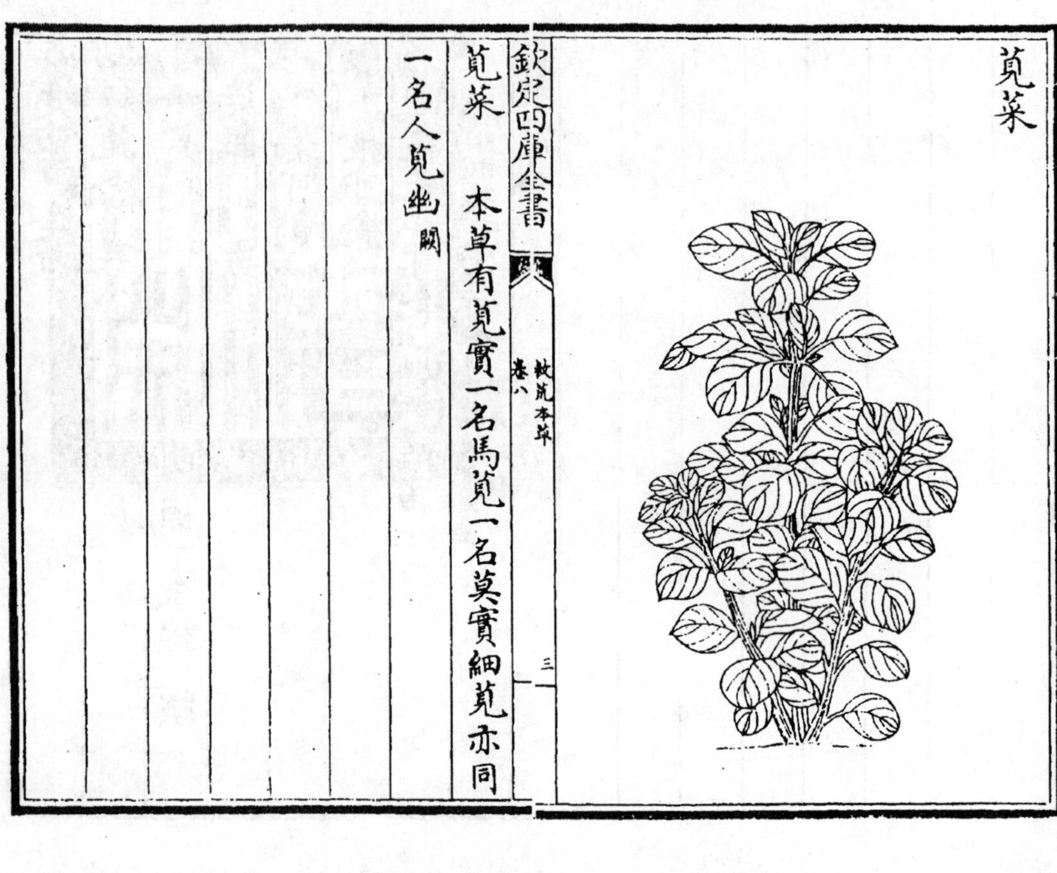

莧菜

莧菜　本草有莧實一名馬莧一名莫實細莧亦同一名人莧幽闕

馬齒莧菜

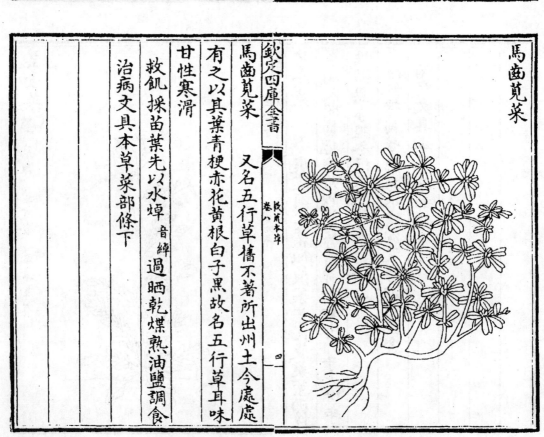

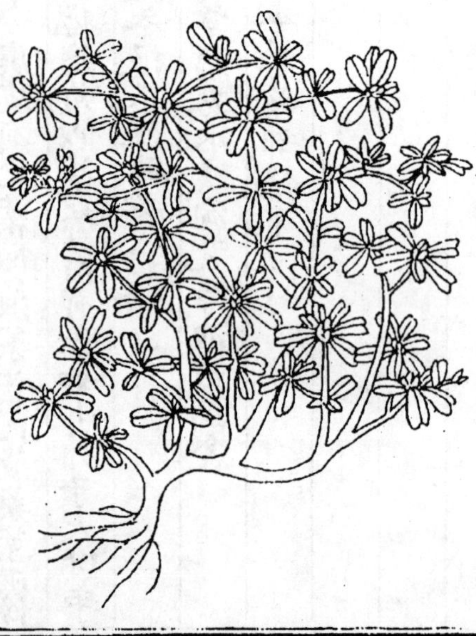

馬齒莧菜　又名五行草舊不著所出州土今處處有之以其葉青梗赤花黃根白子黑故名五行草耳味甘性寒滑

救飢　採苗葉先以水焯音綽過晒乾煠熟油鹽調食

治病　文具本草菜部條下

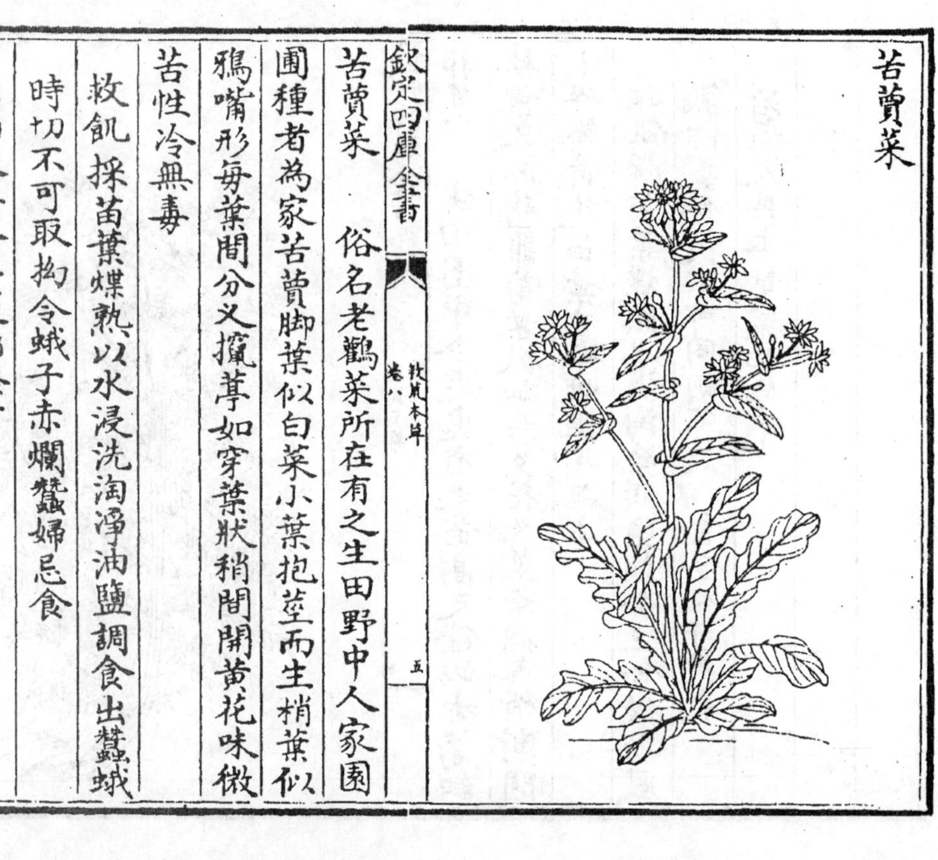

苦蕒菜　俗名老鸛菜所在有之生田野中人家園圃種者為家苦蕒脚葉似白菜小葉抱莖而生梢葉似鴉嘴形每葉間分叉攛葶如穿葉狀稍間開黄花味微苦性冷無毒

救飢　採苗葉煠熟以水浸洗淘淨油鹽調食出蠶蛾時切不可取拗令蛾子赤爛蠶婦忌食

治病　文具本草菜部條下

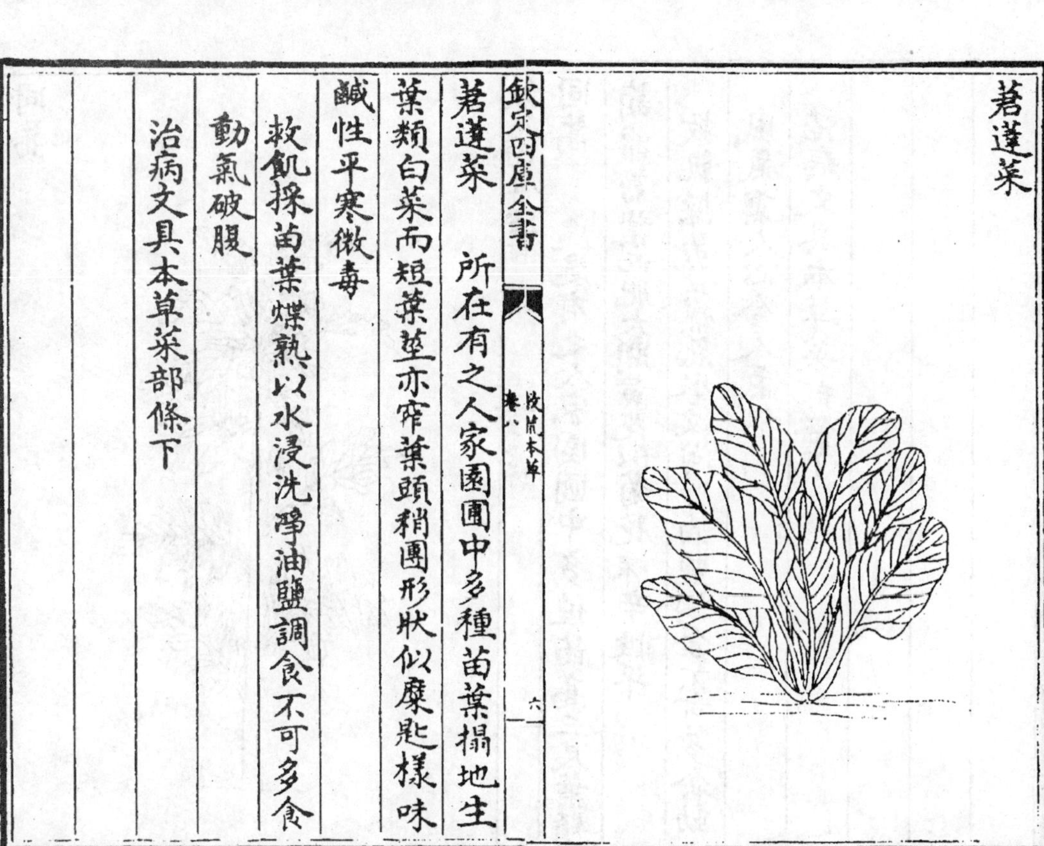

莙薘菜　所在有之人家園圃中多種苗葉搨地生葉類白菜而短葉莖亦窄葉頭稍團形狀似糜匙樣味鹹性平寒微毒

救飢　採苗葉煠熟以水浸洗淨油鹽調食不可多食動氣破腹

治病　文具本草菜部條下

邪蒿

邪蒿　生田園中今處處有之苗高尺餘似青蒿細軟葉又似葫蘿蔔葉微細而多花叉莖葉稠密梢間開小碎瓣黃花苗葉味辛性溫平無毒

救飢採苗葉煠熟水浸淘淨油鹽調食生食微動風氣作羹食良不可同胡荽音雖食令人汗臭氣

治病文具本草菜部條下

同蒿

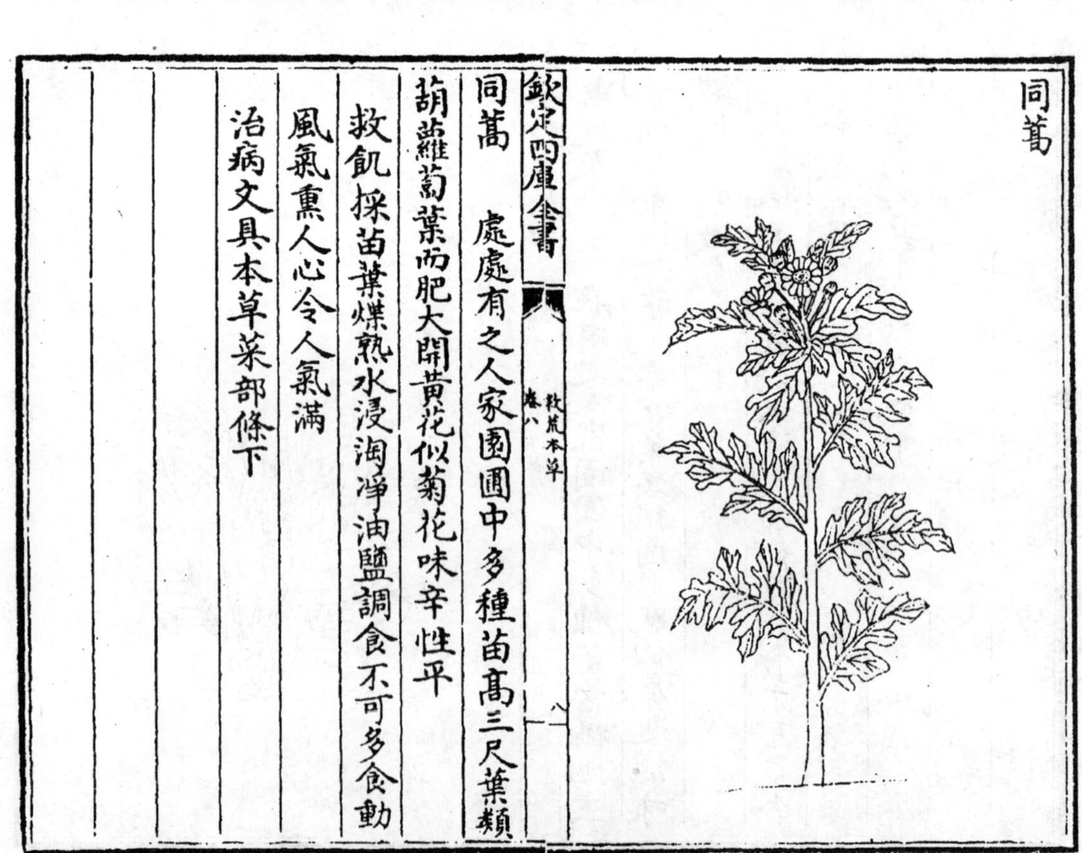

同蒿　處處有之人家園圃中多種苗高三尺葉類葫蘿蔔葉而肥大開黃花似菊花味辛性平

救飢採苗葉煠熟水浸淘淨油鹽調食不可多食動風氣熏人心令人氣滿

治病文具本草菜部條下

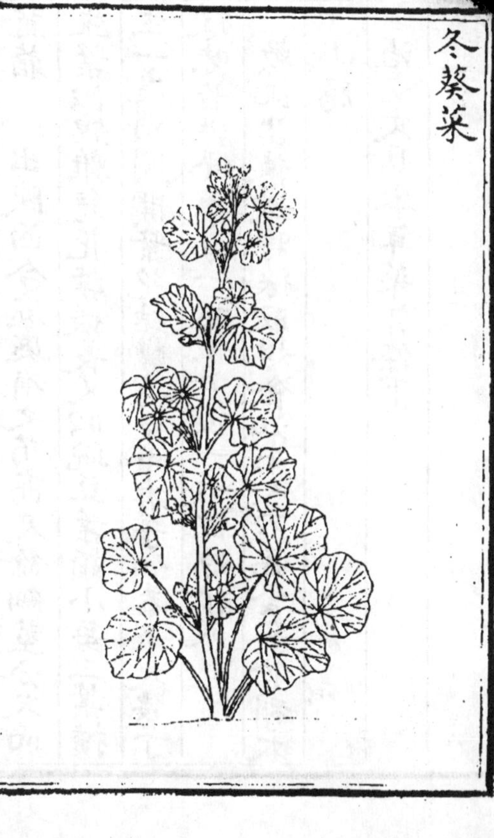

冬葵菜　本草冬葵子是秋種葵覆養經冬至春結子故謂冬葵子生少室山今處處有之苗高二三尺莖及花葉似蜀葵而差小子及根俱味甘性寒無毒黄芩為之使根解蜀椒毒葉味甘性滑利為百菜主其心傷人

救飢採葉煠熟水浸淘淨油鹽調食服丹石人尤宜食天行病後食之頓喪明熱食亦令人熱悶動風

治病文具本草菜部條下

蓼芽菜

蓼芽菜　本草有蓼實生雷澤川澤今處處有之葉似小藍葉微尖又似水紅葉而短小色微帶紅莖微赤梢間出穗開花赤色莖葉味辛性温

救飢採苗葉煠熟換水浸去辣氣淘淨油鹽調食

治病文具本草菜部蓼實條下

苜蓿

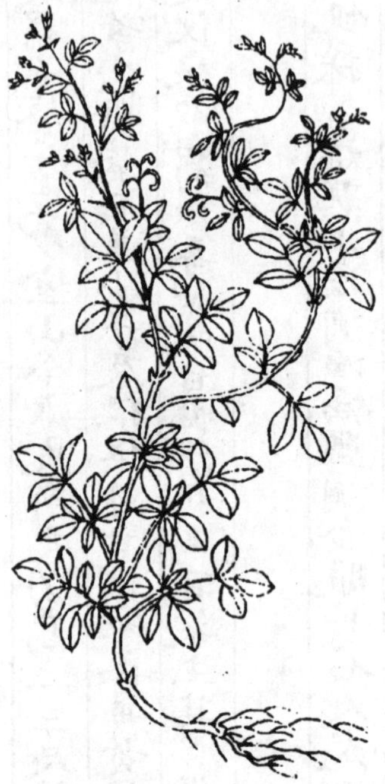

苜蓿　出陝西今處處有之苗高尺餘細莖分叉而生葉似錦雞兒花葉微長又似豌豆葉頗小每三葉攢生一處梢間開紫花結彎角兒中有子如黍米大腰子樣味苦性平無毒一云微甘淡一云性涼根寒

救飢苗葉嫩時採取煠食江南人不甚食多食利大小腸

治病文具本草菜部條下

薄荷

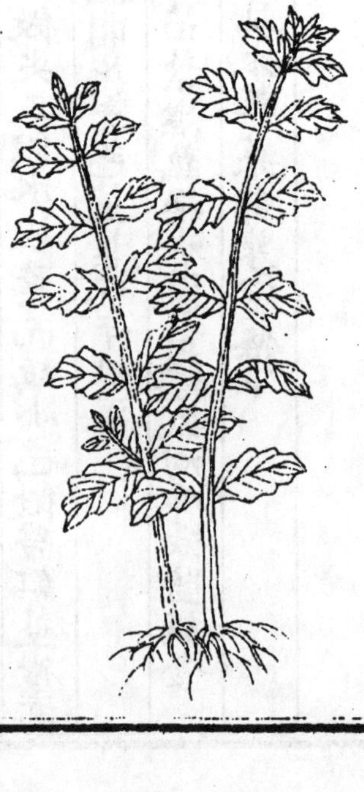

薄荷　一名雞蘇舊不著所出州土今處處有之莖方葉似荏子葉小頗細長又似香菜葉而大開細碎黪白花其根經冬不死至春發苗味辛苦性溫無毒一云性平東平龍腦崗者尤佳又有胡薄荷與此相類但味少甘為別生江浙間彼人多作茶飲俗呼為新羅薄荷又有南薄荷其葉微小

救飢採苗葉煠熟換水浸去辣味油鹽調食與薤作虀音賫食相宜煎豉湯暖酒和飲煎茶並宜新病瘥

人勿食令人虚汗不止猫食之即醉物相感爾
治病文具本草菜部條下

荆芥

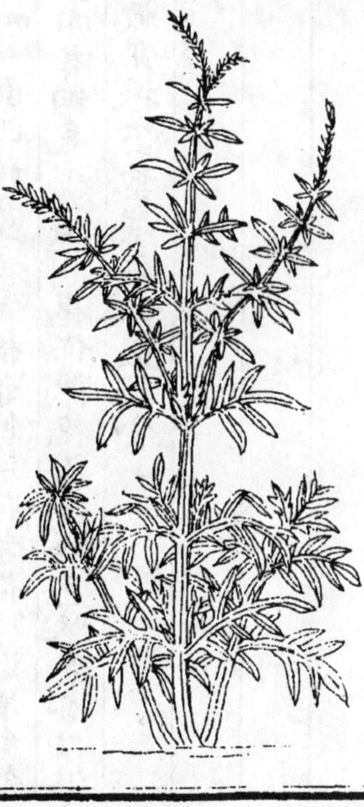

荆芥　本草名假蘇一名鼠蓂一名薑芥生漢中川澤及岳州歸德州今處處有之莖方窊面葉似獨掃葉而狭小淡黄緑色結小穗有細小黒子鋭圓多野生以香氣似蘇故名假蘇味辛性温無毒

救飢採嫩苗葉煠熟水浸去邪氣油鹽調食初生香辛可啖人取作生菜醃食

治病文具本草菜部假蘇條下

水蘄

水蘄音勤　俗作芹菜一名水英出南海池澤今水邊多有之根莖離地二三寸分生莖叉其莖方窊面四楞對生葉似痢見菜葉而闊短邊有大鋸齒又似薄荷葉而短開白花似蛇床子花味甘性平無毒又云大寒春秋二時龍帶精入芹菜中人遇食之作蛟龍病

救飢發英時採之煠熟食芹有兩種秋芹取根白色赤芹取莖葉並堪食又有渣音租芹可為生菜食之

治病文具本草菜部條下

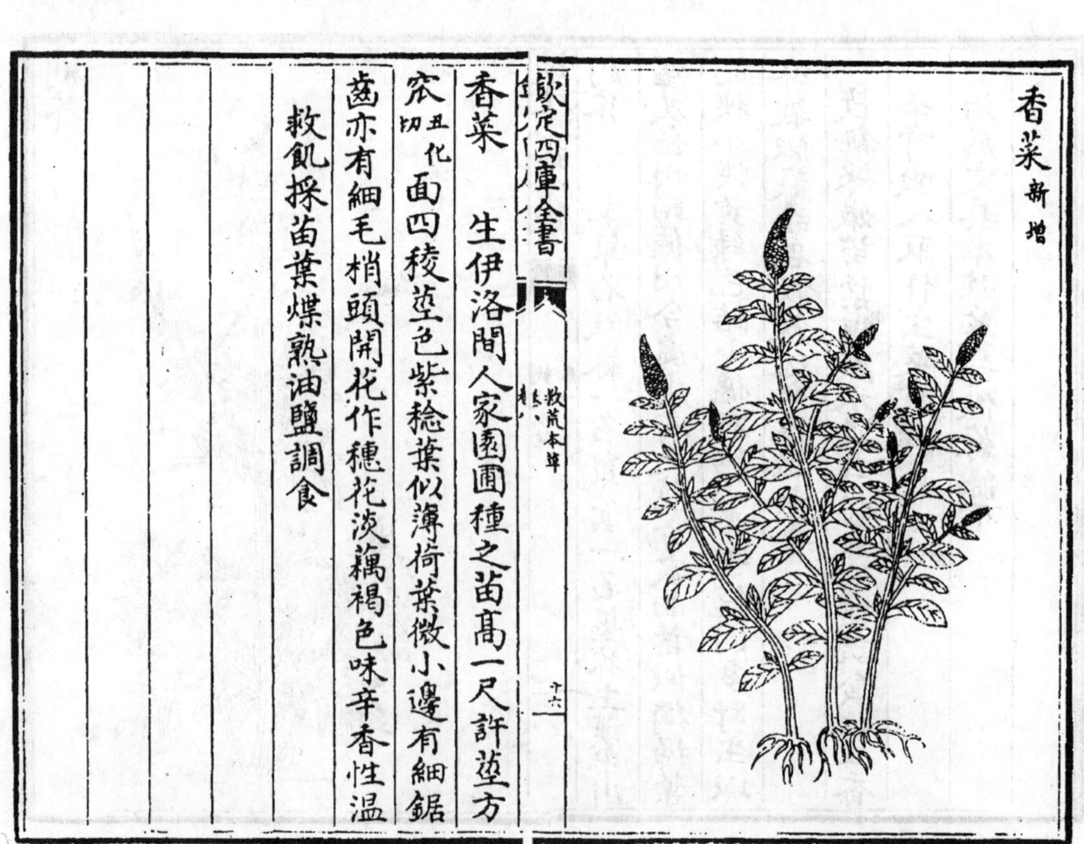

香菜新增

香菜　生伊洛間人家園圃種之苗高一尺許莖方窊丑化切面四稜莖色紫稔葉似薄荷葉微小邊有細鋸齒亦有細毛梢頭開花作穗花淡藕褐色味辛香性溫

救飢採苗葉煠熟油鹽調食

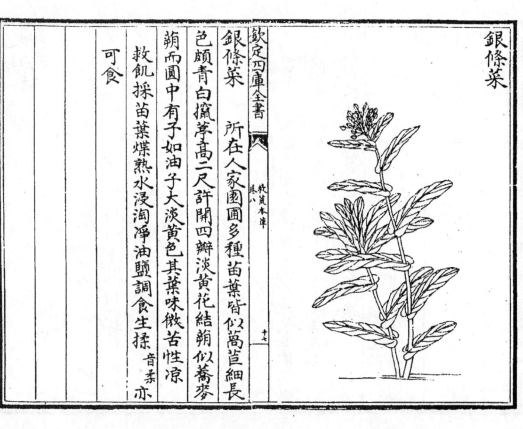

銀條菜

銀條菜　所在人家園圃多種苗葉皆似萵苣細長色頗青白攛葶高二尺許開四瓣淡黄花結蒴似蕎麥蒴而圓中有子如油子大淡黄色其葉味微苦性涼亦

救飢　採苗葉煠熟水浸淘淨油鹽調食生揉音柔

可食

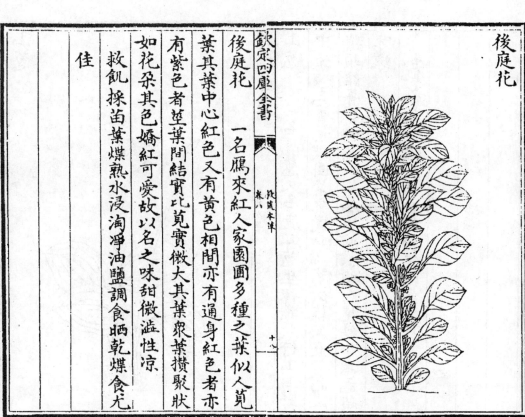

後庭花

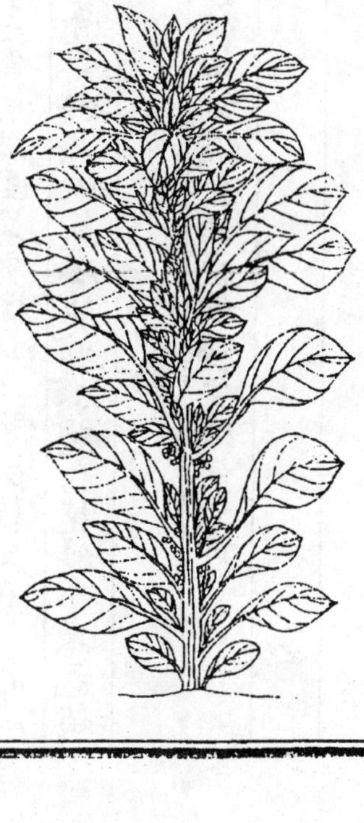

後庭花　一名鴈來紅人家園圃多種之葉似人莧葉其葉中心紅色又有黄色相間亦有通身紅色者亦有紫色者莖葉間結實比莧實微大其葉衆葉攢聚狀如花朵其色嬌紅可愛故以名之味甜微澁性涼

救飢　採苗葉煠熟水浸淘淨油鹽調食晒乾煠食尤佳

火焰菜

火焰菜　人家園圃多種苗葉俱似菠菜但葉梢微紅形如火焰結子亦如菠菜子苗葉味甜性微冷

救飢　採苗葉煠熟水淘洗淨油鹽調食

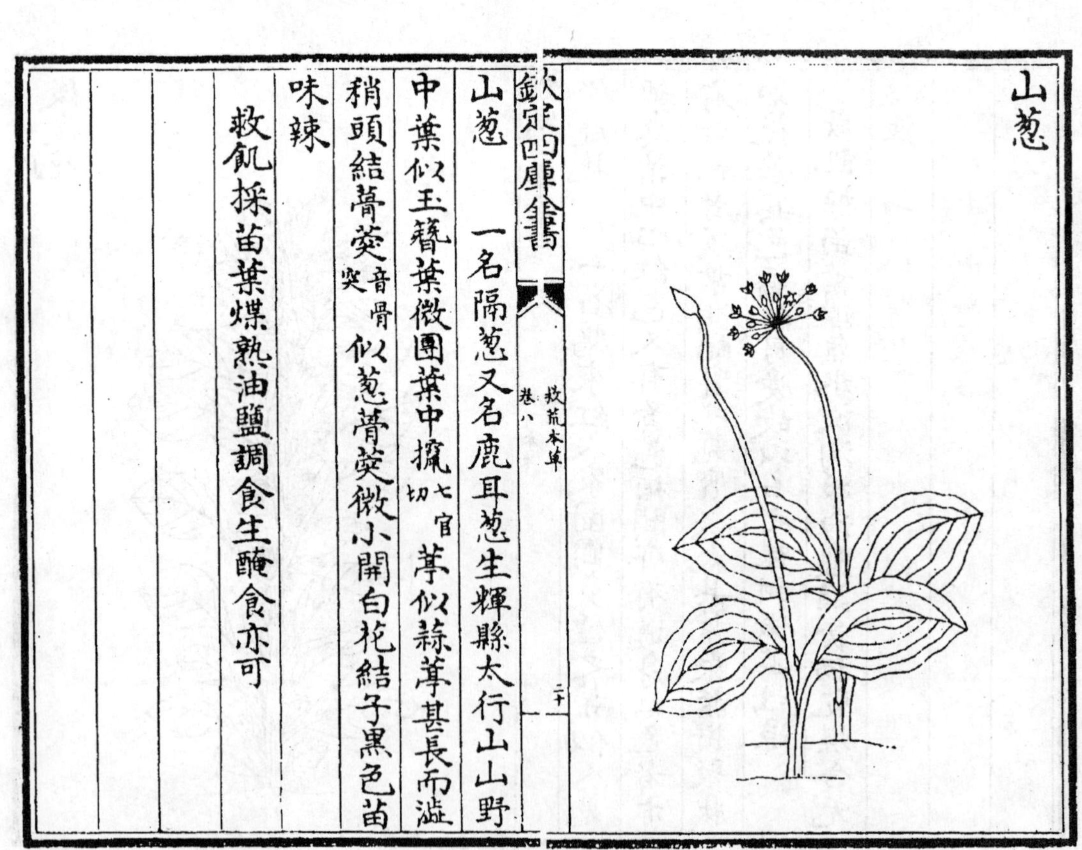

山葱

山葱　一名隔葱又名鹿耳葱生輝縣太行山山野中葉似玉簪葉微團葉中攛（七官切）葶似蒜葶甚長而澁稍頭結蓇葖（音骨突）似葱蓇葖微小開白花結子黑色苗味辣

救飢　採苗葉煠熟油鹽調食生醃食亦可

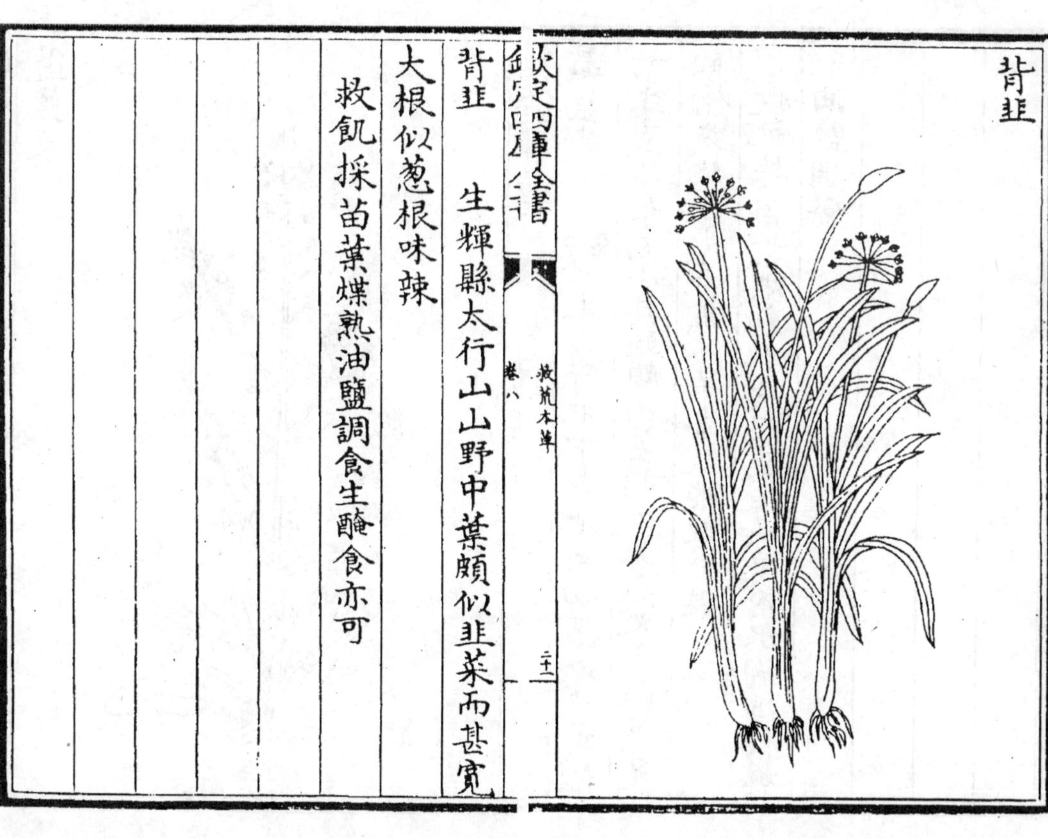

背韭　生輝縣太行山山野中葉頗似韭菜而甚寬大根似葱根味辣

救飢採苗葉煠熟油鹽調食生醃食亦可

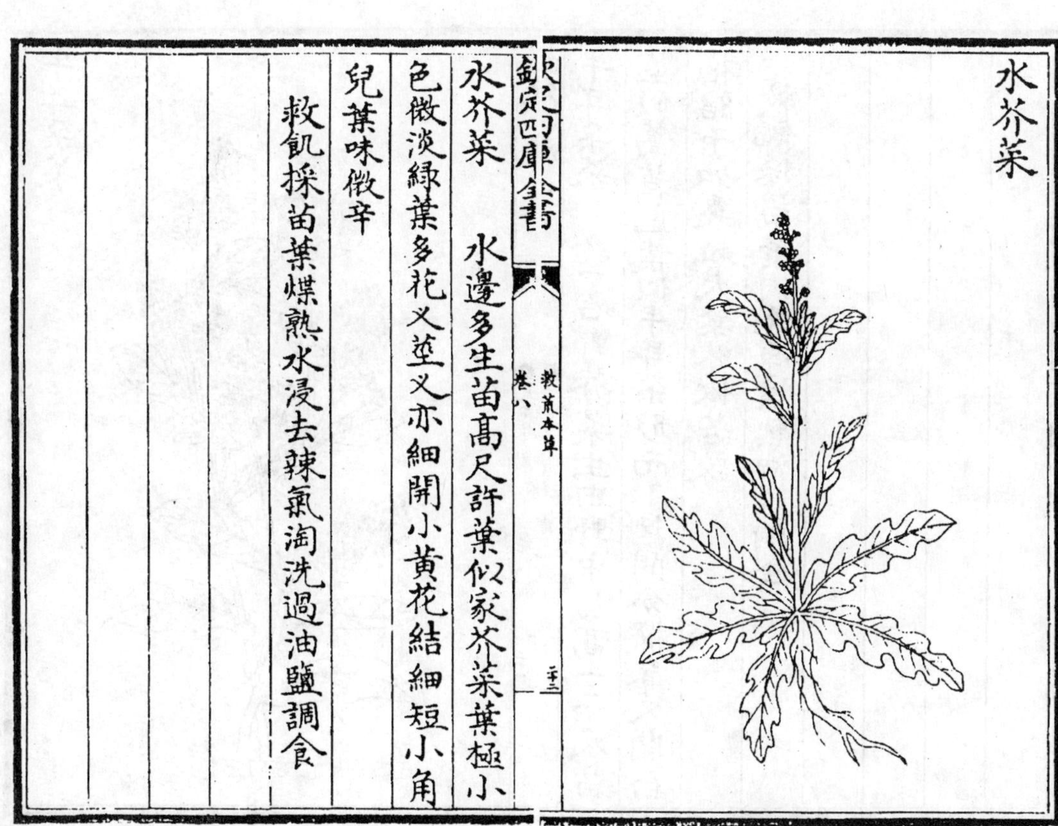

水芥菜　水邊多生苗高尺許葉似家芥菜葉極小色微淡綠葉多花叉莖叉亦細開小黃花結細短小角兒葉味微辛

救飢採苗葉煠熟水浸去辣氣淘洗過油鹽調食

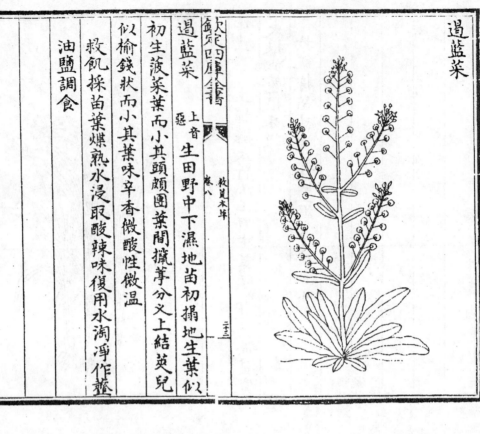

遏藍菜

遏藍菜　上音惡　生田野中下濕地苗初搨地生葉似初生菠菜葉而小其頭頗圓葉間攛葶分叉上結莢兒似榆錢狀而小其葉味辛香微酸性微温

救飢採苗葉煠熟水浸取酸辣味復用水淘淨作虀油鹽調食

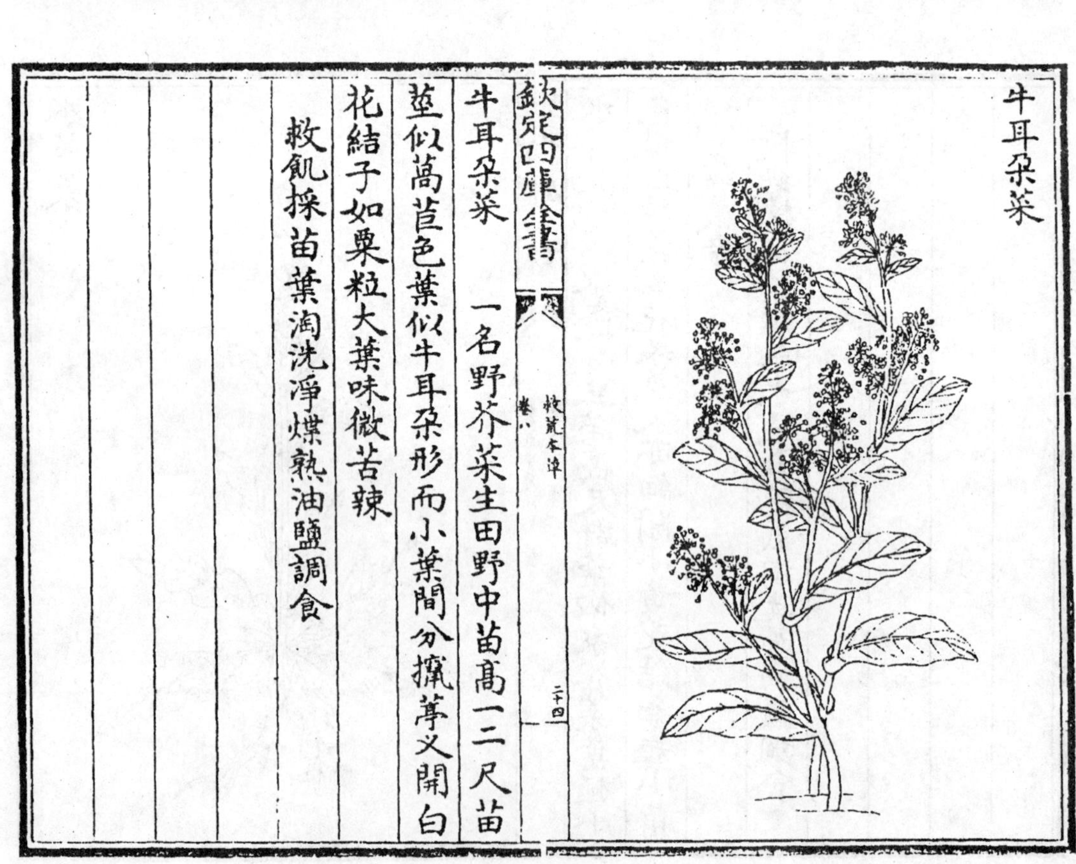
牛耳朶菜

牛耳朶菜　一名野芥菜生田野中苗高一二尺苗莖似萵苣色葉似牛耳朶形而小葉間分攛葶叉開白花結子如粟粒大葉味微苦辣

救飢採苗葉淘洗淨煠熟油鹽調食

山白菜

山白菜　生輝縣山野中苗葉頗似家白菜而葉莖細長其葉尖艄邊有鋸齒叉又似莙薘菜葉而尖瘦亦小味甜微苦

救飢採苗葉煠熟水淘淨油鹽調食

山宜菜

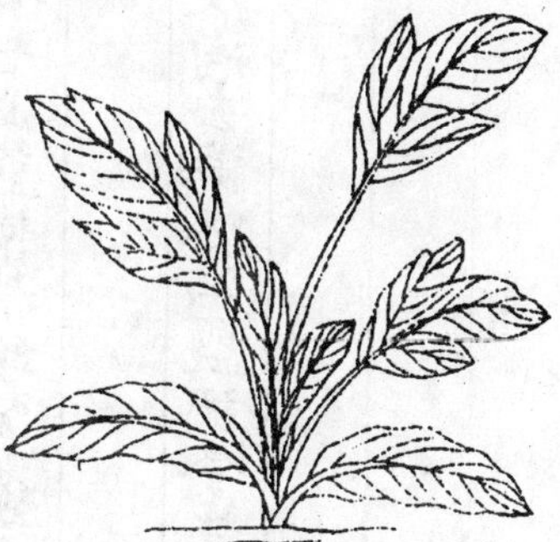

山宜菜　又名山苦菜生新鄭縣山野中苗初搨地生葉似薄荷葉而大葉根兩傍有叉背白又似青莢兒菜葉亦大味苦

救飢採苗葉煠熟油鹽調食

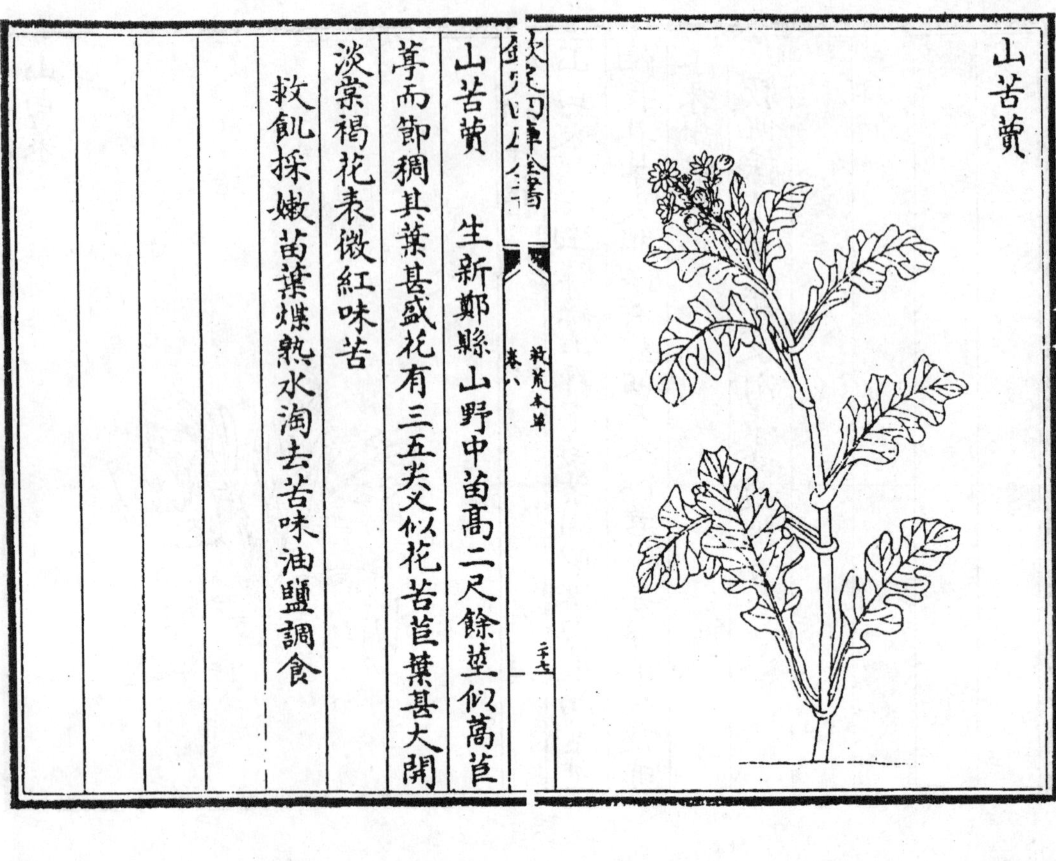

山苦蕒　生新鄭縣山野中苗高二尺餘莖似萵苣葶而節稠其葉甚盛花有三五尖叉似花苦苣葉甚大開淡棠褐花表微紅味苦

救飢　採嫩苗葉煠熟水淘去苦味油鹽調食

南芥菜

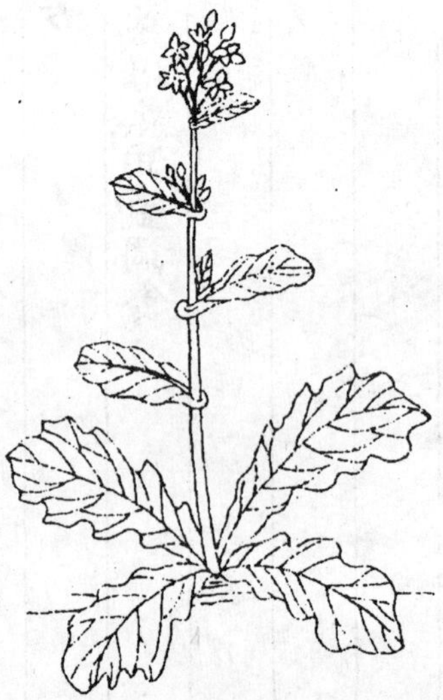

南芥菜　人家園圃中亦種之苗初搨地生後攛葶叉葉似芥菜葉但小而有毛澀莖葉稍頭開淡黃花結小尖角兒葉味辛辣

救飢　採苗葉煠熟水浸淘去澀味油鹽調食生焯過醃食亦可

山萵苣

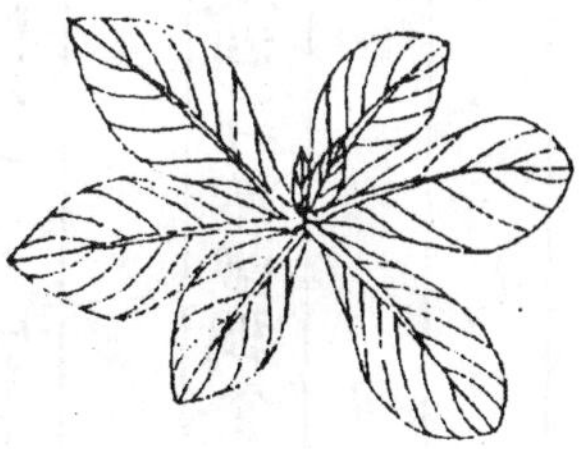

山萵苣　生密縣山野間苗葉搨地生葉似萵苣葉而小又似苦苣葉而却寛大葉脚花叉頗少葉頭微尖邊有細鋸齒葉間攛葶開淡黄花苗葉味微苦

救飢採苗葉煠熟水浸淘去苦味油鹽調食生揉亦可食

黄鵪菜

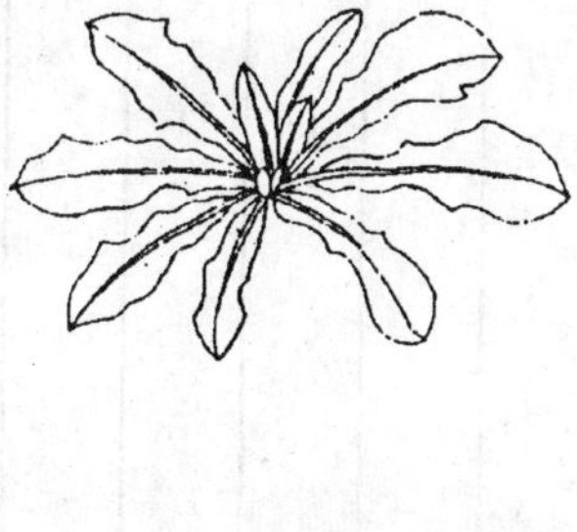

黄鵪菜　生密縣山谷中苗初搨地生葉似初生山萵苣葉而小葉脚邊微有花叉又似孛孛丁葉而頭頗團葉中攛生葶叉高五六寸許開小黄花結小細子黄茶褐色葉味甜

救飢採苗葉煠熟換水淘淨油鹽調食

鵞兒菜

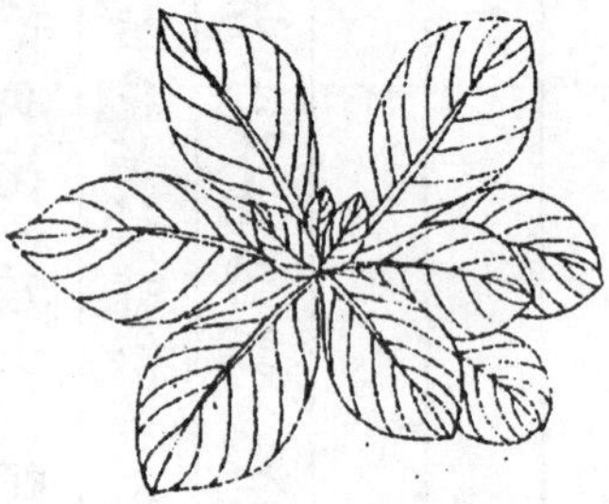

鵞兒菜　生密縣山澗邊苗葉搨地生葉似匙頭樣頗長又似牛耳朶菜葉而小微澁又似山莴苣葉亦小頗硬而頭微團味苦

救飢採苗葉煠熟換水浸淘淨油鹽調食

孛孛丁菜

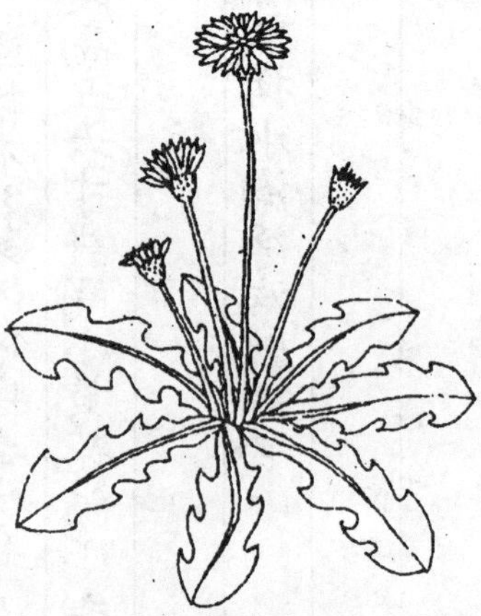

孛孛丁菜　又名黄花苗生田野中苗初搨地生葉似苦苣葉微短小葉叢中間攛葶梢頭開黄花莖葉折之皆有白汁味微苦

救飢採苗葉煠熟油鹽調食

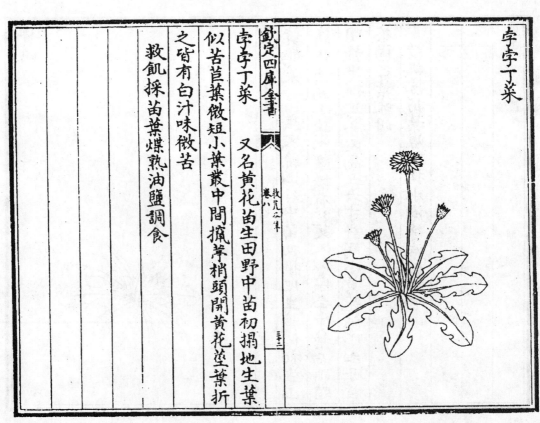

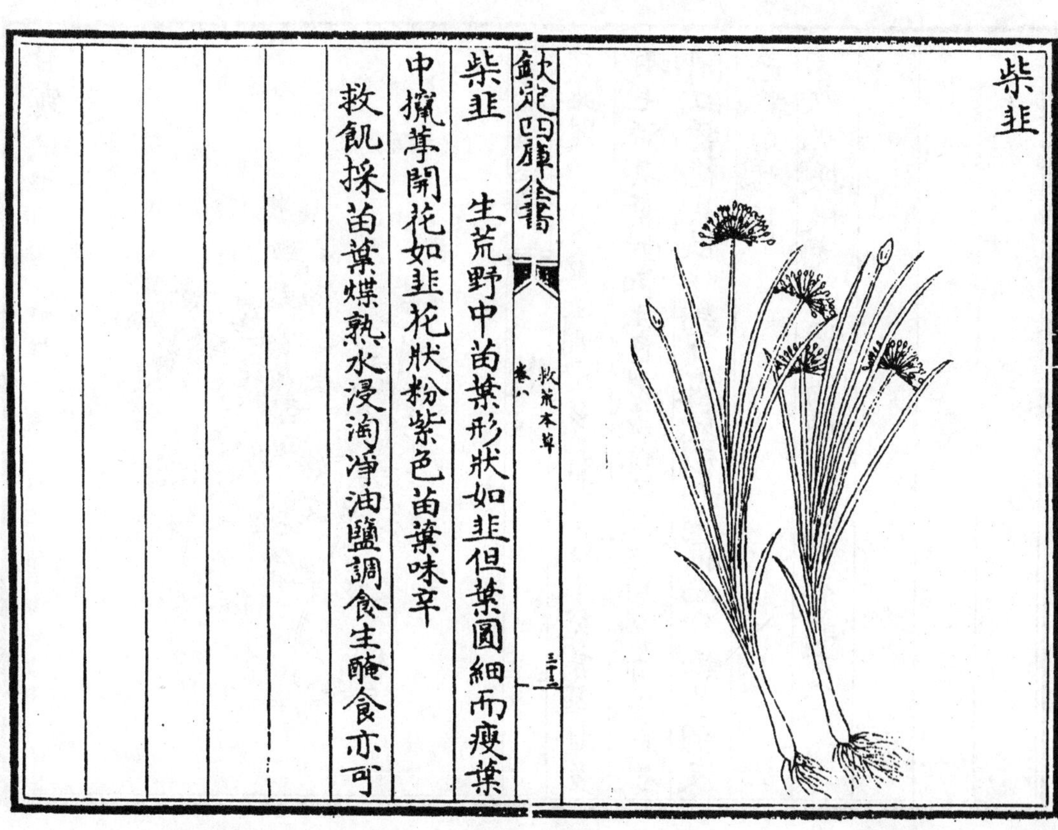

柴韭　生荒野中苗葉形狀如韭但葉圓細而瘦葉中攛葶開花如韭花狀粉紫色苗葉味辛

救飢採苗葉煠熟水浸淘淨油鹽調食生醃食亦可

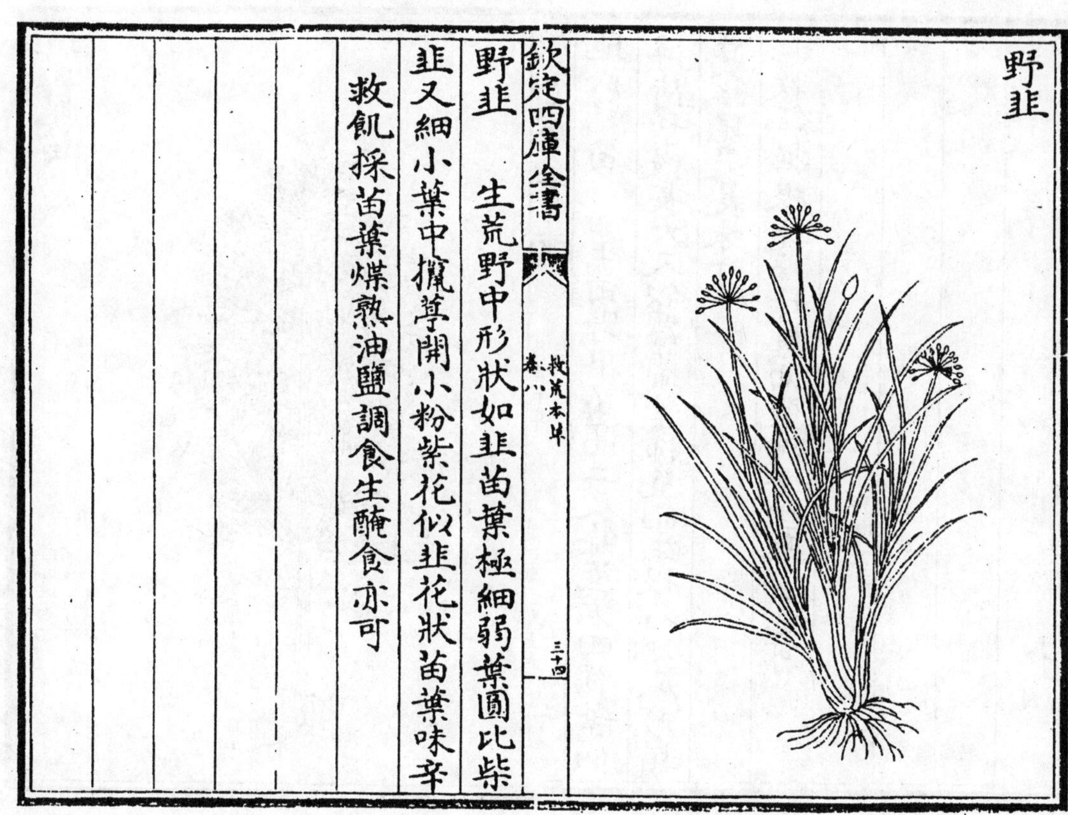

野韭　生荒野中形狀如韭苗葉極細弱葉圓比柴韭又細小葉中攛葶開小粉紫花似韭花狀苗葉味辛

救飢採苗葉煠熟油鹽調食生醃食亦可

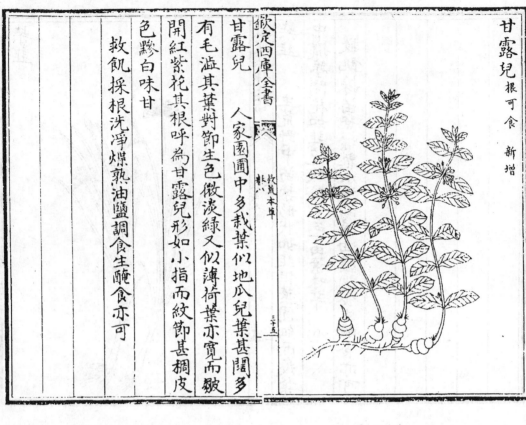

甘露兒 根可食 新增

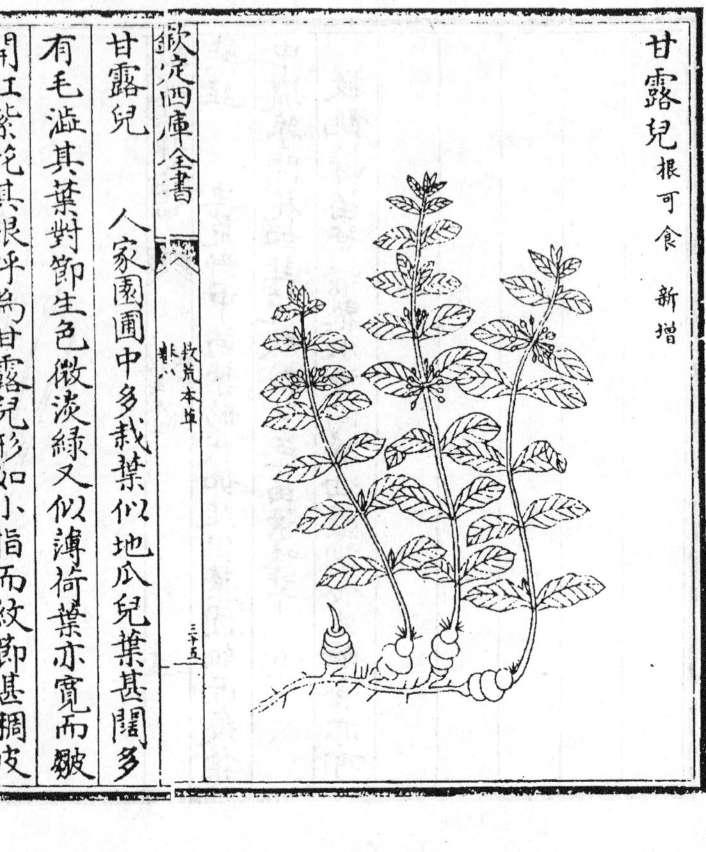

甘露兒 人家園圃中多栽葉似地瓜兒葉甚闊多有毛澁其葉對節生色微淡綠又似薄荷葉亦寬而皺開紅紫花其根呼為甘露兒形如小指而紋節甚稠皮色鬖白味甘

救飢 採根洗淨煠熟油鹽調食生醃食亦可

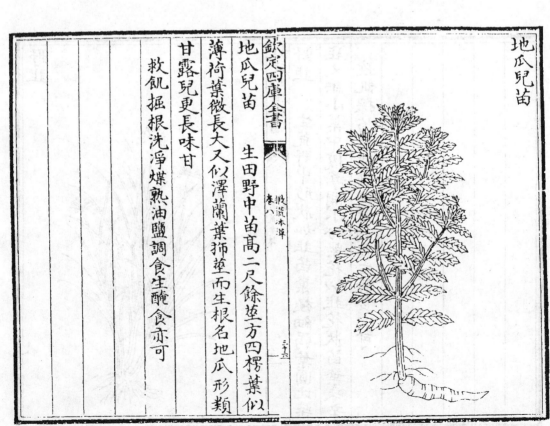

地瓜兒苗

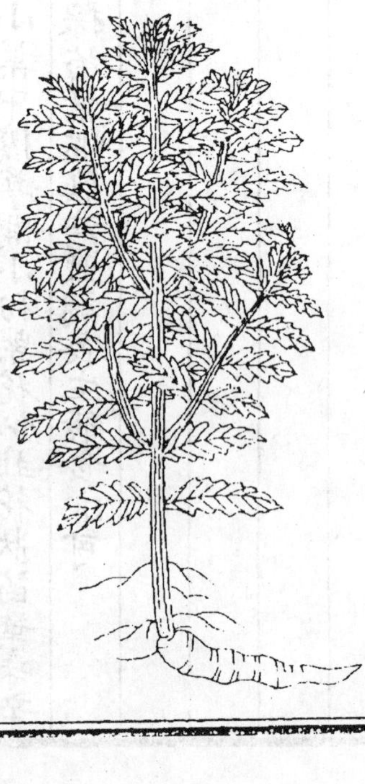

地瓜兒苗 生田野中苗高二尺餘莖方四楞葉似薄荷葉微長大又似澤蘭葉抪莖而生根名地瓜形類甘露兒更長味甘

救飢 掘根洗淨煠熟油鹽調食生醃食亦可

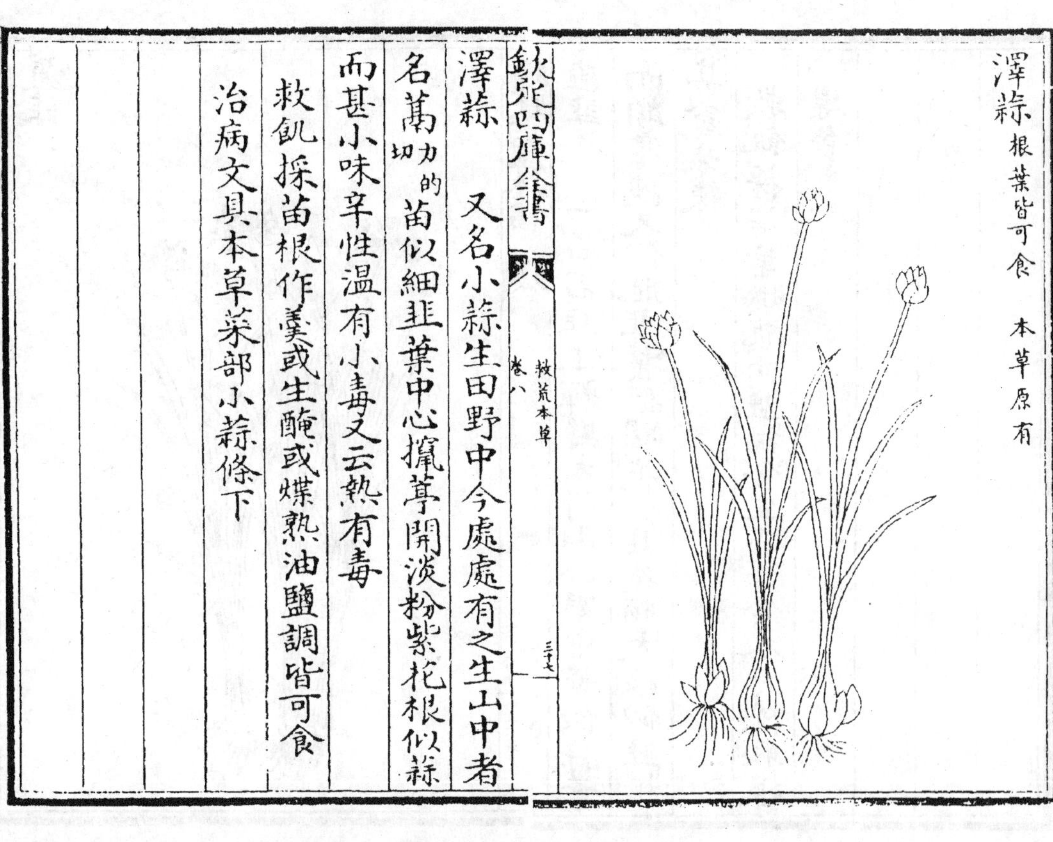

澤蒜 根葉皆可食 本草原有
欽定四庫全書 卷八 救荒本草 三十七

澤蒜 又名小蒜生田野中今處處有之生山中者名蒚(力的切)苗似細韭葉中心攛莛開淡粉紫花根似蒜而甚小味辛性温有小毒又云熱有毒

救飢 採苗根作羹或生醃或煠熟油鹽調皆可食

治病 文具本草菜部小蒜條下

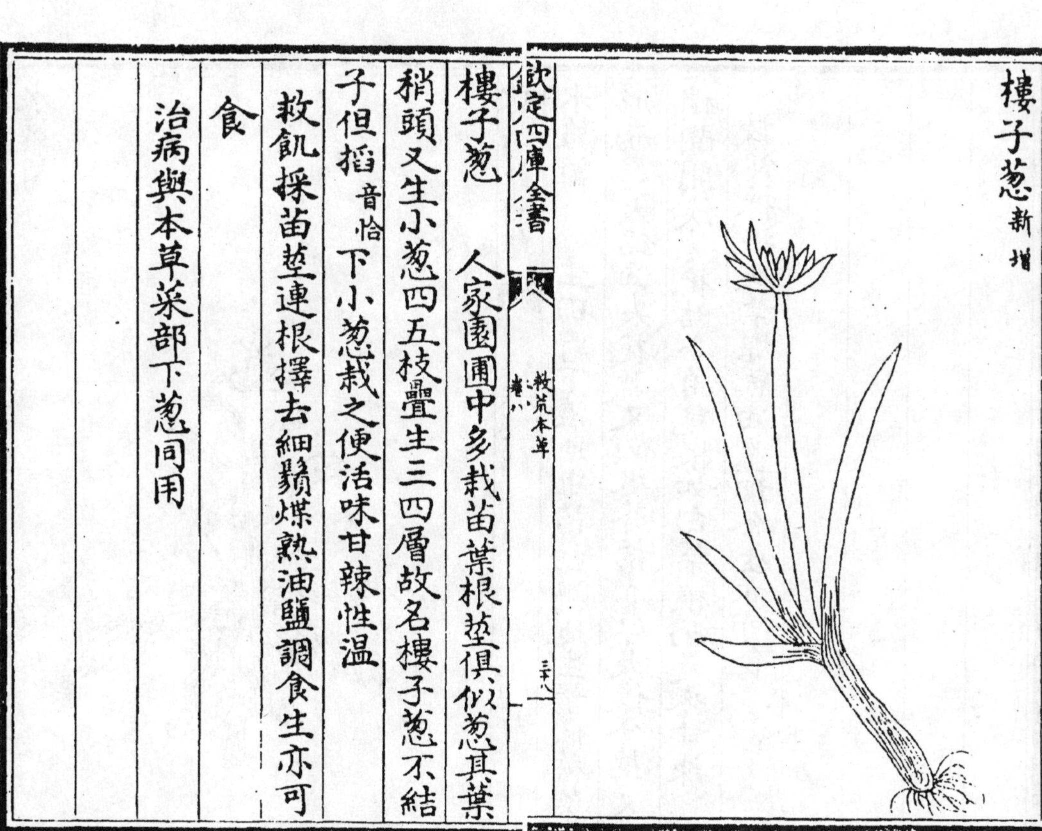

樓子葱 人家園圃中多栽苗葉根莖俱似葱其葉稍頭又生小葱四五枝疊生三四層故名樓子葱不結子但掐(音恰)下小葱栽之便活味甘辣性温

救飢 採苗莖連根擇去細鬚煠熟油鹽調食生亦可食

治病 與本草菜部下葱同用

薤韭

薤韭　一名石韭生輝縣太行山山野中葉似蒜葉而頗窄狹又似肥韭葉微闊花似韭花頗大根似韭根甚麄味辣

救飢採苗葉煠熟油鹽調食生亦可食冬月採取根煠食

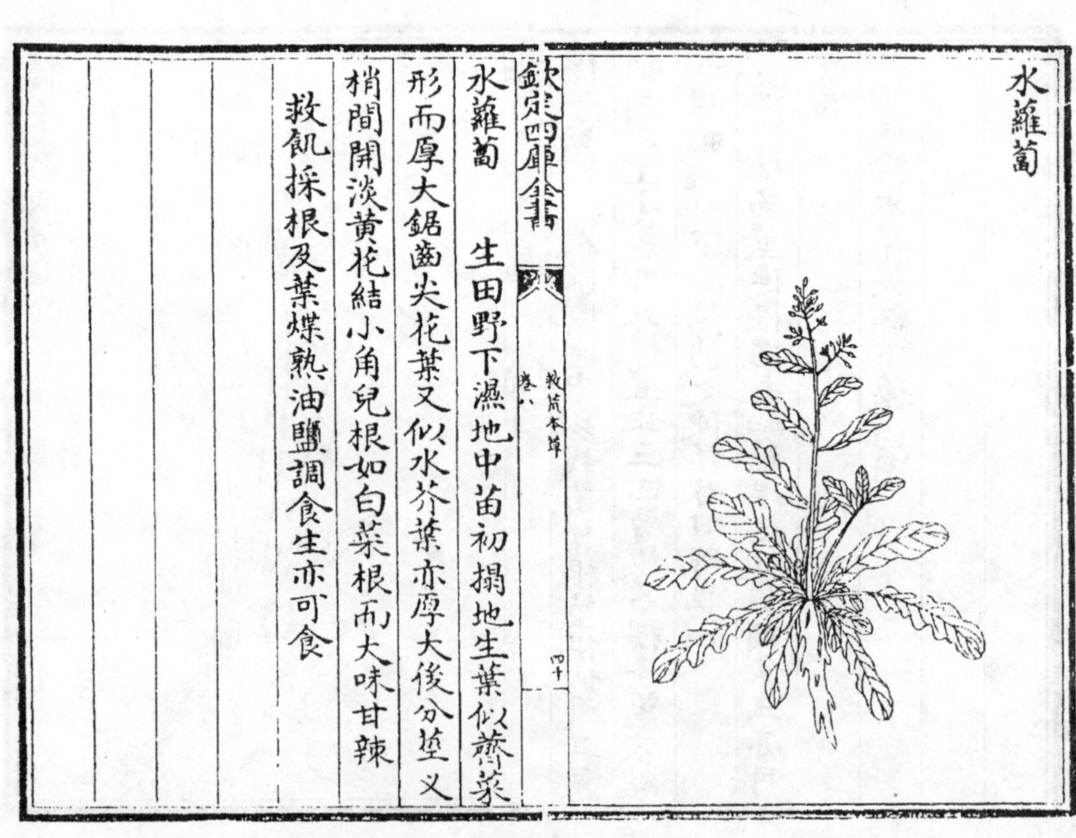

水蘿蔔

水蘿蔔　生田野下濕地中苗初搨地生葉似薺菜形而厚大鋸齒尖花葉又似水芥葉亦厚大後分莖叉梢間開淡黃花結小角兒根如白菜根而大味甘辣

救飢採根及葉煠熟油鹽調食生亦可食

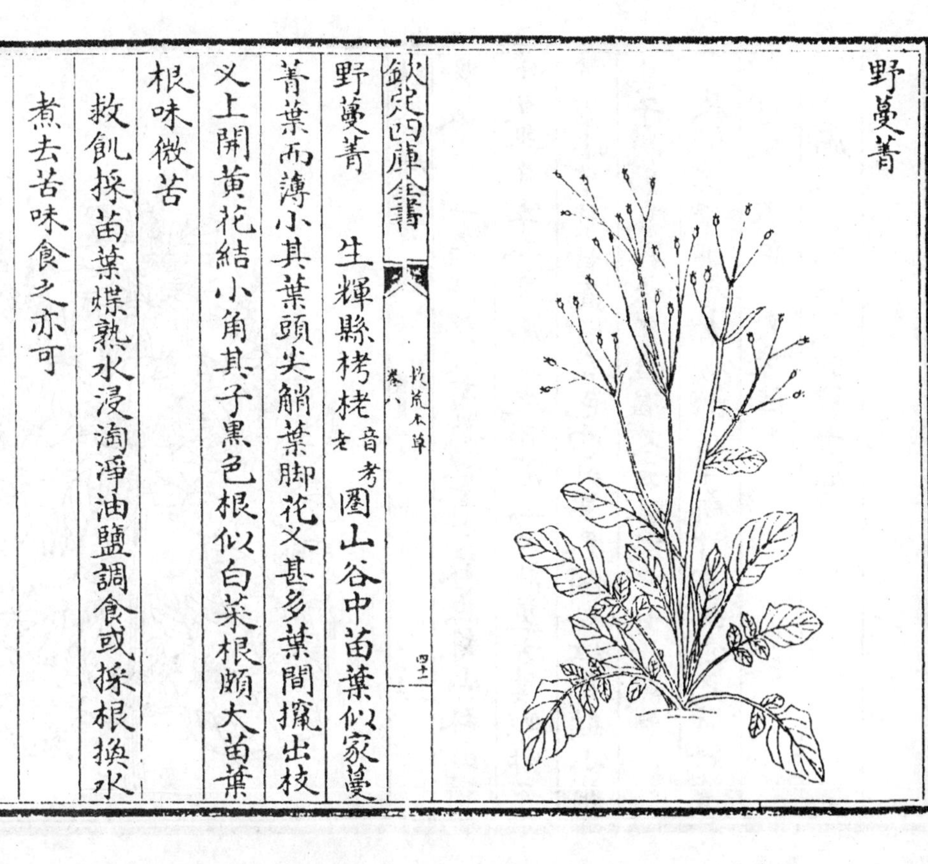

野蔓菁 生輝縣栲栳音考老圈山谷中苗葉似家蔓菁葉而薄小其葉頭尖艄葉脚花叉甚多葉間攛出枝叉上開黄花結小角其子黑色根似白菜根頗大苗葉根味微苦

救飢 採苗葉煠熟水浸淘淨油鹽調食或採根換水煮去苦味食之亦可

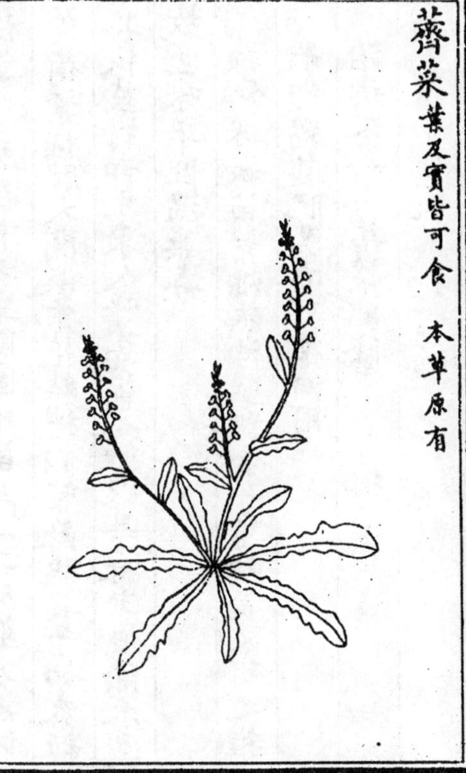

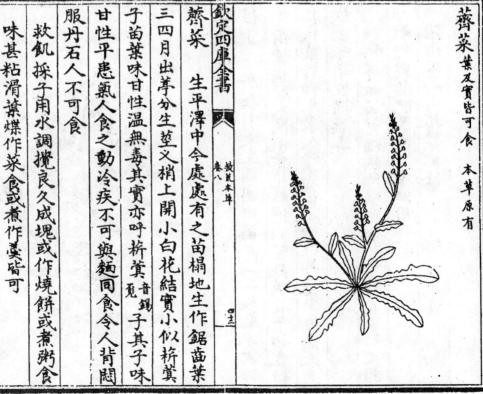

薺菜 生平澤中今處處有之苗搨地生作鋸齒葉三四月出葶分生莖叉梢上開小白花結實小似菥蓂子苗葉味甘性温無毒其實亦呼菥蓂音錫覓子其子味甘性平患氣人食之動冷疾不可與麵同食令人背悶服丹石人不可食

救飢 採子用水調攪良久成塊或作燒餅或煮粥食味甚粘滑葉煠作菜食或煮作羹皆可

治病 文具本草菜部條下

紫蘇

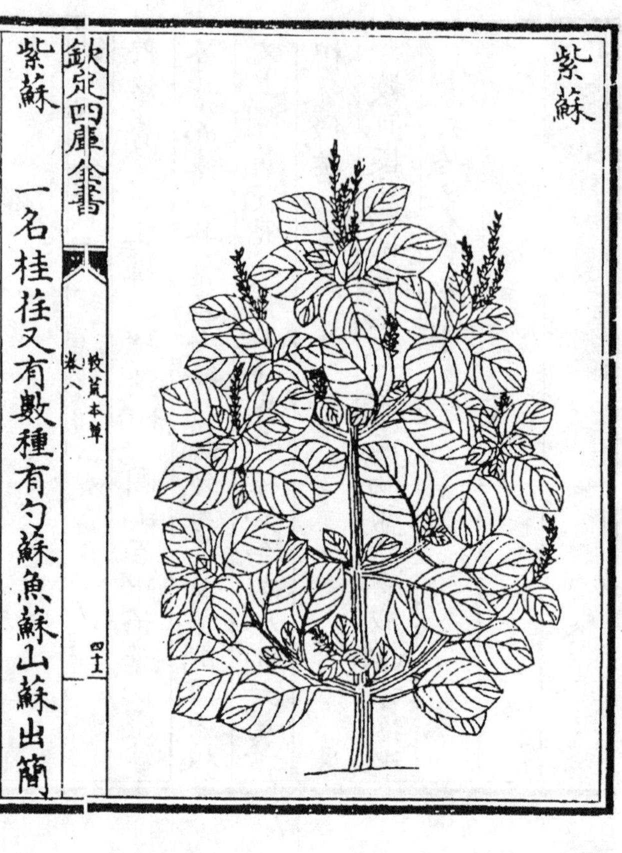

紫蘇　一名桂荏又有數種有勺蘇魚蘇山蘇出簡州及無為軍今處處有之苗高二尺許莖方葉似蘇子葉微小莖葉背面皆紫色而氣甚香開粉紅花結小蒴其子狀如黍顆味辛性温又云味微辛甘子無毒

救飢採葉煠食煮飲亦可子研汁煮粥食之皆好葉可生食與魚作羮味佳

治病文具本草菜部蘇子條下

荏子

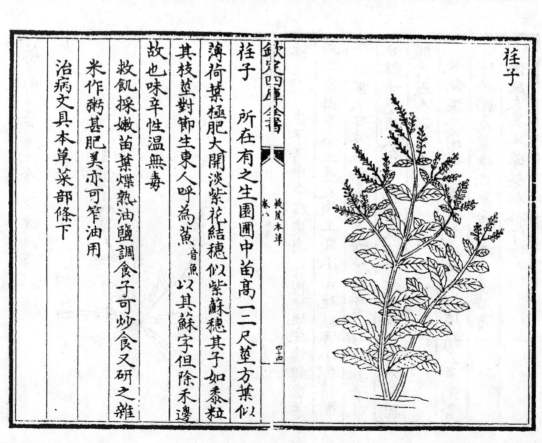

荏子　所在有之生園圃中苗高一二尺莖方葉似薄荷葉極肥大開淡紫花結穗似紫蘇穗其子如黍粒其枝莖對節生東人呼為䒩音魚以其蘇字但除禾邊故也味辛性温無毒

救飢採嫩苗葉煠熟油鹽調食子可炒食又研之雜米作粥甚肥美亦可笮油用

治病文具本草菜部條下

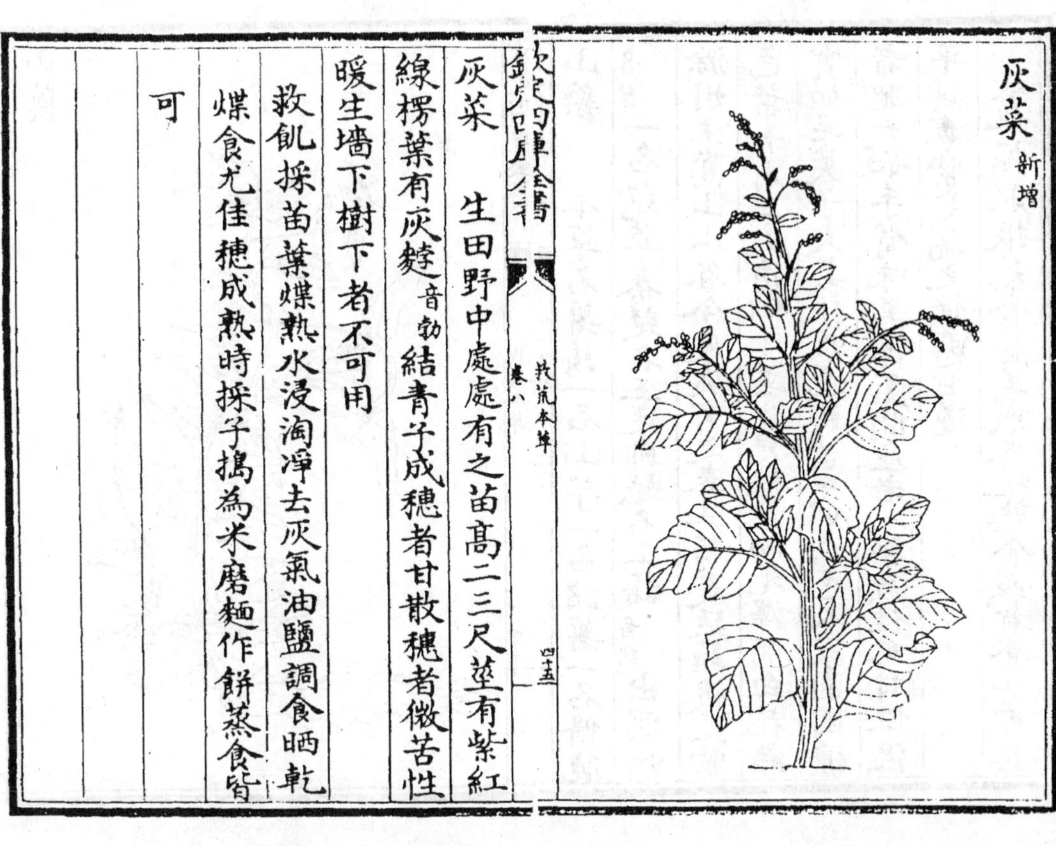

灰菜　生田野中處處有之苗高二三尺莖有紫紅線楞葉有灰荸音勃結青子成穗者甘散穗者微苦性暖生墻下樹下者不可用

救飢採苗葉煠熟水浸淘淨去灰氣油鹽調食晒乾煠食尤佳穗成熟時採子擣為米磨麪作餅蒸食皆可

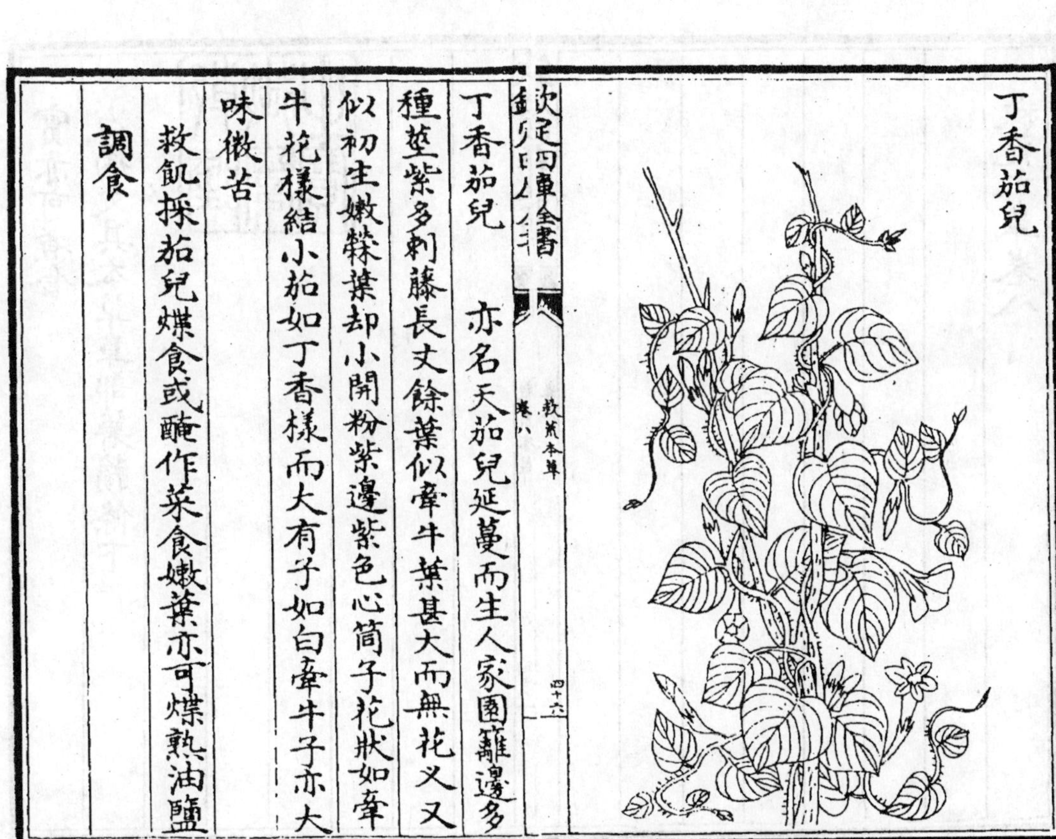

丁香茄兒　亦名天茄兒延蔓而生人家園籬邊多種莖紫多刺藤長丈餘葉似牽牛葉甚大而無花叉又似初生嫩蕎葉却小開粉紫邊紫色心筒子花狀如牽牛花樣結小茄如丁香樣而大有子如白牽牛子亦大味微苦

救飢採茄兒煠食或醃作菜食嫩葉亦可煠熟油鹽調食

山藥

山藥 本草名薯蕷一名山芋一名諸薯一名脩脆音翠一名兒草秦楚名玉延鄭越名土藷音諸出明州滁州生嵩山山谷今處處有之春生苗蔓延籬援莖紫色葉青有三尖角似千葉狗兒秧葉而光澤開白花結實如皂莢子大其根皮色黲黃中則白色人家園圃種者肥大如手臂味美懷孟間產者入藥最佳味甘性溫平無毒紫芝為之使惡甘遂

救飢 掘取根蒸食甚美或火燒熟食或煮食皆可其實亦可煮食

治病 文具本草草部薯蕷條下

救荒本草卷八